ABHANDLUNGEN DER DEUTSCHEN AKADEMIE
DER WISSENSCHAFTEN ZU BERLIN

Klasse für Chemie, Geologie und Biologie

Jahrgang 1964 Nr. 1

Die Polarographie in der Chemotherapie, Biochemie und Biologie

I. Jenaer Symposium
13. bis 15. September 1962

Vorträge, Diskussionen und Zusammenfassungen der Ergebnisse

Herausgegeben von

HERMANN BERG

Mit 413 Abbildungen und 51 Tabellen

AKADEMIE-VERLAG · BERLIN
1964

Vorgelegt von Hrn. KNÖLL in der Klassensitzung vom 11. 10. 1962

Zum Druck genehmigt am gleichen Tage, ausgegeben am 30. Juni 1964

Erschienen im Akademie-Verlag GmbH, Berlin W 8, Leipziger Straße 3—4

Lizenznummer: 202 · 100/418/64
Gesamtherstellung: VEB Druckerei „Thomas Müntzer" Bad Langensalza
Bestellnummer: 2001/64/II/1 · ES 18 C 5/18 G 1/17 E · Preis: DM 100,—

INHALTSVERZEICHNIS

VORWORT

Das I. Jenaer Symposium über die polarographischen Möglichkeiten in der Chemotherapie, Biochemie und Biologie soll den heutigen Stand aufzeigen und Anregungen für die Intensivierung der weiteren Forschung geben. Dabei gelangen neben der klassischen Gleichspannungspolarographie sämtliche modernen Richtungen auch unter Verwendung von Festelektroden zur Anwendung, insbesondere in Verbindung mit der Absorptionsspektroskopie aller Wellenlängen, der Potentiometrie, der Chromatographie und der Reaktionskinetik.

Die Problematik der Arbeiten führte zur Einteilung in folgende Sektionen:

A Polarographische Untersuchung von Konstitutions- und Reaktionsproblemen niedermolekularer Depolarisatoren.

B Polarographische Eigenschaften biogener Makromoleküle und ihrer Bausteine.

C Polarographische Registrierung von Stoffwechselvorgängen.

D Polarographische Grundlagenprobleme.

Referierende Vorträge über biochemisch bedeutsame Substanzklassen wurden jeweils vorangestellt; es folgen spezielle Probleme, analytische Fragestellungen, Einzeldiskussionen und eine Zusammenfassung der wesentlichsten Gesichtspunkte. Auf diese Weise soll versucht werden, ein möglichst geschlossenes Bild zu vermitteln und eine Abschätzung gegenüber anderen Methoden zu erleichtern.

Den Abschluß vorliegenden Bandes bilden eine Einschätzung der Oszillopolarographie im Zusammenhang mit dem vorangegangenen diesbezüglichen Kursus (10. bis 12. 9. 1962), die Ergebnisse einer Testung mehrerer Tintenschreiber-Polarographen sowie ein Fazit des I. Symposiums.

Zum Gelingen der Veranstaltungen trugen alle Mitarbeiter der Abteilung Physikochemie und mehrere bereitwillige Helfer aus dem Institut bei. Ihnen allen und nicht zuletzt denen, die geholfen haben, die Ergebnisse des Symposiums druckreif vorzubereiten, gilt besonderer Dank.

Hermann Berg

Herr Prof. Leibnitz, Mitglied der Deutschen Akademie der Wissenschaften zu Berlin, Mitglied des Vorstandes der Forschungsgemeinschaft der naturwissenschaftlichen, technischen und medizinischen Institute der Deutschen Akademie der Wissenschaften zu Berlin, begrüßte die Gäste namens der Deutschen Akademie der Wissenschaften zu Berlin und ihrer Forschungsgemeinschaft.

Herr Prof. Dr. med. Hans Knöll, Mitglied der Deutschen Akademie der Wissenschaften zu Berlin, Direktor des Instituts für Mikrobiologie und experimentelle Therapie Jena der Deutschen Akademie der Wissenschaften zu Berlin, begrüßte die Gäste seitens des Instituts und las aus folgendem Brief von Herrn Prof. Heyrovský, der als Ehrengast eingeladen war und zum größten Bedauern aller Teilnehmer des Symposiums krankheitshalber nicht an der Tagung teilnehmen konnte:

> Mit größtem Vergnügen möchte ich mit meiner Frau den sehr beehrenden Einladungen von Ihnen und der Akademie der Wissenschaften zu Berlin folgen, an dem großgefaßten internationalen Symposium über „Polarographie in der Chemotherapie, Biochemie und Biologie" teilzunehmen. Leider bin ich wieder im Krankenhaus und kann nur von weitem mich für die Einladungen herzlichst bedanken und Ihrem Symposium den besten Erfolg wünschen. Es ist für mich eine besonders große Freude zu beobachten, daß die Polarographie auch in den wissenschaftlichen Gebieten, die das Wohlsein des Menschen direkt betreffen, sich von wachsendem Nutzen zeigt.
>
> Bitte grüßen Sie von mir alle die lieben Mitarbeiter in der Polarographie, die sich aus der ganzen Welt bei Ihnen versammeln.
>
> Ihr aufrichtiger ergebener
> Prof. Dr. J. Heyrovský

Herrn Prof. Heyrovský wurden von allen Teilnehmern des Symposiums die herzlichsten Grüße und die besten Wünsche zu seiner baldigen Genesung übermittelt.

A—1

Der heutige Stand der Polarographie der Alkaloide

F. Šantavý

Chemische Anstalt der Medizinischen Fakultät der Palacký-Universität, Olomouc, ČSSR

Eines der interessantesten Kapitel in der Polarographie organischer Verbindungen ist die Polarographie der Alkaloide, weil die gewonnenen Ergebnisse sowohl beim theoretischen Studium dieser heterozyklischen Verbindungen als auch zu analytischen Zwecken bei der Erforschung der in Betracht kommenden Pflanzen, in der Pharmazie und in der Industrie bei der Kontrolle der Erzeugungsverfahren Verwendung finden können. In manchen Fällen, in denen das eigentliche Alkaloid polarographisch nicht aktiv ist, ist irgendeines seiner Derivate, die bei der Synthese oder dem Abbau des eigentlichen Alkaloids entstehen, polarographisch leicht reduzierbar. Auch diese Tatsache kann mit Vorteil bei der Konstitutionsermittlung sowie zu analytischen Zwecken ausgenutzt werden. Eine entsprechend angewandte Polarographie kann gut andere physikalisch-chemische Methoden, wie z.B. die UV- und IR-Spektroskopie, bei der Ermittlung der Konstitution neuer organischer Verbindungen ergänzen.

Das vorliegende Referat gibt eine Übersicht über die bei der Polarographie der Alkaloide gewonnenen theoretischen und praktischen Ergebnisse. Es wird aber nur auf die klassische polarographische Reduktion eingegangen und folglich nicht auf die oszillographisch-polarographischen und auf die katalytischen Erscheinungen, die von zahlreichen Alkaloiden hervorgerufen werden. In das Referat wurden auch nicht jene unspezifischen Prozesse einbezogen, in deren Verlauf das Alkaloid absichtlich in eine polarographisch aktive Verbindung, z.B. durch Nitrosierung, übergeführt wird.

Auf Grund der bisher gewonnenen Erfahrungen kann gesagt werden, daß die nachstehenden Funktionsgruppen der Alkaloide polarographisch aktiv sind:

1. Jene, die eine in der α-, β-Stellung mit der Doppelbindung konjugierte Keto-, Aldehyd- oder Carboxylgruppe tragen. Die Carboxylgruppe kann dabei einen Ester-, Lacton- oder Lactamring bilden.

2. Jene, die eine Doppelbindung zwischen dem Kohlenstoff und dem Stickstoff am heterozyklischen Ring tragen. Bei diesen Verbindungen sind große Unterschiede zu sehen, je nachdem, ob der heterozyklische Ring partiell hydriert ist oder ob der Stickstoff einen Bestandteil der ungesättigten quartären Gruppierung bildet.

3. N-Oxyde.

Im weiteren werden die einzelnen Alkaloidgruppen angegeben, die diese unterschiedlichen und polarographisch aktiven Gruppen aufweisen.

Die wichtigsten Repräsentanten der Alkaloide mit Ketogruppe sind Colchicin und seine Nebenalkaloide [1—5]. Es handelt sich hier um eine Zweielektronenreduktion der Ketogruppe, die einen Bestandteil des Tropolonringes bildet. Colchicin wird in der Pflanze (und häufig auch in pharmazeutischen Präparaten) von zahlreichen Nebenalkaloiden, die auch einen Tropolonring tragen, begleitet [6]. Bei der Erforschung der Konstitution der Colchicin-Verbindungen kann uns die Polarographie schnell die Gegenwart dieses Tropolonringes aufdecken (Abb. 1). Andererseits kann man jedoch Colchicin von den übrigen Nebenalkaloiden polarographisch nicht unterscheiden. Die Gruppe der Tropolon-Colchicin-Alkaloide kann nur von ihren Lumiderivaten, die ein gestörtes Tropolonsystem aufweisen und sich deshalb bei einem wesentlich negativeren Potential reduzieren [7], unterschieden werden.

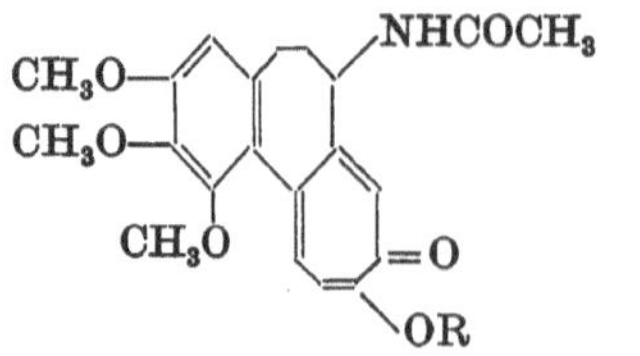

R=H Colchicin
$R=CH_3$ Colchicein

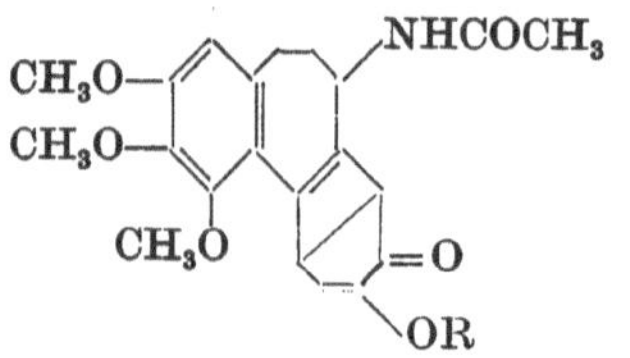

Lumicolchicin

Die Trennung der Pflanzenextrakte in einen neutralen Anteil (Colchicin und die Alkaloide C und E_1), einen basischen (Demecolcin und das Alkaloid S) und einen glykosidischen Anteil und die anschließende polarographische Analyse ermöglichen jedoch eine gute Bestimmung der quantitativen Verhältnisse dieser drei Fraktionen. Eine weitere Trennung dieser Alkaloide kann nur mit Hilfe der Chromatographie oder Kristallisation durchgeführt werden.

Die anderen Verbindungen mit Ketogruppe, mit denen wir uns gleich eingangs befaßten,

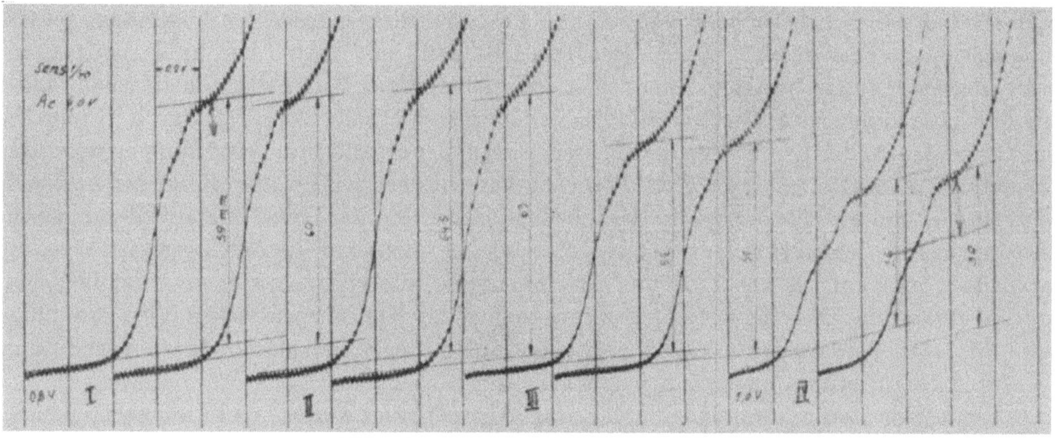

Abb. 1. Polarogramme von Colchicin aus vier Samenarten verschiedener Provenienz. Jede Bestimmung wurde zweimal durchgeführt. In 96,5 g Wasser wurden I–III jeweils 10 g, IV jeweils 5 g der Samen extrahiert

waren die Alkaloide der Pflanze *Lobelia inflata* [8–9]. Die Verbindungen Lobelin, Lobelamin, nor-Lobelanin lassen sich, je nach der Anzahl der Ketogruppen im Molekül, mit zwei oder vier Elektronen reduzieren. Analog wie bei den Colchicin-Alkaloiden wird polarographisch immer nur die Summe der Lobelia-Alkaloide mit Ketogruppe bestimmt, weil die Halbstufenpotentiale der einzelnen Alkaloide nur sehr geringe Unterschiede aufweisen [10]. Diese polarographische Methode kann auch gut zur quantitativen Bestimmung der Lobelia-Alkaloide in der Droge selbst oder in der Tinktur ausgenutzt werden. Bei Verwendung eines geeigneten Puffers kann man mit der Polarographie Lobelin von Acetophenon, in welches dieses Alkaloid in wäßrigen Injektionslösungen zerfällt, unterscheiden (Abb. 2).

Sehr gut ausgebildete polarographische Kurven im ganzen pH-Bereich liefern Narcein [11] und Nornarcein [12], d.h. zwei Nebenalkaloide des Opiums (Abb. 3). Protopin und Cryptopin [13a], die sich auch im Opium befinden und eine mit einer Doppelbindung konjugierte Ketogruppe tragen, liefern eine polarographische Kurve (Abb. 4) im ganzen pH-Bereich erst nach Überführung in die entsprechenden Methosalze, weil sich bei den eigentlichen Alkaloiden die

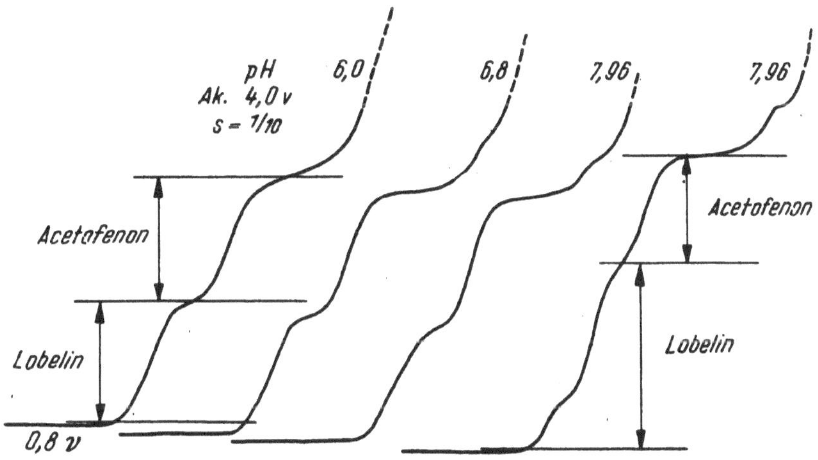

Abb. 2. Gemisch von Lobelin und Acetophenon (ca. $4 \cdot 10^{-4}$ M) in Britton-Robinson-Pufferlösungen von angegebenem pH-Wert. Empf. 1:10

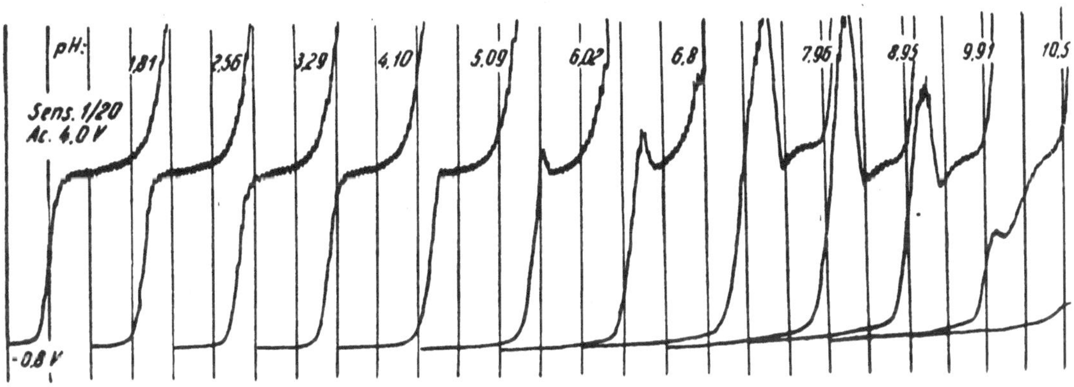

Abb. 3. Narcein in Britton-Robinson-Pufferlösung bei verschiedenem pH-Wert. Resultierende Narceinkonzentration 25 mg%. Kurven von −0,8 V angefangen, 200 mV/Absz., Empf. 1:20

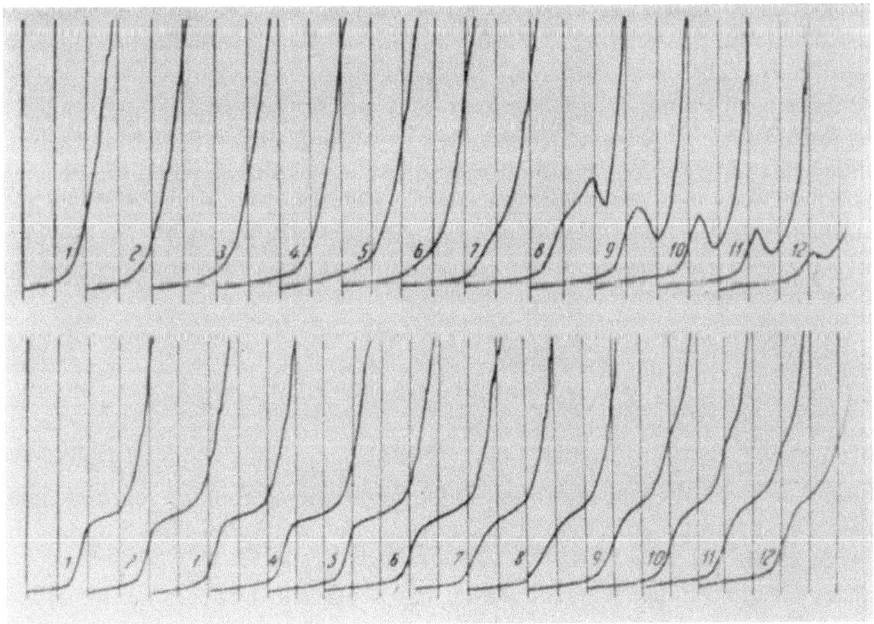

Abb. 4. Abhängigkeit des Protopins (oberes Polarogramm) und des Protopin-Methojodids (unteres Polarogramm) vom pH der Britton-Robinson-Pufferlösung. pH-Wert wie bei der vorhergehenden Abbildung 3

Ketogruppe in Interaktion mit dem tertiären Stickstoff befindet. Die schlechte Reduzierbarkeit der Alkaloide vom Protonin-Typus wurde auch bei der Ermittlung der Konstitution des Muramins [13b] ausgenutzt.

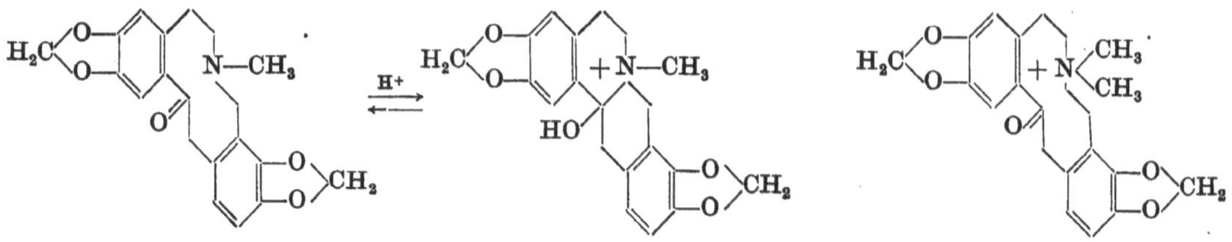

Protopin Protopinmethojodid

Zur Kontrolle der Erzeugungsprozesse eignen sich die Polarographie [14] des Papaveraldins und 3,4-Dihydropapaveraldins (Abb. 5), die zwei Nebenprodukte bei der synthetischen Erzeugung des Papaverins sind, und weiter die Polarographie [15] des Codeinons, Hydroxycodeinons (Abb. 6), Acetoxycodeinons, Pseudocodeinons, Thebainons, meta-Thebainons, Hydroxythebainons, Dihydromorphinons, Dihydrocodeinons und des Dihydrohydroxycodeinons. Bei diesen Codeinon-Verbindungen konnte bisher nicht definitiv entschieden werden, welcher Mechanismus eigentlich zur Reduktion führt. So reduzieren sich z.B. Codeinon in zwei Zweielektronenstufen und Dihydrocodeinon, das sich überhaupt nicht reduzieren sollte, in einer Zweielektronenstufe. Es bleibt die Frage offen, ob sich bei der polarographischen Reduktion neben der Ketogruppe reduktionsmäßig nicht auch die ätherische Brücke zwischen den Ringen A und C öffnet.

Unter den anderen Alkaloiden, die eine Ketogruppe tragen, ist Sinomenin [16] (Abb. 7) aus der Gruppe der Morphin-Alkaloide und Jervin [17] aus der Gruppe der Veratrum-Alkaloide polarographisch reduzierbar. Die Polarographie des Chininons [18] wurde genutzt, um den Mechanismus der Reduktion [19] des Chinins und Chinotoxins zu klären; was Chinotoxin anbelangt, konnte gerade mit Hilfe der Polarographie definitiv nachgewiesen werden, daß es die in der Rinde und in den Tinkturen aus der Rinde des Chinabaumes befindlichen Chinin-Alkaloide konstant begleitet. Es ist dies eine leicht reduzierbare Ketoverbindung (Abb. 8).

Von den Alkaloiden, die eine mit der Doppelbindung konjugierte Carboxylgruppe tragen, sind Arecaidin und noch besser sein Amid [20] polarographisch aktiv.

Die esterifizierte, mit einer Doppelbindung konjugierte Carboxylgruppe, finden wir beim Erythrophlein [21] und bei seinem Derivat, der Erythrophleinsäure, wo die Carboxylgruppe frei ist. Diese beiden Verbindungen sind insbesondere im alkalischen Medium polarographisch gut reduzierbar. Die amidische Gruppierung treffen wir beim Piperin [22, 23] und die Lactamgruppierung beim Ricinin [24] an (Abb. 9). Auch diese Alkaloide sind polarographisch reduzierbar,

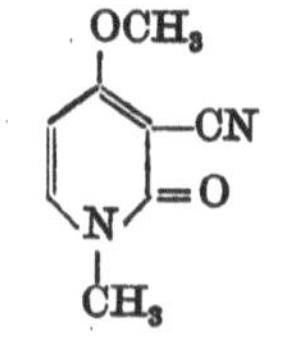

Ricinin

allerdings nur bei wesentlich negativeren Potentialen als Verbindungen mit konjugierter Oxo-Gruppe. Die Polarographie des Piperins kann gut bei seiner Bestimmung in Drogen benutzt werden (Abb. 10).

Eine weitere Gruppe bilden jene Alkaloide, bei denen die Doppelbindung zwischen dem Stickstoff und Kohlenstoff polarographisch reduzierbar ist.

Die Tatsache, daß der Pyridinkern durch vier Elektronen polarographisch reduzierbar ist, hat man bisher bei der Erforschung der Alkaloide nicht ausgenutzt. Hingegen wurde prak-

Abb. 5. Polarographische Kurve des durch 3,4-Dihydropapaveraldin verunreinigten Papaveraldins. 0,001 M Lösung mit Britton-Robinson-Pufferlösung im Verhältnis 1:1 vermischt. Von 0 V an, Empf. 1:10, resultierendes pH 2,66

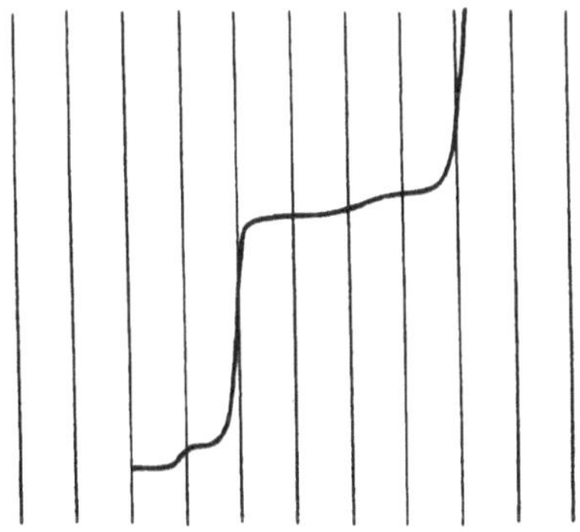

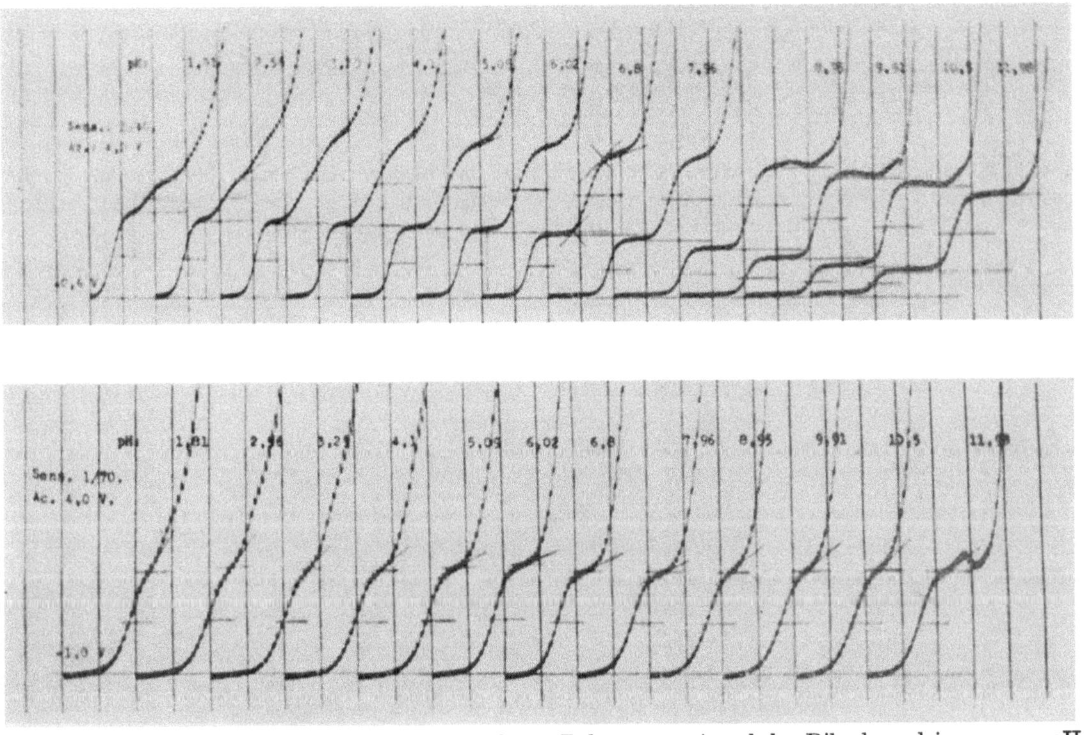

Abb. 6. Abhängigkeit des Hydroxycodeinons (oberes Polarogramm) und des Dihydrocodeinons vom pH der Britton-Robinson-Pufferlösung. 25% Äthanollösung; resultierende Konzentration 25 mg%

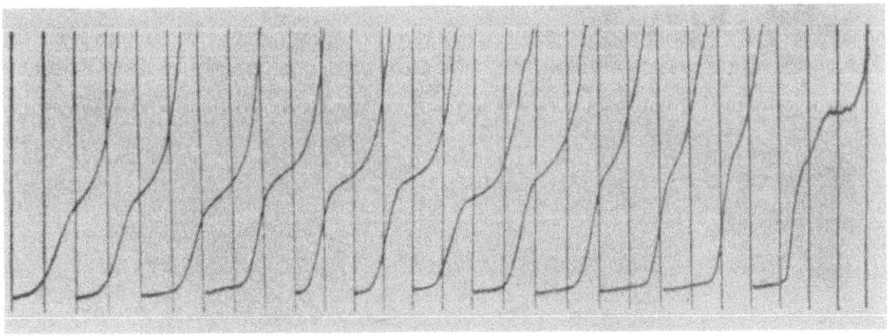

Abb. 7. Sinomenin in Britton-Robinson-Pufferlösung bei verschiedenen pH-Werten. 20 mg Sinomeninhydrochlorid wurden in 100 ml H_2O gelöst. 2 ml dieser Lösung wurden mit 2 ml Britton-Robinson-Puffer vermischt. Resultierendes pH (von links): 2,42; 2,50; 4,27; 4,42; 4,93; 5,89; 6,81; 7,44; 8,24; 8,85; 9,14; 9,78. Kurvenbeginn bei −0,8 V, 1,0 V und 1,2 V, SKE, 200 mV/Absz., Empf. 1:20

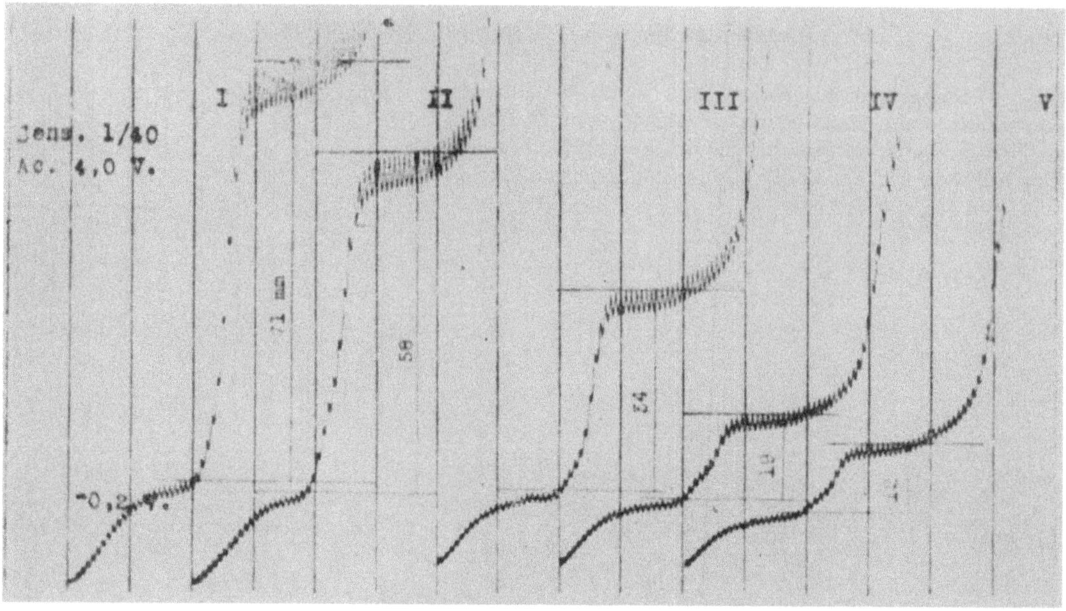

Abb. 8. Bestimmung von Chinotoxin in Chininextrakten verschiedener Herkunft. Die Extrakte wurden mit Wasser im Verhältnis 1:9 verdünnt und nach Vermischen mit dem gleichen Volumen einer Britton-Robinson-Pufferlösung vom pH 4 polarographiert

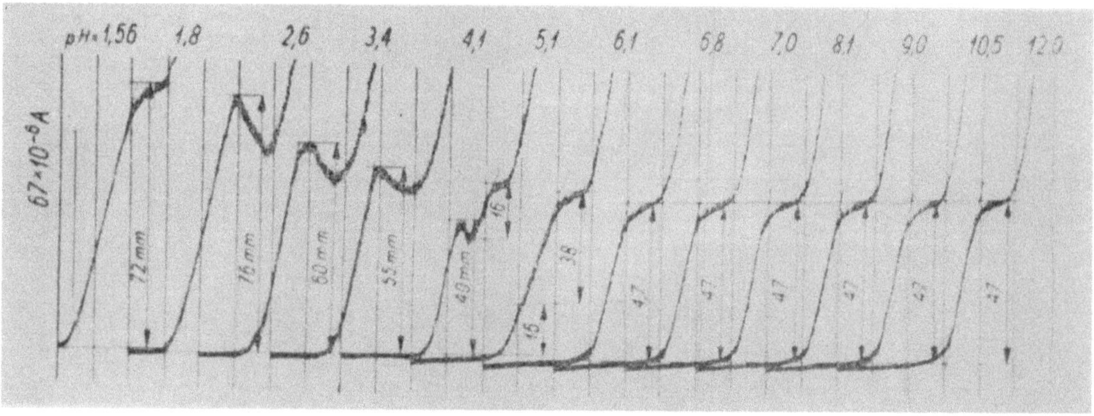

Abb. 9. Piperin in Britton-Robinson-Pufferlösung bei verschiedenen pH-Werten. Resultierende Piperinkonzentration 50 mg% in 50%igem wäßrigen Äthanol

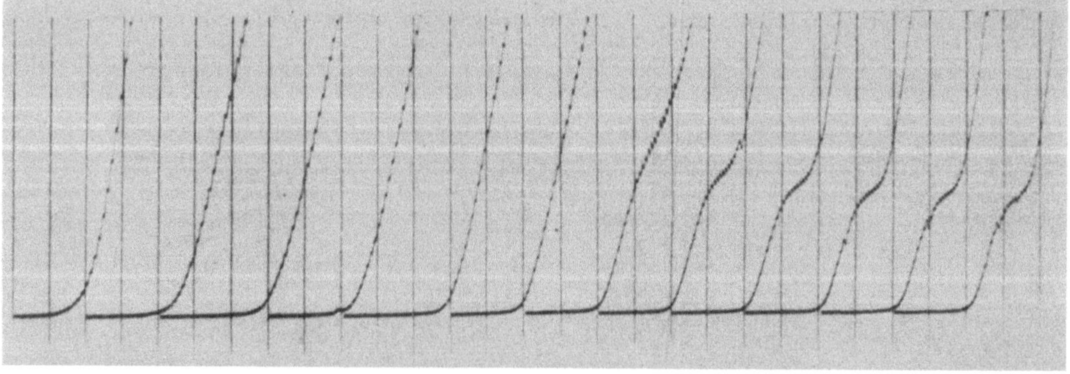

Abb. 10. Abhängigkeit der polarographischen Stufen des Ricinins vom pH der Britton-Robinson-Pufferlösung. 50 mg Ricinin wurden in 100 ml 98%igem Äthanol gelöst. 2 ml dieser Lösung wurden mit 2 ml Puffer vermischt. Resultierender pH-Wert: 1 2,19; 2 3,01; 3 3,86; 4 4,58; 5 5,62; 6 6,51; 7 7,25; 8 8,10; 9 8,78; 10 9,48; 11 9,94; 12 10,76. Kurven 1–3 von –0,8 V; Kurven 4–5 von –1,0 V; die übrigen Kurven von –1,2 V, SKE, 200 mV/Absz., Empf. 1:100, h = 40 cm, m = 3,19 mg/s

tisch sofort nach der Entdeckung der Polarographie die Aufmerksamkeit [25] den Chinolinverbindungen, die insbesondere durch die Chinin-Alkaloide repräsentiert werden, zugewandt. Alle Chinin-Alkaloide [19] reduzieren sich aber bei demselben Halbstufenpotential, so daß auch in diesem Fall die Polarographie nicht verwendet werden kann, um die Alkaloide voneinander zu unterscheiden. Die Summe der Chinin-Alkaloide kann jedoch in pharmazeutischen Präparaten sehr schnell polarographisch bestimmt werden. Beim Chinin und Chinotoxol wird der Chinolinkern [18] mit zwei Elektronen polarographisch reduziert.

Größere Verbreitung fand die Polarographie bei den Isochinolin-Alkaloiden. Das Papaverin [26, 14] selbst ist polarographisch erst im Medium quartärer Salze mit vier Elektronen reduzierbar. Die gestörte Aromatizität des Isochinolin-Ringes verleiht diesen Verbindungen eine weit bessere polarographische Reduzierbarkeit, was bei der Bestimmung des 3,4-Dihydropapaverins und der entsprechenden Emetinverbindungen [27] genutzt werden kann; bei den letzteren gelang es, mit der Polarographie auch schließlich deren Konstitution zu klären. Die Polarographie des 3,4-Dihydropapaverins (Abb. 11) kann vorteilhaft bei der Kontrolle

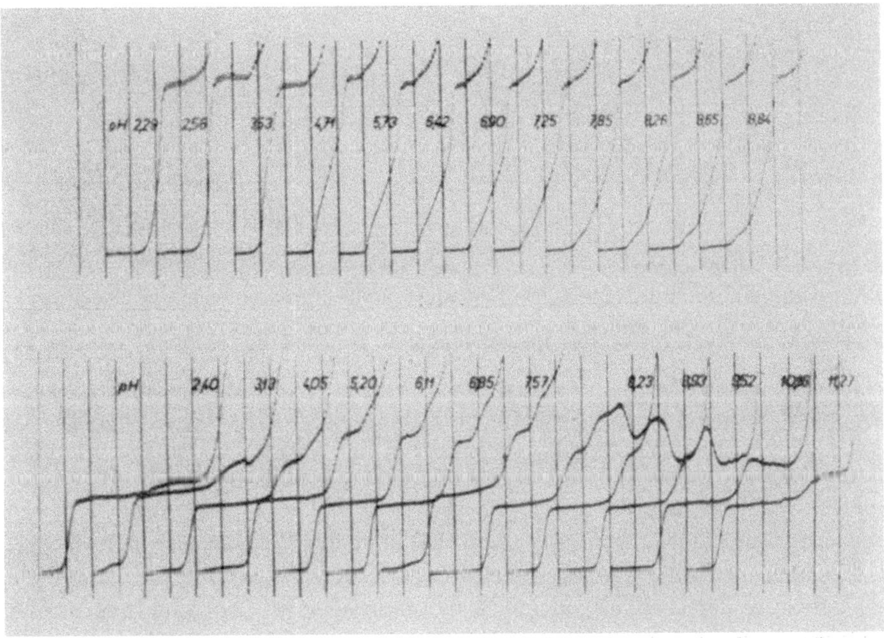

Abb. 11. Abhängigkeit des 3,4-Dihydropapaverins (oberes Polarogramm) und 3,4-Dihydropapaveraldins vom pH der Britton-Robinson-Pufferlösung . 0,001 M alkoholische Lösung, 200 mV/Absz., Empf. 1:15

des Verfahrens bei der Papaverinerzeugung und die Polarographie des O-Methylpsychotrins bei seiner Bestimmung in den Extrakten [28] verwendet werden.

Die Umsetzung [29, 30] der Chinolin- und Isochinolin-Verbindungen in die entsprechenden quartären Basen führt oft zur Verschiebung des Halbstufenpotentials zu weit positiveren Werten, was wiederum bei den Konstitutionsstudien genutzt werden kann.

Einen interessanten Fall bilden Hydrastinin, Cotarnin (Abb. 12), Sanguinarin und Berberin; Hantzsch sprach die Vermutung aus, daß sie in drei tautomeren Formen auftreten können. Bezüglich der ersten zwei Verbindungen ist vorerst auf Grund der polarographischen und UV-spektroskopischen Befunde angenommen worden, daß sich im sauren Medium die Ammonium-Form und im alkalischen die Aldehyd-Form reduziert [31, 32]. Gegen die Existenz der Aldehyd-Form sprachen sich die ungarischen Autoren [33—35] aus.

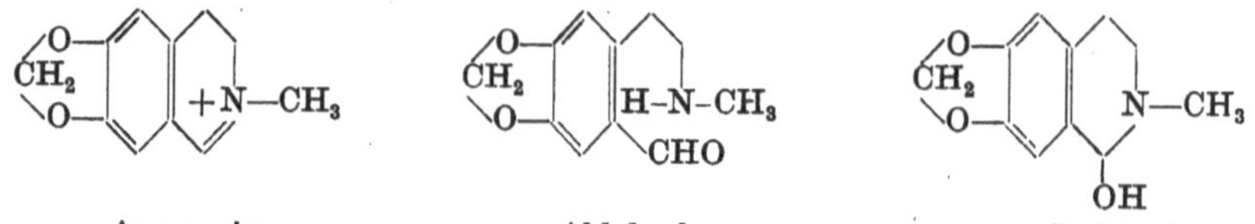

Ammonium- Aldehyd- Carbinol-
Form des Hydrastinins

Die letzte zusammen mit Preininger, Maturová und Zuman [36] durchgeführte Vergleichsstudie läßt ersehen, daß sich Hydrastinin und Cotarnin im alkalischen Medium nur in ihrer Ammonium-Form reduzieren und daß die eine der zwei Stufen, die im alkalischen Medium in Erscheinung treten, dem Adsorptionsphänomen zugeschrieben werden muß.

Die Tatsache, daß Cotarnin und Hydrastinin sehr gut ausgeprägte polarographische Stufen bilden, haben Holubek und Volke [37, 38] bei der indirekten Bestimmung des mit Salpetersäure gespaltenen Narcotins und Hydrastins ausgenützt. Den Mechanismus der Spaltung des

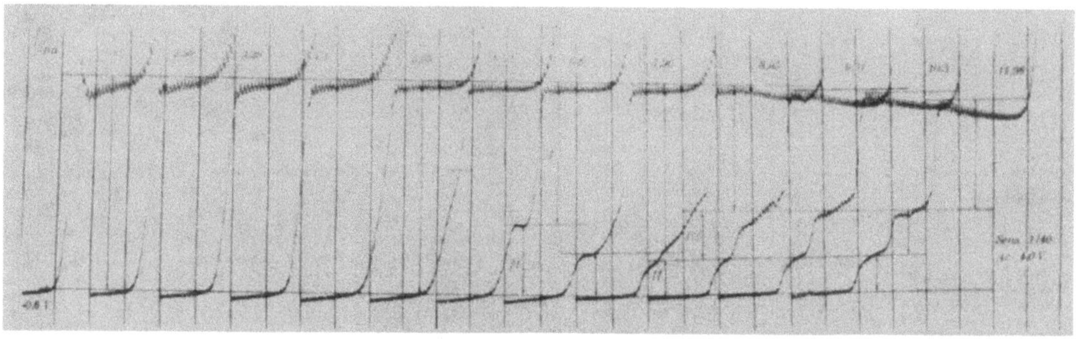

Abb. 12. Polarogramm des Hydrastinins in Abhängigkeit vom pH der Britton-Robinson-Pufferlösung

Narcotolins in Cotarnolin haben Pfeifer [39—41] wie auch Holubek und Volke [42] studiert. Die leichte polarographische Reduzierbarkeit des Hydrastinins erleichterte auch das Studium der Konstitution des Rhoeadins und Rhoeagenins, bei denen die Lactolidgruppe polarographisch nicht reduzierbar ist [43].

Beim Berberin und Sanguinarin [44] (Abb. 13) sind die Verhältnisse jedoch weit komplizierter, weil es sich um keine partiell hydrierten Isochinoline handelt, wie dies beim Hydrastinin und Cotarnin der Fall ist, sondern um substituierte Isochinolinverbindungen des heterozyklischen Ringes B:

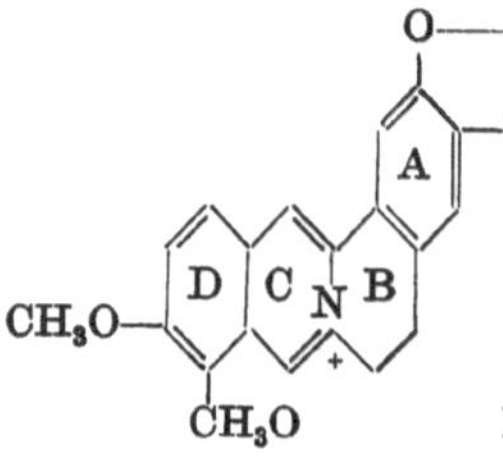

Berberin

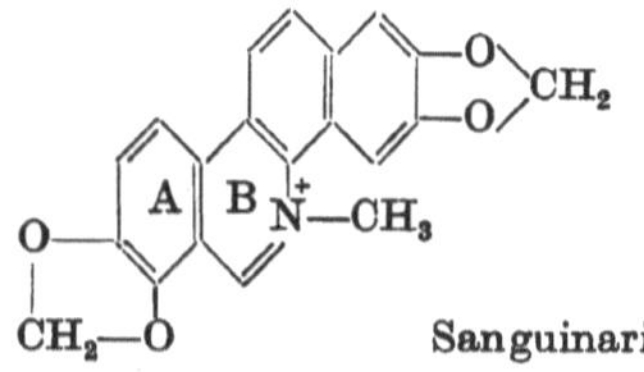

Sanguinarin

Während sich Berberin im sauren Medium durch eine einzige Vierelektronenstufe reduziert, d.h. bei gleichzeitiger Reduktion beider Doppelbindungen des Ringes C, reduziert sich Sanguinarin durch zwei Zweielektronenstufen, von denen die erste auf Grund des Halbstufenpotentials der Reduktion der Doppelbindung N=C entspricht und die zweite, negativere, der Reduktion der Doppelbindung zwischen beiden tertiären Kohlenstoffatomen.

Wir haben uns bemüht, polarographisch auch die Indolalkaloide zu untersuchen. Den Voraussetzungen nach lieferte nur Serpentin [45] aus der Gruppe der quartären Anhydronium-Basen eine polarographische Stufe. Die tertiären Indolbasen und die tertiären Indolin-Basen erwiesen sich als polarographisch inaktiv. Auch das Alkaloid Vincamin [46] aus Vinca minor ist nicht direkt polarographisch reduzierbar, sondern erst nach seiner Überführung in ein Lumiderivat unbekannter Konstitution. Es ist uns nicht gelungen [47], polarographische Stufen auch von Harmin und Vazicin zu erhalten; diese Untersuchungen werden fortgeführt werden.

MAIRANOVSKIJ [48—49] u. Mitarb. kamen auf den Gedanken, Anabasin nach seiner Überführung in das entsprechende N-Oxyd zu bestimmen. Da die Menge der Alkaloide in den

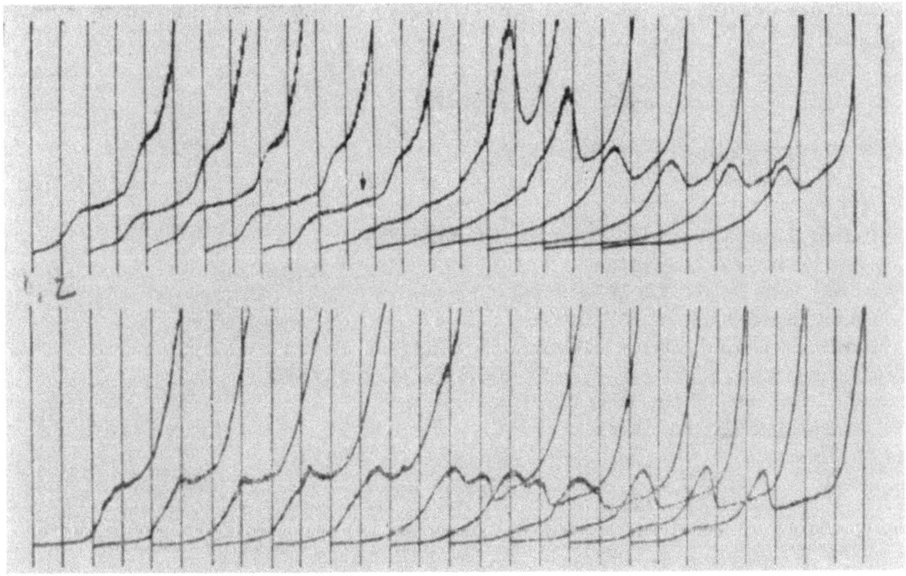

Abb. 13. Abhängigkeit des Sanguinarins (oberes Polarogramm) und Berberins vom pH der Britton-Robinson-Pufferlösung. Resultierende Konzentration ca. 5 mg% in 40%igem wäßrigen Äthanol

Pflanzen und in den Extrakten in Form ihrer Oxyde vertreten sind, könnte dieser Weg auch bei deren Bestimmung begangen werden.

Außer bei den obenerwähnten Arbeiten fand die Polarographie auch beim Studium des Vaddeamins [50], bei der Konstitutionsermittlung der Strychninsäure [51] und des Oxycolchicins [12] Verwendung.

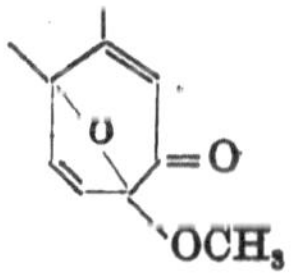

Oxycolchicin

Aus diesem kurzen Referat ist ersichtlich, daß die Polarographie eine ziemlich große Verwendung in der Chemie der Alkaloide (zusammenfassende Referate [52—54]) gefunden hat, und zwar sowohl bei der Analyse als auch bei der Konstitutionsermittlung. Die Polarographie steht mit Recht im Vordergrund Seite an Seite mit den übrigen physikalisch-chemischen Methoden.

Ergänzung bei der Korrektur im Januar 1964:

Es wurde festgestellt (VÁCHA, ČUBA, PREININGER u. ŠANTAVÝ — bisher noch nicht publiziert), daß die Rinde des Chinabaumes neben Chinin-Alkaloiden und Chinotoxinen auch die entsprechenden Chininone enthält. Die vorhandene Menge der beiden letztgenannten Alkaloide kann aus den polarographischen Kurven, die im sauren und alkalischen Bereich erzielt wurden, errechnet werden.

SUMMARY

A survey of the so far carried out polarography of the alkaloids has been presented. The utilization of the polarography for the quantitative determination of these substances in the plant-extracts or, for the study of the structure of the so far unknown alkaloids, has been suggested.

Literatur

[1] Šantavý, F., Čas. lékaru čes. 81, 1160 (1942).
[2] —, Collection Czechoslov. Chem. Commun. **14**, 145 (1949); Spisy lék. fak. Masaryk Univ. **19**, 149 (1945—46).
[3] —, Collection Czechoslov. Chem. Commun. **22**, 652 (1957).
[4] —, Čas. čes. lékárn. **57**, 11 (1944).
[5] —, Pharmac. Acta Helvet. **23**, 380 (1948).
[6] —, Pharmaz. Zentralhalle **96**, 387 (1957).
[7] —, Collection Czechoslov. Chem. Commun. **16**, 665 (1951).
[8] Nyman, P., Reimers, F., Dansk. Tidsskr. Farmaci. **15**, 292 (1941).
[9] Šantavý, F., Čas. čes. lékárn. **56**, 1 (1943).
[10] —, Čas. čes. lékárn. **57**, 190 (1944).
[11] Hobza, J., Šantavý, F., Čas. čes. lékárn. Věd. příl. **62**, 86 (1949).
[12] Cross, A. D., Šantavý, F., Trivedi B.: Collection Czechoslov. Chem. Commun. **28**, 3402 (1963).
[13a] Slavík, J., Slavíková, L., Preininger, V., Šantavý, F., Collection Czechoslov. Chem. Commun. **21**, 1058 (1956).
[13b] Maturová, M., Moza, B. K., Sitař, J., Šantavý, F., Planta Med. [Stuttgart] **10**, 345 (1962).
[14] Maturová, M., Tschu-Shun, Čtvrtník, J., Šantavý, F., Collection Czechoslov. Chem. Commun. **25**, 3321 (1960).
[15] Šantavý, F., Černoch M., Chem. Listy **46**, 81 (1952).
[16] Maturová, M., Tělupilová-Krestýnová, O., Šantavý, F., Chem. Listy **49**, 566 (1955).
[17] Preininger, V., Šantavý, F., Chem. Listy **52**, 140 (1958).
[18] Bartek, J., Černoch, M., Šantavý, F., Chem. Listy **47**, 461 (1953).
[19] Šantavý, F., Spisy lék. fak. Masaryk. Univ. [Brno] **19**, 29 (1945—46).
[20] Sapara, V., Chem. Listy **45**, 454 (1951).
[21] Talaš, M., Šantavý, F., Chem. Listy **45**, 457 (1951)
[22] Šantavý, F., Hanč, O., Čas. čes. lékárn. **57**, 75 (1944).
[23] Hanč, O., Šantavý, F., Čas. čes. lékárn. **47**, 40 (1946).
[24] Maniš, V., Horák, M., Brabenec, J., Šantavý, F., Acta Univ. Olomouc. **20**, 21 (1960).
[25] Pech, J., Collection Czechoslov. Chem. Commun. **6**, 190 (1934).
[26] Bezuglyj, V. D., Ž. obšč. Chim. **24**, 2190 (1954).
[27] Maturová, M., Hrbek, Jar. Jun., Šantavý, F., Arch. Pharm. **294**, 25 (1961).
[28] Maturová, M., Chem. Zvesti **16**, 375 (1962).
[29] Ender, F., Moisar, E., Schäfer, K., Teuber H. J., Z. Elektrochem., Ber. Bunsenges. physik. Chem. **63**, 349 (1959).
[30] Preininger, V., Maturová, M., Šantavý, F., I. Symposium (1962), vgl. A—10.
[31] Šantavý, F., Chem. Listy **40**, 35 (1946); Collection Czechoslov. Chem. Commun. **14**, 377 (1949).
[32] Coufalík, E., Šantavý, F., Collection Czechoslov. Chem. Commun. **19**, 457 (1954).
[33] Györbiró, K., Periodica Polytechnica Hung. **3**, 267 (1959); **4**, 61 (1960).
[34] Beke, D., Ung. Symposium „Chemie der Naturstoffe und pharmakologisch wirksamer Verbindungen" in Budapest 1959.
[35] Györbiró, K., J. Electroanal. Chem. **2**, 259 (1961).
[36] Preininger, V., Maturová, M., Šantavý, F., Zuman, P., bisher nicht publiziert.
[37] Holubek, J., Volke, J., Pharmaz. **11**, 577 (1956).
[38] —, —, Pharmaz. **12**, 261 (1957).

[39] PFEIFER, S., WEISS, F., Arch . Pharmaz. **289/61**, 24 (1956).
[40] —, —, Pharmaz. **10**, 658 (1955).
[41] PFEIFER, S., Arch. Pharmaz. **290/62**, 209 (1957).
[42] HOLUBEK, J., VOLKE, J., Collection Czechoslov. Chem. Commun. **24**, 1436 (1959).
[43] ŠANTAVÝ, F., MATUROVÁ, M., NĚMEČKOVÁ, A., HORÁK, M., Collection Czechoslov. Chem. Commun. **25**, 1901 (1960).
[44] BARTEK, J., ŠANTAVÝ, F., Chem. Listy **47**, 1617 (1953).
[45] HRUBAN, L., NĚMEČKOVÁ, A., ŠANTAVÝ, F., Acta Univ. Olomouc. **16**, 5 (1958).
[46] DAMOKOS, T., Acta Chim. Acad. Sci. Hung. **27**, 105 (1961).
[47] MATUROVÁ, M., bis heute nicht publiziert.
[48] MAIRANOVSKIJ, S. G., BARASHKOVA, N. V., ALASHEV, F. D., Zhur. Fiz. Khim. **35**, 435 (1961).
[49] MAIRANOVSKIJ, S. G., BARASHKOVA, N. V., ALASHEV F. D., ZVORYKINA V. K., Izvest. Akad. Nauk SSSR, Otdel. Khim. Nauk 1960, 938.
[50] TIMBEKOV, E. K., YAMATOVA, R. S., SADYKOV, A. S., Zhur. Priklad Khim. **33**, 751 (1960).
[51] TEUBER, H. J., FAHRBACH, E., Chem. Ber. **91**, 713 (1958).

Zusammenfassende Referate

[52] BŘEZINA, M., ZUMAN, P., Die Polarographie in der Medizin, Biochemie und Pharmazie. Akademische Verlagsgesellschaft, Leipzig 1956.
[53] ŠANTAVÝ, F., Chemia Analityczna [Warszawa] **3**, 357 (1958).
[54] —, Pharmazie **15**, 676 (1960).
[55] SCHULTZ, O. E., ZYMALKOWSKI, F., Die quantitative Bestimmung der Alkaloide in Drogen und Drogenzubereitungen. F. Enke Verlag, Stuttgart 1960.

A—2

Polarographie einiger Vitamine der B-, K- und E-Gruppe als Beitrag zum Studium ihrer chemischen und biochemischen Reaktionen

E. Knobloch

Institut für Pharmazie und Biochemie, Prag

Das Referat befaßt sich mit den bei der Applikation der physikalischen Methoden auf die chemische Forschung einiger Vitamine der B-, K- und E-Gruppe erzielten Ergebnissen. Die Untersuchungen waren von dem Bestreben geleitet, die physikalisch-chemische Charakterisierung der erwähnten Vitamine der B-Gruppe unter Berücksichtigung ihrer Bedeutung als prosthetische Gruppe einiger enzymatischer Redoxsysteme zu ergänzen. Im Falle der Vitamin-K- und E-Gruppe wird auf die Möglichkeit der Anwendung der polarographischen Methode beim Studium des Reaktionsmechanismus als geeignete analytische Methode hingewiesen.

1. Vitamine der B-Gruppe

1.1 Riboflavin

Bei der polarographischen Erforschung wurde festgestellt (Abb. 1), daß dieses Vitamin sich bei Reduktion an der Hg-Elektrode als vollkommen reversibles System verhält. Es wurde die Abhängigkeit der Reduktion vom pH untersucht und ein Vergleich mit den bereits

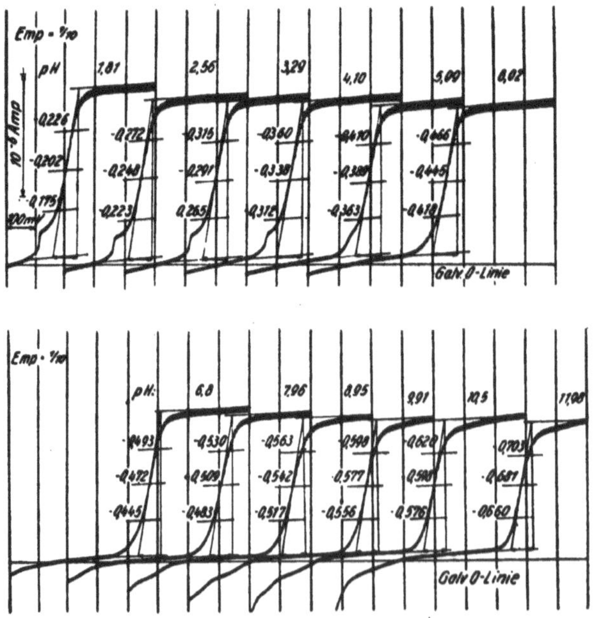

Abb. 1. Stromspannungskurven einer $3{,}2 \cdot 10^{-4}$ m Riboflavinlösung bei 20° für die angegebenen pH-Werte mit den 1/4-, 1/2- und 3/4-Potentialwerten in bezug auf die Normal-Kalomelelektrode (nach Brdička und Knobloch)

früher von KUHN, MICHAELIS und anderen [1, 3] nach der potentiometrischen Methode erzielten Ergebnissen durchgeführt. Die Ergebnisse stimmen sehr gut überein, wie aus Abb. 2 hervorgeht, die die Abhängigkeit der Redoxpotentiale des Riboflavin vom pH ausdrückt.

Theoretisch befaßten sich mit den biochemischen bedeutsamen Redoxsystemen MICHAELIS u. Mitarb. [4]. BRDIČKA [5] arbeitete die Applikation der *Michaelis*-Kriterien aus, die den Austausch der Elektronen des Redoxsystemes und die polarographischen Kurven dieser Systeme betreffen. Durch diese Arbeit wurde erwiesen, daß die polarographischen Kurven der reversiblen Redoxsysteme praktisch den potentiometrischen Kurven gleichwertig sind und daß sie zur Berechnung verschiedener charakteristischer Konstanten dieser Systeme, z. B. Semichinonbildungskonstante, verwendbar sind. Von den potentiometrischen Kurven unterscheiden sich die polarographischen Kurven des Riboflavins nur durch das Auftreten

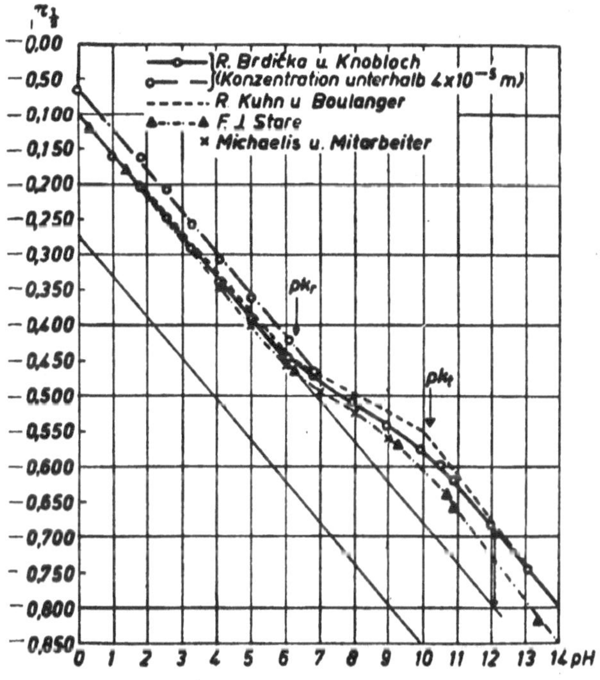

Abb. 2. Die Halbstufenpotentiale des Riboflavin bei 20 °C in bezug auf die N-Kalomelelektrode in Abhängigkeit vom pH und die Normal-Redoxpotentiale nach anderen Autoren (nach BRDIČKA und KNOBLOCH)

einer charakteristischen Vorstufe, die im sauren pH-Bereich beobachtet werden kann. Diese Vorwelle, die in typischer Weise von der Konzentration abhängt, wurde der Adsorption des Reduktionsproduktes von Riboflavin an der Elektrode zugeschrieben. Wir befaßten uns ferner mit dem Studium des Mechanismus der Reduktion von Riboflavin mit Rücksicht auf die beträchtliche Bedeutung dieses Prozesses bei der Übertragung von Elektronen in biochemischen Systemen unter besonderer Berücksichtigung eines intermediären Reduktionsproduktes (Semichinon). Bereits im Jahre 1937 beobachtete HAAS [6], daß bei der Reduktion des gelben Ferments durch Triphosphopyridinnucleotide eine Rotfärbung auftritt, die bereits damals dem intermediären Reduktionsprodukt FAD zugeschrieben wurde. In letzter Zeit bewiesen MASSEY und GIBSON [7] beim Studium der Funktion der Dehydrogenase der Liponsäure, die auch unter dem Namen STRAUBsche Diaphorase bekannt ist, daß bei diesem Prozeß die semichinoide Form des Koenzyms gebildet wird und daß die Funktion des Enzyms an den Übergang der volloxydierten Form zur semichinoiden gebunden ist. Beim Studium der Reaktionsbedingungen der erwähnten Reaktion wiesen sie nach, daß bei völliger Reduktion des Flavinadenin-Dinucleotids (FAD) vollkommene Hemmung der genannten enzymatischen Reaktion eintritt. Die Stabilisierung der semichinoiden Form wird dem gegebenen enzymatischen System DPN zugeschrieben.

Zur polarographischen Untersuchung verwendeten wir sowohl eigene Beobachtungen als auch Beobachtungen anderer Autoren, daß in saurem Medium bei der Reduktion von Riboflavin vorübergehend farbige Zwischenprodukte gebildet werden, die aber wiederum sehr rasch verschwinden. Wir beobachteten, daß in extrem saurem Medium (z. B. in verdünnter Schwefelsäure) Zwei-Elektronenreduktionswellen des Riboflavins in zwei Stufen aufgetrennt werden, wobei die charakteristische Vorstufe der Adsorption mit der positiveren Stufe gleichzeitig verschmilzt (Abb. 3).

Zur Erläuterung dieser Zweistufen-Reduktion von Riboflavin in stark saurem Medium untersuchten wir spektrographisch sein Verhalten unter den erwähnten Bedingungen und

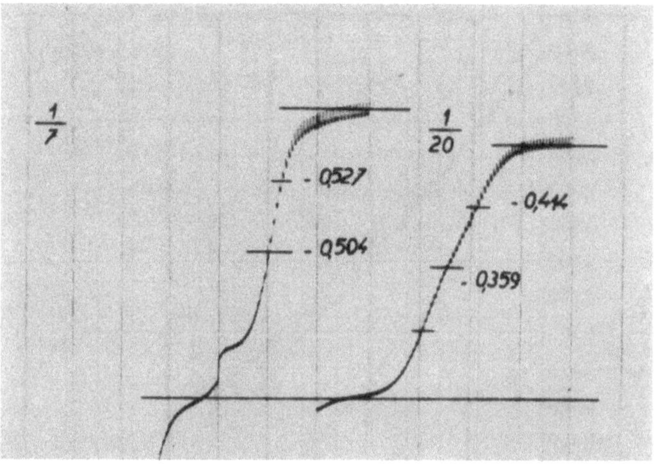

Abb. 3. Polarogramme des Riboflavins in Pufferlösung Clark und Lubbs, pH = 2, $c = 2{,}5 \cdot 10^{-4}$ m und in 40% H_2SO_4 $c = 10^{-3}$ m, 100 mV/Absz., Potential gegen SKE

stellten fest, daß sich das Spektrum auf diesem Gebiet in charakteristischer Weise ändert (Abb. 4). Beim Auftragen der Extinktion in Abhängigkeit vom pH und von der Konzentration der Schwefelsäure erhält man eine Kurve, die der Dissoziationskurve der Säuren entspricht (Abb. 5).

Die beobachtete Änderung des Absorptionsspektrums von Riboflavin ist reversibel. Wir schreiben die beobachtete Änderung des UV-Spektrums der Protonisierung des Riboflavinmoleküls zu. Die entsprechende Dissoziationskonstante der protonisierten Form wurde aus den Spektraldaten unter Verwendung des von Flexer und Hammett [8] vorgeschlagenen Verfahrens berechnet. Als Grundlage für die Berechnung wurde das Medium von 1 N H_2SO_4 gewählt, und die Werte für die protonisierte und freie Form wurden aus den Lösungen im Medium von 40% H_2SO_4 und im Clark- und Lubbs-Puffer von pH 2 gemessen (Abb. 6). Für pK_H wurde der Wert 0,26 berechnet. Bereits vor uns wurde der annähernde Wert dieser Konstante auf Grund der Fluoreszenzmessung von Kuhn und Moruzzi [9] ermittelt. In dem durch die Dissoziationskurve gegebenen Bereich verläuft parallel auch die Veränderung der polarographischen Kurve zu einer Zweistufenreduktion, die sich von 40% H_2SO_4 an nicht mehr ändert.

Auf Grund der angeführten Versuche erklären wir die Zweistufenreduktion des Riboflavins in stark saurem Medium durch die stufenweise Aufnahme beider Elektronen. Daraus erhellt, daß die protonisierte Form das erste Elektron leichter aufnimmt und daß sie also sehr leicht die semichinoide Form bildet. Die totale Reduktion des Semichinons zur Leukoform verläuft dabei bei einem bedeutend negativeren Potential. Die Bildung des Semi-

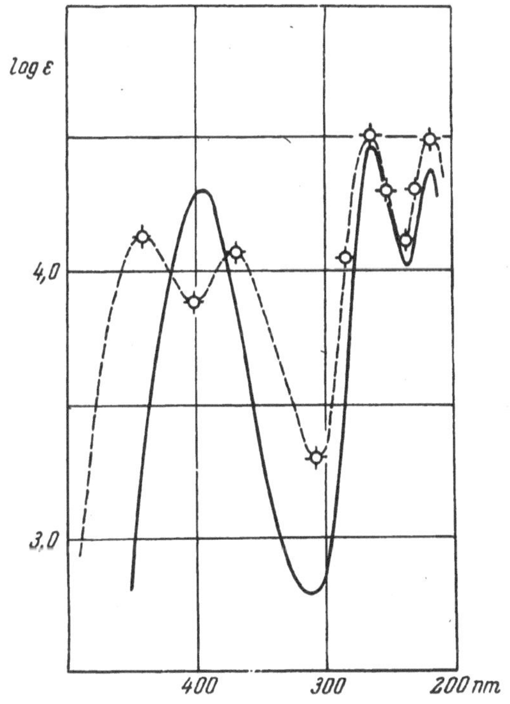

Abb. 4. Ultraviolett-Absorptionsspektrum des Riboflavins in Pufferlösung CLARK und LUBBS, pH = 2,0 (· · · · · ·) und in 40% H_2SO_4 (———) $c = 2{,}0 \cdot 10^{-5}$ m, Zelle 1 cm Spektrophotometer Unicam SP 700

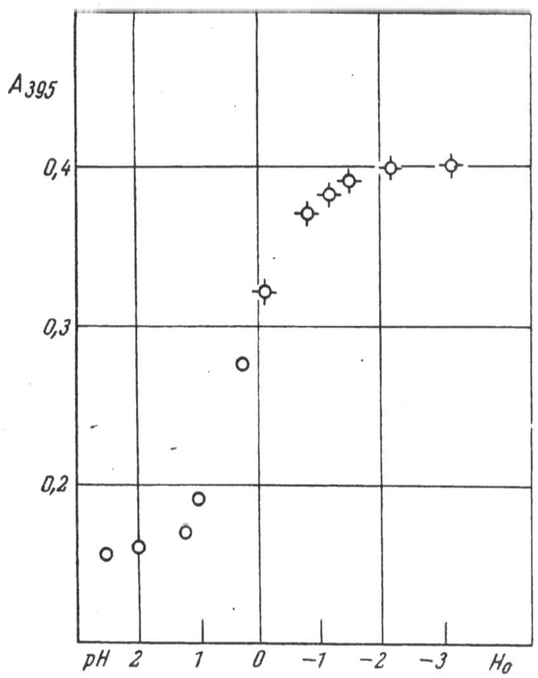

Abb. 5. pH-Abhängigkeit der Extinktion des Riboflavins bei 395 nm Konzentration $2{,}0 \cdot 10^{-5}$ m, Zelle 1 cm. Spektrophotometer Unicam SP 700

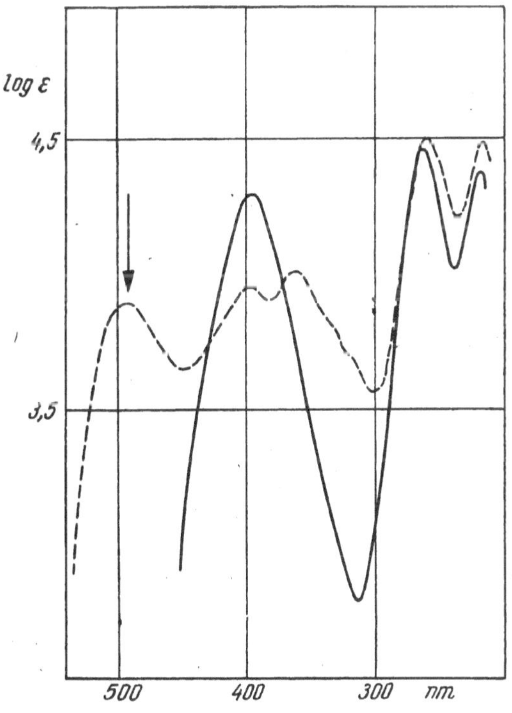

Abb. 6. UV-Absorptionsspektrum von Riboflavin in 40% H_2SO_4 Konzentration $2{,}0 \cdot 10^{-5}$ m (———) und Spektrum nach Zusatz von 1 Äquivalent $TiCl_3$ (· · · · · ·) Spektrophotometer Unicam SP 700

chinons in diesem Medium wurde spektroskopisch nach Reduktion mittels Titan-(III)-chlorid bestätigt. Nach Zusatz von 1 Äquivalent Reduktionsmittel in Stickstoffatmosphäre trat Rosafärbung auf, und das Absorptionsspektrum des Reaktionsgemisches enthielt die für das semichinoide Radikal charakteristische Bande bei 500 nm, wie bereits früher von BIENERT [10] beschrieben wurde.

Die entsprechende Bildungskonstante von Semichinon, die aus Indexpotentialen nach MICHAELIS und BRDIČKA berechnet wurde, hat einen Wert von annähernd 10 (in 40% H_2SO_4), und die polarographische Kurve entspricht sehr gut der für diesen Wert abgeleiteten theoretischen Kurve. Damit sind die Bedingungen für das experimentelle Studium des Semichinons bzw. des Dimeren von Riboflavin unmittelbar in der Lösung gegeben. Die polarographische Zweistufenreduktion des Riboflavins im Puffer pH 2,3 wurde auch von MERKEL und NICKERSON [11] beschrieben. Es wurde jedoch mit äußerst geringen Riboflavinkonzentrationen (10^{-4} M) gearbeitet, so daß die beobachtete positivere Welle nicht mit der von uns beschriebenen Welle, sondern mit der Adsorptions-Vorstufe identisch ist, die in diesem Bereich sehr deutlich zur Geltung kommt und einen Zweistufen-Prozeß immitiert.

1.2 Schardinger Enzym

Als Flavoproteid wurde von uns das *Schardinger*-Enzym polarographisch untersucht, und zwar wurde die enzymatische Oxydation von Hypoxanthin und Salicylaldehyd durch Sauerstoff und verschiedene andere Oxydationsmittel ermittelt. Die Arbeit war auf die Lösung

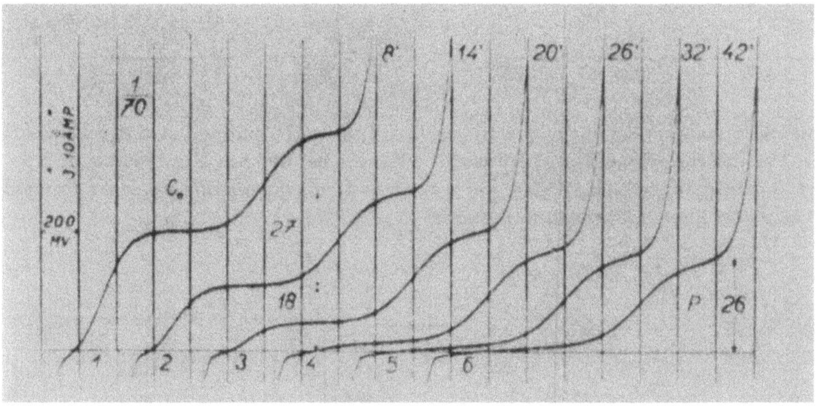

Abb. 7. Polarographische Untersuchung der Oxydation von Hypoxanthin durch Sauerstoff unter der Wirkung der Milchxanthinoxydase (Bildung von Wasserstoffsuperoxyd), (nach KNOBLOCH)

des Problems ausgerichtet, ob das *Schardinger*-Enzym einen Enzymkomplex mit der Funktion Xanthin- und Aldehyd-Oxydase darstellt oder ob beide Funktionen von einem Enzym ausgeübt werden [12] (Abb. 7 u. 8).

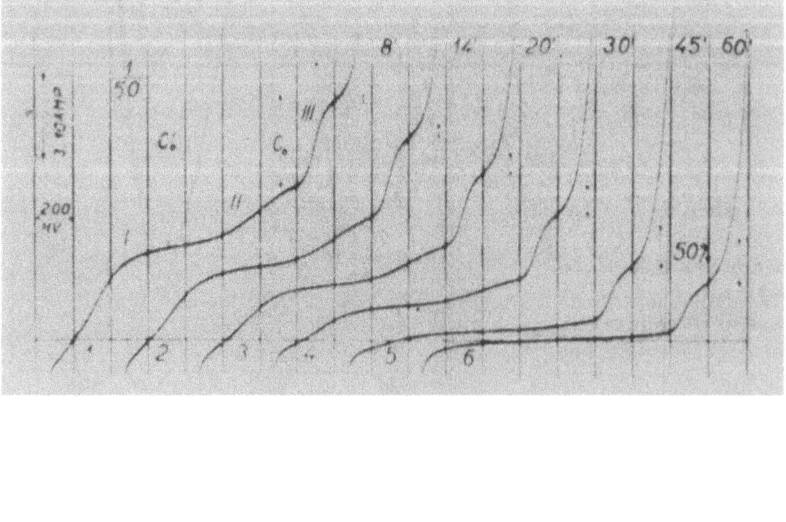

Abb. 8. Polarogramm, an welchem die Wirkung der Milchaldehydoxydase (*Schardinger*-Enzym) auf das System Sauerstoff Salicylaldehyd dargestellt ist (nach KNOBLOCH)

1.3 *Nicotinsäureamid*

Bei der polarographischen Untersuchung des Nicotinsäureamids, das den wesentlichen Teil der bekannten Cofermente der Codehydrase I und II bildet, wurde die hauptsächliche Aufmerksamkeit einer bei der Polarographie von Pyridinderivaten in sauren und neutralen Lösungen beobachteten interessanten Erscheinung gewidmet. Bei den untersuchten Derivaten tritt Abnahme der Wasserstoffüberspannung ein, wie an dem folgenden Bild ersichtlich ist (Abb. 9).

Beim näheren Studium dieser Erscheinung wurde festgestellt, daß die katalytischen Ströme bei Reduktion der protonisierten Formen der Pyridinbasen durch Reaktion im heterogenen System entstehen. Aus dem an der Elektrode adsorbierten Katalysator wird Wasserstoff freigesetzt, und die Regenerierung des Katalysators an der Elektrodenoberfläche erfolgt unter dem Einfluß des Dissoziationsgleichgewichtes. Leitvorgang der Gesamtreaktion ist gemäß J. Heyrovský die langsame Molarisierung von Wasserstoff:

$$H_{ads} + H^+ + e^- \rightarrow H_2$$

Die katalytische Wasserstoffwelle ist charakterisiert durch ihre Unabhängigkeit von der Reservoirhöhe und durch ihre bedeutende Abhängigkeit von der Pufferkonzentration. Bei näherer Untersuchung verschiedener Pyridinderivate wurde festgestellt, daß die Wasserstoff-Überspannung eine Funktion der Dissoziationskonstante der protonisierten Form (Basizität des Moleküls) darstellt. Weiter befaßte sich mit

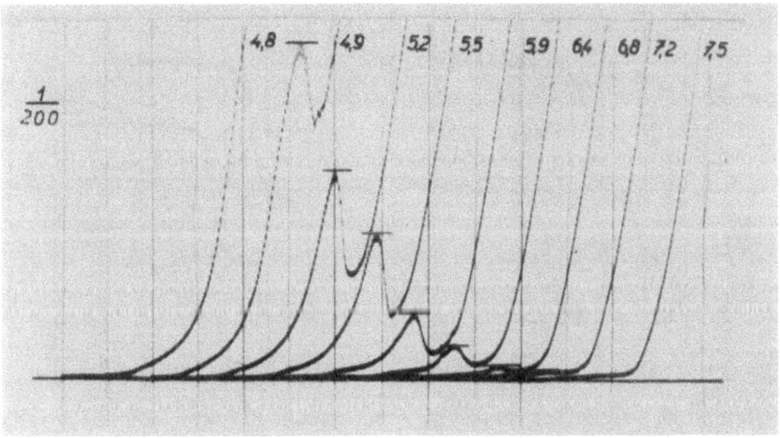

Abb. 9. Polarogramm der Reduktion von Nikotinsäureamid in pH-Abhängigkeit $c = 6 \cdot 10^{-5}$ m, Puffer Veronal-Acetat. Anfang der Stromspannungskurven bei $-1{,}0$ V. Potential gegen SKE

diesem Problem von Stackelberg mit seiner Schule [13], der dieses Phänomen an einer ganzen Reihe weiterer Stickstoffverbindungen untersuchte. In letzter Zeit beschäftigte sich mit diesem Problem vor allem in theoretischer Hinsicht Mairanovskij [14]. Er hat beim Studium dieses Phänomens in der Reihe der Pyridinhomologen darauf aufmerksam gemacht, daß man hier unter bestimmten Bedingungen auch mit der Reaktion in Volumen (homogen) zu rechnen hat. Bis jetzt wurde noch kein Zusammenhang zwischen der katalytischen Wasserstoffabscheidung an der Hg-Elektrode und der Funktion des Pyridin-Nukleotids als Katalysator der Wasserstoffübertragung in biochemischen Systemen gefunden.

2. Vitamine der K-Gruppe

Die Vitamine der K-Gruppe eignen sich zum polarographischen Studium besonders, da es sich zumeist um Chinone und um andere an der Hg-Elektrode leicht reduzierbare Substanzen handelt.

2.1 Vitamin K_5 (2-Methyl-1,4-Aminonaphthol)

Diese Substanz wird als Arzneimittel mit antihaemorrhagischer Wirkung günstig verwendet, da sie sich zum Unterschied von den übrigen Vitaminen der K-Gruppe in Wasser leicht lösen und daher zur Darstellung von intravenös anwendbarer Injektionslösungen geeignet ist.

Die Oxydation:

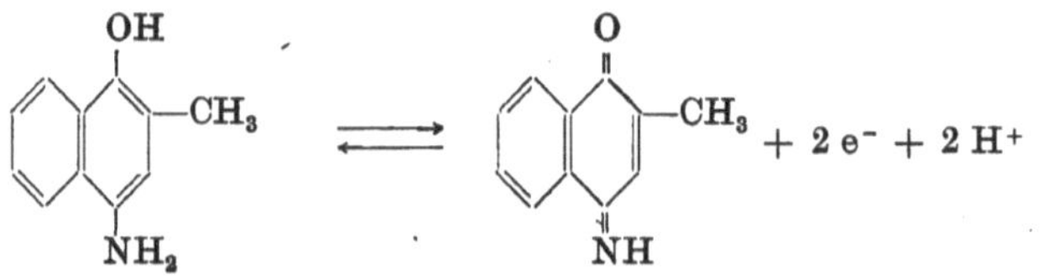

des Vitamins K_5 ergibt eine reversible anodische Stufe, die dem zweielektronen Elektrodenprozeß entspricht. Als Oxydationsprodukt entsteht das entsprechende Chinonimin. Die Substanz wurde in Lösung der Oxydation unterworfen, und zwar unter Verwendung von Kaliumferricyanid als Oxydationsmittel, und die Bildung des entsprechenden Chinonimins wurde polarographisch verfolgt (Abb. 10), das sich durch eine Reduktionsstufe geltend macht. Beim Vergleich der polarographisch ermittelten Redoxpotentiale mit den potentiometrisch

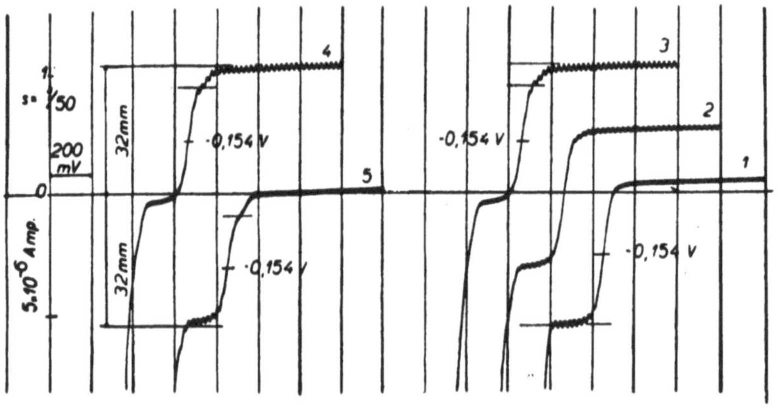

Abb. 10. Polarogramm der reversiblen Oxydation von Vitamin K_5 mit Kaliumferricyanid (1, 2, 3) und wiederholte Reduktion mit Wasserstoff in Anwesenheit von Pd dargestellt. Pufferlösung Britton-Robinson pH 7,0, $c = 10^{-3}$ m, Potential gegen SKE

bestimmten Werten wurde vollkommene Übereinstimmung festgestellt. Zum Vergleich sind im Diagramm 11 auch die Werte für Vitamin K_3, d. h., 2-Methyl-1,4-naphthochinon und p-Aminophenol, als Modellsubstanz angeführt.

Bei der Untersuchung des zeitlichen Verlaufes der Hydrolyse beobachteten wir an den Kurven des primären Oxydationsproduktes von Vitamin K_5 die Bildung einer neuen Reduktionsstufe bei negativerem Potential, das mit fortschreitender Zeit auf Kosten der ursprünglichen Chinoniminstufe zunimmt (Abb. 12).

Diese Erscheinung wird durch Hydrolyse des primären Oxydationsproduktes von Vitamin K_5 zum entsprechenden Chinon und Ammoniak erklärt. Das Hydrolyseprodukt wurde als 2-Methyl-1,4-naphthochinon polarographisch, spektroskopisch und durch Schmelzpunkt identifiziert.

Neben Ferricyanid wurde als Oxydationsmittel auch Luftsauerstoff verwendet. Wie auf dem weiteren Bild Abb. 13 ersichtlich ist, entsteht bei Oxydation von Vitamin K_5 durch Luftsauerstoff als Nebenprodukt Wasserstoffsuperoxyd.

Bei Untersuchung der pH-Abhängigkeit der Reaktionsgeschwindigkeit der Hydrolyse wurde festgestellt, daß sie wesentlich von der Wasserstoffionen-Konzentration abhängt. Beim Auftragen der Geschwindigkeitskonstanten der Hydrolyse gegen pH im logarithmischen Maßstab erhielten wir eine typische Dissoziationskurve, aus der ein pK-Wert graphisch ermittelt werden konnte; es wurde der Wert $pK = 6,15$ und entsprechend $K_H = 7,08 \cdot 10^{-7}$ gefunden (Abb. 14).

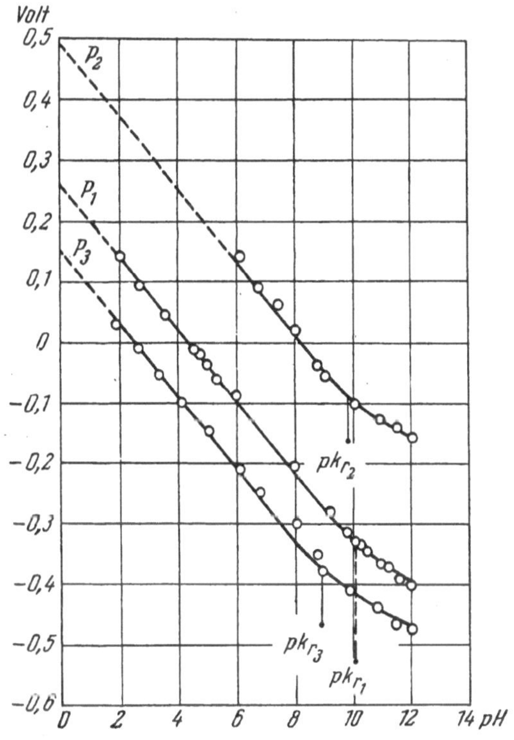

Abb. 11. Abhängigkeit der Redox-Potentiale vom pH-Wert bei 2-Methyl-1,4-Aminonaphthol (P_1), 2-Methyl-1,4-Naphthochinon (P_2) und p-Aminophenol (P_3). Potential gegen SKE (nach KNOBLOCH)

Aus der Abbildung ist ersichtlich, daß die experimentelle Kurve mit der für $pK_H = 6,15$ berechneten Kurve gut übereinstimmt. Durch dieses kinetische Experiment wurde eigentlich die Dissoziationskonstante der protonisierten Form von Chinonimin bestimmt, deren direkte Bestimmung mit Rücksicht auf die Unbeständigkeit dieser Substanz sehr schwierig wäre. Die entsprechende Dissoziationskonstante der reduzierten Form hat den Wert $pK_r = 4,90$, woraus erhellt, daß das Imin basischer als die ursprüngliche Substanz ist. Die experimentelle Kurve limitiert den durch die Geschwindigkeitskonstante $6,5 \cdot 10^{-5}$ sec^{-1} charakterisierten Wert. Dieser langsame Zerfall macht sich noch in einem Bereich geltend, in dem bereits die Konzentration der protonisierten Form vernachlässigt werden kann. Vorläufig fehlt uns eine Erklärung für dieses Phänomen. Auf diese Weise wurde erwiesen, daß das primäre Oxydationsprodukt von Vitamin K_5 das entsprechende Chinonimin darstellt, das weiter zum Vitamin K_3 hydrolysiert wird. Damit erklärt sich auch die biologische Wirksamkeit des Vitamins K_5, das, obwohl es kein Chinon ist, die gleiche biologische Wirksamkeit wie das Vitamin K_3 aufweist. Zur Information, wie sich diese reduzierende Substanz im Blut verhält, wurde ihre Oxydation durch Oxyhämoglobin der roten Blutkörperchen in Phosphatpuffer pH 6,8 untersucht (Abb. 15).

Aus diesem Polarogramm ist ersichtlich, daß auch hier Oxydation eintritt, aber im Gegensatz zur Oxydation durch Luftsauerstoff wird hier kein Wasserstoffperoxyd gebildet. Bei der Herstellung von Injektionslösungen des Vitamins K_5 trat oft intensive Violettfärbung auf, oder bei älteren Lösungen fielen gelbe

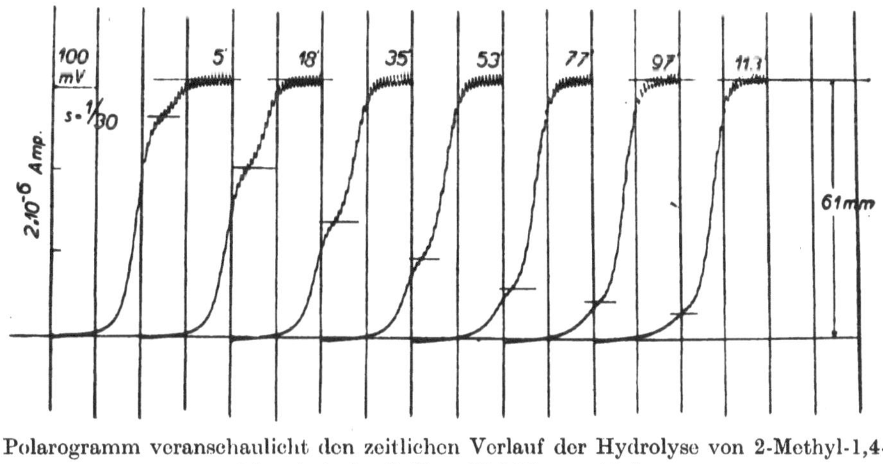

Abb. 12. Polarogramm veranschaulicht den zeitlichen Verlauf der Hydrolyse von 2-Methyl-1,4-Naphthochinonimin im Puffer pH 7,25, $c = 10^{-3}$ m

Nadeln aus, die als 2-Methyl-1,4-naphthochinon identifiziert wurden, das nach dem bereits früher beschriebenen Prozeß in den Injektionslösungen gebildet wird. Der violette Farbstoff wurde isoliert und als Kondensationsprodukt von 2-Methyl-1,4-aminonaphthol mit 2-Methyl-1,4-naphthochinon erkannt, das durch Hydrolyse des primären Oxydationsproduktes beim Stehen der Vitamin-K_5-Lösung an der Luft entstand. Die Substanz wurde durch UV-Spektren, Elementaranalyse, Molekulargewichtsbestimmung und polarographisch als Indophenolderivat der im folgenden angeführten Struktur identifiziert:

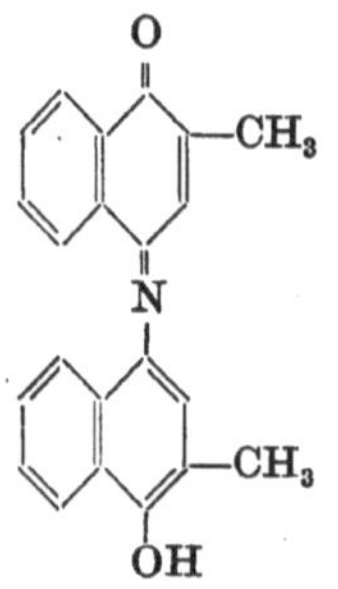

Die polarographische Methode erwies sich als äußerst geeignete Methode zur Betriebskontrolle bei der Herstellung von Vitamin-K_5-Injektionslösungen.

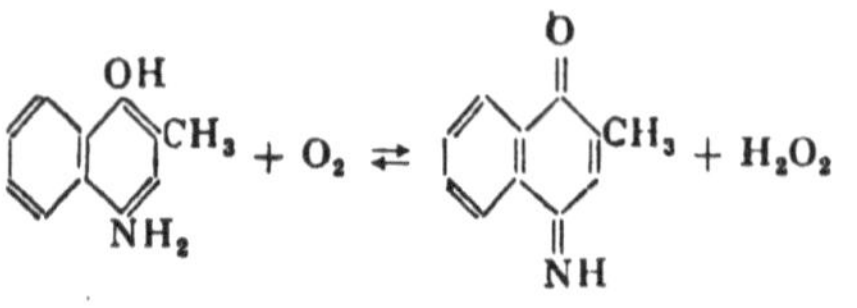

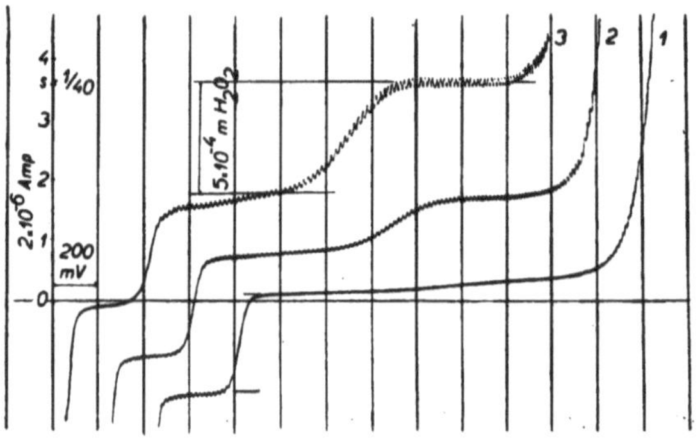

Abb. 13. Das Polarogramm, welches die Oxydation von Vitamin K_5 durch Sauerstoff in Britton-Robinson Pufferlösung darstellt, Pufferlösung pH 8,3 $c = 5 \cdot 10^{-4}$ m

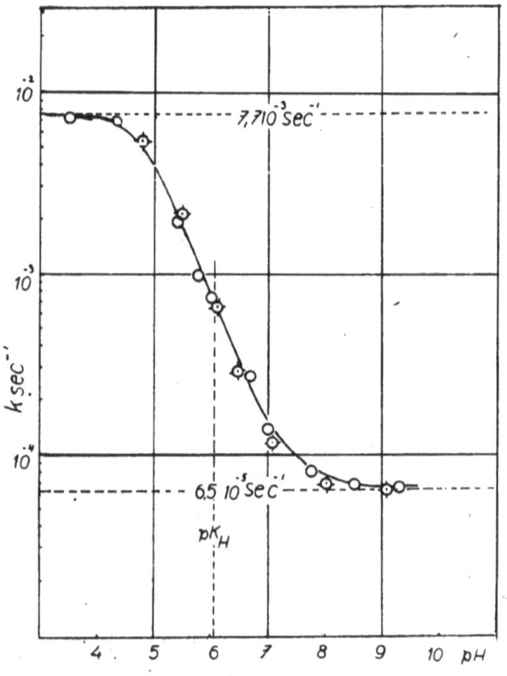

Abb. 14. Graphische Darstellung der pH-Abhängigkeit der Reaktionsgeschwindigkeit der Hydrolyse des primären Oxydationsproduktes von Vitamin K_5 (Abb. 12)

3. Polarographie der Tocopherole

Mit der Polarographie der Tocopherole befaßten sich bereits vor uns Smith, Spillane und Kolthoff [15] und stellten fest, daß diese Substanzen wie sämtliche 6-Hydroxychromane an der Hg-Elektrode oxydiert werden. Die Stufen sind jedoch undeutlich, und die Bestimmung in Pflanzenölen gemäß der Arbeit von Beaver und Kaunitz [16] versagte völlig. Zur Bestimmung der Tocopherole arbeiteten wir eine auf der polarographischen Bewertung

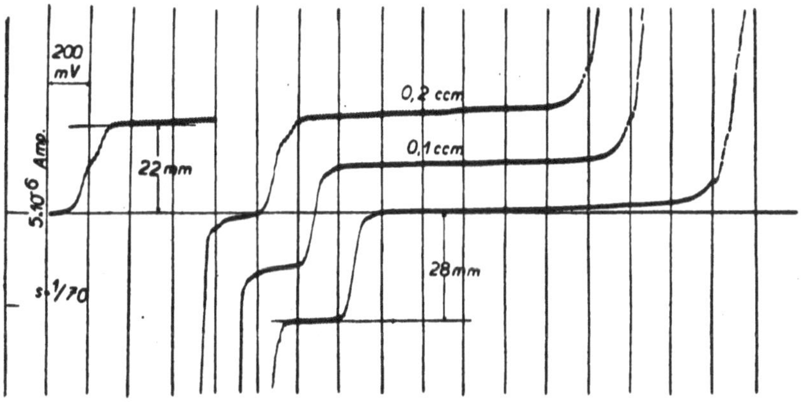

Abb. 15. Polarogramm der Oxydation von Vitamin K_5 durch Oxyhämoglobin der roten Blutkörperchen dargestellt. Pufferlösung pH = 6,9, $c = 5 \cdot 10^{-3}$ m

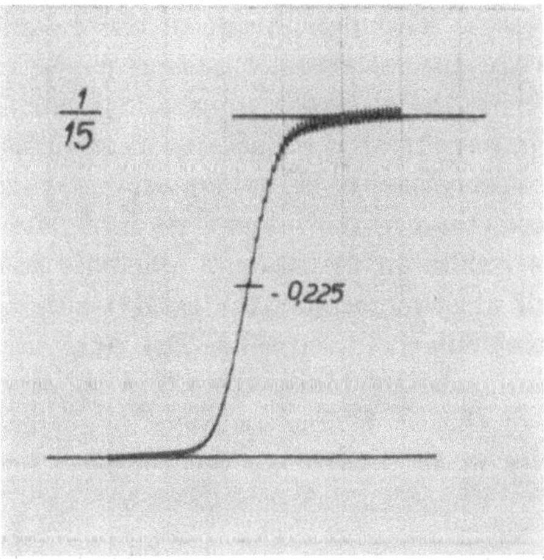

Abb. 16. Polarogramm des α-Tokopherylchinons in Pufferlösung von pH 7,0 mit 75% Äthanol. Potential gegen NKE, c = 2 mg/10 ml

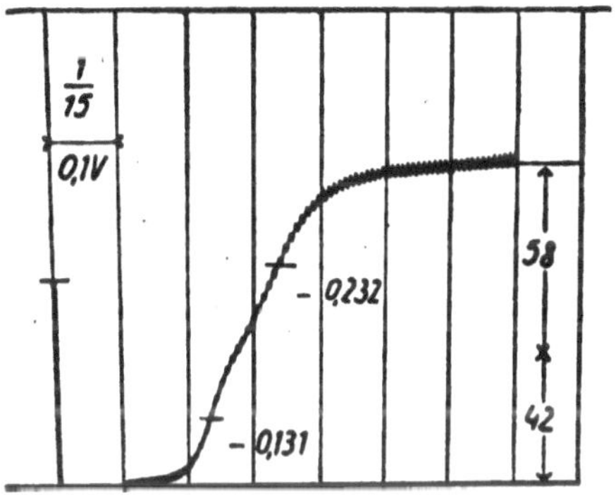

Abb. 17. Polarogramm eines Gemisches von Tokopherylchinonen aus Weizenkeimöl (α- und β-Tokopherylchinonen), Acetatpuffer pH 7,0 mit 75% Äthanol. Potential gegen NKE

der Oxydationsprodukte der Tocopherole begründete Methode aus. In äthanolischem Medium erfolgt durch Cer-(IV)-sulfat die quantitative Oxydation des Tocopherols zu den entsprechenden p-Chinonen, die aus Tocopherolen bei oxydativer Spaltung des Chromanringes entstehen. Bei der polarographischen Untersuchung der einzelnen Tocopherylchinone wurde festgestellt, daß ihr Redoxpotential sich derart unterscheidet, daß man die polarographische Methode zur Bestimmung von

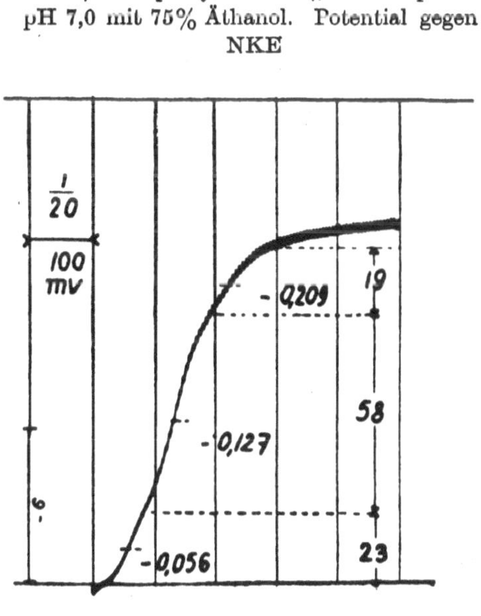

Abb. 18. Polarogramm eines Gemisches von Tokopherylchinonen aus Sojabohnenöl (α-, γ- und δ-Tokopherylchinone), Acetatpuffer pH 7,0, mit 75% Äthanol, Potential gegen NKE

Mono-, Di- und Trimethyltocopherylchinon nebeneinander anwenden kann. Die Methode wurde praktisch zur Bestimmung von Tocopherolen in Pflanzenölen verwendet. Es wurde so vorgegangen, daß die unverseifbaren Anteile der pflanzlichen Öle von Sterinen befreit und unter den Bedingungen der Molekulardestillation umdestilliert wurden, um störende Ballaststoffe weitgehend zu entfernen.

Aus den Polarogrammen (Abb. 16, 17, 18) ist ersichtlich, daß am positivsten das Chinon des Monomethyltocols (Delta Tocopherol), dann Chinone der Dimethyltocole und am negativsten Trimethyltocopherylchinon reduziert werden. Mit Hilfe der polarographischen Methode wurde der Gehalt der Mono-, Di- und Alpha-Tocopherole in Keimölen, Baumwollsamenöl, Sojabohnenöl usw. bewertet. Die hierbei erzielten Ergebnisse stimmten mit den nach anderen Methoden gewonnenen Werten gut überein.

SUMMARY

The polarography proved to be a suitable method for the study of vitamins occurring as coenzymes of biochemical reduction-oxidation processes. The dependence of the polarographic reduction on pH has been studied in riboflavin, special attention being payed to the formation of semiquinone which is formed, too, during the electrode process in a homogenous medium. Then the metal complexes of riboflavin were treated which, in consideration of their biochemical interest, have been studied by spectroscopy. Furthermore we have indicated the possibility of applying the polarographic method in the investigation of flavin enzymes, and we have studied the inhibition of the oxidation of salicylic aldehyde and hypoxanthine by *Schardinger*'s enzyme. In the case of nicotinic amide, the catalytic development of hydrogen at the mercury electrode is particularly discussed. The oxidation mechanism of vitamin K_3 (2-methyl-1,4-aminonaphthol) and its biological effect is interpreted. The formation of an unstable intermediate of the oxidation (quinone-imine) has been demonstrated polarographically and the kinetics of its hydrolysis to 2-methyl-1,4-naphthoquinone was studied.

Literatur

[1] Brdička, R., Knobloch, E., Z. Elektrochem. angew. physik. Chem. **47**, 721 (1941).
[2] Kuhn, R., Boulanger, P., Ber. dtsch. chem. Ges. **69**, 1557 (1936).
[3] Michaelis, L., Schwarzenbach, G., J. Biol. Chemistry **123**, 527 (1838).
[4] Michaelis, L., Schubert, M. P., Smythe, C. V., J. Biol. Chemistry **116**, 587 (1936).
[5] Brdička, R., Z. Elektrochem. angew. physik. Chem. **47**, 314 (1941).
[6] Haas, F., Biochem. Z. **290**, 291 (1937).
[7] Maessey, V., Gibson, Q. H., Biochem. J **77**, 341 (1960).
[8] Flexser, L. A., Hammett, L. P., J. Amer. chem. Soc. **57**, 2103 (1935).
[9] Kuhn, R., Moruzzi, G., Ber. dtsch. chem. Ges. **67**, 888 (1934).
[10] Bienert, H., J. Biol. Chem. **225**, 465 (1957).
[11] Merkel, J. R., Nickerson, W. J., Biochim. biophysica Acta **14**, 303 (1954).
[12] Knobloch, E., Z. Vitamin-, Hormon- u. Fermentforsch. [Wien] **1**, 358 (1947).
[13] von Stackelberg, M., Hans, W., Jensch, W., Z. Elektrochem. Ber. Bunsenges. physik. Chem. **62**, 839 (1958).
[14] Mairanovskij, S. H., D. Akad. Nauk, SSSR **142**, 1327 (1962).
[15] Smith, L. J., Spillane, L., Kolthoff, J. M., J. Amer. chem. Soc. **64**, 447 (1942).
[16] Beaver, J. J., Kaunitz, H., J. Biol. Chem. **152**, 363 (1944).

A—3

Anwendung und Möglichkeiten der klassischen Polarographie in der Antibiotikaforschung

K. Kramarczyk und H. Berg

Institut für Mikrobiologie und experimentelle Therapie Jena
der Deutschen Akademie der Wissenschaften zu Berlin

Herrn Prof. Dr. med. *H. Knöll* zum 50. Geburtstag gewidmet

Eine Systematisierung der Antibiotika nach chemischen Gesichtspunkten versuchten Abraham und Newton [1]. Sie ordneten die wichtigsten Antibiotika in vier große Gruppen ein:

I. Antibiotika, die sich von Aminosäuren oder ähnlichen Verbindungen ableiten;

II. Antibiotika, die sich vollständig oder teilweise von Acetatbausteinen ableiten;

III. Antibiotika, die sich von Zuckern ableiten;

IV. Antibiotika, die aus verschiedenen Komponenten bestehen.

Unsere Einteilung soll nach polarographischen Prinzipien erfolgen, und zwar wollen wir in direkt und indirekt bestimmbare Antibiotika unterteilen. In der ersten Gruppe können wir noch reversible und irreversible Reduktionen unterscheiden.

Das historisch erste Antibiotikum *Penicillin* ist polarographisch inaktiv. Es hat nicht an Versuchen gefehlt, trotzdem quantitative polarographische Bestimmungsmethoden zu finden. Man kann die verschiedenen Zersetzungsprodukte für diese Zwecke heranziehen [2, 3] bzw. die Reinheit eines Präparates mit der oszillographischen Methode kontrollieren [4]. An dieser Stelle wollen wir uns auf die klassische Gleichspannungspolarographie unzersetzter Ausgangssubstanzen beschränken.

1. Direkt bestimmbare Antibiotika

1.1. Reversibel reduzierbare Antibiotika

1.1.1. Actinomycin

Sehr eingehend ist in unserem Institut das Actinomycin untersucht worden [5, 6, 7, 8]. Es besteht aus dem sog. Chromophor, einem Phenoxazon-(2)-dikarbonsäure-(4,5)-Derivat, und ist über die beiden Karboxylgruppen mit zwei Peptidketten verbunden. Polarographisch reduziert wird der Chromophor, den man in freier Form Actinocin nennt.

Das ihm entsprechende Phenoxazon-(2) ist bei allen Konzentrationen in einer diffusionsbedingten zweielektronigen reversiblen Stufe zur Leukoform reduzierbar, was für Actinomycinlösungen (es wurden Actinomycin C_1, D und K untersucht) der Konzentration $> 5 \cdot 10^{-5}$ m nur für die protonisierte Form oder bei höheren Temperaturen zutrifft. Beim Neutralmolekül im nichtprotonisierten Zustand bleibt die Reversibilität nur bis zu Konzentrationen unter $5 \cdot 10^{-5}$ m (bei 25 °C) erhalten, da in größeren Konzentrationen durch Eigenadsorption an der Quecksilberoberfläche eine Negativierung der Hauptstufe verursacht wird, d. h., die Durchtrittsreaktion des Chromophors wird durch adsorbiertes Actinomycin gehemmt [9].

Actinomycin C_3

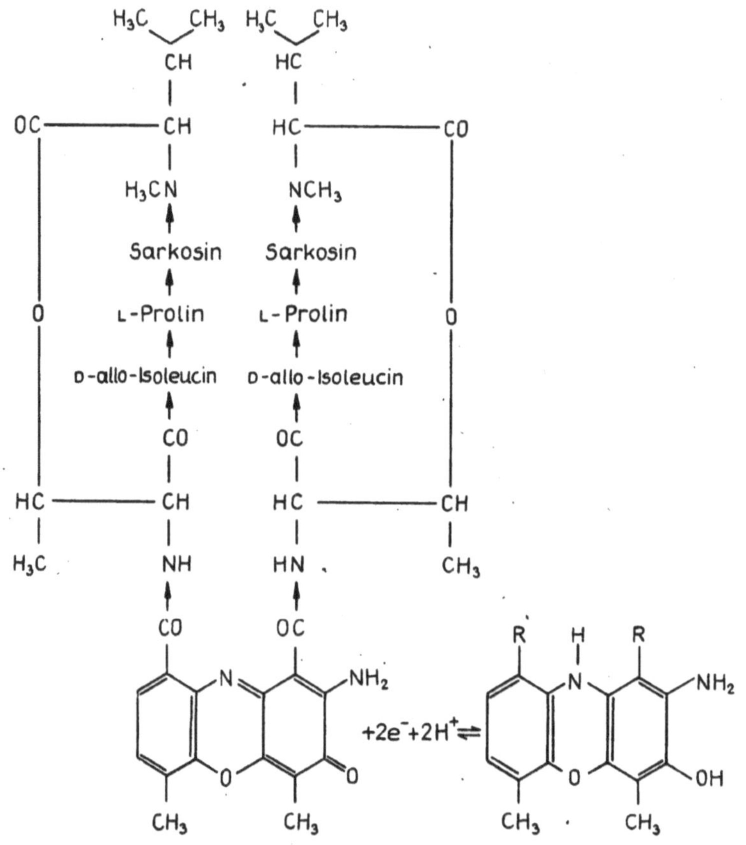

1.1.2. Antibiotikum „KhS_1"

Ein weiteres reversibles Redoxsystem konnten wir polarographisch an einer antibiotischen Substanz (aus Actinomyceten, Kurzbezeichnung: KhS_1) noch unbekannter Struktur feststellen. Die intensiv roten Kristalle lösen sich leicht in der alkoholischen Grundlösung und verursachen eine zweielektronige steile Stufe. Die Untersuchungen laufen unter dem Gesichtspunkt, aus polarographischen Messungen (in Kombination mit der Spektrophotometrie) dem Chemiker Hinweise auf das noch unbekannte Grundgerüst zu geben. Die chromophore Chinoidgruppierung konnte noch nicht eindeutig spezifiziert werden, da die Messungen an Vergleichsmaterial noch nicht abgeschlossen sind.

Die Substanz zeigt in gepufferten Lösungen bis pH 7 eine einstufige zweielektronig-reversible Reduktionsstufe, die über längere Zeiten keine Veränderung erleidet.

Mit beginnender Aufspaltung der 1. Stufe ab pH 8,5 nimmt fast gleichzeitig die Stufenhöhe ab, und ein gedehnter Stufenanstieg wird bei negativerem Potential sichtbar. Die einsetzende Reaktion wird schneller mit steigendem pH-Wert, wobei die positivere Stufe verschwindet. Die neu gebildete negative Stufe des Reaktionsproduktes spaltet im Alkalischen in zwei Teilstufen mit einer Potentialdifferenz von 0,25 V auf (Abb. 1 u. 2). Die Aufspaltung der 1. Welle bei pH 10 geht beim Ansäuern reversibel in eine einheitliche polarographische Stufe der dem niedrigeren pH-Wert entsprechenden Potentiallage über. Aller Wahrscheinlichkeit nach liegt ein Dissoziationsgleichgewicht vor.

Die Reaktion im alkalischen Milieu verläuft irreversibel. Sie wurde auch spektrophotometrisch verfolgt, worüber später berichtet werden soll.

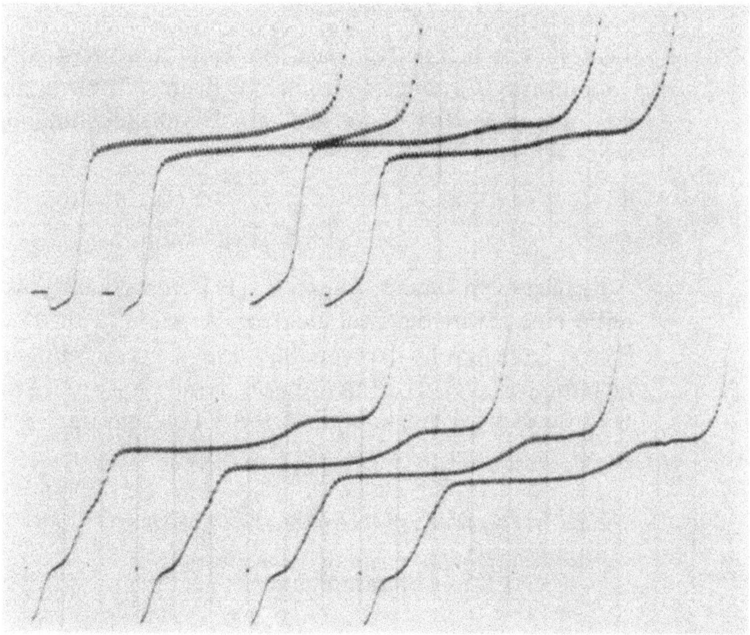

Abb. 1. Stabilität von KhS_1; in gepufferten Lösungen (Puffer- und Substanzlösung (100% CH_3OH) getrennt entlüftet und im Verhältnis 3:2 gemischt).
$c = 2 \cdot 10^{-4}$ m; 40% Methanol, $S = 1:20$; 0,2 V/Absz.; gegen NCE
oben: (von links) pH 3,3; ab +0,2 V; nach 1) 0; 2) 10 min
pH 7 ; ab ±0,0 V; nach 3) 0; 4) 10 min
unten: (von links) pH 10,1; ab 0,0 V; nach 1) 0; 2) 10; 3) 20; 4) 30 min

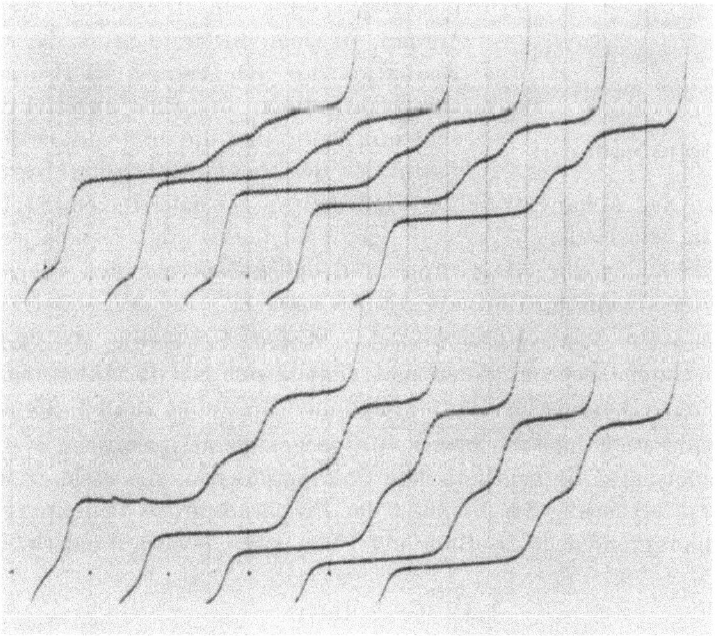

Abb. 2. Stabilität von KhS_1; in alkalischer Lösung.
$c = 2 \cdot 10^{-4}$ m; 40% Methanol, $S = 1:20$, 0,2 V/Absz.
oben: (von links) 0,1 n NaOH, ab −0,2 V; nach 1) 0; 2) 5; 3) 10; 4) 20; 5) 30 min
unten: (von links) 0,25 n NaOH, ab −0,2 V; nach1) 0; 2) 5; 3) 10; 4) 20; 5) 30 min

1.1.3. Griseorhodin A

Das Griseorhodin A, ebenfalls ein in unserem Institut isoliertes rotes Antibiotikum mit weitgehend aufgeklärter Struktur [10], zeigt in seiner 1. Stufe ein reversibles Verhalten, was aus der HSP-Lage auf ein Naphthochinonderivat (Tab. 1) schließen läßt.

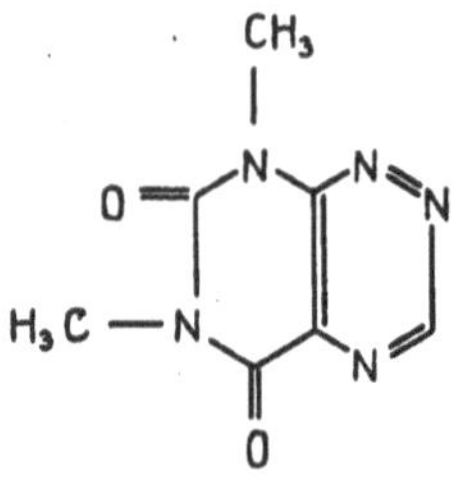

Fervenulin

1.1.4. Fervenulin

Entgegen früheren Angaben [11] verursacht das reine Fervenulin eine reversible zwei elektronige Stufe (Tab. 1) und eine negativere, gleichgroße irreversible, wie sie von einigen Pyrimidinen bekannt ist (vgl. H. Berg, dieser Band, A—15). Erst während der Hydrolyse wird ein komplizierteres Polarogramm gefunden.

1.2. Irreversibel reduzierbare Antibiotika

1.2.1. Chloramphenicol

Das Chloramphenicol („Chloromycetin"; in der DDR „Chloronitrin" genannt, ist chemisch: D-(—)-Threo-2-dichloracetamido-1-(p-Nitrophenyl)-1,3-propandiol) gehört zu den wenigen Antibiotika, die schon jetzt synthetisch gewonnen werden. Diese Substanz stellt wohl die erste in der Natur aufgefundene Verbindung mit einer Nitrogruppe dar, welche auch polarographisch reduziert wird.

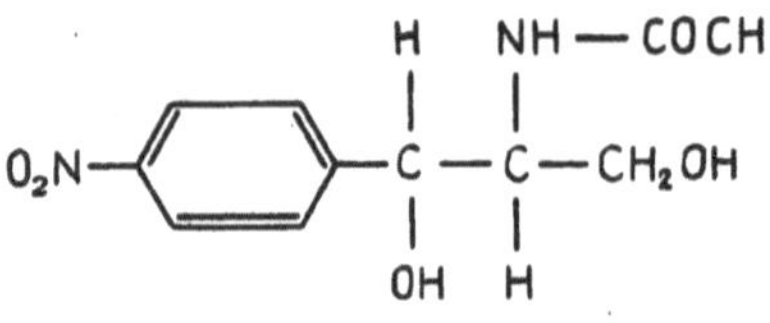

Chloramphenicol

Knobloch und Sváteк [12] fanden in saurer gepufferter Lösung ein dreistufiges Reduktionspolarogramm, in dem die erste Stufe der vierelektronigen Reduktion der NO_2-Gruppe zur Hydroxylamingruppe entspricht, die zweite einer zweielektronigen Reduktion zum Amin, und die dritte undeutliche Welle durch Reduktion des Dichloracetylrestes verursacht wird. Aus Vergleichen der Abhängigkeit der Halbstufenpotentiale der ersten Reduktionsstufe der Nitrogruppe in verschiedenen Verbindungen geht hervor, daß Depolarisatoren mit einer Ketogruppe in p-Stellung zur NO_2-Gruppe von den entsprechenden Alkoholen zu unterscheiden sind, denn ketonische Derivate werden etwa 80—100 mV positiver reduziert.

Für die quantitative Bestimmung toxischer Ketoderivate, die als Verunreinigung im racemischen Chloramphenicol vorhanden sind, eignete sich gut die Ableitungsschaltung, weil mit ihr noch geringste ketonische Verunreinigungen bestimmt werden können.

Die Polarographie stellt hier die bisher einzige genügend spezifische Methode dar, noch Spuren von Ketoderivaten im synthetischen Chloramphenicol ermitteln zu können und besitzt für die Charakterisierung der Reinheit der Präparate große Bedeutung. Auch die Bestimmung des Chloramphenicols in Blut und Harn kann polarographisch erfolgen.

1.2.2. Griseofulvin

Oxford u. Mitarb. isolierten im Jahre 1939 aus Penicillium griseofulvum eine Substanz, die sie Griseofulvin nannten. Dieses Antibiotikum wurde dann im Laufe der Zeit als außerordentlich wirksam gegen Pilzerkrankungen erkannt, was große Beachtung fand, da bisherige Antibiotika gerade gegen Pilze recht geringe Aktivität zeigen.

Es besitzt ähnlich dem Erdin eine Spiranstruktur und hat nach GROVE und MCMILLAN (1952) folgende Formel:

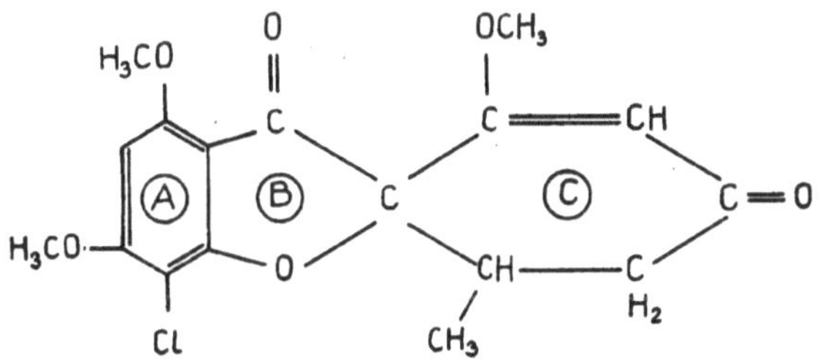

Griseofulvin

Wir können drei Ringsysteme unterscheiden:

A) den aromatischen Benzolring;

B) einen fünfgliedrigen heterocyclischen Ring;

C) den hydroaromatischen Sechsring mit der Doppelbindung; hier haben wir einen Enoläther eines 1,3 Diketons vor uns.

Bei der Untersuchung des pH-abhängigen Verhaltens der Substanz in 40-volumenprozentigen äthanolischen Lösungen zeigten sich in mittleren pH-Bereichen relativ hohe Maxima auf den Stufen, die durch Gelatine gedämpft werden konnten. In der Absicht, die Gelatinezugabe zu umgehen, arbeiteten wir mit höheren Alkoholanteilen (60 Vol-%), wobei die Maximabildung kaum noch in Erscheinung trat. Als Nachteil ist zu bemerken, daß nun der Grenzstrom nicht mehr so gut ausgebildet ist und auch der Stufenanstieg beeinflußt wird (Abb. 3).

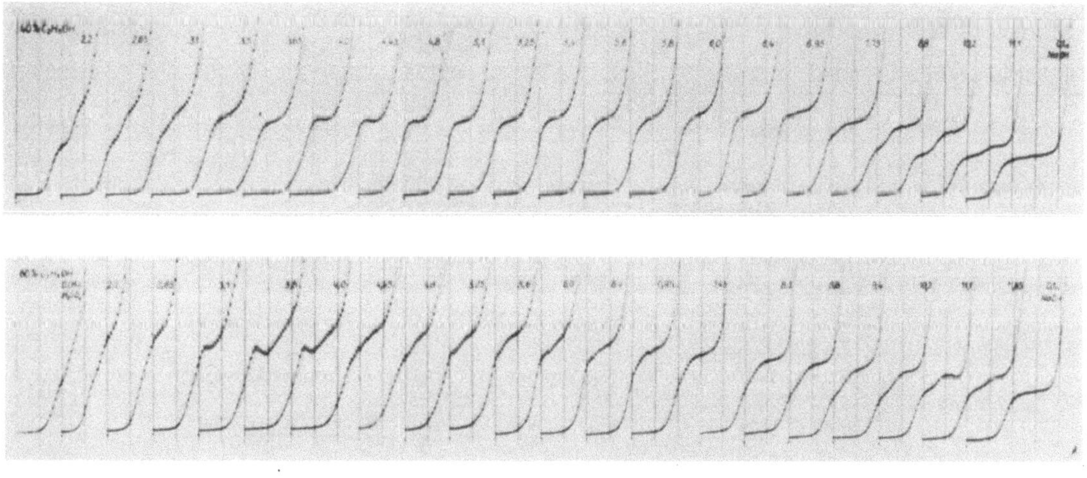

Abb. 3. pH-abhängiges Verhalten und Einfluß der Lösungsmittelzusammensetzung beim Griseofulvin. $c = 4 \cdot 10^{-4}$ m; $S = 1:30$; 0,2 V/Absz., gegen NCE

obere Reihe: 40% Methanol; bis pH 4,45: ab −0,8 V; pH 4,8−6,0: ab −1,0 V; pH 6,4−0,1 n NaOH: ab −1,2 V. Den Lösungen von pH 3,65−7,75 wurden jeweils 0,1 ml einer 0,1%igen Gelatinelösung zur Dämpfung der auftretenden Maxima zugesetzt.

untere Reihe: 60% Methanol; 0,05 n H_2SO_4: ab −0,8 V; pH 2,2−4,45: ab −1,0 V; pH 4,8−0,1 n NaOH: ab −1,2 V

Der Reduktionsvorgang verläuft irreversibel; auf Zusatz wasserstoffgesättigten Palladiumsols verschwindet die Reduktionsstufe, und das Reduktionsprodukt ist nicht polarographisch reoxydierbar.

Auch präparative Reduktionsversuche in neutralem Medium wurden durchgeführt, allerdings sind Aussagen zum Mechanismus erst möglich, nachdem bei mehreren pH-Werten die IR-Spektren aufgenommen worden sind.

Tabelle 1

Trivialname	Grundlösung	pH-Wert	HSP/NCE [V]	Bemerkungen	Literatur
1. Actinomycin	40% Isopr.	7	–0,38	1. Stufe: rev. 2 e⁻	[7, 8]
			–0,60	2. Stufe: irrev.: 2 e⁻	
2. KhS_1	40% Methanol	7	–0,27	rev.: 2 e⁻	
3. Griseorhodin A	40% Difo	7	–0,54	1. Stufe: rev.: 2 e⁻	[10]
			–1,5	2. Stufe: irrev.	
4. Fervenulin	40% Difo	7	–0,55	1. Stufe: rev.: 2 e⁻	[11]
			–1,64	2. Stufe: irrev.: 2 e⁻	
5. Rifamycin S	50% Methanol	6	–0,01	rev.: 2 e⁻	
6. Rifamycin B	wäßr. Lsg.	7,5	–1,29	irrev.: 1 e⁻	
7. Rifamycin C	75% Methanol	5,5	–0,24	irrev.: 2 e⁻	[17]
8. Chloramphenicol	10% Äthanol	7	–0,51	irrev.: 4 e⁻	[12]
9. Terramycin 5-Hydroxy-tetracyclin	wäßr. Lsg.	8,3	–1,26	irrev.: 6 e⁻ (?)	[18, 19]
			–1,39		
			–1,64		
10. Aureomycin 7-Chlor-tetracyclin	wäßr. Lsg.	8,3	–1,20	irrev.: 4 e⁻	[19]
			–1,38		
			–1,48		
11. Griseofulvin	40% Äthanol	7	–1,47	irrev.: (4 e⁻)	
12. Streptomycin	wäßr. Lsg.	7,1	–1,28	kinet. Stufe: 2 e⁻	[13]
			–1,38		
13. Novobiocin	20% Äthanol	5,9	–1,32	irrev.	
			–1,4		
14. Sarkomycin A	methan. Lsg.	2	–0,95	irrev.	[20]
			–1,20		
15. Xanthocillin	0,1 m $(Äth)_4NOH$	–	–1,97	irrev.	[21]
			–2,23		
16. Fungicidin	25% Äthanol 0,15 m$(But)_4NOH$		–1,65	irrev.	
17. Erythromycin	40% Äthanol	7	–1,6	katalyt. Welle	
	0,01 m KCl	$c_{1/2} = 7{,}5 \cdot 10^{-4}\%$		Maximadämpfer	
18. Polymyxin B	wäßr. Lsg. 0,01 m KCl	$c_{1/2} = 4 \cdot 10^{-4}\%$		Maximadämpfer	
19. Tyrothricin	1–2% Äthanol 0,01 m KCl	$(c_{1/2} \approx 1 \cdot 10^{-3}\%)$		Maximadämpfer	
20. Paromomycin	wäßr. Lsg. 0,01 m KCl	$c_{1/2} \approx 2{,}5 \cdot 10^{-4}\%$		Maximadämpfer	

Übersicht der wichtigsten bisher polarographisch untersuchten Antibiotika

1–5 Antibiotika, deren 1. Reduktionsstufe reversibel ist;

6–16 Antibiotika, welche irreversibel reduziert werden;

17 Antibiotikum, ohne Reduktionsstufe, jedoch mit katalytischer Welle und Adsorptionseigenschaften;

18–20 Antibiotika, deren Adsorptionseffekte polarographisch verfolgt wurden.

1.2.3. Streptomycin

Das Streptomycin besitzt in 2-Stellung der Zuckerkomponente Streptose (einer 3-Methylpentose) eine Aldehydgruppierung, die für das reduzierbare Verhalten an der Quecksilbertropfelektrode verantwortlich zu machen ist. Die Stufenhöhe zeigt eine starke Abhängigkeit vom pH-Wert; sie wächst mit ihm kontinuierlich an, wie bereits andere Autoren [13, 14]

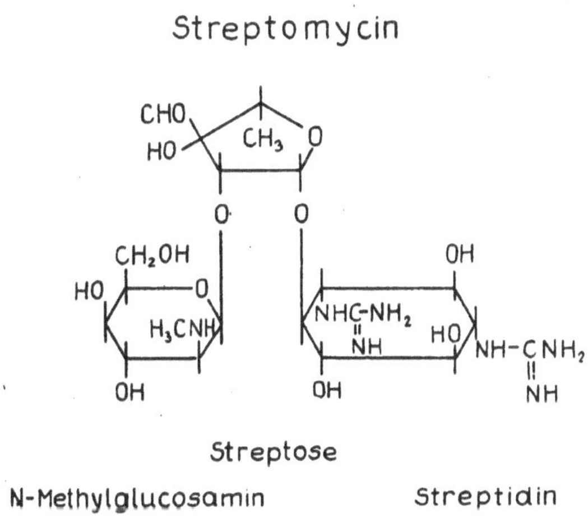

feststellten (Abb. 4). Es läuft eine basisch katalysierte Reaktion ab, wahrscheinlich eine Dehydratation der Aldehydgruppe, wie beim bekannten Beispiel des Formaldehyds. Alle für eine kinetische Stufe charakteristischen Eigenschaften, wie Unabhängigkeit von der Tropfzeit und große Temperaturabhängigkeit (für 20—30 °C: 15%/°C), sind zwischen pH 4—9 für

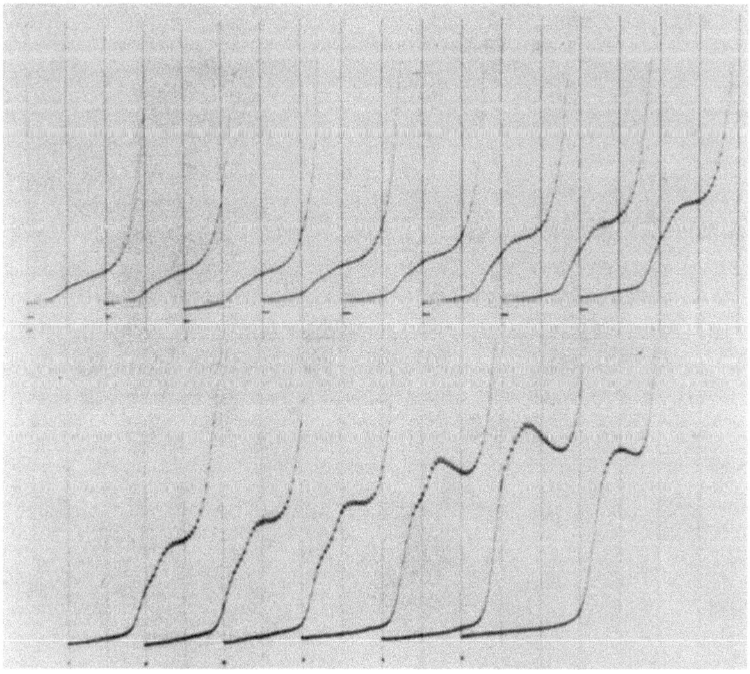

Abb. 4. Abhängigkeit der Stufenhöhen des Streptomycinsulfats vom pH-Wert.
$c = 5 \cdot 10^{-2}\%$; $S = 1:20$; ab $-1{,}0$ V; 0,2 V/Absz.
obere Reihe: (von links) pH: 1) 4,4; 2) 5,95; 3) 6,5; 4) 6,95; 5) 7,2; 6) 7,7; 7) 8,1; 8) 8,55
untere Reihe: 9) 9,05; 10) 9,75; 11) 10,5; 12) 0,01 n NaOH; 13) 0,1 n NaOH; 14) 1 n NaOH

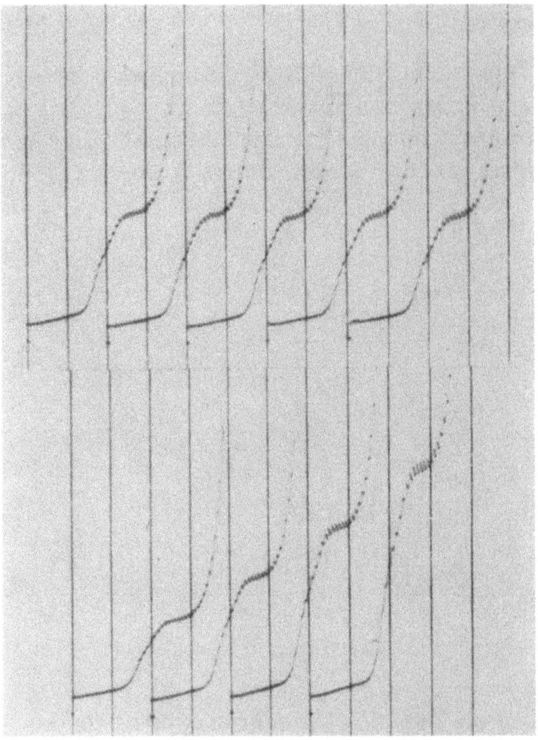

Abb. 5. Obere Reihe: Stabilität der Streptomycinstufe in schwach alkalischer Lösung (pH 8,1).
$c = 5 \cdot 10^{-2}\%$; $S = 1{:}15$; ab $-1{,}0$ V; 0,2 V/Absz.; nach getrennter Entlüftung im N_2-Strom aufgenommen nach: 1) 1; 2) 15; 3) 30; 4) 45; 5) 60 min
untere Reihe: Temperaturabhängigkeit der kinetischen Stufe.
$c = 5 \cdot 10^{-2}\%$; pH 8,1; $S = 1{:}15$; ab $-1{,}0$ V; 0,2 V/Absz.
1) 15,6°; 2) 20,6°; 3) 25,3°; 4) 30,0 °C

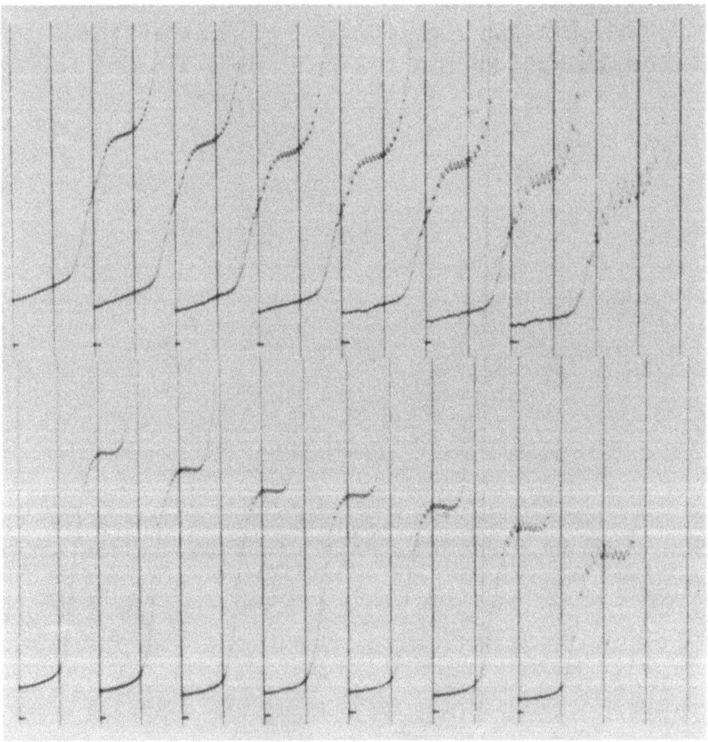

Abb. 6. Niveauabhängigkeiten der Streptomycinstufen in gepufferter Lösung pH 8,1 und n-NaOH-alkalischer Lösung.
obere Reihe: pH 8,1; $S = 1{:}10$; ab $-1{,}0$ V; 0,2 V/Absz.
Hg-Niveauhöhen H: 1) 80; 2) 70; 3) 60; 4) 56; 5) 50; 6) 40; 7) 30 cm
untere Reihe: 1 n NaOH; $S = 1{:}20$; ab $-1{,}4$ V; 0,2 V/Absz.; Niveauhöhen wie oben

die Doppelstufe festzustellen (Abb. 5 u. 6). Bei höheren pH-Werten ist nur die negativere Welle unabhängig von der Niveauhöhe *H*. In 1 n NaOH ist die Doppelstufigkeit verschwunden, und man registriert eine einheitliche, irreversible Stufe, deren Temperaturkoeffizient mit 2,6%/°C einen etwas höheren Wert besitzt als für den normalen Diffusionsstrom üblich ist. Die Stufe in 1 n NaOH läßt sich sehr gut für analytische Zwecke verwenden.

1.2.4. Novobiocin

Das Novobiocin wird bei pH 6 in 20% Alkohol doppelstufig reduziert, obwohl sein Grundkörper, das 4-Hydroxycumarin, nach KNOBLOCH [15] nicht reduzierbar ist. Bei höheren pH-Werten verflacht die Stufe (Abb. 7). Ob hier, wie im Falle des Cumarins diskutierte Reduktionsmechanismen ablaufen, d. h. die Doppelbindung reduziert wird oder ähnlich dem Chromonsystem die C=O-Gruppe reagiert, ist noch nicht gesichert.

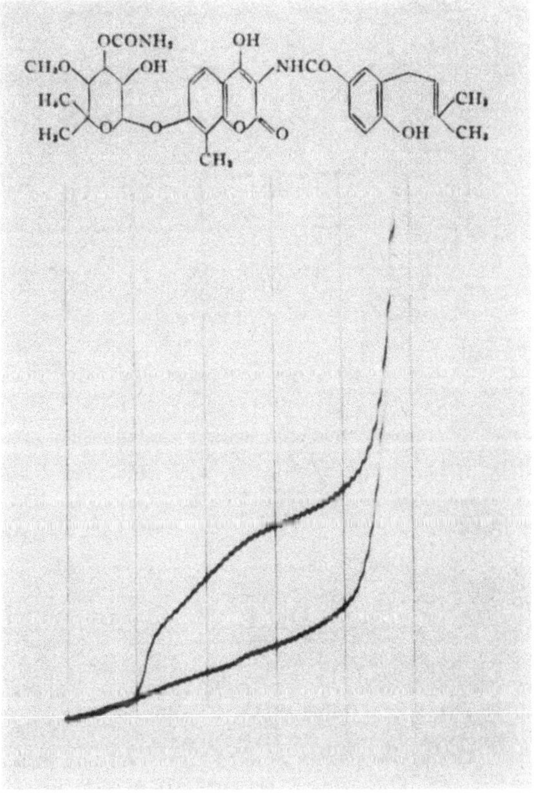

Abb. 7. Novobiocin.

$c = 5 \cdot 10^{-2}\%$; pH 5,95; 20% Alkohol; $S = 1:5$ ab $-1,2$ V; 0,1 V/Absz.
Die untere Kurve ist die Leerlösung bei gleichen Bedingungen

2. Indirekt bestimmbare Antibiotika

2.1. Polymyxin B

Das makrocyclische Polymyxin B ist ein basisches Decapeptid ohne polarographisch reduzierbare Gruppe. Bei dieser Substanz können sehr gut seine oberflächenaktiven Eigenschaften zur polarographischen Analyse ausgenutzt werden. Untersucht wurde die Dämpfung des spitzen Sauerstoffmaximums.

Wir verwendeten in Wasser gut lösliches Polymyxin-B-Sulfat, wie es von Pfizer (Karlsruhe) in Trockenampullen zur klinischen Anwendung hergestellt wird.

Die ermittelten Dämpfungsisothermen [$\left(P = 1 - \frac{h}{h_0}\right)$ über der prozentualen Konzentration von Polymyxin B aufgetragen] in Grundlösungen von 1/100 und 1/1000 molaren luftgesättigten KCl-Lösungen enthält Abb. 8.

Als die geringste wachstumshemmende Konzentration gegen Bacillus megatherium wurde für Polymyxin B etwa 1 γ/1 ml ermittelt. Die Dämpfung durch Polymyxin B in einer Konzentration von $1 \cdot 10^{-4}\,\%$, das ist 1 γ/1 ml, kann noch deutlich bei $S = 1:100$ beobachtet werden. Diese Konzentration entspricht einer Molarität von $4 \cdot 10^{-7}$ mol/l.

Nach 3 Tagen zeigte die Polymyxin-B-Sulfatlösung, bei Zimmertemperatur aufbewahrt, die gleiche Dämpfungsisotherme, was darauf hindeutet, daß keine Aggregation unter diesen Bedingungen eintrat. Im Kühlschrank ist die Lösung 14 Tage haltbar.

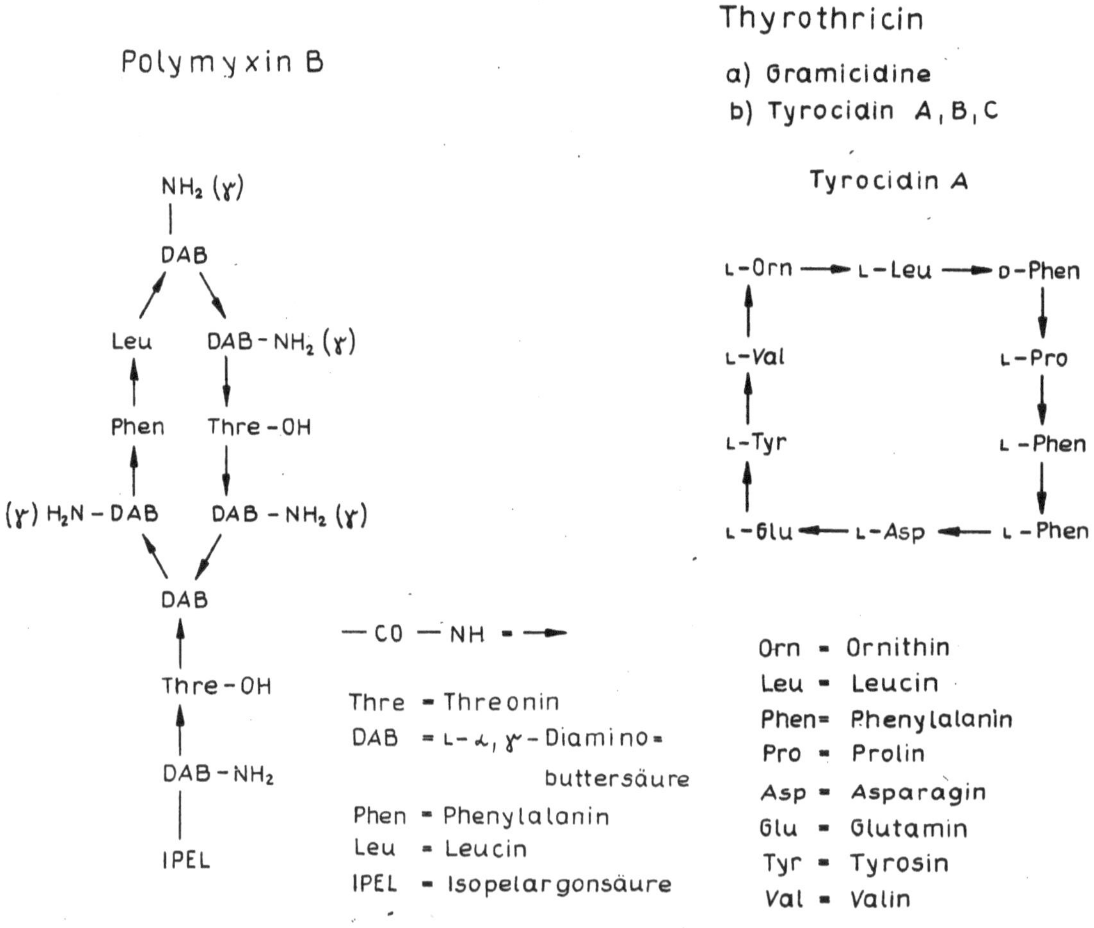

2.2. Tyrothricin

Ähnlich war es bei Tyrothricin, welches aus den basischen Tyrocidin-Komponenten A, B und C und etwa 5 neutralen Gramicidin-Anteilen besteht, jedoch wurden keine reproduzierbaren Dämpfungsisothermen erhalten. Wahrscheinlich aggregieren die Gramicidin-Komponenten [16] beim Verdünnen mit Elektrolytlösung und flocken aus. Für dieses wenig einheitliche Peptid-Antibiotikum hat sich somit unter unseren Bedingungen die Dämpfungs-Methode nicht als geeignet erwiesen.

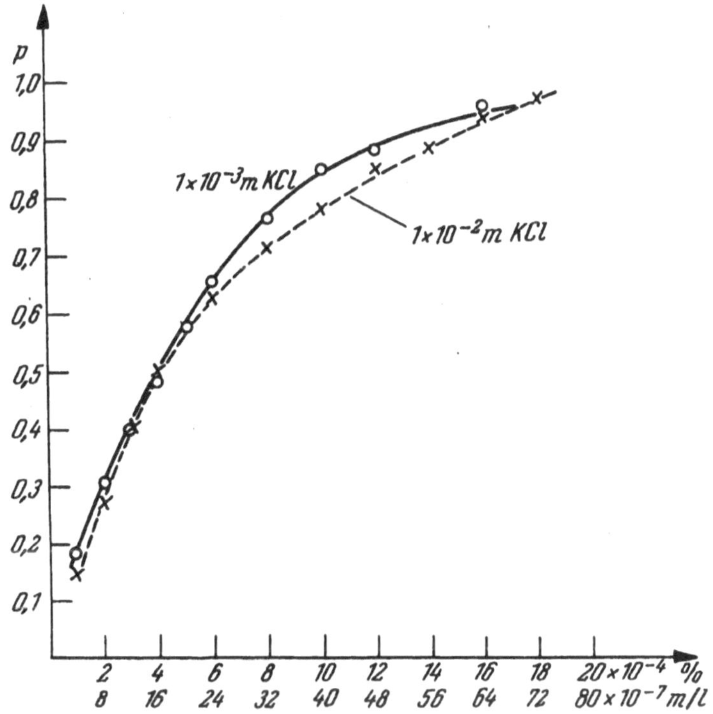

Abb. 8. Dämpfungsisotherme P von Polymyxin B.
$P = 1 - \frac{h}{h_0}$
h_0 = Maximahöhe ohne Polymyxin
h = Maximahöhe nach Zugabe der Substanz.
Die Dämpfung wurde in luftgesättigter 1/100 und 1/1000 m KCl untersucht

2.3. *Erythromycin*

Das Macrolid-Antibiotikum Erythromycin stand uns als Propionat zur Verfügung. Die Veresterung tritt an der OH-Gruppe des ungewöhnlichen Dimethylaminozuckers Desosamin ein.

Erythromycin

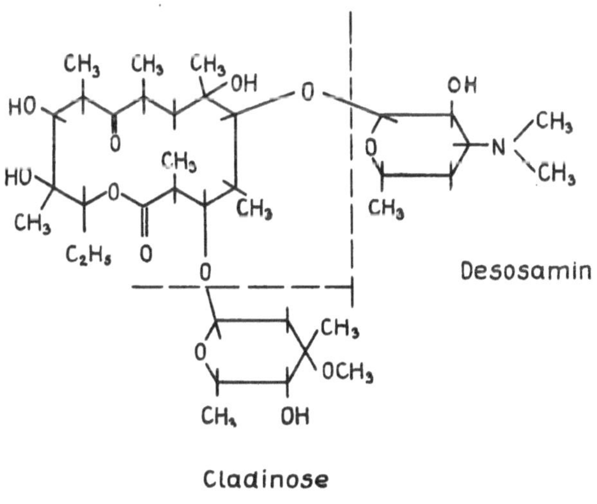

Neben der Eigenschaft der Maximadämpfung zeigt das Derivat bei pH 7 eine katalytische Welle, deren Maximum ziemlich genau bei 1,6 V (gegen NCE) liegt und sich über eine Eichkurve recht gut für analytische Zwecke benutzen läßt (Abb. 9).

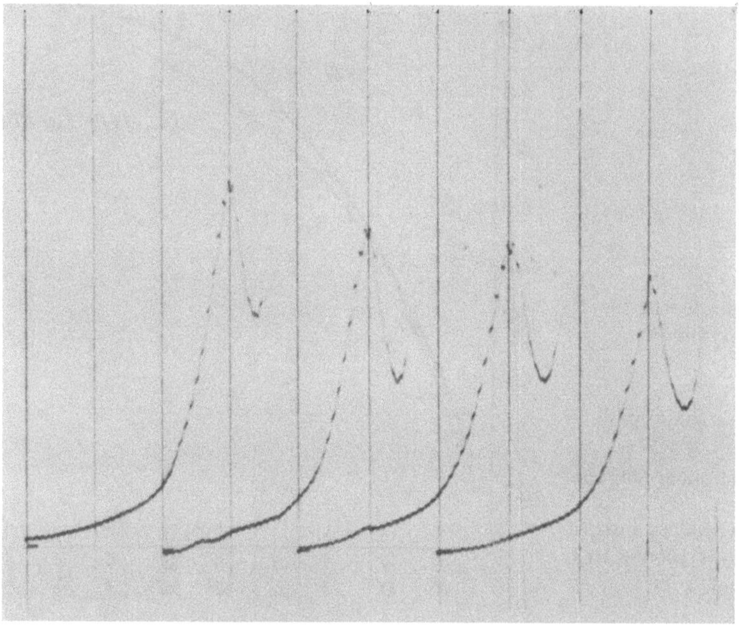

Abb. 9. Abhängigkeit der katalytischen Welle des Erythromycin-propionats von der Pufferkapazität. $c = 2 \cdot 10^{-2}\%$; pH 7; 40% Alkohol; $S = 1{:}5$; ab $-1{,}0$ V, 0,2 V/Absz. Pufferkapazität: 1) 0,12; 2) 0,1; 3) 0,08; 4) 0,06 m Phosphatpuffer in der Meßlösung

2.4. Fungicidin

Das Fungicidin („Nystatin“) gehört zur Gruppe der Polyenmakrolid-Antibiotika und ist — wie bereits sein Trivialname ausdrückt — gegen pathogene Pilze wirksam.

Das UV-Spektrum deutet darauf hin, daß das Molekül vier konjugierte Doppelbindungen enthält. Für das Tetraenmakrolid, welches etwa ein Molekulargewicht von 940 besitzt, wird folgende Teilformel angegeben:

$$-O-CO-(CH_2)_7-(CH{=}CH)_4- \, .$$

Danach ist zu erwarten, daß Fungicidin bei negativen Potentialen reduziert wird, und bei Verwendung von Tetraalkylammoniumsalzen als Grundelektrolyt ist dies deutlich erkennbar. Fungicidin enthält, wie das Makrolid Erythromycin, ein N-Atom im Molekül, zeigt aber in gepufferten Lösungen keine katalytische Welle, jedoch ähnliches oberflächenaktives Verhalten.

2.5. Paromomycin

Paromomycin besitzt ein breites Wirkungsspektrum mit hoher bakteriostatischer und bactericider Aktivität.

Dieses Präparat wurde zur Anwendung in der Darmchirurgie empfohlen, weil es die Darmbakterien fast restlos vernichtet und auch einer Enteritis wirksam begegnet. Neben der Staphylokokken-Aktivität wäre noch seine Wirksamkeit gegen Klebsiella pneumoniae (einen Erreger der Pneumonie) hervorzuheben.

Das Paromomycin hat auf Grund seiner seltenen Zuckerkomponenten Ähnlichkeit mit dem Streptomycin, allerdings enthält es keine polarographisch aktive Gruppe im Molekül.

Wegen fehlender Doppelbindungen macht es sich in UV-Spektren erst bei kurzen Wellenlängen bemerkbar (191 nm, $\log \varepsilon = 2{,}8$). Daher prüften wir seine Dämpfungseigenschaften gegenüber dem Sauerstoffmaximum. Der Dämpfungseffekt auf das polarographische Maximum übertrifft den von Polymyxin B. Etwa 2,5 $\gamma/1$ ml Lösung verkleinert das Sauerstoffmaximum um die Hälfte, während der Wert beim Polymyxin z. B. bei 4 γ/ml liegt.

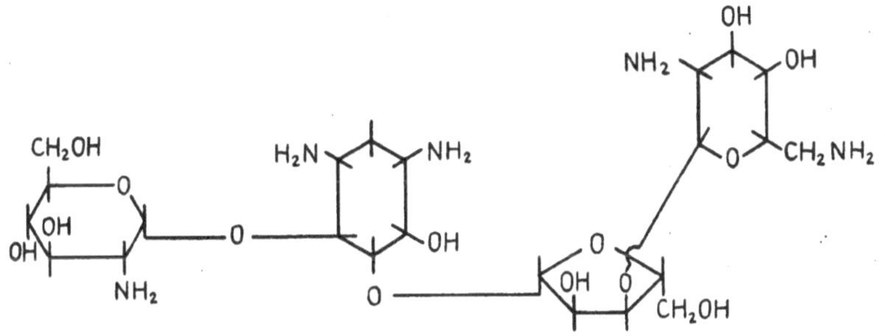

Paromomycin

Tabelle 1 auf S. 28 bringt eine Zusammenstellung der Halbstufenpotentiale einiger Antibiotika mit entsprechenden pH- und Lösungsmittelangaben sowie Hinweise auf Adsorptionseffekte.

Vorliegende Arbeit zeigt, daß die klassische Polarographie sowohl mit verhältnismäßig geringem Zeitaufwand Testungen und Bestimmungen an Antibiotika durchzuführen in der Lage ist als auch Hinweise zu Konstitutionsproblemen zu geben vermag.

Herrn Dr. Forberg (Antibiotika-Technikum) danken wir für die Substanzproben von Actinomycin, Erythromycin-propionat und KhS_1.
Weiterhin stellten uns freundlicherweise Herr Dr. Thrum (Antibiotika-Chemie) das Fervenulin, Griseofulvin, Fungicidin und Paromomycin und Herr Dr. Eckardt das Griseorhodin A für unsere Messungen zur Verfügung.

SUMMARY

Beside the polarographical investigation of antibiotics isolated or prepared to industrial production in our institute, also some of the most important well-known substances were treated.

The compounds were classified according to the character of the polarographic waves or their action on the maximums due to oxygen, if there is no direct electrochemical reaction of the molecules.

In the survey-table there are also shown the antibiotics, described polarographically in the literature.

In the centre of our considerations stand not only quantitative determination possibilities, stability criteria and purity investigations, but also the elucidation of reduction mechanisms. Uniform experimental condition could not be realized always because of the solubility behaviour.

Literatur

[1] Abraham, E. P., Newton, G. F., Brit. med. Bull. **16**, 3 (1960).
[2] Hanuš, V., Krejči, E., Chem. Listy **46**, 52 (1952).
[3] Novotný, B., Českoslov. Farmac. **3**, 85 (1954).
[4] Heyrovský, J., Collect. czechoslov. chem. Commun. **18**, 739 (1953).
[5] Berg, H., Naturw. **42**, 258 (1955).
[6] —, Ricerca Sci, **27**, 184 (1957), Suppl. 3.

[7] Berg, H., Bachus, K.-P., Jaekel, W., Löber, G., Tlach, K.-F., Mber. dtsch. Akad. Wiss. Berlin **1**, 524 (1959).
[8] Fritzsche, H., Löber, G., Berg, H., Z. physik. Chem. **218**, 291 (1961).
[9] Fedoroňko, M., Berg, H., Z. phys. Chem. **220**, 120 (1962)
[10] Eckardt, K., Promotionsarbeit 1962.
[11] Eble, T. E., u. Mitarb., Antibiotics Annu. 1959/60, 227.
[12] Knobloch, E., Svátek, E., Collect. czechoslov. chem. Commun. **20**, 1113 (1955).
[13] Bricker, C. E., Vail, W. A., J. Amer. chem. Soc. **73**, 585 (1951).
[14] Tsukamoto, T., Tachi, J., J. agric. chem. Soc. Japan **26**, 133 (1952).
[15] Knobloch, E., Advances in Polarography: **B**, 875 (1960).
[16] Korzybski, T., Kurylowicz, W., Antibiotika, VEB Gustav-Fischer-Verlag, Jena, 1961, S. 70.
[17] Gallo. G. G., Chisa, L., Sensi, P., Analytic. Chem. **34**, 423 (1961).
[18] Doskočil, J., Pharmaz. **9**, 394 (1954).
[19] Cieleszky, V., Sebessy, L., s. dieser Band, A—111.
[20] Ida, K., Bull. agric. chem. Soc. [Japan], **24**, 12 (1960).
[21] Schwabe, K., Kaniss, N., J. prakt. Chem. (4) **1**, 294 (1955).

A—4

Zur Polarographie cytostatisch wirksamer Substanzen

G. Horn

Institut für Mikrobiologie und experimentelle Therapie Jena
der Deutschen Akademie der Wissenschaften zu Berlin

Das Problem, eine Beziehung zwischen der Konstitution einer Substanz und ihrer Wirksamkeit zu finden, ist schon oft untersucht worden. Insbesondere Domagk [1] hat versucht, Zusammenhänge zwischen cancerogener Wirkung und chemischer Konstitution aufzudecken und die biochemisch wichtigen Strukturen im Molekül festzustellen.

Diese Versuche ließen eine große Anzahl von Problemen aktuell werden. Weitere Untersuchungen mit cytostatisch wirksamen Substanzen führten H. von Euler [2] und besonders Ochiai [3] durch, der sich auch mit der physikochemischen Charakterisierung der Substanzen befaßte.

Im Folgenden soll versucht werden, einen kurzen Abriß polarographischer Untersuchungen bekannter cytostatisch wirksamer Substanzen zu geben. Dabei soll über Ergebnisse aus der Literatur und über eigene Untersuchungen berichtet werden.

Die Gruppe der cytostatisch wirksamen Substanzen ist naturgemäß sehr groß. Daher sollen nur Substanzen aufgeführt werden, die bereits klinisch erprobt wurden oder wenigstens im Tierversuch eine gewisse Wirksamkeit zeigten.

Nach der chemischen Konstitution wollen wir folgende Gruppen unterscheiden:

1. Alkaloide;
2. Purine;
3. Äthyleniminoverbindungen;
4. N-Lost-Chinonderivate;
5. N-Oxydverbindungen;
6. Antibiotika mit cytostatischem Effekt;
7. verschiedene Strukturen.

Selbstverständlich ließe sich die Reihe dieser Verbindungen noch beliebig erweitern, und es laufen auch polarographische Untersuchungen mit anderen Derivaten.

1. Die Gruppe der Alkaloide ist besonders von Šantavý [4] untersucht worden, der auch im Rahmen des Symposiums über diese Substanzgruppe berichtete. Besonders erwähnt sei das schon lange als Cytostatikum bekannte Colchicin [5—7]. Es zeigt in der Stromspannungskurve über dem gesamten pH-Bereich eine oder mehrere Stufen bzw. katalytische Wellen, zum Teil besonders in neutralem Gebiet mit einem Maximum.

2. Die zweite Gruppe umfaßt die ebenfalls aus der polarographischen Literatur bekannten Purine. Zuman [8], Elving [9] und Leyko [10] befaßten sich sehr ausführlich mit dem polarographischen Verhalten dieser Verbindungen, wovon mehrere eine anodische Oxydationsstufe [11] geben.

Im negativen Potentialbereich zeigen besonders die Verbindungen mit einer SH-Bindung im Molekül eine katalytische Welle. Eine cytostatische Wirkung wurde beim 6-Mercaptopurin beobachtet.

3. H. Berg und K.-H. König [12] beschrieben die Polarogramme von Äthylenimino-Benzochinonen, und H. Wagner [13] polarographierte weitere Substanzen mit Äthyleniminogruppen, von denen hier nur einige erwähnt werden sollen

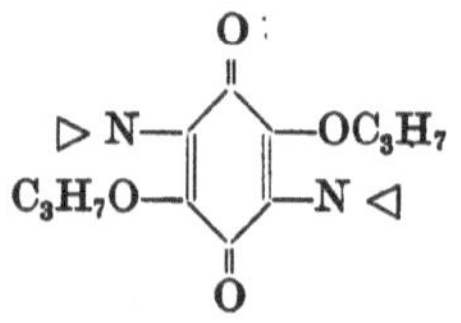

Bayer E 39: 3,6-Bis-propoxy-2,5-bis-äthylenimino-benzochinon(1,4)

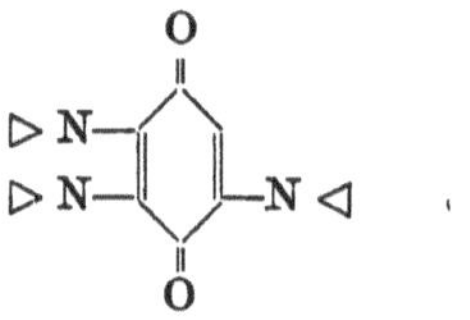

Trenimon: 2,3,5-Trisäthylenimino-benzochinon (1,4)

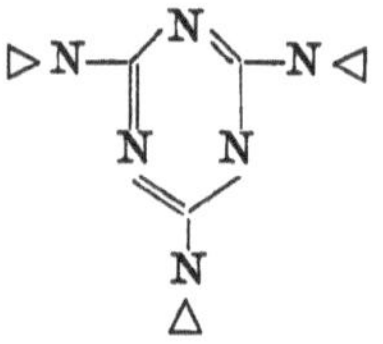

TEM: 2,4,6-Trisäthylenimino-1,3,5-triazin

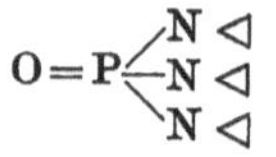

TEPA: Tris-äthylenimino-phosphorsäureamid

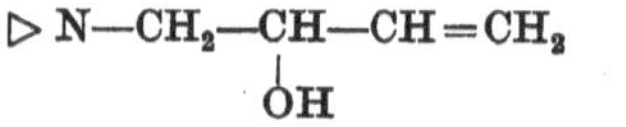

Tetramin: 1-Äthylenimino-2-oxybuten(3)

Das TEM zeigt vor dem Leitsalzanstieg eine katalytische Welle. An dieser Stelle muß weiter das bekannte und bereits klinisch mit Erfolg eingesetzte 3,6-Bis-propoxy-2,5-bis-äthylenimino-benzochinon-(1,4) („Bayer E 39") [14] erwähnt werden. Es enthält neben den Äthyleniminringen noch die polarographisch aktive Chinon-Gruppierung. In der Strom-Spannungskurve [15] finden wir nach sauren pH-Werten auf der 2-elektronigen Chinonstufe die Ausbildung eines Maximums, welches die doppelte Höhe der ursprünglichen Reduktionsstufe im alkalischen Milieu erreicht. Der Äthyleniminring ist in diesem Gebiet aufgespalten [16]. Es kann also folgendes Reduktionsschema aufgestellt werden (nach [13]).

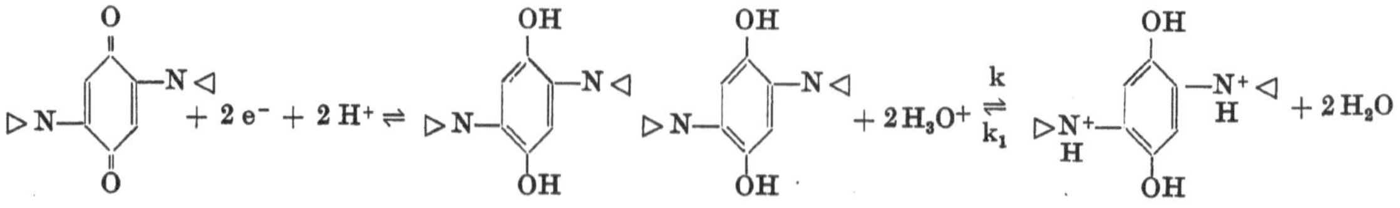

Das Verhalten des Trenimon an der Quecksilbertropfelektrode ist in Abb. 1 dargestellt. Wir finden einen ähnlichen Kurvenverlauf wie beim Bayer E 39.

Die drei weiteren Substanzen, das Äthylamin, das TEPA und das Tetramin [17], welche ebenfalls eine beträchtliche cytostatische Wirksamkeit aufweisen, zeigen keine Analogie zu den obenerwähnten Substanzen und geben nur eine katalytische Welle, obwohl die Doppelbindung eine Stufe erwarten ließe.

4. Unter den N-Lost-Chinonderivaten befinden sich ebenfalls Substanzen beträchtlicher cytostatischer Wirksamkeit. H. Berg u. Mitarb. [19] untersuchten eine Reihe von N-Lostverbindungen im Vergleich zu anderen Benzochinonderivaten. Die Autoren [18] sind der Ansicht, daß nennenswerte cytostatische Effekte nur bei Chinonderivaten gefunden werden, wenn das Halbstufenpotential positiver als —500 mV gegen NCE liegt.

5. In der Gruppe der N-Oxyde [20] sind möglicherweise auf Grund der Radikalnatur der Verbindungen viele Substanzen mit cytostatischer Wirksamkeit gefunden worden. Be-

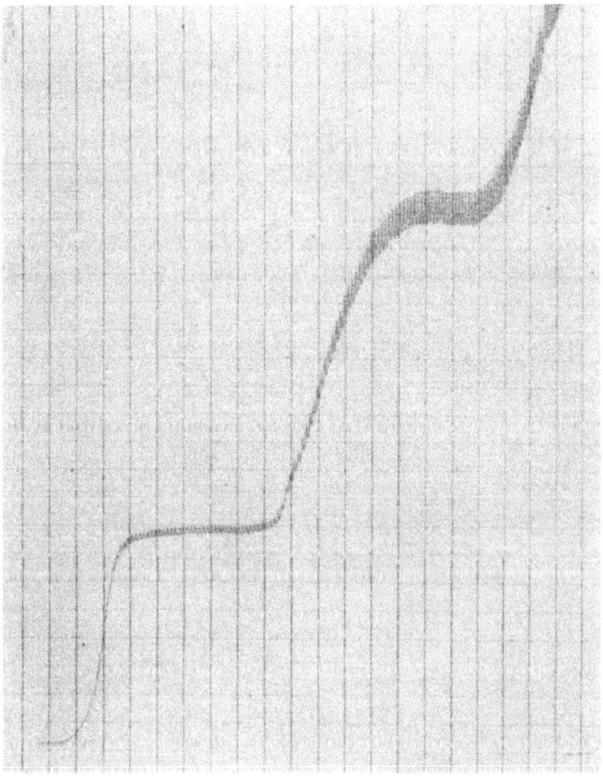

Abb. 1. Trenimon. 2,3,5-Trisäthylenimino-benzochinon-1,4. Konzentration $2 \cdot 10^{-4}$ m. Phosphatpuffer pH 7. $S = 1:70$; gegen gesättigte Kalomelektrode. 100 mV/Absz.; 200 mV/min Papiervorschub

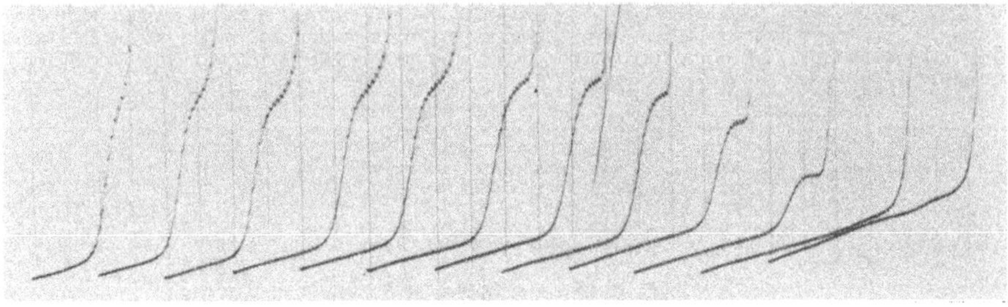

Abb. 2. pH-Abhängigkeit von Pyridin-N-Oxyd.

Konzentration $2 \cdot 10^{-4}$ m. Britton-Robinson-Puffer 0,1 m, ab —600 mV/Absz. n-KCl-Elektrode. $S = 1:7$; pH = 1,5; 2,2; 3,0; 3,6; 4,3; 5,2; 5,7; 7,0; 7,6

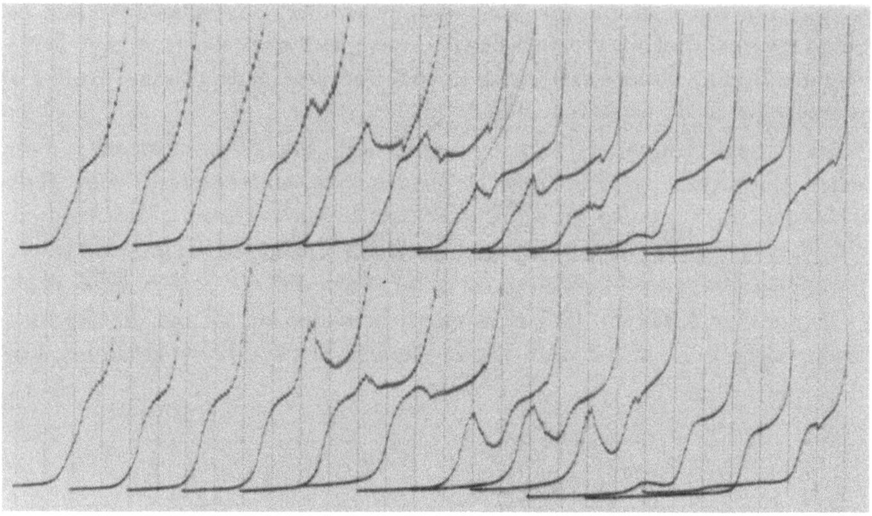

Abb. 3. a) pH-Abhängigkeit von Chinolin-N-Oxyd.
Konzentration $2 \cdot 10^{-4}$ m. Britton-Robinson-Puffer 0,1 m; ab 0 Volt; 200 mV/Absz. n-KCl-Elektrode.
$S = 1:7$
b) pH-Abhängigkeit von Chinaldin-N-Oxyd.
Konzentration $2 \cdot 10^{-4}$ m. Britton-Robinson-Puffer 0,1 m; ab 0 Volt; 200 mV/Absz. n-KCl-Elektrode;
$S = 1:7$.
pH = 4,3; 5,2; 5,7; 6,3; 7,0; 7,6; 8,3; 8,8; 9,2; 10; 11,1; 0,1 n NaOH

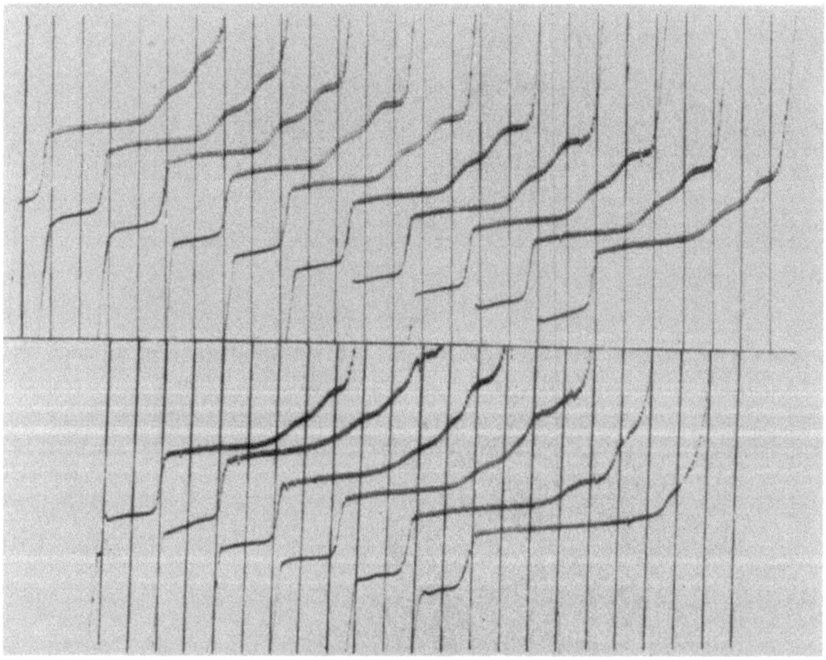

Abb. 4. Nitrochinolin-N-Oxyd.
pH-Abhängigkeit von Nitrochinolin-N-Oxyd.
$1{,}67 \cdot 10^{-4}$ m ab 0 Volt; 200 mV/Absz. n-$HgSO_4$-Elektrode. $S = 1:40$. Britton-Robinson-Puffer 0,1 m.
pH = 1,5; 2,2; 3,0; 3,6; 4,3; 4,8; 5,2; 5,7; 6,3; 7,0; 7,6; 8,3; 8,8; 10, 11; 0,1 n NaOH

sonders durch die Untersuchungen von YOSHIDA [21], welcher an Pyridin-, Chinolin- und Nitrochinolin-N-oxyd einen cytostatischen Effekt festzustellen glaubte, wurde diese Gruppe interessant. Die einfachste Verbindung dieser Klasse ist das Pyridin-N-oxyd [22], dessen Stromspannungs-Kurve Abb. 2 zeigt und eine zweielektronige Stufe ergibt [23], bedingt durch die N-Oxyd-Gruppierung, welcher sich eine katalytische Welle anschließt. Ein etwas komplizierteres Verhalten im Polarogramm zeigt das N-Oxyd von Chinolin und Chinaldin in Abb. 3. Beide Substanzen ergeben in der Stromspannungskurve das gleiche Bild. Bei niedrigen pH-Werten erhalten wir die Reduktionsstufe der protonisierten Form; diese Stufe nimmt nach höheren pH-Werten ab und zeigt bei pH 8 einen kinetischen Charakter. In der Stromspannungskurve ist dies leider nicht deutlich zu erkennen, da die katalytische Welle mit der kinetischen durch die Rekombination mit der protonisierten Form zusammenfällt. Nach weiteren alkalischen pH-Werten sinkt die Stufe der protonisierten Form weiter ab, und wir erhalten eine Stufe des nicht proto-

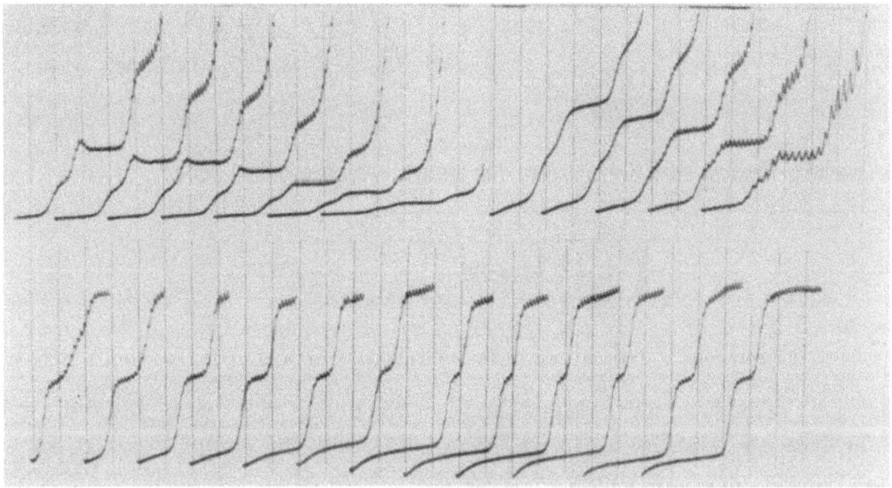

Abb. 5. a) 2,3-Dimethylchinoxalin. Konzentrationsabhängigkeit in 0,1 n H_2SO_4; ab 0 Volt; 200 mV/Absz. n-KCl-Elektrode. $S = 1:30$. Konzentration 1, 2, 3, 4, 5, 6, $7 \cdot 10^{-4}$ m

b) 2,3-Dimethylchinoxalin. Abhängigkeit der Stufenhöhe vom Quecksilberniveau in 0,1 n H_2SO_4. Konzentration $2 \cdot 10^{-4}$ m. Ab 0 Volt. 200 mV/Absz.; n-KCl-Elektrode (81, 64, 49, 36, 25 cm). $S = 1:7$

c) pH-Abhängigkeit von Chinoxalin-N-Oxyd $2 \cdot 10^{-4}$ m. Britton-Robinson-Puffer 0,1 m. Ab 0 Volt; 200 mV/Absz. n-KCl-Elektrode. $S = 1:7$. pH = 1,5; 3,0; 4,3; 5,2; 6,3; 7,0; 8,3; 8,8; 9,2; 10; 11,1; 0,1 nNaOH

nisierten N-Oxydes. Das Maximum ist durch den gleichzeitig ablaufenden katalytischen Vorgang bedingt.

Ein sehr interessantes Verhalten an der Quecksilbertropfelektrode zeigt das bereits in der Klinik erprobte Nitro-chinolin-N-oxyd. Im Polarogramm (Abb. 4) ist die Stufenhöhe der ersten Stufe gleich der Summe der zweiten und dritten. Durch Vergleich der Halbstufenpotentiale mit dem Chinolin-N-oxyd konnte die zweite Stufe der Reduktion der N-Oxyd-Gruppe zugeordnet werden. Diese Stufe entsteht, wie aus der Literatur [24, 25] und eigenen Versuchen bekannt ist, durch die Aufnahme von zwei Elektronen. Demnach ergibt sich für die Gesamtstufenhöhe eine Elektronenaufnahme von 8 Elektronen. Auf die positivste Welle entfallen somit 4 Elektronen, und man kann folgern, daß diese Stufe der Reduktion der Nitrogruppe zum Hydroxylamin zugeordnet werden kann. Die dritte Stufe entspräche dann der Reduktion des Hydroxylamins zum Amin (Abb. 6).

Chinoxalin in gut gepufferter Lösung ist über dem gesamten pH-Bereich an der Tropfelektrode mit gut ausgebildeter Stufe im stark Sauren mit einer Doppelstufe zu erkennen. Die Stufenhöhe entspricht einer Aufnahme von 2 Elektronen. Die Reaktion des Chinoxalins an der Tropfelektrode kann demnach charakterisiert werden:

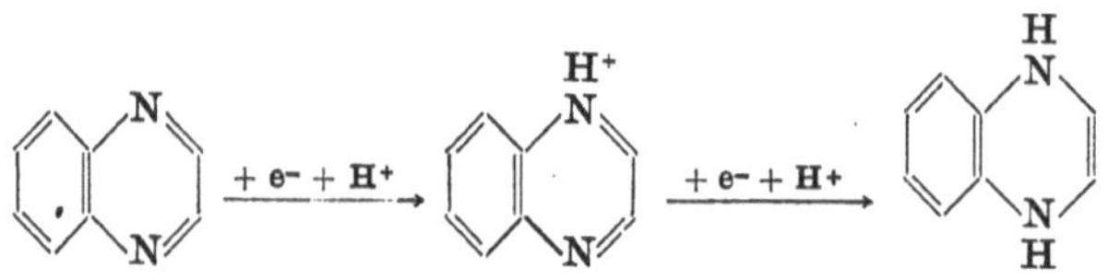

Die Reduktion des Chinoxalin-N-Oxydes (Abb. 5) ist in folgendem Schema zusammengefaßt.

Im sauren Gebiet die Reduktion der protonisierten Form

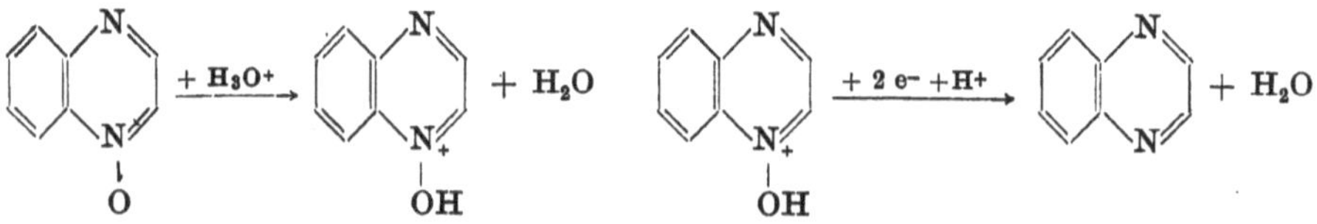

Im alkalischen Gebiet die Reduktion der nicht protonisierten Form

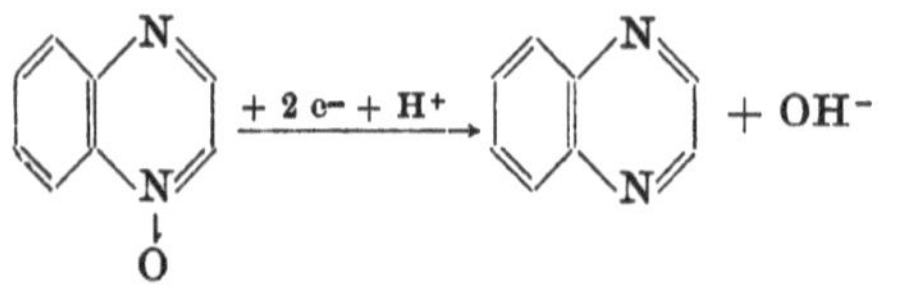

Ein analoges Verhalten zum Chinoxalin-N-oxyd finden wir beim Dioxyd, welches in Abb. 6 dargestellt ist. Die Stufe des Di-N-oxydes ist um das Doppelte höher als die Stufe des Mono-N-oxydes. Eine Trennung der beiden N-Oxydgruppen konnte im Polarogramm in Britton-Robinson-Puffer nicht festgestellt werden. Auch im Oszillogramm zeigen diese

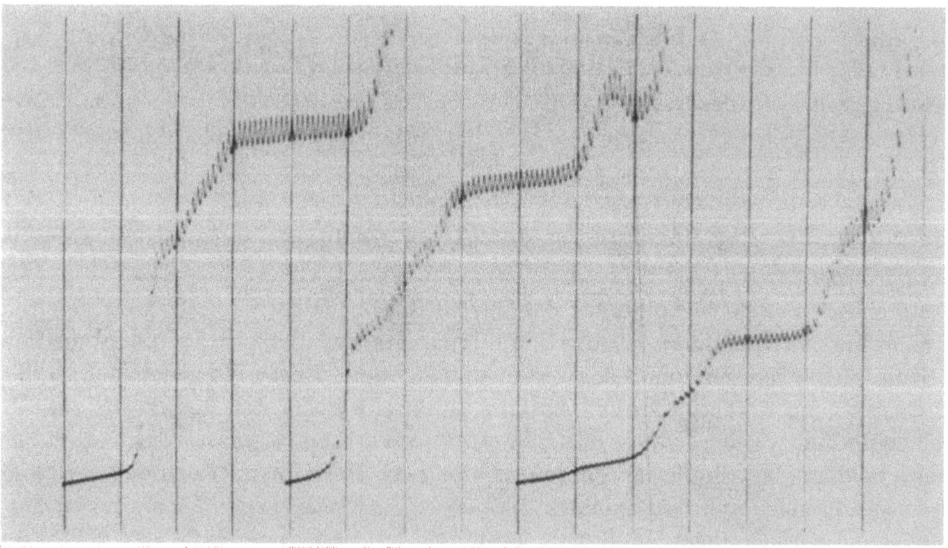

Abb. 6. Vergleich des Dimethylchinoxalin mit Dimethylchinoxalin-N-oxyd und Dimethylchinoxalin-Di-N-Oxyd in 0,1 n H_2SO_4. Konzentration $2 \cdot 10^{-4}$ m

Substanzen einen gut ausgebildeten Einschnitt [26], der zur Analyse herangezogen werden kann.

Schließlich sollen noch einige recht interessante N-Oxyde erwähnt werden, welche teilweise auch einen cytostatisch wirksamen Effekt zeigen. Die Derivate der Nikotinsäure geben, wie die Säure selbst [27], neben der N-Oxyd-Stufe eine katalytische Welle. Auch hier fanden wir beim N-Oxyd die typische Abnahme der Stufenhöhe in Form einer Dissoziationskurve [26]. Im pH-Bereich von 4,3 bis 4,8 ist der Grenzstrom nicht mehr diffusionsbedingt, wie aus der linearen Abhängigkeit der Stufenhöhe von der Wurzel des Quecksilberniveaus ersichtlich ist.

Ein ganz ähnliches Verhalten zeigt das N-Oxyd des Nikotinsäurehydrazids [28]. Es äußert sich im Polarogramm durch die Reduktionsstufe und eine anschließende katalytische Welle.

Das Verhalten des Mitomen, welches in der Klinik bereits mit Erfolg eingesetzt wurde, an der Tropfelektrode

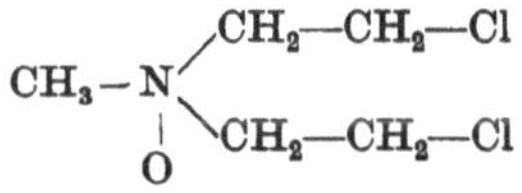

ist etwas unterschiedlich (Abb. 7) gegenüber den bisher untersuchten N-Oxyden. Nach höheren pH-Werten erfolgt ebenfalls ein Absinken der Stufenhöhe, ähnlich wie bei den übrigen Verbindungen. Der Stufenanstieg selbst ist aber viel flacher. Die Stufenhöhe entspricht wiederum der Aufnahme von zwei Elektronen. Dieser Stufenanstieg deutet auf

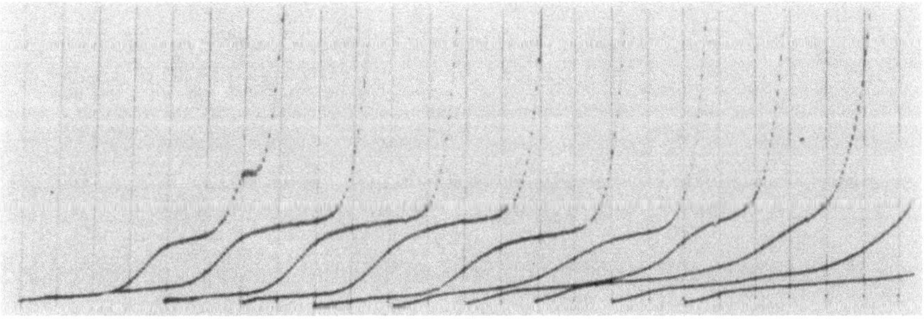

Abb. 7. Mitomen. pH-Abhängigkeit. Konzentration $2 \cdot 10^{-4}$ m, ab 0 Volt; 200 mV/Absz. n-KCl-Elektrode. S = 1:7.
Britton-Robinson-Puffer 0,1 m pH = 1,8; 2,2; 3,0; 3,6; 4,3; 4,8; 5,2; 5,7; 6,3; 7,0

eine starke Irreversibilität hin. Ein ganz ähnliches Verhalten zeigt das Strychnin-N-oxyd. Leider standen für ergänzende Untersuchungen keine weiteren Substanzen mit aliphatisch gebundener N-Oxydgruppe zur Verfügung.

Der Grundkörper des Mitomen, das Dimitan, ohne N-Oxydgruppe

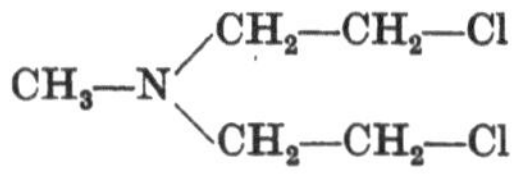

gibt nur in 0,1 n NaOH in der Stromspannungs-Kurve eine Stufe, wie in der Literatur [29] bei ähnlichen Verbindungen schon beschrieben, die wahrscheinlich auf die Ringbildung einer N-Lostgruppierung im Alkalischen zurückzuführen ist. Ein ähnliches Verhalten zeigen die schon erwähnten protonisierten Äthyleniminoringe. Die N-Oxyde des Adenin und Adenosin

(Abb. 8) verhalten sich im Polarogramm vollkommen gleich und zeigen ebenfalls das typische Verhalten der N-Oxydgruppe [30]. In diesem Zusammenhang soll aber nochmals auf das polarographische Verhalten der Grundkörper Adenin oder Adenosin hingewiesen werden. Aus der Literatur [31, 32, 33] und eigenen Untersuchungen [30] ist bekannt, daß die N-Oxydstufe durch Aufnahme von 2 Elektronen verursacht wird. Vergleicht man die Höhe der N-Oxydstufe mit der des Adenins, so stehen diese im Verhältnis 1:3 [30]. Es muß demnach für den Grundkörper, das Adenin, eine Elektronenaufnahme von 6 erwartet werden [30]. Elving u. Mitarb. [34] haben versucht, diesen Reaktionsmechanismus zu klären. Durch Ultrarotaufnahmen des Reduktionsproduktes der Tropfelektrode konnten wir feststellen, daß der aromatische Charakter des Moleküls verlorengeht.

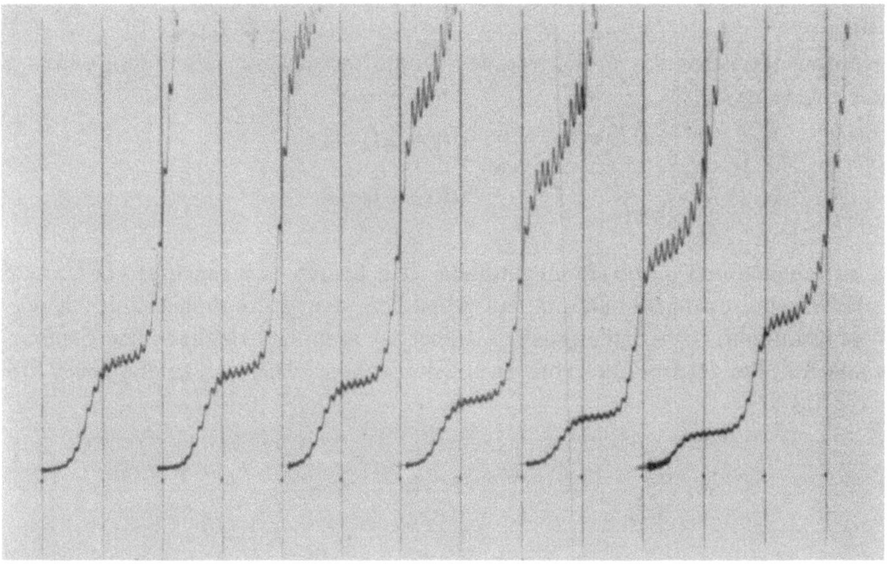

Abb. 8. Adenin-N-Oxyd. Konzentrationsabhängigkeit in 0,1 n H_2SO_4, 7, 6, 5, 4, 3, 2 · 10^{-4} m. Ab −600 mV, 200 mV/Absz. n-KCl-Elektrode, S = 1:7

Derivate des Azomethin [30], welchem folgender Verbindungstyp zugrunde liegt, zeigen

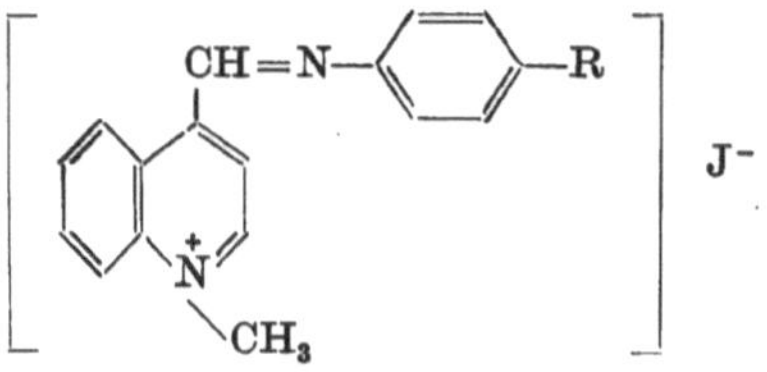

an der Quecksilbertropfelektrode ein recht kompliziertes Verhalten. Um eine Zuordnung der einzelnen Stufen im Polarogramm zu den verschiedenen Bindungen zu finden, wurden zunächst der Grundkörper, das n-Methylchinoliniumchlorid und der Azomethin-Grundkörper untersucht. Aus dem Vergleich der Stufenbilder von Grundkörper und N-O-Derivat bei mittleren pH-Werten ergab sich, daß die Gruppierung

—CH=N—
↓
O

die Stufen im Bereich von −200 mV bis −500 mV verursacht. Zu beachten ist in Abb. 9 die anodische Oxydationsstufe des Jodions und die katalytische Welle. Im Tierversuch zeigen diese Verbindungen ebenfalls einen cytostatischen Effekt.

6. An dieser Stelle soll die Gruppe der Antibiotika [35] (vgl. KRAMARCZYK, dieser Band, A—3 erwähnt werden, die teilweise auch eine gewisse cytostatische Wirksamkeit zeigen: Actinomycin [36], Terramycin [37], Sarkomycin [38] sind bereits polarographisch untersucht worden.

HERRMANN [39] berichtete über das cytostatisch wirksame Stoffwechselprodukt: 4-Methylnitrosamino-benzaldehyd aus Clitocybe suaveolens-Kulturen, welches im Polarogramm zwei Stufen zeigt (vgl. H. BERG, dieser Band, A—15).

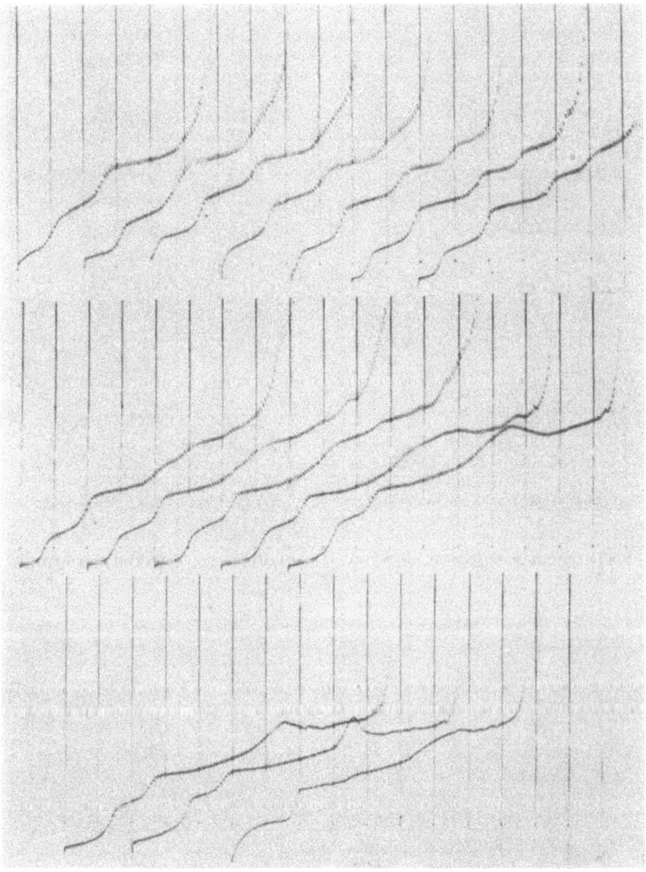

Abb. 9. pH-Abhängigkeit einer Azomethinverbindung.
Konzentration $2 \cdot 10^{-4}$ m. Britton-Robinson-Puffer 0,1 m, ab 0 Volt; 200 mV/Absz. n-KCl-Elektrode; $S = 1{:}15$.
pH = 1,8; 2,2; 3,0; 3,6; 4,3; 4,8; 5,2; 5,8; 7,0; 7,6; 8,4; 8,8; 10,0; 0,1 n NaOH

7. Zum Schluß möchte ich noch einige Substanzen erwähnen, die bereits in der Klinik mit Erfolg angewandt worden sind und deren polarographische Untersuchungen im Augenblick laufen.

Es handelt sich dabei besonders um das Endoxan [40] der *Asta*-Werke (ein N-Lost-Phosphamidester) und das Honvan (eine Stilbenverbindung).

Die bisherigen Ergebnisse sind in der folgenden Tabelle zusammengefaßt.

Für die Überlassung der verschiedenen N-Oxyde möchte ich Herrn Dr. ARNOLD (ASTA-Werke, Brackwede), Herrn Prof. BROWN (New York), Herrn Prof. VON EULER (Stockholm), Herrn Dr. OZEGOWSKI und Herrn Dr. SCHULZE aus unserem Institut recht herzlich danken!

Herrn Dr. BERG danke ich für wertvolle Diskussionen.

Tabelle 1: HSP-Werte und Stufeneigenschaften von Cytostatika

	Grundlösung	pH-Wert	HSP/NCE(V)	Bemerkungen	Literatur
Colchizin	Phosphatp.	7	−1,8	C=O-Gruppe	[4], [5]
6-Merkaptopurin	Boratp.	9,3	−0,3	Oxydat.	[8], [9], [10], [11]
6-Azauracil	Britt.-Rob.-Puffer	7,5	−1,32		
Bayer E-39²)	Phosphatp. 40% Isopr.	7	−0,235 −1,3	Chinongr. N-Ringe	[12], [13]
Trenimon³)	Phosphatp. 40% Äthan.	7	−0,19 −1,3	Chinongr. N-Ringe	
2-Methyl-(chlor-äthyl)aminobenzo-chinon		7	−0,19	Chino	[13], [15]
Dimitan⁴)	Phosphatp.	7	−1,17	Zyklisierungs-produkt	[13], [15]
TEM⁵)	Britt.-Rob.-Puffer	7	−1,75	N-Ringe	[13], [15]
TEPA⁶)	Britt.-Rob.-Puffer	5		katalyt. Welle	[13], [15]
Tetramin⁷)	Britt.-Rob.-Puffer	5		katalyt. Welle	[13], [15]
Nikotinsäure-amid-N-oxyd	0,1 n H_2SO_4	1	−0,79 −1,06	NO-Gruppe katalyt. Welle	[25], [26]
Nitrochinolin-N-oxyd	0,1 n H_2SO_4	1	−0,9 −1,18	NO-Gruppe	[26]
Chinoxalindioxyd	0,1 n H_2SO_4	1	−0,13 −0,31 −0,63	NO-Gruppe	[26]
Adenin-N-oxyd	0,1 n H_2SO_4	1	−0,92 −1,07	NO-Gruppe	[30], [32], [33]
Mitomen¹) (Nitromin)	0,1 n H_2SO_4	1	−0,75	NO-Gruppe	[30]
Strychnin-N-oxyd	0,1 n H_2SO_4	1	−0,85	NO-Gruppe	[30]
Actinomycin	Phosphatp. 40% Isopr.	7	−0,6	Chromophor	[36]

Chemische Bezeichnungen:

¹) Methyl-bis(chloräthyl)amin-N-oxyd-hydrochlorid,
²) 2,5-bis(äthylanimino)3,6-bis(n-propoxy)-benzochinon,
³) 2,3,4-Tri(äthylenimino)-benzochinon, ⁴) Dichlordiäthylmethylamin,
⁵) 2,4,6-Triäthylenimino-1,3,5-triazin,
⁶) Tri(äthylenimino)-phosphorsäureamid, ⁷) 1-Äthylenimino-2-oxybuten,
⁸) Diazo-acetylserin, ⁹) Trichlortriäthylamin-chlorhydrat,
¹⁰) Dichlordiäthyl-phenylserin-amin,
¹¹) 1,4-Dimethansulfonoxybutan

Auswertbare Reduktionsstufen sind zu erwarten beim Azaserin⁸) (u. a. Azaverbindungen) und den Zyklisierungsprodukten von Trimitan⁹), Sarkolysin¹⁰), nicht dagegen bei Myleran¹¹) und Äthylurethan.

SUMMARY

The above review tried to characterize the polarographic behaviour of some groups of substances known to present a cytostatic activity. In particular the following substances are reviewed:

1. Alcaloids (colchicine)
2. Purines (6-mercaptopurine)
3. Ethylene-imino compounds (TEM, Bayer E 39, Trenimon, TEPA, and Tetramin)
4. Benzoquinone derivatives of N-mustard
5. N-oxide compounds (quinoline, nitro-quinoline, quinoxaline, nicotinic N-oxide, mitromen, dimithane, adenine, adenosine-N-oxide, and derivatives of azomethine).

In addition to the groups summarized in tables, the polarographic behaviour of p-methyl-nitrosamino-benzaldehyde (metabolic product), of the antibiotics and of endoxan is discussed.

Literatur

[1] Domagk, G., Therap. Ber. [Bayer-Werke] **5**, 232 (1960).
[2] Druckrey, H., Kupfmüller, K., Z. Naturforsch. **3b**, 254 (1948).
[3] Ochial, E., Hayashi, E., J. pharmac. Soc. Japan [Yakugakuzasshi] **67**, 151 (1947).
[4] Šantavý, F., vgl. diesen Band, A—1.
[5] Šantavý, F., Reichstein, T., Helv. chim. Acta **33**, 1606 (1950).
Březina, M., Zuman, P., Die Polarographie in der Medizin, Biochemie und Pharmazie, Leipzig 1956.
[6] —, —, Die Polarographie in der Medizin, Biochemie und Pharmazie, Leipzig 1956.
[7] Schwabe, K., Polarographie und chemische Konstitution organischer Verbindungen, Berlin 1957.
[8] Zuman, P., Collect. czechoslov. chem. Commun. **22**, 020 (1057).
[9] Smith, L. D., Elving, D., J. Amer. chem. Soc. **84**, 2741 (1962).
[10] Leyko, W., Panusz, H., Polski tig. lekarski **9**, 1057 (1954). Vgl. diesen Band, C—8.
[11] Horn, G., Zuman, P., Collect. czechoslov. chem. Commun. **25**, 3401 (1960).
[12] Berg, H., König, K. H., Analyt. Chim. Acta **18**, 140 (1958).
[13] Wagner, H., Berg, H., J. electroanalyt. Chem. **1**, 61 (1959/60).
[14] Domagk, G., Naturwiss. Rdsch. **15**, 341 (1962) (dort Angaben über Literaturbeschaffung).
[15] Wagner, H., Berg, H., J. electroanalyt. Chem. **2**, 452 (1961).
[16] Anhalt, A., Berg, H., J. electroanalyt. Chem. **4**, 218 (1962).
[17] Wagner, H., Berg, H., J. electroanalyt. Chem. **2**, 452 (1961).
[18] Berg, H., Bauer, E., Tresselt, D., Advances in Polarography, Pergamon Press, London, I. 382 (1960).
[19] Berg, H., König, K. H., Z. Krebsforsch. **62**, 495 (1958).
[20] von Euler, H., Naturwiss. Rdsch. **12**, 161 (1959) (dort weitere Literaturangaben).
[21] Ishidabo, M., Yoshida, T., Proc. Imp. Acad. [Tokyo] 27 (1951).
[22] Horn, G., Acta chim. Acad. Sci. Hung. **27**, 123 (1961).
[23] Foffani, A., Fornasari, E., Gazz. chim. ital. **83**, 1051 (1953). Gazz. chim. ital. **83**, 1059 (1953).
Foffani, A., Fornasari, E., Grandi, F., Ricerca sci. **2**, 1 (1955).
[24] Volke, J., Collect. czechoslov. chem. Commun. **21**, 216 (1956),
Collect. czechoslov. chem. Commun. **20**, 008 (1055),
Collect. czechoslov. chem. Commun. **20**, 1332 (1955),
Collect. czechoslov. chem. Commun. **22**, 1777 (1057).
Reynolds, C. F., Lindsey, A. J., vgl. diesen Band, D—12.
[25] Volke, J., Volkova, V., Chem. listy **49**, 490 (1955).
Lingane, J. J., Davis, O. L., J. biol. Chemistry **137**, 567 (1941).
[26] Horn, G., Acta chim. Acad. Sci. Hung. 33; 287 (1962)
[27] Tompkins, P. C., Schmidt, C. L., J. biol. Chemistry **143**, **643** (1942).
[28] Varella, G., An. fisica Quim. **48 B**, 713 (1952).
Simon, M., Kocsar, L., Polarogr. Ber. **2**, 164 (1954).
[29] Elving, P. J., Leone, J. T., J. Amer. chem. Soc. **79**, 1546 (1957).
Zuman, P., Horak, V., Advances in Polarography, Pergamon Press, 1960, Seite 804.
[30] Horn, G., Mber. dtsch. Akad. Wiss. Berlin **3**, 386 (1961).
[31] McGinn, Francis, H., Brown, G. B., J. Amer. chem. Soc. **82**, 3193 (1960).
[32] Heath, J. C., Nature **158**, 23 (1946).
[33] Leyko, W., vgl. diesen Band, C—8.
[34] Smith, L. D., Elving, P. J., J. Amer. chem. Soc. **84**, 2741 (1962), J. Amer. chem. Soc. **84**, 1412 (1962), Analytic. Chem. **34**, 930 (1962).

[35] Wawzonek, S., Analytic. Chem. **34**, 182 (1962)
[36] Berg, H., Naturwissenschaften **42**, 258 (1955).
Fedoroňko, M., Berg, H., Z. physik. Chem. Leipzig **220**, 120 (1962).
[37] Doskočilova, D., Pharmazie **13**, 548 (1958).
[38] Ida, K., Bull. agric. chem. Soc. (Japan) **24**, 12 (1960),
Bull. agric. chem. Soc. (Japan) **24**, 604 (1960),
Bull. agric. chem. Soc. (Japan) **24**, 610 (1960).
[39] Herrmann, H., Hoppe-Seyler's Z. physiol. Chem. **326**, 13 (1961).
[40] Sammelreferat, *Asta*-Werke, Brackwede/Westf., Bd. I und II.
[41] Krupička, J., Gut, J., Collect. czechoslov. chem. Commun. **25**, 592 (1960).
Icha, F., Czechoslov. Farmac., **8**, 384 (1959).

A—5

Polarographie der Tetrazoliumsalze

B. JÁMBOR

Pflanzenphysiologisches Institut der L.-Eötvös-Universität, Budapest

Die Tetrazoliumsalze wurden vor etwa 70 Jahren von PECHMANN und RUNGE [13] entdeckt bzw. dargestellt, aber erst im Jahre 1941 haben KUHN und JERCHEL [9] gezeigt, daß sie als H-Akzeptoren von Dehydrogenasen-Systemen im biologischen Material dienen können. Auf diese Weise können sie als Indikatoren zum Nachweis bzw. zur Aktivitätsmessung von Dehydrogenasen benutzt werden. Eine weite Verbreitung in der Biologie fanden sie nach dem Krieg, seitdem 1947 MATTSON, JENSEN und DUTCHER [10] die Aufmerksamkeit auf sie lenkten.

Gegenüber dem bisher fast ausschließlich verwendeten H-Akzeptor Methylenblau weisen die Tetrazoliumsalze folgende Vorteile bzw. Unterschiede auf:

1. Während bei MB die oxydierte Form farbig, die Leuko-Form farblos ist, sind die Tetrazoliumsalze farblos, ihre reduzierte Formen, die Formazane, jedoch farbig.

2. Während das LMB sauerstoffempfindlich ist und bei Luftzutritt reoxydiert wird, sind die Formazane praktisch unlöslich, daher gegen Sauerstoff unempfindlich. Dabei spielt auch die Irreversibilität der Redoxreaktion der Tetrazoliumsalze eine Rolle.

3. Auf Grund der Unlöslichkeit der Formazane sind die Tetrazoliumsalze auch zum topografischen Nachweis der Dehydrogenasen im Gewebe bzw. in der Zelle geeignet.

In den vergangenen Jahren sind über die Chemie und biologische Anwendung der Tetrazoliumsalze mehrere hundert Veröffentlichungen erschienen. Größere zusammenfassende Monographien haben über das Thema NINEHAM [11], PÁDR [12] und JÁMBOR [8] veröffentlicht.

Die Tetrazoliumsalze reagieren mit reduzierenden Stoffen folgendermaßen:

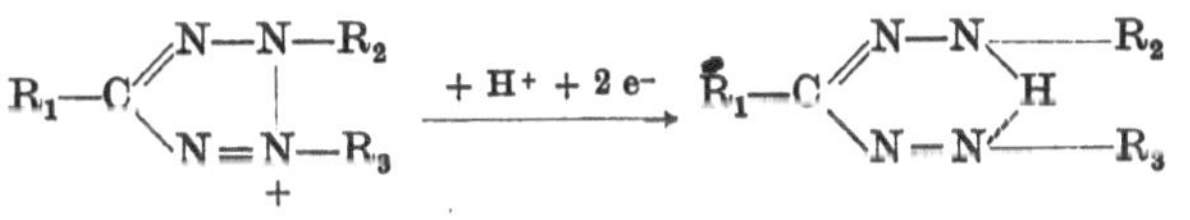

Tetrazoliumsalz (wasserlöslich, farblos) — Formazan (wasserunlöslich, farbig)

Während der vergangenen Jahre wurde eine große Zahl von Tetrazoliumsalzen hergestellt. Einerseits wurden an den Stellen R_1, R_2 und R_3 substituierte Phenylgruppen eingebaut, andrerseits wurden auch aus zwei Tetrazoliumsalzen aufgebaute Ditetrazoliumsalze synthetisiert. Darunter fanden aber in der Biologie nur einige verbreitete Anwendung, am meisten das zuerst entdeckte Triphenyltetrazoliumchlorid (TTC), worin R_1, R_2 und R_3 gleichfalls unsubstituierte Phenylgruppen sind:

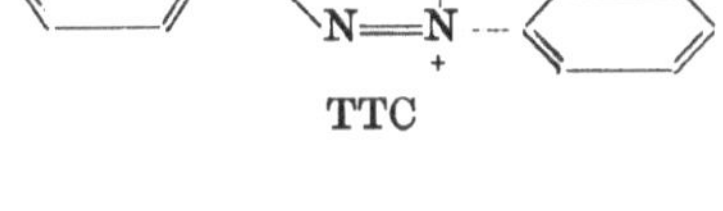

TTC

Da die Tetrazoliumsalze, besonders das TTC, sich im biologischen Gebrauch in mancher Hinsicht eigenartig verhalten und da auch die Kenntnis ihrer Reversibilität (bzw. Redoxpotentials bzw. Reduktionspotentials) zur sinngemäßen Verwendung von Wichtigkeit sind, war zu erwarten, daß der Reaktionsmechanismus dieser Salze auch physikochemisch untersucht wird. JERCHEL und MÖHLE (1944) waren die ersten, die (mit Hilfe der Potentiometrie) die Irreversibilität der Reduktion festgestellt haben. Das geschah gelegentlich eines Mißerfolges, als man Gemische von TTC und dessen Formazans potentiometrieren und die der Nernstschen Gleichung entsprechende Sygmoidkurve erhalten wollte. Im weiteren haben dann die Verfasser das „scheinbare Reduktionspotential" von TTC (u. a.) durch Umsetzung mit bekannten Redoxindikatoren bestimmt.

Viel einfacher schien es, die Frage statt nach dieser mühsamen Methode polarographisch zu lösen. DOSKOČIL und DOSKOČILOVÁ [2] waren die ersten, die TTC und einen Abkömmling eingehend polarographisch untersucht haben. Weitere noch unaufgeklärte Fragen haben dann JÁMBOR [3—7], KIVALO und MUSTAKALLIO (1956), RALEA [14, 15] sowie CAMPBELL und KANE [1] in Angriff genommen.

Im folgenden soll zusammenfassend über solche Fragen berichtet werden, die in biologischer Hinsicht von größtem Interesse sind. Dabei sei auch auf einige polarographische Eigenartigkeiten kurz hingewiesen.

Dabei wird hauptsächlich von der meist gebrauchten Tetrazoliumverbindung, dem TTC, die Rede sein. Die anderen untersuchten Abkömmlinge verhalten sich größtenteils analog.

1. Mechanismus der Reduktion

Die erwähnten Verfasser sind darin einig, daß in alkalischer Lösung das TTC in zwei aufeinanderfolgenden Schritten an der Quecksilberelektrode reduziert wird: Zuerst entsteht Formazan (TF), dann bei noch negativerem Potential unter Aufnahme zwei weiterer Elektronen bzw. Protonen Benzhydrazidin:

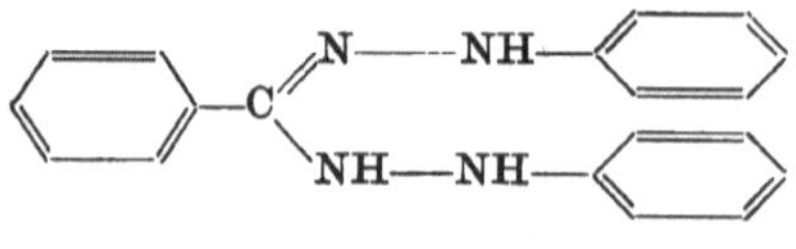

Da die polarographische Stufe in saurer Lösung eine einzige 4elektronige Stufe darstellt, nehmen außer JÁMBOR [3] alle anderen Verfasser an, es handle sich um die Bildung des Benzhydrazidins bei praktisch gleichzeitiger Aufnahme der Elektronen bzw. Protonen in einem einzigen Schritt. JÁMBOR [3, 4] dagegen war der Meinung, daß die Reihenfolge der Reduktion in saurem Milieu sich umdreht und zuerst ein Reduktionsprodukt entsteht, das an den N-Atomen 1 und 2 reduziert ist. Sofort wird aber dieses Produkt durch Aufnahme von zwei weiteren Elektronen bzw. Protonen zu Benzhydrazidin weiterreduziert:

Wegen der Unabhängigkeit des Halbstufenpotentials vom pH des Vorganges TTC → TF in alkalischem Milieu, trennt sich die einzige Stufe in zwei gleiche Stufen, dagegen bleiben die Stufen der zwei Reduktionsschritte in saurem Milieu beisammen. Diese Annahme versucht JÁMBOR folgendermaßen zu begründen:

a) Die $\pi_{1/2} = f$-(pH)-Kurve von TTC in saurem Medium weist eine Tangente von 45 mV auf (Abb. 1). Da in diesem Falle die simultane Aufnahme von drei Protonen höchst unwahrscheinlich ist, scheint es auf der Hand zu liegen, daß es sich hier um eine Resultante von zwei Kurven mit den Tangenten 30 bzw. 60 mV je pH-Einheit handelt, da an den N-Atomen 1 und 2 zwei Protonen, an der Stelle 3 eines benötigt werden. Das vierte Proton dient zur Neutralisierung des Anions von TTC.

Es ließe sich aber einwenden, daß einerseits die von Jámbor [3, 4] angegebene Tangente von 45 mV/pH bestritten wird, daß sie andererseits aber nur bei streng reversiblen Systemen als Grundlage zur Feststellung der Protonenzahl dienen kann. Als Tangente haben z. B. für die 4elektronige $\pi_{1/2}$-pH-Kurve (in saurem Medium) Kivaló und Mustakallio (1956) etwa 50 mV; Doskočil und Doskočilová [2] 56 mV; Ralea [14] 64 mV ermittelt, dagegen fanden Campbell und Kane [1] einen dem theoretischen Wert entsprechenden von 45 mV.

Der Umstand, daß der Wert der Tangente über die Protonenzahl bei irreversiblen Reaktionen nichts aussagt, bedeutet andererseits noch nicht, daß in solchem Falle der gefundene Wert von dem theoretischen

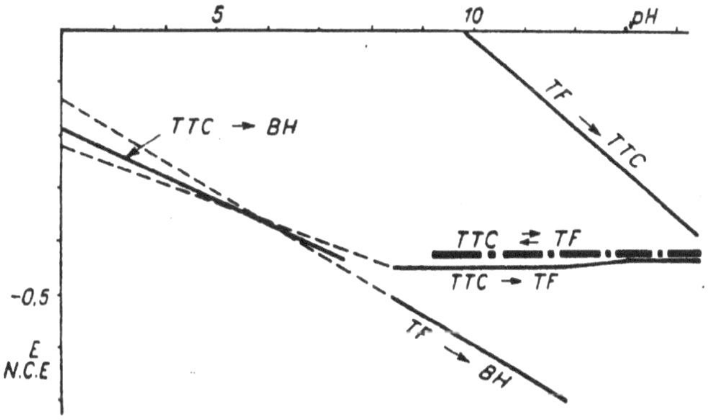

Abb. 1. Reduktions-, Oxydations- und Redoxpotential-Werte des Systems TTC/TF als Funktion des pH-Wertes, in Wasser, bei 20°. Die ausgezogenen Kurven wurden auf Grund von Versuchsdaten, die Kurven mit gestrichelten Linien durch Extrapolation konstruiert

abweichen muß. Im Gegenteil, wie auch Campbell und Kane [1] betonen, zeigen auch an sich irreversible Reaktionen oft die theoretische Potentialverschiebung mit dem pH-Wert.

b) Weitere Unterstützung findet Jámbors Standpunkt darin, daß nach Trennung der 4elektronigen Stufe in alkalischem Medium die Tangente des Potentialwertes der zweiten Stufe (TF → BH) 60 mV beträgt. Das läßt vermuten, daß dieser Wert für die Reduktion an den N-Atomen 1 und 2 auch in saurer Lösung zur Geltung kommen muß. Damit haben wir ja schon die eine Komponente der $\pi_{1/2}$-f-(pH)-Kurve in saurem Milieu erfaßt, und dann bleibt übereinstimmend mit der Erwartung für die andere Komponente nur die Möglichkeit einer Tangente von 30 mV/pH.

Das kann allerdings nur ein indirekter Beweis sein.

c) Etwas geradliniger scheint der Beweis für Jámbors Vorstellung zu sein, daß die chemische, photo-chemische und makro-elektrolytische Reduktion von TTC nur in alkalischer Lösung Formazanbildung verursacht; eine saure Lösung bleibt farblos (Jámbor [7]), allerdings müßte Formazan, wenn es sich intermediär bilden würde, wegen seiner schweren Wasserlöslichkeit ausfallen.

Dagegen könnte man wieder einwenden, daß sich die Reduktion so schnell abspielt, daß das Formazan weiter reduziert wird, ohne ausfallen zu können. Ein direkter Beweis wäre das allerdings nur, wenn es gelänge, das am N-Atom 1 und 2 reduzierte Zwischenprodukt irgendwie zu erfassen. Da diese Verbindung annehmbar labil sein muß, ist es keine leichte Aufgabe.

d) Es gelang Jámbor [5], das Entstehen des umstrittenen Produktes polarographisch nachzuweisen. Auf Lichteinfluß erfährt das TTC eine Disproportionierungsreaktion, während der ein Molekül zu „Photo-TTC" oxydiert, das andere (allerdings in neutralem und alkalischem Medium) zu Formazan reduziert wird:

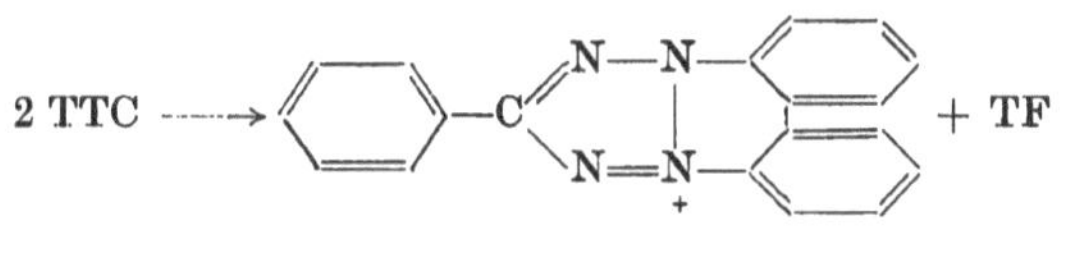

Diese Reaktion verläuft in saurer Lösung ohne Formazanbildung. Da es sich um eine Disporportionierung handelt, wäre eine Weiterreduktion zu Benzhydrazidin schwer anzunehmen, es muß also eben das gesuchte 1,2 N-reduzierte Produkt entstehen. Auf Abb. 2 ist dieses mit einem Pfeil gezeigt. Die Stufe ist weder TTC noch „Photo-TTC“ oder Formazan zuzuschreiben. Es sei noch bemerkt, daß die Stufenhöhe

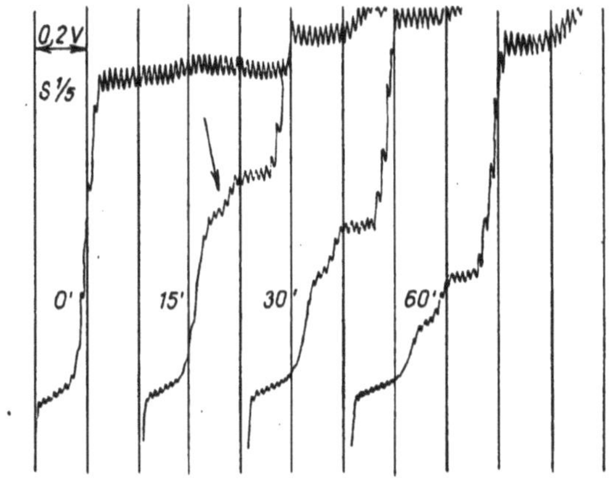

Abb. 2. Polarogramm von 10^{-4} m TTC nach verschieden langer Belichtung in pH = 1 Lösung. Aufgenommen bei pH = 4. Der Pfeil zeigt das farblose Reduktionsprodukt an

des Zwischenproduktes kleiner ist, als theoretisch zu erwarten wäre. Das scheint darauf hinzudeuten, daß es sich um eine sehr labile Verbindung handelt.

Damit glaube ich bewiesen zu haben, daß die Reduktion in saurem Medium in umgekehrter Reihenfolge vor sich geht.

2. Die Halbstufenpotentiale

Bei sinngemäßer Verwendung des TTC als biologischer H-Akzeptor ist es von Wichtigkeit, welchen Wert sein Redox- bzw. Reduktionspotential hat, da ja dieser Wert die biologischen Redoxsysteme bzw. Enzymsysteme bestimmt, die eine Formazanbildung verursachen können. Aus diesem Grunde haben JERCHEL und MÖHLE (1944), wie schon erwähnt, das

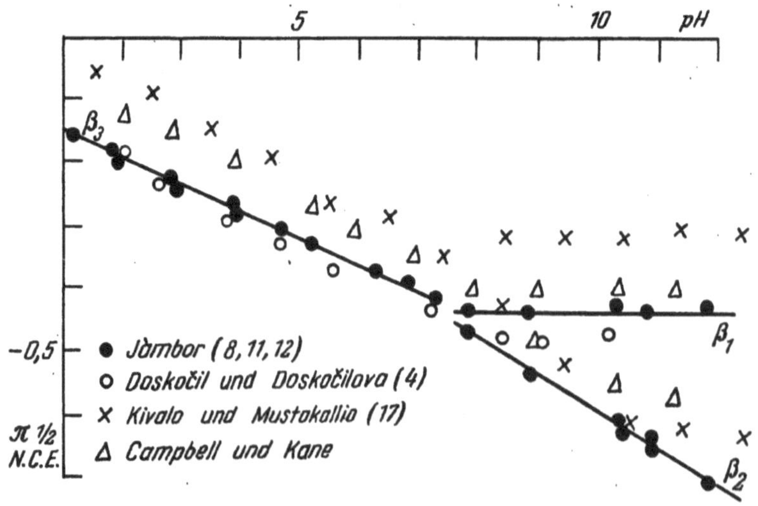

Abb. 3. $\pi_{1/2}$-Werte der 4-Elektronen-Stufe von TTC bei verschiedenen pH-Werten

scheinbare Reduktionspotential ermittelt. Der von ihm erhaltene Wert beträgt, bezogen auf NCE bei pH 5,9 — 0,337 V, bei pH 6,7 fanden sie — 0,332 V, also praktisch unabhängig vom pH-Wert.

Das Halbstufenpotential von TTC wurde von verschiedenen Verfassern bestimmt (Abb. 3), und es kann festgestellt werden, daß die erhaltenen Werte der einzelnen Verfasser beträchtlich streuen. Der für die Stufe TTC → TF erhaltene, praktisch pH-unabhängige Wert von Jámbor [3] und Doskočil und Doskočilová [2] von —0,443 V (NCE) und der später mit verfeinerten Methoden von Jámbor [6] ermittelte Wert —0,48 V sind signifikant negativer als der mit Indikatoren erhaltene Wert —0,332 V. Das ist leicht zu erklären, da ja wegen Unlöslichkeit des Formazans die Reaktion zugunsten der Formazanbildung verschoben wird, also leichter vor sich geht als die elektrochemische Reaktion.

3. Die Frage der Reversibilität

In dieser Frage bestand die größte Diskrepanz zwischen Jámbors [3] Auffassung und der Meinung anderer Verfasser. Jámbor behauptete nämlich, daß unter geeigneten Bedingungen (alkalischer Alkohollösung) die Stufe TTC → TF und TF → TTC ungefähr das gleiche Halbstufenpotential haben (Abb. 4), daher sei das System TTC ⇌ TF als thermodynamisch reversibel zu betrachten.

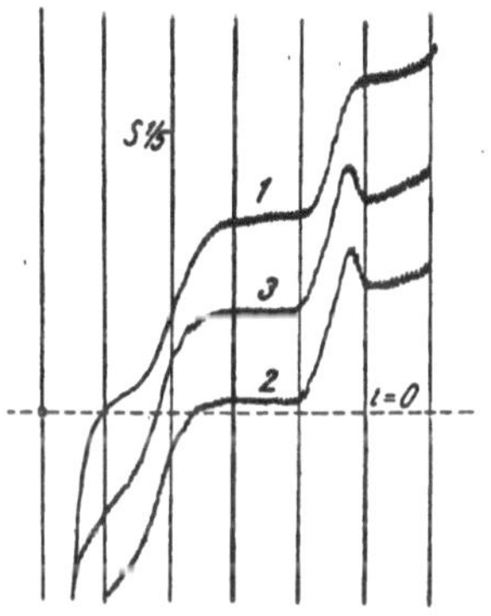

Abb. 4. Polarogramm von 10^{-4} m TTC, bzw. TTC + TF 1:1, bzw. TF in 50%igem alkalischen Alkohol

Doskočil und Doskočilová [2] dagegen untersuchten die Frage der Reversibilität *unter anderen Bedingungen*: sie polarographierten in wäßriger, schwach saurer Lösung das TTC nach einer katalytischen Reduktion und fanden zwar eine Oxydationsstufe, die aber um etwa 0,1 V positiver liegt als die Reduktionsstufe von TTC; dabei ist die erhaltene Oxydationsstufe auch viel kleiner. Daraus schließen die Verfasser, daß es sich um ein irreversibles System handelt.

Es muß aber folgendes bemerkt werden: 1. TF ist wasserunlöslich, die erhaltene Oxydationsstufe muß also einem anderen Reduktionsprodukt zugeschrieben werden. 2. Wie aus Jámbors [4] späteren Arbeiten hervorgeht, ist der pH-Wert 4,65 zur Formazanbildung nicht geeignet; unter solchen Umständen hat die Reduktion — wie schon dargestellt wurde — einen anderen Ablauf.

Campbell und Kane [1] untersuchten die Frage in der Weise, daß sie ein Gemisch von TTC und TF in alkalischem 95%igem Methylalkohol polarographierten. Wie aus Abb. 5 ersichtlich, erhielten sie mit TF überhaupt keine Oxydationsstufe. Sie deklarieren daher das System völlig irreversibel und vermuten, daß die von Jámbor [4] erhaltene Stufe Verunreinigungen des Formazans zuzuschreiben ist. Dagegen aber gelang es Jámbor [5] zu zeigen, daß auch in ihrer Kurve die Oxydationsstufe von TF implicit enthalten ist, die Verfasser haben nur deren unteren Grenzstrom übersehen, wahrscheinlich deswegen, weil sie mit einem manuellen Polarographen gearbeitet haben. Jámbor [5—7] wiederholte ihren Versuch unter ähnlichen Bedingungen, aber mit automatisch zeichnendem Polarographen und erhielt die Oxydationsstufe, wie Abb. 6 zeigt.

Auf dem Polarogramm von Campbell und Kane [1] kann die implizite Anwesenheit der Oxydationsstufe auch so bewiesen werden, daß der anfängliche Teil der Kurve von TF viel negativer liegt als bei TTC, obwohl bei gleichem Potential begonnen wurde und die zwei Kurven am Anfang zusammenfallen müßten.

Endlich soll noch erwähnt werden, daß die Oxydationsstufe des TF von Jámbor schon deswegen nicht einer etwaigen Verunreinigung zuschreibbar ist, weil die entsprechende Stufenhöhe einer 2elektronigen Stufe entspricht, es müßte sich also um eine 100%ige „Verunreinigung“ handeln, was offensichtlich nicht zutrifft.

In einer ausführlichen Arbeit hat dann Jámbor [6] die pH-Abhängigkeit der Stufen TTC → TF und TF → TTC bei verschiedenen Temperaturen untersucht und folgendes festgestellt:

a) Die Differenz der Halbstufenpotentialwerte der Oxdations- bzw. Reduktionsstufe nimmt mit zunehmender Temperatur und pH ab. Bei 20° fallen sie bei einem hypothetischen pH-Wert von 15 zusammen (ermittelt durch Extrapolation); bei 70° geschieht das schon bei pH 13. Andererseits beträgt die Potentialdifferenz bei 20° und pH 9,4 etwa 0,5 V; bei demselben pH wird die Differenz etwa bei 100 °C zu 0 V, wie ebenfalls extrapoliert werden konnte. Die betreffenden Zusammenhänge sind in den Abbildungen 7 bis 9 dargestellt.

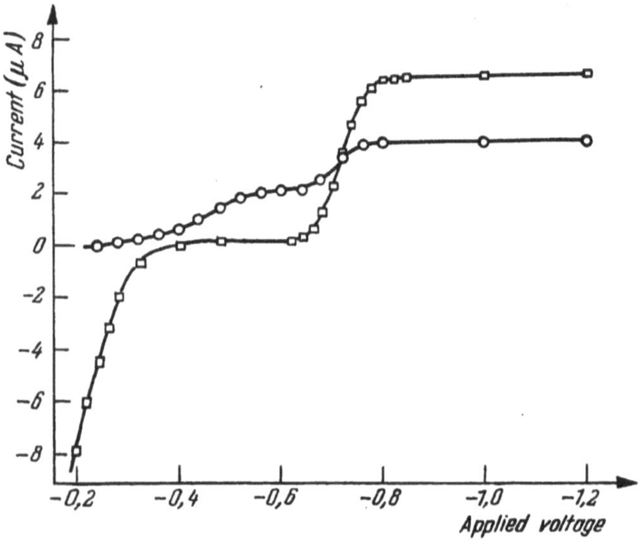

Abb. 5. Polarogramme von $2{,}43 \cdot 10^{-4}$ m TT — Br, (○) und $8{,}32 \cdot 10^{-4}$ mTF (□) in 95%igem Methanol, bei hohem pH.
Nach Campbell und Kane (1956 [1])

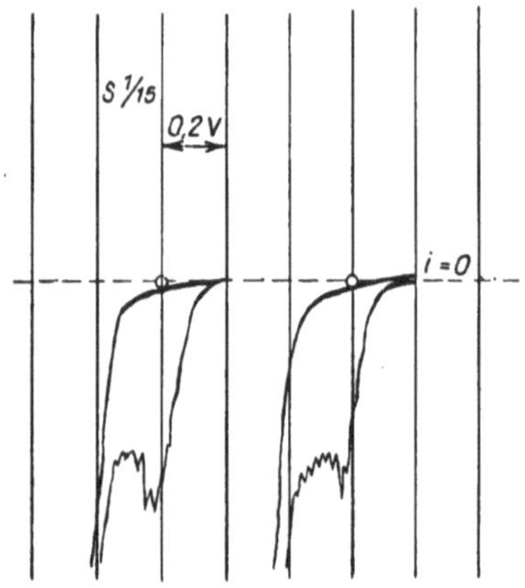

Abb. 6. Die anodische Stufe von $4 \cdot 10^{-4}$ m TF (in 96%igem Äthyl-, bzw. Methylalkohol in Anwesenheit von 0,01 n NaOH und mit Na-Acetat gesättigt), und das Polarogramm des Grundelektrolyten

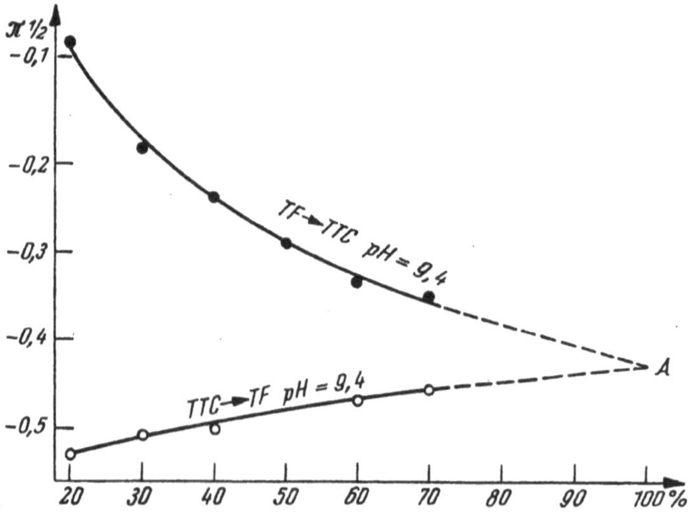

Abb. 7. $\pi_{1/2}$-Werte von TTC und TF, bei pH 9,4 in 50%igem Alkohol aus bei verschiedenen Temperaturen aufgenommenen Polarogrammen

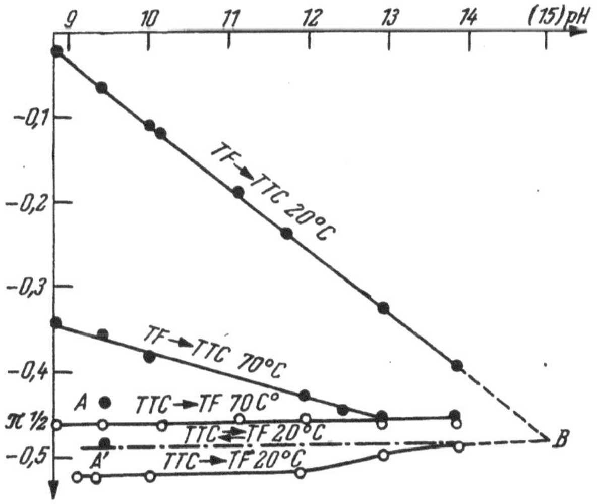

Abb. 8. $\pi_{1/2}$-Werte von TTC und TF, als Funktion des pH-Wertes, in 50%igem Alkohol

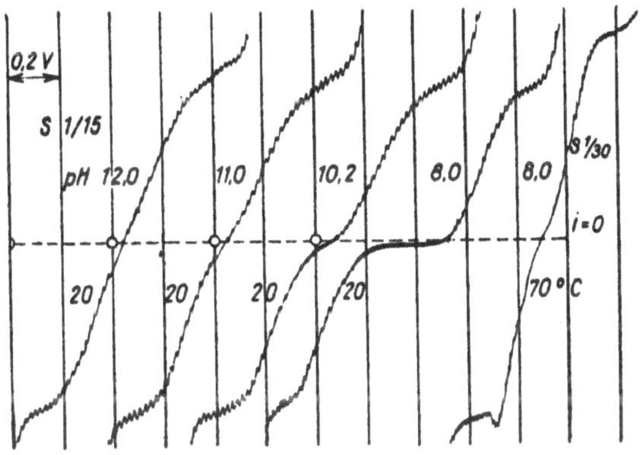

Abb. 9. Polarogramme von $1 \cdot 10^{-4}$ m TTC + $1 \cdot 10^{-4}$ m TF, in 80%igem Alkohol, bei verschiedenen pH-Werten

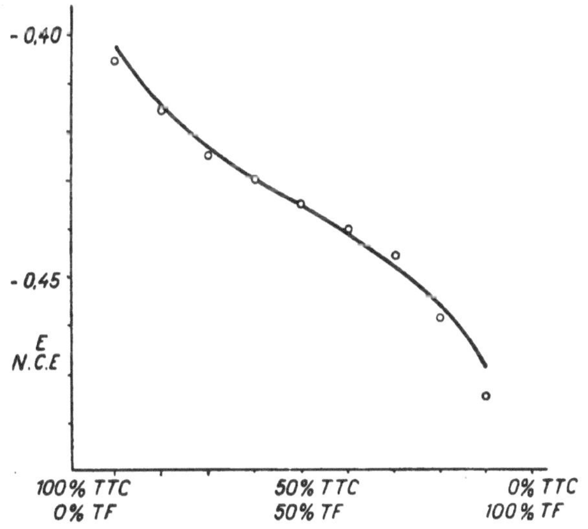

Abb. 10. Redoxpotential des Gemisches TTC + TF verschiedener Proportion bei pH 12, in 80%igem Alkohol, bei 70 °C, in Anwesenheit von $5 \cdot 10^{-5}$ m Indigodisulfonat als Mediator. Gesamtkonzentration von TTC + TF: 10^{-3} m

b) Der Einfluß der Temperatur auf das Halbstufenpotential der Oxydationsstufe ist viel größer als auf das der Reduktionsstufe. Das bedeutet, daß das Maß der Irreversibilität im ersten Falle größer ist, was auch organische, chemisch-präparative Arbeiten zeigen: TTC kann leicht reduziert, TF aber äußerst schwer oxydiert werden.

c) Auf Grund der Zusammenhänge auf Abb. 7 und 8 konnte der hypothetische Ablauf der Redoxpotential-pH-Kurve des Systems TTC $\rightleftharpoons$ TF konstruiert werden (Strichpunktlinie in Abb. 8), sofern die Aktivierungsenergie in beiden Richtungen eliminiert gedacht ist. Daraus läßt sich wieder die Aktivierungsenergie in beiden Richtungen zahlenmäßig ableiten. Eine solche ,,Eliminierung" der Aktivierungsenergie ist nicht nur hypothetisch möglich. Die Enzyme arbeiten eben auf diese Weise, und TTC übernimmt Proton und Elektron von Flavinenzymen.

d) In stark alkalischem Alkohol bei 70 °C stimmen also beide Stufen genau überein. Ob das tatächlich auf thermodynamische Reversibilität hindeutet, wurde positiv entschieden, als die der Nernstschen Gleichung entsprechende Sigmoidkurve potentiometrisch gemessen wurde (Abb. 10), deren Inflexionspunkt mit dem polarographisch erhaltenen übereinstimmt.

Damit ist das System unter gewissen Bedingungen reversibel.

Beide Seiten der Meinungen vertreten also eine ,,Teilwahrheit", die Fragestellung war also falsch: Die Reversibiltät ist keine eindeutige Kategorie; absolut reversible Vorgänge gibt es kaum in der Natur. Man sollte die Frage vielmehr so stellen: Wie groß ist die Reversibilität bzw. die Irreversibilität unter verschiedenen Umständen? Diese Frage wurde nach meiner Ansicht in dem vorangehenden befriedigend beantwortet.

4. Untersuchung anderer Tetrazoliumsalze

Viele verschiedene Abkömmlinge von Mono- und Ditetrazoliumsalzen wurden ebenfalls polarographiert (Näheres s. JÁMBOR [8]). Aus diesen Arbeiten kann zusammenfassend geschlossen werden, daß die Derivate sich im großen und ganzen ähnlich wie TTC verhalten.

Einige Verbindungen unterscheiden sich dadurch, daß das Halbstufenpotential der Formazanbildungsstufe nicht pH-unabhängig ist, daher trennen sich die zwei Stufen nicht. Das muß offensichtlich zur Folge haben, daß diese biologisch nicht verwendbar sind, da die Reduktion die Formazanstufe überschreitet. Das Vorhandensein einer Oxydationsstufe von Formazan wurde außer bei TTC bei keinem anderen Tetrazoliumsalz gefunden. TTC liegt an der Grenze zur Reversibilität.

5. Polarographische Anomalien

Ebenfalls in JÁMBORS [8] Buch wird über verschiedene Anomalien berichtet, auf die hier nicht näher eingegangen werden kann. So wurde z.B. festgestellt, daß einige Tetrazoliumsalze Adsorptionsvorstufen und katalytische Wellen haben. Eine eigenartige Anomalie ergibt sich aus der Ausfällung des Formazans an der Quecksilberelektrode.

6. Oszillopolarographische Untersuchungen

dV/dt-Kurven von Tetrazolinsalzen wurden von RALEA [15], i/E-Oszillogramme von KIVALO und MUSTAKALLIO (1956), $dV/dt = f\text{-}(V)$-Kurven von JÁMBOR [6] veröffentlicht, als Beweis der Irreversibilität bzw. Reversibilität des Elektrodenvorganges. Über die Frage konnte aber nicht wesentlich mehr an Informationen erhalten werden als mit der klassischen Polarographie.

7. Schlußfolgerungen zur biologischen Anwendung

Die Tatsache, daß die reduzierte Form des TTC wasserunlöslich ist, schließt die Möglichkeit aus, diese Verbindung als Redoxindikator, also zur Ermittlung des Redoxpotentials eines biologischen Systems, zu verwenden. Das ändert auch die Tatsache nicht, daß die Reduktion bei TTC praktisch ohne Aktivierungsenergie verläuft, da ja die reduzierte Form nicht an der Ausbildung des Gleichgewichtes teilnimmt. Andererseits verursacht die Unlöslichkeit des Formazans, daß das TTC auch von Redoxsystemen reduziert werden kann, deren aktuelles Redoxpotential positiver liegt als das Reduktionspotential von TTC. In dieser Hinsicht ist das TTC allen anderen Redoxindikatoren überlegen, es ist als H-Akzeptor für einen viel größeren pH-Bereich geeignet.

Die Tatsache, daß die Reihenfolge der Reduktionsschritte sich im sauren Milieu umkehrt, erklärt es, warum unter solchen Bedingungen kein Formazan entsteht. Natürlich spielt hier auch der Umstand eine Rolle, daß die Formazanbildung in alkalischem Medium pH-unabhängig wird.

Auch das eigenartige photochemische Verhalten des TTC muß bei biologischer Anwendung in Betracht gezogen werden; die Aufklärung des Reaktionsmechanismus hat auch zum Verständnis dieser Erscheinungen beigetragen (s. Näheres bei Jámbor, [8]).

SUMMARY

The results obtained by polarographic studies of triphenyl tetrazolium chloride (TTC) are summarized. Based on the dependence on the solvent and the temperature in connection with photoreactions, a model of the mechanism of the polarographic reaction is proposed.

Literatur

[1] Campbell, H., Kane, P. O., J. chem. Soc. [London] 3130 (1956).
[2] Doskočil, J., Doskočilová, D., Rozpr. M. tridy Česke Akad. **60**, 12 (1950).
[3] Jámbor, B., Ann. Biol. Univ. Hung. **2**, 97 (1952).
[4] —, Acta Chim. Hung. **4**, 55 (1954).
[5] —, J. Chem. Soc. [London] 1604 (1958).
[6] —, Acta Chim. Hung. **13**, 293 (1958).
[7] —, Pharmaz. **13**, 277 (1958).
[8] —, Tetrazoliumsalze in der Biologie. Gustav-Fischer-Verlag, Jena. S. 160 ff. (1960).
[9] Kuhn, R., Jerchel, D., Ber. dtsch. Chem. Ges. **74 B**, 949 (1941).
[10] Mattson, A. M., Jensen, C. O., Dutcher, R. A., Science, **106**, 294 (1947).
[11] Nineham, A. W., Chem. Rev. **55**, 355 (1955).
[12] Pádr, Z., Tetrazoliumsalze, deren Herstellung und Verwendung in Biologie und Medizin (in tschechischer Sprache). Statni Zdravotnické Nakladatelstvi, Prag, S. 175ff. (1959).
[13] Pechmann, H., Runge, P., Ber. dtsch. Chem. Ges. **27**, 2920 (1894).
[14] Ralea, R., Petrovanu, M. A., Rev. de Chimie, **1**, 69 (1956).
[15] Ralea, R., Petrovanu, M. A., Papp, A., Stud. Cerc. Sti. Chim. Acad. R. P. Rum. **7**, 131 (1956).

Polarographie der o-Hydroxychalkone, Chromanone und der von aromatischen und heterozyklischen Aldehyden abgeleiteten Chromone

J. Tirouflet

Chemisches Institut der Universität Dijon

Die o-Hydroxychalkone, die Chromanone und die Chromone haben große biologische Bedeutung, denn viele natürliche, aus Pflanzen extrahierte Verbindungen gehören zu diesen Substanzklassen.

Die Umwandlung o-Hydroxychalkone ⇌ Chromanone ist eine sehr häufig vorkommende Isomerisationsreaktion in dieser Reihe. Die Suche nach optimalen Bedingungen für den Ringschluß ist jedoch bisher sehr empirisch geblieben. Auch sind die thermodynamischen und kinetischen Eigenschaften des Gleichgewichtes noch nicht aufgeklärt worden.

Beim Versuch zur genaueren Festlegung der optimalen Bedingungen für diese Umwandlung haben wir uns der polarographischen Analyse bedient. Zur Durchführung dieser Untersuchung haben wir zunächst das polarographische Verhalten einiger o-Hydroxychalkone (I bis III), Chromanone (I' bis III') und Chromone (IV) eingehend analysiert.

o-Hydroxychalkone

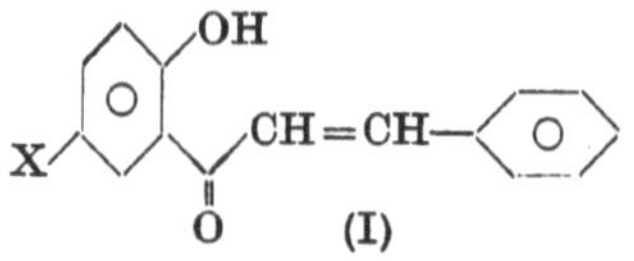

(I)

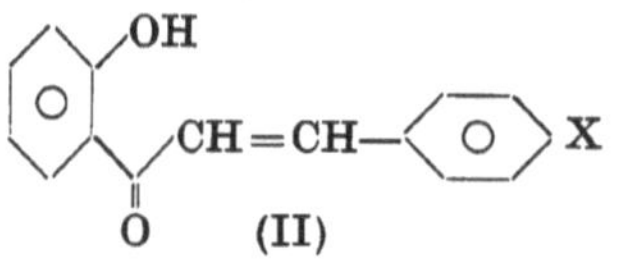

(II)

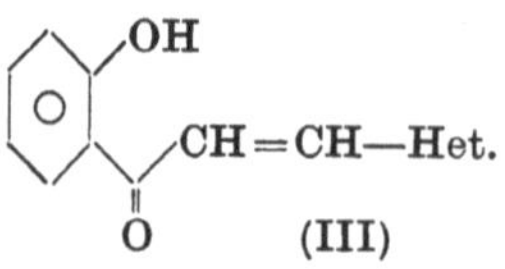

(III)

Chromanone

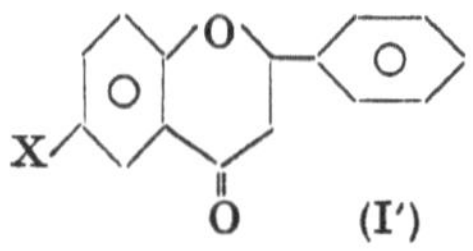

(I')

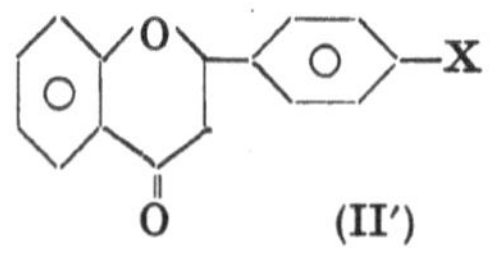

(II')

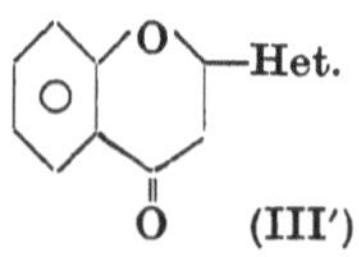

(III')

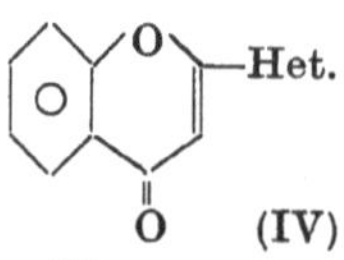

(IV)

Chromone

(X = variabler Bestandteil: NH_2, CN, NO_2, OCH_3, Cl, H — Het: variabler Heterozyklus: Furan, Thiophen, Pyrrol, Pyridin)

Für die in diesem Vortrag zitierten Verbindungen werden typische Polarogramme im Vortrag J. Tirouflet et A. Corvaisier, Bull. Soc. chim. France Mém. 1962, p. 535 zu finden sein und auch in mehreren in derselben Zeitschrift zur Veröffentlichung kommenden Vorträgen.

1. Allgemeines über die Stufen und den Reduktionsmechanismus

Die Polarogramme hängen tatsächlich ab von der Art des substituierten Heterozyklus. Handelt es sich bei verschiedenen Grundkörpern um einen *neutralen Heterozyklus* (Het), so findet man mit steigendem pH-Wert [1]:

im sauren Milieu eine einzige Stufe mit einem Elektron,

im alkalischen Milieu zwei Stufen mit je einem Elektron (die in einigen Fällen verschmelzen können).

Handelt es sich um einen *basischen Heterozyklus* als Substituenten, so tritt die Stufe mit 2 Elektronen (oder evtl. auch 2 Stufen mit je 1 Elektron) auch im sauren Milieu auf.

Wir haben vor kurzem [1] die einzelnen Reduktionsmechanismen besprochen und verschiedene Hypothesen zur Erklärung der beobachteten Unterschiede zwischen den Derivaten neutraler und basischer Heterozyklen in Vorschlag gebracht. Eine neuere Veröffentlichung von ARIYAN, MOONEY und STONEHILL [2] zeigt, daß die durch Reduktion unter kontrolliertem Potential isolierten Produkte des Chinolinaldehyds-2 dem klassischen Mechanismus entsprechen.

Man muß also zugeben, daß die Mechanismen in beiden Fällen qualitativ gleich sind und sich nur durch die relative Stabilität des auf der ersten Stufe gebildeten freien Radikals unterscheiden.

Die oszillographische Untersuchung bringt im übrigen wenig zusätzliche Informationen. Die nachstehende Abbildung 1 ist eine Wiedergabe der Oszillopolarogramme von vier charakteristischen Derivaten.

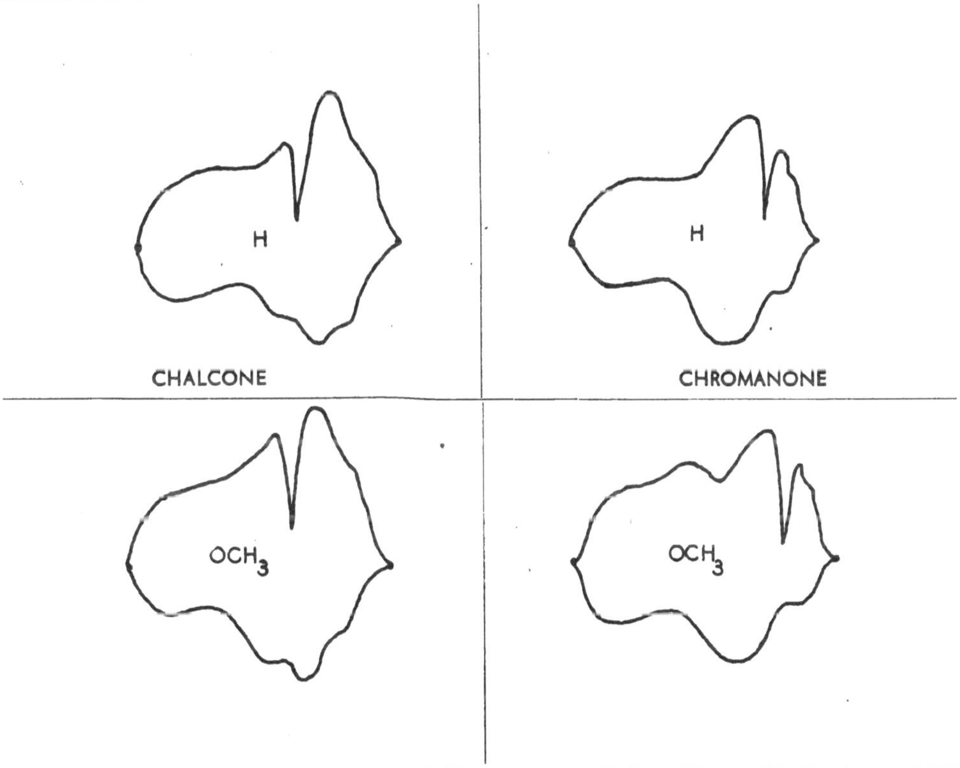

Abb. 1. Oszillogramme von Chalkonen und Chromanonen (Reihen II und II': R = H und OCH_3)

2. Einfluß der strukturellen Parameter auf das Halbstufenpotential $E_{1/2}$

Beim *Grundkörper* stellt man immer nachstehende Ordnung der $E_{1/2}$ fest (Tab. 1):

o-Hydroxychalkon < Chromon < Chromanon

Tabelle 1. Werte von $E_{1/2}$ bei pH 2,4 für die erste Stufe kondensierter Aldehyd

	Furfural	Thiophenaldehyd	Benzaldehyd
o-Hydroxychalkon	0,67	0,61	0,69
Chromon	0,88	0,86	0,87
Chromanon	1,10	1,07	1,08

Der Unterschied zwischen Chalkon und Chromanon ist sehr groß. Er liegt in der Größenordnung von 0,40 Volt und ermöglicht immer eine selektive Bestimmung von Chalkon in Gegenwart des Chromanon-Isomeren.

Die Ungleichheit ($E_{1/2}$) (Chalkon oder Chromon) < ($E_{1/2}$) (Chromanon) hat offensichtlich strukturelle Gründe.

Die Ungleichheit ($E_{1/2}$) (Chalkon) < ($E_{1/2}$) (Chromon) läßt sich leicht erklären, denn das vom Chromon (V) stammende freie Radikal entspricht sicher einem höheren Energie-Zustand als dem des vom Chalkon stammenden Radikals.

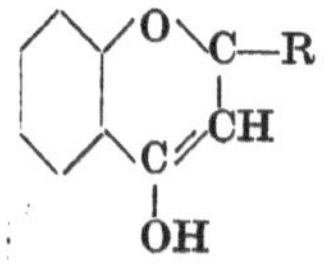
(V)

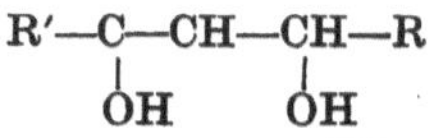
(VI)

Die Substituenteneffekte varieren bei jedem Grundkörper.

2.1 *Chalkone*

Bei den o-Hydroxychalkonen haben wir die drei Reihen (I), (II) und (III) mittels klassischer Polarographie und mittels Oszillopolarographie untersucht. Tab. 2 gibt die Werte für Q_x in Alkohol (Elektrolyt $HClO_4$ 1 M) für die Reihen (I) und (II) an.

Tabelle 2

X	OCH_3	H	$NHCOCH_3$	Cl	CN
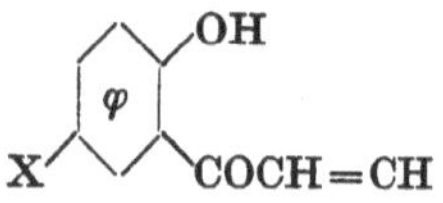	0,00	0,61	0,61	0,58	0,57
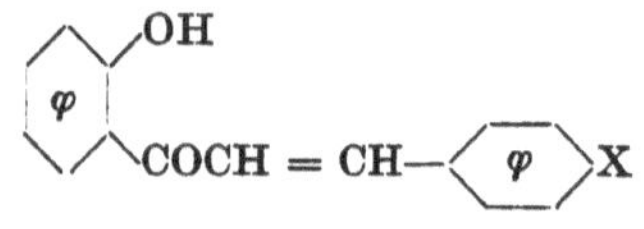	0,64	0,61	0,61	0,60	0,55

Bei Analyse mit der Hammett-Gleichung führen diese Angaben zu einem Wert von φ von der Größenordnung 0,12 Volt.

Die Werte für die Reihe (III) wurden an anderer Stelle mitgeteilt [1]. Sie zeigen, daß die Werte von $E_{1/2}$ in der Reihe: Pyridin-2 und -4 < Pyridin-3 < Thiophen < Benzol < Furan < Pyrrol anwachsen.

Es ist dies die steigende Ordnung der Elektropositivität des heterozyklischen Radikals, und diese Reihenfolge bestätigt unsere früheren Untersuchungen.

2.2 *Chromanone*

Der Einfluß der chemischen Parameter ist in der Reihe der Chromanone wesentlich geringer.

In der Reihe (II') ist die Lage von $E_{1/2}$ oder der oszillopolarographischen Effekte praktisch unabhängig von X (Tab. 3), und der entsprechende Wert von φ ist damit Null.

Tabelle 3
Werte von Q_x für die Chromanone der Reihe (II')

X	OCH_3	H	Cl	CN
Q_X	0,79	0,78	0,79	0,78

Ebenso bringt die Veränderung des heterozyklischen Parameters der Reihe (III') nur sehr geringe Veränderungen des $E_{1/2}$-Wertes [1]. Dieses Ergebnis ist offensichtlich dem Fehlen der Konjugation in der Reihe der Chromanone zuzuschreiben. Man darf dafür nicht einen Zyklisierungseffekt verantwortlich machen. Tatsächlich [1] findet man wesentliche Zunahmen in der Reihe der Chromone, die den gleichen Ring enthalten wie die Chromanone, aber infolge Vorliegens der Doppelbindung in 1—2 die Konjugation zulassen.

Es scheint uns möglich, aus diesen unterschiedlichen Ergebnissen eine bedeutsame analytische Schlußfolgerung zu ziehen:

Will man die polarographische Analyse zur Trennung der natürlichen Chromanone verwenden, wird man immer gut daran tun, zunächst das Chromanon in Chalkon überzuführen, so daß der Substituenteneffekt sich stärker auswirkt.

3. Polarographische Untersuchung des Gleichgewichts und der Kinetik der Reaktion o-Hydroxychalkon ⇌ Chromanon

Die Anwendung der polarographischen Analyse auf die Untersuchung dieser Reaktion wurde bereits von Schraufstätter [3] erwogen.

Die früheren Daten zeigen, daß es immer möglich ist, das Gemisch Chalkon + Chromanon zu bestimmen. Diese Möglichkeit gestattet es uns, die thermodynamische und kinetische Seite der Reaktion eingehend zu untersuchen [4].

Der Versuch zeigt zunächst, daß es sich um eine Gleichgewichtsreaktion handelt. Die Lage des Gleichgewichts ist abhängig vom pH-Wert und von den Substituenten. Bei allen untersuchten Verbindungen wird das Gleichgewicht bei pH-Werten < 9 unabhängig vom pH-Wert. Für pH-Werte > 9 lassen sich zwei Effekte auf den Umwandlungskurven erkennen. Die Reaktionskurve Chromanon → o-Hydroxychalkon steigt zunächst rasch an. Sie erreicht schließlich ein Maximum und sinkt dann langsam ab. Die Lage des erreichten Maximums ist pH-abhängig.

Dieses Verhalten läßt sich leicht wie folgt erklären: Das Chromanon lagert sich zunächst in Chalkon um, darauf wird das gebildete Hydroxychalkon hydrolysiert. Man kann trotzdem annehmen, daß das Maximum etwa die Lage des Gleichgewichts bezeichnet, das erreicht werden würde, wenn das Chalkon im alkalischen Milieu stabil wäre.

Die Verschiebung des Maximums entspricht daher einer Verschiebung des der Ionisierung von Chalkon im alkalischen Milieu zuzuschreibenden Gleichgewichtes. Die Lage des Gleichgewichts hängt auch von der Struktur ab. Der prozentuale Anteil des Chalkons im Gleichgewichtszustand wächst mit der Elektropositivität des substituierten Heterozyklus.

Was nun die Kinetik der Zyklisierungsreaktion betrifft, so haben wir es offensichtlich mit einer Säure-Basen-Katalyse zu tun.

Bei neutralem Heterozyklus haben die Kurven $\log k = f(\text{pH})$ eine U-Form, die für diese Art Katalyse charakteristisch ist. Dagegen bewirkt ein alkalischer Heterozyklus ein Maximum der Kurven im sauren Milieu. Diese Ergebnisse sind eingehend in der Veröffentlichung [4] besprochen worden.

Die polarographische Analyse liefert somit erstmals eine elegante Methode zur Verfolgung einer Umwandlung, die bei Flavanoid-Verbindungen häufig anzutreffen ist.

SUMMARY

In order to find out the optimal conditions for the transformation of o-hydroxychalcons (II) into chromanones (III), the compounds (I) to (IV) have been polarographed.

The form of the wave depends upon the substituent R. In the case of R being a neutral heterocycle (thiophene, furan, pyrrole), the polarograms will be analogous to those of the corresponding benzene derivatives (reduction producing two waves in acid medium). R being a basic heterocycle (pyridine, quinoline), the second reduction wave will immediately follow the first one, and generally only one $2e^-$ wave will be observed.

If there is a constant R, the half-wave potentials will be observed in the following succession: o-hydroxychalcone, chromone and chromanone. R being variable, the facility of the reduction increases in each series from pyridine to pyrrole: pyridine-2 and 4 < pyridine 3 < benzene < thiophene < furan < pyrrole.

The polarographic data may be utilized for the study of equilibrium (steady state) and kinetics of the reaction o-hydroxychalcone → chromanone.

Literatur

[1] Tirouflet, J., Corvaisier, A., Bull. Soc. chim. France, Mém. 535 (1962).
[2] Ariyan, Z., Mooney, B., Stonehill, H., J. Chem. Soc. [London] 2239 (1962).
[3] Schraufstätter, E., Deutsch, S., Ber. 81, 489 (1948);
Schraufstätter, E., Experientia 4, 192 (1948).
[4] Tirouflet, J., Corvaisier, A., Bull. Soc. chim. France, Mém. 540 (1962).

Polarographische Untersuchungen in der Imidazol- und Thiazolreihe. Nitroderivate, Aldehyde und Halogenderivate

E. LAVIRON

Chemisches Institut der Universität, Dijon

Im Rahmen eines systematischen Studiums der polarographischen Eigenschaften der Heterocyclen wurden im Institut für allgemeine Chemie der Universität Dijon bereits Pyridin- [1, 2], Pyrrol- [3, 4] und Thiophenderivate [5, 6] untersucht. Nun schien es uns interessant, die Arbeit auf Imidazol-(IV) und Thiazolderivate (V) auszudehnen.

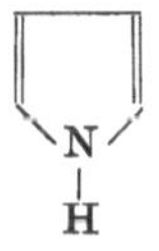
(II)

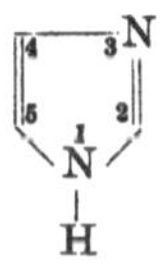
(IV)

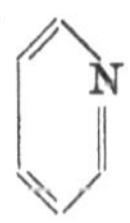
(I)

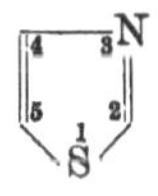
(V)

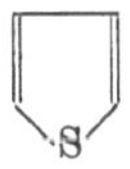
(III)

Diese Heterocyclen besitzen eine Struktur, welche teilweise dem Pyridin und teilweise dem Pyrrol oder Thiophen ähnelt. Abgesehen von den dadurch gegebenen Vergleichsmöglichkeiten ist auch die Polarographie als Analysenmethode für diese Substanzklassen von Bedeutung, weil der Imidazol- und Thiazolkern in einer gewissen Anzahl biochemisch oder pharmazeutisch wichtiger Verbindungen vorkommt.

Wir arbeiteten über Derivate mit einer reduzierbaren Seitenkette: Nitroderivate, Aldehyde und Halogenderivate. Dies erschien uns besonders interessant in Anbetracht der bei Nitropyrrol [4], Pyridinaldehyden und Halogenpyridinen [1] bekannten Anomalien.

1. Nitroderivate

1.1 Imidazolreihe

Wir untersuchten 4 (bzw. 5)-Nitroimidazol, 2-Nitroimidazol oder Azomycin, welches antibiotische Eigenschaften besitzt [7], 4-Nitro- und 5-Nitro-1-methylimidazol und 4 (bzw. 5)-Nitro-1,3-dimethylimidazoliumjodid.

Die polarographische Reduktion aller dieser Verbindungen verläuft regulär.

Die zweite Stufe der Reduktion zum Amin ist je nach der Zusammensetzung mehr oder weniger ausgeprägt: beim 2-Nitroimidazol z.B. verschwindet sie bei pH 8; beim 5-Nitro-1-methylimidazol bleibt sie bestehen bis pH 13.

2-Nitroimidazol zeigt einen beträchtlich niedrigeren Diffusionsstrom als die anderen Derivate; darüber hinaus beobachtet man eine Abnahme in saurem Milieu. Diese schwer erklärbare Erscheinung tritt auch in der Pyridinreihe auf (Abb. 1).

Die Änderung des Halbstufenpotentials wird in Abb. 2 gezeigt. Man sieht, daß die Änderung von $E_{1/2}$ nicht durchweg linear ist. Diese Erscheinung, die bereits bei den Nitroderivaten des Pyrrols beobachtet wurde [4], wird von einer Deformation der Polarogramme begleitet. Wie in der Pyrrolreihe läßt sie sich zweifellos durch die Hypothese einer Beschleunigung der Reduktion erklären.

Es ist andererseits interessant zu bemerken, daß die Halbstufenpotentiale des 4- (bzw. 5)-Nitroimidazols und des 4-Nitro-1-methylimidazols in saurem Milieu gleich sind. Dieses Resultat zeigt, daß das 4- (bzw. 5)-Nitroimidazol mehr in der 4-Form als in der 5-Form vorliegt. Dies stimmt gut überein mit dem kürzlich gewonnenen Resultat [8], daß in Lösung 400mal soviel 4-Form wie 5-Form vorhanden ist.

Die Abbildung 2 zeigt schließlich, daß es eventuell möglich ist, das Azomycin in Gegenwart seines 4- (bzw. 5)-Isomeren polarographisch zu bestimmen. Die Differenz in $E_{1/2}$, die bei pH 4 0,30 V erreicht, reicht aus für eine selektive Bestimmung.

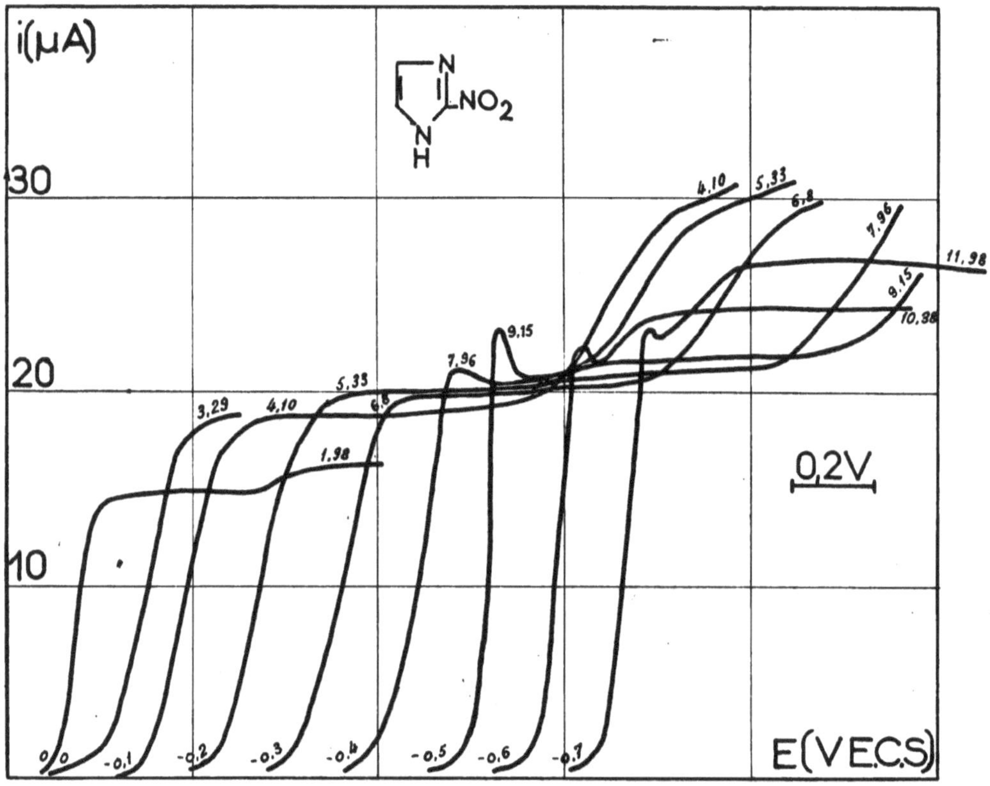

Abb. 1. Polarogramme des Azomycins bei verschiedenem pH (Britton-Robinson-Puffer). Das Anfangspotential des Polarogramms ist jeweils angegeben

1.2 Thiazolreihe

In der Thiazolreihe zeigen die 5-Nitroderivate mit verschiedenen Substituenten (NH_2, $NHCOCH_3$, Cl, Br, OH) in 2-Stellung dieselbe Anomalie des Grenzstromes, die im Falle des 2-Nitroimidazols beobachtet wurde, jedoch noch ausgeprägter. Diese Anomalie scheint für stickstoffhaltige Heterocyclen charakteristisch zu sein, aber sie ist schwer zu erklären. Auf jeden Fall muß man bei analytischen Anwendungen diese Veränderung der Stufenhöhe beachten.

2. Aldehyde

Wir haben aus dieser Gruppe den Imidazolaldehyd-4 (bzw. 5) und den Thiazolaldehyd untersucht.

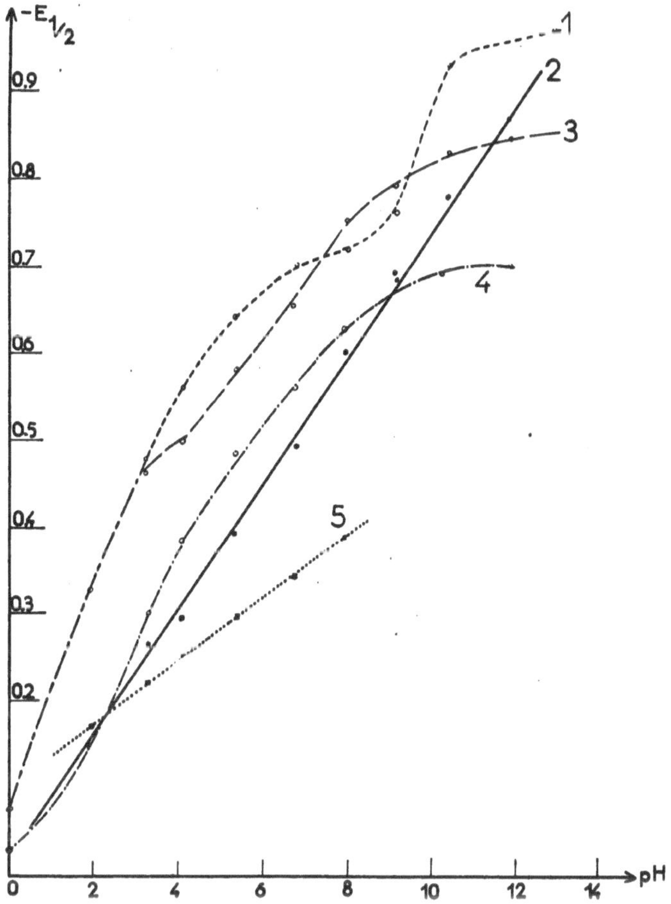

Abb. 2. $E_{1/2}$ von Nitroimidazolin über pH

Kurve 1: 4(bzw. 5)-Nitroimidazol; Kurve 2: 2-Nitroimidazol;
Kurve 3: 4-Nitro-1-methylimidazol; Kurve 4: 5-Nitro-1-methylimidazol;
Kurve 5: 4(bzw. 5)-Nitro-1,3-dimethylimidazoliumjodid

2.1. Untersuchung in wäßriger Lösung

In gepufferter wäßriger Lösung zeigen alle beide Verbindungen eine Anomalie, die bereits im Falle der Pyridinaldehyde beobachtet wurde [1a]. Der polarographische Grenzstrom i_{Gr} ist in saurem Milieu anomal niedrig und wird erst normal, wenn der pH steigt. Abb. 3 zeigt die Abhängigkeit des Grenzstromes vom pH.

Diese Erscheinung läßt sich wie im Falle der Pyridinaldehyde durch die Hypothese einer bevorzugten Hydratation des Imidazolium- oder Thiazoliumions erklären. Die positive Ladung vom Stickstoff im sauren Milieu bewirkt ein Anwachsen der Reaktionsfähigkeit der C=O-Gruppe; dadurch wird deren Hydratation begünstigt. Da das Hydrat polarographisch nicht reduziert wird, ist der Grenzstrom schwächer, als wenn der Aldehyd vollständig in freier Form vorliegen würde.

Beim Thiazolaldehyd ist die Hydratation in saurem Milieu fast vollständig. Beim Imidazolaldehyd dagegen liegen etwa 50% in freier Form vor (Abb. 3).

Die Untersuchung der UV-Spektren ermöglicht eine Bestätigung dieser Theorie. Es ist bekannt, daß die hydratisierte Carbonylgruppe nicht absorbiert und daß ihre Konjugationswirkung gering ist.

Die Hydratation muß daher ein Verschwinden gewisser Banden bewirken. Im Falle des Imidazolaldehyds ist die Intensität der Absorption im sauren Milieu etwa halb so groß wie im neutralen. Das stimmt gut mit den polarographischen Ergebnissen überein. Während unserer Untersuchungen wurden wir auf die Ergebnisse von TURNER [9] aufmerksam, welcher sich mit der Absorption des Imidazolaldehyds in 95%igem Alkohol befaßte. Die Absorptionsbande ist in diesem Milieu mit derjenigen in neutraler wäßriger Lösung identisch, sie ver-

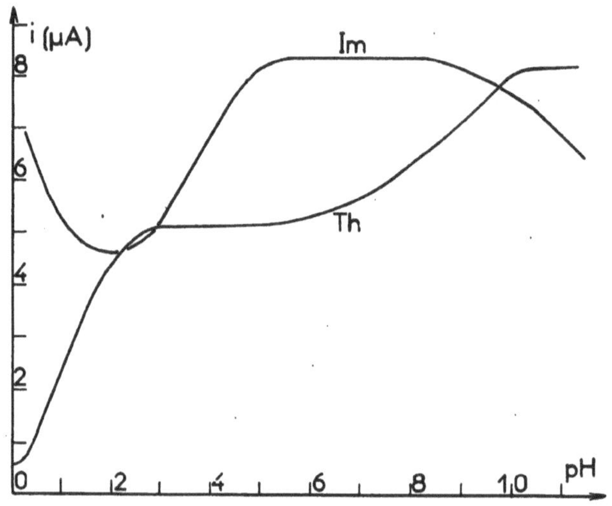

Abb. 3. Polarographischer Grenzstrom in Abhängigkeit vom pH.
Im: Imidazolaldehyd; Th: Thiazolaldehyd

schwindet jedoch völlig bei Zugabe von HCl. Dieses zunächst überraschende Resultat hat uns veranlaßt, eine vollständige Untersuchung des Imidazolaldehyds in wasserfreiem Alkohol vorzunehmen.

2.2 Untersuchung des Imidazolaldehyds in wasserfreiem Alkohol (Äthanol und Methanol)

Die geringe Löslichkeit der Mineralsalze beschränkt die Anwendung von Puffern. Im sauren Milieu haben wir Schwefelsäure verwendet. Um ein gepuffertes Milieu geringerer Acidität zu erhalten, benutzten wir eine Mischung von Essigsäure und Natriumacetat.

Die erzielten Resultate sind im großen und ganzen analog denjenigen, die man in wäßriger Lösung beobachtet, aber die Anomalien sind ausgeprägter. Wie die folgende Tabelle zeigt, ist der Grenzstrom im sauren alkoholischen Milieu geringer als im sauren wäßrigen Milieu.

Imidazolaldehyd	i_{Gr} sauer	i_{Gr} neutral
10^{-3} m/l	(μA)	(μA)
H_2O	4,6	8,4
C_2H_5OH	0,4	10,6

In Analogie mit der Erscheinung der Hydratation erscheint es logisch anzunehmen, daß die Bildung eines polarographisch inaktiven Halbacetals verantwortlich ist für die Verringerung des Stromes im sauren Milieu:

$$R{-}CHO + R'{-}CH_2OH \rightleftharpoons R{-}C\begin{cases} OH \\ H \\ O{-}CH_2{-}R' \end{cases} \qquad \text{mit } R' = H \text{ oder } CH_3$$

Die vorliegenden Resultate führen zu dem Schluß, daß die Halbacetalbildung vollständiger ist als die Hydratbildung.

Eine UV-spektroskopische Untersuchung liefert auch hier eine Bestätigung der polarographischen Ergebnisse. Abb. 4 gestattet einen Vergleich der in verschiedenen Lösungsmitteln erhaltenen Spektren: Die Absorptionsbande verschwindet ganz im sauren alkoholischen Milieu, das zeigt deutlich, daß die Bildung des Halbacetals praktisch vollständig ist.

Diese Resultate findet man auch im Falle der Pyridinaldehyde, die charakteristische Beispiele für diese Art Anomalien sind. Man stellt auch hier fest, daß die Bildung des Halbacetals

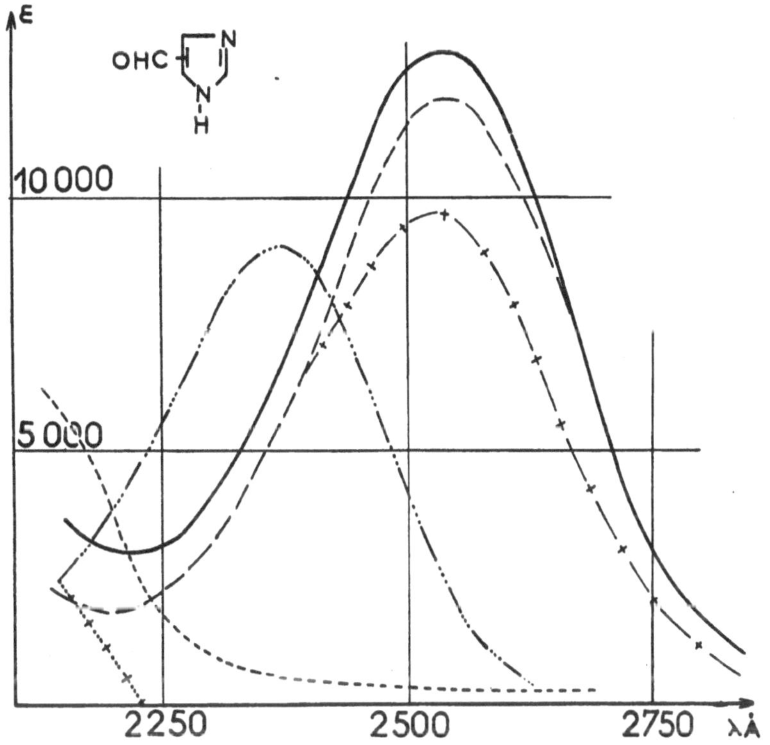

Abb. 4. Absorptionsspektren des Imidazolaldehyds in verschiedenen Lösungsmitteln
——— Äthanol, — + — + — Methanol, — — — Wasser
1 n H_2SO_4 in Äthanol · · · · ·, 1 n H_2SO_4 in Methanol + · · · + · · · +,
1 n H_2SO_4 in Wasser — · · · — · · · —

vollständiger ist als die Hydratbildung. Das Ergebnis scheint daher allgemein zu gelten. Man kann außerdem erwähnen, daß es in der Pyridinreihe möglich ist, die Halbacetale kristallin zu erhalten [10].

3. Halogenderivate

In der Thiazolreihe haben wir folgende vier Gruppen von Halogenderivaten untersucht:

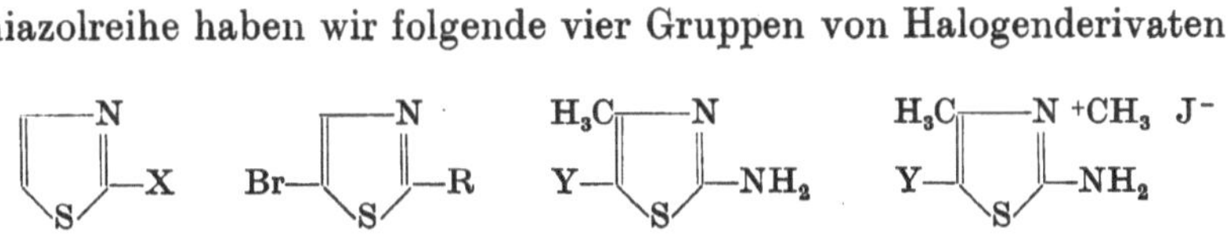

(I) (II) (III) (IV)

mit X = Cl, Br, J
R = H, NH_2, Cl
Y = Br, J

Die Halogenthiazole sind sehr leicht reduzierbar: bei pH 1 z. B. beträgt das Halbstufenpotential von 2-Jodthiazol —0,24 V und das von 2-Bromthiazol —0,59 V. Dies sind nahezu die geringsten Werte, die bisher bei der Reduktion von Halogenderivaten beobachtet worden sind.

In der Imidazolreihe sind im Gegensatz dazu nur die Jod-Derivate leicht reduzierbar: 2-Jodimidazol und 2,4,5-Trijodimidazol verursachen gut definierte Stufen bei allen pH-Werten. Für 2,4,5-Tribromimidazol beobachtet man eine schlecht definierte Stufe zwischen pH 2 und pH 5.

In den zwei Reihen erscheint eine Anomalie vom gleichen Typ wie sie bereits bei den entsprechenden Pyridinderivaten beobachtet wurde [16]: ausgehend von einem pH-Wert gleich dem pK_a-Wert der betrachteten Base, wächst das Halbstufenpotential linear mit dem pH (Abb. 5).

Bei pH-Werten im sauren Bereich (Imidazolderivate) oder im alkalischen (Thiazolderivate) wird $E_{1/2}$ wieder unabhängig vom pH, in Übereinstimmung mit dem üblichen Verhalten der Halogenderivate.

Diese Erscheinung wird in folgender Weise erklärt:

Im sauren Milieu liegen nur die Pyridinium-, Thiazolium- oder Imidazoliumionen vor. Der Einfluß der positiven Ladung erleichtert die Reduktion, das Molekül bleibt aber in diesem pH-Bereich unverändert, und $E_{1/2}$ ist unabhängig vom pH. Wenn der pH-Wert größer wird

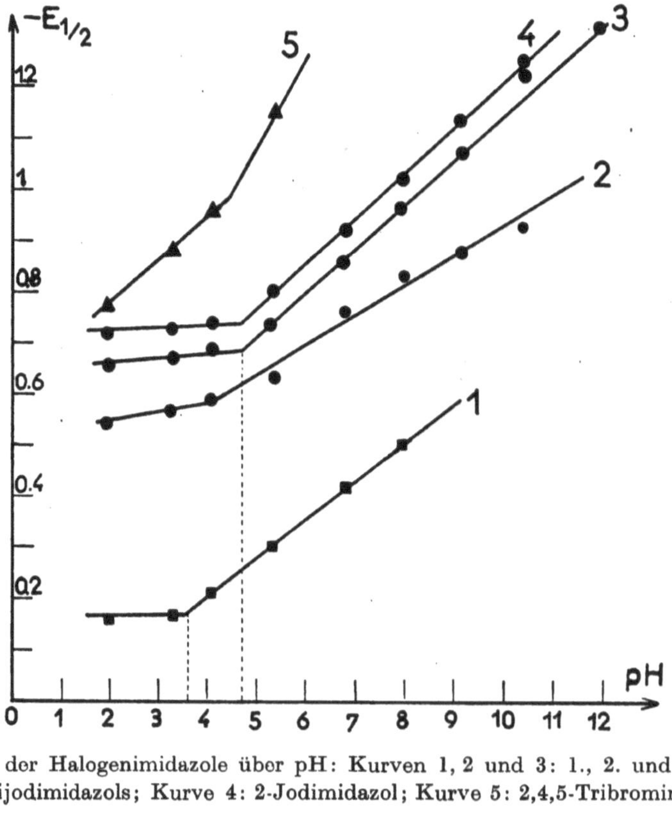

Abb. 5. $E_{1/2}$ der Halogenimidazole über pH: Kurven 1, 2 und 3: 1., 2. und 3. Stufe des 2,4,5-Trijodimidazols; Kurve 4: 2-Jodimidazol; Kurve 5: 2,4,5-Tribromimidazol

als der pK-Wert, tritt an die Stelle des Ions das neutrale Molekül, das viel schwerer reduzierbar ist; aber infolge der Geschwindigkeit der Rekombination von Base und Proton erscheint eine kinetische Reduktionswelle der protonisierten Form. Die Lösung der Diffusionsgleichung unter Berücksichtigung dieser Hypothese [16] ergibt die Beziehung:

$$E_{1/2} = E^0_{1/2} - \frac{2{,}3\,RT}{\alpha\, n_a\, F} \log \frac{K_a + [\mathrm{H}^+]}{[\mathrm{H}^+]},$$

und man sieht leicht, daß $E_{1/2}$ linear vom pH abhängt, wenn pH > pK ist.

Schließlich gibt es im alkalischen Milieu eine direkte Reduktion der basischen Form, und $E_{1/2}$ ist wiederum unabhängig vom pH. Diese Hypothese kann leicht bestätigt werden: Wenn man den Stickstoff quaternisiert, bleibt das Molekül bei allen pH-Werten unverändert und $E_{1/2}$ ebenfalls. In der Reihe (IV) wurde die Unveränderlichkeit gut bestätigt. In der Imidazol-Reihe zeigt das Polarogramm des Trijodimidazols eine Anomalie bei pH 2: der Strom der zweiten Stufe steigt plötzlich sehr schnell auf die Höhe der Diffusionsstufe. Wir haben kürzlich Anomalien dieses Typs im Falle der Bis-pyridinäthylene [11] beobachtet. Wir schlagen folgende Erklärung vor: Das im ersten Reduktionsstadium erhaltene Produkt bildet an der Elektrodenoberfläche einen schwerer reduzierbaren Film. Darüber hinaus hindert dieser Film die Reduktion der in Lösung gebliebenen Moleküle. Erhöht sich aber das Potential genügend, wird der Film reduziert, die Hemmung hört auf, und der Strom nimmt sehr schnell einen normalen Wert an.

Wir sprechen Herrn Prof. K. Maeda vom Nationalen Gesundheitsinstitut Tokio unseren Dank aus für die liebenswürdige Übersendung einer Probe Azomycin.

RÉSUMÉ

Ces résultats montrent que les dérivés hétérocycliques azotés porteurs d'une fonction latérale réductible présentent tous un certain nombre d'anomalies polarographiques caractéristiques. Ces anomalies peuvent se ramener à trois types principaux:

a) Une variation anormale de $E_{1/2}$ et des déformations des courbes $i - t$ et des polarogrammes liées à des phénomènes d'adsorption à l'électrode.
b) Une hydratation ou une hémiacétalisation du groupement carbonyle des aldéhydes qui provoque des variations anormales du courant limite.
c) Enfin, des anormalies dans la variation du potentiel de demi-vague des dérivés halogénés, dues à un déplacement de l'équilibre acidobasique.

SUMMARY

These results show that by studying the derivatives of nitrous heterocycles bearing a reducible group, a certain number of anomalies were observed. These anomalies may be classified according to three principal types:

a) An abnormal variation of $E_{1/2}$ and deformations of the $i - t$-diagrams and of the polarograms, connected with adsorption effects on the electrode.
b) A hydration or hemiacetalisation of the aldehyde group which brings about abnormal variations of the limiting current.
c) Abnormal variations of the half-wave potential of the halogenoderivatives, caused by the shifting of the acid-base equilibrium.

Literatur

[1] Laviron, E., Bull. Soc. Chim. 1961 a) p. 2325, b) p. 2350.
[2] Laviron, E., C. R. Acad. Sci., **250**, 3671 (1960).
[3] Fournari, P., Thèse Sciences, Dijon 1961.
[4] Person, M., à paraître.
[5] Tirouflet, J., Fournari, P., Chane, J. P., C. R. Acad. Sci. **242**, 1799 (1956).
[6] Tirouflet, J., Chane, J. P., C. R. Acad. Sci., **243**, 500 (1956).
[7] Maeda, K., Osato, T., Umezawa, H., J. Antibiotics, **6 A**, 182 (1953).
[8] Grimison, A., Ridd, J. H., Smith, B. V., J. Chem. Soc. 1960, p. 1352.
[9] Turner, R. A., J. Amer. Chem. Soc., **71**, 3472 (1949).
[10] Mathes, W., Sauermilch, W., Chem. Ber., 1956, p. 1515.
Mathes, W., Communication personnelle.
[11] Laviron, E., Bull. Soc. Chim., 1962, p. 418.

A—8

Reversibilität und Adsorption bei der Reduktion der stickstoffhaltigen heterocyclischen Verbindungen

J. Volke

Polarographisches Institut der Tschechoslowakischen Akademie der Wissenschaften, Prag

Auf Grund der mit dem Umschalter nach Kalousek bei 1,2-Di-(4-pyridyl)äthylen(III) erhaltenen reversiblen anodischen Stufen [1] in alkalischen Lösungen, wurden die Reversibilitätsuntersuchungen auch auf andere ähnliche Systeme erweitert. Durch Vergrößerung der Anzahl von konjugierten Doppelbindungen erhielt man z. B. die folgende, aus 4 Gliedern bestehende Reihe:

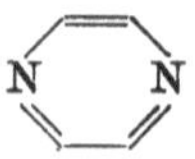

(I)
Pyrazin

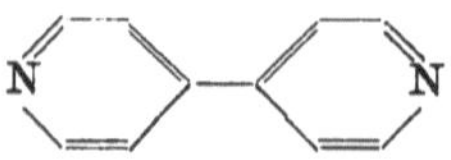

(II)
4,4'-Dipyridyl

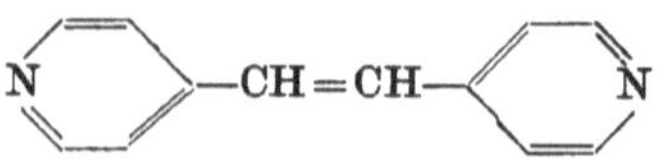

(III)
1,2-Di(4-pyridyl)äthylen

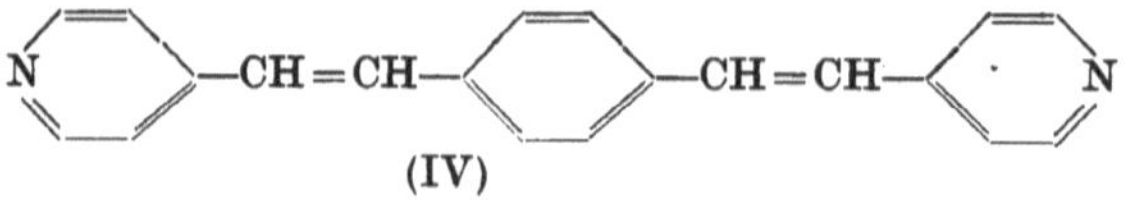

(IV)
1,4-Bis[pyridyl-(4)-vinyl]benzol

Außerdem wurden noch weitere verwandte Stoffe untersucht, z. B. Methylviologen(V), Benzylviologen, 2,2'-Dipyridyl und sein quartärer Abkömmling 1,1'-Äthylen-2,2'-dipyridyliumdibromid(VI), sowie auch weitere quartäre Pyridinderivate mit nur einem Pyridinring, z. B. N-Methylpyridinium-4-carbonsäure(VII) und ihre zwei Isomeren.

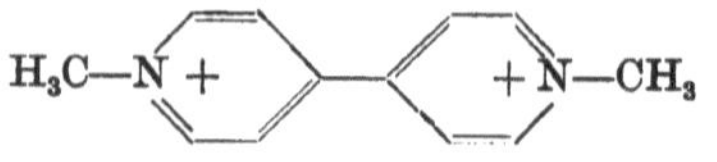

(V)

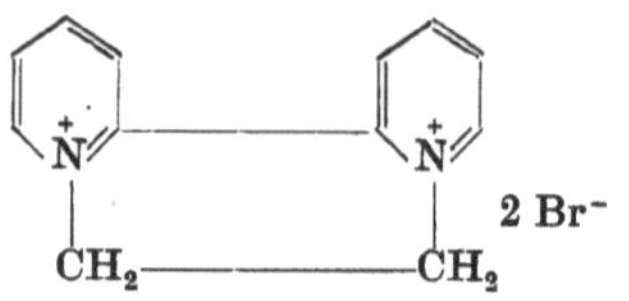

(VI)

(VII)

Die polarographischen Untersuchungen wurden mit Hilfe des Umschalters nach Kalousek (Abb. 1) durchgeführt, weiter mit Hilfe von chemischen Reduktionen in der Lösung, wonach das Halbstufenpotential der eventuellen anodischen Stufen untersucht wurde (Abb. 2), durch $i-t$-Kurven an einzelnen Tropfen (Abb. 3), durch logarithmische Analysen ($\log i/(i_d - i) = f(E)$) der Stufen durch oszillographische Polarographie mit Wechselstrom und schließlich durch Vergleich der Halbstufenpotentiale mit den potentiometrischen Normalredoxpotentialen.

Für alle unter den Nummern I bis IV genannten Substanzen, sowie auch für die Verbindungen V bis VII wurden anodische Oxydationsstufen des Reduktionsproduktes festgestellt, allerdings bei unterschiedlichen pH-Werten. (Die Reduktion der Isomeren von VII und die von 2,2'-Dipyridyl verläuft irreversibel). Sonst ist das polarographische Verhalten der unter-

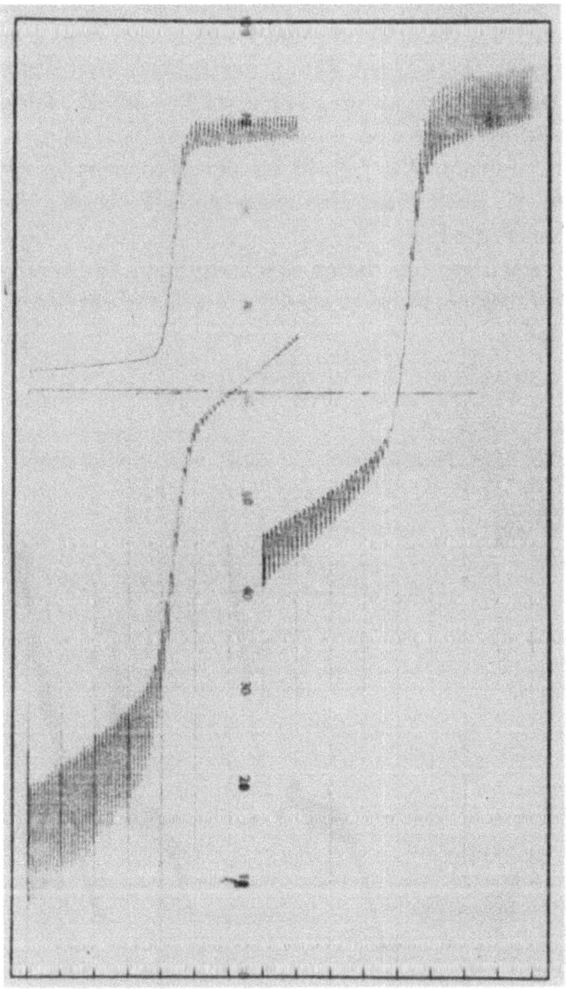

Abb. 1. Nachweis der Reversibilität mit dem Umschalter nach Kalousek. 10^{-3} M 4,4'-Dipyridyl; Boratpuffer pH 11,0; ab −0,8 V; Empfindlichkeit: Kurve 1: 1/70, ohne Umschalter; Kurve 2: 1/300; E_{aux} −1,40 V; Kurve 3: 1/300, E_{aux} −1,15 V; 100 mV/Abszisse

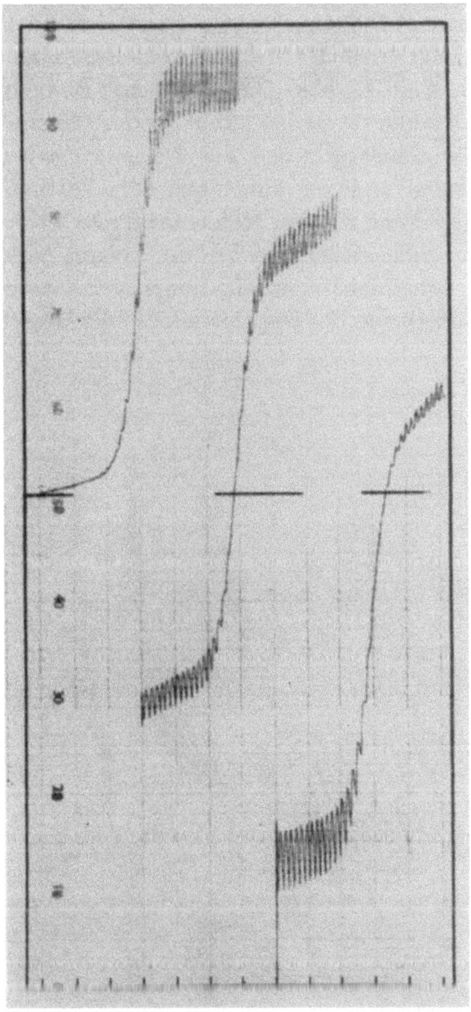

Abb. 2. Chemische Reduktion von 1,1'-Äthylen-2,2'-dipyridyliumdibromid in der Lösung. C = 10^{-3} M; pH = 9,1; Empfindlichkeit 1/70; ab −0,3 V; 100 mV/Abszisse; schrittweise mit $Na_2S_2O_4$ reduziert, wobei die anodische Stufe entsteht. Das HSP ändert sich nicht und ist gleich dem potentiometrischen E°

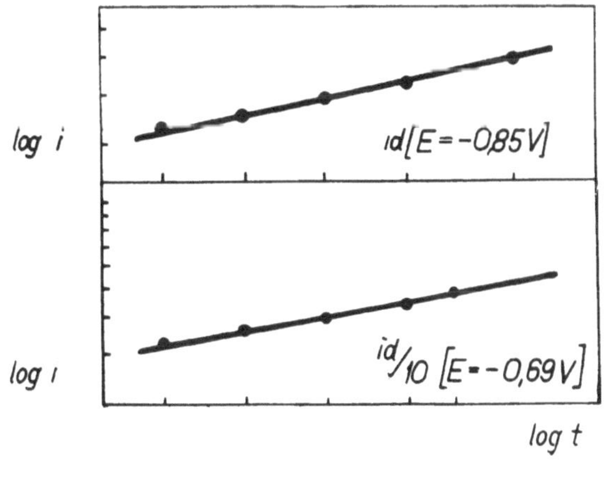

Abb. 3. Logarithmische Analyse der $i-t$-Kurven von 4,4'-Dipyridyl bei pH 3. C_{Dep} = 2,5 · 10^{-3} M für i_d, und 5 · 10^{-3} M für $i_a/10$

suchten Substanzen voneinander ziemlich unterschiedlich, und die Aufnahme der Elektronen erfolgt entweder in einem zweielektronigen Schritt (I, II in alkalischer Lösung, III) oder aber über ein Radikal (II, V, VI und Benzylviologen). In einigen Fällen verläuft die Reduktion entweder reversibel (Abb. 3) oder mit einer kleinen Überspannung von etwa 20—30 mV. Diese Tatsache ergibt sich aus den gebrochenen oder nichtlinearen logarithmischen Analysen der Stufen und vor allem aus dem Verlauf der Funktion $\beta = f(E)$ [β ist der Exponent in der Gleichung für den Momentanstrom $i = \text{const} \cdot t^{\beta}$] über einen Maximalwert (z. B. bei V), der auf dem steigenden Teil der polarographischen Stufe liegt.

Erhebliche Komplikationen verursacht bei der Deutung dieser Erscheinungen die häufige Adsorption des Depolarisators oder dessen Reduktionsprodukte an der Oberfläche der Queck-

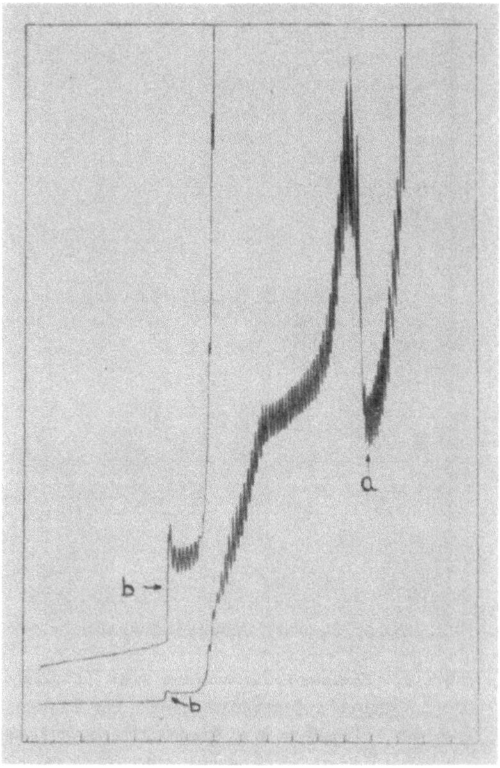

Abb. 4. Verzerrungen der Stufe verursacht durch Adsorption des Reduktionsproduktes (a) und Kapazitätserscheinungen (b) bei 4,4'-Dipyridyl. $C_{Dep} = 10^{-3}$ M; pH = 7,56; ab −0,4 V; 100 mV/Abszisse; Empf. Kurve 1: 1/20; 2: 1/200

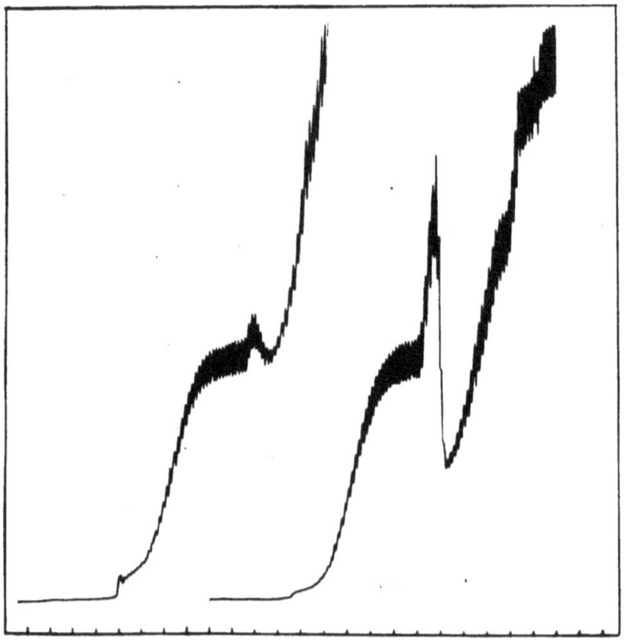

Abb. 5. pH 3,18
Kurve 1: 10^{-3} M 4,4'-Dipyridyl; 50 mV/Absz., ab −0,4 V; Empf. 1/100; Kurve 2: 3,33 · 10^{-3} M 4,4'-Dipyridyl; 50 mV/Absz., ab −0,4 V; Empf. 1/300

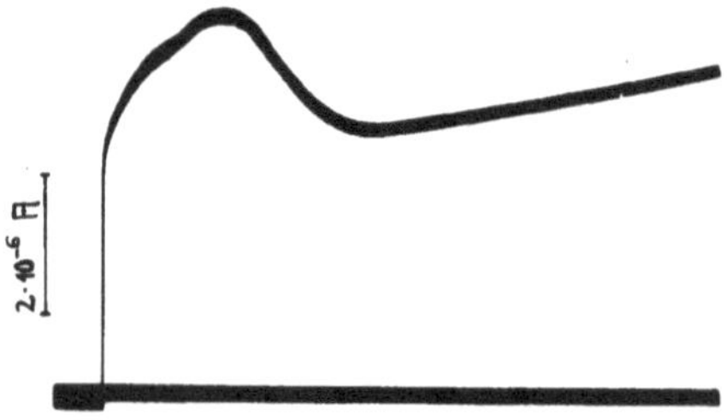

Abb. 6. $i-t$-Kurve von 4,4'-Dipyridyl. $C_{Dep} = 2{,}5 \cdot 10^{-3}$ M; $E = -0{,}95$ V; pH = 3,18 Gemessen am Fuß der zweiten Stufe (vgl. mit Abb. 5)

silbertropfelektrode. Dabei entstehen Verzerrungen an den polarographischen Stufen (z. B. bei II oder V) (Abb. 4) oder Kapazitätserscheinungen (z. B. bei II) vor dem Anstieg der Reduktionstufe (Abb. 5). Ein Nachweis dieser Erscheinungen ist aus dem Verlauf der Momentanströme an Einzeltropfen in Abhängigkeit von der Zeit möglich (z. B. bei II und III, Abb. 6).

Zur Zeit befaßt man sich mit quantitativer Auswertung dieser Erscheinungen und mit der Aufstellung allgemeiner Regeln für die Beziehungen zwischen der Struktur und Reversibilität bei stickstoffhaltigen Heterocyclen mit einem oder mehreren N-Atomen. Vorläufig kann gesagt werden, daß bei den nichtquartären Verbindungen nur die 4,4'-(beziehungsweise 1,4-) und 2,4-Derivate, wo die Möglichkeit der Bildung von chinoiden Formen vorhanden ist, reversible oder nur leicht irreversible anodische Stufen ihrer Reduktionsprodukte geben. Bei den quartären Verbindungen ist die Bedingung ein elektronenanziehender Substituent in der Lage 4, bei VI jedoch auch in der Lage 2.

SUMMARY

Starting from 1,2-di(4-pyridyl)ethylene(III) the reversibility investigations were extended to other similar systems. A series of methods are used for ascertaining the results, such as current time curves on single drops, Kalousek's current reverser, the oscillographic polarography with alternating current and also the chemical reduction in the solution.

Considerable complications are caused by the frequent occurence of adsorption of the depolarizer or of its reduction product at the dropping electrode. One attempts to find general rules concerning the relation between structure and reversibility in the case of nitrogen containing heterocyclics.

Literatur

[1] Volke, J., Holubek, J., Coll. czechoslov. chem. Commun. **27**, 1777 (1962).

A—9

Polarography of Folic Acid and its Related Compounds

Yutaka Asahi

Research Laboratories, Takeda Chemical Industries, Ltd., Osaka

The relationship between a redox potential and a biochemical property is an interesting subject to be studied by polarography. The reaction process on the dropping mercury electrode is also an important problem. In connection with these subjects, the present paper deals with polarography of folic acid, some pteridines and its antagonists such as 5-phenylazopyrimidines. A few investigators, Komenda, Hrdý and Allen, have reported polarographic studies of pteridines. However, some doubts are remained in the electrode reaction and the structure of reduction products.

The first problem is in which positions a hydrogenation of the pteridines takes place.

2-Amino-4-hydroxy-6-methylpteridine

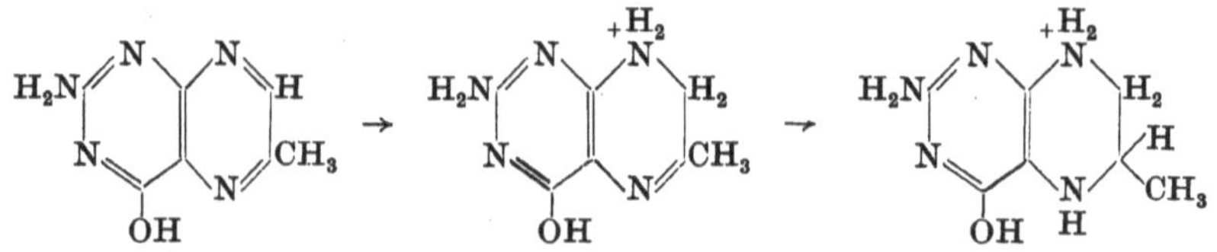

pK 2.6, 8.1 — pK 0.18, 3.96, 10.9

$\lambda^{pH\,1}_{max}$ 323, 245 — λ 360, 241, 251 — λ 265

τ (N NaOD) 7.45 (CH_3), 1.62 (CH) 8.02 (CH_3), 600 (CH_2)

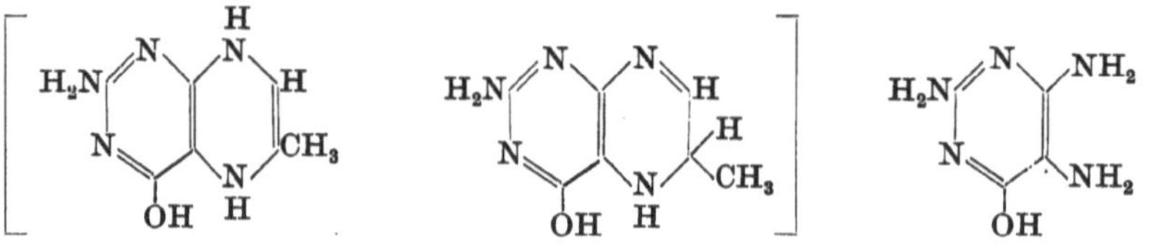

τ 7.5, 7.6, ? — τ 8−6 (Multi.) 1.6 (d) ? — λ 240, 280

Previously Allen (1952) has suggested that the pyrazine moieties of the pteridines are reducible polarographically, because polysubstituted pyrimidine sare not reducible but pyrazines are reducible. According to a study of O'Dell in 1947, 6-hydroxypteridine such as xanthopterin is reducible but 7-hydroxypteridines such a isoxanthopterin and leucopterin are non-reducible by a catalytic reduction, so that 7,8 positions of the pteridines is assumed to be the most reducible. In an early work of Boothe (1948) it was postulated that 2-amino-4-hydroxy-6-methyl-5,8-dihydropteridine was formed by a chemical reduction of the corresponding pteridine. Recently (in 1959) Komenda reported polarography of 2-methyl-4-hydroxy-6-methylpteridine. He thought that the first reduction wave is ascribed to 2-electron reduction of the pteridine to the 5,8-dihydropteridine.

We have also studied the polarographic behaviours of about 20 pteridines in detail. It became evident from the following reasons that 2,4,6-trisubstituted pteridine is reduced in the azomethine group at the 7,8 positions.

U. V. spectra: 2-Amino-4-hydroxy-6-methyldihydropteridine produced by a controlled potential electrolysis of the corresponding pteridine, gives the same ultraviolet spectra as the dihydropteridine formed by chemical reduction. The 5,8-dihydropteridine might show a spectrum similar to that of 2,5,6-triamino-4-hydroxypyrimidine. The 7,8 or 5,6-dihydropteridine might give absorption maxima at longer wave length than it. Experimental facts supported the suggestion.

NMR spectra: 2-Amino-4-hydroxy-6-methyl-pteridine gives a methyl peak at τ 7.45 and an olefinic proton peak at τ 1.62 in 1N sodium deuteroxide. The corresponding dihydropteridine shows no olefinic proton but a methylene peak at τ 6.00 and a methyl peak at τ 8.02 in the same condition. 5,8-Dihydropteridine must give an olefinic proton and a methyl peak and 5,6-dihydropteridine must show peaks of a methyl, a methine and an olefinic proton. Therefore the dihydropteridine is doubtlessly the 7,8-dihydro isomer.

2-Amino-4-hydroxy-6-methyl-7,8-dihydropterine gives a reduction wave similar to the second wave of the parent pteridine (Fig. 1). Its E_0 is -0.93 V and the slope of $E_{1/2}$-pH curve is 64 mV (Fig. 2). The diffusion current constant is 3.0. In the course of controlled potential

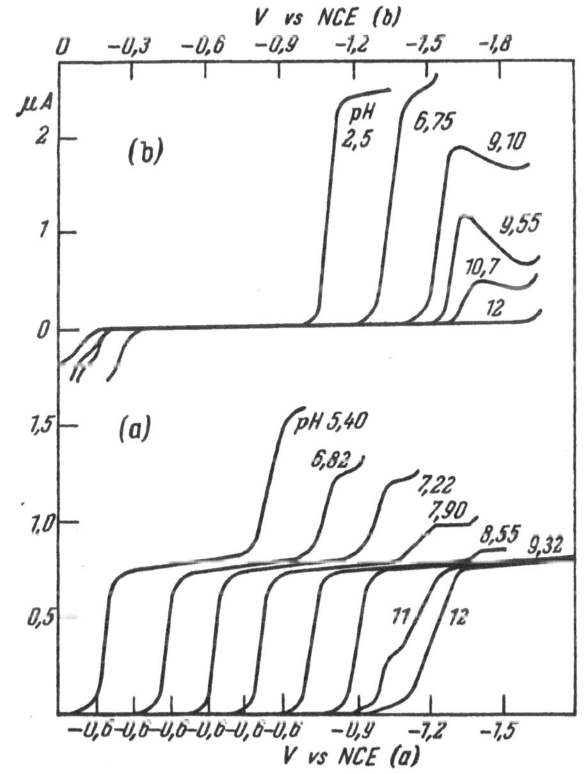

Fig. 1. Typical Polarograms of 2-Amino-4-hydroxy-6-methyl-pteridine (a: 0.2 mM, 0.05 M Phosphate Buffer) and its Dihydropteridine (b: 0.8 mM). Capillary constant 1.097, 25°

electrolysis of the dihydropteridine, a 5,6,7,8-tetrahydropteridine is obtained. It became evident from these facts that the second reduction wave of the pteridine is ascribed to a reduction of the dihydropteridine to the tetrahydropteridine. The height of this wave at pH above 5 indicates the nature of a kinetic current (Fig. 3). The apparent pK′ is situated between pK of pteridine base (3.93) and that of hydroxyl (10.9). Therefore the kinetic current is assumed to be due to a protonation of the base. The kinetic current is greatly affected by the temperature, pH, the kind and concentration of buffer solution, and pre-depolarizer. The current is controlled not only by the rate of recombination of pteridine and proton, but also by the rate of formation of proton from buffer.

Many derivatives of 2-amino-4-hydroxy-pteridine give a reduction wave (Table 1). Their half-wave potentials are situated in $-0.14 \sim -0.4$ V vs NCE at pH 0 and change by 60—70 mV per pH. Their diffusion current constants k_D are estimated at 2.5—3.5 (μA mM^{-1}mg$^{-2/3}$ sec$^{1/2}$). It is evident that the reductions consume 2 electrons and 2 protons per molecule.

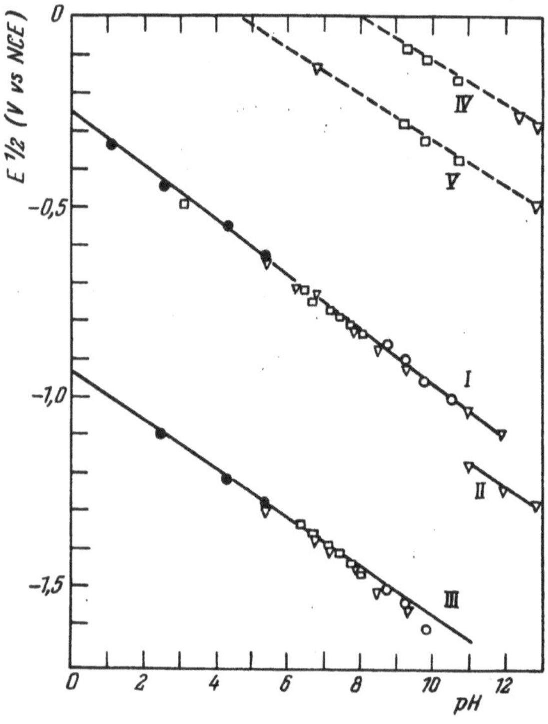

Fig. 2. $E_{1/2}$-pH-Curves of 2-Amino-4-hydroxy-6-methyl-pteridine (I, II, III), its Dihydropteridine (III, IV) and its Tetrahydropteridine (V). I—III: Cathodic Wave, IV, V: Anodic Wave,
▽ 0.05 M Phosphate, ▷ 0.5 M Phosphate, □ 0.1 M Borate, ○ 0.2 M Carbonate, △ 1.0 M Ammonium, ● 0.2 M Acetate

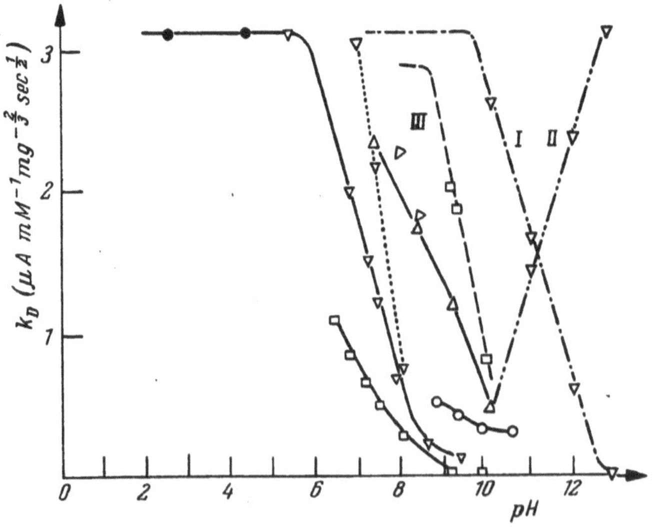

Fig. 3. Effects of pH and Buffer components on the Reduction Wave Heigth of 2-Amino-4-hydroxy-6-methyl-pteridine (—.— I, —··— II, —— III, (25°)···(50°)) and its Dihydropteridine — — — - - — 25°). Capillary constant 1.097, Symbol as same as fig. 2

At higher pH, the first reduction wave of hydroxy pteridines is substituted by a second step with more negative half wave potential. The second step is ascribed to a reduction of the anion. Apparent pK values estimated by wave-hight-pH curves are larger than pK values of hydroxyl groups estimated by potentiometric titration or spectrophotometry. These phenomena are explained by a kinetic current. That is, a recombination of the anion and proton on the electrode precedes a process of electron transfer. Some pteridines such as 2-amino-4-hydroxy-6-tetrahydroxybutylpteridine and 2,4-dihydroxypteridine give also a second wave similar to that of 2-amino-4-hydroxy-6-methylpteridine.

The next problem is the reduction process of folic acid and its homologues. They show 3 reduction waves in acid media and give only the first wave in alkaline media (Fig. 4). HRDÝ (1959) has explained that the first wave is due to a reduction of folic acid tp 7,8-dihydrofolic acid, and the second and third waves at pH 6 are ascribed to a catalytic hydrogen wave. The description of the first wave was also confirmed by our study but the explanation on the other two waves could not be understood. The first wave at pH 2.5—10 indicates a nature of a reversible 2-electron 2-proton reduction wave, that is, diffusion current constant: 2.4, $E_{1/4} - E_{3/4}$: 0.06 V, the slope of half wave potential -pH curve: —0.064 V. A large A. C. polarogram is observed. In the course of controlled potential electrolysis of folic acid, 7,8-dihydrofolic acid is obtained. The dissociation of 6-hydroxyl of folic acid results in a splitting

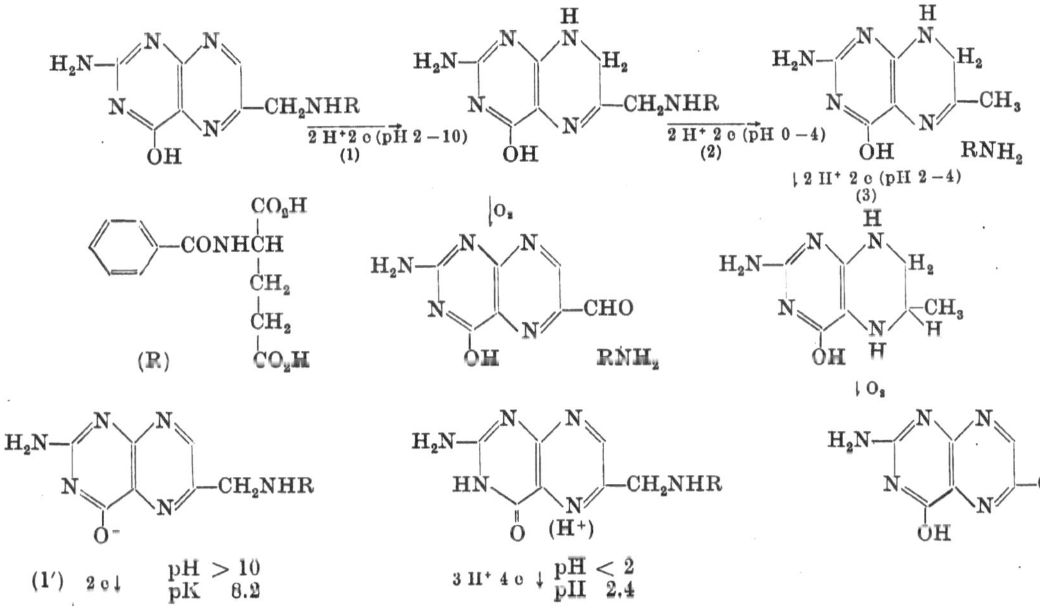

of the first wave with a nature of kinetic current. The second reduction wave of folic acid at pH 2.5—7 has a nature of 2-electron 3-proton reduction wave. 2-Amino-4-hydroxy-6-methyl-7,8-dihydropteridine and p-aminobenzoylglutamic acid are obtained by the electrolysis of folic acid at the potential of the second wave, consuming 4 faraday per mol. The kinetic current observed at pH above 5 is due to a protonation of dihydrofolic acid base (pK 4.2). It became evident from these facts that the second wave is ascribed to a reductive cleavage of 7,8-dihydrofolic acid cation. The third wave of folic acid at pH 2—7 is confirmed to be a 2-electron 2-proton reduction of 2-amino-4-hydroxy-6-methyl-7,8-dihydropteridine to a tetrahydropteridine by means of a controlled potential electrolysis. The tetrahydropteridine gives a 2-electron oxidation wave to a dihydropteridine at a more positive potential than that of the reduction wave. An auto-oxidation of the 6-methyltetrahydropteridine produces the parent pteridine. However, in the course of an oxidation of dihydrofolic acid by air, 2-amino-

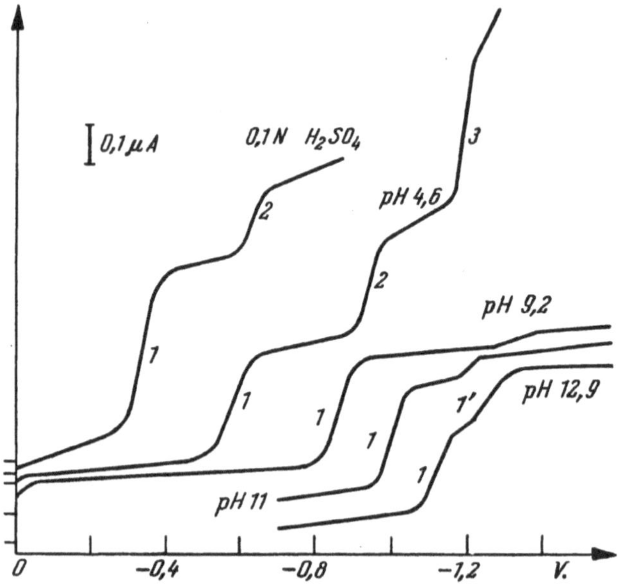

Fig. 4. Polarograms of 0.1 mM Pteroylglutamic Acid

Table 1

Summarized Polarographic Data of Pteridine Derivatives

$E_{1/2} = E_0 + a \cdot \mathrm{pH}$ (− mV *vs* NCE), $k_D = i\,d\,C^{-1}\,m^{-2/3}\,t^{-1/6}$ (μAmM^{-1} mg $^{-2/3}$sec$^{1/2}$),

pK′: appearent pK estimated from $i\,d$ − pH curves.

(a) pH < 10, (b) around pH 4, (c) pH < 7

2	4	6	7	MW	1st wave			2 nd Wave			pK′	pK	λ_{max}	
					E_0	a	k_D	E_0	a	k_D			0.1 N NaOH	0.1 N HCl
NH_2	OH	H	COOH	207	140	72^a	2.75				9.7		257	
													373	400
NH_2	OH	COOH	H	207	190	68^a	2.66				9.5	4	262	260
												8	365	314
NH_2	OH	CHO	H	191	140	62		720	72	2.6			255	245
							2.65						275	320
					220	72						−3	365	
NH_2	OH	CH_3	H	177	250	70^a	3.15	930	64	3.0	11.1	2.6	253	247
												8.1	365	325
NH_2	OH	CH_3 (dihydro)	H	179				930	64^a	2.9	9.5	0.18	232	250
												3.93	280	270
												10.9	322	360
NH_2	OH	CH_2OH	H	193	270	71^a							253	249
													365	321
NH_2	OH	Arabo	H	283	320	60^a	3.52	800	60	1.5^b	10.6		254	246
													365	322
NH_2	OH	H	CH_3	177	300	70^a	2.48						250	247
													357	318
NH_2	OH	OH	H	179	280	60	3.2				11	6.9	250	275
					400	49^a					11.8	9.6	390	320
NH_2	OH	OH	OH	195	810	68	3.18				7	6.4		
											10	6,7		
											11.8	8		
OH	OH	H	H	164	260	68^a	3.18	880	60^c	2.5^b	11			
OH	OH	CH_3 (8-Ribityl)	CH_3	326	260	58^a	2.55				11			

4-hydroxypteridine-6-carboxaldehyde and p-aminobenzoylglutamic acid are formed by an oxidative cleavage.

Homologues of folic acid such as 10-formylfolic acid and pteroic acid, and antagonists of folic acid such as aminopterin and A-methopterin show a polarographic behavior similar to that of folic acid (Table 2). Their half-wave potentials at pH 7 are situated in —0.72 to —0.76 V vs N C E and are in order of 10-formylfolic acid, A-methopterin, folic acid, aminopterin, pteroic acid. A-Methopterin and aminopterin which have no hydroxyl, of course, give no kinetic current due to the protonation of anion.

Table 2

Summarized Polarographic Data of Pteroyl-glutamic Acid (e), Aminopterin (a), Pteroic Acid (b), 10-Formyl-PGA (c), A-Methopterin (d), 2-Amino-4-hydroxy-6-methyl-pteridine (f). Gl: Glutamic Acid

$E^{1/2} = E_0 - a \cdot \text{pH}$ (mV *vs* NCE); k_D: $\mu A\ mM^{-1}\ mg^{-2/3}\ t^{1/2}$. * pH = 4

					(I) → (II)			(II) → (III) (IV)			(III) → (V)			(VII) → (II)		
No.	R_1	R_2	R_3	R_4	E_0	a	k_D	E_0	a	k_D^*	E_0	a	k_D^*	E_0	a	k_D
e	NH_2	OH	φCOGl	H	-300	64	2.4	-520	90	2.4	-930	60	3.0	310	60	
a	NH_2	NH_2	φCOGl	H	-330	60	2.46	-660	80	1.23	-980	60	(3.0)			
b	NH_2	OH	φCOOH	H	-340	60	2.64	-590	80	2.64						
c	NH_2	NH_2	φCOGl	CHO	-290	60	2.3	-640	83	1.5	-930	60	3.0	330	60	-2.0
d	H	NH_2	φCOGl	CH_3	-280	64	(1.6)	-640	83							
f	NH_2	OH			-250	70	3.15				-930	64	3.0	270	60	-2.5

The next problem is a complicated polarographic behavior of xanthopterin because of the hydration of its 6,7 positions and a keto-enol tautomerism. The reduction wave of xanthopterin in alkaline media is ascribed to a reduction to 7,8-dihydroxanthopterin (Fig. 5). The wave is divided into 2 or 3 parts by a dissociation of 4- or 6-hydroxyl (pk 9.46, 6.84) to show the nature of kinetic current. When an alkaline solution of xanthopterin is acidified, the wave height diminishes rapidly to a half of the initial height. This is an acid catalysed reaction with activation energy of 11 kcal. and activation enthropy of —37 cal/deg. (Tab. 3). This reaction is accompanied with the variation of absorption spectra, fluorescence, (Fig. 6) and the disappearance of the 6-hydroxyl group (Fig. 7). These facts may be described by a keto-enol tautomerism at 6-position as SCHOU has postulated in 1950. The wave in the

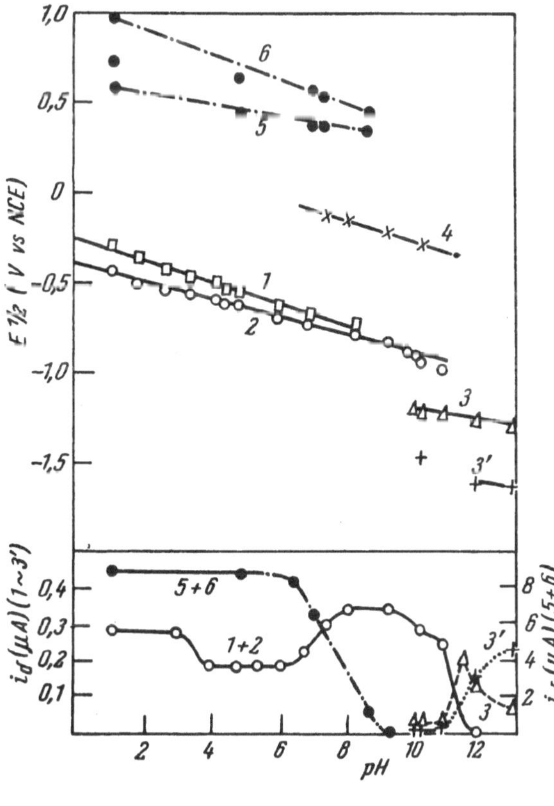

Fig. 5. $E_{1/2}$-pH and $i\ d$-pH-Curves of Xanthopterin. 0.09 mM,
1, 2, 3, 3′: Reduction Wave
4: Anodic Wave observed by Dropping Mercury Electrode (k_c 1.032)
5, 6: Anodic Wave observed by Rotating Platinum Electrode (1 = 5 mm, ∅ = 0.5 mm, 600 rpm)

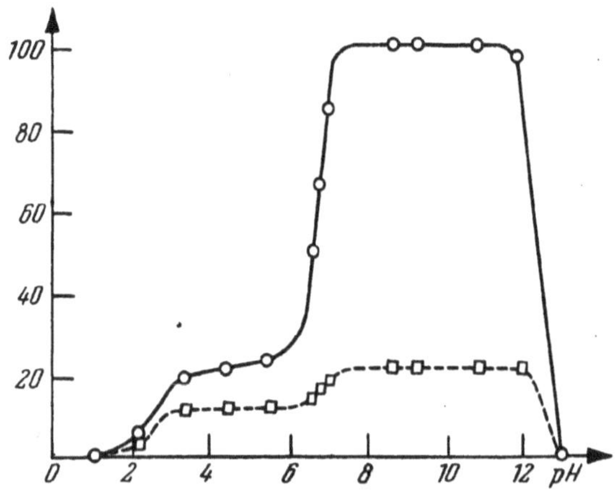

Fig. 6. Influence of pH on Relative Intensity of Fluorescence of Xanthopterin (0.1 mM) in dil. NaOH or HCl Solution.
○ blue filter; □ yellow filter

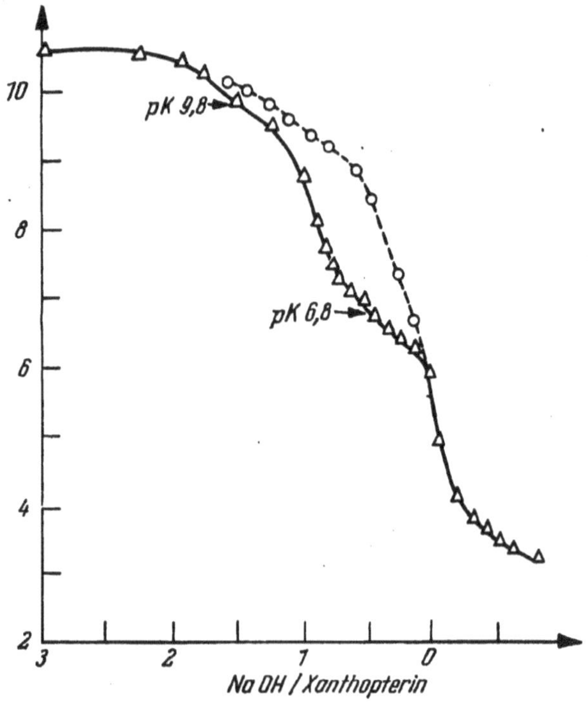

Fig. 7. Potentiometric Titration Curves of Xanthopterin

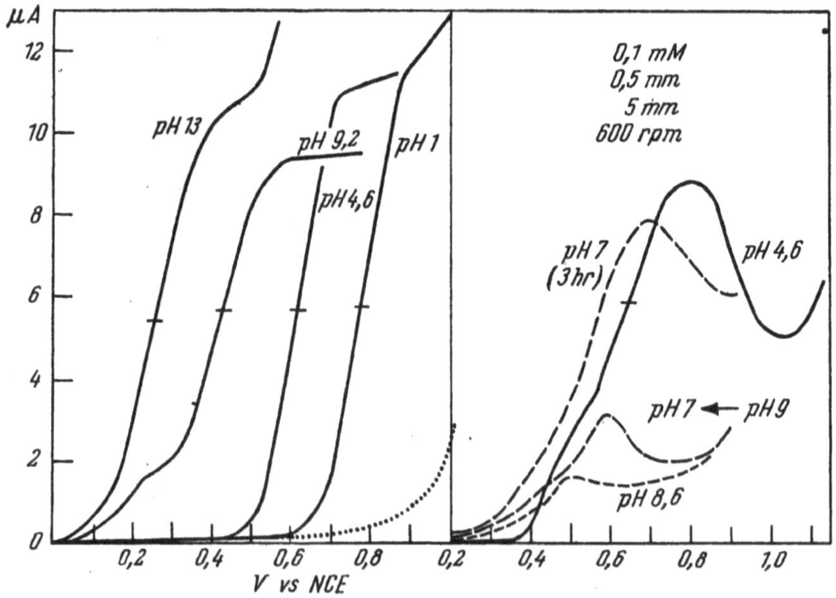

Fig. 8. Anodic Wave observed with Rotating Pt Electrode 2-Amino-4-hydroxy-6-methyl-dihydropteridine. Xanthopterin

oxidation of dihydropteridine to pteridine is observed by a rotating platinium electrode in the same pH region (Fig. 8). The wave height is a half of that of 2-amino-4-hydroxy-6-methyl-7,8-dihydropteridine and leucopterin in acid media. On the other hand, the absorption spectra at pH 3—8 resemble that of 7,8-dihydroxanthopterin.

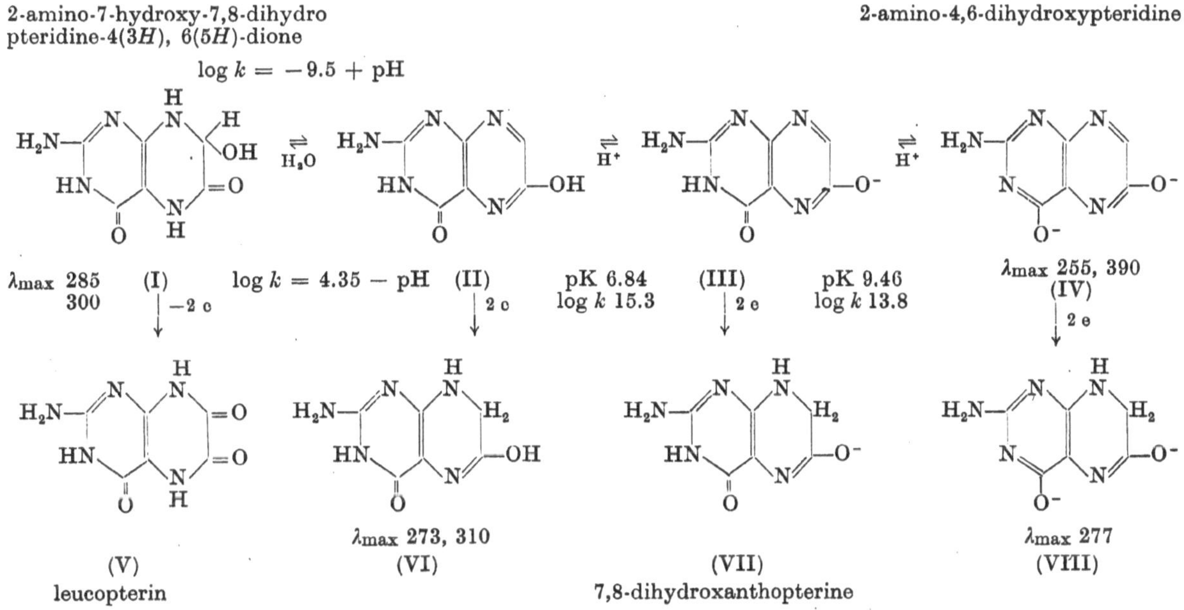

It is concluded from these facts that a half part of xanthopterin takes a structure of dihydropteridine such as 2-amino-7-hydroxy-7,8-dihydropteridine-4,6-dione at pH 3—6. A hydration of 6-hydroxypteridine to form 6,7-dihydroxy-7,8-dihydropteridine has been also studied by ALBERT (1956). In the course of a reduction of leucopterin with sodium amalgam, a dehydration of dihydroleucopterin is postulated because 7,8-dihydroxanthopterin is obtained.

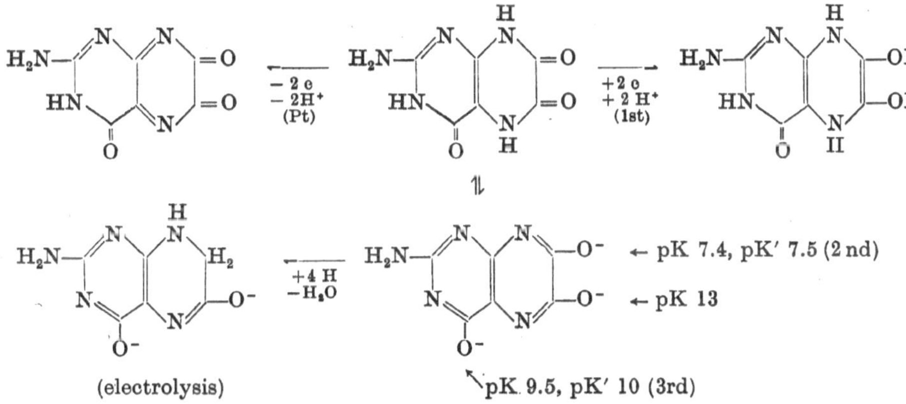

According to KOMENDA (1959), 7-methylxanthopterin, 6-methylisoxanthopterin and leucopterin do not show such a phenomenon as xanthopterin does.

The reduction wave of xanthopterin is accompanied with a pre-wave due to an adsorption of dihydroxanthopterin on the mercury electrode. The surface area occupied by one adsorbed molecule is estimated at 55 Å^2 by the limit height (Table 4). This area is close with the maximum cross-sectional area of the molecule. It is assumed from these facts that the

Table 3

First-order Reaction Velocity Constant (k: sec^{-1}) of Hydration (or Dehydration) of Xanthopterin observed by Reduction Wave-heigth of Dehydrate

Temp. (°C)	pH	log k Observed	log k Calcd.	No. of equation
25	4.72	$\bar{3}.92$	$\bar{2}.03$	(4)
25	5.35	$\bar{3}.33$	$\bar{3}.40$	(4)
25	6.06	$\bar{4}.74$	$\bar{4}.69$	(4)
25	6.62	$\bar{4}.06$	$\bar{4}.03$	(4)
25	7.42	($\bar{4}.14$)	$\bar{4}.14$	(7)
25	8.00	($\bar{4}.72$)	$\bar{4}.72$	(7)
0	6.11	$\bar{5}.92$	$\bar{5}.91$	(5)
25	6.11	$\bar{4}$,62	$\bar{4}.65$	(5)
35	6.11	$\bar{4}.90$	$\bar{4}.91$	(5)
45	6.11	$\bar{3}.15$	$\bar{3}.15$	(5)

$k_1 = (2.303/t) \log i_0/i_t$ (3)

$\log k_1 = 2.75 - \mathrm{pH}$ (4)

$\log k_1 = 12.8 - (37/4.57) - 11000/4.57\,T$ (5)

$k_2 = (2.303/t) \log (i_\infty - i_0)/(i_\infty - i_t)$ (6)

$\log k_2 = -11.28 + \mathrm{pH}$ (7)

Table 4

Cross Sectional Areas of Molecules Adsorbed on Electrode Surface (A obs). The Areas Estimated by Van der Waals Radius (A calc), and Potential Difference ($E_a - E_{1/2}$) between Adsorption Wave and Normal Wave

	MW	A obs Å²	A calc max Å²	A calc min Å²	obs pH	$E_a - E_{1/2}$ V	$A \cdot M^{-2/3}$
Riboflavin	376	117	140	50	0～ 5	0.09～0.10	2.3
FAD	785	280	300	50	0～ 3	0.08～0.10	3.3
Phenazine-1-carboxylic Acid Amide	224	97	100	45	4～ 6	0.10～0.08	2.5
Phenazine-1-carboxylic Acid	225	97	100	45	4～ 9	0.13～0.10	2.5
Xanthopterin	179	55	60	30	1～ 8	0.12～0.04	1.7
Aminopterin	440	300	200	30	6～10	−0.1	3.5
2-Amino-4-hydroxy-6-pteridyl-carboxylic acid	207	38	60	30	7～ 8	−0.1	1.1
Agroclavin	238	115	100	33	9～13	—	3.0
3-Mercapto-propanol	92	31	45	33	1～13	−0.12	1.5
3-Acetyl-3-mercapto-propanol	134	25	38	25	1～13	−0.12	1.0
Phenyl Mercuric Ion	277	28	42	24	5	0.1	0.7
Thiol Type Thiamine	282	58	120	32	9～13	0.25	1.3

adsorbed molecule forms a mono molecular layer faced the electrode. It is generally assumed that some heterocyclic compounds with plural centers of affinity to mercury such as pteridines, isoalloxazines are adsorbed on the electrode with a parallel orientation but on the other hand, some compounds with only one active group to mercury such as thiols and phenyl mercury derivatives are oriented vertically.

TANAKA et al. of our laboratory have reported the synthesis of 5-phenylazopyrimidines and their antagonistic activity upon nuclei acid metabolism. KAWASHIMA has also studied their inhibitory effect on the conversion of folic acid to citrovorum factor by an enzyme of chick-liver and their inhibitory activity on the growth of streptococcus faecalis and the reversal pattern by a series of metabolites. 5-Phenylazopyrimidine derivatives are divided into two groups according to their antagonistic patterns. 2,4,6-Triamino-5-phenylazo-pyrimidine and its chlorophenyl derivatives belong to the first group. These compounds inhibit the conversion of folic acid to tetrahydrofolic acid in the metabolic pathway. The inhibition is reversed by thymine, leucovorin, 10-formyltetrahydrofolic acid, and tetra-hydrofolic acid but it can not be reversed by folic acid. The second group consists of those compounds whose inhibitory activity is reversed by all the compounds mentioned above. 2,4,6-Triamino-5-phenylazopyrimidine derivatives which have a substituent such as carb-oxyl-, sulfo- or phosphono-group in the benzen ring, belong to the second group. It was suggested by KAWASHIMA that these compounds may interfere an utilization of folic acid.

Table 5

Group	Py	5-Phenylazopyrimidines				Yoshida sarcoma	EtOH 40% pH 6.8	0.1 N HCl
		2	4	6	Phenyl		$E_{1/2}$	$E_{1/2}$
I	40	NH_2	OH	NH_2	H	−	−0.63	−0.21
I	62	NH_2	NH_2	NH_2	o-Cl	−	−0.89	−0.35
I	61	NH_2	NH_2	NH_2	p-Cl	−	−0.91	−0.38
I	69	NH_2	NH_2	NH_2	o,p-Cl_2	−	−0.94	−0.34
I	41	NH_2	NH_2	NH_2	H	−	−1.09	−0.40
II	74	NH_2	NH_2	NH_2	p-COOH	+	−1.11	−0.35
II	83	NH_2	NH_2	NH_2	m-PO_3H_2	−	−1.13	−0.36
II	64	NH_2	NH_2	NH_2	p-SO_3H	+	−1.19	−0.36
II	71	NH_2	OH	NH_2	p-SO_3H	−	−1.20	−0.14
II	80	NH_2	NH_2	NH_2	p-PO_3H_2	+	−1.21	−0.37
II	73	NH_2	OH	NH_2	p-SO_2NH_2	−	−0.72	−0.15
II	72	NH_2	NH_2	NH_2	p-SO_2NH_2	+	−0.94	−0.31
?	68	NH_2	CH_3	CH_3	p-SO_3H	−	−0.95	−0.08 −0.76

Group I Ty, CF, FAH_4 +; FA −

Group II Ty, CF, FAH_4, FA +

In the course of this study, the author has also demonstrated polarographically a possi-bility of the inhibitory activity of phenylazopyrimidines upon the reduction of folic acid. Phenylazopyrimidine derivatives show one or two reduction waves (Fig. 9). The first wave in acid media is ascribed to a 4-electron reduction of the azo group of the proton adduct to two amines. The second wave substitutes for the first wave at a higher pH. This is due to the reduction of the free base. A kinetic current due to a protonation of the base is obs-erved in an aqueous neutral solution but becomes faint in the presence of 40% ethanol. As the pk values of these phenylazopyrimidines are 4.38—5.38, they are free bases in a bio-logical condition (Table 5). When the reduction potentials of the free bases are compared in a phosphate buffer of pH 6.8 containing 40% ethanol, the half-wave potential (−0.63 to −1.08 V) of the compounds belonging to the first group is in a more positive potential than those of the second group (−1.11 + 0 −1.21 V) as well as dihydropteridines (−1.2 to −1.4 V). The potential in the reduction of dihydrofolic acid to tetrahydrofolic acid is assumed to be near that of dihydropteridine although it can not be measured polarographically. Therefore it is suggested that the phenylazopyrimidines in the first group may have an antagonistic activity on the reduction of dihydrofolic acid because of their easy reducibility.

Folic Acid
↓ ($E_{1/2}$ −0.76)
Dihydrofolic Acid
↓ Phenylazopyrimidine Group I (E1/2 −1.1 ~ −1.2)
Tetrahydrofolic Acid
↓
N^{10}-formyltetrahydrofolic Acid
↓
Citrovorum Factor
↓
Thymine ← Uracil

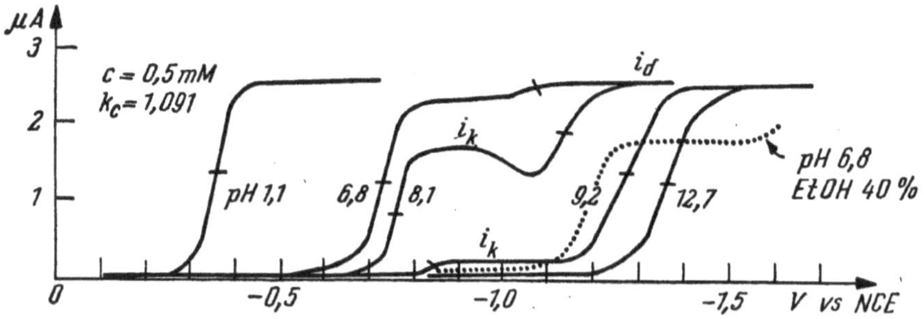

Fig. 9. Py 80. i_d: diffusion current, $i_d \sim c$, $\sqrt{H}$; i_k: kinetic current, independent of H; k_D: 5 A mM^{-1} $mg^{-2/3}$ $sec^{1/2}$; D: $5 \cdot 10^{-6}$ cm^2 sec^{-1} ($8{,}85 \cdot 10^{-5} \cdot M^{-1/2}$); $n = k_D/605\, D_{1/2} = 3.8$

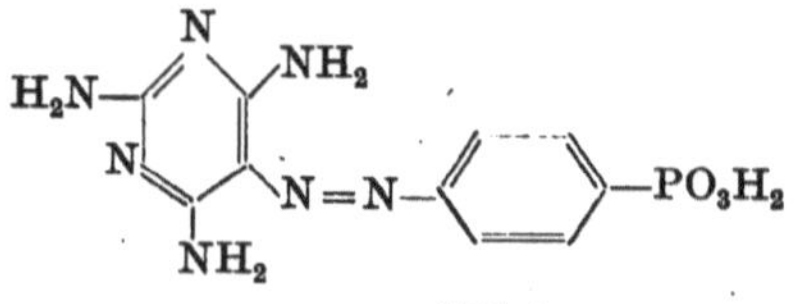

$$RN{=}NR' + H^+ \rightleftharpoons H^+RN{=}NR' \xrightarrow{4\,H^+\,4\,e} H^+RNH_2 + R'NH_2$$

A—10

Polarographie und Spektroskopie einiger Chinolin- und Isochinolin-Verbindungen

M. MATUROVÁ, VL. PREININGER und F. ŠANTAVÝ

Chemische Anstalt der Medizinischen Fakultät der Palacký-Universität, Olomouc, ČSSR

Beim Studium der Alkaloide und mancher Heilmittel stoßen wir auf die Gegenwart der Chinolin- und Isochinolinkerne und ihrer Derivate. Wir haben uns deshalb entschlossen, die auf diesem Gebiete bisher gewonnenen polarographischen und spektroskopischen Erkenntnisse zu ergänzen, um einen so weit wie möglich abgeschlossenen Abschnitt zu erhalten, der die quantitative Bestimmung dieser Verbindungen oder die schnelle Ermittlung ihrer Konstitution ermöglichen würde.

Es wurde untersucht, was für einen Einfluß die Störung des aromatischen Systems (partielle Hydrierung) und die Überführung des tertiären Stickstoffs in quartären Stickstoff auf die polarographische Reduzierbarkeit und die UV- und IR-Spektroskopie haben. Es handelt sich folglich um den unterschiedlichen Charakter der Bindung zwischen dem Kohlenstoff- und Stickstoffatom.

Mit der Polarographie der exozyklischen Doppelbindung C=N haben sich in ihren klassischen Arbeiten ZUMAN u. Mitarb. [1] befaßt und dann HOLLECK und KASTENING [2]. Auf Grund des Verhaltens der übrigen heterozyklischen Verbindungen ist zum Beispiel bekannt, daß, während Pyridin polarographisch schwer reduzierbar ist, sich das N-Methyl- oder N-Propylpyridinium Kation [3—6] polarographisch sehr gut unter gleichzeitiger Bildung eines Dimeren reduziert:

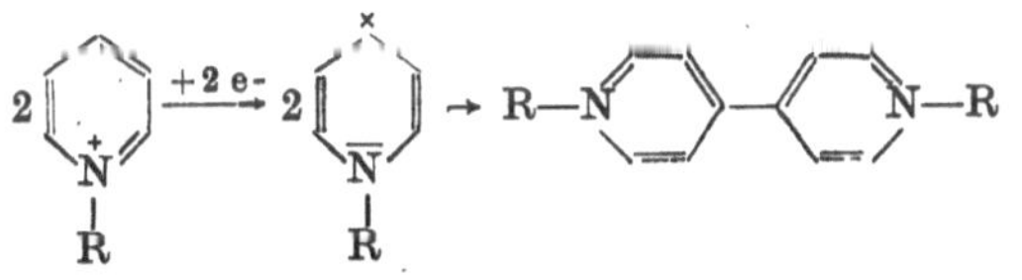

In der Reihe der Indol-, Indolenin- und Indoleninium-Salze [7] ist die erste Verbindung polarographisch nicht reduzierbar und die dritte um etwa 200 mV besser reduzierbar als die zweite Verbindung.

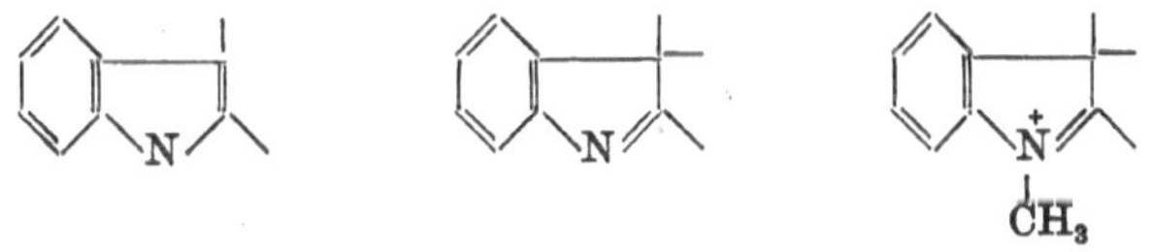

Von den Chinolin-Verbindungen wurden bisher das eigentliche Chinolin [9—15], Chinaldin, die Methylchinaldin-Verbindungen und das Chinoliniumsalz [9] polarographisch untersucht ebenso wie die Chinin-Verbindungen [16, 17], bei denen, ähnlich wie beim eigentlichen Chinolin, der Chinolinkern mit zwei Elektronen reduziert wird. Bei den Derivaten Chinotoxin und Chininon konnte diese Reduktion bisher nicht nachgewiesen [17a] werden.

Von den Isochinolin-Verbindungen wurden polarographisch außer dem eigentlichen Isochinolin [11], welches sich mit zwei Elektronen reduziert, die Verbindungen Papaverin [18, 19] und Emetin [20] und weiter dann Hydrastinin und Cotarnin untersucht [21—24]. Berberin und Sanguinarin [25] stellen kompliziertere Systeme dar, die bereits diskutiert [26] wurden.

Unser Referat bringt eine Zusammenfassung der Ergebnisse, die bei der Polarographie der nachstehenden Verbindungen erhalten wurden. Es sind dies: Chinolin (I), Isochinolin

(II), Cotarnin (III), Hydrastinin (IV), 1-Methyl-3,4-dihydro-6,7-dimethoxyisochinolin (V), Papaverin (VI), 3,4-Dihydropapaverin (VII) und weiter dann die dazugehörenden Methojodide:

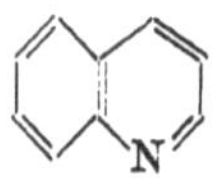

I

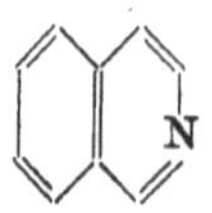

II

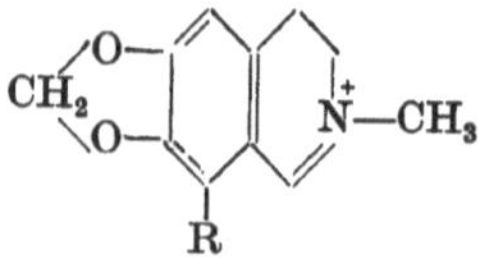

III R = OCH_3
IV R = H

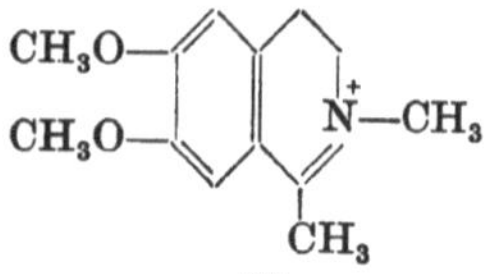

V

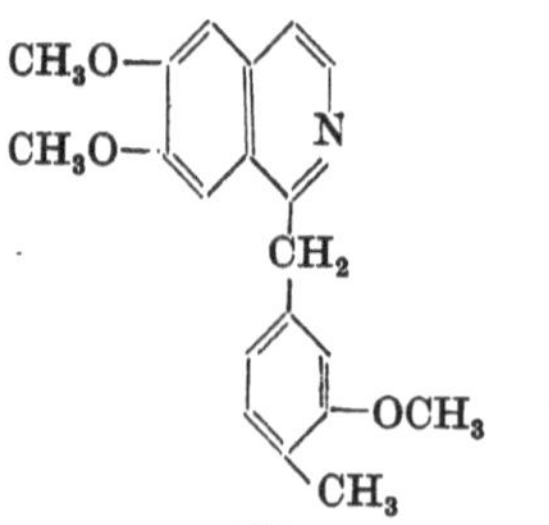

VI

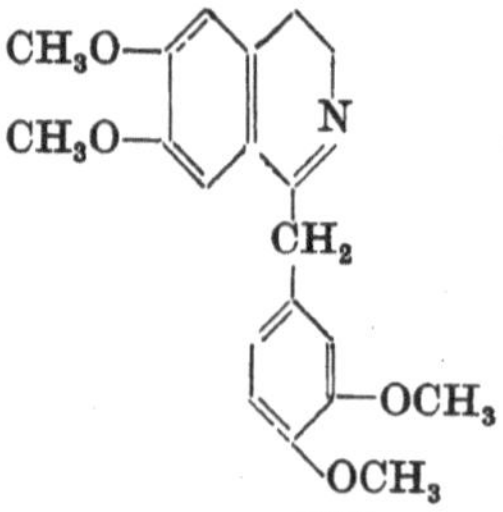

VII

Um die Reihe zu vervollständigen, wurden spektroskopisch im UV- und IR-Bereich auch die entsprechenden Tetrahydroderivate aller angeführten Verbindungen untersucht.

I. Polarographie

Eine Durchsicht der gewonnenen Ergebnisse bei den von uns analysierten Verbindungen (Chinolin, Isochinolin und Papaverin) läßt ersehen, daß sie zu einigen Gruppen eingereiht werden können.

Zwischen der polarographischen Reduktion des Chinolins und der des Isochinolins ist kein wesentlicher Unterschied zu sehen. Beide Verbindungen liefern im neutralen Medium des Britton-Robinson-Puffers bei demselben $E_{1/2}$ eine Zweielektronenstufe, die bei ansteigendem pH absinkt, bis sie ganz verschwindet (Abb. 1 u. 2). Im sauren Bereich deckt sich diese Stufe mit der katalytischen Stufe des Wasserstoffs.

Die Gegenwart der Benzylgruppe am Kohlenstoff 1 (vgl. Papaverin) verschiebt das Halbstufenpotential dieser Verbindung zu negativeren Werten (Tab. 1).

Die Methojodide aller dieser Verbindungen sind weit besser polarographisch reduzierbar (Abb. 1, 2 u. 4) und bringen polarographische Stufen im ganzen Bereich des Britton-Robinson-Puffers hervor. Es sind dies Einelektronenstufen, deren Halbstufenpotential vom pH der Pufferlösung unabhängig ist. Es handelt sich folglich um eine Dimerisation, so wie sie von Colichman und O'Donovan [4] für N-Propylpyridinium-Salze oder von Ender u. Mitarb. [7] für Indoleninium oder Tetrahydrocarbazoleninium-Salze beschrieben wurde. Auch Mairanovskij [5, 6] hat diesen Vorgang bei den Pyridinium-Salzen eingehender studiert. Zum Unterschied von Neunhöffer und Stanienda [9] stellten wir beim Methylchinolinium-salz im ganzen pH-Bereich nur eine einzige Einelektronenstufe fest.

1-Methyl-3,4-dihydroisochinolin- (Abb. 3) und 1-Benzyl-3,4-dihydroisochinolin-(3,4-Dihydropapaverin)-Verbindungen (Abb. 5) liefern sehr gut ausgebildete Zweielektronenstufen im ganzen Bereich der Britton-Robinson-Pufferlösung. Die Methosalze des 3,4-Dihydroisochinolins (vgl. Cotarnin und Hydrastinin [22, 26] bzw. Cotarnolin [28]) oder 1-Methyl-3,4-dihydroisochinolin liefern im alkalischen Bereich bei höheren Konzentrationen (10^{-3} M und höher) zwei gleich hohe Stufen, die längere Zeit hindurch Gegenstand sich widersprechender Ansichten waren, nämlich ob sie als eine Ammonium- oder Aldehyd-Form des

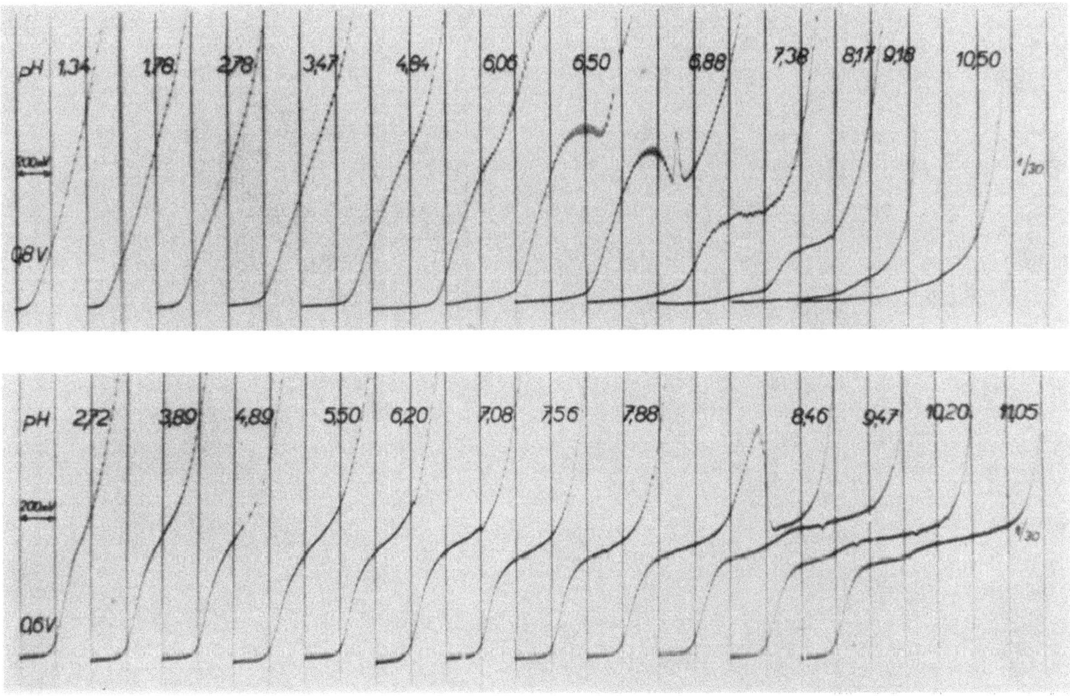

Abb. 1. Abhängigkeit der polarographischen Stufen des Chinolins (oberes Polarogramm) und des Chinolinium-Methosalzes (unteres Polarogramm) vom pH des Britton-Robinson-Puffers. 10^{-3} M alkoholische Lösung der Substanz mit Pufferlösung im Verhältnis 1:1 vermischt

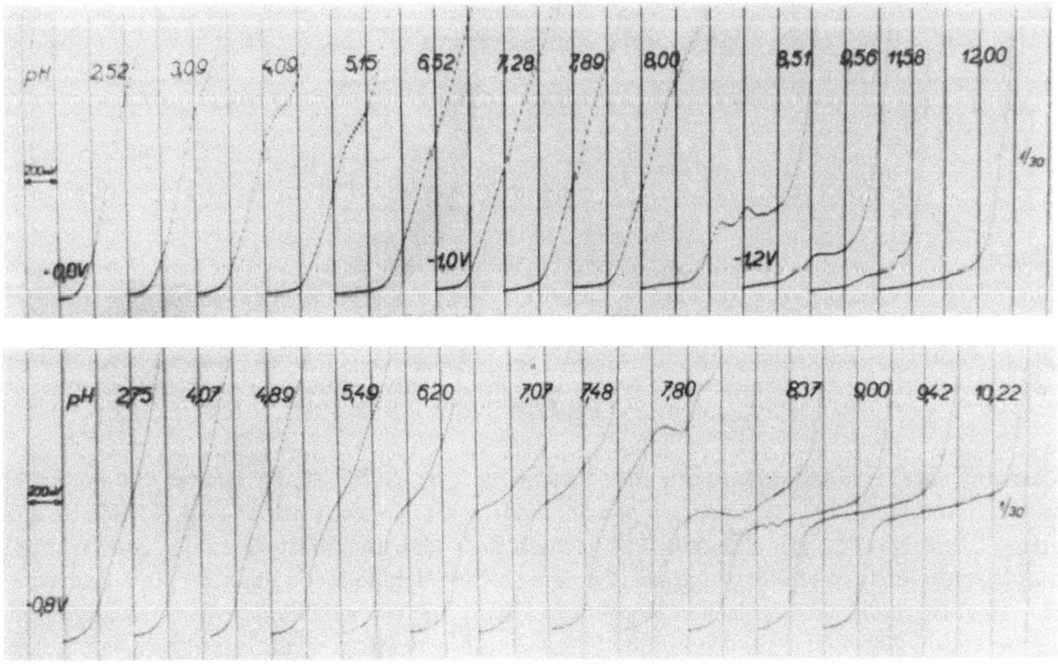

Abb. 2. Abhängigkeit der polarographischen Stufen des Isochinolins (oberes Polarogramm) und des Isochinolinium-Methosalzes (unteres Polarogramm) vom pH des Britton-Robinson-Puffers. 10^{-3} M alkoholische Lösung der Substanz mit Pufferlösung im Verhältnis 1:1 vermischt

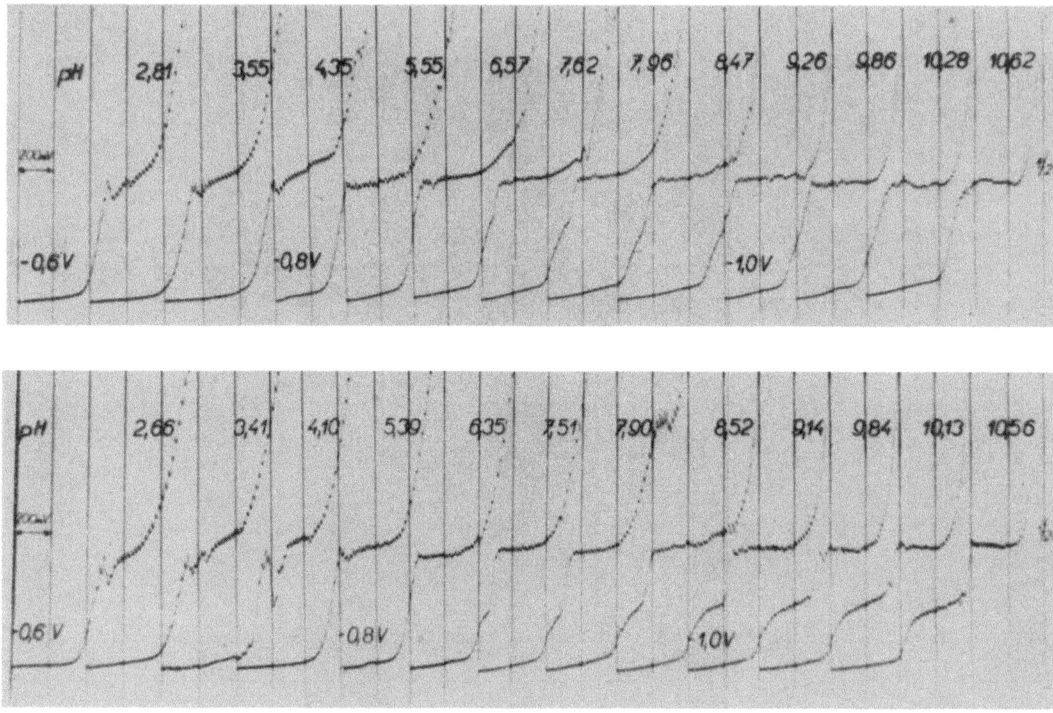

Abb. 3. Abhängigkeit der polarographischen Stufen des 3,4-Dihydroisochinolins (oberes Polarogramm) und des 3,4-Dihydroisochinolinium-Methosalzes (unteres Polarogramm) vom pH des Britton-Robinson-Puffers. 10^{-3} M alkoholische Lösung der Substanz mit Pufferlösung im Verhältnis 1:1 vermischt

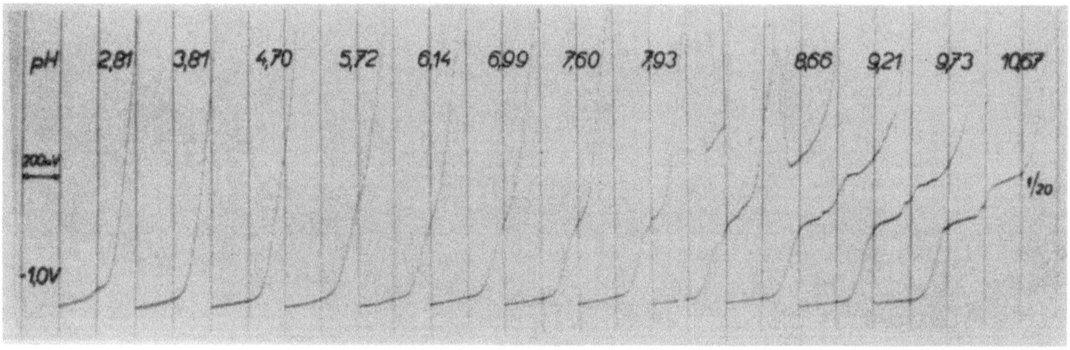

Abb. 4. Abhängigkeit der polarographischen Stufen des Papaverinium-Methosalzes vom pH des Britton-Robinson-Puffers. 10^{-3} M alkoholische Lösung der Substanz mit Pufferlösung im Verhältnis 1:1 vermischt

Cotarnins oder Hydrastinins, so wie dies HANTZSCH formuliert hat, betrachtet werden sollen [2—24]. Alle diese Verbindungen bringen bei niedrigeren Konzentrationen als 10^{-4} M nur eine einzige Stufe hervor. Wir nehmen [26] deshalb an[1]), daß die Bildung zweier Stufen durch komplizierte Adsorptionsvorgänge an der Quecksilberelektrode bedingt ist und daß es in der Zwischenschicht im alkalischen Medium zu einem sich schnell einstellenden Gleichgewicht zugunsten der Ammonium-Form kommt, die daraufhin polarographisch reduziert wird. Alle partiell reduzierten Verbindungen des Isochinolins und deren Methosalze werden im ganzen pH-Bereich mit zwei Elektronen reduziert.

[1]) Für den Diskussionsbeitrag zu diesem Problem danken wir Herrn Dr. P. ZUMAN.

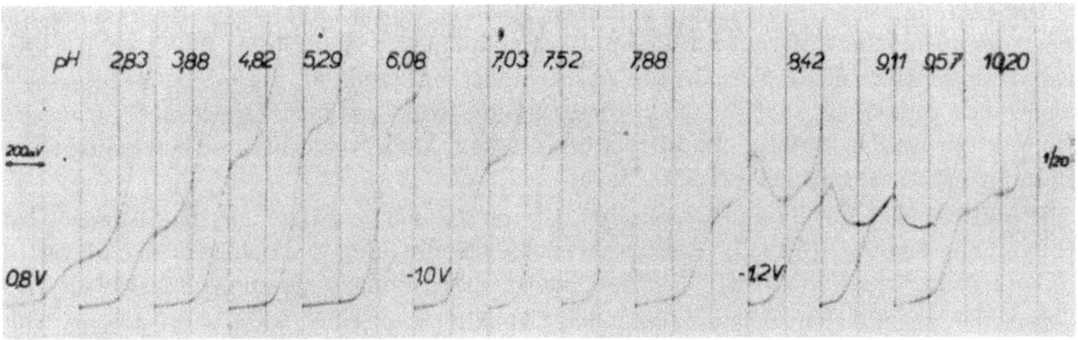

Abb. 5. Abhängigkeit der polarographischen Stufen des 3,4-Dihydropapaverinium-Methosalzes vom pH des Britton-Robinson-Puffers. 10^{-3} M alkoholische Lösung der Substanz mit Pufferlösung im Verhältnis 1:1 vermischt

Tabelle 1: Werte der Halbstufenpotentiale der Elektronenanzahl und der Verschiebung der Halbstufenpotentiale verschiedener heterozyklischer Verbindungen

	Anzahl der Elektronen bei pH 7	10^{-3} M HCl 10^{-3} M KCl pH 2,9	LiCl EtOH	pH-Wert 7	TMAOH	Verschiebung des $E_{1/2}$ auf eine pH-Einheit im neutralen Bereich in mV
Pyrol						
N-Methylpyrol						
Pyridin[34]		−1,55	−1,77			
Pyridiniummethojodid[34]	1			−1,53*)		
Indol[7]						
2-Methylindolenin[7]				−1,54		
2-Methylindoleniniummethojodid[7]				−1,36		
Tetrahydrocarbazol[7]				−1,49		
Tetrahydrocarbazoliniummethojodid[7]				−1,28		
Chinolin	2		−1,27	−1,26	−1,54	80**)
Chinoliniummethojodid	1			−0,90		0
Isochinolin	2			−1,24		80**)
Isochinoliniummethojodid	1			−1,07		0
Hydrastinin[21]	2			−1,24		65
Cotarnin[21]	2			−1,24		65
Cotarnolin[28]	2			−1,10		60
1-Methyl-3,4-dihydro-6,7-dimethoxyisochinolin	2			−1,25		60
1-Methyl-3,4-dihydro-6,7-dimethoxyisochinoliniumjodid	2			−1,25		70
Papaverin[18,19]	4				−1,95	
Papaveriniummethojodid	1			−1,40		0
3,4-Dihydropapaverin	2			−1,28		40
3,4-Dihydropapaveriniummethojodid	2			−1,28		40
Acridin[34]				−0,83 −1,48		
Diaminoacridin[34]				−1,011		
Diaminoacridiniumbromid[34]				−0,93		

*) Britton-Robinson-Puffer vom pH-Wert 8.

**) Durchschnittswert zwischen pH 5 und 10.

Die Bildung zweier Stufen im alkalischen Medium wurde außer beim Hydrastinin und Cotarnin auch beim 1-Methyl-3,4-dihydroisochinoliniumsalz beobachtet. Beim 3,4-Dihydropapaveriniumsalz sind die Verhältnisse weit komplizierter (Abb. 5). Im sauren Medium steigt die Kurve vorerst bis zum Zweielektronenwert an, wobei sie im pH-Bereich 7—8 in zwei Einelektronenstufen zerfällt. Im alkalischen Medium kann wiederum nur eine einzige Einelektronenstufe verzeichnet werden.

Die Stufe des Chinolinium-Kationsalzes ist um 170 mV positiver als die Stufe des Isochinolinium-Kations (Abb. 2), was wahrscheinlich mit der unterschiedlichen Basizität ($K = 3{,}2 \cdot 10^{-10}$ und $1{,}1 \cdot 10^{-9}$) [27] dieser beiden Verbindungen zusammenhängt (Tab. 1).

Aus der angeführten Polarographie der Chinolin- und Isochinolin-Verbindungen geht hervor, daß sich diese Verbindungen analog wie die Pyridin-, Indol- oder die Tetrahydrocarbazoylverbindungen reduzieren. Im Gegensatz zu dem eigentlichen Pyridin oder Indol sind Chinolin und Isochinolin besser polarographisch reduzierbar. Übersichtshalber werden die $E_{1/2}$ der wichtigsten bisher untersuchten heterozyklischen Verbindungen in der Tabelle 1 wiedergegeben.

Die unterschiedliche Reduzierbarkeit der aromatischen Verbindungen der Chinolin- und Isochinolin-Reihe und ihrer 3,4-Dihydroderivate kann nachstehend erklärt werden. Chinolin und Isochinolin sind schlecht reduzierbar, weil sie durch Reduktion aus der planaren Konfiguration in die wenig vorteilhafte 1,2-Dihydrohexadienform übergehen. Die 3,4-Dihydroderivate sind weit besser reduzierbar, weil diese Dihydrohexadienform die Tendenz hat, in eine vorteilhaftere Hexenform überzugehen. Bei den quartären Salzen bietet sich direkt das Stickstoffproton zur Reduktion an. Bemerkenswert ist, daß bei der polarographischen Reduktion nur die quartären Salze des eigentlichen Chinolins und Isochinolins ein Elektron aufnehmen und ein Dimeres bilden, wie bereits bei den Pyridinium-Salzen festgestellt wurde.

II. UV-Spektroskopie

Die UV-Spektroskopie der Isochinolin-Verbindungen wurde vor allem von Knabe [29] beim Studium der Dehydrierung der Papaverin-Derivate, von Battersby [30] bei der Ermittlung der Konstitution der Ipecacuanha-Alkaloide und dann von Grundon [31] beim Studium der Konstitution des Alkaloids Separin ausgenutzt. Wir können die von ihnen gemachten Befunde nur bestätigen und sie um die bei den Chinolin-Verbindungen gewonnenen Befunde und um deren Beziehung zur Polarographie erweitern.

Infolge Überführung der Chinolin- und Isochinolin-Verbindungen in die entsprechenden Methojodide verschiebt sich das dem heterozyklischen Ring entsprechende Maximum in den langwelligeren Bereich (350 mμ) so wie dies bei den 3,4-Dihydroderivaten der Isochinolinreihe der Fall ist. Die Extinktion aller Maxima ist bei allen Derivaten ungefähr die gleiche. Es ist jedoch interessant, daß die Gegenwart des Methoxyls in der Stellung 8 die Frequenz bei 310 mμ in den langwelligeren Bereich verschiebt (während Hydrastinin 2 Maxima bei 306 und 364 mμ aufweist, zeigen Cotarnin und Cotarnolin 2 Maxima bei 337 und eine Inflektion bei 360 mμ).

Alle Tetrahydroisochinolin- und Chinolin-Derivate weisen nur ein einziges Maximum bei 290 mμ auf.

Zusammenfassend kann gesagt werden, daß sich infolge Bildung quartärer Salze und der entsprechenden Dihydroderivate beim Chinolin und Isochinolin das Maximum, das dem Chromophor N=C entspricht, in den langwelligeren Bereich verschiebt, so daß dieser Effekt sehr gut beim Studium der Konstitution ausgenutzt werden kann (Abb. 6 u. 7).

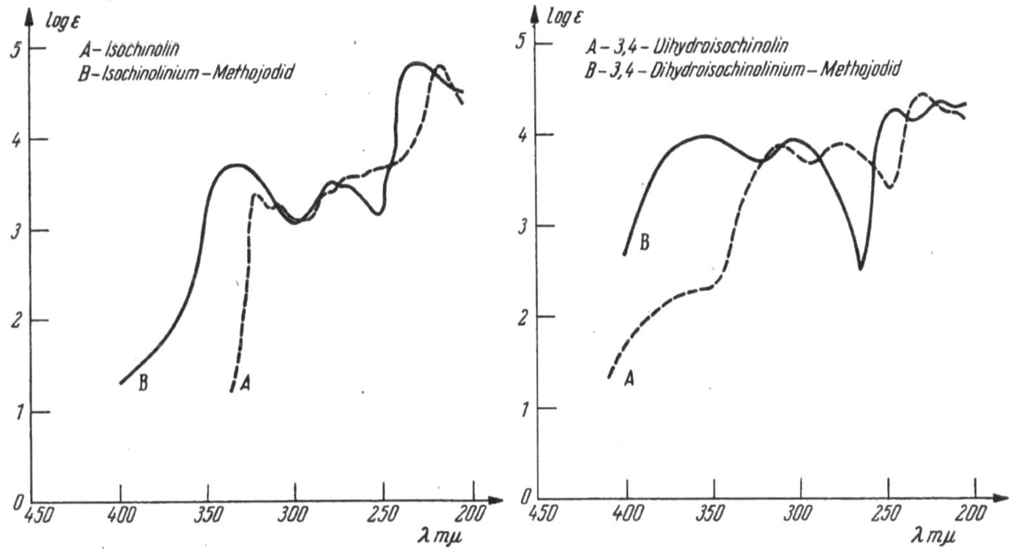

Abb. 6a

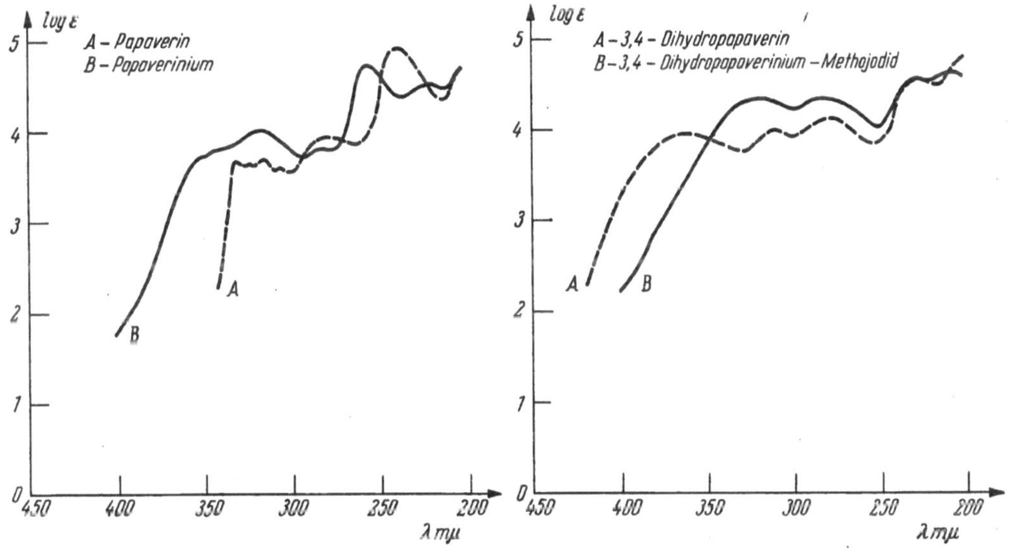

Abb. 6b

Abb. 6. UV-Spektren der Basen gemessen mit Unicam-Spektrophotometer SP 500 in Äthanol

III. IR-Spektroskopie

Auch die IR-Spektroskopie der Isochinolin-Verbindungen wurde schon früher im Zusammenhang mit der Bestimmung der Konstitution der Ipecacuanha-Alkaloide [30] und des Separins [31] studiert. Wir wiederholten die Messungen bei einfachen Isochinolinalkaloiden und dann bei den Papaverin-Derivaten. Während wir beim Isochinolin, seinem Methojodid und beim 3,4-Dihydroderivat vier Frequenzen bei etwa 1622, 1603, 1574 und 1510 cm^{-1} vorfinden (Abb. 7), sehen wir bei ihren Tetrahydroderivaten nur zwei Banden und zwar bei etwa 1615 und 1590 cm^{-1}. Bei den 3,4-Dihydroisochinolin-Kationen sind, wie bereits von Witkop [32, 33] nachgewiesen wurde, zwei Banden bei 1670 und 1620 cm^{-1} vorhanden; die Bande

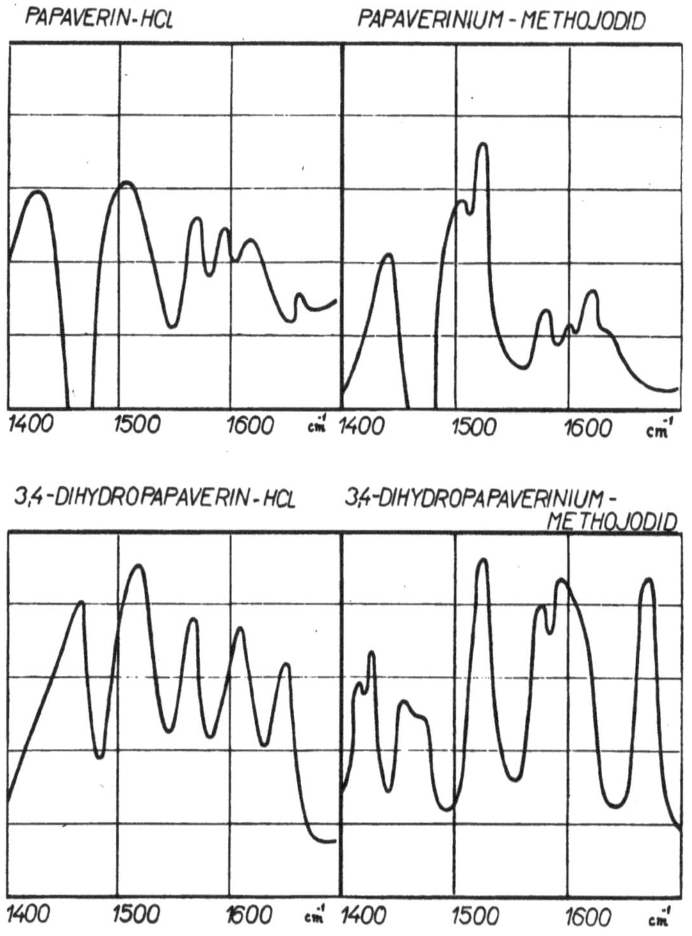

Abb. 7. Wichtige IR-Banden im Bereich zwischen 1700—1400 cm^{-1} der Papaverin-Derivate, gemessen in Nujol mit dem IR-Spektroskop UR-10 der Fa. Zeiss

bei 1670 kann die Gegenwart des Carbonyls in der Verbindung imitieren, was gerade durch Konfrontation der polarographischen und UV-spektroskopischen Befunde ausgeschlossen werden kann. Die Frequenz bei 1620 entspricht der Bindung C=N [35].

Abschließend wäre noch zu sagen, daß die Polarographie, insbesondere in Verbindung mit der UV- und IR-Spektroskopie, positiv zur Lösung der Konstitution der Isochinolin-Derivate beitragen kann.

ZUSAMMENFASSUNG

Studiert wurde die Polarographie des Chinolins, Isochinolins, Papaverins und einiger ihrer Derivate. Diese Verbindungen wurden außerdem auch mit der UV- und IR-Spektroskopie untersucht.

SUMMARY

A study of the polarography of chinoline, isochinoline, papaverine, and of some of its derivatives was carried out. In addition, these compounds were investigated by means of UV- and IR-spectroscopy.

Literatur

[1] ZUMAN, P., Chem. Listy **48**, 94 (1954).
[2] HOLLECK, L., KASTENING, B., Z. Elektrochem. Ber. Bunsenges. physik. Chem. **60**, 127 (1956).
[3] ŠORM, F., ŠORMOVÁ, Z., Chem. Listy **42**, 82 (1948).
[4] COLICHMAN, E. L., O'DONOVAN, P. A., J. Am. chem. Soc. **76**, 3588 (1954).
[5] MAIRANOVSKIJ, S. G., Trudy Chetvertogo Soveshchaniya Elektrokhim., Moscow, 1956, 223.
[6] —, Dokl. Akad. Nauk SSSR **110**, 593 (1956).
[7] ENDER, F., MOISAR, E., SCHÄFER, K., TEUBER, H. J., Z. Elektrochem. Ber. Bunsenges. physik. Chem. **63**, 349 (1959).
[8] ADKINS, J., COX, W. F., J. Am. chem. Soc. **60**, 1151 (1938).
[9] NEUNHOEFFER, O., STANIENDA, A., Naturwissenschaften **46**, 491 (1959).
[10] SCHTSCHENNIKOVA, M. K., KURSCHUNOV, I. A., J. phys. Chem. (russ.) **22**, 503 (1938).
[11] STROMBERG, A. G., MARKACHEVA, T. M., Zhur. Fiz. Khim. **28**, 671 (1954).
[12] CASIMIR, D. J., LYONS, L. E., J. chem. Soc. [London] 1950, 783.
[13] FERNANDO, QU., PHILLIPS, J. P., J. Am. chem. Soc. **74**, 3103 (1952).
[14] KAYE, R. C., STONEHILL, H. I., J. chem. Soc. [London] 1952, 3240.
[15] TACHI, I., KABAI, H., J. Electrochem. Assoc. Japan **3**, 250 (1935).
[16] ŠANTAVÝ, F., Publ. Fac. Med. Masaryk Univ. Brno **19**, 29 (1945—46).
[17] KIRKPATRICK, H. F. W., Quart. J. Pharmac. Pharmacol. **19**, 127 (1946).
[17a] BARTEK, J., ČERNOCH, M., ŠANTAVÝ, F., Collection Czechoslov. Chem. Commun. **19**, 605 (1954).
[18] BEZUGLYJ, V. D., Ž. obšč. Chim. **24**, 2190 (1954).
[19] MATUROVÁ, M., TSCHU-SHUN, ČTVRTNÍK, J., ŠANTAVÝ, F., Collection Czechoslov. Chem. Commun. **25**, 3321 (1960).
[20] MATUROVÁ, M., HRBEK, J. JUN., ŠANTAVÝ, F., Arch. Pharm. **294**, 25 (1961).
[21] ŠANTAVÝ, F., Collection Czechoslov. Chem. Commun. **14**, 377 (1949).
[22] COUFALÍK, E., ŠANTAVÝ, F., Collection Czechoslov. Chem. Commun. **19**, 457 (1954).
[23] GYÖRBIRÓ, K., Periodica Polytechnica Hung. **3**, 267 (1959); **4**, 61 (1960).
[24] —, J. Electroanal. Chem. **2**, 259 (1961).
[25] BARTEK, J., ŠANTAVÝ, F., Chem. Listy **47**, 1617 (1953).
[26] ŠANTAVÝ, F., diese Publikation.
[27] KOLTHOFF, J. M., Biochem. Z. **162**, 289 (1925).
[28] HOLUBEK, J., VOLKE, J., Collection Czechoslovak Chem. Commun. **24**, 1436 (1959).
[29] KNABE, J., Arch. Pharm. **292**, 416 u. 653 (1959).
[30] BATTERSBY, A. R., DAVIDSON, G. C., HARPER, B. J. T., J. chem. Soc. [London] **1959**, 1744.
[31] GRUNDON, M. F., MCGARVEY, J. E. B., J. chem. Soc. [London] **1960**, 2739.
[32] WITKOP, B., PATRICK, J. B., J. Am. chem. Soc. **75**, 4474 (1953).
[33] SCHNEIDER, W., MÜLLER, B., Liebigs Ann. Chem. **615**, 34 (1958).
[34] SCHWABE, K., Polarographie und chemische Konstitution organischer Verbindungen. Akademie-Verlag, Berlin 1957.
[35] WITKOP, B., J. Am. chem. Soc. **78**, 2873 (1956).

A—11

Das polarographische Verhalten von Oxytetrazyklinen und ihren sauren Spaltprodukten

V. Cieleszky und L. Sebessy

Institut für Ernährungswissenschaft, Budapest, und Biogal Arzneimittelfabrik, Debrecen

Das polarographische Verhalten des Oxytetrazyklins wurde in seinen Grundzügen von Šantavý u. Mitarb. beschrieben [1]. Zur Klärung des polarographischen Reaktionsmechanismus und zur Feststellung der optimalen Bedingungen einer quantitativen Bestimmung unternahm Doskočilová eingehende Untersuchungen [2]. Nach deren Ergebnissen spielt sich im pH-Gebiet der gewöhnlich benutzten Pufferlösungen ein Reduktionsvorgang von 4 Elektronen ab. Alles in allem sind zwei Hauptstufen zu beobachten, die von Nebenstufen und Maxima verzerrt sind. Diese Nebenstufen und Maxima können auf Adsorptionseffekte zurückgeführt werden. Zahl und relative Höhen der Nebenstufen sind von der Oxytetrazyklinkonzentration und der Zusammensetzung der Pufferlösung abhängig. In Gegenwart von Magnesiumionen erscheinen nur die beiden Hauptstufen in einer Höhenproportion von 1:1.

Nach Doskočilová wird der 4-Elektronen-Vorgang teils von der 2-Elektronen-Reduktion der Kohlenstoff-1-Carbonyl-Gruppe im Ring „A", teils von der sich bei negativerem Potential abspielenden 2-Elektronen-Reduktion des am Kohlenstoff 11—12 konjugierten Systems verursacht [2].

Zur Klärung der Struktur wurden in erster Reihe die *alkalischen* und *sauren* Abbauprodukte untersucht [3]. Im Laufe seiner polarographischen Studien beobachtete Berg [4], daß bei milder Alkalisierung die Terramycinstufe verschwindet. Erhitzen dieser Lösung am Rückfluß erzeugt eine neue Doppelstufe, die nach Pasternak u. Mitarb. mit dem Abbaumechanismus in Zusammenhang gebracht werden kann [5].

Alkalische Abbauprodukte können während der Erzeugung, zum Beispiel bei der zur Fällung der Quarternärsalze vorgenommenen Alkalisierung entstehen. Betriebserfahrungen zeigen jedoch, daß zur Bildung von sauren Abbauprodukten eine viel größere Möglichkeit besteht, da ein beträchtlicher Teil des Erzeugungsprozesses in saurem Milieu vor sich geht. Das Halbprodukt kommt meistens mit Geräten aus Eisen (und nicht aus rostfreiem Stahl) in Berührung und die die Zersetzung katalysierende Wirkung der frei gewordenen Eisenionen wird durch die ständige Anwesenheit von Sauerstoff nur noch verstärkt.

Hochstein u. Mitarb. stellten fest [3], daß auf Einwirkung von Säure — als erste Stufe der Zersetzung — die am sechsten Kohlenstoffatom des Terramycins befindliche Hydroxylgruppe gemeinsam mit dem Wasserstoffatom am fünften Kohlenstoff, unter Austritt von Wasser, abgespalten, die Doppelbindungen umgelagert und der „C"-Ring aromatisiert wird. Das auf Einwirkung von Säure oder Alkali entstehende *Anhydroterramycin* bildet schon bei Anwesenheit geringer Wassermengen mit Aufnahme bzw. Abgabe von einem Wassermolekül, eine Lakton-Gruppe, die zur Bildung von α- oder β-*Apoterramycin* führt. Diese werden auf Einwirkung von Ferri-Ionen und Sauerstoff in saurem Milieu — durch Aromatisierung des „A"-Ringes — weiter zu Terrinolid oxydiert, während die Dimethyl-Amino-Gruppe abgespalten wird (Abb. 1).

Sztaricskai hat mittels seiner papierchromatographischen Methode nachgewiesen, daß in Fermentsäften saure Abbauprodukte niemals zu finden sind, in Zwischenprodukten jedoch eines dieser oder alle häufig vorkommen [6].

Von den sauren Abbauprodukten des Oxytetrazyklins untersuchte man polarographisch bisher nur das Apoterramycin. Es wurde schon von Šantavý u. Mitarb. festgestellt, daß diese Substanz im ganzen pH-Bereich eine einzige 2-Elektronen-Stufe gibt [1], woraus Doskočilová folgerte, daß im Apoterramycin, die Phthalid-Carbonyl-Gruppe nicht reduziert wird.

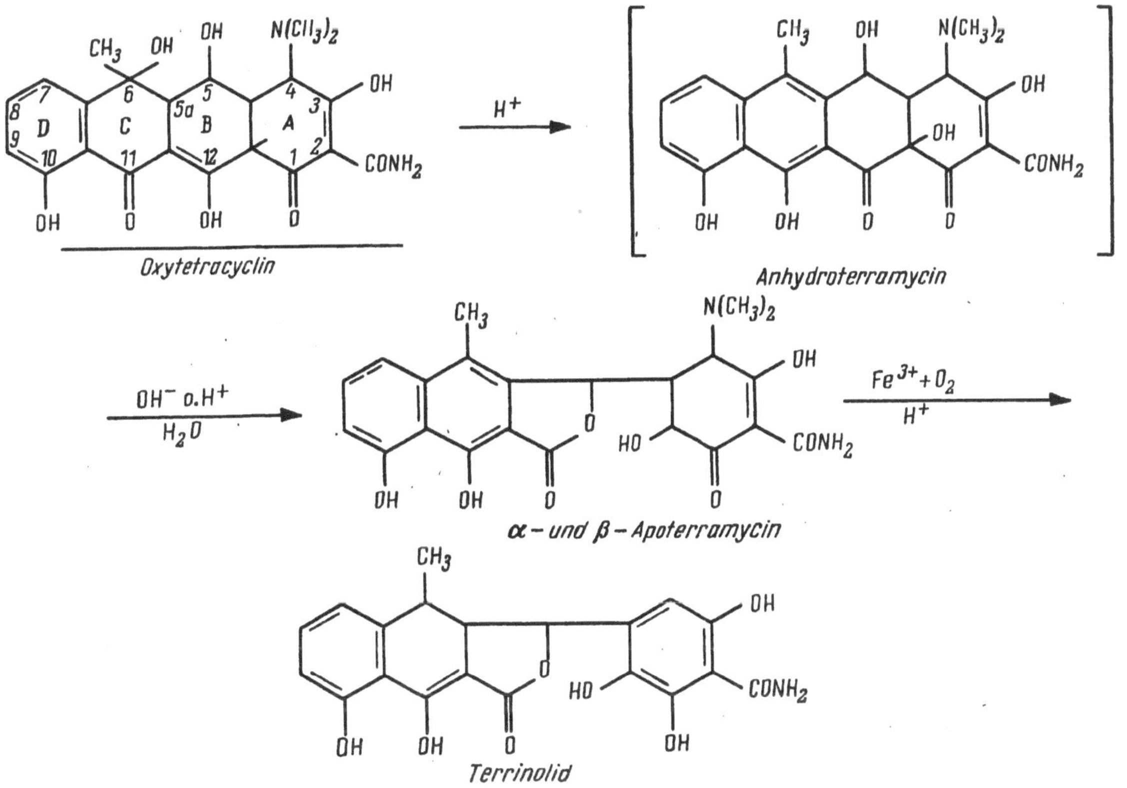

Abb. 1. Oxytetrazyklin und seine sauren Abbauprodukte

Die vorliegende Arbeit behandelt das polarographische Verhalten der Oxytetrazykline sowie ihrer sauren Abbauprodukte. Die optimalen Bedingungen zur quantitativen Bestimmung der ersteren werden angegeben.

1. Experimenteller Teil

Zu den polarographischen Untersuchungen benutzten wir das Pfizersche Standard-Oxytetrazyklinpräparat, dessen frisch zubereitete 0,01 n HCl-Lösung als Stammlösung diente.

Die sauren Abbauprodukte, namentlich das α- und β-Apoterramycin sowie das Terrinolid wurden nach Hochstein u. Mitarb. hergestellt und gereinigt [3]. Die Reinheit der Produkte kontrollierten wir durch Bestimmung der physikalischen Konstanten (UV-Spektren usw.). Die Einheitlichkeit wurde papierchromatographisch [6] bewiesen.

Aus den sauren Abbauprodukten wurden ebenfalls 0,01 n HCl-Stammlösungen hergestellt. Bei Terrinolid benutzten wir ein Lösungsmittel mit 50%igem Acetongehalt.

Die Polarogramme wurden mit einem Polarographen vom Typ Heyrovsky V-301, Fabrikat Zbrojovka, aufgenommen. Als polarographische Zelle diente ein mittels einer Agarbrücke mit einer Normal-Kalomel-Gegenelektrode verbundenes Gefäß, dessen Temperatur durch einen Thermostaten geregelt war. Die Messungen wurden im allgemeinen bei einer Temperatur von 25 ± 0,1 °C durchgeführt. Die Tropfzeit der verwendeten Stabkapillare betrug in 0,1n-KCl-Lösung und bei einem Quecksilberniveau von 80 cm = 1,98 sec/Tropfen.

Die zur polarographischen Untersuchung hergestellte Lösung von 25 ml enthielt den entsprechenden Anteil an Stammlösung, im allgemeinen 15 ml Pufferlösung und als Nachfüllflüssigkeit Wasser. Zur Einstellung des p_H-Bereiches von 1,3 bis 13,1 dienten Glykokoll-, Acetat- und Phosphatpufferlösungen.

2. Ergebnisse

2.1. Quantitative Bestimmung von Oxytetrazyklin

Die eingehende Beschreibung der polarographischen Bestimmung von Oxytetrazyklin erschien zum ersten Mal im Tschechoslowakischen Arzneibuch vom Jahre 1954 [7] und ist seitdem in allen nachfolgenden Auflagen aufzufinden.

Auf Grund früherer Untersuchungen fanden wir bei quantitativen Bestimmungen die Anwendung von Puffer-Standardlösungen mit einem pH von ungefähr 7 am besten geeignet, da in diesen Lösungen auch in Hinsicht auf die etwaige Gegenwart von sauren Abbauprodukten die Form der Polarogramme aus qualitativer Sicht charakteristischer ist.

Nach eigenen Untersuchungen zeigen die in nahezu neutralen Phosphatpuffer-Lösungen pH = 6,8—7,0, im Oxytetrazyklin-Konzentrationsgebiet von 20 bis 200 μg/ml, aufgenommenen Polarogramme folgendes Bild (Abb. 2). Es erscheinen zwei getrennte Stufen, die von einer abgerundeten, maximaähnlichen Welle begleitet sind. Diese Welle wird von einer in Lösungen geringerer Konzentration sichtbaren, anscheinend katalytischen Welle mehrfacher Höhe begleitet. Die zweite Stufe ist etwas niedriger als die erste. Wie zu sehen,

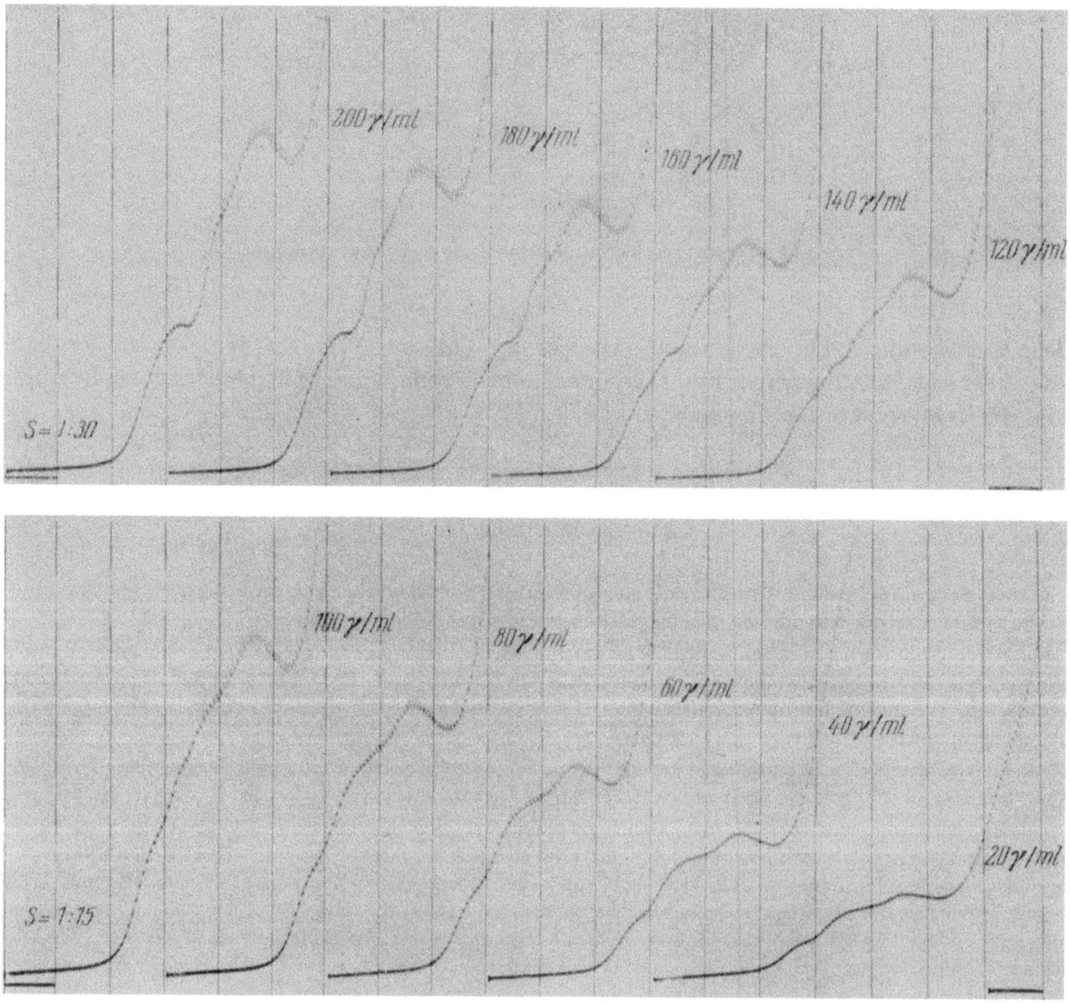

Abb. 2a u. b. Polarogramme einer Oxytetrazyklin-Konzentrationsserie (pH = 6,98). 160 mV/Absz.; Aufnahme von der 5. Drahtwindung an

zerlegt sich in Lösungen, deren Konzentration mehr als 100 μg/ml beträgt, die zweite Stufe in zwei Teile. Der erste Teil nähert sich allmählich der ersten Stufe, um bei einer Konzentration von 200 μg/ml mit ihr vollständig zu verschmelzen, unter Bildung eines kleinen abgerundeten Maximums.

Demzufolge wählten wir zu unseren weiteren Untersuchungen ein Konzentrationsgebiet kleiner als 80 μg/ml, worin die von Doskočilová erwähnte „Feinstruktur" noch nicht in Erscheinung tritt.

Die Polarogrammserie, die in einer nahezu neutralen Phosphatpufferlösung mit 40 μg/ml Oxytetrazyklin-Gehalt in Abhängigkeit von der Temperatur aufgenommen wurde, ist in Abb. 3 zu sehen.

Bei einer Temperatursteigerung von je 5 °C wächst im Temperaturgebiet zwischen 20 und 40 °C die Höhe beider Stufen an, gleichzeitig nimmt die Höhe der dritten, runden Welle immer mehr ab. Die Höhe der zweiten Stufe ändert sich beim Ansteigen der Temperatur

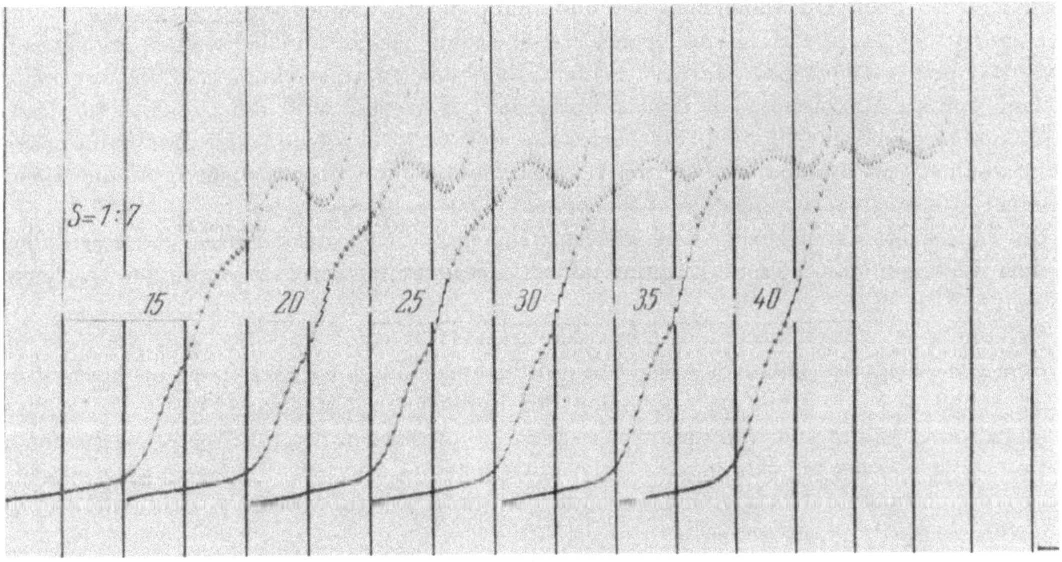

Abb. 3. Einfluß der Temperatur auf das Polarogramm von Oxytetrazyklin (pH = 6,98). Temperatur auf ±0,1 °C genau. Konz. 40 μg/ml. 160 mV/Absz.; Aufnahme von der 5. Drahtwindung an

in der Weise, daß bei 35 °C die Höhe der ersten Stufe schon erreicht wird. Dieser Anstieg scheint auf Kosten der dritten Welle vor sich zu gehen. Hieraus kann gefolgert werden, daß bei Zimmertemperatur die zweite Stufe deshalb niedriger als die erste ist, weil die Reduktion zumindest teilweise verzögert wird, und da sie sich bei negativerem Potential abspielt, verschmilzt ein Teil der zweiten Stufe mit der runden maximumähnlichen dritten Welle.

Bei quantitativen Bestimmungen ist es daher zweckmäßig, als Meßpunkt das dem abgerundeten Maximum folgende Minimum zu wählen. Die auf diese Weise bewerteten Polarogramme geben in einem 5 bis 200 μg/ml Konzentrationsbereich eine einwandfreie Eichkurve.

2.2. Das polarographische Verhalten von Oxytetrazyklin in Abhängigkeit vom pH

Zwecks eingehender Untersuchung des polarographischen Verhaltens nahmen wir in Abhängigkeit vom pH Polarogrammserien auf. Bei ausgewählten pH-Werten untersuchten wir den Einfluß von Pufferkonzentration, Quecksilberniveau und Temperatur auf die Ausbildung der Polarogramme und stellten auch den Charakter des Stromes bei den einzelnen Stufen bzw. Wellen fest. Die Polarogramme zeigen folgendes Bild: In der Glykokoll-Pufferlösung von pH 1,3 ist eine einzige Stufe zu beobachten. Bei pH 2,0 tritt eine neue, gut sichtbare Welle auf, deren Höhe größer zu sein scheint als die der ersten Stufe. Gleichzeitig steigt auch der Grenzstrom der ersten Stufe an. Bei einem pH größer als 2,0 (in Glykokoll- und Acetat-Pufferlösungen) ist die allmähliche Entwicklung einer neuen Stufe sichtbar. Zur gleichen Zeit nimmt die dritte Welle bei Erhöhung des pH-Wertes Stufenform an, wenn der Grenzstrom durch die Elektrolyse des Pufferkations in einer 2-Elektronen-Größenordnung nicht mehr gestört wird.

Damit liegt im sauren pH-Bereich ein insgesamt 2-Elektronenprozeß vor. Dies alles kann gut überblickt werden, wenn die Polarogramme mit einer kleineren Empfindlichkeit aufgenommen werden (Abb. 4).

Die in Phosphatpufferlösungen im pH-Bereich 4 bis 8 aufgenommene Polarogrammserie zeigt mit dem Ansteigen des pH-Wertes die Ausbildung der zweiten Stufe. Demgegenüber wird die dritte Stufe allmählich niedriger und nimmt die Form eines abgerundeten Maximums an. Bei pH 7,4 ist die Höhe der beiden ersten Stufen gleich, und bei weiterer Steigerung der pH-Werte verschmelzen die zwei Stufen allmählich zu einer einzigen Stufe mit einem kleinen spitzen Maximum. Mit dem Anstieg des pH-Wertes wird die Gesamthöhe dieser Stufe immer niedriger (Abb. 5). Gleichzeitig wandelt sich das kleine runde Maximum neuerdings in eine Stufe um und wird bei pH 13, ein Potentialgebiet von etwa 300 mV ausfüllend, zu einer langen, flachen, ungefähr 4-Elektronen-Welle ausgezogen.

Die Einzelheiten sind gut zu beobachten, wenn man die in stark sauren und stark alkalischen Lösungen mit kleiner Empfindlichkeit aufgenommenen Polarogramme vergleicht (Abb. 6).

Es konnte *in Abhängigkeit vom Quecksilberniveau* festgestellt werden, daß die in stark saurem pH-Gebiet erscheinende erste Stufe diffusionsbedingt ist und diese Eigenschaft so lange behält, bis ihre Höhe im alkalischen pH-Bereich anfängt abzunehmen. Die zweite, in stark saurer Lösung noch unsichtbare, jedoch mit Ansteigen des pH-Wertes erscheinende Stufe besitzt im schwach sauren pH-Gebiet kinetischen Charakter. Bei einem pH von etwa 3,6 ist sie gemischter Natur (kinetisch und diffusionsbedingt), um im höheren pH-Gebiet rein diffusionsbedingt zu werden.

Die im sauren pH-Bereich schwer auswertbare dritte Stufe ist bei pH 3,6 beinahe vollständig kinetisch, bei pH 4,4 unbestimmter Natur und wird bei pH-Werten größer als 5 diffusionsbedingt. Wenn sie anfängt abzunehmen, ändert sich ihre Höhe mit dem Quecksilberniveau wie die der gemischten, also kinetischen und diffusionsbedingten Ströme.

Die Änderung der Pufferkonzentration ist von keinem Einfluß auf die Höhe der ersten Stufe. Demgegenüber ändert sich im sauren pH-Bereich die Höhe der zweiten und dritten Stufe, jedoch nicht eindeutig. Bei pH 5 verursacht die Pufferkonzentration auch bei diesen Stufen keine Veränderung.

Die in Abhängigkeit vom pH aufgenommenen Polarogramme weisen darauf hin, daß auf Grund der bisherigen Untersuchungen das Problem des polarographischen Reaktionsmechanismus von Oxytetrazyklin nicht als abgeschlossen betrachtet werden kann.

2.3. Das polarographische Verhalten der sauren Abbauprodukte

Das α-Apoterramycin gibt im pH-Bereich 4 bis 8 eine diffusionsbedingte 2-Elektronen-Hauptstufe, die bei pH-Werten größer als 7 zuerst von einem spitzen Maximum verzerrt wird. Bei pH-Erhöhung nimmt die Stufenhöhe ab, und die Stromspannungskurve wird allmählich zu einem stumpfen Maximum deformiert. Gleichzeitig entsteht bei negativerem Potential eine neue Welle (Abb. 7).

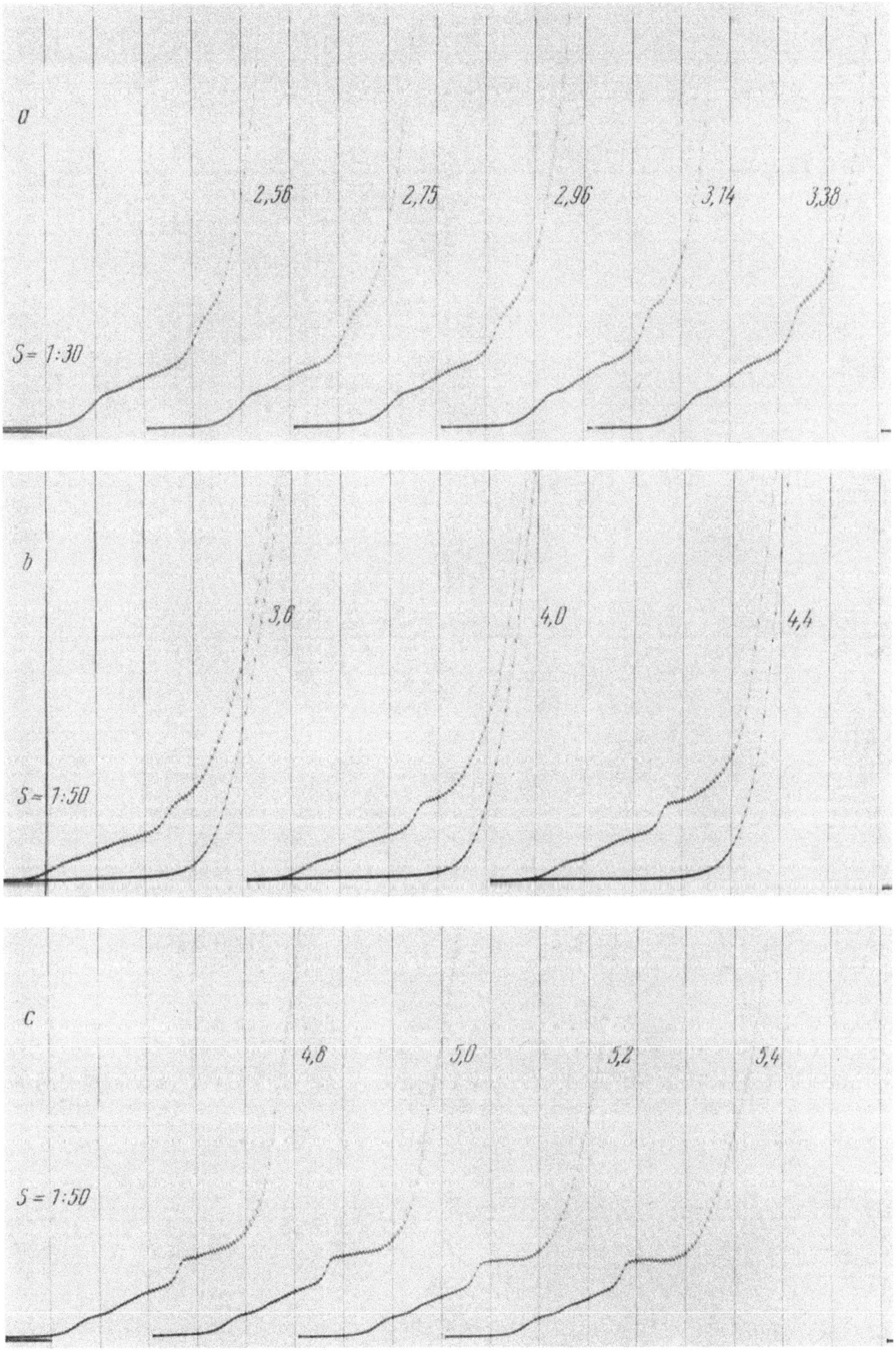

Abb. 4. Polarogramme von Oxytetrazyklin in Glykokoll- (a) und Acetatpufferlösungen (b und c). Konz. 60 μg/ml. 160 mV/Absz.; bei der a-Serie: Aufnahme von der 4., bei der b- und c-Serie: Aufnahme von der 5. Drahtwindung an.
Bei der b-Serie sind die Polarogramme der „leeren" Grundlösung auch aufgenommen

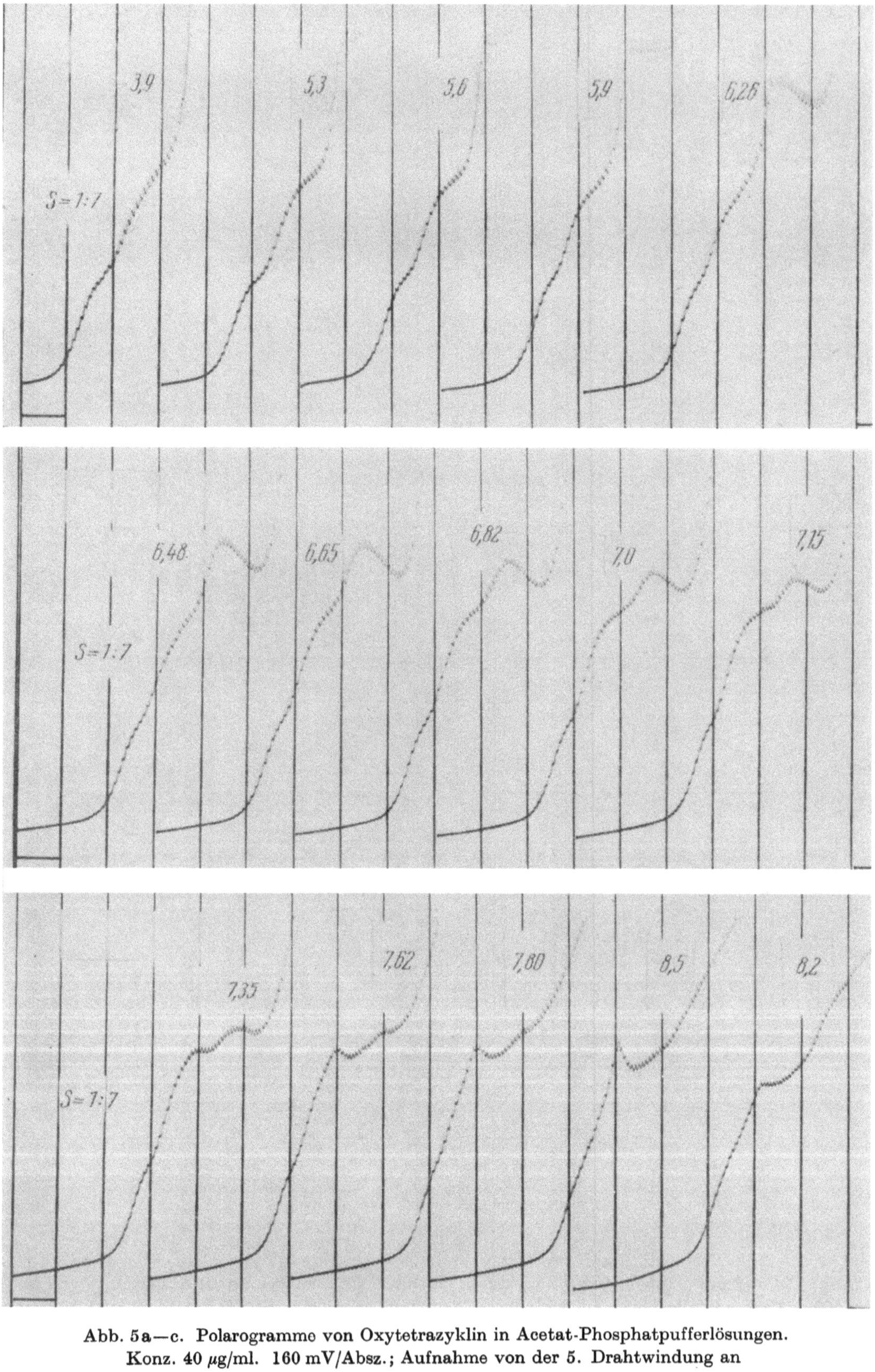

Abb. 5a—c. Polarogramme von Oxytetrazyklin in Acetat-Phosphatpufferlösungen. Konz. 40 μg/ml. 160 mV/Absz.; Aufnahme von der 5. Drahtwindung an

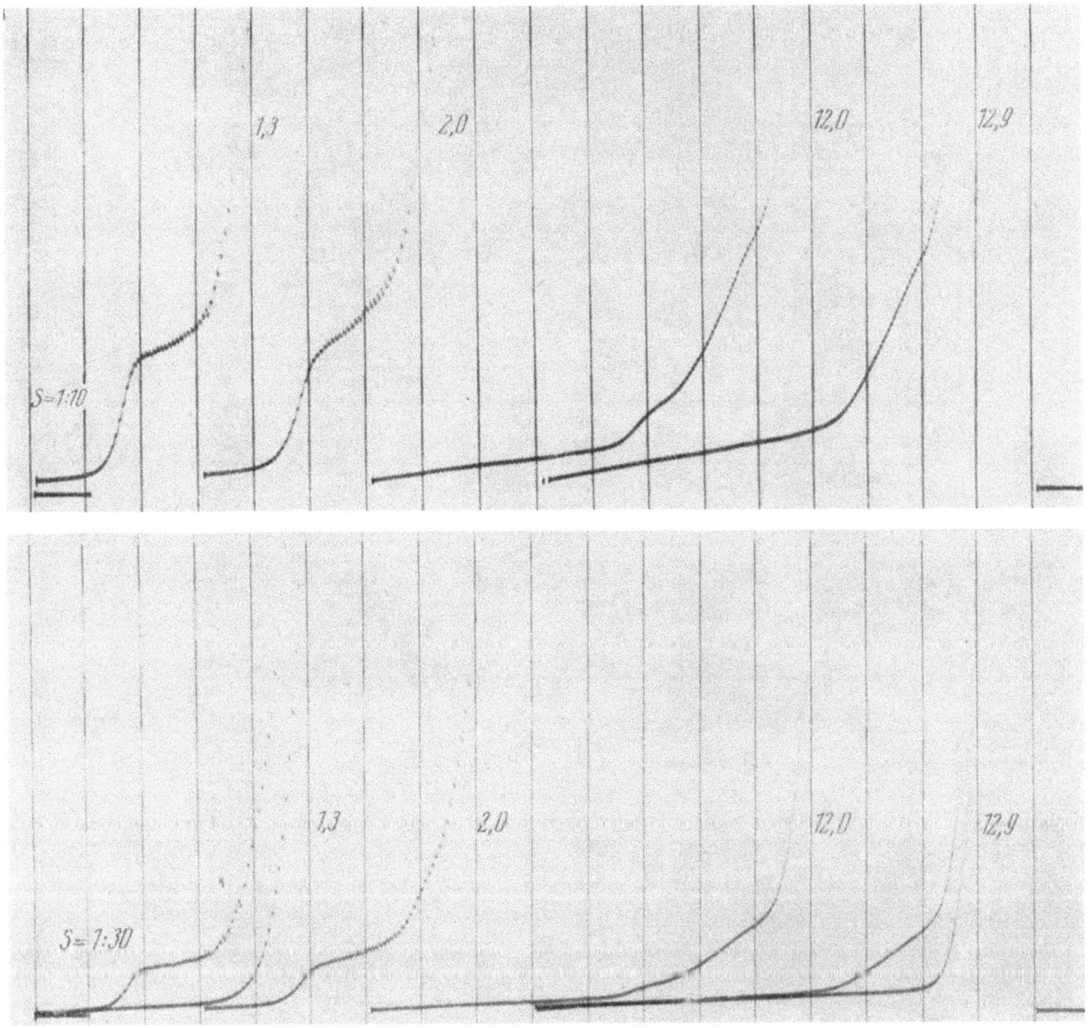

Abb. 6a u. b. Die Polarogramme von Oxytetrazyklin in stark sauren und stark alkalischen Lösungen, aufgenommen mit verschiedener Empfindlichkeit.
Konz. 60 μg/ml. 160 mV/Absz.; bei sauren Lösungen Aufnahme der Polarogramme von der 4., bei alkalischen Lösungen Aufnahme von der 5. Drahtwindung an

Bei pH-Werten kleiner als 7 ist nach der Hauptstufe im pH-Gebiet größer als 6 eine zweite Stufe kinetischen Charakters zu beobachten, deren Höhe bei Erhöhung des pH allmählich abnimmt (Abb. 8). In Lösungen kleinerer Konzentrationen, bei nahezu neutralen pH-Werten, wo die zweite Stufe nicht mehr erscheint, ist auch eine mehrfach höhere Welle zu vermerken (Abb. 9).

Das β-Apoterramycin gibt im pH-Bereich 4 bis 8 gleichfalls eine 2-Elektronen-Hauptstufe, die sich bei pH-Werten größer als 6,6 mit dem α-Isomeren identisch verhält; bei pH-Werten kleiner als 6,6 ist die Stufe infolge Auftretens von Adsorptionseffekten stark verzerrt und in mehrere Teile getrennt (Abb. 10).

Die Einwirkung von Temperatur und Quecksilberniveau wird in einer Pufferlösung von pH 6,2 in den Abbildungen 11 und 12 demonstriert. Bei Erhöhung der Temperatur nimmt der zweite, steile Teil der Stufe allmählich ab, bei Erhöhung des Quecksilberniveaus dagegen steigt er ebenso wie der erste Teil allmählich an.

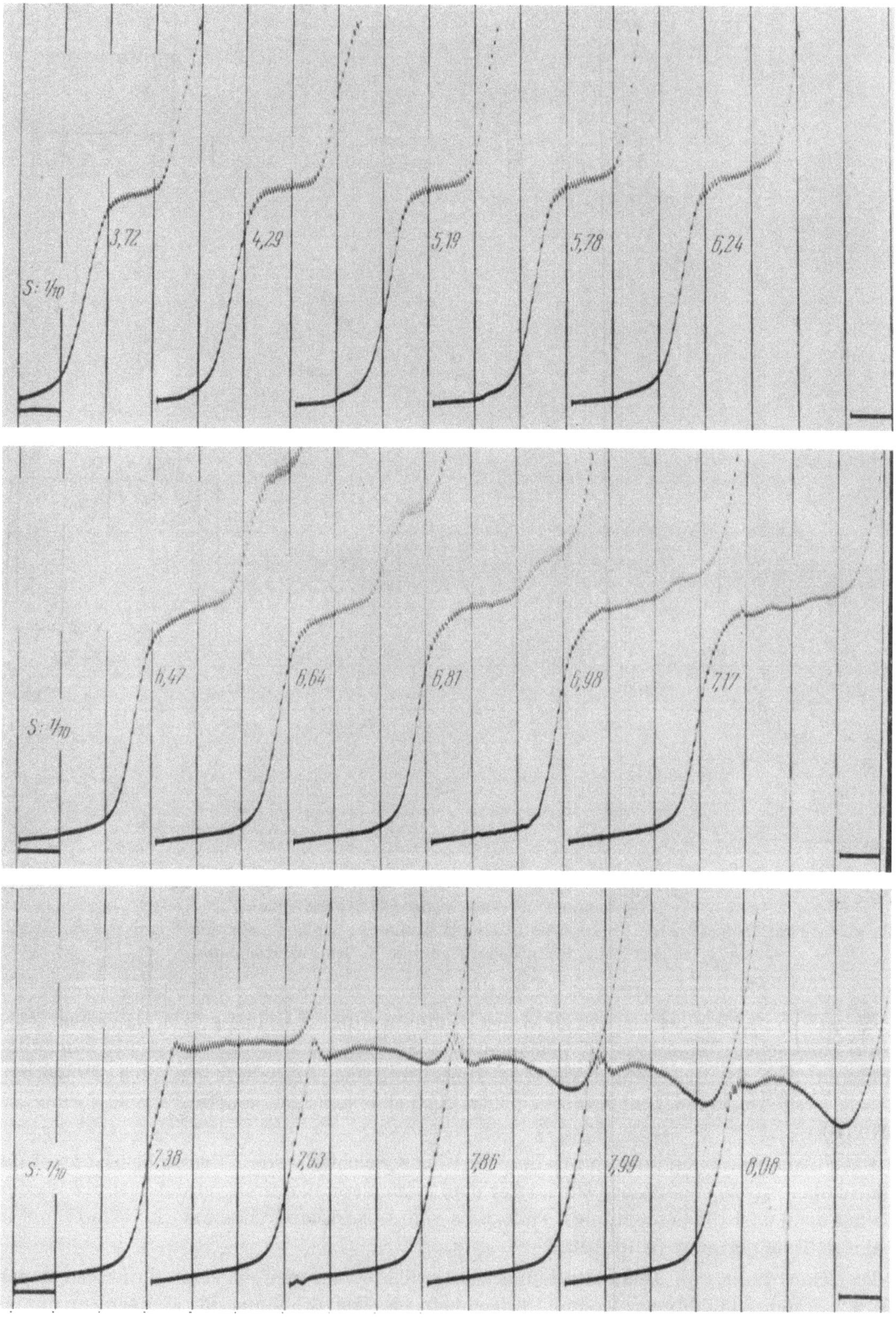

Abb. 7 a—c. Polarogramme von α-Apoterramycin in Acetat-Phosphatpufferlösungen. Konz. 120 μg/ml. 160 mV/Absz.; Aufnahme von der 5. Drahtwindung an

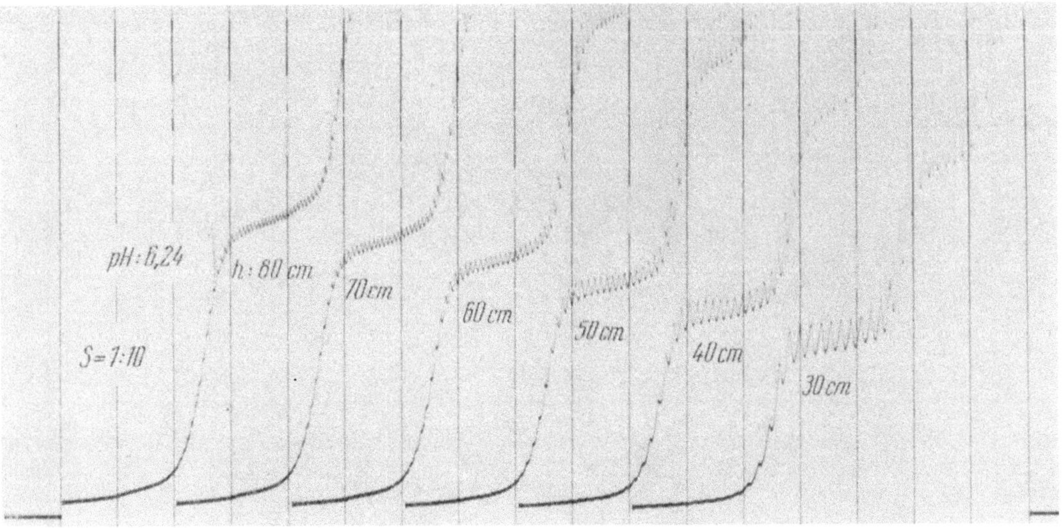

Abb. 8. Veränderung des Polarogramms von α-Apoterramycin (pH = 6,24) in Abhängigkeit von der Quecksilberniveauhöhe. Konz. 120 μg/ml

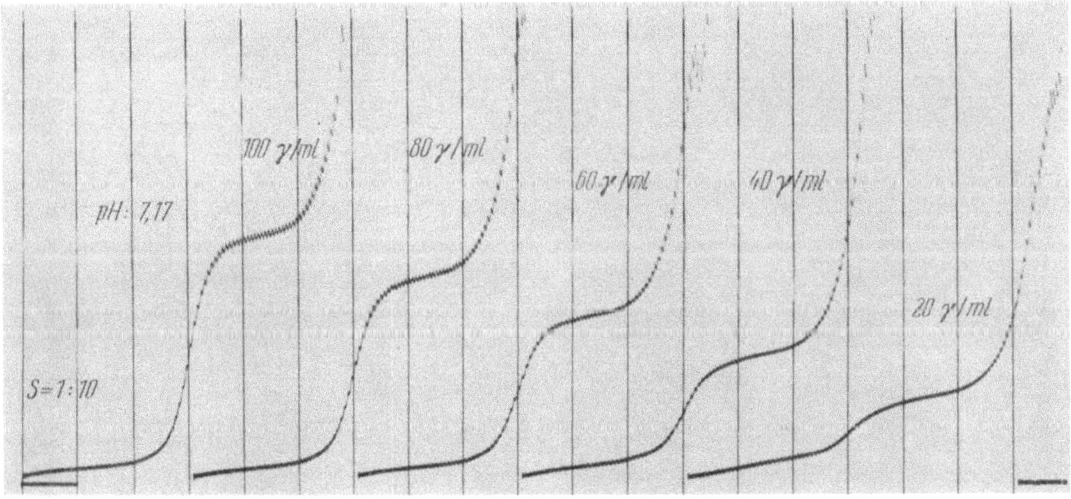

Abb. 9. Polarogramme von α-Apoterramycin (pH = 7,17) in Abhängigkeit von der Konzentration

α- und β-Apoterramycin kann man daher auf Grund ihres polarographischen Verhaltens voneinander unterscheiden. Beim Vergleich der Polarogramme des Oxytetrazyklins mit denen der zwei Isomeren kann folgendes festgestellt werden:

In nahezu neutralen Pufferlösungen gleicher Zusammensetzung fällt die Hauptstufe von β-Apoterramycin mit der der ersten Stufe des Oxytetrazyklins zusammen. Das α-Isomere wird bei einem negativeren Potential reduziert; seine Stufe erscheint zwischen den zwei Stufen des Oxytetrazyklins (Abb. 13). Im gemeinsamen Polarogramm steigt die Höhe beider Stufen, die jetzt näher aneinander gerückt sind (Abb. 14, 15).

Aus dem polarographischen Verhalten kann geschlossen werden, daß das β-Isomere dem Oxytetrazyklin nähersteht als das α-Isomere.

Das Endprodukt des sauren Abbaus, das Terrinolid, zeigt ein gänzlich abweichendes Verhalten. Wir demonstrieren das am mit anodisch-kathodischer Schaltung aufgenommenen Polarogramm, in nahezu neutraler Phosphatpufferlösung, in Abb. 16.

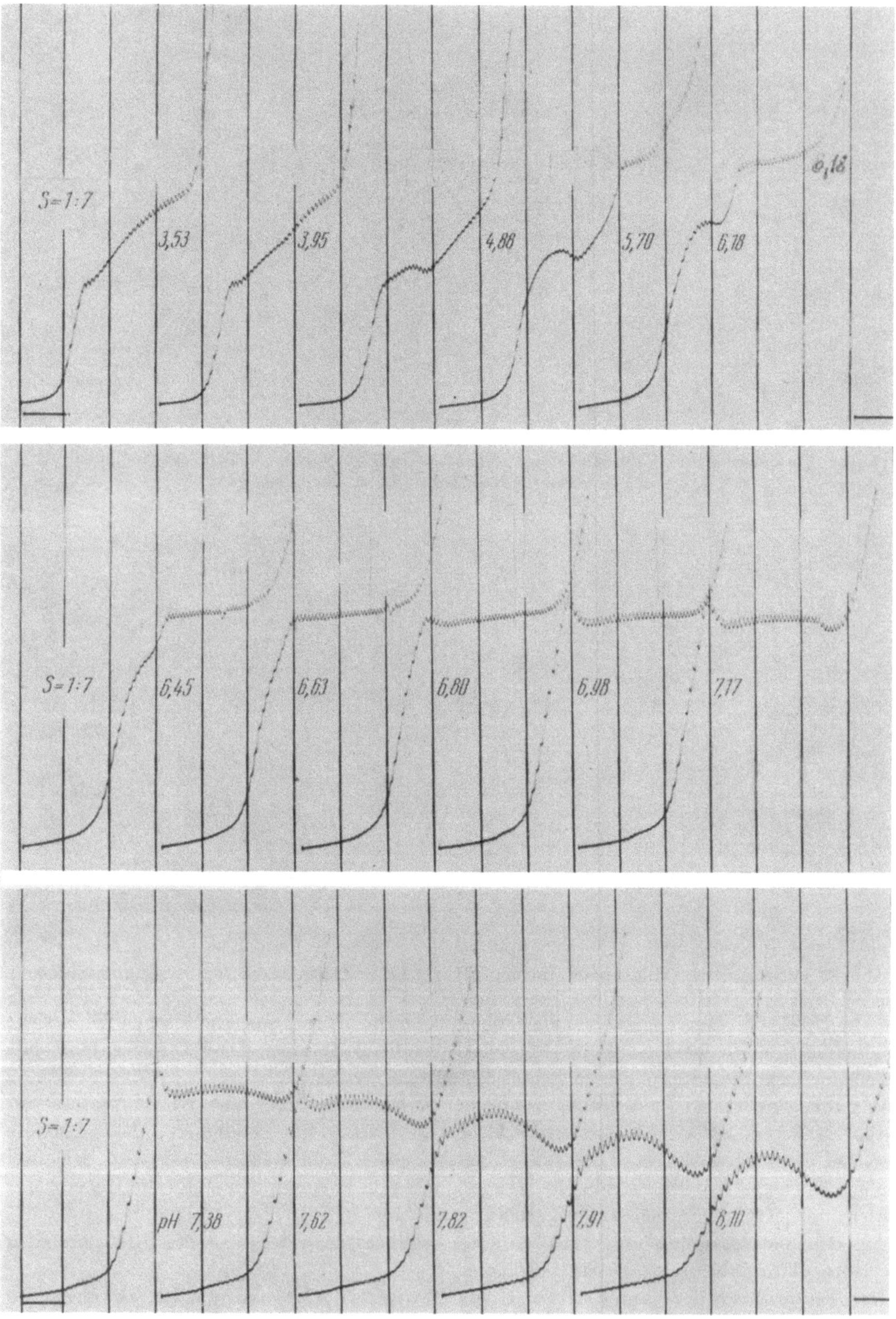

Abb. 10a—c. Polarogramme von β-Apoterramycin in Acetat-Phosphatpufferlösungen. Konz. 80 μg/ml. 160 mV/Absz.; Aufnahme von der 5. Drahtwindung an

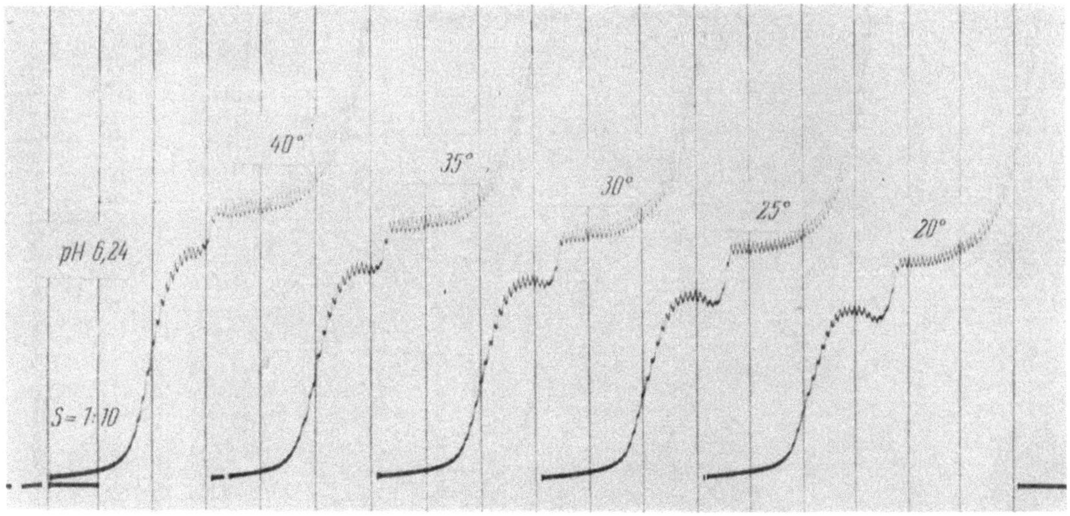

Abb. 11. Einfluß der Temperatur auf das Polarogramm von β-Apoterramycin (pH = 6,24). Konz. 60 μg/ml. 160 mV/Absz.; Aufnahme von der 5. Drahtwindung an

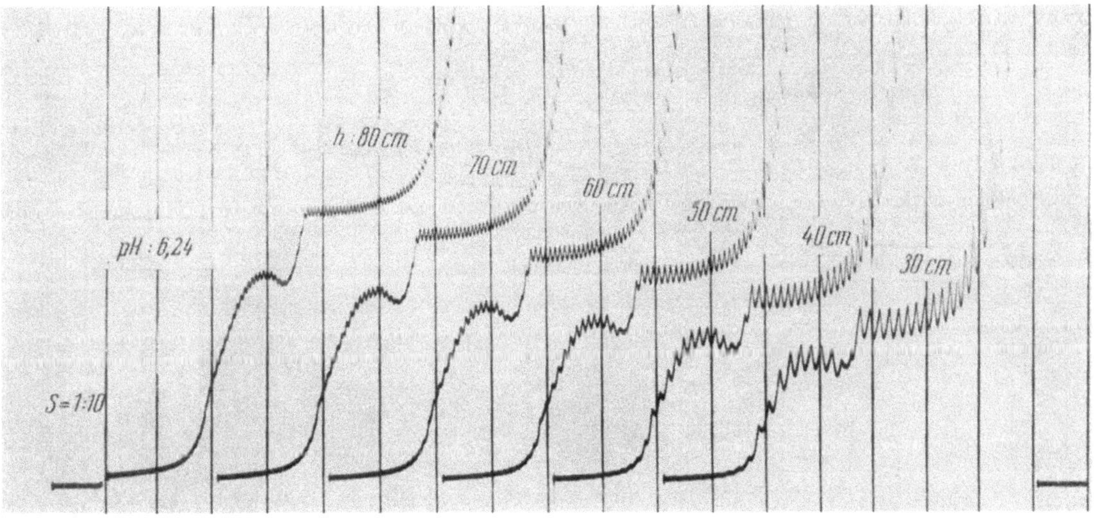

Abb. 12. Veränderung des Polarogramms von β-Apoterramycin in Abhängigkeit von der Quecksilberniveauhöhe (pH = 6,24). Konz. 60 μg/ml

Verglichen mit den Stufen des Oxytetrazyklins ist eine 2-Elektronen- und eine nahezu 4-Elektronen-Stufe zu beobachten. Die weitere polarographische Untersuchung dieser Verbindung ist im Gange.

3. Zusammenfassung

Das polarographische Verhalten von Oxytetrazyklin in Glykokoll-, Acetat- und Phosphatpufferlösungen im pH-Bereich 1—13 wird untersucht. In Abhängigkeit von pH-Wert, Pufferkonzentration, Oxytetrazyklinkonzentration, Höhe des Quecksilberniveaus und Temperatur werden die Veränderungen in Form und Größe der Stufen und Wellen sowie in ihrer Potentialstellung untersucht.

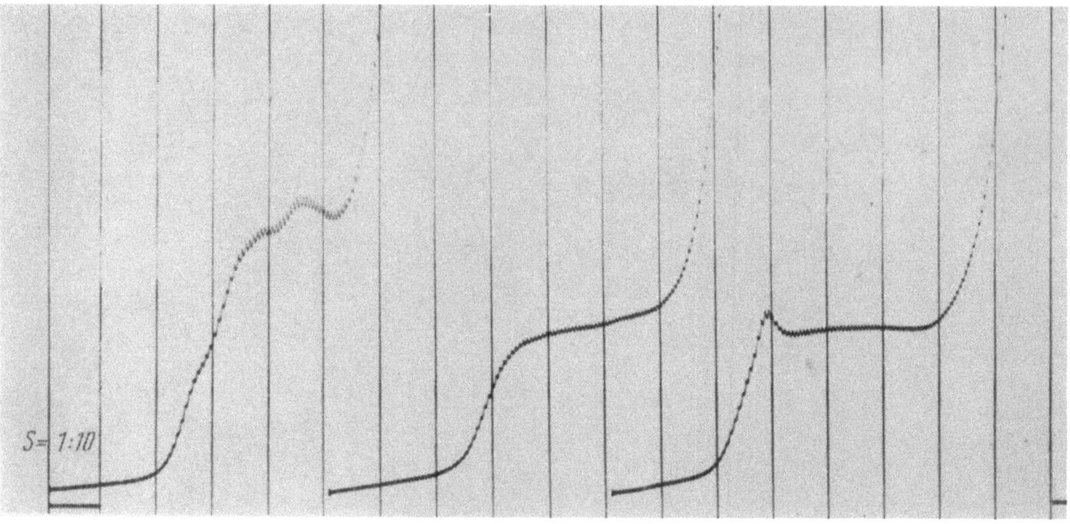

Abb. 13. Polarogramme von Oxytetrazyklin und von α- und β-Apoterramycin (p_H = 7,17). Konz. 60 μg/ml. 160 mV/Absz.; Aufnahme von der 5. Drahtwindung an. Von links nach rechts: a) Oxytetrazyklin; b) α-Apoterramycin; c) β-Apoterramycin

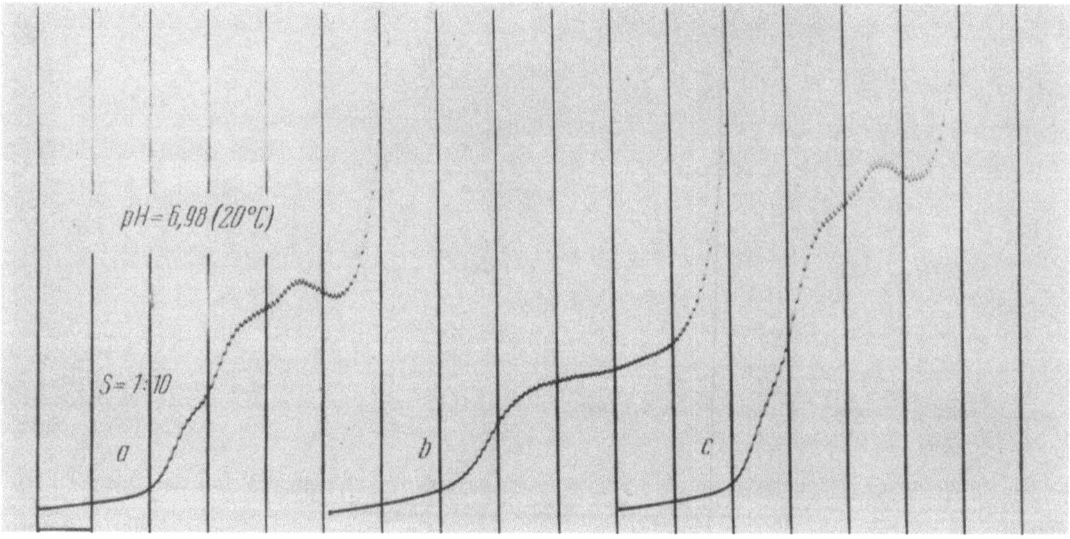

Abb. 14. Gleichzeitig aufgenommene Polarogramme von Oxytetrazyklin und α-Apoterramycin (pH = 6,98). Konz. 40 μg/ml. 160 mV/Absz.; Aufnahme von der 5. Drahtwindung an. a) Oxytetrazyklin; b) α-Apoterramycin; c) Oxytetrazyklin und α-Apoterramycin (1:1)

Den Untersuchungen gemäß weicht der polarographische Vorgang von dem von Doskočilová beschriebenen teilweise ab. In saurem Milieu sind zwei getrennte Stufen zu beobachten, die insgesamt einer Aufnahme von vier Elektronen entsprechen; bei Erhöhung des pH-Wertes entwickelt sich in unmittelbarer Nähe der ersten eine mittlere Stufe, und der ganze Vorgang wird 6elektronig. Bei Erhöhung des pH-Wertes fließen die zwei ersten Stufen ineinander, in stark alkalischem Bereich beginnt die Höhenabnahme der Stufen, und allmählich bildet sich bei negativeren Potentialwerten eine schlecht definierbare langgestreckte Welle heraus, die 4elektronig ist.

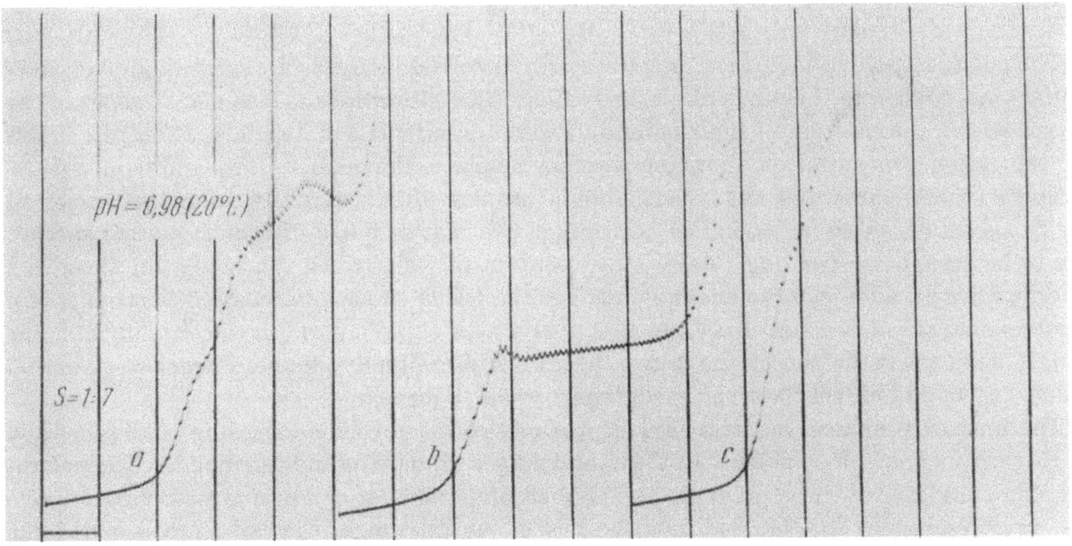

Abb. 15. Gleichzeitig aufgenommenes Polarogramm von Oxytetrazyklin und β-Apoterramycin (pH = 6,98). Konz. 40 μg/ml. 160 mV/Absz.; Aufnahme von der 5. Drahtwindung an.
a) Oxytetrazyklin; b) β-Apoterramycin; c) Oxytetrazyklin und β-Apoterramycin (1:1)

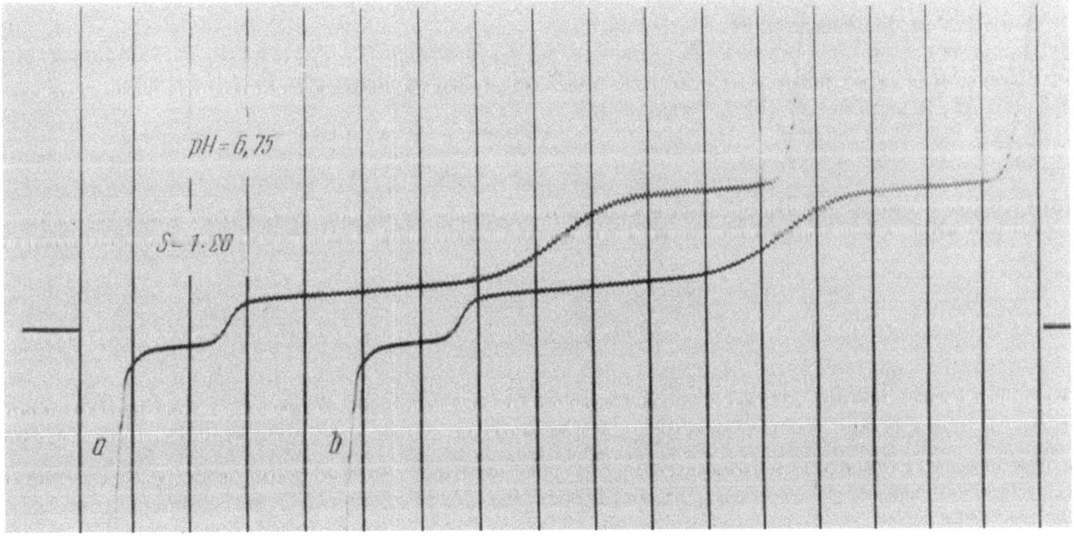

Abb. 16. Polarogramm von Terrinolid (pH = 6,75).
Konz. 40 μg/ml. Aufnahme von der 2. Drahtwindung an unter Anwendung von anodisch kathodischer Schaltung. Gesamtspannung 3,0 V.
a) und b) mit einen Intervall von 10 Minuten nacheinander aufgenommen

Es wurden die sauren Spaltprodukte von Oxytetrazyklin nach HOCHSTEIN u. Mitarb. hergestellt, namentlich das α- und β-Apoterramycin sowie das Terrinolid. Unter ähnlichen Verhältnissen wie bei Oxytetrazyklin wurde das polarographische Verhalten dieser Produkte untersucht. In saurem und nahezu neutralem pH-Bereich weicht das polarographische Verhalten der beiden Stereoisomeren voneinander ab, so daß sie unterscheidbar sind.

SUMMARY

The polarographic behaviour of oxytetracyclin dissolved in glycocol, acetate and phosphate puffers was studied in the range of pH 1 to pH 13. The alterations in shape and height of the waves and in the position of their potentials were investigated in dependence on pH, buffer concentration, concentration of oxytetracycline, height of the mercury level and temperature.

These studies show that the polarographic process differs partially from that reported by Doskočilová in so far as in the acid range two waves fairly distant from one another are to be seen, corresponding totally to a reception of 4 electrons. On increasing the pH, a middle wave develops close to the first one, and the whole process becomes 6-electronic. On further increase of the pH, both the first two waves superimpose; in the strongly alkaline range, decrease in height of the waves begins, and gradually, at more negative potential values, a poorly defined flattened 4-electronic wave is formed.

The authors prepared the acid fission products of tetracycline according to the method of Hochstein and coll., particularly the α- and β-apoterramycins and terrinolide. The polarographic behaviour of these products was studied under similar conditions as reported above for oxytetracycline. In the acid and the nearly neutral range, the two stereo-isomers due to different polarographice behaviour can well be distinguished.

Literatur

[1] Kreštynová, O., Tělůpilová, Mačák, V., Šantavý, F., Collect. czechoslov. chem. Commun. **19**, 234 (1954).

[2] Doskočilová, D., Pharmaz. **13**, 548 (1958).

[3] Hochstein, F. A., Stephens, C. R., Conover, L. H., Regna, P. P., Pasternak, R., Gordon, P. N., Pilgrim, F. J., Brunings, K. J., Woodward, R. B., J. Amer. chem. Soc. **75**, 5455 (1953).

[4] Berg, H., Ricerca Sci. **27** (1957) Suppl. 3, 184.

[5] Pasternak, R., Conover, L. H., Bavley, A., Hochstein, F. A., Hess, G. B., Brunings, K. J., J. Amer. chem. Soc. **74**, 1928 (1952).

[6] Sztaricskai, F., Acta pharmac. hung. **32**, 62 (1962).

[7] Československý lékopis (Tschechoslowakisches Arzneibuch) II. S. 185, Prag 1954.

A—12

Beziehungen zwischen dem polarographischen Verhalten der Steroide und ihrer Struktur

O. Hrdý

Staatliches Institut für Arzneimittelkontrolle, Prag

Wir haben die Halbstufenpotentiale von Steroiden, die eine mit Doppelbindung konjugierte Ketogruppe enthalten, verfolgt. Während sich mit dem polarographischen Verhalten der geläufigen Δ^4-3 Ketosteroide und $\Delta^{1,4}$-3 Ketosteroide eine Reihe von Arbeiten befaßt, wurde anderen konjugierten Verbindungen nur eine geringe Aufmerksamkeit, gewidmet.

Die untersuchten Steroid-Verbindungen sind uns von der Firma Syntex (Mexiko), von Prof. B. Camerino (Farmitalia) und von dem Forschungsinstitut für Natur-Arzneimittel, Prag, mit Liebenswürdigkeit überlassen worden. Die Messungen wurden in annähernd millimolaren äthanolischen Lösungen ausgeführt, die vor dem Polarographieren mit dem gleichen Volumteil von Britton-Robinson-Pufferlösungen verdünnt wurden.

In unserer früheren Arbeit (Collection) haben wir die Steroide, welche einen Substituenten in der Stellung 6 tragen, studiert. Die Methylgruppe in der Stellung 6 hat nur einen geringen Einfluß auf das Halbstufenpotential. Dagegen verursacht ein Halogen in dieser Lage eine beträchtliche Veränderung des Halbstufenpotentials. Bei dem stabileren äquatorialen 6α-Fluorderivat verschiebt es sich um 250 bis 300 mV zu positiveren Werten und bei dem axialen 6β-Fluorderivat sogar um 450—540 mV. Ähnlich wirkt auch das Chlor in der Stellung 6. Aus den gefundenen Halbstufenpotentialwerten hat sich erwiesen, daß ein Zusammenhang zwischen der räumlichen Anordnung des Moleküls und dem Halbstufenpotential besteht (der äquatoriale Halogensubstituent ist schwieriger reduzierbar als sein axiales Epimeres).

In der weiteren Arbeit haben wir die Halbstufenpotentiale der verschiedenen konjugierten Systeme verfolgt. Wie aus der Abbildung ersichtlich ist (Abb. 1), wurden die positivsten Werte bei den echten Dienonenen gefunden.

Zum Beispiel $\Delta^{4,6}$-dien-3-on und $\Delta^{3,5}$-dien-7-on haben um etwa 300 mV positivere Halbstufenpotentiale als einfache Δ^4-3-Keto resp. Δ^5-7-Ketosteroide. Die Δ^1-3-Ketosteroide haben positivere Halbstufenpotentiale als übliche Δ^4-3-Ketosteroide; diese Werte nähern sich den Halbstufenpotentialen von $\Delta^{1,4}$-3-Ketosteroiden an (sie unterscheiden sich nur um 50 mV). Δ^{16}-20-Ketosteroide haben auch positivere Halbstufenpotentiale als Δ^4-3-Ketosteroide, aber die Wellen haben verschiedene Maxima, und der ganze Charakter der polarographischen Wellen unterscheidet sich von den üblichen Steroiden.

Die Δ^4-3-Ketosteroide, die in der Stellung 4 ein Hydroxyl tragen, haben negativere Halbstufenpotentiale als unsubstituierte Steroide. Das Absorptionsmaximum dieser Stoffe wird ins langwellige Gebiet verschoben, und aus den polarographischen Werten scheint sich zu ergeben, daß sich der Depolarisator in der Lösung in der Form des α-Diketosteroides befindet.

Weiter haben wir das oszillographische Verhalten der Steroide unter verschiedenen Bedingungen beobachtet. Dabei haben wir festgestellt, daß einige von ihnen bei der Anwendung der tropfenden Elektrode einen gut entwickelten kathodischen Einschnitt geben.

Der Einschnitt ist in den gepufferten alkoholischen Lösungen (Britton-Robinson Puffer oder Zitrat mit 50% Äthanol) von pH 4 bis 7 sichtbar.

Dieser Einschnitt ist noch in der Konzentration von $5 \cdot 10^{-5}$ Mol sichtbar; er vergrößert sich mit steigender Konzentration bis zur Löslichkeitsgrenze.

Bei der Anwendung einer strömenden Elektrode ist auf der oszillopolarographischen Kurve kein Einschnitt festzustellen.

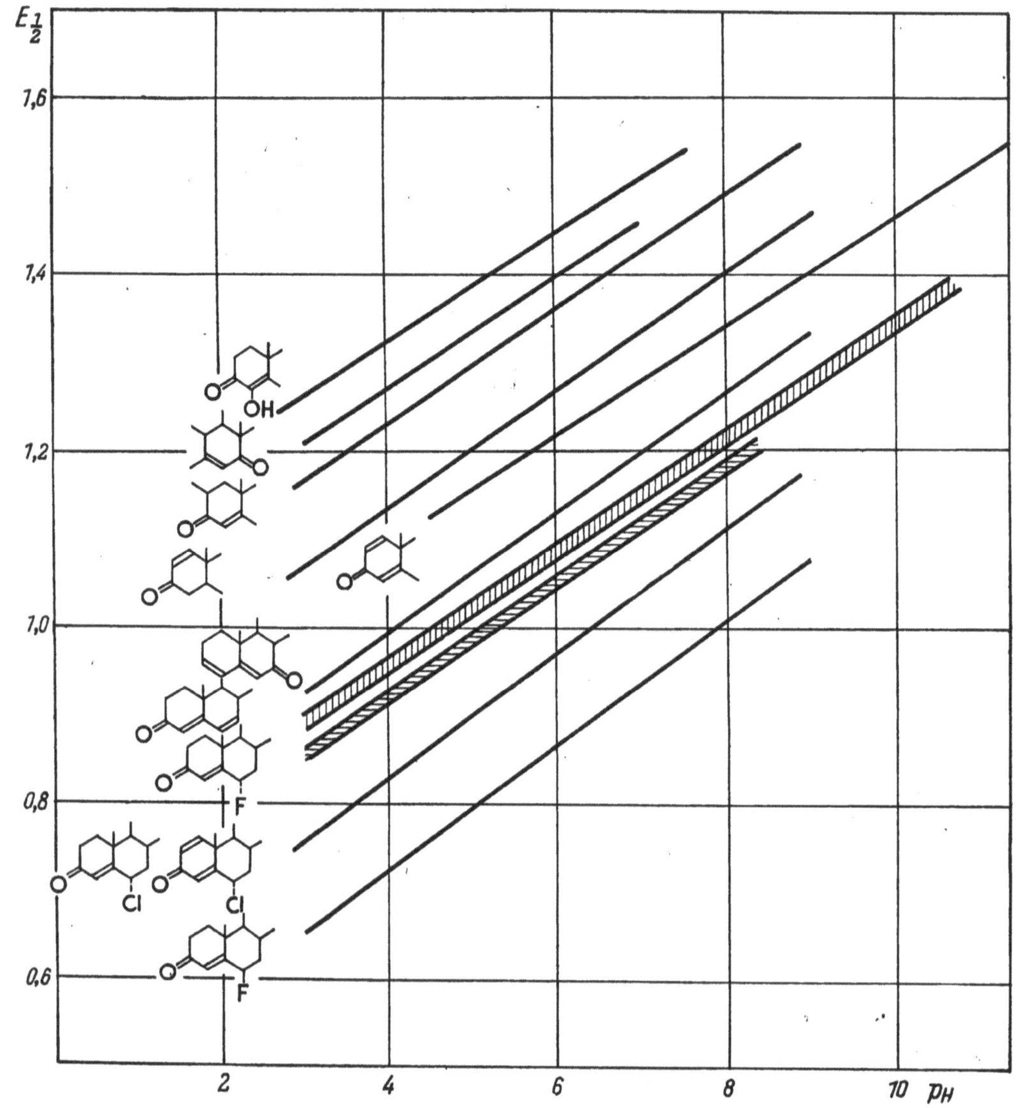

Abb. 1. Die Abhängigkeit der Halbstufenpotentiale verschiedener Steroide in 50% Äthanol vom pH-Wert (bezogen auf die gesättigte Kalomelelektrode)

Mit steigender Temperatur wird eine kleine Verminderung des Einschnittes beobachtet. Die Zugabe von Gelatine hat keinen Einfluß.

Die Kurve des Steroids erreicht vor und hinter dem Einschnitt die Höhe der Kurve der leeren Grundlösung.

Aus diesen Gründen meinen wir, daß es sich um einen Kapazitätseffekt handelt.

Wir haben die Beziehung zwischen dem Einschnitt und der Struktur des Steroids studiert. Aus etwa 40 Steroiden, die alle eine mit der Δ^4-Doppelbindung konjugierte 3-Ketogruppe getragen haben, geben nur einige diesen Einschnitt. Es ist notwendig, daß in der Stellung 20 eine Ketogruppe und in der Stellung 21 ein Hydroxyl ist; daneben muß diese Verbindung noch eine Ketogruppe in der Stellung 11 haben.

Der Einschnitt wurde auch bei solchen Steroiden beobachtet, die in der Stellung 11 ein Hydroxyl tragen, dann ist aber notwendig, daß sie auch ein Hydroxyl in der Stellung 17 haben.

2

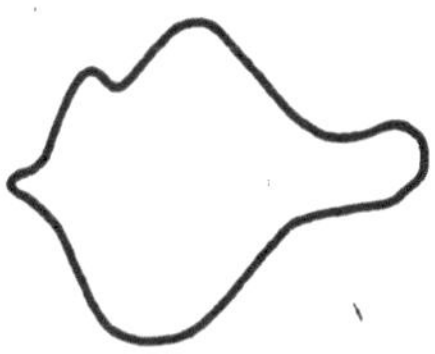

Abb. 2. Triamcinolon

3

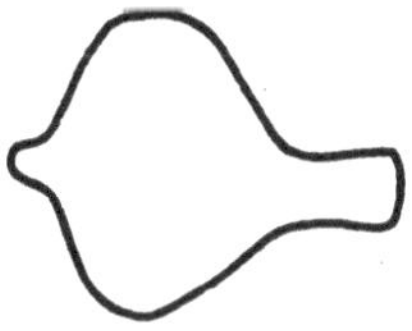

Abb. 3. Pufferlösung

4

Abb. 4. Prednison

5

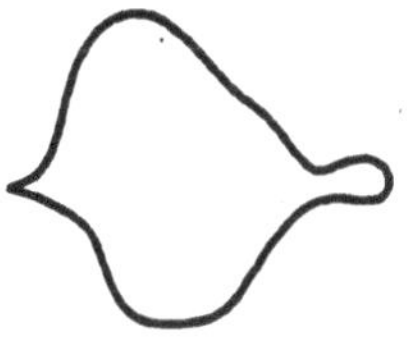

Abb. 5. Desoxycorticosteron-azetat

6

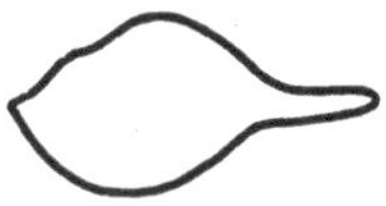

Abb. 6. 20β-Hydroxyprednison

7

Abb. 7. Hydrocortison (Cortisol)

8

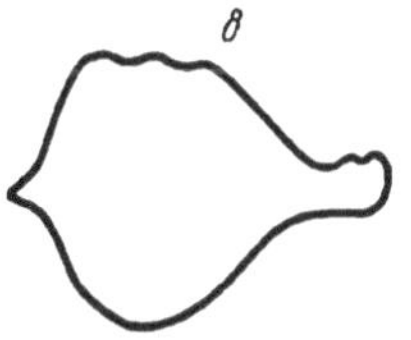

Abb. 8. Corticosteron

9

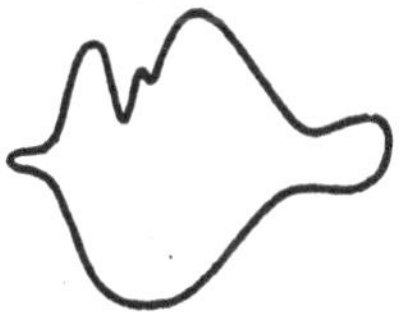

Abb. 9. Dexamethazon

Abb. 2—9. Die Kurven $dE/dt = f\,E$ ($c = \sim 5 \cdot 10^{-4}$ Mol, 50% Aethanol mit 0,1 Mol Britton-Robinson-Pufferlösung pH = 6)

Keinen Einfluß hat eine weitere konjugierte Doppelbindung (Cortison-Prednison) sowie ein Hydroxyl in der Stellung 16 (Triamcinolon); dagegen verursacht die Methylgruppe in der Stellung 16 einen weiteren kleinen Einschnitt (Dexamethazon).

Aus diesen Gründen geben nach unserer Meinung nur solche Steroide diesen Einschnitt, die folgende Struktur haben:

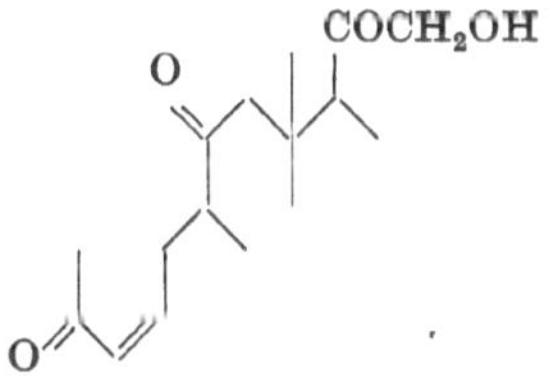

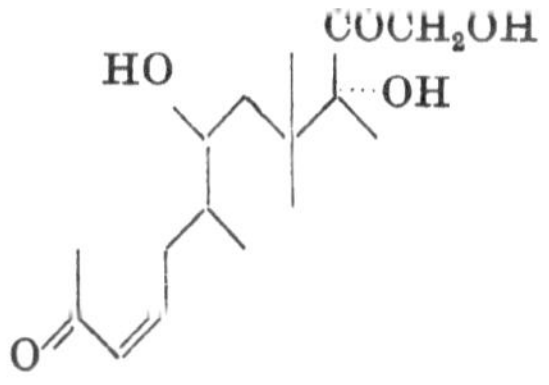

SUMMARY

Half-wave potentials (HWP) were observed in dependence of pH in certain steroids having a double bond conjugated to the carbonyl group. The HWP varies with the position of the conjugated system in the molecule. Differences were found in the HWP of steroids differing in the steric position of their electronegative substituents.

Steroids bearing a hydroxyl group in α-position to the keto group, and showing a keto-enol-tautomery, have a HWP more negative than unsubstituted steroids. Oscillopolarographically a correlation between the cathodic incision and the hydroxyl substituent has been found.

A—13

Substituenteneinflüsse bei der Polarographie der Isobenzpyryliumsalze

M. VAJDA und F. RUFF

Institut für Organische Chemie, Eötvös-Loránd-Universität, Budapest

In einer früheren Mitteilung [1] zeigten wir, daß durch Alkoxy- und Hydroxy-Gruppen verschieden substituierte 1-Aryl-3-methyl-4-äthyl-isobenzypyryliumsalze (III), die aus den primären Oxydationsprodukten (II) verschiedener dimerer Propenylphenoläther (I) ableitbar bzw. darstellbar sind [2], sich im polarographischen Verhalten stark unterscheiden (Abb. 1). Das unterschiedliche Verhalten der verschiedenen Salze unterstützte unsere Hypothese, mit welcher wir die Unterschiede im Verhalten der dimeren Propenylphenoläther bei der Oxydation mit Chromsäure zu deuten versuchten. Um die Substituenteneinflüsse näher zu studieren, wurden durch Synthese (Abb. 2) analoge, aber mit Alkoxygruppen verschieden substituierte Isobenzpyryliumsalze dargestellt [3], und polarographisch untersucht. Die polarographischen Daten der einzelnen Salze sind in Tab. 1 zusammengestellt.

Tabelle 1: Polarographische Daten der 1-Aryl-3-methyl-4-äthyl-1-isobenzpyryliumsalze

Substituenten		$E_{1/2}$ mV (0,1 n H_2SO_4) Ges. KE	pK' (polarographisch)	pK (spektrophotometr.)
Phenyl-Gruppe	Isobenzpyrylium-Gruppe			
3,4-Dimethoxy	6,7-Dimethoxy	565	4,80	4,75
3-Methoxy-4-äthoxy	6-Methoxy-7-äthoxy	580	4,98	
3,4-Methylendioxy	6,7-Methylendioxy	515	4,75	
4-Methoxy	6,7-Dimethoxy	624	5,25	
—	6,7-Dimethoxy	497	4,60	4,35
4-Methoxy	6-Methoxy	315	4,20	3,84
—	6-Methoxy	415	4,04	3,14
4-Methoxy	7-Methoxy	342	(2,75)	2,10
—	7-Methoxy	269	(2,35)	1,02
4-Methoxy	—	318	(2,95)	
—	—	311	(2,20)	
3-Oxy	—	361		
4-Methoxy-4-oxy	6-Methoxy-7-oxy	662		
4-Methoxy	6-Methoxy-7-ox	652		

Das polarographische Verhalten der Salze läßt sich folgendermaßen zusammenfassen:

Alle Salze geben in stark saurer Lösung (z.B. 0,1n Schwefelsäure) eine einelektronige Stufe, deren Halbstufenpotential pH-unabhängig ist. Diese Stufe wird bei manchen Salzen noch von einer zweiten Stufe bei negativeren Potentialen begleitet, deren Halbstufenpotential mit dem pH-Wert um 120 mV/pH nach negativeren Werten verschoben wird. Diese zweite Stufe nimmt mit dem pH-Wert rasch ab und ist wenigstens teilweise kinetisch begrenzt. Die erste Stufe ist bei allen Salzen eine Diffusionsstufe (Abb. 3).

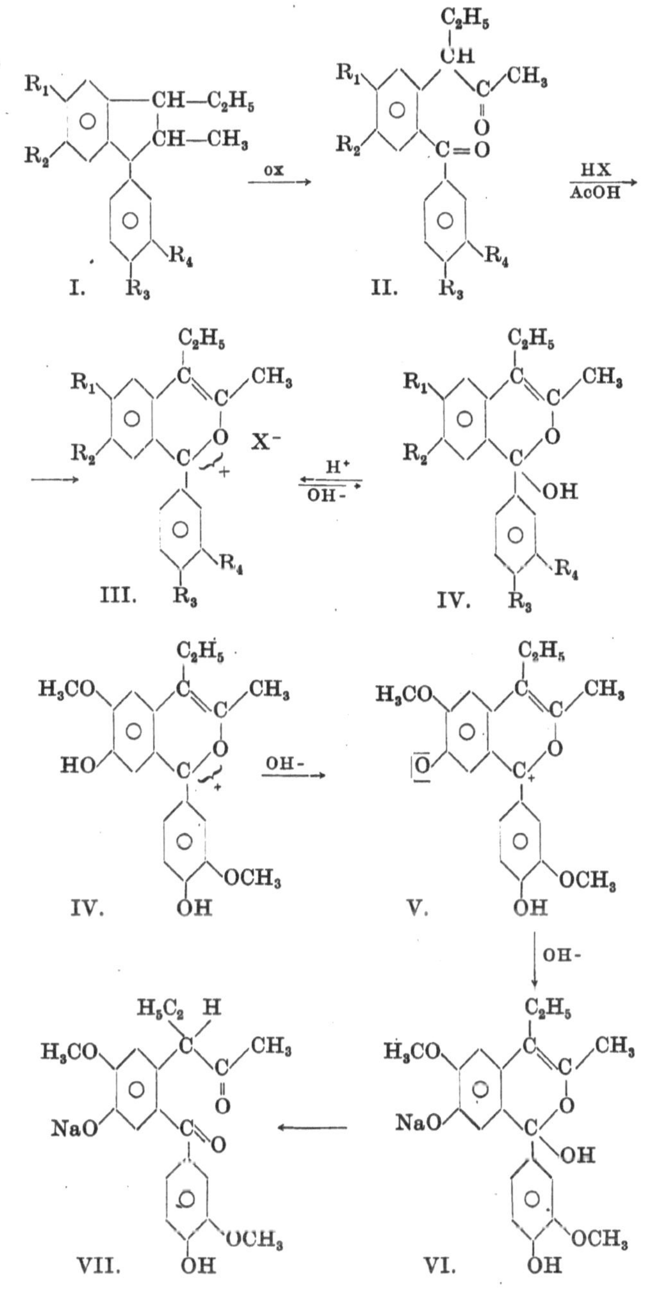

Abb. 1. Lösungsformen

Nach ihrem Verhalten in Pufferlösungen können die Salze in drei Gruppen eingeteilt werden. Zu der ersten Gruppe gehören jene Salze, die in Position 6 des kondensierten Ringes alkoxysubstituiert sind. Hier trennt sich die Stufe in zwei Stufen bei pH-Werten um 3—4, und die Höhe der zweiten Stufe nimmt auf Kosten der ersten Stufe zu. Die zweite Stufe liegt bei negativeren Potentialen und wird um 60 mV/pH zu negativeren Potentialen verschoben. Die Summe der Stufenhöhen bleibt konstant. Dieses Verhalten weist auf eine Dissoziation hin. Wir glauben sagen zu können, daß die erste Stufe (die pH-unabhängig ist) dem Isobenzpyryliumion, die zweite Stufe der Isobenzpyryliumbase zuzuschreiben ist. Bei höheren pH-

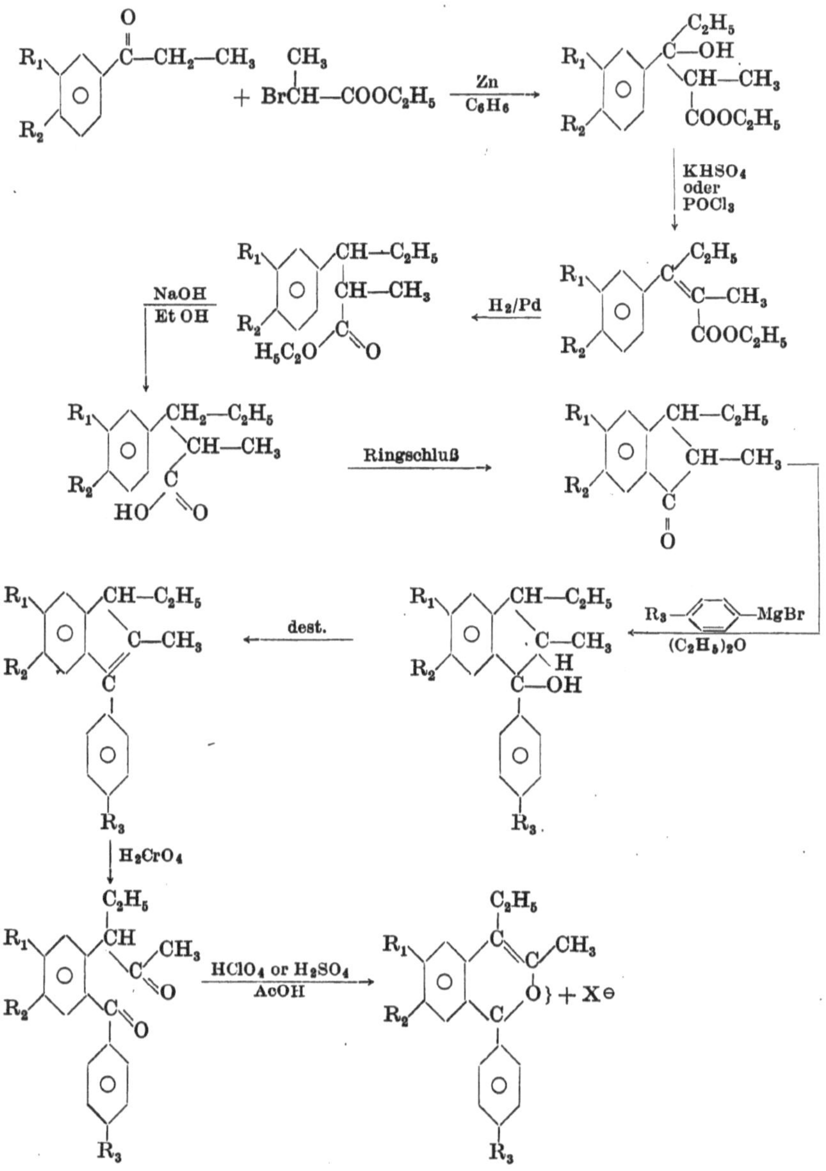

Abb. 2. Synthesen-Schema zur Darstellung der Isobenzpyrylium-Salze

Werten nimmt auch die zweite Stufe ab, und auch ihre Steilheit vermindert sich, bis sie bei pH-Werten um 8—9 gänzlich verschwindet (Abb. 3).

Die Trennung der Stufen ist durch die anderen Substituenten der Salze stark beeinflußt. Die stärker substituierten Salze [z. B. 1-(3-4-Dimethoxyphenyl)-3-methyl-4-äthyl-6,7-dimethoxy-isobenzpyryliumsalz] zeigen besser getrennte Stufen als die mono- bzw. disubstituierten Salze (z. B 1-Phenyl-3-methyl-4-äthyl-6-methoxy-isobenzpyryliumsalz oder 1-Phenyl-3-methyl-4-äthyl-6,7-dimethoxy-isobenzpyryliumsalz). Aus dem Verhältnis der Stufenhöhen wurden polarographische Dissoziationskonstanten berechnet, die in Tab. 1 zusammengestellt sind (Abb. 4).

Zu der zweiten Gruppe gehören Substanzen, die am Isobenzpyryliumringsystem nur in Stellung 7 mit einer Methoxygruppe substituiert sind bzw. wo kein Methoxysubstituent vor-

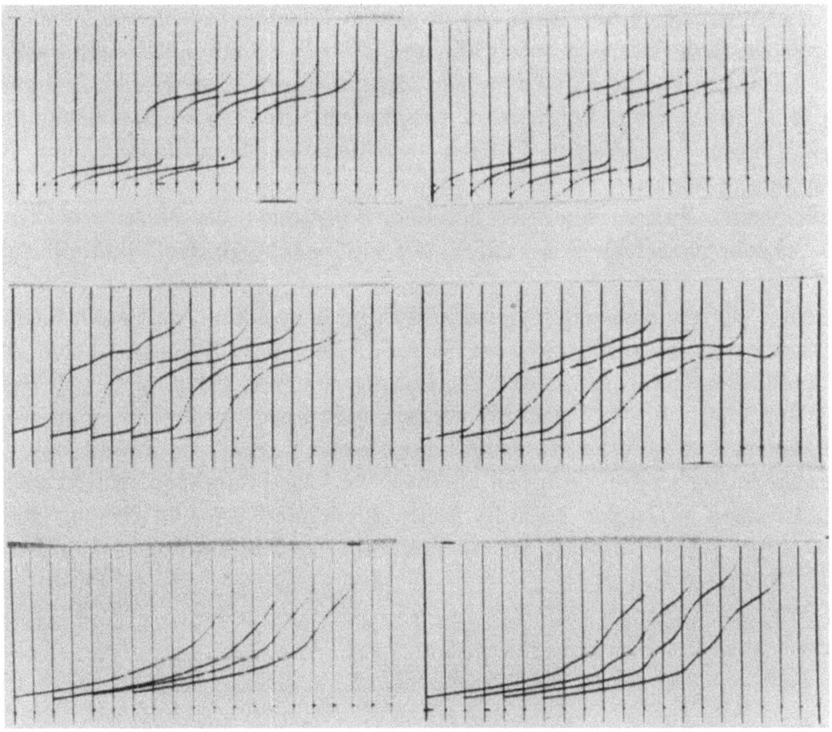

Abb. 3. pH-Abhängigkeit des 1-(3,4-Dimethoxyphenyl)-3-methyl-4-äthyl-6,7-dimethoxy-isobenzpyrylium-sulfats

pH-Werte: 0,65, 1,05, 1,16, 1,65, 1,90, 2,13, 2,20, 2,65, 2,65, 3,42, 3,90, 4,30, 4,55, 4,78, 5,02, 5,20, 5,45, 7,65, 8,78, 9,10, 9,20, 9,68, 10,00, 10,51, 10,92.
Polarogramme 1, 2 von 0 V; 3, 4 von 0,3 V; 5, 6 von 0,6 V aufgenommen.
Ges. Kalomel-Elektrode

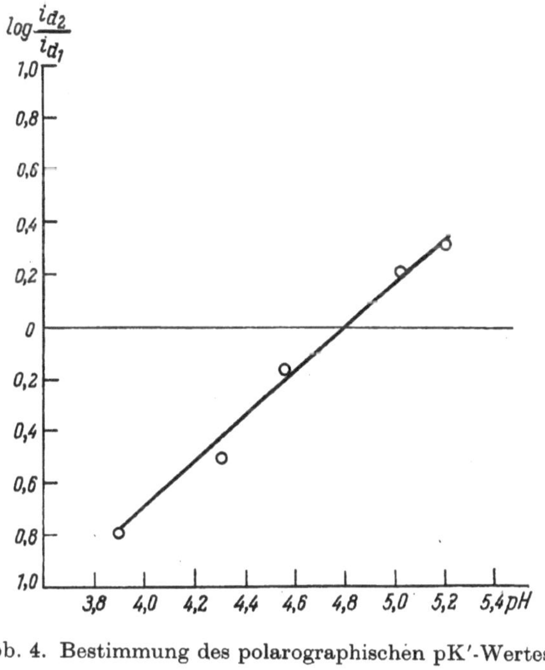

Abb. 4. Bestimmung des polarographischen pK'-Wertes

handen ist. Hier trennt sich die Stufe, die in sauren Lösungen erscheint, nicht, sondern sie nimmt mit wachsendem pH-Wert rasch ab, und die pH-Abhängigkeit der Stufe verändert sich schon in Lösungen von stark verdünnten Mineralsäuren. Das Halbstufenpotential wird mit 60 mV/pH zu negativeren Potentialen verschoben. Bei etwa pH 4 erscheint eine neue Stufe, die nach ihrem Verhalten in Puffern verschiedener Konzentration bzw. Ionenstärke katalytisch zu sein scheint.

In stark alkalischen Puffern erscheint bei allen Substanzen der ersten zwei Gruppen eine kleine Stufe bei sehr negativen Potentialen, die wahrscheinlich der Diketonform (II) zuzuschreiben ist.

Bei Substanzen, die am Isobenzpyryliumringsystem in Stellung 7 mit einer Hydroxygruppe substituiert sind, erscheint auf Kosten der Stufe, die in saurer Lösung sichtbar ist, bei etwa pH 4,5 eine anodische Stufe. Die Farbe der Lösung geht mit steigendem pH-Wert langsam von Gelb in Rot über. Bei höheren pH-Werten (pH über 9) verschwindet die anodische Stufe, und eine neue kathodische Stufe erscheint bei stark negativen Potentialen (Abb. 5).

Die Unterschiede in den drei Gruppen glauben wir folgendermaßen deuten zu können:

Bei den Substanzen in Gruppe 2 ist die Isobenzpyryliumbase viel weniger stabil und die Dissoziationsenergie kleiner, deshalb ist die Trennung der Stufen nicht erkennbar, es ändert

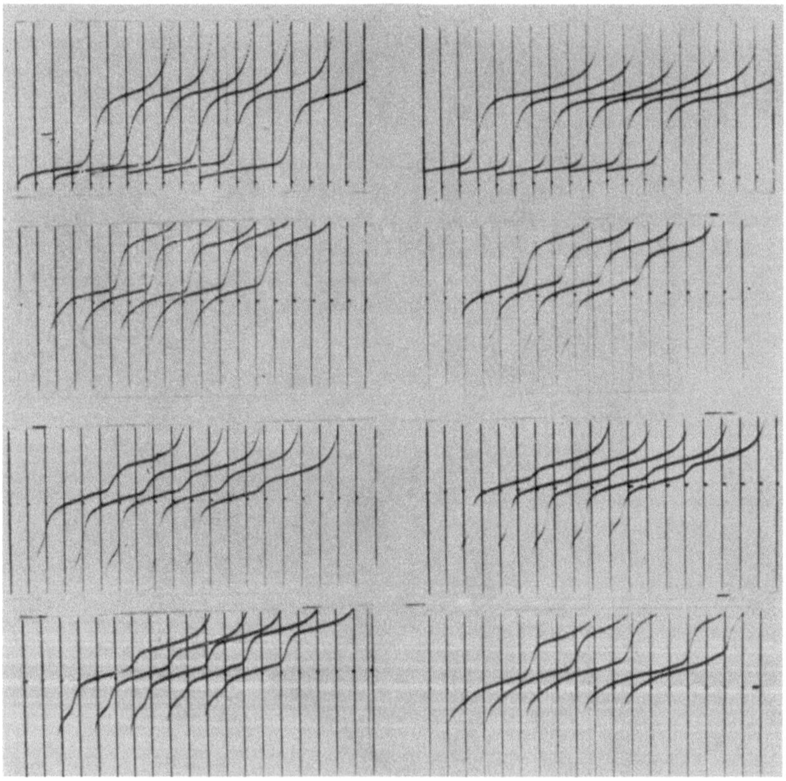

Abb. 5. pH-Abhängigkeit des 1-(Methoxy-4-oxyphenyl)-3-methyl-4-äthyl-6-methoxy-7-oxy-isobenzpyrylium-sulfats.

pH-Werte: 0,80, 1,05, 1,18, 1,50, 1,90, 2,25, 3,44, 3,62, 3,90, 4,05, 4,09, 4,31, 4,15, 4,40, 4,55, 4,63, 4,85, 5,09, 5,40, 5,50, 5,62, 5,85, 5,97, 6,20, 6,30, 6,64, 6,90, 7,19, 7,38, 7,50, 7,68, 7,80, 7,90, 7,98, 8,25, 8,55, 9,02, 9,55, 10,70, 11,05, 11,30

Polarogramme 1, 2 mit AgCl-Elektrode, die anderen mit ges. Kalomel-Elektrode aufgenommen. Polarogramm 1 von 0 V, 2 von −0,5 die anderen von +0,4 V aufgenommen sich vielmehr bloß die pH-Abhängigkeit der Stufe. Die Dissoziationskonstanten konnten daher nur aus der Veränderung der pH-Abhängigkeit geschätzt werden. Bei den hydroxysubstituierten Stoffen bildet sich ein inneres Salz (V), das dann bei höheren pH-Werten wegen der Alkaliphenolatbildung (VI) wieder zerfällt und sich schließlich in das Natriumsalz des Diketons (VII) umwandelt (Abb. 1).

Diese Deutung des polarographischen Verhaltens wurde durch spektrophotometrische Untersuchungen im UV und sichtbaren Gebiet unterstützt. Die spektrophotometrischen Messungen zeigten die gleiche Umwandlung von Isobenzpyryliumionen zur Isobenzpyrylium-

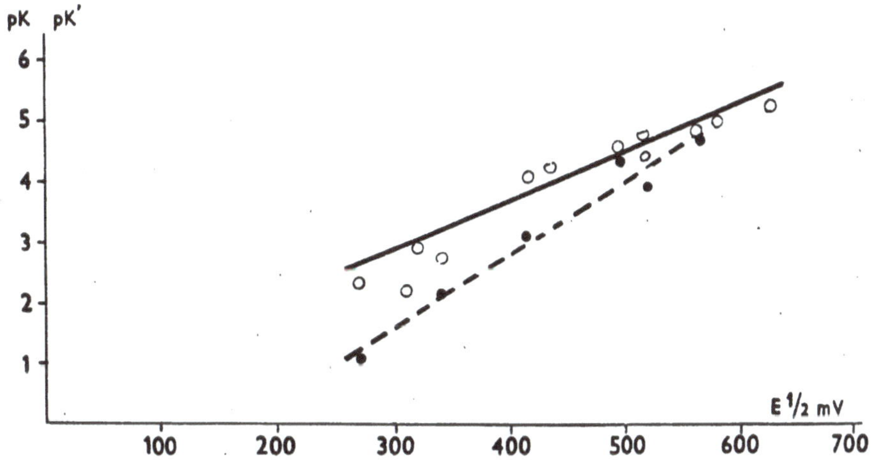

Abb. 6. Zusammenhang zwischen Halbstufenpotential und pK-Wert: — — — — spektrophotometrisch, ———— polarographisch

base, die wir auf Grund des polarographischen Verhaltens erwarteten. Bei der Konzentration, die wir bei der spektrophotometrischen Untersuchung anwenden mußten, war aber bei den Substanzen der Gruppe I die Umwandlung der Isobenzpyryliumbase zum Diketon sehr langsam. Es konnte auch gezeigt werden, daß die Umwandlung der Base zum Diketon irreversibel ist. Bei den Substanzen der Gruppe II hingegen war die Base sehr unbeständig und wandelte sich schon bei sauren pH-Werten in das Diketon um.

Bei den hydroxylsubstituierten Substanzen scheint das Verhalten der Salze etwas komplizierter zu sein, als es auf Grund des polarographischen Verhaltens zu erwarten war. Da diese Substanzen im alkalischen Milieu leicht oxydierbar sind, konnten die Untersuchungen noch nicht abgeschlossen werden. Es scheint aber, daß noch eine Form in der Lösung auftritt, die polarographisch nicht nachweisbar ist. Weitere spektrophotometrische Untersuchungen und auch präparative Arbeiten sind noch im Gange.

Bei einigen Substanzen der I- und II-Gruppe wurden aus den spektrophotometrischen Daten die pK-Werte bestimmt. Diese Werte gehen parallel zu den polarographisch ermittelten pK-Werten, die sich aber wegen der Rekombination mehr oder weniger von den spektrophotometrisch ermittelten Werten unterscheiden.

Da bekanntlich zwischen Halbstufenpotential bzw. pK-Wert und den Hammettschen Substituentenkonstanten die Hammettsche Gleichung besteht, muß zwischen Halbstufenpotential und pK eine ähnliche Gleichung vorhanden sein. Die Gleichung sollte die Form

$$pK_s = A \cdot E_{1/2\,s} + B$$

haben, wo

pK_s den pK-Wert bzw. den polarographisch ermittelten pK'-Wert,
$E_{1/2\,s}$ das Halbstufenpotential bedeutet und
A und B Konstanten sind.

Die experimentelle Prüfung dieser Gleichung ergab, daß der Zusammenhang zwischen den genannten Größen tatsächlich besteht und zwar sowohl bei den polarographisch als auch bei den spektrophotometrisch ermittelten pK-Werten und dem Halbstufenpotential.

Experimentelles

Polarogramme wurden mit dem Polarographen LP55 der Firma Laboratorije Pristroje aufgenommen. Die Kapillare hatte in 0,1n Schwefelsäure gegen die gesättigte Kalomelelektrode kurzgeschlossen bei einem Quecksilberdruck von 80 cm eine Tropfzeit von 2,1 sec., der Wert von m war 2,52 mg/sec. Alle Messungen wurden in einem (temperierten) Kalousek-Gefäß durchgeführt, das mittels eines Ultrathermostaten auf 25,0 $\pm$ 0,1 °C temperiert war.

Als Puffer wurden Formiat, Acetat, Succinat und Dimethylglykokoll-Puffer benutzt. Die Lösungen enthielten 50% Alkohol.

Polarographische Messungen wurden im Konzentrationsbereich $1 \cdot 10^{-4} - 5 \cdot 10^{-4}$ m/l, spektrophotometrische Messungen dagegen im Konzentrationsbereich $1 \cdot 10^{-5} - 4 \cdot 10^{-5}$ m/l vorgenommen.

pH-Werte wurden mit einem Glaselektroden-pH-meter (Metrohm 157E, Radelkisz bzw. Radiometer pH M4) bestimmt. Wegen des Alkoholgehaltes der Puffer und des dadurch bedingten Diffusionspotentials sind die Werte nur bis auf 0,05 pH-Einheiten genau.

Puffersubstanzen wurden aus analysenreinen Chemikalien bereitet, die zusätzlich noch polarographisch kontrolliert wurden.

Die Isobenzpyryliumsalze wurden durch uns dargestellt. Ihre Reinheit wurde durch Elementaranalyse bzw. Gruppenanalyse geprüft.

Die Spektren wurden teils mit dem Beckmann-DU-Spektrophotometer Mod. G.4700, teils mit einem Unicam SP-700-Spektrophotometer in den obengenannten Puffern aufgenommen.

Abschließend möchten wir Herrn Nobelpreisträger Prof. JAROSLAV HEYROVSKÝ unseren Dank aussprechen, daß er diese Arbeit ermöglichte. Dem Kollegen PETER ZUMAN möchten wir für wertvolle Diskussionen danken.

SUMMARY

Oxygenous heterocyclic compounds containing condensed cycles are wide-spread throughout the vegetable kingdom. Flavones, flavanones, chromones, and anthocyanidines or anthocyanes respectively, have already been investigated polarographically, and on this occasion the influence of substituents has been studied, too.

In our Institute there were obtained by oxidizing dimeric propenylphenol ethers, certain isobenzopyrylium salts showing an 1-aryl-3-methyl-4-ethyl-isobenzopyrylium-X structure and being hydroxylized or alkoxylized in 3,4- and 6,7-positions respectively. Analogous salts not obtainable in this way, were synthetized.

The influence of alkoxylic and hydroxylic groups in the above positions on the half-wave potential (HWP) and on the polarographic pK′ value have been examined.

According to our findings, Hammett's equation is applicable to the various groups of substances, and the relation $\text{pK} = A \cdot E_{1/2} + B$ between the HWP and pK′ values of all substances studied is valid (A and B being constants).

We, furthermore, observed substituents in 6-position to exert a decisive influence on the stability and the behaviour of the salt.

Literatur

[1] VAJDA, M., Polarographic investigation of isobenzpyrylium salts. In Longmuir: Advances in Polarography. Vol. II. 786. Pergamon Press, London 1960.
[2] MÜLLER, A., SZABÓ, L., Ber. 77, 855 (1944).
[3] VAJDA, M.. GELLÉRI. A., Ann. Univ. Sci. Rol. Eötvös, Sectio Chim. 3, 107 (1961).

Elektrochemische Reduktion organischer Peroxyde an der Quecksilbertropfelektrode

M. Schulz und K.-H. Schwarz

Institut für organische Chemie der Deutschen Akademie der Wissenschaften zu Berlin, Berlin-Adlershof
(Direktor: Prof. Dr. A. Rieche)

Mit den organischen Peroxyden beschäftigen sich die Chemiker seit ungefähr 60 Jahren. Wie die zahlreichen modernen Veröffentlichungen beweisen, besteht aber auch heute noch ein großes wissenschaftliches Interesse an dieser Verbindungsklasse [1]. Die technische Bedeutung der organischen Peroxyde wird ebenfalls von Jahr zu Jahr größer. In neuerer Zeit sind organische Peroxyde auch für den Biochemiker und Mediziner interessant geworden. Sie können Sekundärprodukte bei den durch Bestrahlung ausgelösten Radikalreaktionen, auch im Organismus, sein [2].

Alle organischen Peroxyde enthalten die OO-Bindung. Diese kann homolytisch gespalten werden, wobei Alkoxyl-(oder Acyloxy-)Radikale entstehen oder einer heterolytischen Spaltung unterliegen, wobei synchron mit dem Auftreten eines Sauerstoffatoms

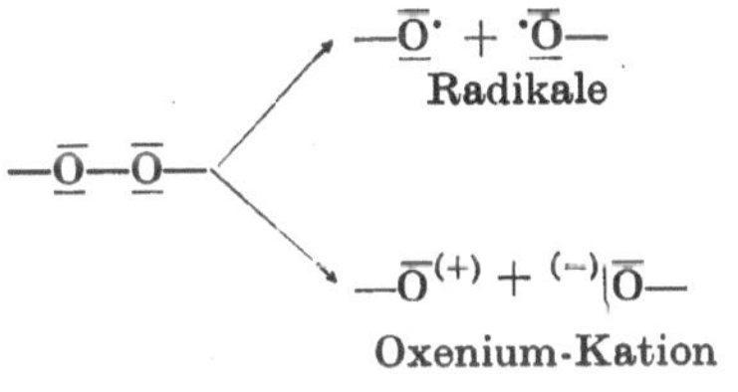

mit einem Elektronensextett (Oxenium-Kation) eine intramolekulare, nucleophile Umlagerung eintritt. Die Reduktion von Peroxyden führt durch Spaltung der OO-Bindung zunächst immer zu den entsprechenden Hydroxyverbindungen. Über den Mechanismus der Peroxydreduktion ist wenig bekannt. Hier versuchen wir, mit Hilfe der Polarographie einen Beitrag zu leisten.

Bei der elektrochemischen Reduktion von Peroxyden erfolgt der Angriff der mit der Elektrode ausgetauschten Elektronen an der Peroxydbindung. Dabei ist für eine OO-Bindung zum vollständigen Ablauf des Reduktionsprozesses die Aufnahme von zwei Elektronen notwendig [3]. Die Elektrodenreaktion ist eindeutig irreversibel. Dieses steht im Einklang mit den präparativen Erfahrungen der Peroxyd-Chemie. Es ist nicht möglich, durch Oxydation von Alkoholen oder einfachen Phenolen zwei Sauerstoffatome zu einer OO-Bindung zu verknüpfen [4].

Vor einiger Zeit haben wir mit der systematischen polarographischen Bearbeitung des Peroxydgebietes begonnen. Unsere Arbeiten verfolgen das Ziel, den Einfluß verschiedener Substituenten auf die Reduzierbarkeit der OO-Bindung zu messen. Es soll dabei unter neuen Gesichtspunkten Wesentliches über die Stabilität einer Peroxydbindung in Erfahrung gebracht werden, zum anderen sollen Faktoren ermittelt werden, die die unterschiedliche Reaktionsfähigkeit verschiedener Typen organischer Peroxyde beschreiben. Im weiteren interessiert uns der elektrochemische Reduktionsmechanismus von Peroxyden unter verschiedenen Milieubedingungen.

Es sind bisher relativ wenig Arbeiten über die Peroxyd-Polarographie veröffentlicht worden [5]. Die systematische Bearbeitung des Gebietes steht noch aus. Nur von wenigen Peroxyden sind die Halbstufenpotentialwerte bekannt. Die Hauptanwendung der Polarographie in der Peroxyd-Chemie war bisher die Analytik.

Von den organischen Peroxyden sind verschiedene Typen bekannt, die sich erheblich in ihrer Reaktionsfähigkeit unterscheiden. Die Tabelle 1 zeigt die wesentlichen davon.

Tabelle 1

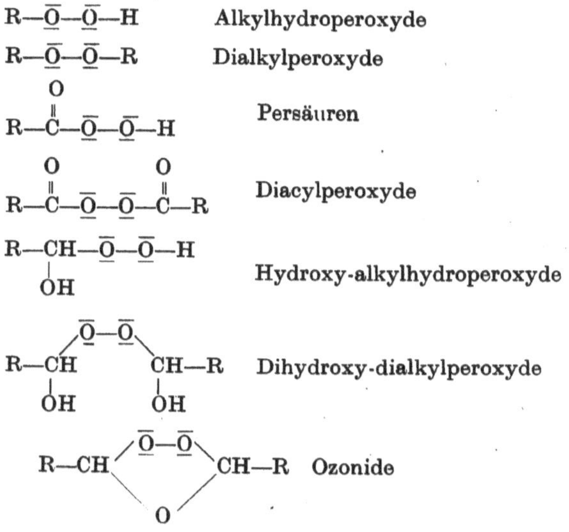

In dieser Mitteilung wird nur das polarographische Verhalten von einigen Alkylhydroperoxyden und Diacylperoxyden behandelt. Die Untersuchungsergebnisse mit anderen Peroxydklassen werden wir später mitteilen.

Zunächst interessierten uns das Wasserstoffperoxyd und die in Tab. 2 angegebenen Alkylhydroperoxyde. Alle angeführten Verbindungen, auch die hochexplosiven, kamen als reine

Tabelle 2: Einfluß von Methyl-Substituenten auf das Halbstufenpotential einfacher Alkylhydroperoxyde

	$E_{1/2}$[SCE]	
H—O—O—H	—0,866 V	Grundelektrolyt:
CH_3—O—O—H	—0,791 V	Britton-Robinson-Puffer
CH_3—CH_2—O—O—H	—0,444 V	PH 7,5 mit 0,1 n-KCl
$(H_3C)_2$CH—O—O—H	—0,350 V	Konz. 4,77 × 10^{-4} m
$(CH_3)_3$C—O—O—H	—0,330 V	

Substanzen zur Untersuchung. Wir wollten hier studieren, wie die Methylsubstitution an einem der OO-Bindung benachbarten C-Atom das polarographische Verhalten der Alkylhydroperoxyde beeinflußt. Die Halbstufenpotentialwerte werden in der Reihenfolge vom Wasserstoffperoxyd zum tert.-Butylhydroperoxyd positiver, die Verbindungen also in dieser

Reihenfolge leichter reduzierbar. Die Halbstufenpotentialdifferenz zwischen den einzelnen sich nur durch die Zahl der Methylgruppen unterscheidenden Hydroperoxyde ist aber nicht konstant.

Die Abbildung 1 zeigt ein Polarogramm des Äthylhydroperoxyds, gleich gut auswertbar waren die Polarogramme der anderen Verbindungen.

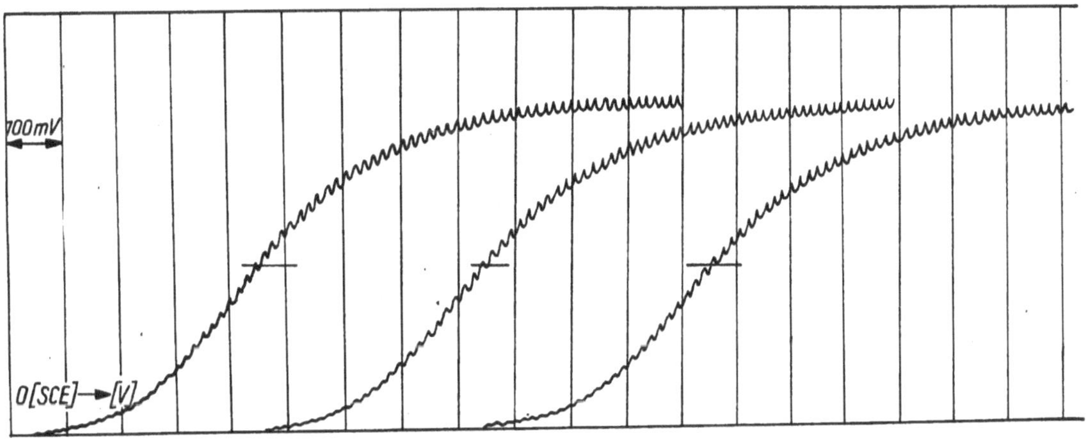

Abb. 1. Reduktionsstufe des Äthylhydroperoxyds, $4{,}26 \times 10^{-4}$ m-C_2H_5OOH.
Grundelektrolyt: Britton-Robinson-Puffer, pH 6,6; 0,1 n-KCl; $E = \frac{1}{50}$

Während über die Depolarisatoreigenschaften des Wasserstoffperoxyds schon mehrfach berichtet worden ist [6], liegen u. W. keine Untersuchungen über die pH-Abhängigkeit von $E_{1/2}$ bei dieser Verbindung vor.

In Abbildung 2 ist zu sehen, daß im mittleren pH-Bereich das Halbstufenpotential des Wasserstoffperoxyds konstant ist, dagegen im Sauren und Alkalischen Verschiebungen von $E_{1/2}$ in Richtung auf negativere Potentiale hin eintreten. Die Messungen wurden im *Britton-Robinson*-Puffer durchgeführt, die Ionenstärke wurde durch Zugabe von KCl konstant gehalten.

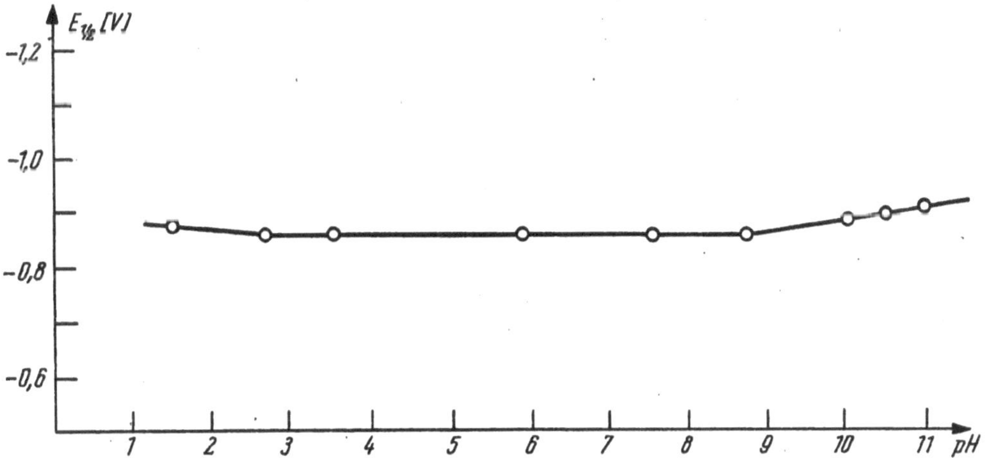

Abb. 2. pH-Abhängigkeit des Halbstufenpotentials für H_2O_2. Konz. $4{,}77 \times 10^{-4}$ m.
Grundelektrolyt: Britton-Robinson-Puffer mit 0,1 n-KCl

Den gleichen Kurvenverlauf der pH-Abhängigkeit von $E_{1/2}$ ermittelten wir beim Methyl-, Äthyl-, Isopropyl-, tert.-Butyl- und Tetrahydrofuranyl-hydroperoxyd (Abb. 3). Hier sind die Verschiebungen von $E_{1/2}$ im sauren und alkalischen Bereich zu negativeren Potentialen hin deutlicher. Die Knickpunkte der $E_{1/2}$/pH-Kurven im Alkalischen zeigen Übereinstimmung

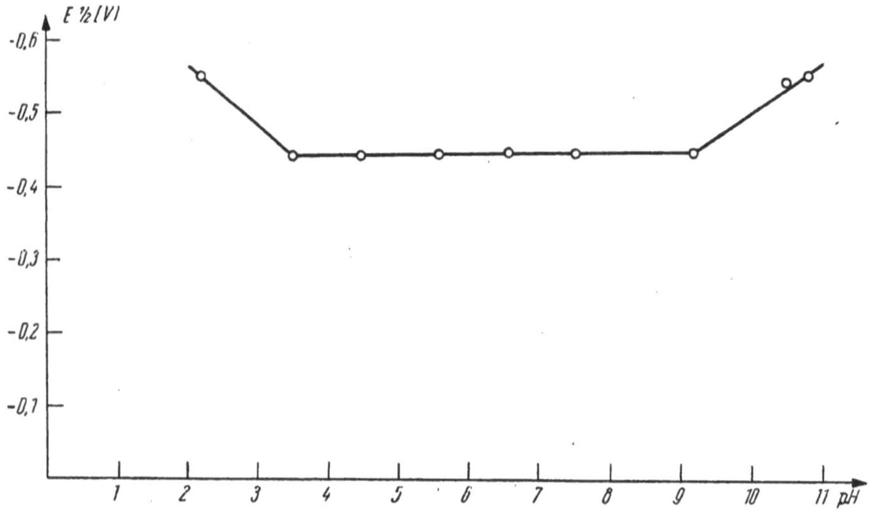

Abb. 3. Abhängigkeit des Halbstufenpotentials bei Alkylhydroperoxyden vom pH. Grundelektrolyt: 0,04 m-Britton-Robinson-Puffer mit 0,1 m-KCl $4{,}8 \times 10^{-4}$ mC_2H_5—$\overline{\underline{O}}$—$\overline{\underline{O}}$—H

mit den von A. RIECHE, M. SCHULZ und G. GOTTSCHALK [7] durchgeführten potentiometrischen pK-Wert-Bestimmungen bei Alkylhydroperoxyden.

Die polarographischen Ergebnisse stützen die Annahme, daß die im sauren oder alkalischen Milieu erfolgenden spontanen Hydroperoxyd-Zersetzungen nicht allein von der Protonisierung oder Anionenbildung der Hydroperoxydgruppe abhängen, sondern noch von anderen Faktoren[1]) beeinflußt werden.

Beim Methyl- und Äthylhydroperoxyd fanden wir, wie es bei diffusionsbedingten Strömen zu erwarten ist, im Konzentrationsbereich 10^{-4} bis 10^{-3} m eine lineare Abhängigkeit des Grenzstromes von der Depolarisatorkonzentration. Auch die Abhängigkeit des Grenzstromes von der Wurzel aus der Quecksilber-Niveauhöhe ist linear.

Dagegen zeigen sich beim Isopropyl-, tert.-Butyl- und beim Tetrahydrofuranyl-hydroperoxyd deutliche Abweichungen von der Linearität der Abhängigkeit der Grenzströme von der Depolarisatorkonzentration (Abb. 4).

Auch die Abhängigkeit der Grenzströme von der Quecksilber-Niveauhöhe ist beim Isopropyl-, tert.-Butyl- und beim Tetrahydrofuranyl-hydroperoxyd anders, als sie beim Wasserstoffperoxyd, beim Methyl-, bzw. Äthylhydroperoxyd gefunden wurde (Abb. 5).

Für die erstgenannten Alkylhydroperoxyde wurde eine lineare Beziehung zwischen dem Grenzstrom und der Quecksilber-Niveau-Höhe ermittelt. Die auftretenden Ströme sind hier also nicht diffusionsbedingt, sondern es liegen Adsorptionsströme vor. Das wird auch durch die Elektrokapillarkurven bestätigt. Dieses überraschende Ergebnis läßt sich so deuten:

[1]) Zum Beispiel: Säurespaltung des Cumolhydroperoxyds: (Nachbargruppeneffekt der Phenylgruppe [8], Basenzersetzung des Wasserstoffperoxyds [9] bzw. der tert.-Alkylhydroperoxyde [10]: (Über eine cyclische Zwischenstufe durch Einwirkung von ROONa auf ROOH).
Basenzersetzung der primären und sekundären Alkylhydroperoxyde [11] (Angriff des OH^--Ions auf das H-Atom des der OO-Bindung benachbarten Kohlenstoffatoms).

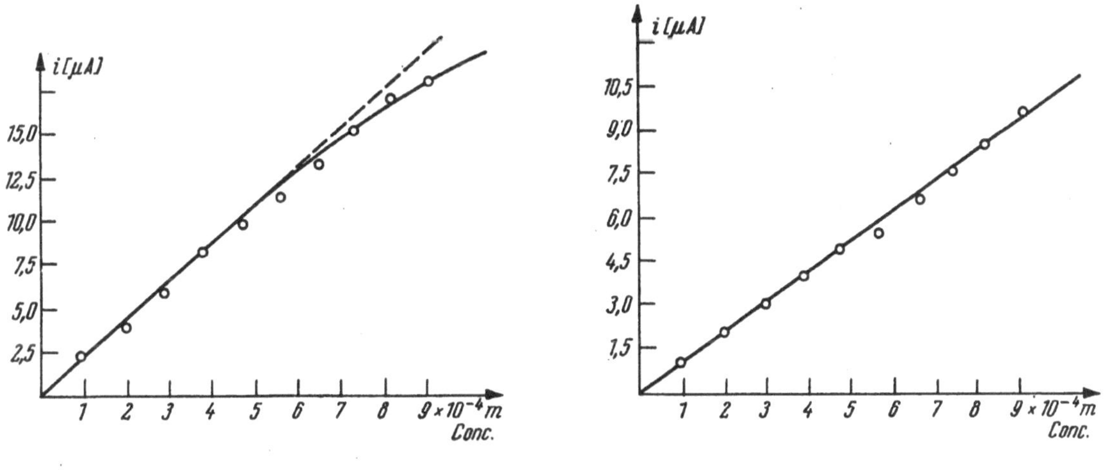

Abb. 4: links: tert.-Butylhydroperoxyd; rechts: Äthylhydroperoxyd. Konz.-Abhängigkeit der Grenzströme bei Alkylhydroperoxyden. Grundelektrolyt: Britton-Robinson-Puffer. pH 6,6 mit 0,1 n-KCl

Die bei der Reduktion der höheren Alkylhydroperoxyde entstehenden Alkohole sind oberflächenaktiv und werden an der Elektrodenoberfläche adsorbiert [12].[1])

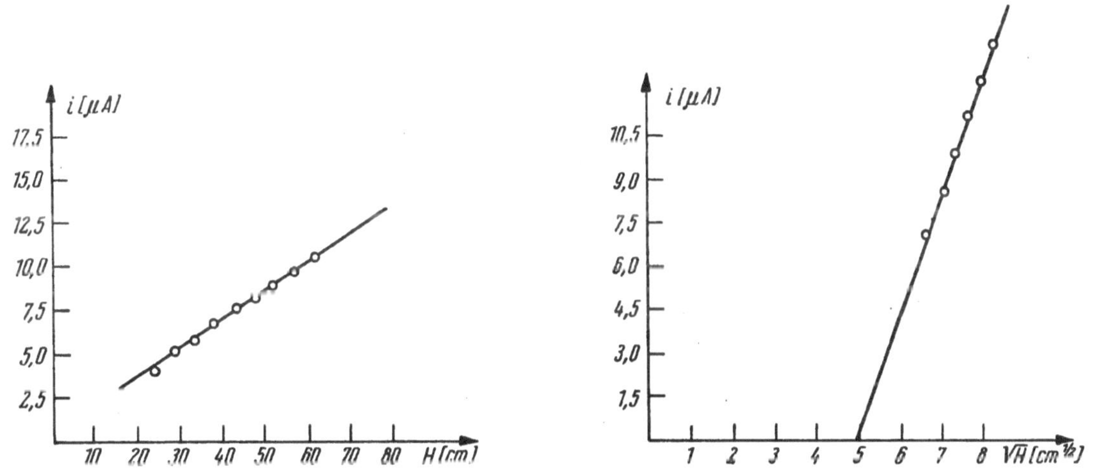

Abb. 5: links: tert.-Butylhydroperoxyd; rechts: Äthylhydroperoxyd. Abhängigkeit der Grenzströme von der Quecksilberniveauhöhe. Konz. $4{,}8 \times 10^{-4}$ m. Grundelektrolyt: Britton-Robinson-Puffer pH 6,6 mit 0,1 n-KCl

Der Nachweis, daß die auftretenden Ströme bei der polarographischen Reduktion der Alkylhydroperoxyde mit mehr als zwei C-Atomen adsorptionsbedingt sind, hat für die polarographische Peroxyd-Analytik Bedeutung: Angefertigte Eichkurven sind bei höheren Peroxyd-Konzentrationen nicht linear.

Eine weitere Peroxydklasse, über die wir hier berichten möchten, sind die Diacylperoxyde. Wir haben den Einfluß von Substituenten am Benzolkern des Dibenzoylperoxyds auf das Halbstufenpotential der Reduktionsstufe dieser Verbindungen untersucht [13].

Abbildung 6 zeigt ein Polarogramm des p,p'-Di-brom-di-benzoylperoxyds.

[1]) Inzwischen durchgeführte Messungen haben ergeben, daß sowohl das Hydroperoxyd als auch das Reduktionsprodukt (der entsprechende Alkohol) an der Tropfelektrode adsorbiert werden [16].

Als Grundelektrolyt wurde für diese Untersuchungen eine 0,25-n-Ammoniumnitratlösung in einem Dioxan-Wasser-Gemisch verwendet. Als Maximumdämpfer wurde den Lösungen eine 0,2%ige Methylrotlösung zugesetzt. Ähnliche Arbeitsbedingungen haben sich bei quantitativen polarographischen Bestimmungen des Dibenzoylperoxyds in einigen Kunststoffen

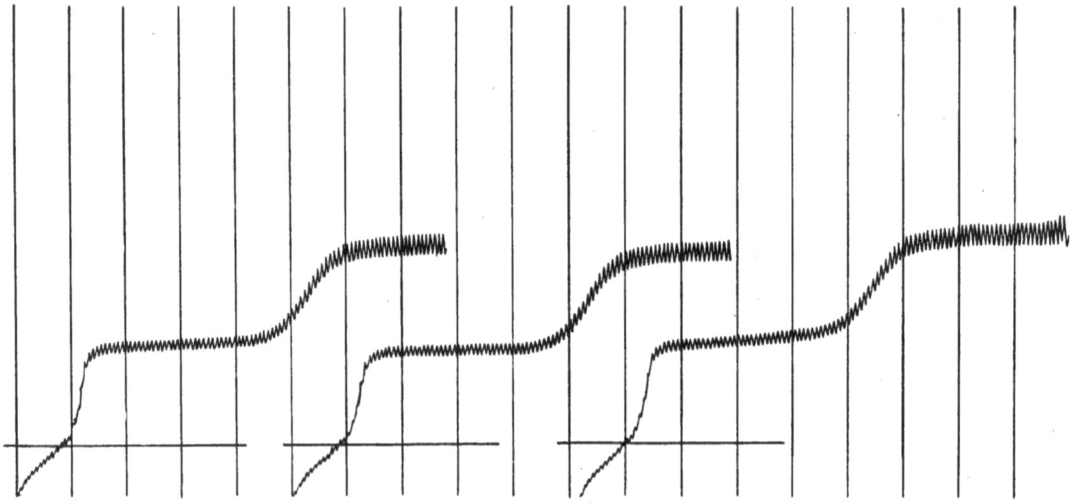

Abb. 6. Polarogramme eines Benzoylperoxyds.
8×10^{-4} m – p,p'-Dibrom-dibenzoylperoxyd im Veronal-Acetat-Puffer pH 8,2; $E=\frac{1}{50}$
(mit $Tl^{(+)}$ als innerem Standard)

bewährt [3]. Unter diesen Bedingungen ergaben alle Substanzen gut auswertbare Polarogramme. Die Halbstufenpotentialmessungen bezogen wir auf das Thallium-(I)-Ion als inneren Standard.

Die untersuchten Verbindungen sind in Tab. 3 zusammengestellt.

Tabelle 3: Halbstufenpotentialwerte für symm. disubstit. Dibenzoylperoxyde*)

Substituent	$E_{1/2}$ [V] ($0{,}25n\text{-}NH_4NO_3$)	$E_{1/2}$ [V] (Veronal-Acetat-Puffer p_H 8,2)
o-CH_3-	+0,089	
p-CH_3-	+0,094	–0,019
m-CH_3-	+0,095	–0,015
unsubstit.	+0,096	–0,016
p-Cl-	+0,099	–0,016
m-$COOCH_3$-	+0,104	
m-Br-	+0,110	–0,013
p-Br-	+0,113	–0,008
p-NO_2-	+0,132	+0,003
o-Cl-	+0,133	
m-NO_2-	+0,134	–0,006

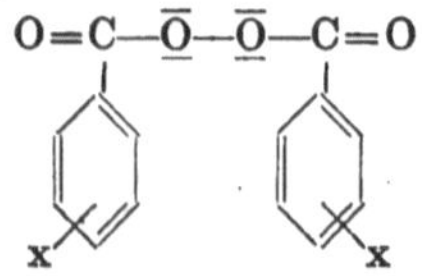

25°/SCE

$$\log\frac{k}{k_0}=\varrho\cdot\sigma$$

*) Bei allen Substanzen wurde ein konstanter Wert der Steilheit der polarographischen Stufe ermittelt $\left(\frac{2{,}3\cdot R\cdot T}{n\cdot\alpha\cdot F}=0{,}043\text{ V};\ \text{Grundelektrolyt: } 0{,}25\text{ n } NH_4NO_3\right)$

Die gleiche Reihenfolge der Halbstufenpotentiale ergab sich auch bei Messungen im Veronal-Acetat-Puffer bei dem pH 8,2.

Aus den Halbstufenpotentialwerten ist zu ersehen, daß elektronenanziehende Substituenten, also z. B. die Nitrogruppe, die polarographische Reduktion erleichtern. Elektronenabstoßende Substituenten erschweren die Reduktion der OO-Bindung an der Quecksilbertropfelektrode.

Es liegt nahe, diese Verhältnisse quantitativ mit Hilfe der Hammett-Gleichung zu beschreiben

$$\log k/k_0 = \varrho \cdot \sigma .$$

Wenn man die Halbstufenpotential-Werte gegen die aus Tabellen zu entnehmenden Substituenten-Konstanten σ aufträgt, erhält man aus dem Anstieg der resultierenden Geraden die Reaktionskonstante ϱ. Normalerweise entsteht dabei eine Gerade.

Wir erhalten jedoch interessanterweise nicht eine einheitlich ansteigende Gerade, sondern zwei Geraden, die sich in einem Punkt nach dem p-Chlorsubstituenten schneiden. Die Reaktionskonstanten betragen im Ammonnitrat-Grundelektrolyt $\varrho_1 = +7$ mV $\varrho_2 = +34$ mV im Veronal-Acetat-Puffer $\varrho_1 = +3$ mV, $\varrho_2 = +17$ mV (Abb. 7).

Diese geringen Absolutwerte der Hammettschen Reaktionskonstanten sind bei Benzoylperoxyden wegen des relativ positiven Halbstufenpotentialwertes der unsubstituierten Ver-

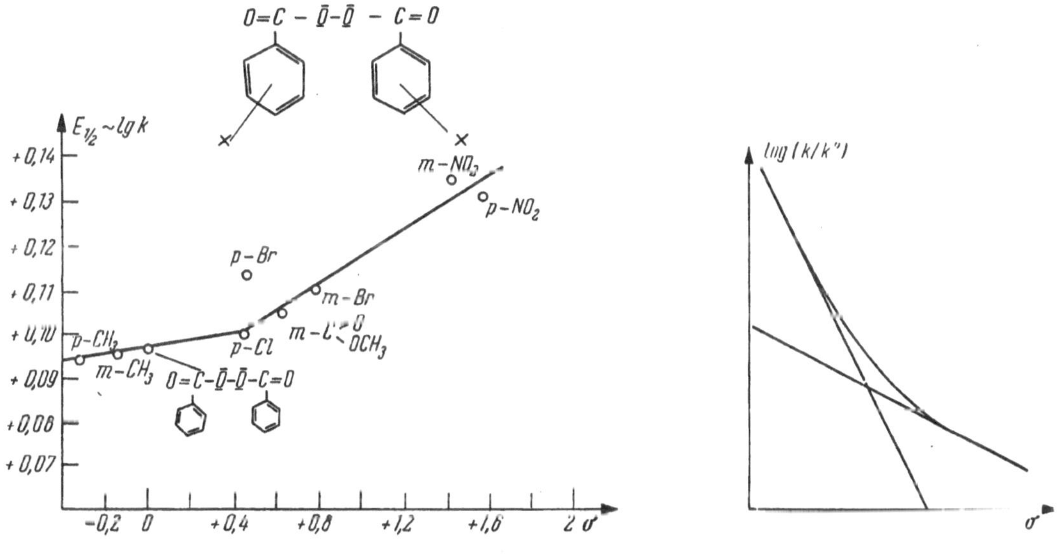

Abb. 7. Grundelektrolyt: 0,25 n-NH_4NO_3 in 80% Dioxan + 20% H_2O Konz. 5×10^{-4} m. $E_{1/2}$ als Funktion der Hammettschen Substituentenkonstanten. Nach H. H. Jaffé; Chem. Reviews **53**, 238 (1953)

bindung zu erwarten. Bei der Anwendung der Hammettschen Gleichung auf polarographische Halbstufenpotentiale wird, wie P. Zuman [14] gefunden hat, die Reaktionskonstante um so kleiner, je positiver das Halbstufenpotential der unsubstituierten Verbindung liegt.

Bei polarographischen Messungen wurde das Auftreten von zwei Regressionsgeraden innerhalb einer Substituentenreihe bisher noch nicht beobachtet.

H. H. Jaffé [15] hat ein Diagramm abgeleitet, das unserem Kurvenverlauf entspricht und diskutiert es als eine Änderung des Reaktionsmechanismus innerhalb einer Reaktionsserie durch den Substituenten.

Wir nehmen als Ursache des Auftretens von zwei Regressionsgeraden zwei unterschiedliche Reduktionsmechanismen der OO-Bindung in den Dibenzoylperoxyden an der Quecksilbertropfelektrode an, nämlich

1. einen radikalischen
2. einen polaren Reduktionsmechanismus.

Beide Mechanismen sind in der Peroxyd-Chemie nachgewiesen worden [1].

Das zunächst unerwartete Ergebnis bei der polarographischen Reduktion der verschieden substituierten Dibenzoylperoxyde veranlaßte uns, die polarographischen Messungen durch eine Reihe von Versuchen zu sichern.

Bei der polarographischen Reduktion von Peroxyden ist mit dem Auftreten von kinetischen Strömen zu rechnen, wenn die Substanzen in der Lösung erst in Radikale zerfallen und die Radikale an der Tropfelektrode reduziert werden. Um festzustellen, ob die gemessenen Ströme kinetische oder diffusionsbedingte Ströme sind, haben wir folgende Messungen durchgeführt:

1. Im Konzentrationsbereich 10^{-4} bis 10^{-3} m sind die resultierenden Grenzströme proportional der Peroxydkonzentration.
2. Die Stufenhöhe im Polarogramm hängt linear ab von der Wurzel aus der Quecksilber-Niveau-Höhe.
3. Die mit Dibenzoylperoxyden erhaltenen Grenzströme zeigen Temperaturkoeffizienten, die für Diffusionsströme typisch sind.
4. Die logarithmische Analyse der Strom-Zeit-Kurven an einem einzelnen Quecksilbertropfen bei konstantem Potential im Grenzstrombereich wurde für Dibenzoylperoxyd und p,p'-Dinitro-dibenzoylperoxyd durchgeführt. In beiden Fällen wurde ein α-Wert von 0,2 gefunden.

Alle diese Untersuchungen 1—4 beweisen das Auftreten von Diffusionsströmen bei der polarographischen Reduktion von Dibenzoylperoxyden.

Wir möchten Herrn Prof. Dr. A. RIECHE für sein reges Interesse an dieser Arbeit danken. Unser Dank gilt auch Herrn Prof. Dr. J. HEYROVSKÝ, der dem einen von uns (K.-H. SCHWARZ) ermöglichte, im Polarographischen Institut der Tschechoslowakischen Akademie der Wissenschaften in Prag die polarographische Methode kennenzulernen. Für Unterstützung und Ratschläge danken wir den Herren Dr. H. BERG (Jena), Dr. O. EXNER (Prag), Dr. J. KŮTA (Prag) und Dr. J. VOLKE (Prag).

SUMMARY

A report is given on the polarographic behaviour of some alkyl hydroperoxides and diacyl peroxides. With an increasing number of methyl substituents at the C-atom in α-position to the peroxide group the half-wave potential of the hydroperoxides studied is shifted towards more positive values. Using hydrogen peroxide, methyl and ethyl hydroperoxide in Britton-Robinson-buffer, the resulting limiting currents are diffusion currents, using isopropyl, tert. butyl and tetrahydrofuran hydroperoxide, they are adsorption currents. In the middle range of pH the half-wave potentials are constant, in acid or alkaline solutions, however, they are shifted towards more negative values.

Describing the half-wave potentials of substituted dibenzoyl peroxides by the Hammett equation two straight lines of regression are obtained. This course of curves was observed fo the first time in the case of polarographic measurements. For explanation two mechanisms of the cleavage of the OO-bond are discussed.

Literatur

[1] RIECHE, A., Angew. Chem. **70**, 251 (1958); CRIEGEE, R., „Herstellung und Umwandlung von Peroxyden“ in HOUBEN-WEYL, Methoden der organischen Chemie, Thieme, Stuttgart 1952, 8, 1—74; MILAS, N. A., „Organic peroxides and peroxy compounds“, Encyclopedia of Chemical Technology, Interscience Publishers, New-York, 1953, **10**, 58—88; TOBOLSKY, A. W., MESROBIAN, R. B., „Organic Peroxides“, Interscience Publishers, New-York, 1954; DAVIES, A. S., „Organic Peroxides“, Butterworths, London, 1961; HAWKINS, E. G. E., „Organic Peroxides“, Spon, London, 1961; SCHMITZ, E., „Über Autoxydationsvorgänge und organische Peroxyde“, Akademie-Verlag, Berlin 1962.

[2] „Die Rolle der Peroxyde und des Sauerstoffs in den Anfangsstadien des radiobiologischen Effektes“ (russ.), Vortragsberichte, herausgegeben von KUZIN, A. M., Verlag der Akademie der Wissenschaften der UdSSR, Moskau 1960; MAGNUS, H., SOMMERMEYER, K., Naturwissenschaften **47**, 496 (1960).

[3] BEZUGLYJ, V. D., DMITRIEVA, V. N., J. angew. Chem. (russ.) **31**, 298 (1958).

[4] RIECHE, A., ELSCHNER, B., LANDBECK, M., Angew. Chem. **72**, 385 (1960); LANDBECK, M., Mber. dtsch. Akad. Wiss. Berlin **3**, 657 (1961).

[5] Literaturübersicht in: BŘEZINA, M., ZUMAN, P., „Die Polarographie in der Medizin, Biochemie und Pharmazie“, Geest und Portig K.-G., Leipzig 1956, S. 169—173; SCHWABE, K., „Polarographie und chemische Konstitution organischer Verbindungen“, Akademie-Verlag, Berlin 1957, S. 362—366.

[6] Literaturübersicht in: BŘEZINA, M., ZUMAN, P., loc. cit. 5, S. 166—169.

[7] GOTTSCHALK, G., Diplomarbeit, Math.-nat. Fakultät der Humboldt-Universität zu Berlin, 1959; RIECHE, A., SCHULZ, M., GOTTSCHALK, G., unveröffentlicht.

[8] HOCK, H., KROPF, H., Chem. Ber. **88**, 1544 (1955).

[9] SCHUMP, W. C., SATTERFIELD, C. N., WENTWORTH, R. L., „Hydrogen Peroxide“, Reinhold, New York 1955, S. 475.

[10] KHARASCH, M. S., FONO, A., NUDENBERG, W., BISCHOF, B., J. org. Chemistry **17**, 207 (1952).

[11] KORNBLUM, N., DE LA MARE, H. E., J. Amer. chem. Soc. **73**, 880 (1951).

[12] FRUMKIN, A., Ergebn. d. exakt. Naturw. **7**, 235 (1928).

[13] Siehe RIECHE, A., SCHULZ, M., SCHWARZ, K.-H., Vortrag zur Jahreshaupttagung der Chem. Ges. der DDR am 23. 11. 62 in Leipzig. Ref.: Angew. Chem. **75**, 303 (1963); Z. Chem. **3**, 119 (1963).

[14] ZUMAN, P., Collect. czechoslov. chem. Commun. **25**, 3225 (1960).

[15] JAFFÉ, H. H., Chem. Rev. **53**, 191 (1953).

[16] SCHWARZ, K.-H., in Vorbereitung befindliche Dissertation, Math.-nat. Fakultät der Humboldt-Universität zu Berlin, 1964.

A—15

Die Polarographie in der Photo-Biochemie

H. Berg

Institut für Mikrobiologie und experimentelle Therapie Jena
der Deutschen Akademie der Wissenschaften zu Berlin

Zu den wichtigsten Gebieten der Photo-Biologie gehören die Photosynthese, der Visualprozeß, die Biolumineszenz und der photodynamische Effekt. Die moderne Polarographie vermag neben der Spektroskopie zur Lösung dieser Probleme beizutragen, insbesondere bei Photolysen, Photooxydationen und Photoreduktion, worüber im ersten Teil dieser Zusammenfassung mit charakteristischen Beispielen berichtet wird. Anschließend wird zur Analyse von Zwischenreaktionen übergegangen, die im Rahmen der Photo-Polarographie [1, 2] der Messung zugänglich geworden sind. Die experimentellen Voraussetzungen [3] dafür sollen nur in den Grundzügen geschildert werden.

1. Experimentelles

Die polarographische Meßanordnung (Meßzelle, Tropfelektrode, Bezugselektrode) ist den photochemischen und biochemischen Bedingungen des jeweiligen Problems anzupassen, was auf verschiedene Weise geschehen kann. Für direkte Registrierung werden bevorzugt: die zylindrische Meßzelle aus Quarz oder Uviol-Glas mit angeschmolzenem Temperiermantel oder die optisch einwandfreie kubische Küvette mit aufgeschmolzenem Deckel und Schliffstutzen. Die Strahlungsquelle (Quecksilber-Brenner, Gasentladungsrohr, Wolframbandlampe) befinden sich im ersten Falle unterhalb der Zelle (Abb. 1) oder um sie herum (Abb. 2), im zweiten wird wie üblich paralleles Licht seitlich eingestrahlt [4]. Durch Stutzen werden von oben eingeführt: die Tropfelektrode in Form der Spitzkapillare zwecks Verringerung des Verarmungseffektes [3], die Kalomelelektrode und eine Kapillare zum Durchleiten von gereinigtem Stickstoff oder Argon. Die Anwendung der üblichen Lichtquellen für Dauerbestrahlung setzt voraus, daß die sorgfältig entlüftete Depolarisatorlösung während der Einbrenndauer abgedunkelt ist und beim Reaktionsstart sofort gleichmäßig durchstrahlt wird. Für die Meßzelle von Abb. 2 geschieht das mit Hilfe eines leicht beweglichen Stahlzylinders, der während beschleunigter Abwärtsbewegung die Zelle freigibt.

Die Synchronisation des Meßoszillographen mit der vom Blitz ausgelösten Stromänderung wurde von H. Schweiss [5] ausgearbeitet. Auf diese Weise kann der Blitz bei einer vorwählbaren Zeit nach Tropfenbeginn die Reaktion starten. Zur Registrierung dienten u. a. der Impulsoszillograph (OG 1—10 von *RFT*, mit Vorverstärker *DISA* 51 B 01), woran mit einer Praktiflex auf 21° DIN Film photographiert wurde, sowie der Schnellschreiberpolarograph-*SELECTOR* der *ATLAS*-Werke. Der Blitzverlauf selbst wurde über eine Photozelle auf demselben Oszillographen registriert. Die Auswertung der Oszillogramme erfolgte nach Vergrößerung 1:4 mit Hilfe des *Zeiß*-Spektrenprojektors.

2. Ergebnisse und Diskussion

2.1 Polarographische Verfolgung von langsamen Bruttoreaktionen

Ebenso wie die Gleichspannungspolarographie in der chemischen Homogenkinetik erfolgreich eingesetzt wird [6], vermag sie auch unter Licht- und Ionisationsstrahlungseinwirkung den Verlauf mancher Photoreaktionen genauso zu verfolgen wie die Spektrophotometrie. An Hand typischer Beispiele soll nun erläutert werden, welche Veränderungen im Polarogramm bei *Photolysen*, *Photooxydationen* und *Photoreduktionen* auftreten können.

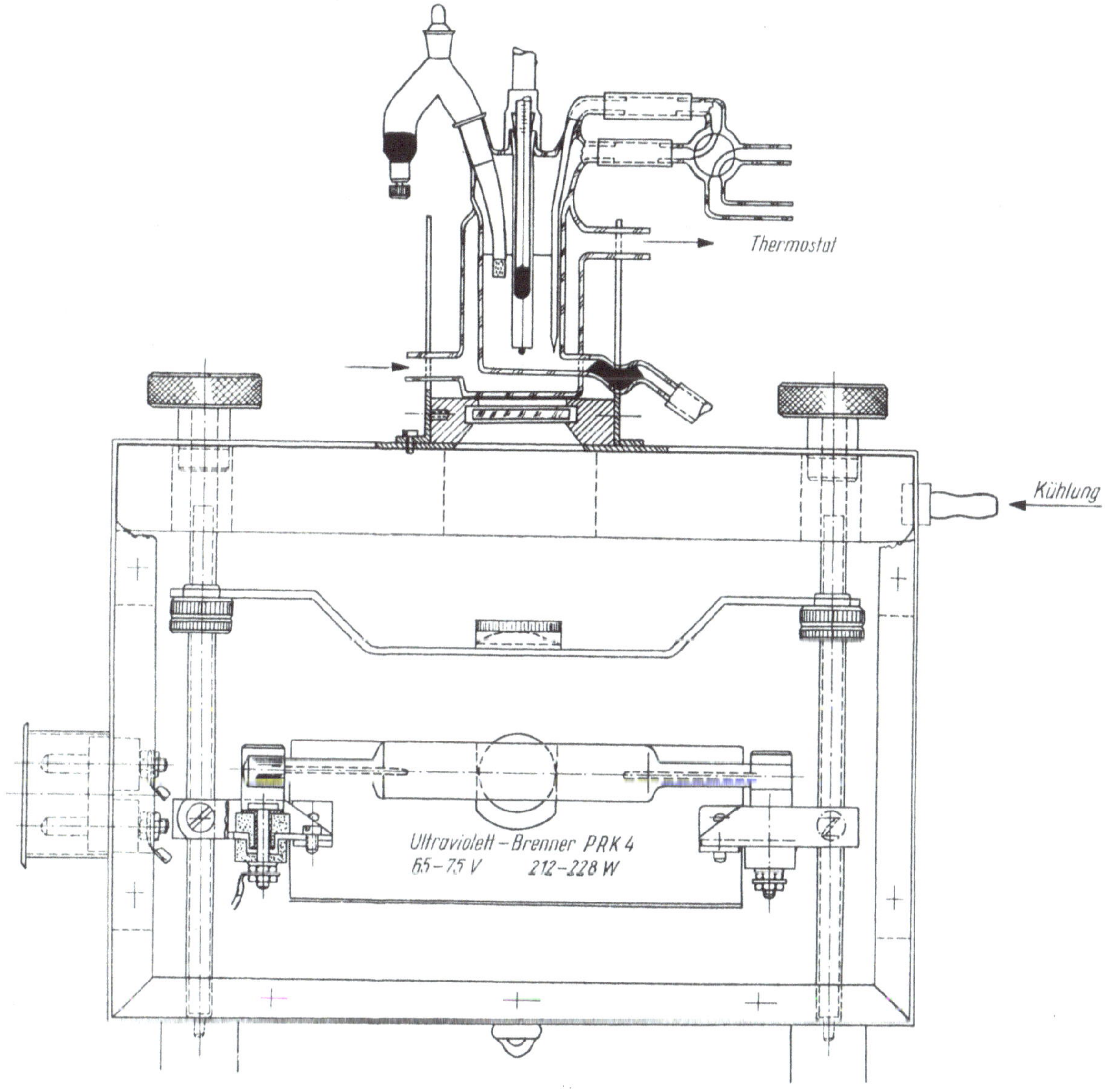

Abb. 1. Quarzmeßzelle in Schutzgehäuse zur Bestrahlung von unten durch stabförmige Quecksilberhochdrucklampe (PRK)

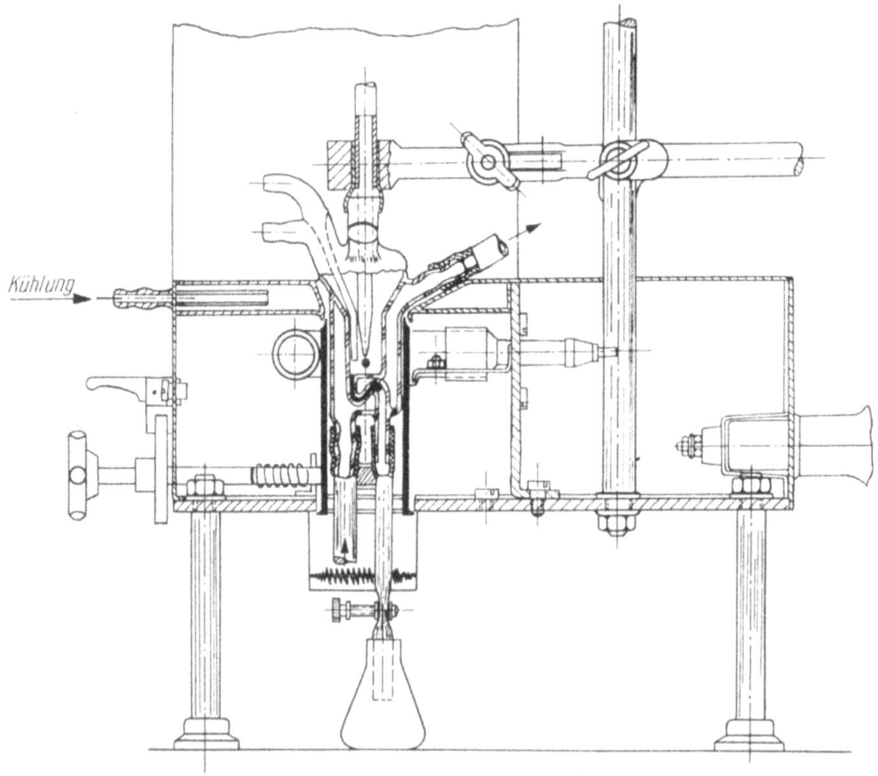

Abb. 2. Quarzmeßzelle mit Spitzkapillare für konzentrische Intensiv-Dauerbestrahlung mit U-förmigem Quecksilberhochdruckbrenner (U—500). (Der Stahlzylinder befindet sich in Abschirmstellung)

2.1.1. Photolysen

Unter Photolysen im engeren Sinne wollen wir die vollständige Spaltung chemischer Bindungen nach Anregung und eine daraus resultierende tiefgreifende irreversible Umwandlung des Moleküls verstehen. Damit verändern sich natürlich die polarographischen Eigenschaften und zwar lassen sich nach dem Polarogramm drei Möglichkeiten unterscheiden.

2.1.1.1. Eine polarographisch aktive Gruppe wird photolytisch zerstört

Der 4-[Methyl-nitrosamino]-benzaldehyd, ein Stoffwechselprodukt aus der Kultur von *Clitocybe suaveolens* [7], verursacht im mittleren pH-Bereich ein zweistufiges Polarogramm, unter Aufnahme von 4 und 2 Elektronen:

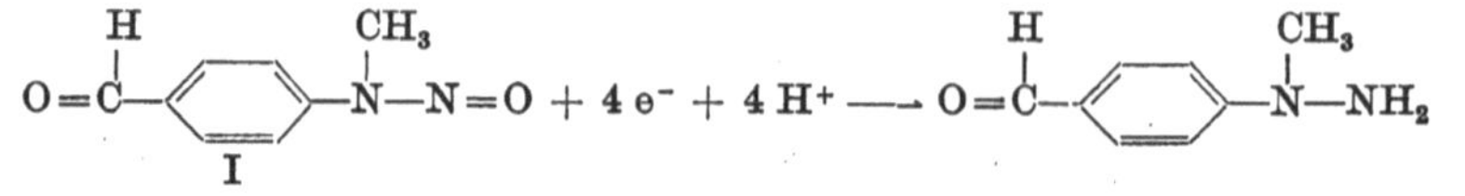

I (1)

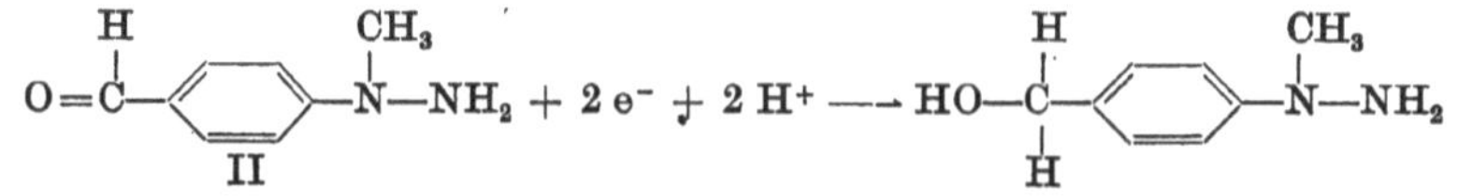

II (2)

Bestrahlung der 5% äthanolischen Lösung (pH 6,6) bringt die Stufe (1) $\pi_{1/2} = -0{,}93$ V zum Verschwinden, während die zweite (2) $\pi_{1/2} = -1{,}32$ V erhalten bleibt (Abb. 3). Es entsteht dabei keine neue Stufe, woraus zu schließen ist, daß die Nitrosogruppe des angeregten Moleküls abgespalten oder in eine polarographisch inaktive Gruppe wie $-NH_2$ umgewandelt wird.

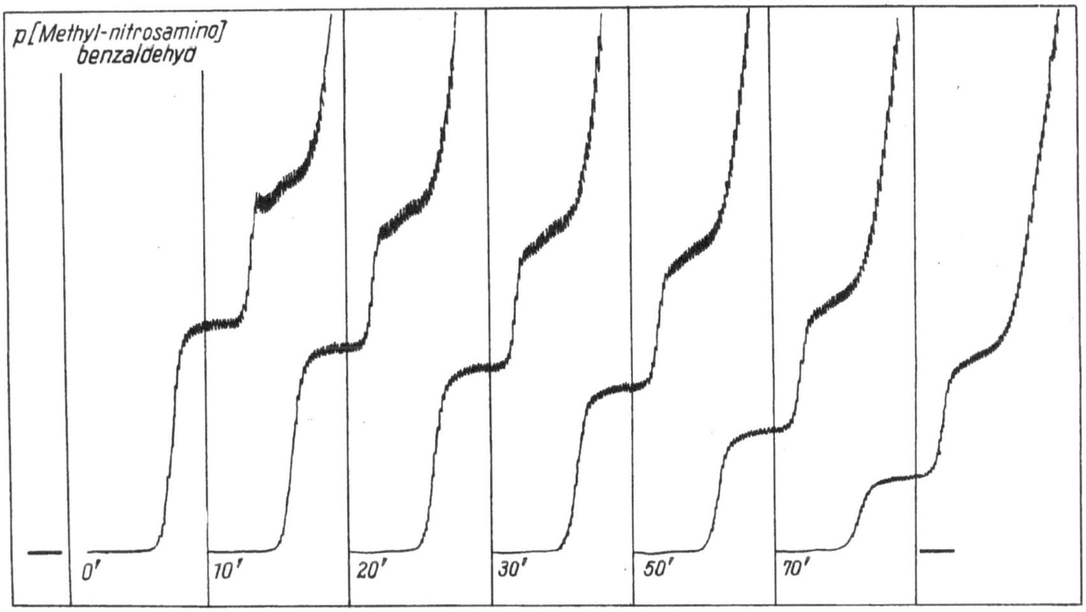

Abb. 3. Polarogramme der Dauerbestrahlung von p-Methyl-nitrosaminobenzaldehyd, $4 \cdot 10^{-4}$ m in 5% Äthanol, pH 7 (Bestrahlungszeit in Minuten)

2.1.1.2. Eine polarographisch aktive Gruppe wird gebildet

Die Bestrahlung einfacher Pyrimidinderivate, welche in neutraler Lösung häufig nur durch ihre katalytischen Wasserstoffwellen am Ende der Polarogramms in Erscheinung treten, gibt Aufklärung über kompliziertere Effekte etwa bei Nukleinsäuren. Als Beispiel diene das auf Anregung von D. Shugar [8] untersuchte 2,6-Dimethyl-4-aminopyrimidin [9], welches im Laufe der Bestrahlung einer wäßrigen Lösung pH 7 eine positivere Stufe mit $\pi_{1/2} = -1{,}3$ V bildet, die in einer Dunkelreaktion k_1 mit einer Halbwertszeit von etwa 110 Minuten wieder verschwindet (Abb. 4).

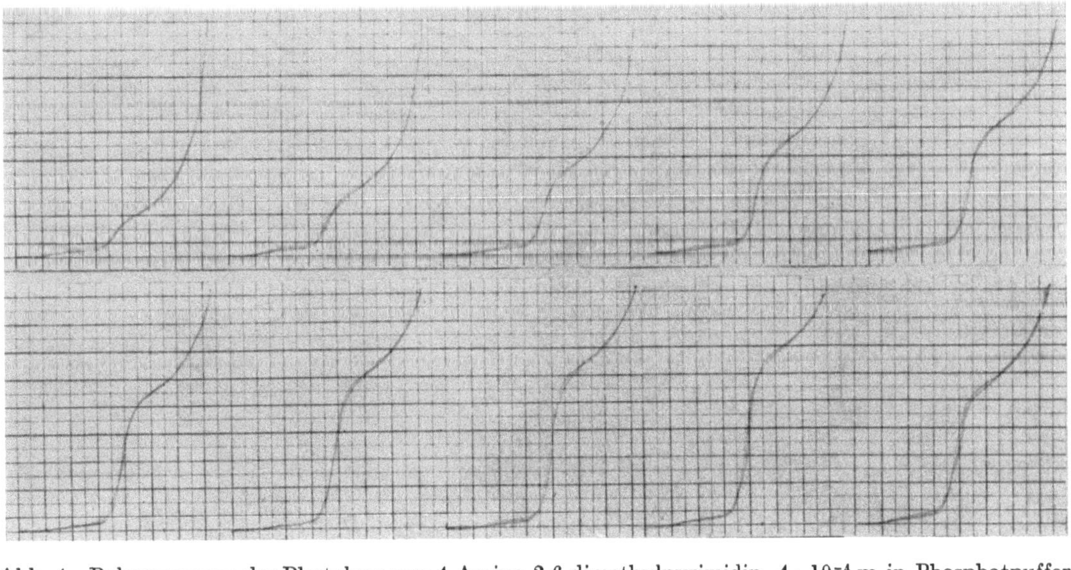

Abb. 4. Polarogramme der Photolyse von 4-Amino-2,6-dimethylpyrimidin, $4 \cdot 10^{-4}$ m in Phosphatpuffer. 1. Polarogramm nach 10 Minuten Bestrahlung, die nächsten mit 10 Minuten Abstand. Nach 90 Minuten Bestrahlung wurde 165 Minuten im Dunkeln stehengelassen und die letzte Stufe in der unteren Reihe registriert

Für die Entstehung des Depolarisators gibt es zwei Möglichkeiten: eine Dimerisation oder eine Ringspaltung. Die erleichterte Reduktion des Photoproduktes spricht für die Spaltung, welche nach Shugar und Wierzchowski an zwei Ringstellen erfolgen soll:

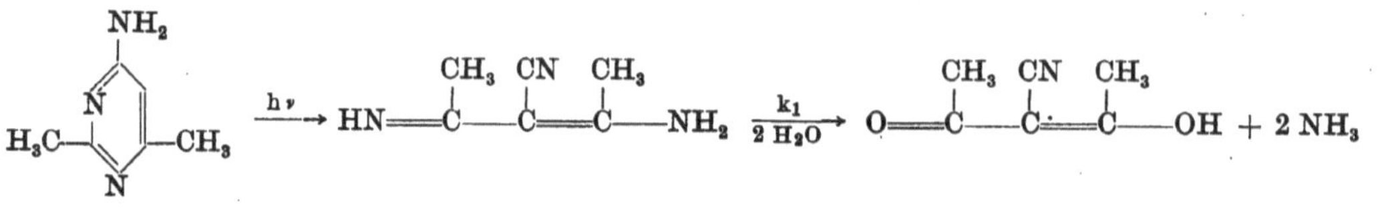

(3)

III IV V

Da die Stufe dem Produkt (IV) angehört, läßt der Verlauf von Licht- und Dunkelreaktion erkennen, daß keine Rückreaktion zu (III) erfolgt.

2.1.1.3. Eine polarographisch aktive Gruppe wird zerstört, wodurch sich das Halbstufenpotential einer zweiten ändert

Dieser Spezialfall, welcher im Gegensatz zu dem Beispiel des Nitrosaminaldehyds (2.1.1.1.) steht, wurde bei Äthylenimino-Benzochinonen [10] aufgefunden. Nachdem sich gezeigt hatte, daß Hydrolyse und Elektrolyse eine Spaltung der Äthyleniminoringe herbeiführen, ließen sich auch die Veränderungen des Polarogramms (Abb. 5) nach Bestrahlung in der

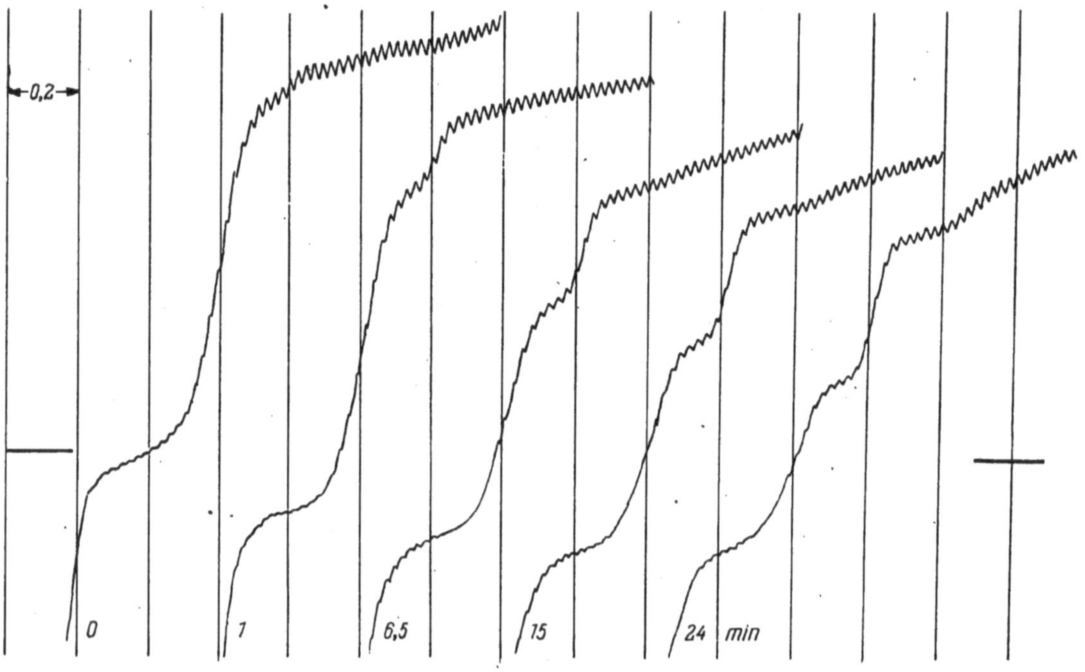

Abb. 5. Polarogramme der Bestrahlung von Bis-äthylenimino-benzochinon, $5 \cdot 10^{-4}$ m in Phosphatpuffer pH 11 mit 5% Methanol, 0,6 m an Na_2SO_4 (Chinonstufen)

entsprechenden Weise deuten. Während die negative Stufe, hervorgerufen durch die elektrochemische Spaltung der Äthyleniminoringe, abnimmt, teilt sich die reversible Chinonstufe auf, wobei die Gesamthöhe nahezu konstant bleibt. Beide Veränderungen im Gleichspannungspolarogramm, die sich ebenfalls im $\frac{d\pi}{dt} - \pi$-Oszillopolarogramm [11] (Abb. 6) bemerkbar machen, können zur Verfolgung der Photolyse:

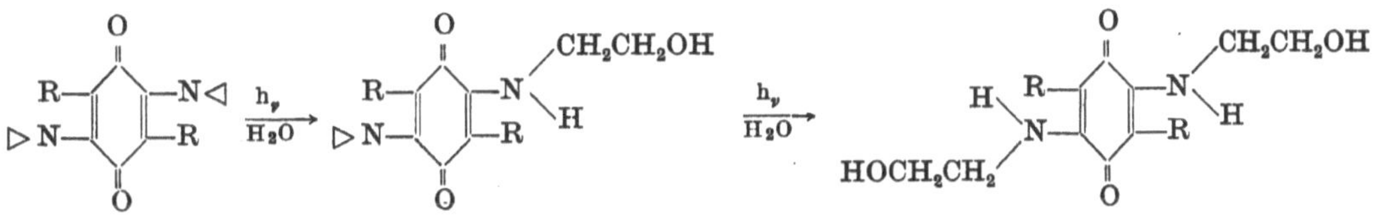

(4)

VI VII VIII

(mit paralleler Photoreduktion) dienen. Zwischen- und Endprodukt weisen negativere Halbstufenpotentiale der Chinongruppe auf, deren Elektronendichte durch die kettenförmigen Substituenten erhöht wird.

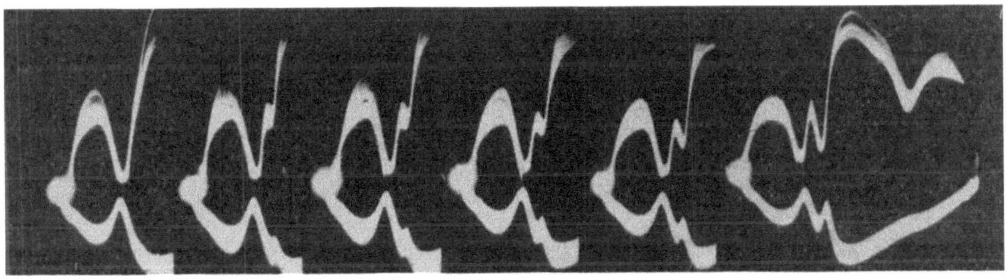

Abb. 6. Verfolgung der Bestrahlung von Bis-äthylenimino-benzochinon im $\frac{d\pi}{dt} - \pi$ Oszillogramm (Tropfelektrode). Der positive Einschnitt verschwindet, während ein negativerer entsteht, nach den Bestrahlungszeiten 12—62—70—80—105—120 Sek. (Bedingungen wie Abb. 5)

2.1.1.4. Die katalytische Wasserstoffabscheidung wird beeinflußt

Photolytische Veränderungen im Molekül können auch die Protonisierungsstellen beeinflussen. Besonders deutlich sprechen die katalytischen Wasserstoffwellen von Proteinen in Brdička-Lösung an und spiegeln dabei die Zerstörung vor allem der sekundären und tertiären Struktur nach Sprengung der S—S-Brücken wieder. Wie im Falle der Hydrolyse (vgl. O. H. Müller, dieser Band, B—5) verschwindet die Doppelwelle nach längerer Einwirkung, und das Kobaltmaximum wird nicht mehr gedämpft. Zwei Modifikationen dieses Verlaufes sind dabei zu unterscheiden (Abb. 7):

a) Der mehr oder weniger schnelle Abfall der katalytischen Wellen nach Einsetzen der Bestrahlung:
Lysozym (M = 14 000, Cystin-Cystein-Gehalt 7%);
Ribonuclease (M = 13 600, Cystin-Cystein-Gehalt 7%).

b) Ein Maximum, insbesondere der negativeren Welle, wird bei Bestrahlung durchlaufen:
Rinderserum—Albumin
(M = 70 000, Cystin-Cystein-Gehalt 6%).

Man darf daraus schließen, daß bei den größeren Molekülen zunächst weitere HS-Gruppen freigelegt und an der Elektrode wirksam werden. Danach führt die Zerstörung der Kobaltkomplexe zum Absinken der Wellen, wobei eine Koagulation als Begleiterscheinung nicht ausgeschlossen ist.

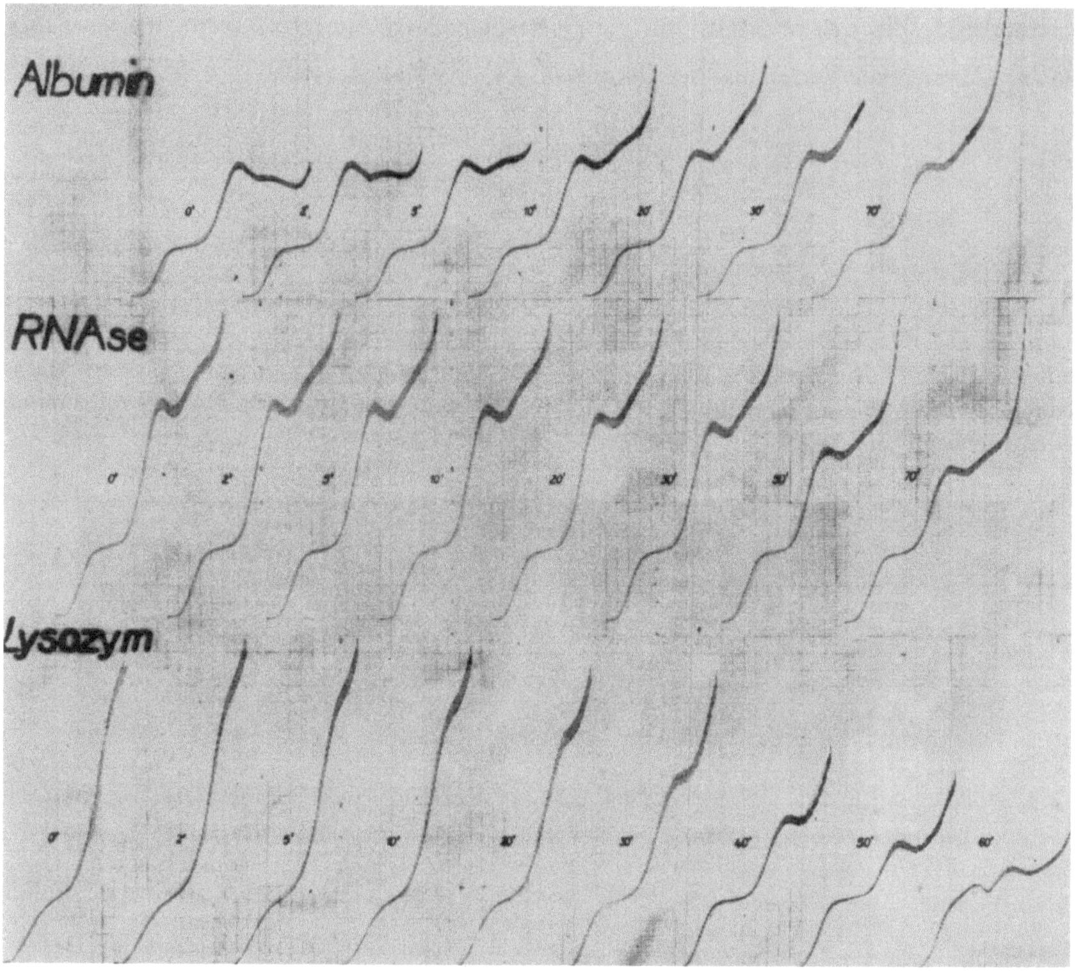

Abb. 7. Änderung der *BRDIČKA*-Wellen von Albumin, Ribonuclease und Lysozym während der Bestrahlung (Zeiten in Minuten für gleiche Bedingungen angegeben, 1. Stufe: $Co^{2+} \rightarrow Co$)

2.1.1.5. Das Adsorptionsvermögen wird beeinflußt

Insbesondere für Makromoleküle, die keine Durchtrittsreaktion bewirken können, stehen noch zwei indirekte molekulargewichtsabhängige Möglichkeiten zur Verfolgung ihrer Photolyse offen:

a) Die Verminderung der Adduktbildung mit einem niedermolekularen Depolarisator (z.B. Farbstoff). Bestimmung des Adduktgleichgewichtes in Abhängigkeit von der Bestrahlungszeit aus der Stufenhöhe des freien Depolarisators.

b) Die Änderung der Eigenadsorption des Makromoleküls an der Oberfläche des Quecksilbertropfens. Dadurch können Maxima 1. und 2. Art in unterschiedlicher Weise gedämpft werden.

Nukleinsäuren und Dextran erhöhen mit fortschreitender Photolyse ihre Adsorbierbarkeit [12, 13] und damit die Maximadämpfung: $P = 1 - \frac{h}{h_0}$ (Abb. 8), worin bedeuten h_0 die Höhe z.B. des spitzen Sauerstoffmaximums ohne gelöste Makromoleküle, h die Höhe bei bestimmter Makromolekülkonzentration. Die Konzentration für $P = 1/2$ steht in Beziehung zum entstandenen Molekulargewicht:

$$c_{1/2} = a\,(\log M) + b \tag{5}$$

Die Methode erlaubt die Verfolgung der Photolyse sehr verdünnter Lösungen von Makromolekülen (ebenso wie den Abbau allgemein, vgl. B—12, dieser Band).

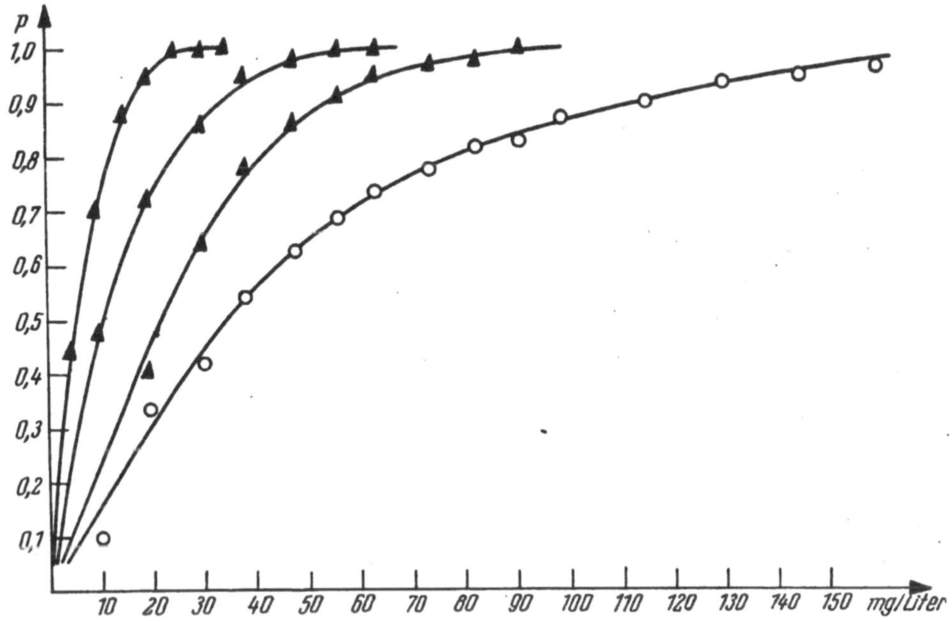

Abb. 8. Dämpfung P des Sauerstoffmaximums in Abhängigkeit von der Bestrahlungsdauer des 2%igen nativen Dextrans

○ — ○ unbestrahlt

▲ — ▲ von rechts nach links: Bestrahlungsdauer 5, 20, 320 min (Quecksilberhochdrucklampe ohne Filter)

2.1.2. Photooxydationen

Die Einwirkung von Sauerstoff auf angeregte Moleküle ohne und in Gegenwart von Sensibilisatoren führt zu vielfältigen Produkten: Peroxydbrücken, Hydroperoxyden u. a.:

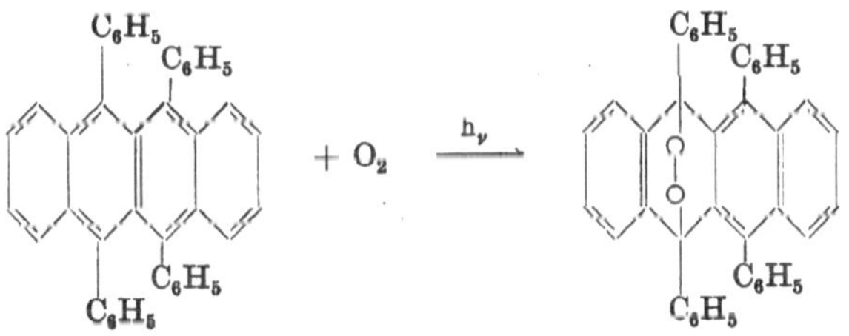

IX X (6)

Die Peroxyde und einige ihrer Folgeprodukte sind fast stets polarographisch aktiv. Die Photooxydation und das Polarographieren selbst können aus Löslichkeitsgründen häufig nicht im gleichen Medium erfolgen (vgl. A—14).

2.1.2.1. Kohlenwasserstoffe

Im Polarogramm der Abb. 9 wird ein fortgeschrittenes Stadium der O_2-Einwirkung auf α-Pinen wiedergegeben, wobei zwei Bereiche der Reduktionsstufenlage zu unterscheiden sind. Der positivere ($>$ — 1,2 V) ist den Hydroperoxyden, der negativere ($<$ — 1,2 V) Teil ist den stabileren Folgeprodukten XIII zuzuordnen, was mit dem Schema (7a) und (7b) in Einklang steht:

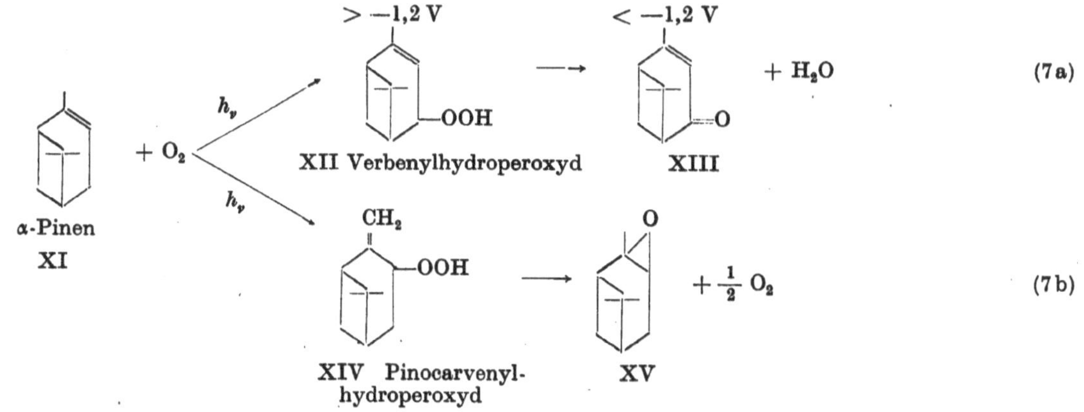

Auf diesem Gebiet steht der Polarographie noch ein weiteres Feld offen.

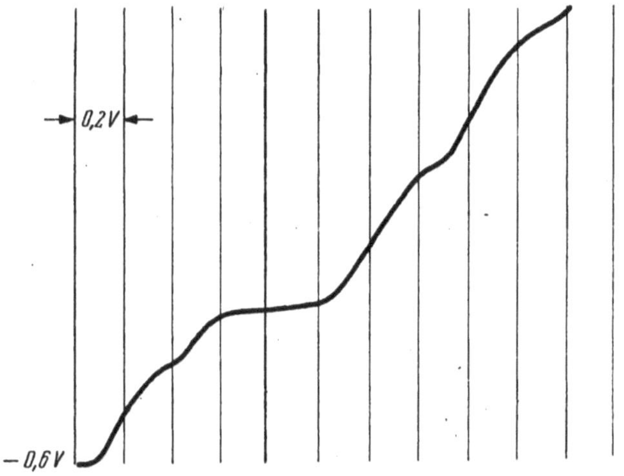

Abb. 9. Polarogramme einer 80% äthanolischen Lösung von photooxydiertem α-Pinen ($\Delta\pi$ = 0,2 V, ab −0,6 V, Leitsalz: Tetraäthylammoniumjodid, NCE)

2.1.2.2. Chlorophyllabkömmlinge

Die mehrstufigen Polarogramme (vgl. Kapitel 2.1.3.2.3.) von Chlorophyllen, Chlorophyllinen, Bacteriochlorophyll, verändern sich bei Bestrahlung luftgesättigter alkoholischer Lösungen generell in folgender Weise (Abb. 10a). Im Bereich der negativsten Stufen wächst eine breite Welle heran (wahrscheinlich Peroxydentstehung), erreicht eine Maximalhöhe und verschwindet nach etwa 30 Minuten intensiver Bestrahlung. Die gleichzeitige Ausbleichung des grünen Chromophors kennzeichnet ebenfalls die Photolyse des Depolarisators.

2.1.3. Photoreduktionen

Photoreduktionen greifen häufig an der polarographisch aktiven Gruppe an und bringen damit die Reduktionsstufe zum Verschwinden. Die Produkte sind dann entweder reversibel oder irreversibel an der Tropfelektrode oxydierbar oder lassen sich erst bei sehr positiven Potentialen an der Platinelektrode reoxydieren [15].

2.1.3.1. Polarographisch reversible Photoprodukte entstehen

Nach den schematisierten Vorgängen

$$R \xrightarrow{h\nu} R^* \tag{8a}$$

$$R^* + DH_2 \longrightarrow RH_2 + D \tag{8b}$$

$$R + 2\,e^- + 2\,H^+ \longrightarrow RH_2 \tag{9}$$

sind das Photoprodukt RH_2, welches durch Wasserstoffübertragung vom Donator DH_2 entstanden ist (8b) und das Elektrodenprodukt aus Gl. (9) identisch. Für Chinone und chinoide Farbstoffe ist dieses Verhalten typisch, aber auch bei aromatischen Ketonen trifft man gleichlaufende elektrochemische und photochemische Reduktion, allerdings nur bis zum Austausch von einem H-Atom.

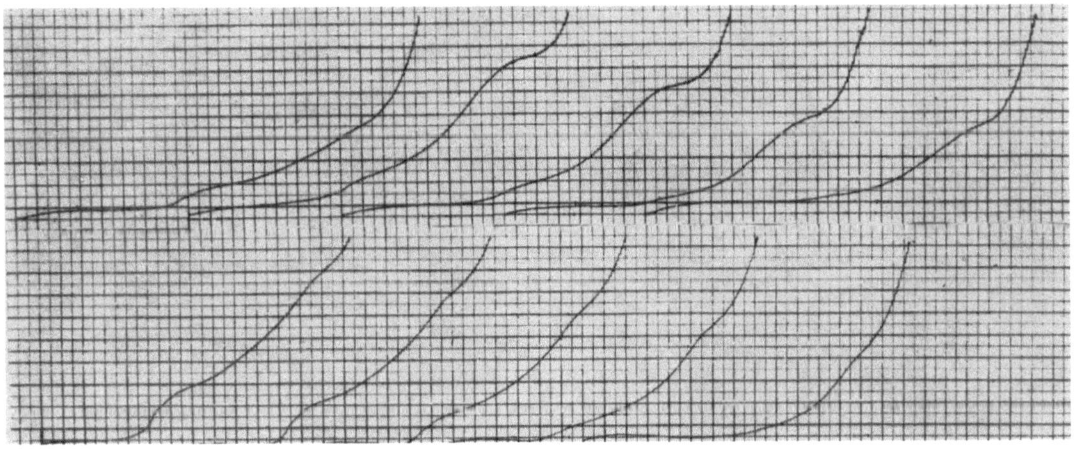

Abb. 10. Aerobe und anaerobe Bestrahlung von Chlorophyllin-Na ($4 \cdot 10^{-4}$ m in Puffer pH 7, 40% Isopropanol)

a) obere Polarogrammreihe: Lösung, gesättigt mit Luftsauerstoff während der Bestrahlung. Vor Registrierung des Polarogramms (ab 0 V gegen NCE) nach 0–0,5–2,5–10,5–20,5 Minuten jeweils entlüftet. Gesamtstufenhöhe geht durch ein Maximum

b) untere Polarogrammreihe: Entlüftete Lösung nach den Bestrahlungszeiten 0–1–3–6–11 Minuten registriert (ab −0,3 gegen NCE, 2,5fache Schreiberempfindlichkeit gegenüber der Reihe a)

2.1.3.1.1. Anthrachinone als vereinfachte Modelle für die Hill-Reaktion

Angeregte Anthrachinone sind fähig, selbst dem Wasser H-Atome zu entreißen (Abb. 11):

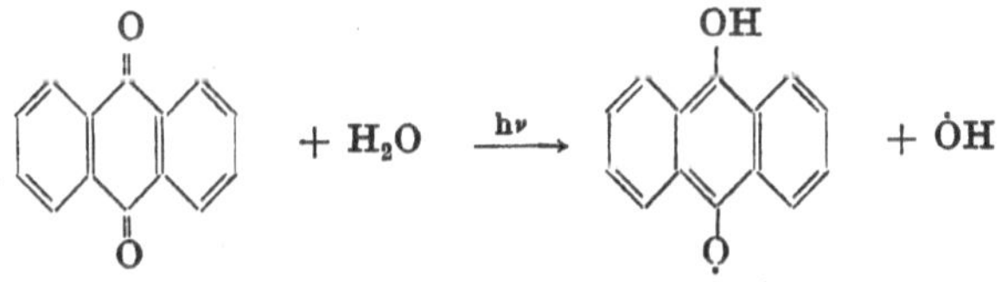

XVI XVII (10a)

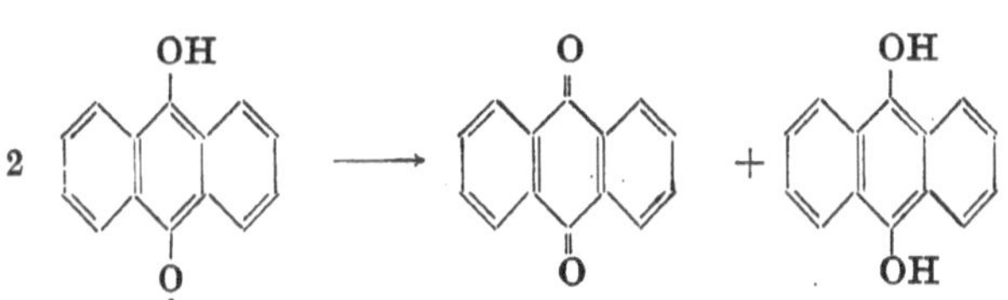

XVIII (10b)

und zwar schon ohne Anwesenheit von Chlorophyll. Das weitere Schicksal des kurzlebigen ȮH-Radikals wurde noch nicht geklärt. Nur in Gegenwart von Sauerstoff konnte die Bildung von H_2O_2 vermutlich über dieses Radikal nachgewiesen (Abb. 12) [14] und für cytotoxische Effekte in Bakterienkulturen ausgenutzt werden [16].

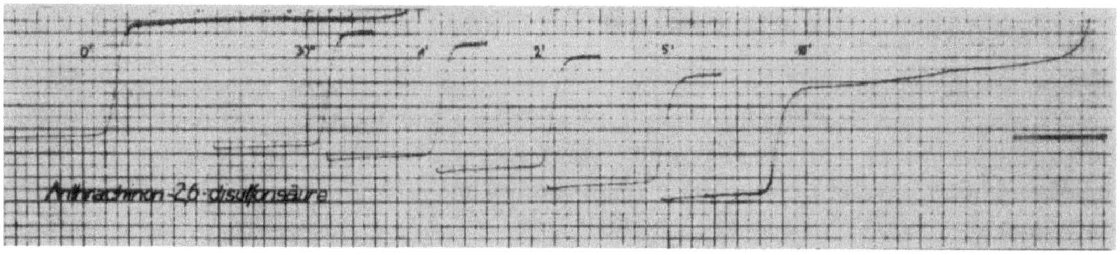

Abb. 11. Polarogramme von Anthrachinon-2,6-disulfonsäure in Phosphatpuffer pH 7 nach 0,5—1—2—5—10 Minuten Bestrahlung in der Apparatur nach Abb. 2

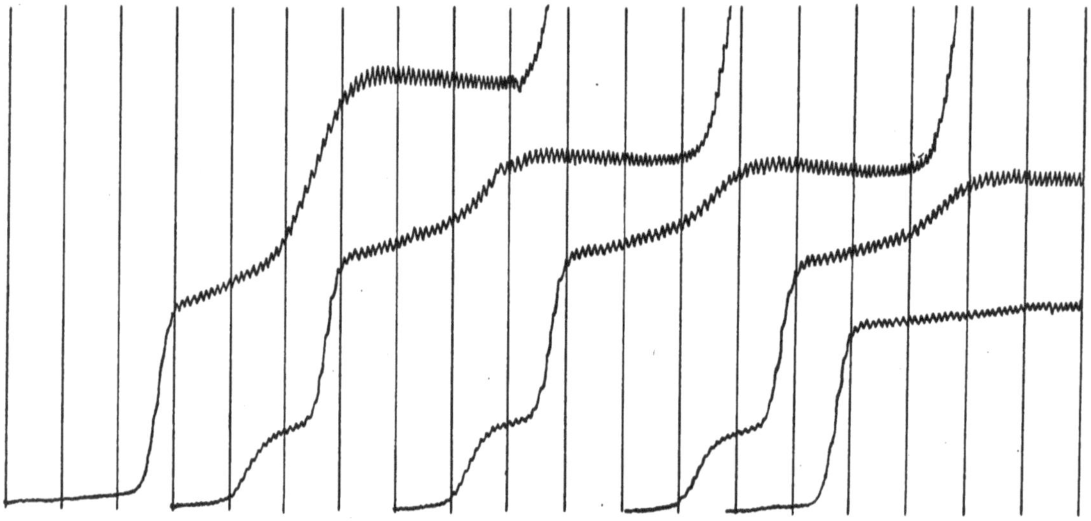

Abb. 12. Polarogramme von Anthrachinon-2-sulfonsäure in Phosphatpuffer pH 7, 40% Isopropanol nach der Bestrahlung in Gegenwart von Luftsauerstoff (1. Polarogramm), nach Zusatz von Katalase (2., 3., 4. Polarogramm, die mittlere Stufe gehört zur Chinongruppe, die positivste und negativste sind die 1. und 2. Sauerstoff-Stufe); 5. Polarogramm: nach Entlüftung der Lösung verbleibt nur die Chinonstufe

2.1.3.1.2. Das Antibiotikum Fervenulin

In isopropanolhaltiger Lösung wird das zweistufige Polarogramm durch Bestrahlung wie bei einer reversiblen elektrolytischen Reduktion der ersten Stufe verändert. Die negative Stufe bleibt dabei erhalten (Abb. 13). Nachträgliche Einwirkung von Luftsauerstoff bewirkt Reoxydation. Die photochemisch (und polarographisch) reversible Reduktion ist in folgender Weise vorzustellen:

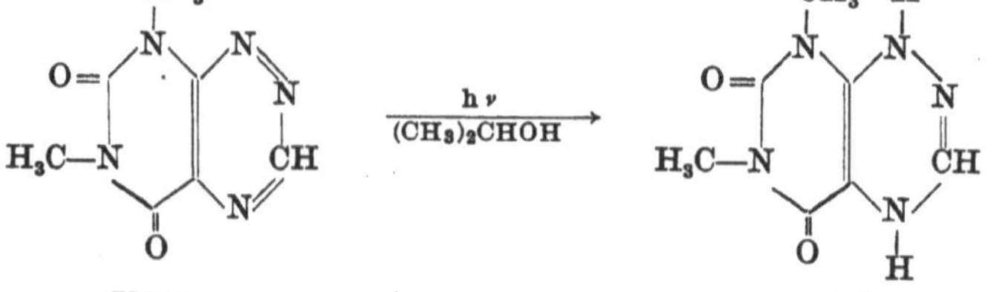

IXX XX (11)

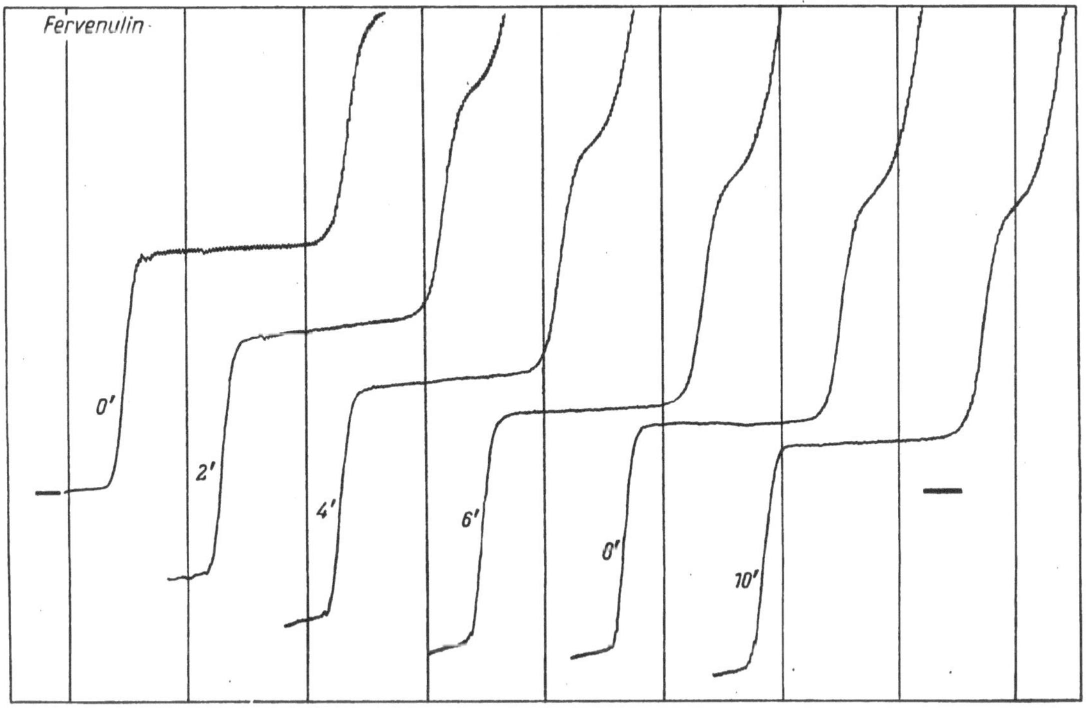

Abb. 13. Polarogramme von Fervenulin während der Bestrahlung in 40% Isopropanol, Phosphatpuffer pH 7; die positive Stufe sinkt unter die Galvanometer-Null-Linie

obgleich noch nicht ausgeschlossen ist, daß die beiden Wasserstoffatome an die N=C-Doppelbindung addiert werden können (vgl. ASAHI, dieser Band, A—9).

2.1.3.2. Polarographisch irreversible Photoreduktionsprodukte entstehen

Vom polarographischen Standpunkt lassen sich drei Gruppen unterscheiden:

a) Photoprodukte, die positivere Oxydationsstufen verursachen als die Reduktionsstufen der Ausgangssubstanzen;

b) Photoprodukte, die an der Quecksilberelektrode nicht oxydierbar sind;

c) Photoprodukte, in denen die polarographisch aktiven Gruppen selbst nicht verändert werden.

Hierzu einige Beispiele:

2.1.3.2.1. Das Antibiotikum Actinomycin

Actinomycin, dessen kompliziertes polarographisches Verhalten [18] auch während der Photoreduktion [17] in isopropanolhaltiger Lösung zu berücksichtigen ist, wird zunächst in den Leukofarbstoff (vgl. Formel I in A—3):

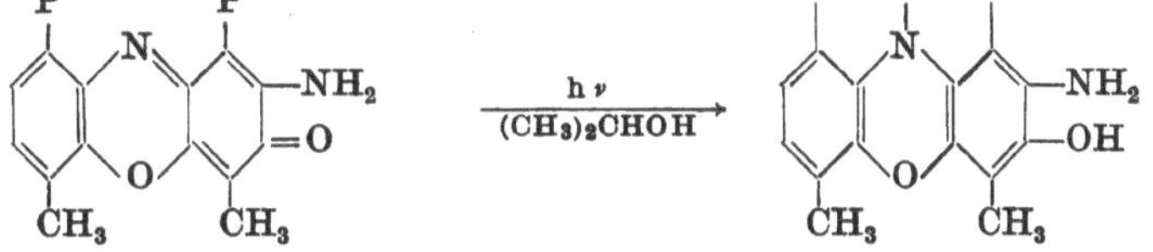

XXI → XXII (12)

überführt, wobei dessen positivere Oxydationsstufe ansteigt (Abb. 14a). Im weiteren Verlauf spaltet der Chromophor im Mittelring zu fluoreszierenden Bruchstücken auf, die langwellige Absorptionsbande verschwindet (Abb. 14b) und die Oxydationsstufe ebenfalls. Von den Peptidseitenketten P werden Aminosäuren abgetrennt, und die weitere Untersuchung muß papierchromatographisch und spektroskopisch [4, 17] erfolgen.

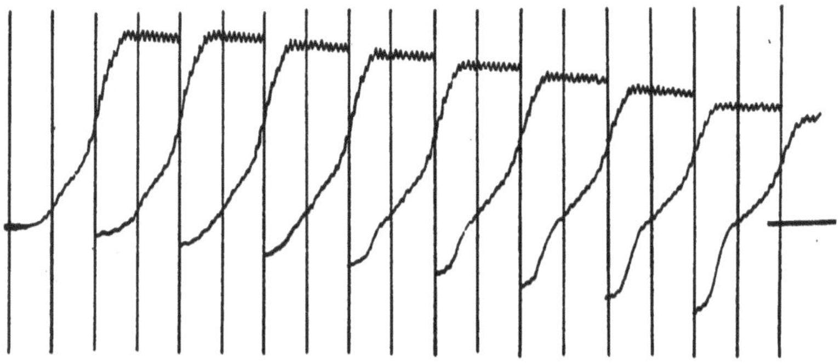

Abb. 14a

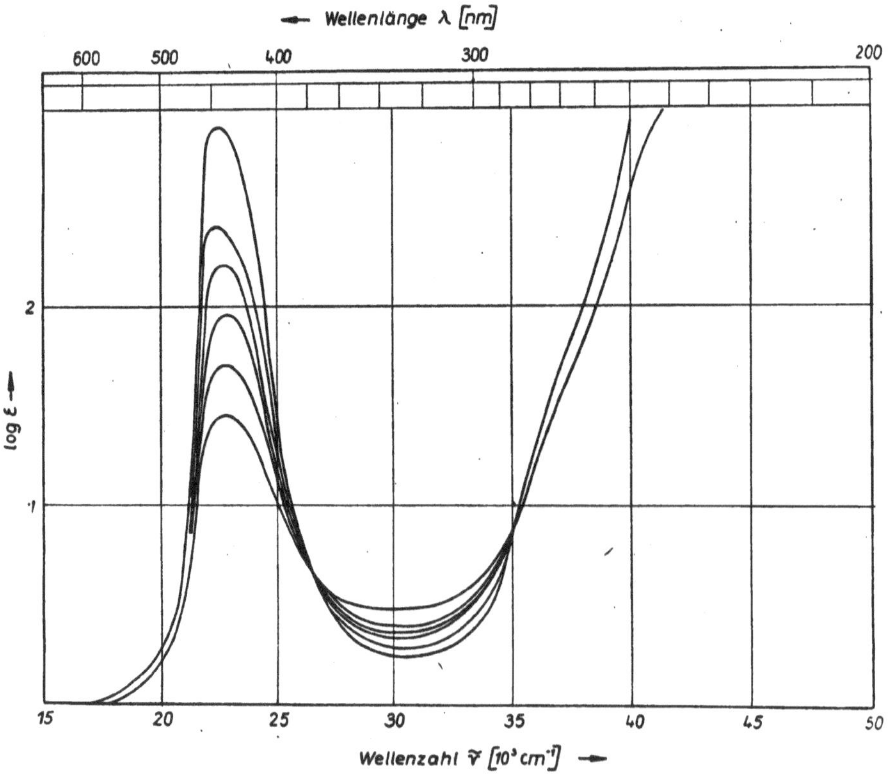

Abb. 14b. Polarogramme und Absorptionsspektren von Actinomycin ($2 \cdot 10^{-4}$ m, 40% Isopropanol, Phosphatpuffer pH 7) während der Bestrahlung.

a) Polarogramme

b) Spektren, von oben nach unten.

2.1.3.2.2. Diphosphopyridin-Nukleotid (DPN)

Bekanntlich setzt die polarographische Reduktion des DPN [19] am Nikotinsäureamid-Teil bei $\pi_{1/2} = -1{,}18$ V ein:

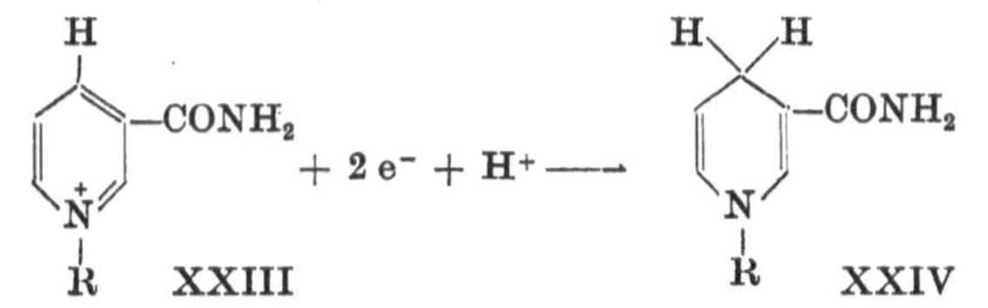

(13)

während die photochemisch gebildete Oxydationsstufe mit einem HSP von $-0{,}41$ V registriert wird. In saurer Lösung tritt noch die sehr negative Reduktionsstufe des protonisierten Adenin-Teiles auf (R = Adenosin-5′-diphosphatribose). Die Photoreduktion von XXIII in isopropanolischer Lösung führt zu XXIV, ohne daß sich eine Spaltung [20] bemerkbar macht. Im Polarogramm wächst im Laufe der Bestrahlung die Oxydationsstufe von XXIV auf die Höhe der ursprünglichen Reduktionsstufe von XXIII (Abb. 15) an.

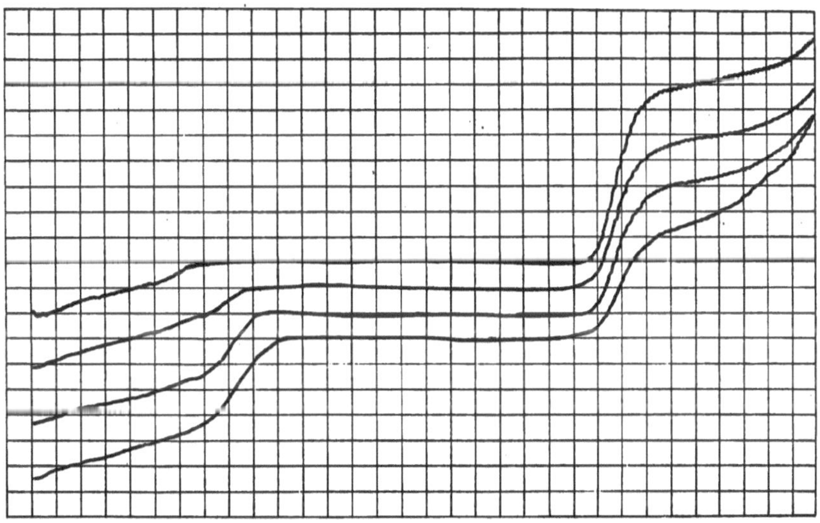

Abb. 15. Polarogramme von Diphosphopyridin-Nukleotid im Verlauf der Photoreduktion ($4 \cdot 10^{-4}$ m, Phosphatpuffer pH 7, 40% Isopropanol) nach 20—40—60 Minuten Bestrahlung (von oben nach unten)

2.1.3.2.3. Chlorophyllabkömmlinge

Unsere bisherigen Untersuchungen zur Photoreduktion erstreckten sich auf (vgl. 2.1.2.2.) Chlorophyll a + b, Chlorophyll-a, Chlorophyll-b, Na-Chlorophyllin, Na-Cu-Chlorophyllin, Bacteriochlorophyll, grünes Bacteriochlorophyll sowie auf dem Rhodoporphyrin ähnliche Ringsysteme. Zunächst wurde das polarographische Verhalten in den Grundzügen studiert. Danach muß die Ansicht von Rysselberghe [21] über den polarographischen Reduktionsmechanismus der Phytolseitenkette am Chlorophyll abgelehnt werden, während die Angaben von Wuggatzer und Christian [22] über Cu-Chlorophylline bestätigt werden konnten.

Wir stellten nun fest, daß unser *Na-Chlorophyllin* in isopropanolhaltigen Lösungen (60% Isopropanol, Phosphatpuffer vom Ausgangswert pH 7) eine Doppelstufe (Abb. 16) mit $(\pi_{1/2})_1 = -0{,}78$ V und $(\pi_{1/2})_2 = -1{,}2$ V verursacht, die nach Lage und Form große Ähnlichkeit mit der des Hämatoporphyrins [23] aufweist. Da die Chlorophylline als Chlorin-Abkömmlinge kein Magnesium enthalten, der V. Ring geöffnet und die Phytolseitenkette abgespalten ist, besteht auch strukturmäßig zu den vom Häm abgeleiteten Porphyrinen enge Verwandtschaft.

Die gleichartigen Stufen der beiden *Chlorophylle* aus *Scenedesmus* liegen demgegenüber negativer ($\pi_{1/2} = -1{,}3$ V) (Abb. 17). Zwischen Chlorophyll-a und -b ist nur bei der anschließenden Welle ($\pi_{1/2} = -1{,}6$ V) ein geringer lösungsmittelbedingter Unterschied festzustellen, was bedeutet, daß die Aldehydgruppe im Chlorophyll-b durch Hydratisierung

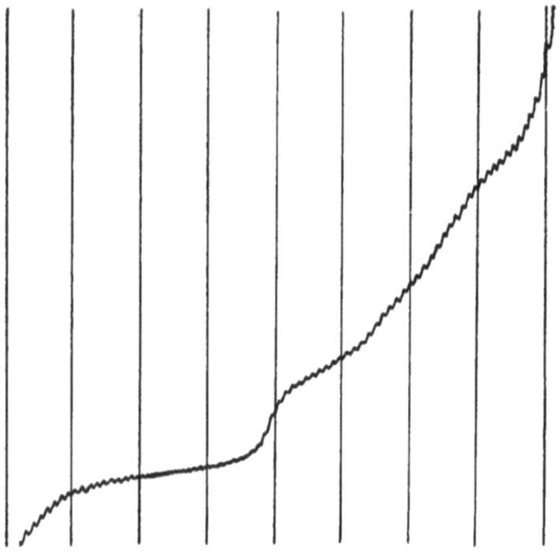

Abb. 16. Polarogramm von Na-Chlorophyllin (*MERCK*) (Phosphatpuffer pH 7, 60% Isopropanol). $\Delta\pi = 0{,}2$ V, ab 0 V

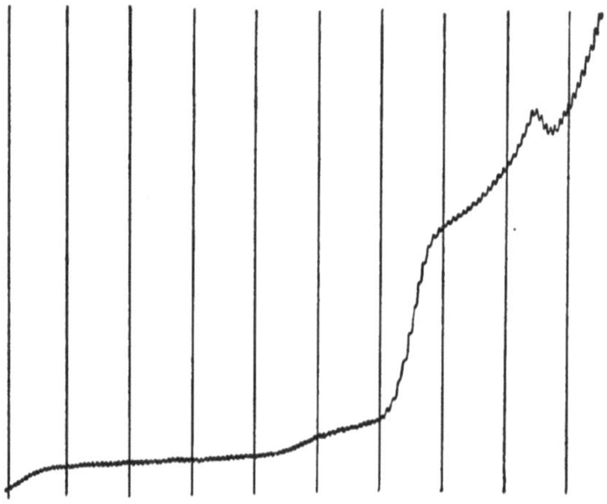

Abb. 17. Polarogramm von Chlorophyll-a ($4 \cdot 10^{-4}$ m in Phosphatpuffer pH 7, 60% Isopropanol) $\Delta\pi = 0{,}2$ V, ab 0 V

polarographisch inaktiv vorliegt. Beim Stehenlassen an der Luft bilden sich Oxydationsprodukte mit neuen Stufen, ähnlich denen des grünen Bacteriochlorophylls.

Das *Bacteriochlorophyll* (isoliert aus *Rhodospirillium rubrum*, dessen Rohextrakt wir Herrn Dipl.-Biologen WEBER aus unserem Institut verdanken) weist ein chlorophyllanaloges positiveres Stufenbild ($\pi_{1/2} = -1{,}05$ V) auf, das durch einen geringen Anteil eines Oxydationsproduktes modifiziert wird (Abb. 18).

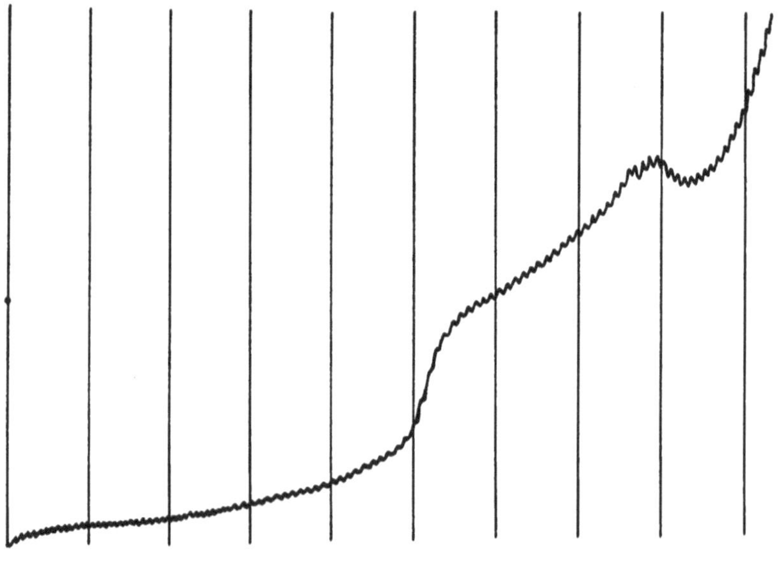

Abb. 18. Polarogramm von Bacteriochlorophyll ($\sim 3 \cdot 10^{-4}$ m in Phosphatpuffer pH 7, 60% Isopropanol). $\Delta\pi = 0{,}2$ V, ab 0 V

Sein *grünes Oxydationsprodukt* selbst verursacht die positivste Stufe (Abb. 19) ($\pi_{1/2} = -0{,}68$ V), woran sich eine gedehnte hohe Welle mit einem Maximum bei $-1{,}6$ V anschließt. Auch die rotbraunen Eluate geben Polarogramme wie das grüne Bacteriochlorophyll, und wir ordnen sie vorerst dem *Rhodoporphyrin* und seinen Verwandten (z. B. Phylloporphyrin) zu.

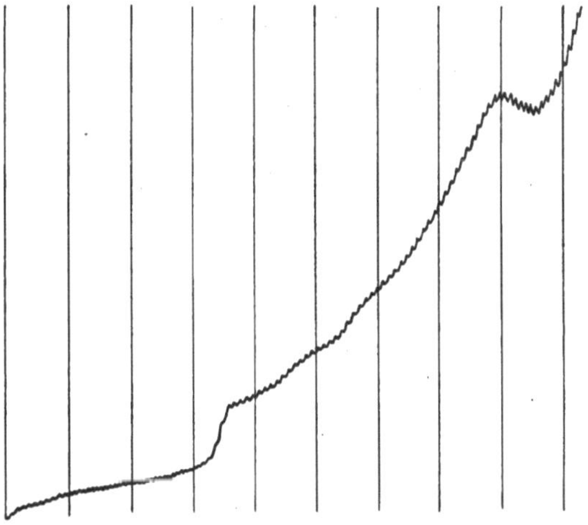

Abb. 19. Polarogramm von grünem Bacteriochlorophyll ($\sim 4 \cdot 10^{-4}$ m in Phosphatpuffer pH 7, 60% Isopropanol) $\Delta\pi = 0{,}2$ V, ab 0 V

Obwohl die Zuordnung der Stufen noch nicht möglich ist, kann schon jetzt gesagt werden, daß mindestens 2 Elektronen teilweise irreversibel aufgenommen werden, und zwar:

a) bei negativeren Potentialen, wenn die Chlorophyllstruktur vorliegt,
b) bei positiveren Potentialen, wenn Oxydationsprodukte der Chlorophylle (2 Wasserstoffatome weniger im Ring I), Systeme mit 4 Pyrrolringen (ohne Magnesium und ohne Phytolrest) vorliegen.

Erstaunlicherweise haben auch die Photochemiker [24—26] noch keine sichere Lokalisierung der im Verlauf der Chlorophyll-Photoreduktion z. B. von der Askorbinsäure übernommenen Wasserstoffatome angeben können. Es läßt sich daher nur erwarten, daß bei obiger Akzeptor-Gruppe b) die Aufnahme der Elektronen bzw. Wasserstoffe direkt in die Pyrrol-Ringe erfolgt, während bei den Chlorophyllen auch der Ring V [27] und IV als primärer Anlagerungsort anzusehen wären (XXV → XXVI):

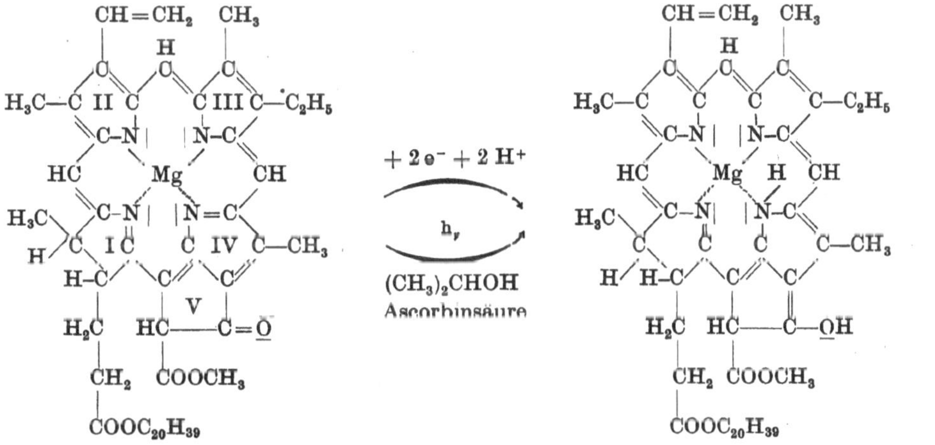

XXV XXVI (14)

Die Photoreduktionsversuche mit vorgenannten Farbstoffen in isopropanolhaltigen Lösungen ergaben eine merkliche Abnahme der Stufenhöhe beim Na-Chlorophyllin (Abb. 10b). Zusatz von Askorbinsäure erleichtert die Photoreduktion, allerdings wurden bisher noch keine Radikale oder reversible Oxydationsstufen des Leukochlorophylls beobachtet, wenn man von den Oxydationsstufen des radikalischen polarographischen Reduktionsproduktes absieht, die mit dem KALOUSEK-Umschalter registriert werden.

2.2. *Polarographische Verfolgung schneller Reaktionen und kurzlebiger Zwischenprodukte*

Die vorangehend geschilderten polarographischen Bestimmungen von Ausgangs- und Endprodukten verlaufen ähnlich in der Photochemie wie auch in der Strahlenchemie (vgl. Z. ZAGORSKI, dieser Band, D—9). Anders verhält es sich nun bei schnellen Reaktionen und kurzlebigen Zwischenprodukten auf Grund intensiver UV-Bestrahlung. Nicht allein daß eine ausreichende Konzentration von etwa 10^{-5} m dabei erzielt wird, sondern es werden sogar Veränderungen der Diffusionsschicht und der Elektrodenprozesse herbeigeführt. Diese neuartigen Effekte aufzuklären, ist Zielsetzung der Photo-Polarographie. Einige bisherige Ergebnisse [15, 28], die zur Auffindung und Verfolgung von Zwischenprodukten zu berücksichtigen sind, sollen vorangestellt werden.

2.2.1. Dauerbestrahlung

Intensive Dauerbestrahlung der Quecksilbertropfelektrode in reiner entlüfteter Grundlösung verursacht einen ***Photoreststrom***, der im Dunkeln auf den üblichen Reststrom absinkt. Der Photoreststrom i_r ist abhängig vom pH-Wert und dem angelegten Potential. Während er zwischen 0 V (gegen NCE im Neutralen) bis —0,5 V zu vernachlässigen ist, erreicht er $< -0{,}5$ V beträchtliche kathodische Werte und stört dann durch sein langsames Abklingen die Verfolgung schneller Reaktionen. Als Ursache wird vorerst ein Mechanismus nach Art des Becquerel-Effektes angenommen, wodurch die Wasserstoffüberspannung erniedrigt wird

$$Hg \xrightarrow{h\nu} e^- + Hg^+ \tag{16a}$$

$$e^- + H^+ \longrightarrow \dot{H} \tag{16b}$$

$$Hg^+ + OH^- \longrightarrow Hg + \dot{O}H \tag{16c}$$

$$2\,\dot{O}H \longrightarrow H_2O_2 \tag{16d}$$

Seit der Entdeckung des Becquerel-Effektes 1839 beschränkten sich spätere Photovolta-Untersuchungen lediglich auf die Verfolgung der entstehenden Zellspannung unter verschiedenartigsten Bedingungen hinsichtlich Belichtung, Elektrodenmaterial und Zusätzen organischer Verbindungen. Die Photo-Polarographie hingegen untersucht unter potentiostatischen Bedingungen die angeregten Depolarisatoren, ihre unmittelbaren Umwandlungsprodukte u. a. i-t-Phänomene [28].

Tabelle 1: Mögliche Kombinationen einer Photoreduktion mit der Durchtrittsreaktion des Depolarisators $A + 2e^- \rightleftharpoons A^{2-}$, B bedeutet ein polarographisch inaktiver Partner

Photoreduktion / Zur Durchtrittsreaktion	an der Elektrodenoberfläche	an der Elektrodenoberfläche und in der Lösung
parallelgelagert		i_{pd}: photoreaktionsbedingter Diffusionsstrom $A \xrightarrow{k_v} B + 2e^- \rightleftharpoons A^{2-}$
vorgelagert	i_{k_v}: photokin. Reduktionsstrom $B \underset{}{\overset{k_v}{\rightleftharpoons}} A + 2e^- \rightleftharpoons A^{2-}$	i_{pd}: photoreaktionsbedingter Diffusionsstrom $B \xrightarrow{k_v} A + 2e^- \rightleftharpoons A^{2-}$
gegengelagert	I_{k_v}: photokin. Oxydationsstrom $A + 2e^- \rightleftharpoons A^{2-}$, $A^{2-} \xrightarrow{k_v} A$	$I_{k_v} + I_{pd}$ (Superposition) $A \xrightarrow{k_v} A^{2-}$, $A^{2-} \xrightarrow{-2e^-} A$
nachgelagert	$\Delta\pi_{1/2}$: HSP-Verschiebung $A + 2e^- \rightleftharpoons A^{2-} \xrightarrow{k_v} B$	

Der wesentliche Vorzug des Reaktionsstarts mit Licht besteht darin, daß er gegenüber den Mischvorgängen extrem kurzzeitig erfolgen kann. Erst damit können neuartige Stromzeitverläufe realisiert werden, wie im Fall der Photoreduktion aus Tab. 1 schematisch deutlich wird.

Aus Tab. 1 sollen nun zwei Fälle näher erläutert werden, die während einer Dauerbestrahlung zu beobachten sind.

2.2.1.1. Photoreduktion, zur Durchtrittsreaktion parallelgelagert

Während Q (z. B. Anthrachinon-2-Sulfonsäure) an der Tropfelektrode nach

$$Q + e^- + H^+ \rightleftharpoons \dot{Q}H \qquad (17a)$$

$$2\,\dot{Q}H \rightleftharpoons Q + QH_2 \qquad (17b)$$

verbraucht wird, läuft die rasche Photoreduktion von Q sowohl in der Gesamtlösung als auch an der Elektrodenoberfläche während weniger Stromzeit-Kurven ab (Abb. 20). Die Theorie der *reaktionsbedingten Diffusionsströme* [27, 28] liefert den Ansatz:

$$\frac{\partial[Q]}{\partial t} = D_Q \frac{\partial^2[Q]}{\partial x^2} + \frac{2\,x\,\partial[Q]}{3\,t\,\partial x} - k_\nu \frac{J_0}{l}\left(1 - e^{-\varepsilon_Q l[Q]}\right) \qquad (18)$$

mit den Randbedingungen:

$$[Q]\,(x \geqq 0, \quad t = 0) = [Q]_a$$
$$[Q]\,(x = 0, \quad t > 0) = 0$$
$$[Q]\,(x \to \infty, \quad t \geqq 0) = [Q]_a\,e^{-k'_\nu t}\,.$$

Vor der Integration entwickelt man das Reaktionsglied in eine Reihe und verwendet davon nur $k_\nu\,\varepsilon_Q\,J_0 = k'_\nu$. Für den photoreaktionsbedingten Diffusionsstrom über mehrere Tropfzeiten resultiert daraus:

$$i_{pd} = \varkappa[Q]_a\,e^{-k'_\nu t}\,(t + t' - u\tau)^{\bar{\alpha}} \qquad (19)$$

worin bedeuten: $[Q]_a$ Anfangskonzentration des Depolarisators, t Reaktionszeit nach Bestrahlungsbeginn, t' Zeitdifferenz zwischen Tropfenbeginn und Reaktionsstart, τ Tropfzeit, $u = 0, 1, 2, \ldots$ Laufzahl für den 1., 2., 3., ... Tropfen, l Schichtdicke, ε_Q Extinktionskoeffizient, $\bar{\alpha}$ mittlerer Exponent der $i_d - t$-Kurve, wenn $k'_\nu = 0$: $\approx 0{,}2$; $\varkappa$ Konstante der Ilkovič-Gleichung. Die Photoreduktion läuft über wenige $i_{pd} - t$-Kurven ($u = 0, 1, 2$) ab (Abb. 20) und k'_ν wird aus dem Diagramm $\lg \frac{i_{pd}}{i_d}$ über t ermittelt. Auf diese Weise können allgemein Reaktionen verfolgt werden, deren Halbwertszeiten nur Sekunden betragen. Eine Kontrolle der Ergebnisse erlauben die gegengelagerten photokinetischen Ströme.

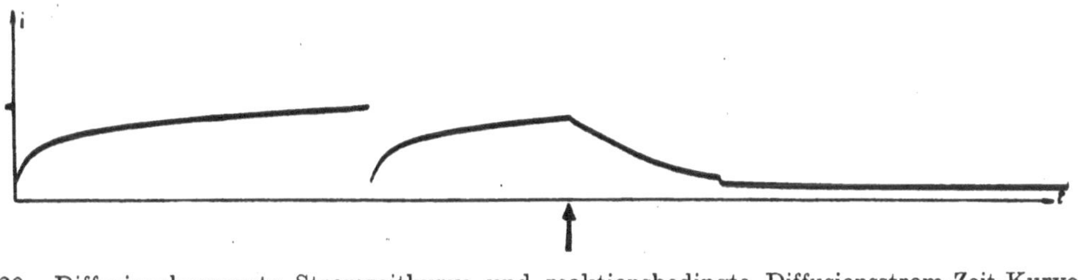

Abb. 20. Diffusionsbegrenzte Stromzeitkurve und reaktionsbedingte Diffusionsstrom-Zeit-Kurven bei einsetzender Dauerbestrahlung während der mittleren i-t-Kurve (Depolarisator: Anthrachinon-2-sulfonsäure)

2.2.1.2. Photoreduktion, zur Durchtrittsreaktion gegengelagert

Die Photoreduktion an der Elektrodenoberfläche führt das elektrooxydativ nach

$$QH_2 \rightleftharpoons Q + 2\,e^- + 2\,H^+ \quad (\text{Rückreaktion } Q \to QH_2: k_v') \tag{20}$$

entstandene Q in QH_2 zurück: Durchtrittsreaktion und Photoreaktion sind gegengelagert.

Zur Berechnung des Stromverlaufes bieten sich die Gleichungen nach J. Koutecký [29] an, indem die Differentialgleichung der Andiffusion des Hydrochinons, welches sich allein in der isopropanolhaltigen Grundlösung befindet, durch das über die Reaktionsschicht gemittelte Photoreduktionsglied erweitert wird:

$$\frac{\partial[QH_2]}{t} = D_{QH_2}\frac{\partial^2[QH_2]}{\partial x^2} + \frac{2\,x\,\partial[QH_2]}{3\,t\,\partial x} + k_v'\frac{J_0}{\delta}\left(1 - e^{-\varepsilon_Q \delta [Q]}\right) \tag{21}$$

mit den Randbedingungen:

$$[QH_2]\,(x \geqq 0,\, t = 0) = [QH_2]_a$$

$$D_{QH_2}\frac{\partial[QH_2]}{\partial x}\,(x = 0,\, t > 0) = -\,D_Q\frac{\partial[Q]}{\partial x}.$$

Da in der Reaktionsschichtdicke $\delta < 10^{-3}$ cm die Lichtabsorption gering ist, kann man bei der Reihenentwicklung des Reaktionsgliedes von Gl. (21) wieder vereinfachen und dann den Rechnungsgang nach Koutecký [29] beibehalten, der zu der Funktion

$$I_{k_v}/I_d = f(k_v\, J_0\, \varepsilon_Q\, t) = f(k_v' t) \tag{22}$$

führt. Zur Auswertung von Gl. (22) können dann direkt seine Diagramme oder Tabellen herangezogen werden.

Obwohl die intensive Dauerbestrahlung zu interessanten photostationären Bedingungen führt, sind damit doch einige Komplikationen verbunden, welche die Verfolgung kurzlebiger Zwischenprodukte erschweren. So registriert man während der potentiostatischen Verfolgung oxydierbarer Ketyle (Abb. 21a und b) eine Überlagerung mehrerer Effekte:

a) die Bildungsreaktion des Ketyls aus dem Keton:

$$RC{=}O + (CH_3)_2CHOH \xrightarrow{h\nu} R\dot{C}{-}OH + (CH_3)_2\dot{C}OH$$

($(CH_3)_2\dot{C}OH$ ist zu kurzlebig für den polarographischen Nachweis);

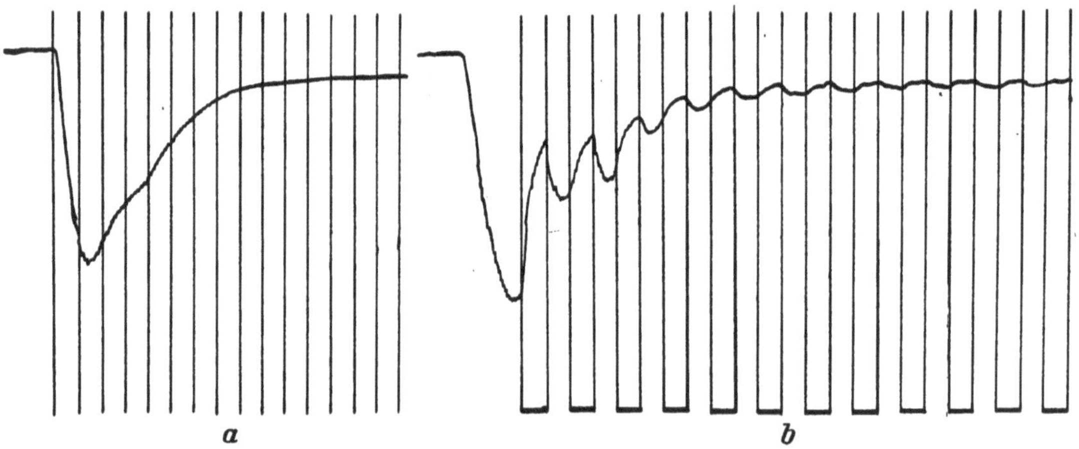

Abb. 21a) Dauerbestrahlung des Campherchinon-Radikals (links)
b) Intermittierende Bestrahlung des Campherchinon-Radikals (rechts)

b) die Photoreduktion (bzw. Photolyse) des entstehenden Ketyls

$$R\dot{C}{-}OH \xrightarrow[(CH_3)_2CHOH]{h\nu} RCHOH\ (?);$$

c) die Entstehung eines photokinetischen Stromes I_{k_ν} (2.2.1.2.) nach

$$R\dot{C}{-}OH \longrightarrow RC{=}O + H^+ + e^-$$

$$\uparrow\!\_\_\_\_\_\_\_\_\_\_\_\_\_\_\_\_\_\_|$$

$$h\nu,\ (CH_3)_2CHOH$$

der eine höhere Radikalkonzentration vortäuscht. Den wechselseitigen Übergang $I_d \longleftrightarrow I_{k_\nu}$ bei intermittierender Bestrahlung zeigt Abb. 21b, während Abb. 21a das ständige Zusammenwirken der Vorgänge a, b und c wiedergibt.

Die entscheidende Vereinfachung gelingt erst durch Messung nach der Blitzbestrahlung.

2.2.2. Blitzbestrahlung

Wichtigste Voraussetzung für eine konzentrationsproportionale Strom-Zeit-Abhängigkeit ist ein homogener Umsatz während der Blitzeinwirkung. Günstig erweist sich eine kleine in Bewegung befindliche Flüssigkeitsmenge mit niedrigem Depolarisatorgehalt, in derem Zentrum sich eine Spitzkapillare (Abb. 22) befindet. Die Reduktion des Akzeptors und damit die Bildung des Radikals erfolgt während der Halbwertsbreite ($\sim 5.10^{-4}$ s) des Blitzes, was zur momentanen Erniedrigung der $i_d - t$-Kurve (Abb. 23) führt. Andererseits überlagert sich ebenso kurzzeitig dem Oxydationsstrom des gebildeten Radikals eine photokinetische Stromspitze (Abb. 24). Erst danach kann in der inzwischen zur Ruhe gekommenen Meßlösung die potentiostatische Verfolgung des ungestörten Oxydations-Diffusionsstromes einsetzen.

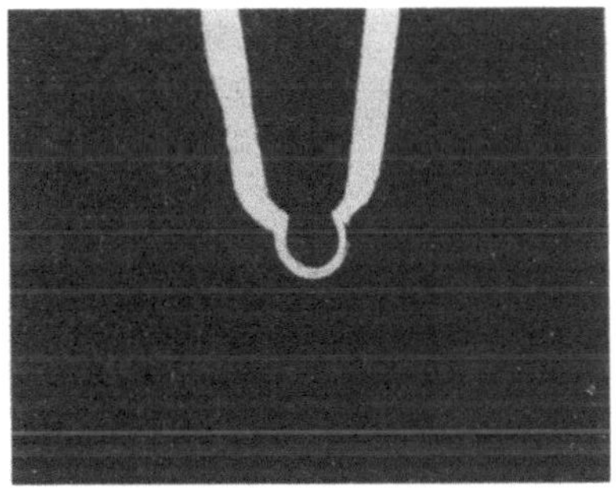

Abb. 22. Spitzkapillare im Schlierenbild. Vgl. TRIEBEL, H. und BERG, H., J. electroanalyt. Chem. 2, 467 (1961)

2.2.3. Dunkelreaktionen der kurzlebigen Zwischenprodukte

Nach der Blitzeinwirkung laufen mannigfaltige Dunkelreaktionen ab, deren kinetische Analyse noch zu den Aufgaben der Photo-Polarographie zählt. Bei verschiedenen pH-Werten lassen sich, ausgehend von Ketonen, die Oxydationsstufen von Ketylen, Endiolen, Pinakolen und Alkoholen (an der Platinelektrode) getrennt bestimmen.

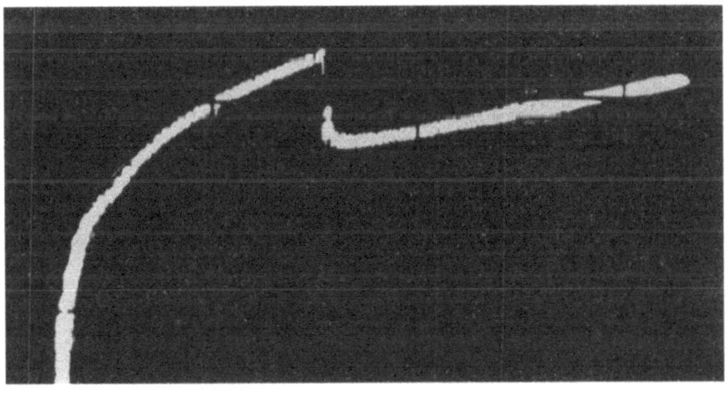

Abb. 23. Stromzeitkurve der Anthrachinon-2,6-disulfonsäure mit Blitzreduktions-Effekt

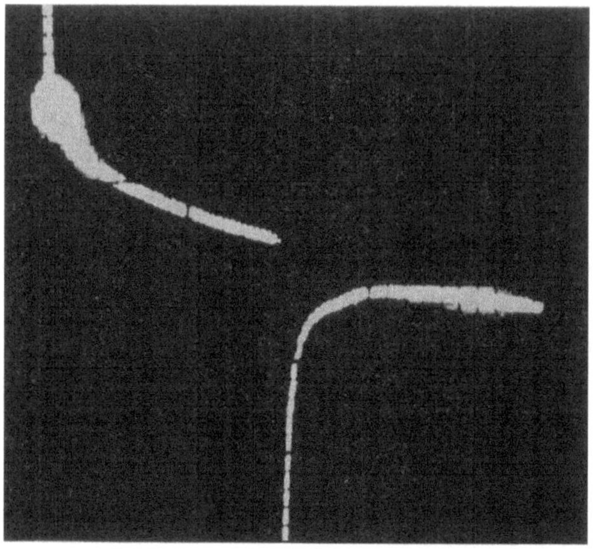

Abb. 24. Stromzeitkurve der Anthrahydrochinon-2,6-disulfonsäure mit photokinetischem Oxydations-Strom-Verlauf nach der Blitzeinwirkung

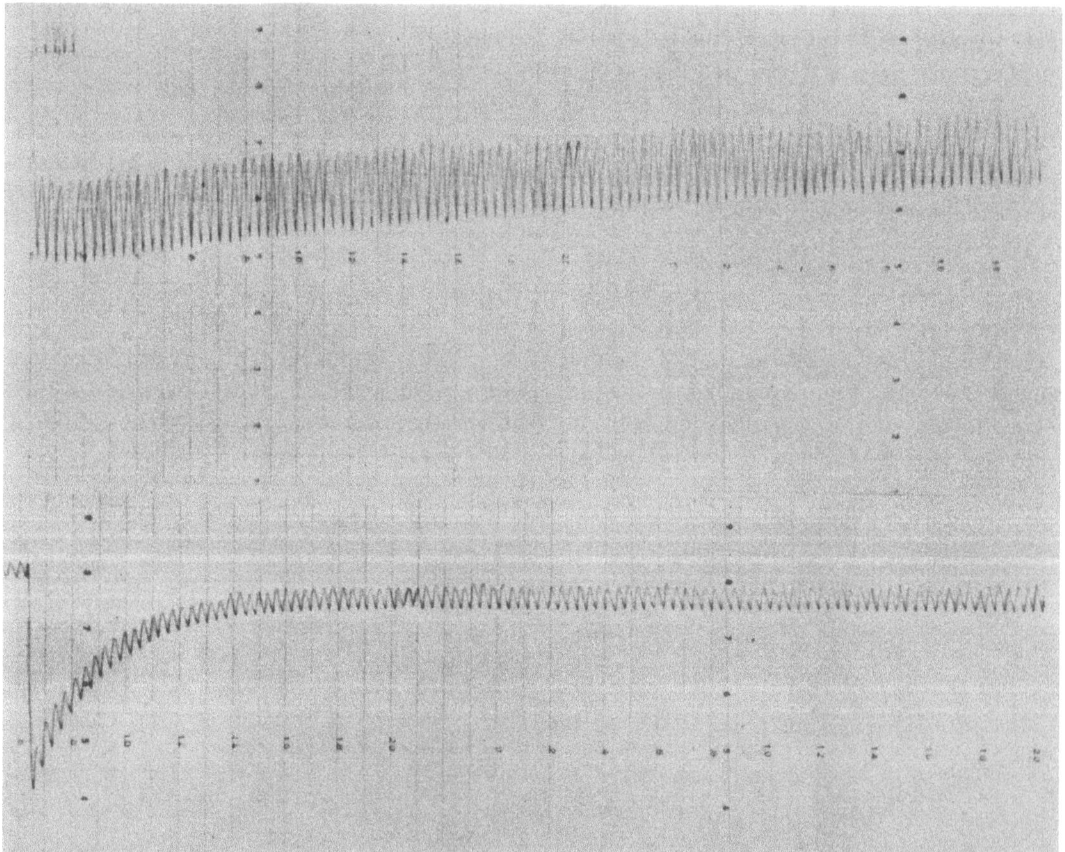

Abb. 25a

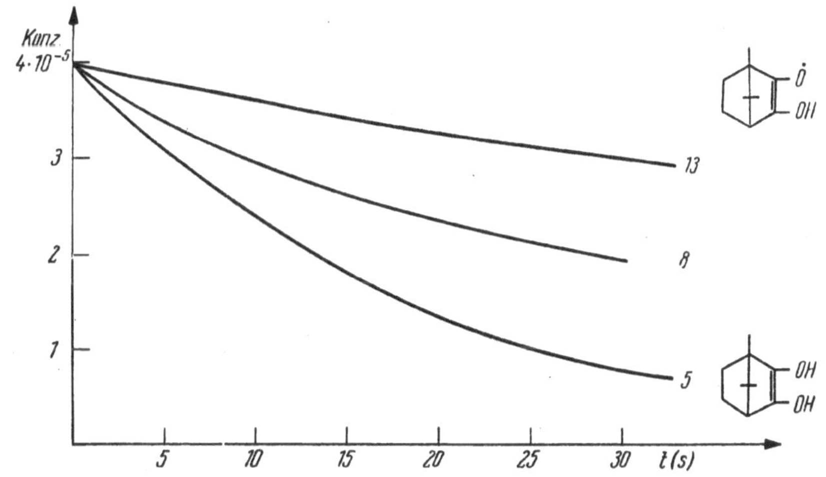

Abb. 25b. Dunkelreaktionen von Zwischenprodukten der Blitzreduktion von Campherchinon (vgl. Text)

a) Registrierkurven
b) pH-Abhängigkeit

Zur Identifizierung gibt es eine Anzahl von Kriterien, z. B. für das Ketyl:

a) Die polarographische Oxydation zum Keton erfolgt reversibel.
b) Der Radikaldiffusionsstrom kann maximal nur auf die halbe Höhe des Ausgangsketons anwachsen.
c) Die Stabilität nimmt vom Radikalanion zum Radikal mit fallendem pH-Wert ab (Ausnahme Perinaphthenon).
d) Die Dunkelreaktionen (Kombination, Disproportionierung) verlaufen nach der 2. Ordnung.
e) Das Radikal wird durch Gelöstsauerstoff leicht oxydiert.

Danach konnten die Zwischenprodukte des Campherchinons als Radikal im Alkalischen und als Bornylendiol im Sauren erkannt werden. In Abb. 25 sind enthalten: der Radikaloxydationsstrom (oben, pH 13), der Bornylendiol-Oxydationsstrom (darunter, pH 5) und einige Umsatzkurven, bezogen auf die gleichen Anfangskonzentrationen nach dem Blitz.

Die Übertragung unserer Methodik auf Naturstoffe ist an einige Voraussetzungen geknüpft:

a) Die HSP von Zwischen- und Endprodukt müssen sich um mindestens 0,15 V unterscheiden.
b) Zwischen-, End- und Ausgangsprodukt dürfen in keinem mobilen Gleichgewicht stehen, da sonst der kinetische Strom des Zwischenproduktes registriert wird, der zunächst nur Aussagen über zeitliche Änderungen nicht aber die Konzentration erlaubt.
c) Der Reaktionsumsatz je Blitz sollte mindestens $1 \cdot 10^{-8}$ Mol pro ml erreichen, um die einwandfreie Registrierung zu ermöglichen.
d) Die Halbwertszeit des Depolarisators sollte zur Registrierung mit Schnellschreiber-Polarographen > 15 s, mit Stylo-Schleifen (60 Hz) $> 0{,}15$ s, mit Kathodenstrahloszillographen $> 0{,}0015$ s sein.

Aus den laufenden Untersuchungen ist zu erwarten, daß die polarographische Radikalbestimmung möglich ist bei

Nitrosamino-benzaldehyd	(2.1.1.1.),
Pyrimidine	(2.1.1.2.),
DPN	(2.1.3.2.2.) und
Chlorophylle	(2.1.3.2.3.).

Vergleicht man die Ketyl-Bestimmungsmöglichkeiten der *Photo-Polarographie* mit denen der *Kurzzeit-Spektroskopie*, wie sie von PORTER [31] angewendet wurde, so läßt sich schon jetzt sagen:

a) Die Nachweisgrenze der Konzentration von obengenannten Radikalen dürfte bei beiden Methoden ähnlich sein, wobei die Spektroskopie häufig mit komplizierten Überlagerungen von Absorptionsbanden mehrerer Komponenten (Keton, Alkohol, Pinakon) zu rechnen hat.
b) Die Nachweisgrenze hinsichtlich einer kurzen Radikallebensdauer liegt bei der Spektroskopie um Zehnerpotenzen niedriger als es z. Z. die Photo-Polarographie zu leisten vermag. Grundsätzlich läßt sich dieser Abstand zwischen beiden Methoden beträchtlich verringern.
c) Die Unterscheidung zwischen Radikal und Radikalanion trifft die Photo-Polarographie aus der pH-Abhängigkeit des Halbstufenpotentials, die Spektroskopie hingegen bedarf der Analyse von Summenspektren.
d) In Gemischen von oxydierbaren Alkoholen, Pinakonen und Ketylen sind für Einzelbestimmungen die Halbstufenpotentialdifferenzen maßgebend. Je positiver gemessen wird, desto mehr Oxydationsströme superponieren sich.
e) Kolloide oder intensiv gefärbte Lösungen, in denen optische Messungen vielfach erschwert sind, bleiben den photopolarographischen Messungen zugänglich.

Gegenüber der Elektronenresonanzabsorption darf nach unseren Erfahrungen [32] gesagt werden:

a) Für wäßrige Lösungen ist die Nachweisgrenze der Konzentration obengenannter Radikale für beide Methoden ähnlich.
b) Für wasserfreie Lösungsmittel ist z. Z. die Elektronenresonanzabsorption empfindlicher.
c) Radikale im Gleichgewicht (Semichinone) vermag die Polarographie nur indirekt aus der Stufenanalyse zu ermitteln.

Die *Photo-Polarographie* kann bei Radikalbestimmungen zur Unterstützung der *Elektronenresonanzabsorption* und der *Kurzzeit-Spektroskopie* herangezogen werden.

Für sorgfältige experimentelle Mitarbeit danke ich Frau U. FIEDLER und Herrn H. SCHWEISS.

SUMMARY

The main sections of *photobiology* are: photosynthesis, visual cycle, bioluminescence, and photodynamic effects. These basic various photoreactions may be divided into three groups accessible to polarographic measurements: 1) photolyses; 2) photoreductions; 3) photooxydations.

Explanatory examples with antibiotics, chlorophylls quinones, ketones, dextran, dyes, nucleic acids, pyrimidines, peroxydes, proteins etc. indicate some possibilities offered particularly by d. c.-voltage-polarography which, beside absorption spectroscopy and electronresonance, is still applicable even when the absorption bands of the reactants widely superimpose one another, or when light-scattering or light-damping media, respectively, exist.

The persecution and eluciation of short-time partial steps in the above reactions led to a novel field of endeavour: *PHOTO-POLAROGRAPHY*. Experimental conditions are: intense light-sources, constant temperature, measuring cells made of quartz with pointed capillaries, rapidly recording polarographs, and highly sensitive constant voltage oscillographs. Generally, it has to be distinguished between continuous and flash irradiations as well as between photo-reaction taking place previous, in opposite direction, and parallel to the "Durchtritts" reaction. Intense continuous irradiation will modify the $i - t$ curves of the single drop into photo-kinetic currents (e.g. I_{k_v}) or into diffusion currents conditioned by photoreaction (i_{pd}). Flash irradiation of the electrode permits to follow momentary effects of current (or potential), four types of which having been observed up-to-now:

1) Photo-residual-current i_v in indifferent solutions without depolarizer.
2) The short-time diffusion current conditioned by photoreaction, i_{pd}.
3) The short-time photokinetic course of the oxidation current, I_{k_v}.
4) The course of the radical-oxidation current as superposition of I_{pd}, I_{k_v}, and I_{d_v}.

The short-time preceding photokinetic reduction current i_{k_v} is still being studied.

Further developments are discussed by comparing *flash-spectroscopy* and *photo-polarography*.

Literatur

[1] Berg, H., Naturwiss. **47**, 320 (1960).
[2] Berg, H., Schweiss, H., Nature [London] **191**, 1270 (1961).
[3] Berg, H., Habil.-Schr., Jena (1960).
[4] Fritzsche, H., Löber, G., Berg, H., Z. physik. Chemie (Leipzig) **218**, 291 (1961).
[5] Schweiss, H., Z. Chem. (Leipzig) **2** 382 (1962).
[6] Berg, H., Chem. Techn. **6**, 585 (1954).
[7] Herrmann, H., Hoppe-Seyler's Z. f. physiolog. Chem. **326**, 13 (1961).
[8] Shugar, D., Wierzchowski, K., in Progress in Photobiology S. 606, Elsevier (1962).
[9] Smith, D., Elving, P., Anal. Chem. **34**, 930 (1962).
[10] Anhalt, A., Berg, H., J. electroanalyt. Chem. **4**, 218 (1962).
[11] Berg, H., Chem. Zvesti **16**, 362 (1962).
[12] Berg, H., Pharmazie **11**, 239 (1956).
[13] Berg, H., Tresselt, D., Pharmazie **16**, 74 (1961).
[14] Berg, H., Jacob, H.-E., Z. Naturforsch. **17b**, 306 (1962).
[15] Berg, H., Z. Chem. (Leipzig) **2**, 237 (1962).
[16] Berg, H., Jacob, H.-E. (im Druck).
[17] Berg, H., Bachus, K.-P., Jaekel, W., Löber, G., Tlach, K.-F., Mber. dtsch. Akad. Wiss. Berlin **1**, 524 (1959).
[18] Fedoroňko, M., Berg, H., Z. physik. Chem. [Leipzig] **220**, 120 (1962).
[19] Ke, B., Arch. Biochem. Biophys. **60**, 505 (1956).
[20] Seraydarian, M., Biochim. Biophys. Acta **19**, 168 (1956).
[21] van Rysselberghe, P., McGee, J., Gropp, A., Lane, R., J. Amer. chem. Soc. **69**, 809 (1947).
[22] Wuggatzer, W., Christian, J., Science **118**, 444 (1953).
[23] Ricci, A., Pinamonti, S., Bellavita, V., Ric. Sci. **30**, 2497 (1960).
[24] Livingston, R., Radiat. Res., Suppl. **2**, 196 (1960).
[25] Rumberg, B., Müller, A., Witt, H., Nature [London] **194**, 854 (1962).
[26] Krasnowski, A., Ann. Rev. Plant Phys. **11**, 363 (1960).
[27] Rackow, B., König, H., Z. Elektrochem. Ber. Bunsenges. physik. Chem. **62**, 482 (1958).
[28] Berg, H., Rev. Polarogr. [Japan] **11**, 29 (1963), J. electroanalyt. Chem. (im Druck)
[29] Koutecky, J., Coll. Czech. Chem. Comm. **18**, 311 (1953).
[30] Berg, H., Naturwiss. **49**, 11 (1962).
[31] Porter, G., Angew. Chem. **73**, 7 (1961).
[32] Elschner, B., Neubert, R., Berg, H., Tresselt, D., Z. Chem. [Leipzig] **12**, 361 (1961).

A—16

Prüfung der Autoxydation der Ascorbinsäure mit Hilfe der Polarographie

F. PÉTER und G. PÁLYI

Forschungsinstitut für die Textilindustrie Budapest und Vereinigte Chemische Werke Budapest

Die Ascorbinsäure wird — ähnlich anderen Endiolgruppen enthaltenden Verbindungen — in wäßriger Lösung bereits infolge der Wirkung des Luftsauerstoffes leicht oxydiert. Wegen der großen biologischen Bedeutung des Vitamin C wird die Autoxydation der Ascorbinsäure bereits seit langem eingehend untersucht [1—20]. Die Untersuchungen erwiesen, daß die Autoxydation im chemischen Sinne kein einheitlicher Vorgang ist; ferner, daß die Möglichkeit zur Bildung verschiedener Reaktionsprodukte besteht.

Die Abbildung 1 veranschaulicht die bei der Autoxydation der Ascorbinsäure entstehenden, am häufigsten nachgewiesenen Produkte. Demgemäß bilden sich aus der Ascorbinsäure

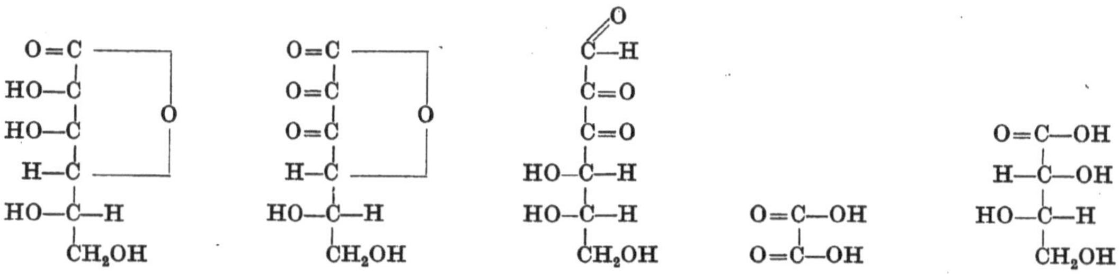

Abb. 1. Die Oxydationsprodukte der Ascorbinsäure

Dehydroascorbinsäure und Diketogulonsäure, ferner durch sekundäre Vorgänge Oxalsäure und Treonsäure.

Die Geschwindigkeit der Autoxydation wird — außer von der Temperatur — von dem pH-Wert des Mediums stark beeinflußt. Auch verschiedene anorganische und organische Katalysatoren üben einen entscheidenden Einfluß auf die Reaktionsgeschwindigkeit aus. Die Wirkung des pH-Wertes und der verschiedenen Katalysatoren auf die Geschwindigkeit der Autoxydation wurde eingehend untersucht. Die Autoxydation der Ascorbinsäure wurde jedoch bisher in Abhängigkeit von den physikalischen Faktoren wenig bzw. überhaupt nicht untersucht, obgleich die physikalischen Faktoren auch in diesem Falle — wie bei sämtlichen autoxydativen und solcherart heterogenen Reaktionen — eine grundlegend wichtige Rolle spielen, nachdem die Geschwindigkeit der Sauerstofftransporte bei gegebenen Verhältnissen die Reaktionsgeschwindigkeit in entscheidendem Maß beeinflussen kann.

Unsere Bestrebung ging vor allem dahin, die Rolle der physikalischen Faktoren zu klären.

Bei einer vorhergehenden, mit der Autoxydation des Natriumdithionits verbundenen Untersuchung [40] haben wir bereits einige Angaben über die geschwindigkeitsbestimmende Rolle des Sauerstoff-Transportes gesammelt. Wir haben bewiesen, daß die Autoxydation des Natriumdithionits durch die die Geschwindigkeit des Sauerstofftransportes bestimmenden physikalischen Faktoren (die Absorption und Diffusion des Sauerstoffes) in bedeutendem Maß beeinflußt wird. Wir haben festgestellt, daß, wenn sich die Oxydation in einer ruhenden Lösung vollzieht, die Änderung des pH-Wertes der Lösung die Reaktionsgeschwindigkeit nicht beeinflußt.

In einer ruhenden Lösung ist nämlich die Diffusion ein bedeutend langsamerer Vorgang als die eigentliche Oxydation, und demzufolge wird die Geschwindigkeit des Bruttovorganges durch die Diffusionsgeschwindigkeit bestimmt. Wenn jedoch die Geschwindigkeit des Sauerstofftransportes erhöht wird — z. B. durch Einblasen von Sauerstoff — ist der Substanztransport nicht mehr der geschwindigkeitsbestimmende Schritt, sondern vielmehr die Geschwindigkeit des Sauerstofftransportes und der pH-Wert. Dies bedeutet, daß die Autoxydation des Natriumdithionits einen Fall autoxydativer bzw. heterogener Reaktionen darstellt, bei dem die Bruttogeschwindigkeit von den chemischen und physikalischen Faktoren gleichzeitig beeinflußt wird.

Wir haben die Untersuchung der Autoxydation der Ascorbinsäure auf Grund der mit dem Natriumdithionit gewonnenen Erfahrungen in Angriff genommen.

Unser Ziel war auch in diesem Falle die Aufklärung des geschwindigkeitsbestimmenden Schrittes chemischer und physikalischer [39] Faktoren.

Die Verfolgung der Autoxydation mit Hilfe der polarographischen Methode hat sich bereits bei den Untersuchungen mit Natriumdithionit ausgezeichnet bewährt. Deswegen haben wir für die Verfolgung der Autoxydation der Ascorbinsäure die gleiche Methode [21—38] angewendet. Diese Entscheidung scheint desto eher begründet zu sein, als die gasvolumetrische Methode — nach Angaben der Fachliteratur eine der am meisten verwendeten Untersuchungsmethoden — in diesem Fall, wo die Autoxydation nicht eindeutig, d. h. die Weiteroxydation oder Umsetzung des primär entstandenen Produktes möglich ist, falsche Resultate ergeben kann.

Im Laufe polarographischer Untersuchungen der Autoxydation der Ascorbinsäure wurden zur Bestimmung der Reaktionsgeschwindigkeit die Stufen des Sauerstoffes und der Ascorbinsäure gemessen.

Beide Untersuchungsmethoden werden häufig zur Konzentrationsbestimmung des Sauerstoffes und der Ascorbinsäure herangezogen. Eben deshalb brauchten wir uns mit den grundlegenden Problemen der Sauerstoff- bzw. Ascorbinsäurebestimmungen nicht zu befassen. Neben der polarographischen Aktivität der beiden Reaktionspartner mußten wir jedoch auf die Wirkung der bei der Oxydation entstehenden Produkte Rücksicht nehmen. Deswegen haben wir in den Vorversuchen das Verhalten der Dehydroascorbinsäure, der Diketogulonsäure, der Oxalsäure und der Treonsäure geprüft und festgestellt, daß alle vier Verbindungen unter den Verhältnissen der klassischen Polarographie inaktiv sind. Bei späteren Untersuchungen in Britton-Robinson-Puffern mit verschiedenen pH-Werten durchgeführten Oxydationsreaktionen haben wir jedoch solche Erscheinungen beobachtet, wie z. B. die Deformation der Ascorbinsäure-Stufe, das Verschwinden des Stufenmaximums der Ascorbinsäure, die Ausbildung neuer Stufen, die andeuteten, daß entweder außer den gesamten Produkten auch andere Oxydationsprodukte entstehen oder daß sich auch sekundäre Vorgänge, z. B. Adsorption an der tropfenden Quecksilberelektrode, abspielen. Unsere Untersuchungen wurden auf diese Erscheinungen erweitert, jedoch werden wir die Ergebnisse nicht im Rahmen dieses Vortrages bringen.

Die polarographischen Aufnahmen wurden mittels eines in Ungarn erzeugten Radelkisz-Polarographen (Typ 7–77–4) hergestellt, mit gesättigter Kalomelektrode, bei 20 °C. Die verwendete Ascorbinsäure (p. a. Qualität) rührt aus der „Chinoin"-Fabrik her.

Bei den Untersuchungen haben wir vorerst die geschwindigkeitsbestimmende Funktion des pH-Wertes nach der polarographischen Methode kontrolliert. Zu diesem Zwecke haben wir die Konzentrationsänderungen der Ascorbinsäure in Britton-Robinson-Puffern mit verschiedenen pH-Werten untersucht, falls in die Lösung Sauerstoff mit einer Einblasgeschwindigkeit von 78 ml/min kontinuierlich zugeführt wurde. Die polarographischen Aufnahmen haben wir mit Proben — die in bestimmten Zeitabständen herausgenommen wurden — gemacht. Die Oxydation wurde in 100 ml 1,2 · 10^{-3} m Ascorbinsäurelösung durchgeführt, und zur Messung haben wir je 5 ml Lösung entnommen. Diese Lösung wurde sogleich ohne Entlüftung polarographiert.

Aus den in Lösungen vom pH 3 und 11 bei verschiedenen Konzentrationen erhaltenen Oxydationskurven konnten wir feststellen, daß die Halbwertszeiten von der Ausgangskonzentration unabhängig sind, und so wurde, mit der Fachliteratur übereinstimmend, bestätigt, daß die Reaktion nach der ersten Ordnung abläuft. Auf Grund der für Reaktionen erster Ordnung geltenden Zusammenhänge haben wir die den einzelnen pH-Werten entsprechenden Geschwindigkeitskonstanten berechnet, welche die pH-Abhängigkeit der Reaktionsgeschwindigkeit auch zahlenmäßig gut andeuten. Aus Abb. 2 ist zu ersehen, daß die

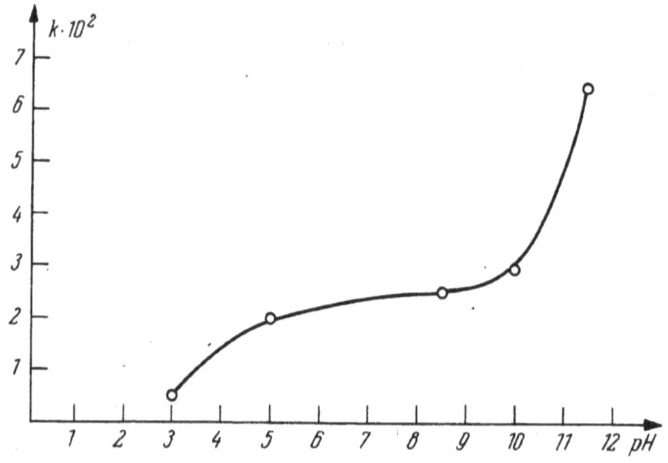

Abb. 2. Die pH-Abhängigkeit der Geschwindigkeitskonstante

Geschwindigkeit der Oxydation im sauren pH-Gebiet geringer ist als in den alkalischen Lösungen. Die Geschwindigkeitskonstante erreicht ihren maximalen Wert in den stark alkalischen Lösungen.

Weiterhin wurden die Konzentrationsänderungen der Ascorbinsäure und des Sauerstoffes gleichzeitig untersucht. Zu diesem Zweck haben wir in den Britton-Robinson-Puffern vom pH-Wert 3 und 11 die Änderung der Stufenhöhe der Ascorbinsäure und des Sauerstoffes durch polarographische Aufnahmen für eine Einblasgeschwindigkeit von 78 ml/min und eine Ausgangskonzentration von 10^{-3} m/l verfolgt. Durch die in Abhängigkeit von der Zeit aufgenommenen Polarogramme erhielten wir ein anschauliches Bild über den verschiedenen Ablauf der Autoxydation im sauren bzw. alkalischen Medium.

Abb. 3 veranschaulicht, daß im sauren Medium bereits zu Beginn der Sauerstoffeinleitung neben der Ascorbinsäurestufe auch die kathodische Sauerstoffstufe in Erscheinung tritt. Weiterhin bleibt die Höhe dieser Stufe konstant und beweist, daß bei der verwendeten Einblasgeschwindigkeit die Lösung mit Sauerstoff dauernd gesättigt war. Zur gleichen Zeit nimmt die Stufenhöhe der Ascorbinsäure mit Erhöhung der eingeführten Sauerstoffmenge allmählich ab.

In alkalischer Lösung haben wir abweichende Erscheinungen beobachtet. Nach Abb. 4 tritt die Sauerstoffstufe nach Sauerstoffeinführung erst in Erscheinung, wenn die Ascorbinsäure zum größten Teil bereits oxydiert worden ist. Gleichzeitig sinkt die Stufenhöhe der Ascorbinsäure stärker ab.

Aus der nach der polarographischen Methode gewonnenen Analyse der Oxydation in Abhängigkeit vom pH-Wert können wir feststellen, daß zwischen den im sauren bzw. alkalischen Medium durchgeführten Oxydationen ein großer Unterschied besteht. Im sauren Medium ist die Lösung im Laufe der Oxydation mit Sauerstoff gesättigt, und die Reaktion geht

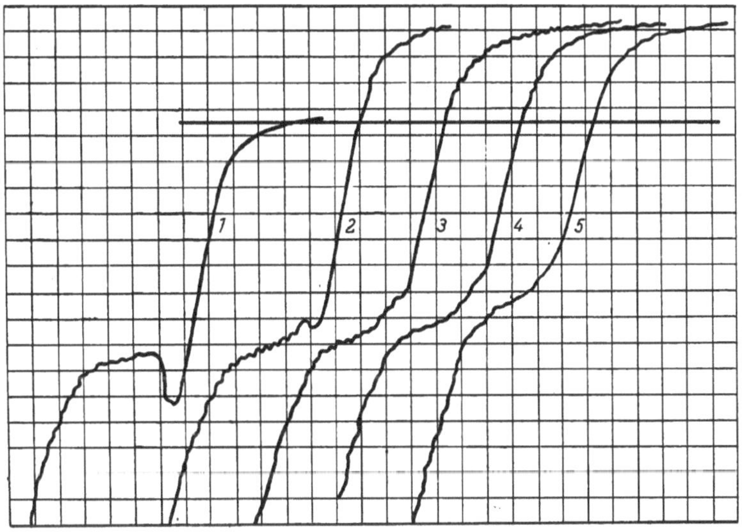

Abb. 3. Der Verlauf der Ascorbinsäure-Oxydation im sauren Medium, pH = 3. Die Reihenfolge der Kurven in der Zeitabhängigkeit ist: 1: 0 min; 2: 1 min; 3: 5 min; 4: 10 min; 5: 40 min

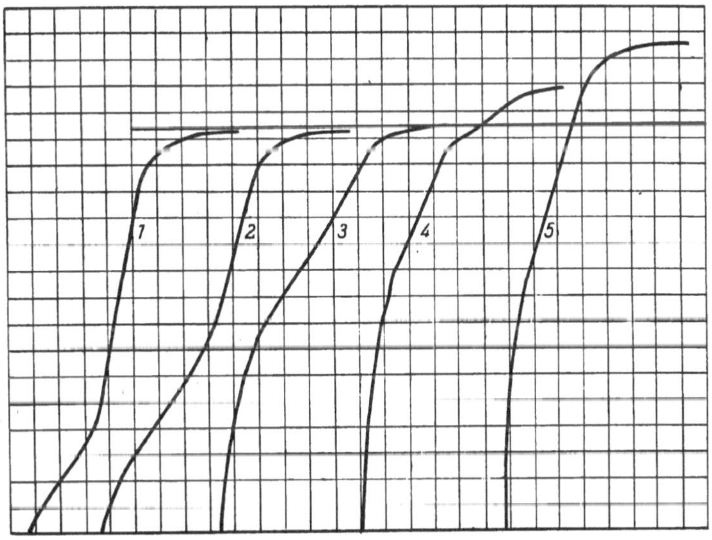

Abb. 4. Der Verlauf der Ascorbinsäure-Oxydation im alkalischen Medium, pH = 11. Die Reihenfolge der Kurven in der Zeitabhängigkeit ist: 1: 0 min; 2: 3 min; 3: 10 min; 4: 50 min; 5: 90 min

praktisch bei einer unveränderten Sauerstoffkonzentration vor sich; im alkalischen Medium dagegen ist die Sauerstoffkonzentration in der Lösung praktisch Null, und der Sauerstoff wird nur nach Abnahme der Ascorbinsäurekonzentration gemessen, wenn die Reaktionsgeschwindigkeit soweit abgefallen ist, daß die Geschwindigkeit der Reaktion zwischen Ascorbinsäure und Sauerstoff geringer wird als die Geschwindigkeit des Sauerstofftransportes.

Zwecks weiterer Analyse der gefundenen Zusammenhänge haben wir die Wirkung der Geschwindigkeit des Einblasens, d. h. der des Sauerstofftransportes, auf die Geschwindigkeit der Autoxydation untersucht. Es war zu erwarten, daß im sauren Medium, wo infolge der langsamen Reaktion die Lösung bei der erwähnten Einblasgeschwindigkeit von 78 ml/min bereits zu Anfang mit Sauerstoff gesättigt war, die Erhöhung der Einblasgeschwindigkeit die Reaktionsgeschwindigkeit nicht vergrößern wird.

Gleichzeitig wird im alkalischen Medium unter gleichen Bedingungen die gesamte eingeführte Sauerstoffmenge sofort reagieren und die Steigerung der Geschwindigkeit des Sauerstofftransportes die Erhöhung der Reaktionsgeschwindigkeit unterstützen. Diese Annahmen wurden durch die Versuche vollständig bestätigt.

Aus Abb. 5 ist zu ersehen, daß die in einer sauren Lösung (pH 3) bei 78 ml/min und 156 ml/min Sauerstoffdurchblasgeschwindigkeit zustande gekommenen Oxydationskurven

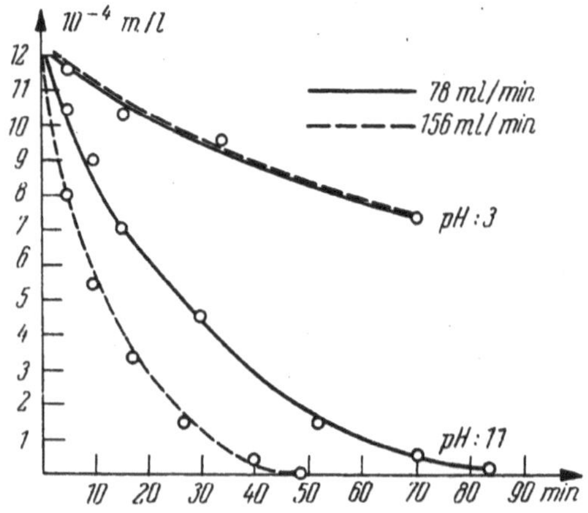

Abb. 5. Die Verminderung der Ascorbinsäurekonzentration in der Zeitabhängigkeit in zwei verschiedenen pH-Bereichen und in Abhängigkeit der Luftdurchströmungsgeschwindigkeit

vollkommen zusammenfallen, daß sich also die Oxydationsgeschwindigkeit sogar bei doppelter Einblasgeschwindigkeit nicht geändert hat. Gleichzeitig hat sich die Oxydationsgeschwindigkeit im alkalischen Medium (pH 11) bei 156 ml/min meßbar erhöht.

Bei den mit der Reaktionsgeschwindigkeit verbundenen Untersuchungen haben wir die oszillopolarographische Aktivität der Ascorbinsäure auch erfolgreich verwendet. Die oszillopolarographischen Aufnahmen haben wir mit einem Orion-Oscilloscop (Typ 1538) durchgeführt, das wir mit einem von HEYROVSKÝ und KALVODA beschriebenen Adapter ergänzten und damit für die Aufnahme der $\frac{\mathrm{d}E}{\mathrm{d}t} - E$ Kurven herrichteten. Die in der Fachliteratur [34] beschriebenen Grundlösungen waren bei diesen Untersuchungen nicht brauchbar, da sie wegen ihrer sauren oder alkalischen Reaktion die pH-Werte der untersuchten Lösung beeinflußt hätten. Deswegen konnte nur eine neutrale Lösung in Frage kommen. Nach Erprobung mehrerer Grundlösungen hat sich eine 1-m-Kaliumnitrat-Lösung als günstigste erwiesen. Die Oxydation wurde in einer 10^{-2}-m-Lösung durchgeführt; die nach und nach entnommenen Proben wurden mit Grundlösung auf das Zehnfache verdünnt. Der durch die Ascorbinsäure verursachte kathodische Einschnitt lag bei $Q = 0{,}62$.

Bei den Messungen haben wir für die Konzentrationsverminderung mit der klassischen Polarographie übereinstimmende Ergebnisse erhalten. Es muß jedoch festgestellt werden, daß die oszillopolarographische Methode in gegenwärtigem Fall weniger empfindlich und deshalb für genauere Bestimmungen nicht geeignet ist. Dies ist an den in Abb. 6 vorgezeigten Oszillogrammen, die den Verlauf der im sauren Medium durchgeführten Autoxydation demonstrieren, gut sichtbar.

Durch Erhöhung der Empfindlichkeit kann die Bewertung etwas verbessert werden.

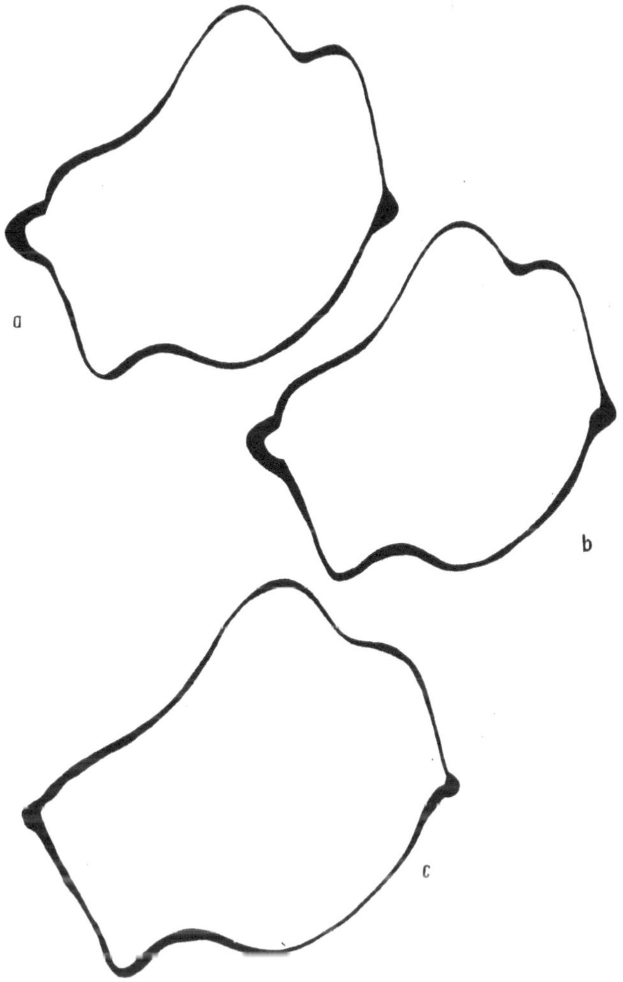

Abb. 6. Die Verfolgung der Autoxydation der Ascorbinsäure mit oszillopolarographischer Methode

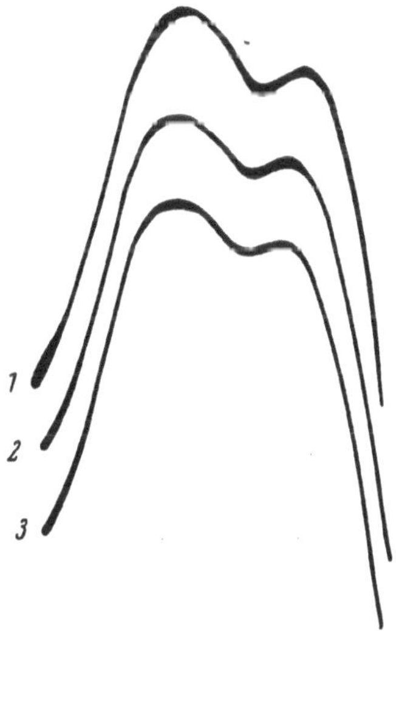

Abb. 7. Die Oszillogramme der Abbildung 6 mit größerer Empfindlichkeit

Abb. 7 veranschaulicht die mit größerer Empfindlichkeit gewonnenen Oszillogramme in der gleichen Reihenfolge wie bei Abb. 6, also vor Beginn der Autoxydation nach 5 bzw. nach 15 Minuten Oxydation. Für den Nachweis der zwischen dem sauren und alkalischen Medium bzw. zwischen der geringen oder größeren Sauerstofftransportgeschwindigkeit bestehenden Unterschiede ist die oszillopolarographische Methode gut anwendbar.

SUMMARY

Polarographic and oscillopolarographic analyses concerning antoxidation of ascorbic acid indicate that the velocity of autoxidation is simultaneously influenced by chemical and physical factors.

On account of the experimental results, the autoxidation of ascorbinic acid may be put into that group of heterogenous reactions in which the reaction velocity, according to the modification of experimental conditions, is determined either by diffusion or by chemical activation.

The application of the polarographic method renders possible the simultaneous observation of ascorbinic acid and hydrogen or the simultaneous estimation of their concentrations respectively. Therefore, by means of polarography such phenomena may be elucidated, which may not be interpreted by other measuring systems as e.g. the generally accepted gas volumetric method.

Literatur

[1] Csürös, Z., Petro, J., Magyar Tud. Akad. Kém. Tud. Oszt. Közl. **6**, 135 (1955); **8**, 137 (1956).
[2] —, —, Periodica Polytech. Ch. **1**, 3 (1957).
[3] —, —, Acta Chim. Acad. Sci. Hung. **7**, 199 (1955).
[4] Joslyn, M. A., Miller, J., Food Research **14**, 325 (1949).
[5] Halden, W., Schauenstein, E., Z. Vitamin-, Hormon- und Fermentforsch. **3**, 181 (1950).
[6] Gero, E., Le Gallic, P., Compt. rend. **234**, 145 (1952).
[7] Nord, H., Acta Chim. Scand. **9**, 442 (1955).
[8] Imanaga, Y., J. Biochem. **42**, 657 (1955).
[9] Abel, E., Monatsh. Chem. **87**, 328 (1956).
[10] Dželić, M., Grujić-Vasić, J., Bull. soc. chimistes. republ. pop. Bosnie et Herzegovine **3**, **23** (1954).
[11] Dželić, M., Grujić-Vasić, J., Bobarević, B., ibid. **2**, 55 (1953).
[12] Dželić, M., **7**, 27 (1958).
[13] Sartori, J. G., Proc. XIth Intern. Congress Pure and Appl. Chem. [London] **2**, 477 (1947); **2**, 483 (1947).
[14] Doskočil, J., Sboznik Mezinarod. Polarograf. Sjczdn Prace, lst., III. 651 (1951).
[15] Wiesner, K., Chem. listy **38**, 340 (1944); **38**, 354 (1944).
[16] Chapon, L., Chapon, S., Urion, E., Bull. Soc. chim. France (1957) 794.
[17] Rakshit, P. C., Sen, B. C., Battacharyya, P. K., J. Indian Chem. Soc. **34**, 668 (1957).
[18] Alexander, N. M., J. Biol. Chem. **227**, 975 (1957).
[19] Eguchi, S., Tokyo Jikeikai Ikadaigaku Zasshi **72**, 2227 (1957); **72**, 2241 (1957); **72**, 2244 (1957); **72**, 2252 (1957)..
[20] Shiraishi, N., Akao, A., Shiraishi, J., Nisshin Igaku **46**, 105 (1959).
[21] Kirk, M. M., Ind. Eng. Chem. Anal. Ed. **13**, 625 (1941).
[22] Kodiceh, E., Wenig, K., Nature **142**, 38 (1938).
[23] Müller, O. H., Phillips, R. A., Am. J. Physiol. **129**, 426 (1940).
[24] Müller, O. H., Ind. Eng. Chem., Anal. Ed. **14**, 99 (1942).
[25] Cattaneo, C., Sartori, G., Gazz. Chim. Ital. **72**, 351 (1942).
[26] Vavřin, Z., Coll. Czechoslov. Chem. Commun. **14**, 367 (1949).
[27] Kalousek, M., ibid. **13**, 105 (1948).

[28] Gilliam, W. S., Ind. Eng. Chem. Anal. Ed., **17**, 217 (1945).
[29] Page, J. E., Waller, J. G., Analyst **71**, 65 (1946).
[30] Okada, J., J. Agr. Chem. Soc. Japan **19**, 749 (1943); **19**, 955 (1943); **20**, 325 (1944).
[31] Hasselbach, H., Z. Pflanzenernähr. Düngung und Bodenk. **39**, 27 (1947).
[32] Skobets, E. M., Atamanenko, N. N., Zav. Laboratorija **15**, 1291 (1949).
[33] Šantavy, F., Bitter, B., Coll. Czechoslov. Chem. Commun. **15**, 112 (1950).
[34] Wiesner, K., Chem. listy **38**, 91 (1944).
[35] Kern, D. M. H., J. Amer. Chem. Soc. **76**, 1011 (1954).
[36] Koutecky, J., Chem. listy **48**, 1314 (1954); Coll. Czechoslov. Chem. Commun. **20**, 116 (1955).
[37] Zuman, P., Chem. listy **8**, 1020 (1954).
[38] Ono, S., Takagi, M., Vasa, T., Bull. Chem. Soc. Japan **31**, 356 (1958).
[39] Zimmerman, J. F., J. Phys. Chem. **53**, 562 (1949).
[40] Peter, F., Magyar Kém. Folyóirat **63**, 41 (1957).

A—17

Polarographisches Studium der Oxydation der Milchsäure mit Ce(IV)-Komplexen

L. Treindl

Institut für Anorganische und Physikalische Chemie der Komenský-Universität, Bratislava, ČSSR

Wie allgemein bekannt ist, werden beim Studium von Oxydationsvorgängen in der organischen Chemie häufig Ce(IV)-Salze benutzt. Ce(IV)-Lösungen haben den Vorteil großer Beständigkeit; bei der Reduktion ist im Gegensatz zum Permanganat nur ein einziger Wertigkeitswechsel möglich, und das Redoxpotential ist mit —1,70 V in 1 mHCl hoch [1]. Sehr bekannt ist die analytische Bestimmung der Milchsäure mit Ce(IV)-Salzen. J. J. Gordon [2] formuliert diese Reaktion durch folgende Bruttogleichung:

$$\underset{\substack{|\\ OH}}{CH_3—CH—COOH} + 2\,Ce^{4+} = \underset{\substack{\|\\ O}}{CH_3—CH} + CO_2 + 2\,H^+ + 2\,Ce^{3+}\,. \tag{1}$$

Nach seinen Angaben können noch 0,4 mg Milchsäure mit einem durchschnittlichen Fehler von 5% erfaßt werden.

Da Kinetik und Mechanismus dieser Reaktion bisher noch nicht untersucht worden sind, soll nun über unsere Ergebnisse berichtet werden.

Die Geschwindigkeit dieser Reaktion läßt sich polarographisch bestimmen, indem der Grenzstrom der Ce(IV)-Ionen bei einem konstanten Potential registriert wird, wie aus Abb. 1

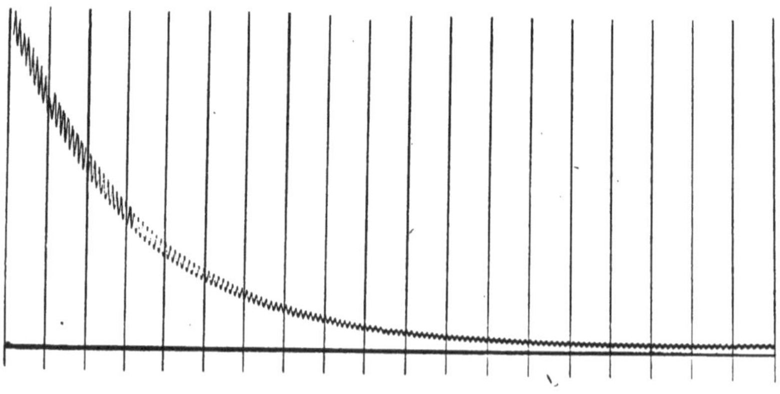

Abb. 1. Die Abhängigkeit des Grenzstromes der Ce(IV)-Ionen von der Zeit; 10^{-3} m Ce^{4+}, 1 m $HClO_4$, 0,15 m H_2SO_4, $\mu = 2$, das angelegte Potential 0 V gegen die gesättigte Kalomelelektrode, 30 s/Abszisse, Empfindlichkeit 1/15

hervorgeht. Die Geschwindigkeitskonstante k' erhält man unmittelbar aus der Neigung der linearen Abhängigkeit nach folgender Gleichung:

$$2{,}303 \log \frac{i_0}{i} = k'\,t\,. \tag{2}$$

i_0 ist der Grenzstrom der Ce(IV)-Ionen zu Beginn der Reaktion, i ist der Grenzstrom nach der Zeit t.

Diese Reaktion wurde in 1 m Perchlorsäure, 0,28 m Milchsäure, 10^{-3} m Ce(IV) und der bestimmten Konzentration der mit Ce(IV)-Ionen komplexbildenden Ligandenkomponente studiert. Die entsprechende Zugabe von $NaClO_4$ gab den konstanten Wert der Ionenstärke. Zur Temperierung diente ein Thermostat nach Höppler.

Als Elektrolyse-Gefäß diente das Gefäß nach Kalousek mit der getrennten, gesättigten Kalomelelektrode. Die benutzte Quecksilbertropfelektrode hatte eine Tropfzeit $\tau = 2{,}5$ s und eine Ausflußgeschwindigkeit von $m = 1{,}66$ mg/s bei 50 cm Quecksilberniveauhöhe. Die Mischung der Lösungen wurde mit dem Einleiten von Stickstoff durchgeführt, der auch zur Entlüftung der Lösung diente. Die Lösungen wurden aus mit $NaMnO_4$ redestilliertem Wasser hergestellt. Die benutzten Chemikalien waren von der Reinheit „pro analysi".

Wenn die Milchsäure gegenüber den Ce(IV)-Ionen im großen Überschuß vorliegt, so ist die Geschwindigkeitskonstante von der Cerkonzentration unabhängig, was als hinreichender

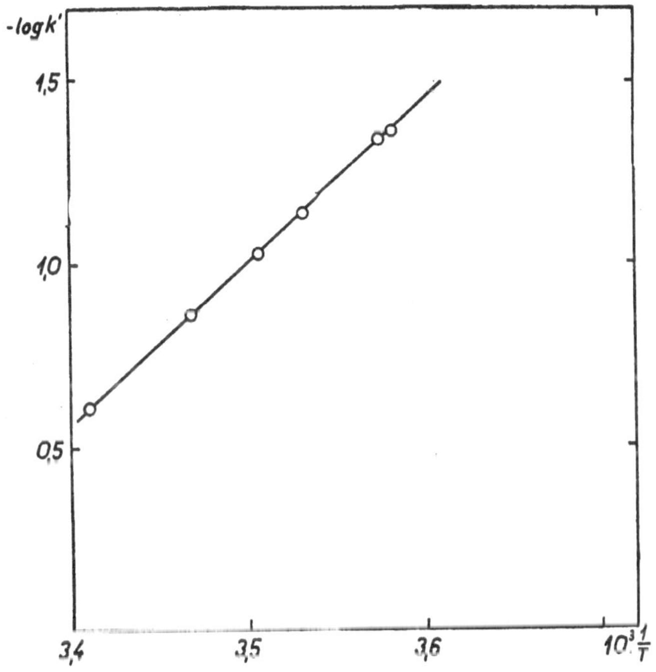

Abb. 2. Die Temperatur-Abhängigkeit der Geschwindigkeitskonstante

Beweis für eine Reaktion erster Ordnung anzusehen ist. In Abwesenheit von Stoffen, die mit Ce(IV)-Ionen Komplexe bilden, ist die Reaktionsgeschwindigkeit zwischen Ce(IV) und Milchsäure so groß, daß diese Reaktion polarographisch nur bei niedrigen Temperaturen verfolgt werden kann (zwischen 0 und 15 °C). Die Aktivierungsenergie dieser Reaktion wurde zu $\Delta H^{+} = 7{,}067$ kcal/mol bestimmt. Für die Geschwindigkeitskonstante bei 20 °C wurde durch Extrapolation der Temperaturabhängigkeit ein Wert von $k' = 0{,}248\ s^{-1}$ ermittelt (Abb. 2).

Die Aktivierungsentropie läßt sich aus der Beziehung

$$\ln \frac{k'}{k}\,\frac{h}{T} = \frac{\Delta S^{+}}{R} - \frac{\Delta H^{+}}{R\,T} \tag{3}$$

zu $\Delta S^{+} = -66$ cal/grad · mol berechnen, wobei k' die gemessene Geschwindigkeitskonstante, h die Planck-Konstante, k die Boltzmann-Konstante, R die Gaskonstante und T die absolute Temperatur sind. Mit steigender Ionenstärke vermindert sich die Reaktionsgeschwindigkeitskonstante und erreicht bei der Ionenstärke $\mu = 2$ einen minimalen Grenzwert. Die Reaktionsgeschwindigkeit steigt mit steigender Konzentration der Milchsäure, die gegenüber den Ce(IV)-Ionen im Überschuß vorhanden ist.

In Anwesenheit von Stoffen, die mit Ce(IV)-Ionen Komplexe bilden, vermindert sich die Reaktionsgeschwindigkeit, so z. B. in Anwesenheit von Sulphat-, Fluorid-Ionen, Harnstoff, Glyzin, α-Alanin oder β-Alanin. Die Abhängigkeit der Geschwindigkeitskonstante von der Konzentration der komplexbildenden Stoffe ermöglicht die Bestimmung der Stabilitätskonstanten einiger Ce(IV)-Komplexe.

Betrachten wir die reversiblen sich schnell einstellenden Gleichgewichte von Ce(IV)-Komplexen in der Lösung, so lassen sich folgende Gleichungen aufstellen:

$$\begin{aligned} Ce^{4+} + A &= CeA \\ CeA + A &= CeA_2 \\ CeA_{i-1} + A &= CeA_i \,. \end{aligned} \tag{4}$$

Die Gesamtkonzentration von Ce(IV) bei einer definierten Konzentration von Liganden wird durch folgende Gleichung gegeben:

$$S = [Ce^{4+}]\,\{1 + K_1[A] + K_1K_2[A]^2 + K_1K_2K_3(A)^3 + \cdots + K_1K_2K_3 \ldots K_i[A]^i\}\,, \tag{5}$$

wobei $[Ce^{4+}]$ die Gleichgewichtskonzentration der Ce(IV)-Ionen, [A] die Gleichgewichtskonzentration des Liganden, $K_1, K_2 \ldots K_i$ die konsekutiven Stabilitätskonstanten sind.

Die Reaktionsgeschwindigkeit von Ce(IV)-Ionen mit der Milchsaure ist durch folgende Gleichung definiert:

$$\frac{dx}{dt} = k[Ce^{4+}]\,[\underset{\displaystyle |\atop OH}{CH_3CHCOOH}] = k'[Ce^{4+}]\,. \tag{6}$$

Wenn die Gleichgewichte der Ce(IV)-Ionen mit den Liganden mobil sind, kann man die Reaktionsgeschwindigkeit wie folgt ausdrücken:

$$\frac{dx}{dt} = k' \frac{S}{1 + K_1[A] + K_1\,K_2\,[A]^2 + \cdots + K_1\,K_2 \ldots K_i[A]^i}\,. \tag{7}$$

Die Geschwindigkeitskonstante k^* bei einer bestimmten Konzentration von Liganden ist durch folgende Gleichung gegeben:

$$k^* = \frac{\frac{dx}{dt}}{S} = \frac{k'}{1 + K_1[A] + K_1\,K_2[A]^2 + \cdots + K_1\,K_2 \ldots K_i[A]^i}\,. \tag{8}$$

Die Abhängigkeit der Geschwindigkeitskonstante von der Konzentration der Sulfationen als Liganden ist in Abb. 3 zu sehen. Die Punkte der Abhängigkeit sind die Mittelwerte der drei durchgeführten Messungen. Das Verhältnis der Geschwindigkeitskonstante bei Abwesenheit von Liganden und der Geschwindigkeitskonstante bei einer bestimmten Konzentration der Liganden ist durch folgende Gleichung definiert:

$$\frac{k'}{k^*} = 1 + K_1[A] + K_1K_2[A]^2 + \cdots + K_1K_2 \ldots K_i[A]^i\,. \tag{9}$$

Die experimentell gewonnene Abhängigkeit dieses Verhältnisses von der Konzentration der Sulfationen als Liganden ist in Abb. 4 zu sehen. Der extrapolierte Wert des Verhältnisses $\frac{k'}{k^*}$ bei der Ligandenkonzentration von null ist übereinstimmend mit dem theoretischen Wert nach Gl. (9).

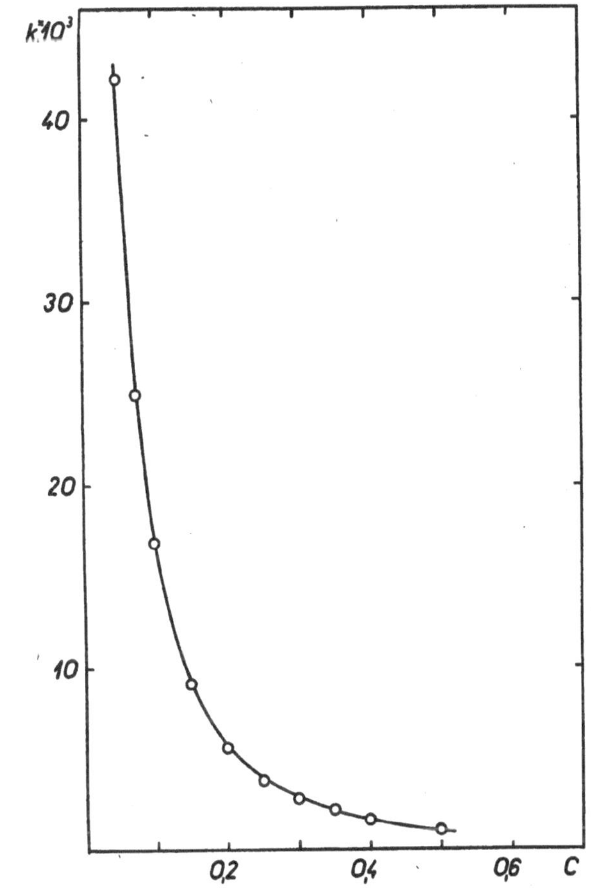

Abb. 3. Die Abhängigkeit der Geschwindigkeitskonstante von der Konzentration der Sulfationen.
Konzentration in Mol/Liter

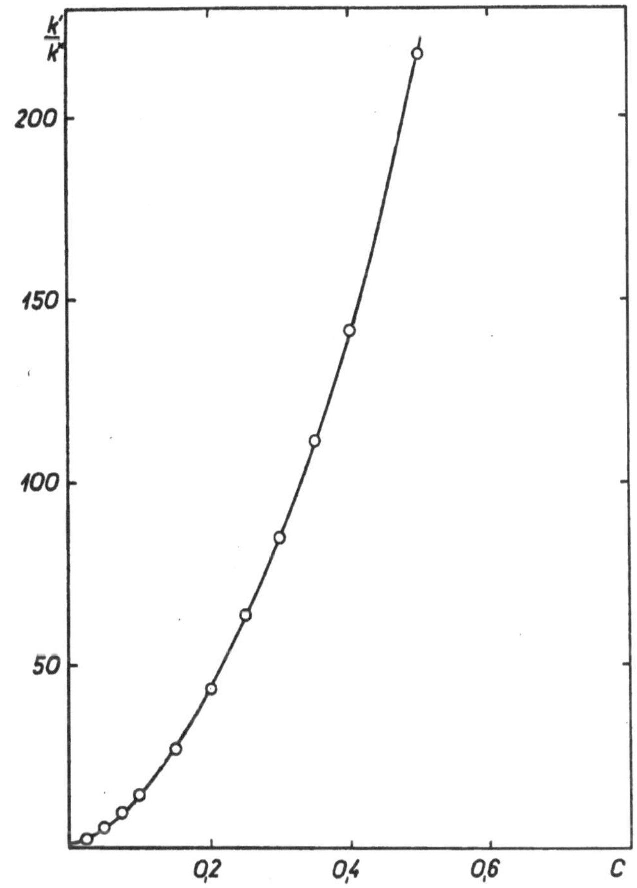

Abb. 4. Die Abhängigkeit des Verhältnisses der Geschwindigkeitskonstanten in Abwesenheit und Anwesenheit der Sulfationen als Liganden
Konzentration in Mol/Liter

Die Ce(IV)-Komplexe können nach H. Taube [3] als labil betrachtet werden, deren Reaktionen sehr schnell verlaufen, ähnlich wie bei der Methode von I. Leden [4] zur Bestimmung der konsekutiven Stabilitätskonstanten auf Grund von Löslichkeitsmessungen oder bei der Methode nach D. D. De Ford und D. N. Hume [5] auf Grund der Halbstufenpotentialmessungen. Man kann die Funktion α definieren:

$$\alpha = \frac{1}{[A]}\left(\frac{k'}{k^*} - 1\right) = K_1 + K_1K_2[A] + K_1K_2K_3[A]^2 + \cdots + K_1K_2 \ldots K_i[A]^{i-1}\,. \quad (10)$$

Durch die Extrapolation der Abhängigkeit der Funktion α von der Konzentration der Sulfationen kann der Wert der Stabilitätskonstante von $K_1 = 63$ abgelesen werden (Abb. 5).

Die Abhängigkeit der Funktion β, die durch die Gleichung

$$\beta = \frac{1}{[A]^2}\left(\frac{k'}{k^*} - 1 - K_1[A]\right) = K_1K_2 + K_1K_2K_3[A] + \cdots + K_1K_2 \ldots K_i[A]^{i-2} \quad (11)$$

definiert ist, ermöglicht durch die Extrapolation, den Wert des Produktes $K_1K_2 = 725$ zu bestimmen (Abb. 6).

Die Abhängigkeit der Geschwindigkeitskonstante von der Konzentration des Harnstoffs als Liganden ist auf die gleiche Weise ermittelt worden (Abb. 7). Die Abhängigkeit des Verhältnisses der Geschwindigkeitskonstanten von der Konzentration des Harnstoffs ergab,

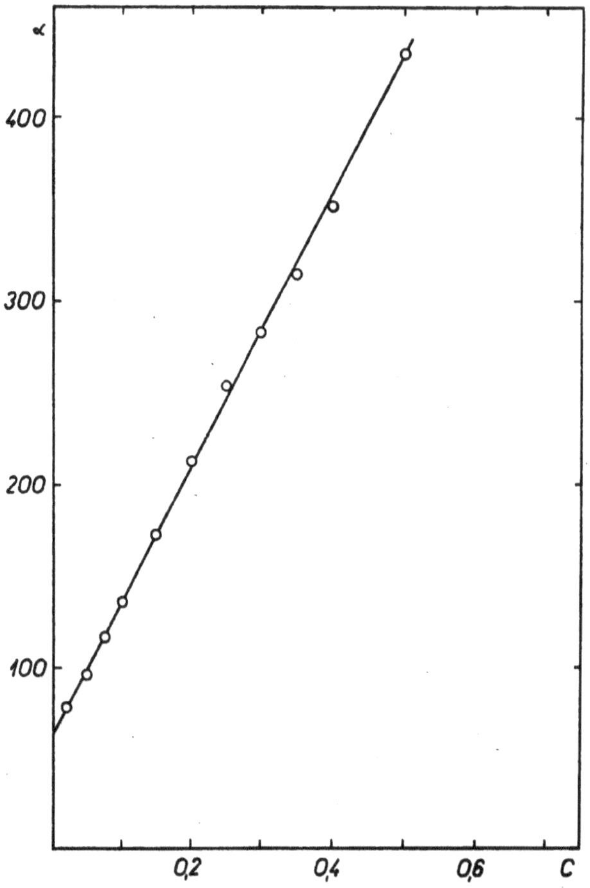

Abb. 5. Die Abhängigkeit der α-Funktion von der Konzentration der Sulfationen. Konzentration in Mol/Liter

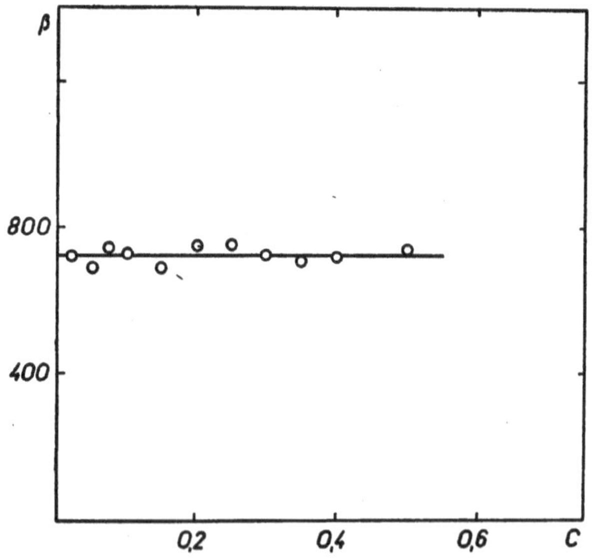

Abb. 6. Die Abhängigkeit der β-Funktion von der Konzentration der Sulfationen. Konzentration in Mol/Liter

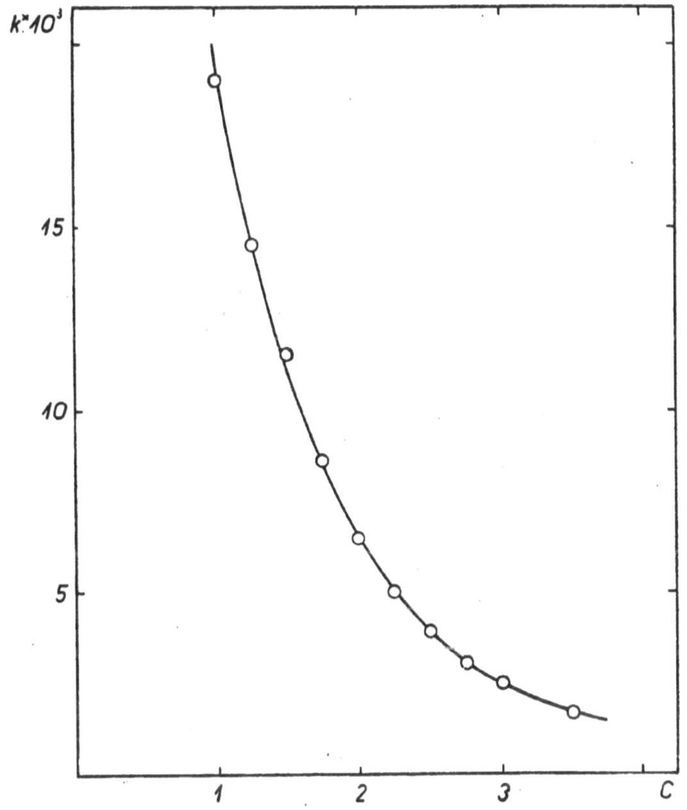

Abb. 7. Die Abhängigkeit der Geschwindigkeitskonstante von der Konzentration des Harnstoffs. Konzentration in Mol/Liter

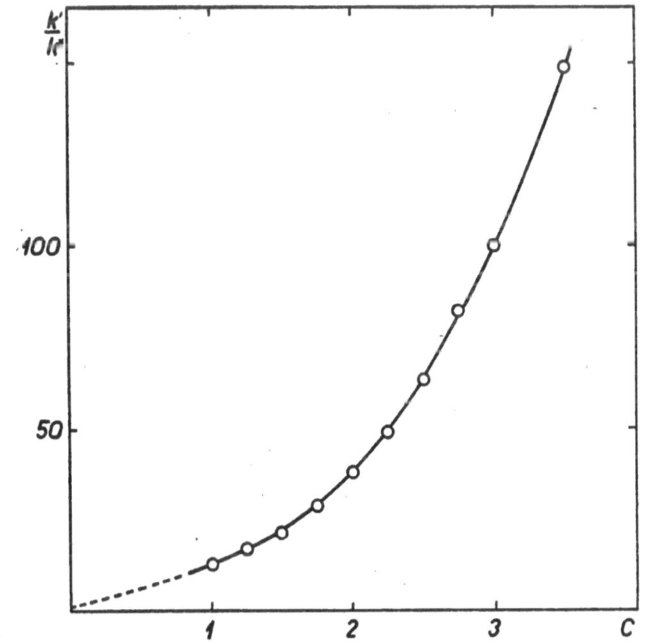

Abb. 8. Die Abhängigkeit des Verhältnisses der Geschwindigkeitskonstanten in Abwesenheit und Anwesenheit des Harnstoffs als Liganden

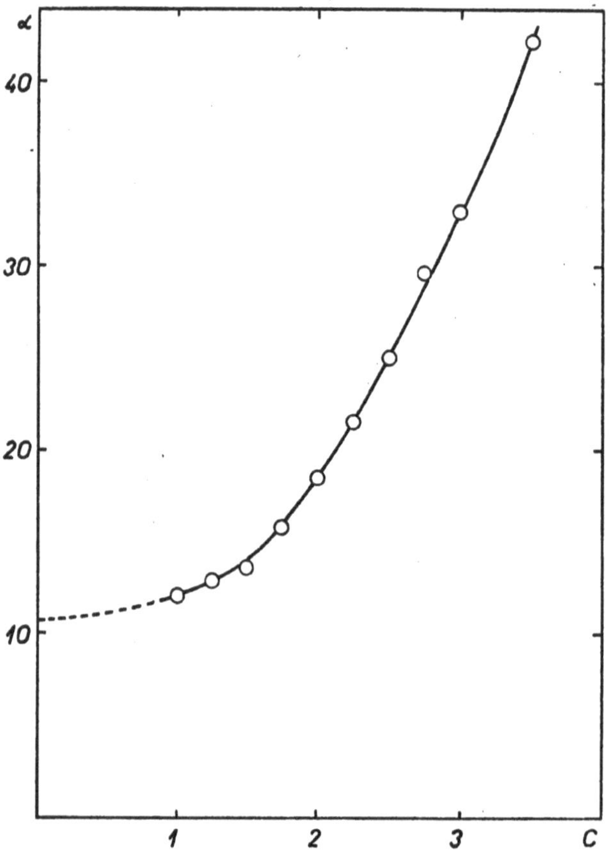

Abb. 9. Die Abhängigkeit der α-Funktion von der Konzentration des Harnstoffs. Konzentration in Mol/Liter

im Einklang mit der Theorie, den Ordinatenabschnitt von eins (Abb. 8). Mit Hilfe der Funktion α kann der Wert der Stabilitätskonstante $K_1 = 10{,}7$ bestimmt werden (Abb. 9). Mit Hilfe der β-Funktion kann man durch Extrapolation den Wert des Produktes $K_1K_2 = 0{,}25$ bestimmen (Abb. 10). Mittels der Funktion γ ist der Wert des Produktes $K_1K_2K_3 = 0{,}2$ erhalten worden (Abb. 11).

Die Funktion γ ist gegeben durch die Gleichung:

$$\gamma = \frac{1}{[\mathrm{A}]^3}\left(\frac{k'}{k^*} - 1 - K_1[\mathrm{A}] - K_1K_2[\mathrm{A}]^2\right) = K_1K_2K_3 + K_1K_2K_3K_4[\mathrm{A}] + \cdots + K_1K_2 \ldots K_i[\mathrm{A}]^{i-3}. \tag{12}$$

Die Funktion δ ist schließlich gegeben durch die Gleichung:

$$\delta = \frac{1}{[A]^4}\left(\frac{k'}{k^*} - 1 - K_1[\mathrm{A}] - K_1K_2[\mathrm{A}]^2 - K_1K_2K_3[\mathrm{A}]^3\right)$$
$$= K_1K_2K_3K_4 + K_1K_2K_3K_4K_5[\mathrm{A}] + \cdots + K_1K_2 \ldots K_i[\mathrm{A}]^{i-4}. \tag{13}$$

Mit Hilfe dieser Funktion kann durch Extrapolation der Wert des Produktes zu $K_1K_2K_3K_4 = 0{,}8$ bestimmt werden (Abb. 12).

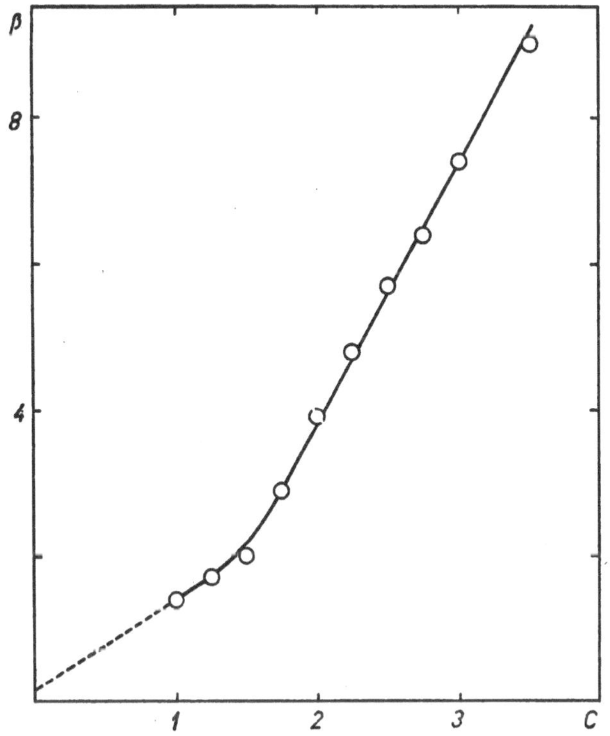

Abb. 10. Die Abhängigkeit der β-Funktion von der Konzentration des Harnstoffs. Konzentration in Mol/Liter

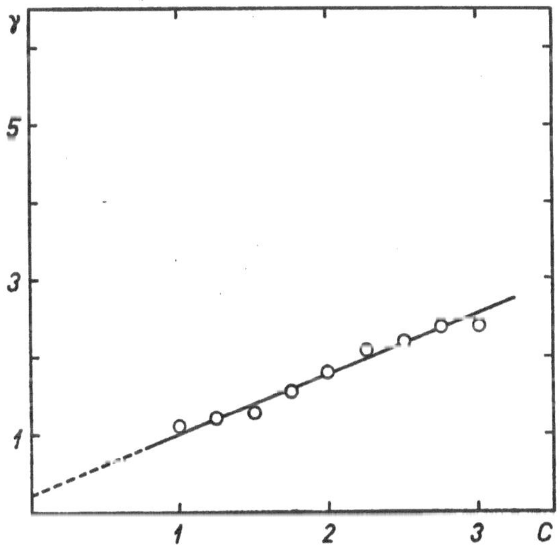

Abb. 11. Die Abhängigkeit der γ-Funktion von der Konzentration des Harnstoffs. Konzentration in Mol/Liter

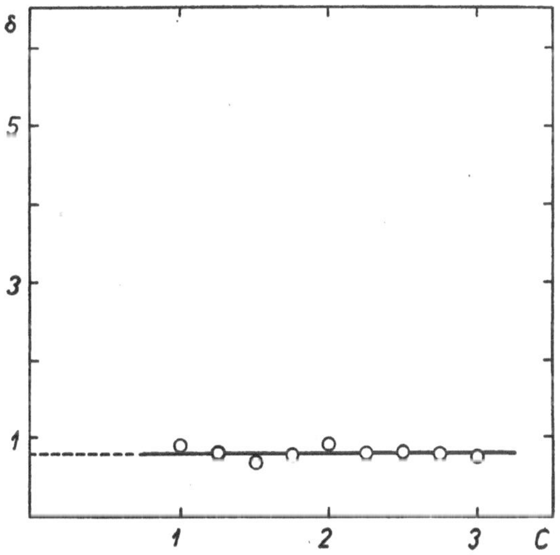

Abb. 12. Die Abhängigkeit der δ-Funktion von der Konzentration des Harnstoffs. Konzentration in Mol/Liter

Auf Grund der angeführten Ergebnisse wurden folgende konsekutive Stabilitätskonstanten der Ce(IV)-Ionen mit Harnstoff ermittelt:

$$K_1 = 10{,}7 \qquad K_3 = 0{,}8$$
$$K_2 = 0{,}023 \qquad K_4 = 4.$$

Die auf Grund der kinetischen Daten bestimmten Werte der Stabilitätskonstanten sollen noch mit einer unabhängigen Methode verglichen werden.

SUMMARY

Employing the polarographic method, a study was made about the kinetics of the oxidation of lactic acid by Ce(IV) complexes. The velocity constant of the reaction was determined from the logarithmic dependence of the limiting current of the Ce(IV) ions on time. It could be demonstrated that with an excess of lactic acid a reaction of first order takes place. Furthermore, the dependence of the velocity constant on the concentration of both the reactants, on ionic power, and on temperature was studied, whence the activation energy and the activation entropy resulted. Several substances (e.g. sulphate ions, glycine, urea, α-alanine, β-alanine etc.) which in solution form complexes with Ce(IV) ions, greatly influence the reaction velocity. The dependence of the velocity constant on the concentration of these complexes permits some conclusions concerning the composition and the stability of the Ce(IV) complexes in the solution.

Literatur

[1] Latimer, W. M., The Oxidation States of the Elements and their Potentials in aqueous Solutions, New York 1952.
[2] Gordon, J. J., Biochem. J. **33**, 1332 (1939).
[3] Taube, H., Chem. Rev. **50**, 69 (1950).
[3] Leden, I., Z. physik. Chem., 188 A, 160 (1941).
[5] De Ford, D. D., Hume, D. N., J. Amer. Chem. Soc. **73**, 5321 (1951).

A—18

Some Applications of the Differential Cathode Ray Polarograph in Chemotherapy

J. S. HETMAN

British Polarographic Research Institute, Woking, Surrey

The Differential Cathode Ray Polarograph has been used for investigating the polarographical behaviour of the following drugs:

Group	
Gluco-Corticoids	Prednisolone
	Cortisone Acetate
	Hydrocortisone
Sex Hormones	Ethisterone
Antibacterial	Nitrofurazone
	Nitrofurantoin
Antibiotics	Chloromycetin
Hypotensive	Nitroglycerine
	Erythritol tetranitrate
	Mannitol hexa nitrate
	Penta erythritol tetra nitrate.
Sedatives	Thalidomide

For each drug investigated, the limit of detection has been found. For this purpose the twin cell technique has been applied [1].

Gluco-Corticoids

Base Electrolyte, composition: 0.1 M tetra butyl ammonium phosphate containing 40% methyl alcohol at pH 2.6—3.0.

Prednisolone

This is reducible with the formation of one single wave with the peak potential 1.27 volts.

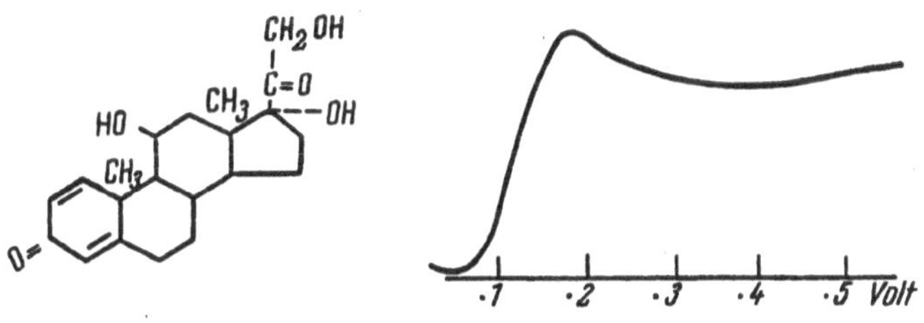

Fig. 1

Cortisone Acetate

This also produced a single wave with a similar shape but having a peak potential of 1.37 volts.

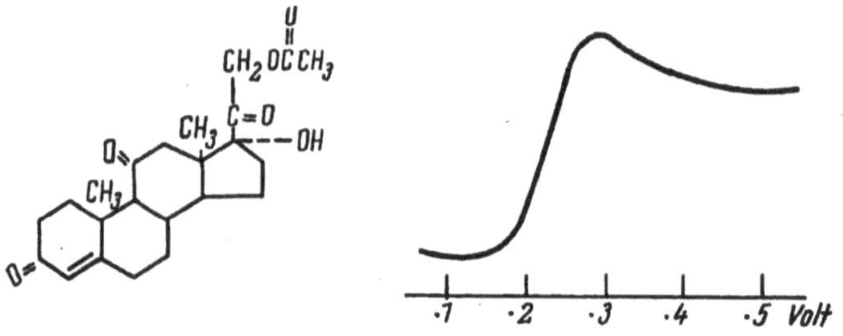

Fig. 2

Hydrocortisone

Hydrocortisone behaves in a similar way, having a peak potential of 1.43 volts.

Consequently it is possible to determine these three steriods in a single solution and further work is in hand to determine the concentration range under which the separation of the peaks may be achieved.

The limit of detection for this group was found to be 0.5 μg/ml. The polarograms were recorded on start potential -1.1 V.

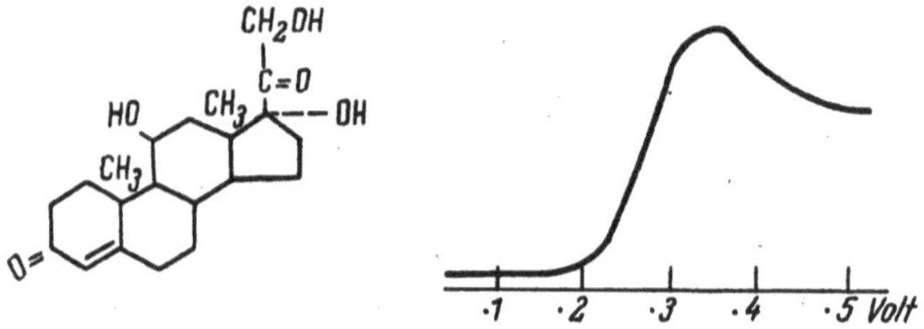

Fig. 3

Sex Hormones

Ethisterone (Pregneninolon)

This belongs to the same group of Steriods extensively investigated by P. Zuman, but it was excluded from their paper [2]. Ethistone in the previously mentioned base electrolyte does not give satisfactory waves, but good waves were obtained with a base electrolyte consisting of:

0.1 M Barbitone, 40% ethanol and 0.1 N. Lithium Chloride. pH 3.6.

A single reduction wave was obtained having a peak potential of 1.5 volts (Fig. 4). The

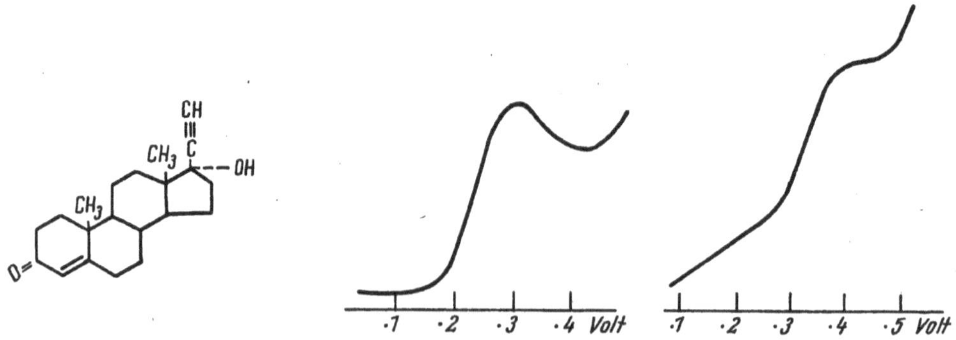

Fig. 4—5

replacement of ethanol by methanol in the base electrolyte has a harmful effect on the formation of the wave, as shown in Fig. 5.

The limit of detection is 1 μg/ml.

The polarograms were recorded on start potential —1.2 V.

Antibacterial

Nitrofurazone (furacin) and Nitrofurantoin (furadantin)

As the polarographic behaviour of nitrofuran derivatives has been shown by Kupcik [3], Stradins [4], Marciszewski [5] to be suitable for quantitative estimation, the possibility of producing a larger separation of the two peaks for the above derivatives has been investigated. It has been shown that in a base electrolyte composed of 0.7 N NH_4NO_3—0.1 N KNO_3 containing 8% of pyridine, nitrofurantoin is reduced at the peak potential of —0.56 volts and nitrofurazone has a peak potential of —0.63 volts. This base electrolyte is suitable for the determination of difficultly soluble derivatives.

The polarogram must be recorded within thirty minutes due to decomposition which takes place within the cell.

In base electrolytes containing tetra hydrofurfuryl alcohol, both derivatives are determinable since their peak potentials are —0.65 and —0.95 volts. The detection limit depends on the base electrolyte used, and varies between 0.2—1 μg/ml. The polarograms were recorded in pyridine containing base electrolyte, on start potential of —0.4 V.

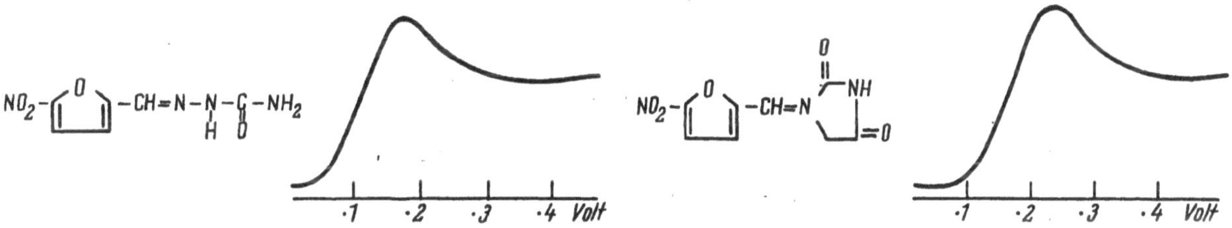

Fig. 6—7

Antibiotics

Chloromycetin

This must be polarographically active since the molecule contains one NO_2 group. In addition, its good solubility and stability in water facilitates the polarographic determination of this substance. Good waves are formed in the base electrolyte:

0.1 M Barbitone, 40% tetrahydro furfuryl alcohol, 0.1 N Lithium Chloride.

The reduction produces two waves having peak potentials of 0.95 and 1.45 volts respectively. The second wave is not so well developed as the first, but it is of great value in its identification.

For example, chloromycetin can be distinguished by this double wave formation from such substances as nitrofurazone and nitrofurantoin. The detection limit is 0.2 μg/ml.

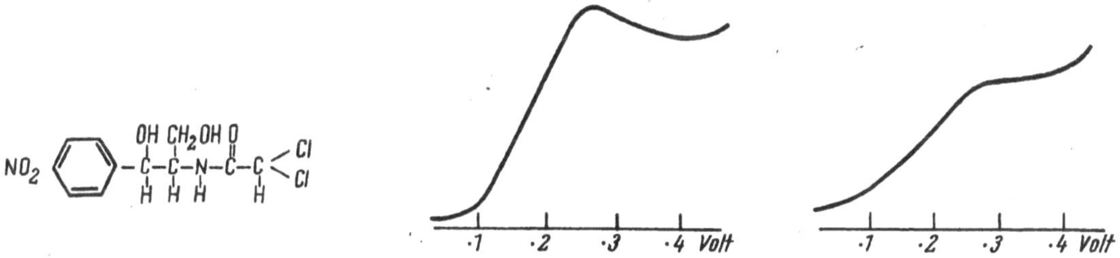

Fig. 8—9

Hypotensive

Nitroglycerine

With methods developed by the author [6, 7], the determination of nitroglycerine was carried out in a base electrolyte composed of:

10 ml N KCl		40 ml Water
50 ml 2 N NH_4Cl	pH 7,3	10 ml Pyridine

One single wave is formed with a peak potential of —0.27 V. Detection limit: 0.5 μg/ml.

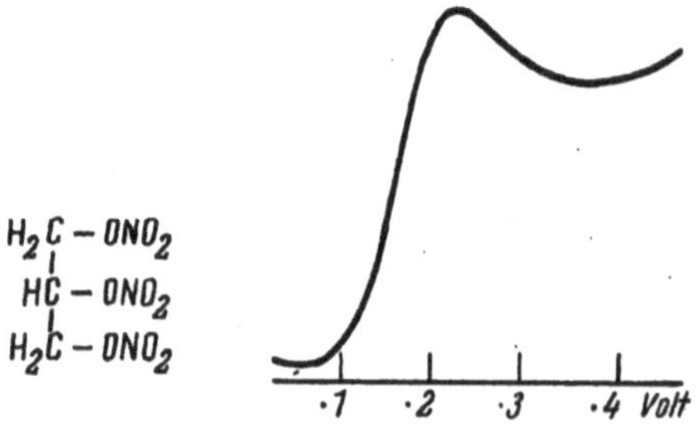

Fig. 10

Start Potential: —0.05 V.

Erythritol Tetranitrate

This can be determined in the base electrolyte composed of:

35 ml 2 M NH_4NO_3	30 ml Tetrahydrofurfuryl Alcohol
10 ml M KNO_3.	25 ml H_2O pH 3.7

A single wave is formed with a peak potential of —0.55 V.

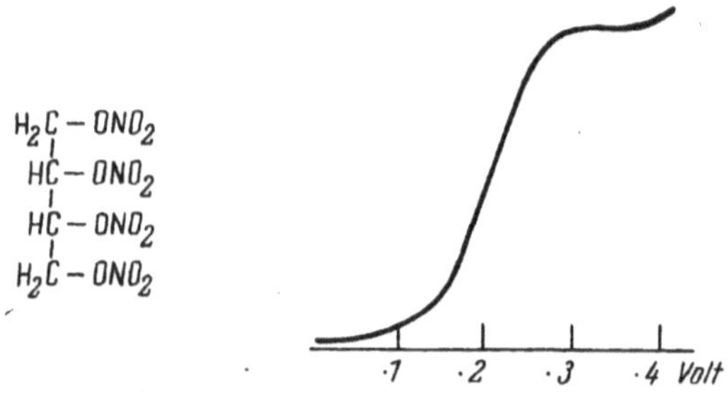

Fig. 11

Detection limit: 5 μg/ml. St. pot. —0.2 V.

Mannitol Hexanitrate

This is reducible in the base electrolyte used for E. T. N. One single wave is formed with a peak potential of —0.45 V.

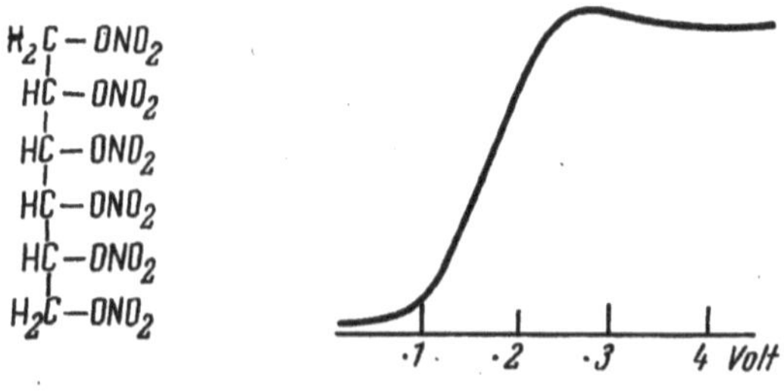

Fig. 12

Detection Limit: 5 μg/ml. ST. pot. —0.2 V.

Penta Erythritol Tetranitrate

The best base electrolyte [8] was found to be 0.7 M NH_4NO_3 — 0.07 M KNO_3 containing 30% of pyridine, where the reduction of P. E. T. N. results in the formation of single step-like waves.

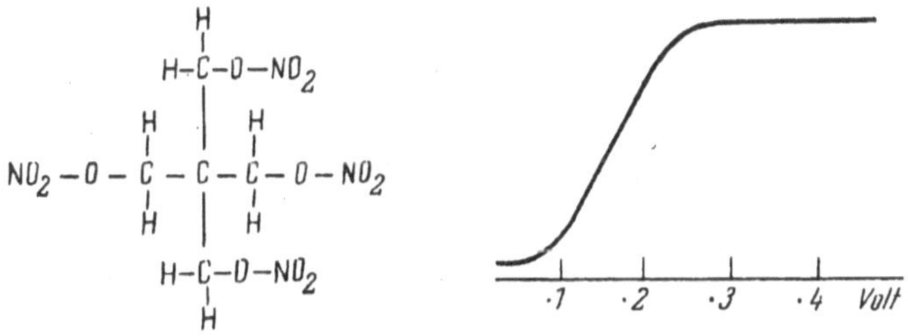

Start Potential: 0.1 V. Detection Limit 5 μg/ml. Fig. 13

Sedatives

Thalidomide (Contergan)

Thalidomide is reducible in the base electrolyte 0.1 M barbitone, 40% ethanol, 0.1 N Lithium Chloride.
One single wave is formed with a peak potential of —1.2 V.

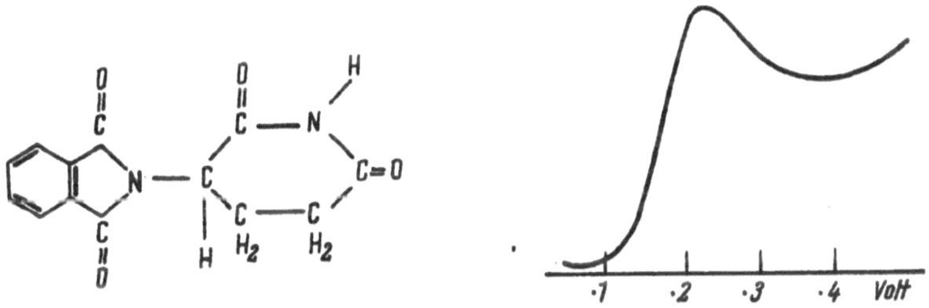

Start. pot —1,0 V. Detection Limit 0,05 μg/ml. Fig. 14

References

[1] Davis, H. M., Shalgosky, H. I., Advances in Polarography, Vol. II, 618, Pergamon Press (1960).
[2] Zuman, P., Tenygl, J., Brezina, M., Chem. Listy 47, 1152 (1953).
[3] Kupcik, F., Ceskosl. Farm. 10, 295 (1961).
[4] Stradins, Hillers, J., Dzene, S., Zinatnu Akad. Vestis No. 12, 71 (1959).
[5] Marciszewski, H., Acta Polon. Pharm. 17, 23 (1960).
[6] Hetman, J. S., Talanta 5, 267 (1960).
[7] —, Advances in Polarography, Vol. II, 640, Pergamon Press (1960).
[8] —, Analyt. Chem. Vol. 32, 1699 (1960).

A—19

Polarographic Determination of Tetracycline in Urine

J. S. Hetman

British Polarographic Research Institute, Woking, Surrey

Previous investigations into the polarographic behaviour of oxytetracycline and chlorotetracycline in pure solutions have been carried out [1—4] using supporting buffers in the pH range from 2 to 11.38. The lowest concentration these investigators were able to determine was of the order of 100 μg/ml. The present work was initiated for the development of methods for determining tetracycline in very low concentrations. These studies have revealed that the use of the twin-cell technique [5] combined with the Differential Polarograph, permits the determination of tetracycline even at concentrations down to 0.1 μg/ml in pure solutions and down to 1.0 μg/ml in urine.

Experimental

From the various base electrolytes investigated it has been found that the sensitivity is affected by the composition of the base electrolyte. In 0.1 M. tetra-ethyl ammonium bromide, quantitative estimation is possible above 50 μg/ml. In 0.05 M. tetra-butyl ammonium phosphate, the range above 10 μg/ml is suitable for quantitative estimation. Although a number of additional base electrolytes have been investigated the most suitable base electrolyte has been found to possess the following composition:

0.1 M. Barbitone, 40% Methanol and 0.1 N. Lithium Chloride. pH = 4.7.

In the above base electrolyte, it was found that tetracycline is reduced, forming three peaks having peak potentials of —1.20, —1.3 and —1.5 volts (Fig. 1).

With concentrations down to 1 μg/ml, single cell operation is satisfactory, but at concentrations below this value it is found that the presence of oxygen and of trace impurities in the base electrolyte prevents the formation of the three waves and for such concentrations it is necessary to employ the twin cell technique.

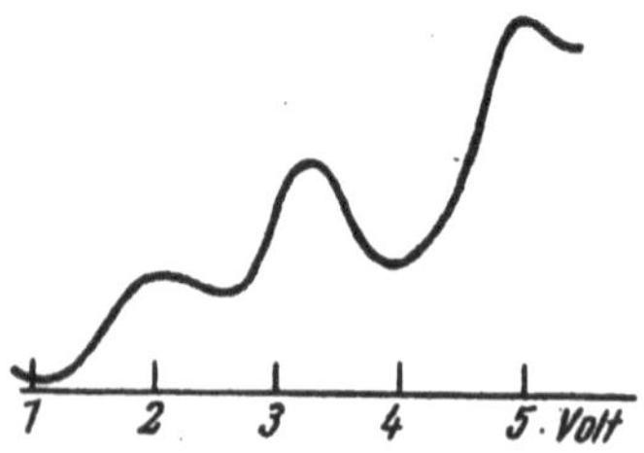

Fig. 1

max. sensitivity start pot: —1.05 V

Fig. 1 shows a typical polarogram obtained in a pure supporting base electrolyte, containing 0.2 μg/ml of tetracycline.

In this base electrolyte and within the concentration range of 0.1—10 μg/ml, linearity of peak height with concentration is preserved.

These investigations have been extended to the determination of tetra-cycline in urine, in order to find the lowest limit of detection and to study the order of linearity of peak height with concentration and carried out as follows:

To the fresh samples of urine, wighed amounts of tetracycline were added to provide a range of concentration from 1 to 10 μg/ml.

The instrument was first switched to twin cell performance. For this purpose, in both cells is placed 5 ml tetracycline free samples (after mixing with base electrolyte) and both cells are deoxygenated for five minutes. On the sensitivity $\frac{\max}{10}$ the full potential balance in both cells was obtained, resulting in a straight line between potentials — 0.9 and —1.4 V. The solution in cell one was replaced with the sample containing tetracycline by adding to 4 ml of sample, 6 ml of base electrolyte and introducing in the cell 5 ml of this mixture.

Sensitivity higher than 1/10 cannot be applied to this technique and consequently, concentrations of less than 1 μg/ml cannot be detected. This is due to the fact that with a number of samples of urine investigated (independent of pH), a large current formed at the potentials between 1.1—1.13 V, and on single cell performance, this wave fully covers the reduction waves of tetracycline. Applying the twin cell technique, it is possible to balance this large current and detect the presence of tetracycline. But at the sens. higher than $\frac{\max}{10}$ the balance cannot be obtained.

The results (Figs. 2, 3 & 4) showed that the two peaks occurring at potentials 1.1 and 1.3 volts were quite satisfactory for quantitative estimation. The linearity was preserved throughout the above mentioned range.

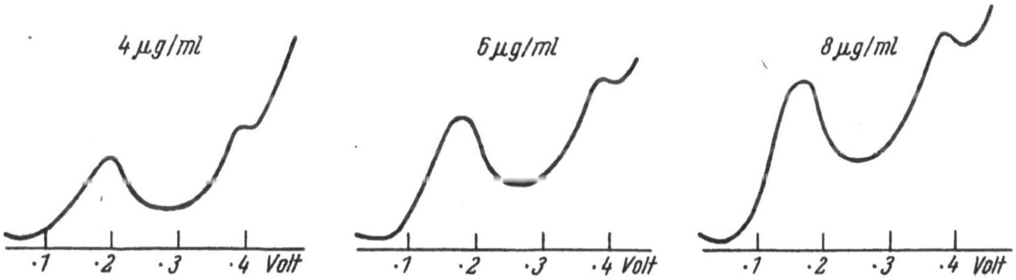

Fig. 2—4

(sens. $\frac{\text{max.}}{10}$ start potential —0.90 V)

References

[1] Krestynova-Telupilova, O., Macak, V., Santavy, F., Collect. czechoslov. chem. Commun. 19, 234 (1954).

[2] Doskočil, J., Pharmazie 9, 394 (1954).

[3] —, Collect. czechoslov. chem. Commun. 18, 881 (1953).

[4] Telupilova, O., Masinova, V., Czeskoslov. Farm. 2, 226 (1953).

[5] Davis, H. M., Shalgosky, H. I., Advances in Polarography, Vol. II, 618, Pergamon Press (1960).

A—20

Oszillopolarographische Untersuchungen von Arzneistoffen

G. Dušinský

Staatliches Institut für Arzneimittelkontrolle, Bratislava, ČSSR

Die Oszillopolarographie erwies sich als eine sehr geeignete Methode für Untersuchungen verschiedenster Art auf dem Gebiete der Arzneimittel. Die vorliegende Arbeit bringt ausgewählte Beispiele der bisher schon veröffentlichten Untersuchungen des Autors, die sowohl der Analyse als auch der Verfolgung chemischer Reaktionen gewidmet sind [1—6]. Die hier angeführten Ergebnisse stellen nur einen kleinen Teil der bisher nicht veröffentlichten Untersuchungen vor.

Experimenteller Teil

Die oszillopolarographischen Kurven $dE/dt = f(E)$ wurden unter Verwendung der tropfenden Quecksilberelektrode auf dem Polaroskop P 576 Křižik verfolgt. Bei den Messungen der Reaktionsgeschwindigkeiten wurde ein Elektrolytgefäß mit 10 ml Inhalt verwendet, das mit einem Wassermantel umgeben war, der mit Hilfe eines Ultrathermostaten temperiert wurde.

Die tensammetrischen Kurven mit Hilfe der Wechselstrompolarographie nach Breyer [7] wurden freundlicherweise im Polarographischen Institut in Prag registriert, wofür ich Herrn Dr. R. Kalvoda hier meinen Dank ausspreche.

Ergebnisse

A. Messungen von Reaktionsgeschwindigkeiten

Bei der Verfolgung von chemischen Reaktionen kann man die Änderungsgeschwindigkeit von Einschnittstiefen auf den oszillopolarographischen Kurven messen und dadurch die Reaktionsgeschwindigkeit ermitteln. Wir hatten in unseren bisherigen Arbeiten die alkalische Hydrolyse von Alkaloiden, Lokalanästhetica u. a. Esterverbindungen untersucht [4—6], wobei die untersuchten Esterverbindungen in alkalischen Lösungen kapazitative Einschnitte verursachten und die entstehenden Hydrolysate inaktiv waren. Die Abnahme der Einschnittstiefen erlaubt eine einfache Messung der Hydrolysengeschwindigkeiten. So verhielten sich z. B. die Tropanalkaloide, deren Hydrolysate bedeutend kleinere Moleküle als die Esterverbindungen und oszillopolarographisch inaktiv sind. Dasselbe gilt auch für die Lokalanästhetica, die Ester der p-Aminobenzoesäure sind.

Wir verfolgten jetzt die Hydrolyse von einigen Indol-Alkaloiden, die Methylesterverbindungen von relativ komplizierter Molekülstruktur sind, wie z. B. das Yohimbin und das Reserpin, das Hauptalkaloid der Rauwolfiapflanzen. Diese Alkaloide gehen schon bei Laboratoriumstemperatur in Laugenlösungen relativ schnell in die Salze der hydrolysierten Säure über, der Yohimbinsäure bzw. der Reserpinsäure.

Sowohl die Reserpinsäure als auch die Yohimbinsäure verursachen in alkalischen Lösungen um etwa 180 mV positivere Einschnitte als die ursprünglichen Esteralkaloide. Die Geschwindigkeit der Hydrolyse wurde mit Hilfe der Tiefenabnahme des Estereinschnittes gemessen. Für Yohimbin erhielten wir für k' $[OH^-] = 0{,}0132\ sec^{-1}$ (31 °C), für Reserpin

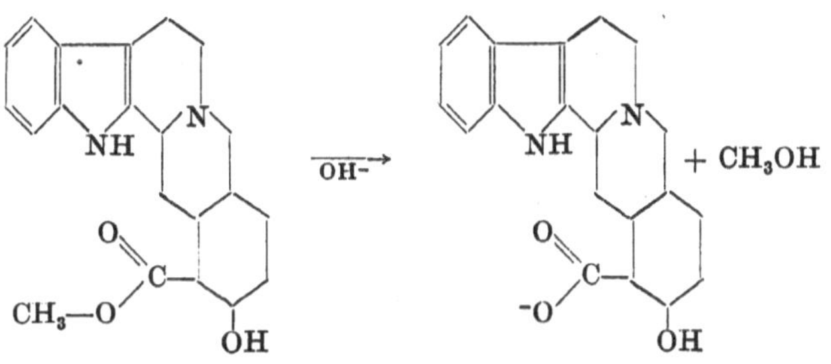

Yohimbin Yohimbinsäure

0,0046 sec^{-1} (31 °C). Die Parameter der Arrheniusgleichung waren bei Yohimbin 15,6 Kcal/mol = ΔH_a, 11,8 = log A, bei Reserpin 23,3 Kcal/mol = ΔH_a 13,4 = log A.

Das Yohimbin unterliegt der Hydrolyse etwa dreimal so schnell wie das Reserpin (Abb. 1—5).

Die Ergebnisse wurden mit der Wechselstrompolarographie nach Breyer verglichen. Sowohl die Esteralkaloide als auch die durch Hydrolyse gebildeten Salze der entsprechenden Säuren verursachten für Kapazitätseffekte typische tensammetrische Maxima. Nach der Hydrolyse kam es zu einer Verschiebung der Maxima um etwa 180 mV zu positiveren Werten, was im Einklang mit den Ergebnissen der oszillopolarographischen Methode steht. Im Falle des Yohimbins entsteht bei Konzentrationen größer als $2 \cdot 10^{-4}$ m nach Hydrolyse noch ein zweites um 800 mV positiveres Maximum, zu dem auch ein entsprechender Einschnitt auf dem Oszillopolarogramm gehört.

Die oszillopolarographischen Ergebnisse der Verfolgung der Hydrolyse wurden auch mit Hilfe der Papierchromatographie bestätigt.

Weiter wurde die Möglichkeit untersucht, die Geschwindigkeit der Lactonöffnung eines Alkaloides mit Lactonring in Laugenlösungen zu bestimmen. Es wurde das in der Ophtalmologie verwendete Pilocarpin gewählt, dessen Lactonring in alkalischen wässerigen Lösungen unter Bildung des entsprechenden Salzes der Pilocarposäure geöffnet wird [8]. Auf den oszillopolarographischen Kurven wird in NaOH-Lösungen ein kathodischer Einschnitt bei Q = 0,71 gemessen, der äußerst schnell an Tiefe abnimmt und verschwindet. Nachdem in Säurelösung der Lactonring wieder geschlossen wird [9], erscheint auf dem Oszillopolarogramm bei Alkalisierung wieder der ursprüngliche Einschnitt des Pilocarpins. Die Möglichkeit, die Lactonringöffnung des Pilocarpins oszillopolarographisch zu verfolgen, steht im Einklang mit den Arbeiten Molnárs [10], der analoge Erscheinungen bei der Untersuchung des Narcotins feststellte.

Die Reaktionsgeschwindigkeit der Lactonöffnung berechneten wir in 0,05 und 0,1 n NaOH Lösungen mit einer Konstante k' [OH$^-$] = 0,230 sec^{-1} (24 °C), was in 1 n NaOH einer Halbwertszeit von 3 Sekunden bei 24 °C entspricht.

Oszillopolarographisch haben wir auch die Geschwindigkeit der Bildung der farblosen Carbinolform des Phenolphthaleins aus der roten chinoiden Form in alkalischen Lösungen gemessen.

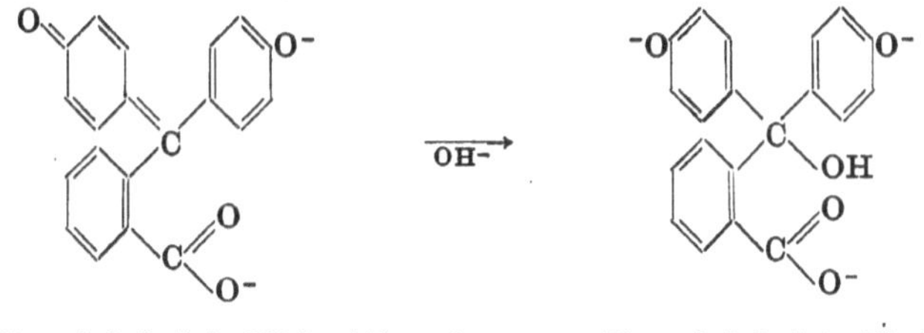

Phenolphthalein [Chinoidform] Phenolphthalein [Carbinolform]

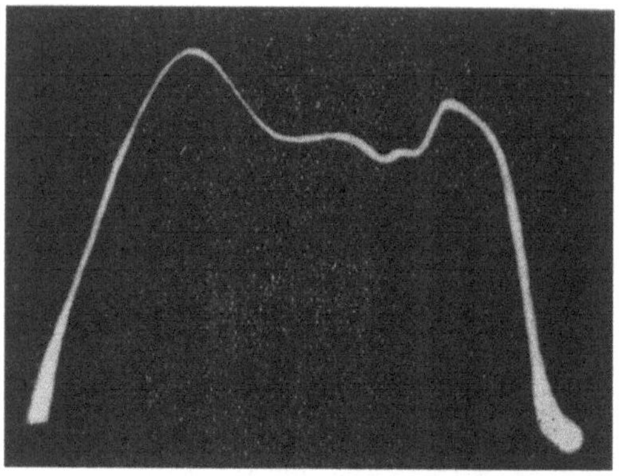

Abb. 1. Oszillopolarogramm $dE/dt = f_1(E)$ während der Hydrolyse des Reserpins. $c = 1 \cdot 10^{-4}$ m in 1 n NaOH. Aufgenommen 2′ 30″ nach Reaktionsbeginn bei 31 °C

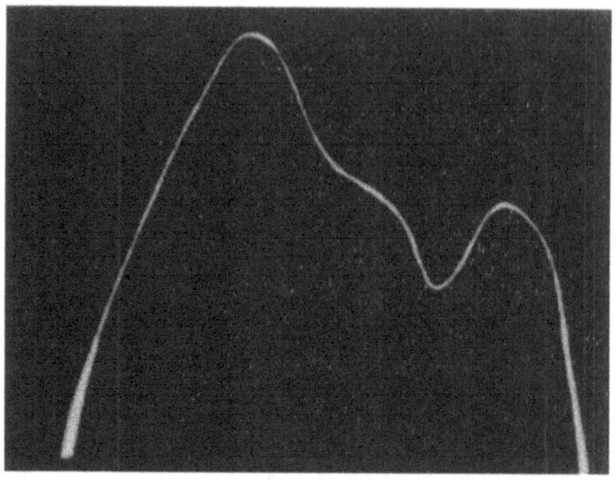

Abb. 2. (Wie Abb. 1. Aufgenommen nach 10′ bei Beendigung der Hydrolyse)

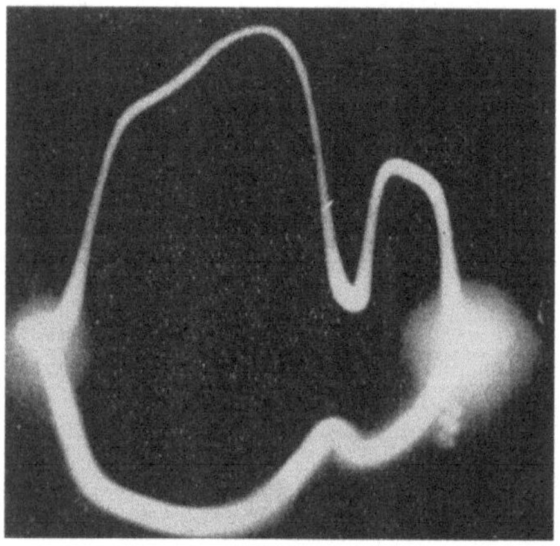

Abb. 3. Oszillopolarogramm $dE/dt = f_1(E)$ des Yohimbins. $c = 1 \cdot 10^{-3}$ m in 0,5 n NaOH. Aufgenommen 5″ nach Reaktionsbeginn bei 23 °C. Hydrolyse noch nicht meßbar

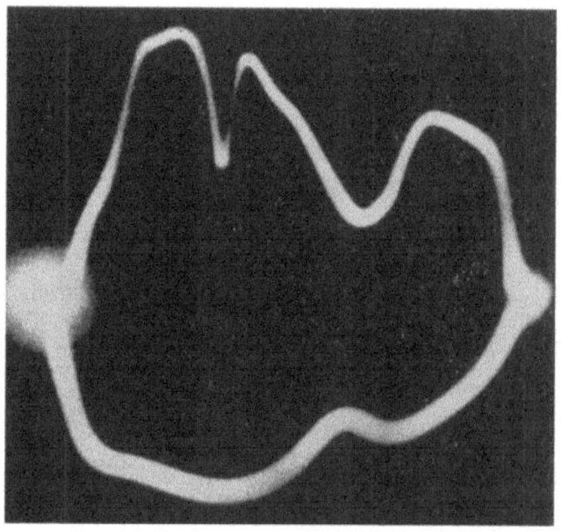

Abb. 4. Wie Abb. 3. Aufgenommen nach 1′ bei 70 °C. Hydrolyse beendigt

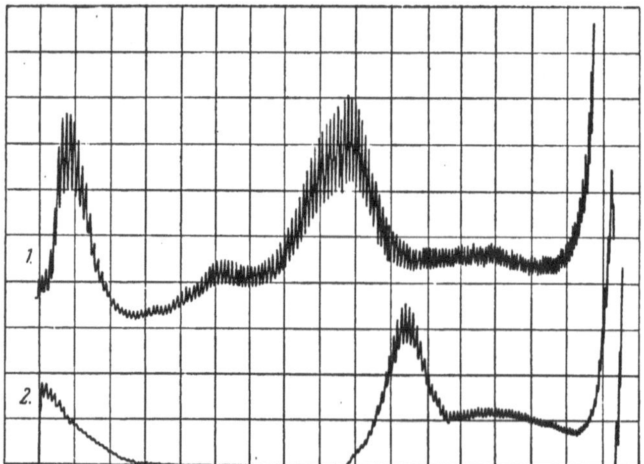

Abb. 5. Tensammetrische Maxima des Yohimbins vor und nach der Hydrolyse (Wechselstrompolarographie nach Breyer).
$c = 3 \cdot 10^{-4}$ m, 1 n NaOH.
Registriert von $-0,1$ V gegen Hg-Boden. 0,1 V/cm.
Empfindlichkeit: 10^{-6} Ohm^{-1}/mm.
1. Sofort nach Mischung (26 °C).
2. 5′ nach Erwärmung bei 67 °C

Die chinoide Form des Phenolphthaleins verursacht in Laugenlösungen einen kathodischen Einschnitt bei Q = 0,46, dessen Einschnittstiefe mit der Geschwindigkeit der Carbinolformbildung abnimmt. Die Reaktion verläuft mit einer Konstante k' $[OH^-] = 0{,}031\ sec^{-1}$ (26 °C). Der Einfachheit halber wurde nur eine der mesomeren Grenzformeln der chinoiden Form in Formel II angegeben.

Das Verhalten der erwähnten Formen des Phenolphthaleins wurde schon in der klassischen Polarographie von Kolthoff und Lehmicke [11] untersucht, die Geschwindigkeit der Reaktion aber nicht gemessen, da Messungen einer so schnellen Reaktion mit Hilfe der klassischen Polarographie sicher mit Schwierigkeiten verbunden sind. Die Halbwertszeit der Reaktion liegt in 1 n NaOH bei 26 °C 22 Sekunden (Abb. 6, 7).

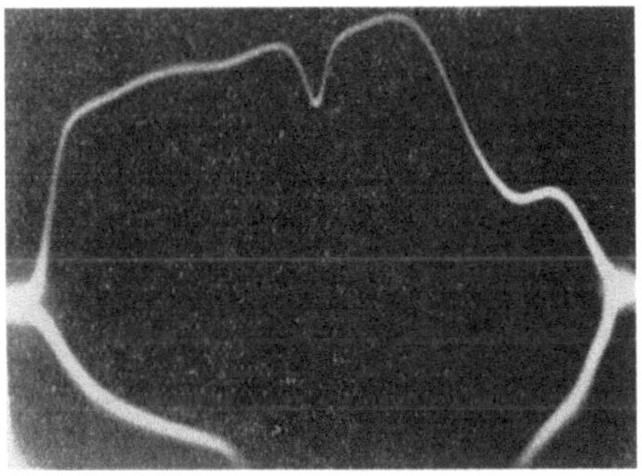

Abb. 6. Oszillopolarogramm $dE/dt = f_1(E)$ des Phenolphthaleins. $c = 1 \cdot 10^{-4}$ m, 0,2 n NaOH. Sofort nach Mischung (30 °C)

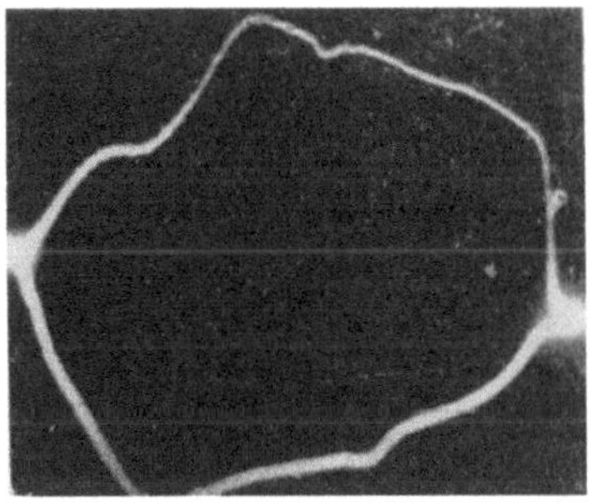

Abb. 7. Dasselbe wie Abb. 6. Nach 6′

B. Die Analyse der Arzneistoffe

Die oszillopolarographische Methode eignet sich sehr gut für qualitative und quantitative Untersuchungen der Arzneistoffe [12 u. a.]. Hier werden einige Beispiele neuer grundlegender, bisher nicht veröffentlichter Erfahrungen auf diesem Gebiet angeführt.

Phenothiazinverbindungen: Abkömmlinge des Phenothiazins, die in der Therapie wichtige Arzneistoffe darstellen wie z. B. das Chlorpromazin (Largactyl), Promethazin (Phenergan), Diethazin (Diparcol) verhalten sich in alkalischen und neutralen Lösungen sehr ähnlich und verursachen typische reversible Kapazitätseinschnitte, während sie in Schwefelsäurelösungen untereinander differenziert werden können (Abb. 8). Alkalische Lösungen können daher als Elektrolyt zur Gruppenidentifizierung, Schwefelsäurelösungen weiter zur selektiven Identifizierung verwendet werden.

Barbiturate: Bisher wurde noch nicht das Verhalten der Barbiturate in sauren Elektrolyten in der Oszillopolarographie beschrieben. Alle Barbitursäurederivate weisen in Schwefelsäureelektrolyten kathodische und anodische Kapazitätseinschnitte auf. Barbital (Veronal) unterscheidet sich von anderen Barbituraten durch andere Q-Werte und geringere Kapazitätsaktivität (Abb. 9).

Bestimmung von Dehydrocortison (Prednison) in Tabletten: Wir haben eine Schnellbestimmung von Dehydrocortison in Tabletten ausgearbeitet, in der der Wirkstoff durch Lösung in Äthanol gelöst und nach Filtration in 1 n H_2SO_4 quantitativ bestimmt wird. Der Konzentrationsbereich ist 10—100 μg/5 ml. Der Äthanolgehalt im Elektrolyt beträgt 10%. Der Q-Wert des gemessenen kathodischen Einschnittes ist 0,32. Die Ergebnisse sind sehr gut.

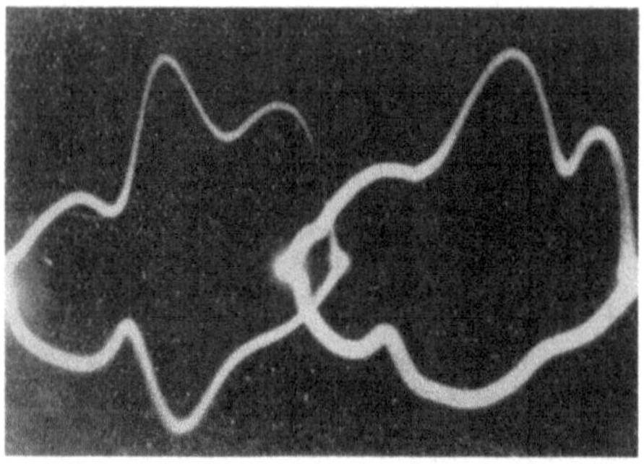

Abb. 8. Oszillopolarogramm $dE/dt = f_1(E)$ des Veronals (links) $5 \cdot 10^{-3}$ m und des Luminals (rechts) $1 \cdot 10^{-3}$ m. 0,5 n H_2SO_4

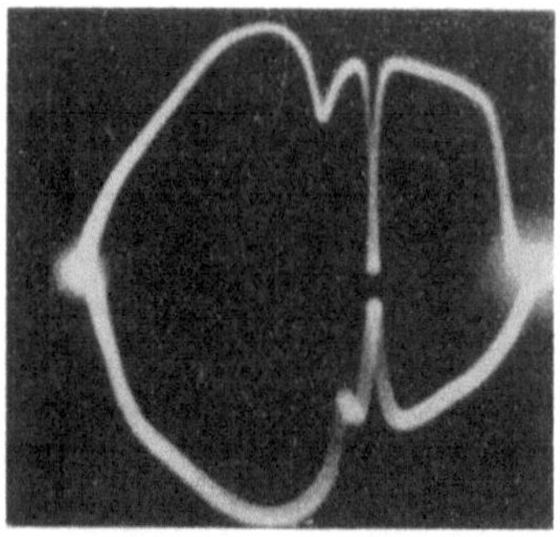

Abb. 9. Oszillopolarogramm $dE/dt = f_1(E)$ des Chlorpromazins (Largactyl) in 0,5 n NaOH. $c = 5 \cdot 10^{-4}$ m

Xanthopurinalkaloide: Die in der Medizin verwendeten Xanthopurinalkaloide Coffein (1,3,7-Trimethylxanthin), Theobromin (3,7-Dimethylxanthin) und Theophyllin (1,3-Dimethylxanthin) können oszillopolarographisch auf Grund des verschiedenen Verhaltens in drei Elektrolytlösungen (0,5 n NaOH, 0,5 n H_2SO_4 und 0,5 n KCl) voneinander unterschieden werden (Tab. 1).

Tabelle 1: Oszillopolarographische Identifizierung der Xanthopurinalkaloide

	Q-Werte		
	KCl	NaOH	H_2SO_4
Theobromin	$\frac{0{,}08 \cdot 0{,}70}{0{,}08\ [A]}$	Ø	0,96
Theophyllin	$\frac{0{,}04 \cdot 0{,}08 \cdot 0{,}64}{0{,}08\ [A]}$	Ø	0,96
Coffein	0,72	0,70	Ø

A = anodischer Einschnitt

Die Möglichkeit, ähnliche Verbindungen bei Anwendung mehrerer Elektrolytlösungen oszillopolarographisch zu identifizieren, brachte uns auf den Gedanken, diesen Vorgang im allgemeinen für die Identifizierung von Arzneistoffen zu verwenden. Wir haben deshalb die Anwendungsmöglichkeit der oszillopolarographischen Methode bei der Identifizierung offizineller Arzneistoffe unter Verwendung obenangeführter Elektrolytlösungen untersucht. Von 160 untersuchten wässerigen Lösungen von Arzneistoffen organischer Verbindungen waren rund 90% wenigstens in einem Elektrolyten oszillopolarographisch aktiv. Unsere vorläufigen Ergebnisse lassen darauf schließen, daß die oszillopolarographische Methode einen wertvollen Beitrag auf dem Gebiete der Identifizierung von Arzneistoffen ergeben wird.

Schlußfolgerung

Es wurden einige ausgewählte Beispiele der Anwendung der Oszillopolarographie auf dem Gebiete der Arzneimitteluntersuchung veröffentlicht. Sie betreffen sowohl Probleme rein analytischer Natur als auch die Untersuchung von Reaktionen und deren Geschwindigkeit. Diese Probleme sind voneinander nicht zu isolieren. Die Oszillopolarographie kann zur modernen Stellung der analytischen Chemie beitragen, nämlich Fragen der chemischen Struktur und Kinetik für analytische Zwecke zu verwenden als auch durch analytische Untersuchungen zur Lösung theoretischer Fragen beizutragen.

SUMMARY

The alkaline hydrolysis of indole alkaloids, of reserpine and yohimbine, as well as the break of the lactone cycle in pilocarpine have been measured oscillopolarographically. The oscillopolarographic incisions of the ester and of the hydrolysates were compared with the maxima of the tensimetric method.

Furthermore recent studies of some pharmaceutically interesting groups of compounds are reported. The behaviour of, per example, the phenothiazine compounds well known as antihistaminics, is a very characteristic one. Derivatives of barbituric acid, according to their behaviour in an acetic acid solution, may be devided into two groups. Prednisone (Dehydrocortisone) has been estimated quantitatively by oscillopolarography in tablets with a hormone content of 2 mg.

Finally the compilation of an atlas of official drugs containing about 160 compounds, is reported.

Literatur

[1] Dušinský, G., Čsl. farm. **4**, 400 (1955).
[2] —, Chem. zvesti **9**, 556 (1956).
[3] —, Die Pharmazie **11**, 42 (1956).
[4] —, Chem. zvesti **14**, 764 (1960).
[5] —, Vortrag auf dem Kongreß der analytischen Chemie IUPAC, Budapest 24. 4. bis 29. 4. 1961.
[6] —, Vortrag auf dem internationalen Symposium für Oszillographische Polarographie in Smolenice 17. 9. bis 20. 9. 61.
[7] Breyer, B., Hacobion, S., Anal. Chim. Acta **16**, 497 (1957).
[8] Jowett, H. A. D., J. Chem. Soc. **77**, 437 (1900); **83**, 438 (1903).
[9] Pelit, A., Palonowski, M., Bull. Soc. Chim. France (3) **17**, 554 (1897).
[10] Molnár, L., Molnárová, K., Chem. zvesti **12**, 287 (1958).
[11] Kolthoff, I. M., Lehmicke, D., J. Am. Chem. Soc. **70**, 1879 (1948).
[12] Heyrovský, J., Kalvoda, R., Oszillopolarographische Polarographie mit Wechselstrom. Akademie-Verlag, Berlin 1960.

Die polarographische Bestimmung des Natriumsalzes der Dibutylnaphthalinsulfonsäure (NEKAL BX)

J. PAŚCIAK

Forschungslaboratorium der Chemischen Werke Auschwitz

Die Natriumsalze der Alkylnaphthalinsulfonsäuren werden in der chemischen Technik unter dem Handelsnamen Nekal verwendet.

Natriumsalz der Dibutyl- evtl. diisobutyl-naphthalinsulfonsäure (im Grunde genommen eine Mischung von ihren Isomeren) hat den Namen Nekal BX. Über die Lage von Sulfo- sowie Alkyl-Gruppen ist man sich noch nicht im klaren.

Die obengenannten Verbindungen sind oberflächenaktiv und haben einen anionisch-aktiven Charakter. Sie zeigen eine hervorragende schaumbildende, emulgierende und benetzende Wirkung. Aus diesem Grunde finden sie in der Textilindustrie sowie in der Kunststoffindustrie als Emulgator bei der Herstellung von synthetischem Kautschuk Verwendung.

Nekal übt eine sehr schädliche Wirkung auf die pflanzlichen und tierischen Organismen, hauptsächlich auf Eiweiß-Stoffe und Enzyme, aus und ist schon in kleinsten Mengen giftig. Die Konzentration von 30—40 mg/l kann für Fische sehr schädlich sein und bei 50—70 mg/l sogar tödlich wirken.

Die Bestimmung von Nekal in der Industriepraxis geschieht ähnlich wie auch in anderen Fällen bei den anionisch-aktiven Verbindungen mit Sulfongruppen, am häufigsten durch die Extraktion und anschließendes Abdampfen vom erhaltenen Extraktionsgut. Nekal BX wird sehr oft als der Rest der Trockensubstanz, von der man die übrigen anorganischen Bestandteile abzieht, bestimmt. Man kann Nekal auch mittels p-Toluidinhydrochlorids bestimmen. Diese Bestimmung beruht auf der Titrierung des bei der Reaktion freiwerdenden HCl sowie des noch nicht verbrauchten p-Toluidinhydrochlorids. Die Titration wird in Gegenwart von o-Kresolrot als Indikator oder auch konduktometrisch durchgeführt. Es besteht die Möglichkeit, Nekal zu identifizieren, wenn man es mit H_2SO_4 und HNO_3 unter der UV-Lampe reagieren läßt. Zu einem ähnlichen Ziel kommt man auch, wenn man Papierchromatographie unter Verwendung gewisser Farbindikatoren benutzt.

Polarographisch wurde Nekal bis jetzt noch nicht bestimmt. LEWIN und SCHESTOW [1] haben nur einige Arylsulfonsäuren sowie ihre Salze untersucht. Sie haben festgestellt, daß die darin enthaltenen Sulfo- und Alkyl-Gruppen polarographisch inaktiv sind. Sie fanden in den 1- und 2-Naphthalinsulfonsäuren nur ein einziges Halbstufenpotential, das der Reduktion des Naphthalinringes entsprechen sollte. Bei der Verwendung von 0,05 m $(C_2H_5)_4NJ$-Lösung in 50%igem Alkohol fanden sie $E_{1/2} = - 2.48$ V.

Um Nekal polarographisch zu bestimmen, habe ich als Grundlösung 0,1 m $(C_4H_9)NJ$ in Dimethylformamid benutzt. Zu diesem Zweck habe ich Nekal BX verwendet, das, um es von den anorganischen Salzen zu trennen, durch mehrmaliges Auflösen in Propanol, Filtrieren und Abdampfen des Filtrats zubereitet wurde. Das Polarogramm von Nekal BX zeigt die Abbildung 1. Die erhaltene Kurve habe ich in bezug auf die gesättigte Kalomelelektrode von —0,50 V ab registriert. Der Abszissenabstand entsprach jeweils 0,2 V. Den Sauerstoff habe ich durch Einleiten von Stickstoff entfernt.

Das Halbstufenpotential für die erste positivere Nekalstufe betrug $E_{1/2} = -2{,}04$ V/S (vierte Kurve auf Abb. 2). Dieser Wert entsprach genau dem Na^+-Ion in Na_2SO_4 und NaCl (zweite Kurve auf Abb. 2).

Das Potential der zweiten Nekalstufe betrug $E_{1/2} = -2,58$ V (vierte Kurve auf Abb. 2). Unter denselben Bedingungen habe ich für das Naphthalin$E_{1/2} = -2,52$ V gefunden (erste Kurve auf Abb. 2). Für das Natriumsalz der 2-Naphthalinsulfonsäure erhielt ich zwei Stufen: $E_{1/2} = -2,04$ V und $E_{1/2} = -2,52$ V (dritte Kurve auf Abb. 2).

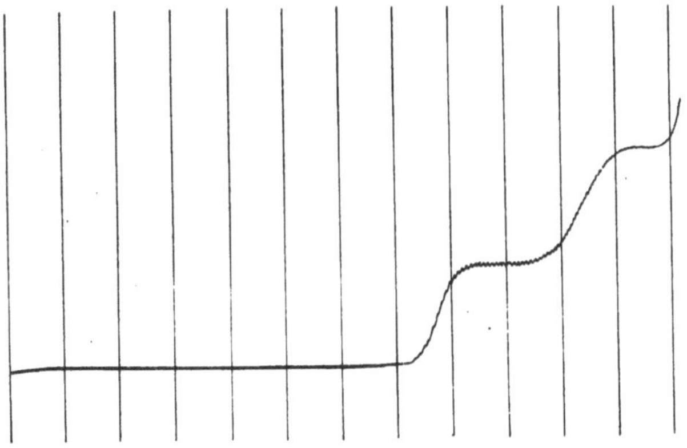

Abb. 1. Polarogramm der Nekal-BX-Stufe in 0,1 m $(C_4H_9)_4NJ$ gegen NCE. Beginn bei $-0,5$ V, 200 mV pro Abszisse

Der Registrierbeginn liegt bei **$-1,7$ V**. An Hand dieser Ergebnisse kommt man zur Feststellung, daß die Alkylgruppen das Halbstufenpotential der Reduktion in Richtung negativerer Potentiale verschieben.

Die Nekalstufe mit dem negativeren Halbstufenpotential besitzt Diffusionscharakter. Die Stufenhöhe ist der Quadratwurzel aus der Hg-Niveauhöhe proportional. Ihr Temperaturkoeffizient beträgt 1,3% pro 1 °C. Die Abhängigkeit dieser Stufe von der Nekalkonzentration ist linear, aus diesem Grunde kann sie für die quantitative Bestimmung von Nekal gut verwendet werden.

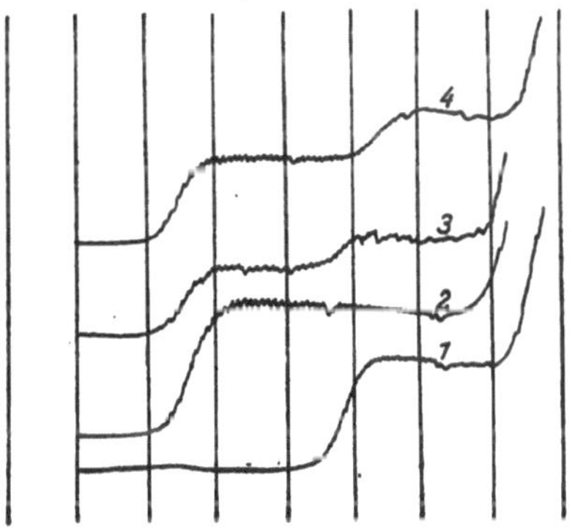

Abb. 2. 1. Polarogramm Naphthalin
2. Polarogramm Na^+ Ionen
3. Polarogramm 2-Naphthalinsulfonsäure
4. Polarogramm Nekal BX in der gleichen Grundlösung

Wie ich bereits festgestellt habe, hat die Nekalbestimmung in den wäßrigen Lösungen einen begrenzten Charakter, denn das in der Grundlösung enthaltene Dimethylformamid wird unter Einwirkung von Wasser und besonders NaOH, die im technischen Nekal fast immer vorhanden sind, ziemlich leicht zersetzt. Schon das Vorhandensein von $4 \cdot 10^{-4}$% NaOH in der Grundlösung macht die Registrierung der zweiten Nekalstufe problematisch. Praktisch darf der Gehalt an 1%iger wäßriger Nekallösung nicht mehr als 15% (Volumenprozent) betragen. Der Versuch, das Dimethylformamid durch Tetrahydrofuran zu ersetzen, ist nicht geglückt, da das letztere sich unter sonst gleichen Bedingungen noch leichter zersetzte.

Nach der hier beschriebenen polarographischen Methode läßt sich noch 0.01% Nekal in wäßriger Lösung bestimmen. Die erhaltenen Ergebnisse sind gut reproduzierbar mit einem relativen Fehler von 2%.

Man kann auch noch verdünntere Lösungen untersuchen, wenn man sie durch Abdampfen oder evtl. Extraktion konzentrierter macht, z. B. mittels Äthylacetats. Konzentrierte wäßrige Nekallösungen sind am besten mit destilliertem Wasser auf ungefähr 1%ige Lösung zu verdünnen.

Die Zeit, die man braucht, um eine Nekalanalyse durchzuführen, ungerechnet die Zeit für Probenbereitung, beträgt ungefähr 15 Minuten.

Die erste Nekalstufe (für Na^+) ist niedriger als die zweite, und ihr Verhältnis (für das von anorganischen Salzen gut gereinigte Nekal) beträgt I/II = 0.92. Bei der Erhöhung der Na-Salzkonzentration steigt der Betrag dieser Verhältniszahl linear. Darum kann man neben Nekal auch in der untersuchten Lösung den Gehalt an anorganischen Na-Salzen (z. B. umgerechnet auf Na^+ evtl. Na_2SO_4 oder NaCl) bestimmen. Auf diese Weise läßt sich noch in 1%iger Nekal (BX)-Lösung der Gehalt an 0.01% Na_2SO_4 feststellen.

Da die Alkylgruppen bei dieser Art von Verbindungen polarographisch inaktiv sind, lassen sich mittels der hier beschriebenen Methode auch andere verwandte Verbindungen untersuchen. Es besteht hauptsächlich die Möglichkeit, nach dieser Methode auch die übrigen Nekalarten zu bestimmen.

SUMMARY

A polarographic method has been devised by which the sodium salt of the dibutyl-naphthalenesulphonic acid (Nekal BX) can be determined simultaneously with anorganic sodium salts. 0.1 m $(C_4H_9)_4NJ$ in dimethyl-formamide has been used as primary solution. The polarogram of Nekal is characterized by two waves: 1.) reduction of the Na^+-ions at $E_{1/2} = -2.04$ V, and 2.) reduction of the naphthalene cycle at $E_{1/2} = -2.58$ V. The wave with the more negative half-wave potential has been used for determining the concentration of Nekal. This determination can still be made for a concentration as low as 0.01% of this substance. The reproducibility is about $\pm$ 2%.

Literatur

[1] LEWIN, E. S., SCHESTOW, A. P., Dokl. Akad. Nauk SSSR **96**, 999 (1954).

A—22

Über die Anwendung der Polarographie in der klinisch-chemischen Steroidanalyse

M. ILLIG

Chemisches Laboratorium Krankenhaus Dresden-Friedrichstadt

Der quantitativen Bestimmung der Hormone wird in den klinisch-chemischen Laboratorien immer mehr Bedeutung beigemessen. Die derzeitig in den Laboratorien angewandten Analysenmethoden basieren in der Hauptsache auf Farbreaktionen der Steroide. Die Farbintensität der gebildeten Farbkomplexe wird dann mit Hilfe eines Kolorimeters oder Photometers ausgemessen.

Trotz sorgfältiger und ausgiebiger Reinigung der Harnextrakte ist es meist bei den gebräuchlichsten Bestimmungsmethoden nicht möglich, die Steroide völlig von ihren Begleitstoffen, besonders den Chromogenen, zu befreien. Diese Begleitstoffe rufen oft nicht nur Farbvertiefungen, sondern auch Farbverfälschungen, Farbveränderungen bei den Farbreaktionen der Steroide hervor, die wiederum einen größeren Gehalt an Steroiden vortäuschen, als in Wirklichkeit vorhanden ist. Bei der Bestimmung der Corticoide kann es vorkommen, daß auch noch andere, reduzierend wirkende Substanzen erfaßt werden. In der Literatur findet man daher für jede Analysenmethode gesonderte Normalwerte.

Um die Fehlermöglichkeiten in der Hormonanalyse weitestgehend einzuschränken, versuchten wir im letzten Jahre in unserem Laboratorium, die Hormone mit Hilfe der Polarographie zu bestimmen. Es ist bekannt, daß sich nur solche Steroide direkt polarographisch bestimmen lassen, deren Ketogruppe mit einer Kohlenstoff-Doppelbindung in Konjugation steht.

Zunächst bestimmten wir die *androgenen* Hormone. Zu dieser Gruppe der Hormone gehören u. a. das Testosteron und das Androsteron.

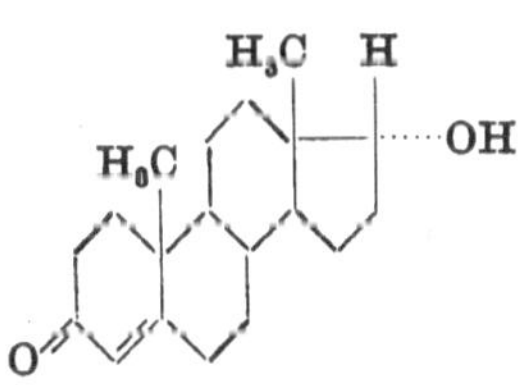

MG.: 288,4

Testosteron

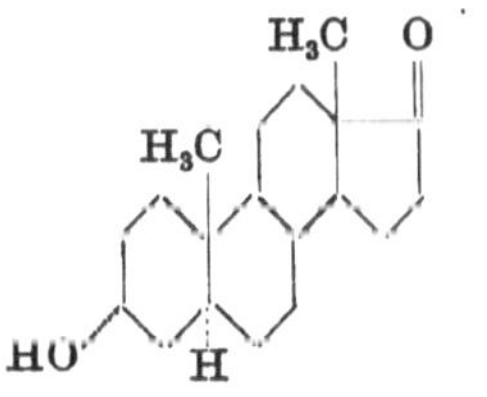

MG.: 290,4

Androsteron

Aus den Strukturformeln ist zu ersehen, daß das Testosteron an C_3 eine Ketogruppe besitzt, welche zu der Doppelbindung in Δ^4 in Konjugation steht. Das Androsteron dagegen besitzt an C_{17} eine Ketogruppe, zu dieser aber keine Doppelbindung in Konjugation. Von den beiden erwähnten Hormonen läßt sich lediglich das *Testosteron* direkt polarographisch bestimmen. Das *Androsteron* läßt sich erst nach Einführung einer polarographisch aktiven Gruppe an der Tropfelektrode reduzieren. Das Androsteron wurde mit Girard-T-Reagenz (= Acethydracid-Trimethylammonchlorid $NH_2—NH—\underset{\underset{O}{\|}}{C}—CH_2—N(CH_3)_3Cl$) zum Hydrazon umgesetzt.

Für die Umsetzung zum Hydrazon kamen zu dem Androsteron 0,05 ml Girard-T-Reagenz, welches in Eisessig gelöst war. In einem Ölbade wird die gut verschlossene Probe 5 Minuten auf 100 °C erhitzt. Nach schnellem Abkühlen des Hydrazons gibt man vorsichtig etwas 5 n Kalilauge hinzu. Als Leitelektrolyt diente 0,1 m Kaliumchloridlösung. Mit dem Leitelektrolyten wurde auf die gewünschte Konzentration verdünnt. Nach einer Wartezeit von 30 Minuten wurde polarographiert. Nach dieser Arbeitsvorschrift wurden sehr gut reproduzierbare Analysenwerte gefunden. 2 γ/ml ließen sich noch gut nachweisen (Abb. 1).

Für das Androsteron stellten wir eine Fehlerberechnung an, um zu sehen, wie groß für die polarographische und für die kolorimetrische Androsteronbestimmung die durchschnittlichen

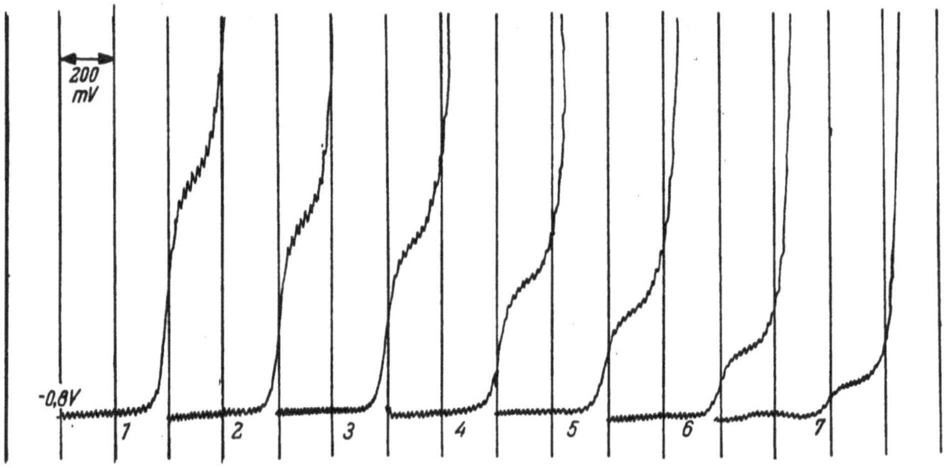

Abb. 1. Konzentrationsabhängigkeit von Androsteron, umgesetzt mit Girard-T-Reagenz, in 0,1 m KCl; $S = 1:5$, gegen Boden-Hg, $T = 20$ °C, $h = 55$ cm, $-0,8$ V Anfang

1	14 γ/ml	4	8 γ/ml
2	12 γ/ml	5	6 γ/ml
3	10 γ/ml	6	4 γ/ml
		7	2 γ/ml

Fehler sind. Dabei kamen wir zu der Feststellung, daß der relative Fehler bei der polarographischen Analyse geringer ist als bei der routinemäßig angewandten kolorimetrischen Ketosteroidbestimmung, was auch aus den nachfolgenden Tabellen zu entnehmen ist:

Fehlerberechnung für die polarographische Androsteronbestimmung

γ/ml	Absoluter Fehler		Relativer Fehler	
	der Einzelmessung (mm)	des Mittelwertes (mm)	der Einzelmessung (%)	des Mittelwertes (%)
2	±0	7,0 ± 0	±0	±0
4	±0,5	13,3 ± 0,2	±3,8	±1,5
6	±0,5	20,7 ± 0,2	±2,4	±1,0
8	±0,8	26,3 ± 0,3	±3,0	±1,1
10	±0,1	35,0 ± 0,02	±0,3	±0,6
12	±1,1	43,0 ± 0,5	±2,6	±1,2
			Mittlerer relativer Fehler der Einzelmessung = ±2,0%	Mittlerer relativer Fehler des Mittelwertes = ±0,9%

Die Werte für die kolorimetrische Androsteronbestimmung erhielten wir mit dem Pulfrich-Photometer (subj. Ablesung).

Fehlerberechnung für die kolorimetrische Androsteronbestimmung (nach der Zimmermannreaktion)

γ/ml	Absoluter Fehler		Relativer Fehler	
	der Einzelmessung (mm)	des Mittelwertes (mm)	der Einzelmessung (%)	des Mittelwertes (%)
2	±0,02	0,19 ± 0,007	±10,5	±3,7
4	±0,03	0,39 ± 0,010	± 7,2	±2,6
6	±0,02	0,59 ± 0,007	± 3,4	±1,2
8	±0,03	0,75 ± 0,009	± 4,0	±1,2
10	±0,05	0,96 ± 0,02	± 5,2	±2,1
			Mittlerer relativer Fehler der Einzelmessung = ± **6,1**%	Mittlerer relativer Fehler des Mittelwertes = ± **2,2**%

Bei der Bestimmung der Corticoide hielten wir uns im wesentlichen an die Diplomarbeit von SCHMIEDEKNECHT (TH Dresden 1957). Als Testsubstanz für die polarographische Corticoidbestimmung wurde das *Desoxycorticosteron* verwendet.

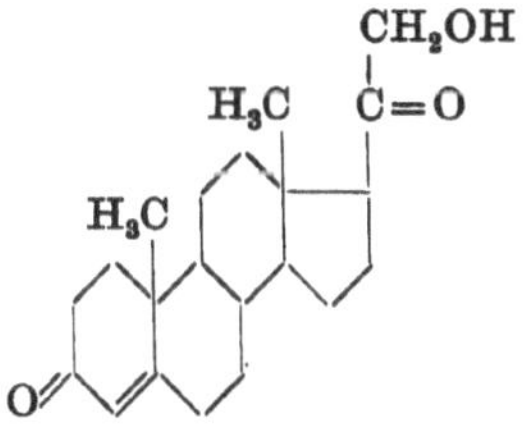

MG.: 330,5

Desoxycorticosteron

Bei dem Desoxycorticosteron steht die Ketogruppe an C_3 mit einer Doppelbindung in Δ^4-Stellung in Konjugation. Das Desoxycorticosteron läßt sich daher direkt an der Tropfelektrode reduzieren.

Das Desoxycorticosteron wurde in absolutem Alkohol gelöst. Kurz vor dem Polarographieren wurde die Stammlösung mit 0,1 m KOH auf die gewünschte Endkonzentration verdünnt.

Die Ausbildung der Stufenform war aber nicht befriedigend. Auch war die Empfindlichkeit des Nachweises zu gering. Bei einer Empfindlichkeit von $S = 1:7$ ließen sich nur noch 10 γ/ml gut nachweisen. Da die Normalwerte für die freien Harncorticoide aber zwischen 620 und 800 γ/Tag liegen, muß man die Spezifität des Nachweises erhöhen. Aus diesem Grunde setzten wir das Desoxycorticosteron mit Girard-T-Reagenz um.

Zu der Testsubstanz wurden 0,05 ml einer 10%igen Girard-T-Lösung (in Eisessig) gegeben. In einem Ölbade wurde die Probe 5 Minuten auf 100 °C erhitzt. Nach kurzem, schnellen Abkühlen der Probe wurde die Essigsäure mit Kalilauge neutralisiert. Mit 0,1 m KCl wurden dann die Endkonzentrationen der verschiedenen Proben hergestellt. Polarographiert wurde nach 30 Minuten Wartezeit (Abb. 2).

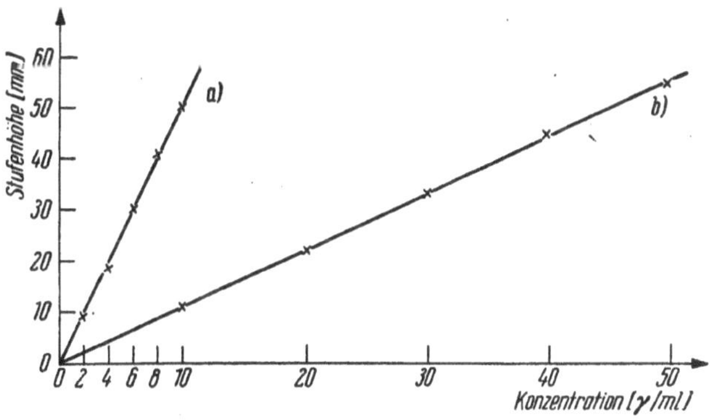

Abb. 2. Abhängigkeit der Stufenhöhe von der Konzentration von Desoxycorticosteron
a = nach Umsetzung mit Girard-T-Reagenz
b = gelöst in Alkohol
in 0,1 m KCl; $S = 1:7$; $h = 55$ cm; $T = 20$ °C; Boden-Hg; −0,8 V angefangen; 200 mV/Absz.

Mit Hilfe des gebildeten Hydrazons war es möglich, 2 γ/ml bei einer Empfindlichkeit von $S = 1:7$ noch recht gut nachzuweisen. Die Kurvenform des Girard-Hydrazon war auch besser ausgebildet als die des in Alkohol gelösten Hormons.

In der Literatur fanden wir keine Angaben über die polarographische Bestimmung des *3α—20β-Pregnandiol*. Pregnandiol selbst ist polarographisch inaktiv. Erst durch Einführen einer polarographisch aktiven Gruppe wird es möglich, Pregnandiol indirekt zu bestimmen. Wir setzten zu diesem Zwecke das Sterol mit 3,5-Dinitrobenzoylchlorid um. Von dem gebildeten Ester wurden jedoch keine reproduzierbaren Kurven erhalten.

Die Ursache ist folgende: Entweder erfolgt keine quantitative Veresterung, oder die Verseifungsgeschwindigkeit ist unter den gewählten Versuchsbedingungen zu groß. Des weiteren muß man auch berücksichtigen, daß die Ausscheidungsmengen an Pregnandiol normalerweise sehr gering sind:

in der Follikelphase: 0,07—0,05 mg/Tag,
in der Lutealphase: bis 1,8 mg/Tag.

Nur während der Schwangerschaft wird das Pregnandiol in größeren Mengen ausgeschieden ($>$ 100 mg). Es ist also kaum möglich, mit den zur Verfügung stehenden apparativen Mitteln die geringen Mengen des gebildeten Esters ohne Verluste zu erhalten. Wahrscheinlich sind die Verluste, die bei der Reindarstellung des Esters auftreten, die Hauptursache dafür, daß man keine reproduzierbaren Kurven erhält.

SUMMARY

Several steroids (e.g. testosterone and the corticoids) can be reduced directly on the dropping electrode. After transformation into the Girard derivative, all the steroids containing a keto-group can be estimated polarographically. The height of the wave produced by the steroid, depends on the concentration. As already known from the literature, the half-wave potentials of the Girard derivatives lie closely one by another. A qualitative separation of the single fractions is, therefore, impossible.

By means of the polarographic analysis, the urinary extract may only be severed into the following groups

1. directly reductible C_3 Δ^4-keto-steroids,
2. C_3 Δ^5-keto-steroids not directly reductible,
3. C_{17}-Ketosteroids.

The polarographic analysis is more accurate than the colorimetric one. The polarographic estimation of steroids does not bring about any shortening of the analytic procedure. It is rather desirable to use polarography in addition to paper chromatography when special investigations are intended.

The paper chromatography brings about a fairly good separation of the urinary extract into the single hormonal components. After eluation and transformation into Girard hydrazone, these components may be estimated.

Literatur

[1] Schwabe, K., Schmiedeknecht, H., Diplomarbeit Schmiedeknecht TH Dresden, 1958.
[2] Březina, M., Zuman, P., Die Polarographie in der Medizin, Biochemie und Pharmazie. Akadem. Verlagsges., Leipzig 1956.
[3] Eisenbrand, J., Picher, H., Z. physiol. Chemie **260**, 283 (1939).
[4] Girard, A., Sandulesco, G., Helv. clin. Acta **19**, 1095 (1936).
[5] Nosek, J. J., Krestynová, O., Podivinsky, R., „Polarographie der Steroide" (I. int. polarograph. Kongreß in Prag 1951, Teil 3, 1952).

Diskussionsbeiträge zur Sektion A:

Polarographische Untersuchung von Konstitutions- und Reaktionsproblemen niedermolekularer Depolarisatoren

A—1 **F. Šantavý (Olomouc)**

H. Berg (Jena): Das Photoprodukt des Colchicins wird doch wohl mit negativerem HSP reduziert, so daß die Verfolgung der Reaktion möglich wäre.

a) Mit welcher Geschwindigkeit (Quantenausbeute) erfolgt die Photoreaktion des Colchicins?

b) Entstehen dabei Nebenprodukte, oder bleibt die Summe beider Stufen konstant?

S. Šantavý: Colchicin geht in die Lumiderivate quantitativ über, sei es infolge Sonnenlicht- oder UV-Bestrahlung. Dabei entstehen, wie Greve festgestellt hat, ein Zwischenprodukt (Lumicolchicin α) und zwei Hauptprodukte (Lumicolchicin β und γ). Lumicolchicin α ist polarographisch nicht reduzierbar. Lumicolchicin β und γ weisen dieselben Halbstufenpotentiale auf.

J. Volke (Prag): Wie wurde der Reduktionsmechanismus von Ricinin und Papaverin nachgewiesen?

S. Šantavý: Bei der polarographischen Reduktion von Ricinin wird die Doppelbindung zwischen dem Kohlenstoffatom und dem Stickstoffatom reduziert. Die Polarographie des Papaverins konnte bisher nicht in allen Einzelheiten geklärt werden; diese Substanz reduziert sich durch 4 Wasserstoffatome im Gegensatz zum Isochinolin, das durch 2 Elektronen reduziert wird.

A—2 **D. Knobloch (Prag)**

H. Berg (Jena): Bei welchem pH-Wert wird eine maximale Konzentration des Riboflavin-Semichinons erreicht und wie groß ist die Bildungskonstante?

E. Knobloch: Die Konzentration des Riboflavin-Semichinons ist durch die Dissoziationskonstante der protonisierten Form gegeben; also ungefähr bei dem H_0-Wert $-2{,}0$ wird praktisch das gesamte Riboflavin in die protonisierte Form übergeführt, und damit sind die Bedingungen für die optimale Bildung von Semichinon gegeben.

Die Bildungskonstante von Semichinon wurde nach Kriterien von Michaelis und Brdička abgeleitet $K = \frac{[S]^2}{[R]\cdot[RH_2]} = \frac{E_2 - E_1}{0{,}060}$ und hat für 40% H_2SO_4 den annähernden Wert 80.

A—3 **K. Kramarczyk (Jena)**

J. Kůta (Prag): Sind die Geschwindigkeitskonstante und die Gleichgewichtskonstante der Dehydratation bei Streptomycin bestimmt worden? Meiner Ansicht nach kann die Geschwindigkeitskonstante der Dehydratation, die, wie aus dem angeführten Polarogramm hervorgeht, basisch katalysiert wird, leicht ermittelt werden. Zur Bestimmung der Gleichgewichtskonstanten empfehle ich die Impuls-Polarographie mit schnellen Stromimpulsen, wobei die kinetische Stromkomponente eliminiert wird. Dieses Verfahren wurde zu diesen Zwecken schon mit Erfolg benutzt, z.B. bei Ermittlung der Hydratationskonstanten von Formaldehyd (Valenta), bei Pyridinaldehyden (Volke und Valenta) und bei Glyoxalsäure (Kůta und Valenta).

K. Kramarczyk: Diese Messungen sind mit der single-sweep-Technik sowie mit *i-t*-Kurven vorgesehen.

A—4 **G. Horn (Jena)**

M. Büchner (Dresden): Haben Sie selbst Erfahrungen, ob diese polarographischen Bestimmungsmethoden zur Erfassung von Cytostatika in Körperflüssigkeiten zur Anwendung gekommen sind? Da die Therapie z.B. mit Tetramin und Endoxan häufig Nebenwirkungen zeigt, halten wir eine analytische Kontrolle für wertvoll.

G. HORN: Diesbezüglich habe ich die Literatur nicht verfolgt, da vorerst unsere Aufgabe nicht darin bestand, die Cytostatika in Körperflüssigkeiten zu untersuchen, sondern in Kulturflüssigkeiten. In einigen Fällen wäre der Nachweis sicher möglich.

H. BERG (Jena): Es wäre zu ergänzen, daß Trenimon mit 3 Äthyleniminoringen auf Grund des Vergleichs mit den anderen Äthylenimino-Chinonen folgendes Polarogramm bei pH 7 ergeben müßte:

reversible Chinonstufe mit 2 e^-,
irreversible Ringöffnungen mit 6 e^-.

G. HORN: Versuche mit Trenimon sind im Gange. Sie werden sicherlich diese Angaben bestätigen.

A–5 **B. JÁMBOR (Budapest)**

Z. GRABOWSKI (Warschau): In allen Fällen, wo die einfache N–N σ-Bindung in einem Elektronenübergang gespalten oder gebildet wird, ist der Elektrodenvorgang langsam (irreversibel). Das Tetrazolium-Formazan-System wäre ein erstes Beispiel der Reversibilität trotz der Bildung der N–N-Bindung während der Cyklisierung. Den strukturellen Analogien nach ist die notwendige hohe Geschwindigkeit des Elektrodenvorganges auch in alkalischem Medium zu bezweifeln.

B. JÁMBOR: Die Irreversibilität ist nicht durch die Reduktion TTC → TF, sondern TF → TTC bedingt. Aufspaltung einer N–N-Bindung braucht etwa 20 kcal; das Abtrennen von H vom TF-Molekül dagegen etwa 84 kcal. In alkalischer Lösung nimmt dieser Betrag allmählich ab. Was die 20 kcal der Reaktion TTC → TF betrifft, vermindert sich dieser Wert auf ca. 0, in stark alkalischer Lösung, wegen Änderungen im Molekül. Einzelheiten s. JÁMBOR: Tetrazoliumsalze in der Biologie, Gustav-Fischer-Verlag, Jena 1960, pp. 39–41.

Beweise der Reversibilität bzw. Abnahme der zur Ringspaltung notwendigen Energie bei TTC (außer polarographischen Befunden):

1. In stark alkalischer Lösung (z.B. 60% KOH) verläuft sowohl die Reaktion 2 TTC → TF + „Foto-TTC" spontan als auch die Reaktion 2 TF + O_2 → 2 TTC + H_2O_2.
2. Existenz der potentiometrischen Titrationskurve in Sigmoid-Form.
3. $dV/dt = f(V)$-Aufnahmen bei verschiedenem pH und Temperatur stimmen mit polarographischem Befund überein.
4. Potential der Sigmoid-Kurve (Inflexionspunkt) stimmt mit den unter den gleichen Bedingungen aufgenommenen Polarogrammen überein.

H. BERG (Jena): Worin ist die Ursache der zunehmenden Reversibilität der 1. Stufe des TTC mit steigender Temperatur und steigendem pH zu suchen?

B. JÁMBOR: Die Reaktion TTC → TF benötigt sehr wenig Aktivierungsenergie, da der Tetrazoliumring im Spannungszustand ist. Dagegen ist hier die entgegengesetzte Reaktion (TF → TTC) maßgebend. In saurer Lösung hat TF auf Grund einer H-Brücke einen stabilen 6-Ring:

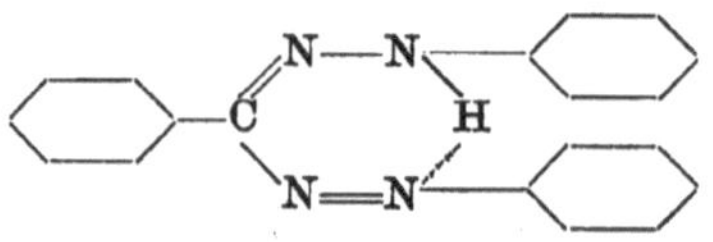

In stark alkalischer Lösung aber öffnet sich der Ring:

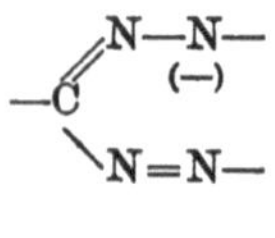

und wird leicht oxydierbar.

Das ist eine Annahme, die allerdings nicht bewiesen ist, dafür bin ich aber – als Biologe – nicht zuständig. Ich beschränke mich bloß auf die Tatsachen (s. auch Antwort an GRABOWSKI).

A–6 **J. TIROUFLET (Dijon):**

J. VOLKE (Prag): Were any catalytic waves observed with oxygen heterocyclics, as described by KNOBLOCH and RYVOLOVA?

J. TIROUFLET: We observed in fact catalytic waves in some cases as was pointed out by KNOBLOCH. But we have not made a thorough analysis of these waves which have already been studied in detail by KNOBLOCH (Advances in Polarography Vol. 3 p. 875).

Z. GRABOWSKI (Warschau): Kann man den Einfluß eines basischen Substituenten auf die Elektronenzahl der ersten Stufe erklären durch die Konjugation einer Elektronen-Akzeptor-Gruppe (Pyridin in saurem Milieu), welche eine ganz andere Aufenthaltswahrscheinlichkeit des freien Elektrons im Radikal verursacht als beispielsweise im Falle eines im sauren Milieu nicht konjugierten basischen Substituenten (—⟨⟩—NH_2)?

J. TIROUFLET: Der Unterschied zwischen den beiden Klassen von Radikalen ist vielleicht einer Differenz der relativen Dimerisierungsgeschwindigkeiten zwischen den freien Primär-Radikalen zuzuschreiben. Ich glaube, daß sich alle p-substituierten Benzolderivate unabhängig von der Elektronegativität des Substituenten und dem pH (wie das unsubstituierte Benzolderivat) verhalten.

H. BERG (Jena):

a) Wie wird die Gruppe —C=C—C=O reduziert, z.B. in den Chalkonen?

b) Handelt es sich bei dem Gleichgewicht:

o-Hydroxychalkon ⇄ Chromanon

unter allen Bedingungen um ein gehemmtes, so daß stets Diffusionsströme registriert werden?

J. TIROUFLET:

a) Was die Frage des Reduktionsmechanismus der Gruppe —C=C—C=O betrifft, haben wir selbst keine Elektrolysen bei kontrolliertem Potential durchgeführt. Ich habe jedoch kürzlich (J. TIROUFLET und A. CORVAISIER, Bull. Soc. Chim., 1962, S. 540) die verschiedenen Möglichkeiten diskutiert.

Andererseits haben ARIYAN, MOONEY und STONEHILL (J. chem. Soc. 1962, S. 2239) kürzlich einen Artikel über dieses Thema veröffentlicht.

b) Betreffs der Frage über einen eventuellen Einfluß des Gleichgewichts o-Hydroxychalkon ⇄ Chromanon auf den Diffusionsstrom kann ein solcher bestimmt nicht vorhanden sein im Gebiet $1 < pH < 10$, weil in diesem Bereich die Umlagerungsgeschwindigkeit viel zu gering ist. Es ist jedoch möglich, daß bei höherem pH die Isomerisationsgeschwindigkeit genügend anwächst, um dem Strom einen partiell kinetischen Charakter zu verleihen.

A–11 V. CIELESZKY (Budapest):

H. BERG (Jena): Welche Gruppe im Oxytetracyklin wird reduziert? Gibt es einen Hinweis auf das chemische Ergebnis von MUXFELDT, wonach die —OH-Gruppe im rechten Ring abgespalten wird?

V. CIELESZKY: Die chemische Reduktion von Oxytetrazyklin bzw. Tetrazyklin mit Zn + Eisessig, führt nach MUXFELDT bzw. HOCHSTEIN u. Mitarb. [3] zum Abspalten der in Position 12a befindlichen OH-Gruppe in Ring „A“

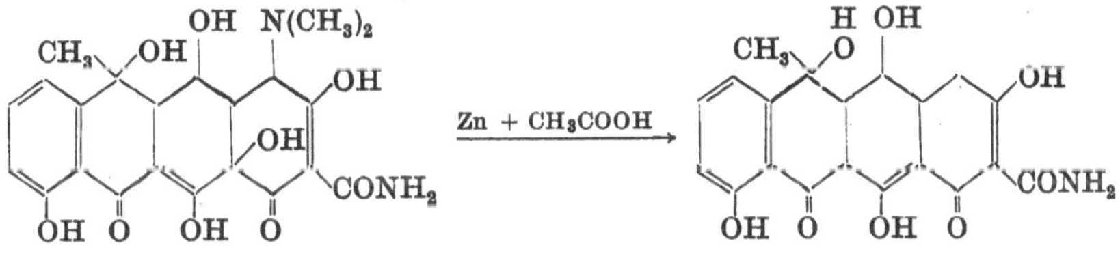

Terramycin — Desdimethylamino-12a-desoxyterramycin

Dies zieht die Umordnung der Doppelbindungen nach sich und eliminiert die Konjugation der Kohlenstoffatome 11–12. Nach DOSKOČILOVÁ wäre diese Konjugation, zumindest in den von ihr untersuchten schwach sauren, neutralen bzw. schwach alkalischen pH-Bereichen, für die Bildung der zweiten Reduktionsstufe verantwortlich. In unseren, in stark sauren Lösungen aufgenommenen Polarogrammen fehlt diese zweite Stufe vollkommen und bildet sich allmählich nur bei Erhöhung des pH-s. Das Reduktionsprodukt nach der Behandlung mit Zink + Eisessig haben wir bisher noch nicht untersucht, so daß nicht ausgeschlossen werden kann, daß in stark saurem Medium das Ausbleiben der zweiten Stufe ebenfalls durch Abspaltung der OH-Gruppe verursacht wird.

A–12 O. HRDÝ (Prag):

G. PÁLYI (Budapest): Wir hatten ähnliche Erscheinungen bei Naphthol und Stilben-Verbindungen beobachtet. Sie geben bei diesen strukturellen Formen kapazitive Einschnitte, die von den Substituenten nicht beeinflußt werden.

O. Hrdý: Bei den oszillopolarographischen Messungen wurden die kapazitiven Einschnitte sehr verschiedener Stoffe beobachtet. Wir haben bei den oben angeführten Substanzen zwei Besonderheiten beobachtet: erstens, daß der polarographisch aktive Stoff den oszillopolarographischen Einschnitt nicht gibt, und zweitens, daß aus zwei sehr ähnlichen Stoffen nur der eine den Einschnitt gibt.

K. Schubert (Jena):

1. Welche Möglichkeiten sehen Sie für eine praktische Anwendung polarographischer Untersuchungen auf dem Steroidgebiet?
2. Welche Störfaktoren sind zu berücksichtigen?
3. Können auch Steroidgemische untersucht werden?
4. Schließlich würde mich interessieren, welche Vorteile die Polarographie gegenüber anderen hier in Betracht kommenden Verfahren haben könnte.

O. Hrdý: Die vorgetragene Arbeit soll nur die theoretischen Beziehungen behandeln. Zu ihren Fragen kann ich folgendes sagen:

1. Wie aus den gefundenen Halbstufenpotentialen hervorgeht, gibt die Polarographie eine Möglichkeit, wo die Konjugation der Ketogruppe mit der Doppelbindung liegt, festzustellen; bei den 6-Halogensteroiden kann man die sterischen Lage der Substituenten ermitteln. Bei den oszillopolarographischen Untersuchungen hat sich gezeigt, daß nur wenige Steroide den Einschnitt geben, was mit der Struktur des Steroids sehr eng verbunden ist. Wir können also z.B. Cortison von Desoxycorticosteron in einer Minute unterscheiden.
2. Wir meinen, daß neben den üblichen Begrenzungen, die jede polarographische Arbeit hat, keine weiteren Störfaktoren zu erwarten sind.
3. Die Steroidgemische können dann untersucht werden, wenn die einzelnen Steroide verschiedene Halbstufenpotentiale haben oder wenn nur eine Komponente polarographisch oder oszillopolarographisch aktiv ist.
4. Die Polarographie der Steroide hat gegenüber der UV-Spektrophotometrie den Vorteil der Spezifität, gegenüber manchen kolorimetrischen Messungen hat sie den Vorteil der Reproduzibilität.

A—14 M. Schulz (Berlin):

R. Landsberg (Leuna-Merseburg):

1. Haben Sie Cumolhydroperoxyd polarographieren können?
2. Konnten Sie den Einfluß der Chloridionen auf die Zersetzung der Hydroperoxyde feststellen?

M. Schulz:

1. Cumolhydroperoxyd ist polarographisch bestimmbar. Wir haben mit der oszillographischen Methode in wäßriger Lösung im Britton-Robinson-Puffer bei Zimmertemperatur zwei Einschnitte erhalten. Der Einschnitt bei positiveren Potentialen verschwindet bei höherer Temperatur.
2. Wir haben uns mit diesem Problem nicht befaßt, danken aber für die Anregung.

A—15 H. Berg (Jena):

Z. Grabowski (Warschau): Die Zerlegung des Wassers durch die photochemisch entstandenen Radikale scheint mir nicht so selten zu sein, als Sie das erwähnt haben. So werden z.B. bei der Photolyse der verschiedenen aromatischen Halogenverbindungen in der sekundären Reaktion mit Wasser die OH-Radikale gebildet, die später zum polarographisch bestimmbaren H_2O_2 rekombinieren.

H. Berg: Mein Hinweis bezieht sich einschränkend auf die Gruppe der Chinone, von denen nur einige Anthrachinone wegen ihrer Stabilität zur H_2O_2-Produktion im Kreisprozeß geeignet sind (Berg, H. und Jacob, H.-E., Z. Naturforschg. **17b**, 306 (1962)).

M. Schulz (Berlin): Sind die Schenckschen Komplexradikale des Benzophenons polarographisch nachweisbar?

H. Berg: Wir konnten nur das einfache kurzlebige Radikal $(C_6H_5)_2\dot{C}{-}O(^-)$ in Übereinstimmung mit den blitzspektroskopischen Untersuchungen von Porter (Privatmitteilung) polarographisch nachweisen (Berg, H. und Schweiss, H., Naturwiss. **47**, 513 (1960)). Das langlebige Schencksche Radikal konnte bei Zimmertemperatur bisher auch durch ESR-Messungen in seinem eigenen Institut nicht bestätigt werden.

Z. Grabowski (Warschau): (Ergänzende Bemerkung)
Die Entstehung von Schenckschen Komplex-Radikalen $Ph_2\dot{C}OH + Ph_2CO \rightleftarrows Ph_2\dot{C}{-}O{-}C(Ph)_2O$ konnten wir polarographisch ebenfalls nicht bestätigen. Die einfachen $Ph_2\dot{C}OH$ Radikale jedoch sind kurzlebig und polarographisch nachweisbar. Spektrophotometrisch beobachtet man tatsächlich sehr langlebige Zwischenprodukte, die sich aber polarographisch gar nicht wie die freien Radikale verhalten.

A – 19 J. Hetman (London):

W. Kemula (Warschau): What drugs other than tetracycline are to determine in physiological liquids.

J. Hetman: In blood serum and urine a number of substances can be determined by the twin cell technique if their peak potentials occur at potentials not exceeding – 1 V.

Derivatives of nitrofuran, chloromycetin and nitroglycerine have been determined in serum and urine by adding the drugs to the samples. For all substances which are reducible at high negative potentials, this technique cannot be applied due to the fact that urine and blood serum form very large currents (due to the presence of reducible substances) which cannot be compensated by potential balance control at sensitivities higher than 1/10 of the maximum. It seems that the use of chromatographic-polarographic techniques will be essential for this type of analysis.

A – 21 J. Paściak (Oswiecim):

F. Péter (Budapest): Als Ergänzung möchte ich erwähnen, daß wir dafür und für konstitutionell ähnliche Verbindungen zweierlei polarographische Verfahren ausgearbeitet haben, ein oszillopolarographisches und ein adsorptions-polarographisches Verfahren.

Das Adsorptionsverfahren besteht darin, daß sich die grenzflächenaktiven Verbindungen des Nekal-Types an der tropfenden Quecksilberelektrode adsorbieren und den Elektrodenvorgang eines Depolarisators in bestimmter Weise beeinflussen.

Als induzierenden Depolarisator haben wir das Derivat von Nitrobenzol-sulfonsäure benutzt. Die Stufe der Nitrogruppe spaltet sich – in der Gegenwart von Nekal – in zwei Teilstufen, und das Verhältnis der zwei Stufenhöhen verändert sich in einem bestimmten Konzentrationsbereich linear mit der Nekalkonzentration.

J. Paściak: Gegenüber der oszillopolarographischen Methode ist meine einfacher.

A – 22 M. Illig (Dresden)

K. Wehrberger (Jena): Verschiedene Ballaststoffe wie Urorosein, Jononderivate und andere unspezifische Ketonverbindungen dürften bei der polarographischen Hormonuntersuchung von Harnextrakten störend wirken.

Ebenso können nach papierchromatographischer Auftrennung der einzelnen Steroide Fehler durch Papierverunreinigungen auftreten. Welche Erfahrungen wurden bei der Eliminierung dieser Störfaktoren gemacht?

Nichtkonjugierte Ketogruppen in verschiedenen Positionen der Seitenkette und des Ringsystems von Steroiden können nach P. Kabasakalian, Analyt. Chem. 28, 1669 (1956), bestimmt werden.

M. Illig: Die Ballaststoffe, die noch im Harn enthalten sind, wirken sich sehr nachteilig für die polarographische Hormonuntersuchung aus. Auf diese Ballaststoffe ist es u.a. zurückzuführen, daß man mit der Testsubstanz zwar sehr gut ausgebildete Strom-Spannungskurven erhält, etwa in der folgenden Form, während die Kurven der Harnextrakte einen schleppenden Verlauf besitzen, so wie es bereits Herr Dr. Březina andeutete. Ich persönlich bin aber nicht der Meinung, daß man die Polarographie unbedingt für eine routinemäßige Bestimmung der Hormone im Harn zur Anwendung bringen soll.

G. Hobe (Jena): Können bei Anwendung der polarographischen Methode auf Steroidextrakte aus Harn die Corticoide neben den 17-Ketosteroiden bestimmt werden, oder ist eine vorherige vollständige Trennung der beiden Steroidgruppen notwendig?

M. Illig: Mit Hilfe der polarographischen Analyse ist es möglich, den Harnextrakt in die folgenden Gruppen aufzutrennen:

1. direkt reduzierbare C_3 – Δ^4.Keto-(Corticoide),
2. nicht direkt reduzierbare C_3 – Δ^5.Keto- und
3. C_{17}-Ketosteroide.

Zusammenfassung A

Die Möglichkeiten der Polarographie bei Konstitutions- und Reaktionsproblemen im Vergleich zu anderen physiko-chemischen Methoden

In den letzten Jahren sind eine Fülle von Beziehungen zwischen polarographischen Daten und anderen physikochemischen Größen aufgefunden worden.

Mit dem Halbstufenpotential (HSP) werden vor allem die strukturellen Moleküleigenschaften verknüpft, während die Stufenhöhe überwiegend für analytische Zwecke herangezogen wird, darüber hinaus aber auch für reaktionskinetische Messungen steigende Bedeutung gewinnt. Um nur einige Beispiele zu nennen, wurden Zusammenhänge zwischen HSP und Wellenzahlen von Absorptionsbanden, Anzahl von Doppelbindungen, Ligandenzahlen, Hammettschen Konstanten (Modifikation nach Zuman), Geschwindigkeitskonstanten, Molekülbahnenenergien, chemischen Verschiebungen (NMR) festgestellt, wobei es darauf ankommt, daß möglichst unter gleichartigen Bedingungen gemessen wird.

Zur Lösung kinetischer Probleme sind eine Reihe polarographischer Methoden geeignet. Die Varianten der Gleichspannungspolarographie nach Abb. 1 überstreichen einen großen Halbwertszeitbereich. Langsame Reaktionen werden durch Aufnahme der gesamten Stufe verfolgt, schnellere bis zu einer Halbwertszeit von $\tau_{1/2} > 15$ *s* potentiostatisch im Bereich des mittleren Grenzstromes des Reaktanten. Die potentiostatische Verfolgung an einzelnen Tropfen (vgl. D—7) erschließt den Bereich von $\tau_{1/2} \approx 10^{-1}$ *s* und darunter (vgl. A—15). In besonderen Fällen lassen sich extrem schnelle Reaktionen aus den kinetischen Strömen, insbesondere den gegengelagerten, bestimmen.

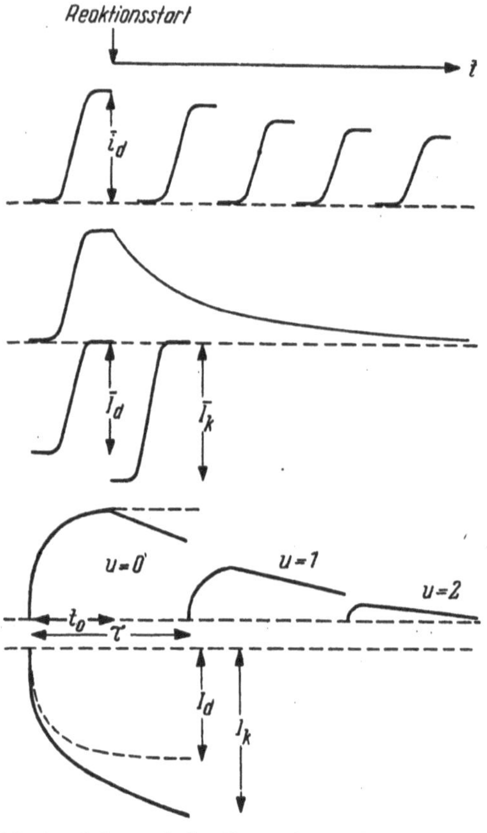

Abb. 1. Schematische Darstellung der Möglichkeiten zur Verfolgung chemischer Reaktionen mit Hilfe der Gleichspannungspolarographie.
Von oben nach unten: Einzelpolarogramme, potentiostatische Registrierung, mittlerer kinetischer Oxydationsstrom, reaktionsbedingte Diffusionsströme bei Abnahme des Depolarisators, momentaner kinetischer Oxydationsstrom

Mehrere polarographisch aktive Reaktanten bilden ein Überlagerungspolarogramm (Abb. 2), und nur der positivste Depolarisator läßt sich dabei potentiostatisch verfolgen. Diesen Nachteil überwinden Ableitungsoszillogramme, wobei die Konzentrationsänderungen unabhängig (Abb. 3) zu registrieren sind. Stark lichtstreuende Reaktionsmedien bilden im Gegensatz zur Spektroskopie kein Hindernis für die genannten Methoden [1].

In vorliegenden 22 Arbeiten dieser Sektion werden überwiegend die altbewährten Charakterisierungsmöglichkeiten der Polarographie auf eine Reihe bedeutsamer Wirkstoffklassen angewendet: Alkaloide (A—1), Vitamine (A—2), Antibiotika (A—3), Cytostatika (A—4), Folsäurederivate (A—9), Steroide (A—12, A—22) und allerlei Arzneimittel (A—20, A—18), so daß eine Einordnung neuer Substanzen sehr erleichtert wird. Eine Anzahl weiterer Substanzen, die als Bausteine komplizierter Naturstoffe anzusehen sind, wurden weitgehend in ihrem Verhalten an der Tropfelektrode aufgeklärt: Chromone (A—6), Imidazole (A—7),

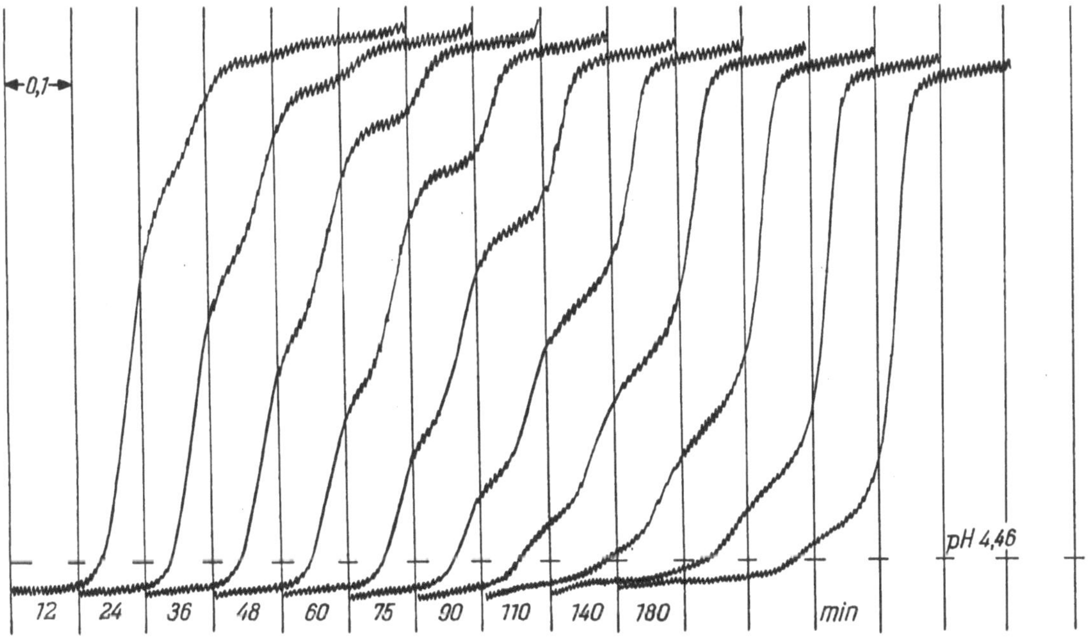

Abb. 2. Polarogramme vom Hydrolyseverlauf (pH 4,46) eines Bis-Äthyleniminochinons in Minutenabständen (ANHALT, A. und BERG, H., J. electroanalyt. Chem. 4, 218 (1962))

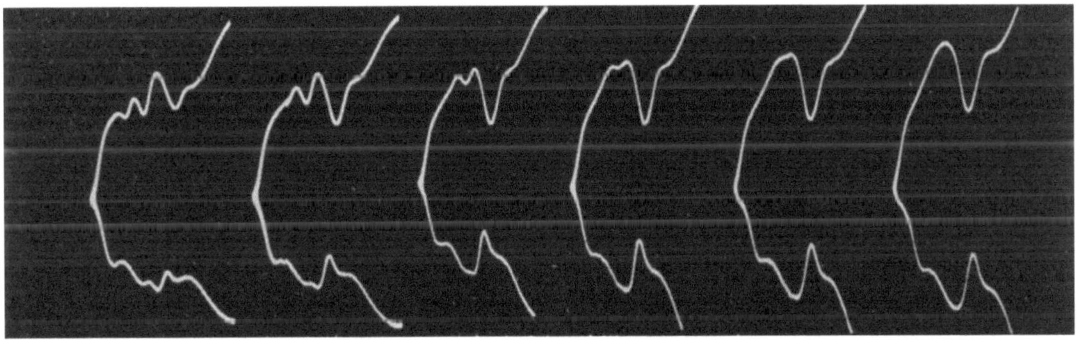

Abb. 3. Oszillographische $\frac{d\pi}{dt} - \pi$-Kurven der Hydrolyse (pH 1,5) eines Bis-Äthyleniminochinons (vgl. Abb. 2), aufgenommen an der strömenden Elektrode in Abständen weniger Sekunden. Ausgangs-, Zwischen- und Endprodukte ergeben getrennte Einschnitte (BERG, H., Chem. Zvesti 16, 342 (1962))

Chinolinverbindungen (A—10), Peroxyde (A—14), Pyriliumsalze (A—13) u.a. Die Vorteile der polarographischen Methode für Reaktionsgeschwindigkeitsmessungen werden deutlich sowohl für reine Homogenreaktionen (A—17), Gas-Flüssigkeitsreaktionen (A—16) als auch Photoreaktionen (A—15).

Dennoch hat man die eingangs aufgezählten Möglichkeiten bei weitem noch nicht für die Chemotherapie, Biochemie und Biologie erschlossen. Das kam auch zum Ausdruck in den kritischen Diskussionsbemerkungen zur Systematik in der organischen Polarographie unter Beachtung mehrerer mit der Durchtrittsreaktion verbundener Prozesse.

Prof. ŠANTAVÝ betonte, daß noch immer eine systematische Anleitung für die Aufklärung von Polarogrammen organischer Verbindungen und die daraus zu ziehenden Schlußfolgerungen fehlt. Weiterhin wirken sich die häufig willkürlich gewählten Meßbedingungen nachteilig auf die Auswertung aus. An einen früheren Vereinheitlichungsvorschlag (1958) von H. BERG [2] hierzu wurde deshalb erinnert und die Hoffnung ausgedrückt, daß eine Expertenkommission eingehendere Empfehlungen ausarbeitet. Es wurde damals vorgeschlagen: "As the general precautionary measures to be followed when carrying out polarographic studies have been described in detail in the book ‚Einführung in die praktische Polarographie' (Berlin 1958) by J. HEYROVSKÝ and P. ZUMAN, attention will be drawn only to those factors which mostly render difficult a comparison of half-wave potentials.

1. Reference electrode
   Recommended: normal calomel electrode (mercury pool for nonaqueous media) (vgl. D—22).
2. Supporting electrolyte
   Recommended: whenever possible an approximately n/10 molar buffer solution, e.g. Britton-Robinson buffer, McIlvaine buffer, acetate buffer, phosphate buffer (LiCl for nonaqueous media, $N(C_2H_5)_4J$ for difficulty reducible depolarizers).
3. Solvent
   Recommended: water
   20% ethanol or acetone
   80% ethanol or acetone
   (for sparingly soluble or water-sensitive depolarizers methanol or methanol-benzene is suitable) (vgl. D—22).

Next in importance are:
Capillary characteristics: $m^{2/3}\,\tau^{1/6}$ (height of mercury column).
Temperature: 25 °C recommended.
Information should always be included about

1. The type of wave (diffusion current, adsorption current, kinetic current, hydrogen wave).
2. The half-wave potentials (to the nearest $\pm$ 5 mV when the wave is well defined, the corresponding pH value, which can be determined using a glass electrode also for media containing low concentrations of organic solvents).
3. The diffusion coefficients (calculated from the Ilkovič equation).
4. Electron uptake (with a brief discussion of the over-all electrode process).

The more complete this and any other information that is given, the greater will be the value of the data for further studies and theoretical discussions."

Dr. GRABOWSKI bekräftigte diese Gesichtspunkte:
„Vielleicht wäre es zweckmäßig, ein entsprechendes Kapitel in die polarographischen Handbücher einzuführen. Für eine Analyse sind wie üblich die $E_{1/2}$-pH- und die i_d-pH-Diagramme aufzunehmen, was bei der Anwendung eines Gefäßes mit Universal-Puffer, Glaselektrode und Bürette nur wenige Stunden dauert."

Dr. VOLKE äußerte zu den Literaturdaten an sich:
„Es sollte berücksichtigt werden, daß die bis jetzt in der polarographischen Literatur vorliegenden Angaben über organische Verbindungen mit Rücksicht auf die Adsorptionsvorgänge revidiert werden müssen. Die Adsorption einer oder beider Formen des Depolarisators tritt hier besonders oft auf und beeinflußt so die Form der Stromspannungskurven."

Dr. KŮTA grenzte die reversiblen Systeme ein:
„Der Begriff ‚Reversibilität des Elektrodenvorganges' muß immer mit der Mobilität verknüpft werden. Als ein meßbares Maß kann die Geschwindigkeitskonstante der Durchtrittsreaktion beim Standardpotential, k_e^0, herangezogen werden. In der klassischen Polarographie sind dann alle Systeme reversibel, für welche $k_e^0 \geqq 2 \cdot 10^{-2}$ cm · sec^{-1} gilt, wie zum erstenmal P. DELAHAY [J. Am. Chem. Soc. **75**, 1430 (1953)] formulierte. Solche Systeme entsprechen dann den bekannten Kriterien der *polarographischen Reversibilität*."

Die neueren Anwendungen in der chemischen Kinetik fanden lebhaftes Interesse.

Dr. Grabowski ergänzte dazu:

„Die Polarographie in klassischer Ausführung eignet sich vorzüglich zur Untersuchung verschiedener organischer Reaktionen in situ unter extremen Bedingungen (allerdings bei nicht zu großen Konzentrationen des Depolarisators). Man wendet die Polarographie erfolgreich in 16-m-NaOH-Lösung oder in konzentrierter H_2SO_4 an. Heute kann man nicht nur die aprotischen, sondern auch die sehr schwach leitenden Lösungsmittel verwenden. Dank der elektronischen Kompensation des Ohmschen Potentialabfalls sind dabei ganz zuverlässige Polarogramme zu erhalten."

Dr. Kůta warnte bei extrem schnellen Reaktionen an der Elektrodenoberfläche:

„Ich möchte beifügen, daß die Folgereaktionen nur bei reversibler Durchtrittsreaktion erfaßt werden können."

Die Geschwindigkeitskonstanten der schnellen chemischen Reaktionen können durch die Struktur der Doppelschicht beeinflußt werden. Die Größe dieser Wirkung hängt vom Verhältnis der Dicke der Reaktionsschicht und der Dicke der Diffusionsdoppelschicht ab und kann einige Zehnerpotenzen erreichen.

Dr. Schulz hob die schnellen Reaktionen hervor:

„Die Polarographie in der organischen Chemie sollte nicht nur auf analytische Methoden beschränkt bleiben. Neben dem Nachweis relativ langlebiger Produkte sollte man die Methode dahin ausbauen, kurzlebige Zwischenprodukte registrieren zu können. Als Beispiele dafür kämen Ionenreaktionen (Nachweis reaktionsfähiger Zwischenstufen) und auch Radikalreaktionen in Frage. Eine der Entwicklungstendenzen der Polarographie in der organischen Chemie sollte die Verfolgung schneller Reaktionen sein."

Allgemeinere Anerkennung fand schließlich das Prinzip, die Polarographie möglichst mit anderen physikochemischen Methoden zu kombinieren.

H. Berg

Literatur

[1] Berg, H., Polarographische Analyse in der chemischen Kinetik, Kapitel 7 in Krjukowa, T., „Polarographische Analyse". VEB V. f. Grundstoffindustrie Leipzig 1964.

[2] –, Radiometer Polarographics 4, 87 (1958).

B—1

Polarographie der Proteine

M. Březina

Polarographisches Institut der Tschechoslowakischen Akademie der Wissenschaften, Prag

Obgleich dem polarographischen Verhalten der Proteine schon mehr als 500 Studien [1—6] gewidmet wurden, ist es trotzdem noch nicht gelungen, es restlos aufzuklären. Zur polarographischen Bestimmung der Proteine gibt es mehrere Wege.

Am häufigsten werden die sog. katalytischen Stufen der Proteine zur Analyse verwendet. Ihr Wesen beruht auf der katalytischen Reduktion der Wasserstoff-Ionen aus dem Grundelektrolyten.

In gepufferten Lösungen, am besten zwischen pH 7 bis 10, beobachtet man nach der Zugabe geringer Eiweißkonzentrationen eine gut entwickelte Welle, die sog. Praenatriumstufe (Abb. 1). Sie wurde von ihren Entdeckern so benannt [7], weil sie vor dem Endanstieg der Natriumstufe erschien. Die Proteine

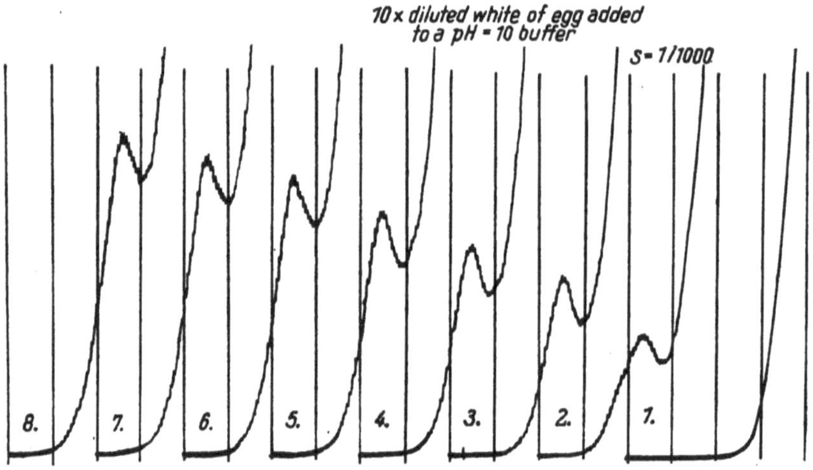

Abb. 1. Abhängigkeit der Höhe der Praenatriumstufe von der Eiweißkonzentration. 1) Borat-Carbonatpuffer pH 10; 2) bis 8) zu 10 ml der Pufferlösung 1) jeweils 0,1 ml zehnfach verdünntes Eiklar in physiologischer Kochsalzlösung zugegeben. Kurvenanfang −1,4 V, Empf. 1:1000

enthalten bestimmte Gruppen, z.B. $-NH_3^+$, $-SH$, aus denen das Wasserstoff-Ion an der Quecksilbertropfelektrode leichter reduziert wird als aus dem Grundelektrolyten. Wegen der starken katalytischen Wirksamkeit der Proteine nimmt man an, daß die bei der Elektroreduktion aus den Eiweißstoffen verbrauchten Protonen durch eine Reaktion der katalytisch wirksamen Eiweißgruppen mit den Protonendonatoren des Grundelektrolyten ersetzt werden. Die katalytische Wasserstoffstufe wird außerdem noch von einer Reihe organischer Verbindungen geliefert, besonders wenn in ihrem Molekül ein leicht protonisierbarer Stickstoff vorhanden ist [1, 2, 8].

Enthält eine gepufferte Lösung, am besten ein Ammoniakpuffer von pH 9—10, ein Kobalt- oder Nickelsalz, dann bildet die Mehrzahl der Proteine die charakteristische katalytische Doppelstufe, die erstmals von Brdička [9] beobachtet wurde (Abb. 2). Diese katalytischen Brdička-Stufen entstehen bei noch positiveren Potentialen als die Praenatriumstufe. Brdička und nach ihm eine Reihe von Autoren konnten beweisen, daß die katalytischen Doppelstufen, bis auf wenige, bisher nicht ganz beweiskräftige Ausnahmen, in Eiweißlösungen entstehen, die Cystein oder Cystin enthalten und sogar mit steigender Konzentration dieser Aminosäuren im Proteinmolekül wachsen [2, 9, 10]. In ammoniakalischen Kobalt- oder Nickellösungen bewirken Cystein oder Cystin allein einen ähnlichen polarographischen Effekt wie die Proteine – nämlich ein typisches rundes Maximum (Abb. 2). Es ist im wesentlichen ebenfalls durch Katalyse der Wasserstoffionenreduktion aus dem Grundelektrolyten verursacht. In Lösungen von zweiwertigem Kobalt ist die katalytische Stufe des Cysteins allerdings weitaus größer, als der Reduktion eines

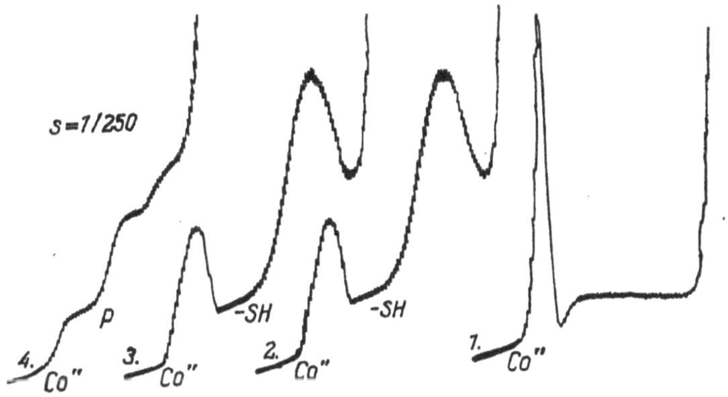

Abb. 2. Katalytischer Effekt der Sulfhydrylgruppe. 1) 0,0008 m-$CoCl_2$, 0,1 m-NH_4Cl und 0,1 m-NH_3; 2) 0,00002 m-Cystein in der Grundlösung 1; 3) 0,00001 m-Cystin in der Grundlösung 1; 4) menschliches Serum 1:100 mit der Grundlösung 1) verdünnt. Kurven von –0,8 V angefangen, Empf. 1:250

einzigen Wasserstoff-Ions aus einem Cysteinmolekül entspräche. Cystein und Cystin verhalten sich analog, da auch in einer Cystinlösung beim Potential des katalytischen Maximums praktisch nur Cystein an der Elektrode vorliegt, das durch die vorangehende Elektrodenreduktion aus dem Cystin gebildet wird.

Die Frage, ob die Katalyse der Wasserstoffionenreduktion durch die vorher elektrolytisch abgeschiedenen Metalle oder durch katalytisch aktive Chelate der Proteine bzw. des Cysteins mit Kobalt oder Nickel verursacht ist, blieb lange offen. Für die erste Variante sprach die Tatsache, daß die katalytischen Brdička-Stufen bei negativeren Potentialen entstehen als jene, bei denen die Kobalt- oder Nickel-Ionen an der Quecksilbertropfelektrode reduziert werden. Auf die zweite Möglichkeit deutete die Feststellung hin, daß Cystein in Lösungen von dreiwertigem Kobalt weitaus niedrigere Stufen bildet als in den Kobalt(II)-Lösungen. Einen klaren Beweis für die Wichtigkeit der Komplexbildung zwischen Metall und Protein bzw. Cystein brachten erst die Untersuchungen an einem stationären, hängenden Quecksilbertropfen [11, 12], die dank der Einrichtung von Vogel [13] mit großer Genauigkeit vorgenommen werden konnten. Bei diesen Versuchen (Abb. 3) wurde bei dem Potential, bei dem

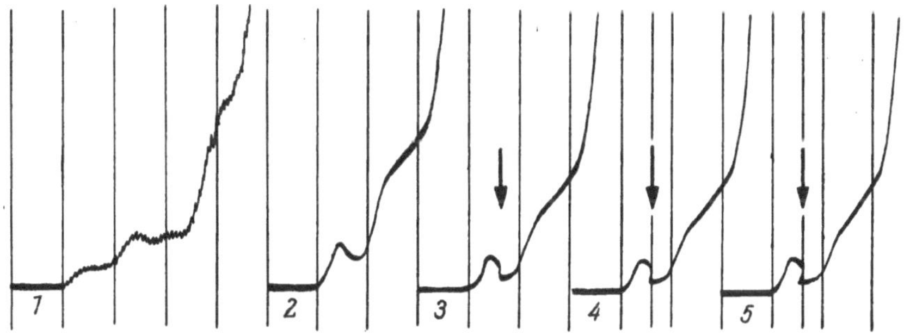

Abb. 3. Serumalbumin an der Quecksilbertropfelektrode 1) und an der stationären Elektrode 2)–5). Einfluß einer Vorelektrolyse des Kobalts 0,01% Serumalbumin in 0,1 m-NH_3, NH_4Cl, $1 \cdot 10^{-3}$ m-$CoCl_2$. Dauer der Vorelektrolyse 3) 1 min, 4) 5 min und 5) 10 min. Kurvenbeginn bei –0,6 V, 300 mV/Absz., Empf.: Kurve 1) 1:500, Kurven 2) bis 5) 1:150, Gewicht des Tropfens 9 mg

sich das Kobalt an der Elektrode abschied, aber der katalytische Prozeß noch nicht einsetzte, die Spannung nicht mehr weiter kontinuierlich gesteigert. Nach 1, 5 oder 10 Minuten wurde die Spannungserhöhung fortgesetzt. Die Höhe der katalytischen Eiweiß- oder Cysteinstufe wuchs jedoch nicht, wie es der Fall sein sollte, wenn nur das abgeschiedene Kobalt katalytisch wirksam wäre. Sie sank im Gegenteil proportional mit dem Abfall des Kobaltgrenzstromes, da die Lösung in der unmittelbaren Elektrodenumgebung an Kobalt(II)-Ionen verarmt. Wurde das Kobalt in ähnlicher Weise durch elektrolytische Abscheidung an der Elektrode angehäuft und der polarographierten Lösung dann Äthylendiamintetraessigsäure (Na-Salz = Komplexon III) zugesetzt, die die zweiwertigen Kobalt-Ionen als festes Chelat bindet, so entstand weder die Eiweißdoppelstufe noch das katalytische Cysteinmaximum (Abb. 4). Der Grenzstrom des Kobalts sank gleichzeitig auf Null.

Die Größe der katalytischen Brdička-Ströme ist neben anderen Faktoren vor allem durch die Zusammensetzung des katalytisch aktiven Komplexes bestimmt. Grundlegende Bedeutung für die Bildung dieser aktiven Komplexe, und dadurch auch für das Entstehen der

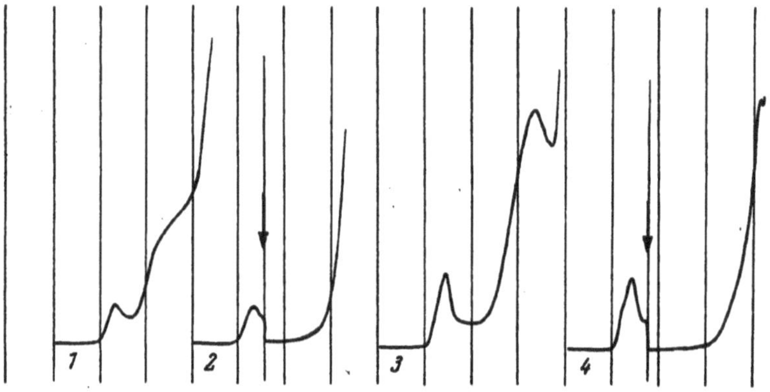

Abb. 4. Einfluß von Komplexon III auf die katalytischen Stufen des Serumalbumins (1,2) und des Cystins (3,4)

0,01% Serumalbumin (1,2) 10^{-5} m-Cystin (3,4) in 0,1 N-NH_3, NH_4Cl, $1 \cdot 10^{-3}$ m-$CoCl_2$. Dauer der Vorelektrolyse in Kurven 2) und 4) 5 min und hierauf Komplexon III in der Endkonzentration $4 \cdot 10^{-3}$ zugegeben. Kurvenbeginn bei −0,6 V, 300 mV/Absz., Empf. 1:150, Gewicht des Tropfens 6 mg.

katalytischen Stufen, hat zweifellos die Sulfhydrylgruppe. Sie besitzt die Fähigkeit, mit Kobalt oder Nickel sehr feste Komplexe einzugehen. An der Ausbildung des aktiven Komplexes können sich auch die Amino- und Carboxylgruppen und gegebenenfalls noch die Imidazolgruppen der Eiweißstoffe mitbeteiligen. Ihre Anwesenheit für das Auftreten der katalytischen Brdička-Ströme ist allerdings nicht so notwendig. Zahlreiche aliphatische organische Verbindungen, die eine Sulfhydryl-, aber keine Amino- oder Carboxylgruppe enthalten, bilden z.B. ähnliche katalytische Wellen wie Cystein. Aber nur wenige Aminosäuren (z.B. Histidin) bzw. andere stickstoffhaltige (z.B. Harnsäure) oder sauerstoffhaltige Substanzen ohne Sulfhydrylgruppe sind in Kobaltlösungen katalytisch aktiv, und dabei ist es noch nicht ganz sicher, ob es sich tatsächlich um den gleichen Effekt handelt [1, 3, 8, 12, 14—16]. Alanin, formal ein Cysteinmolekül ohne Sulfhydrylgruppe, bildet die katalytische Brdička-Stufe nicht aus. Cysteamin dagegen, d.h. ein Cysteinmolekül ohne Carboxylgruppe, oder β-Mercaptopropionsäure, ein Cysteinmolekül ohne Aminogruppe, liefern in gepufferten ammoniakalischen Kobalt- oder Nickellösungen die erwähnten katalytischen Wellen. Die katalytische Wirksamkeit sinkt in der Reihe Cystein > Cysteamin > β-Mercaptopropionsäure > β-Mercaptopropionsäure-methylester — d.h. nach den funktionellen Gruppen —SH, NH_2, COOH > —SH, NH_2 > —SH, COOH > SH, COOR [17]. In dieser Reihenfolge sinkt auch die Stabilität der Komplexe dieser Stoffe mit zweiwertigem Kobalt oder Nickel.

Aus der Abhängigkeit der katalytischen Grenzströme des Cysteins von der Behälterhöhe, von der künstlich geregelten Tropfzeit bei konstanter Behälterhöhe und aus der Zeitabhängigkeit der momentanen katalytischen Ströme [17] kann geschlossen werden, daß die Größe der katalytischen Ströme des Cysteins durch die Geschwindigkeit irgendeiner vorgelagerten Reaktion bestimmt ist, sofern die Kobalt(II)-Ionen dem Cystein gegenüber im Überschuß sind. Bei vergleichbarer Kobalt- und Cysteinkonzentration haben diese Abhängigkeiten den gleichen Charakter wie bei den Diffusionsströmen. In diesem Fall entscheidet höchstwahrscheinlich die Diffusion der Kobalt(II)-Ionen zur Elektrode über die Größe des katalytischen Stromes.

Bei der katalytischen Doppelstufe des Serumalbumins wurde festgestellt, daß der Tropfzeitexponent in der Abhängigkeit der Grenzströme von der künstlich geregelten Tropfzeit bei der ersten Stufe den Wert 2/3, bei der zweiten etwa 0,9 [18, 19] besitzt. Es scheint, daß jeder Teil der Doppelstufe durch einen anderen Prozeß bestimmt ist [20]. Die erste Stufe verhält sich ähnlich wie die katalytische Welle des Cysteins. Sie hat ebenso wie diese einen positiven Temperaturkoeffizienten. Die zweite katalytische Stufe des Serumalbumins sinkt mit wachsender Temperatur [19] (Abb. 5). Durch ihr Verhalten erinnert die zweite Eiweiß-

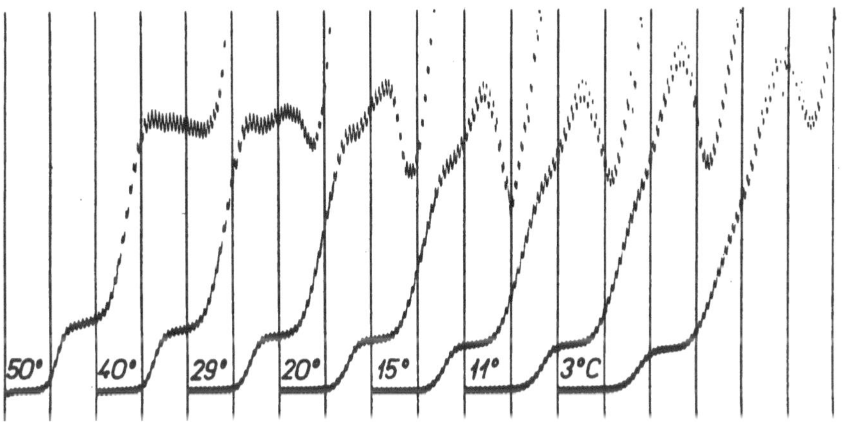

Abb. 5. Temperatureinfluß auf die katalytischen Stufen des Serumalbumins (0,02% in Kobalt (III)-Testlösung)
Kurvenbeginn −0,6 V, 200 mV/Absz., Empf. 1:300

stufe eher an die Praenatriumstufe der Proteine, die auch in Abwesenheit von Kobalt entsteht. Ihr Grenzstrom wächst mit der Tropfzeit, ebenso wie der momentane Strom mit der Zeit, mit einem Exponenten von nahezu 1 oder um wenig mehr. Das Problem, warum bei den Proteinen zwei katalytische Stufen entstehen, ist bei weitem noch nicht gelöst. Es ist noch zu bemerken, daß die Proteine in Lösungen mit größerer Ammoniakkonzentration (pH > 10) oder bei kleiner Kobaltkonzentration nur eine katalytische Stufe bilden und umgekehrt Cystein bzw. Cysteamin bei kleinen Kobaltkonzentrationen in Gegenwart einiger grenzflächenaktiver Stoffe, zwei katalytische Wellen liefern [1, 2, 12, 21, 22].

Sehr unklar ist die Vorstellung, nach welcher der Protein- bzw. Cysteinkomplex mit Kobalt oder Nickel nur im adsorbierten Zustand an der Elektrode aktiv sein soll [2, 8, 9]. Die Abhängigkeit der Höhen der katalytischen Wellen von der Protein- oder Cysteinkonzentration und ebenso auch von der Konzentration der Metall-Ionen ähnelt zwar der Langmuirschen Adsorptionsisotherme, aber den gleichen Charakter hat auch die Konzentrationsabhängigkeit bei Grenzströmen, bei denen eine der Durchtrittsreaktion vorgelagerte chemische Reaktion der geschwindigkeitsbestimmende Schritt ist. Der Einfluß der Adsorption auf die Bildung der katalytischen Brdička-Stufe des Cysteins und der ersten Eiweißstufe wird weder durch die Temperatur- und die Tropfzeitabhängigkeit noch durch die Elektrokapillarkurven des Quecksilbers in untersuchten Lösungen bestätigt. Die Abfälle der katalytischen Grenzströme, d.h. die Maximabildung, ließen zwar auf eine Adsorption bzw. Desorption bei negativeren Potentialen schließen, doch können sie ebensogut die Folge einer Verlangsamung der Durchtrittsreaktion bei diesen Potentialen sein.

Zu der Reihe der Komplikationen tritt die radiopolarographische Feststellung hinzu, daß bei der Bildung der katalytischen Cysteinströme eine wenn auch schwache Strömung des Elektrolyten stattfindet [23], durch die mehr Depolarisator an die Elektrodenoberfläche herangebracht wird, als durch bloße Diffusion möglich wäre.

Auf Grund der bisher bekannten Tatsachen stelle ich mir das Zustandekommen der katalytischen Brdička-Stufen vorläufig folgendermaßen vor. In der Lösung tritt eine bestimmte Konzentration des Protein- bzw. Cystein-Metallkomplexes ein. Dieser Komplex wird in der Lösung von dreiwertigem Kobalt wegen der großen Beständigkeit des Hexaminkobalt(III)-chlorids erst in der unmittelbaren Elektrodenumgebung gebildet, und zwar nachdem das dreiwertige Kobalt an der Elektrode zum zweiwertigen reduziert wurde. Die Bildungsgeschwindigkeit des katalytisch aktiven Komplexes wird bei den Proteinen wahrscheinlich wesentlich größer sein als beim Cystein. Der katalytisch aktive Komplex ist befähigt, ein oder mehrere Protonen vom Protonendonator, d.h. vom Puffer, aufzunehmen. Sobald jedoch das Metall-Ion aus dem Komplex reduziert wird, werden ein bzw. mehrere Protonen abgespalten und ebenfalls an der Elektrode reduziert. Der katalytisch aktive Komplex kann aus dem zur Elektrode diffundierenden Kobalt oder aus dem durch den Zerfall des Komplexes freigesetzten Cystein regeneriert werden. Auf diese Weise wird die Reduktion der Wasserstoff-Ionen aus dem Puffer erleichtert, d.h. katalysiert. An welche Gruppe und wieviele Protonen an einen Kobaltkomplex gebunden werden, kann vorläufig nicht genau gesagt werden. Es ist auch nicht ausgeschlossen, daß zwei etwas voneinander verschiedene Proteinkomplexe entstehen. Diese Vorstellung über die Bildung der katalytischen Brdička-Ströme kommt ohne die Deutung von Vlček aus, der die Tatsache, daß das Kobalt-Ion auch aus dem Cysteinkomplex bei positiveren Potentialen reduziert wird als das der katalytischen Stufe (die Nickelstufe verschmilzt mit der katalytischen Welle), aus der Existenz eines katalytisch aktiven nullwertigen Komplexes erklärt [24]. Ob der katalytisch aktive Komplex tatsächlich bei der Bildung der katalytischen Stufen an der Elektrode adsorbiert werden muß, geht aus den Experimenten nicht klar hervor.

Bei der analytischen Anwendung ist es notwendig, die Konzentration der einzelnen Komponenten des Grundelektrolyten konstant zu halten. Schon eine pH-Veränderung übt einen starken Einfluß auf die Dissoziation der protonisierten Formen des Komplexes und seiner Bestandteile aus. Außerdem kann sie die Geschwindigkeit einiger Reaktionen, die für die Bildung der katalytischen Ströme wichtig sind, beeinflussen und dadurch die Höhe der katalytischen Stufen ändern.

Die Proteine sind in den verschiedensten biologischen Materialien polarographisch bestimmt worden [1, 3, 4, 25, 26], wie im Blut, in der Rückenmarksflüssigkeit, im Speichel, in der Milch, in Getränken und in Pflanzen. Zur Analyse wird am häufigsten die Kobalt(III)-Testlösung verwendet [10^{-3} m $Co(NH_3)_6Cl_3$, 0,1 m oder 1 m NH_3, 0,1 m NH_4Cl], wodurch die einfachen Sulfhydrylverbindungen wie Cystein und Glutathion zum größten Teil aus den zu untersuchenden Substanzen ausgeschlossen werden. Diese Verbindungen geben nämlich in der Lösung von dreiwertigem Kobalt einige hundertmal niedrigere katalytische Stufen als in Kobalt(II)-Lösung.

Mit Hilfe der Polarographie können die einzelnen Eiweißarten nicht genau unterschieden werden, sofern sie polarographisch aktiv sind. Es muß auch in Betracht gezogen werden, daß verschiedene Proteine bei gleicher Konzentration verschieden hohe katalytische Stufen liefern. In manchen Fällen wurden die Eiweißstoffe vor der polarographischen Analyse durch Papierelektrophorese getrennt [5, 27, 28].

Sehr gut lassen sich die Denaturierung und die Proteolyse der Proteine polarographisch verfolgen. Durch alkalische Denaturierung, Hitzedenaturierung oder nach Bestrahlung mit ultraviolettem Licht [1, 2] werden die katalytisch aktiven Gruppen in der Untersuchungslösung nach einer bestimmten Denaturierungsdauer zerstört. Auch der Einfluß einiger Stoffe, die die Denaturierung der Proteine verhindern, ist untersucht worden. Bei bestimmten pathologischen Fällen wurde beobachtet, daß die katalytisch wirksamen Gruppen der Blutserumproteine in wesentlich geringerem Maß abgedeckt werden, als es bei gesunden Menschen der Fall ist (Abb. 6) [1, 2, 4, 29].

Die enzymatische Autoproteolyse von Seren gesunder und kranker Menschen nach Inkubation bei 37 °C ist erfolgreich von Janoušek polarographisch verfolgt worden [30, 31]. Die

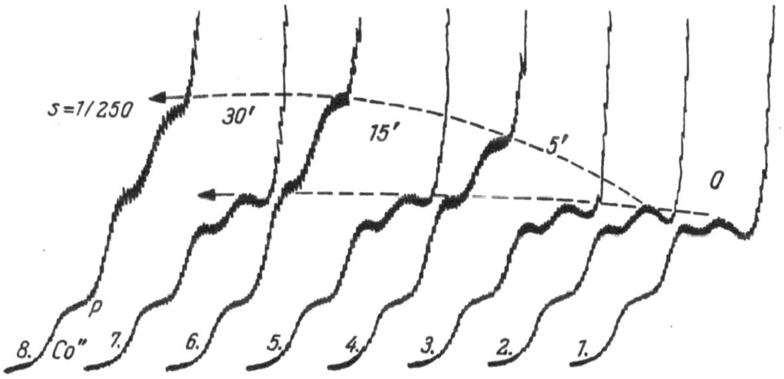

Abb. 6. Kinetik der alkalischen Denaturierung von normalem und karzinomatösem Serum: 1), 3), 5), 7) fortgeschrittenes Carcinom uteri; 2), 4), 6), 8) normales Serum. — Zu 0,75 ml 1n-KOH wurden 0,5 ml Serum zugegeben und 0,05 ml dieser Lösung in bestimmten Zeitintervallen mit 10 ml Kobalt(II)-Solution verdünnt

Eiweißspaltprodukte wurden im Filtrat des Serums nach Enteiweißung mit Sulfosalicylsäure bestimmt. Die Autoproteolyse tritt je nach dem Enzymsystem nur in bestimmten pH-Gebieten ein. Auf diese Weise wurde die Wirkungsweise dreier verschiedener proteolytischer Systeme beobachtet, und zwar von Pepsin, Kathepsin und eines bisher noch nicht ganz sichergestellten Systems [30]. Sehr genau läßt sich die Pepsinaktivität im Serum bei verschiedenen Erkrankungen verfolgen [31].

Das Wesen der sog. Brdička-Filtratreaktion [1, 2, 4, 5, 25, 32] beruht auf der polarographischen Analyse des Filtrates des alkalisch denaturierten und mit Sulfosalicylsäure enteiweißten Serums. Bei Krebs (Abb. 7), entzündlichen Erkrankungen und besonders bei Ver-

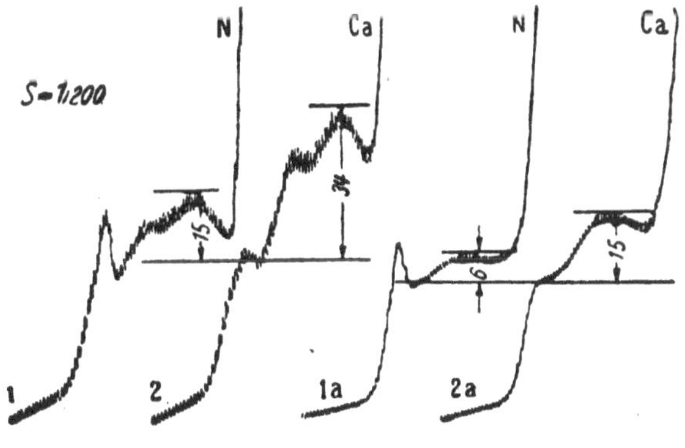

Abb. 7. Vergleich der Filtratreaktion nach Brdička von normalem und karzinomatösem Serum nach Enteiweißung mit Sulfosalicylsäure 1), 2) und der freien Cystinmenge 1a) 2a) in sauren Hydrolysaten der Filtrate

brennungen [33] ist eine wesentliche Vermehrung der polarographisch aktiven Eiweißkörper im Sulfosalicylfiltrat des Serums beobachtet worden. Diese Substanzen sind wahrscheinlich nicht nur Mucoproteide [34, 35], sondern auch einige Abbauprodukte der Serumproteine [2, 36]. Der Vorteil der Brdicka-Filtratreaktion liegt in ihrer Einfachheit gegenüber den anderen zum gleichen Zwecke benutzten Reaktionen, in ihrer Objektivität und in gewissem Maß auch in ihrer besseren Durchforschung. Ein Nachteil bleibt auch bei ihr die Unspezifität.

Da die Brdička-Filtratreaktion bei an Hepatitis Erkrankten wesentlich niedriger ist als bei gesunden Individuen, kann sie hier gut zu diagnostischen Zwecken herangezogen werden.

In der Harnanalyse wurde die Brdička-Filtratreaktion auch bei an Krebs und entzündlichen Erkrankungen leidenden Personen als positiv befunden [37]. Bei chronischen und akuten Glomerulo-nephritiden ist die Brdička-Filtratreaktion mit der Eiweißbestimmung im nativen Harn verglichen worden. Besondere Aufmerksamkeit hat man der Harnanalyse bei Personen gewidmet, die Verbrennungen erlitten haben [33]. Sie wurde sowohl in dem durch Sulfosalicylsäure als auch in dem durch Wolframsäure enteiweißten Harn durchgeführt. Bei diesen Erkrankten ist die Vermehrung der polarographisch aktiven Substanzen in den Sulfosalicylsäure- und Wolframsäure-Deproteinaten des Harns in den ersten fünf bis zehn Tagen am stärksten (Abb. 8). Der Anstieg der polarographischen Aktivität hängt vom Ausmaß

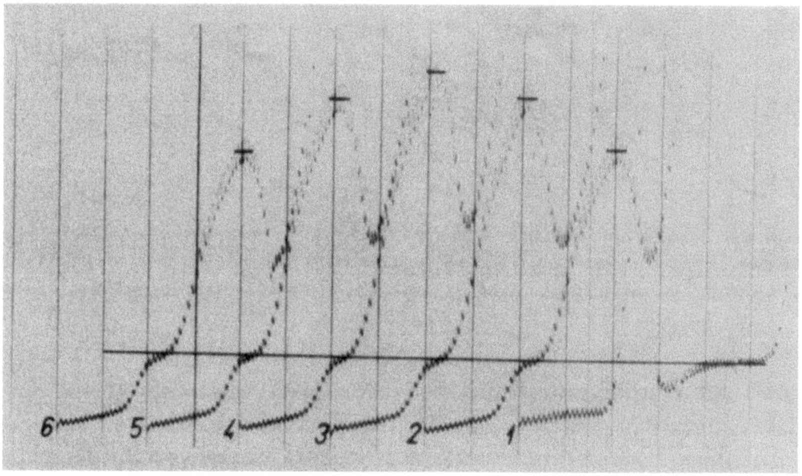

Abb. 8. Sulfosalicylsäure-Deproteinate des Harns im 3., 4., 7., 8., 9. Tage nach der Verbrennung (III. Grad, 27%)

und vom Grad der Verbrennung ab. Sie wächst auch nach der Operation und der klinischen Behandlung.

Ein spezifischer Effekt des Serumalbumins ist von Marha [38] entdeckt worden. Der Verfasser stellte fest, daß der zweite Teil der Doppelstufe des Serumalbumins durch höhere Fettsäuren erniedrigt wird (z.B. Ölsäure) (Abb. 9). Diese Verminderung wächst mit der Konzentration der Fettsäure und hängt wahrscheinlich mit der Bindung dieser Säure an das Albumin zusammen. Der Effekt kann zur Verfolgung der enzymatischen Lipidspaltung im Plasma ausgenützt werden [39].

Sehr wichtig für die Anwendung der Polarographie beim Studium der Viruspurifikation ist die Feststellung von Ruttkay [40, 41], daß der reine TM-Virus nur die erste Eiweißstufe liefert. Aus der Größe der zweiten Eiweißstufe läßt sich demnach die Menge der Nichtvirus-Proteine im Viruspurifikat beurteilen.

Hydrolysiert man die Proteine z.B. in 5 n Salzsäure durch 5stündiges Erhitzen unter Rückflußkühlung, so kann man im gewonnenen Hydrolysat das Cystin polarographisch bestimmen, und zwar entweder mit Hilfe seiner Reduktionsstufen oder, wenn es in geringer Konzentration vorliegt, mit Hilfe seiner katalytischen Wellen in ammoniakalischer Kobalt(II)-Testlösung. Aus der Cystinkonzentration kann dann auf die Konzentration des Proteins geschlossen werden.

Die Sulfhydrylgruppen der Eiweißstoffe werden sehr oft durch amperometrische Titration bestimmt [1, 42]. Als Titriermittel sind Silber-, Quecksilber(I)-, Kupfer(I)-salze, Lösungen von p-Mercurichlorbenzoat oder Jod in Gebrauch. Als Meßelektrode dient gewöhnlich eine rotierende Platinelektrode. Die Ergebnisse dieser Titrationen sind jedoch mit größter Vor-

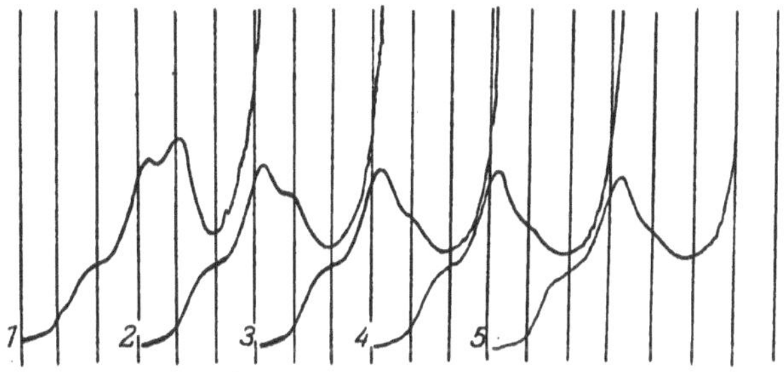

Abb. 9. Einfluß der Ölsäure auf Albumin in Lösung von Co^{3+}. Zur Lösung von 1 mg Albumin in 5 ml Brdička-Testlösung allmählich $2 \cdot 10^{-3}$ m Natriumoleat zugegeben: 1) 0; 2) 30; 3) 60; 4) 90; 5) 120 µl. Von −0,6 V angefangen. Kapillare nach SMOLEŘ, 200 mV/Absz., Empf. 1:50

sicht auszuwerten, denn das Titriermittel kann unter gewissen Bedingungen auch mit anderen Gruppen der Proteine reagieren. Die Eigenschaften des Grundelektrolyten (z. B. der pH-Wert, die Ionenstärke u. a.) beeinflussen ebenfalls den Denaturierungsgrad der Eiweißstoffe und dadurch auch die Zahl der freien titrierbaren Sulfhydrylgruppen.

Ein sehr unspezifischer Effekt der Proteine ist ihre Fähigkeit, die polarographischen Maxima einiger Stoffe zu unterdrücken. Diese Eigenschaft besitzen alle Stoffe, die leicht an der Elektrode adsorbiert werden.

Bei einer Reihe von Metall-Ionen und bei manchen organischen Stoffen bewirkt die Anwesenheit von Proteinen eine Verschiebung der Halbstufenpotentiale, eine Erniedrigung der Grenzströme und überhaupt Deformationen der Stufen. Diese Effekte konnten aber bisher nur in vereinzelten Fällen zum Studium der Bildung verschiedener Eiweißkomplexe, der Adsorption der Proteine an der Elektrode u. a. herangezogen werden [1].

SUMMARY

The polarographic activity of proteins is determined by the catalytic waves or by their influence on polarographic waves or maxima of other depolarizers respectively. The so-called catalytic Brdička waves in ammoniacal solutions of cobalt and nickel which are essentially due to the catalytic reduction of hydrogen ions from the buffered medium, are of utmost analytical interest. A substantial prerequisite for the occurrence of the catalytic Brdička waves of proteins and some of their degradation products (e.g. glutathione, cysteine) is the formation of a catalytically active complex of these compounds with cobalt or nickel. The proteins have been determined polarographically in various materials, thus in the blood, in the cerebrospinal liquor, in saliva, in milk, in beverages and in plants. The polarographic determination of the denaturability of proteins or of the enzymatic auto-proteolysis of serum proteins in certain diseases can easily be done. Recently, special attention has been paid to the polarographic estimation of the protein contents in urine and its filtrates after sedimentation with sulphosalicylic acid respectively. In persons having sustained burns, the level of these substances rises remarkably during the first 10 days after the accident; the height of this rise depending on the extent and degree of the burns and appearing also after clinical treatment. Valuable results have been obtained with the polarographic analysis in the study of renal diseases and cancer.

Literatur

[1] Březina, M., Zuman, P., Die Polarographie in der Medizin, Biochemie und Pharmazie, AVG-Leipzig 1956, 532–618; Polarography in Medicine, Biochemistry and Pharmacy, Interscience New York 1958, 585–683.
[2] Brdička, R., Z. phys. Chem., Sonderheft Juli 1958, 165; Research **1**, 25 (1947).
[3] Iwanow, I. D., Poljarografija belkov, enzymov i aminokislot, Izd. AN SSSR 1961.
[4] Březina, M., Progress in Polarography, Interscience Publ. 1962, Vol. II, 667.
[5] Büchner, M., Moderne chemische Methoden in der Klinik, 2. Aufl., VEB G. Thieme, Leipzig 1961, 101.
[6] Müller, O. H., Polarographic Behavior of Various Plasma Protein Fractions. Im Buch Electrochemistry in Biology and Medicine, edit. by T. Shedlovsky, J. Wiley, New York 1955, 301.
[7] Herles, F., Vančura, A., Bull. Int. Acad. Sci. Bohême **1932**, No. 42.
[8] von Stackelberg, M., et. al., Z. Elektrochem. Ber. Bunsenges. physik. Chem. **62**, 834, 839 (1958).
[9] Brdička, R., Collection Czechoslov. Chem. Commun. **5**, 112, 148 (1933).
[10] Millar, G. J., Biochem. J. **53**, 385, 393 (1953).
[11] Březina, M., Collection Czechoslov. Chem. Commun. **24**, 4031 (1959).
[12] –, Advances in Polarography, Pergamon Press 1960, Vol. III., 933.
[13] Vogel, J., bisher nicht veröffentlicht, siehe Říha, J., Progress in Polarography, Interscience Publ. 1962, Vol. II., 383.
[14] Trkal, V., Collection Czechoslov. Chem. Commun. **21**, 945 (1956).
[15] Lamprecht, W., Guldjarnason, S., Katzlmeier, H., Z. anal. Chem. **181**, 201 (1961).
[16] Büchner, M., et. al., Naturwissenschaften **43**, 423 (1956).
[17] Březina, M., Gultjaj, V., Collection Czechoslov. Chem. Commun. **28**, 181 (1963).
[18] Gultjaj, V., bisher nicht veröffentlicht.
[19] Alexandrov, B., Březina, M., Kalous, V., Collection Czechoslov. Chem. Commun. **28**, 210 (1963).
[20] Majranowskij, S. G., Majranowskaja, E. F., Izv. AN SSSR, No. 5, 922 (1961).
[21] Balle-Helaers, E., Bruxelles-Médical **36**, No. 7/8, 1 (1956).
[22] Shinagawa, M., Nezu, H., Bull. Chem. Soc. [Jap.] **33**, 272 (1960).
[23] Chmelař, V., Březina, M., Kalous, V., Collection Czechoslov. Chem. Commun. **28**, 197 (1963).
[24] Vlček, A. A., Z. Elektrochem. Ber. Bunsenges. physik. Chem. **61**, 1014 (1957).
[25] Březina, M., Acta Chim. Acad. Sci. Hung. **18**, 69 (1959).
[26] Zuman, P., Březina, M., Leybold-Polarogr. Ber. **3**, 224 (1955).
[27] Homolka, J., Ann. Paediat. Basel **183**, 96 (1954); siehe Zit. 5. S. 568.
[28] Bartík, M., Havassy, I., Vet. časopis **4**, 22 (1955).
[29] Homolka, J., Mydlil, V., Ann. Paediat. Basel 185, 129, 142 (1955); siehe Zit. 5, S. 565.
[30] Janoušek, S., Kroulíková, J., Mališ, F., Čas. lék. čes. **94**, 83 (1955).
[31] Janoušek, S., Herfort, K., Škachová, J., Čs. dastroenterol. **9**, 113 (1955); **11**, 167 (1957).
[32] Brdička, R., Novák, F. V., Klumpar, J., Acta Radiol. Cancerol. Boh.-Mor. **2**, 27 (1939).
[33] Šafránková, B., Březina, M., Acta Chirurgiae Plasticae **4**, 18 (1962).
[34] Winzler, R., et. al., J. Clin. Invest. **27**, 609 (1948).
[35] Kalous, V., Z. phys. Chem. Sonderheft Juli 1958, 187.
[36] Kočent, A., Brada, Z., Bošková, I., Clin. Chim. Acta **2**, 508 (1957).
[37] Březina, M., Krčílek, A., Jelínková, M., Čas. lék. čes. **103**, 129 (1964).
[38] Marha, K., Collection Czechoslov. Chem. Commun. **22**, 153, 1336 (1957).
[39] Kubie, G., Felt, V., Reichl, D., Nature **148**, 210 (1956).
[40] Ruttkay-Nedecký, G., Collection Czechoslov. Chem. Commun. **25**, 3363 (1960); **27**, 2744 (1962).
[41] –, Biochim. Biophys. Acta **26**, 455 (1957).
[42] Kolthoff, I. M., Anal. Chim. Acta **2**, 606 (1948).

B—2

Die Polarographie tertiärer Strukturen von Eiweißen und Enzymen

I. D. IWANOW und E. E. RACHLEJEWA

Institut für Biochemie der Akademie der Wissenschaften der UdSSR, Moskau

Die polarographischen Doppelwellen cystinhaltiger Proteine wurden von BRDIČKA im Jahre 1933 erstmalig beobachtet [1]. Seit dieser Zeit wurde die polarographische Doppelwelle unter dem Aspekt der Entladung einzelner chemischer Gruppierungen des Proteins untersucht, um den Entstehungsmechanismus der ersten und zweiten Welle zu ergründen. Unbeachtet blieb dabei die Frage nach dem Einfluß der Konformation hochpolymerer Moleküle auf die polarographische Welle.

In den letzten Jahren sammelte sich jedoch Material über die Rolle der tertiären Struktur des Eiweißmoleküls bei der Entstehung der polarographischen Doppelwelle. Unsere Versuche ergaben, daß die zweite Welle des Papains bei 30 μg/ml und die erste bei 80 μg/ml entsteht. Das polarographische Maximum des Co^{2+} wird bei einer Konzentration des Papains von 80 μg/ml völlig unterdrückt [2]. Diese Ergebnisse sprechen dafür, daß die Sättigung der Kathodenoberfläche durch Teilchen desjenigen Papain-Co-Komplexes, der für die Entstehung der ersten Welle verantwortlich ist, bei einer höheren Eiweißkonzentration eintritt als die Adsorption des Co-Eiweiß-Komplexes, der die Entstehung der zweiten Welle bedingt.

Wir fanden weiterhin, daß Nucleinsäuren selektiv die erste polarographische Welle der Proteine unterdrücken [3]. Diese Tatsache fand ihre Erklärung nach der Entdeckung von MAIRANOWSKI und MAIRANOWSKAJA [4], daß mit der Erhöhung der Tropfgeschwindigkeit des Quecksilbers eine stärkere Abnahme der Höhe der ersten Welle (h_1) erfolgt als der der zweiten (h_2). Die Ergebnisse MAIRANOWSKIS weisen auf den Adsorptionscharakter beider Eiweißwellen hin, wobei jedoch die erste Welle durch die Reduktion schwächer adsorbierter Co-Eiweiß-Komplexe entsteht als die zweite Welle. Die gleichen Autoren zeigten, daß sich für die erste Welle die Kurve der Abhängigkeit der Stromstärke von der Co-Ionen-Konzentration schnell abflacht. Auf Grund unserer Ergebnisse weist dies auf die schnelle Sättigung der Globuli Oberfläche der Eiweißmoleküle durch die Co-Ionen hin.

Die Abnahme von h_1 in Gegenwart von DNS erklärt sich durch deren Adsorption an der Kathodenoberfläche, im Ergebnis dessen der schwach adsorbierte Co-Eiweiß-Komplex (Komplex 1), der die Entstehung der ersten Welle bedingt, von der Elektronenoberfläche verdrängt wird. Da die DNS mit einigen Proteinen selbst Komplexverbindungen eingeht, stellten wir Versuche zur Verdrängung des Co-Eiweiß-Komplexes durch Stärke an. Abb. 1 zeigt die Abnahme von h_1 und h_2 in Abhängigkeit von der Stärke-Konzentration.

Wie aus der Abbildung 1 zu ersehen ist, wird h_1 bei niedrigen Stärke-Konzentrationen stärker herabgesetzt als h_2. Zur Erklärung der beobachteten Erscheinung stellten wir die Hypothese auf, daß die erste Welle durch Reduktion des Co-Globuli-Komplexes entsteht. Derartige Komplexe weisen eine schwache Oberflächenaffinität auf, da das Globulus mit der Kathodenoberfläche nur eine geringe Anzahl von Berührungspunkten aufweist. Außerdem erleichtert die Kompaktheit der Globuli ihre Ablösung von der Kathodenoberfläche in Gegenwart eines konkurrierenden Adsorbenten.

Zur Erklärung des Auftretens der zweiten Welle gingen wir von der Theorie Wus [5] aus. Nach Wu wird die im Globulus festgelegte Polypeptidkette bei der Denaturierung „auseinandergerissen", d.h., sie geht in die fibrilläre Form über.

Als denaturierende Agentien werden Erwärmung, UV-Bestrahlung und Behandlung mit Harnstoff angewandt. In unseren Versuchen wurde Chymotrypsin bei einer Temperatur von 3—4 °C mit UV bestrahlt. Das native Chymotrypsin besitzt eine schwach ausgeprägte zweite Welle. Im Verlaufe der Bestrahlung erhöht sich diese, während sich die Höhe der ersten Welle verringert. Damit konnte gezeigt werden, daß die zweite Welle durch die Reduktion des Komplexes Co-aglobuläre Eiweißmolekülteile hervorgerufen wird. Darüber hinaus ist ersichtlich, daß beim „Auseinanderwickeln" der Polypeptidkette des Globulus (Gl) aglobuläre Bereiche (AB) entstehen.

Die aglobulären Bereiche stellen aus dem Globulus herausragende Enden der Polypeptidkette dar. Im nativen Zustand zeigt die Mehrzahl der cystinhaltigen Proteine eine polarographische Doppelwelle, was auf das Vorhandensein aglobulärer Bereiche hindeutet. Da die AB (als fibrilläre Struktur) mehr Berührungspunkte mit der Kathodenoberfläche und eine geringe Kompaktheit besitzen, beginnt die Verdrängung des Co--AB-Komplexes bei höheren Stärke-Konzentrationen.

Aus diesen Ergebnissen folgern wir, daß der Doppelwellencharakter der Eiweißpolarogramme die tertiäre Eiweißstruktur widerspiegelt, die wir als dreidimensionale globuläre Struktur ansehen. Gewöhnlich wird die dreidimensionale Struktur mit Hilfe der Röntgenstrukturanalyse untersucht. Wegen der Überlagerungseffekte einzelner Bereiche der Polypeptidkette im Globulus gelingt es jedoch nicht, mit dieser Methode das Vorhandensein der AB festzustellen und spezifisch nachzuweisen. Mit der polarographischen Methode kann man durch das Reagenz von Brdička die aglobulären Teile des Eiweißmoleküls aufzeigen und selektiv untersuchen. Auf diese Weise gelangt man zu der Vorstellung, daß die Tertiärstruktur des Proteins ein System aus einem Globulus mit einem oder zwei aglobulären Bereichen darstellt, was man als neu in der Eiweißchemie ansehen darf (Abb. 3).

Nachdem man die Rolle der tertiären Struktur bei der Entstehung der polarographischen Doppelwelle erkannt hatte, waren ein „Lesen" der Polarogramme von Proteinen und eine gezielte Anwendung der Polarographie der Hochpolymeren zur Untersuchung einer Reihe von Strukturfragen der Proteine möglich geworden.

Auf der Grundlage der tertiären Konfiguration werden einige Fragen der Entladung polarographisch aktiver Gruppen verständlich. Es ist möglich, daß sowohl die erste wie auch die zweite Welle im Ergebnis der Entladung der S—S- oder S—H-Gruppen entstehen, wobei diese Gruppen auf der Globuli-Oberfläche oder an aglobulären Bereichen des Moleküls liegen. Dies wird durch die Abnahme von h_1 und h_2 in Gegenwart von Monojodessigsäure bestätigt [6]. Es wurde festgestellt, daß sich in Gegenwart von Stärke das Potential der Maxima der abgeleiteten Kurven der Proteine auf die Seite stärker positiver Potentiale verlegt, das Potential der Co^{2+}-Stufe wird auf die Seite stärker negativer Potentiale verschoben.

Die vielseitigen Eigenschaften von G und AB kann man erklären, wenn man folgende Beziehungen im Zusammenhang betrachtet:

$$P = h_1/h_2\,, \qquad G = h_1/h_{1\,\text{Stärke}}\,, \qquad A = h_2/h_{2\,\text{Stärke}}\,,$$

wo „P" auf den Entwicklungsgrad von AB hinweist, „G" auf den Adsorptionsgrad des Globulus und „A" auf den Adsorptionsgrad von AB. Alle diese Quotienten sind relative Größen und können nur beim Vergleich verschiedener Eiweiße angewandt werden. Für ein bequemeres Arbeiten wurden von uns die Werte von P, G und A als Indices ausgedrückt, so

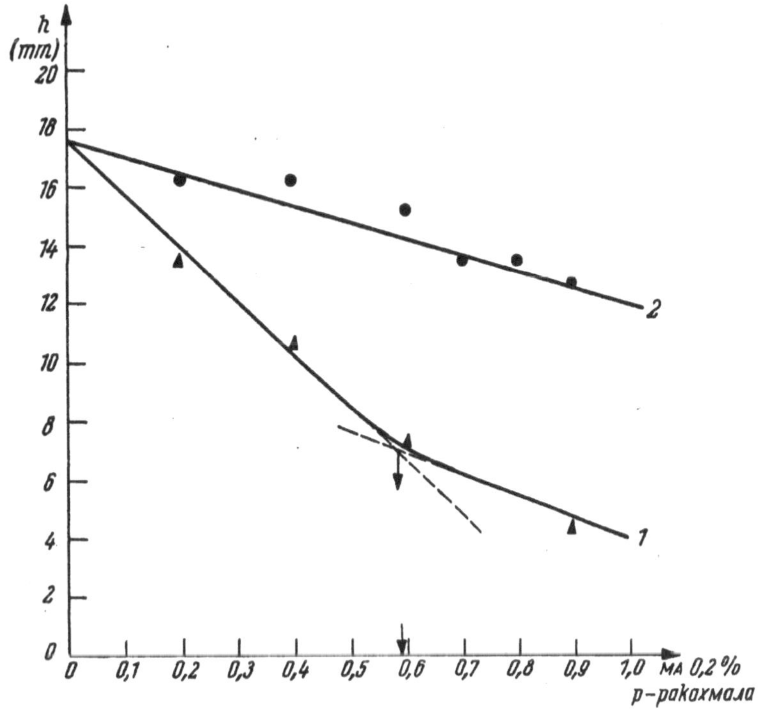

Abb. 1. Abnahme von h_1 und h_2 der polarographischen Welle der Ribonuclease in Gegenwart von Stärke
1 — Abhängigkeit von h_1 von der Stärke-Konzentration
2 — wie 1, jedoch für h_2
Eiweißkonzentration 0,000004 M
(Der Pfeil weist auf einen Knick in der Kurve 1 hin.)

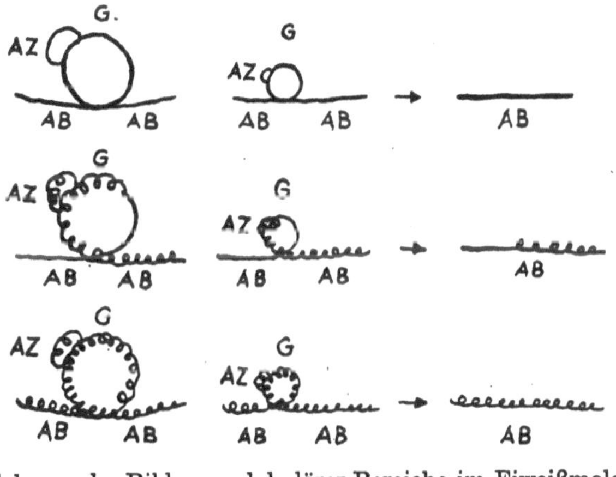

Abb. 3. Schema der Bildung aglobulärer Bereiche im Eiweißmolekül bei UV-Bestrahlung
G — Globulus; AB — aglobuläre Bereiche; AZ — aktives Zentrum

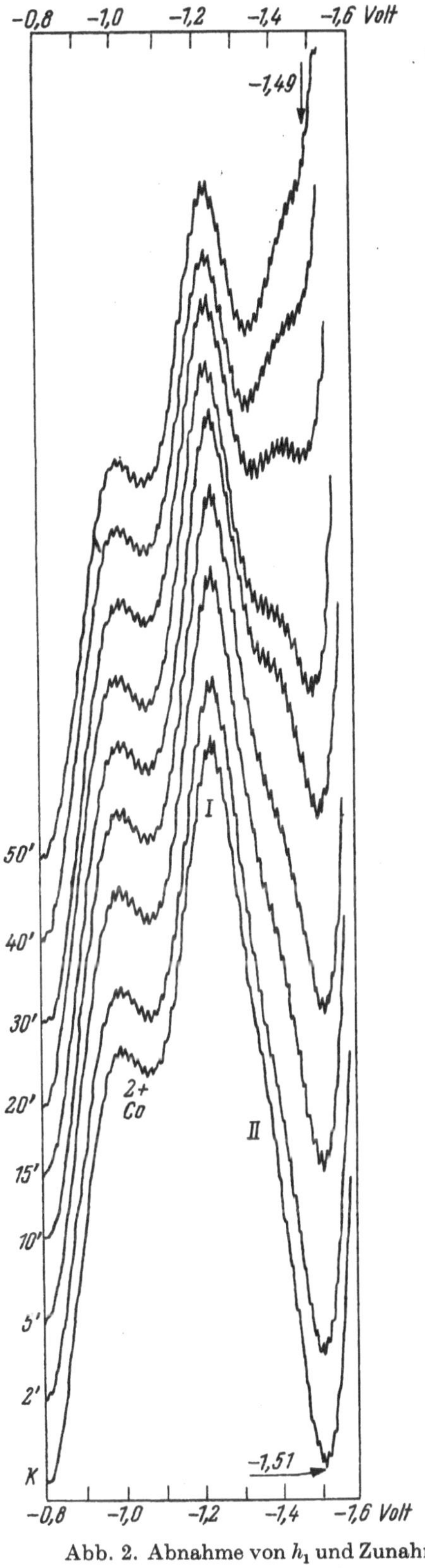

Abb. 2. Abnahme von h_1 und Zunahme von h_2 der polarographischen Welle des Chymotrypsins bei Bestrahlung mit UV. I — erste, II — zweite Welle der abgeleiteten polarographischen Kurve des Eiweißes. Co^{2+} — Welle des Co-Ions

z. B. wurden als Index 5 zusammengefaßt die Werte: 0—0,500; 4: 0,500—1,000; 3: 1,000 bis 1,500; 2: 1,500—2,000; 1: 2,000—4,000 und 0: ab 4,000 und mehr.

Auf ähnliche Weise kann man die Höhen der Potentiale der polarographischen Doppelwelle und die Werte der Differenzen zum Potential von Co^{2+} zusammenfassen.

Die Potentiale der Maxima der ersten Welle (E_1) und der zweiten Welle (E_2) der abgeleiteten polarographischen Kurve der Proteine und ihre Differenz $\Delta E_d = E_2 - E_1$ sind in Tab. 1 angeführt. Charakteristisch für die einzelnen Eiweiße ist ebenfalls die Differenz der Potentiale der Co-Stufe in Abwesenheit und Gegenwart des Eiweißes $\Delta E_{Co} = E_{Co} - E_{Co\,(Eiweiß)}$.

Wie aus Tab. 2 zu ersehen ist, weisen die „polarographischen Formeln" auf die große Mannigfaltigkeit der Proteine hin.

Tabelle 1: Kennzeichnung der Potentialbereiche für die polarographischen Wellen der Eiweiße

Potentialbereich V	E_2	Potentialbereich V	E_1	Potential-differenz ($E_2 - E_1$) mV	ΔE	Potential-änderung des Co^{2+} bei Zugabe von Eiweiß mV	ΔE_{Co}*)
− 1,550 − 1,600	E_{2a}	− 1,360 − 1,400	E_{1a}	150—170	ΔE_{d1}	0—20	$\Delta E_{Co\,1}$
− 1,600 − 1,630	E_{2b}	− 1,400 − 1,415	E_{1b}	170—200	ΔE_{d2}	20—30	$\Delta E_{Co\,2}$
− 1,630 − 1,660	E_{2c}	− 1,415 − 1,430	E_{1c}	200—230	ΔE_{d3}	30—50	$\Delta E_{Co\,3}$
− 1,660 − 1,700	E_{2d}	− 1,430 − 1,450	E_{1d}	230—250	ΔE_{d4}	50—100	$\Delta E_{Co\,4}$
− 1,700 und mehr	E_{2e}	− 1,450 und mehr	E_{1e}	250 und mehr	ΔE_{d5}	100 und mehr	$\Delta E_{Co\,5}$

*) Potential der Co^{2+}-Stufe in Abwesenheit von Eiweiß = − 1,280 V (NKE).

Tabelle 2: „Polarographische Formeln" einiger Eiweiße

Nr.	Eiweiß	Formel
1	Glycerinaldehydphosphatdehydrogenase	$P_5\,G_1\,A_3\,E_{1a}\,E_{2e}\,\Delta E_{d5}\,\Delta E_{Co3}$
2	β-Amylase	$P_5\,G_3\,A_4\,E_{1d}\,E_{2c}\,\Delta E_{d3}\,\Delta E_{Co1}$
3	saure Phosphatase	$P_5\,G_4\,A_3\,E_{1b}\,E_{2b}\,\Delta E_{d3}\,\Delta E_{Co1}$
4	Lysozym	$P_4\,G_2\,A_4\,E_{1d}\,E_{2b}\,\Delta E_{d2}\,\Delta E_{Co4}$
5	Desoxyribonuclease	$P_4\,G_1\,A_3\,E_{1d}\,E_{2b}\,\Delta E_{d2}\,\Delta E_{Co2}$
6	Rinderserumalbumin	$P_4\,G_2\,A_3\,E_{1d}\,E_{2d}\,\Delta E_{d3}\,\Delta E_{Co5}$
7	Phosphohexoseisomerase	$P_4\,G_3\,A_4\,E_{1e}\,E_{2e}\,\Delta E_{d3}\,\Delta E_{Co2}$
8	Phosphoglucomutase	$P_3\,G_2\,A_3\,E_{1d}\,E_{2c}\,\Delta E_{d3}\,\Delta E_{Co4}$
9	Pepsin	$P_3\,G_1\,A_3\,E_{1c}\,E_{2d}\,\Delta E_{d4}\,\Delta E_{Co2}$
10	Leberkatalase	$P_3\,G_3\,A_3\,E_{1c}\,E_{2c}\,\Delta E_{d3}\,\Delta E_{Co4}$
11	alkalische Phosphatase	$P_3\,G_1\,A_4\,E_{1b}\,E_{2b}\,\Delta E_{d2}\,\Delta E_{Co2}$
12	Ribonuclease	$P_3\,G_3\,A_3\,E_{1b}\,E_{2b}\,\Delta E_{d3}\,\Delta E_{Co4}$
13	Trypsin	$P_3\,G_2\,A_3\,E_{1c}\,E_{2u}\,\Delta E_{d2}\,\Delta E_{Co1}$
14	Leberalkoholdehydrogenase	$P_2\,G_0\,A_1\,E_{1b}\,E_{2b}\,\Delta E_{d3}\,\Delta E_{Co5}$
15	Cytochrom c	$P_1\,G_3\,A_4\,E_{1c}\,E_{2a}\,\Delta E_{d1}\,\Delta E_{Co1}$
16	Pepsinogen	$P_1\,G_1\,A_1\,E_{1b}\,E_{2a}\,\Delta E_{d2}\,\Delta E_{Co4}$
17	Chymotrypsin	$P_0\,G_3\,A_4\,E_{1b}\,E_{2a}\,\Delta E_{d1}\,\Delta E_{Co1}$
18	Humanserum-γ-globulin	$P_0\,G_3\,A_4\,E_{1b}\,E_{2b}\,\Delta E_{d3}\,\Delta R_{Co1}$

Der Zusammenhang zwischen der Bildung von AB, ihrer Oberflächenaffinität und E_1, E_2 und ΔE_d und ΔE_{Co} läßt sich gut am Beispiel solcher verwandter Proteine wie Pepsinogen und Pepsin veranschaulichen. Die Aktivierungsreaktion bei der Umwandlung des Pepsinogens in Pepsin gestaltet sich folgendermaßen:

$$\underset{\text{Pepsinogen}}{P_1\,G_1\,A_1\,E_{1\,b}\,E_{2\,a}\,\Delta E_{d_2}\,\Delta E_{Co_1}} \rightarrow \underset{\text{Pepsin}}{P_3\,G_1\,A_3\,E_{1\,c}\,E_{2\,d}\,\Delta E_{d_4}\,\Delta E_{Co_2}}$$

Während das Pepsinogen schwach ausgedrückte AB besitzt, weist im Gegensatz dazu das Pepsin gut ausgedrückte AB mit einer hohen Oberflächenaffinität auf. Diese Veränderungen führen zu einer Erhöhung der Elektronegativität E_1 ($E_{1b} \rightarrow E_{1c}$) und E_2 ($E_{2a} \rightarrow E_{2d}$).

Die Potentialdifferenz zwischen der ersten und zweiten Welle erhöhte sich ($\Delta E_{d2} \rightarrow \Delta E_{d4}$).

Eine gewisse Erhöhung wird auch bei der Differenz ΔE_{Co} ($\Delta E_{Co1} \rightarrow \Delta E_{Co2}$) beobachtet. Folglich wuchs mit der Erweiterung der AB und der Erhöhung der Oberflächenaffinität stark die Elektronegativität sowohl der in der ersten wie der in der zweiten Welle erscheinenden polarographisch aktiven Gruppen.

SUMMARY

It was possible to demonstrate the existence of aglobular zones in native proteins projecting out of the molecule.

The first polarographic wave arises by the reduction of catalytic complexes Co-globulus, the second wave by the reduction of complexes Co-aglobular zones. Starch and DNA displace the globules more easily than the aglobular zones from the surface of the dropping electrode.

Irradiation of the chymotrypsin by UV (the height of the second wave being small) brings about a diminuation of h_1 and an increase of h_2. This demonstrates the transition of the protein globules to the aglobular form.

The shift of E_1, E_2 and ΔE_{Co} in the presence of starch was shown. Relations were proposed which demonstrate the extent of the aglobular zones and the extent of adsorption of the globules and the aglobular zones.

"Polarographic formulas" of some proteins were proposed, which show some properties of the globules and the aglobules zones and demonstrate their variety.

Studying the polarographic formulas, the transition of pepsinogen to pepsin was seen to be brought about by forming aglobular zones with a higher surface affinity.

Literatur

[1] Brdička, R., Coll. Czech. Chem. Commun. **5**, 112 (1933).

[2] Iwanow, J. D., Biophysik **7**, 137 (1962) (russ.).

[3] —, Die Polarographie der Eiweiße, Enzyme und Aminosäuren. Verlag d. Akad. d. Wiss. d. UdSSR, 1961, S. 156.

[4] Mairanowski, S. G., Mairanowskaja, E. F., Nachr. Akad. d. Wiss. UdSSR, Abt. chem. Wiss. Nr. 5, 922 (1961).

[5] Wu, H., Chinese J. Physiol. **5**, 321 (1931).

[6] Brdička, R., Biol. listy **22**, 39 (1937); Rozpr. II Tř Čes. Akad. **47**, Nr. 4 (1937).

B—2

Полярография третичной структуры белков и энзимов

И. Д. Иванов и Е. Е. Рахлеева

Институт биохимии им. А. Н. Баха Академии наук СССР

Двухступенчатые полярографические волны (ДПВ) цистинсодержаших белков впервые показаны Брдичка в 1933 году [1]. С того времени ДПВ изучались с точки зрения разряда отдельных химических группировок белковой молекулы с целью раскрытия механизма возникновения первой и второй ступени волны. Вне поля зрения остались, однако, такие вопросы, как влияние конформации высокополимерной молекулы на полярографическую волну.

В течение последних лет накапливались сведения о влиянии третичной структуры молекулы белка на ДПВ. Нами было показано, что вторая ступень полярографической волны папаина возникает при 30 μг/мл, а первая — при 80 μг/мл. К тому же, полярографический максимум Co^{2+} полностью подавляется при концентрации папаина в 80 μг/мл [2]. Эти данные говорят о том, что насыщение поверхности катода частицами комплекса папаина с ионом кобальта, ответственными за возникновение первой ступени волны, наступает при более высокой концентрации белка, чем адсорбция комплекса Со-белок, обусловливающего возникновение второй ступени волны.

В специальной серии опытов нами было показано, что нуклеиновые кислоты избирательно подавляют первую ступень волны белков [3]. Этот факт нашёл объяснение после того, как Майрановским и Майрановской [4] было показано, что с увеличением скорости капания ртути происходит более резкое снижение высоты первой ступени (h_1), чем второй (h_2). Результаты Майрановского указывают на адсорбционный характер обеих ступеней волны белков, но первая Ступень возникает в результате восстановления более слабо адсорбируюшихся комплексов Со-белок, чем комплексов, обусловливающих вторую ступень. Этими же авторами показано также, что кривая зависимости силы тока от концентрации иона кобальта для первой ступени волны быстро уплощается. Как теперь известно из наших опытов, это указывает на быстрое насыщение ионами кобальта поверхности глобулы молекулы белка.

Снижение h_1 в присутствии ДНК объясняется адсорбцией её на поверхности катода, в результате чего слабо адсорбирующиеся частицы комплекса Со-белок (комплекс I), обусловливающие возникновение первой ступени, вытесняются с поверхности электрода. Поскольку ДНК вступает в комплексы с некоторыми белками, нами ставились опыты по вытеснению комплексов Со-белок в присутствии крахмала. На рис. 1 показаны кривые зависимости снижения h_1 и h_2 от концентрации крахмала.

Как видно из рис. I при низких концентрациях крахмала h_1 снижается более резко, чем h_2. Для объяснения наблюдаемого явления мы выдвинули предположение, что первая ступень волны возникает в результате восстановления комплекса Со-глобула. Такие комплексы имеют слабую поверхностную активность, поскольку глобула соприкасается с поверхностью катода посредством небольшого числа точек.

К тому же большая масса глобулы облегчает отрыв её с поверхности катода в присутствии конкурентного адсорбента.

Для объяснения механизма появления второй ступени волны мы исходили из теории Ву [5]. Согласно Ву, при денатурации, полипептидная цепь, уложенная в глобулу „разворачивается", т.е. переходит в фибриллярную форму.

В качестве агентов-детергентов применяют нагревание, ультрафиолетовое облучение, обработку мочевиной. В наших опытах химотрипсин облучали ультрафиолетовым светом при температуре жидкости в ячейке 3—4 °C. Нативный химотрипсин имеет слабо выраженную вторую ступень волны. В процессе облучения высота второй ступени волны увеличивается, а высота первой ступени снижается. Этим самым было показано, что вторая ступень волны возникает в результате восстановления комплексов Co-аглобулярные участки молекулы белка. Более того отмечено, что аглобулярные участки (АУ) возникают при „раскручивании" полипептидной цепи глобулы (Г.).

Аглобулярные участки представляют собой концевые участки полипептидной цепи, уложенной в глобулу, причем они выступают из глобулы. В нативном состоянии большинство цистинсодержащих белков показывают ДПВ, что говорит о наличии в них аглобулярных участков. Поскольку АУ (как фибриллярная структура) имеют больше точек соприкосновения с поверхностью катода и небольшую массу, то вытеснение комплекса Co-АУ наступает при более высоких концентрациях крахмала.

В результате проведенных опытов можно притти к выводу, что двухступенчатый характер полярографической волны белков отражает третичную структуру белка, которую представляли как трехмерную структуру в виде глобулы.

Обычно трехмерную структуру исследуют с помощью рентгеноструктурного анализа. Этим методом, однако, не удается обнаружить и специфически доказать существование АУ из-за эффекта накладывания отдельных участков полипептидной цепи в глобуле. Полярографическим методом в реактиве Брдичка можно показать и избирательно изучать аглобулярные участки молекулы белка. Таким образом третичную структуру белка можно себе представить как систему из глобулы с одним или двумя аглобулярными участками, что является новым фактом в белковой химии (рис. 3).

После раскрытия значения третичной структуры в возникновении ДПВ стало возможно „чтение" полярографических волн белковых веществ и сознательное применение высокополимерной полярографии при изучении ряда вопросов структуры молекулы белка.

На основе третичной конфигурации становятся понятными некоторые вопросы о разряде полярографически активных групп. Возможно, что как первая, так и вторая ступень волны возникают в результате разряда *S-S*-или *S-H*-групп, но эти группировки расположены на поверхности глобулы или аглобулярных участков молекулы. Это подтверждается снижением h_1 и h_2 в присутствии монойодуксусной кислоты [6]. Отмечено, что в присутствии крахмала (кр) потенциалы пиков дифференциальных волн белков смещаются в сторону более положительных потенциалов, потенциал же волны Co^{2+} смещается в сторону более отрицательных потенциалов.

Большое разнообразие в свойствах Г и АУ можно объяснить, раскрыв взаимосвязь между отношениями $P = h_1/h_2$, $Г = h_1/h_1$кр и $A = h_2/h_2$ кр, где „*P*" указывает на степень развития АУ, „*Г*" — степень адсорбции глобулы и „*A*" — степень адсорбции АУ. Все эти отношения имеют условное значение и могут служить только при сравнении разных белков. Для удобства в работе значения отношений *P*, *Г* и *A* объединены нами в индексы. Так, например, в индекс 5 объединены значения 0—0,500; 4— 0,500—1,000; 3 — 1,000—1,500; 2 — 1,500—2,000; 1 — 2,000—4,000 и 0 — от 4,000 и выше.

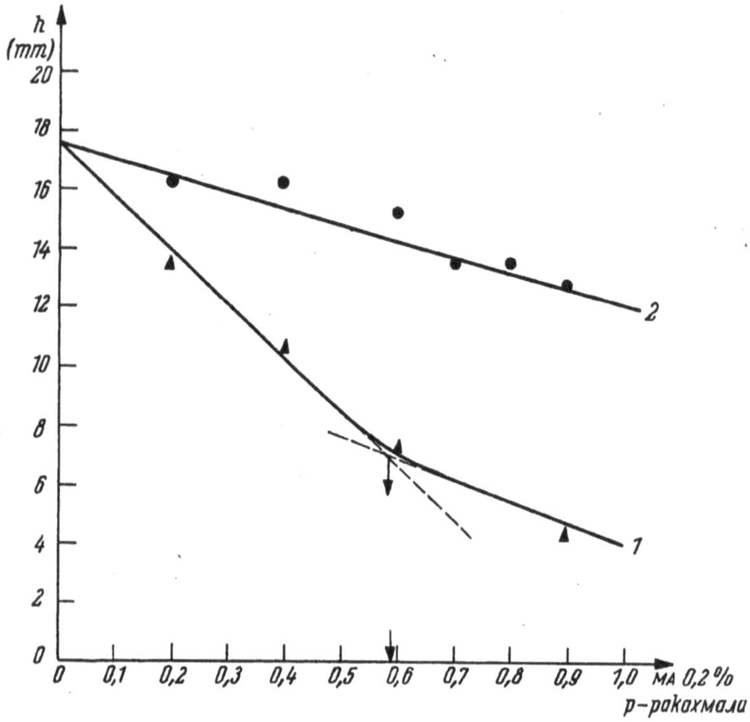

Рис. 1. Снижение h_1 и h_2 полярографической волны рибонуклеазы в присутствии крахмала
1 — зависимость h_1 от концентрации крахмала,
2 — то же что и 1, но для h_2.
Концентрация белка 0,000004 M
(Стрелкой показан изгиб кривой 1)

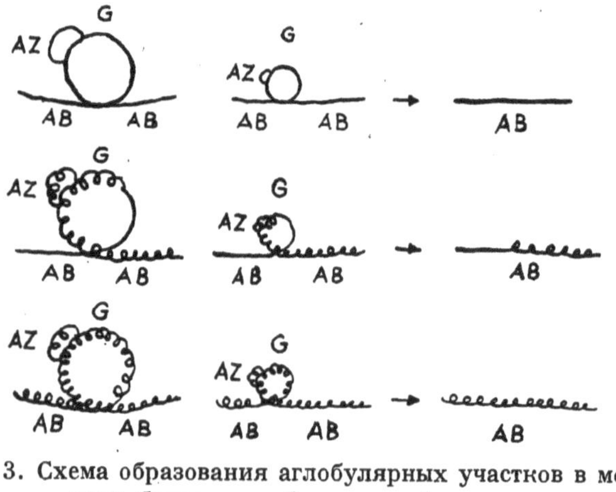

Рис. 3. Схема образования аглобулярных участков в молекуле белка при облучении уф-светом.
Г — глобула; АУ — аглобулярные участки; АЦ — активный центр

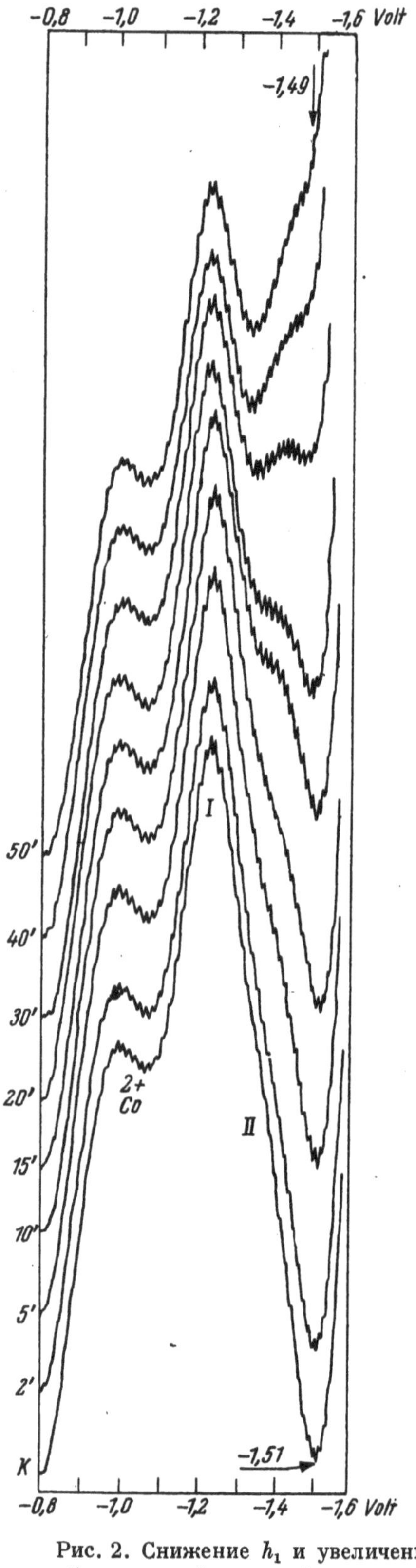

Рис. 2. Снижение h_1 и увеличение h_2 подярографической волны химотрипсина ири облучении уф-светом. I — первая; — II вторая ступени лифференцпальной полярографической волны белка. Co^{2+} — волна иона кобальта

Подобным образом объединяются значения потенциалов ДПВ и значения разности потенциалов Co^{2+}.

Значения потенциалов пиков первой ступени (E_1) и второй ступени (E_2) дифференциальной полярографической волны белков, а также их разность $\Delta E_p = E_2 - E_1$ представлены в таблице 1. Характерным для отдельных белков является также и разность потенциалов волны иона кобальта в отсутствии и присутствии белка $\Delta E_{Co} = E_{Co} - E_{Co\,(\text{белок})}$.

Как видно из табл. 2 ,,полярографические формулы" указывают на большое многообразие белковых веществ.

Взаимосвязь между образованием АУ, их поверхностной активностью и E_1, E_2, ΔE_p, и ΔECo удобно рассмотреть на примере родственных белков, таких как пепсиноген и пепсин. Реакция активации пепсиногена в пепсин имеет следующий вид:

$$\underset{\text{Пепсиноген}}{P_1\, Г_1 A_1\, E_{1\,\text{Б}}\, E_{2\,a}\, \Delta E_{p2}\, \Delta E_{\text{Co}\,1}} \rightarrow \underset{\text{пепсин}}{P_3\, Г_1 A_3\, E_{1\,B}\, E_{2\,\text{г}}\, \Delta E_{p\,4}\, \Delta E_{\text{Co}\,2}}$$

Таблица 1: Обозначение диапозонов значений потенциалов полярографической волны белков.

Диапозон потенциалов (в)	E_2	Диапозон потенциалов (в)	E_1	Разность потенциалов (E_2—E_1)	ΔE_d (мв)	Разность потенциалов волны Co^{2+} в отсутствии и присутствии белка	ΔE_{Co}*) (мв)
—1,550—1,600	$E_{2\,a}$	—1,360—1,400	$E_{1\,a}$	150—170	$\Delta E_{p\,1}$	0—20	$\Delta E_{\text{Co}\,1}$
—1,600—1,630	$E_{2\,\text{Б}}$	—1,400—1,415	$E_{1\,\text{Б}}$	170—200	$\Delta E_{p\,2}$	20—30	$\Delta E_{\text{Co}\,2}$
—1,630—1,660	$E_{2\,\text{в}}$	—1,415—1,430	$E_{1\,\text{в}}$	200—230	$\Delta E_{p\,3}$	30—50	$\Delta E_{\text{Co}\,3}$
—1,660—1,700	$E_{2\,\text{г}}$	—1,430—1,450	$E_{1\,\text{г}}$	230—250	$\Delta E_{p\,4}$	50—100	$\Delta E_{\text{Co}\,4}$
—1,700 и выше	$E_{2\,\text{д}}$	—1,450 и выше	$E_{1\,\text{д}}$	250 и выше	$\Delta E_{p\,5}$	100 и выше	$\Delta E_{\text{Co}\,5}$

*) Потенциал полярографической волны иона Co^{2+} в отсутствии белка = —1,280 в (н.к.э.).

Таблица 2: ,,Полярографические формулы" некоторых белков

№ п № п	Белки	Формула
1.	Глицеральдегидфосфатдегидрогеназа	$P_5\, Г_1\, A_3\, E_{1a}\, E_{2\text{д}}\, \Delta E_{p5}\, \Delta E_{\text{Co}\,3}$
2.	β-амилаза	$P_5\, Г_3\, A_4\, E_{1\text{г}}\, E_{2\text{в}}\, \Delta E_{p3}\, \Delta E_{\text{Co}\,1}$
3.	Фосфатаза кислая	$P_5\, Г_4\, A_3\, E_{1\text{В}}\, E_{2\text{Б}}\, \Delta E_{p3}\, \Delta E_{\text{Co}\,1}$
4.	Лизоцим	$P_4\, Г_2\, A_4\, E_{1\text{г}}\, E_{2\text{Б}}\, \Delta E_{p2}\, \Delta E_{\text{Co}\,4}$
5.	Дезоксирибонуклеаза	$P_4\, Г_1\, A_3\, E_{1\text{г}}\, E_{2\text{Б}}\, \Delta E_{p2}\, \Delta E_{\text{Co}\,2}$
6.	Сывороточный альбумин быка	$P_4\, Г_2\, A_3\, E_{1\text{г}}\, E_{2\text{г}}\, \Delta E_{p3}\, \Delta E_{\text{Co}\,5}$
7.	Изомераза фосфогексоз	$P_4\, Г_3\, A_4\, E_{1\text{д}}\, E_{2\text{д}}\, \Delta E_{p3}\, \Delta E_{\text{Co}\,2}$
8.	Фосфоглюкомутаза	$P_3\, Г_2\, A_3\, E_{1\text{г}}\, E_{2\text{в}}\, \Delta E_{p3}\, \Delta E_{\text{Co}\,4}$
9.	Пепсин	$P_3\, Г_1\, A_3\, E_{1\text{в}}\, E_{2\text{г}}\, \Delta E_{p4}\, \Delta E_{\text{Co}\,2}$
10.	Каталаза печени	$P_3\, Г_3\, A_3\, E_{1\text{Б}}\, E_{2\text{в}}\, \Delta E_{p3}\, \Delta E_{\text{Co}\,4}$
11.	Фосфатаза щелочная	$P_3\, Г_1\, A_4\, E_{1\text{Б}}\, E_{2\text{Б}}\, \Delta E_{p2}\, \Delta E_{\text{Co}\,2}$
12.	Рибонуклеаза	$P_3\, Г_3\, A_3\, E_{1\text{Б}}\, E_{2\text{Б}}\, \Delta E_{p3}\, \Delta E_{\text{Co}\,4}$
13.	Трипсин	$P_2\, Г_2\, A_3\, E_{1\text{в}}\, E_{2a}\, \Delta E_{p2}\, \Delta E_{\text{Co}\,1}$
14.	Алькогольдегидрогеназа печени	$P_2\, Г_0\, A_1\, E_{1\text{Б}}\, E_{2\text{Б}}\, \Delta E_{p3}\, \Delta E_{\text{Co}\,5}$
15.	Цитохром С	$P_1\, Г_3\, A_4\, E_{1\text{в}}\, E_{2a}\, \Delta E_{p1}\, \Delta E_{\text{Co}\,1}$
16.	Пепсиноген	$P_1\, Г_1\, A_1\, E_{1\text{Б}}\, E_{2a}\, \Delta E_{p2}\, \Delta E_{\text{Co}\,4}$
17.	Химотрипсин	$P_0\, Г_3\, A_4\, E_{1\text{Б}}\, E_{2a}\, \Delta E_{p1}\, \Delta E_{\text{Co}\,1}$
18.	γ-глобулин сыворотки человека	$P_0\, Г_3\, A_4\, E_{1\text{Б}}\, E_{2\text{Б}}\, \Delta E_{p3}\, \Delta E_{\text{Co}\,1}$

Пепсиноген имеет слабо выраженные АУ, пепсин, наоборот, обладает хорошо выраженными АУ с удовлетворительной поверхностной активностью. Эти изменения приводят к увеличению электроотрицательности E_1 ($E_{1Б} \to E_{1в}$) и E_2 ($E_{2a} \to E_{2г}$).

Разность потенциалов первой и второй ступени волны увеличилась ($\Delta E_{p2} \to \Delta E_{p4}$).

Некоторое увеличение отмечается и в разности ΔE_{Co} ($\Delta E_{Co1} \to \Delta E_{Co2}$). Таким образом, с развитием АУ и увеличением поверхностной активности резко возросла электроотрицательность полярографически активных групп, обусловливающих как первую, так и вторую ступени волны.

ВЫВОДЫ

Приведены доказательства наличия в молекуле нативных белков аглобулярных участков, выступающих вне глобулы.

Первая ступень ДПВ возникает в результате восстановления каталитических комплексов Co-глобула, вторая ступень — в результате восстановления комплексов Co-аглобулярные участки. Крахмал и ДНК легче вытесняют с поверхности капельного электрода глобулу и труднее — аглобулярные участки.

Облучение химотрипсина УФ-светом (высота второй ступени этого белка до облучения выражена слабо) привело к снижению h_1 и увеличению h_2. Это указывает на переход глобулы белка в аглобулярную (фибриллярную) форму.

Показано смещение E_1, E_2 и ΔE_{Co} в присутствии крахмала. Предложены отношения степени развития аглобулярных участков, а также отношения степени адсорбции глобулы и аглобулярных участков.

Составлены ,,полярографические формулы“ некоторых белков, объясняющие ряд свойств глобулы и аглобулярных участков и позволяющие судить о многообразии Г и АУ.

Изучение полярографических формул показало, что превращение пепсиногена в пепсин заключается в образовании аглобулярных участков, обладающих более высокой поверхностной активностью.

На основании приведенных данных о существовании АУ изменились наши представления о третичной структуре молекулы белка, которую мы теперь рассматриваем как систему из глобулы с одним или двумя аглобулярными участками. Показано, что двухступенчатый характер полярографической волны белков обусловлен конфигурацией молекулы.

Литература

[1] R. Brdička. Coll. Czech. Chem. Comm., 5, 112 (1933).
[2] И. Д. Иванов, Биофизика 7, вып. 2, 137 (1962).
[3] И. Д. Иванов, ,,Полярография белков, энзимов и амнинокислот“, Изд. АН СССР, 1961 г., стр. 156.
[4] С. Г. Майрановский и Е. Ф. Майрановская, Изв. АН СССР, ОХН, № 5, 922 (1961).
[5] H. Wu, Chinese J. Physiol. 5, 321 (1931).
[6] R. Brdička. Biol. listy 22, 39 (1937); Rozpr. II Tř. Čes Akad., 47, № 4 (1937).

B—3

Die Anwendung der Polarographie in der Virusforschung

G. Ruttkay-Nedecký

Virologisches Institut der Tschechoslowakischen Akademie der Wissenschaften, Bratislava

In den letztvergangenen Jahren ist ein ungewöhnlich großer Fortschritt in der Virusforschung zu verzeichnen. Einen bedeutenden Beitrag zu diesem Fortschritt leistete die Anwendung eines geeigneten Virusmodells, des Tabakmosaikvirus. Die mit diesem Virus erzielten Resultate ermöglichen es, in einem großen Maße die Struktur anderer Virusarten zu erkennen, da viele von ihnen eine ähnliche Struktur aufweisen oder einen Nukleoprotein-Anteil als Grundlage enthalten, der stark an die Struktur des Tabakmosaikvirus erinnert [1—4].

Das TMV (Tabakmosaikvirus) ist aus stäbchenförmigen Teilchen gebildet, deren Dicke 180 Å und deren Länge 3000 Å beträgt. In Abb. 1 sehen wir die schematische Darstellung eines kurzen Abschnitts einer Partikel des TMV (nach Franklin [4]). Die Partikel besteht aus einem einzigen um die Partikelachse spiralförmig gewundenen Faden von Ribonukleinsäure und aus gleichartigen Protein-Untereinheiten, welche die Spirale umgeben. In einer Viruspartikel, deren Molekulargewicht 39 Millionen beträgt, befinden sich 2130 dieser Untereinheiten. Das Molekulargewicht einer Untereinheit beträgt 17 400, diese wird aus einer einzigen Polypeptidkette gebildet [4]. Die Reihenfolge der Aminosäuren in dieser Kette

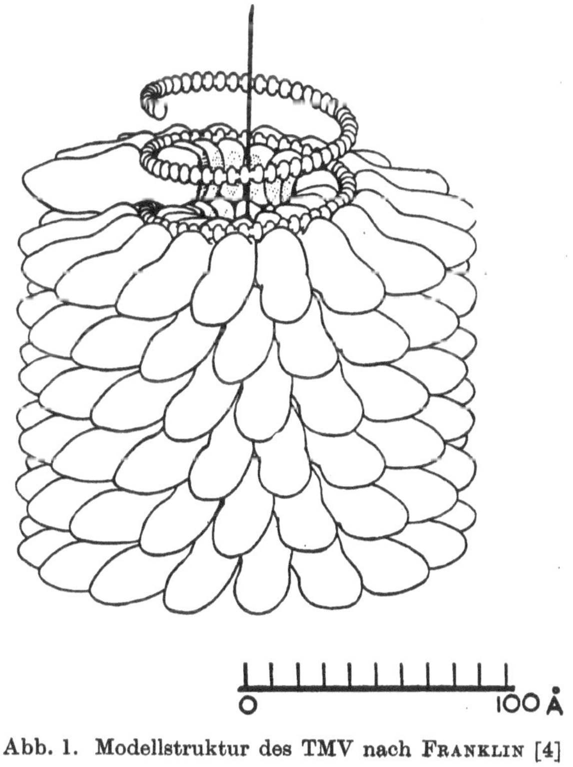

Abb. 1. Modellstruktur des TMV nach Franklin [4]

ist bekannt [5, 8]. Für den Ursprung der von Brdička entdeckten Eiweißdoppelwelle [16, 21] ist es von Wichtigkeit, daß eine Untereinheit des TMV eine einzige Molekel von Cystein und keine andere schwefelhaltige Aminosäure enthält [4, 5, 6, 8]. Die Bedeutung dieser Tatsache wird dadurch gesteigert, daß es ein anderes Virus gibt, das mit dem TMV morphologisch identisch, mit ihm biologisch ganz nahe verwandt und in struktureller Hinsicht ihm ähnlich ist, und zwar handelt es sich um das Gurkenvirus-4, welches aber keine schwefelhaltige Aminosäure enthält [4, 7]. Hingegen enthält dieses Virus alle übrigen im TMV vorhandenen Aminosäuren [6]. Es war daher interessant, das polarographische Benehmen des TMV und des Gurkenvirus-4 als auch das Verhalten der Untereinheiten dieser Virusarten zu untersuchen.

Die Untereinheiten des TMV können nach Zersetzung des Virus durch Phenol gewonnen werden [9]. Wenn mildere Zersetzungsmittel als Phenol verwendet werden, z. B. ein alkalisches Medium um pH 10, oder man mit Essigsäure einwirkt, zerfällt das TMV nicht in seine elementaren Untereinheiten, sondern in das sogenannte A-Protein, welches wahrscheinlich aus den sechs elementaren Untereinheiten des TMV zusammengesetzt ist. Man kann verhältnismäßig leicht das A-Protein in die Form des ursprünglichen Virus reaggregieren [11, 12]. Obgleich das A-Protein ein Spaltprodukt des TMV und sein Molgewicht vierhundertmal niedriger ist als das der Viruspartikel, ist die Sulfhydrylgruppe bei beiden nicht reaktiv und wird als maskiert betrachtet. Sie wird erst nach der Anwendung starker Denaturationsmittel reaktiv; in diesem Falle entspricht die Anzahl der reaktiven Sulfhydrylgruppen der Anzahl aller im Virus vorhandenen Cysteinradikale [12, 13, 14, 15].

Die nun folgenden Abbildungen zeigen uns die polarographischen Eigenschaften des TMV, der Nicht-Viruseiweißstoffe aus infiziertem Material, des A-Proteins und der elementaren Untereinheit des TMV. Die polarographische Registrierung erfolgte bei 0 °C mit einem Grundelektrolyt nach Brdička [16], der millimolares Hexaminkobaltchlorid, decimolares Ammoniumhydroxyd und decimolares Ammoniumchlorid enthält. Unter diesen Bedingungen waren die untersuchten Substanzen im Grundelektrolyt beständig.

Die erste Kurve in der zweiten Abbildung bezieht sich auf den Grundelektrolyt, die zweite Kurve bezieht sich auf den gleichen Grundelektrolyt, jedoch mit einer Beigabe von Gelatine. Die weiteren Kurven betreffen den Grundelektrolyt schon ohne Gelatine-Beigabe; es stellen dar: die dritte Kurve das TMV, die vierte und fünfte Nicht-Viruseiweißstoffe NVP bei zwei Konzentrationen, die letzte Kurve die Mischung von TMV mit Nicht-Viruseiweißstoffen in einem Verhältnis von 175:1. Hinter der Musterbezeichnung sind in Klammern die Konzentrationen in mg Eiweiß-Stickstoff per 100 ml (mg% N) angegeben. Ein Vergleich der Kurven macht den grundlegend verschiedenen polarographischen Effekt des TMV und der Nicht-Viruseiweißstoffe klar ersichtlich. Das TMV ergibt nur den ersten Teil der Eiweißdoppelwelle, und zwar im ganzen untersuchten Konzentrationsbereich, d. h. bis zu einer

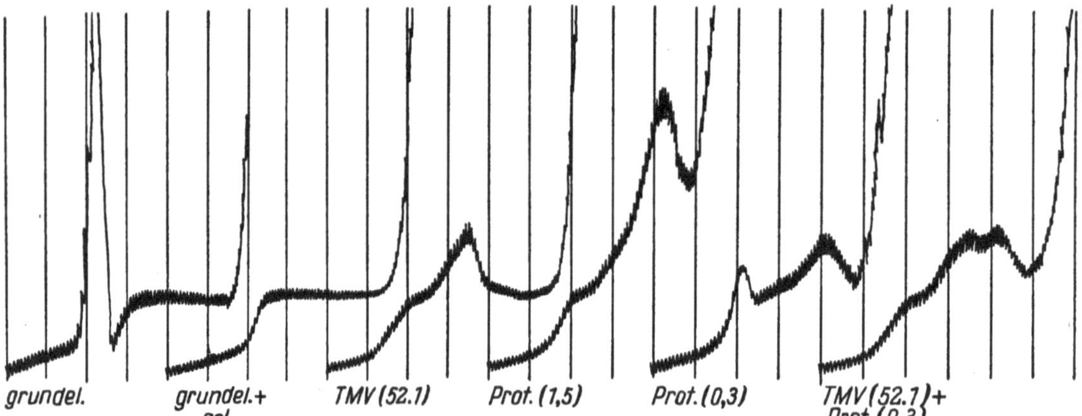

Abb. 2. Brdička-Wellen (von links nach rechts)

1. Polarogramm: Grundelektrolyt
2. Polarogramm: Grundelektrolyt mit Gelatine
3. Polarogramm: TMV, 52,1 mg%
4. Polarogramm: NVP, 1,5 mg%
5. Polarogramm: NVP, 0,3 mg%
6. Polarogramm: Gemisch TMV + NVP

Konzentration von 1% (10 mg TMV per ml) [17]. Durch das Fehlen der zweiten Welle wird es möglich, die erste Welle isoliert zu verzeichnen. Die Nicht-Viruseiweißstoffe lassen ihre Anwesenheit aus der ersten, vor allem aber der zweiten Welle erkennen. Bei den von uns angewandten Polarographierungsbedingungen ist die erste Welle stark durch die bedeutend höhere zweite Welle verdeckt. Der Charakter des polarographischen Effektes der Nicht-Viruseiweißstoffe bleibt bei allen Konzentrationen und bei allen bis jetzt sowohl aus infiziertem als auch nichtinfiziertem Material isolierten Fraktionen erhalten. Die zwischen dem polarographischen Effekt des Virus und der Nicht-Viruseiweißstoffe bestehende Unterschiedlichkeit wurde für die Bestimmungsmethode der Nicht-Viruseiweißstoffe im Viruspräparat ausgenutzt [17]. Wie aus der letzten Kurve der Abb. 2 hervorgeht, zeigt sich die Anwesenheit von 0,6% Nicht-Viruseiweiß im Viruspräparat als eine gut entwickelte zweite Welle. Es ist möglich, auch eine 0,2%ige Verunreinigung des Viruspräparates nachzuweisen, was um eine Größenordnung empfindlicher ist als im Falle der Elektrophorese, die hier zur Kontrolle der Reinheit angewendet wird.

Wenn wir das TMV durch 24stündige Einwirkung einer Pufferlösung bei pH 10,5 und 0 °C spalten und das A-Protein isolieren, werden sowohl das gespaltene Virus als auch das A-Protein eine mit dem TMV qualitativ identische Welle ergeben. Dies zeigen die Kurven 1 und 2 in der folgenden Abbildung 3. Wenn wir aber beim gespaltenen Virus mit wenige Minuten dauerndem Kochen die —SH Gruppen freimachen, tritt die vorher nicht vorhandene zweite Welle in Erscheinung und erreicht eine solche Größe, daß sie die erste Welle fast ganz überdeckt. Die polarographische Kurve wird sich nachher von der Nicht-Viruseiweißkurve nicht unterscheiden, wie dies übrigens beim Vergleich der letzten zwei Kurven der Abbildung 3 ersichtlich ist. Eine mit der dritten Kurve (Abb. 3) identische polarographische Aufzeichnung erhalten wir auch, wenn wir das TMV mittels einer Phenolextraktion direkt in seine elementaren Untereinheiten zerspalten. Die folgende Abbildung 4 zeigt uns die polarographischen Kurven dieser Untereinheit bei verschiedenen Konzentrationen. Bei höchsten Konzentrationen kann man die erste Welle noch deutlich sehen, bei kleineren Konzentrationen ist sie jedoch schon durch die zweite Welle gänzlich überdeckt.

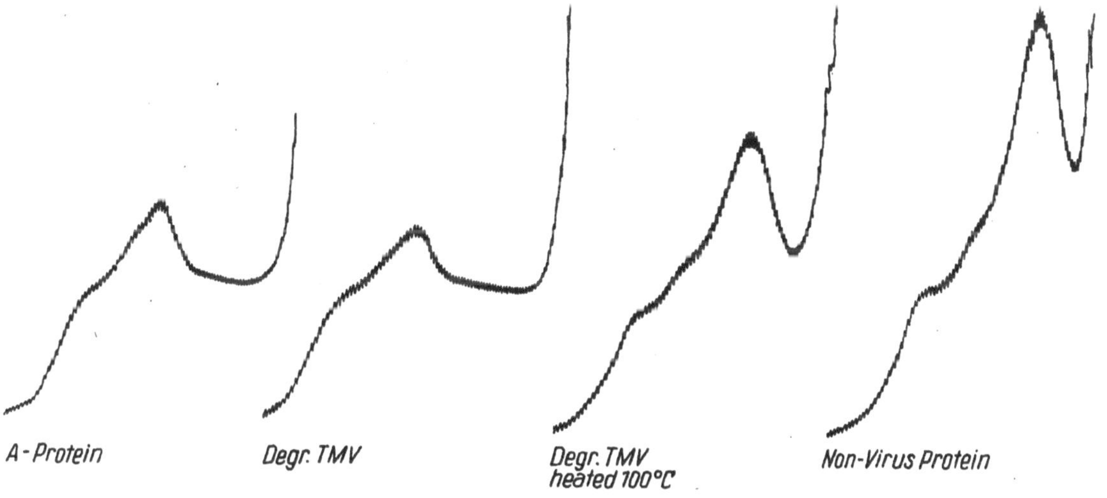

Abb. 3. Brdička-Wellen verschiedener Produkte

1. Polarogramm: A-Protein
2. Polarogramm: gespaltenes TMV
3. Polarogramm: gespaltenes TMV nach dem Erhitzen auf 100 °C
4. Polarogramm: NVP

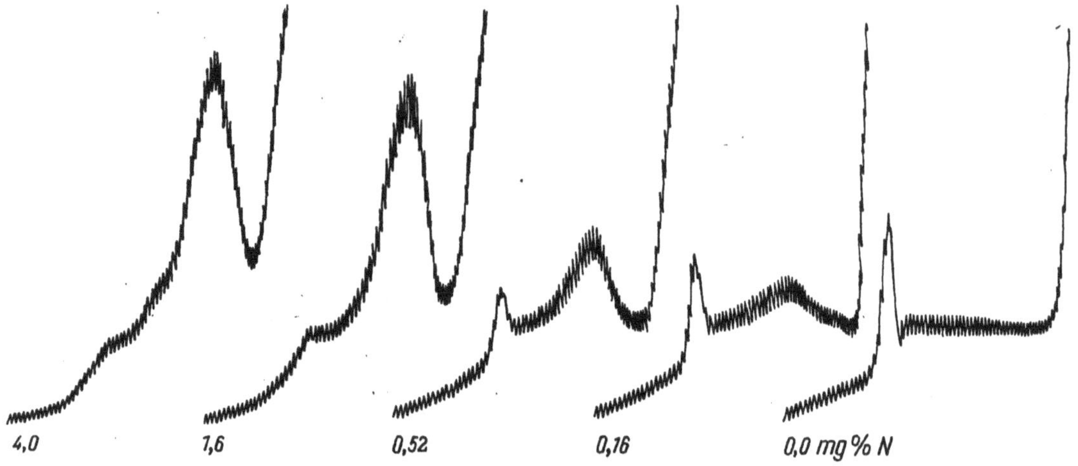

Abb. 4. Konzentrationsabhängigkeit der Brdička-Wellen mit Virus-Elementareinheiten

Die Grenzhöhen der ersten Welle sind beim TMV-A-Protein und bei den TMV-Untereinheiten die gleichen, bei niedrigen Konzentrationen ergibt jedoch das A-Protein eine um ein Vielfaches höhere Welle als das TMV. Dieses Resultat war auch zu erwarten, da das A-Protein eigentlich ein gespaltener Virus ist. Der Verlauf der Spaltung läßt sich polarographisch gut verfolgen.

Die polarographische Aktivität der mit Phenolextraktion gewonnenen TMV-Untereinheiten ist außergewöhnlich hoch. Diese Untereinheiten sind die einzige Substanz, die die aus dem TMV mittels einer Phenolextraktion isolierte infektiöse Nukleinsäure [18] verunreinigt. Um die infektiösen Eigenschaften ausschließlich der Nukleinsäure zusprechen zu können, ist es unbedingt notwendig, die Konzentration des Eiweißstoffes im Präparat festzustellen. Dank der großen polarographischen Aktivität der TMV-Untereinheiten kann diese Feststellung mit einer ungefähr zwanzigmal größeren Empfindlichkeit erreicht werden als mittels der übrigen chemischen Methoden [19]. Es war H. Berg, der als erster auf die Möglichkeit einer polarographischen Feststellung des Eiweißstoffes neben Nukleinsäure hingewiesen hat [20].

Der unterschiedliche polarographische Effekt des TMV und der Nicht-Viruseiweißstoffe der Wirtspflanze spiegelt zwangsläufig die Unterschiedlichkeit der Struktur ihrer Eiweißmolekeln wider. Solange jedoch das Wesen der ersten und zweiten Welle der Eiweißdoppelwelle unaufgeklärt bleibt [21], ist es nicht möglich, eine Beziehung zwischen den Unterschieden im polarographischen Verhalten und den in der Struktur der Eiweißstoffe zu finden. Das Viruspaar der fast identischen TMV und des Gurkenvirus-4 kann möglicherweise als entsprechendes Modell für die Lösung des Problems des Ursprunges der Eiweißdoppelwelle dienen. Zum Unterschied vom TMV gibt weder das ganze noch das gespaltene Gurkenvirus-4 eine polarographische Welle [22]. Auch nach Wärmedenaturation des gespalteten Gurkenvirus-4 tritt weder die erste noch die zweite Welle in Erscheinung. Dies wird von Abb. 5 illustriert, die die polarographischen Kurven der folgenden Proben (von links nach rechts) zeigt: des TMV, des Gurkenvirus-4, des gespaltenen Gurkenvirus vor und nach Wärmedenaturation. Die Spaltung und Denaturierung wurde unter den gleichen Bedingungen durchgeführt wie beim TMV (Abb. 3). Da das Gurkenvirus-4 alle im TMV vorhandenen Aminosäuren mit Ausnahme des Cysteins enthält, muß sowohl die erste Welle beim TMV und A-Protein als auch die zweite Welle beim wärmedenaturierten gespaltenen TMV und bei den elementaren TMV-Untereinheiten durch das Cystein-Radikal verursacht werden. In der elementaren TMV-Untereinheit befindet sich lediglich ein Cystein-Radikal, weshalb alle im TMV vorkommenden Cystein-Radikale miteinander auch hinsichtlich der Nachbargruppen äquivalent sind. Hieraus folgt, daß im allgemeinen ein und derselbe Typ des Cystein-Radikals sowohl die erste als auch die zweite Eiweißwelle hervorruft.

Da das gleiche Cystein-Radikal im nativen Virus und im A-Protein die alleinstehende erste Welle und nach Denaturation die zweite Welle hervorruft, kann sich der Charakter

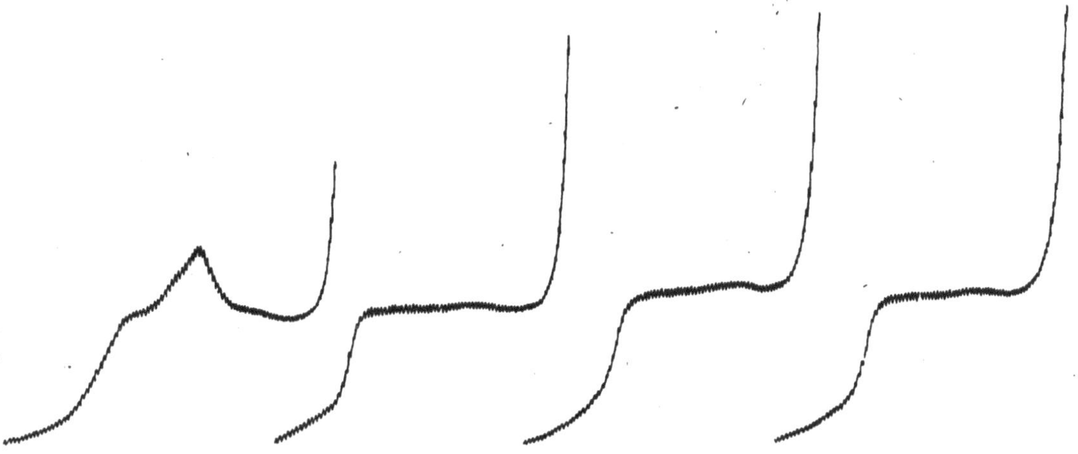

Abb. 5. Vergleich TMV und Gurkenvirus-4 (CV – 4)

1. Polarogramm: TMV
2. Polarogramm: CV – 4
3. Polarogramm: abgebautes CV – 4
4. Polarogramm: abgebautes CV – 4 nach dem Erhitzen auf 100 °C

der Sulfhydrylgruppe im TMV und im A-Protein als Schlüssel zur Aufklärung des Mechanismus des Entstehens beider Wellen erweisen. Als Erklärung der chemischen Nichtreaktivität und anderer Besonderheiten der Sulfhydrylgruppe im TMV und im A-Protein nimmt FRAENKEL-CONRAT an, daß die Sulfhydrylgruppe in der Wasserstoffbindung als ein Protonenakzeptor teilnimmt [12, 13]. Das Schema der Bindung soll folgendermaßen aussehen: $R{-}\overset{\diagup H}{S}\ldots H{-}X$. Das Entstehen der Eiweißdoppelwelle kann mit der Existenz dieser labilen Wasserstoffbindung gut begründet werden. Diese Wasserstoffbindung muß zwangsläufig die Dissoziationskonstante des Sulfhydrylwasserstoffes verändern, und es ist leicht vorstellbar, daß sie das Potential der katalytischen Welle der —SH Gruppe zu positiveren Werten verschieben könnte. Es würde dann die erste Eiweißwelle der durch Wasserstoffbindung beeinflußten Sulfhydrylgruppe und die zweite Welle der freien — sei es nativen oder durch Denaturation freigemachten — Sulfhydrylgruppe entsprechen. Der Zusammenhang zwischen dem Entstehen der zweiten Welle und der Anwesenheit freier —SH Gruppen wurde auch durch ein Experiment bestätigt; in diesem Versuch erschien nach Zugabe von Cystein in dem gespaltenen TMV-Präparat eine stark entwickelte zweite Welle, wobei die erste Welle sich nicht erhöhte [22].

Wie immer auch der Charakter der Sulfhydrylgruppe im TMV ist, die besprochenen Experimente können eindeutig in dem Sinne ausgelegt werden, daß der unterschiedliche polarographische Effekt des TMV und der Nicht-Viruseiweißstoffe durch die Abwesenheit freier —SH Gruppen im Virus und deren Anwesenheit in den Nicht-Viruseiweißstoffen verursacht wird [22].

SUMMARY

The tobacco mosaic virus (TMV) was first chosen as a model in the polarographic study of viruses. Using BRDIČKA's solution (at 0 °C) for an investigation of the polarographic behaviour of TMV and its subunits an essentiel difference in the polarographic behaviour of the virus and of non-viral proteins (NVP) could be observed. The TMV manifested itself by the first part of the protein double wave only, the NVP, on the contrary, practically completely by the second part. On account of the polarographic investigation of TMV subunits (so-called A protein, molecular weight 100000) and of peptide units for the TMV (molecular weight 18000), as well as by studies of cucumber virus 4 and its subunits, conclusion could be made, that the different polarographic effect of TMV and the NVP respectively are not due to the presence of a certain amino acid in the primary protein structure, but is exclusively determined by the secondary protein structure.

Literatur

[1] Horne, R. W., Russel, G. E., Trim, A. R., J. Mol. Biol. **1**, 234 (1959).
[2] Horne, R. W., Watterson, A. P., J. Mol. Biol. **2**, 75 (1960).
[3] Horne, R. W., Watterson, A. P., Wildy, P., Farnham, A. E., Virology **11**, 79 (1960).
[4] Klug, A., Caspar, D. L. D., in Advances in Virus Research, Vol. 7, (1960).
[5] Anderer, F. A., Uhling, H., Weber, E., Schramm, G., Nature **186**, 922 (1960).
[6] Knight, C. A., J. Biol. Chem. **171**, 297 (1947).
[7] –, J. Amer. Chem. Soc. **71**, 3108 (1949).
[8] –, in „Protein Structure and Function“ (1960), Brookhaven Symposia in Biology No 13.
[9] Anderer, F. A., Z. Naturforschung **14 B**, 24 (1959).
[10] –, Z. Naturforschg. **14 B**, 642 (1959).
[11] Fraenkel-Conrat, H., Singer, B., Biophys. Biochim. Acta **24**, 540 (1957).
[12] Fraenkel-Conrat, H., Ramachandran, L. K., in Advances in Protein Chemistry, Vol. **14**, (1959).
[13] Fraenkel-Conrat, H., in „Sulfur in Proteins“ (1959) ed. Benesh et all. Acad. Press, New York–London.
[14] Stanley, W. M., Lauffer, M. A., Science **89**, 345 (1939).
[15] Fraenkel-Conrat, H., Virology **4**, 1 (1957).
[16] Brdička, R., Coll. Czechoslov. Chem. Commun. **5**, 112 (1933).
[17] Ruttkay-Nedecký, G., Biophys. Biochim. Acta **26**, 455 (1957), Collection (im Druck).
[18] Gierer, A., Schramm, G., Z. Naturforschg. **11 B**, 138 (1956).
[19] Ruttkay-Nedecký, G., Nature **195**, 735 (1962).
[20] Berg, H., Biochem. Z. **329**, 274 (1957).
[21] Březina, M., Zuman, P., Die Polarographie in der Medizin, Biochemie und Pharmazie, Geest und Portig K.-G., Leipzig 1956.
[22] Ruttkay-Nedecký, G., in „Biochemistry of Viruses“ ed. Broda, Frisch-Niggemeyer, 1959. Pergamon Press.

B—4

Die Anwendung der Polarographie zur Untersuchung von Protein-Komplexen mit niedermolekularen Substanzen

Z. VODRÁŽKA

Institut für Hämatologie und Bluttransfusion, Prag

Das Studium von Eiweißkörperwechselwirkungen, d. h. der Bildung reversibler Komplexe mit verschiedenartigen Substanzen, stellt einen der wichtigsten Abschnitte der modernen Proteinchemie dar. Dies ist einer der Wege zur Gewinnung von Informationen über die Struktur der Bindungszentren und somit auch über Probleme der biologischen Spezifität, der außerdem den Mechanismus einer Reihe biologischer Funktionen der Eiweißkörper aufzuklären und somit das Verständnis ihrer Rolle im Organismus fördern hilft.

Eine der zur direkten Untersuchung von Eiweißkörperkomplexen zur Verfügung stehenden Methoden ist die Polarographie. Es ist längst bekannt, daß die Gegenwart von Proteinen das polarographische Verhalten verschiedener Substanzen beeinflußt (vgl. z. B. Abb. 1). Sehr verdünnte Lösungen von Proteinen mit geeigneter Ladung unterdrücken polarographische Maxima und werden in der Polarographie allgemein zu diesem Zwecke verwendet. Wird die Konzentration der Eiweißkörper gesteigert, so werden die Halbstufenpotentiale verschoben, die Kurven verzerrt, und der Grenzstrom sinkt gewöhnlich ab. Es handelt sich allerdings um ein kompliziertes System, wo neben der Komplexbildung auch die Adsorption der Proteine an dem Quecksilbertropfen, Viskositätsänderungen der Lösung usw. zur Geltung kommen können, was die theoretische Interpretierung der gewonnenen Kurven bedeutend erschwert.

Eine beträchtliche Beeinflussung der Prozesse an der Quecksilbertropfelektrode durch Proteinadsorption ist besonders bei komplizierte organische Verbindungen enthaltenden Systemen zu erwarten, da eine Reihe von ihnen selbst an der Tropfelektrode adsorbiert wird. So ist zum Beispiel bei Halogenderivaten des Fluoreszeins, obwohl die entstehenden Komplexe zum Unterschied von Fluoreszein nicht reduzierbar sind, der Grenzstrom der Konzentration der freien Form nicht proportional, sondern er liegt höher [2]. Die Größe der Abweichungen sinkt mit steigendem pH-Wert [2], also in derselben Richtung wie die Adsorption von Proteinen an der Quecksilbertropfelektrode [3]. Die Abweichungen wachsen mit steigender Proteinkonzentration weiter an, ähnlich wie bei den Systemen Methylenblau-Albumin [4] und Methylorange-Albumin [5]. Der Charakter der polarographischen Kurven zeigt, daß die Albuminwirkung nicht nur in der Herabsetzung des Grenzstromes und der Verschiebung des Halbstufenpotentials durch die Bildung nicht reduzierbarer Komplexe besteht, sondern daß auch die Adsorptionswelle des Farbstoffes ansteigt und die zweite Reduktionsstufe verschwindet [2] (Abb. 1). Die Interpretation der Kurven derartiger Systeme ist allerdings sehr schwierig, deshalb eignet sich die Polarographie vorläufig nicht zu deren Studium.

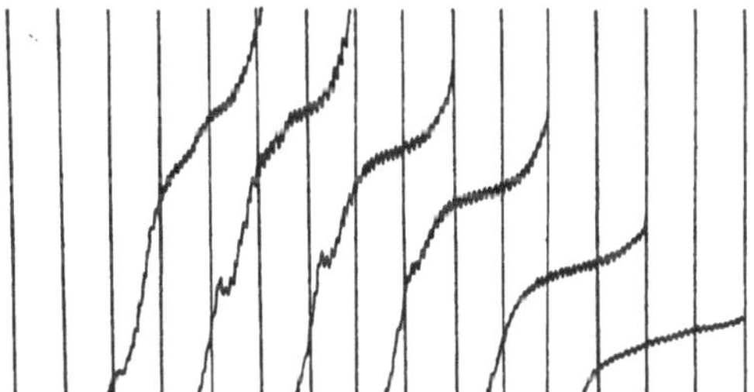

Abb. 1. 10^{-3} m Eosin bei Gegenwart von Albumin in Phosphatpuffer von pH 7,0
1: 2,5 · 10^{-4} m, 2: 1,27, 3: 0,64, 4: 0,39, 5: 0,13, 6: 0

Bei einfacheren Systemen kann jedoch die Wirkung der Komplexbildung derart überwiegen, daß der Einfluß anderer Faktoren, die Adsorption mit einbegriffen, vernachlässigt werden kann. In diesen Fällen kann die polarographische Methode mit Erfolg zur Ermittlung quantitativer Angaben über den Charakter der Bindung und somit auch thermodynamischer Konstanten angewandt werden, wobei die von TANFORD [6] für die Abhängigkeit des Grenzstromes von der Proteinkonzentration abgeleitete Beziehung gute Dienste leistet. Diese Beziehung wird von Tanford als Summe zweier Glieder — des für das freie Ion und des für den Komplex — ausgedrückt:

$$i_d = x\,[A_1] + \alpha\, x\,[A_2] = x\,[A_1] + \alpha\, x\,\bar{\nu}\,[P_0]\,,$$

wobei x die Proportionalitätskonstante zwischen dem Diffusionsstrom und der Konzentration darstellt und aus der polarographischen Analyse von Standardlösungen abgeleitet wurde; $[P_0]$ ist die gesamte Molarkonzentration des Eiweißkörpers, $[A_0]$ die gesamte Molarkonzentration der bindenden Substanz und $[A_1]$ sowie $[A_2]$ die Konzentration der freien bzw. gebundenen Form der sich bindenden Substanz. Im Bindungsbereich α folgt daraus (bei einer Bindung an gleichwertigen Zentren desselben Typus) die Beziehung für den Bindungsumfang $\bar{\nu}$:

$$\bar{\nu} = \frac{[A_0]\,(1 - i_d/i_{d0})}{[P_0]\,(1 - \alpha)}\,.$$

Eine ähnliche Lösung wurde von Saroff und Mark [7] vorgeschlagen.

Die Konstante α stellt den Beitrag des Komplexes zu dem gemessenen Grenzstrom dar und charakterisiert also das Verhalten des Komplexes an der Quecksilberelektrode. Deren Wert kann experimentell entweder durch Extrapolation des Verhältnisses der Grenzströme mit und ohne Protein, i_d/i_{d0}, auf die unendliche Proteinkonzentration oder durch einen Dialysenversuch [2, 5, 7, 8, 9, 10] bestimmt werden. Zu diesem Zwecke sind die von Kačena [8] oder Holeyšovská [11] vorgeschlagenen Dialysierkammern besonders geeignet.

Bei der Dialyse können die folgenden drei Fälle eintreten:

1. Die Stufenhöhen der Lösungen inner- und außerhalb sind gleich: $\alpha = 0$, d. h., der Komplex ist nicht reduzierbar und zerfällt auch nicht genügend schnell im Konzentrationsgradienten in der Umgebung des Quecksilbertropfens, und das Protein beeinflußt die Reduktion der freien Ionen in unbedeutender Weise. Aus der Stufenhöhe kann dann die Konzentration der freien Form der sich bindenden Substanz direkt bestimmt werden.

2. Die Stufenhöhe der inneren Lösung ist höher: der Komplex ist polarographisch aktiv, und unter der Voraussetzung, daß die Adsorption sowie weitere Erscheinungen vernachlässigt werden können, kann aus der Stufenhöhe bei genügend großer Proteinkonzentration der Bindungsgrad mittels der Tanfordschen Gleichung berechnet werden.

3. Die Stufenhöhe der inneren Lösung ist geringer: der Komplex ist nicht reduzierbar, jedoch der Eiweißkörper beeinflußt die Reduktion der freien Form. In diesen Fällen können die Ergebnisse der polarographischen Methode vorläufig nicht beurteilt werden.

In einer Reihe von Fällen, die unter Abschnitt 1 und 2 zusammengefaßt werden können, wurden sehr gut übereinstimmende Ergebnisse sowohl mit der polarographischen Methode als auch mit Hilfe der Dialysiergleichgewichte erzielt. Es handelt sich dabei hauptsächlich um Fälle der Bindung von Schwermetallen [3, 6—14] sowie einiger Farbstoffe [2, 5, 15, 16] an Serumalbumin bzw. Globin [4]. Als Beispiel möchte ich einige eigene Daten für das System Methylenblau—menschliches Globin [4] anführen. Obwohl es sich hier um ein verhältnismäßig kompliziertes System handelt, ist der Charakter der Adsorptionswelle von Methylenblau zum Unterschied von dem obenangeführten Falle der Fluoreszeinderivate vollständig unbeeinflußt, und der aus der Stufenhöhe berechnete Bindungsumfang steht mit Ausnahme des Gebietes, in dem das Verhältnis der Molarkonzentrationen des Farbstoffes und des Proteins geringer ist als 20, sehr gut im Einklang mit den durch die Methode der Dialysiergleichgewichte gewonnenen Daten (Abb. 2). Auch im Falle von Methylorange wird die Stufenhöhe durch die Adsorption von

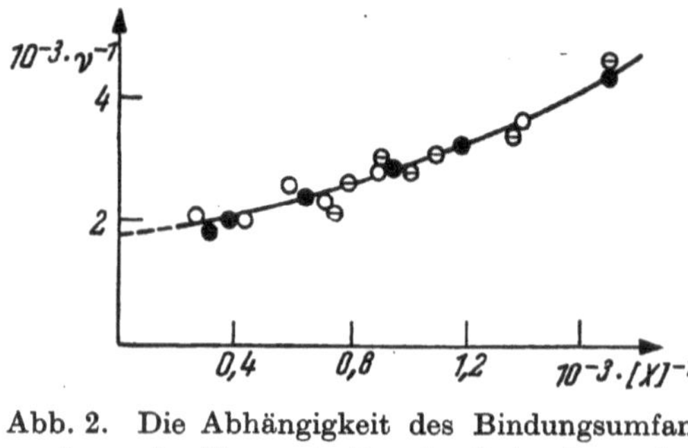

Abb. 2. Die Abhängigkeit des Bindungsumfanges $\bar{\nu}$ von der Konzentration der freien Ionen [×] (Beispiel: Methylenblau)

I Methode der Dialysiergleichgewichte:
- ○ Spektrophotometrische Bestimmung des freien Methylenblaus
- ● Polarographische Bestimmung des freien Methylenblaus

II ⊖ Methode der direkten Polarographie

Serumalbumin nur unbedeutend beeinflußt, da diese durch den Zusatz von Substanzen, die den Farbstoff aus dem Komplex verdrängen, auf den ursprünglichen Wert ansteigt [15].

RAO [9] führt an, daß in Fällen, in denen Adsorptionserscheinungen im Vergleich zum Einfluß der Komplexbildung vernachlässigt werden können, die polarographische Methode ebenso genau ist wie die der Dialysiergleichgewichte, wobei die erstgenannte allerdings weit schneller und bequemer ist. Diese Methode kann deshalb mit Vorteil zur Gewinnung der weitgehendsten Informationen über die Komplexbildung, wie z. B. Untersuchungen der Abhängigkeit des Bindungsumfanges vom pH-Wert, des Einflusses der Ionenstärke und des Zusammenhangs des Mediums, des Einflusses von Modifikationen der Proteinfunktionsgruppen usw., angewandt werden. RAO [9] bewies z. B. durch Untersuchung der Gegenwirkungen von Cd^{++}- und Zn^{++}-Ionen bei deren Bindung an Serumalbumin mittels der polarographischen Methode das Vorhandensein von zwei Typen von Bindungszentren, die bei der Bindung der genannten Ionen zur Geltung kommen.

Wenn bei der Bestimmung der Konstanten α die Differenz der Diffusionskoeffizienten des Komplexes (Protein), D_p, und der freien Ionen, D_0, die Hauptrolle spielen, wie STRICKS und KOLTHOFF [15] sowie SAROFF und MARK [7] annehmen, kann der Wert von α an Hand der Formel

$$\alpha = \left(\frac{D_P}{D_0}\right)^{1/2}$$

wenigstens für den Fall von Komplexitätskonstanten $>10^3$ berechnet werden. In diesem Falle, wie später von KAČENA und MATOUŠEK [13] abgeleitet wurde, kann die Korrektur für den Komplexzerfall im Laufe der Diffusion vernachlässigt werden. Aus dem experimentell ermittelten Werte von α des Komplexes Methylorange-Albumin berechneten KOLTHOFF und STRICKS [15] den Diffusionskoeffizienten des Albumins und daraus dessen Molekulargewicht von 66000. Bei der Bindung von Zn^{++}-Ionen in neutralem Medium fanden wir [10] den Wert $\alpha = 0{,}3$, im Einklang mit dem berechneten Wert, RAO [9] bestimmte den Wert von 0,22, für Cd^{++}-Ionen jedoch ebenfalls 0,3 in Übereinstimmung mit der Berechnung.

Wenn aber der Wert von α nur durch das Verhältnis der Diffusionskoeffizienten gegeben wäre, sollte derselbe bei den meisten Systemen unabhängig vom pH-Werte sein. Im Experiment fanden jedoch KAČENA [8] und vor allem RAO [9] für Zn- und Cd-Komplexe des Serumalbumins eine beträchtliche Abhängigkeit des α-Wertes vom pH. Bei einem gegebenen pH-Wert ist jedoch α gewöhnlich konstant und unabhängig vom Bindungsumfang. Die Übereinstimmung der Daten, die mittels der Tanfordschen Formel berechnet und mittels der Methode der Dialysiergleichgewichte gemessen wurden, kann deshalb erwartet werden.

Es zeigte sich weiter, daß der Wert von α von der Zusammensetzung des Mediums, in dem gearbeitet wird, abhängig ist. KEPES [14] fand zum Unterschied von TANFORD [6, 12] in genügend alkalischem Medium für den Komplex Cd—Serumalbumin den Wert $\alpha = 0$, ZUMANOVÁ (nach [1]) in Citratpuffer vom pH 6,3 $\alpha = 0$ bei Zn-Komplexon, während KAČENA [8] bei demselben pH-Wert in physiologischer Lösung $\alpha = 0{,}6$ ermittelte und in unserem Laboratorium der Wert $\alpha = 0{,}3$ gefunden wurde [10]. Es ist interessant, daß die beobachteten Abweichungen der Werte von den an Hand der Diffusionskoeffizienten erwarteten Werten für dasselbe Medium mit der Bindungsfestigkeit [1, 2, 6, 9, 12, 16] in Einklang gebracht werden können. Es scheint danach, daß α auch von dem Charakter des Komplexes abhängig ist, wodurch sich eine weitere Möglichkeit der Anwendung der Polarographie für die Gewinnung von Informationen über die Struktur der Bindungszentren und den Charakter der beteiligten Kräfte ergibt.

Endlich muß auf einige Spezialfälle hingewiesen werden, in denen die polarographische Methode mit Erfolg angewendet werden kann. Es handelt sich hier vor allem um diejenigen Fälle, in denen die Konzentration der freien Form der sich bindenden Substanz zu gering ist, so daß die üblichen, auf deren Bestimmung beruhenden Methoden nicht angewandt werden können. Ist der Komplex polarographisch aktiv, bleibt die Polarographie in einer Reihe von Fällen die einzige, einfache, zur Untersuchung der entstehenden Komplexe zur Verfügung stehende Methode. Sie wurde zum Studium von Komplexen von Serumalbumin mit Zinkionen in alkalischem Medium [10] (Abb. 3) und von Komplexen von Fluoreszeinfarbstoffen in saurem Medium [2], in dem diese Farbstoffe unlöslich sind, angewendet.

Einen weiteren Spezialfall bildet die Anwendung der polarographischen Methode beim Studium der Komplexbildung von Eiweißkörpern mit Substanzen, die als Zwischenstufe bei der Reduktion an der Quecksilbertropfelektrode entstehen. Als Beispiel sei genannt die Untersuchung der Bildung von Komplexen der Katalase und Peroxydase mit Wasserstoffperoxyd. Im Laufe von Untersuchungen des Einflusses dieser Enzyme auf die polarographische Welle des Sauerstoffes und des Wasserstoffperoxyds gewann Brown [17] Informationen über einige Eigenschaften der angeführten Komplexe sowie über den Reaktionsmechanismus der Katalase. Die polarographische Methode kann endlich auch zur Verfolgung der Bindung polarographisch inaktiver Substanzen an Proteine an Hand des Einflusses dieser Substanzen auf die in Brdičkas Kobaltlösung stehende Doppelwelle verwendet werden. Marha [18, 19] stellt z. B. auf diese Weise fest, daß höhere Fettsäuren ab C_{10} die Höhe der zweiten Welle des Serumalbumins herabsetzen, und berechnete [19], daß diese Herabsetzung der Bindung von 7—8 Molekülen von Fettsäuren je Mol Albumin entspricht.

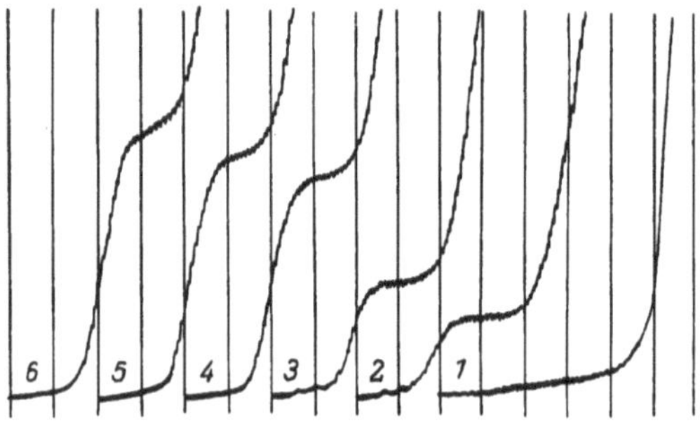

Abb. 3. Polarographische Kurve der Zink-Albuminkomplexe bei pH 9
Konzentration der Zinkionen
1: 0; 2: 0,15; 3: 0,25; 4: 0,60; 5: 0,9; 6: 1,2 · 10^{-4} m

Zum Abschluß kann also gesagt werden, daß es trotz der Komplexität des Systems Eiweißkörper bindende Substanz eine Reihe von Fällen gibt, in denen die polarographische Methode mit Erfolg zur Gewinnung schneller Informationen über den Umfang der Bindung bzw. auch den Charakter der entstehenden Komplexe angewendet werden kann. Da es sich sehr oft um Fälle handelt, für die es keine anderen einfachen Methoden gibt, sollte der Polarographie von Proteinkomplexen größere Aufmerksamkeit gewidmet werden.

SUMMARY

In the presence of protein the conditions in the surroundings of the dropping electrode are so complicated that it is impossible to conclude directly from the decrease of the polarographic wave on the quantity of the complexes formed. Therefore combining with measurements of dialyse equilibrium, for instance, is essential. On the other hand, considerable differences in the polarographic behaviour of the complexes of so similar dyes as for instance fluorescein and eosine show, that from polarographic studies interesting results may be obtained about the character of the complexes formed.

Literatur

[1] Březina, M., Zuman, P., „Die Polarographie in der Medizin, Biochemie und Pharmazie“, S. 601, Akademische Verlagsgesellschaft, Leipzig 1956.
[2] Vodrážka, Z., Collect. czechoslov. chem. Commun. **25**, 410 (1960).
[3] Tanford, Ch., J. Amer. chem. Soc. **74**, 6036 (1952).
[4] Vodrážka, Z., Šponar, J., Chem. listy **49**, 1064 (1955), Collect. czechoslov. chem. Commun. **20**, 1275 (1955).

[5] BREYER, B., BAUER, A. H., Austral. J. Chem. **6**, 322 (1953).
[6] TANFORD, CH., J. Amer. chem. Soc. **73**, 2066 (1951).
[7] SAROFF, A. H., MARK, H. J., J. Amer. chem. Soc. **75**, 1420 (1953).
[8] KAČENA, V., Chem. listy **47**, 1299 (1953); **48**, 7 (1954) und Collect. czechoslov. chem. Commun. **19**, 428 (1954).
[9] RAO, N. M. S., LAL, H., J. Amer. chem. Soc. **80**, 3222 (1958).
[10] VODRÁŽKA, Z., Chem. listy **52**, 1684 (1958) und Collect. czechoslov. chem. Commun. **24**, 1045 (1959).
[11] HOLEYŠOVSKÁ, H., Disertacni práce, S. 39, Karlova universita (1962).
[12] TANFORD, CH., J. Amer. chem. Soc. **74**, 211 (1952).
[13] KAČENA, V., MATOUŠEK, L., Chem. listy **46**, 525 (1952); Collect. czechoslov. chem. Commun. **18**, 294 (1953).
[14] KEPES, A., Compt. rend. **239**, 198 (1954).
[15] STRICKS, W., KOLTHOFF, I. M., J. Amer. chem. Soc. **71**, 1519 (1949).
[16] MARKUS, G., BAUMBERGER, P., J. Biol. Chem. **206**, 59 (1954).
[17] BROWN, G. L., Arch. Biochem. Biophys. **49**, 303 (1954).
[18] MARHA, K., Chem. listy **49**, 1896 (1955).
[19] MARHA, K., Chem. listy **51**, 371 (1957).

B—5

Polarographic Studies of Proteins and their Degradation Products. IV. The Activation and Decay Reactions of Proteins during the Digest Test

O. H. Müller

Department of Physiology, State University of New York, Upstate Medical Center, Syracuse 10, New York

While studying the reactions of blood plasma or serum in cobalt buffers, Brdička [1] found a difference between normal serum and that from patients suffering from cancer and other, mostly febrile, diseases. This difference was small but could be magnified by denaturation of the proteins before analysis. In general, the protein double-wave was lower for the pathological than for the normal blood. The writer has used this technique in the *digest test* which, combined with the *filtrate test*, yields a ratio, the *protein index* [2, 3]. This is independent of the character of the dropping mercury electrode and of small temperature changes, and thus makes it possible to compare empirically determined data, obtained with different electrodes. However, if the catalytic currents are expressed as current densities (i.e., in microamperes per square millimeter of electrode surface) also the individual results of the digest test can be compared directly no matter whether obtained with different electrodes or with the same electrode at different heads of pressure. The normal values for the digest test are 16.7 ± 0.17 μA./mm². with a standard deviation of 0.97 [3].

In the digest test, plasma proteins are subjected to partial denaturation by digestion for 30 minutes at room temperature in a moderately alkaline (0.2 *N* KOH) solution and then analyzed in a divalent cobalt buffer (1.6×10^{-3} *M* $CoCl_2$ in 0.1 *N* NH_4Cl and 0.1 *N* NH_4OH). When this digestion is studied as a function of time over a period of an hour, one finds an early relatively rapid rise in the wave height, the *activation reaction*, which is followed by a slower decline, the *decay reaction* [4]. Since these reactions are not uniform for different blood samples, it seemed of interest to study them with isolated plasma protein *fractions* in the hope of improving the value of these tests for diagnostic purposes. The present report is concerned with the decay reactions of various human plasma protein fractions and of the albumin fractions from the plasma of different animals.

Our knowledge of the reaction mechanism is still very incomplete, hence a rather arbitrary means of comparing decay reactions was chosen. It was found that under suitable conditions the decay reaction could be treated as a pseudo-first order reaction for the first 60 minutes of digestion so that it was possible to calculate half-lives for the decay reaction of different protein samples. Justification for this method of treatment of the data is the fact that such half-lives are relatively constant for a given plasma fraction and independent of its concentration, while they differ sufficiently between different plasma fractions, between the plasma samples from different patients, and between the plasma albumins from different animals, so that they may serve as a means of differentiation.

Materials, Method, and Procedure

Materials: The human plasma protein fractions were dried samples kindly furnished by Dr. D. J. Mulford then of the Division of Biologic Laboratories of the Massachusetts Department of Public Health. They were prepared from human blood collected by the American Red Cross. We are most grateful to have this material made available to us. According to Dr. MULFORD, fractions II (γ-globulin) and V (albumin) were 99% pure, as determined by electrophoresis. The composition of the other fractions was as stated in the literature: fraction I, predominantly fibrinogen [5]; fraction III, predominantly β-globulin [6]; fraction IV–1, predominantly α-globulin with less than 25% albumin [5]; and fraction IV–4, 41% α-globulin, 29% β-globulin, and 30% albumin [7]. All of these fractions have been prepared by Cohn's alcohol fractionation procedure, method 6 [5]. The dried protein samples were dissolved in 0.9 g./100 ml. sodium chloride solution to yield an approximately 5 g./100 ml. solution, which was then centrifuged and filtered where necessary through Whatman No. 5 filter paper. The exact concentration of the resulting solutions was calculated on the basis of Kjeldahl nitrogen determinations.

The serum albumin fractions of the different animals, prepared by a similar method, were given to us as dried samples by Dr. L. L. LACHAT of Armour and Company, Chicago, for which we are most grateful. These samples were also dissolved in normal saline solution.

Oxalated plasma samples from patients came from the Syracuse Medical Center Tumor Clinic through the kindness of Dr. MARTIN HILFINGER. In some instances also A. C. D. samples of blood were collected which were fractionated in our laboratory according to method 10 of COHN et al. [8]. The fractions thus isolated were dissolved in citrate solution and dialyzed against distilled water before polarographic analysis.

Method: The polarographic technique was essentially the same as used in previous studies [3, 9]. As described there for plasma, the digest tests were carried out on the various fractions, except that the course of the digestion was studied as a function of time. All results are expressed as current densities, in μA./mm^2. since this permits their comparison with data obtained with different dropping mercury electrodes.

Several capillaries were used for the dropping mercury electrodes. Their characteristics [10] were:

I: $\varrho = 13.1$	$\varkappa = 17.1$	$A_{-1,6\,V} = 1.58$
II: $\varrho = 15.3$	$\varkappa = 26.1$	$A_{-1,6\,V} = 1.75$
III: $\varrho = 16.8$	$\varkappa = 35.8$	$A_{-1,6\,V} = 1.87$
IV: $\varrho = 23.9$	$\varkappa = 14.1$	$A_{-1,6\,V} = 2.36$

where ϱ is the radius of the capillary orifice (in μ), $\varkappa$ is the capillary constant (in cm. sec. mg.$^{-1}$), and $A_{-1,6\,V}$ the surface area of the ripe drop (in mm^2.) at an applied voltage of -1.6 v (vs. S. C. E.) in the protein-containing cobalt buffer. ϱ is determined by the drop weight and the critical pressure methods, in 0.1 N potassium chloride [10]. $\varkappa$ is the ratio of the effective pressure P (in cm.) to the flow of mercury (in mg. /sec.). A is determined from the drop weight in the protein-containing cobalt buffer at an applied voltage of -1.6 v., using the equation $A = 0.8517\, W^{2/3}$ [3, 11].

A simpler method for the determination of the surface area of the ripe drop is based on our observation that in a di- or tri-valent cobalt buffer, containing only small quantities of protein, the surface tension of mercury, σ, at an applied voltage of -1.6 v. (vs. S. C. E.) is about 80% of that existing in a 0.1 N potassium chloride solution on open circuit [12]. Thus σ is 304 dynes cm.$^{-1}$ at -1.6 v. in a cobalt buffer. Substituting this value in the well-known equation

$$W = 2\,\pi \cdot \sigma \cdot \varrho / g$$

and combining this with

$$A = 0.8517\, W^{2/3}$$

one gets

$$A_{-1,6\,\text{v.}} = 0.8517 \left(\frac{2\,\pi \cdot 304}{g}\right)^{2/3} \cdot \varrho^{2/3} = 0.286 \cdot \varrho^{2/3}\,.$$

This ϱ value is determined most easily in 0.1 N potassium chloride solution by the two methods mentioned, which serve as a check on the proper functioning of the capillary [10]. As can be seen, the surface area in a given medium is a simple function of the size of the capillary orifice and therefore independent of the mercury pressure or drop time. KALOUS and PAVLÍČEK [13], who recently adopted our current-density measurements of catalytic currents, used the *mean* surface area of the drop, rather than the surface area of the ripe drop. Although it is probably more correct theoretically, this does not provide any new information, and their values can be readily converted to ours by multiplying by 1.67.

Most experiments were carried out at room temperature (about 25 °C.), but in some instances the digestion was done at an elevated temperature in a constant temperature bath while the polarographic analysis was done at room temperature. Although one usually measures only the height of the second wave in the determination of the protein index [3] the height of the first wave has also been given in several instances for comparison. All polarographic curves start at an applied voltage of -0.8 v. (vs.

S. C. E.) and end at -1.9 v. A Sargent Model XII Polarograph with a maximum galvanometer sensitivity of 5.2×10^{-9} A./mm. was used for all the experiments reported here.

Procedure: In every instance, 0.5 ml of water and 0.25 ml 1 *N* potassium hydroxide solution were added to 0.5 ml of the protein solutions whose concentration had been determined. Immediately after mixing, and after standing for known intervals of time (5, 10, 15 etc. minutes) in the resulting 0.2 *N* potassium hydroxide medium, 0.05 ml of the protein digest was pipetted into 10.0 ml of the freshly prepared divalent cobalt buffer (1.6×10^{-3} *M* $CoCl_2$, 0.1 *N* NH_4Cl, 0.1 *N* NH_4OH). This solution was thoroughly mixed and polarographed immediately. An undigested protein solution in which water was substituted for the potassium hydroxide served as control.

The analyses involve many manipulations, require precise timing and deal with very labile preparations and solutions. It is not surprising, therefore, that the experimental errors are greater than in the usual polarographic reductions and oxidations [11]. Nevertheless there is sufficient reproducibility of results to permit some definite conclusions. The polarographic data obtained on *identical* protein samples show in most instances an error of less than 5%, even when they are obtained on different days with freshly prepared solutions.

Experimental

1. Digest-Time Curves of Representative Plasma Samples

The progress of the alkaline digestion of plasma, as indicated by the polarographic protein double-wave, is basically similar for all samples tested, yet differing in certain respects. In order to show these variations, five examples have been selected from the analyses of 17 different plasmas. The results, obtained with capillaries II, III, and IV, are presented graphically in Figure 1. For all five, the current density corresponding to the second protein wave has been plotted against time of digestion. For two of them also the changes in the

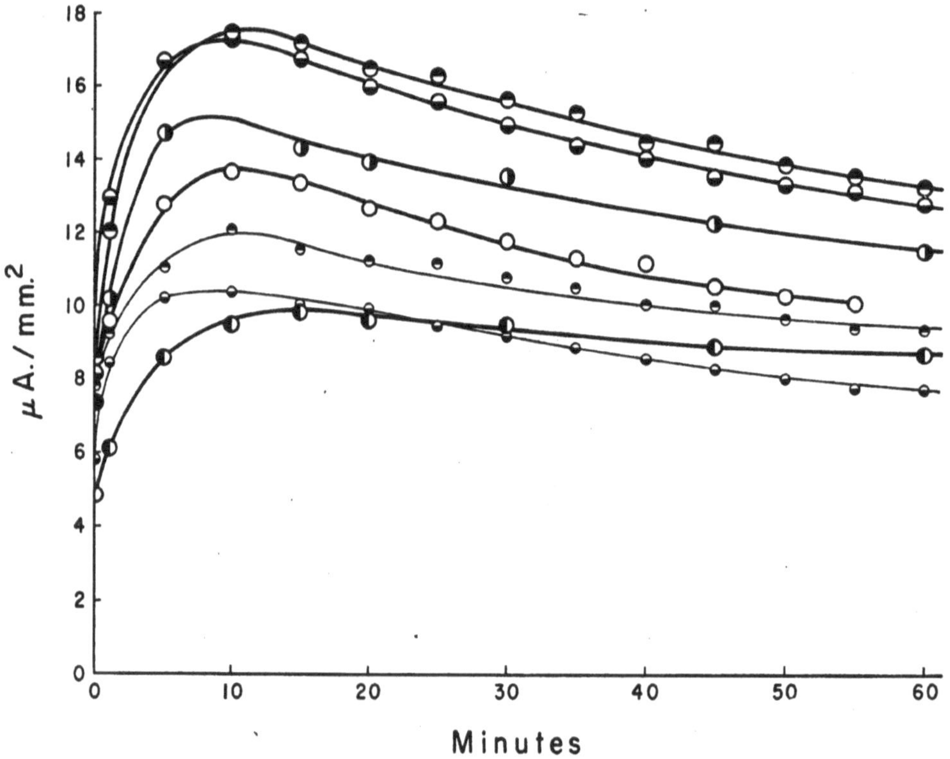

Fig. 1. Current density plotted against time of digestion in 0.2 *N* KOH for 5 plasma samples. Small circles: first protein waves; large circles: second protein waves. I. W.: ◓ and O.M.: ◒ are from "normal" individuals; N. S.: ◑ is from an apparently recovered cancer patient; J. T.: ○ and M. N.: ◐ are from cancer patients who subsequently died from the disease

first protein wave have been plotted. Notice that in all curves a rapid rise during the first 5—15 minutes (the activation reaction) is followed by a slower decrease (the decay reaction), and that during 60 minutes none of the current density values decreases below the undigested value.

A typical polarogram from which such data are obtained is shown in Figure 2, in which the heights of the first and second protein waves have been indicated.

Samples I. W. and O. M. are from "normal" individuals with protein indexes of 4.0 and 4.7, respectively. Since the normal protein index is 2.4 ± 0.17 with a standard deviation of 0.95, these values are on the upper edge of the normal range [3]. Accordingly, the cor-

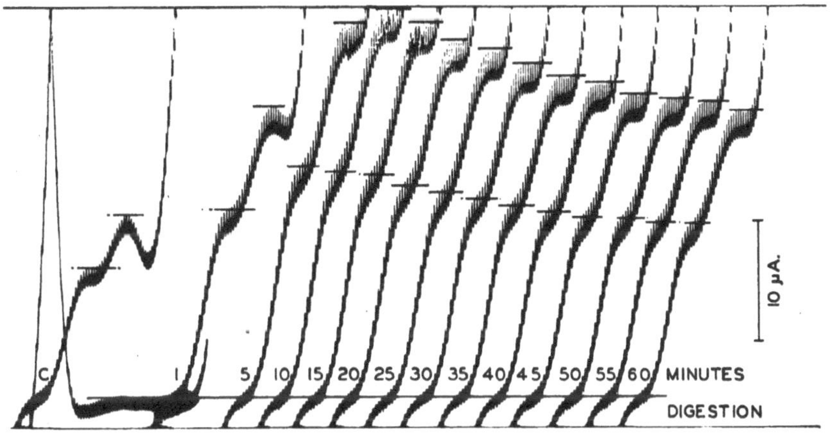

Fig. 2. Polarogram (capillary III) showing the effect of time of digestion in 0,2 N KOH on the "normal" plasma O. M. C is the undigested control

responding values of 15.0 and 15.6 μA./mm². for the digest test, i.e., the current densities found after 30 minutes of alkaline digestion (see Figure 1) are on the lower edge of the normal range.

Sample N. S. came from a patient with carcinoma of the breast who had a radical mastectomy six months prior to the test and had no recurrence ten months later. This patient had a normal protein index of 2.5 and, as may be seen from Figure 1, the course of the decay reaction appears normal, but the current density values during the digestion are definitely less than even the low normals shown.

Sample M. N. came from a patient with anaplastic mucous producing adeno-carcinoma of the stomach with metastases and direct extension to the liver and spleen. This patient had a high protein index of 9.2 and died one month following the test. Notice the very low current density values and the minimal current changes during the decay reaction of this patient who had been afflicted with the cancer for more than a year. Contrast this with sample J. T. which came from a patient with choriocarcinoma who four months prior to the test had given an apparently normal birth, did not suspect cancer until about two weeks before the test, and died a week following the test with metastases spread through practically every tissue of her body (except brain). This patient had an unusually high protein index of 13.7 but the current changes during digestion are considerably higher than for M. N.

While low values of the digest test may merely reflect a low protein concentration, the course of the decay reaction seems to be independent of concentration and may indicate a difference in the nature of the reacting proteins.

As a numerical although probably very arbitrary method of comparison of the decay reaction, we have plotted the *logarithm* of the current densities versus time of digestion, as shown in Figure 3, and drawn straight lines through the points obtained after 10 minutes of digestion. Although the fit is not perfect, we found the slopes sufficiently consistent for the same protein sample so that they could be used for comparison.

That straight lines can be drawn at all through these experimental points is surprising for several reasons: First of all, the catalytic wave heights are not directly proportional to the concentration of protein but tend toward a limit as the concentration is increased. Secondly, the material responsible for the increase in wave height (the activation reaction) must come from the undigested protein which therefore must be reduced in concentration. Thirdly, the decay reaction does not decrease the catalytic wave height to zero and consequently must produce material that has its own polarographic activity. Thus we deal with a reaction which seems to involve at least three substances: $A \rightarrow B \rightarrow C$, all of which give rise to a catalytic wave, but none of which is directly proportional to the concentration of the reactant. Of these, the disappearance of B is sought, but the disappearance of A and the formation of B from A as well as the formation of C from B is superimposed.

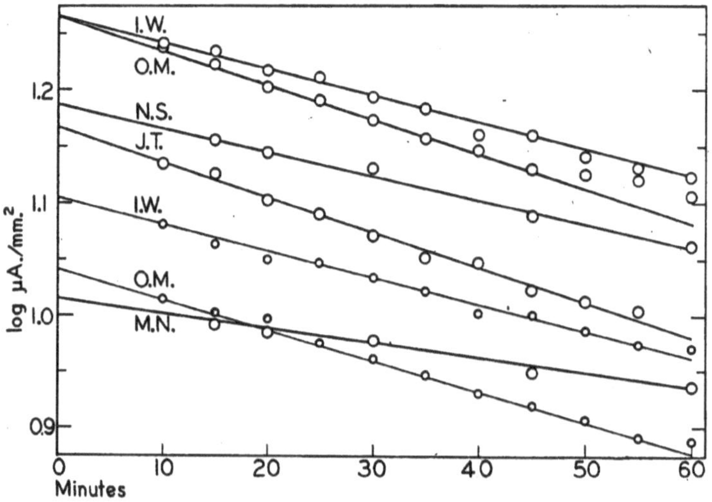

Fig. 3. Logarithm of the current densities of Figure 1, plotted against time of digestion

If one assumes, however, as a rough approximation, that there is a linearity between wave height and concentration, then the straight line obtained when the log of the concentration is plotted against time indicates a first order reaction. The slope of such straight lines is equal to $(\log I_0 - \log I_{60})/60$, where I_0 is the current density at zero time of digestion (obtained by extrapolation of the straight line), and I_{60} is the current density after 60 minutes of digestion. This slope, multiplied by 2.303 gives the velocity constant, k. The half-life, $t_{1/2}$, of the reaction is given by the well-known equation

$$t_{1/2} = 0.693/k = \frac{0{,}693 \cdot 60}{2 \cdot 303\,(\log I_0 - \log I_{60})} = \frac{18{,}06}{\log I_0 - \log I_{60}}.$$

On the basis of this equation the values shown in Table 1 were calculated for the half-lives of plasma proteins [14] from the data of Figure 3.

Notice that the results are essentially the same whether the first or second protein wave is measured, but that considerable differences can exist between different plasma samples in spite of the fact that the slopes and the corresponding half-lives are not very accurate. We found all of the human plasma samples to have half-lives of the digest reaction within the range of values shown, and we also found the values of duplicate runs reproducible within 10% or better.

Table 1: Decay Reaction of Plasma Proteins in 0.2 *N* Potassium Hydroxide at 25 °C

Human Plasma Samples		Half-Life (minutes)	Fractions Isolated from Pooled Human Plasma (second wave only)	Half-Life (minutes)	Fraction V from Different Animals (second wave only)	Half-Life (minutes)
I. W.	(first wave)	127	I	>500	Pig	320
	(second wave)	125	II	>1000	Turkey	137
O. M.	(first wave)	109	III	134	Sheep	107
	(second wave)	98	IV–1*	127	Dog	99
N. S.	(second wave)	126	IV–4*	82	Cow	70
J. T.	(second wave)	96	V	115	Horse	66
M. N.	(second wave)	232				

* After correction for the albumin contamination.

In the hope of gaining some insight into the difference in behavior of these and other plasma samples, we have examined the decay reactions of various protein fractions.

2. *Analysis of Human Plasma Protein Fractions*

The available six protein fractions from pooled human plasma were analyzed with capillaries I and II at different concentrations in the same way as the plasma samples themselves. Table 2 summarizes the results [15]. It may be seen that the response of the fractions to digestion is not uniform and that the existing differences are in the same direction for the first and second waves, although more pronounced in the latter.

Table 2: Polarographic Current Densities (in μA./mm.^{2}) of Protein Fractions Isolated from Pooled Human Plasma, During Digestion in 0.2 *N* KOH at 25 °C

Protein	Concentration (g./100 ml.)	Undigested Control	Time of Digestion (minutes) 5	10	15	20	30	45	60
			First Protein Wave						
Fraction I	<5	2.6	2.5	2.5	2.4	2.4	2.4	2.2	2.1
Fraction II	4.4	5.5	4.9	4.6	4.4	4.6	4.3	4.1	3.8
Fraction III	5.2	5.3	5.3	5.1	4.9	4.8	4.4	4.2	3.9
Fraction IV–1	4.9	4.8	5.1	5.2	5.0	4.8	4.5	4.1	3.8
Fraction IV–4	4.3	7.3	7.6	7.6	7.3	7.1	6.5	6.1	5.6
Fraction V	5.0	9.2	10.7	10.5	10.2	9.9	9.2	8.7	8.1
Fraction V	2.5	7.2	7.8	7.6	7.4	7.3	6.9	6.3	5.9
Fraction V	1.25	3.1	3.8	4.2	4.0	4.0	3.6	3.4	3.1
		After subtracting the Data for 1.25 g./100 ml. Albumin							
Fraction IV–1	3.6	0.8	0.9	1.2	1.1	1.0	1.1	0.8	0.7
Fraction IV–4	3.0	3.3	3.4	3.6	3.4	3.3	3.1	2.8	2.5
			Second Protein Wave						
Fraction I	<5	1.9	2.2	2.2	2.2	2.2	2.2	2.1	2.1
Fraction II	4.4	5.3	4.8	4.5	4.4	4.6	4.4	4.3	3.9
Fraction III	5.2	5.7	6.4	6.1	5.9	5.7	5.3	5.1	4.6
Fraction IV–1	4.9	4.3	6.8	7.3	7.0	6.8	6.4	5.8	5.5
Fraction IV–4	4.3	7.2	10.7	10.9	10.6	10.3	9.2	8.4	7.7
Fraction V	5.0	8.9	15.7	16.1	15.7	15.2	14.1	12.8	12.1
Fraction V	2.5	6.2	9.0	9.6	9.5	9.2	8.7	7.6	7.2
Fraction V	1.25	3.1	3.8	4.2	4.0	4.0	3.6	3.4	3.1
		After substracting the Data for 1.25 g./100 ml. Albumin							
Fraction IV–1	3.6	1.2	3.0	3.1	3.0	2.8	2.8	2.4	2.4
Fraction IV–4	3.0	4.1	6.9	6.7	6.6	6.3	5.6	5.0	4.6

Considering just the *first* wave of the 4—5 g./100 ml. solutions, one notices that only fractions V, IV—1 and IV—4 ever exceed the control wave height and that all values are smaller than the control when the time of digestion exceeds 30 minutes. On the basis of the data for the *second* wave one may distinguish between the following three reactions: (A) No activation reaction, but a measurable decay reaction (fraction II); (B) A moderate activation reaction, followed by a decay reaction to levels below the undigested control (fraction III); and (C) A marked activation reaction followed by a decay reaction to levels which are still above the undigested control value after 60 minutes of digestion (fractions IV—1, IV—4, and V).

Fraction I, which is largely fibrinogen, is included although we had difficulty dissolving it in normal saline solution. Three filtered saturated solutions with concentrations definitely less than 5 g./100 ml. wer etherefore used (Kjeldahl nitrogen analyses were not performed on these solutions). The current densities found differed on the average no more than ±5% from the mean shown in Table 2. Notice that both protein waves of fraction I are much smaller than those of the other fractions, and that there is practically no activation or decay reaction. Since none of the other proteins behaves in this way, this suggests that we are not dealing here with an admixture of these proteins to fraction I.

Fraction II (99% γ-globulin) studied at concentrations of 4.4 and 6.3 g./100 ml. showed good reproducibility, but had a somewhat smaller current density than two correspondingly diluted different preparations of refined and concentrated immune globulin *solutions* (human) which contained 1/10000 sodium ethyl mercurithiosalicylate as preservative. One of the latter was prepared from out-dated dried plasma, the other was prepared from fresh plasma and had the higher antibody titer. None of the samples tested showed an activation reaction and the decay reaction was small in all of them. (For an example see Figure 4, Polarogram A). One must conclude from this that, although the behavior of γ-globulins is similar, the current densities are not identical for γ-globulins prepared from different sources.

Fraction III showed relatively high current densities in the undenatured state and only a mild activation reaction in concentrations ranging from 1.3 to 5.2 g./100 ml. The decay reaction was moderate.

Fractions IV—1 and IV—4 behaved very much like fraction V. A marked activation reaction found in the three fractions irrespective of concentration was followed by a marked decay reaction. (For an example see Figure 4, Polarogram B.) The data shown for the 2.5 and 5.0 g./100 ml. samples of fraction V are the means of four separate analyses each, while the 1.25 g./ml. data are based on duplicate experiments. In all of them the average deviation from the mean did not exceed ±5%.

Fractions IV—1 and IV—4 contained considerable quantities of albumin as impurities, hence the following correction was made of the original results. Since fraction IV—1 contained about 25% albumin, a 4.9 g./100 ml. solution contained about 1.23 g./100 ml. albumin. Similarly the 30% impurity of albumin in fraction IV—4 produced a solution of about 1.29 g./100 ml. of albumin in the 4.3 g./100 ml. solution of this fraction. Thus subtraction of the data for the 1.25 g./100 ml. fraction V from the fraction IV data would yield essentially the net values for the globulins present, provided that there was no interaction between different proteins. These net results are also listed in Table 2. They demonstrate that the first protein wave of fraction IV—1 is extremely small so that its measurement becomes too inaccurate to calculate a half-life, while that of fraction IV—4 seems to follow a pattern similar to fraction V. On the other hand, the second protein waves demonstrate clearly similarities between fractions IV—1 and III on the one hand, and between fractions IV—4 and V on the other hand. It is also interesting to note that even with the albumin correction, fraction IV—1 and IV—4 still have more of an activation reaction than fractions I, II, and III.

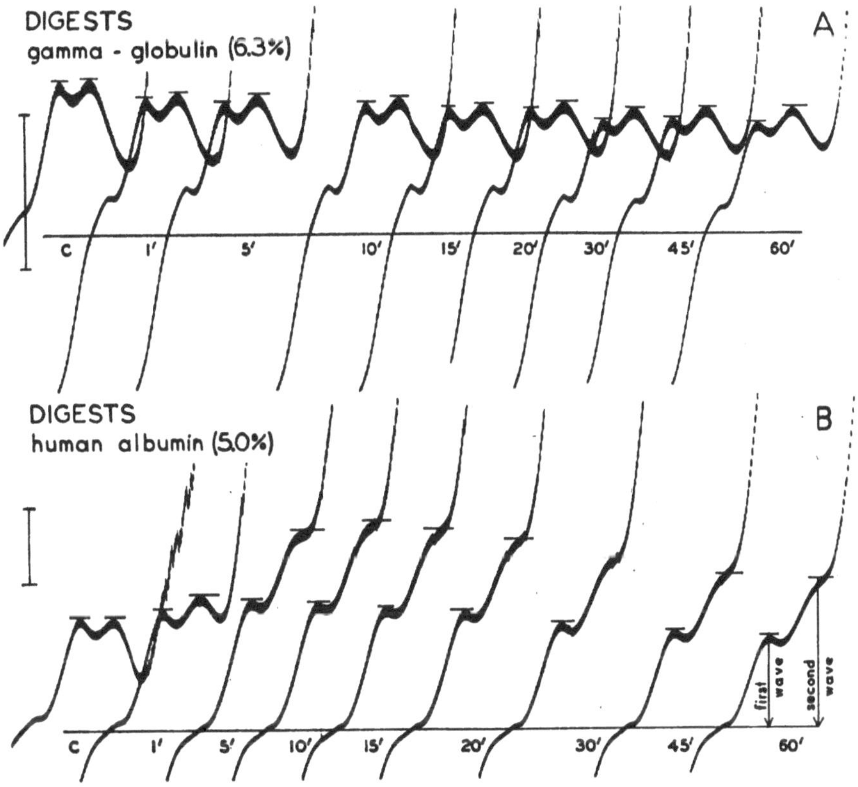

Fig. 4. Polarograms (capillary II) showing the effect of time of digestion in 0.2 *N* KOH on human plasma protein fractions. (*A*) γ-Globulin (fraction II); (*B*) Albumin (fraction V). The horizontal line represents the diffusion current of cobalt (obtained during a blank experiment). *C* is the undigested control. The vertical line at the left indicates 10 μA

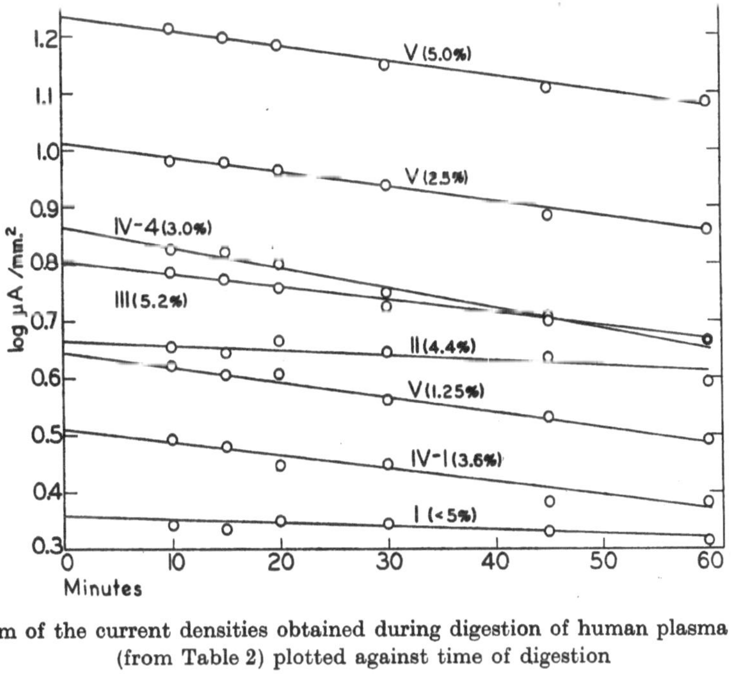

Fig. 5. Logarithm of the current densities obtained during digestion of human plasma protein fractions (from Table 2) plotted against time of digestion

The data of Table 2 have been used to construct the graph shown in Figure 5 in which the logarithm of the current densities of these fractions is plotted against the time of digestion. The straight lines have slopes from which the half-lives of Table 1 have been calculated [14].

Note that the slopes of all three concentrations of fraction V are practically identical. We found similar results with the other fractions as long as the waves were high enough to permit some accuracy in measurement. This proves that the half-lives are independent of concentration [14].

The uniformity in behavior of the individual fractions is somewhat surprising since even the purest protein fractions do not have a completely uniform composition. For instance, about 70% of the purest albumin fraction obtained has been recognized as a special type of albumin, mercaptalbumin, because of its reaction with mercury [16, 17]. Also the "purest" (based on electrophoretic analysis) γ-globulin fraction is composed of proteins that differ widely in their antibody content and in their specificity towards antigen [16, 18]. Yet these fractions behave as separate and distinct groups during electrophoresis and isolation procedures and thus may show other distinctly different behavior in the alkaline denaturation and polarographic response. While the albumin corrections of the data for fractions IV—1 and IV—4 have changed their half-lives slightly (from 126 to 127 and from 95 to 82, respectively), they have not changed the order of lability of the different proteins. We find fractions IV—4 and V most labile, fractions IV—1 and III somewhat more stable, and fractions II and I extremely stable in 0.2 *N* KOH. It is entirely feasible therefore, that considerable differences in the half-life of plasma are found in diseases which alter the relative concentrations of these fractions.

In an attempt to evaluate the effect of different "normal" proteins on each other, we have prepared several "synthetic" plasma samples by mixing the various proteins (with the exception of fraction I) in a ratio not too far different from normal (e.g., 0.6 g./100 ml. fraction II, 0.7 g./100 ml. fraction III, 0.3 g./100 ml. fraction IV—4, 0.2 g./100 ml. fraction IV—1, and 3.2 g./100 ml. fraction V). We have gone as far as 2.4 g./100 ml. fraction V, out of a total of 5.4 g./100 ml. protein in the mixture, yet we found that the albumin activity is always so great that it dominates the activity of the other proteins so that the decay reaction of the "synthetic" plasma has essentially the same half-life as that of the albumin. As far as we could ascertain, there seems to be no noticeable interaction between the proteins; the current density of the synthetic plasma was essentially the same as the sum of the current densities of the individual fractions. It should be pointed out, however, that in the very dilute solutions necessary for this experiment, the accuracy of our measurements leaves much to be desired.

3. Study of Protein Fractions Isolated from Specific Plasma Samples

In a few instances, enough blood was available for the low-temperature alcohol-fractionation procedure (method 10) of Cohn et al. [8]. The half-lives of the fractions V of two "normal" plasma samples thus isolated were found to be 109 and 106 minutes when the half-lives of the corresponding plasmas had been 120 and 98 minutes, respectively. This confirms the above conclusion that normally the high albumin concentration and its high activity dominate the behavior of the plasma. It was of interest, therefore, to see if this still held for pathological plasma samples, or if here the albumin half-lives were different.

In the case of choriocarcinoma (J. T.) mentioned earlier (Figure 1) it was possible to secure sufficient blood one hour postmortem to perform the fractionation. The plasma of this blood had the same half-life (96 minutes) as the sample taken a week before, but the protein index had increased from 13.7 to 16.3. Yet the half-life of fraction V isolated from this plasma was essentially normal (120 minutes).

Another very abnormal plasma sample contained a total of 3.77 g./100 ml. of protein of which only 19% was albumin (determined by electrophoresis). This plasma came from a patient (L. S.) with chronic glomerular nephritis who had an albuminuria of 20—30 g./24 hours. Polarographic analysis showed this plasma to have a protein index of 24.0, which is the highest value we have ever found. The half-life of its decay reaction was less than 70 minutes. We isolated the albumin not only from the plasma of this patient but also from his urine. After establishing the purity of the isolated protein by electrophoresis in a Tiselius apparatus, we subjected the urinary albumin to the same digest test as the plasma and the fraction V isolated from it. The decay reaction of these proteins was essentially normal, a half-life of about 140 minutes for the fraction V and of 130 to 140 minutes for the urinary albumin.

It may be concluded from these experiments that the albumin fraction in human plasma is fairly uniform in its polarographic behavior after alkaline digestion in health and in disease. This does not seem to be case for the other fractions investigated. Although our experimental material is still too scanty, it seems that freshly isolated fractions from different plasma samples do not behave as the dried samples obtained from pooled plasma, nor do they show agreement among themselves. For instance, fraction IV did not produce the expected large and rapid decay reaction expected, on the other hand, the combined fraction I + III showed a surprisingly marked decay reaction with half-lives of less than 70 minutes, even in fractions isolated from normal blood. Because of the variability between samples, a much larger number of experiments will be necessary before generalizations can be attempted.

4. Albumin Fractions from Different Animals

In view of the fact that human serum albumin has a relatively uniform decay reaction in a variety of individuals under different conditions of stress, it seemed of interest to study this reaction also on the albumin fraction from different animals. The means of triplicate analyses of solutions whose protein concentrations had been determined by Kjeldahl nitrogen analysis are given for 25° and 40 °C. in Table 3. For comparison, the logarithm of the current density at 25 °C. is plotted in Figure 6 against time of alkaline digestion for sheep, turkey, dog, and horse albumin. It may be seen that a considerable difference exists in the slopes during the first 60 minutes of digestion and that a definite change in slope occurs after about an hour in the case of the canine and equine albumins. If the data obtained at 40 °C are plotted similarly, one finds the early slopes much steeper, as expected, but in addition a change to a smaller slope after about 25 minutes of digestion and a final limiting wave height after about an hour of digestion, suggesting changes in the reaction mechanism.

The effect of temperature on the alkaline digest curves is further demonstrated by the data obtained with a 4.6 g./100 ml. solution of porcine albumin, shown in Figure 7. According to these results, the slope during the early part of digestion is an almost linear function of temperature in excess of 20 °C, while the subsequent slopes seem to be independent of temperature. Note that here, too, a limiting current density is obtained at the higher temperatures, and that this limit is not the same for different temperatures.

A somewhat analogous change in slopes is found if the *concentration of the potassium hydroxide* is altered. This is demonstrated in Figure 8 by the data obtained with 4.4 g./100 ml. solutions of crystalline bovine albumin at 28 °C in 0.05, 0.1 and 0.5 N besides the standard 0.2 N potassium hydroxide solution. Notice a marked change in the slopes of the straight lines with changes in the concentration of alkali, and an apparent changeover from one slope to another after 20 minutes of digestion in the most alkaline solution. As one might expect, all the straight lines extrapolate to the same current density at zero time of digestion. If these slopes are plotted against concentration of potassium hydroxide, a straight line is obtained which passes through zero at a concentration of about 0.04 N KOH. In other

Table 3: Polarographic Current Densities (in μA./mm².) of Serum Albumin (Fraction V) from Different Animals During Digestion in 0.2 *N* KOH at 25° and 40 °C (second protein wave, only)
At 25 °C (values at 40 °C are in parentheses)

Protein Concentration (g/100 ml):	Pig 4.6	Turkey 4.2	Sheep 4.4	Dog 4.2	Cow** 4.4	Horse 4.2
Time of Digestion (minutes)						
0*	8.46 —	8.20 (8.60)	7.76 (9.32)	5.40 (6.38)	4.58	6.54 —
5	10.74 (11.66)	10.78 (14.20)	14.82 (15.34)	12.32 (13.66)	14.48	14.70 (12.50)
10	11.44 (11.14)	12.30 (12.08)	16.44 (12.50)	13.44 (11.46)	15.02	14.04 (10.18)
15	11.94 (10.50)	12.66 (10.30)	16.66 (10.96)	13.48 (10.20)	14.55	13.32 (9.06)
20	11.80 (9.84)	13.30 (9.00)	16.04 (9.96)	12.98 (9.40)	14.41	12.62 (7.96)
25	(9.38)	13.46 (8.22)	15.64 (9.12)	12.66 (8.40)		11.76 (7.66)
30	11.62 (9.04)	13.42 (7.90)	14.90 (8.50)	12.12 (7.68)	12.71	11.28 (7.14)
35	(8.60)	13.12 (7.46)	14.42 (8.20)	11.72 (7.12)		10.80 (6.70)
40	(8.34)	12.96 (6.98)	14.42 (7.92)	11.32 (6.98)		10.24 (6.54)
45	10.58 (8.12)	12.62 (6.88)	13.60 (7.62)	10.94 (6.60)	11.29	9.80 (6.44)
50	(8.04)	12.16 (6.68)	13.18 (7.24)	10.44 (6.54)		9.24 (6.44)
55	(7.82)	11.60 (6.60)	13.00 (7.18)	10.28 (6.16)		9.12 (6.18)
60	10.30 (7.76)	11.58 (6.32)	12.54 (7.18)	10.08 (6.10)	10.11	8.90 (6.18)
65	(7.62)	11.36 (6.18)	11.98 (7.04)	9.84 (5.98)		8.66 (6.18)
70	(7.56)	10.96 (6.10)	11.66 (6.78)	9.52 (5.98)		8.46 (6.18)
75	9.88 (7.36)	10.78 (6.00)	11.60 (6.98)	9.40 (5.92)		8.24 (6.18)
80	(7.34)	10.48 (5.88)	10.68 (6.78)	9.12 (5.66)		7.92 (6.18)
85	(7.34)	10.18 (5.80)	10.62 (6.78)	8.90 (5.58)		7.82 (6.18)
90	9.44 (7.28)	9.92 (5.68)	10.26 (6.56)	8.76 (5.96)		7.64 (6.18)

* Undigested Control.
** At 28 °C.

words, at this concentration of potassium hydroxide the polarographic wave height should remain unaltered.

Half-lives calculated for the decay reaction of these animal albumins on the basis of the data obtained at 25 °C are given in Table 1. They range from 66 minutes for the horse to 320 minutes for the pig, man being practically in the middle of these extremes. On a number

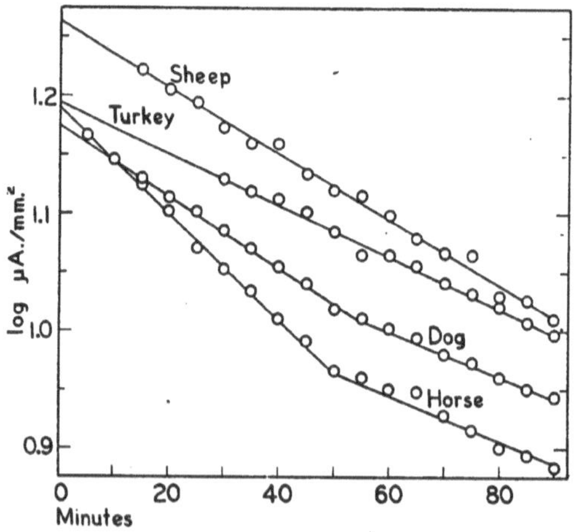

Fig. 6. Logarithm of the current densities of four animal serum albumins (from Table 3) plotted against time of digestion

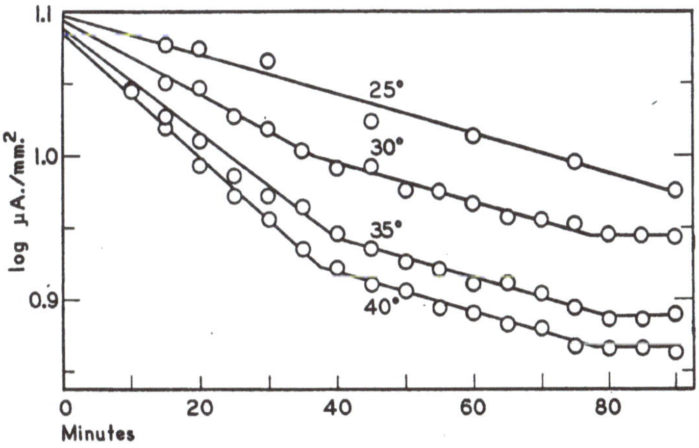

Fig. 7. Logarithm of the current densities obtained during the digestion of 4.6 g./100 ml porcine albumin in 2.0 N KOH at four different temperatures

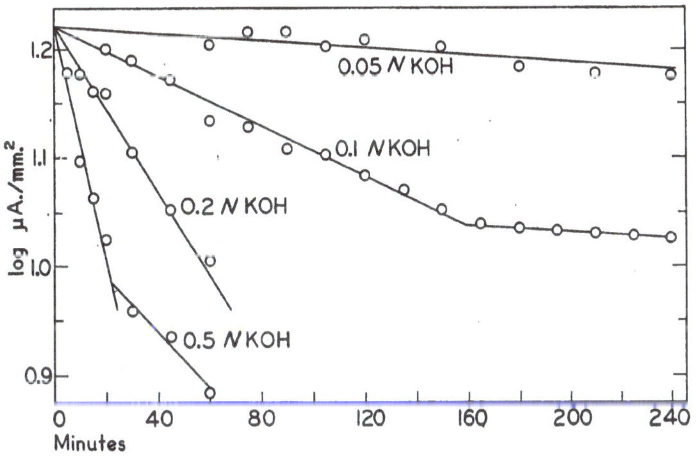

Fig. 8. Logarithm of the current densities obtained during the digestion of 4.4 g./100 ml. crystalline bovine albumin at 28 °C in four different concentrations of potassium hydroxide

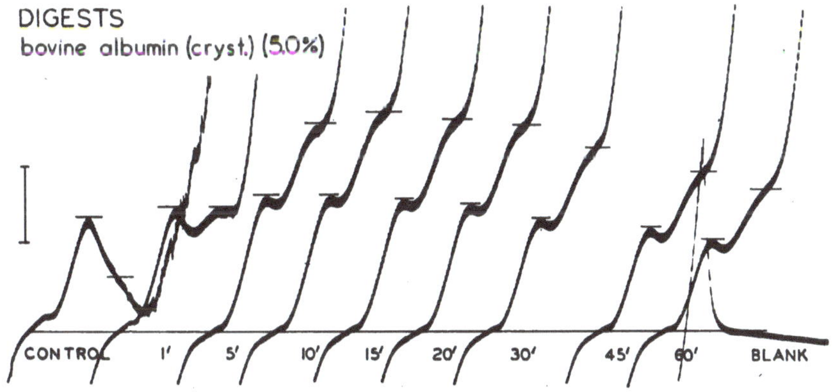

Fig. 9. Polarogram (capillary II) showing the effect of time of digestion in 0.2 N KOH on crystalline bovine albumin. The vertical line at the left indicates 10 μA

Table 4: Activation Reaction of Serum Albumin (Fraction *V*) in 0.2 *N* KOH at 25 °C

Source	Peak Value (in % of starting value)	Time of Digestion Needed for Peak Value (minutes)
Cow	400	10–15
Dog	252	10
Horse	225	5
Sheep	206	15
Man	185	10
Turkey	165	25–30
Pig	150	10–15

of beef sera we found half-lives for the decay reaction from 75 to 90 minutes which are not far different from that of the crystallized bovine albumin. Thus it seems that in the animal sera, the albumin is responsible for most of the decay reaction shown, just as in man.

Another feature which distinguishes the animal albumins from those of man are the rate and magnitude of the *activation reactions*. These have been expressed, for want of a better method, in percent of the undigested current density values, although it is fully realized that there is no linearity between concentration and current density in these reactions. The activation reaction shown by the second protein wave of these albumins are listed in Table 4 together with the time necessary for reaching the maximum growth of the wave height. The reason for the tremendous growth of the second wave of bovine albumin is that in the undigested state, this protein exhibits practically no second wave, as may be seen from the polarogram reproduced in Figure 9.

Discussion

Our experiments indicate that there may be several reactions going on at different rates during the alkaline digestion of proteins and that it is probably fortuitous that at 25 °C and in 0.2 *N* potassium hydroxide one of these reactions seems dominant. This can then be treated as a reaction of the first order and its rate with different proteins can be compared. It must be admitted that the measurements are rather arbitrary and involve a considerable error, especially in the placement of some of the straight lines. We have ascertained, however, in a number of instances, that statistical analysis of the slopes (by the method of least squares) yields essentially similar results. Furthermore, the magnitude of the differences between proteins is sufficiently large in many instances that there is little doubt about its significance.

Thus the half-life of the decay reaction may be used to distinguish different albumins. Together with the activation reaction it may serve as a characterization of serum proteins. In the case of plasma, the half-life of the decay reaction may indicate the contribution of proteins other than albumin when there is an abnormal albumin/globulin ratio.

Further work is necessary to find out what differences exist in the decay reactions of protein fractions other than albumin, when these fractions are isolated from individual plasmas and compared to the behavior of such fractions coming from pooled plasma.

With further progress in our understanding of the polarographic protein reactions [19], more accurate and refined data can be accumulated to make such studies less arbitrary. Once the current density-concentration relationships of the compounds involved in these reactions are completely known, the activation and decay reactions can also be placed on a more quantitative basis. Additional information may also be expected when the effects of variations in temperature and concentration of potassium hydroxide can be fully evaluated.

SUMMARY

Polarographic current densities found during the analysis of alkaline digests of various plasma proteins in divalent cobalt buffer have been examined as a function of the time of digestion. They have shown an increase (the activation reaction) during the first 5—15 minutes of digestion, followed by a decrease (the decay reaction) for the next 50—100 minutes. The decay reaction has been evaluated as a first order reaction, and half-lives have been calculated for it for the various proteins studied.

Besides plasma samples from normal individuals and patients, the study included six dried protein fractions isolated from pooled human plasma and several fractions freshly isolated from the plasma of a few patients. Also the albumin fractions from the plasmas of six different animal species have thus been analyzed. Considerable differences have been found between the various fractions and between the albumins from different animals in their behavior during alkaline digestion, which may possibly be used to distinguish them.

Acknowledgement. This work was supported in part by grants No. C—716 and C—2358 from the Division of Research Grants and Fellowships of the National Institutes of Health, U. S. Public Health Service, which is gratefully acknowledged. I also wish to thank Miss Mary Jane Elwood, Miss Patricia Folse and Dr. Lester H. Gershenfeld for valuable assistance.

Bibliography

[1] Brdička, R., Nature **139**, 330 (1937).
[2] Müller, O. H., Davis, J. S. Jr., J. Biol. Chem., **159**, 667 (1945).
[3] —, — Arch. Biochem., **15**, 39 (1947).
[4] Müller, O. H., "Polarographic Behavior of Various Plasma Protein Fractions" in T. Shedlovsky, ed., Electrochemistry in Biology and Medicine, Wiley and Sons, New York, 1955, p. 301.
[5] Cohn, E. J., Strong, L. E., Hughes, W. L. Jr., Mulford, D. J., Ashworth, J. N., Melin, M., Taylor, H. L., J. Am. Chem. Soc., **68**, 459 (1946).
[6] Oncley, J. L., Melin, M., Richert, D. A., Cameorn, J. W., Gross, P. M. Jr., J. Am. Chem. Soc., **71**, 541 (1949).
[7] Surgenor, D. M., Strong, L. E., Taylor, H. L., Gordon, R. S. Jr., Gibson, D. M., J. Am. Chem. Soc., **71**, 1223 (1949).
[8] Cohn, E. J., Gurd, F. R. N., Surgenor, D. M., Barnes, B. A., Brown, R. K., Derouaux, G., Gillespie, J. M., Kahnt, F. W., Lever, W. F., Liu, C. H., Mittelman, D., Mouton, R. F., Schmid, K., Uroma, E., J. Am. Chem. Soc., **72**, 465 (1950).
[9] Müller, O. H., Davis, J. S. Jr., Am. J. Med. Sci., **220**, 298 (1950).
[10] Müller, O. H., J. Am. Chem. Soc., **66**, 1019 (1944).
[11] —, "Polarography" in Weissberger, A., ed., Physical Methods of Organic Chemistry, Vol. I, 3rd ed., Interscience, New York, 1960, Part. IV, p. 3155.
[12] —, Anal. Chem., **23**, 1175 (1951).
[13] Kalous, V., Pavlíček, Z., Biochem. Biophys. Acta, **57**, 44 (1962).
[14] Müller, O. H., Gershenfeld, L. H., Elwood, M. J., Fed. Proceedings, **11**, 110 (1952).
[15] Müller, O. H., Fed. Proceedings, **10**, 95 (1951).
[16] Hughes, W. L., "Interstitial Proteins: The Proteins of Plasma and Lymph", in Neurath, H., and Bailey, K., eds., The Proteins, Vol. II-B, Academic Press, New York, 1954, p. 663.
[17] Jensen, E. V., "Some Chemical Properties of the Sulfhydryl Group in Bovine Plasma Albumin", in Benesch et al., eds., Sulfur in Proteins, Academic Press, New York, 1959, p. 75.
[18] Porter, R. R., "Gamma Globulin and Antibodies", in Putnam, F. W., ed., The Plasma Proteins, Vol. 1, Academic Press, New York, 1960, p. 267.
[19] Müller, O. H., "Polarographic Analysis of Proteins, Amino Acids, and Other, Compounds by Means of the Brdička Reaction", in D. Glick, ed., Methods of Biochemical Analysis, Vol. 11, Interscience, New York, 1963, p. 329.

B—6

The action of some quaternary salts of ammonium with curare-like activity on the polarographic behaviour of the thiol group

M. Şerban

Institute of Biochemistry RPR Academy, Bucharest

It is well known that some quaternary salts of ammonium display a curare-like action on the neuro-muscular system, and that this action is characterized by the blocking of the nervous influx, and by a motory paralysis. Though these substances are very important, the mechanism of their action in the neuromuscular function has not been explained as yet [1, 2, 3].

On the other side, it is also well known that H. S. Kostojant and his school [4, 5, 6] allot to the —SH reactive groups of proteins the phenomena of excitability and nervous regulation. Thus, this author shows that the bioelectric phenomena are dependent on the state of the —SH groups of the tissues, and points out that the thiol groups play the rôle of transmitter of the excitation not only to the peripheric but to the central synapses as well.

Starting from these premises — i.e., on the one side, that the curare-like substances are blocking the transmission of the nervous influx, thus causing a muscular relaxation and on the other, that the thiol groups display an decisive action in the process of excitability — E. Macovschi has asked the following question: would it not be possible to establish that some interaction takes place between the SH-groups and some of the quaternary salts of ammonium with curare-like activity? The more so, because a number of biological activities are connected with the great reactivity of the S-compounds of the body.

Taking this point of view, we have started our researches with the study of the ,,in vitro" action of some curare-like substances on the polarographic behaviour of cystine. We should mention in the same time that the dropping mercury electrode was used as a "model" for the study of a great number of physiologically active substances, and it has been possible to establish, in some cases, a certain parallelism between their physiological activity and their interfacial activity [7, 8].

Besides, the use of the polarographic method for our purpose, justified by the fact that the substances containing sulphur, either of the thioaminoacid type or of the protein molecule type, in a native or a denatured form, are detected in optimal conditions at the level of the dropping mercury electrode: the method is sensitive, as it is based on catalytical reactions; the polarographic waves are also specific and the influence of the different substances should be discovered in an objective way through the modifications undergone by the corresponding wave.

In the literature some indications are mentioned, concerning the effect of different compounds on the polarographic behaviour of cystine, respectively of the thiol group. Generally, the action of the different substances shows itself in the diminution or even by disappearance of the polarographic maximum of cystine. Thus, for instance, the tryptophane, the β-phenyl-α-alanine, the arginine [9] exert a suppressive influence on the polarographic wave of cystine; the same effect may be observed either in the presence of great quantities of salts or of traces of heavy metals. In media of some complexity, some organic substances, as quinonic derivatives, penicillin, etc., interfer with the catalytic step of cystine. Thus, J. Page and J. Waller [10] have followed, on the basis of the catalytic polarographic effect of the SH-group, the action of some bactericidal substances, and they have found that some of these, for instance the benzoquinone, the methylnaphtoquinone, diminish the polarographic wave of cystine, while the quinones substituted in the positions 2 and 3, for instance the phtiocole, do not interfere with the catalytic wave. Therefore, it comes out, from the data mentioned in the literature, that the different compounds, either diminish the catalytic wave of the cystine, or do not interfere with it (at a constant concentration in Co^{II} and a constant pH).

For the purpose of following the relation between some curare-like substances and the thiol group by the polarographic method, we made use of the catalytic reaction of cysteine and cystine which, from a polarographic point of view, has a behaviour similar to that of cysteine (the electroreduction of the R–S–S–R group to 2R–SH) not only as to what concerns the aspect of the wave, but also the value of the potential at which the reaction takes place. Details related to this problem should be found in the works of R. Brdička [11], and the treatises of J. Heyrovský [12], I. Kolthoff and J. Lingane [13], M. Březina and P. Zuman [9].

As substances with curare-like activity we have employed the following ones: the d-tubocurarine, the decamethonium, the succinylcholine, the phlaxedyl and "C_{100}" (a derivative of belladona), typically curare-like substances, which are well known and characterized from a pharmacodynamic point of view.

Table 1

Molare concentration		Wave height	
Decamethonium	Phlaxedyl	Decamethonium	Phlaxedyl
0	0	39	39
2.10^{-5}	1.10^{-5}	45	43
4.10^{-5}	2.10^{-5}	50	47
6.10^{-5}	3.10^{-5}	53	55
8.10^{-5}	4.10^{-5}	56	60
1.10^{-4}	5.10^{-5}	58	68

As a medium for the reaction we have used an ammoniacal solution of Co^{II} with the following composition: a solution of $CoCl_2 \cdot 6\,H_2O$ 4.10^{-3} N, a solution of ammonium chloride 1 N, a solution of ammonium hydroxide 1 N. To this basical solution was added the same quantity of cysteine 5.10^{-4} M, so that the "blank" was a solution made out of 2 ml cobaltous chloride, 0.5 ml ammonium chloride, 0,5 ml ammonium hydroxide, 0.1 ml cystine and 1.9 ml bidestillated water. To this "blank" solution were then added successively volumes between 0.1 ml and 0.6 ml of the solutions of the curare-like substances, only varying the proportion between these volumes and water, so as to realise, in all the experiences, the same constant volume and the same concentration of the compounds. The concentration of the curace-like substances finally realized in comparison to that of cystine considered as 1.10^{-5} M was between 1.10^{-5} M and 1.10^{-4} M. In all the determinations the pH was constant: 9.4. The records were made by polarographying in the air the different solutions with a voltage of 3.8 V, with a galvanometer sensitivity of 1/200, with a dropping time of 2.8 s and at the temperatures of 22 °C, using for the determinations the J. Heyrovský polarograph, 1950, of the "V 301" type.

Results

From the results obtained in the conditions described above, we have established that a certain interaction takes place between the curare-like substances mentioned, and the polarographic wave of cysteine. This interaction appears in an exaltation of the intensity of the catalytic current at the dropping mercury electrode, and this brings about an increase of the polarographic wave of cysteine.

From the figure 1 for instance, which represent the influence of the solution of 1.10^{-3} M decamethonium, respectively of the solution 5.10^{-4} M phlaxedyl upon the cysteine (Fig. 2), it may be observed that, in reference to the polarographic wave of cysteine, considered as a "blank", the presence of the curare-like substances causes an intensification of the electrode reaction, and the corresponding increase in height of the initial wave of cysteine (cystine). This increase varies in relation to the successive addition of the curare-like substance (as if the concentration in —SH increased), and depends on the final concentration of the curare-like substance in the polarographic cell (the polarogramms 2—6, Fig. 1 and 2). This fact comes out even more obviously if we follow the table, in which the height of the catalytic

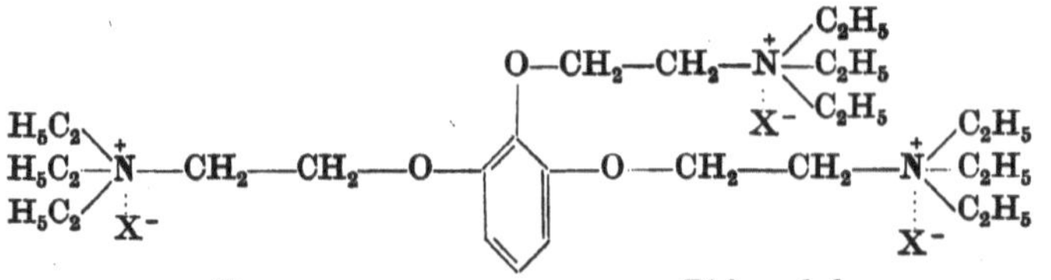

(I) Phlaxedyl

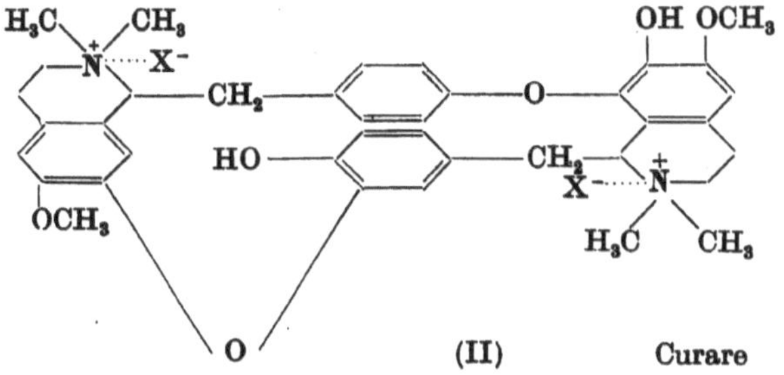

(II) Curare

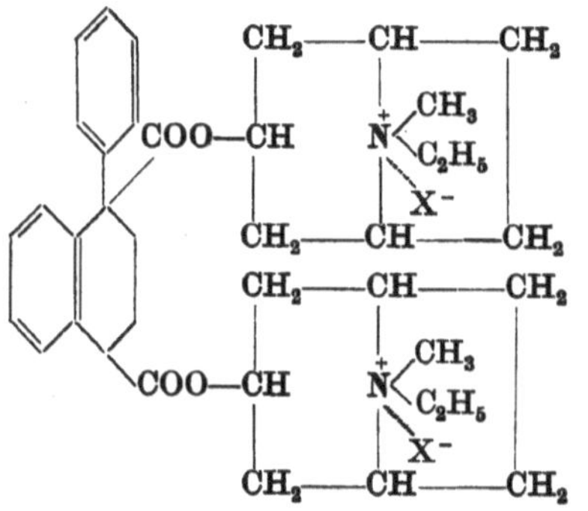

(III)

„C_{100}"

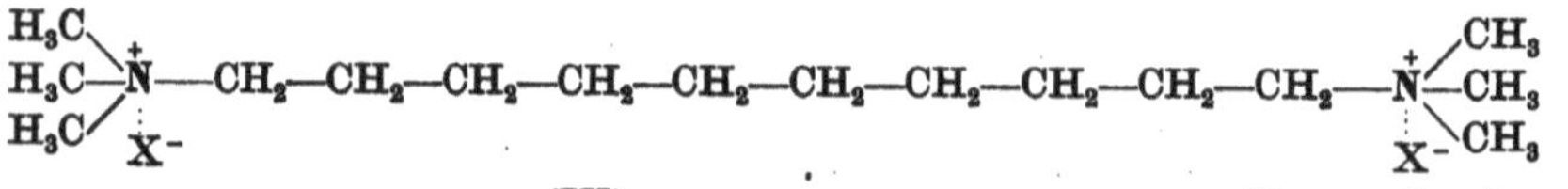

(IV) Decamethonium

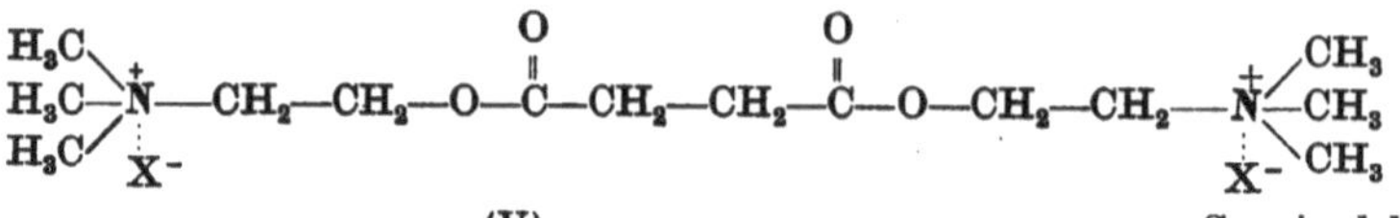

(V) Succinylcholine

wave is given in relation to the concentration of the curare-like substance. We mention that this effect is given by all the curare-like substances studied in this work, and that from this point of view the phlaxedyl is the most active one.

The dependence of the catalytic current, respectively of the height of the cystine polarographic wave on the concentration of the curare-like substance, does not display a similar aspect in all cases, but varies in relation to the nature of the added substance. Thus, in the case of the decamethonium, the d-tubocurarine and the succinylcholine, the dependence is not linear, but tends assymptotically to a limit value, having the aspect of an adsorbtion isotherme. The curve obtained experimentally was tested with the aid of the adsorption equation of LANGMUIR (Fig. 3). Therefore is may be supposed, that in this case — as well as for the thioaminoacids and the proteins — together with the increase of the concentration of active group, a saturation of the surface of the electrode takes place, which causes the relation between the concentration and the intensity of current to take the described aspect. As for the phlaxedyl and the "C_{100}" substance, the dependence between the height of the polarographic wave and the concentration is of a different nature. Indeed, from the figure 4, it may be observed that this dependence, for both substances, has practically the form of an exponential equation.

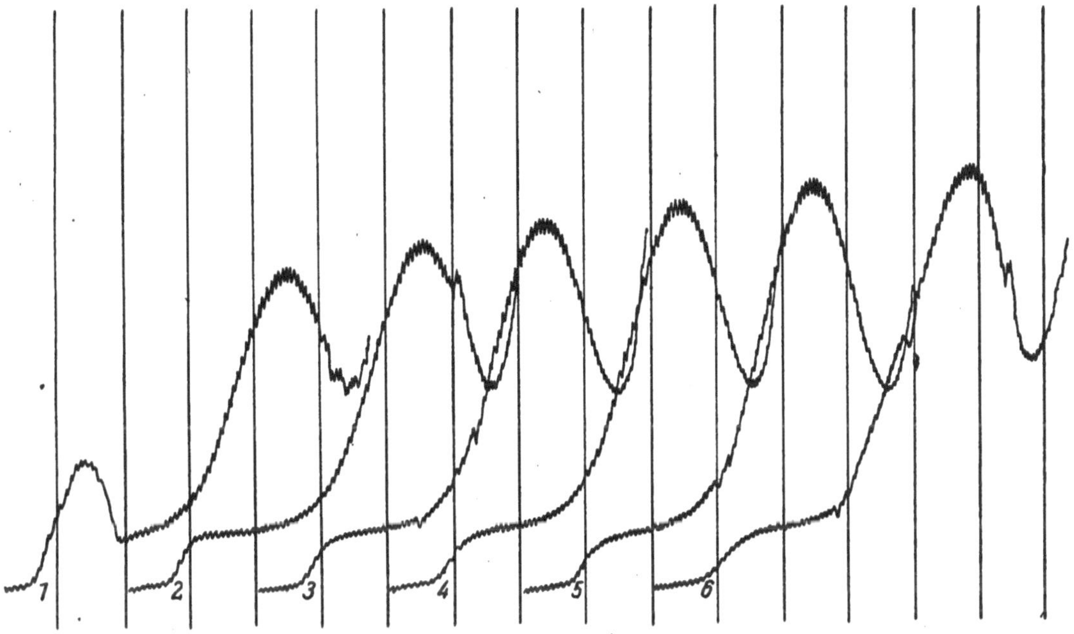

Fig. 1. The influence of decamethonium upon the polarographical wave of cysteine
1. The "blank" solution of cysteine to which was added:
2. 0.1 ml; 3. 0.2 ml; 4. 0.3 ml; 5. 0.4 ml; 6. 0.5 ml of the sol. 1.10^{-3} M decamethonium

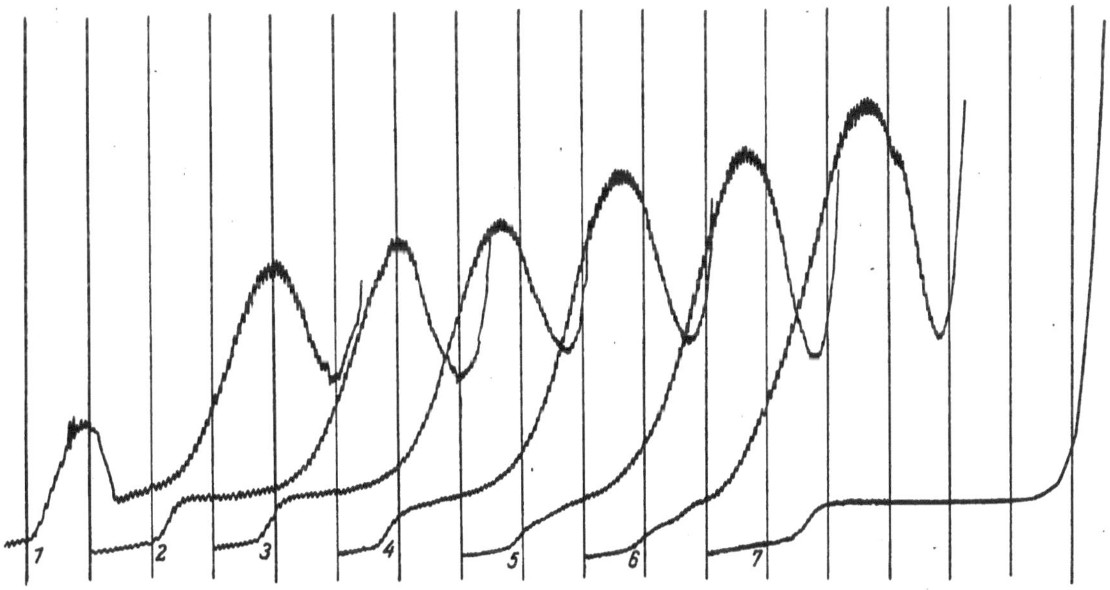

Fig. 2. The influence of phlaxedyl upon the polarographical wave of cysteine
1. The "blank" solution of cysteine to which was added:
2. 0.1 ml; 3. 0.2 ml; 4. 0.3 ml; 5. 0.4 ml; 6. 0.5 ml of the sol. 5.10^{-4} M phlaxedyl; 7. 0.3 ml of the curare-like substance in a Co-ammoniacal medium without cysteine

The influence of the quaternary salts of ammonium, in the sense of an exaltation of the polarographic wave of cysteine (cystine), cannot be assigned to the addition of catalytical effects, given by the cystine on the one side, and on the other one by the curare-like substance as such. It has been observed that the effect of the curare-like substance only appears in the presence of the —SH group respectively of cystine; the curare-like substance in a cobalto-ammoniacal medium without cystine has no effect (7th wave, Fig. 2). Besides, though these curare-like substances are surface active, as it has been demonstrated in a previous work [8], they have a suppressive effect only on the cobalt maximum, this maximum being entirely suppressed in the presence of traces of the already mentioned curare-like substances.

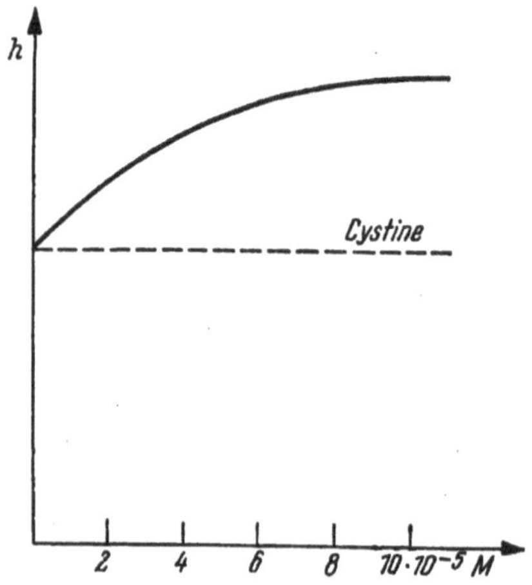

Fig. 3. The relation between the height of the catalytical wave and the concentration of the d-tubocurarine (1.10^{-3} M)

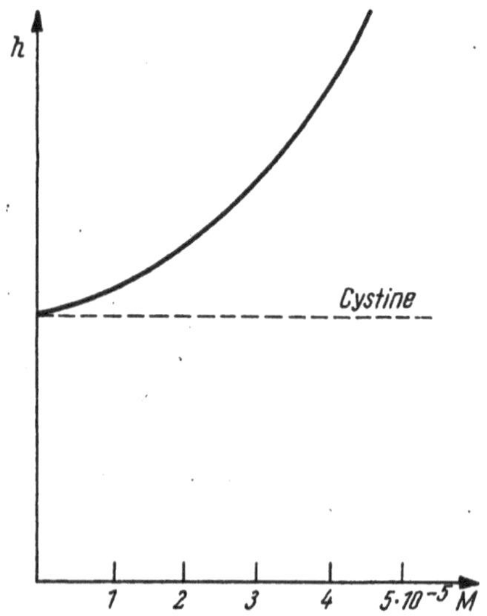

Fig. 4. The relation between the height of the catalytical wave and the concentration of the phlaxedyl (5.10^{-5} M)

On the contrary, the same substances in the same concentrations, have a quite different effect on the polarographic wave of cysteine (or cystine) which appears at a more negative potential, than has been mentioned above, provoking an increase of the intensity of the catalytic current. Therefore, in this way do the curare-like substances interfer with the catalytic reaction given by the thiol group.

Discussion

The action of the curare-like substances, we have studied, on the polarographic wave of cystine seems to depend on the presence of the atoms of quaternary nitrogen in the molecule of the curare-like substances, as well as on the complexity of the molecule. Thus, the phlaxedyl (I) which contain in its molecule 3 groups of quaternary ammonium, has also a more pronounced effect than the other curare-like substances with only 2 quaternary ammonium groups; likewise, the d-tubocurarine (II) and "C_{100}" (III) whose quaternary ammonium groups are in a heterocycle, are more active than the decamethonium (IV) and the succinylcholine (V), substances with a more simple structure. Although the reaction mechanism is not quite well known for some of the catalytic waves, it is possible that the quaternary ammonium salts studied by us should provoke an increase of the velocity of reaction in the presence of the complex formed by the cobalt and the thiol group (the electroreduction of cystine). One may suppose that the process of increase of the catalytic wave in the presence of these curare-like substances, should be allotted to the activation of the thiol group coordinatively bound in the cobalt complex [11], which activation should determine a more pronounced labilisation of the bond between sulphur and hydrogen in the thiol group and implicitely, an increase of the proton activity. The fact that the effect of these quaternary salts of ammonium appears only in the presence of cystine, seems to strengthen the hypothesis according to which they should act on the complex, thus influencing the lowering of the supertention of the hydrogen at the dropping mercury electrode. The observed phenomena are also subject to some different interpretations, but we shall not dwell on them for the time being.

Generally speaking, when we follow polarographically the action on cysteine (or cystine) of some quaternary salts of ammonium possessing a curare-like activity, we observe that these substances have a different behaviour from that mentioned to this day by the different authors; while the other substances spoken of in the literature either do not interfere with or diminish the polarographic wave of cystine, the curare-like substances studied by us, present a different action, increasing the polarographic wave of cysteine (cystine), respectively strengthening the catalytic reaction at the electrode.

As a conclusion, it results from our experimental data, that between the curare-like substances we have studied and the thiol group a certain interaction takes place. We consider that this observation is not without interest from a polarographic point of view, as regards the mode of action of these substances in the mechanism of the catalytic reaction; it is also interesting from the view point of the modifications these substances might eventually bring about in the body, modifications related to the state of the thiol groups. In this respect, future studies on the influence of the curare-like substances on the thioaminoacids and the muscular proteins of the curarized animals, as well as the possible modification of the —SH/—S—S— relation in the curarizing process will afford further precisions to the problem.

Bibliography

[1] Földes, F., etc., J. Am. Med. Assoc. **16**, 1559 (1952).
[2] Nachmansohn, D., Biochim. Biophys. Acta **4**, (1950).
[3] Paton, W., J. of Anaesthesia **28**, 470 (1956).
[4] Kostojant, H. S., Fiziologhiceskii J. S.S.S.R. **36**, 92 (1950).
[5] Kostojant, H., Tezisi dokladov. Moskva, 332 (1955).
[6] Turpaev, T. M., Biochimia **16**, 611 (1951) (russ.).
[7] Veldstra, H., Bull. Soc. Chim. Biol. **31**, 594 (1949).
[8] Serban, M., etc., Revue de Chimie **2**, 325 (1957).
[9] Březina, M., Zuman, P., Die Polarographie in der Medizin, Biochemie und Pharmazie, Leipzig 1956, 288—289, 532—552.
[10] Page, J., Waller, J., Nature **157**, 838 (1946).
[11] Brdička, R., Research **1**, 25 (1947).
[12] Heyrovský, J., Polarographie, Wien 1941, 119—143, 384—389.
[13] Kolthoff, I., Lingane, J., Polarography, Interscience Publishers, New York—London 1952, 235-246; 281-295; 849-857.

B—7

Polarographische Untersuchungen über die Bindung von Fluoreszein-Na und Thiazinrot-R an Serumeiweißkörper

F. Genau

Institut für Mikrobiologie und experimentelle Therapie, Jena[1]
der Deutschen Akademie der Wissenschaften zu Berlin

Bei den experimentellen Untersuchungen zum Problem der Kapillarpermeabilität nehmen die direkten Beobachtungen am Gefäßsystem eine vorrangige Stellung ein. Während dabei die Beobachtung der korpuskularen Blutbestandteile kaum Schwierigkeiten bereitet, können Plasmaproteine nur indirekt, d.h. mit Hilfe einer markierenden Substanz, sichtbar gemacht werden. Hierfür sind die Fluoreszenzfarbstoffe auf Grund ihrer außerordentlich großen Empfindlichkeit sehr gut geeignet. Voraussetzung ist allerdings, daß der Farbstoff in der vorgelegten Konzentration vollständig von den Eiweißkörpern gebunden wird, d.h. also, die quantitativen Bindungsverhältnisse zwischen Farbstoff und Plasmaproteinen müssen bekannt sein.

Genauere quantitative Messungen dieser Art wurden bisher in erster Linie unter physikalisch-chemischen Gesichtspunkten vorgenommen, wobei man sich hauptsächlich der Methoden des Dialysegleichgewichtes, der Absorptionsspektrographie und neuerdings auch der Polarographie bediente.

Daß die Senkung einer polarographischen Diffusionsstufe nach Proteinzugabe auf eine Komplexbildung zurückzuführen sei, darauf wies bereits Breyer [1] 1938 hin. Er konnte es auch im Falle des Methylorange in überzeugender Weise darstellen. Allerdings boten sich auch alternative Erklärungen an. Insbesondere wurde immer wieder darauf hingewiesen, daß eine Proteinadsorption an der Elektrodenoberfläche verantwortlich, zumindest mitverantwortlich zu machen sei.

Wir haben die Komplexbildung zwischen frischem Rinderserum und zwei Fluoreszenzfarbstoffen untersucht, nämlich Fluoreszein-Na, welches wohl mit zu den intensivsten und markantesten Fluoreszenzstrahlern zu rechnen ist, und Thiazinrot R. Letzteres war für uns von besonderem Interesse, da ihm nach Haitinger und Geiser [2] im histologischen Schnitt eine spezifische metachromatische Fluorochromierung für Serumeiweiß zukommen soll. Sämtliche Untersuchungen wurden in einem 0,1-m-Phosphatpuffer (pH 7,3) vorgenommen.

Es wurde zunächst zu einer konstanten Fluoreszein-Konzentration in ansteigenden Mengen Rinderserum zugegeben. Dabei fiel der Grenzstrom kontinuierlich ab und näherte sich dabei asymptotisch einem bestimmten Grenzwert, den wir zunächst mit p bezeichneten. Letzterer ist auf die polarographische Aktivität des Farbstoff-Proteinkomplexes zurückzuführen. Er entspricht dem Diffusionsstrom, bei dem der gesamte Farbstoff in proteingebundener Form vorliegt, also mit der Diffusionsgeschwindigkeit der Proteinmoleküle zur Elektrode wandert. Setzt man nun voraus, daß sämtliche proteingebundenen Farbstoffmoleküle zur Reduktion gelangen, so ist damit die Möglichkeit gegeben, den Grenzwert p theoretisch zu bestimmen. Auf Grund der Ilkovič-Gleichung ist er bestimmt durch das Verhältnis der Quadratwurzeln aus den Diffusionskoeffizienten des Eiweißes und des Farbstoffes. Während für Fluoreszein

[1] Jetzige Anschrift: Karl-Marx-Stadt, Frauenklinik.

ein eindeutiger Wert vorhanden war, ließ sich für die Serumeiweißkörper kein einheitlicher Koeffizient angeben. Für unsere Berechnungen wurde dabei der Tatsache Rechnung getragen, daß die Bindung von Anionen in erster Linie an die Albumine erfolgt. Das ließ sich auch im Falle des Fluoreszeins mittels Elektrophorese bestätigen. Die Tatsache, daß es sich hier um einen Näherungswert handelt, verliert auch dadurch an Gewicht, daß der Diffusionskoeffizient als Quadratwurzel in unsere Berechnungen eingeht. Es ergab sich hierbei ein Grenzwert $p = 0{,}33$.

Aus Abb. 1 kann man entnehmen, daß dieser theoretische Wert praktisch dem experimentellen, also dem durch Extrapolation zu ermittelnden Wert entspricht.

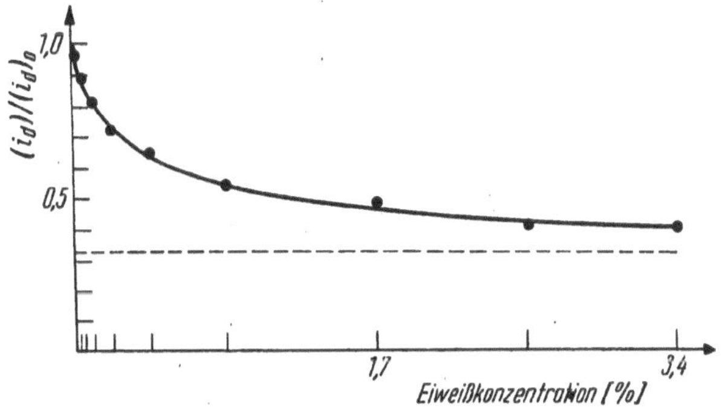

Abb. 1. Die relative Stufenhöhe (Verhältnis der Stufenhöhe nach Proteinzugabe (i_d) zur Stufenhöhe des Gesamtfarbstoffes $(i_d)_0$) in Abhängigkeit zur Proteinkonzentration Farbstoffkonzentration 4.10^{-5} molar
— — — — — theoretischer Grenzwert

Ganz allgemein stellt p den Faktor dar, wodurch der Diffusionsstrom des Fluoreszeins nach seiner Bindung an Serumproteine erniedrigt wird. Es erhebt sich also zwangsläufig die Frage, wie man bei nur teilweiser Bindung des Farbstoffes aus der Senkung des Diffusionsstromes die tatsächlichen Bindungsverhältnisse bestimmen kann. In diesen Fällen setzt sich die gemessene Stufenhöhe aus den Diffusionsströmen des freien und des gebundenen Farbstoffes zusammen (TANFORD [3]).

$$(i_d) = (i_d)_f + p \cdot (i_d)_b \,. \tag{1}$$

	Proteinkonz.	$(i_d)_1$ mm	$(i_d)_2$ mm	p
I	1,0 %	67	43	0,320
	0,5 %	68	51	0,333
	0,25%	69	55	0,359
II	1,0 %	66	42	0,308
	0,5 %	66	52	0,292
	0,25%	68	56	0,333
			Durchschnittswert:	0,324

Leerversuch $(i_d)_0$ 68 mm

Abb. 2. Gleichgewichtsdialyseversuche

I: der Farbstoff wurde der Proteinlösung zugegeben
II: der Farbstoff wurde der proteinfreien Lösung zugegeben
$(i_d)_1$ Stufenhöhe in der proteinfreien Lösung
$(i_d)_2$ Stufenhöhe in der proteinhaltigen Lösung

Dabei entspricht $(i_d)_b$ der Stufenhöhe, welche die gebundene Farbstoffmenge in eiweißfreier Lösung ergeben würde. Durch Multiplikation mit dem Faktor p erhält man die reale Stufenhöhe. Die gebundene Farbstoffmenge läßt sich aber als Differenz zwischen Gesamtfarbstoffmenge und dem freien Farbstoff darstellen, also

$$(i_d) = (i_d)_f + p \cdot [(i_d)_t - (i_d)_f] \,. \tag{2}$$

Aus dieser Gleichung läßt sich nun die Stufenhöhe des freien Farbstoffes errechnen.

$$(i_d)_f = \frac{(i_d) - p \cdot (i_d)_t}{1 - p} . \tag{3}$$

Mit Hilfe einer Eichkurve läßt sich nun ohne weiteres die absolute Menge des freien und damit auch des gebundenen Farbstoffes bestimmen.

Zur weiteren Untermauerung unserer bisherigen Erörterungen und insbesondere zum direkten Beweis für die Reduktionsfähigkeit des Farbstoff-Protein-Komplexes wurden Dialysegleichgewichtsversuche durchgeführt. Der Donnan-Effekt wurde nicht berücksichtigt, da dies bei den hohen Pufferkonzentrationen und den relativ kleinen molaren Eiweißkonzentrationen entbehrlich schien. Nach Einstellung des Gleichgewichtes wurden von beiden Lösungen Polarogramme aufgenommen.

Dabei zeigte es sich, daß die Stufenhöhe in der eiweißfreien Lösung $(i_d)_1$ höher war als in der proteinhaltigen Lösung $(i_d)_2$. Die Differenz zwischen beiden entspricht der Stufenhöhe des gebundenen Farbstoffanteils. Aus diesen Werten wurde der Faktor p rechnerisch ermittelt, und man sieht, daß die Werte, insbesondere der Durchschnittswert für p, sehr gut mit dem theoretischen Wert übereinstimmen. Da wir aber bei diesen Berechnungen stillschweigend voraussetzen, daß der Farbstoff unter den gleichen Bedingungen an der Elektrodenoberfläche reduziert wird wie in eiweißfreier Lösung, kann die Proteinadsorption an der Elektrodenoberfläche für die Stufensenkung nicht von Bedeutung sein. Wäre dies nämlich der Fall, dann müßte der experimentelle Wert für p unter dem theoretischen Wert liegen.

Einschränkend muß allerdings gesagt werden, daß diese Überlegungen nur für den von uns gewählten physiologischen pH-Wert von 7,3 Gültigkeit haben. Nach Tanford [4] ist die Proteinadsorption nämlich von dem jeweiligen Ladungszustand der Eiweißkörper und somit vom pH-Wert abhängig. Sie ist demnach am stärksten im sauren Milieu ausgeprägt und sinkt mit ansteigenden pH-Werten. Da aber ein pH-Wert von 7,3 oberhalb der isoelektrischen Punkte sämtlicher Serumeiweißkörper liegt, ist auch schon aus diesen Erwägungen heraus unter unseren Versuchsbedingungen kaum mit einer Proteinadsorption zu rechnen.

Thiazinrot R zeigt je nach Konzentration in wäßriger Lösung eine violette bis blaue Fluoreszenz. Gibt man zu einer blau fluoreszierenden Konzentration von etwa 1:100 000 eine blaß bläulich fluoreszierende verdünnte Serumeiweißlösung zu, so tritt im UV-Licht ein Farbumschlag auf. Die Lösung fluoresziert jetzt intensiv hellrot!

Leider handelt es sich bei dem kommerziellen Farbstoff um keine reine Substanz. Zur Klärung des geschilderten Effektes erschien es also zunächst erforderlich, das Thiazinrot von einer beigemischten blau fluoreszierenden Komponente zu trennen. In orientierenden Vorversuchen wurde die relative Diffusibilität der beiden Komponenten in Gelatinegallerte untersucht, wobei die Blaukomponente eine 4- bis 5fach größere Diffusionsgeschwindigkeit als das Thiazinrot zeigte. Es lag also der Gedanke nahe, mittels einer geeigneten semipermeablen Membran die beiden Komponenten zu trennen. Dabei zeigte es sich, daß das gereinigte Thiazinrot in wäßriger Lösung keinerlei Fluoreszenz aufweist. Die Blaukomponente hingegen ist im Tageslicht farblos und fluoresziert im UV-Licht intensiv blau. Nach Zugabe von Serumeiweißlösung zeigte das gereinigte Thiazinrot die gleiche Rotfluoreszenz, wie sie bereits oben beschrieben wurde. Mithin ist dieser „metachromatische" Effekt durch die Bindung des Thiazinrots an die Serumeiweißkörper bedingt. Allerdings kann durch die Bindung an andere Substrate die gleiche Wirkung erzielt werden. So zeigten z.B. die zur Reinigung des Farbstoffes verwendeten Dialysemembranen ebenfalls eine Rotfluoreszenz. Auch auf Filtrierpapier fluoreszierte das Thiazinrotgemisch intensiv rot.

Gleichfalls am histologischen Schnitt, also am fixierten und somit denaturierten Eiweiß, ist also zu erwarten, daß jeder Gewebebestandteil, der das Thiazinrot überhaupt bindet, den gleichen Effekt zeigt. Es besteht natürlich die Möglichkeit, daß sich Serumeiweiß durch eine besonders starke Affinität gegenüber Thiazinrot auszeichnet, daß also quantitative Unterschiede gegenüber den anderen Gewebebestandteilen bestehen.

Wir haben daher aus mehreren menschlichen Organen (Niere, Darmwand und Harnblasenwand), bei denen schon auf Grund des makroskopischen Befundes ein erhebliches Ödem bestand, histologische Schnitte nach der von HAITINGER und GEISER [2] angegebenen Methode fluorochromiert. Andererseits wurden Schnitte entsprechender normaler Organe angefertigt. Dabei ließ sich sowohl bei den sicher ödematösen als auch bei den normalen Organen im Interstitium eine rotbraune Fluoreszenz nachweisen. Demnach muß also auch das lockere interstitielle Bindegewebe das Fluorochrom Thiazinrot adsorbiert haben! Uns erscheint es daher fraglich, ob es möglich ist, mit der HAITINGERschen Methode ein interstitielles Ödem sicher nachzuweisen. Zumindest dürfte sie gegenüber den bisherigen histologischen Methoden keinen wesentlichen Vorteil bieten.

Bei den polarographischen Untersuchungen zeigte das Thiazinrot ein ganz anderes Verhalten als das Fluoreszein. Bei Zugabe von ansteigenden Mengen Rinderserum zu einer konstanten Thiazinrotkonzentration nahm der Diffusionsstrom kontinuierlich ab, näherte sich asymptotisch der Grundlinie, um schließlich ganz zu verschwinden. Der Farbstoff-Protein-Komplex zeigte also in diesem Falle keine polarographische Aktivität, was sich auch durch entsprechende Dialysegleichgewichtsversuche erhärten ließ.

Um nun, auf unsere primäre Fragestellung zurückkommend, diejenige Farbstoffkonzentration zu bestimmen, die eben gerade durch die Proteinkörper gebunden werden kann, wurde zu einer 3,4%igen Serumeiweißlösung in absteigenden Konzentrationen Farbstoff zugegeben.

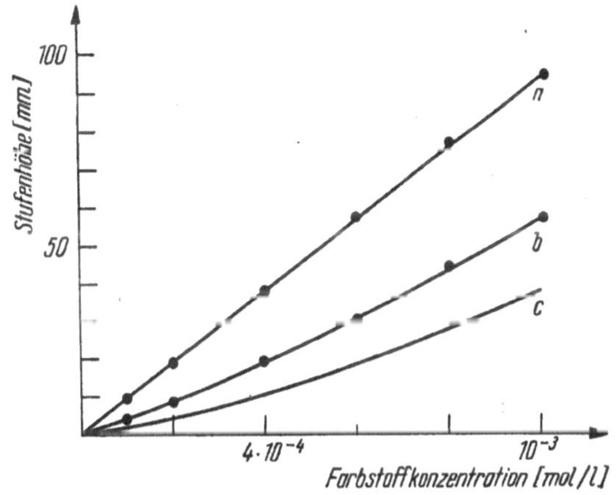

Abb. 3. Der Diffusionsstrom des Fluoreszeins in einer 3,4%igen Serumeiweißlösung als Funktion der Farbstoffkonzentration

a: Eichkurve; *b*: gemessene Stufenhöhe in 3,4%iger Proteinlösung; *c*: Errechnete Stufenhöhe des ungebundenen Farbstoffes

Dabei zeigte es sich im Falle des Fluoreszeins, daß bei diesen hohen, den physiologischen Serumeiweißwerten recht nahekommenden Proteinkonzentrationen selbst für kleinste Farbstoffkonzentrationen keine vollständige Bindung eintritt. Das stimmt auch mit den Angaben von WITTE [5] überein, der am Mesenterium der Ratte beobachtete, daß das Fluoreszein nach intravenöser Injektion praktisch sofort das Gefäßsystem verläßt und zu einer diffusen Anfärbung des Gewebes führt. Thiazinrot hingegen wurde in einer $2 \cdot 10^{-4}$ molaren Lösung praktisch vollkommen gebunden.

Es sei jedoch darauf hingewiesen, daß mit gesteigerter Empfindlichkeit der polarographischen Apparatur auch bei noch geringeren Gesamtfarbstoffkonzentrationen einwandfrei, wenn auch nur in sehr geringen Mengen, freier Farbstoff nachweisbar war. Die Frage nach einem Grenzwert der Bindungsfähigkeit wird daher in starkem Maße von der Empfindlichkeit der angewandten Methodik abhängig sein. Wahrscheinlich wird man einen Kompromiß eingehen müssen und im Tierversuch zu ermitteln haben, inwieweit sich so geringe Mengen freien Farbstoffes störend bei den Beobachtungen auswirken.

Abschließend möchte ich noch anführen, daß sich bei unseren Untersuchungen gezeigt hat, daß mit zunehmender Verdünnung des Serums die relative Bindungsfähigkeit, d.h. die pro Eiweißmolekül gebundene Farbstoffmenge, zunimmt (Abb. 5).

Auf diese Tatsache hatten bereits BREYER und BAUER [6] sowie KLOTZ und Mitarbeiter [7] im Falle des Methylorange hingewiesen. Über die Ursache dieser veränderten Bindungskapazität lassen sich natürlich bei unserem heutigen Wissen über die Struktur der Plasmaproteine nur Vermutungen anstellen. Sicher wird man dabei nicht fehlgehen, wenn man das Proteinmolekül nicht als etwas dauerhaft Stationäres ansieht, sondern den Proteinen durch eine

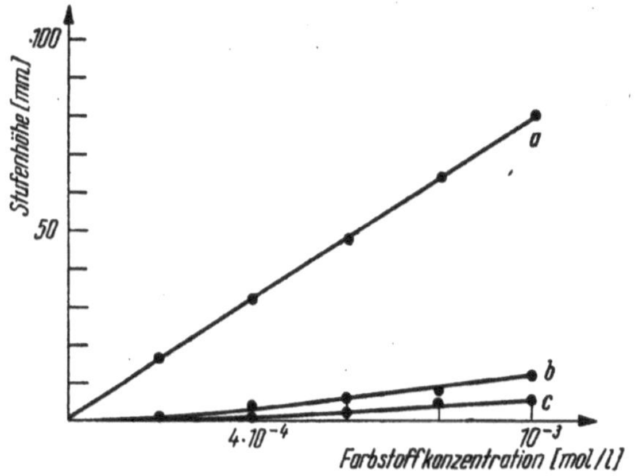

Abb. 4. Der Diffusionsstrom des Thiazinrot in einer 1%igen bzw. 3,4%igen Serumeiweißlösung als Funktion der Farbstoffkonzentration
a: Eichkurve; *b*: Stufenhöhe in 1%iger Proteinlösung; *c*: Stufenhöhe in 3,4%igen Proteinlösung

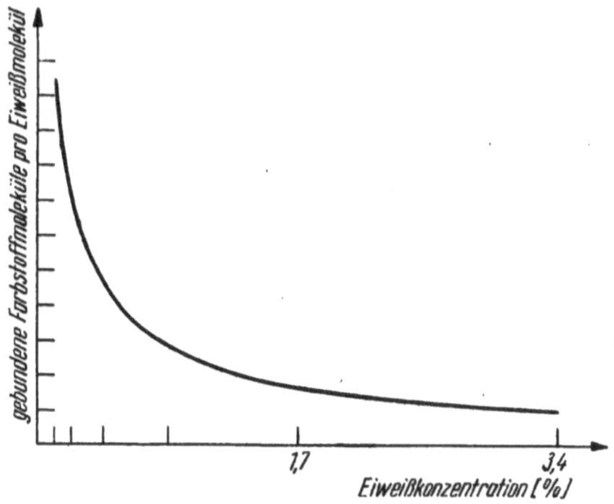

Abb. 5. Diagramm der bei verschiedenen Gesamteiweißkonzentrationen pro Eiweißmolekül gebundenen Farbstoffmenge

dynamische Betrachtungsweise die stetige Möglichkeit zur Dissoziation und Assoziation einräumt, wodurch Haftpunkte frei werden bzw. sich gegenseitig absättigen können. Wie dem auch sei, für unsere Problematik war die Tatsache doch dahingehend von Interesse, daß die Proteinkonzentration eines akuten serösen Ödems im allgemeinen niedriger ist als im Blutserum. Nach dem vorher Gesagten ist demnach zu erwarten, daß ein innerhalb der Blutbahn eiweißgebundenes Farbstoffmolekül auch außerhalb des Gefäßsystems seine Proteinbindung beibehalten wird.

SUMMARY

Addition of bovine serum to solutions of Fluorescein-Na and to Thiazine-Red *R* brings about a lowering of the polarographic wave of the fluorescent dyes. The fixed Thiazine-Red does not show any polarographic activity, thus enabling a direct evaluation of its portion. Fluorescein, in the fixed from, too, is completely reduced. The variation of the height of the wave is, in this case, due to the slower diffusion of the serum protein.

Literatur

[1] BREYER, B., Bull. soc ital. biol. sper. **13**, 763 (1938).
[2] HAITINGER, M., GEISER, P., Virch. Arch. **312**, 116 (1944).
[3] TANFORD, C., J. Amer. Chem. Soc. **73**, 2066 (1951).
[4] —, J. Amer. Chem. Soc. **74**, 6036 (1952).
[5] WITTE, S., Z. exper. Med. **129**, 181 (1957).
[6] BREYER, B., BAUER, H. H., Austr. J. Chem. **6**, 332 (1953).
[7] KLOTZ, I. M., WALKER, F. M., PIVAN, R. B., J. Amer. Chem. Soc. **68**, 1486 (1946).

B—8

Die Polarographie in der pharmazeutischen Forschung. Zwei ausgewählte Beispiele

B. Nygård

Forschungsabteilung, AB Pharmacia, Uppsala, Schweden

Die folgende Darstellung erörtert in Kürze zwei Probleme, für deren Lösung die Polarographie vorteilhafter ist als andere physikalische Methoden.

A. Eine kinetische Verfolgung der Spaltung einiger Mononitratester primärer Aminoalkohole in Wasserlösung [1, 2]

Durch die grundlegenden Untersuchungen an einfachen Monoalkylnitraten [3, 4] hat man erstmals einen Einblick in den Mechanismus der Nitratesterhydrolyse bekommen. Es konnte gezeigt werden, daß die Monoalkylnitrate in *neutraler* und *alkalischer* Lösung sich analog mit den entsprechenden Alkylhaliden hydrolysieren lassen, d.h. nach a) und b) in dem folgenden Reaktionsschema.

a) Nucleophile Substitution → Alkohol + Nitrat (S_N2)

$$HO^- + -\overset{|}{\underset{|}{C}}-ONO_2 \rightarrow HO-\overset{|}{\underset{|}{C}}- + NO_3^-$$

b) Elimination von β-H → Alken + Nitrat (E_N2)

$$HO^- + H-\overset{|}{\underset{|}{C}}-\overset{|}{\underset{|}{C}}-ONO_2 \rightarrow H_2O + \overset{|}{\underset{|}{C}}=\overset{|}{\underset{|}{C}} + NO_3^-$$

c) Elimination von α-H → Carbonyl + Nitrit (E_{CO})

$$HO^- + H-\overset{|}{\underset{|}{C}}-ONO_2 \rightarrow H_2O + \overset{|}{\underset{|}{C}} = O + NO_2^-$$

So stellt Nitroglycerin ein Beispiel eines Nitratesters dar, der nach c) hydrolysiert wird. Für die Monoester ist der S_N2-Mechanismus vorherrschend.

In *saurer* Lösung dagegen sind die Reaktionsverhältnisse weniger übersichtlich, und die Frage einer eventuell vorliegenden sauren Katalyse ist noch nicht genügend geklärt.

Die folgende kinetische Untersuchung behandelt vier Nitratester von primären Aminoalkoholen, und zwar

$$O_2NO-(CH_2)_2-NH_2 \quad (I)$$
$$O_2NO-(CH_2)_3-NH_2 \quad (II)$$
$$O_2NO-(CH_2)_4-NH_2 \quad (III)$$
$$O_2NO-CH_2-C(CH_3)_2-NH_2 \quad (IV)$$

Da die reinen Amine instabil und sehr polymerisationsfähig sind, wurden sie in der Form ihrer p-toluolsulfonsauren Salze benutzt. Das Anion ist dabei ohne Einfluß auf den kinetischen Verlauf der Esterhydrolyse.

Die kinetischen Messungen erfolgten nach einem *statischen* Verfahren in 0,01 M Esterlösungen, die zusätzlich gepuffert waren. Proben wurden zu verschiedenen Zeitpunkten aus der Stammlösung genommen, auf 20 °C temperiert und in den pH-Bereich 3–5 gebracht. Der Anteil der unveränderten Ester wurde *polarographisch* bestimmt, nachdem anorganisches Nitrat und störende Elektrolyten mit Hilfe eines *Anionenaustauschers*, Amberlite IRA-400, entfernt worden waren. Der Anionenaustauscher wurde, um eine quantitative Esterausbeute zu gewährleisten, in Acetatform benutzt. Durch eine darauffolgende Eluierung der Säule mit 1 M KCl konnte bei der Hydrolyse gebildetes, anorganisches Nitrat auch gemessen werden. Allerdings wird dabei eventuell vorliegendes Nitrit auch mitbestimmt.

Das polarographische Meßverfahren für die Bestimmung sowohl der Nitratester als auch des Nitrates beruht auf der bekannten Uranylmethode [5], deren hohe Empfindlichkeit für das vorliegende kinetische Problem besonders vorteilhaft ist.

In voller Analogie mit den polarographischen Ergebnissen des Äthyl- und Cyclohexylnitrates [6] geben die hier untersuchten Nitratester in Anwesenheit von UO_2^{2+} eine gut entwickelte Doppelwelle mit $E_{1/2} = -0{,}45$ bzw. $E_{1/2} = -0{,}90$ V vs. SCE. Die erste, kleinere Stufe, deren $E_{1/2}$-Wert von der Zahl der in dem Ester vorhandenen Nitroxygruppen abhängig ist, entspricht einer Zweielektronenreduktion, in der Alkohol und Nitrit als Reaktionsprodukte auftreten. Die zweite polarographische Welle, die etwa doppelt so groß ist (das Höhenverhältnis berechnet sich auf 1,83–1,89), stellt anschließend die normale Reduktion des Nitrits zum Hydroxylamin dar. Diese Welle ist ganz von der zweiten Uranylstufe überlagert. Wird hierfür korrigiert, eignet sich die Reduktionsstufe des Nitrits besonders für eine quantitative Auswertung der Esterkonzentration. Die günstigsten Meßbedingungen dieser sog. „Nitritstufe" hat man im pH-Bereich 2,1 ± 0,6.

Ergebnisse. Eine Zusammenfassung der kinetischen Versuche gibt die Tabelle 1 wieder. Hieraus ist ersichtlich, daß die vier Nitratester in 0,4 M HCl mit derselben Geschwindigkeit hydrolysiert werden. In 0,1 M NaOH dagegen wird der reaktionsfähigste etwa 160 000mal

Tabelle 1: Ein Vergleich zwischen der durch Wasserstoffionen katalysierten sauren Hydrolyse und der alkalischen Iminbildung der Nitratester nach [1]

Nitratester	In 0,4 M HCl gemessen			In 0,1 M NaOH gemessen		
	E_A Kkal/Mol	log A l·Mol^{-1}·sek^{-1}	Relative Geschwindigkeit bei 80 °C	E_A Kkal/Mol	log A sek^{-1}	Relative Geschwindigkeit bei 40 °C
$O_2NO\text{-}CH_2\text{-}C(CH_3)_2\text{-}NH_2$ (IV)	26,1	11,3	1,8	26,1	15,3	120
$O_2NO\text{-}(CH_2)_2\text{-}NH_2$ (I)	26,9	11,5	1	25,9	13,0	1
$O_2NO\text{-}(CH_2)_3\text{-}NH_2$ (II)	27,5	11,8	0,8	24,9	11,2	0,08*
$O_2NO\text{-}(CH_2)_4\text{-}NH_2$ (III)			0,9	23,3	14,3	13 000*

* Berechnet nach der Arrhenius-Relation

schneller hydrolysiert als der langsamste. Wenn die Ester nach einem S_N2 Mechanismus reagiert hätten, hätten die Reaktionsgeschwindigkeiten für (I), (II) und (III) einander gleich sein müssen. Diese Erscheinungen lassen sich durch einen Iminmechanismus erklären, und zwar gilt

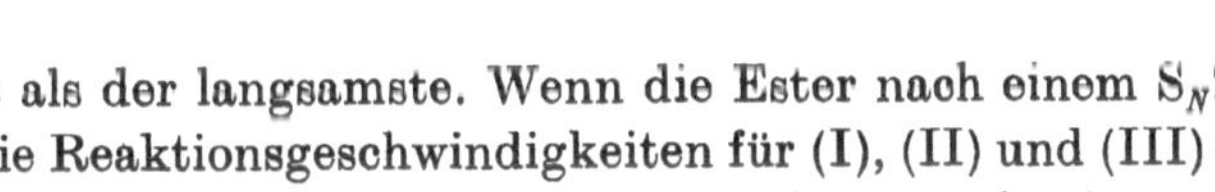

Eine derartige Iminbildung in alkalischer Lösung steht in voller Analogie mit dem Verhalten der entsprechenden Halogenverbindungen. OH^- und Ester werden parallel miteinander verbraucht, was acidimetrisch bestätigt werden kann. Die Reaktion ist erster Ordnung, und die Geschwindigkeitskonstante ist von der Esterkonzentration und von der Hydroxylionenkonzentration unabhängig.

Die Ergebnisse einiger kinetischen Versuche mit 2-Aminoäthylnitrat in gepufferten Lösungen sind in Abb. 1 graphisch dargestellt. Bei hohen pH-Werten ist die Geschwindigkeitskonstante vom pH-Wert unabhängig. In diesem Bereich wird der Ester nach dem obenangeführten Iminmechanismus hydrolysiert. In der Tat reagiert der Ester unter Iminbildung auch bei niedrigeren pH-Werten (die Grenze liegt etwa bei pH 4). Ab pH 8 nimmt die Geschwindigkeit ab, was mit der Protolysenstufe des Amins zusammenhängt (Dissoziationsgrad = α). Nur die *freien* Amine sind imstande, nucleophil und damit unter Iminbildung zu reagieren.

Die in stark saurer Lösung steigende Geschwindigkeit deutet auf eine durch Protonen katalysierte Reaktion hin. Auf die Beschreibung der Einzelheiten der Säurekatalyse muß in dieser Übersicht verzichtet werden.

Die graphische Darstellung in Abb. 1 interessiert auch vom Gesichtspunkt der pharmazeutischen Stabilität. Das Minimum zwischen pH 2 und 3 entspricht der größten Esterstabilität.

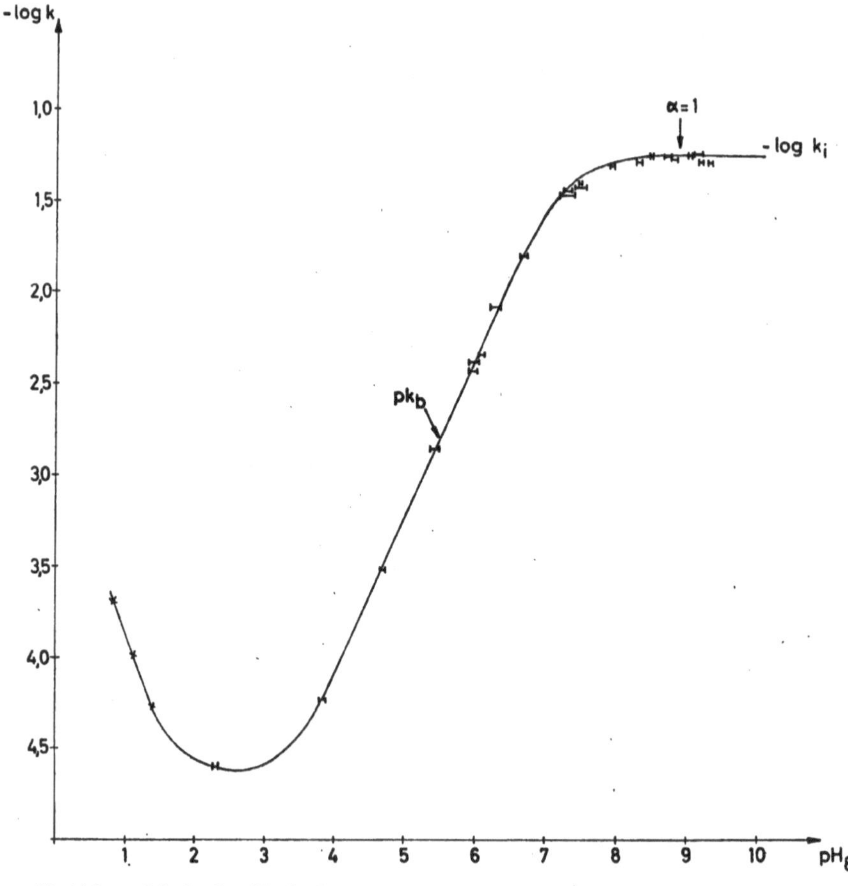

Abb. 1. pH-Abhängigkeit der Hydrolysengeschwindigkeit von 2-Aminoäthylnitrat. Temp. 80 °C

Kennt man die mathematischen Ausdrücke für die alkalische Iminbildung und die im Sauren vorliegende Katalyse, läßt sich die gesamte Zerfallskonstante bei einer willkürlichen Temperatur berechnen.

B. Die Konzentrationsmessung einiger pharmazeutisch interessanter Azoderivate im Serum

Azoverbindungen eignen sich besonders für eine direkte Gehaltbestimmung entweder auf spektrophotometrischem oder polarographischem Wege. Beide Methoden sind empfindlich und wenig zeitraubend; sie können prinzipiell auch ohne Vorseparation für Messungen in

Serum ausgenützt werden. Im Falle der Spektrophotometrie können manchmal wegen einer Hämolyse des Blutes und darauffolgender Mißfärbung des Serums gewisse Komplikationen auftreten. Das polarographische Meßverfahren ist deswegen für das vorliegende Problem zu bevorzugen.

Salicylazosulfapyridin (V) und *Salicylazosulfadimidin* (VI) geben über den ganzen pH-Bereich für quantitative Auswertungen geeignete Stufen [7], die einer Zweielektronenreduktion entsprechen.

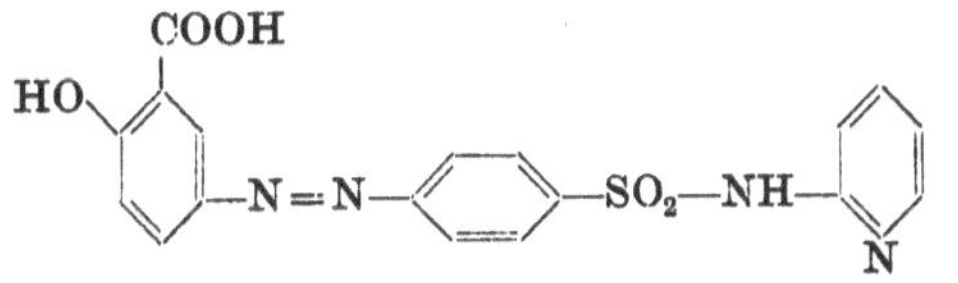

(V) SP

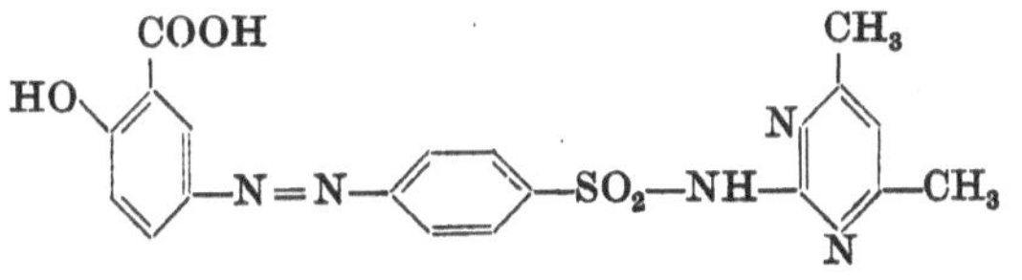

(VI) SD

Kleinere Mengen dieser Substanzen in Serum lassen sich am besten in Phosphatpufferlösung (pH 7) polarographieren.

Im Vergleich zu den Verhältnissen in Wasserlösung findet in Serum bei derselben Konzentration eine Erniedrigung der polarographischen Aktivität statt (Abb. 2). Eine für alle Konzentrationen lineare Beziehung zwischen i_d und c ist in Serum nicht erfüllt. Aus Abb. 2 geht weiter hervor, daß der bei der Anwesenheit von Serum verkleinerte Diffusionstrom ***nicht***

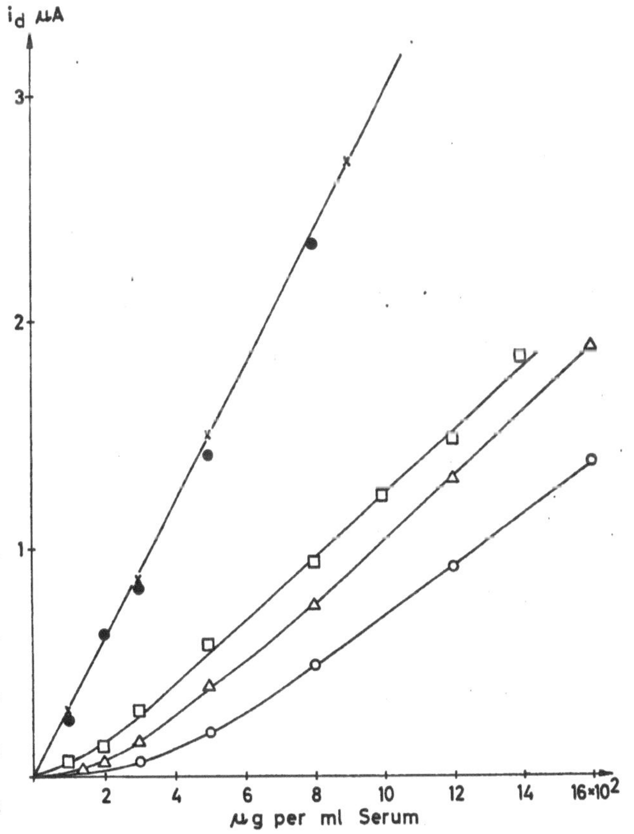

Abb. 2. Beziehung zwischen i_d und Konzentration (µg/ml) in verschiedenen Lösungen (Phosphatpuffer pH 7). Serumgehalt konstant

(×) Salicylazosulfadimidin in Wasser;
(●) Salicylazosulfadimidin in 6prozentiger Dextran-Lösung;
(○) Salicylazosulfadimidin in Serum von Kaninchen;
(△) Salicylazosulfadimidin in Serum von Maus;
(□) Salicylazosulfapyridin in Serum von Maus

von einer Viskositätsänderung des Mediums herrührt. Eine 6%ige Dextranlösung hat nämlich einen im Vergleich mit Wasser geringfügigen Einfluß auf den Diffusionsstrom des Salicylazosulfadimidins. Es ist anzunehmen, daß in diesem Falle eine Komplexbildung zwischen Azosubstanz und Serumeiweißkörpern ähnlich wie mit Methylorange eingetreten ist [8, 9, 10]. Jedoch liegt ein wesentlicher Unterschied insofern vor, als proteingebundenes SP oder SD nicht polarographisch reduzierbar ist. Bei höheren Ausgangskonzentrationen von beispielsweise SD nimmt der Diffusionsstrom mit steigender Serumkonzentration ab (Abb. 3), um für genügend kleine Anfangswerte von SD gegen Null zu gehen (Abb. 4). Somit stimmen diese Ergebnisse mit denen überein, die mit Evans-Blau (T-1824) [11] und Thiazinrot [12] erhalten worden sind. Es besteht also hier die prinzipielle Möglichkeit, mit Hilfe der Polarographie zwischen proteingebundener und freier Azoverbindung zu entscheiden.

Es ist gut bekannt, daß die Bindungsstärke zwischen Serumproteinen und verschiedenen niedermolekularen Stoffen erheblich variieren kann. Substanzen, die sehr starke Proteinkomplexe bilden, können andere, schwächer gebundene, aus den entsprechenden Komplexen verdrängen. So vermag z.B. *Phenylbutazon* (PBZ) die Proteinkomplexe einer Anzahl Sulfonamide sowohl *in vitro* wie *in vivo* aufzuspalten [13]. Polarographisch können auch derartige Effekte bewiesen werden [14].

Mit unseren Azostoffen SP und SD in Serum wurde auch der Einfluß von PBZ polarographisch bestätigt. PBZ ist in dem aktuellen Potentialbereich polarographisch indifferent, und

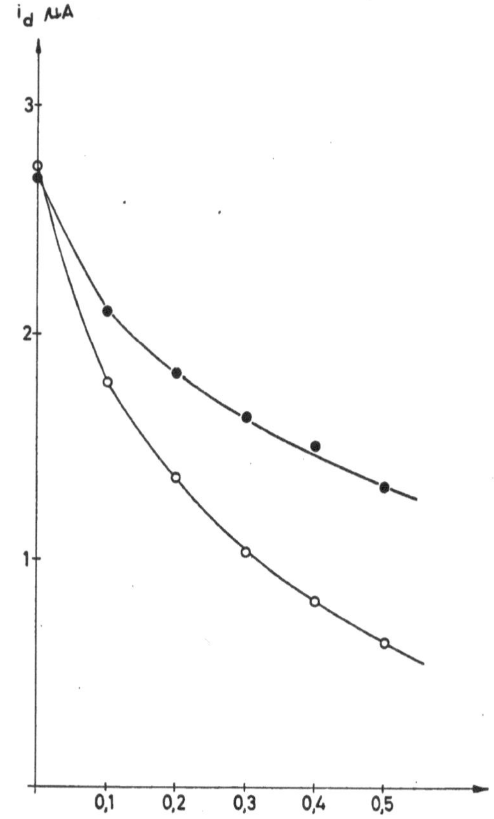

Abb. 3. Die Stufenhöhe von Salicylazosulfadimidin (1000 µg) als Funktion der Serumkonzentration

(○) Ohne Zusatz von Phenylbutazon;

(●) Mit Zusatz von 5 mg Phenylbutazon

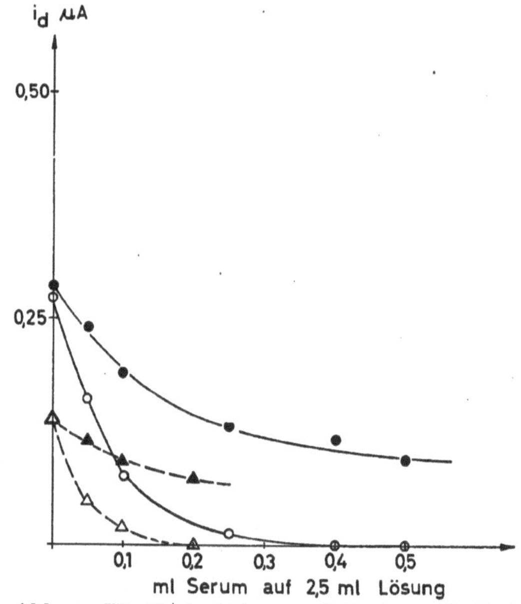

Abb. 4. Die Stufenhöhe von Salicylazosulfadimidin (100 µg bzw. 50 µg) als Funktion der Serumkonzentration

(○) Ohne und (●) mit Zusatz von 5 mg PBZ (100 µg);

(△) Ohne und (▲) mit Zusatz von 5 mg PBZ (50 µg)

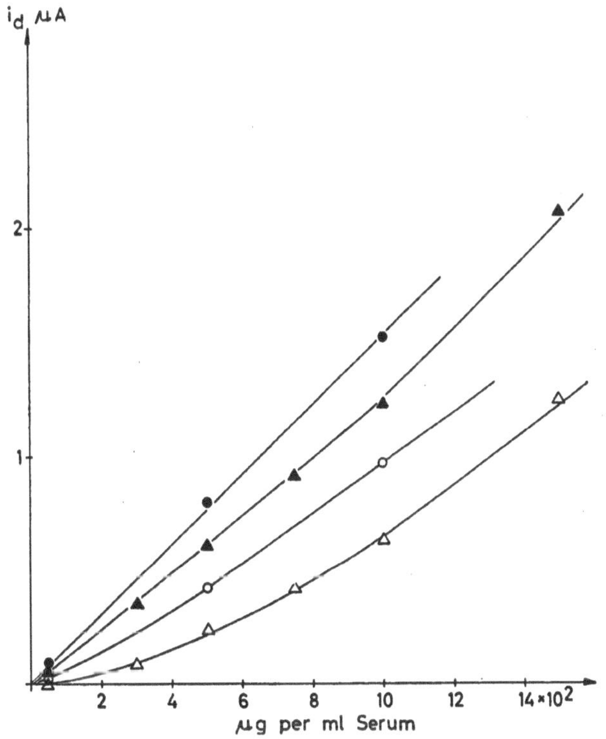

Abb. 5. Beziehung zwischen i_d und Konzentration (μg/ml) bei konstantem Serumgehalt Salicylazosulfapyridin (○) ohne und (●) mit Zusatz von 5 mg PBZ; Salicylazosulfadimidin (△) ohne und (▲) mit Zusatz von 5 mg PBZ

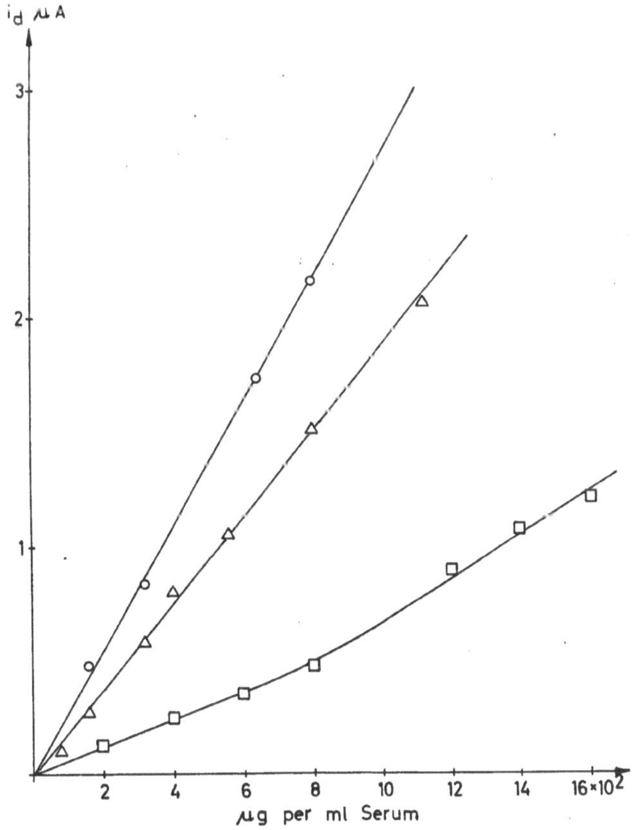

Abb. 6. i_d als Funktion der Konzentration (μg/ml) bei konstantem Serumgehalt
(○) Azobenzol in Wasserlösung (30% Äthanol);
(△) Azobenzol in Serum (30% Äthanol);
(□) Salicylazosulfadimidin in Serum (30% Äthanol)

Abb. 3 bis 5 zeigen einen bei Anwesenheit von PBZ erhöhten Diffusionsstrom. Damit dürfte auch die Möglichkeit ausgeschlossen sein, daß der Einfluß von Serum auf die Diffusionsströme von SP und SD nur durch eine an der Elektrodenoberfläche eintretende Adsorption bedingt wäre.

Die komplexspaltende Wirkung von PBZ ist in diesem Falle nicht total, sondern es entsteht ein Gleichgewichtszustand, der höchst wahrscheinlich von der verschiedenen Affinität der niedermolekularen Substanzen zu den Serumproteinen abhängig ist.

Man kann sich fragen, welche Gruppe oder Gruppen der niedermolekularen Substanzen für die Bindung an die Proteine verantwortlich sind. Diese Frage könnte möglicherweise auch durch die Polarographie beantwortet werden. So zeigt Abb. 6 die Reduzierbarkeit des Azobenzols in Wasser-Äthanolischer Lösung mit und ohne Serum. Im ersten Falle hat PBZ keinen Einfluß auf den Diffusionsstrom, was auf die Nichtexistenz eines Serumadduktes mit Azobenzol hindeutet. Allerdings sind in diesem Beispiel die Verhältnisse etwas komplizierter wegen der anwesenden Menge Äthanol (notwendig um das Azobenzol in Lösung zu bringen). Weitere Versuche, hier angedeutete Probleme gründlicher zu klären, sind im Gange.

Zusammenfassend wird festgestellt, daß die Polarographie sich besonders dafür eignet, die Existenz eventuell in Serum vorliegender Proteinkomplexe mit reduzierbaren, niedermolekularen Substanzen, zu beweisen. In letzter Zeit wurde auch die Trennsubstanz *Sephadex* für diesen Zweck verwendet [15, 16].

SUMMARY

Two problems in pharmaceutical research are dealt with which are well suited to be solved polarographically.

A. Four simple nitric acid esters of primary amino alcohols in the form of salts with p-toluenesulfonic acid have been studies kinetically in dilute aqueous solution. The intact nitrate esters have been determined polarographically after removal of products of hydrolysis and interfering anions by means of a strong anion exchanger. The large differences between the decomposition rates in alkaline solution may be explained by an imine mechanism. The rate constant is of the first order independent of the concentration of ester and hydroxyl ion.

B. The two sulfonamides Salicylazosulfapyridine and Salicylazosulfadimidine have been examined in the presence of serum. Polarographically an interaction between the low molecular compounds and the serum proteins has been demonstrated. At higher serum concentration the reduction wave decreases to a zero value, indicating a nonreducible protein complex. By the addition of the more strongly bonded Phenylbutazone, the sulfonamides can be displaced from their protein complexes, which can be polarographically proved as well.

Literatur

[1] Spross, B., F.I.P., Report of the XIXth Congress 1959, Zürich.
[2] —, Diss. der Pharmazie, Stockholm. In Vorbereitung.
[3] Lucas, G. R., Hammett, L. P., J. Amer. Chem. Soc. **64**, 1928 (1942).
[4] Baker, J. W., Easty, D. M., J. Chem. Soc. [London] 1193, 1208 (1952).
[5] Kolthoff, I. M., Harris, E. W., Matsuyama, G., J. Amer. Chem. Soc. **66**, 1782 (1944).
[6] Kaufman, F., Cook, H. J., Davis, S. M., J. Amer. Chem. Soc. **74**, 4997 (1952).
[7] Nygård, B., In Vorbereitung.
[8] Stricks, W., Kolthoff, I. M., J. Amer. Chem. Soc. **71**, 1519 (1949).
[9] Breyer, B., Bauer, H. H., Radcliff, F. J., Austr. J. Sci. **15**, 132 (1952).
[10] Breyer, B., Bauer, H. H., Austr. J. Chem. **6**, 332 (1953).
[11] Markus, G., Baumberger, J. P., J. Biol. Chem. **206**, 59 (1954).
[12] Genau, F., Symposium, Jena (1962), vgl. B-7.
[13] Anton, A. H., J. Pharmacol. exp. Therap. **134**, 291 (1961).
[14] Breyer, B., Bull. soc. ital. biol. sper. **13**, 763 (1938).
[15] Barlow, C. F., Firemark, H., Roth, L. J., J. Pharm. Pharmacol. [London] **14**, 550 (1962).
[16] Hardy, T. L., Mansford, K. R. L., Biochem. J. **83**, 34P (1962).

B—9

Die Brdička-Reaktion in der gynäkologischen Klinik

K.-H. SEIDEL

Forschungsstelle der Frauenklinik Karl-Marx-Stadt

Die bereits im Jahre 1937 von BRDIČKA [1, 2, 3] entdeckte polarographische Serum-Reaktion ist seitdem in zahlreichen Publikationen und Vorträgen diskutiert worden, und trotz allem sind die Meinungen über ihren klinischen Wert geteilt. Wir haben seit 1955 diese Reaktion auf ihre Brauchbarkeit in der gynäkologischen Praxis in einer sehr großen Zahl von Fällen (etwa 2000) untersucht.

Von den zahlreichen Modifikationen der Brdička -Reaktion, die sich in der Art der Denaturierung, der Enteiweißung, der Konzentration der Testlösungen, der Art der Auswertung und z. T. durch andere Zusätze unterscheiden, haben wir zuerst drei in Parallelversuchen miteinander verglichen:

1. Die Ausführung nach WALDSCHMIDT-LEITZ [17, 18, 19, 20], die praktisch der Original-Brdička-Filtrat-Reaktion entspricht, also mit dem Filtrat des enteiweißten, denaturierten Serums in Co-III-Puffer-Lösung ausgeführt wird (PSR).
2. Die Methode nach MÜLLER-DAVIS [12, 13, 14], bei der sowohl ein Polarogramm des nicht enteiweißten Serums mit Co-II-Salz-Lösung als auch das Polarogramm des Filtrats der enteiweißten Lösung mit Co-III-Salz aufgenommen wird. Der Quotient der beiden Werte gilt als Maß für die Reaktion und wird als Protein-Index bezeichnet.
3. Die Methode nach HASSELBACH-SCHWABE-BÜCHNER [4, 17, 18, 21], bei der die Höhe des voranlaufenden Maximums mit einer Zn-II-Salzlösung eingestellt wird und die Übereinstimmung seiner Spitze mit der Co-Eiweiß-Doppel-Welle als Grenze der Normalwerte gedeutet wird.

Wir erprobten zunächst die letztgenannte Methode nach HASSELBACH-SCHWABE-BÜCHNER in 590 Fällen, mußten aber sehr bald feststellen, daß der feste „Einbau" der Grenze der Normalwerte bei einem solch diffizilen biologischen Geschehen mehr Nachteile als Vorteile hat. Insbesondere für den jungen Mediziner, der noch nicht über größere Erfahrungen in der Beurteilung verfügt, bedeutet die starre „ja-nein"-Aussage oft eine Gefahr.

Wir konnten feststellen, daß, je nach dem Ort des malignen Geschehens und den Beziehungen dieses Organs zum Stoffwechsel, der Einfluß des Malignoms auf die Erhöhung der Co-II-Protein-Welle eine unterschiedliche ist (Abb. 1, 2). Wir haben deshalb im weiteren Verlauf unserer Untersuchungen die beiden erstgenannten Verfahren (ich will sie der Kürze halber als „*Waldschmidt-Leitz*" und „Proteinindex" bezeichnen) durchgeführt. Hierbei erhielt der Kliniker an Stelle des Bescheides „pos." oder „neg." einen Zahlenwert vom Laboratorium, den er in eine Beziehung zu seinen sonstigen Untersuchungsbefunden setzen mußte. Es sei gleich an dieser Stelle gesagt, daß wir nach über 1000 Polarogrammen, die wir nach beiden Methoden anfertigten, auch auf den Proteinindex nach MÜLLER-DAVIS verzichteten. Wir machten die Erfahrung, daß der Mehraufwand in keinem Verhältnis zur Leistung stand – daß wir also nach der Methode „*Waldschmidt-Leitz*" (Hitzedenaturierung 10′ im Wasserbad, Enteiweißung mit 25% Sulfosalizylsäure, Filtrat, Original-Brdička-Co-III-Puffer-Lösung) die besten Ergebnisse erzielen konnten.

Abb. 3 zeigt unsere Methode des Ausmessens. Wir ziehen eine Basislinie senkrecht zu den Abszissenlinien, die durch den Schnittpunkt der Kurve mit der 0,8 V-Abszisse geht. Zwei Hilfslinien parallel hierzu tangieren die katalyt. Co-III-Protein-Doppel-Welle in ihrem Maximum, und zwar am unteren und oberen

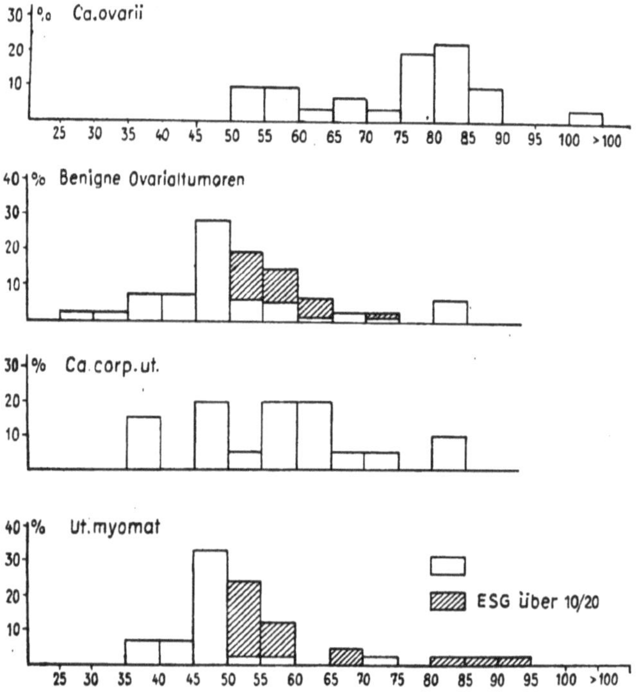

Abb. 1. Statistische Verteilung der erhaltenen Werte der polarographischen Serum-Reaktion, geordnet nach einigen häufig vorkommenden gynäkologischen Erkrankungen. Die schraffierten Säulen stellen den prozentualen Anteil der Fälle mit erhöhter Erythrozyten-Senkungsgeschwindigkeit dar, bei denen also vermutlich eine Erhöhung durch entzündliche Prozesse erfolgt ist

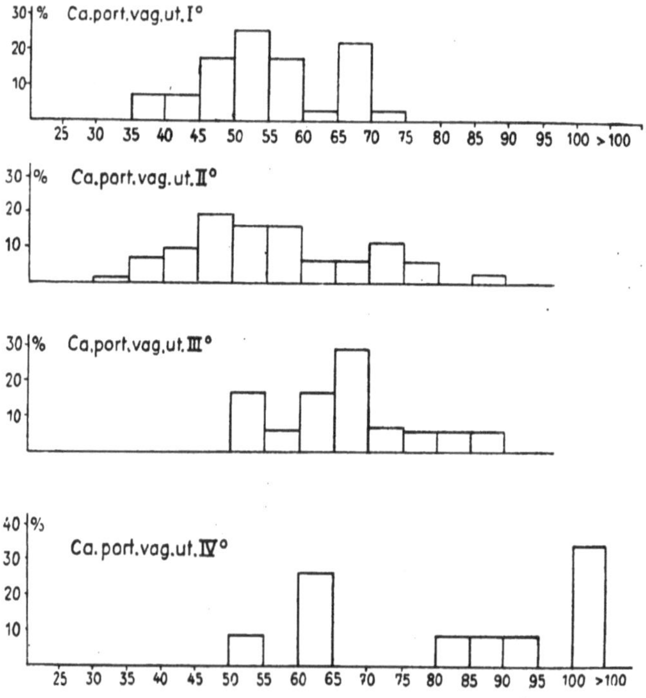

Abb. 2. Statistische Verteilung (in gleichem Maßstab wie Abb. 1) der Werte der PSR von Carcinoma portio vaginalis uteri I. Grades bis IV. Grades

Ende der durch die Ausbildung des Hg-Tropfens bedingten Oszillationen. Wir messen nun von der Basislinie zur ersten und zweiten Hilfslinie in Millimeter und erhalten so zwei Zahlenwerte, die beide angegeben werden (z.B. 56/58,5). Durch Beibehaltung beider Werte wollten wir Vorsorge treffen, daß nicht durch Änderung in der Dämpfung des Galvanometers falsche Werte entstehen.

Zur Sicherung der Normalwerte legten wir großen Wert darauf, daß unsere Patienten stets nüchtern zur Blutentnahme kamen. Während Österlind [16] keine deutlichen Unterschiede nach einem Frühstück, selbst mit zwei gekochten Eiern, Fleisch und Butter, feststellen konnte, fanden wir z.B. nach einem aus Brot mit Butter und Wurst, Milch und einem Stück Kuchen bestehenden Frühstück eine Erhöhung von 12 bzw. 19,5 mm:

vor dem Frühstück	56/58,5
nach dem Frühstück	68/78.

Von besonderer Bedeutung in unserer Klinik war der Einfluß des Menstruationszyklus auf die Proteinverteilung und damit auf die polarographischen Werte.

Während Felkel [6], allerdings nur durch zwei Fälle bestätigt, einen Abfall der Wellenhöhe vor Eintritt der Menses angibt, haben wir [9] bei 41 gesunden Frauen (alles Schwestern und Angestellte unserer Klinik) keine Gesetzmäßigkeit in den Schwankungen feststellen können. Die Schwankungen waren auch gering und erreichten keine Werte, die wir als pathologisch ansehen mußten. Wir haben deshalb bei der Probeentnahme keine Rücksicht mehr auf den Zyklus genommen.

Österlind [16] hat diese Untersuchungen auch in vier Fällen durchgeführt und will auch gesetzmäßige Schwankungen gefunden haben, die wir aber, wie schon gesagt, nicht bestätigen konnten.

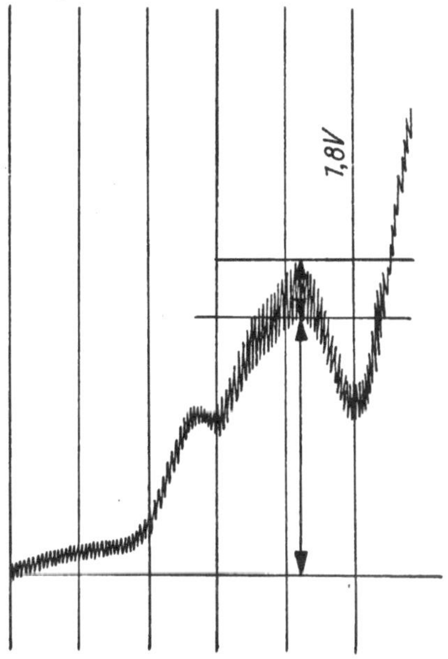

Abb. 3. Eine typische Kurve der PSR, in die die Hilfslinien zum Ausmessen eingezeichnet sind. Wir geben zwei Zahlen an, und zwar von einer Basislinie rechtwinklig zu den Abszissenlinien, die durch den Schnittpunkt der Kurve mit der 0,8-V-Abszisse geht bis zu der unteren Grenze der Oszillationen (1. Zahl) und der oberen Grenze (2. Zahl) im Maximum der katalyt.-Kobalt-III-Protein-Doppel-Welle

Auch in der Frühgravidität (mens I—II) lagen die polarographischen Werte der Brdička-Reaktion noch im normalen Bereich (26 Fälle untersucht), während jedoch leichte Infektionen wie Schnupfen, Angina, leichte Entzündung usw. sofort stark erhöhte Werte liefern.

Polarogramme, die vor und nach der Applikation von Medikamenten angefertigt wurden, ergaben, daß viele Medikamente das Polarogramm verändern. Wir konnten zeigen, daß bei Penicillingabe die Proteinwelle erniedrigt und das Kobalt-Protein-Maximum erhöht wird. Ebenso bei Applikationen von Ascorvit, Albucid und Eisen-II-haltigen Präparaten [10]. Es ist also streng darauf zu achten, möglichst jede Applikation von Medikamenten vor der Blutentnahme zur PSR zu vermeiden.

Wenn wir die Ergebnisse von über 1200 gesicherten gynäkologischen Fällen zusammenfassend betrachten, so können wir an Hand der Abbildungen 1 und 2 folgendes aussagen:

Das Ca-ovarii ergab stets Werte über 50 mm, während die Normalwerte selten 50 mm erreichen. Benigne Ovarialtumoren liegen meist im Bereich der Normalwerte, soweit sie nicht nekrotisch, entzündet oder infiltriert sind (letztere lassen sich leicht durch erhöhte ESG nachweisen). Das gleiche gilt für Uterus myomatosus. Hier gibt also das Polarogramm dem Arzt eine gute zusätzliche Hilfe bei der Diagnose. Die Fälle von Carcinima corp. ut. dagegen finden wir über den Bereich 35—85 mm verstreut. Hier, ebenso wie bei Ca. port. vag. ut. (Abb. 2) und Ca. mammae hat das Polarogramm weniger Wert, zumal hier die Probeexcision leicht ausführbar ist und ganz sichere Hinweise gibt,

Bei Recidiven erhielten wir stets sehr hohe Werte (vgl. Tab. 1a und e). Ofner [4] gibt an, daß ca. 14 Tage post operationem die Werte negativer werden, wenn keine Metastasen vor-

Tabelle 1: Zusammenstellung der Meßergebnisse einiger typischer Fälle gynäkologischer Malignome während und nach der Therapie

1 a) 28jährige Patienten mit Ca. port. vag. ut. II° a und b. Zur Nachuntersuchung am 21. 9. 56 wurden ausgedehnte Ca.-Metastasen in den Drüsen festgestellt. Th.: TE mit Rö-Nachbeh.

Datum	Hasselbach-Schwabe	Waldschmidt-Leitz	Protein-Index	Bemerkungen
26. 1. 56	neg.	32,5/40	–	TE am 31. 1. 56
7. 8. 56	–	38/47,5	7,95	vor III. Rö.
21. 9. 56	–	70/84,5	9,4	z. N. U.

1 b) Patientin mit Ca. port. vag. ut. I°. Th.: TE mit Rö-Nachbeh.

Datum	Hasselbach-Schwabe	Waldschmidt-Leitz	Protein-Index	Bemerkungen
30. 5. 56	–	44/52	7,1	ante op.
16. 6. 56	–	70/82	10,1	port. po.
25. 7. 56	–	51,5/61,5	11,25	Zw. I/II Rö.
29. 8. 56	–	40,5/49,5	4,20	Vor II Rö.
1. 10. 56	–	47/57	5,5	Zw. II/III Rö.

1 c) Patientin mit Mamma Ca. III° m. Metast., Th.: Ablatio mammae

Datum	Hasselbach-Schwabe	Waldschmidt-Leitz	Protein-Index	Bemerkungen
20. 6. 56	–	41/48	5,98	Ablatio 21. 6. 56
20. 8. 56	–	35/43	3,88	
17. 9. 56	–	29/36	3,90	

1 d) Patientin mit Ca. corp. ut. I°. Th: Ra-Rö.

Datum	Hasselbach-Schwabe	Waldschmidt-Leitz	Protein-Index	Bemerkungen
25. 7. 56	–	64,5/77,0	10,7	Wäh. I Ra-Rö.
20. 8. 56	–	45/55	5,9	Zw. I/II Ra-Rö.
18. 9. 56	–	43/53,5	8,85	Vor II Ra-Rö.

1 e) Patientin mit Mamma-Ca. m. Metastasen

Datum	Hasselbach-Schwabe	Waldschmidt-Leitz	Protein-Index	Bemerkungen
10. 1. 56	neg.	55,5/67,5		Ablatio 12. 1. 56
18. 9. 56	–	50/61	4,95	z. N. U.
12. 10. 56	–	70/84	9,9	

1 f) Patientin mit Corpus Ca I°

Datum	Hasselbach-Schwabe	Waldschmidt-Leitz	Protein-Index	Bemerkungen
30. 3. 56	–	72/82	17,4	Vor I Ra-Rö.
13. 6. 56	–	59/69	10,0	Vor II Ra-Rö.
27. 7. 56	–	–	9,6	Zw. II/III Ra-Rö.
25. 9. 56	–	47/57	7,6	Vor III Ra-Rö.

Erklärungen:

TE = Totalextirpation
Rö = Röntgennachbestrahlung
Ra-Rö. = Radium-Röntgenbestrahlung
z. N. U. = zur Nachuntersuchung
Zw. I/II = Zwischen I. und II. Bestrahlungsbehandlung
Th = Therapie

handen sind. Wir fanden jedoch, daß nur in 23% aller Fälle der erwartete Abstieg, jedoch in 77% aller Fälle ein erheblicher Anstieg zu verzeichnen war. Selbst in den Fällen, in denen ein relativ niedriger Anfangswert (unter 55) vorhanden war, fanden wir post operationem erhöhte Werte (57% der ansteigenden Fälle); dagegen hatten von den abfallenden Fällen 91% einen Anfangswert über 55 mm (Tab. 1b), vgl. auch [10].

Ein Vergleich der Werte vor und nach der Ra-Rö.-Bestrahlung ohne Op. zeigte bei 57,5% der Fälle einen Abfall, bei 42,5% einen Anstieg (Tab. 1d). Wenn die polarographische Untersuchung bei Operation nicht maligner Fälle durchgeführt wird, so findet man in 83,3% aller Fälle ebenfalls einen Anstieg. Wir möchten deshalb den Anstieg als Folge des Operationstraumas deuten und wenigstens eine Frist von 4 Wochen post operationem zur Wiederholung des Polarogramms empfehlen.

Wertvoll ist das Polarogramm zur Verlaufsanalyse der Therapie. Die Tabelle 1 zeigt eine Auswahl interessanter und typischer Fälle aus der Verlaufsanaylse der Carcinom-Therapie. Zu Tab. 1a sind die Meßergebnisse bei einer 28jährigen Patientin zusammengestellt, die wegen eines Carcinoma portio vaginalis uteri II° a, b in unserer Klinik operiert wurde.

Vor der dritten Röntgen-Nachbestrahlung war das Polarogramm kaum höher als vor der Operation. Zur Nachuntersuchung 6 Wochen später ist das Polarogramm plötzlich auf fast den doppelten Wert gestiegen. Die Krankheit nahm einen progressiven Verlauf, und der Sektionsbefund konnte später ausgedehnte Carcinom-Metastasen in den Drüsen nachweisen.

Tab. 1b zeigt den typischen Befund einer starken Erhöhung des Wertes, wenn nicht genügend lange nach der Operation zur Wiederholung des Polarogrammes gewartet wird.

Tab. 1c zeigt Meßergebnisse bei einer Patientin mit Carcinoma mammae III° mit Metastasen. Trotz ausgedehnten Befundes sind die Werte sehr tief. Sie zeigen dabei immer noch eine sinkende Tendenz.

Tab. 1d: Das Polarogramm ist bei Carcinoma corpus uteri I° vor Beginn einer Behandlung signifikant über die Norm erhöht. Die Patientin erhielt ausschließlich Radium-Röntgen-Bestrahlung. Im Verlauf der Behandlung sinken die Werte in den Bereich des Normalen und stimmen überein mit dem klinischen Befund. Ein Recidiv ist uns bis heute nicht bekannt geworden.

Tab. 1e: Die Patientin kam in die Klinik wegen eines Mamma-Ca mit Metastasen. Die Anfangswerte waren erhöht. Nach der Ablatio mammae kam es zu einer Senkung der Werte, die 9 Monate anhielt. Übereinstimmend war ein relativ gutes Allgemeinbefinden. Plötzlich trat eine sehr starke Erhöhung auf, die ein auftretendes Recidiv anzeigte.

Tab. 1f zum Schluß zeigt noch ein Beispiel für einen nunmehr auch durch die Länge der Zeit (6 Jahre) gesicherten Verlauf einer Heilung. Die anfangs sehr hohen Werte erreichen während der Behandlung Normalwerte und stehen durchaus in Übereinstimmung mit dem klinischen Befund.

Nach den Erfahrungen unserer Klinik kann die PSR als ein diagnostisches Hilfsmittel zur Unterscheidung benigner, maligner *Ovarial*tumoren unter Beachtung entsprechender Kautelen empfohlen werden. Ferner ist die PSR von Wert zur Erkennung von Recidiven und zur Kontrolle des Heilungsverlaufs.

Für die Frühdiagnose anderer gynäkologischer Malignome ist ihr Wert gering. Die Reaktion sollte nur dann zu diagnostischen Zwecken herangezogen werden, wenn auf diesem Gebiet eine ausreichende Erfahrung vorliegt.

Am Rande sei vermerkt, daß wir in allerjüngster Zeit die stark positive PSR bei entzündlichen Adnextumoren ausgenützt haben, um bei der Einführung einer neuen Therapie einen objektiven Maßstab für die Wirksamkeit der Therapie zu haben. Nach den hier jetzt vorliegenden Fällen ist diese Anwendung erfolgreich [11].

SUMMARY

It is reported on the experience with Brdička's Polarographic-Serum-Reaction (PSR) in the gynecology in more than 2000 cases. After the author's method he makes sure the data of normal cases, especially in the view of menstruation and in cases of pregnancy. The PSR is useful for the differential-diagnosis of benigne and maligne tumors of ovary, to recognize recidives and to control the therapy and progress of healing.

For the diagnosis of the other gynecological malignoms is the value of this reaction low. It is necessary to have experience for the judgement of the data of the PSR.

Literatur

[1] Brdička, R., Nature (London) **139**, 330 u. 1020 (1937).
[2] —, Acta intern. Verein. Krebsbekämpfung **3**, 13 (1938); Klin. Wschr. **18**, 305 (1939).
[3] —, Kongr. Bratislava (1952) zit. nach L.P.B. **3**, I. 37, (1952).
[4] Büchner, M., Lickint, F., Z. ärzt. Fortb. **48**, 15, 523 (1954).
[5] Felkel, R. K., Med. Klin. Nr. **25**, 1 (1938).
[6] —, Zbl. f. Gynäk. **63**, 647 (1939).
[7] Gabsch, H.-Ch., Büchner, M., Röntgen- u. Laboratoriumspraxis **9**, 85 (1956).
[8] Hasselbach, Schwabe, K., Pharmazie 1955, S. 310.
[9] Irmscher, A., Z. Gynäkol. **79**, 480 (1957).
[10] —, Z. Geburtsh. u. Gynäkol. **150**, 62 (1958).
[11] Krabisch, H., Seidel, K.-H., Z. Gynäkol. im Druck.
[12] Müller, Otto, H., Davis, J. jun., J. Biol. Chem. **159**, 667 (1945).
[13] —, Arch. Biochem. **15**, 39 (1947).
[14] —, Amer. J. med. Sci. **220**, 298 (1950).
[15] Ofner, F., Med. J. Austral. 8, 135 (1953).
[16] Österlind, S., Act. physiol. scand. **34**, Suppl. 120, 1 (1955).
[17] Waldschmidt-Leitz, E., Ang. Chem. **51**, 324 (1938).
[18] Waldschmidt-Leitz, E., Conrath, O., Gloeditsch, J., Naturwiss. (1937) 60.
[19] Waldschmidt-Leitz, E., Ang. Chem. **51**, 324—27 (1938).
[20] Waldschmidt-Leitz, E., Meyer, K., Hoppe-Seyler's Z. f. physiol. Ch. **261**, (1939).
[21] Büchner, M., Gabsch, H.-Ch., Moderne chem. Methoden in der Klinik — 2. Aufl. Leipzig (1961) Seite 101—181.

B—10

Polarographisches Studium einiger Aminosäuren

I. Beiträge zur Chemie der Komplexverbindungen von Aminosäuren in Lösung mit Metallionen, die zur polarographischen Bestimmung verwendet werden

R. RALEA und A. POPA

Universität „Al. I. Cuza", Iassy, Rumänien

Bei einigen polarographischen Bestimmungsmethoden für Aminosäuren wird die Stufe des Kupfers der Komplexverbindung mit der Aminosäure benutzt.

Die ersten Untersuchungen von Aminosäuren mit Hilfe der Kupferstufe hat T. S. G. JONES [1] beschrieben. Zu einer Phosphatpufferlösung, welche suspendiertes Kupferphosphat enthält, wird die Aminosäurelösung beigegeben. Diese bildet mit Kupfer eine lösliche Komplexverbindung. Die Höhe der polarographischen Stufe des gelösten Kupfers ist der Konzentration der Aminosäure in Lösung proportional.

Wenn man zur Kupferphosphatsuspension äquivalente Mengen verschiedener Aminosäuren zugibt, ist die Höhe der Kupferstufe von den Aminosäuren abhängig. Diese Tatsache wird durch verschiedene Diffusionskoeffizienten ein und derselben Komplexverbindung des Kupfers mit verschiedenen Aminosäuren erklärt. Jedoch kann man auch die Bildung mehrerer Komplexe mit verschiedenen Koordinationszahlen vermuten.

Andere Methoden benutzen zur Aminosäurebestimmung, besonders jene, die eine SH-Gruppe enthalten, die katalytischen Eigenschaften von Co^{II}-ionenhaltigen Aminosäurelösungen. Unter anderem hat R. PLETICHA [2] das polarographische Verhalten einiger Aminosäuren in Lösungen mit Co-, Ni-, Fe-, Mn-Ionen untersucht.

Um die Metallkomplexe der Aminosäuren in Lösung näher kennenzulernen, haben wir Untersuchungen an Komplexverbindungen von Serin, Valin, Aminobutter- und Glutaminsäure mit Cu, Co, Fe^{III} [3, 4, 5] angestellt.

Das Problem der Komplexbildung der Aminosäure muß mit ihrer Ionenstruktur in Zusammenhang gebracht werden. Wie E. Q. ADAMS [6] und N. BJERRUM [7] zeigten, haben die Aminosäuren in Lösung zwei elektroneutrale Formen, die Molekeln ohne Ladung und die Zwitterionen. Im sauren Medium bilden sich das positive Ion und im basischen das negative Ion.

Bei Komplexbildung zwischen Cu^{II}-Ionen in Lösung und den Aminosäuren Valin, Serin, Aminobuttersäure [3] zeigt die konduktometrische Titrationskurve des $CuCl_2$ einen einzigen Knickpunkt für das Verhältnis Cu:Aminosäure = 1:1.

Beim Äquivalenzpunkt sinkt der pH-Wert der Lösung infolge der Entstehung von Protonen von pH = 5,6 auf 2,4 ab.

Die Komplexbildung verläuft nach:

$$Cu^{2+} + A^{-}H^{+} \rightleftharpoons [CuA]^{+} + H^{+} .$$

Wenn man das Kupferacetat mit Aminosäure titriert, so weist die konduktometrische Kurve zwei Knickpunkte auf, welche der Bildung von zwei Komplexverbindungen im Verhältnis Cu:Aminosäure = 1:1 und 1:2 entsprechen. Der pH-Sprung von pH = 5,6 auf 4,2 ist kleiner, weil die Essigsäure wahrscheinlich schwach dissoziiert ist. Beim zweiten Äquivalenzpunkt verändert sich der pH nicht, und deswegen müssen wir annehmen, daß bei pH $\sim$ 4 die Bindung der Aminosäure in Form von dipolaren Ionen nach der Reaktion

$$[CuA]^{+} + A^{\pm} \rightleftharpoons [CuA_2]^{+}$$

vor sich geht.

Also steht fest, daß sich bei einem pH-Wert unter 6 zwischen Cu und diesen Aminosäuren in Lösung zwei Komplexverbindungen bilden können. Ihre Bildungskonstanten werden mit der „Bildungsfunktions"-Methode nach Bjerrum und der polarographischen Methode bestimmt.

Wenn die Anfangslösung der Aminosäure auf pH = 10 gebracht wird, so weist die konduktometrische Titrationskurve zwei Knickpunkte auf, die den Verhältnissen Cu : Aminosäure = 1 : 2 und 1 : 4 entsprechen. Der pH-Wert der Äquivalenzpunkte sinkt von 10 auf 6. Es bilden sich wahrscheinlich mit den negativen Ionen die Aminosäurekomplexverbindungen: $[CuA_2]$ und $[CuA_4]^{2-}$.

Für das Verhältnis Cu zu Säure = 1 : 1 erhält man keinen Knickpunkt, was darauf schließen läßt, daß es für eine Komplexbildung zu hoch liegt.

Wenn die Anfangslösung stark basisch ist (pH = 12), so entsteht bei pH = 8 auf der konduktometrischen Titrationskurve ein Knickpunkt, der der Bildung der inneren Komplexverbindung $[CuA_2]$ mit dem negativen Ion entspricht. Daraus geht hervor, daß pH = 6—7 günstig für die Koordinierung von vier Aminosäureionen bei einem Kupferion ist und so seine Koordinationszahl absättigt. Diese Tatsache ist bis jetzt noch nicht in der Literatur beschrieben worden.

Die Glutaminsäure verhält sich anders bei Komplexbildung mit Kupfer [5]. Bei der konduktometrischen Titration stellten wir fest, daß sich sowohl in sauren wie auch in basischen Medien mit $CuCl_2$ oder $Cu(CH_3COO)_2$ dieselben Verbindungen CuG_1 und CuG_2 bilden.

Diese Ergebnisse weichen von den von B. Kirson und J. Barsily [8] erhaltenen ab; beide fanden die Bildung des Kupfermonoglutamats bei pH $\leqq$ 4 und des Diglutamats bei pH > 6, unabhängig von dem Verhältnis zwischen Cu und Glutaminsäure.

Wir haben auch versucht, die polarographische Bildung von Kupferdiglutamat im sauren Medium und des Monoglutamats im basischen Medium zu erfassen. Im sauren Medium und in Gegenwart von Essigsäure-Acetat-Puffer (pH = 5) gibt die Abhängigkeit des Halbstufenpotentials als Funktion des Logarithmus der Glutaminsäure-Konzentration eine gebrochene Linie mit zwei Neigungen, welche den Koordinationszahlen 1 und 2 entsprechen.

Das beweist die Bildung von zwei Komplexverbindungen CuG_1 und CuG_2 in der Lösung.

Aus der Bestimmung der Komplexkonstante geht hervor, daß Monoglutamat stabiler als Diglutamat ist.

In basischen Medien, wie Carbonat–Bicarbonat-Puffer, bei pH = 9,73 ist die Abhängigkeit $E_{1/2} - \log C$ eine Gerade mit einer Neigung, welche der Koordinationszahl 2, d. h. der Bildung von Diglutamat entspricht.

Das Co^{II}-Ion bildet im sauren Medium mit Valin, Serin und Aminobuttersäure Komplexverbindungen entsprechend der konduktometrischen Titrationskurve mit den Verhältnissen Co : Aminosäure = 1 : 1, 1 : 2, 1 : 4 und 1 : 6.

Beim Äquivalenzpunkt wird keine größere Änderung der pH-Werte als um 5,6 festgestellt. Im basischen Medium (pH = 11) bildet das Co^{II}-Ion nur eine Komplexverbindung im Verhältnis Co : Aminosäure = 1 : 3. Der pH-Wert verändert sich bei den Äquivalenzpunkten nicht.

So kommen wir zu dem Schluß, daß im sauren Medium (pH = 5—6) die Aminosäure mit Co^{II} zur Sättigung der Koordinationszahl führt.

Im basischen Medium (pH = 10—11) bindet sich die Aminosäure als negatives Ion durch zwei Koordinationspunkte, ähnlich einer bifunktionellen Gruppe, indem sie eine Komplexverbindung im Verhältnis 3 : 1 bildet.

Im Falle der Glutaminsäure [5] zeigt die konduktometrische Titration von $CoCl_2$ die stufenweise Bildung von fünf Komplexverbindungen. Die Kurve hat fünf Knickpunkte, entsprechend der Addition von 1, 2, 3, 4 und 6 Glutaminsäuremolekülen, sowohl in sauren (pH = 3,2) als auch in basischen Medien (pH = 9,4).

Mit Fe^{III}-Ionen bindet sich die Glutaminsäure verschieden [5]. Die konduktometrische Titration zeigt drei Äquivalenzpunkte entsprechend den Koordinaten von einer, zwei oder maximal drei Glutaminsäuremolekeln.

Der pH-Wert ist bei den Äquivalenzpunkten kleiner und weist auf die Entstehung von Protonen hin. Es ist also wahrscheinlich, daß die Koordination des Fe^{III} auch durch eine koordinative Bindung mit der Aminogruppe abgesättigt wird. Wenn es sich nur um eine einzelne Bindung mit der Carboxygruppe handeln würde, so hätten die Komplexionen die Form: $[FeG]^{2+}$, $[FeG_2]^+$ und $[FeG_3]^0$. Wenn aber die Glutaminsäure noch in eine zweite Bindung mit der Aminogruppe eintritt, so hätten die Ionen im sauren Medium die Gestalt: $[FeG]^+$, $[FeG_2]^-$, $[FeG_3]^{3-}$. Im Basischen würde Fe-hydroxyd ausfallen.

Wir versuchten, die Ladung der Komplexionen FeG_2 und FeG_3 mit Hilfe der Ionenaustauscher Amberlit I.R.-48 und Amberlit IRC-50 zu bestimmen.

Hierbei stellten wir fest, daß die Ionen von Anionit, aber nicht die von Kationit zurückgehalten werden. Das wäre ein Beweis dafür, daß sie eine negative Ladung besitzen und sich also eine Bindung zur Aminogruppe ausgebildet hat.

Zusammenfassend sei gesagt, daß die Komplexverbindungen der Aminosäuren mit Cu, Co und Fe vom pH-Wert der Lösung abhängen und sich untereinander entsprechend der Aminosäure und das Metalls unterscheiden.

SUMMARY

The complex compounds being formed by the amino acids valine, serine, amino butyric acid and glutamin acid with the metal ions Cu^{II}, Co^{II} and Fe^{III} and being used for the polarographic estimation of amino acids, were studied by electrometric methods.

Thus it was stated, that at pH 4 Cu^{II} forms the complex ions CuA^+ and CuA_2^+ with valine, serine and amino butyric acid. At pH 5—6 a compound CuA_2 was observed which probably does not chelatize, and at pH 7 it turns to a complex compound CuA_4^{2-}.

At a pH higher than 8 there is formed CuA_2. Glutamin acid and Cu form both a mono- and a diglutamat in acid as well as in alcaline solutions.

The complexing of Co^{II} with valine, serine and amino butyric acid stepwise shows 4 compounds of the ratio 1:1; 1:2; 1:4; 1:6 in acid solutions (pH 5—6). In alcaline solutions (pH 10—11), only one complex with one Co and 3 amino acid ions is to be found. Glutamin acid and Co form the same complexes showing a ratio of 1:1; 1:2; 1:3; 1:4 and 1:6 in acid as well as in alcaline solutions.

Fe^{III} and glutamin acid present 3 complex ions, characterized by the ratio 1:1; 1:2 and 1:3.

Literatur

[1] Jones, T. S. G., Biochem J. 59, 42 (1948).
[2] Pleticha, R., Collection Czechosl. Chem. Commun. 15, 807 (1950).
[3] Ralea, R., Popa, A., Anal. Stiintif. Univ. „Al. I. Cuza" Iassy, S. I, T. VI, 301 (1960).
[4] —, Anal. Stiintif. Univ. „Al. I. Cuza" Iassy, S. I, T. VI, 1001 (1960).
[5] Ralea, R., Popa, A., Siminiuc, E., Anal. Stiintif. Univ. „Al I. Cuza" Iassy, S. I, T. VIII, f. 2 (1962).
[6] Adams, E. Q., J. Am. Chem. Soc. 38, 1503 (1916).
[7] Bjerrum, N., Z. Physik. Chem. 101, 147 (1923).
[8] Kirson, B., Barsily, I., Bull. Soc. Chim. France, 901 (1951).

B—11

Denaturation of deoxyribonucleic acids

E. Paleček

Institute of Biophysics, Czechoslovak. Academy of Sciences, Brno

Modern biochemistry has in the past fifteen years given abundant evidence proving how immensely important deoxyribonucleic acids (DNA) are for all processes in the living organism. The biological function of these macromolecules is closely connected with their structure, the study of which is at present attracting ever increasing attention.

The structure of DNA consists of two polynucleotide strands twisted into a double helix. The two strands are connected by hydrogen bonds between opposing bases. The key to the structure is the requirement that only two pairs of bases are permitted — these are guanine — cytosine and adenine-thymine. The process during which the hydrogen bonds are broken is called denaturation. Recently, there have been discovered conditions in which the two strands, after having been completely separated, can be again joined. This process is called renaturation.

Of the nucleotides constituting nucleic acids it is only guanylic and cytidylic acid that produce in a neutral buffer medium indentations on the oscillopolarographic curves dE/dt against E, while the other nucleotides are active only in acid or alkaline solutions, which are not very suitable for the study of highly polymerized nucleic acids [1]. In a medium of $HCOONH_4$, native DNA produces an anodic indentation for which, as previously established, deoxyguanylic acid bound in the DNA molecule [2] is responsible. An indentation agreeing by its position with that of deoxycytidylic acid has not been observed with native DNA. It appeared, however, after this purines had been removed from the DNA molecule. When heating DNA, an identation can be observed in the cathodic part, the potential of which is only slightly more positive than that of the indentation of deoxycytidylic acid (Fig. 1).

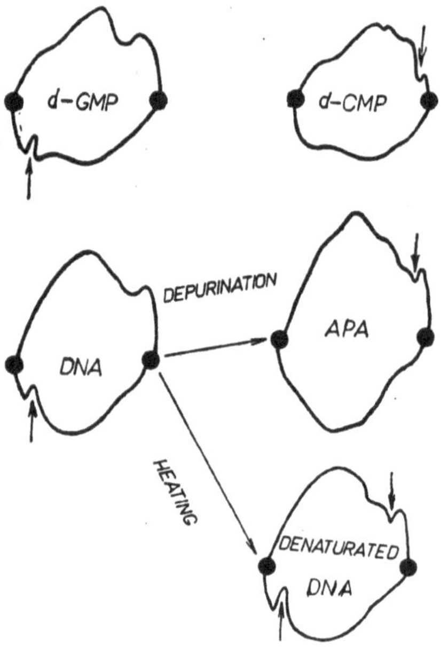

Fig. 1. Oscillograms dE/dt against E of deoxyribonucleic acid, apurinic acid and nucleotides in ammonium formate

d — GMP	deoxyguanylic acid
d — CMP	deoxycytidylic acid
DNA	deoxyribonucleic acid
APA	apurinic acid

We have made an attempt to utilize the oscillopolarographic reactivity of DNA for studying the course of its denaturation. First, we followed the behaviour of the anodic indentation, for which deoxyguanylic acid bound in the DNA molecule is responsible. DNA samples in a concentration of 40 $\mu g/ml$ 0.14 M NaCl with 0.015 M citrate (pH = 7,0) were heated for 10 minutes at different temperatures and quickly cooled. Then we registered the value of extinction at 260 mμ and measured the depth of the DNA anodic indentation. At a certain temperature close to Tm of the investigated DNA, the anodic indentation became markedly deeper (Fig. 2).

Further attention was also devoted to the cathodic indentation arising in the course of heating DNA. The temperature was gradually raised and the cathodic part was at the same time followed. The resulting indentation, which is by its position very close to that of deoxycytidylic acid or deoxycytidine appeared at a much lower temperature than is the denaturation temperature of DNA. Then, it got gradually deeper and within several degrees of the denaturation temperature limits it became increased considerably (Fig. 3a, 3b, 3c).

At first we thought that the changes observed before the denaturation temperature might be caused by the fact that the DNA preparation had been partially denatured. Consequently, further measurements were carried out with other DNA preparations that had not been denatured according to our denaturation tests, and DNA samples obtained by the courtesy of Professor J. MARMUR and Professor L. GROSSMAN were also analysed. With all these preparations we observed changes far before the denaturation temperature. On the other

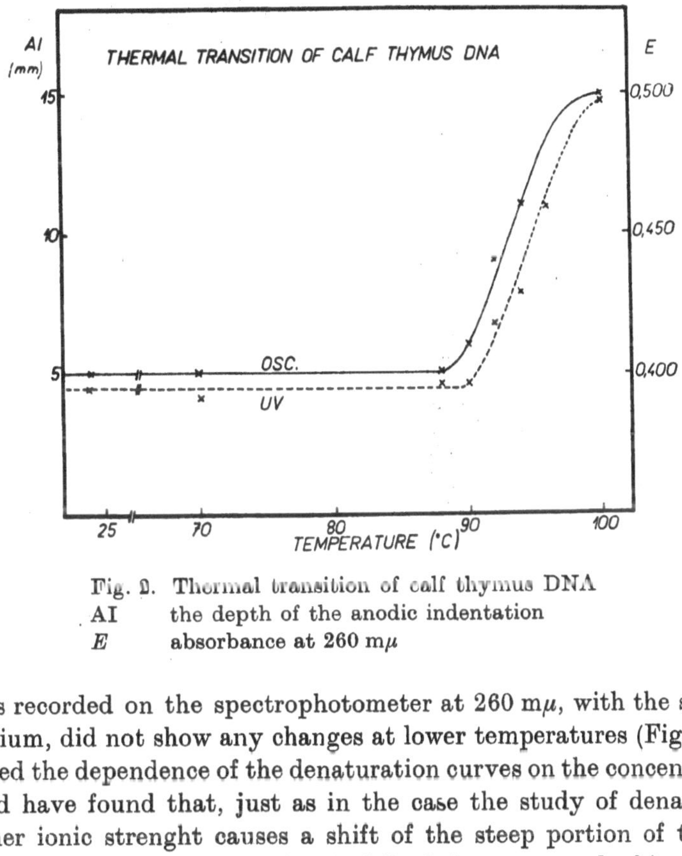

Fig. 2. Thermal transition of calf thymus DNA
AI the depth of the anodic indentation
E absorbance at 260 mμ

hand, the curves recorded on the spectrophotometer at 260 mμ, with the same preparations in the same medium, did not show any changes at lower temperatures (Fig. 4).

We have studied the dependence of the denaturation curves on the concentration of ammonium formate and have found that, just as in the case the study of denaturation by other methods, a higher ionic strenght causes a shift of the steep portion of the curve towards higher temperatures. In the same direction is shifted the more gradual increase in the depth of the indentation at lower temperatures.

Interesting is the course of the curve of the DNA that was previously denatured (Fig. 5). At the very beginning there occurs a rapid deepening of the cathodic indentation, which can be explained as a result of the breaking of the very labile bonds that arise in the course of quick cooling. The great difference between the depth of the indentation of denatured and native DNA, which has practically no indentation as yet, can be utilized as a simple and quick denaturation test (its exact conditions will be published elsewhere). After rising at lower temperatures the curve again falls, the maximum of the fall coinciding with the zone in which renaturation of DNA takes place according to data in the literature. For this reason we followed the depth of the cathodic indentation in dependence on time at 65 °C, and we obtained a curve similar to that reported by MARMUR and DOTY [3] who followed the course

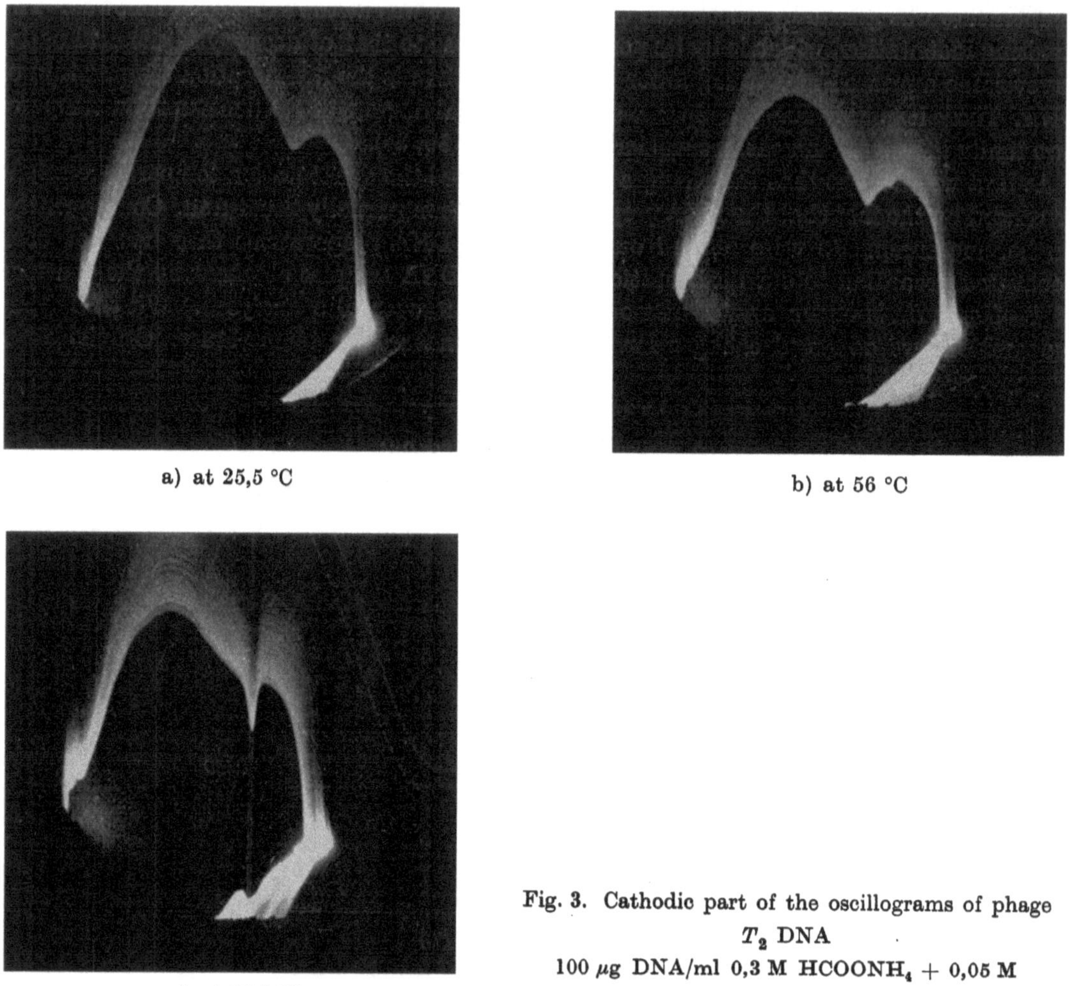

a) at 25,5 °C

b) at 56 °C

c) at 92,5 °C

Fig. 3. Cathodic part of the oscillograms of phage T_2 DNA
100 μg DNA/ml 0,3 M $HCOONH_4$ + 0,05 M phosphate pH 7,0

of denaturation spectrophotometrically at 260 mμ (Fig. 6). The decrease in the depth of the cathodic indentation of denatured DNA at temperature around 65 °C can be thus explained by the formation of bonds similar to those existing in native DNA — i.e. by renaturation.

As the most interesting may be considered the fact that we have found changes in DNA at temperatures far lower than the temperature of denaturation. By means of other methods such changes have hitherto not been observed with DNA. We have so far not obtained direct evidence proving that the cathodic indentation, which represents an indication of these changes, is caused by the residue of the cytosine bound in the polynucleotide chain, but our preliminary experiments with deaminated DNA appear to indicate a reduction of the cytosine ring. In this case we may presume that the appearance of the cathodic indentation is caused by a change in the distance between guanine and cytosine, or by the breaking of some labile bonds.

For the time being it cannot be stated whether the DNA is in some way deformed on the electrode at the room temperature. However, from the course of the denaturation curves it is clear that there occurs no helix-coil transition on the electrode at room temperature, owing to the fact that the oscillopolarographically determined temperature zone in which denaturation takes place differs only slightly from the temperature of denaturation determined spectrophotometrically.

It may be therefore considered as more probable that changes at lower temperatures indeed exist in the DNA structure in the bulk of the solution, and that they have not been hitherto discovered by other methods, because they are not accompanied by a change in hypochromicity, optical rotation, etc. The possibility that these changes arise at a given temperature only on the electrode cannot be, however, excluded for the time being. But even in this case they would reflect the lability of the DNA structure. The solution of these questions and

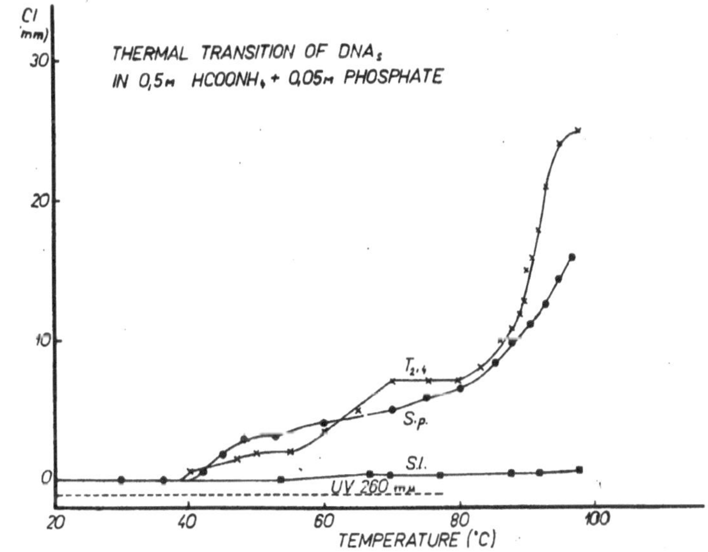

Fig. 4. Thermal transition of DNA in 0,5 M $HCOONH_4$ + 0,05 M phosphate pH 7,0
CI the depth of the cathodic indentation
$T_{2,4}$ DNA of phage T_2 and T_4
S. p. DNA of Salmonella pullorum
S. l. DNA of Sarcina lutea

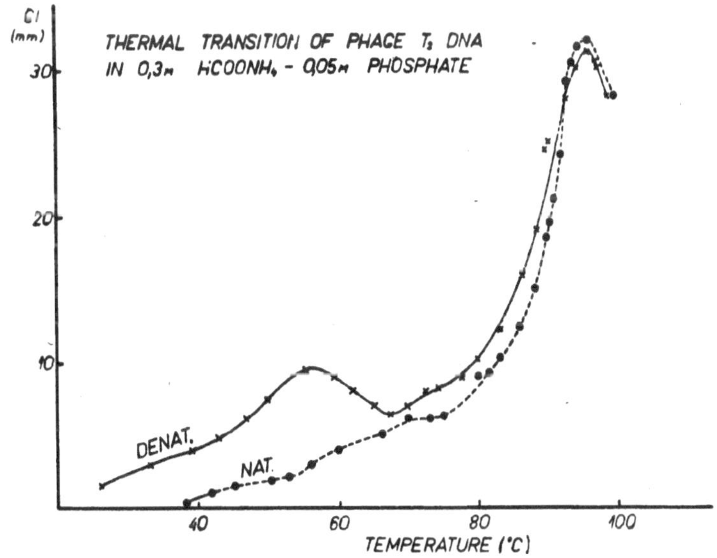

Fig. 5. Thermal transition of phage T_2 DNA in 0,3 M $HCOONH_4$ + 0,05 M phosphate pH 7,0
CI the depth of the cathodic indentation
DENAT denatured DNA
NAT native DNA

a detailed understanding of the mechanism of the electrode processes that are responsible for the respective indentations of the nucleic acids could yield a new interesting aspect of the structure of DNA in water solutions.

However, the oscillographic method can be recommended even now for determining the native or denatured state of DNA preparations, for following renaturation, etc. [4, 5].

The author wishes to express his thanks to Professor Dr. J. Marmur and Professor Dr. L. Grossman for supplying some DNA preparations, and to Dr. L. Pivec for spectrophotometric measurements at higher temperatures.

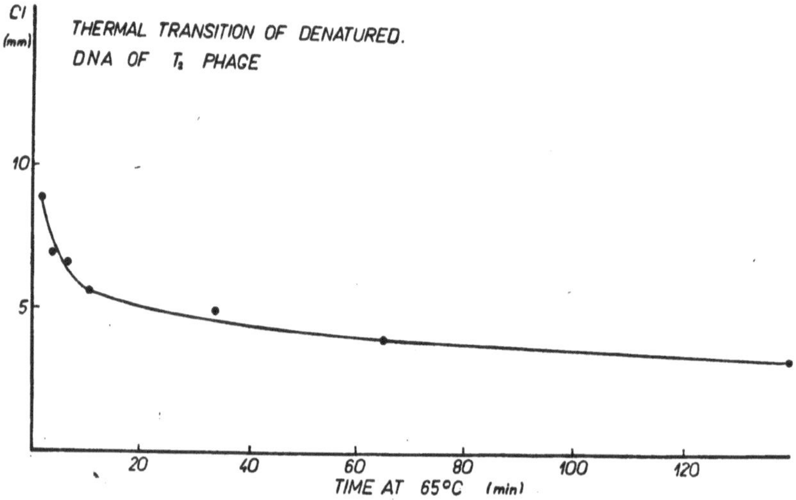

Fig. 6. Thermal transition of denatured DNA of T_2 phage.
CI the depth of the cathodic indentation

SUMMARY

The dependence on temperature of the denaturation of isolated deoxyribonucleic acids originating from various sources has been studied. The results obtained by oscillopolarography have been compared with the UV absorption at 260 nm, and good agreement of the main effect was seen. When using special experimental conditions, it became possible to record oscillopolarographically alterations that could not yet be revealed by spectrophotometry.

References

[1] Paleček, E., Collection Czech. Chem. Commun. **25**, 2283, 1960.
[2] —, Biochim. Biophys. Acta **51**, 1, 1961.
[3] Marmur, J., Doty, P., J. Mol. Biol. **3**, 585, 1961.
[4] Paleček, E., in preparation.
[5] Paleček, E., Janík, B., Arch. Biochem. Biophys. **17**, 527 (1962)

B—12

Polarographische Messungen zur Molekulargewichtsabhängigkeit der Adsorption von Dextran

H. LÜCKE und H. BERG

Institut für Mikrobiologie und experimentelle Therapie Jena
der Deutschen Akademie der Wissenschaften zu Berlin

Frühere polarographische Untersuchungen [1, 2, 3] hatten erwiesen, daß Dextran positive und negative Maxima 1. und 2. Art bis —1,4 V zu dämpfen vermag. Dabei wurde für mehrere Fraktionen eine Beziehung zwischen der prozentualen Dämpfungs-Halbwertskonzentration $c_{1/2}$ und dem mittleren Molekulargewicht M_W gefunden:

$$c_{1/2}\,[\%] = 2{,}8 \cdot 10^{-4}\,(\log M_W) - 7{,}5 \cdot 10^{-4} = f\left(\frac{1}{z}\right). \tag{1}$$

Als Erklärung dieser Abhängigkeit nach Gl. (1) wird die räumliche Anordnung des Dextranmoleküls, welches über die diffuse Doppelschicht hinausreicht, in Betracht gezogen. Ein so großes stäbchenförmiges Knäuel aus n_0 Elementen kann nur mit einem Teil seiner dehydratisierten Fadenelemente n an der Oberfläche haften. Mit wachsender Kettenlänge (größerem M_W) wird das Verhältnis $\frac{n}{n_0-n}$ der adsorbierten zu den noch vollständig hydratisierten Fadenelementen kleiner, und die Maximadämpfungsfähigkeit vermindert sich. Um z. B. den gleichen Dämpfungsgrad auch für höhere Molekulargewichte zu erzielen, müssen größere Konzentrationen angewandt werden. Die Dämpfungs-Halbwertskonzentration $\left(\text{für } P = 1 - \frac{h}{h_0} = 0{,}5\right)$ ist damit gleichzeitig eine Funktion der relativen Haftstellenzahl pro Molekül $z = \frac{n}{n_0-n}$.

Aufgabe vorliegender Arbeit ist die Prüfung der Gl. (1) für den Ultraschall-Abbau luftgesättigter Dextranlösungen von $M_W = 2{,}3 \cdot 10^6$ bis auf $M_W = 0{,}4 \cdot 10^6$, wobei M_W aus Lichtstreuungsmessungen [4] bis herab zu $1{,}1 \cdot 10^6$ bestimmt wurde.

Nachdem der Abbau in den ersten Minuten der Bestrahlung rasch voranschreitet, strebt er darauf langsam einem Grenzwert von $M_W = 0{,}4 \cdot 10^6$ zu. Diesen zu messen, bereitete mit unserem Streulichtgerät Schwierigkeiten, nicht aber dem Nachweis durch Dämpfung des spitzen Sauerstoffmaximums (Abb. 1). Abb. 2 zeigt die relative Dämpfung $P = 1 - \frac{h}{h_0}$, wobei bedeuten: h_0 die Maximahöhe ohne Dextran, h die Resthöhe nach Zusatz von Dextran des betreffenden Molekulargewichtes. Die Dämpfungsisothermen verlaufen um so steiler, je weiter das Dextran abgebaut wurde. In Abb. 3 sind für $P = 0{,}5$ die Dämpfungs-Halbwertskonzentrationen der Abbauproben von Abb. 2 über $\log M_W$ aufgetragen. Die lineare Abhängigkeit wird dargestellt durch

$$c_{1/2}\,[\%] = 2{,}8 \cdot 10^{-4}\,(\log M_W) - 7{,}6 \cdot 10^{-4}. \tag{2}$$

Die sehr gute Übereinstimmung zwischen Gl. (1) und (2) läßt den Schluß zu, daß eine allgemeine Beziehung der Art:

$$c_{1/2}\,[\%] = a \log M_W + b \tag{3}$$

unabhängig von der Abbaumethode gilt.

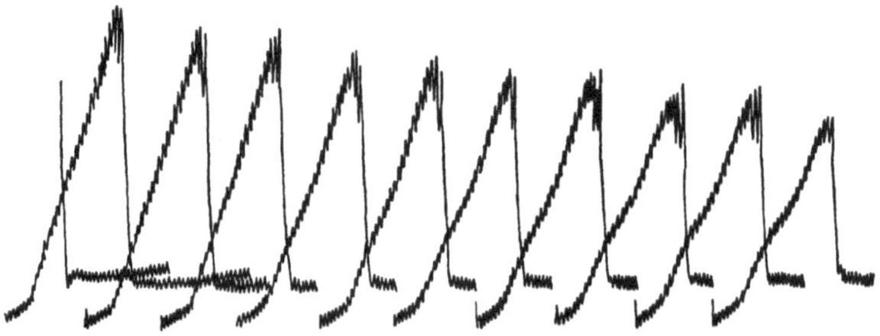

Abb. 1. Dämpfung des spitzen Sauerstoffmaximums 1. Art in Abhängigkeit von der Dextrankonzentration (10^{-2} m KCl, luftgesättigt)

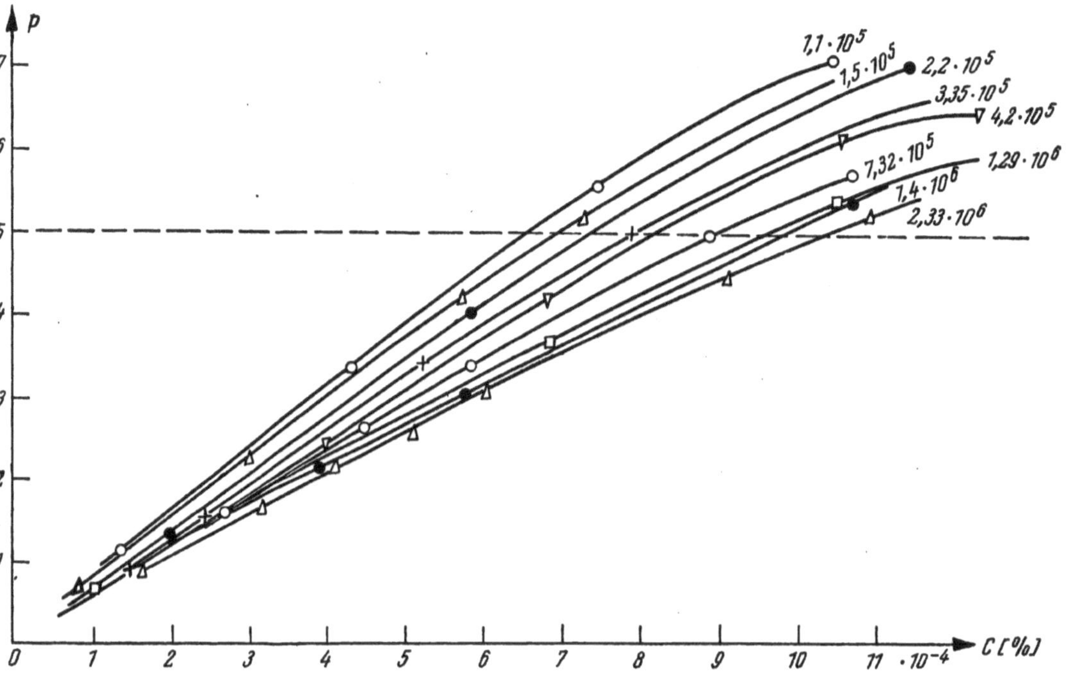

Abb. 2. Relative Dämpfung P in Abhängigkeit von der Konzentration bei den angegebenen M_W-Werten

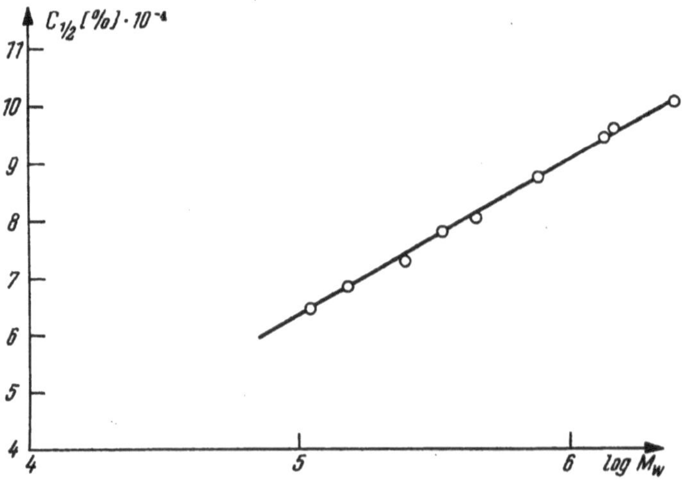

Abb. 3. Dämpfungs-Halbwertskonzentration in Abhängigkeit von M_W (nach Lichtstreuungsmessungen) der durch Ultraschall abgebauten Dextran-Proben

Die Methode der Maximadämpfung bietet somit eine Möglichkeit, den Abbau von Makromolekülen mit bekannten Konstanten a und b mit Hilfe von Gl. (3) in niedrigen Konzentrationen $\sim 10^{-3}\%$ bis zu kleinen Molekülen $M < 0{,}5 \cdot 10^5$ zu verfolgen, wobei die untere Grenze der Gültigkeit von Gl. (3) noch zu bestimmen ist. Für die Theorie des Ultraschallabbaus in hochverdünnten Lösungen verspricht diese Methode wertvolle Beiträge.

SUMMARY

The depression of the oxygen maxima of 1st order by dextran is studied. Samples of dextran were used which had been decomposed by supersonics to a varying extent. The molecular weights of these (M_W from $1{,}1 \cdot 10^5$ to $2{,}3 \cdot 10^5$) had been obtained by means of light scattering measurements. The dextran decomposed by supersonics follows a linear correlation between the logarithmus of the mean molecular weight and the concentration necessary for a half-value depression, as was already formerly observed in products of acid hydrolysis.

Literatur

[1] BERG, H., Pharmazie **11**, 239 (1956).
[2] BERG, H., SCHERF, G., ZEIDLER, H., Pharmazie **15**, 377 (1960).
[3] BERG, H., TRESSELT, D., Pharmazie **16**, 74 (1961).
[4] LÜCKE, H., 2. Jena. Symp. (1963) Physikalische Chemie biogener Makromoleküle, Akad. V. [Berlin] 1964.

B—13

Polarographische, chromatographische und oszillopolarographische Bestimmungen des enzymatischen Stärkeabbaues

S. Rusznák, Gy. A. Gergely, V. Komiszár

Forschungsinstitut für die Textilindustrie, Budapest

Ein auch vom Standpunkt der Produktionsindustrie wichtiges Gebiet der Stärkeforschung bilden die Untersuchungen für den Stärkeabbau.

Die in der Textilindustrie zu verschiedenen Zwecken herangezogenen Stärkesole und Gele beeinflussen wesentlich die Eigenschaften der Produkte, wobei die erreichbaren Effekte in erster Linie von den Verhältnissen des Stärkeabbaues abhängig sind. Den Abbau der Stärke versuchte man schon mit zahlreichen Methoden zu verfolgen. So wurden u. a. Untersuchungen mit der Jodabsorptionsmethode, den Viskositätsmessungen, den osmotischen und chromatographischen Verfahren und in neuester Zeit mit der Ultrazentrifuge durchgeführt. Mit diesen Methoden erzielte man zwar eine anschauliche Zahl von Resultaten, die sich jedoch einesteils methodisch schwierig erwiesen, anderenteils keinen zufriedenstellenden Einblick in den sehr verworrenen Verlauf des Stärkeabbaues bieten konnten.

Die in den letzten Jahren sich sehr stark entwickelnde Oszillopolarographie zeigte sowohl theoretisch als auch praktisch so viele Vorteile, daß wir es für angemessen hielten, die Oszillopolarographie zur Verfolgung des Stärkeabbaues heranzuziehen. Die Kontrollversuche führten wir mit den uns am nächsten liegenden Methoden durch, mit der polarographischen Maximumunterdrückung und der Adsorptionspapierchromatographie. Wir entschlossen uns zu diesen beiden Methoden, da wir mit ihnen durch eigene Ergebnisse schon zahlreiche gute Erfahrungen gewonnen hatten [1, 2, 3]. Es war somit unser Ziel, die Oszillopolarographie zur Verfolgung der Stärkeabbaukinetik heranzuziehen und im Falle günstiger Ergebnisse eine Prüfmethode auszuarbeiten.

I. Methodischer Teil

a) Enzymatischer Abbau

Zu unseren Versuchen verwendeten wir jedesmal Lösungen von Kartoffelstärke, als Abbaureagenz die Enzyme Bactolase, Exocoll T und Diastafor. Diese wählten wir als Modelle, da sie einesteils drei sehr charakteristische Enzymgruppen repräsentieren, anderenteils in ausreichend reiner Form zur Verfügung standen. Bactolase (Schweizerische Ferment A. G.) ist ein Bakterienenzym, Exocoll (Fettchemie, DDR) ist tierischer und Diastafor (Chemolimpex, Ungarn) pflanzlicher Herkunft. Unsere Versuche führten wir auf der Grundlage der Vorversuchsergebnisse durch in einer 2% Substratkonzentration und einer 0,5% bzw. 2,5% Enzymkonzentration, auf die Trockensubstanz berechnet. Dies waren die beiden idealen Konzentrationen, bei denen sich der Abbau schon in 10 bzw. 50 Minuten abspielte, die Reaktionen jedoch noch bequem überwacht werden konnten.

Als Abbautemperaturen wurden — ebenfalls an Hand der Vorversuche — bei Bactolase und Diastafor 60° und bei Exocoll 45° gewählt. Die Hydrolysen fanden bei den in der Literatur angegebenen optimalen pH-Werten statt. Zur Kontrolle wurden jedesmal zwei Versuchsreihen auch an abweichenden pH-Werten untersucht: eine oberhalb und eine unterhalb des Optimalwertes mit einer Abweichung von ± 1 pH. Das Einstellen des erforderlichen pH-Wertes erfolgte mit Säure bzw. Lauge.

b) Polarographische Messungen

Der unter solchen Umständen geleitete enzymatische Abbau der Stärke wurde in seiner Zeitabhängigkeit polarographisch untersucht, indem wir aus der Höhe der Sauerstoffmaxima das Maß des Abbaues herleiteten. Grund dazu bot die Tatsache, daß native Stärke die polarographischen Sauerstoffmaxima gar nicht oder nur sehr gering beeinflußt, hingegen die mit der Zeit erscheinenden hydrolytischen Abbauprodukte die Sauerstoffmaxima immer stärker unterdrücken. Den beendeten Abbau zeigt infolge der entstandenen niedermolekularen Produkte ein konstant bleibendes unterdrücktes Sauerstoffmaximum an.

Abb. 1 veranschaulicht die Sauerstoffmaximadämpfungen des Stärkeabbaues im Bereich der Halbunterdrückung. Angegeben sind absolute Maximahöhen (in μA) in der Zeitabhängigkeit des Abbauverlaufes.

Diese Methode veranschaulicht unabhängig von den speziellen Eigenschaften der einzelnen Enzyme nur das Maß der Hydrolyse.

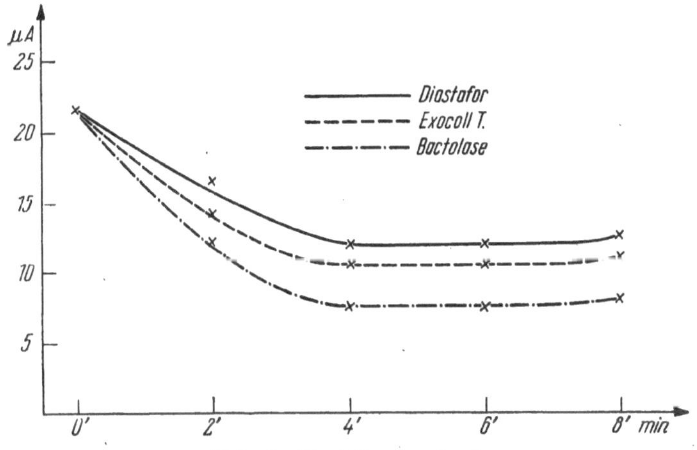

Abb. 1. Reaktionsverlauf

c) Chromatographische Bestimmungen

Parallel zu unseren polarographischen Messungen führten wir chromatographische bzw. adsorptionspapierchromatographische Untersuchungen aus. Bekanntlich entstehen im Laufe des Stärkeabbaues Produkte mit ständig abnehmenden Molekulargewichten. Da die Diffusionsgeschwindigkeiten der gleichartigen Makromoleküle in umgekehrter Proportionalität mit ihren Molekülgewichten stehen, können gemäß den unterschiedlichen Diffusionsgeschwindigkeiten die mit verschiedenen Molekülgewichten entstandenen Produkte getrennt werden.

Die Adsorptionspapierchromatographie erwies sich laut unseren früheren Arbeiten nach einigen Modifikationen als geeignet zur qualitativen Analyse der Stärkeabbauprodukte bzw. zur schnellen Bestimmung des Abbaugrades, da die mit Jodlösungen unterschiedliche Farbreaktionen zeigenden Partikeln leicht getrennt werden konnten.

Abb. 2 veranschaulicht schematisch die chromatographischen Bilder der mit Bactolase, Exocoll und Diastafor abgebauten Stärke. Bemerkt sei, daß dies nur Schaubilder sind, da die Originale wegen der verschwindenden Jodreaktion nicht gezeigt werden können.

Zu Beginn des Abbaues erscheint ein dunkelblauer Fleck und ein ihn umfassender heller blauer Ring. Der Ring wird durch eine tiefgetönte dunkelblaue Kreislinie umrahmt. Im Laufe des Abbaues konnten folgende Änderungen wahrgenommen werden: Der Durchmesser des mittleren dunkelblauen Kreises wuchs allmählich an, während der Farbton sich aufhellte. Zugleich verstärkte sich die Farbe des Ringes. Im weiteren Verlauf des Abbaues änderte sich dann die Farbe von Blau in Violett bzw. Rotbraun. Die Farbe des mittleren Kreises blieb, abgesehen von einer leichten Farbtonaufhellung, unverändert. Am Ende des Abbauvorganges wurde nur noch die gelbe Farbe der Jodlösung im Chromatogramm wahrgenommen. Der vollkommene Abbau konnte unter optimalen Bedingungen mit Bactolase in 10, mit Exocoll in 30 und mit Diastafor in 60 Minuten erreicht werden.

d) Oszillopolarographische Messungen

Parallel zu den polarographischen und chromatographischen Messungen führten wir oszillopolarographische Untersuchungen in 1 M KCl Lösungen durch.

Aus Abb. 3 ist ersichtlich, daß bisweilen die native Stärke selbst bei großen Depolarisatormengen keinen Einschnitt verursacht und die durch Bactolase verursachten Abbauprodukte am Anfang des Abbaues

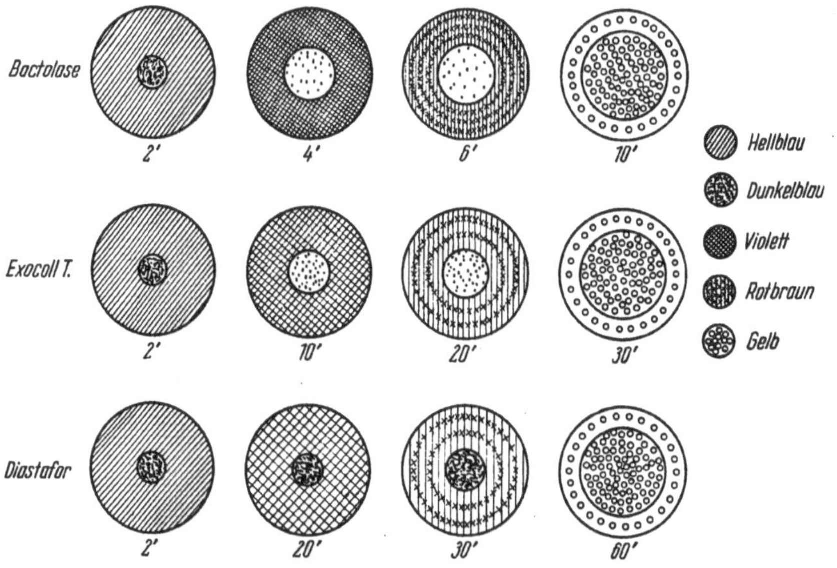

Abb. 2. Chromatogramme

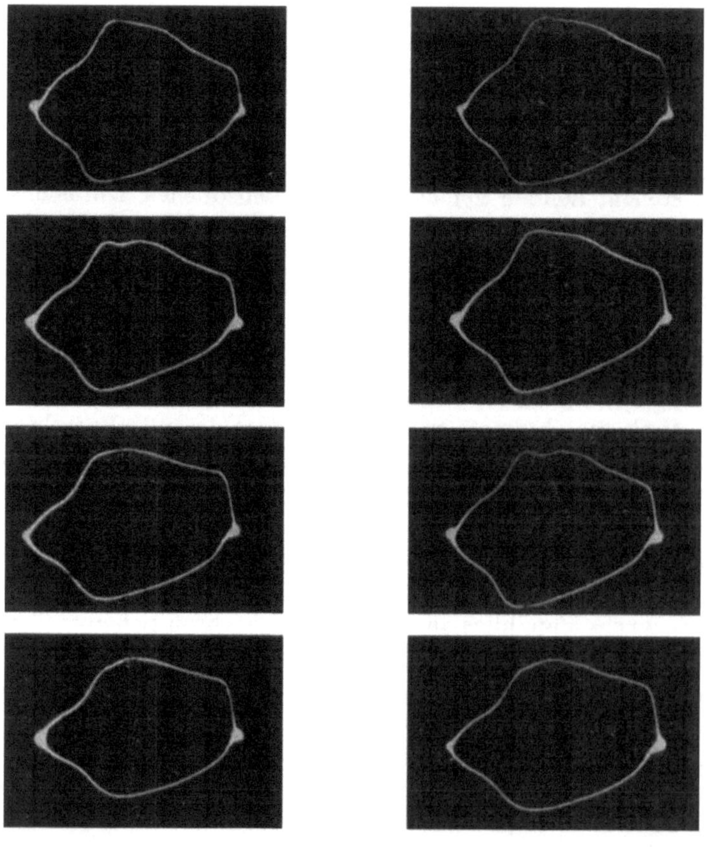

Abb. 3. Oszillopolarogramme der mit Bactolase aufgeschlossenen Stärke in 1 M KCl

schon bei ganz geringen Depolarisatormengen einen Einschnitt am kathodischen Ast hervorrufen. (Als „Depolarisator" werden in dieser Arbeit jedesmal die Stärkeabbauprodukte betrachtet.) Dieser Einschnitt verschwindet mit zunehmender Depolarisatormenge. Mit fortschreitender Hydrolyse werden immer mehr Depolarisatoren nötig, um zu dem Einschnitt zu gelangen bzw. um ihn wieder zum Verschwinden zu bringen. Das Ende der Hydrolyse konnte durch das vollkommene Ausbleiben des Einschnittes wahrgenommen werden.

Abb. 4 veranschaulicht die Oszillopolarogramme des Abbaues mit Exocoll und Diastafor. Das Fortschreiten der Hydrolyse zeigen die wenig veränderten Charakteristiken der Oszillogramme. Einschnitte konnten mit diesen Enzymen nicht beobachtet werden.

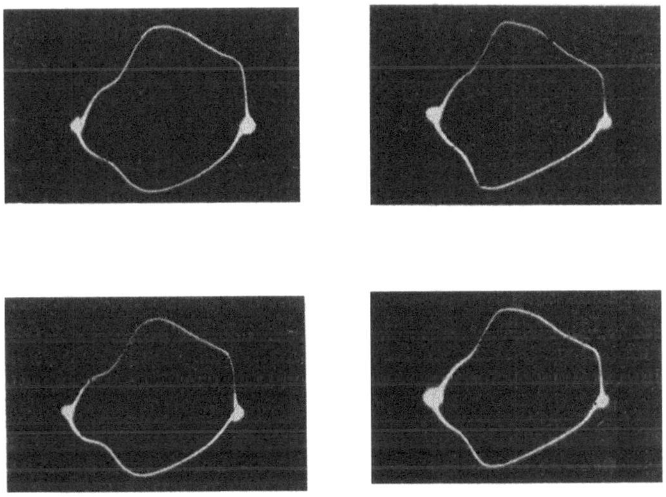

Abb. 4. Oszillopolarogramme der mit Exocoll T und Diastafor aufgeschlossenen Stärke in 1 M KCl

II. Bewertung der Ergebnisse

Die polarographischen Ergebnisse stimmen vollkommen mit unseren früheren Arbeiten auf diesem Gebiet überein. Aus Abb. 1 ist ersichtlich, daß die native Stärke die Maximahöhen nur unwesentlich beienflußt. Mit fortschreitendem Abbau werden die Maxima immer mehr gedämpft, bis nach Erreichung eines gewissen Hydrolysegrades die Höhen der unterdrückten Sauerstoffmaxima konstant bleiben. Die nach sehr langer Zeitdauer auftretenden schwachen Anstiege an den Diagrammen, d. h. ansteigende Maximahöhen, wären in diesem späten Hydrolysestadium mit Aggregationserscheinungen zu erklären.

Die chromatographischen Erscheinungen lassen sich folgendermaßen erklären: Das Anwachsen des inneren Fleckens mit fortlaufender Hydrolyse kann den durch Kettenspaltungen entstandenen Produkten mit geringerem Molekulargewicht zugeschrieben werden, da diese Produkte eine gesteigerte Wasserlöslichkeit besitzen. Die während der Hydrolyse entstandene blaue Farbe an der untersuchten Fläche des Chromatogramms beweist in erster Linie einen Amylosegehalt. Aus den Farbtonänderungen des Ringes, der den inneren Fleck umgibt, kann darauf geschlossen werden, daß sich die Amylopektine in erster Linie im Ring befinden. Diese Vermutung wird auch durch die wohlbekannte Tatsache unterstützt, wonach die Amyloseketten eine größere Aggregationsneigung besitzen als die Amylopektineinheiten. Die Aggregation letzterer wird nämlich durch die Verzweigungen gehindert. Die unterschiedliche Neigung zur Aggregation ermöglicht verschiedene Bindungen zwischen Zellulose und Amylose bzw. zwischen Zellulose und Amylopektin. Es kann angenommen werden, daß sich die Amyloseketten leichter mit den Zelluloseketten verbinden als die verzweigten Amylopektine. So ist es auch begreiflich, daß die Amylose mit ihrem geringeren

Molekulargewicht leichter an die Zellulose gebunden wird als das Amylopektin. Die Verteilung zwischen wäßriger Phase und Zellstoff wird deshalb im Falle der Amylose in Richtung Zellstoff, hingegen bei dem Amylopektin in Richtung wäßrige Phase verschoben. Mit fortschreitender Hydrolyse steigt durch stufenweisen Abbau der Amylosemolekel die Wasserlöslichkeit der Amylosefraktionen bzw. sinkt die Neigung zur Aggregation. Parallel mit diesen Erscheinungen nimmt auch die Affinität gegenüber der Zellulose ab. Mit fortgeschrittener Hydrolyse können durch das Annetzen immer mehr Amyloseteile aus dem inneren Kern entfernt werden, es sinkt demzufolge ständig die Blauintensität des inneren Fleckens. Neben der separierten Verteilung der Amylose und des Amylopektins muß natürlich auch der Tatsache Rechnung getragen werden, daß im inneren Kern im allgemeinen die Fraktionen mit größerem Molekülmasse, hingegen im äußeren Ring die durch die Hydrolyse entstandenen kleineren Fraktionen im Übergewicht vorhanden sind.

Aus Abb. 2 ist klar ersichtlich, daß beim Abbau mit Bactolase die Fraktionen kleiner Molekulargewichte rasch ansteigen, hingegen bei Exocoll und Diastafor der langsame Farbintensitätsumschlag des Amylopektinringes die Anwesenheit hochmolekularer Fraktionen anzeigt. Es kann somit angenommen werden, daß Bactolase in erster Linie die Seitenketten, die zwei weiteren Enzyme jedoch die Endgruppen der Stärke in Angriff nehmen.

Bei unseren chromatographischen Ergebnissen kann, mit den oszillopolarographischen verglichen, eine gute Übereinstimmung wahrgenommen werden. Im Falle der Bactolase zeigt der schon im Anfangsstadium des Abbaues erscheinende Einschnitt die durch die Spaltungen der Seitenketten entstandenen kinetisch freien Amylopektinfraktionen an bzw. das gleichzeitige Erscheinen niedermolekularer Produkte. Dieser Einschnitt verschwindet durch Hinzufügung größerer Depolarisatormengen. Theoretische Erklärungen können zu dieser häufig wiederholten und reproduzierten Erscheinung zur Zeit noch nicht gegeben werden. Möglicherweise handelt es sich um eine — bei den wiederkehrenden Maxima durch uns schon seit Jahren untersuchte — analoge Erscheinung [7]. Den Beweis hierfür möchten wir in einer unserer künftigen Arbeiten bringen.

Beim Abbau mit Exocoll bzw. Diastafor werden hauptsächlich die Endgruppen angegriffen; es entstehen niedermolekulare Amyloseteilchen, die nur zur Deformation des Oszillogrammes ausreichen.

Es kann festgestellt werden, daß die Enzyme nicht nur die Reaktionsgeschwindigkeiten, sondern auch die Reaktionscharakteristiken beeinflussen. Die Verteilung der Übergangsprodukte zwischen dem Anfangspolymer und dem als Endprodukt betrachteten Zucker beruht auf Funktionen der Enzymwirkgruppen.

III. Experimenteller Teil

a) Enzymatische Aufschließung

Unsere Versuche führten wir in einem Dreihalskolben durch. Die konstante Temperatur und das gleichmäßige Rühren des Reaktionsgemisches wurden durch einen Thermostaten bzw. ein Rührwerk gesichert. Die Kolbenhälse waren mit einem Thermometer, Dosiertrichter bzw. einer Pipette zur Probenentnahme und einem Rückflußkühler versehen. Letzterer diente zur Konstanthaltung des Volumens. Zu unseren Versuchen verwendeten wir jedesmal 2% Kartoffelstärkelösungen. Die Umdrehungszahl des Rührwerkes betrug 500 U/min. Die Aufschließung geschah folgendermaßen:

In den Kolben wurden 50 ml destilliertes Wasser gefüllt und auf 90° erwärmt. Nach Erreichen dieser Temperatur gaben wir durch den Trichter die schon vorher bereitete Stärkesuspension hinzu. Letztere wurde 10 Minuten bei 25° in 40 ml destilliertem Wasser vorgeschwellt. Die Verkleisterung wurde 10 Minuten bei 90° unter ständigem Rühren fortgeführt. Nach der Verkleisterung wurde für Bactolase und Diastafor auf 60°, für Exocoll auf 45° gekühlt, und die entsprechenden, in 10 ml Wasser gelösten Enzyme wurden hinzugefügt.

Der Abbau wurde mit Bactolase und Diastafor bei 60°, mit Exocoll bei 45° durchgeführt. Die Enzymkonzentrationen betrugen, auf Trockensubstanz berechnet, 0,5 bzw. 2,5%, die pH-Werte bei Bactolase und Diastafor 5—6 und 7, bei Exocoll 6—7 und 8. Eingestellt wurde mit 0,1 N Essigsäure bzw. 0,1 N Natriumcarbonat. Zur Kontrolle des Abbaues wurden in gewissen Zeitabständen 5 ml Proben entnommen. Das Abstellen des weiteren Abbaues verursachte anfangs Schwierigkeiten, da die in der Literatur vorgeschlagenen Methoden versagten. Das Auskochen verursachte den sofortigen Abbau der Stärke, beim

Tiefkühlen wurden die Enzyme gefällt, das Inhibitieren mit Schwermetallen störte wiederum die polarographischen bzw. oszillopolarographischen Bestimmungen. Verwendet wurden deshalb 0,1 ml einer 1% Ascorbinsäurelösung. Diese oxydiert laut Literaturangaben [5] den aktiven Thiol-Teil des Enzyms zu inaktiven Disulfidgruppen.

b) Polarographie

Polarographiert wurde an einem ungarischen Polarographen, Typ Radelkisz 7—77—4/b, mit eingebautem elektronischem Verstärker und Schreiber. In jedem Falle wurde eine Verstärkung 4×10^{-5} angewendet. Mit anderen Worten: 1 mm Ordinatenhöhe der Polarogramme entsprach einer Stromstärke von 4×10^{-7} Amp. Polarographiert wurde offen an der Luft in 10 ml 10^{-3} N KCl Grundlösungen. Die Depolarisatormengen wurden in 0,1 mg/ml Stufen hinzugefügt.

c) Chromatographische Bestimmungen

Bei den chromatographischen Arbeiten wurde aus dem Hydrolyseprodukt mittels einer Mikropipette 0,02 ml Flüssigkeit entnommen und auf ein Chromatographierpapier Schleicher-Schüll 2043/B übertragen. Der Fleck wurde im warmen Luftstrom getrocknet und hernach dreimal mit 0,05 ml kaltem destilliertem Wasser benetzt. Zwischen den einzelnen Netzungen wurden die Chromatogramme im warmen Luftstrom getrocknet. Das Entwickeln der Chromatogramme geschah durch Besprühen mit einer 0,04 N Kaliumjodid-Jodlösung.

d) Oszillographische Messungen

Unsere Untersuchungen wurden an einem tschechischen Oszillopolarographen Typ Kovo P.576 durchgeführt. Die Aufnahmen erfolgten mittels einer deutschen Exacta-Varex Kamera, Tessar 2,8, aus einer Entfernung von 27 cm. Belichtet wurde 1/25, offene Blende, auf ungarisches Negativmaterial Forte-pan-Rapid 24 Din.

Als Grundlösung benutzten wir 10 ml 1 M KCl. Die Zugabe des Depolarisators erfolgte in 2 mg/ml Stufen.

ZUSAMMENFASSUNG

Stärkeabbauten wurden polarographisch, chromatographisch und oszillopolarographisch verfolgt. Als Enzymmodelle dienten Bactolase, Exocoll T und Diastafor. Die polarographischen Sauerstoffmaximadämpfungen veranschaulichten den Zeitverlauf des Abbaues. Die Chromatogramme gaben über die relative Verteilung der im Laufe der Hydrolyse entstandenen niedermolekularen Produkte und ihrer Proportionalitäten Aufschluß. Die Oszillogramme konnten weitergehend auch die Vorgänge an den Seitenketten bzw. an den Endgruppen festhalten.

An Hand der letztgenannten Ergebnisse sind wir der Ansicht, daß Bactolase ein Enzym mit Seitenkettenwirkung, also hauptsächlich eine β-Amylase der Exo-Enzyme ist, Exocoll und Diastafor hingegen α-Amylase mit Endgruppenwirkungen der Endo-Enzyme darstellen.

SUMMARY

The analytic methods used up-to-now for investigating starch degradation, did not procure any information concerning the different qualitative characteristics of the products of hydrolysis. Making use, on the contrary, of polarographic and oscillopolarographic methods, the qualitative course of starch decomposition could well be followed-up, in particular in the cases of starch disaggregation by malt, bacterical, and mould enzymes. Studying the functions of concentration, pH, and temperature of various enzymic substrates, we observed that the kinetics of starch degradation may closely be followed by means of the depression of the polarographic maxima of oxygen, or the oscillopolarographic curves in neutral supporting elektrolyte solutions respectively. For this reason, introduction of the methods in industrial production is considered.

Literatur

[1] RUSZNÁK, I., FUKKER, K., KRÁLIK, I., Naturwiss. **42**, 643 (1955).
[2] RUSZNÁK, I., KRÁLIK, I., FUKKER, K., Magyar Kémiai Folyóirat **64**, 397 (1958) (Ung.).
[3] RUSZNÁK, I., PÉTER, F., GERGELY, GY. A., Acta Chim. Hung. **27**, 295 (1961).
[4] WEIDENHAGEN, R., MYRBÄCK, K., NEUMÜLLER, G., „Ergebnisse der Enzymforschung", Bd. XII, Akad. Verlagsges., Leipzig 1951, S. 32–88.
[5] BARTA, G., Enzyme, Élelmiszeripari Könyvkiadó, Budapest 1954, 49–62 old. (Ung.).
[6] COLOWICK, S. P., KAPLAN, N. O., „Methodes in Enzymology", Bd. I, Academic Press TNC New York 1955, S. 141 (Engl.).
[7] RUSZNÁK, I., KRÁLIK, I., FUKKER, K., Coll. Czech. Chem. Commun. **26**, 1262–1267 (1961).

B—14

Anwendung der Gelfiltration in der Polarographie

R. Kalvoda

Polarographisches Institut der Tschechoslowakischen Akademie der Wissenschaften, Prag

Die Anwendung der Polarographie in der Biologie und Medizin ist infolge der störenden Wirkung der im Überfluß vorhandenen Substanzen, wie z. B. Eiweißstoffe, oft kompliziert. Deswegen wird häufig der zu bestimmende Stoff durch geeignete Operation isoliert und dann in reinem Zustand der polarographischen Analyse unterworfen.

Gegenstand dieser Arbeit ist das Studium der Möglichkeiten, die bei solchen Trennungen die sog. Gelfiltration mit sich bringt. Zu den Versuchen wurde das Präparat Sephadex (Pharmacia — Uppsala) angewendet. Dieses Sephadex [1], welches in der Biochemie zur Trennung von Verbindungen mit unterschiedlichem Molekulargewicht dient, ist ein Polydextran, dessen Körnchen aus einem Molekularnetzgewebe von gewisser Größe bestehen. In das Innere dieser Körnchen können nur Molekeln bis zu gewisser Molekülgröße diffundieren, während größere Molekeln an der Oberfläche verbleiben.

Das angewendete Sephadex G 25 (medium) hält aus der Lösung Verbindungen mit einem Molekulargewicht bis 1000 zurück, während Verbindungen mit einem höheren Molekulargewicht als 4000 aus der Säule herausgewaschen werden.

Zuerst wurden Experimente durchgeführt, die die Trennungsmöglichkeit des Sephadex für polarographische Zwecke zeigen sollten.

Auf eine Sephadexsäule, die aus 2 g dieser Substanz bestand, wurden 0,5—1,5 ml einer Lösung, die in 1 ml 2,5 mg Cd und 5 mg Albumin enthielt, pipettiert. Nachdem diese Lösung in die Säule eingedrungen war, wurde sie mit 0,2 M KCl durchgewaschen, und Fraktionen vom Volumen 1 ml wurden abgefangen. Zum Eluat wurde dann geeignete Grundlösung zugegeben und polarographisch oder oszillopolarographisch die Konzentration der Cd^{2+}-Ionen bestimmt. Oszillopolarographisch $\left(\frac{dE}{dt} = f(E)\text{-Kurven}\right)$ konnte auch die Konzentration des Eiweißes in den einzelnen Fraktionen kontrolliert werden. So kann festgestellt werden, welche optimale Menge der Lösung zur Auswaschung des Eiweißes nötig ist (Abb. 1). Erst nachdem dieses Volumen aus der Säule herausgeflossen ist, wird die zweite Fraktion, in der die gesamte zu bestimmende Verbindung anwesend ist, gesammelt.

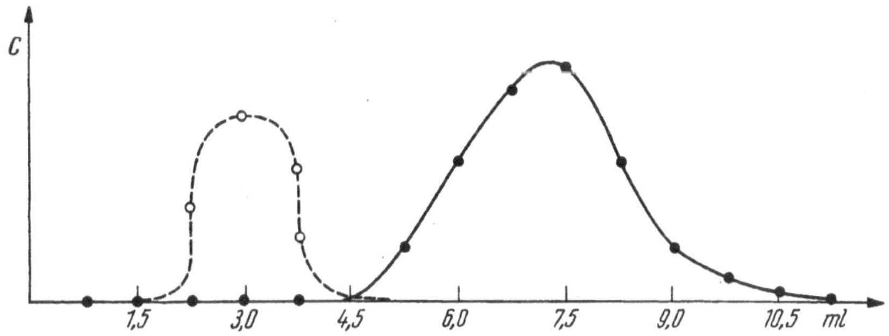

Abb. 1. Elutionsdiagramm: Trennung eines Gemisches von Albumin und Kadmium (gestrichelt die Kurve des Albumins)

An Hand dieser vorläufigen Versuche wurden Bestimmungen einiger organischer Verbindungen, wie Sulphadimidin, Sulphadiazin, β-Indolylessigsäure [2], Desoxycorticosteron [2] im Blutserum oder neben Albumin durchgeführt. Ohne Trennung kann in diesen Lösungen die betreffende Welle oder der Einschnitt überhaupt nicht erzielt werden. Auf die Säule wurde immer eine Menge von 0,5—1 ml 10^{-2} M Lösung von Sulphadimethylpyrimidin, Sulphamethylpyrimidin, β-Indolylessigsäure u. a. im Blutserum oder neben Albumin aufgetragen. Zur Elution diente Azetatpuffer von pH 4,7 oder 0,2 M KCl. Nach dem Herausfließen von 4,5 ml wurden 10 ml gesammelt und die Konzentration polarographisch oder oszillopolarographisch bestimmt. Gleichzeitig fanden auch Vergleichsuntersuchungen ohne Eiweiß statt. Es konnte festgestellt werden, daß praktisch die ganze eingewogene Menge der zu bestimmenden Verbindung wieder isoliert wird. In einigen Fällen ergab sich ein systematischer Fehler von zirka 10—15%, der auf das langsame Herauswaschen der untersuchten Substanz aus der Säule zurückgeht. Da aber bei praktischen Bestimmungen zuerst sowieso Testproben durchgeführt werden müssen, kann ein etwa auftauchender systematischer Fehler in Kauf genommen werden.

Für das verwendete Sephadex danken wir der Firma Pharmacia A. B., Uppsala, Schweden.

SUMMARY

Sephadex G 25 used as filling material in columns only separates molecules of a molecular weight from 1000 up to 4000. Larger molecules will immediately run through the column. Using a buffer solutions as eluting agent the substances may be polarographed subsequently. Thus certain metals as well as organic substances (drugs) were separated from proteins or blood sera and then practically completely recovered for a quantitative estimation.

Literatur

[1] Porath, J., Flodin, P., Nature [London] **183**, 1657 (1959).
[2] Stockmann, Ch. Ch., bisher nicht veröffentlicht.

B—15

Oszillopolarographische Untersuchungen über die Adsorptionseigenschaft der Fermente im Verlauf ihrer Reinigung

L. W. Waltschewa

Biochemisches Zentrallaboratorium, Bulgarische Akademie der Wissenschaften, Sofia

Es ist bekannt, daß manche organische Farbstoffe spezifische Einschnitte im Oszillogramm aufweisen. Bei Zugabe von Eiweißstoffen in die Lösung dieser Farbstoffe wurden Veränderungen der Einschnittstiefe beobachtet, infolge einer vermutlichen Verbindungsbildung zwischen Farbstoff und Eiweiß. Somit wird die oszillopolarographische Untersuchung der Adsorptionseigenschaft der Eiweiße durch Messung verschiedener Einflüsse, wie z. B. Temperatur, pH usw., ermöglicht.

Von unserem Kollektiv wurde eine Reihe von Untersuchungen in dieser Richtung durchgeführt: Veränderungen der Einschnittstiefe einiger Farbstoffe und Redoxsysteme infolge Zugabe von Gewebshomogenaten und Eiweiß (Detscheff) [1], Untersuchung dieser Beziehungen bei Zugabe von gereinigtem Albumin und Hämoglobin (Kalaidjiew, Stefanowa) [2], Untersuchungen der Adsorptionseigenschaft von Eiweißstoffen bei Thermodenaturation und Verfolgen der Kinetik dieser Denaturierung (Detscheff) [1]. Weitere Untersuchungen auf diesem Gebiet führten durch Pfankuch und Hagenguth [3] (Adsorption der Schwermetalle von Proteinen und Virusproteinen), Stricks und Kolthoff [4] (Bestimmung des Molekulargewichtes des Serumalbumins aus seinem Einfluß auf den Diffusionsstrom des Methylorange), Breyer und Bauer [5] (Beziehungen von Proteinlösungen zu organischen Farbstoffen), Zumanova, Teisinger und Zuman [6] (Senkung des Depolarisationstromes von Metallen infolge Eiweißkomplexbildung), Markus und Baumberger [7] (Polarographische Messung der Adsorption zwischen evans-blue und Plasma-Eiweißkörpern).

Zweck dieser Arbeit ist das Studium der Anwendungsmöglichkeit der oszillopolarographischen Methode zur Kontrolle des Reinigungsgrades der Katalasefraktionen im Verlauf ihrer Herstellung. Es wurde der Einfluß der Temperatur und des pH-Wertes auf die Einschnitte verschiedener organischer Farbstoffe in Anwesenheit von Eiweißen verfolgt.

Experimenteller Teil

1. Die oszillopolarographischen Kurven der Funktion $dE/dt = f(E)$ wurden mit dem Polaroskop P—524 (Krizik, Prag) mit Quecksilbertropfelektrode verfolgt.

2. Wir haben mit Katalase aus Rindleber (isoliert nach Tauber und Petit [8] —) gearbeitet. Die Charakteristik der untersuchten Fraktionen ist in Tab. 2 dargestellt.

3. Gearbeitet wurde mit m/15 Phosphatpuffer nach Sörensen bei pH-Werten 4,54; 5,59; 6,24; 7,17 und 8,34.

4. Es wurden 0,001 -m-Lösungen der Farbstoffe Neutralrot, Indigokarmin und Methylenblau verwendet.

5. Zu den Versuchen diente ein Block-Thermostat mit zwei Zonen, von denen eine durch Widerstandsheizung, die andere durch Kühlung von fließendem Wasser hergestellt war. Auf diese Weise entstand ein praktisch linearer Temperaturgradient in einem nach Wunsch regulierbaren Temperaturintervall von 20 bis 80 °C. Unmittelbar vor jedem Versuch wurden von den Stammlösungen der Farbstoffe und jeder untersuchten Katalasefraktion 10 ml Arbeitslösung vorbereitet. Die Fraktionen waren in Verdünnung 1:1000. Die so erzeugte Lösung wurde in Mengen von 0,5 ml in vortemperierte Zellen zugegossen. Es wurden zwei Temperaturreihen bestimmt: die eine für Kontrollproben (Pufferlösung und Farbstoff) und die andere für Lösung mit Eiweiß. Das von dem Blockthermostaten gesicherte Temperaturintervall ermöglichte die Messung von 112 Proben bei 8 verschiedenen pH-Werten und 14 ver-

schiedenen Temperaturen während eines Versuches. Die Temperaturkurven wurden auf Grund von 14 Punkten im Temperaturintervall 20 bis 80 °C gezeichnet. Die Versuche wurden mit jedem einzelnen der drei Farbstoffe bei pH 4,54; 5,59; 6,24; 7,17 und 8,34 durchgeführt. Nach Inkubation von 30 Min. bei entsprechenden Temperaturen wurde jede einzelne Kurve aufgenommen und darauf die Messungen gemacht.

Aus Tab. 1 sind die Konzentrationen der Farbstoffe (in Mol/l) für alle Versuche, bei verschiedenen pH-Werten abzulesen.

6. Es wurden Paralleluntersuchungen der Katalaseaktivität jeder Fraktion nach Euler und Josephson [9] durchgeführt.

Resultate

Die Resultate sind auf den Abbildungen 1 und 2 dargestellt. Wir untersuchten die Veränderungen der Kurventiefe von Neutralrot, Indigokarmin und Methylenblau bei Zugabe von Katalasefraktionen verschiedenen Reinheitsgrades in Abhängigkeit vom pH und der Temperatur. Die Resultate sind besser ablesbar, wenn man die Differenz der Einschnittsgrößen bei den Kontrollproben und bei den eiweißenthaltenden Lösungen graphisch darstellt. Diese Differenz gibt uns direkt ein Bild von den Adsorptionseigenschaften der Eiweiße. Man beobachtet folgendes: Bei der ersten Fraktion, die noch ein Homogenat ist, hat die Temperaturabhängigkeit der Differenz der beiden Einschnittstiefen (d. h. Einschnittstiefen der Kontrollprobe mit Neutralrot und der untersuchten Lösung) den folgenden Verlauf: Mit Steigerung der Temperatur nimmt die Differenz langsam zu. Bei den folgenden Fraktionen zeigt die Kurve Anstiege ohne ein gut geformtes Maximum. Bei der Fraktion aber, die schon gut gereinigt ist (mit einem Reinigungsgrad von ca. 480) nimmt die Temperaturkurve bis ca. 60° zu, danach tritt ein Abfall der Kurve ein. Somit wird ein charakteristisches Maximum der Kurve verursacht. Nur für diese ganz reine Fraktion kann man das charakteristische Temperaturmaximum für alle pH-Werte beobachten. Für pH 6,24 (d. h. in der Nähe des isoelektrischen Punktes der Eiweiße) tritt auch bei der Fraktion, die nicht so rein ist, ein charakteristisches Maximum in Erscheinung.

Bei dem analogen Versuch mit dem Farbstoff Indigokarmin können wir folgendes beobachten: Die Kurven, die den jeweiligen Fraktionen entsprechen, verlaufen zwar analog, aber es drängt sich der Gedanke auf, daß das Indigokarmin im allgemeinen erheblich weniger als die anderen Farbstoffe von der Temperatur abhängig ist. Demzufolge sind auch die Maxima nicht so gut ablesbar und die Kurven im allgemeinen weitaus niedriger und schwach zunehmend.

Bei dem entsprechenden Versuch mit dem dritten Farbstoff-Methylenblau sind die Kurven für die höheren pH-Werte ab 6,24 ganz analog den Kurven für Neutralrot und Indigokarmin. Für die kleineren pH-Werte sind Veränderungen nicht ablesbar. Abb. 1 und 2 stellen die maximalen Einschnittsveränderungen der oszillopolarographischen Kurve der Farbstoffe Neutralrot und Indigokarmin in Prozenten für alle pH-Werte, unabhängig von der Temperatur, dar. Man kann feststellen, daß die Einschnittsveränderungen von dem pH der Lösungen stark beeinflußt sind.

Diskussion der Resultate

Die dargelegten Resultate stimmen mit den Resultaten der früheren von uns durchgeführten Versuche überein. Die Abhängigkeit der Adsorptionseigenschaft des Eiweißkörpers von der Temperatur ist für die einzelnen Eiweißarten verschieden. Sie hat bei einfachen Eiweißstoffen, wie z. B. Gelatine, den Charakter einer typischen Abhängigkeit der Adsorption von der Temperatur.

Bei den Versuchen mit Homogenisaten und gereinigten Eiweißen aber hat die Kurve einen ganz anderen Verlauf: Mit steigender Temperatur bis ca. 60 °C nimmt die Adsorptionseigenschaft auch zu, danach fällt sie ab. Es bildet sich ein mehr oder weniger gutes Maxi-

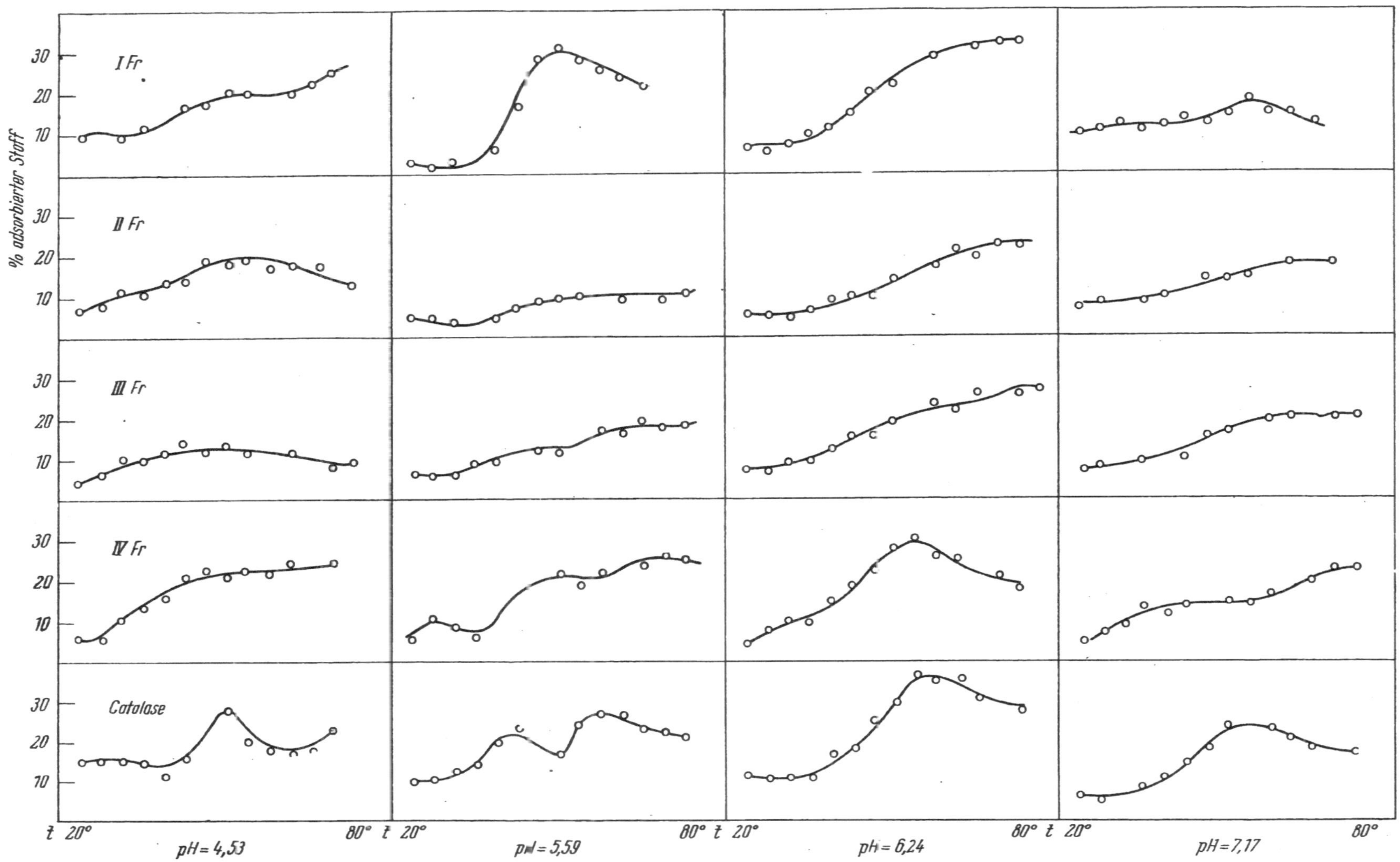

Abb. 1. Adsorbierte Neutralrotmenge in Abhängigkeit von pH-Wert und Temperatur bei den Fraktionen

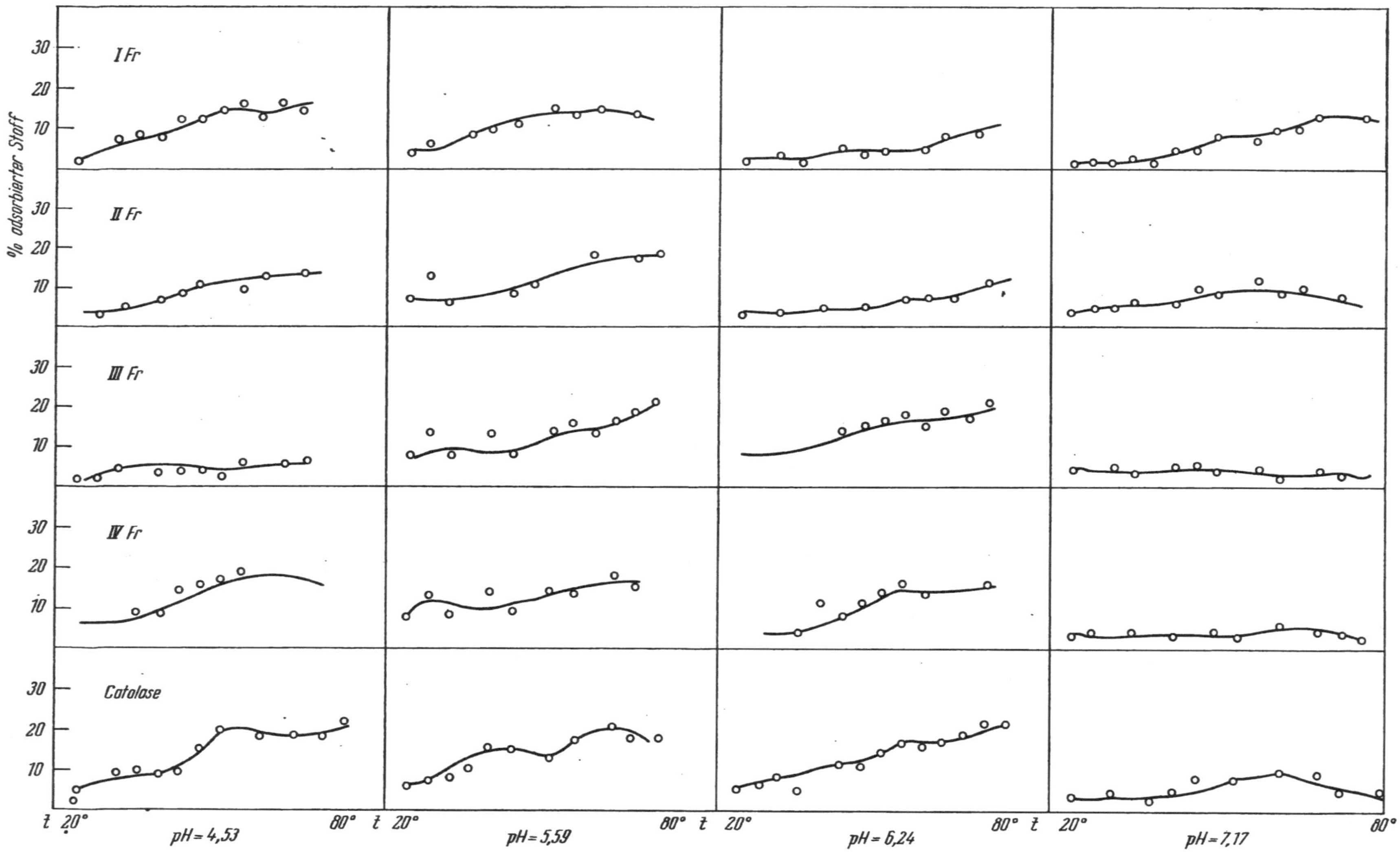

Abb. 2. Adsorbierte Indigokarminmenge in Abhängigkeit von pH-Wert und Temperatur bei den Fraktionen

mum aus. Am besten ausgeprägt ist dieses Maximum bei pH-Werten in der Umgebung des isoelektrischen Punktes des untersuchten Eiweißes. Vermutlich läßt sich dieser Kurvenverlauf auf eintretende Denaturierungsveränderungen (im weitesten Sinne) zurückführen, weil sich infolgedessen die Adsorptioneigenschaft des Eiweißstoffes stärkt.

Es sei aber gleich gesagt, daß bei hohen Temperaturen eine Aggregation zwischen den Eiweißteilchen stattfindet, die eine Senkung der Adsorptionseigenschaft des Eiweißstoffes verursacht. Beim Vergleich der polarographischen mit anderen Methoden für Untersuchungen der Adsorptionseigenschaften des Eiweißes (Konduktiometrie, Nephelometrie) kann man befriedigende Übereinstimmung der Resultate feststellen.

Tabelle 1

pH	Neutralrot	Indigokarmin	Methylenblau
4,53	1.10^{-5}	5.10^{-5}	1.10^{-5}
5,59	1.10^{-5}	5.10^{-5}	1.10^{-5}
6,24	1.10^{-5}	5.10^{-5}	1.10^{-5}
7,17	2.10^{-5}	8.10^{-5}	5.10^{-5}

Tabelle 2

Fraktion	Vol. ml	Kat. f.	Gewinn %	Reinigungsgrad
Gehackt→ Rindleber + Wasser + 1. Portion Aceton	1150	380	100	1
Filtrieren	850	2360	52	12
Zweite Portion Aceton und Filtrieren	850	2800	28	20
Extrahieren des Niederschlages mit Wasser und Zentrifugieren der Wasserlösung	60	22400	15	150
Dialyse	10	28000	6	480

Schlußfolgerung

1. Die Temperaturkurven, die die Adsorptionseigenschaft der Katalase widerspiegeln, haben den gleichen Verlauf wie die Kurven der höheren Eiweißstoffe und zeigen ein charakteristisches Maximum.

2. Der Reinigungsgrad der Katalase beeinflußt die Schärfe des Temperaturmaximums.

3. Man kann die oszillopolarographische Methode, die für die Bestimmung der Adsorptionseigenschaft schon eingeführt wurde, für die relative Bestimmung des Reinigungsgrades eines bestimmten Eiweißstoffes verwenden.

4. In dem konkreten Fall der Untersuchung von Katalase von verschiedenem Reinheitsgrad ist die bequemste Arbeitsweise die mit Neutralrot, und zwar bei pH-Werten in der Umgebung des isoelektrischen Punktes des Eiweißstoffes.

SUMMARY

It is a well-known fact that some organic dyes cause specific incisions in the oscillopolarographic curve. On addition of proteins to solutions of dyes, alterations in the depth of these incisions have been observed, presumably because of a linkage between both the components. Oscillopolarographic investigation of adsorption and of formation of adducts under various conditions is thus rendered possible.

The present paper reports oscillopolarographic studies in relation to variations of the depth of incisions caused by indigo carmine, methylene blue, and neutral red, on addition of fractions of catalase, which have been isolated during purification of this enzyme. Dependence on temperature and pH value of these alterations has been investigated. Furthermore, the catalase activity of the respective fraction was determined in parallel.

Oscillopolarography thus can be employed in the purification of enzymes a as method for controlling the enzymic activity.

Literatur

[1] Detscheff, G., II. Internat. Symposium über den Mechanismus der Erregung. VEB Deutscher Verlag der Wissenschaften, Berlin 1958.
—, Veröffentl. des Instituts für Biologie, BAW (1960).
—, Ebenda, (1961).

[2] Kalaidjiew, A., Waltschewa, L., Zweites Internationales Symposium über den Mechanismus der Erregung. VEB Deutscher Verlag der Wissenschaften. Berlin 1958.
Kalaidjiew, A., Stefanowa, L., Veröffentl. des Instituts für Physiologie, BAW. **4** (1960).
Kalaidjiew, A., Waltschewa, L., Comptes rendus de l'Academie bulgare des Sciences Vol. 11, 5 (1958).

[3] Pfankuch, Hagenguth, Biochem. Z. **313** (1942).

[4] Stricks, W., Kolthoff, I., J. Amer. Chem. Soc. **22**, 969 (1950).

[5] Breyer, B., Bauer, F., Austr. J. Phys. **161**, 473 (1950).
Breyer, B., Bauer, F., Radcliff, F., Austr. J. Sci. **15**, 4 (1953).

[6] Zumanova, R., Teisinger, R., Zuman, P., Chem. Zvesti **11**, 9 (1957).

[7] Markus, C., Baumberger, P., J. Biol. Chem. **206**, 59 (1954).

[8] Tauber, E., Petit, J., J. Biol. Chem. **195**, 703 (1952).

[9] von Euler, H., Josephson, Ann. **452**, 158 (1924).

Diskussionsbeiträge zur Sektion B:

Polarographische Eigenschaften biogener Makromoleküle und ihrer Bausteine

B – 2 **I. Iwanow (Moskau)**

E. Paleček (Brno): Es ist bekannt, daß die Nukleinsäuren in Lösung Komplexe mit Proteinen bilden. Daher kann man sich auch andere Mechanismen der Unterdrückung der polarographischen Welle als nur die Konkurrenzadsorption vorstellen. Vielleicht wäre es nützlich, bei verschiedenen Elektrolytkonzentrationen zu arbeiten.

I. Iwanow: Wir sind uns dessen bewußt, daß die depolymerisierte DNS mit den aglobulären Bereichen einiger Proteine Komplexe bildet. In der Hauptsache adsorbiert sie sich jedoch an der Kathode und verdrängt die Eiweißglobuli. Dieser Effekt wird an allen Proteinen beobachtet, die eine polarographische Doppelwelle zeigen, was mit Komplexbildung schwer zu erklären wäre. Auch das polarographische Maximum der Co-Oxychinolinverbindung wird durch DNS infolge Adsorption erniedrigt. Außerdem kann man an Stelle von DNS Stärke verwenden, welche mit Eiweiß keine Komplexe bildet und in allen Fällen eine ähnliche Wirkung besitzt.

Die erste Welle wird durch die Entladung der schwächer adsorbierten Co-Eiweiß-Komplexe hervorgerufen. Dafür spricht ihre Abnahme bei hoher Tropfgeschwindigkeit. Daraus kann man ableiten, daß die Verdrängung der Co-Eiweiß-Komplexe, die die erste Welle hervorrufen, bei geringeren Konzentrationen des konkurrierenden Adsorbenten erfolgt.

A. Kalaidjiew (Berlin): 1. Ist die Annahme der Hypothese von der α-Spirale zur Erklärung Ihres Tatsachenmaterials unbedingt notwendig, oder können Sie auch andere Konformationsmöglichkeiten in Betracht ziehen.

2. Was verstehen Sie unter sekundärer und tertiärer Struktur? In der Literatur bestehen einige Unterschiede in der Terminologie.

I. Iwanow: 1. Die Annahme der Hypothese von der α-Spirale als sekundäre Eiweißstruktur ist zur Erklärung unserer Beobachtungen nicht notwendig. Die Existenz der aglobulären Bereiche ist eine Tatsache, unabhängig davon, welche der bekannten Theorien der Eiweißstruktur angewendet wird.

2. Als sekundäre Struktur betrachten wir die Spiralstruktur der Polypeptidkette. Die tertiäre Struktur ist, wie sie in der Literatur beschrieben wird, ein Zusammenballen der Polypeptidkette zu einem 3-dimensionalen Gebilde, dem Globulus. Nach unserer Ansicht besteht die tertiäre Struktur aus einem Globulus mit aglobulären Molekülbereichen.

H. Berg (Jena): Die konfigurative Deutung der beiden katalytischen Wellen kann zu einer wichtigen Vertiefung unserer Erkenntnis führen. Es muß nach eigenen Erfahrungen jedoch vor einer Generalisierung der Effekte der UV-Bestrahlungen verschiedener Proteine (in verschiedenen Konzentrationen) gewarnt werden.

Ist Ihre Vorstellung über die Wellenursache mit der Deutung von Březina vereinbar?

I. Iwanow: Unsere Ansicht über die Entstehung der 1. und 2. polarographischen Welle der Eiweiße gründet sich auf die Ergebnisse der Versuche über die Adsorption ihrer Co-Komplexe an der Hg-Kathode. Die Höhe der 1. Welle vermindert sich stark mit der Vergrößerung der Tropfzeit und mit der Erhöhung der Konzentration an Stärke oder DNS. Das besagt, daß die Globuli schwächer an der Kathode adsorbiert werden als die aglobulären Bereiche (Ursache für 2. Welle).

UV-Bestrahlung ist von Bedeutung für die Bestätigung des Ursprungs der 2. Stufe. Dadurch wird eine Entknäuelung der Globuli und Vergrößerung der aglobulären Bereiche bewirkt. Das kann man an vielen Eiweißen zeigen bei kleinen Konzentrationen und bei einer

Temperatur von 0 bis 3 °C: Niedrige Temperatur und Konzentration sind notwendig zur Polarographie vieler Eiweiße sowohl bei Bestrahlungsversuchen als auch bei Adsorptionsversuchen. Die Wirkung von alkalischem pH erinnert auch an die Wirkung des UV-Lichtes.

Konzentration und Art der Eiweiße drücken sich stark aus in der Form der polarographischen Wellen. Wir haben deswegen mit äquimolaren Lösungen der verschiedenen Eiweiße (2.10^{-5} m) gearbeitet.

Unsere Ansicht widerspricht nicht den Ansichten von Březina. Er betrachtet die chemische Grundlage des Problems, während uns physikalische Faktoren interessieren, die die Entstehung des 2stufigen Charakters der Eiweißwelle bewirken. Es kann sein, daß sich $-S-H$ oder $-S-S$-Gruppen bei $-1{,}450$ und bei $-1{,}600$ V entladen, je nachdem sie sich auf der Oberfläche von globulären oder aglobulären Bereichen befinden.

G. Ruttkay-Nedecký (Bratislava): Es würde mich interessieren, wie die Höhe der zweiten Welle der Eiweißdoppelwelle bei der Bestimmung ihrer Abhängigkeit von der Kobaltkonzentration gemessen worden ist. Wegen der Superposition der beiden Teile der Eiweißdoppelwelle ist es strittig, im Verhältnis zu welchem Wert die Höhe der zweiten Welle abgelesen werden soll, damit der gemessene Wert einem realen Prozeß entspricht, z. B. der katalytischen Aktivität des Komplexes, welcher für die Entstehung der zweiten Welle verantwortlich sein soll. Die Art der Ablesung, die Sie in Ihrem Buch: Iwanow, Polarographie der Eiweißstoffe, Enzyme und Aminosäuren, 1961, Verlag der Akademie der Wissenschaften der UdSSR, S. 97, angeben, ist schwer zu begründen. Von der Ablesungsart der Höhe der zweiten Welle hängt aber die Form ihrer Abhängigkeit von der Kobaltkonzentration ab. Aus der Verschiedenheit dieser Abhängigkeit gegenüber der ersten Welle begründen Sie die Existenz zweier Arten von Kobalt-Eiweiß-Komplexen, die den zwei Teilen der Eiweißdoppelwelle entsprechen.

Ebenso bitte ich um Aufklärung der Art, wie die Höhen der ersten und zweiten Eiweißdoppelwelle aus den Derivations-Kurven erhalten wurden und wie dabei der erwähnte störende Einfluß der Superposition beider Teile der Doppelwelle ausgeschaltet worden ist.

I. Iwanow: Das Verfahren zur Messung der Höhe der zweiten Eiweißwelle h_2 haben wir von Majranowskij übernommen. Die abgeleitete zweite Welle haben wir von ihrem Ausgangspunkt aus gemessen. Man muß jedoch feststellen, daß die vorliegende Methode den Effekt der Überlagerung der Wellen nicht berücksichtigt, vor allem bei Potentialdifferenzen der Maxima kleiner als 150 mV. Die Lösung der Frage nach dem besonderen Charakter des Komplexes, dessen Entladung die zweite Welle hervorruft, kann man nach unserer Ansicht nicht abhängig machen von der Methode zur Messung von h_2. Dazu untersuchten wir die Verdrängung der Komplexe von der Kathodenoberfläche in Gegenwart von Stärke oder DNS sowie die Denaturierung der Proteine durch UV-Bestrahlung. Für Proteine mit einer Potentialdifferenz >150 mV, wo keine Überlagerung der ersten und zweiten Welle stattfindet, ist die Kurve der Abhängigkeit von h_1 und h_2 von der Stärkekonzentration verschieden (vgl. die Antwort an H. Berg). Entsprechendes gilt für Eiweiße mit einer Potentialdifferenz unter 150 mV.

B–3 **G. Ruttkay-Nedecký (Bratislava)**

E. Paleček (Brno):

1. It would be interesting to compare your results with TMV with measurements on phages. Phages contain mostly DNA and proteins. In our institute Dr. Kondella is working on polarography of phage T_2 and its protein – it could be interesting to compare his results with yours.
2. According to Berg's results it seems that NA can play some role in the polarographic reaction. Kondella obtained with the phage only one polarographic wave.

G. Ruttkay-Nedecký:

1. I am glad to hear that the polarographic work has been already started on bacterial viruses. A comparision of your results on T_2 phage with our results on TMV shall be useful indeed.
2. The shape of the TMV-wave is not influenced by the presence of viral RNA. Both TMV and the RNA-free A-protein isolated after alkaline degradation of TMV have the same shape of the wave (see the paper).

H. Berg (Jena):

1. Nach unseren Untersuchungen ist das Auftreten der Protein-Doppelwelle beim gereinigten Serumalbumin (Rind) von der Konzentration abhängig. Verursacht TMV auch in hoher Konzentration (>50 mg%) nur die 1. Welle?
2. Ist auch die Renaturation des TMV polarographisch verfolgt worden und wird danach das ursprüngliche Wellenbild erhalten?

G. Ruttkay-Nedecký:

1. Das TMV verursacht nur die erste Welle zu einer Konzentration von 1% (d. h. 1000 mg% TMV oder 160 mg% N). Bei höheren Konzentrationen wurde das TMV nicht untersucht wegen der hohen Viskosität der Lösung und des starken Abfalls der Welle bereits bei 1%-igem TMV. Das Fehlen der zweiten Welle ist an das Polarographieren bei 0 °C und einem pH-Wert von 9,5 oder darunter gebunden; bei einem pH von 10,5 oder einer Temperatur von 23 °C kommt die zweite Welle bereits zum Vorschein.
2. Bei einer Reaggregation des A-Proteins kann man wohl kaum eine Änderung der Gestalt der polarographischen Kurve erwarten, da sowohl das TMV als auch das A-Protein bloß die erste Welle liefern. Interessant wird die Renaturation und Reaggregation der Grundeinheiten des TMV sein, die durch Phenolextraktion gewonnen worden sind, denn diese liefern praktisch nur den zweiten Teil der Welle. Diese Renaturation und Reaggregation zum ursprünglichen Virus wurde von Anderer (Z. Naturforsch. **14b**, 642 (1959)) durchgeführt und morphologisch und biologisch verfolgt. In den bisher durchgeführten orientierenden Versuchen mit einer bereits längere Zeit aufbewahrten TMV-Protein-Probe konnten wir nicht erreichen, daß das Endprodukt nur die erste Welle gegeben hätte. Die Reaggregation verlief wohl nicht quantitativ, und das Ausgangsprotein, das polarographisch sehr stark aktiv ist, kann aus dem Produkt nur schwer entfernt werden.

B – 4 **Z. Vodrážka (Prag)**

H. Berg (Jena): Wie ist der Reduktionsmechanismus des Fluoreszeins, und wird dieser durch die Komplexbildung im Sinne einer HSP-Verschiebung beeinflußt?

Z. Vodrážka: Nach Delahay (Bull. Soc. chim. France Mém. **13**, 348 (1948)) unterliegt die nichtdissoziierte Form des Fluoreszeins unter Aufspaltung des Lakton-Rings in einer einzigen Stufe der bielektronischen Reduktion, während die dissoziierte chinoide Form (B) in zwei Stufen über das Semichinon (P_1) zur Leukoform (P_2)

$$\mathrm{B} \underset{}{\overset{e}{\rightleftharpoons}} P_1 \overset{e}{\rightleftharpoons} P_2$$

reduziert wird. Die Reduktion zum Semichinon tritt bei dem gleichen Potential, bei welchem auch die Laktonform reduziert wird, ein, die Reduktion zur Leukoform verläuft bei negativerem Potential. Die Höhe der zweiten Stufe ist demnach proportional der Konzentration der dissoziierten Form, und im Bereich der vollständigen Dissoziation des Fluoreszeins erhalten wir eine Doppelstufe mit dem Verhältnis der Stufenhöhen 1:1.

Durch Albuminzugabe treten infolge der Komplexbildung beim Fluoreszein und seinen Halogenderivaten eine Verkleinerung des polarographischen Grenzstromes und eine HSP-Verschiebung ein, die zum Verschwinden der der zweiten Reduktionsphase entsprechenden Stufe führt (Abb. 1 beim Eosin).

A. Kalaidjiew (Berlin):

1. Haben Sie Erfahrung in der Anwendung der oszillographischen Polarographie zur Untersuchung dieser Komplexe von Proteinen?
2. Haben Sie auch Protein-Kupfer-Komplexe untersucht?

Z. Vodrážka:

1. Wir haben bisher zum Studium der Protein-Komplexe nur die normale polarographische Methode benutzt.
2. Die Komplexe Kupfer-Protein haben Tanford, weiter Rao und auch Zumanová verfolgt. Diese Autoren haben festgestellt, daß die Kupferkomplexe nicht polarographisch aktiv sind und daß die Stufenhöhe direkt der Konzentration der freien Cu^{++}-Ionen proportional ist.

B – 6 **M. Serban (Bukarest)**

B. Nygård (Uppsala): Is it from importance to have an NH_2-groups in suitable position to the SH-group?

M. Serban: The action of the somewhat curious substances studied by us on the polarographic wave of thiol group depend on the presence of the atoms of quarternary nitrogen. Some substances with $-NH_2$ group don't act simularly with the questionable quarternary salts of ammonium. This substances either do not interfere with or diminish the polarographic wave of the thiol group.

H. Berg (Jena): Handelt es sich nur um eine Vergrößerung der katalytischen SH-Welle, oder erfolgt eine Überlagerung mit einer verstärkten Welle des Komplexes Cystein-Curare?

M. Serban: Unserer Ansicht nach wirken die untersuchten Curare-Substanzen durch die quaternäre Ammoniumgruppe (welche den gemeinsamen Teil ihrer Struktur bilden) auf die Koordination der mit dem Kobalt-Komplex gebundenen Thiolfunktion ein und bewirken so eine Aktivierung der Bindung zwischen Schwefel und Wasserstoff, mit anderen Worten: eine Vergrößerung der Aktivität der Protonen, was die Überspannung des Wasserstoffes an der Elektrode beeinflußt. Die Bildung eines Komplexes der Art Cystein-Curare, welcher ein Maximum, ähnlich desjenigen des Cysteins, bei dem gleichen Potential geben könnte und welches sich mit dem Cystein-Maximum deckt, ist wenig wahrscheinlich. Die Bildung von solchen Komplexen ist aber nicht ausgeschlossen. Zur Zeit schreiben wir die von uns erwähnte Erscheinung der Intensivierung der katalytischen Reaktion der Thiolgruppe in Gegenwart der untersuchten quarternären Ammoniumsalze zu.

B – 8 **B. Nygård (Uppsala)**

H. Berg (Jena): Wird die Azoverbindung durch den Zusatz von PBZ vom Albuminmolekül verdrängt, oder bildet sich ein stabileres Addukt zwischen beiden Niedermolekularen aus?

Hat das Addukt: Azoverbindung – Albumin einen meßbaren Grenzstrom, und ändert sich sein HSP gegenüber dem freien Azofarbstoff?

B. Nygård: Unsere bisherigen Erfahrungen deuten darauf hin, daß die Azoverbindung durch den Zusatz von PBZ von dem Protein verdrängt wird. Analoge Ergebnisse hat auch A. Anton mit verschiedenen Sulfonamiden erhalten (J. Pharmacol. exp. Therapeut. **134**, 291 (1961)).

Das Addukt Azoverbindung – Albumin tritt als nicht reduzierbar an der Tropfelektrode auf.

F. Genau (Karl-Marx-Stadt): Bei Lebererkrankung kommt es zu Verschiebungen im Bereich der einzelnen Serumeiweißfraktionen. Wurde die unterschiedliche Bindungskapazität der Serumeiweißkörper gegenüber Pikrinsäure zu diesen Verschiebungen in Beziehung gebracht, bzw. war dies möglich?

B. Nygård: Vergleichende Messungen mit Pikrinsäure sind bisher nicht durchgeführt worden. Wesentliche Ergänzungen sind bestimmt daraus zu erhalten.

G. Dušinský (Bratislava):

1. Erfolgt die kinetische Messung statisch oder kontinuierlich?
2. Es besteht die Möglichkeit zur kontinuierlichen Messung mit der Oszillopolarographie.

B. Nygård:

1. Statisch.
2. Die Möglichkeit besteht grundsätzlich, aber stand damals nicht zur Verfügung.

E. Knobloch (Prag): Sind Viskositätsänderungen zu berücksichtigen?

B. Nygård: Keine Viskositätsbeeinflussung, was durch Zusatz von Dextran bestätigt wurde.

B – 9 **K. Seidel (Karl-Marx-Stadt)**

M. Büchner (Dresden): Wurde bei Ihren Untersuchungen das histologische Verhalten hinsichtlich des Ausfalls der polarographischen Reaktion mit berücksichtigt?

Wir konnten nachweisen, daß der jeweilige Zelltyp der Malignome einen Einfluß auf das Ergebnis der Reaktion nehmen kann und daß besonders nekrobiotische Vorgänge in der Geschwulst die Reaktion erheblich positiver gestalten können. Man kann somit auch unter Umständen eine Erklärung für Versagerfälle beim Ausfall dieser Reaktion geben. Es sei dabei auf die Untersuchungen von Frau Dr. Drost (Berlin-Buch) sowie Büchner-Scheid (Dresden) verwiesen.

F. Genau: Es ist sicher interessant, die Brdička-Reaktion mit der biologischen Wertigkeit, d. h. mit dem Grad der Bösartigkeit des Tumors, in Beziehung zu setzen. Hierbei ist jedoch der jeweilige Zelltyp des Carcinoms nur bedingt zu verwenden. Im allgemeinen ist es natürlich richtig, aus der Reife und Gliederung eines Tumors auf seine Bösartigkeit zu schließen; denn darauf basiert letzten Endes die Einteilung in gut- und bösartige Tumoren. Greift man aber ein bestimmtes Organ-Carcinom heraus, wie es ja im vorliegenden Fall geschehen ist, so muß man mit dem Rückschluß vom Differenzierungsgrad des Krebses auf die Art seines Wachstums vorsichtig sein. Die klinische Erfahrung hat leider gezeigt, daß sich hier in vielen Fällen kaum Beziehungen herstellen lassen. Es weiß z. B. der Hals-Nasen-Ohrenarzt, daß die verschiedenen Zellformen des Kehlkopfcarcinoms keine Voraussagen über den Krankheitsverlauf zulassen. Auch im Falle des Gebärmutterkrebses, insbesondere des Gebärmutterhalskrebses, muß man mit solchen Schlüssen vorsichtig sein. Gewiß gibt es auch Fälle, bei denen man vom Zelltyp auf die biologische Wertigkeit schließen kann. Es ist zum Beispiel bekannt, daß das sog. kleinzellige Bronchialcarcinom von vornherein eine ungünstigere Prognose als die anderen Formen des Bronchialkrebses besitzt.

K. SEIDEL: Wohl ist uns schon sehr zeitig aufgefallen, daß nekrotische Tumoren (ob benigne oder maligne) recht hohe Werte der polarographischen Serumreaktion ergaben. Wir haben jedoch, entsprechend unserer Aufgabenstellung, die sich über den klinischen Wert der polarographischen Serumreaktion in einem speziellen medizinischen Fachgebiet auseinanderzusetzen hatte, dies in die weiteren Betrachtungen nicht besonders einbezogen, da für die klinische Praxis kein besonderes Interesse mehr an einer solchen Reaktion besteht, wenn ein Tumor histologisch zugängig ist. Auch bei der Verlaufsanalyse muß der Ausgangswert zugrunde gelegt werden, und es ist dabei gleich, ob dieser hoch oder niedrig ist. Zur Deutung der Ursachen waren uns die genannten Arbeiten interessant und deckten sich mit unseren eigenen Beobachtungen.

B – 10 R. RALEA (Iassi)

J. TIROUFLET (Dijon): Ich möchte Prof. RALEA fragen, ob ihm Untersuchungen bekannt sind über eine polarographische Bestimmung von Aminosäuren nach Kombination der Säurefunktion oder der Aminogruppe mit aktiven Komponenten, z. B. Nitroalkoholen oder Phthalimiden.

R. RALEA: Ich kenne keine derartigen Untersuchungen. Man bestimmt gewöhnlich Aminosäuren polarographisch, indem z. B. Cu-Ionen aus unlöslichen Verbindungen (Phosphat) als Aminosäurekomplexe herausgelöst werden. Diese Methoden sind nicht selektiv im Hinblick auf die Aminosäure. Beim Studium der Aminosäure-Metallkomplexe haben wir das Ziel, die Bedingungen zu finden, unter denen sich für die Aminosäure charakteristische Adsorptionserscheinungen an der Quecksilberoberfläche feststellen lassen, wobei entweder die Ladung der Aminogruppe oder die Ladung des Komplexions ausgenutzt wird.

B – 11 E. PALEČEK (Brno)

H. VENNER (Jena): Für das Auftreten des kathodischen Einschnittes beim Denaturieren, welches dem CMP vom Vortragenden zugeordnet wird, wird auf Grund eigener Untersuchungen des Tm_{UV}-Wertes von bakterieller DNS ergänzend bemerkt, daß dies auf die bevorzugte Hitze- und auch pH-Einwirkung auf die *Gl*-Bindung in der DNS zurückgeführt wird. In kürzlich erfolgten eigenen Experimenten konnte gezeigt werden, daß auch die N-glykosidische Bindung des Guanins schneller gespalten wird als die des Adenins (Abtrennung der Purinbasen, *nach* Inkubation bei pH 3 nahe dem dortigen *Tm*-Wert der untersuchten DNS mit Hilfe von Sephadex).

G. PÁLYI (Budapest): Has the author established the proposed mechanism by studying the character of the indentations or only by chemical evidence?

E. PALEČEK: At the potential of right marginal-point of the oscillogram deoxyguanylic acid is reduced and adsorbed on the electrode. It is reoxidiced producing the anodic indentation. Deoxycytidylic acid is reduced. Both results have been published (PALEČEK, E., und JANIK, B., Chem. Zvesti **16**, 406 (1962); PALEČEK, E. und JANIK, B., Arch. Biochem. Biophysics, in press).

Zusammenfassung B

Die Möglichkeiten der Polarographie bei Makromolekülen und ihren Bausteinen

Nur wenige Makromoleküle tragen zum Elektronenaustausch befähigte Gruppen und verursachen nicht besonders ausgeprägte Stufen (z. B. Azoproteine, Polyester, Chinonpolykondensate). Daneben sind noch Oxydationen an Festelektroden von Bedeutung (C—10). Die überwiegende Zahl ist nur indirekten Bestimmungen zugänglich:

a) als Dämpfer polarographischer Maxima (B—12, B—13),
b) durch Effekte in der Oszillopolarographie (B—11, B—15),
c) durch Beeinflussung reversibler und irreversibler Stufen,
d) durch Adduktbildung mit niedermolekularen Depolarisatoren (B—4, B—7, B—8),
e) mit Hilfe der Brdička-Reaktion (B—1, B—2, B—3, B—5, B—6, B—9).

Die Adsorption (nach a), b), c)), welche also molekulargewichtsabhängig erkannt wurde (z. B. B—12), läßt sich eingehend an der Deformation von $i - t$ Kurven studieren. Dr. Kuta zeigte die Ergebnisse:

„Das Studium der $i - t$ Kurven im Stufenanstieg ermöglicht uns, bestimmte Aussagen über die Reversibilität und Irreversibilität zu machen. Das ist dadurch möglich, daß unter diesen Umständen die Konzentrationspolarisation nicht zur Geltung kommt, die als komplizierender Faktor in der Elektrodenkinetik wirkt (vgl. die neuen elektrochemischen Verfahren, die die Konzentrationspolarisation eliminieren).

Die aus dem Verlauf der $i - t$ Kurven in Anwesenheit der oberflächenaktiven Moleküle ermittelten Adsorptionsparameter (z. B. Bedeckungsgrad der Elektrode, die Oberflächenkonzentration) stehen in vielen Fällen mit den direkten Messungen im Einklang. Man muß jedoch in Betracht ziehen, daß sie weniger genau sind als diejenigen, die z. B. aus den Doppelschichtkapazitätsmessungen erhalten wurden, da es sich um eine indirekte Methode handelt. Dazu tritt ein vereinfachender Charakter der Theorie der durch die Adsorption beeinflußten $i - t$ Kurven hinzu.

Als Vorteil können vor allem die einfache Apparatur zur Registrierung von $i - t$ Kurven erwähnt werden und nicht zuletzt der geringe Zeitaufwand, da man nur 5—10 sec zur Aufnahme einer $i - t$ Kurve benötigt.

Die Morphologie der polarographischen Kurve, beeinflußt durch die Adsorption der polarographisch inaktiven Moleküle, kann in erster Näherung als gelöst betrachtet werden. An Hand der vorliegenden Theorie, wonach die Adsorptionsparameter und die Geschwindigkeitskonstanten der Durchtrittsreaktion an der freien und besetzten Oberfläche aus den Strom-Zeit-Kurven ermittelt wurden, kann der bisher beobachtete Verlauf der Strom-Potential-Kurven erklärt werden."

Die Methode d) ist vielseitig anwendbar und gibt Aufschluß über Gleichgewichte mit Farbstoffen, Antibiotika usw., obwohl ihre Theorie noch der Vertiefung bedarf.

Neue Impulse erhielt die Erforschung der Brdička-Eiweißwellen durch die Verwendung strukturell ausgezeichneter Proteine (B—3), durch Berücksichtigung der Stereochemie und der konkurrierenden Adsorption (B—2) sowie der radiometrischen Methode nach SHINAGAWA.

Dr. RUTTKAY-NEDECKY glaubt, daß die vorgetragenen Vorstellungen über die Ursachen der Doppelwellen sich nicht ausschließen:

„Diese Vorstellung von Dr. IWANOW steht nicht im Gegensatz zu der von mir vorgetragenen Hypothese (B—3). Man kann den Komplex von Kobalt mit der freien Sulfhydrylgruppe als verschieden von dem Komplex des Kobalts mit der an einer Wasserstoffbindung beteiligten Sulfhydrylgruppe betrachten. Ebenso steht die Ansicht, daß die Höhe des ersten und zweiten Teiles der Doppelwelle von der sekundären oder tertiären Struktur des Eiweißes abhängig ist, nicht im Widerspruch zu meiner Vorstellung. Die sekundäre und tertiäre Eiweißstruktur bedingt die Kontaktfähigkeit sowohl der freien als auch der maskierten Sulfhydrylgruppen mit der Oberfläche der Tropfenelektrode. Deshalb kann angenommen werden, daß sie die Höhe sowohl des ersten als auch des zweiten Teiles der Eiweißdoppelwelle beeinflußt. Außerdem ist die Existenz der nativen Konfiguration eine Bedingung dafür, daß die (hypothetische) Teilnahme der Sulfhydrylgruppe in der Wasserstoffbindung erhalten bleibt. Ich stimme voll mit der Vorstellung von Dr. BŘEZINA über die Entstehung der Doppelwelle überein, die er in seinem Referat vorgetragen hat. Ich möchte zugleich darauf aufmerksam machen, was bereits im Referat erwähnt wurde, nämlich auf das Vorkommen der ersten Welle beim katalytischen Effekt des Cysteins unter bestimmten Bedingungen. Dazu möchte ich anführen, daß manche Autoren bei Cystein- und Glutathionlösungen die Teilnahme der Sulfhydrylgruppe an der Wasserstoffbindung nachweisen (s. CECIL, R. und MC PHEE: „The Sulfur Chemistry of Proteins" in: Advances Protein Chem., Vol **14** (1959)). Es spricht also das Vorkommen des ersten Teiles der Doppelwelle beim Cystein nicht gegen die Hypothese über den Zusammenhang zwischen dem Vorkommen der ersten Welle und der Teilnahme der Sulfhydrylgruppe in der Wasserstoffbindung."

Obwohl die Vertiefung genannter Hypothesen unsere Erkenntnisse über das Proteinmolekül in Lösung beträchtlich erweitern könnte, muß auch hier darauf hingewiesen werden, daß nicht nur die Methoden a—d auszuschöpfen sind, sondern die polarographischen Ergebnisse nur im Rahmen der 15 anderen physikochemischen Methoden zu diskutieren wären.

H. Berg

Oxygen Transport Mechanisms; A Polarographic Approach to their Measurement

I. S. LONGMUIR and M. McCABE

Department of Biochemistry, Institute of Diseases of the Chest, Brompton, London

Oxygen is fundamentally important to most living organisms and the application of polarography to its measurement has opened new ways for the investigation of tissue respiration and hence of metabolism. The outstanding characteristics of the polarographic technique are the rapidity and sensitivity with which it can record changes in the partial pressure of oxygen in solution. It is by making use of these attributes that we have designed two pieces of apparatus; one for measuring the transport of oxygen by the blood, and the other for measuring the transport of oxygen by respiring tissue.

Oxygen Transport by the Blood

The haemoglobin molecule combines reversibly with four molecules of oxygen, high partial pressures of oxygen favouring the formation of the complex and low pressures its dissociation.

$$\begin{aligned} Hb + O_2 &\rightleftharpoons HbO_2 \\ HbO_2 + O_2 &\rightleftharpoons HbO_4 \\ HbO_4 + O_2 &\rightleftharpoons HbO_6 \\ HbO_6 + O_2 &\rightleftharpoons HbO_8 . \end{aligned}$$

The overall reaction can be expressed by a plot of the percentage of the blood fully oxygenated against the partial pressure of oxygen.

The classical method of obtaining such curves is to equilibrate the blood with various known partial pressures of oxygen and then determine the percentage saturation by gas analysis. This method is extremely tedious, gives only the values at a selected number of points on the curve, and uses a fresh sample of blood for each point determined. We have developed a rapid polarographic method for obtaining these curves [1]. In principle the method consists of the continuous polarographic registration of the partial pressure of oxygen of a suspension of red cells whose percentage saturation is altered at a constant rate by the sequential action of a heart muscle preparation and the electrolytic generation of oxygen.

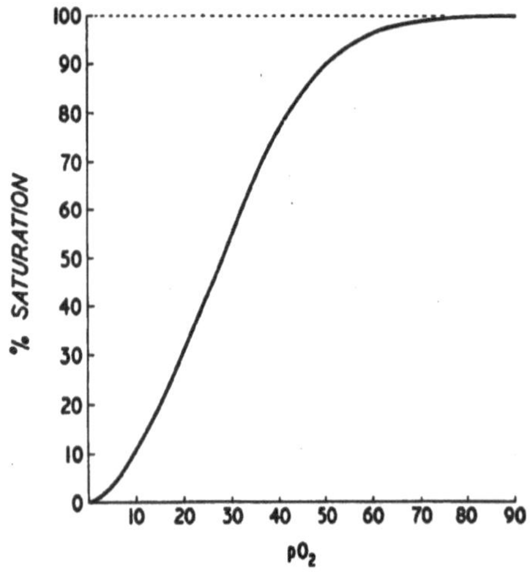

Fig. 1. An oxyhaemoglobin dissociation curve

The polarographic cathode by its rotation keeps the solution efficiently stirred. The results of a typical experiment are shown in figure 3.

The line *ABCD* shows the response of the cathode as oxygen was removed from a phosphate buffered solution by the injection of a heart muscle suspension

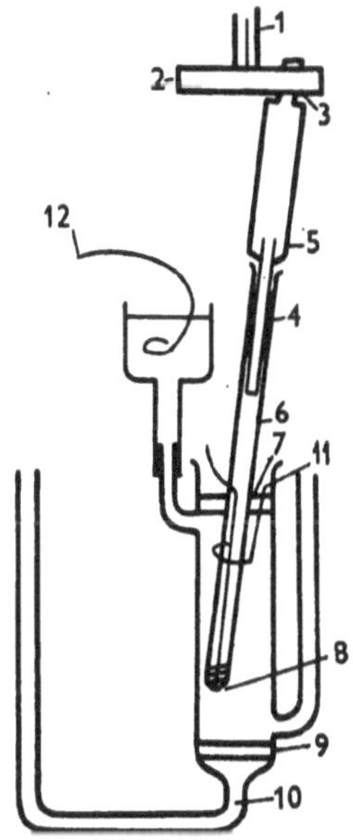

Fig. 2. Diagram of the apparatus.
1, Shaft of constant speed motor; 2, disc; 3, self centring bearing set into 2; 4, rubber tubing between eccentric shaft 5 and glass tube 6; 7, rubber disc; 8, gold cathode of the polarograph; 9, sintered glass disc; 10, 2% agar in saturated KCl joining the cell to a Hg pool anode; 11 and 12, platinum anode and cathode respectively of the oxygen generating circuit

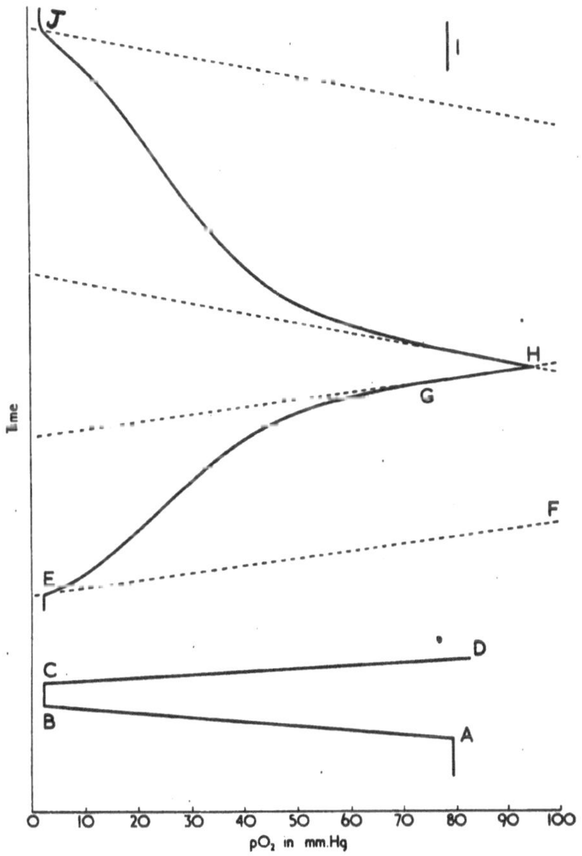

Fig. 3. Record of the experiment

at the point A. and regenerated in the solution by switching on the electrolyzing circuit at the point C. It can be seen that the oxygen tension fell, AB, and rose, CD, linearly with time. Washed red blood cells were next injected into the polarographic cell and the operations of removing and adding the oxygen were repeated. This time the curves followed were $EGHJ$. These curves are in fact oxy-haemoglobin dissociation curves which have yet to be corrected for the oxygen in physical solution in the phosphate buffer suspending medium. When these two curves are corrected and plotted it will be found that they will superimpose on one another, provided that the time taken for oxygenating or de-oxygenating the blood is not less than twenty minutes. If the experiment is conducted too quickly oxygen equilibrium is not attained between the blood cells and the suspending medium and on plotting the two apparently identical dissociation curves a hysteresis loop is obtained.

There are several advantages of this technique. Firstly the method is rapid and accurate, secondly a continuous trace is obtained and not the values at a few points, and finally the experiment can be repeated several times on the same sample of blood but varying the conditions between each experiment. At the moment Mrs. Colman is using the technique to measure the effect of various chemicals on the haemoglobin dissociation curve of human blood [2].

Oxygen Transport by Respiring Tissue

The second part of our work has been devoted to measuring the transport of oxygen through respiring tissue and how this may be affected by various chemicals. For this purpose we have developed from earlier techniques [3, 4] a method for automatically registering plots of the respiration rate of a tissue sample as a function of the oxygen pressure of the suspending medium [5].

The polarographic cell contains a slice of tissue. The signal from the cathode is fed into the X axis of the $X - Y$ potentiometric recorder, and it is simultaneously amplified, dif-

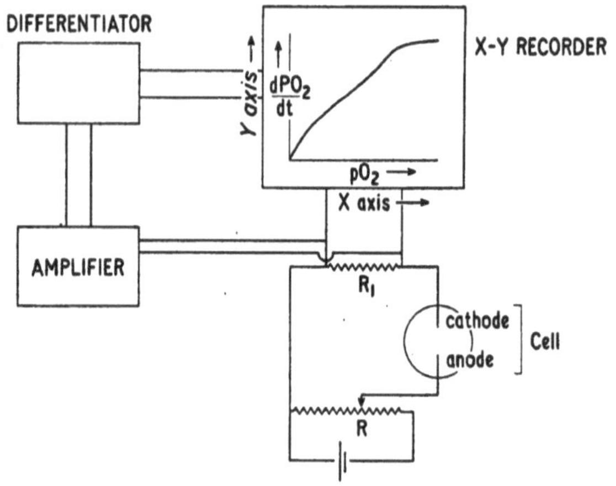

Fig. 4. Diagrammatic representation of the apparatus

ferentiated with respect to time, and fed into the Y axis. In this way the initial signal of partial pressure of oxygen (pO_2) in the cell, as a function of time, is converted and then recorded as dpO_2/dt i.e. respiration rate as a function of pO_2. The type of curve obtained is displayed on the $X - Y$ recorder and we can analyse it. The respiration rate of a slice of tissue is governed by two parameters, firstly the enzyme kinetics of the terminal cytochrome oxidase, and secondly the diffusion of oxygen to the enzyme sites. Above a certain oxygen tension (the critical tension for the slice), the respiration is controlled purely by the enzyme kinetics, but below this tension the central layers of the slice become deficient in oxygen due to the concentration gradient through the slice. If there were no diffusion gradient through the slice then the graph of respiration rate would be of the form *A* in figure 5.

If however instead of neglecting diffusion we ignore the enzyme kinetics and made the assumption that the enzymes would respire at their maximum rate until the portion of tissue containing them became anoxic, then a curve of type *B* would be obtained for the tissue slice. Since both factors operate in controlling the tissue respiration we expect to

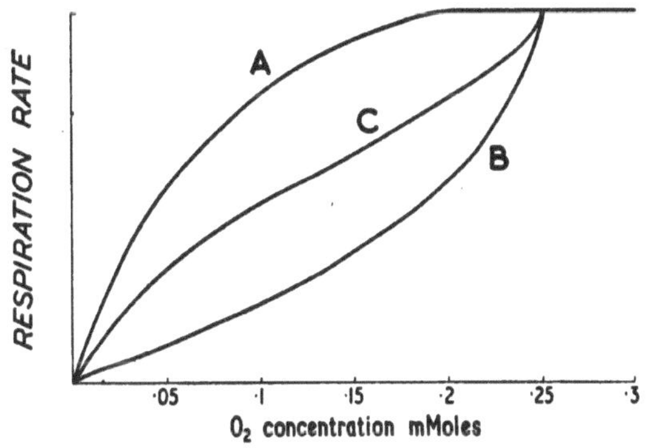

Fig. 5. A, Respiration rate of the cells of the tissue separated and individually suspended.
B, Respiration rate of the slice of tissue neglecting enzyme kinetics.
C, The arithmetic mean of A and B

find respiration rate curves whose shape lies between these two limiting conditions. Curve *C*, the arithmetic mean of *A* and *B* closely resembles our experimentally obtained curves.

If we could now modify one of the rate limiting steps we would change the shape of the curve, and we have found that the addition of chemically inert anaesthetic gases to the suspending medium, in the concentrations found in surgical anaesthesia does alter the respiration rate at low partial pressure of oxygen.

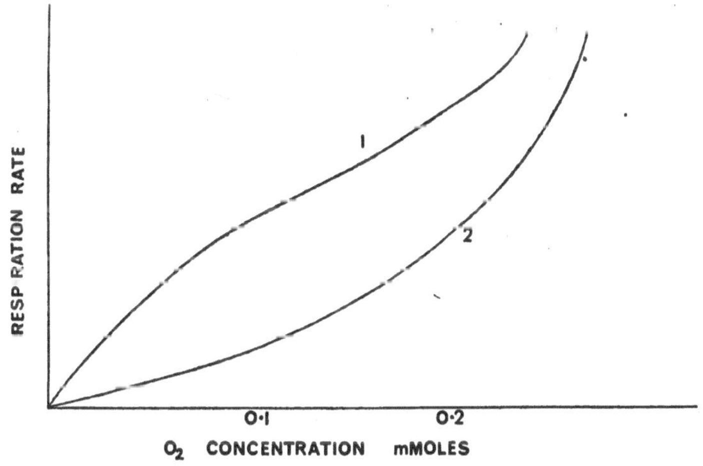

Fig. 6. Effect of anaesthetic on the respiration of a liver slice
1, normal tissue; 2, the same tissue with the addition of chloroform

Since the same maximum respiration rate is obtained the enzyme kinetics are not altered, and so the diffusion barrier has been increased.

We have therefore obtained some evidence that several anaesthetics act so as to increase the barrier to oxygen diffusion through the tissue.

SUMMARY

Two interesting applications of polarography are the study of O_2 transport in the blood, and the estimation of O_2 requirement of the tissues. The role of haemoglobin in the transport of oxygen is studied by means of the oxyhaemoglobin dissociation curves. A rapid polarographic method for measuring such curves has been developed. Principally, the technique consists of a continuous polarographic registration of the partial pressure of O_2 in a suspension of red cells. The oxygen content is continuously altered by electrolytic generation of oxygen. Furthermore the influence of various physical and chemical agents (e.g. anaesthetics) on tissue respiration is recorded.

References

[1] FRANCO, CAROL, LONGMUIR, I. S., MCCABE, M., J. Physiol. **161**, 54 (1962).
[2] LONGMUIR, I. S., COLMAN, C., J. Physiol. **18**, 420 (1963).
[3] LONGMUIR, I. S., Biochem. J. **65**, 378 (1957).
[4] LONGMUIR, I. S., BOURKE, ANN., Biochem. J. **76**, 225 (1960).
[5] MCCABE, M., LONGMUIR, I. S. In preparation.

C—2

Übersicht der bisherigen Erfahrungen in der polarographischen Untersuchung der Gewebeatmung

L. Šerák

Polarographisches Institut, Tschechoslowakische Akademie der Wissenschaften, Prag

In dieser Mitteilung soll der heutige Stand einer im Polarographischen Institut der Tschechoslowakischen Akademie der Wissenschaften ausgearbeiteten Methode zur Gewebeatmungsuntersuchung beschrieben und mit einer kurzen Übersicht der bisherigen Applikationen ergänzt werden.

Die Methode beruht auf der periodischen polarographischen Messung der Sauerstoffkonzentration in einer langsam durchfließenden Lösung, die von dem zu untersuchenden Gewebe mit Hilfe einer Zellophanmembran abgetrennt ist. Die stark hydratisierte Zellophanmembran stellt für die Diffusion der einfachen Bestandteile eine wasserähnliche Grenzfläche dar. Dagegen ist sie für hochmolekulare Stoffe undurchlässig, so daß diese aus dem Gewebe nicht ausgelaugt werden. Die Senkung der Sauerstoffkonzentration in der Lösung hängt von der Respirationsaktivität des Gewebes und von der Durchflußgeschwindigkeit der Lösung ab. Die Durchflußgeschwindigkeit der Lösung wird so eingestellt, daß die Sauerstoffkonzentration nicht mehr als um etwa 20% sinkt. Nur die abfließende Lösung kommt in Berührung mit den Elektroden, so daß das Gewebe vor dem eventuellen Einfluß des Elektrodenmaterials geschützt wird.

Je nach Art der Messung können spezielle polarographische Zellen mit waagerechter oder senkrechter Membran benutzt werden. Bei der Verwendung einer doppelten Zelle können auch verschiedene Differentialmessungen durchgeführt werden [1]. Bei den normalen Messungen wird oft eine einfache Zelle verwendet, die kurz beschrieben wird.

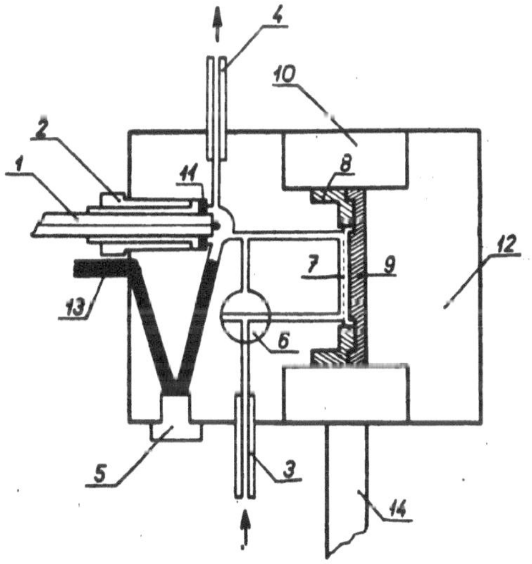

Abb. 1. Schematische Darstellung der polarographischen Zelle. (Erklärungen im Text)

Die schematische Darstellung einer aus Plexiglas hergestellten Zelle zeigt die Abbildung 1. Die Metallstange 14, die aus dem Verbindungsring 10 hervorragt, dient zum Befestigen der Zelle im Thermostaten. Die Lösung kommt durch das rostfreie Stahlröhrchen 3, fließt durch den Zweiweghahn 6 unter die Zellophanmembran 7 und weiter zu der waagerechten Quecksilbertropfelektrode 1. Aus diesem Raum wird die Lösung durch das Silberröhrchen 4, das zugleich als eine Ag/AgCl-Bezugselektrode dient, abgeführt. Die Quecksilbertropfelektrode wird in der Zelle mit Hilfe der Schraube 2 und der Abdichtungseinlage 11 gehalten. Durch den Zweiweghahn 6 kann man die Lösung auch direkt in den Elektrodenraum leiten, wodurch sich die Sauerstoffkonzentration in der eintretenden Lösung kontrollieren läßt. Das ist besonders am Ende des Versuches notwendig, um feststellen zu können, daß sich dieser Wert nicht geändert hat. Der mit einer Spanneinlage versehene Gewindering 8 spannt die Zellophanmembran 7 auf. Der Raum unter der Membran hat die Form eines Mäanders, der aus sieben Rillen besteht, die 0,3 mm tief sind. Das Volumen der Rillen beträgt etwa 0,02 ml, so daß auch bei den kleinsten Durchflußgeschwindigkeiten der Größenordnung 2 ml pro Stunde eine genügende Abspülung der Membran mit der frischen Lösung gewährleistet wird. Der Ring 8 hat eine runde Öffnung von 10 mm Durchmesser, die zum Einlegen des Gewebeschnittes dient. Der Gewebeschnitt wird an die Membran gelegt und mit dem Deckel 9, dessen Abmessungen der Dicke des Schnittes entsprechen, leicht zugedrückt. Das rostfreie Röhrchen 13 dient zur Abführung des Quecksilbers, das sich im Siphonverschluß, der mit dem Stöpsel 5 versehen ist, sammelt.

Die Sauerstoff enthaltende sterile Lösung wird aus einer temperierten Vorratsflasche durch eine Kapillare mit Hilfe eines konstanten Überdruckes in die polarographische Zelle gedrückt. Zum Einstellen und Konstanthalten des Überdruckes und somit auch der Durchflußgeschwindigkeit der Lösung dient ein Manostat. Dieser Manostat sorgt auch für die Saturation der Lösung mit der Luft oder mit einem anderen Gasgemisch, das dauernd durch die Vorratsflasche geführt wird. Um sterile Bedingungen zu behalten, muß ein Filter in den Gasstrom eingereiht werden. Eine der Vorratslösung vorgelagerte Waschflasche mit destilliertem Wasser beseitigt das unerwünschte Abdampfen der Lösung.

Die beschriebene Zelle wurde zur Untersuchung der Respirationsaktivität der Kaninchenaorta in Zusammenhang mit der experimentellen Atherosklerose verwendet [2].

Die Versuche wurden an Kaninchenweibchen durchgeführt, bei denen die atherosklerotischen Veränderungen der Aorta durch die cholesterolreiche Fütterung hervorgerufen wurden.

Unmittelbar nach dem mechanischen Töten des Tieres wurde der Brustabschnitt der Aorta steril präpariert und von periaortellem Gewebe befreit. Danach wurde die Aorta longitudinal geschnitten und mit einem kreisförmigen Messer Scheiben von 10 mm Durchmesser gestanzt. Aus diesen Scheiben wurden dann 0,2 mm dicke Schnitte vorbereitet, die neben der Intima auch einen Teil der Media enthielten. Ein Teil des Gewebes wurde in allen Fällen zur histologischen Kontrolle übergeben. Die auf diese Weise vorbereiteten Schnitte wurden in der oben beschriebenen Zelle untersucht, wobei sie mit dem Endothel an die Zellophanmembran gelegt wurden.

Als Nährlösung wurde eine modifizierte Krebs-Ringer-Lösung mit 2 g Glukose und dem pH-Wert 7,1 verwendet. Die Messungen fanden bei 37 °C statt.

Den typischen Verlauf des zeitabhängigen Sauerstoffverbrauches bei einem solchen Versuch zeigt Abb. 2. Kurz nach dem Einlegen des Aorta-Schnittes wird ein Maximum der

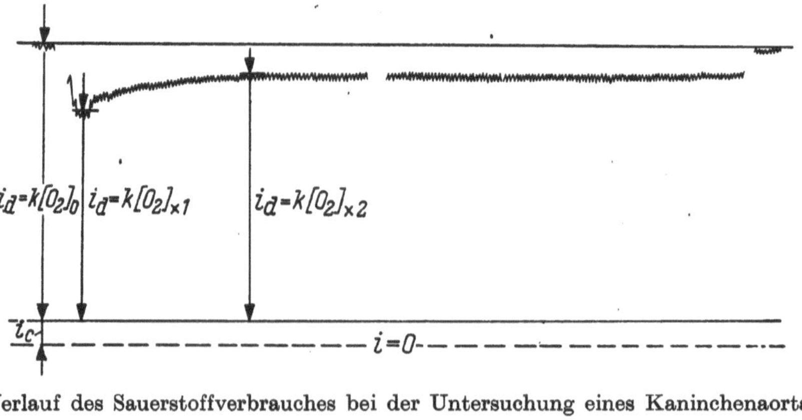

Abb. 2. Verlauf des Sauerstoffverbrauches bei der Untersuchung eines Kaninchenaortaschnittes

Respirationsaktivität erreicht. Im weiteren Verlauf sinkt ihr Wert allmählich ab. Nach vier Stunden beobachtet man in allen Fällen einen konstanten Sauerstoffverbrauch.

Bei normalen Aorten wurde nach vier Stunden ein durchschnittlicher Verbrauch von 0,2 γ-O_2 pro Stunde und mg Trockengewicht bei mittlerem Trockengewicht der Proben 7,1 $\pm$ 0,8 mg gefunden. Dagegen zeigten die Aorten der Tiere mit der experimentellen Atherosklerose eine statistisch signifikante Erhöhung auf 0,27 γ-O_2 bei bedeutend höherem mittleren Trockengewicht von 11,3 $\pm$ 3,6 mg. Die Dicke der Schnitte wurde in allen Fällen möglichst gleich 0,2 mm gehalten.

Im Forschungsinstitut für Stomatologie in Prag wurde die Respirationsaktivität des Zahnkeimgewebes des Kaninchens untersucht [3]. Dieses Material enthält neben dem weichen Gewebe auch einen gewissen Anteil harter Bestandteile. Bei der Verwendung einer luftgesättigten Krebs-Ringer-Lösung liegen die gefundenen Werte des Sauerstoffverbrauches zwischen 0,71 und 1,10 γ-O_2 pro Stunde und mg Trockengewicht bei einer Trockengewichtschwankung der Proben zwischen 0,15 und 2,5 mg. Statistische Auswertung der Resultate in bezug auf das relative Trockengewicht zeigte, daß sich die harten Bestandteile des Gewebes an dem Sauerstoffverbrauch nicht beteiligen. Das steht im Einklang mit dem Resultat der Versuche mit dem harten Zahngewebe. In keinem Falle konnte ein meßbarer Sauerstoffverbrauch festgestellt werden. Die Versuche wurden sowohl mit dem oralen Teil des Kaninchenschneidezahnes, der kein Zahnmark enthält, als auch mit dem mittleren Teil, der vorher von der Pulpa sorgfältig gereinigt wurde, durchgeführt.

Als letztes Beispiel der Applikation kann die Anwendung der Methode zur Messung an der menschlichen Haut in vivo genannt werden. Zu diesem Zweck wurde eine Zelle mit waagerechter Membran benutzt, bei der die Membran in der gleichen Ebene mit der Oberfläche des Spannringes liegt. An die Membran wird die zu untersuchende Hautstelle, die vorher mit physiologischer Lösung befeuchtet wurde, gelegt. Nach etwa 10 Minuten kann die dem Sauerstoffverbrauch proportionale Änderung der Sauerstoffkonzentration in der durchfließenden Lösung gemessen bzw. registriert werden [4].

Auf diese Weise konnten z. B. die Unterschiede im Sauerstoffverbrauch nach dem Abziehen der oberen Schichten der Epidermis gemessen werden. Während die intakte Hautoberfläche einen Wert von $3 \cdot 10^{-2}$ γ-O_2 pro Minute und cm^2 aufwies, stieg der Sauerstoffverbrauch nach zehnmaligem Abziehen der zu untersuchenden Oberfläche mit einem Klebeband auf $8 \cdot 10^{-2}$ γ-O_2. Wenn die Hornschicht durch weiteres Abziehen vollständig entfernt wurde, konnte man weitere Steigerung auf $10 \cdot 10^{-2}$ γ-O_2 feststellen.

Bei der Untersuchung allergischer und toxischer Hautreaktionen wurde in allen Fällen eine Erhöhung des Sauerstoffverbrauches beobachtet, und zwar schon im ersten Stadium nach dem Anlegen der Epikutanproben, bevor klinische Zeichen der Reaktion sichtbar waren.

Nach der UV-Bestrahlung konnten keine signifikanten Unterschiede im Sauerstoffverbrauch, der 15 Stunden nach der Bestrahlung gemessen wurde, gefunden werden. Nach der iontophoretisch erzielten Vasodilatation wurde dagegen eine Erhöhung der Werte beobachtet.

Alle hier kurz erwähnten Versuche werden fortgesetzt mit besonderer Rücksicht auf die Unterschiede zwischen dem normalen und pathologisch geänderten Gewebe.

SUMMARY

A method permitting tissue respiration to be investigated, is reported.

Oxygen consumption of various biological objects was thus studied. On one hand the respiration activity of the aorta of the rabbit in connection with experimental atheriosclerosis was examined, on the other hand measurements on the odontoblastic tissue of the rabbit were made.

The method may also be applied to investigating the respiration of the human skin in vivo. At the present time, it is used for obtaining data facilitating the classification of skin diseases.

Literatur

[1] Šerák, L., Advances in Polarography, London 1960, p. 1057.

[2] Šerák, L., Krčílek, A., Janoušek, V., Proc. of the IVth Congress of Angiology, Prague 1961, pp 483 and 50.

[3] Zajíček, O., Čs. Stomatologie, im Druck.

[4] Lejhanec, G., Šerák, L., Hybášek, P., Acta Universitatis Palackianea Olomucensis Fakultatis Medicae 30, 67 (1962).

C—3

Polarographische Bestimmung des gelösten Sauerstoffes in biologischen Flüssigkeiten

J. Hospodka

Institut für Mikrobiologie der Tschechoslowakischen Akademie der Wissenschaften, Prag

Die Bestimmung der Konzentration des gelösten Sauerstoffes ist für eine Reihe biologischer Prozesse von großer Bedeutung. Wie schon festgestellt worden war, sind die Mikroorganismen, z. B. die durch Submersverfahren gezüchteten Bakterien und Hefen, nur imstande, den im Medium gelösten Sauerstoff zu veratmen. Daß dann die Intensität der Oxydationsprozesse von der Konzentration des gelösten Sauerstoffes in einem bestimmten Bereich abhängt, erweist die Wichtigkeit seiner Messung.

Von großer Bedeutung ist auch die Bestimmung des gelösten Sauerstoffes bei der Züchtung von grünen Algen und beim Studium der Photosynthese, weiter in der Hydrobiologie bei der Ermittlung des gelösten Sauerstoffes im Wasser und nicht minder bei der Ermittlung der Sauerstofftension im Blute der Tiere und Menschen sowie bei einer ganzen Reihe anderer Fälle. Es handelt sich vorwiegend um Flüssigkeiten, bei welchen die Benutzung der Quecksilbertropfelektrode aus verschiedenen offensichtlichen Gründen nicht möglich ist. So ist z.B. in den Fermentoren eine starke Turbulenz bei den Submersverfahren von Mikrobenzüchtung hinderlich, auch erweist sich die Einrichtung, obzwar sie schon mehrmals entworfen wurde, als zu kompliziert. Wenn man die Messung mit irgend einer Probeentnahme vollführt, sei es mittels direkter Probeentnahme oder durch Zirkulation der Flüssigkeit aus dem Fermentor über das Meßgefäß, so ist oft die Geschwindigkeit des Sauerstoffverbrauches so groß, daß die nicht mehr — wie im Fermentor — belüftete Flüssigkeit den gelösten Sauerstoff sehr rasch verliert. Die Resultate entsprechen dann nicht dem wirklichen Zustande im Fermentor. Die Probeentnahme mit gleichzeitiger Tötung der Mikroorganismen wie auch die Manipulation mit einer so entnommenen Probe ist unverläßlich. Manchmal ist auch die Toxizität des Quecksilbers bei dem angewandten pH oder die Kontaminationsgefahr von fremden, mittels Quecksilber oder komplizierter Einrichtung mitgebrachten Mikroben hinderlich. Eine weitere Erschwernis ist die Tatsache, daß die biologischen Flüssigkeiten und Nährböden für Mikroorganismen immer Spurenelemente enthalten, die bei den gebrauchten Potentialen auch an der Kathode reduziert werden. Wenn ihr Gehalt sich nicht ändern würde, wäre das nicht hinderlich, und wir könnten so den stabilen Reststrom gewinnen. Dieser ließ sich dann vom gesamten durch die Sauerstoff- und Metallreduktion verursachten Strom abziehen. In den meisten Fällen ändert sich aber die Menge dieser Elemente während des Wachstums der Mikroorganismen, und der Reststrom ist dann nicht konstant. In diesem Falle kann man nur die periodische Messung mit gleichzeitiger Bestimmung vom Reststrom nach Beseitigung des Sauerstoffes aus der Flüssigkeit benutzen. Das alles kompliziert und erschwert die Messung und macht die durchlaufende Registrierung des Prozesses unmöglich. Bei der Messung der Sauerstofftension direkt im Blutumlauf kann eine Quecksilber-Tropfelektrode offensichtlich nicht verwendet werden. Darum wurden zu diesem Zweck feste Elektroden vorgeschlagen. Der Elektrolyt dieser Elektroden wurde von der Meßlösung durch eine für den Sauerstoff durchlässige Membran (Polyäthylen, Polypropylen, Teflon) getrennt. Dadurch sollten alle obengenannten Nachteile der Quecksilbertropfelektrode eliminiert werden, besonders die vom Reststrom verursachten Veränderungen, weil sich der Elektrolyt bei diesen Elektroden praktisch nicht ändert. Außerdem sind diese Elektroden in den geringsten Dimensionen herstellbar, und man kann sie z.B. in einer Injektionsnadel unterbringen.

Zum ersten Male haben die Anwendung dieser mit einer Membran bedeckten Elektrode Clark et al. im Jahre 1953 vorgeschlagen [1]. In der ersten Anwendungszeit waren die größten Nachteile kleine Dauerhaftigkeit der Elektroden und kleine Stabilität des Elektrodenstromes. Erst später ist es uns gelungen, durch eine zweckmäßige Konstruktion die Elektroden zu gewinnen, welche auch mehrere Monate dauerhaft sind und einen stabilen Strom liefern. Eine Standardisierung ist dann einmal in 24 Stunden erforderlich, also eine Bedienung, welche wir z.B. bei den pH-Elektroden gewöhnt sind.

Als Kathode dient meist Platin oder Gold, als Bezugselektroden Ag, Ag/AgCl, Ag/AgO oder Cd und als Elektrolyte Lösungen von KCl, NaCl, KOH oder NaOH. Die Polarisationsspannung richtet sich nach der Art der gebrauchten Bezugselektrode, um zu erreichen, daß sich die Indikationselektrode im Gebiete des Plateaus des Diffusionsstromes für Sauerstoffreduktion befindet. Die in der letzten Zeit vorgeschlagene Kombination Gold-Kadmium [2] hat eine zweckmäßig stabile Potentialdifferenz, bei welcher die Sauerstoffreduktion erfolgt. Die Anwendung einer Polarisationsspannung von außen erübrigt sich.

Für unsere Zwecke der Messung des gelösten Sauerstoffes bei den Fermentationsprozessen haben wir ein Elektrodensystem Pt—Ag/AgO in der von Carritt und Kanwisher vorgeschlagenen Anordnung benutzt [3], welches wir für den Zweck der Dauerhaftigkeitssteigerung und der Stabilität der Messung modifizierten (Abb. 1).

Für die Stabilität braucht der Strom nur der Sauerstoffreduktion zu entsprechen. Man muß also die möglichst reinsten Metalle und Chemikalien für die Vorbereitung der Elektroden und des Elektrolyten benutzen. Die Pt-Elektrode wurde so geformt, daß man die möglichst größte Oberfläche zur besten Verbindung mit dem Isoliermaterial erreicht und keine Kapillarporen entstehen. Das ist ein kritischer Punkt, von dem die Haltbarkeit der Elektrode besonders abhängt. Als Isoliermaterial wurde Epoxydharz verwendet. Die Instabilität ist weiter durch die beträchtliche Temperaturabhängigkeit des Elektrodenstromes verursacht, die ca. 5% pro 1 °C beträgt. Die Temperaturabhängigkeit wurde für den Temperaturbereich 15—35 °C mittels der direkt in der Kathodenmasse untergebrachten Thermistore völlig kompensiert. Diese Thermistore verfolgen genau die Temperatur der Kathodenmasse. Es ist klar, daß bei dieser großen Temperaturabhängigkeit die Verzögerung des Kompensationsthermistors gegen die Temperatur der Kathode eine wichtige Rolle bei der Kompensation der Temperaturveränderungen spielt. Als Elektrolyt haben wir die Lösung von KOH und eine Membran aus Polyäthylen (25—30 μ dick) benutzt. In diesem Falle betrug die Verzögerung der Elektrodenstromanzeige 15 Sekunden für die Erreichung von 90% des Skalenbereiches. Für die Elektrode entwickelte man ein einfaches tragbares Gerät aus einem Akkumulator mit einem Spannungsteiler und einem temperaturstabilisierten Transistorverstärker des Elektrodenstromes, welcher eine Indikation und Registrierung mit gewöhnlichen μ-Amperemetern ermöglicht. Die Schaltung des Apparates zeigt schematisch Abb. 2 und die Gesamtansicht Abb. 3.

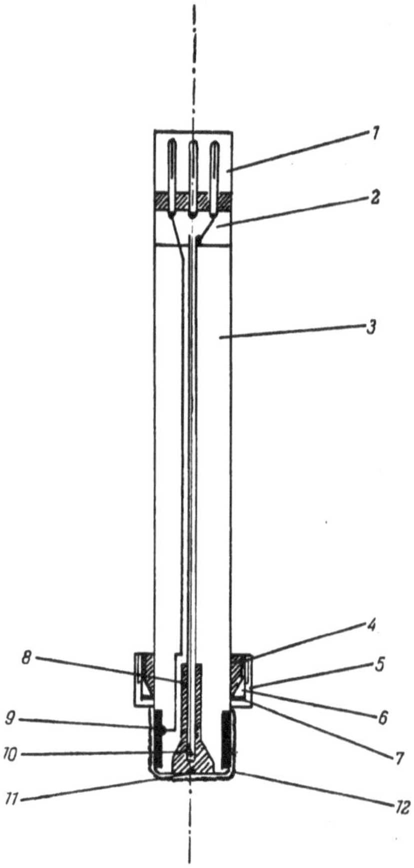

Abb. 1. Die Elektrode zur Bestimmung des gelösten Sauerstoffes
1, 2, 3 — Konektor, 4, 5, 6, 7 — Überwurfmutter, 8, 11 — Kathode, 9 — Anode, 10 — Thermistor, 12 — Polyäthylenmembran

Mit dieser Anordnung wurde die Stabilität besser als 5% in 24 Stunden, und die Dauerhaftigkeit der Elektrode erreichte mehrere Monate. Die Abhängigkeit des Stromes von der Polarisationsspannung geht aus Abb. 4 hervor.

Es zeigt sich, daß das Plateau des Sauerstoffreduktionsstromes zwischen —1,0 V und —1,3 V liegt und daß sein zweckmäßiger Wert ca. —1,0 V bis —1,15 V beträgt. Der Strom hängt selbstverständlich von der Geschwindigkeit der Bewegung der Flüssigkeit ab, erreicht aber seinen maximalen Wert schon bei den sehr niedrigen Geschwindigkeiten der Flüssigkeit. Eine weitere Steigerung der Tourenzahl des Rührers ist dann ohne Bedeutung.

Diesen Apparat haben wir erfolgreich bei der Messung der Konzentration des gelösten Sauerstoffes während der aeroben Fermentation, vorwiegend bei der Kultivierung von Hefe auf verschiedenen Medien, verwendet. Der Wert der Konzentration des gelösten Sauerstoffes zeigt verläßlich, ob die Sättigung der Flüssigkeit mit Sauerstoff für die gegebene Wachstumsgeschwindigkeit der Mikroben ausreicht oder das Wachstum der Hefe durch Sauerstoffmangel limitiert ist und es zu einem partiellen Abbau des Substrates zu anderen Produkten kommt. Man kann also auch feststellen, ob die vorliegende Belüftungsanlage für den gegebenen Prozeß ausreichend ist.

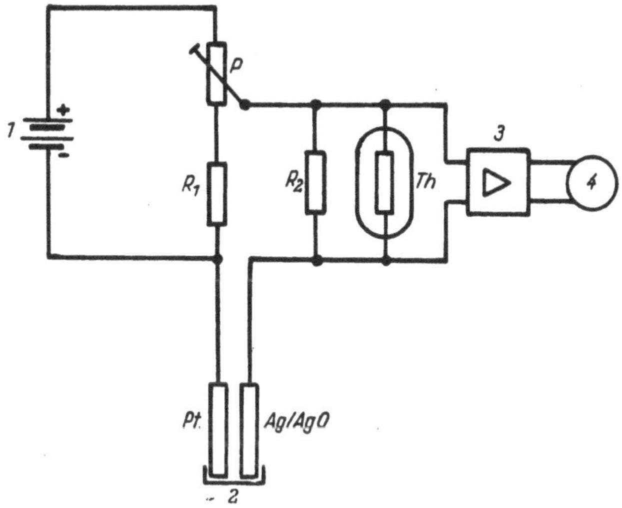

Abb. 2. Schema des Gerätes

1 — Akkumulator, 2 — Elektroden, 3 — Transistorverstärker, 4 — μ-Amperemeter, R_1, R_2 — Widerstände P — Potentiometerwiderstand, Th — Thermistor

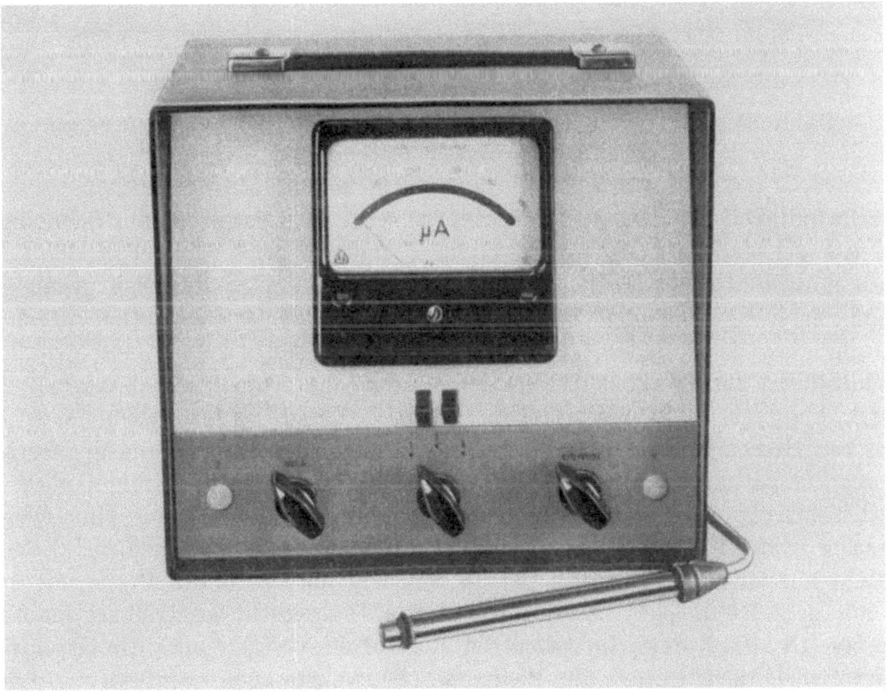

Abb. 3. Das Gerät zur Sauerstoffbestimmung

Mit dieser Elektrode kann man weiter die Atmungsgeschwindigkeit der Mikroorganismen unter den wirklichen Bedingungen der Fermentation und den Einfluß verschiedener Stoffe auf das Atmen feststellen. Diese bei der Bestimmung mittels Warburg-Technik gewonnenen Werte sind für die biochemische Forschung sehr zweckmäßig, es gelten aber einige Beschränkungen für die technische Applikation. Man hat sie nämlich mit den gewaschenen und nicht wachsenden Zellen unter den von der wirklichen Fermentation und der Belüftung im Tank sehr abweichenden Bedingungen gewonnen und dazu Substrate verwendet, die denen bei der technischen Verwendung benutzten nicht entsprechen. Man kann sie deshalb z. B. zu den technischen Berechnungen bei dem Entwurf der Fermentationseinrichtung nicht heranziehen.

Zu diesem Zweck benötigt man vielmehr die Werte der Geschwindigkeit des Sauerstoffverbrauches bei gegebenem Substrat, in Anwesenheit auch anderer Stoffe, z. B. der Entschäumungsmittel.

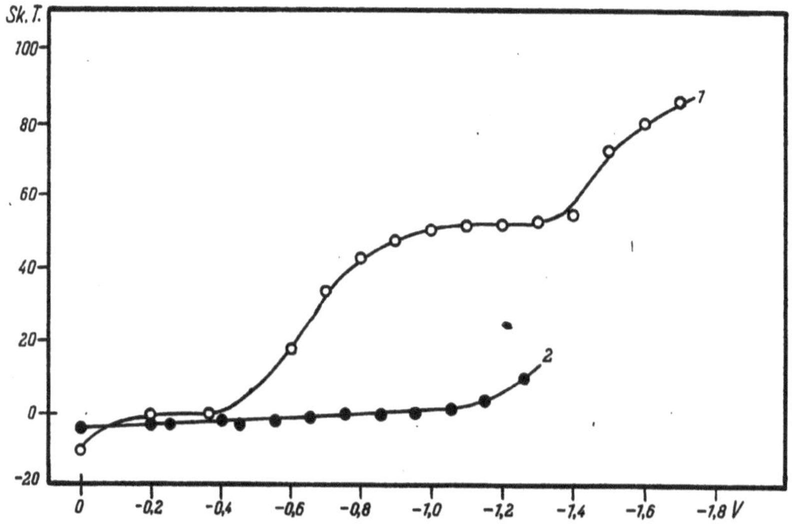

Abb. 4. Stromspannungskurve
1 — Elektrode im luftgesättigten Wasser. 2 — Elektrode im Wasser ohne Sauerstoff
Sk. T in μA nach Verstärkung

Die Geschwindigkeit des Sauerstoffverbrauches stellt man dann aus der Schnelligkeit der Abnahme des gelösten Sauerstoffes direkt im Fermentor nach Einstellen der Luftzufuhr fest. Dazu müssen wir die Löslichkeit des Sauerstoffes im Medium bei gegebener Temperatur und Partialdruck kennen. Wir gewinnen auf diese Weise eine Gerade, deren Neigung die Geschwindigkeit des Sauerstoffverbrauches angibt. Wenn wir diese Geschwindigkeit auf die Gewichtseinheit der Trockensubstanz der Mikrobe umrechnen, so können wir die spezifische Geschwindigkeit des Sauerstoffverbrauches $Q = 1/x \cdot dC/dt$ feststellen. Wenn die Konzentration von Mikroorganismen im Fermentor zu hoch und die Neigung der Geraden hinsichtlich der Verspätungszeit der Elektrode zu steil wäre, so besteht immer noch die Möglichkeit, diese Größe nach der Probeentnahme und Verdünnung auf eine erforderliche Konzentration in der in Abb. 5 dargestellten Einrichtung zu bestimmen.

Sie besteht aus einem Dewargefäß (F), in welchem die verdünnte Probe mit der Fritte (H) und mit dem Rührer (A) belüftet wird. Die Temperatur kontrolliert man mit dem Thermometer (C). Nach dem Einstellen der Luftzufuhr verfolgt man die Geschwindigkeit des Sauerstoffverbrauchs mittels der Elektrode (D), welche auch eventuell registriert wird. Die Bestimmung wiederholt man nach der nochmaligen Belüftung etliche Male, und der

Wert wird auf die Zeit der Probeentnahme extrapoliert. Die Meßgenauigkeit ist 5%, eine Bestimmung dauert ca. 5 Minuten.

Die nächste wichtige Größe für die Charakteristik der Belüftungseinrichtung bei den Fermentationen, die wir mit Hilfe dieser festen Elektroden gut bestimmen können, ist die Lösungsgeschwindigkeit des Sauerstoffes im Medium (R). Für diese Größe wurde eine Gleichung abgeleitet:

$$R = \frac{dC}{dt} = K_L a \, (C^+ - C) \, .$$

Es bedeutet C^+ = Konzentration des gelösten Sauerstoffes bei Sättigung und C = Konzentration des gelösten Sauerstoffes im Medium, $K_L a$ = Konstante, welche die gegebene Belüftungseinrichtung charakterisiert. Im „steady state" in der Fermentation gilt für die Geschwindigkeit des Sauerstoffverbrauchs durch die Mikroorganismen: $Q \cdot x = dC/dt = K_L a \, (C^+ - C)$. Wenn wir in dieser Gleichung Q, x und C kennen (gemessen mittels der beschriebenen Einrichtung unter den aktuellen Fermentationsbedingungen), so können wir aus der Gleichung die Konstante $K_L a$ und die maximale Geschwindigkeit der Sauerstofflösung $K_L a \, C^+$ ausrechnen (d. h., falls $C = 0$) und mittels dieser Größen das Belüftungssystem charakterisieren.

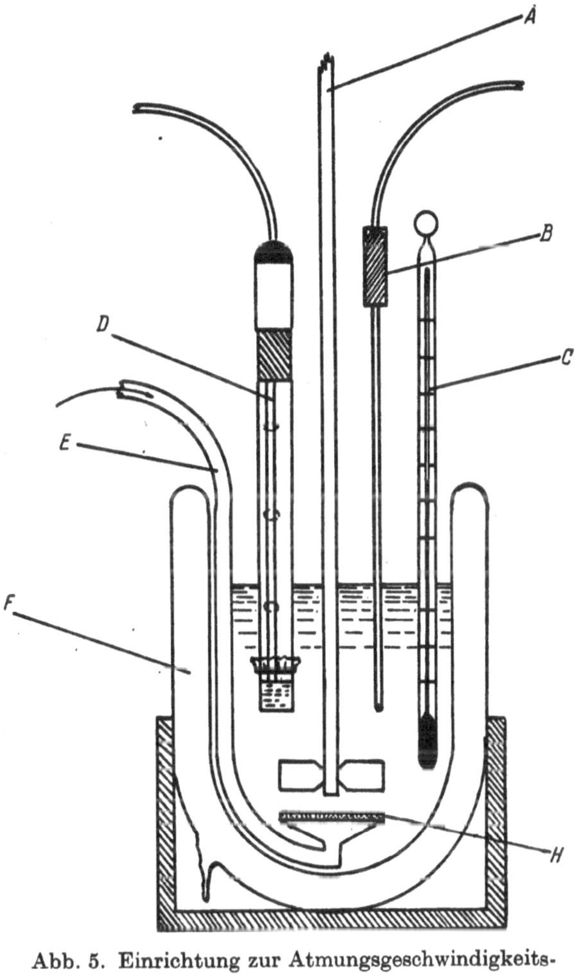

Abb. 5. Einrichtung zur Atmungsgeschwindigkeitsmessung

A — Rührer, B — Kompensationsthermistor, C — Thermometer, D — Sauerstoffelektrode, E — Lufteintritt, F — Dewargefäß, H — Fritte

Wie schon oben gesagt wurde, setzt diese Methode die Kultivierung des gebrauchten Mikroorganismus in dem „steady state" und einen konstanten und positiven Wert von C (oder mindestens sich nur langsam ändernden Wert) voraus. Unter dieser Voraussetzung ist es dann möglich, einen beliebigen aeroben mikrobiologischen Prozeß zu benutzen, und zwar auch das Wachstum von Mikroorganismen, um die Augenblickswerte von R durch die obengenannte Methode festzustellen, ohne Rücksicht auf die Art des Metabolismus, des Substrates, der Fermentorgröße und ggf. auch der leichten Kontamination. Die Bestimmung wird dann die Augenblickswerte von R angeben, und ihre Genauigkeit ist durch die Genauigkeit der Bestimmung von Q gegeben. Besonders vorteilhaft ist also, die Testfermentation kontinuierlich durchzuführen, so daß die Menge des zugeflossenen Mediums möglichst klein wird. Auf diese Weise ist es bei Ausführung einer ganzen Reihe von Messungen möglich, auch die Wirkungsänderungen der Belüftungseinrichtung unter dem Einfluß der Veränderungen der physikalischen und chemisch-physikalischen Bedingungen während der Fermentation zu bestimmen. Die Versuche kann man in einer

Fermentationseinrichtung von beliebiger Art und Größe durchführen, wenn der Inhalt gut homogenisiert wird, wie es bei den belüfteten Fermentationen der Fall ist.

Diese Methode hat also eine ganze Reihe von Vorteilen gegenüber der bisher gebrauchten Methode, die auf der Oxydation der Lösung von Natriumsulfit in einem belüfteten Fermentor gegründet ist, die nur relative Werte angibt, welche den Bedingungen der wirklichen Fermentation nicht entsprechen. Außerdem kann man die Sulfitmethode in der Anwesenheit von Mikroorganismen nicht benutzen, auch nicht in Fermentoren von größerem Inhalt, wegen des hohen Verbrauchs von Chemikalien. Sie ist auch vorteilhafter als die Sauerstoffbilanzmethode, und zwar da, wo es sich um offene Fermentoren handelt. Sie erfordert auch weniger Apparateausrüstung.

Um diese obenerwähnten theoretischen Voraussetzungen zu überprüfen, haben wir eine Reihe Messungen in Laboratoriums- sowie in Betriebsfermentoren durchgeführt. Zur Bestimmung des K_La-Wertes haben wir die Kultivierung von Saccharomyces cerevisiae oder Torula utilis im „steady state" kontinuierlich oder mittels des Zuflußverfahrens, in allen Fällen auf einem Melassemedium benützt. Auf diese Weise haben wir die Abhängigkeit der Sauerstoffübergangsgeschwindigkeit bei einem laboratoriumsmäßigen Fermentor von der Luftmenge und Umdrehungszahl des Rührers gemessen. Die gewonnenen Kurven entsprechen in ihrem Verlauf und ihrer Form den Kurven, die bei dem gleichen Fermentor durch die Sulfitmethode gewonnen worden sind. Die Werte $K_La\ C^+$ liegen aber um ca. 30% niedriger als bei der Sulfitmethode, was durch verschiedene physikalisch-chemische Verhältnisse bei der wirklichen Fermentation auf einer Melasselösung und bei der Messung mit Sulfitlösung verursacht wird.

Weitere Messungen mittels dieser Methode erfolgten in einem Fermentor von 300 Hektoliter Inhalt, wobei fortlaufend folgende Belüftungssysteme getestet worden sind: Strahlrohrsystem, System Phrix, Vogelbusch und Turbinenmischer. Die Anordnung des Versuchs-

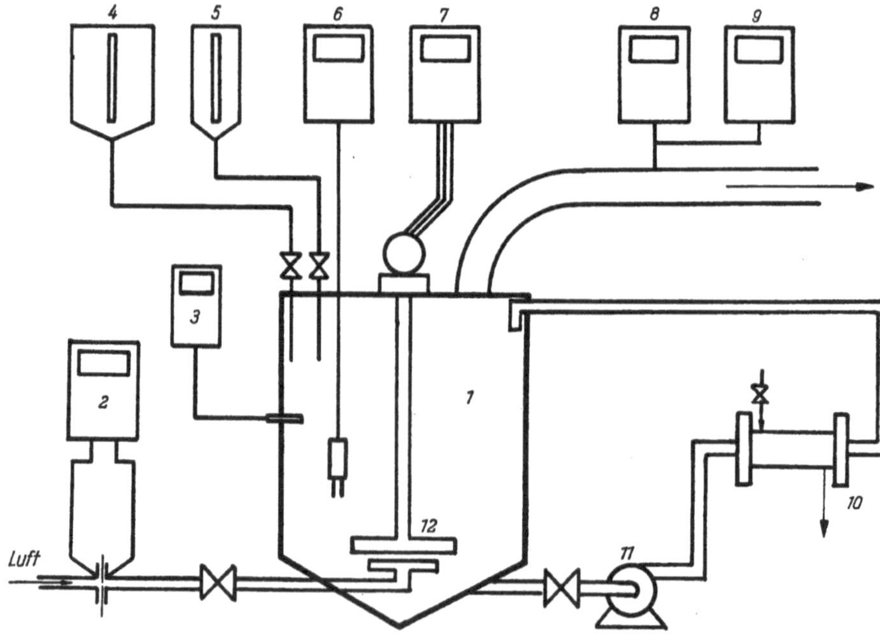

Abb. 6. Versuchsanlage

1 — Fermentor, 2 — Luftmengenmesser, 3 — Thermometer, 4, 5 — Meßgefäße, 6 — Sauerstoffmeßgerät mit Eintauchelektrode, 7 — Wattmeter, 8, 9 — Gasanalyse O_2, CO_2, 10 — Kühler, 11 — Pumpe, 12 — Belüftungseinrichtung

fermentors ist auf Abb. 6 dargestellt. Der gelöste Sauerstoff wurde mittels der Tauchelektrode direkt im Tank gemessen. Q wurde mittels der oben beschriebenen Methode festgestellt.

Die Werte, als $K_L a\, C^+$ ausgedrückt, sind in der Tabelle 1 angeführt. Die gewonnenen Ergebnisse geben die Möglichkeit, die Ökonomie der gerührten und nichtgerührten Belüftungssysteme unter Betriebsbedingungen zu vergleichen, und zeigen deutlich die beträchtlichen Vorteile der Rührsysteme, insbesondere des Turbinenmischers, gegenüber den nichtgerührten.

Tabelle 1

Umdreh./Min.	Luftmenge m³/h	$\frac{R}{M\,\text{mol}}{l\,h}$	$K_L a$ h^{-1}	m³ Luft/ 1 kg HTS Zuwachs	kWh/kg HTS Zuwachs	Luft-ausnutzung %
Turbine:						
50	200	16,7	74,2	14,1	0,475	17,8
50	320	21,8	96,9	17,2	0,528	14,5
70	200	19,4	86,3	12,1	0,615	26,0
70	320	26,3	116,9	14,3	0,589	17,5
85	200	23,7	105,2	9,9	0,572	25,2
85	320	27,8	123,5	13,5	0,615	18,5
85	600	39,0	173,2	36,1	0,610	13,8
100	200	43,0	191,2	5,56	0,408	44,7
System Phrix:						
85	200	20,4	90,1	11,5	0,927	21,8
85	400	32,8	145,8	28,6	0,587	17,5
85	600	41,8	185,8	33,7	0,547	14,5
System Vogelbusch:						
50	400	26,1	116,1	36,0	0,587	13,9
50	680	43,2	191,8	36,9	0,492	13,9
Strahlrohrbelüftung:						
—	680	14,4	64,1	112,0	1,385	4,5

HTS — Hefetrockensubstanz

Wir haben diese Methode auch zum Testen in einem Fermentor von 400 hl Inhalt mit Strahlrohrsystem im Preßhefebetrieb und in einem 1000-hl-Fermentor für die Kultivierung von Futterhefe verwendet. In beiden Fällen stimmen die maximalen Trockensubstanzwerte, die aus der polarographischen Bestimmung der Sauerstoffübertragungsgeschwindigkeit berechnet wurden, sehr gut mit den höchsten Trockensubstanzwerten, die während des langjährigen Betriebes mit diesem Fermentor erzielt wurden, überein. Diese Beispiele zeigen die Anwendungsmöglichkeiten der vorgeschlagenen Methode zur Messung des Wirkungsgrades der Belüftungssysteme unter Betriebsbedingungen und für die Gewinnung der Unterlagen zur Konstruktion der Belüftungssysteme. Die Werte kann man auch für die Kultivierung eines anderen Mikroorganismus in der gemessenen Einrichtung auf einem Medium verwenden, welches sich durch seine physikalischen Eigenschaften von dem Testmedium nur wenig unterscheidet, denn wir gewinnen durch diese Methode die Konstante, welche nur von der Einrichtung und den Eigenschaften des Nährbodens abhängig ist. Die gewonnenen Werte stehen im guten Einklang mit der Wirklichkeit und weichen nicht mehr als 5% ab.

SUMMARY

For measurements in culture fluids we used fixed electrodes covered by a membrane permeable for oxygen. The electrode systems Pt—Ag/AgO are a substantially stable and completely compensate the dependence on temperature. Employing the method of measurement elaborated for the dissolving velocity of oxygen in the culture fluid, the efficiency of the aeration device can be appreciated. The results indicate the essential advantages offered by stirring systems, in particular by the turbinemixer, and are in good agreement with experiences made under large-scale conditions, where a limitation of growth is caused by lack of oxygen.

Literatur

[1] Clark, L. C., Wolf, R., Granger, D., Taylor, Z., Continuous Recording of Blood Oxygen Tension by Polarography. J. Appl. Physiol. **6**, 189 (1953).
[2] Neville, J. R., Electrochemical Device for Measuring Oxygen. Rev. Sci. Instr. **33**, 51 (1962).
[3] Carritt, D. E., Kanwisher, J. W., An Electrode System for Measuring Dissolved Oxygen. Anal. Chem. **31**, 5 (1959).

C—4

Die fortlaufende Sauerstoffmessung in Flüssigkeiten mit membrangeschützten Meßketten

G. Le Petit

Pharmakologisches Institut der Medizinischen Akademie „Carl Gustav Carus", Dresden

Zur fortlaufenden Messung des in biologischen Flüssigkeiten gelösten Sauerstoffes ist eine polarometrische Anordnung mit festen Elektroden besonders geeignet, bei der die gesamte Meßkette einschließlich des Elektrolyten durch eine für Sauerstoff durchlässige Kunststoffmembran vor der zu messenden Flüssigkeit geschützt ist. Nach zahlreichen Versuchen, eine Platin-Elektrode durch Überzüge von Kollodium, Agar, Cellophan oder Gummi vor dem biologischen Substrat zu schützen, wurde das vorgenannte Prinzip von L. C. Clark 1956 [1] angegeben. Zu den Einflüssen, die an blanken Metallelektroden die Sauerstoffmessung stören, gehören insbesondere

1. die Verunreinigung und Bedeckung der wirksamen Kathodenoberfläche durch Blutkörperchen, Schwebstoffe, Gewebsbestandteile oder $CaCO_3$ aus $Ca(HCO_3)_2$ des Wassers infolge des alkalischen Milieus an der Kathode ($O_2 + 4\,H^+ + 4\,e^- \rightarrow 2\,H_2O$);
2. die Vergiftung der Elektrode;
3. die bei dem angewandten Kathodenpotential reduzierbaren Ionen oder Fremdstoffe;
4. der starke Einfluß von Strömung und Rührung des Elektrolyten auf den Diffusionsstrom;
5. eventuell der Leitfähigkeitseinfluß.

Bei einer Meßkette Pt/KOH, Ag_2O/Ag, bedeckt mit einer für Sauerstoff leicht durchlässigen Polyäthylenmembran, sind die Störungen nach Punkt 1, 2, 3 und 5 ausgeschaltet, nach Punkt 4 herabgesetzt. Um zu einer sicheren Handhabung des Verfahrens zu gelangen, wurden grundlegende Einzelheiten näher untersucht:

1. Mit einer Durchfluß-Sauerstoff-Meßzelle, die zur Messung der Sauerstoffaufnahme von Fischen in reinem Leitungswasser und unter dem Einfluß von Pharmaka dienen sollte, wurde im Blindversuch der Strom über Stunden und Tage bis zu 4 Wochen verfolgt, seine Abweichungen waren nicht größer als $\pm 0{,}5\%$.

2. Die Strömungsabhängigkeit wird durch eine Zwischenlage von Filterpapier zwischen Membran und Kathode in günstiger Weise herabgesetzt, wobei jedoch die Endeinstellung eine längere Zeit beansprucht [2].

3. Eine Anzahl von Säuren, Laugen, Schwermetallsalzen, oxydierenden und reduzierenden Stoffen und organischen Substanzen wurden dem durchströmenden Wasser zugesetzt und zeigten, sofern sie nicht Sauerstoff direkt absorbierten, keinen Einfluß auf die Arbeit der Meßkette [3]. Auf Grund dieser Eigenschaft erscheint die beschriebene Anordnung auch zur technischen Anwendung und Überwachung als geeignet.

Im Gegensatz zu anderen Verfahren der Sauerstoffmessung ist der Strom einer membranbedeckten Meßkette dem „Gasdruck des in der Flüssigkeit gelösten Sauerstoffs", bezeichnet als pO_2, und nicht dessen Konzentration proportional. Die Größe pO_2 und die Konzentration des Sauerstoffs stehen über die Löslichkeit (α = Bunsenscher Absorptionskoeffizient) in der Beziehung $[O_2]_{\text{gelöst}} = \frac{\alpha}{760} \cdot pO_2$ (Konzentration des Sauerstoffs in N ml O_2/ml Flüssigkeit, pO_2 in mm Hg). Die Sauerstoffspannung pO_2 ist für das biologische Geschehen eine primäre Größe. Man kann mit der Meßzelle auch den pO_2 in Gasen sowie in organischen Flüssigkeiten und Lösungsmitteln aller Art messen, sofern sie das Material der Membran nicht angreifen. Die beiden letztgenannten Anwendungen stehen noch völlig am Anfang ihrer Nutzung. Gegenstand einzelner Untersuchungen waren zwei für die Funktion der Zellen maßgebliche Punkte, und zwar die *Membranen* hinsichtlich Material und physikalischer Eigenschaften und die *Zwischenlagen* zwischen Membran und Kathode als Träger des Elektrolyten.

Zur Verwendung als *Membranmaterial* eignen sich wegen der spezifisch hohen Sauerstoffpermeation Polyäthylen und Teflon. Polyäthylen ist in mechanischer Hinsicht nicht sehr günstig, da es bei Dehnung eine elastische und eine plastische Verformung zeigt. Die letztere führt zu einer allmählichen Erschlaffung der Membran, Veränderung der Elektrolytschichtdicke und damit zur Verschiebung der Eichkurve. Durch Recken läßt sich eine Polyäthylenfolie z. B. von 30 μ auf 8 μ verdünnen, wobei die elastische Dehnbarkeit nur etwa auf den doppelten Wert ansteigt (Abb. 1). Die Folie ist aber nach dem Recken in einer Richtung leicht spaltbar. Über Teflon liegen noch keine Vergleiche vor.

Die zwischen Membran und Kathode befindliche Elektrolytschicht ist von wesentlichem Einfluß auf den Diffusionsstrom. Um ihre Stärke konstant zu halten, hat sich die Einführung einer Zwischenlage bewährt. Die dadurch mögliche erhöhte Membranspannung macht die Meßzelle frei von Störungen durch Druckschwankungen. Wie günstig sich die Zwischenlage auch auf die Einhaltung eines bestimmten Ohmschen Widerstandes auswirkt, zeigt Abb. 2. Es wurde gemessen mit Cellophan 12 μ, Perlongewebe 100 μ, Filterpapier 160 μ und ohne

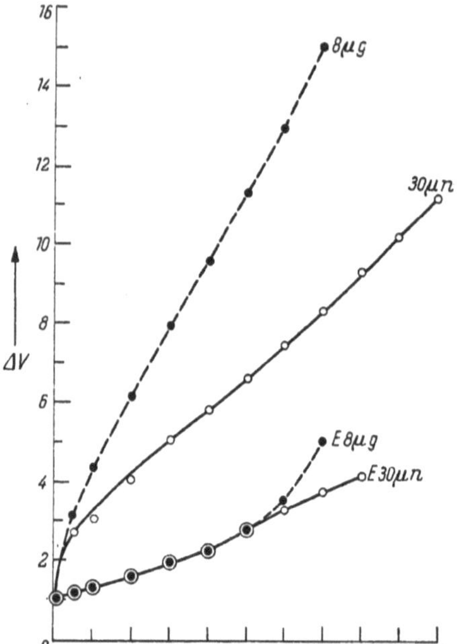

Abb. 1. Dehnung einer Membran von 10 mm ø (in ΔV) bei Druck (obere Kurven) und nach Entlastung (untere Kurven) für g = gereckte und n = normale Membran aus Polyäthylen

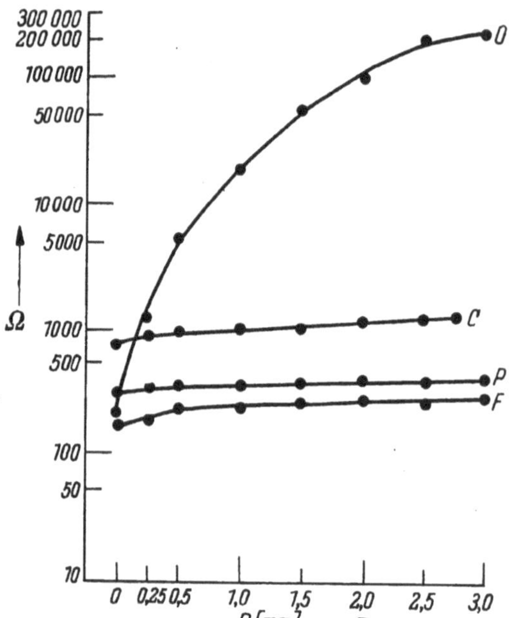

Abb. 2. Widerstand der Meßkette bei zunehmender Anspannung der Membran. Vortritt (Protrusion P) der Kathode gegenüber der Ebene der Membran

O = ohne Zwischenschicht
C = mit Cellophan 12 μ
P = mit Perlongewebe 110 μ
F = mit Filterpapier 160 μ

Einlage. Die Verwendung einer Zwischenschicht erscheint allein aus diesem Grunde unbedingt notwendig, die Einstellzeit wird bei Verwendung von Zwischenlagen verlängert, jedoch die Abhängigkeit von der Strömung günstig beeinflußt.

Die Membranmeßketten sind für biologische Messungen besonders geeignet wegen ihres maximalen Schutzes gegen Störeinflüsse, jedoch bedarf es noch zahlreicher detaillierter Untersuchungen zu ihrer funktionellen Vervollkommnung, damit sie sicher und reproduzierbar angewendet werden können.

SUMMARY

A report is given on the construction of a measuring all for oxygen in liquids. The platinum electrode is shielded by a membrane of teflon. Besides, a filter paper soaked with electrolyte solution is placed between the membrane and the electrode surface.

Literatur

[1] CLARK, L. C. JR., Trans. Amer. Soc. Art. Int. Org. **2**, 41 (1956).
[2] LE PETIT, G., Pflügers Arch. ges. Physiol. **270**, 571 (1960).
[3] —, Chem. Techn. [Berlin] **14**, 471 (1962).

Über Ergebnisse von kontinuierlichen physikochemischen Messungen in wachsenden Bakterienkulturen

H.-E. JACOB und G. HORN

Institut für Mikrobiologie und experimentelle Therapie Jena
der Deutschen Akademie der Wissenschaften zu Berlin

In Bakterienkulturen kann man das Stoffwechselgeschehen durch verschiedene physikochemische Meßgrößen charakterisieren. pH-Wert und Redoxpotential werden dafür schon seit Jahren eingesetzt; eine Zusammenstellung über die Bedeutung dieser Faktoren für die Lebenstätigkeit der Mikroorganismen findet sich bei RABOTNOWA [1]. Durch Kombination dieser Messungen mit Trübungsmessungen lassen sich die pH- und Redoxpotentialwerte den entsprechenden Populationsphasen der wachsenden Bakterienkulturen zuordnen. STOLP [2] publizierte derartige über längere Zeiträume durchgeführte Einzelmessungen.

Als weitere Meßgröße eignet sich die Bestimmung des Sauerstoffverbrauchs, wofür es verschiedene Methoden gibt.

Messungen an entnommenen Proben sind aus verschiedenen Gründen nicht zweckmäßig. Es bietet sich vielmehr an, die Messungen im Kulturgefäß vorzunehmen [2]. Dadurch entfällt eine zusätzliche Quelle für Fremdinfektionen während der Versuchsdauer.

ZEIDLER und TAUBENECK [3] waren unseres Wissens die ersten, die in Kulturen mehrere physikochemische Meßgrößen kontinuierlich registrierten.

Derartige kombinierte Messungen sind geeignet, den Einfluß bestimmter Substanzen auf die Entwicklung von Bakterienkulturen zu studieren und umfassendere Aussagen zu ermöglichen als z.B. aus getrennten Trübungs- und Atmungsmessungen; diese kombinierten Messungen können auch bei großtechnischen Fermentationsprozessen Bedeutung erlangen.

1
2
3
A
B

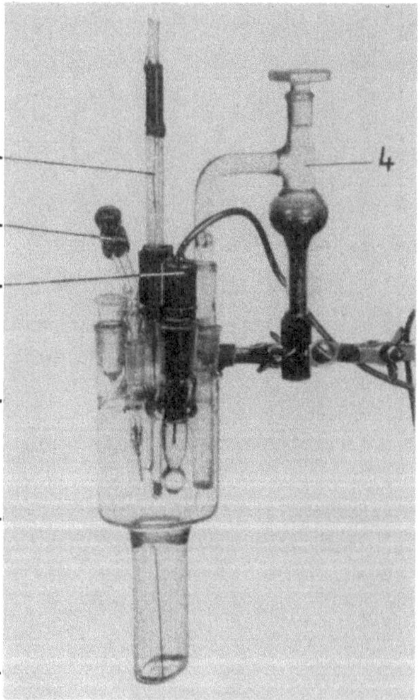

Abb. 1. Meßzelle *A* Elektrodenraum
1. rotierende Goldelektrode
2. Redoxelektrode
3. Glaselektrode
4. Kalomelelektrode

B Ansatz für Trübungsmessungen

Die von uns verwendete *Meßzelle* mit den Elektroden zeigt Abb. 1. Das Fassungsvermögen beträgt ca. 100 ml; bei den Versuchen befindet sich über der Nährlösung ein Luftraum von etwa 10 ml. Der untere, küvettenähnliche Teil dient zur Trübungsmessung.

Die Messung der *oxydierenden bzw. reduzierenden Eigenschaften der beimpften Kulturlösung* erlaubt eindeutige Rückschlüsse auf die Lebenstätigkeit der Bakterien [1]. Für unsere Untersuchungen verwenden wir Platindrahtelektroden (Durchmesser 1,5 mm, Länge 2,5 cm). Reproduzierbare Ergebnisse werden einmal durch die Vorbehandlung mit heißer konzentrierter Salpetersäure erzielt, zum anderen durch stromlose Messungen, die die Gewähr dafür bieten, daß die Elektroden nicht polarisiert werden können [4]. — Als Bezugselektrode dient eine großflächige Kalomelelektrode. — Den für die Registrierung verwendeten 12-Punkte-Kompensationsbandschreiber haben wir umgebaut; die Empfindlichkeit wurde etwa um eine Zehnerpotenz gesteigert.

Die für die *Trübungsmessungen* erforderliche Lichtquelle wird aus einem in Pufferschaltung laufenden Akku gespeist. Ein Fotoelement liefert den von der Durchlässigkeit der Kulturflüssigkeit abhängigen Strom. — Die Nährlösung wird durch die Flügel gerührt, die an die rotierende Goldelektrode angesetzt sind. Nach dem Beimpfen tritt dadurch eine bessere Vermehrung der Bakterien ein als in einer Standkultur.[1] Bei stäbchenförmigen Mikroorganismen führt das Rühren allerdings zu einer Wolkenbildung, die jedoch durch die Schichtdicke weitgehend ausgeglichen wird. — Eine Überprüfung unserer registrierten Trübungskurve durch gleichzeitige Messung entnommener Proben im Pulfrich-Photometer (Abb. 2) ergab, daß die registrierte Trübungskurve als Wachstumskurve angesprochen werden kann.

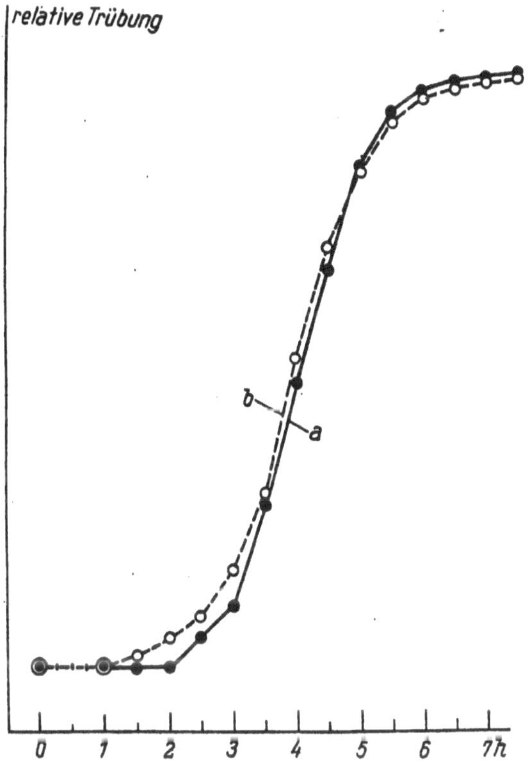

Abb. 2. Vergleich einer im Elpho aufgenommenen Wachstumskurve (*a*) mit einer von uns registrierten Trübungskurve (*b*)

Die *pH-Messungen* erfolgen mit einer hochohmigen Meßkette und dem pH-Meßverstärker MV 11. In gepufferter Bouillon zeigen die Messungen während des Wachstumsverlaufes nur geringfügige Änderungen; bei Staphylococcus aureus SG 511 betragen sie etwa 0,3 pH-Einheiten. In ungepufferter Bouillon ist die beobachtete pH-Änderung größer. Auf Grund der hohen Pufferkapazität vieler Nährböden sind in diesen auch nur geringfügige pH-Änderungen zu erwarten.

Der *Gelöstsauerstoff* wird mit einer polarographischen Anordnung bestimmt. Da ein Einfluß des Quecksilbers auf das biologische Material nicht ausgeschlossen werden kann, verwendeten wir eine kunststoffüberzogene Goldelektrode (Longmuir [5]). Dieser Überzug, der für Sauerstoffmeßketten erstmalig von Clark u. Mitarb. [6] angewendet wurde, hat den Vorteil, daß eine Vergiftung der Elektrode, wie sie z.B. bei der Methode nach Tödt [7] auftreten kann, verhindert wird. Abb. 3 zeigt mit dieser Elektrode und dem LP 60 aufgenommene Strom-Spannungskurven. Auf Grund dieser Ergebnisse ist in unseren Versuchen das Potential der rotierenden Goldelektrode auf — 850 mV eingestellt.

Die Meßzelle mit der Nährlösung und den Sauerstoff- und Redoxpotential-Elektroden wird im Autoklaven sterilisiert. Die Glaselektrode setzen wir nach entsprechender Vorbehandlung erst zu Versuchsbeginn ein. — Die Versuche erfolgen in einem auf 37 °C temperierten Brutschrank. — Die Impfmenge wird so gewählt, daß etwa 2—3 Stunden nach dem Beimpfen eine Trübung festgestellt und somit die Ausbildung des Redoxpotentials und der Verbrauch des Gelöstsauerstoffs am besten verfolgt werden kann. Durch die geringe Impfmenge wird das Anwachsen der Kultur nicht verzögert.

Bisher haben wir in Kulturen verschiedener Bakterienarten neben der Trübung das Redoxpotential und den Verbrauch des Gelöstsauerstoffs gemessen und registriert (Abb. 4—8).

Der Verlauf des Redoxpotentials zeigt in Kulturen von Proteus vulgaris SG 2, Proteus mirabilis SG 177 und Escherichia coli SG 320 auf der einen und Staphylococcus aureus SG 511 und Bacillus subtilis UT 13 auf den anderen Seite deutliche Unterschiede. Es lassen sich zwei Typen erkennen, die in Abb. 9 dargestellt sind. Die Redoxpotentialausbildung kann in drei Abschnitte eingeteilt werden. Im ersten Abschnitt lassen sich keine Unterschiede

[1] Wir verstehen darunter eine Kultur, die nicht bewegt wird.

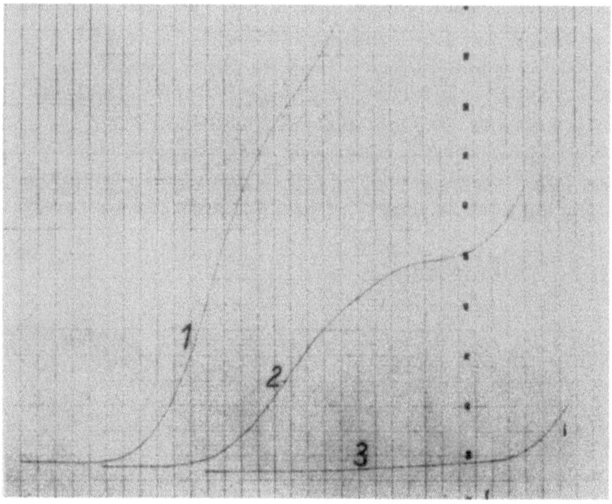

Abb. 3. Stromspannungskurve von Sauerstoff in Bouillon, aufgenommen mit der rotierenden kunststoffüberzogenen Goldelektrode. Polarograph LP 60, S 1:70 ab 0 Volt, Abszisse 50 mV, gegen gesättigte Kalomelelektrode

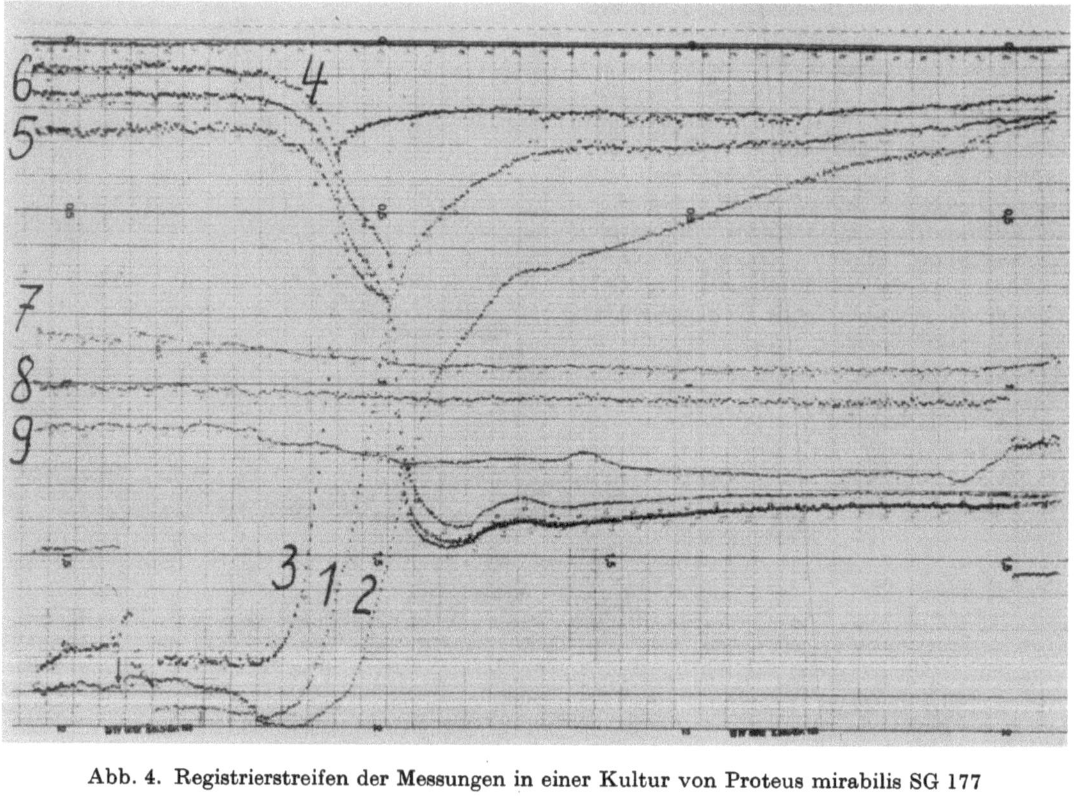

Abb. 4. Registrierstreifen der Messungen in einer Kultur von Proteus mirabilis SG 177

1. Relative Trübung in Meßzelle
2. Relative Trübung einer Standkultur
3. Gelöstsauerstoffkonzentration
4. und 5. Redoxpotential mit Platindraht
6. Redoxpotential mit Platinblech
7. Temperatur
8. Vergleichsspannung
9. Vergleichslicht

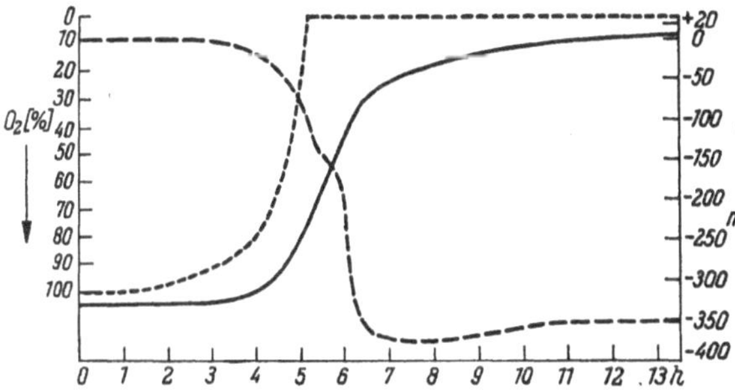

Abb. 5. Ergebnisse der kontinuierlichen Registrierung an einer Kultur von Proteus vulgaris SG2
——— relative Trübung .... Gelöstsauerstoff
– – – Redoxpotential

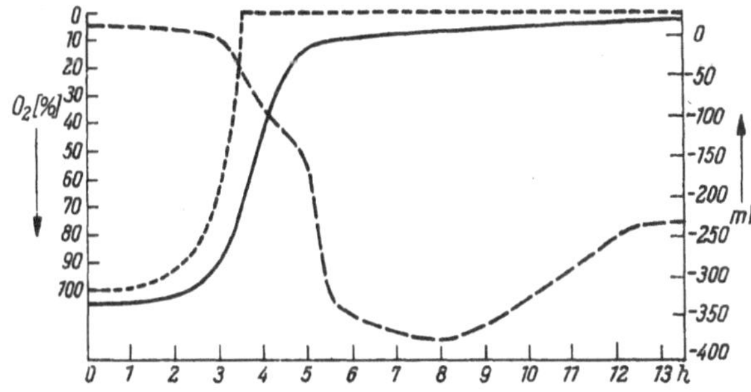

Abb. 6. Ergebnisse der kontinuierlichen Registrierung an einer Kultur von Escherichia coli SG 320 (Erläuterungen s. Abb. 5)

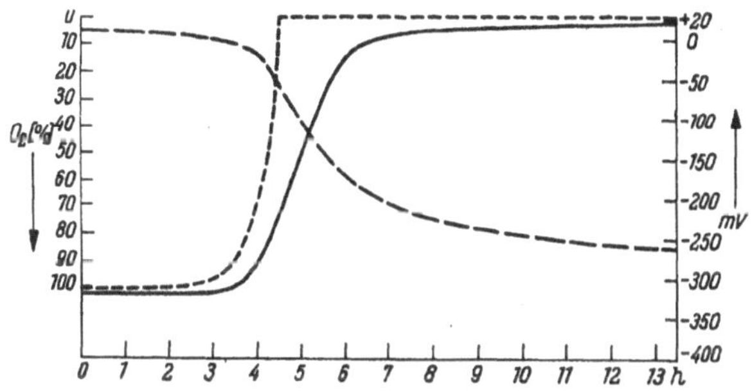

Abb. 7. Ergebnisse der kontinuierlichen Registrierung an einer Kultur von Staphylococcus aureus SG 511 (Erläuterungen s. Abb. 5)

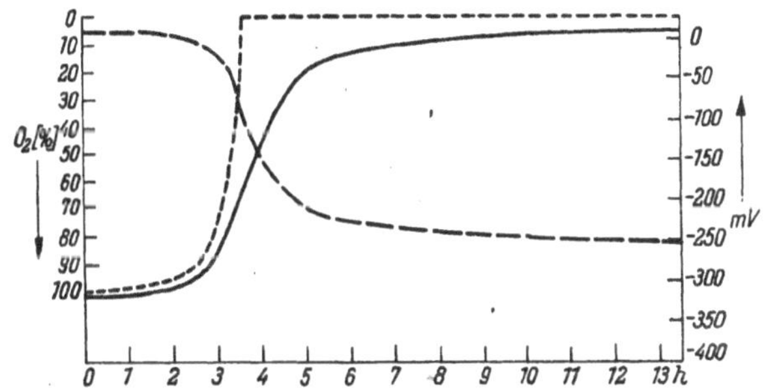

Abb. 8. Ergebnisse der kontinuierlichen Registrierung an einer Kultur von Bacillus subtilis UT 13 (Erläuterungen s. Abb. 5)

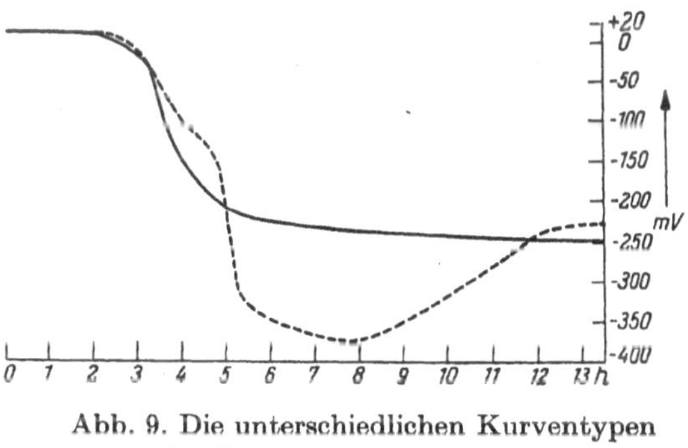

Abb. 9. Die unterschiedlichen Kurventypen der Redoxpotentialausbildung

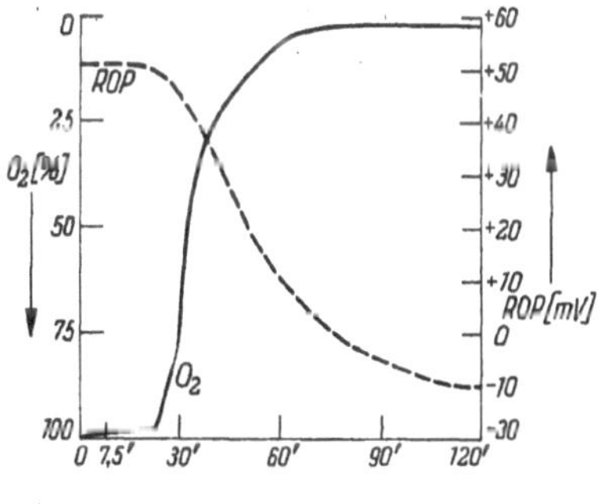

Abb. 10. Einfluß der Begasung der Nährlösung mit handelsüblichem N_2 auf das Redoxpotential

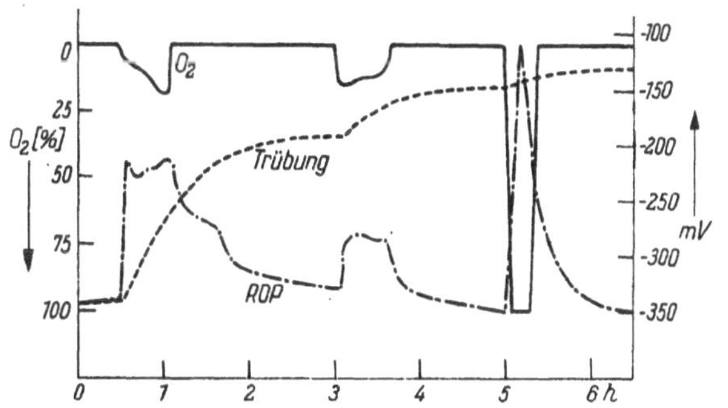

Abb. 11. Wirkung einer Belüftung mit Sauerstoff auf das Redoxpotential und das Wachstum einer Bakterienkultur

erkennen; er ist durch den Verbrauch des Gelöstsauerstoffs bedingt. Im zweiten Abschnitt, der etwa von der Mitte der logarithmischen Wachstumsphase an gerechnet werden kann, fällt bei dem einen Typ das Redoxpotential sehr schnell ab, um etwa zu Beginn der stationären Phase den negativsten Wert zu erreichen. Beim zweiten Typ verringert sich die Intensität der Negativierung allmählich. Im dritten Abschnitt positiviert sich beim erstgenannten Typ das Redoxpotential wieder, beim anderen dagegen negativiert es sich weiter. — Die für den ersten Abschnitt verantwortlich zu machende Entfernung des Gelöstsauerstoffs läßt sich darstellen, indem man eine unbeimpfte Kulturlösung mit handelsüblichem Stickstoff entlüftet. Dadurch negativiert sich das Redoxpotential um etwa 60 mV (Abb. 10). Eine Änderung in der gleichen Größenordnung ergaben auch die Arbeiten von MATKOVICS u. Mitarb. [8] und RABOTNOWA [1]. — In der bewachsenen Kulturlösung läßt sich durch Sauerstoffbegasung das Redoxpotential positivieren, in unseren Versuchen ist dadurch außerdem ein erneutes Wachstum der Bakterien zu beobachten (Abb. 11).

Im Folgenden sollen noch unsere Untersuchungen über die Einwirkung von Penicillin auf verschiedene Bakterien erwähnt werden. Bisher wurden Proteus vulgaris und Staphylococcus aureus geprüft.

Bei Proteus vulgaris induziert Penicillin ein Enzym mit Penicillinasewirkung, welches das Antibiotikum schnell zerstört [9]. Die Bakterien zeigen zunächst eine Entwicklung zu Sphäroplasten, wobei die meisten Zellen zerplatzen. Nach der Zerstörung des Penicillins bilden sich die nicht lysierten Sphäroplasten über Zwischenformen wieder zu normalen Stäbchen um (Abb. 12, aus [9]). Die Abbildung 13 zeigt die Registrierung eines solchen Versuches. Aus der Wachstumskurve ist deutlich die Lyse, etwa 10 Minuten nach der Penicillinzugabe, zu erkennen. Das Wachstum der nichtlysierten jungen Sphäroplasten spiegelt sich in einer geringfügigen Trübungszunahme wider. Dann setzten jedoch erneut lytische Prozesse ein,

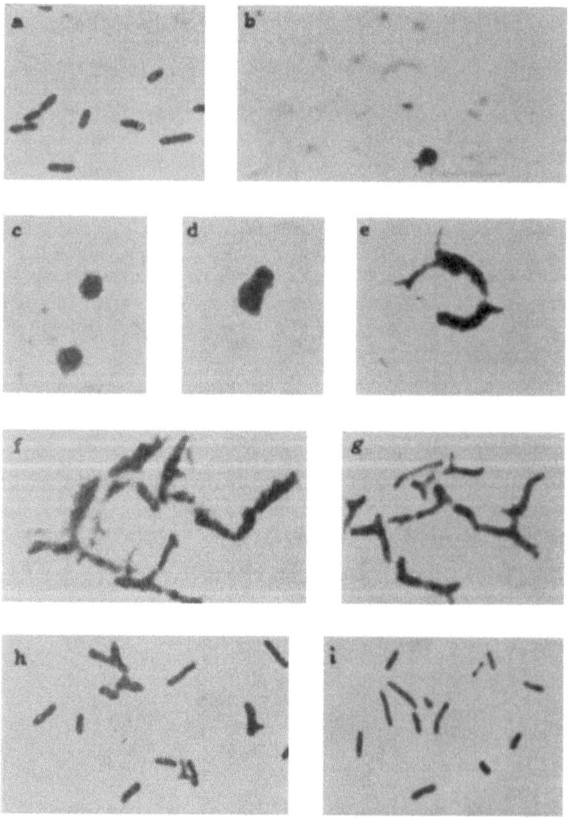

Abb. 12. Entwicklung von Proteus vulgaris SG 2 in Penicillin-Bouillon (400 IE/ml). Phasenkontrast, Gesamtvergrößerung 1500:1 Entnommen aus TAUBENECK (1956)

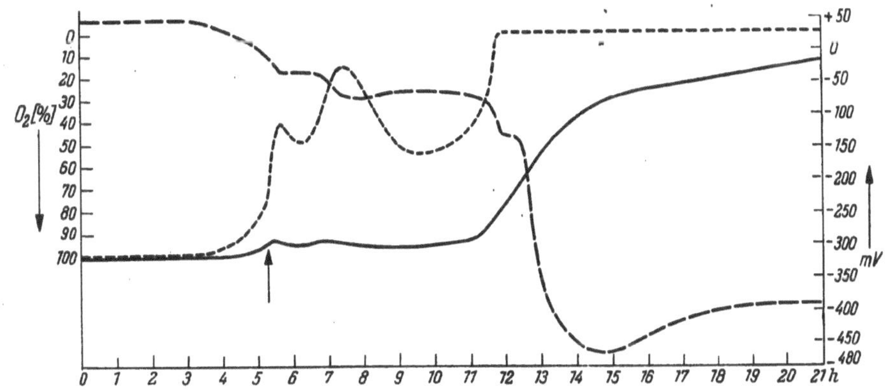

Abb. 13. Die Wirkung von Penicillin auf Proteus vulgaris SG 2
↑ Penicillinzugabe
(weitere Erläuterungen siehe Abb. 5)

und nur wenige Sphäroplasten überleben und bilden wieder Bakterien. Etwa 5 Stunden nach der Penicillinzugabe registrierten wir eine normale Wachstumskurve. Der geschilderte und auch mikroskopisch verfolgte Ablauf spiegelt sich ebenfalls in den beiden anderen Meßgrößen wider.

Die Wirkung von Penicillin auf Staphylococcus aureus SG 511 ist in Abb. 14 dargestellt. Hier führt die Penicillinzugabe zur Lyse sämtlicher Zellen (Ausgangstrübung der Nährlösung

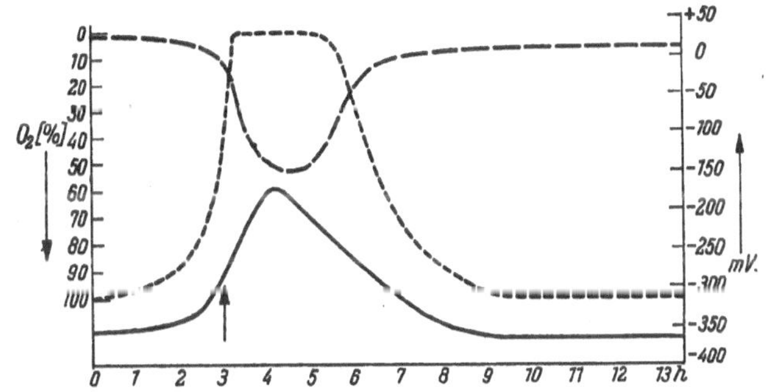

Abb. 14. Die Wirkung von Penicillin auf Staphylococcus aureus SG 511
↑ Penicillinzugabe
(weitere Erläuterungen siehe Abb. 5)

wird wieder erreicht), damit hört auch der Sauerstoffverbrauch auf, und das Redoxpotential geht auf den ursprünglichen Wert der Nährlösung zurück.

Die Ergebnisse unserer Versuchsanordnung sind gut reproduzierbar. Wir hoffen, daß die Apparatur mit Erfolg bei der Testung von Substanzen, die gegen Bakterien cytostatisch oder cytotoxisch wirken, eingesetzt werden kann.

Herrn BÖCKEL möchten wir für die Mitarbeit, Herrn Dr. BERG für die Anregung zum Thema danken.

Zusammenfassung

Die Meßanordnung erlaubt in wachsenden Bakterienkulturen die kontinuierliche Registrierung von Trübung, Gelöstsauerstoff, Redoxpotential und pH-Wert. Die physiologischen Vorgänge lassen sich damit gut charakterisieren. Diese Größen können auch für die Beurteilung der Wirkung verschiedener Substanzen auf Bakterien herangezogen werden.

Bei Proteus vulgaris SG 2, einem Penicillinasebildner, erfolgt kurz nach der Penicillinzugabe, die die Bildung von Sphäroplasten auslöst, die Lyse eines großen Teils der Zellen. Dies wirkt sich in der Trübung, aber auch den anderen Meßgrößen aus. Nach Zerstören des Penicillins und der Rückbildung einzelner überlebender Sphäroplasten zu Bakterien erfolgt dann das ungestörte Wachstum der Kultur. Bei Staphylococcus aureus SG 511 lysieren nach Penicillinzugabe sämtliche Zellen, und die Meßwerte gehen auf die zu Versuchsbeginn zurück.

SUMMARY

The arrangement of the measuring device permits continuous recording of turbidity, dissolved oxygen, reduction oxidation potential, and pH of growing bacterial cultures. The physiological processes are well characterized by these measurements. These magnitudes may be used to assess the effect of various substances on bacteria.

With Proteus vulgaris SG 2, a producer of penicillinase, lysis of many cells occurs shortly after addition of penicillin which induces the formation of spheroplasts. The turbidity and the other test magnitudes are affected by this process. After inactivation of penicillin and reversion of a few spheroplasts, which had overcome the action of the antibiotic, an undisturbed growth of the culture starts again. In cultures of Staphylococcus aureus SG 511, all the cells lyse after addition of penicillin, and the measured values drop to those observed in the beginning of the experiment.

Literatur

[1] Rabotnowa, J. L., Die Bedeutung physikalisch-chemischer Faktoren (pH, rH_2) für die Lebenstätigkeit der Mikroorganismen. Jena 1963.

[2] Stolp, H., Arch. Mikrobiol. **21**, 293–303 (1955).

[3] Zeidler, H., Taubeneck, U., Zbl. Bakteriol., Parasitenkunde, Infektionskrankh., Hyg., II. Abt. **109**, 516–523 (1956).

[4] Kordatzky, W., Arch. Pharmaz. Ber. dtsch. pharmaz. Ges. **286**, 43–62 (1953).

[5] Longmuir, J. S., Advances in Polarography, 1011–1026. Pergamon-Press, Oxford 1960.

[6] Clark, L. C., Wolf, R., Granger, D., Taylor, Z., J. appl. Physiol. **6**, 189–193 (1953).

[7] Tödt, F., Elektrochemische Sauerstoffmessungen. Berlin 1958.

[8] Matkovics, B., Kovacs, E., Sipos, G., Schweiz. Z. allg. Pathol. Bakteriol. **22**, 214–224 (1959).

[9] Taubeneck, U., Arch. Mikrobiol. **24**, 423–436 (1956).

C—6

Polarographische Untersuchungen der Reduktionswirkung von Mikroorganismen

H. Wagner

Institut für Mikrobiologie und experimentelle Therapie Jena
der Deutschen Akademie der Wissenschaften zu Berlin

Einleitung

Wie allgemein bekannt, üben lebende Zellen oder speziell gewonnene Zellextrakte eine reduzierende Wirkung auf organische Substanzen aus. Verantwortlich dafür sind Fermente, die man ganz allgemein als Dehydrasen bezeichnet. Sie übernehmen Wasserstoff von einer organischen Substanz, dem Donator, und übertragen ihn auf eine zweite Substanz, den Akzeptor.

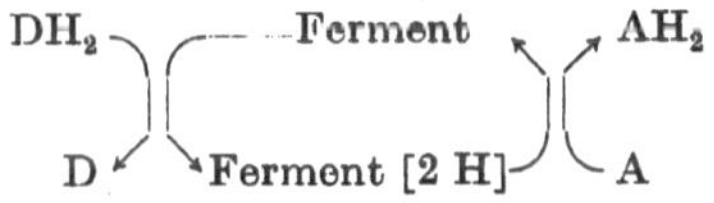

Je nachdem, ob diese zweite Substanz Luftsauerstoff oder eine andere Substanz des allgemeinen Zellstoffwechsels ist, spricht man von aeroben und anaeroben Dehydrasen. In den meisten Fällen kann man diese natürlichen Akzeptoren durch künstliche ersetzen. Dazu dienen ganz allgemein Redoxsysteme, so Farbstoffe verschiedener Herkunft, die ein chinoides System besitzen, und natürlich auch Chinone selbst.

Die Eigenschaften und die Verbreitung dieser Dehydrasen wurden von Thunberg [1] ausführlich studiert. Ausgehend von den eingangs dargestellten Verhältnissen, benutzte Thunberg die leichte Reduzierbarkeit und damit parallelgehende Entfärbung von Methylenblau zur Indikation der wasserstoffübertragenden Fermentsysteme. Er führte für diese Untersuchungen die nach ihm benannten Vakuumröhrchen ein. Die Zeit, die für die Entfärbung einer bestimmten Methylenblaumenge benötigt wird, ist umgekehrt proportional der betreffenden Dehydrogenasenaktivität. Die Genauigkeit ist aber nicht sehr groß wegen des asymptotischen Auslaufens der Entfärbungsreaktion.

Das Methylenblau ist in neuerer Zeit durch verschiedene andere Substanzen ersetzt worden, die einige Vorteile in der Anwendung zeigen, so durch Kresylblau, Pyocyanin, 2,6-Dichlorindophenol (DIP) und nicht zuletzt durch Tetrazoliumsalze.

Ergebnisse

Ausgehend von der Suche nach neuen Cytostatica, wurde nun in unserem Institut eine Gruppe von Chinonen synthetisiert [2, 3, 3a], bei denen die Lostgruppierung in das Molekül eingeführt wurde (Tab. 1). Im Rahmen allgemein-polarographischer Untersuchungen dieser Substanzen ergab sich auch das Problem ihrer biochemischen Reduktion, d. h. ihrer Reduktion durch Dehydrasen der lebenden Zelle. Das führte zur experimentellen Modifizierung der erwähnten Thunberg-Methode: Chinone als Wasserstoffakzeptoren in Verbindung mit einer polarographischen (exakter polarometrischen) Verfolgung der Reaktion.

Zu diesem Zweck füllt man eine Bakteriensuspension in eine übliche polarographische Zelle ein und entlüftet mit Stickstoff. Das Potential des Polarographen — es wurde ein Radiometer-Polarograph PO3 benutzt — wird auf den Diffusionsstrom des Chinons (etwa $-0{,}7$ V) eingestellt. Bei laufender Entlüftung wird dann gleichzeitig die Chinonlösung mit einer Kolbenpipette in die Zelle eingespritzt und der Papier-

Tabelle 1

Nr.	Depolarisator
1	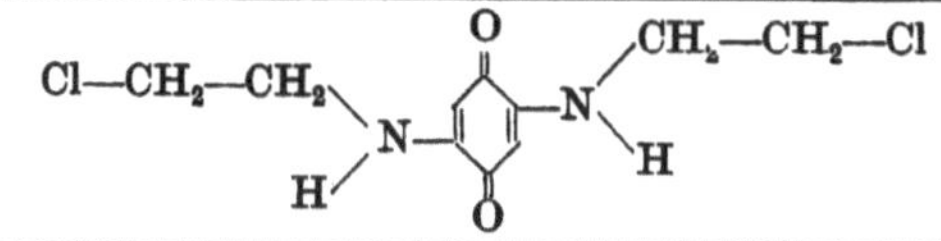
2	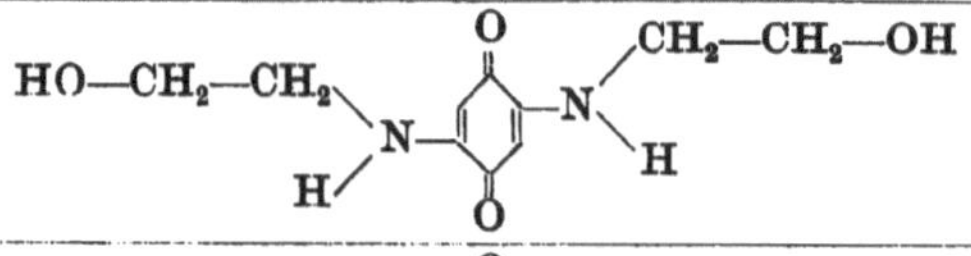
3	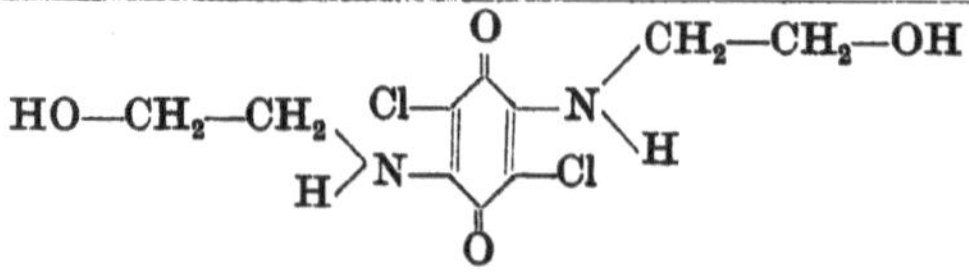
4	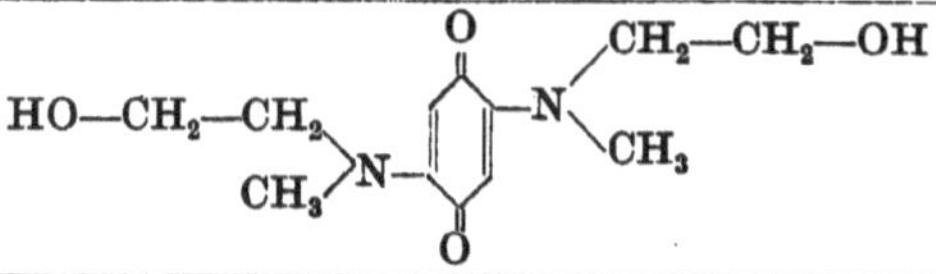
5	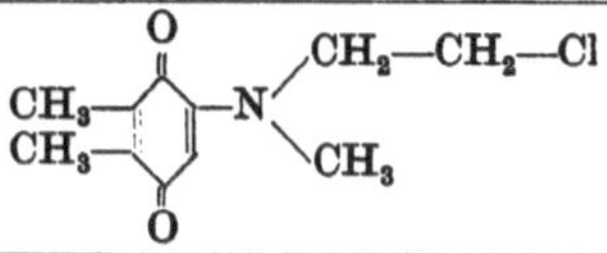
6	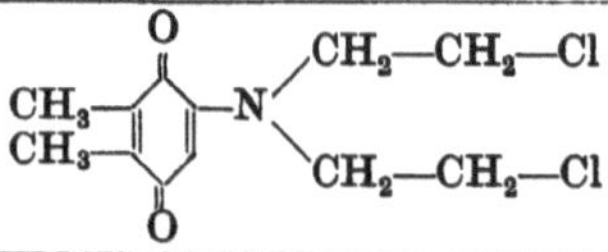
7	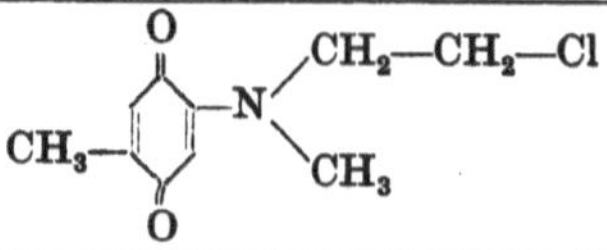
8	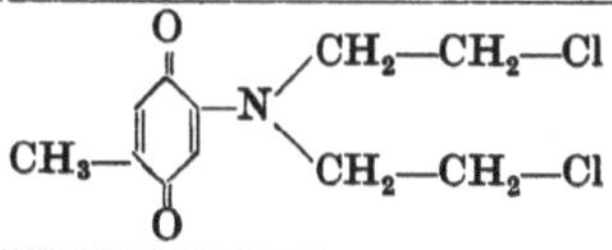
9	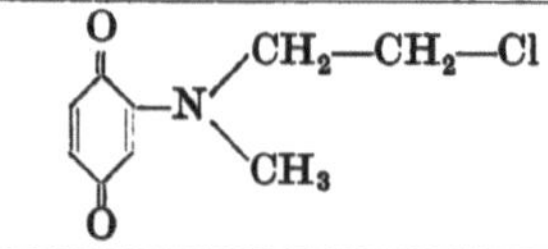
10	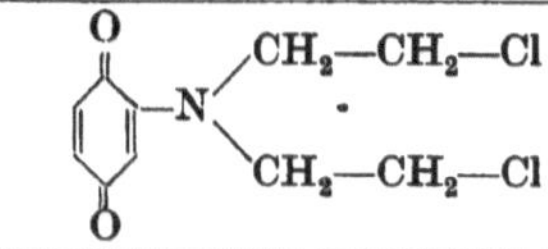
11	
12	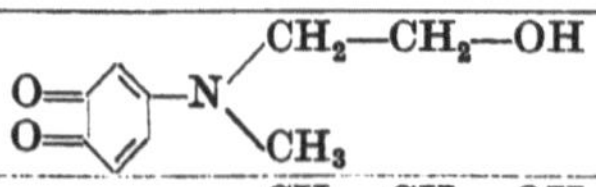
13	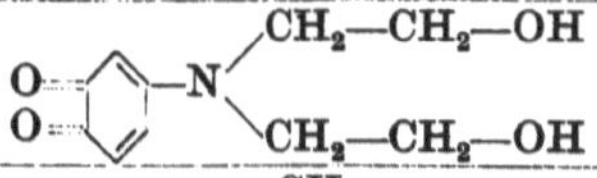
14	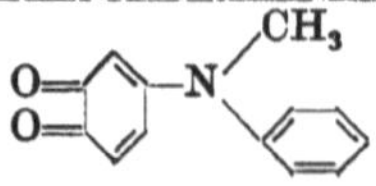

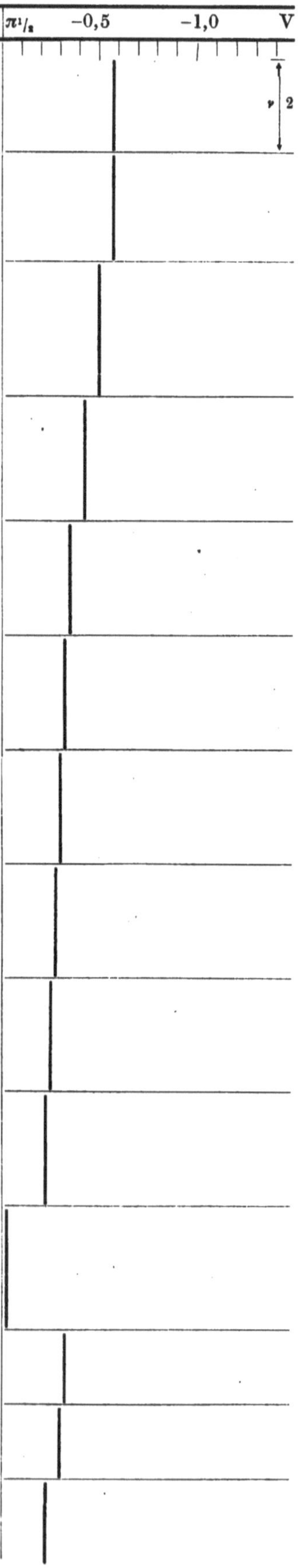

vorschub des Polarographen in Tätigkeit gesetzt. Nachdem die Feder des Schreibers etwa die Höhe des (vorher ermittelten) Diffusionsstromes erreicht hat, wird die Entlüftung abgestellt, die Feder aufgesetzt und die Konzentrations-Zeitkurve registriert.

Auf Grund von Versuchen über die antibakterielle Wirkung der oben angeführten Chinonderivate [4], kamen als Organismen Proteus vulgaris SG 2 und Escherichia coli SG 320 zur Anwendung. Die erhaltenen Reduktionskurven zeigt Abb. 1. Diese Kurven wurden in

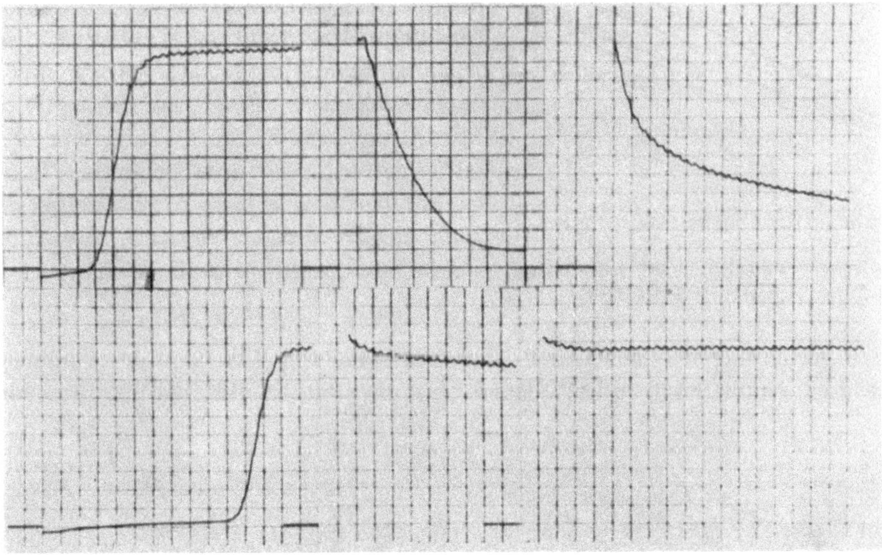

Abb. 1. Reduktionskurven der Verb. 10 (oben) und 2 (unten) der Tab. 1, erhalten mit SG 2 (Mitte) und SG 320 (rechts). 5 mm (1 Kästchen) entsprechen 5,7 sec

üblicher Weise analysiert, d.h. die jeweiligen Konzentrationsquotienten wurden berechnet und ihre Logarithmen über der Zeit aufgetragen. Die erhaltenen Ergebnisse zeigt Abb. 2 für Proteus vulgaris und Abb. 3 für Escherichia coli. Man sieht, daß sich eine lineare Abhängigkeit ergibt. Das bedeutet, daß die Reduktion der Chinone durch die Mikroorganismen dem Gesetz einer pseudomonomolekularen Reaktion folgt:

$$c = c_0 \cdot e^{-kt}.$$

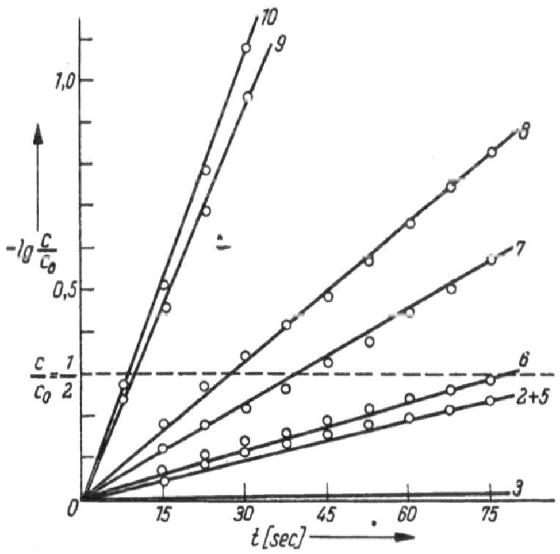

Abb. 2. Diagramm der Abhänigkeit von log $\frac{c}{c_0}$ von t für die Verbindungen 5 bis 10 sowie 2 und 3 der Tabelle 1 mit SG 2

Die in die Abbildungen eingezeichnete Parallele zur x-Achse dient zur Ermittlung der Halbwertszeit $t_{1/2}$. Vergleicht man die beiden Abbildungen, so zeigt sich, daß Proteus vulgaris wesentlich schneller reduziert als Escherichia coli. Quantitativ läßt sich das durch den k-Wert der obigen Gleichung wiedergeben, den man aus der Neigung der gezeigten Geraden ermitteln kann. Für die verschiedenen Chinone ergeben sich dabei eine Schar unterschiedlich geneigter Geraden und damit verschiedene k-Werte. Verantwortlich dafür sind natürlich die Redox- bzw. Halbstufenpotentiale (HSP) der entsprechenden Chinone. Trägt man daher die Logarithmen der so erhaltenen k-Werte über dem Halbstufenpotential der entsprechenden Chinone auf, so erhält man eine lineare Abhängigkeit. Abb. 4 zeigt dies für Proteus vulgaris, Abb. 5 für Escherichia coli. Es gilt also die Beziehung

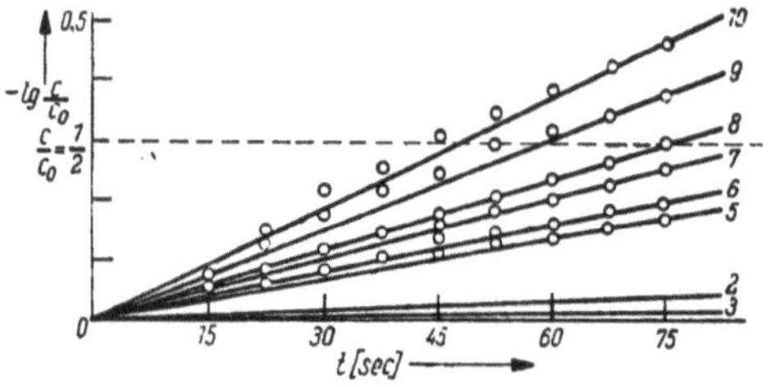

Abb. 3. Diagramm der Abhängigkeit von $\log \frac{c}{c_0}$ von t für die Verbindungen 5 bis 10 sowie 2 und 3 der Tabelle 1 mit SG 320

$$\log k_1 - \log k_2 = B(\pi_{1/2},_1 - \pi_{1/2},_2)\,.$$

Die aus den Abbildungen ersichtlichen Abweichungen von den Geraden kommen den in Tab. 1 gezeigten symmetrisch substituierten Chinonen zu, die offenbar eine Ausnahme darstellen.

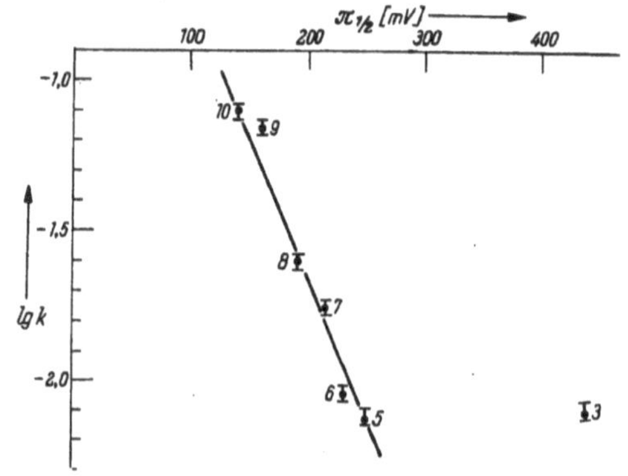

Abb. 4. Diagramm der Abhängigkeit von $\log k$ vom Halbstufenpotential der Verbindungen 5 bis 10 sowie 3 der Tabelle 1 mit SG 2

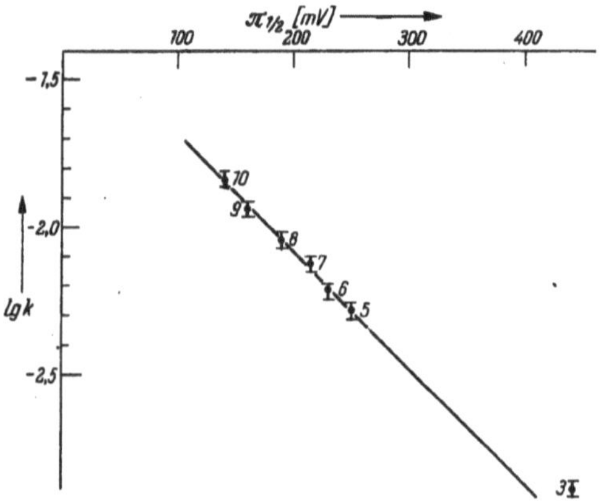

Abb. 5. Diagramm der Abhängigkeit von $\log k$ vom Halbstufenpotential der Verbindung 5 bis 10 sowie 3 der Tabelle 1 mit SG 320

Diskussion

Die oben aufgestellte Beziehung wurde schon vor 30 Jahren von DIMROTH [5] gefunden, allerdings für einfache chemische Verbindungen als Wasserstoffdonatoren und bezogen auf die Redoxpotentiale E_0 der benutzten Akzeptoren, die auch Chinone waren. Da im reversiblen Fall $E_0 = \pi_{1/2}$ ist, läßt sich die Beziehung auf die polarographischen Halbstufenpotentiale ohne weiteres anwenden. Als Wasserstoffdonator kann auch durch Edelmetalle aktivierter Wasserstoff dienen, z.B. in Form von Pd-Sol. Die Gültigkeit der DIMROTH-Gleichung für Pd-Sol als Donator und die angeführten Chinone als Akzeptoren wurde von uns ebenfalls nachgewiesen [4, 8]. Da nun seit WIELAND [6] derartige Edelmetallsole als Dehydrogenasenmodelle betrachtet werden, lag der Vergleich zwischen diesen Solen und echten Fermenten bei Mikroorganismen nahe. Ein Maß dafür bietet der Faktor B der Gleichung, dem theoretisch — für Homogenreaktionen bei idealer Symmetrie — der Wert 17,2 V^{-1} zukommt. BERG [7] hat schon früher gezeigt, daß für mikroheterogene Reaktionen — und solche stellten die Reaktionen mit Edelmetallsolen und Mikroorganismen dar — $B < 10\ V^{-1}$ ist.

Aus den gezeigten Geraden ergibt sich für Proteus vulgaris $B = 9{,}5\ V^{-1}$ und für Escherichia coli $B = 4\ V^{-1}$, während die Messungen mit Pd-Sol $B = 6\ V^{-1}$ ergaben. Die Werte liegen alle unter 10, und die beiden Bakterienstämme schließen das Pd-Sol ein. Das bedeutet also, daß das Pd-Sol wirklich als Bakterien- bzw. Fermentmodell betrachtet werden kann.

Neben diesen rein kinetischen Betrachtungen zeigt die Methodik aber auch einige Aspekte für die Biologie. So wurde durch die Arbeit nachgewiesen, daß sich Polarographie und Mikrobiologie vertragen, d.h., daß man das Quecksilber wegen seiner angeblichen Toxizität nicht zu fürchten braucht [4]. Weiterhin bietet sich die Methode zur Untersuchung der Dehydrogenasen und ihrer Verteilung in Mikroorganismen an. Da die Reduktion an der Bakterienoberfläche erfolgt, muß dies bei den Betrachtungen berücksichtigt werden. Das bedeutet, daß man eigentlich nur Organismen mit gleichen Größenverhältnissen bzw. gleicher Oberfläche direkt vergleichen kann. Untersucht man z. B. Bacillus megaterium SG 4 und Serratia marcescens SG 106, so zeigt sich, daß Serratia etwa doppelt so aktiv ist wie Bac. meg. Berücksichtigt man aber die Größenverhältnisse, so müßte — bei gleichem Feuchtgewicht — Serratia etwa 3,6mal so aktiv sein wie Bac. meg. Da sich nur ein Verhältnis von 2:1 ergibt, ist also im Endeffekt Bac. meg. aktiver als Serratia.

Ein anderer wichtiger Punkt ist der physiologische Zustand der Bakterienkulturen. Wir untersuchten zu diesem Zweck die Dehydrogenaseaktivität von Organismen, die am Anfang, in der Mitte und am Ende der logarithmischen Phase entnommen wurden. Entgegen den Erwartungen ergaben sich zwischen den drei Wachstumsphasen keine signifikanten Unterschiede. Die Dehydrogenaseaktivität war bei den zwei untersuchten Stämmen (Proteus vulgaris und Escherichia coli) zu allen drei Zeiten etwa gleich.

Prinzipiell ist festzustellen, daß die Werte bei allen diesen Untersuchungen sehr streuen. Das ist darauf zurückzuführen, daß man trotz genauer Einhaltung aller Versuchsbedingungen bei der Bakterienanzucht nie den gleichen Prozentsatz an jungen, alten und abgestorbenen Keimen reproduzieren kann. Am günstigsten erweisen sich Suspensionen, die aus der stationären Phase entnommen sind, weil sich hier ein Gleichgewicht zwischen Zuwachs und Lyse einstellt.

Für die weitere Arbeit ergeben sich zwei Aspekte:

1. Arbeiten mit Synchronkulturen oder isolierten Enzymsystemen und
2. Übergang von der Registrierung der Gesamtsumme an reduzierenden Fermenten zu speziellen Fermenten durch Zugabe der entsprechenden Substrate.

SUMMARY

In connection with polarographic studies concerning cytostatic derivatives of quinones, we were interested in the reduction of these derivatives within the living cell. Following the method of THUNBERG, the quinones (playing the role of hydrogen acceptors) were added to living cells (microorganisms) under strictly anaerobic conditions. The reduction was persued using direct voltage polarography. It resulted that the reduction velocity obeys the first order (pseudomonomolecular). The relation between the velocity constants be found out and the half-wave potentials (HWP) was studied by comparing various derivatives of quinone. We found a linear relation between log k and HWP. In the same way we compared the dehydrogenase activities of various microbial species differing in size (surface). The results are discussed under consideration of the growth phase in question.

Literatur

[1] Thunberg, T., in: Oppenheimer, C., Pincussen, L., Die Methodik der Fermente, Leipzig 1929.
[2] König, K.-H., Chem. Ber. **92**, 257 (1959).
[3] König, K.-H., Letsch, G., Chem. Ber. **92**, 1789 (1959).
[3a] Berg, H., König, K.-H., Tresselt, D., Wagner, H., Ricerca Sci. **30** (1960), Suppl. 5, 227.
[4] Wagner, H., Dissertation Jena 1962.
[5] Dimroth, O., Angew. Chem. **46**, 571 (1933).
[6] Wieland, H., Ber. dtsch. chem. Ges. **45**, 482 (1912).
[7] Berg, H., Chem. Techn. [Berlin] **8**, 5 (1956).
[8] Bauer, E., Diplomarbeit, Jena (1960).

C—7

Oszillopolarographische Verfolgung einiger Nucleodesaminasen in Zellen und Geweben

D. Kaláb

Bioveta, Nationalunternehmen, Forschungsabteilung, Ivanovice na Hané (ČSSR)

Die Desamination der Nucleinsäuren bei der Autolyse des Thymus beobachtete zuerst Jones [1]. Später wurde erkannt, daß die Desamination verschiedener Bestandteile der Nucleinsäuren durch die spezifischen Fermente — Nucleodesaminasen — verursacht wird, welche in verschiedenen Geweben sowie in den Mikrobenzellen vorhanden sind.

Die älteren Methoden der Verfolgung der enzymatischen Aktivität der Desaminasen beruhen auf der Grundlage der freien Ammoniakbestimmung, z. B. die Methode nach Parnas [2] und Conway [3]. In neuerer Zeit verfolgt Zittle [4] die Aktivität der Adenosindesaminase mit Hilfe der Warburgschen manometrischen Methode, und schließlich entwickelte Kalckar [5, 6] für diese Zwecke eine spektrophotometrische Methode. In den letzten Jahren hat Paleček [7, 8, 9] eine Reihe von Mitteilungen über das oszillopolarographische Verhalten der Nucleinsäuren und ihre Bestandteile veröffentlicht. Auf Grund dieser Erkenntnisse haben wir eine neue Methode zur Verfolgung der enzymatischen Aktivität einiger Nucleodesaminasen der Bakterien ausgearbeitet [10, 11]. Die Erfahrungen, welche wir in dieser Richtung gewonnen haben, benutzten wir nun beim Verfolgen einiger Nucleodesaminasen in tierischen Zellen und Geweben. Wir beabsichtigen, vor allem die entsprechenden Versuchsbedingungen für die Anwendung dieser Methode auf dem Gebiete der Gewebezüchtung zu ermitteln.

Experimenteller Teil

Apparate: Unsere oszillopolarographische Untersuchungen wurden mit dem Polaroskop P-524 durchgeführt, das die Aufnahme der Kurven der Funktion $dE/dt = f_1(E)$ gestattet. Es wurde mit der Hg-Tropfelektrode gearbeitet.

Biologisches Material: Wir haben die Gewebe von 9—12 Tage alten Hühnerembryonen benutzt, und zwar in der Form der überlebenden Gewebefragmente des Maitlandschen Typus in den Salzlösungen nach Simms, Gey oder Hanks, aber auch in der Form der Zellsuspension, welche mit Hilfe der Trypsination des Embryonalgewebes in der Lösung nach Hanks mit Laktalbuminhydrolysat vorbereitet wurde. Schließlich haben wir auch mit den Suspensionen der embryonalen Hühnerfibroblasten von normalen 24—96 Stunden alten, einschichtigen, statischen Gewebekulturen aus Kolle-Flaschen gearbeitet [12]. Die einschichtigen Gewebekulturen der Hühnerfibroblasten haben wir mit dem lyophilisierten Newcastle Disease Virus (Tortor furens) Stamm O 213 in Verdünnung $1:10^2$ infiziert. Dieses Virus tötet das Hühnerembryo noch in Verdünnung $1:10^{12}$.

Die informativen Versuche erfolgten auch mit dem Pseudowutvirus (Scelus suillum) Stamm H231.

Reagentien und Durchführung: Die benutzten Bestandteile der Nucleinsäuren sind Präparate von California Corporation for Biochemical Research. Zur 1%igen Suspension der normalen Hühnerembryonalzellen oder Fibroblasten in der Lösung nach Hanks mit Laktalbuminhydrolysat haben wir je 300 bis 600 μg der Bestandteile der Nucleinsäuren pro ml zugegeben und dann bei 37 °C inkubiert. Nach jeweils 15 Minuten wurden die Suspensionen durchgeschüttelt.

Zu der oszillopolarographischen Analyse haben wir je 0,2 ml der Probe zu 4 ml 2 n H_2SO_4 im polarographischen Gefäß zugegeben. Ähnlich haben wir biologisches Material nach der Virusinfektion bearbeitet. Für die quantitativen Zwecke müssen wir immer Kalibrationskurven ausarbeiten.

Ergebnisse und Diskussion

In den Suspensionen der Gewebefragmente wie auch der Hühnerembryonalzellen gelang es uns, mit Hilfe der oszillographischen Polarographie die Desamination des Adenosins zu beweisen, was mit den 1960 veröffentlichten Ergebnissen Solomons [13] übereinstimmt. Die erwähnten Ergebnisse wurden mit Hilfe der spektrophotometrischen Methode gewonnen. Identische Ergebnisse gibt auch die Papierchromatographie. In den Suspensionen der embryonalen Hühnerfibroblasten, die von einschichtigen Gewebekulturen stammten, haben wir mit Hilfe der oszillographischen Polarographie auch die enzymatische Aktivität der Desaminasen der Adenylsäure, Cytidylsäure und Cytidin untersucht.

In unseren Versuchen konnten wir lediglich die Aktivität der Adenyl- und Cytidylsäuredesaminasen bestimmen. Diese Resultate ergänzen interessant die Studien von Scarano u. Mitarb. [14], welche die Aktivität der Desaminasen der 5-Desoxycytidylsäure, Methyl-5-Desoxycytidylsäure sowie auch Desoxycytidins und Cytosins in Homogenaten des hühnerischen Gewebes spektrophotometrisch erforscht haben. Die erwähnten Autoren haben festgestellt, daß bloß die Desamination der Desoxynucleotide erfolgt, aber nicht die Desamination der korrespondierenden Desoxynucleoside oder ihrer Basen.

In unseren weiteren Versuchen mit der oszillographischen Polarographie haben wir die Aktivität des Adenosindesaminase der normalen, einschichtigen Gewebekulturen der Hühner-

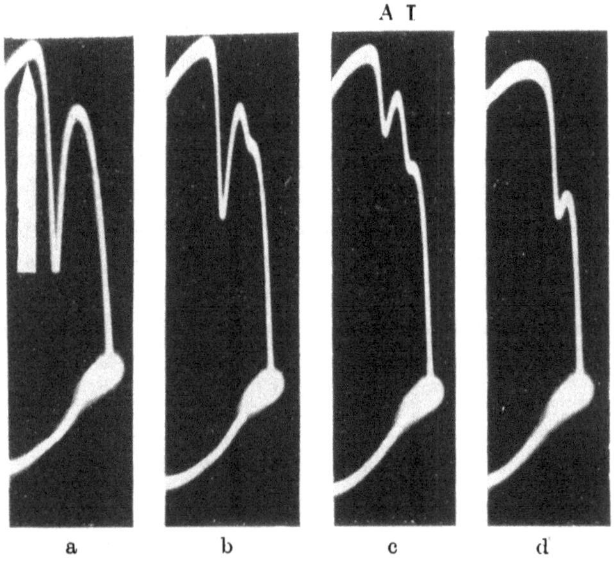

Abb. 1. $dE/dt = f_1(E)$ – Kurven des Verlaufes der Desamination des Adenosins in der Hühner-Fibroblastensuspension. Grundelektrolyt $2nH_2SO_4$
a) in der Zeit $t = 0$ (Die Messung der Tiefe des Adenosineinschnittes ist mit dem Pfeil bezeichnet)
b) nach 11 Stunden
c) nach 14 Stunden (siehe Abb. 2, Kurven 2 und 2′)
d) Kontrollprobe des reinen Inosins – 30 μg/ml des Grundelektrolyten
A = Einschnitt des Adenosins, I = Einschnitt des Inosins

fibroblasten verfolgt und mit der entsprechenden Aktivität der Gewebekultur nach Newcastle Disease Virusinfektion verglichen. Bis zu 48 Stunden verliert die infizierte Gewebekultur gegen die Kontrolle zum größten Teil die Eigenschaft der Desamination des Adenosins (Abb. 1, 2). Die Erfolge unserer Versuche werden später in vollem Umfange veröffentlicht werden.

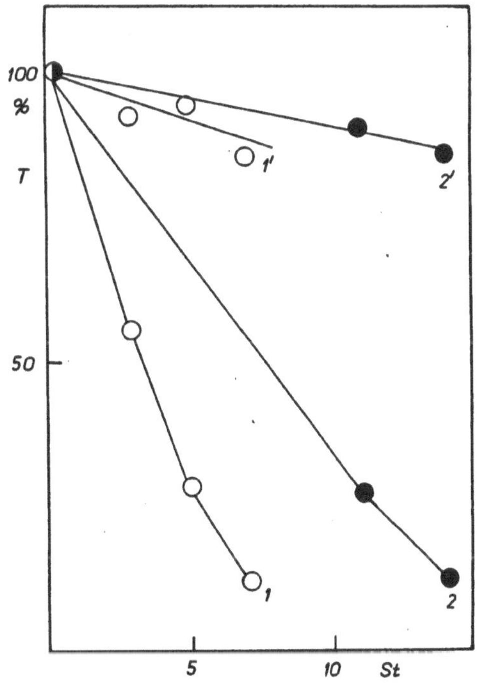

Abb. 2. Abhängigkeit der Einschnittstiefe des Adenosins von der Inkubationszeit bei 37 °C
1 — Anfangskonzentration des Adenosins = 330 μg/ml der normalen Fibroblastensuspension in der Lösung nach HANKS mit Laktalbuminhydrolysat;
1' — wie 1, aber nach Newcastle Disease Virusinfektion;
2 — Anfangskonzentration des Adenosins = 600 μg/ml der normalen Fibroblastensuspension in der Lösung nach HANKS mit Laktalbuminhydrolysat;
2' — wie 2, aber nach Newcastle Disease Virusinfektion
Die Tiefe T des Adenosineinschnittes in der Zeit $t = 0$ setzten wir gleich 100% (siehe Abb. 1a). Die Inkubation mit Adenosin (Zeit $t = 0$) fängt 30 Stunden nach der Virusinfektion der Gewebekultur an

Zusammenfassung

Die oszillographische Polarographie mit Wechselstrom kann man als eine neue Methode zur Verfolgung der enzymatischen Aktivität einiger Nucleodesaminasen in tierischen Zellen und Geweben benützen. Die Methode ist rasch und experimentell relativ anspruchslos. Die obenbeschriebene Methode haben wir praktisch zur parallelen Verfolgung der enzymatischen Aktivität der Adenosindesaminase in normaler und mit dem Virus infizierter Gewebekultur von Hühnerembryonalfibroblasten benutzt.

Herrn Dr. E. PALEČEK aus dem Biophysikalischen Institut der Tschechoslowakischen Akademie der Wissenschaften in Brno gebührt mein Dank für die Überlassung einiger Präparate und für wertvolle Diskussionen.

SUMMARY

The oscillographic polarography may be employed as a new method for persecution of the enzymatic activity of some nucleodesaminases in animal cells and tissues.

The method is quick and rather unassuming with respect to experimental equipment. We applied the method described above for persecution of the activity of adenosine desaminase in normal and virus infected tissue cultures of chicken's embryonal fibroblasts.

Literatur

[1] Jones, W., Z. physiol. Chem. **42**, 35 (1904).
[2] Parnas, J. K., Wagner, R., Biochem. Z. **125**, 253 (1921), ibid. **152**, 1 (1924).
[3] Conway, E. J., Byrne, A., Biochem. J. **27**, 419 (1933).
[4] Zittle, C. A., J. Biol. Chem. **166**, 499 (1946).
[5] Kalckar, H. M., Science **99**, 131 (1944).
[6] –, J. Biol. Chem. **167**, 445 (1947).
[7] Paleček, E., Naturwiss. **45**, 186 (1958).
[8] –, Collection, Czechosl. Chem. Commun. **25**, 2283 (1960).
[9] –, Chem. zvesti **14**, 798 (1960).
[10] Kaláb, D., Chem. zvesti **14**, 823 (1960).
[11] –, Experientia (Basel) **17**, 275 (1961).
[12] Řeřábek, J., Řeřábek, E., Leitfaden der Gewebezüchtung, VEB G. Fischer Verlag, Jena 1960.
[13] Solomon, J. B., Biochem. J. **75**, 278 (1960).
[14] Scarano, E., et. al., Nature **186**, 237 (1960).

C—8

Polarographische Untersuchung des Erythrocytenstoffwechsels

W. LEYKO

Institut für Analytische Biochemie der Universität zu Łódź

Bei der Untersuchung des Erythrocytenstoffwechsels kann die polarographische Adeninbestimmung sehr behilflich sein. Um dieses näher zu erklären, möchte ich zuerst die wichtigsten Probleme des Stoffwechsels von reifen Erythrocyten besprechen.

1. Erythrocytenstoffwechsel

Die Hauptquelle der Energie der kernlosen Blutzellen bei Säugetieren ist der Glucoseabbau. Erythrocyten enthalten weder das Cytochromsystem noch den vollständigen Citronensäurecyclus. Nur einige Enzyme dieses Cyclus, wie z.B. Fumarase und Apfelsäuredehydrase, befinden sich in diesen Zellen. Die Atmungsvorgänge spielen in reifen Erythrocyten nur eine kleine Rolle.

Der Hauptvorgang des Stoffwechsels von Erythrocyten ist die Glycolyse, welche in analoger Weise wie in anderen Zellen verläuft, d.h., es entstehen ähnliche Zwischenprodukte unter Wirkung von analogen Enzymen und Coenzymen. Es gibt aber eine charakteristische Differenz, nämlich das Auftreten einer verhältnismäßig großen Menge von 2,3-DPG (Glyzerinsäure-2,3-diphosphat). 2,3-DPG ist wahrscheinlich im Gleichgewicht mit 1,3-DPG, welche ein normales Zwischenprodukt der Glycolyse ist, und diese Reaktion ist nach RAPOPORT und LUEBERING [11] von Diphosphoglyzeromutase katalysiert. Über 40% der organischen Phosphate von menschlichen Erythrocyten sind in Form von 2,3-DPG vorhanden, ungefähr 30% bilden ATP, und der Rest sind hauptsächlich Glucose-diphosphate. Hier gibt es auch einen interessanten Befund, denn neben Fructose-1,6-diphosphat erscheint auch Glucose-1,6-diphosphat im Verhältnis von 4:1. Hexose- und Glyzerinsäuremonophosphate treten nur in sehr kleinen Mengen auf. Die Hauptfraktionen der Phosphorverbindungen von menschlichen Erythrocyten wurden von BARTLETT und BARNET [1] auf Dowex-Kolonnen getrennt (Abb. 1a).

Die obere Linie entspricht dem totalen Phosphor, die untere Linie dem Gehalt von Adeninverbindungen, bestimmt mittels Absorptionsmessung bei 260 mμ. Aus Abb. 1 ist ersichtlich, daß außer ATP auch eine gewisse Menge von ADP und AXP, einer noch nicht ganz identifizierten Verbindung, auftritt.

Wenn man die Glycolyse mit Hilfe von typischen Inhibitoren hemmt, wird Glucose trotzdem weiter verbraucht. In diesem Falle findet der aerobe Abbau auf dem Wege des Pentosecyclus statt. Man muß noch erwähnen, daß in Hämolysaten und Erythrocytenschatten (ghosts), in welchen die anaerobe Glycolyse gehemmt wird, der Glucoseabbau auch über den Pentosecyclus verlaufen kann. Das Schema nach GABRIO [5] veranschaulicht die Verhältnisse zwischen diesen beiden Prozessen.

Auf Grund der neuen Befunde von CHMIEL [4] soll man noch eine dritte Möglichkeit des Glucoseabbaus in Betracht ziehen. CHMIEL hat in Hundeerythrocyten verschiedene Zwischenprodukte des Uronsäurecyclus (Glucuronsäure-Xylulose) entdeckt. Der Weg führt über die

Oxydation und Abspaltung von C-6 der Glucose, wobei die entstehenden Zwischenprodukte nicht phosphoryliert sind.

Aus den folgenden Ausführungen geht hervor, daß der Glucoseabbau in Erythrocyten über verschiedene Wege führen kann. Der überwiegende Vorgang ist die Glycolyse, an welche der Pentosecyclus in größerem oder kleinerem Maße anschließt. Es gibt auch die Möglichkeit, Glucose auf dem Wege des Uronsäurecyclus umzusetzen.

Alle diese Vorgänge liefern eine gewisse Menge Energie, hauptsächlich in Form von ATP. Neben ATP treten auch andere Nucleotide in Erythrocyten auf, welche BISHOP [2] an Dowex-Säulen getrennt hat, nämlich ADP, AMP, TPN, DPN, GTP, Cytosinderivat (wahrscheinlich CDP-Cholin), Uracilderivat (wahrscheinlich UDP-Glucose) und AXP. Man hat keine Nucleoside und freien Purin- und Pyrimidinbasen, mit Ausnahme der Harnsäure und sehr kleinen

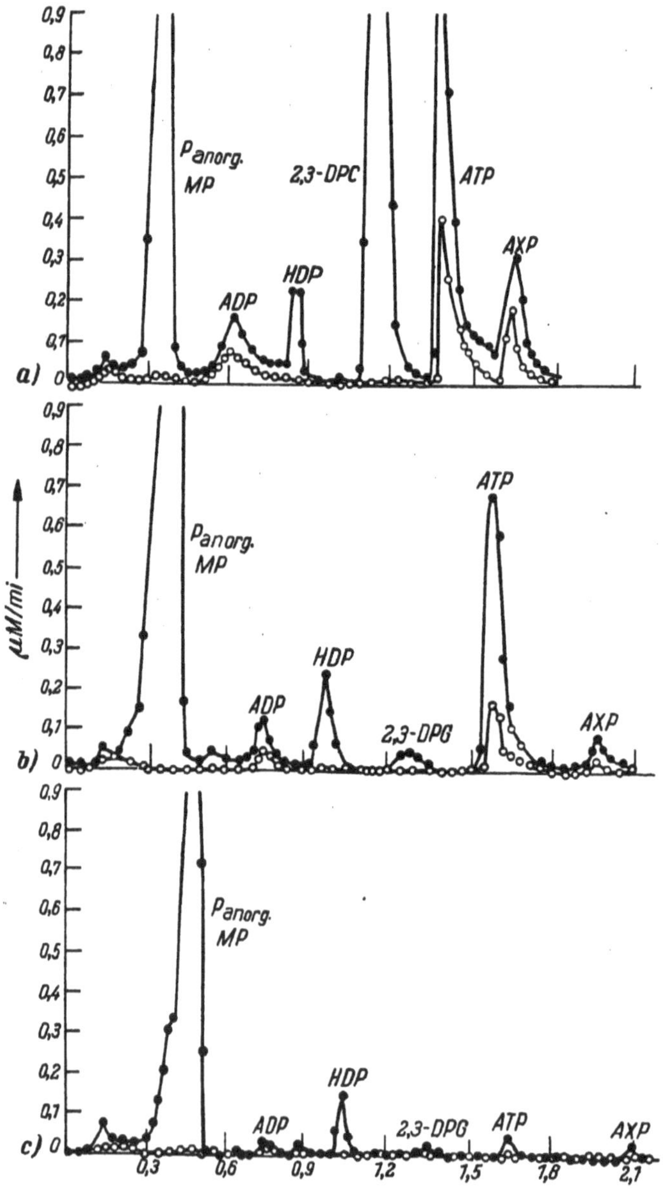

Abb. 1. Trennung der Phosphorverbindungen von menschlichen Erythrocyten auf Dowex-Kolonnen nach BARTLETT und BARNET: *a* — Beginn, *b* — nach 15 Tagen, *c* — nach 62 Tagen

Glucoseabbau in Erythrocyten nach GABRIO [5].

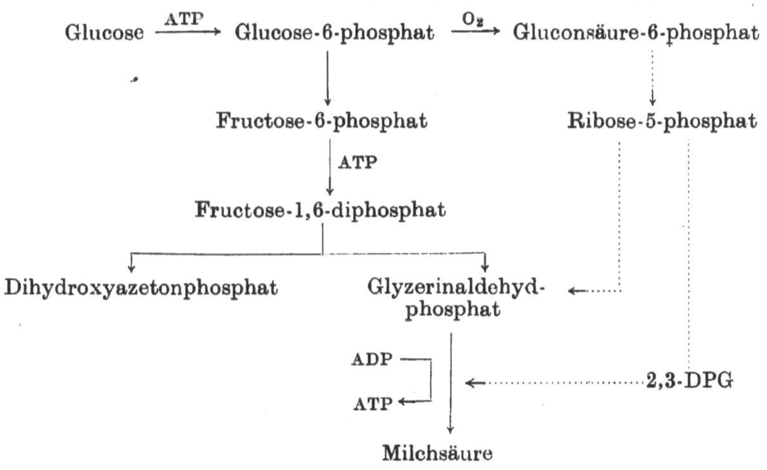

Mengen von Hypoxanthin, gefunden. BISHOP hat auch die Analyse von Blutserum durchgeführt und nur zwei Gipfel (peaks) gefunden. Ein Gipfel entspricht der Harnsäure, der andere einer Verbindung, welche nicht ein Purin- oder Pyrimidinderivat ist. Abb. 2 gibt eine Nucleotidtrennung wieder. Daraus folgt, daß Adeninverbindungen über 90% der gesamten Nucleotidmenge bilden.

Bemerkenswert ist, daß die Nucleotide sich nur in Blutzellen befinden, im Blutserum dagegen fehlen sie vollständig. Alle Veränderungen ihres Gehaltes entsprechen also gewissen Stoffwechselvorgängen, welche sich im Innern der Erythrocyten abspielen.

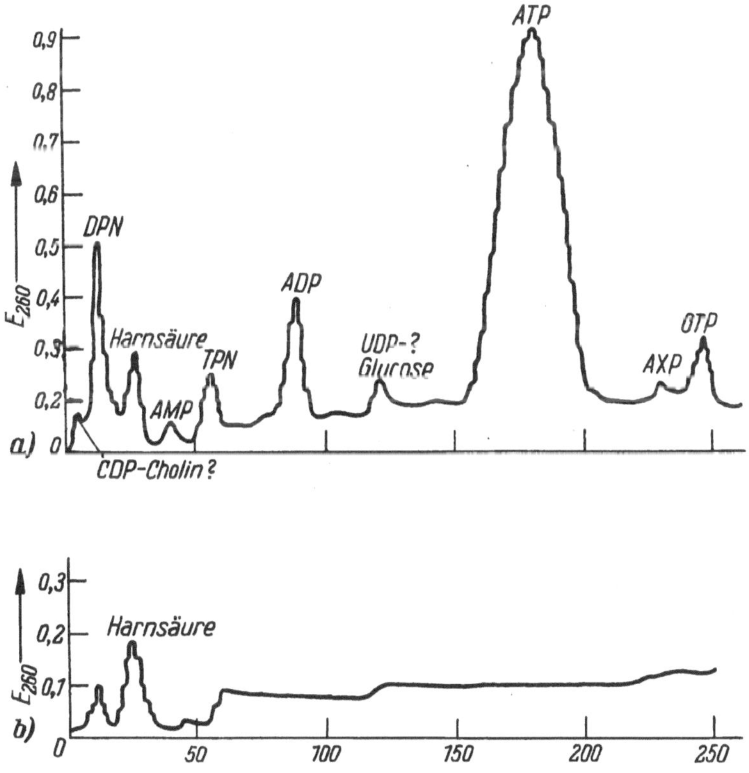

Abb. 2. Trennung der Nucleotide des menschlichen Blutes (A) und Serum (B) nach BISHOP [2]

Ich möchte betonen, daß Adeninverbindungen die Schlüsselstellung im Erythrocytenstoffwechsel einnehmen. Man kann dieses auf Grund von Untersuchungen an konserviertem Blut behaupten, welche von GABRIO [5] begonnen und die jetzt von verschiedenen Forschern, wie z.B. BARTLETT und BARNET [1], weitergeführt sind. Bemerkenswert ist, daß eine kräftige Zersetzung des ATP erst nach dem Verschwinden der 2,3-DPG eintritt (Abb. 1a, b, c).

Wenn die Spaltung der Adeninnucleotide nicht zu weit geht, ist eine Regeneration möglich, die von „Verjüngung" (Rejuvenation) der Erythrocyten begleitet wird. Die Verjüngung von Erythrocyten kann man auf dem Wege der Inkubation mit Lebermitochondrien durchführen. Ähnliche Effekte geben verschiedene Nucleoside, wie Adenosin, Inosin, Guanosin und Xanthosin. Unter der Wirkung von Nucleosid-phosphorylase gehen sie in Purin und Ribose-1-phosphat über, welches zum Pentosecyclus der Erythrocyten anschließt.

Aus den folgenden Ausführungen geht hervor, daß eine zuverlässige qualitative und quantitative Bestimmung von einzelnen Nucleotiden in allen diesen Untersuchungen sehr wichtig ist. Die sehr große Spezifität der polarographischen Adeninbestimmung eignet sich außerordentlich gut für die Erforschung einiger Probleme, welche mit dem Erythrocytenstoffwechsel verbunden sind.

2. Polarographische Adeninbestimmung

HEATH [7] fand, daß Adenin, Adenosin, Adenylsäure und Adenosin-Cytosin-dinucleotid gut meßbare polarographische Stufen in 0,1 n $HClO_4$-Lösung oder $HClO_4$- und $KClO_4$-Gemischen ergeben. Guanin, Guanosin, Guanylsäure, Cytidin, Cytidylsäure und Uracil werden dagegen nicht an der tropfenden Quecksilberkathode reduziert. HEATH untersuchte zwar Cytosin und Thymin nicht, meinte aber, daß auch diese Pyrimidine keine polarographischen Stufen unter diesen Bedingungen zeigen. Aus den Untersuchungen von HEATH geht hervor, daß von allen Purin- und Pyrimidinderivaten in Erythrocyten nur Adeninverbindungen polarographische Stufen verursachen. HEATH hat ausführlich die polarographische Bestimmung von Adenin, Adenosin und Adenylsäure bearbeitet. In allen drei Fällen ist der Diffusionsstrom der Konzentration proportional. HEATH erhielt für Adeninkonzentrationen von $0{,}5 \cdot 10^{-4}$ m bis $1{,}96 \cdot 10^{-4}$ m die Werte von $i_d/C = 17{,}0$ μA/Millimol im Liter für die angewandte Kapillare in 25 °C. Die Werte von i_d/C verändern sich nicht systematisch mit dem pH-Wert. Die Halbstufenpotentiale sind nicht konstant, werden aber negativer mit der Steigerung der Konzentration. In Phosphatpuffergemischen von pH = 1,3 verschiebt sich das Adeninhalbstufenpotential von $-1{,}046$ V bis zu $-1{,}073$ V (bezogen auf die gesättigte Kalomelelektrode) mit der Konzentration zwischen $0{,}50 \cdot 10^{-4}$ m und $1{,}96 \cdot 10^{-4}$ m. Die Halbstufenpotentiale verändern sich linear mit der Wasserstoffionenkonzentration; sie werden negativer mit ansteigendem pH-Wert. Für eine Adeninkonzentration von $0{,}5 \cdot 10^{-4}$ m verursacht die pH-Änderung von 1,30 bis zu 2,24 (t = 25 °C) eine Verschiebung des Halbstufenpotentials von $-1{,}046$ V bis zu $-1{,}129 \pm 3$ mV, bezogen auf die gesättigte Kalomelelektrode. Die Abhängigkeit des $\log i/(i_d - i)$ vom Potential der tropfenden Quecksilberkathode ist linear für den größten Teil der Stufe. Daraus hat man eine Elektronenaufnahme von $n = 1{,}33$ gefunden. Dieser Wert und die Tatsache, daß $E_{1/2}$ sich mit dem pH linear ändert, machen es nach HEATH sehr wahrscheinlich, daß Wasserstoffionen an der Reaktion teilnehmen. Auf Grund der aus diesen Befunden gezogenen Schlußfolgerung ist die Doppelbindung zwischen N-1 und C-6 im Purinring als die wahrscheinliche Stelle der Reduktion anzusehen. Die von HEATH eingeführte polarographische Adeninreduktion eignet sich sehr gut für die Untersuchung von Hydrolysaten der Ribo- und Desoxyribonucleinsäuren.

Weitere Untersuchungen der polarographischen Reduktion der Pyrimidinverbindungen wurden von CAVALIERI und LOWY [3] durchgeführt. Von 26 untersuchten Pyrimidinen verursachten nur 10 polarographische Stufen. Diese Forscher sind der Meinung, daß die polarographische Reduktion mit der Anwesenheit der Gruppierung

$$\overset{1}{-N}=\overset{6}{C}-\overset{5}{C}=\overset{4}{C}-$$

im Pyrimidinring verbunden ist. Die Reduktion der Purine und Pyrimidine wurde auch von Hamer, Waldron und Woodhouse [6] untersucht. Sie haben die Reduktion auf unterschiedliche Weise durchgeführt, nämlich mit Zink in 1 n H_2SO_4-Lösung, dann mit Hilfe von Natriumamalgam und die polarographische Reduktion an der tropfenden Quecksilberkathode. Nach diesen Verfassern ergeben 2-Aminopyrimidin, Hypoxanthin und Adenin gut meßbare Stufen in entsprechenden Puffergemischen; Cytosin (pH zwischen 2,2 und 5) und 6-Aminopyrimidin geben nur Inflektionen und Xanthin, Uracil, Isocytosin, Thymin und Guanin verursachen keine polarographischen Stufen.

Auf Grund dieser Befunde kamen Hamer u. Mitarb. zu der Schlußfolgerung, daß die Anwesenheit von Sauerstoff in der Stellung 6 dem Ring eine Beständigkeit verleiht, daß z.B. Isocytosin, Thymin, Guanin und Uracil nicht an der Quecksilberkathode reduziert werden.

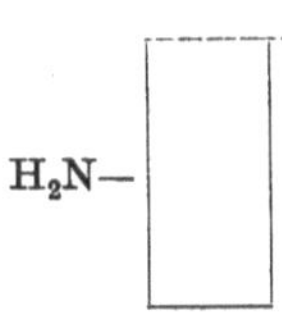

Isocytosin

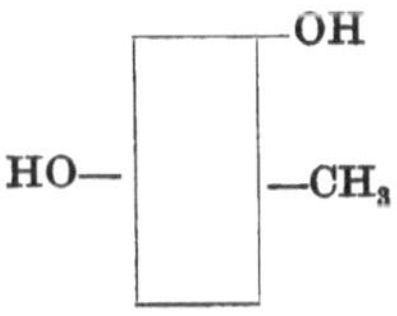

Thymin

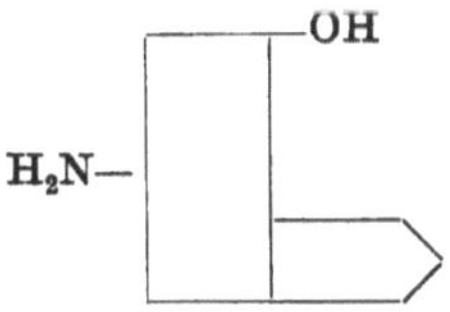

Guanin

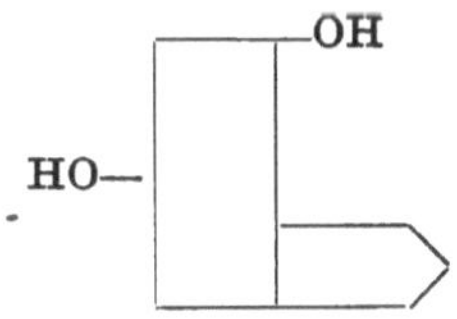

Hypoxanthin

Nach diesen Autoren scheint Hypoxanthin eine Ausnahme zu sein, weil es eine polarographische Stufe liefert. Ich möchte aber sagen, daß trotz zahlreicher Überprüfungen Hypoxanthin keine Stufe verursachte unter den von mir verwendeten Bedingungen (pH-Werte zwischen 1 und 2) und keinen Einfluß auf die polarographische Adeninbestimmung hatte.

Polarographische Untersuchungen der Purinderivate wurden weiterhin von Luthy und Lamb [10] durchgeführt. Sie haben eine interessante Korrelation zwischen der Anwesenheit einer Aminogruppe in der Stellung 6 vom Purinring und der Bildung der polarographischen

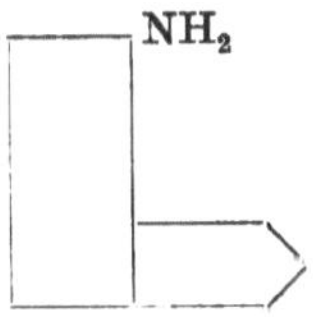

Adenin

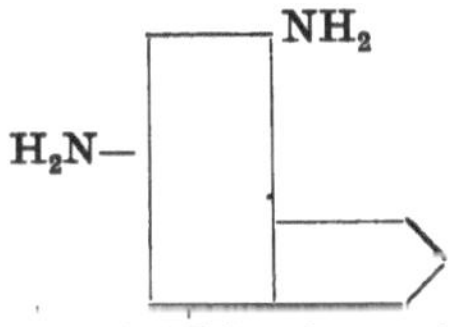

2.6-Diaminopurin

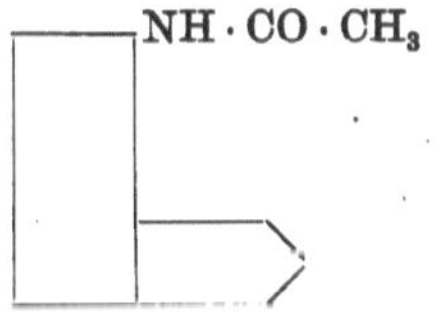

Acetyladenin

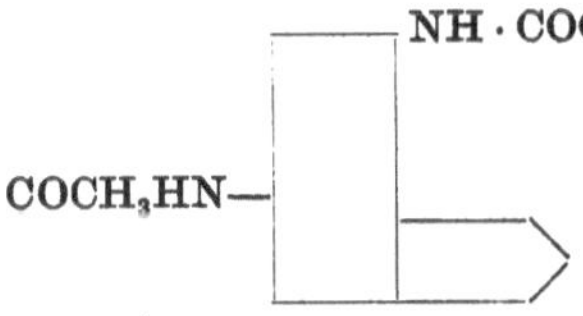

2.6-Diacetaminopurin

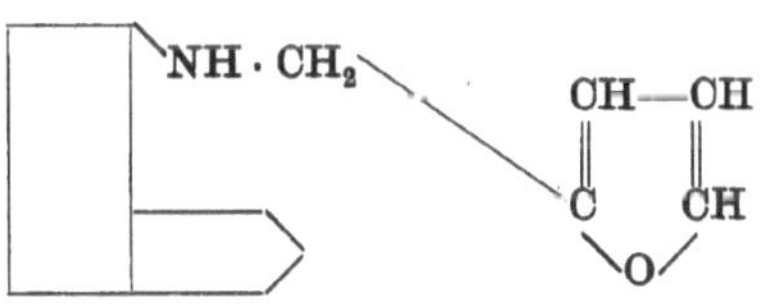

Kinetin

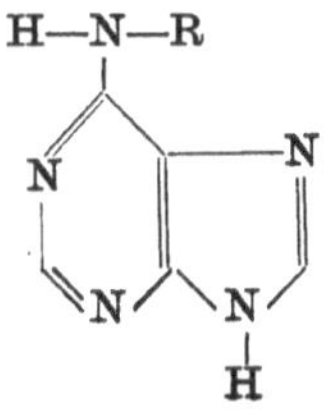

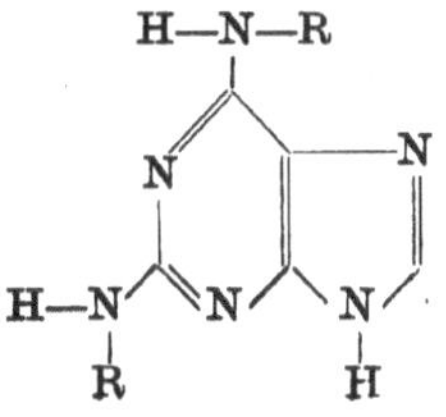

Stufe festgestellt. Außer Adenin sind folgende Verbindungen an der tropfenden Quecksilberkathode abgeschieden worden: 2,6-Diaminopurin, 6-Acetamidopurin (Acetyladenin), 2,6-Diacetamidopurin. Wir haben auch gefunden, daß Kinetin (6-Furfurylaminopurin) eine Stufe verursacht [9].

Acetylderivate bilden zwei Stufen: die Acetylgruppe ruft eine Stufe und Adenin die andere hervor. 2,6-Diacetamidopurin gibt zwei analoge Stufen wie Acetyladenin. Daraus folgt, daß nur solche Verbindungen reduziert werden, in welchen die Aminogruppe (oder N-Acetylderivat) sich in der Stellung 6 des Purinringes befindet. Es ist hinzuzufügen, daß N-Acetylguanin keine Stufe verursacht. Luthy und Lamb haben auch gefunden, daß eine frisch bereitete Nucleinsäurelösung in 0,2 m KCl eine polarographische Stufe bildet, welche ihrer Meinung nach nur mit der Anwesenheit von Adenin erklärt werden kann.

Tabelle 1. Adeningehalt des venösen menschlichen Blutes

Nr.	Polarographische Bestimmung mg%	Spektrophotometrische Bestimmung mg%
1	7,5	9,0
2	7,7	7,3
3	9,9	15,4
4	6,4	9,8
5	6,3	7,0
6	8,0	9,9
7	7,4	10,0
8	8,1	13,2
9	8,5	7,5
10	8,2	10,7
11	9,0	9,4
12	5,6	7,4
13	8,7	9,4
14	9,3	11,2
15	8,3	9,4
16	8,7	10,1
17	10,0	10,3
18	8,6	9,9
19	7,6	8,4
20	7,1	8,7
21	7,3	7,7
22	4,9	5,3

Aus den folgenden Ausführungen geht hervor, daß von allen Purin- und Pyrimidinderivaten, welche sich normalerweise im Organismus befinden, nur Adenin und seine Derivate eine polarographische Stufe bilden (bei pH zwischen 1 und 2). Andererseits spielen Adeninderivate im Organismus eine ganz spezielle Rolle. ATP nimmt eine Schlüsselstellung als Energiespeicher des Organismus ein. Man kennt freilich auch andere energiereiche Derivate, wie GTP, UDP, CDP u.a., aber sie treten in viel kleineren Mengen auf.

Es wäre denkbar, daß diese spezielle Rolle von Adeninderivaten im Stoffwechsel und deren spezielle Fähigkeit zur polarographischen Reduktion in irgendwelcher Weise miteinander in Zusammenhang stehen.

3. Polarographische Adeninbestimmung im Blut

Die polarographische Adeninbestimmung im Blut nach unserer Methode [8] wird auf die folgende Weise durchgeführt: Die Blutproteine werden mit Trichloressigsäure (TCA) gefällt, das TCA-Filtrat wird mit 1 n H_2SO_4 hydrolysiert, und die Purine werden mit Ag_2O-Suspension gefällt (aus der 0,7 n H_2SO_4). Die Lösungen bewahrt man in einem Eisschrank über Nacht auf; die erhaltenen Purinsilbersalze werden erst zentrifugiert und dann auf einem kochenden Wasserbad mit 0,1 n HCl extrahiert. Adenin und Guanin werden unter diesen Bedingungen fast vollständig (über 90%) gefällt, Hypoxanthin nur in geringerem Maße, und Xanthin, Harnsäure und Pyrimidinnucleotide überhaupt nicht. In den erhaltenen Extrakten können sich also nur Adenin, Guanin und eine kleine Menge von Hypoxanthin (in frischem Blut nicht anwesend) befinden. In den Extrakten wird eine spektrophotometrische und polarographische Bestimmung des Adenin durchgeführt. Die Tabelle 1 gibt die für venöses Normalblut erhaltenen Resultate an.

Bei der spektrophotometrischen Bestimmung hat man angenommen, daß Adeninverbindungen für die Gesamtextinktion der Lösungen verantwortlich sind. Die früher erwähnte Untersuchung, in der Bishop GTP im Blut entdeckte, erschien in demselben Jahr wie unsere Veröffentlichung. Die höheren Resultate der spektrophotometrischen als der polarographischen Bestimmungen kann man jetzt durch die Anwesenheit von GTP erklären, weil Guanin Absorption im ultravioletten Licht zeigt, aber keine polarographische Stufe bildet.

Tabelle 2. Nucleotidgehalt des menschlichen Blutes nach BISHOP [2]

	Konzentration in μM pro Liter des Blutes						
	DPN	Harnsäure	AMP	TPN	ADP	ATP	GTP
Männer	29,8	140,9	6,2	11,6	47,8	433,2	24,5
Frauen	32,4	135,1	5,1	11,2	46,6	424,8	26,4
Grenzwerte	22–40	94–173	2–14	2–15	32–73	287–586	13–36

Die Tabelle 2 veranschaulicht die Ergebnisse von BISHOP. Wenn man die Summe von allen Adeninnucleotiden des Vollblutes berechnet, erhält man eine 0,4- bis 0,7-mM-Adeninkonzentration. Die Adeninkonzentration in Erythrocyten bei dem Hämatokritwert 47% beträgt also 0,9—1,5 mM/l (für 18 Personen). Die auf diese Weise erhaltenen Resultate stimmen durchaus mit denen anderer Autoren überein, wie z.B. von ROTTINO [12] nach der enzymatischen Methode oder von uns nach der polarographischen Methode [8] (Tab. 3).

Tabelle 3. Gesamtgehalt der Adeninnucleotide in Erythrocyten

Forscher	Methode	Veröffentlicht	mM Adenin/L	Zahl der untersuchten Personen
ROTTINO	enzymatisch, spektroph.	1952	0,6–1,6	21
BISHOP	Dowex-Kol., spektroph.	1959	0,9–1,5	18
Unsere Untersuchung	↓ Ag_2O, spektroph., polarographisch	1959	0,9–1,6	22

BARTLETT führt die chromatographische Trennung der Phosphorverbindungen der Erythrocyten mit ungefähr 100 ml Blut aus, und BISHOP verwendet 15 ml Blut bei der Trennung von Nucleotiden. Wir haben versucht, diese Blutmengen zu vermindern. Eine zuverlässige Bestimmung mit weniger als 10 ml Blut ist uns aber nicht gelungen. Zur Adeninbestimmung nach unserer Methode genügen dagegen nur 0,2—0,8 ml Blut. Obwohl die Trennung von Nucleotiden und anderen Phosphorverbindungen auf Dowex-Säulen die Hauptmethode zur Untersuchung des Erythrocytenstoffwechsels bildet, kann doch eine Bestimmung des Gesamtgehaltes an Adenin in einer kleinen Blutmenge auch von großem Nutzen sein. Meiner Meinung nach ist diese Bestimmung als Vorstufe zu betrachten, die man leicht ausführen und statistisch bearbeiten kann.

In unseren weiteren Untersuchungen haben wir festgestellt, daß unter der Wirkung von gewissen Reagenzien eine vorübergehende Steigerung des Gesamtgehaltes an Adenin in Hämolysaten des menschlichen Blutes auftritt. Das Ergebnis ist theoretisch schwer zu erklären, und es ist sehr wichtig, dies mit zwei Meßmethoden, d.h. mit spektrophotometrischen und polarographischen Bestimmungen, bestätigen zu können.

Wir versuchen jetzt, die polarographische Adeninbestimmung bei der Trennung von Phosphorverbindungen auf Dowex-Säulen auszunutzen. Bei einer solchen Trennung sammelt man ungefähr 150 Proben. Ich meine, daß die Ausführung von Polarogrammen für alle diese Proben keinen Sinn hat, weil sie die Analysendauer noch beträchtlich verlängern würde. Wir führen jedoch die polarographische Analyse des Gemisches von allen mit einem Lösungsmittel gesammelten Proben durch sowie die Analyse der Gipfel der ADP-, ATP- und AXP-Fraktionen. Ich möchte noch einmal betonen, daß die Trennung an Dowex-Säulen, mit spektrophotometrischen Messungen verbunden, eine Hauptmethode der Untersuchung des Erythrocytenstoffwechsels bildet. Ich bin aber der Ansicht, daß die Ausnutzung der Spezifität der polarographischen Adeninbestimmung einen viel tieferen Einblick in diese sehr komplizierten Prozesse ermöglichen kann.

SUMMARY

The main source of energy for mammalian erythrocytes is the degradation of glucose which may be brought about by glycolysis being followed by the pentose cycle. Glucose, however, may also be metabolized by pursuing the uronic acid cycle. All these processes are furnishing energy, mainly in the form of ATP. Besides ATP other nucleotides are found in red cells, too, i.e. ADP, AMP, TPN, DPN, GTP, derivatives of cytosine and uracil, and still other compounds not yet identified as e.g. AXP among others. These nucleotides appear in red cells only, in blood serum, on the contrary, they are completely missed. All alterations of their quantity will, therefore, mirror certain metabolic processes occurring within the erythrocytes. The polarography, possibly together with spectrophotometric measurements, is well suited especially for the evaluation of derivatives of adenine. The polarographic determination may be executed in such a way that in a mixture of the various nucleotides, the derivatives of adenine, only, will furnish a polarographic wave. The specificity of the polarographic estimation of adenine which has not yet been elucidated theoretically, is remarkably well suited for studying certain problems associated with the metabolism of erythrocytes.

Literatur

[1] Bartlett, G. R., Barnet, H. N., J. Clin. Invest. **39**, 56 (1960).
[2] Bishop, Ch., Rankine, D. M., Talbott, J. H., J. Biol. Chem. **234**, 1233 (1959).
[3] Cavalieri, L. F., Lowy, B. A., Archiv. Biochem. Biophys. **47**, 272 (1953).
[4] Chmiel, J., Post. Biochemii **7**, 264 (1961).
[5] Gabrio, B. W., Finch, C. A., Huennekens, F. M., Blood **11**, 10 (1956).
[6] Hamer, D., Waldron, D. M., Woodhouse, D. L., Archiv. Biochem. Biophys. **47**, 272 (1953).
[7] Heath, J. C., Nature **28**, 158 (1946).
[8] Leyko, W., „Zwiazki adeninowe krwi ludzkiej", Lódzkie Tow. Nauk. Wydz. III, Nr. 61 (1959).
[9] Leyko, W., Sempinska, E., Bull. de l'Acad. Pol. Sci. Cl. II, **5**, No. 3 (1957).
[10] Luthy, N. G., Lamb, B., J. Pharmacy and Pharmacology **8**, 410 (1956).
[11] Rapoport, S., Luebering, J., J. Biol. Chem. **183**, 507 (1950).
[12] Rottino, A., Hofman, G. T., Albaum, H., Blood **7**, 836 (1952).

C—9

Zur topochemischen Distribution von Zink im menschlichen Hirngewebe

M. MATUROVÁ und R. KOĎOUSEK

Chemisches Institut und Pathologisch-Anatomisches Institut der Medizinischen Fakultät, Palacký-Universität, Olomouc

Als Grundlage zu dieser Arbeit dienten die Ergebnisse, die bei den histochemischen Studien von Spurenelementen im menschlichen Gehirn (Sektionsmaterial) gewonnen wurden. Zink ist eines der wichtigsten Spurenelemente. Bisher wurde seine Anwesenheit in einer Reihe von Enzymen (hauptsächlich Carboanhydrase) [1] nachgewiesen. Die unbestrittene Bedeutung dieses Spurenelementes für die Aktivität einiger Metalloenzyme läßt die Möglichkeit zu, die Zinkbestimmung bei der Beurteilung des Funktionsgrades der gegebenen Struktur auszunutzen. Die bisherigen zum Nachweis von Zink angewandten histochemischen Methoden sind wenig spezifisch; positive Ergebnisse können auch von manchen anderen Metallen, wie Kupfer, imitiert werden. Deshalb wählten wir zur qualitativen und quantitativen Bestimmung seines Gehaltes in den einzelnen Gehirnpartien die Polarographie, welche bekanntlich die Möglichkeit bietet, ein gegebenes Element unter Berücksichtigung seiner spezifischen Qualität quantitativ zu bestimmen.

Experimenteller Teil

Die Untersuchungen führten wir teils mit der modifizierten Methode nach SMIRNOV [2], teils nach DESHUSSES und VOGEL [3] unter Anwendung von zwei Standardzugaben durch. Im Gegensatz zu SMIRNOV polarographierten wir nicht im 2,5 N KCl-Medium, sondern im 0,5 N $NH_4OH + NH_4Cl$, weil in diesem Medium die Zinkstufe besser ausgebildet wird. Weiter wurde statt Abwägens der verbrannten Proben vor der polarographischen Bestimmung die ganze verbrannte Probe auf ein Volumen von 10 ml aufgefüllt und von dieser Menge das erforderliche Äquivalent zur Polarographie verwendet.

Zu Vergleichszwecken wurde auch die Methode nach DESHUSSES und VOGEL angewandt, weil sie uns vorteilhafter zu sein scheint. Nach dieser Methode werden alle Vorgänge in einem Gefäß vorgenommen, wodurch die Möglichkeit einer Verunreinigung beim Nachwaschen ausgeschlossen wird. Die Entnahme der Gewebsproben und alle mit der Untersuchung zusammenhängenden Operationen wurden in mit heißer Salzsäure und redestilliertem Wasser gereinigten Glasgefäßen durchgeführt. Die Gewebsproben stammten von älteren Personen, die an verschiedenen Krankheiten verstorben waren; die Entnahme der Gewebsproben erfolgte 12—24 Stunden post mortem. Das Material wurde dann gewogen, schnell getrocknet und anschließend mit konzentrierter Schwefelsäure und Wasserstoffperoxyd verbrannt. Polarographiert wurde mit dem Polarographen LP-55. Der Sauerstoff wurde mit einem Strom von analytisch reinem Wasserstoff entfernt. Nach der Kontrolle der Halbstufenpotentiale, der graphischen Auswertung und Umrechnung jeder Probe mit Hilfe der inneren und äußeren Standards wurde die Zinkmenge in μg auf 1 g nasses Gewebe zum Ausdruck gebracht.

Ergebnisse

Wir standen einigen Schwierigkeiten gegenüber, so wie sie bei der Verarbeitung von biologischem Material üblich vorkommen. Die Interpretation der quantitativen Resultate ist schwer, weil die Wahl einer geeigneten statistischen Gruppe auf manche Schwierigkeiten stößt. Die bisher von 108 Analysen stammenden Resultate erlauben trotzdem einige vorläufige Schlüsse.

Es hat sich gezeigt, daß das Cornu Ammonis nicht in allen Fällen die höchsten Zinkwerte bietet, obwohl diese Region auf Grund histochemischer Studien [4] in dieser Hinsicht für die reichste gehalten wurde. In subcorticalen Kernen, in denen die positive histochemische Reaktion auf Zink von Fleischhauer und Horstmann [5] erwähnt wurde, war der mit der Polarographie nachgewiesene Zinkgehalt manchmal höher als im Hippocampus. Überraschend hohe Zinkwerte konnten auch im Kleinhirn nachgewiesen werden, wobei bezeichnenderweise in der überwiegenden Mehrzahl der Fälle die für die Marksubstanz erhaltenen Werte höher als jene für die Kleinrinde waren.

Annähernd mittlere Werte registrierten wir bei einigen Kranken, deren Todesursache verschieden war: In dem einen Falle handelte es sich um Cor pulmonale decomp., in anderen um Myocarditis und wiederum in anderen um Lungentuberkulose. Niedrige Werte beobachteten wir bei den an Folgen der Atherosclerose verstorbenen Kranken, insbesondere bei solchen mit komplizierenden cerebralen Schäden. Es ist interessant, daß in einem der beobachteten Fälle dieser Gruppe (Atherosclerose mit myocardialem Infarkt) der Gehalt an Zink in der weißen Substanz des Kleinhirns den im Hippocampus überstieg. In Fällen des Status cribrosus ebenso wie bei der malatischen Pseudocyste waren die von uns registrierten Werte praktisch gleich Null. Sehr niedrige bis Nullwerte wurden auch beim Hirnödem verschiedener Herkunft (Peritonitis, Urämie) beobachtet.

Auffallend erhöhte Zinkwerte wurden im Zentralnervensystem bei bösartigen Geschwülsten festgestellt. Diese Befunde stimmen mit den früher beschriebenen Angaben über das Vorkommen von Zink in carcinomatösen Geweben [6, 7] überein. In einem Fall von generalisiertem Bronchialkrebs haben wir allgemein erhöhte Werte mit Maximum in den Zentralganglien und im Hippocampus vermerkt. Die mit Gehirnödem und Anämie einhergehenden Fälle wiesen begreiflicherweise niedrigere Werte auf.

SUMMARY

On the Topochemical Distribution of Zinc in Human Cerebral Tissue

Report has been given on the results obtained when carrying out the polarographic determination of zinc in some cerebral regions under various pathological conditions. With regard to the great variety of etiological causes of death, further work will be required in order to elucidate this problem.

Literatur

[1] Valee, B., Physiol. Rev. **39**, 443 (1959).
[2] Smirnov, A., Biochimija **13**, 79 (1948).
[3] Deshusses, J., Vogel, J., Pharm. Acta Helv. **37**, 401 (1962).
[4] Ortmann, R., Dtsch. med. Wschr. **86**, 2063 (1961).
[5] Fleischhauer, K., Horstmann, E., Z. Zellforsch. Mikroskop. Anat. **46**, 598 (1957).
[6] Schotten, W., Pharmaz. 8, 327 (1953).
[7] Sugai, M., Mitt. med. Acad. Kioto **29**, 175 (1940); C. A. **35**, 3701 (1941).

C—10

The Effect of Controlled Potential Electrolysis on Viruses

J. V. Hallum and J. S. Youngner

Department of Microbiology, School of Medicine, University of Pittsburgh

Introduction

The present study was undertaken to examine the effects of oxidation on the properties of viruses, using controlled potential electrolysis. This technique had been used previously to study the surface properties of colloidal carbon blacks (Hallum and Drushel [9]; Drushel and Hallum [3]), which were in the same size range as viruses.

The present report describes the use of controlled potential electrolysis for the inactivation of a number of viruses. The influence of the applied potential on the rate of loss of infectivity of different viruses and the effect of the degree of purity of the virus suspensions on this reaction are demonstrated. In addition, the data obtained indicate a possibility that this technique may be used to detect chemical differences between certain viruses. It was also found by phenol extraction of the ribonucleic acid from electrolyzed and non-electrolyzed poliovirus suspensions that the infectivity of the RNA of the electrolyzed viruses is removed.

Materials and Methods

Virus Strains

Influenza virus. Infected allantoic fluid pools were prepared by inoculating 9- or 10-day-old embryonated eggs and harvesting the fluids after 48 hours. Strains representing the different immunologic types of influenza virus were employed as noted below.

Newcastle disease virus (NDV). Strain B was harvested from the allantoic fluid of 11-day-old embryonated eggs as previously described.

Poliovirus. The Parker strain (type 1) was grown in monkey kidney cultures as previously described (Youngner, [13, 14]).

Vaccinia virus. The Canada strain, obtained from Dr. F. P. Nagler, was propagated in trypsin-dispersed chick embryo cultures by methods similar to those described for monkey kidney cultures.

Adenovirus. Type 3 adenovirus was grown in HeLa cells according to the method of Ginsberg [8].

Virus Assay

Hemagglutination titrations. Twofold serial dilutions of virus were made in phosphate-buffered saline (PBS) (Dulbecco and Vogt [4]). To 0.5 ml of each dilution was added an equal volume of 0.5% washed chicken red blood cells. Hemagglutination patterns were recorded after 1 hour at room temperature (influenza and vaccinia viruses) or after 2 hours at 5° (NDV).

Infectivity titrations of influenza viruses and NDV were performed by inoculating 9- or 10-day-old embryonated eggs with 10 fold serial dilutions of test fluids, using 3 to 6 eggs per dilution and 0.1 ml of inoculum into the allantoic cavity. Allantoic fluid was harvested

48 hours post inoculation and the presence or absence of hemagglutinin noted. The method of REED and MUENCH [11] was used to calculate the number of ID_{50} doses in each sample. In some cases, fluids harvested from eggs inoculated with undiluted samples were passed blindly to confirm the absence of infective virus.

Infectivity titrations of vaccinia and polioviruses were performed in chick embryo and monkey kidney cultures, respectively. Methods employed for estimation of plaque-forming units (PFU) have been described previously (YOUNGNER [15]).

Adenovirus infectivity was determined in HeLa cells by the method of GINSBEG [8]).

Controlled Potential Electrolysis

Apparatus. All oxidations were carried out in a cell consisting of a working platinum electrode (3.5 cm by 3.5 cm), immersed in an anode compartment measuring 3 cm in diameter and 14.5 cm high. This compartment, identical in size to a cathode compartment, can hold a volume of about 100 ml. Usually, however, 40 or 60 ml of virus solution is used. The two electrode compartments are connected by a fine porosity, sintered glass disk, 2.5 cm in diameter and 2 mm thick. In addition, the anode compartment is fitted with a side arm 5 cm long and set at an angle such that its upper opening is above the level of the virus suspension. This side arm is closed with a sleeved rubber stopper that can be removed for withdrawing samples. The top of the compartment is a 40/50 standard taper male joint which fits into a cap. The cap is fitted with three openings properly spaced to permit entry for the anode lead, the agar-salt bridge and the stirrer. The anode lead is simply a piece of platinum wire welded to the electrode. The agar-salt bridge is made from 6-mm glass tubing bent so that the arm entering the reaction compartment is about 6.5 cm long and bent at right angles to a 10.5-cm lateral arm. A second arm, bent at right angles and about 4 cm long, reaches into the reference electrode. The tubing is first bent into a regular U, filled with a solution of 3% agar in 0.1 M phosphate buffer solution, and cut to the proper lengths. The stirrer is made from 6-mm glass rod; it is 23 cm long and has a small propeller at the end.

The cathode chamber is fitted only with an electrode, a piece of platinum foil (1 cm by 2 cm), and a cap similar to that used in the anode chamber but containing one hole for the cathode lead.

Both compartments are fitted with stopcocks for draining. The stopcock in the working compartment is covered with a rubber sleeve to maintain sterility during a run.

Procedure

The procedure used in all cases was to add to 20 ml of the virus suspension, in the anode compartment of the cell, an equal volume of a phosphate buffer solution (pH 6.9—7.0) containing 0.1 mole per liter each of mono- and disodium phosphates. In some cases, the virus suspension was not diluted and a weighed amount of these salts was added to give the desired molarity. An equal volume (20 ml) of this buffer solution was also added to the cathode compartment of the cell and diluted with an equal volume of demineralized water to give solutions of equal electrolyte concentration in both electrode compartments. The entire cell was then immersed in an ice bath and kept at this temperature throughout the run. After turning on the stirrer, the working potential was applied by closing the circuit and adjusting it to the desired level compared to the normal calomel reference electrode. The working potential was kept at this reading, as shown on the vacuum tube voltmeter, by adjusting a variable resistor as the run progressed.

Phosphate buffer at pH 6.9—7.0 was used throughout in order to make sure that no materials were introduced into the cell which were in themselves toxic to the viruses or which could react at the applied potential to produce toxic materials. The same electrolyte was used in the agar-salt bridge that connected the anode chamber to the external reference electrode.

Periodically, it was found necessary to shut off the applied potential in order to clean the working electrode. It was observed that the electrode became ineffective after about 20—30 minutes in the suspension. Whether this resulted from'the formation of an insulating coat or from the inactivation of the platinum is not known. The activity of the electrode was estored by removing it from the cell and cleaning it in hot concentrated nitric acid. The electrode was then rinsed free of acid, dipped in alcohol, flamed, and cooled in sterile water before it was replaced in the cell. If this cleaning procedure was not followed, the oxidation process became inefficient and only a slight drop in infectivity was observed. For convenience, the electrode was cleaned at half-hour intervals.

Results

Influence of Applied Potential on Rate of Inactivation

The Lee strain of influenza virus was partially purified by one cycle of ultracentrifugation and resuspension in PBS. This pool was subjected to controlled potential electrolysis at different applied voltages. The data obtained are given in detail in Table 1. As can be

Table 1. Dependence of Rate of Inactivation of Lee Strain of Influenza Virus on Applied Potential

Applied potential (volts)	Time of treatment (hours)	Virus activity	
		ID_{50}/ml	HAU/ml
1.1–1.2	0	5.9×10^7	1280
	1.5	4.0×10^7	1280
	2.5	1.8×10^8	1280
	3.5	4.0×10^7	1280
	5.5	3.2×10^7	640
	6.5	1.8×10^7	640
1.3–1.4	0	5.9×10^7	5120
	1	3.2×10^7	5120
	3	3.2×10^5	2560
	4	0	2560
1.6–1.65	0	3.2×10^8	1280
	0.5	5.9×10^7	1280
	1	5.9×10^6	1280
	2	1.7×10^5	1280
	3	0	1280

seen from the data, at 1.1—1.2 volts, no significant loss of infectivity was observed during 6.5 hours of treatment. With increasing potential, a loss of infectivity occurred which increased in rate as the applied potential increased. At 1.3—1.4 volts, complete inactivation occurred by 4 hours of treatment, whereas at 1.6—1.65 volts, infectivity had disappeared by 3 hours.

It can be noted in Table 1 that no significant loss of hemagglutinin activity was observed at any of the applied potentials. Subsequent experiments showed that a gradual loss of hemagglutinating activity occurred if the treatment were extended to 8 hours or more, especially at the higher potentials.

A similar potential-dependence study was carried out with partially purified NDV. The data presented in Table 2 show that the rate of inactivation agains is dependent on the applied voltage. Although the rates of inactivation of NDV were comparable to those observed for Lee influenza virus at similar potentials, a much more severe destruction of the hemagglutinating activity was observed.

Table 2. Dependence of Rate of Inactivation of NDV on Applied Potential

Applied potential (volts)	Time of treatment (hours)	Virus activity	
		ID_{50}/ml	HAU/ml
1.2–1.3	0	6.8×10^9	1280
	2	6.8×10^8	640
	4	6.7×10^6	640
	6	3.2×10^6	640
1.35–1.45	0	1.4×10^9	1280
	2	6.8×10^8	1280
	4	6.8×10^2	1280
	4.5	3.2×10^1	320
	5	0	80
	6	0	0
1.5–1.6	0	3.2×10^9	640
	2	1.4×10^7	640
	4	0	0

A potential-dependence study was carried out with infected tissue culture fluid containing poliovirus. These data are summarized in Table 3. Although a similar dependence of rate of inactivation on applied potential was demonstrated, considerably longer times of treatment were required than for NDV or Lee virus.

In order to test whether the degree of purity influences inactivation rate, the following series of experiments were carried out.

Table 3. Dependence of Rate of Inactivation of Poliovirus on Applied Potential

Applied potential (volts)	Time of treatment (hours)	Virus activity (PFU/ml)
1.3–1.4	0	$1{,}7 \times 10^7$
	9	4.6×10^6
	19	3.4×10^6
	27	4.0×10^6
	37	1.4×10^6
	45	4.0×10^5
	48	4.8×10^5
1.5–1.6	0	3.2×10^7
	3	1.7×10^7
	9	2.3×10^7
	19	4.0×10^6
	27	1.1×10^5
	37	7.4×10^2
	45	0
1.7–1.8	0	1.5×10^8
	3	6.0×10^7
	18	2.3×10^5
	27	2.1×10^2
	34	0

Influence of Virus Purity on Inactivation Rate

To determine whether the extremely long periods required for complete inactivation of poliovirus, as described above, were due to the nonviral components present in the system or to an inherent property of this virus, the following experiment was performed.

Poliovirus, grown in monkey kidney cells using mixture 199 without serum as nutrient, was clarified by centrifugation at 2500 rpm for 15 minutes. A 40-ml aliquot of this pool was centrifuged at 40,000 rpm in a No. 40 Spinco rotor for 3 hours and the pellet was resuspended in 40 ml of PBS. This resuspended virus was designated as "purified". When this virus suspension was treated at 1.4—1.5 volts, complete inactivation was achieved in 6.5 hours in contrast to 45 hours at a slightly higher potential (1.5—1.6 volts) for the original virus pool.

Similar experiments were carried out with the Lee strain of influenza virus and NDV, using infected allantoic fluid or virus purified by one cycle of ultracentrifugation and resuspension in PBS. The comparisons of the rates of inactivation of purified and original virus pools are presented in Table 4.

Table 4. Influence of Purity on the Rate of Inactivation of Different Viruses

Virus	Applied potential (volts)	Time required for complete inactivation of purified virus (hours)	Reduction of infectivity	
			Purified virus (logs)	Original pool (logs)
Influenza (Lee)	1.45 – 1.55	3.5	– 6.8	– 1.8
NDV	1.5 – 1.6	4.0	– 9.5	– 1.3
Poliovirus	1.4 – 1.5	6.5	– 6.8	None
Vaccinia	1.65 – 1.75	9.0	– 7.1	None
Adenovirus (type 3)	1.5 – 1.6	4.0	– 4.9	None

Similar behavior was observed in the case of vaccinia and adenovirus type 3. In the case of purified vaccinia virus, 9 hours at 1.65—1.75 volts were required to completely inactivate a suspension containing 1.3×10^7 PFU per milliliter. No significant loss of infectivity was observed in the original virus pool treated in an identical fashion. The same pattern of behavior was found with adenovirus type 3, the purified sample requiring 4 hours at 1.5—1.6 volts for complete inactivation of a suspension containing 8×10^4 ID_{50} per milliliter, but identical treatment of the original pool showed no significant change in infectivity.

The results of the experiments using purified virus are summarized in Table 4. When the time required for complete inactivation of purified virus at a given potential is compared to the amount of inactivation obtained with original virus pools, a striking effect of one cycle of ultracentrifugation and resuspension is demonstrated with all the virus tested.

Effect of Oxidative Electrolysis on Certain Constituents of Allantoic Fluid

In order to determine the effect of oxidation on the protein content of infected allantoic fluid, the following experiment was carried out. Twenty milliliters of allantoic fluid containing the PR8 strain of influenza virus was mixed with an equal volume of phosphate buffer solution (pH 6.9) and treated for 4 hours at 1.5—1.6 volts in the usual manner. Samples were removed from the anode chamber at 0, 20, 40, and 240 minutes and assayed for infectivity, hemagglutinin, and protein content. Protein assays were carried out by the method of Lowry et al. [10]. The data presented in Table 5 indicate that the complete destruction of infectivity achieved after 4 hours of treatment was not accompanied by a significant loss of hemagglutinin. A 25% reduction in protein content could be measured. Protein tests using catholyte solution were negative, indicating that protein was not lost from the anode compartment by diffusion through the sintered glass disk into the cathode compartment. It is possible that some protein was lost by coating of the electrode and removal by washing in hot nitric acid.

The ultraviolet (UV) absorption spectrum of allantoic fluid before and after treatment at 1.4—1.6 volts was also investigated. Control or infected allantoic fluid was treated in the usual manner and aliquots were removed at intervals. A fiftyfold dilution of the material

Table 5. Effect of Treatment at 1.5—1.6 Volts on Infectivity, Hemagglutinin, and Protein Content of Allantoic Fluid Infected with the PR8 Strain of Influenza Virus

Time of treatment (minutes)	Virus activity		Protein (μg/ml)
	ID_{50}/ml	HAU/ml	
0	1.8×10^9	1280	466
20	6.0×10^7	640	470
40	1.4×10^8	640	452
240	0	640	358

from the cell was studied for UV absorption in a Beckman DU spectrophotometer; all readings were made against a water blank. As might be expected, untreated allantoic fluid produced absorption curves typical for uric acid, absorption peaks occurring at about 235 and 290 mμ. Continued oxidation brought about first a diminution and then a disappearance of these peaks, probably as a result of the oxidation of uric acid to allantoin. Absorption studies of solution from the cathode chamber showed the complete absence of UV absorbing materials, which again rules out diffusion of materials from the anode compartment into the catholyte.

It is interesting to note that suspensions of virus purified by one cycle of ultracentrifugation and resuspension in PBS were free of the UV absorbing material described above.

Effect of Oxidation on Properties of Virus, Other than Infectivity

The ability of oxidation by controlled potential electrolysis to destroy infectivity and not hemagglutinin led to an investigation of other properties of influenza viruses associated with the particle surface.

Interaction with lipid. Allantoic fluid infected with influenza virus (PR8) was treated at 1.5—1.6 volts for 4 hours. This resulted in complete inactivation of 1.2×10^9 ID_{50}/ml present in the untreated sample. Hemagglutinin titer fell from 1280 hemagglutinin units per milliliter (HAU/ml) in the untreated sample to 640 HAU/ml in the sample treated for 4 hours. Then 10-ml aliquots of the untreated and treated samples were passed through a 2-g column of cholesterol prepared according to methods described previously (Youngner and Noll [16]). Hemagglutinin assays were carried out with the influents and with the effluents and washings. By difference, it was calculated that 95% of the HA present in the untreated sample and 88% of the HA in the oxidized sample adsorbed to cholesterol. These results indicate that oxidation did not alter the ability of influenza virus to adsorb to neutral lipid.

Adsorption and elution from red blood cells. The untreated and oxidized virus samples described in the previous section were also tested for their ability to adsorb to and elute from chicken red blood cells. No significant differences were found. Complete adsorption of the hemagglutinin in 10 ml of sample to 1 ml of packed cells was obtained at 4°, and 50% elution occurred within 60 minutes at 37°. This experiment provides evidence that oxidation for 4 hours at 1.5—1.6 volts does not destroy the enzymatic activity of influenza virus.

Antigenicity. The effect of oxidative electrolysis on the antigenicity of influenza virus was investigated using the PR301 strain. Of a twenty-fold concentrate of this virus, 60 ml was adjusted to the standard electrolyte concentration by the addition of solid buffer salts and oxidized at 1.4—1.5 volts in the usual manner. Aliquots removed at intervals showed that the titer declined from 5×10^8 ID_{50} per milliliter to 6.3×10^6, 3.2×10^3, and 2×10^2 ID_{50} per milliliter at 20, 30, and 40 minutes of treatment, respectively. The 60-, 80-, and 100-minute aliquots showed no residual infectivity, even after two blind passages in chick embryos. The hemagglutinin content of the material (5120 HAU/ml) remained unchanged after 100 minutes of treatment.

The antigenicity of the virus suspension treated for 100 minutes was compared to the original untreated concentrate and to a formalin-inactivated monovalent PR301 pool (obtained through the courtesy of Dr. G. van Halsema, Chas. Pfizer and Company) adjusted to the same HA content. Serial fivefold dilutions of each vaccine were made in PBS, and groups of five guinea pigs (300—400 g) were injected subcutaneously with 1 ml of each vaccine dilution. Animals were bled 2 weeks after vaccination and the hemagglutination-inhibiting (HI) antibody titers were determined by standard techniques using 4 HAU per tube (Committee on Standard Serological Procedures in Influenza Studies [2]). The geometric mean titers for each group of animals are given Table 6. It can be seen that no significant

Table 6. Antibody Titers of Guinea Pigs After a Single Dose[a] of Either Untreated Influenza Virus (PR 301) or Virus Inactivated by Electrolytic Oxidation or Formalin

Vaccine	Mean HI titers at vaccine dilution:				
	Undiluted	1:5	1:25	1:125	1:625
Untreated	508[b]	268	160	66	50
Inactivated by electrolytic oxidation	762	80	190	34	<10
Inactivated by formalin	190	226	68	68	40

[a] One milliliter, five guinea pigs per vaccine dilution.
[b] Recriprocal of mean hemagglutination-inhibition (HI) titer of serum.

loss of antigenicity resulted from electrolytic oxidation of influenza virus. Experiments carried out with the Lee Strain of influenza virus gave similar results.

In the case of poliovirus, the material requiring 45 hours at 1.5—1.6 volts for inactivation of infectivity showed a marked loss of antigenicity when compared to untreated virus. Antigenicity was determined in guinea pigs by the method of Gard [6, 7].

Control Experiments to Validate the Procedure

In order to prove that the inactivation was due to the oxidation of virus particles at the working electrode and that no chemical agents were produced in the cell which could in themselves inactivate the viruses, the following experiments were done.

It was determined that no peroxides were formed in the anode chamber. This was done by placing 50 ml of the usual phosphate buffer solution in the anode chamber and applying a potential of 1.45—1.55 volts for 1 hour. Aliquots were taken at 0, 10, 20, 40, and 60 minutes and tested for the presence of peroxide by the starch-iodide method. No evidence of peroxide formation was obtained.

The experiment was repeated using either normal allantoic fluid or allantoic fluid infected with influenza virus; again, no peroxide formation could be demonstrated. As control, the presence of as little as 0.001% hydrogen peroxide gave a strong positive test with starch-iodide reagent.

It was also shown that the inactivation of virus suspensions was not the result of pH changes, since no alteration of pH was found in any of the virus suspensions that were inactivated, or in the buffer solution treated alone at the inactivating potential.

Further proof that no materials toxic to the viruses were formed in the cell during the electrolytic process was obtained by adding untreated virus suspensions to fluids that had been treated at potentials known to produce loss of infectivity. One volume of infective virus was added to 9 volumes of treated solution from the anode chamber and allowed to stand for 6 hours at 4°. Infectivity assays were then performed with these mixtures and with infective virus diluted with untreated solution and incubated in the same manner. Treated materials mixed with infective virus included (1) phosphate buffer solution from the anode chamber treated for 6 hours at 1.5 volts, (2) phosphate buffer solution from the cathode chamber treated for 6 hours at 1.5 volts, (3) normal allantoic fluid run for 4 hours at 1.4—1.5 volts in the anode chamber. No loss of infectivity was observed in any of the samples tested.

In addition, influenza and poliovirus were treated at inactivating potentials for a period of time which produced a complete loss of infectivity and an additional sample of untreated virus was added to give a tenfold dilution of the live virus in the inactivated suspension. The mixtures of live and inactivated virus materials were kept for 6 hours at 4° and then assayed for infectivity along with suitable controls. The results obtained indicated that the presence of inactivated, noninfective materials had no effect on the infectivity of added live virus. These results show that no stable materials capable of inactivating viruses were formed during the eletrolytic process.

Importance of Electrode Contact to Inactivation of Virus

Electrode contact was shown to be essential to the loss of infectivity by the use of a special three-compartment cell. The center compartment was separated from the outer compartments, which contained the electrodes, by fine porosity, sintered glass disks. Influenza virus (PR8) in infected allantoic fluid was diluted with an equal volume of 0.1 M phosphate buffer solution (pH 7.0), and 40 ml of this mixture was placed in the center compartment. Phosphate buffer solution alone was placed in both the anode and cathode compartments and the electrodes attached as usual. A potential of 1.6—1.7 volts was applied and the solution in the center compartment was sampled at intervals up to 4 hours and assayed for infectivity and hemagglutination. The results of this experiment showed that no loss of infectivity or hemagglutinin was found when the virus was not in contact with the working electrode in the anode chamber. In contrast, the same applied potential employed in a two-compartment cell, with virus contact with the electrode, produced complete destruction of infectivity in 4 hours without significant loss of hemagglutinin.

Effect of Reduction on Virus Activity

The low hydrogen overvoltage of the platinum electrode made it necessary to use a lead electrode when the polarity of the cell was reversed. With the lead electrode, a potential of —1.4 volts could be achieved in the solutions studied. Experiments carried out with influenza virus (PR8) in allantoic fluid and with poliovirus showed that reduction had no effect on infectivity. In addition, attempts were made to recover infectivity by reducing influenza virus suspensions which had been completely or partially inactivated by oxidative electrolysis. No reversal of inactivation was observed. Reversal of the polarity of the cell and reduction for 3 hours at —1.4 volts produced no change in infectivity.

It was concluded that although oxidative inactivation might be reversible in the sense that an unstable intermediate oxidation product perhaps could be reduced to its infective state, the over-all reaction is irreversible.

Relation of Infectivity to Resting Potential of Cell

During the course of virus inactivations, it was noted that as the oxidation proceeded, with an accompanying loss of infectivity, there was a gradual increase in what was termed the "resting potential" of the system. By resting potential is meant the reading on the vacuum tube voltmeter when no working potential is applied. As a general procedure, this value was recorded after the cleaned platinum electrode was replaced in the anode compartment and the stirrer activated, but before the working potential was applied.

Since the essence of this process is that viruses in their infective or reduced state are being converted to viruses in their noninfective or oxidized state,

$$\text{Viruses}_{(\text{reduced, infective})} \rightleftarrows \text{Viruses}_{(\text{oxidized, noninfective})} \tag{1}$$

one may assume that the infectivity of a sample taken during the run is a measure of the concentration of the reduced form. It follows then that the drop in infectivity is a measure of the oxidized form.

Since a change in an electromotive force (emf) is being observed with changes in concentrations of oxidized and reduced materials, the following equation can be employed:

$$E = E^0 - \frac{RT}{nF} \ln \frac{(\mathrm{Ox})}{(\mathrm{Red})}, \tag{2}$$

where E = emf of a complete cell; E^0 = standard oxidation potential; R = gas constant; T = temperature; F = the Faraday; 2.303 RT/F — 0.054 for the temperature used; n = number of electrons transferred for each functional group reacting at the electrode; (Ox) = concentration of the oxidized form of the virus; (*Red*) = concentration of the reduced form of the virus.

In order to apply this equation, two assumptions are necessary. First, it must be assumed that the reaction is reversible, if only in some unknown rate-controlling step, and that the measurements are made unter conditions of equilibrium. Second, the activity coefficients of the oxidized and reduced forms must be assumed to be essentially equal to unity.

At the beginning of the reaction (time = 0), the infectivity is the initial infectivity of the sample (I^0). The infectivity at any subsequent time (time = t) is that which is measured (I). By definition, it was stated above that the infectivity at any time is a measure of the concentration of the reduced form:

$$(Red) = I\,. \tag{3}$$

Likewise, it was concluded that the drop in infectivity is a measure of the concentration of the oxidized form:

$$(\mathrm{Ox}) = I^0 \quad I\,. \tag{4}$$

Utilizing the second assumption made above, one can then substitute Eqs. (3) and (4) into Eq. (2):

$$E = E^0 \quad \frac{RT}{nF} \ln \frac{(I^0 - I)}{I}\,. \tag{5}$$

It is apparent that after a drop of one or two logs of infectivity, I becomes negligible with respect to I^0. Therefore, Eq. (5) becomes:

$$E = E^0 - \frac{RT}{nF} \ln \frac{I^0}{I} \tag{6}$$

or

$$E = E^0 + \frac{RT}{nF} \ln \frac{I}{I^0}\,. \tag{7}$$

Therefore, if log I/I^0 is plotted *versus* E, the resting potential, a straight line of slope equal to 2.303 RT/nF and an intercept equal to E^0 should be obtained. From this slope, n, the number of electrons transferred per functional group can be calculated. By extrapolation of the straight line portion of the curve, E^0, the standard oxidation potential can be obtained versus the normal calomel electrode (N. C. E.).

This straight line relationship should hold only in that range where I is negligible compared to I^0, since where I is large or approximately equal to I^0, $-\ln (I^0 - I)/I$ should be equal to $-$ infinity. Obviously, E cannot reach this theoretical value since other oxidation-reduction systems would prevent it. This relationship between resting potential and infectivity was recorded for only three viruses. In the case of poliovirus a value of 1.07 was calculated for n, and an intercept value of -0.24 volts vs N. C. E. for E^0. For NDV values of 2.10 for n and, 0.26 volts vs N. C. E. for E^0 were obtained. In the case of the Lee strain of influenza virus, the change in resting potential was too small in relation to the large drop in infectivity to permit an accurate calculation. However, a value for n of approximately 6 electrons and a value of -0.27 for E^0 were obtained. All these data are summarized in Tables 7, 8, and 9.

Table 7. Relationship Between "Resting Potential" and Infectivity for Poliovirus

Time of treatment (hours)	Applied potential (volts)	Resting potential (volts)	Infectivity (PFU/ml)	Log I/I^0
0	1.4–1.5	−0.26	6.0×10^6	—
5		−0.30	1.4×10^6	−0.63
6		−0.50	1.3×10^2	−4.66
0	1.3–1.4	−0.24	1.66×10^7	—
9		−0.23	4.6×10^6	−0.56
19		−0.25	3.4×10^6	−0.69
27		−0.28	4.0×10^6	−0.62
37		−0.30	1.4×10^6	−1.08
45		−0.32	4.0×10^5	−1.62
0	1.5–1.6	−0.22	3.2×10^7	—
9		−0.24	2.3×10^7	−0.14
19		−0.29	4.0×10^6	−0.90
27		−0.39	1.1×10^5	−2.46
37		−0.48	7.4×10^2	−4.64

Table 8. Relationship Between "Resting Potential" and Infectivity for NDV

Time of treatment (hours)	Applied potential (volts)	Resting potential (volts)	Infectivity (ID_{50}/ml)	log I/I^0
0	1.2–1.3	−0.28	6.76×10^9	—
2		−0.29	$6{,}76 \times 10^8$	−1.00
4		−0.33	6.76×10^7	−2.00
6		−0.34	3.16×10^6	−3.33
0	1.35–1.45	−0.28	1.43×10^9	—
4		−0.40	6.73×10^3	−5.33

These values for n, of approximately one electron for polio and two for NDV, point out a definite chemical difference between these two viruses. Even though the standard oxidation potentials are similar, the fact that one virus is inactivated by oxidation of groups requiring one electron per group whereas the other requires two electrons per group shows that the functionalities involved in the oxidation are chemically different.

As shown in Tables 7 and 8, the points used for plotting the resting potential vs log I/I^0 were taken from runs made at different potentials; thus, the slope of this curve is independent

Table 9. Relationship Between "Resting Potential" and Infectivity for Influenza Virus (Lee)

Time of treatment (hours)	Applied potential (volts)	Resting potential (volts)	Infectivity (ID_{50}/ml)
0	1.6–1.65	−0.24	3.17×10^8
1	1.6–1.65	−0.28	5.98×10^6
2	1.6–1.65	−0.30	1.74×10^4
3	1.6–1.65	−0.33	3.16

of the working potential applied. Also, as shown in the case of poliovirus, this slope is independent of the degree of purity of the sample since, for this plot, points were taken from both purified and original pools.

It is possible, therefore, to calculate the approximate infectivity of a sample by an immediate measurement, once the slope and intercept have been established, simply be reading the natural cell and referring it to the plot for that particular virus. For example, one can back-calculate the points used in constructing the curves for both poliovirus and NDV. Table 10 gives the results of such calculations. As can be seen in this table, the calculated infectivities agree with those obtained by titration within a half-log unit.

Table 10. Comparison of Infectivities by Titration and by Calculation from Resting Potential

Virus	Resting potential (volts)	Infectivity by titration*	Infectivity by calculation*
Poliovirus	−0.30	1.4×10^6	0.48×10^6
	−0.50	1.3×10^2	0.95×10^2
	−0.28	4.0×10^6	3.55×10^6
	−0.30	1.4×10^6	1.3×10^6
	−0.32	4.0×10^5	5.9×10^5
	−0.29	4.0×10^6	2.57×10^6
	−0.39	1.1×10^5	0.6×10^5
	−0.48	7.4×10^2	10×10^2
NDV	−0.29	6.76×10^8	6.76×10^8
	−0.33	6.76×10^7	2.40×10^7
	−0.34	3.16×10^6	9.55×10^6
	−0.40	6.73×10^3	9.10×10^3

* For poliovirus, titers are expressed as PFU/ml. For NDV, titers expressed as ID_{50}/ml.

Discussion

The use of oxidative controlled potential electrolysis for the inactivation of viruses provides a novel and useful tool for the further understanding of the mechanism of infectivity. The extent of the usefulness of such electrolytic treatment of viruses, however, is far from covered in this paper. Several possibilities are suggested by the nature of the method. For example, it would be of interest to attach a coulometer to the apparatus in such a way that the flow of electrical current due to the oxidative inactivation of the viruses could be measured. Since the number of electrons required per functional group oxidized can be determined, as described in a preceding section, and the number of coulombs of electricity consumed in going from an infective to a non-infective state could be measured, it could be possible to calculate the number of reactive functional groups per virus particle.

In addition, it would be of interest to carry out coulometric studies with viruses inactivated by treatment with various chemical agents in order to determine if the treated particles are still capable of undergoing electrolytic oxidation. If, for example, virus inactivated by formalin, hydroxylamine, or nitrous acid did not undergo any further reaction at the electrode at a potential which was known to inactivate the untreated virus, it could be concluded that the same functional groups were reacting in both instances. Thus, from the knowledge of the standard oxidation potential, the number of electrons transferred and the types of chemical reactions possible with formalin (CARTWRIGHT, et al. [1]), hydroxylamine (FRANKLIN and WECKER, [5]), or nitrous acid (SCHUSTER and SCHRAMM, [12]), the functional groups reacting on the virus might be deduced.

The data which have been obtained indicate that electrolytic oxidation has little, if any, influence on the surface properties of viruses. For example, influenza virus inactivated by this method retains hemagglutination, enzymatic, and antigenic activity. These observations make it likely that loss of infectivity is associated with alterations of the nucleic acid core of the virus particle. Indeed it has been determined that when the ribonucleic acid of an electrolyzed sample of poliovirus is extracted using the phenol method, no infectivity is observed. In contrast infectivity is observed in the ribonucleic acid extracted by the same method from a non-electrolyzed sample of the same virus pool.

It is difficult to explain the influence of impurities on the rate of loss of infectivity during electrolytic oxidation. When a nonpurified virus suspension is employed it is possible that the electrode may become coated with a layer of insulating material which inhibits the transfer of electrons. The finding that in the oxidative treatment of allantoic fluid infected with the PR8 strain of influenza virus, a loss of about 25% of the protein was observed makes this seem a likely possibility. On the other hand there are two objections to the coating hypothesis. First, if coating were responsible for insulating the electrode and causing the observed drop in current, it would be expected that a fraction of the viruses would be lost owing to participation in forming the coat. This is not the case, since the hemagglutinin activity usually does not change significantly throughout the reaction. Secondly, the current read on the milliammeter seems to drop as fast with a "purified" suspension as with the original pool.

Another possibility to explain the difference in the rate of loss of infectivity in a nonpurified sample compared to a purified one is that there is competition for the electrode surface between the nonviral components and the viruses themselves. This is indicated from the ultraviolet absorption data which pointed out that the urates in the system are being oxidized, probably to allantoin. However, if competition for the electrode surface were responsible for the difference in inactivation rate, the area of this electrode should be the rate-controlling factor. Decreasing this area by one-half had no effect on the apparent rate of the reaction.

Another possibility is that in the nonpurified suspensions, part of the virus surface is protected by adsorbed nonviral components. Purification then, by ultracentrifugation, would separate the viruses plus their adsorbed materials which would desorb upon resuspension according to the equilibrium constant for the reaction:

$$\text{virus} + \text{impurity} \rightleftharpoons \text{virus-impurity complex.}$$

Since in the resuspended virus-impurity complex solution there would be less of the original impurity to force the reaction to the right as described above, it would be expected that desorption would occur, leaving a higher concentration of the free virus.

Several experiments are possible to help determine the cause of this rate difference. It would be of interest to add known materials to a suspension of a purified virus, and determine their effect on the rate of loss of infectivity. For example, the addition of known proteins, amino acids, or urates could easily be studied.

It is interesting to speculate whether or not this process can be utilized as a practical method for preparing vaccines. This can be determined only by additional experimentation.

Zusammenfassung

Eine Methode zur Inaktivierung von Viren durch Oxydation bei kontrollierten Potentialen wird beschrieben. Ist das angewandte Potential richtig eingestellt, so wird es möglich, die Infektivität der Viren zu zerstören, ohne andere Eigenschaften zu ändern. Es zeigt sich, daß die Rate des Infektivitätsverlustes vom angewandten Potential und von der Reinheit des Viruspräparates abhängig ist. Kontrollexperimente weisen darauf hin, daß der Infektivitätsverlust der Oxydation des Virus an der Oberfläche der arbeitenden Elektrode zuzuschreiben ist. Der Kontakt des Virus mit der Elektrode ist nötig, damit die Inaktivierung stattfinden kann.

Weiter wird eine Methode beschrieben, die das „resting potential" der Elektrolysenzelle mit der Anzahl der je funktionelle Gruppe des Viruspartikels übertragenen Elektronen in Beziehung bringt.

SUMMARY

A method is described for the inactivation of viruses by oxidation at controlled potentials. If the applied potential is adjested properly, it is possible to destroy the infectivity of the viruses without changing other properties. The rate of loss of infectivity is shown to be dependent upon the applied potential and the purity of the virus preparation used. Control experiments are described which indicate that the loss of infectivity is due to oxidation of the viruses at the surface of the working electrode. Contact of the viruses with this electrode is necessary for the inactivation to occur.

A method is also described which relates the "resting potential" of the electrolytic cell to the number of electrons transferred per functional group on the virus particle.

References

[1] Cartwright, T. E., Ritchie, A. E., Lauffer, M. A., Virology **2**, 689 (1956).
[2] Committee on Standard Serological Procedures in Influenza Studies, J. Immunol. **65**, 347 (1950).
[3] Drushel, H. V., Hallum, J. V., J. Phys. Chem. **62**, 1502 (1958).
[4] Dulbecco, R., Vogt, M., J. Exptl. Med. **99**, 167 (1954).
[5] Franklin, R. M., Wecker, E., Nature **184**, 343 (1959).
[6] Gard, S., Arch. ges. Virusforsch. **8**, 411 (1958).
[7] Gard, S., Maaløe, O., In: The Viruses (F. M. Burnet and W. M. Stanley, eds.), Vol. 1, pp. 359, Academic Press, New York (1959).
[8] Ginsberg, H. S., J. Exptl. Med. **107**, 133 (1958).
[9] Hallum, J. V., Drushel, H. V., J. Phys. Chem. **62**, 110 (1958).
[10] Lowry, O. H., Rosebrough, N. J., Farr, A. L., Randall, R. J., J. Biol. Chem. **193**, 265 (1951).
[11] Reed, L. J., Muench, H. A., Am. J. Hyg. **27**, 493 (1938).
[12] Schuster, H., Schramm, G., Z. Naturforsch. **13b**, 697 (1958).
[13] Youngner, J. S., Proc. Soc. Exptl. Biol. Med. **85**, 202 (1954).
[14] —, J. Immunol. **73**, 392 (1954).
[15] —, J. Immunol. **76**, 288 (1956).
[16] Youngner, J. S., Noll, H., Virology **6**, 157 (1958).

Diskussionsbeiträge zur Sektion C:

Polarographische Registrierung von Stoffwechselvorgängen

C–1 **M. McCabe (London)**

Le Petit (Dresden): 1. Did you find, that the red cells interfere with the bare Gold-electrode? 2. What concentration have the heart muscle suspension or washed blood cells in the polarographic vessel?

M. McCabe: 1. No, red cells were chosen for the experiment rather than haemoglobin solution since they are too large to intrude into the diffusion layer around the cathode. This diffusion layer is small because of the rapid rotation of the cathode. Also the accompanying proteins do not poisen the electrode since the calibration is invariably the same before and after the experiment.

2. The heart muscle suspension is injected into the cell before the blood and enough is added to remove the oxygen from the air-saturated solution of the cell in 3 to 4 minutes.
Normally 1 ml of whole blood or about 0,5 ml of washed red blood cells are added to the polarographic cell.

C–3 **J. Hospodka (Prag)**

H. Thielemann (Leipzig): Haben Sie eine Beeinflussung durch CO_2, welches ebenfalls durch die Membran diffundiert, festgestellt?

J. Hospodka: Ja. Wenn die Elektroden in anaerobe, nicht belüftete Suspension der Hefen eingetaucht werden, diffundiert auch CO_2 durch die Membran, neutralisiert den Elektrolyten, der in unserem Falle KOH ist, und reagiert mit der Ag_2O Bezugs-Anode. Die Elektroden arbeiten dann nicht gut. Dieser Vorgang dauert aber mehrere Stunden, weil die Menge der Kohlensäure sehr gering ist im Verhältnis zur Menge des Elektrolyts. Wenn aber die Flüssigkeit belüftet ist, ist die Konzentration von CO_2 sehr niedrig, und dieser Vorgang verläuft nur sehr langsam und hat auf die Dauerhaftigkeit der Elektroden keinen merkbaren Einfluß.

G. Le Petit (Dresden): 1. Wie lange bleibt eine von Ihnen beschriebene Meßzelle meßfähig? 2. Verwenden Sie eine Zwischenschicht zwischen Membran und Platinkathode?

J. Hospodka: 1. Mit einer Membran messen wir eine bis zwei Wochen. Man muß jede 24 Stunden eine Standardisierung durchführen mit einer Lösung von bekanntem Sauerstoffgehalt. Die Lebensdauer der ganzen Kombination der Elektroden beträgt etwa ein Jahr. Sie hängt ab von der Qualität der Isoliermasse zwischen Kathode und Anode. Nach längerer Zeit entstehen hier Kapillarrisse zwischen Metall und Isolant, welche dann einen Kurzschluß verursachen.
2. Wir verwenden keine Zwischenschicht zwischen Membran und Kathode.

G. Horn (Jena): Welchen Einfluß hat der Kunststoffüberzug auf den katalytischen Endanstieg?

J. Hospodka: Die Kunststoffmembran verursacht eine Verminderung des Elektrodenstromes, weil sie einen Widerstand für die Diffusion des Sauerstoffes bildet. Diese Verminderung ist von der Dicke der Membran abhängig.

C–4 **G. Le Petit (Dresden)**

H. Berg (Jena): Wie groß ist die Ansprechgeschwindigkeit Ihrer Elektrode mit Zwischenschicht?

G. Le Petit: Die Meßkette reagiert nach 11 Sekunden auf Änderungen des PO_2, in 150 Sekunden wird eine 95%ige Einstellung erreicht, die Zwischenschicht aus Filterpapier hat eine Stärke von 100 μ. Ohne Zwischenlage tritt nach 3 Sekunden die Einstellung ein, die in 20 Sekunden 95% erreicht.

C—5 **H.-E. Jacob und G. Horn (Jena)**

B. Jambor (Budapest): 1. Ich finde die Einrichtung sehr nützlich für biologische Probleme, aber auch für die Betriebskontrolle in der biologischen Industrie.

2. Warum sieht man beim Vergleich der Bakterienzahl durch photometrische Trübungsmessung bzw. Registrierung in der Kurve der erstgenannten Messung die lag-Phase nicht?

H.-E. Jacob: 1. In der technischen Mikrobiologie werden sich für die Betriebskontrolle die Messungen verschiedener physikochemischer Größen durchsetzen.

2. In der lag-Phase fallen beide Kurven zusammen.

F. Péter (Budapest): Inwieweit waren die Redoxpotentialwerte reproduzierbar?

H.-E. Jacob: Unter gleichen Versuchsbedingungen ist eine sehr gute Reproduzierbarkeit gewährleistet. Es empfiehlt sich, die Elektroden nach bekannten Vorschriften zu reinigen.

F. Péter (Budapest): Warum haben Sie nicht die Quecksilbertropfelektrode benutzt?

G. Horn: Diese Elektrode eignet sich aus verschiedenen Gründen nicht für langzeitige Registrierungen in biologischem Material (siehe Zusammenfassung C, Seite 362).

C—9 **M. Maturová (Olomouc)**

W. Leyko (Lodz): 1. Kann man diese polarographische Methode zur Zinkbestimmung in Erythrozyten anwenden?

2. Zinkgehaltsbestimmung nach dieser Methode in Erythrozyten und im Magensaft und Carbon-Anhydrase-Aktivität?

M. Maturová: 1. Die polarographische Zinkbestimmung in den Erythrozyten ist bereits in der Literatur beschrieben worden (Smirnov, A. A., Biochimija **18**, 79 (1948); Daum, S., Čas. lék. čes. **93**, 171 (1954).

2. Wir untersuchten nur das Gehirn, in der Literatur ist jedoch bereits die Zinkbestimmung sowohl in den Erythrozyten als auch in der Carboanhydrase in anderem Zusammenhang beschrieben worden. Näheres im zusammenfassenden Referat von B. L. Vallee, Physiol. Rev. **39**, 443 (1959)

E. Franzen (Halle): Bei gewerblichen Vergiftungen (Zinkdampffieber) erhöht sich der Zn-Gehalt des Serums. Besteht eine Korrelation zwischen Zn-Gehalt im Serum und in den von Ihnen untersuchten cerebralen Organen?

M. Maturová: Die Korrelation mit dem Zinkgehalt im Serum wurde von uns bisher nicht durchgeführt.

C—10 **J. Hallum (Pittsburgh)**

G. Ruttkay-Nedecky (Bratislava): I like your experiment very much, but I think you need to exclude the possibility of secondary effects at the electrode. There remains the possibility of the inactivation of viruses by some unstable intermediary products of the electrode reaction in the vicinity of the electrode surface. This possibility is not excluded by your controls. One must be carefull also in the interpretation of inactivation curves of viruses, because in every case, when this inactivation is a one-hit process an exponential (or logarithmic) relation occurs regardless by what agent the inactivation is caused.

J. Hallum: It is true that by the control methods used one cannot distinguish between reactions at the electrode surface and reactions caused by materials formed at the electrode and which have a short half-life. However, one would expect the same unstable material to be formed in all cases since the same phosphate buffer solution is used. It would then be difficult to explain the difference in slopes observed in units of $\log \frac{I}{I_0}$ vs E.

Zusammenfassung C

Die Möglichkeiten der Polarographie bei Stoffwechselvorgängen

Stoffwechselreaktionen, insbesondere in Zusammenhang mit dem Sauerstoffbedarf (C—5), sind bisher erfolgreich in mikrobiellen Kulturlösungen (C—3), Körperflüssigkeiten (C—1, C—8) und an Geweben (C—2) gemessen worden. Dabei wird die Quecksilbertropfelektrode, wenn keine Nebenwirkung des Quecksilbers (C—6) festgestellt wurde, im Labormaßstab am häufigsten verwendet.

Zu Registrierungen über längereZeiträume (C—4) dienen hingegen bewegte Festelektroden (z. B. rotierende oder vibrierende Goldelektroden, ohne und mit Kunststoffmembranen), die auch in turbulentem Medium noch richtig anzeigen.

Herr HORN charakterisiert die Hg-Tropfelektrode wie folgt:

„Die Hg-Tropfelektrode eignet sich aus mehreren Gründen nicht für langzeitige Registrierungen in biologischem Material:

1. Toxischer Einfluß auf das biologische Material;
2. Notwendigkeit der Dämpfung der Tropfenoszillationen bei Verwendung eines Punktschreibers;
3. Fremdinfektionsproblem beim Austritt des Quecksilbers aus der Zelle;
4. Netzmittel bewirken, daß Quecksilber in Kügelchen, vermischt mit Kulturflüssigkeit, aus der Zelle tritt;
5. Rührung, welche die Sedimentation der Zellen verhindern soll, führt zu einer Art Emulgierung des Quecksilbers;
6. Schwierigkeiten bei der Hitzesterilisation der Elektrode."

Speziell für kombinierte Messungen (Trübung, „Redoxpotential", pH-Wert, Dehydrogenaseaktivität) (C—5, C—6) ergeben sich in der Konstruktion der Vielfachmeßzelle, ihrer und der Elektroden Sterilisierung und für die Nachdiffusion von Luftsauerstoff eine Reihe zusätzlicher Probleme. Man darf jetzt schon feststellen, daß die über eine größere Zellpopulation gemittelten Meßergebnisse eine wertvolle Informationsquelle für die Physiologie und Biologie darstellen und daß sich die Polarographie neben optischen und manometrischen Methoden behauptet hat. Ebenso sind interessante Aufschlüsse bei Synchronkulturen zu erwarten. Die Elektrolyse infektiösen Materials (C—10) eröffnet nun neue Aspekte in der elektrochemischen Steuerung physiologischer Zustände. Noch ungeklärt hingegen ist die Frage, ob mit kleinsten Elektroden eine Bestimmung in der Einzelzelle zu verwertbaren Ergebnissen führt.

H. Berg

D—1

Die Korrelation der polarographischen Halbstufenpotentiale mit Energieniveaus von Grenzelektronenbahnen

C. PÁRKÁNYI und R. ZAHRADNÍK

Institut für physikalische Chemie, Tschechoslowakische Akademie der Wissenschaften, Prag

Im Rahmen eines ausführlichen Studiums der Eigenschaften aromatischer Verbindungen, die durch Grenzelektronenbahnen bestimmt sind, haben wir uns mit der Korrelation von polarographischen Halbstufenpotentialen mit dem Energieniveau entsprechender molekularer π-Elektronenbahnen beschäftigt. Zum erstenmal haben auf den Zusammenhang zwischen den niedrigsten leeren Elektronenbahnen und Halbstufenpotentialen benzoider Kohlenwasserstoffe MACCOLL [1] und LYONS [2] hingewiesen. Bei Reduktionsstufen lassen sich die Halbstufenpotentiale mit der Energie der niedrigsten leeren Elektronenbahnen korrelieren (vgl. [3]). Auf ähnliche Weise sind bei Oxydationsstufen die Halbstufenpotentiale mit der Energie der höchsten besetzten Elektronenbahnen verknüpfbar. Eine Bearbeitung der polarographischen Reduktionshalbstufenpotentiale für aromatische alternierende Kohlenwasserstoffe, die von BERGMAN [4] gemessen wurden, ergab eine lineare Abhängigkeit [3] (Abb. 1). Ganz analog erhalten wir fast die gleiche lineare Abhängigkeit auch für Fluoranthene [4] (Abb. 2). Auf Grund unserer experimentellen Untersuchungen der Monoazaheterozyklen vom Pyridin-Typus [5] haben wir eine lineare Abhängigkeit gefunden, deren Richtungskoeffizient dem Richtungskoeffizienten der Geraden für aromatische Kohlenwasserstoffe nahekommt (Abb. 3). Im Gegensatz zum Obengesagten haben wir durch Auftragen der Literaturwerte für Monoazaheterozyklen [6, 7] als Funktion der Energie der entsprechenden niedrigsten leeren Elektronenbahn eine Gerade erhalten mit einem Richtungskoeffizienten, der bedeutend von allen anderen gemessenen Richtungskoeffizienten abweicht (Abb. 4). Diese Tatsache können wir mit großer Wahrscheinlichkeit der Verwendung einer anderen Grundelektrolytlösung zuschreiben, in der die Reduktion nach einem anderen Mechanismus vor sich gehen kann. Für α,ω-Diphenylpolyene wurde eine S-förmige Kurve gewonnen, die sich von einer Geraden nicht sehr unterscheidet (Abb. 5). Eine analoge, ausgesprochene S-förmige Kurve wurde bei der Korrelation der Energie der Grenzelektronenbahnen mit einigen anderen experimentellen Werten (Ultraviolettspektren [8]) gewonnen. Durch Auftragen der Daten von LUND [9] für Oxydationsstufen von aromatischen Kohlenwasserstoffen gegen die Energie der entsprechenden höchsten besetzten Elektronenbahn wurde auch eine Gerade gewonnen (Abb. 6) (vgl. [3, 10]). Wir erwarten, daß ganz analoge lineare Abhängigkeiten für Reduktionshalbstufenpotentiale der Polyene und für Oxydationshalbstufenpotentiale der aromatischen Amine, Bromderivate und Phenole gewonnen werden [11].

Alle bisher gewonnenen Beziehungen sind aus Abb. 7 ersichtlich. Für diese Abhängigkeiten haben wir die Regressionsgeraden und Korrelationskoeffizienten r (vgl. Abb. 1, 3, 4, 6) berechnet.

Außer polarographischen Halbstufenpotentialen kann man ganz analog eine Korrelation z. B. zwischen längstwelligen Banden in Ultraviolettspektren dieser Verbindungen und der Energie eines $N \rightarrow V_1$ Überganges [8] oder zwischen dem „charge-transfer band“ im Spektrum eines Komplexes einer aromatischen Verbindung mit einem entsprechenden Akzeptor und

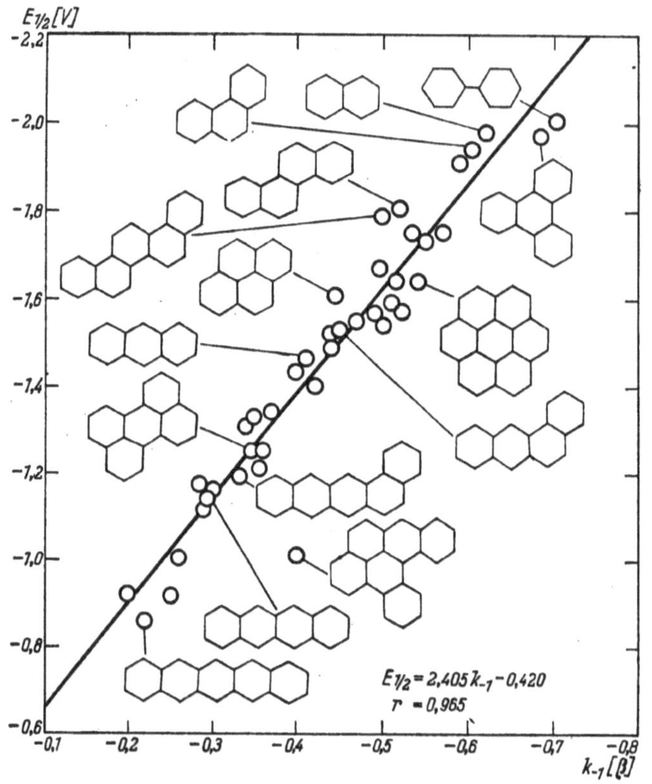

Abb. 1. Die Halbstufenpotentiale der Reduktion von aromatischen alternierenden Kohlenwasserstoffen (nach Bergman [4]) aufgetragen über der Energie der niedrigsten leeren Elektronenbahnen. Elektrolyt: 0,1 – 0,2 M-$(C_4H_9)_4NJ$ (oder $(C_4H_9)_4NBr$) in 2-Methoxyäthanol. Die $E_{1/2}$-Werte werden in bezug auf die unpolarisierbare Bodenquecksilberelektrode angegeben

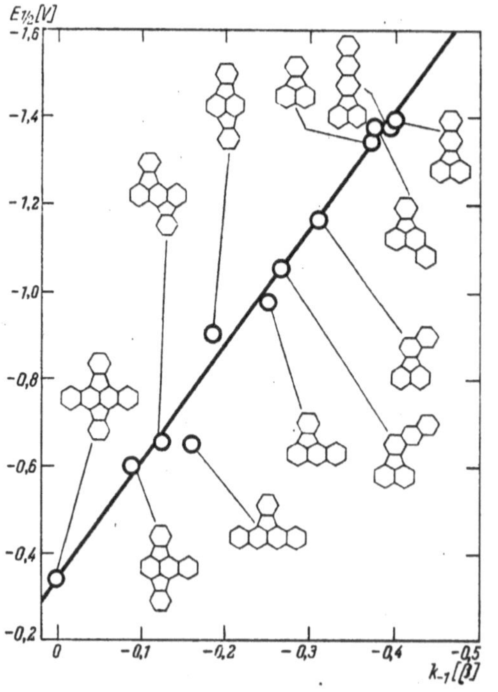

Abb. 2. Die Halbstufenpotentiale der Reduktion von Fluoranthenen (nach Bergman [4]), aufgetragen über der Energie der niedrigsten leeren Elektronenbahnen [20]. Elektrolyt: 0,1 – 0,2 M-$(C_9H_4)_4NJ$ (oder $(C_4H_9)_4NBr$) in 2-Methoxyäthanol. Die $E_{1/2}$-Werte werden in bezug auf die unpolarisierbare Bodenquecksilberelektrode angegeben

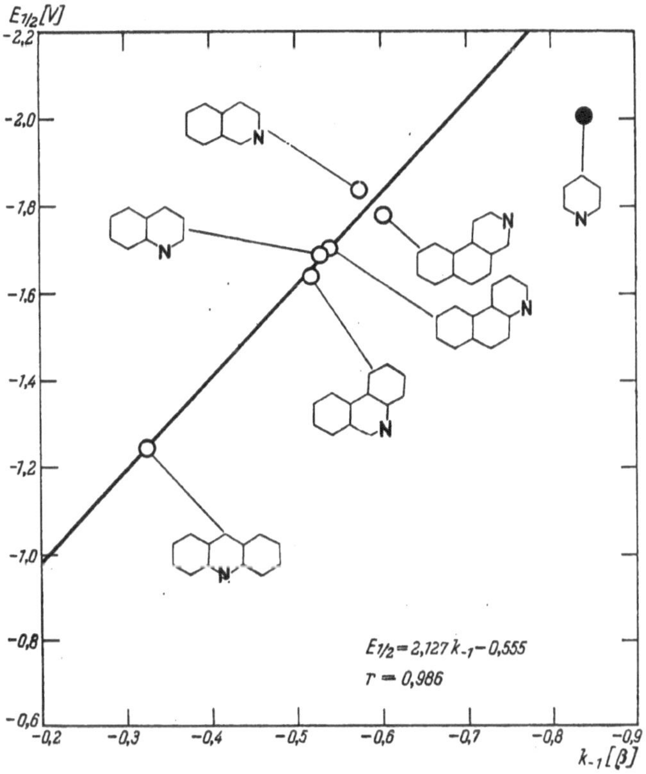

Abb. 3. Die Halbstufenpotentiale der Reduktion von Monoazaheterozyklen (nach PÁRKÁNYI und ZAHRADNÍK [5]), aufgetragen über der Energie der niedrigsten leeren Elektronenbahnen. Elektrolyt: 0,05 M-$(C_2H_5)_4NJ$ in Dimethylformamid (mit 5% Wasser). Die $E_{1/2}$-Werte werden in bezug auf die unpolarisierbare Bodenquecksilberelektrode angegeben

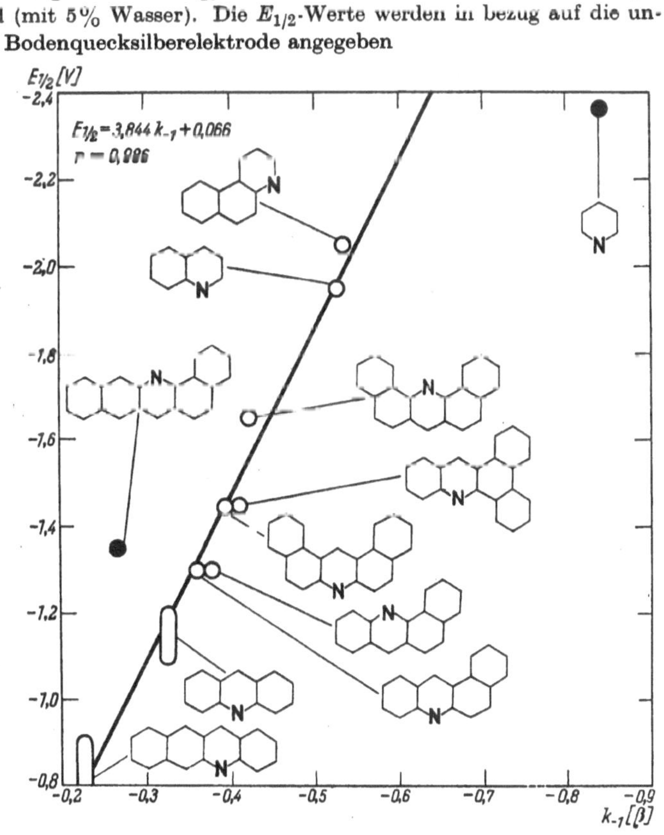

Abb. 4. Die Halbstufenpotentiale der Reduktion von Monoazaheterozyklen (nach ZANKER und SCHNITH [6] und SCHTSCHENNIKOWA und KORSCHUNOW [7]), aufgetragen über der Energie der niedrigsten leeren Elektronenbahnen. Elektrolyt: 0,01 M-KOH (oder 0,01 M-LiBr) in Äthanol-Wasser (9:1) (für Pyridin und Benzo-chinolin siehe [7]). $E_{1/2}$-Werte werden in bezug auf die ges. KE angegeben. Die Umrechnung der $E_{1/2}$-Werte für Pyridin [7] und Benzo-chinolin [7] wurde durch Vergleich mit dem $E_{1/2}$-Wert von Chinolin durchgeführt

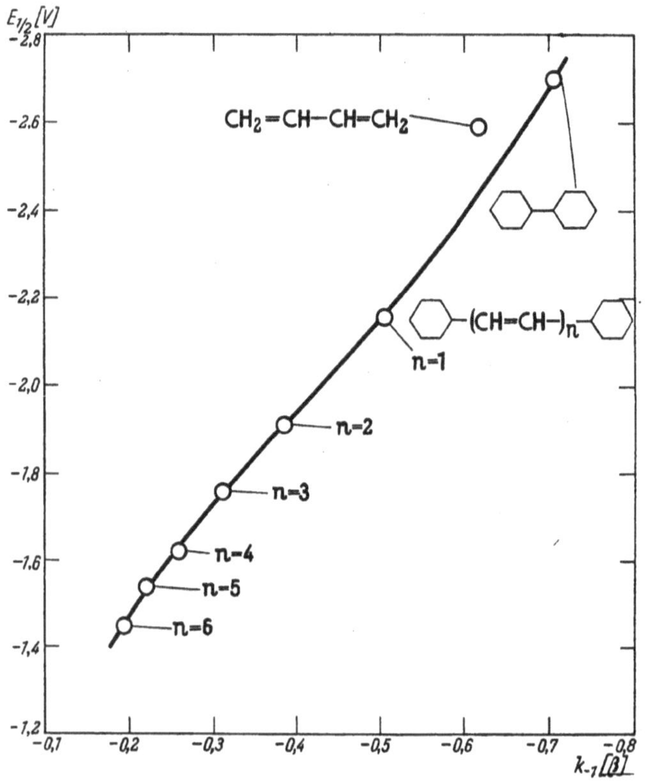

Abb. 5. Die Halbstufenpotentiale der Reduktion von α,ω-Diphenylpolyenen (nach Hoijtink [13, 14], für Diphenyl siehe [15], für Butadien siehe [16, 17], für Isopren siehe [17]) über der Energie der niedrigsten leeren Elektronenbahnen. Elektrolyt (für α,ω-Diphenylpolyene): 0,175 M-$(C_4H_9)_4NJ$ in 75% (oder 96%) Dioxan. $E_{1/2}$-Werte werden in bezug auf die gesättigte KE angegeben

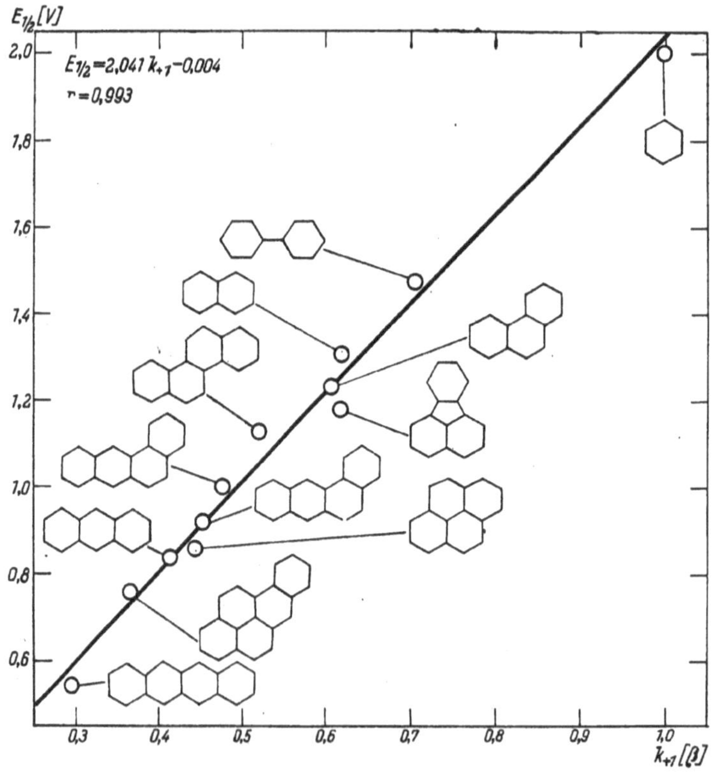

Abb. 6. Die Halbstufenpotentiale der Oxydation von aromatischen Kohlenwasserstoffen (nach Lund [9], siehe auch [18]) der Energie der höchsten besetzten Elektronenbahnen. Elektrolyt: 0,5 M-$NaClO_4$ in Acetonitril. $E_{1/2}$-Werte werden in bezug auf die Ag/0,1 M-$AgClO_4$-, 0,5 M-$NaClO_4$-Elektrode angegeben

der Energie eines intermolekularen Elektronenüberganges vom Donator zum Akzeptor [12] usw. feststellen.

Diese Beziehungen dienen als Beispiel einer Möglichkeit, die theoretischen Größen und experimentellen Werte gegenüberzustellen, und ermöglichen bisher unbekannte Werte von experimentellen Größen (Halbstufenpotentiale, Absorptionsmaxima, Ionisationspotentiale) für weitere Verbindungen vorherzusagen.

Unser Studium und die Auswertung der Resultate wird fortgesetzt.

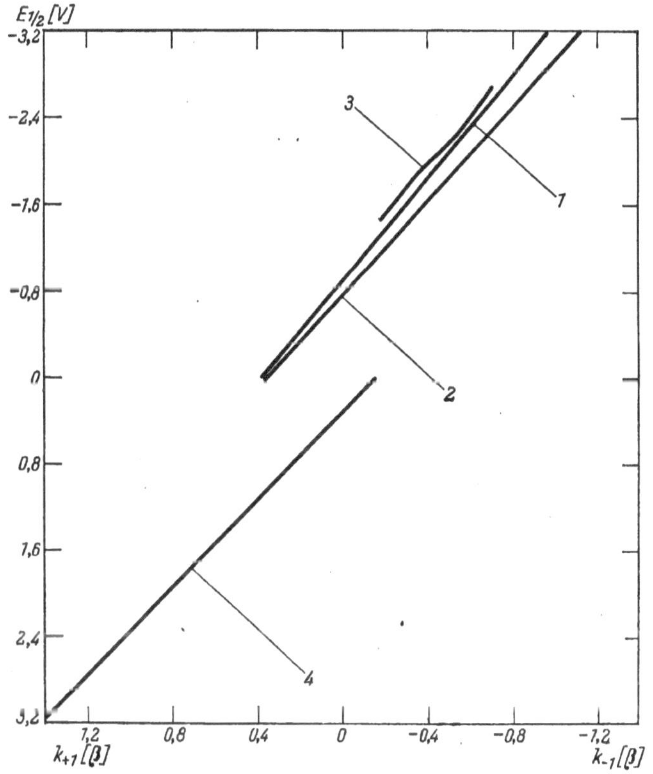

Abb. 7. Die Halbstufenpotentiale der Reduktion und der Oxydation von aromatischen Verbindungen als Funktion der Energie der niedrigsten leeren bzw. höchsten besetzten Elektronenbahnen. Reduktion: 1 — aromatische alternierende Kohlenwasserstoffe (eine fast gleiche Gerade wurde auch für Fluoranthene gewonnen), 2 — Monoazaheterozyklen von Pyridin-Typus, 3 — α,ω-Diphenylpolyene. Oxydation: 4 — aromatische Kohlenwasserstoffe. Alle $E_{1/2}$-Werte werden in bezug auf die gesättigte KE angegeben. Die Umrechnung der $E_{1/2}$-Werte für die ges. KE wurde für 1 nach HOIJTINK [15], für 2 durch Vergleich mit dem $E_{1/2}$-Wert von Chinolin [6], für 4 nach [19] durchgeführt

SUMMARY

The correlation between the polarographic half wave potential and the energy level of corresponding — molecular electron orbitals is studied. It is a known fact, that the reduction half wave potential stands in relation to the lowest unoccupied electron orbital. The authors show, that in similar manner the oxydation half wave potential is correlated to the highest occupied electron orbital. These facts are verified on some examples in the series of aromatic hydrocarbons, pyridine heterocycles and diphenylpolyenes and in most cases was found a linear correlation.

These correlations show the possibility of calculating unknown values of electronic energy levels or half wave potentials respectively.

Literatur

[1] Maccoll, A., Nature **163**, 178 (1949).

[2] Lyons, L. E., Nature **166**, 193 (1950).

[3] Streitwieser, A. Jr., Molecular Orbital Theory for Organic Chemists, S. 173 u. w., Wiley, New York 1961.

[4] Bergman, I., Trans. Faraday Soc. **50**, 829 (1954); **52**, 690 (1956).

[5] Párkányi, C., Zahradník, R., Bull. Soc. Chim. Belg. **73**, 57 (1964).

[6] Zanker, V., Schnith, H., Chem. Ber. **92**, 2210 (1959).

[7] Schtschennikowa, M. K., Korschunow, I. A., Ž. fiz. chim. **22**, 503 (1948).

[8] Koutecký, J., Paldus, J., Zahradník, R., J. Chem. Phys. **36**, 3129 (1962).

[9] Lund, H., Helv. Chim. Acta **11**, 1323 (1957).

[10] Hoijtink, G. J., Rec. trav. chim. **77**, 555 (1958).

[11] Párkányi, C., Zahradník, R., bisher nichtveröffentlichte Ergebnisse.

[12] Nepraš, M., Zahradník, R., Tetrahedron Letters 57 (1963).

[13] Hoijtink, G. J., Rec. trav. chim. **73**, 895 (1954).

[14] Hoijtink, G. J., van Schooten, J., Rec. trav. chim. **72**, 692 (1953).

[15] –, –, Rec. trav. chim. **71**, 1089 (1952).

[16] von Stackelberg, M., Stracke, W., Z. Elektrochem. angew. physik. Chemie **53**, 118 (1949).

[17] Fueno, T., Asada, K., Morokuma, K., Furukawa, J., J. Polymer Sci. **40**, 511 (1959); Bull. Chem. Soc. Japan **32**, 1003 (1959).

[18] Loveland, J. W., Dimeler, G. R., Anal. Chem. **33**, 1196 (1961).

[19] Larson, R. C., Iwamoto, R. T., Adams, R. N., Anal. Chim. Acta **25**, 371 (1961).

[20] Zahradník, R., Michl, J., Koutecký, J., J. Chem. Soc. 4998 (1963)

D—2

Zur Entstehung polarographischer katalytischer Wasserstoffwellen in Lösungen organischer Katalysatoren[1]

S. Majranovskij

N. D. Zelinskij-Institut für organische Chemie der Akademie der Wissenschaften, Moskau

Die Ergebnisse unserer Untersuchungen lassen sich in folgenden Punkten zusammenfassen:

1. Die katalytische Wasserstoffabscheidung in Gegenwart von organischen Katalysatoren geht wie folgt vor sich:

$$B + DH^+ \underset{\varrho\sigma}{\overset{\varrho}{\rightleftharpoons}} BH^+ + D \qquad (I)$$

$$BH^+ + e^- \overset{el}{\rightleftharpoons} BH \qquad (II)$$

$$2\,BH \xrightarrow{k} H_2 + 2\,B \qquad (III)$$

Die Reaktion der Protonisierung (I) des Katalysators B durch die Protonendonatoren in der Lösung DH^+ kann in der volumetrischen Reaktionsschicht nahe der Elektrodenoberfläche (wenn die Ströme als „volumetrische“ bezeichnet werden) und direkt an der Elektrodenoberfläche unter Teilnahme der adsorbierten Teilchen B (die in diesem Fall hervorgerufenen Ströme nennt man „Oberflächenströme“) verlaufen.

Wenn die Reaktion (I) in der Elektrodenumgebung und an der Oberfläche — unter Teilnahme der adsorbierten Teilchen — gleichzeitig verläuft, hat der katalytische Strom einen gemischten „volumetrischen—Oberflächencharakter“. In vielen Fällen, z. B. in Lösungen des Pyridins und seiner Homologen, verläuft der Prozeß (II) elektrochemisch reversibel; die Stufe wird dann als „reversible“ katalytische Welle bezeichnet.

2. Die Form der reversiblen, volumetrischen, katalytischen Stufe in Pufferlösung, deren Höhe durch die Reaktionsgeschwindigkeit (I) begrenzt ist, hat folgende Gleichung[2]:

$$E = \varepsilon_0 - \frac{R\,T}{F} \ln \frac{i^{2/3}}{i_{np} - i}, \qquad (1)$$

und für das Halbstufenpotential und den Grenzstrom gelten entsprechend:

$$E_{1/2} = E_0 + \frac{R\,T}{3\,F} \ln \frac{C_{\text{kat}} \cdot k}{3\,\sigma^2\,\varrho} \qquad (2)$$

$$i_{np} = s\,F\,C_{\text{kat}}\,D^{1/2}\,\varrho^{1/2}\,\frac{1}{\sigma^{1/2}}, \qquad (3)$$

wo C_{kat} — die Konzentration des Katalysators, E_0 — das Redoxpotential des Prozesses (II), ε_0 — das von C_{kat} unabhängige charakteristische Potential, s — die Elektrodenoberfläche und D — der Diffusionskoeffizient des Katalysators ist.

3. Der Grenzstrom der reversiblen, volumetrischen, katalytischen Stufe in nicht gepufferten Lösungen verändert sich mit der Konzentration des Katalysators nach dem Gesetz

$$i_{np} = (Q\,C_{\text{kat}})^{2/3}, \qquad (4)$$

[1] Vortrags-Einsendung.

[2] Unter i ist der Zahlenwert der in μA gemessenen Stromstärke zu verstehen.

wo Q — der Proportionalitätsfaktor ist, der durch die Basizitätskonstante des Katalysators und durch die Geschwindigkeit seiner Protonisierung bei Anwesenheit von Wasser bestimmt wird. Die Form der Stufe wird in diesem Fall durch folgende Gleichung ausgedrückt:

$$E = \varepsilon_s' - \frac{RT}{F} \cdot \ln \frac{i^{5/3}}{i_{np}^{3/2} - i^{3/2}} . \tag{5}$$

4. Die katalytischen Oberflächenströme haben infolge der Veränderung der Menge des adsorbierten Katalysators Γ mit Anwachsen des Kathodenpotentials eine charakteristische „krumme" Form, die durch die Gleichungen (6) und (7) gegeben ist:

$$\varphi = \varphi_{1/2} - \frac{RT}{\alpha F} \ln \frac{i^0}{i_{np}^0 - i^0} \tag{6}$$

$$\frac{i}{i_0} = e^{-a\,\varphi^2} . \tag{7}$$

Der Grenzstrom dieser Stufe (der mit Anwachsen des Kathodenpotentials verringert wird) ist durch folgende Gleichung bestimmt:

$$i_{np} = s\,F\,\varrho\,\Gamma , \tag{8}$$

wo i^0 — den hypothetischen Strom bezeichnet, der vorhanden wäre, wenn sich die Adsorption des Katalysators Γ nicht mit dem Potential verändern und ihrer Größe beim Potential der maximalen Adsorption in der Lösung der betreffenden Zusammensetzung entsprechen würde, i — der wirklich untersuchte katalytische Strom ist, φ — das Potential, das bezüglich des maximalen Adsorptionspotentials gemessen wird, a — der Faktor der Theorie A. N. Frumkins ist, die die Adsorption mit dem Elektrodenpotential in Verbindung bringt. Der Wert a hängt von den Eigenschaften des Katalysators und der Lösung ab (im allgemeinen liegt seine Größe zwischen 2 und 8 Volt^{-2}).

5. Bei sehr kleinen C_{kat}, wenn die Geschwindigkeit des Prozesses (I) sehr hoch ist, kann die bimolekulare Rekombination (III) das begrenzende Stadium sein. Der Grenzstrom wird in diesem Fall mit Anwachsen des C_{kat} schneller zunehmen als die Konzentration des Katalysators.

Zahlreiche Versuchsdaten [1] bestätigen diese Schlußfolgerungen einwandfrei.

SUMMARY

We have studied the partial reactions of the catalytic hydrogen reduction occurring at the electrode surface (surface currents), in the reaction layer round the electrode (capacitive currents), or, simultaneously, at the surface and in the reaction layer. For a reversible electrode reaction, equations for the shape of the curve, the HWP as well as for the limiting current are given for the cases mentioned above. The catalyzer being adsorbed, the shape of the curve will change in such a way as to support the theory. Finally, results are presented allowing statements concerning the velocity constants of catalyst protonisation and other parameters of the system.

Literatur

[1] Majranovskij, S., J. electroanalyt. Chem. 4, 166 (1962).

D—3

Der Einfluß der Adsorption organischer Stoffe auf die Kinetik ihrer Elektroreduktion

G. A. TEDORADSE, A. B. ERSCHLER, S. G. MAJRANOVSKIJ

Institut für Elektrochemie der Akademie, Moskau

Eine quantitative Theorie des Einflusses des elektrischen Feldes auf die Adsorption neutraler Moleküle wurde von A. FRUMKIN [1] vorgeschlagen. Er zeigte, daß mit dem Wachsen der elektrischen Feldstärke die Belegung der Elektrodenoberfläche Θ mit adsorbierten Molekülen, infolge ihrer Verdrängung durch die Moleküle des Lösungsmittels, zurückgeht; die Abhängigkeit Θ von φ (wo φ — das Potential der Elektrode, bezogen auf das Potential der maximalen Adsorption ist) wird bei kleinem Θ durch folgende Gleichung ausgedrückt:

$$\Theta = \beta_0 C_s \exp(-a\varphi^2) . \tag{1}$$

Hier ist a eine Konstante, C_s die Konzentration des oberflächenaktiven Stoffes in der Lösung.

Diese Ideen wurden von S. MAJRANOVSKIJ dazu ausgewertet, die quantitative Theorie der adsorptionsbedingten katalytischen Wellen der Abscheidung von Wasserstoff [2, 3] aufzubauen.

Auf den Zusammenhang zwischen der Adsorption organischer Stoffe und ihrer Elektroreduktion verwies als erster L. I. ANTROPOV [4, 5]. Wir untersuchten auf Grund der Theorie von A. FRUMKIN den Vorgang der irreversiblen Reduktion der adsorbierten organischen Stoffe, wobei wir uns auf den Fall kleiner Belegungen beschränkten, bei welchen die Gleichung (1) gerechtfertigt ist. Letztere kann folgendermaßen umgeschrieben werden:

$$\Theta = \beta_0' C_s \exp\left[\frac{W_0 - a'\varphi^2}{RT}\right] . \tag{2}$$

Hier ist W_0 die Adsorptionsenergie, wobei die gegen die elektrischen Kräfte geleistete Arbeit vernachlässigt wird.

Die Größen W_0 und a' in der Gleichung (2) werden durch die Struktur der Moleküle und ihre Orientierung relativ zur Elektrode bestimmt. Der Wert von a' steigt mit dem Wachsen der Fläche, welche das Molekül an der Elektrodenoberfläche einnimmt; W_0 ändert sich analog.

Als Näherung untersuchten wir den Fall, bei dem die adsorbierten Moleküle sich nur in zwei Grenzlagen befinden können, und zwar entweder eine maximale oder eine minimale Fläche an der Elektrodenoberfläche belegen. Der ersten Lage entsprechen Maximalwerte und der zweiten Lage Minimalwerte für W_0 und a'. Aus der Gleichung (2) folgt, daß die Oberflächenkonzentration der Moleküle erster Art (C_{1a}) viel schneller als die Konzentration der Moleküle zweiter Art mit dem Potential fällt.

Zuerst wollen wir nur die Reduktion der Teilchen erster Art untersuchen. Es wird sowohl hier als auch weiterhin vorausgesetzt, daß die Geschwindigkeit der Adsorptions-Desorption viel größer ist als die Geschwindigkeit des langsamsten Stadiums des Elektrodenvorgangs — der Elektronenübertragung [6].

In diesem Fall haben wir, entsprechend der Theorie der langsamen Entladung, für die Stromdichte:

$$i = n\,F\,k_{01}\,C_{1a} \exp\left[-\frac{\alpha\,n_a\,F}{R\,T}\varphi\right], \tag{3}$$

wobei α der Übertragungskoeffizient und n_a die Anzahl der Elektronen ist, welche am langsamsten Reaktionsschritte teilnehmen.

Unter Berücksichtigung der Beziehung $C_{1a} = 10^3\,V^{-1}\,\Theta$ (wo V das Molarvolumen ist) folgt aus (1), (2) und (3):

$$i = 10^8\,V^{-1}\,n\,\beta_{01}\,k_{01}\,C_s \exp\left[-a\,\varphi^2 - \frac{\alpha\,n_a\,F}{R\,T}\varphi\right] \tag{4}$$

und

$$-\frac{1}{i}\frac{\partial i}{\partial \varphi} = \frac{\alpha\,n_a\,F}{R\,T} + 2\,a\,\varphi\,. \tag{5}$$

Aus den Gleichungen (5) und (4) geht hervor, daß die Größe i durch ein Maximum beim Potential φ_p geht:

$$\varphi_p = -\frac{\alpha\,n_a\,F}{2\,a\,R\,T}. \tag{6}$$

Der Wert der Stromdichte im Maximum ist

$$i_p = 10^8\,V^{-1}\,k_{01}\,\beta_{01}\,n\,C_s \exp\,[a\,\varphi_p^2]\,. \tag{7}$$

Hieraus erhalten wir, indem wir $\varphi - \varphi_p = \Delta\varphi$ setzen,

$$i = i_p \exp\,[-\,a\,(\Delta\varphi)^2]\,. \tag{8}$$

Wir untersuchen jetzt den Fall, bei welchem C_{1a} klein ist, d. h., daß die Moleküle erster und zweiter Art sich an der Oberfläche in vergleichbaren Mengen befinden. Der Reduktion der Moleküle zweiter Art schreiben wir die Geschwindigkeitskonstante der Elektrodenreaktion (bei $\varphi = 0$) k_2 zu. Die Geschwindigkeitskonstante hängt von der Orientierung ab; dies wird durch den Einfluß der letzteren sowohl auf die Aktivierungsenergie als auch auf den Wert des Wahrscheinlichkeitsfaktors erklärt. Wie oben gezeigt wurde, hängt die Belegung für die Moleküle der zweiten Art verhältnismäßig wenig vom Potential ab. Wir nehmen sie annähernd als konstant an. Wenn wir weiter annehmen, daß sich $\alpha\,n_a$ bei einer Umorientierung nicht ändert, erhalten wir:

$$i = 10^8\,V^{-1}\,n\,k_{01}\,\beta_{01}\,C_s\,\{\chi + \exp\,[-\,a\,\varphi^2]\} \exp\left[-\frac{\alpha\,n_a\,F}{R\,T}\varphi\right], \tag{9}$$

wo $\chi = \beta_{02}\,k_{02}/\beta_{01}\,k_{01}$ ist und

$$-\frac{1}{i}\frac{\partial i}{\partial \varphi} = \frac{\alpha\,n_a\,F}{R\,T} + 2\,a\,\varphi\,\{1 + \chi \exp\,[a\,\varphi^2]\}^{-1}\,. \tag{10}$$

Die Potentiale der Extrema auf der i, φ-Kurve werden durch folgende Gleichung bestimmt:

$$\chi \exp\,[a\,\varphi^2] + \frac{2\,a\,R\,T}{\alpha\,n_a\,F}\varphi + 1 = 0\,. \tag{11}$$

In den abgeleiteten Gleichungen ist die Konzentrationspolarisation nicht berücksichtigt worden. Die Konzentrationspolarisation wurde für den Fall der nicht stationären Diffusion, ohne den mit der Adsorption verbundenen Verbrauch des Stoffes in Rechnung zu ziehen, zuerst durch Mejman [7] behandelt. Dieser zeigte, daß die Dichte des durch die Diffusion kontrollierten Momentanstroms und die Geschwindigkeit der Elektrodenreaktion erster Ordnung bei konstantem Potential Funktionen des Parameters λ sind:

$$i/i_d = F(\lambda);\ \lambda = t^{1/2}\,D^{-1/2}\,K = t^{1/2}\,i/n\,F\,D^{1/2}\,C_s\,, \tag{12}$$

wo i_d die Größe des Momentandiffusionsstromes und t die Zeit seit Beginn des Entstehens des Quecksilbertropfens (Beginn der Elektrolyse) darstellen.

Analoge Gleichungen wurden für die mittlere Stromdichte während der Lebensdauer des Tropfens τ erhalten:

$$\tau/\tau_d = F_1(\lambda); \qquad \lambda = t^{1/2}\, \tau/n\, F\, D^{1/2} C_s\,, \tag{13}$$

wo t_1 die Tropfperiode und τ_d der mittlere Wert des Diffusionsstroms während der Lebensdauer des Tropfens ist. J. KOUTECKY [8] hat die Funktionen $F(\lambda)$ und $F_1(\lambda)$ tabelliert und den Gleichungen eine für die Berechnungen bequemere Form gegeben.

Indem wir die Gleichungen (4) und (9) mit (12) kombinieren, erhalten wir die Gleichung der λ, φ-Kurven für die entsprechenden Fälle. Die Potentiale der Extrema auf diesen Kurven werden nach (6) und (11) bestimmt. Die Gleichungen (5) und (10) behalten ihre Gültigkeit nach dem Ersetzen der Variablen i durch die neue Variable λ.

Aus der Analyse der erhaltenen Gleichungen folgt:

1. Der Reduktion einer organischen Substanz, deren Oberflächenorientierung sich in einem genügend weiten Intervall der Potentiale nicht ändert, muß eine symmetrische Polarisationskurve mit einem Maximum entsprechen. In diesem Falle stellt die Abhängigkeit $\ln \lambda$ von $\Delta\varphi^2$ eine Gerade dar, deren Neigung von αn_a unabhängig ist und eindeutig durch die Größe a bestimmt wird.

2. Die Extrema auf der i, φ-Kurve treten nur auf, falls sie auch auf der λ, φ-Kurve vorhanden sind und wenn der Wert der Geschwindigkeitskonstanten sich in bestimmten engen Grenzen bewegt.

3. Auf der λ, φ-Kurve können zwei Extrema, ein oder gar kein Extremum auftreten. Die Wahrscheinlichkeit des Auftretens der Extrema nimmt mit dem Anwachsen von αn_a ab; sie geht durch ein Maximum beim Wachsen von a.

4. Die Abhängigkeit der Größe $\frac{1}{\lambda}\frac{\partial \lambda}{\partial \varphi}$ von φ wird durch eine Gerade dargestellt, solange $\chi \exp(a\,\varphi^2) \ll 1$ ist.

Zum Zwecke der experimentellen Prüfung der erhaltenen Beziehungen wurde von uns das elektrochemische Verhalten von Benzylchlorid eingehend untersucht. Benzylchlorid gibt ein Polarogramm mit einem Stromabfall [9]. Dieser Effekt wurde erklärt durch die intermediäre Bildung eines Carbanions, welches beim Wachsen des negativen Elektrodenpotentials von der Elektrode abgestoßen wird, ohne daß es Zeit hat, ein zweites Elektron aufzunehmen. Als Resultat geht der Vorgang, welcher vom Übergang von zwei Elektronen begleitet wird, bei genügend negativen Potentialen in einen einelektronigen Vorgang über, und der Strom wird um die Hälfte herabgesetzt.

Es wurde von uns zunächst bestätigt, daß Benzylchlorid in Abwesenheit von Kationen mit kleinem Radius in einem Gemisch aus Wasser und Methanol ein Polarogramm mit Stromabfall ergibt (Abb. 1). Die Höhe der Welle fällt mit wachsender Konzentration des Methanols. Die Untersuchung der Abhängigkeit der Größe des Momentanstromes von der Zeit zeigte, daß der Strom im Minimum des Polarogramms durch die Kinetik des Vorgangs begrenzt wird; im Maximum machen sich aber die Diffusionsbeschränkungen bemerkbar, wenn die Lösung weniger als 40% Methanol enthält. Da sich der Strom im Gebiete des Stromabfalles von dem kinetischen Strome wenig unterscheidet, muß die Änderung der Tropfperiode die Stärke dieses Stromes stark beeinflussen. Tatsächlich zeigt der kinetisch begrenzte Strom eine größere Abhängigkeit von t: $i = k\, t^{2/3}$, wenn der Diffusionsstrom $t^{1/6}$ proportional ist. Um festzustellen, ob der Stromabfall mit der Herabsetzung der Tropfperiode in Verbindung steht, wurde von uns eine Polarisationskurve aus Momentanströmen, die einer Lebensdauer der Tropfen von 1 und 6 Sekunden entsprachen, konstruiert. Wie aus Abb. 2 zu ersehen ist, bleibt der Stromabfall auch auf dieser Polarisationskurve erhalten.

Eine andere Möglichkeit der Erklärung des Stromabfalles besteht in der Vermutung eines Überganges des zweielektronigen Vorganges in einen einelektronigen, wie es oben dargelegt wurde. In diesem Fall sollte das Verhältnis der Stromstärke im Minimum der Polarisationskurve zur Größe des Diffusionsgrenzstromes nicht unter 0,5 fallen. Tatsächlich aber ist dieses Verhältnis in 60—70% Methanollösung viel kleiner als 0,5.

Es bleibt also als einzige Erklärung, welche den Versuchsdaten nicht widerspricht, die Annahme übrig, daß der Stromabfall durch die Desorption des elektroaktiven Ausgangsstoffes von der Quecksilberoberfläche bedingt ist.

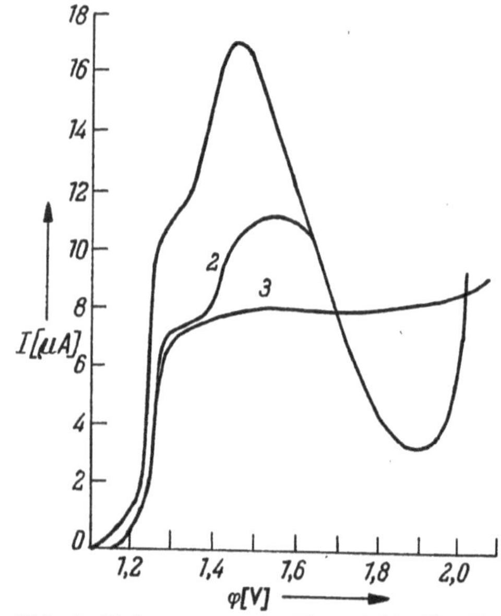

Abb. 1. Polarogramm des Benzylchlorids. Zusammensetzung der Lösung: 1 und 2 — 20% Methanol + 0,003 m Benzylchlorid + 0,08 n Natriumtetraborat; 3 — 20% Methanol + 0,003 m Benzylchlorid + 0,08 n Natriumtetraborat + 0,26 n Tetramethylammoniumbromid. Höhe der Quecksilbersäule im Behälter: 1 — 450 mm, 2,3—210 mm

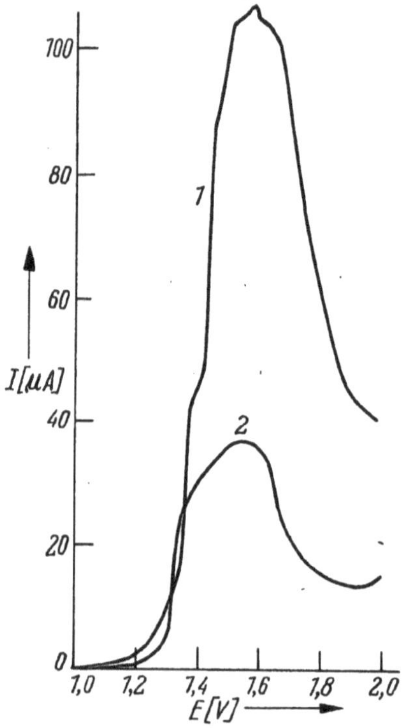

Abb. 2. Polarisationskurven nach Momentanströmen konstruiert. Zusammensetzung der Lösung: 40% Methanol + 0,01 m Benzylchlorid + 0,06 m Natriumtetraborat. I — Lebensdauer der Tropfen 6 Sekunden, II — 1 Sekunde

Die Anwendung der oben abgeleiteten Beziehungen auf die Polarisationskurve des Benzylchlorids zeigt eine gute Übereinstimmung zwischen den theoretischen Berechnungen und den Versuchsergebnissen (Abb. 3).

So ergab z. B. die Umrechnung der Polarisationskurve von 0,005 m Benzylchlorid in 55,5% Methanol in Anwesenheit von 0,06 n K_2HPO_4 nach den obenangeführten Gleichungen (bei $\Delta\varphi \leqq 300$ mV) eine Gerade in den Koordinaten $\ln i$, $(\Delta\varphi)^2$ und $\partial \ln i/\partial\varphi$, φ. Dabei war die Größe a gleich $(9{,}4 \pm 0{,}5)$ V^{-2} (Abb. 1).

Es erscheint daher höchst wahrscheinlich, daß der Stromabfall auf dem Polarogramm des Benzylchlorids in alkoholisch-wäßrigen Lösungen in Gegenwart von Kationen mit kleinem Radius durch die Desorption des Benzylchlorids von der Quecksilberoberfläche hervorgerufen wird.

Wie oben auseinandergesetzt wurde, ist in diesem Falle zu erwarten, daß auf den Stromabfall bei negativeren Potentialen ein neues Anwachsen der Stromstärke folgt. Tatsächlich zeigte es sich, daß bei Anwesenheit von Cäsium- oder Tetramethyl-ammoniumionen auf dem Benzylchloridpolarogramm eine zweite Welle auftritt, welche beim Wachsen der Konzentration des Kations in der positiven Richtung verschoben wird. Bei genügend großen Konzentrationen der Kationen wird das Minimum, welches der ersten Welle folgt, durch das

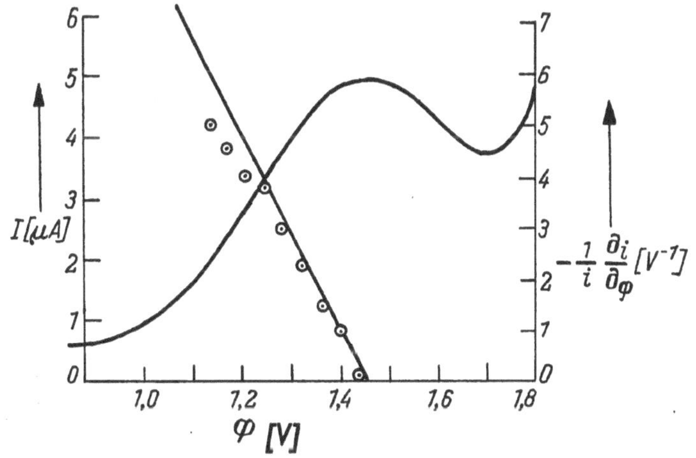

Abb. 3. Polarisationskurve des Benzylchlorids. Zusammensetzung der Lösung: 55% Methanol + 0,005 m Benzylchlorid + 0,05 n K_2HPO_4. Kurve 2 — Abhängigkeit der Größe $\partial \ln i/\partial\varphi$ von φ (Punkte: berechnete Werte der Größe $\partial \ln i/\partial\varphi$)

Wachsen der zweiten Welle überdeckt und zum Verschwinden gebracht (Abb. 4). In diesem Falle wird in verdünnten Methanollösungen ein deutlicher Diffusionsgrenzstrom im Gebiete der ersten Welle bis zum Beginn der Entladung des Fremdelektrolyten beobachtet, mit anderen Worten: die Reduktion des Benzylchlorids erfolgt auf der ersten und zweiten Welle unter Aufnahme derselben Anzahl von Elektronen, was mit den oben entwickelten Vorstellungen im Einklange steht.

Bei Abwesenheit von Kationen mit einem großen Radius bleibt die zweite Welle hinter dem Strom des Fremdelektrolyten verborgen. In Anwesenheit von Cäsiumionen wird diese Welle wegen der Änderung des Potentials ψ_1 [10, 11] zu positiveren Potentialwerten verschoben und trennt sich vom Strom des Fremdelektrolyten.

Die Reduktion des Benzylbromides verläuft analog.

Diese Arbeit wurde auf Vorschlag und unter Leitung von Herrn Prof. A. Frumkin durchgeführt, wofür ihm die Verfasser ihren Dank ausdrücken.

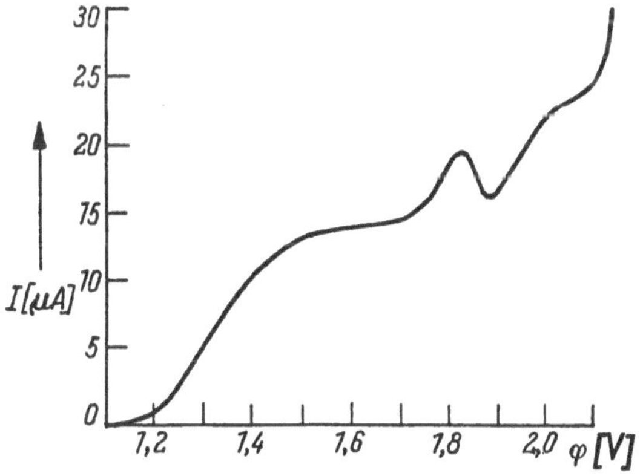

Abb. 4. Polarogramm des Benzylchlorids. Zusammensetzung der Lösung: 40% Methanol +0,003 m Benzylchlorid + 0,08 n Natriumtetraborat + 0,05 n Cäsiumchlorid

Выводы

Г. Тедорадзе, А. Эршлер и С. Майрановский

Скорость восстановления органического вещества может проходить через максимум с ростом отрицательного потенциала из-за одновременного снижения концентрации вещества в адсорбционном слое C_a, что замедляет процесс, и возрастания константы скорости электродной реакции, ускоряющего тот же процесс.

При малых заполнениях электрода органическим веществом зависимость C_a от потенциала φ выражается уравнением:

$$C_a = B \exp\left(-a\,\varphi^2\right)$$

где a и B — константы, φ измерен относительно точки максимальной адсорбции. Принимая, что скорость реакции i пропорциональна C_a и что восстанавливающееся вещество в адсорбционном слое может существовать в двух состояниях, соответствующих большой и малой энергиям адсорбции, выведены уравнения, из которых следует, что на поляризационных кривых появляются экстремальные точки; этих точек в зависимости от значений адсорбционных и кинетических параметров может быть две, одна или ни одной.

При восстановлении вещества, находящегося на поверхности в одной ориентации, поляризационная кривая симметрична относительно потенциала максимума φ_m и в координатах $\ln i$, $(\varphi_m - \varphi)^2$ ее наклон не зависит от αn_a и однозначно определяется величиной a.

На примере восстановления галогенидов бензила показана справедливость выведенных зависимостей.

SUMMARY

The reduction velocity of an organic substance may pass through a maximum when the negative potential increases due to the simultaneous decrease of the concentration of the substance in the adsorption layer C_a causing a retardation of the process, and an increase of the velocity constant of the electrode potential. When there is little organic substance on the electrode, the dependence of C_a from the potential φ is expressed by the following equation: $C_a = B \exp(-a\,\varphi^2)$, a and B being constants, φ being related to maximal adsorption. Considering the reaction velocity to be proportional to C_a, and the reduced substance to be possibly present in the adsorption layer in two forms corresponding to a high or low adsorption energy, respectively, equations were derived indicating extreme values to be found on the polarisation curves; dependent on the values of the adsorption and kinetic parameters, two, one or none of these extreme values may be present. The example of the reduction of the benzylhalogenides illustrates the correctness of the derived relations.

Literatur

[1] Frumkin, N., Z. f. Physik **35**, 792 (1926).
[2] Majranovskij, S. G., Doklady Akad. Nauk SSSR **133**, 162 (1960).
[3] —, Doklady Akad. Nauk SSSR **132**, 1352 (1960).
[4] Antropov, L. I., Trudy Erew. Politechn. Instituta **2**, 97 (1946).
[5] —, Zsurnal Phys. Chimii **24**, 1428 (1950).
[6] Melik-Gajkasjan, W. I., Zsurnal Phys. Chimii **26**, 560 (1952).
[7] Mejman, N. N., Zsurnal Phys. Chimii **22**, 1454 (1948).
[8] Koutecky, J., Collection Czechoslov. Chem. Commun. **20**, 981 (1955).
[9] Marple, L. W., Hummelstedt, L. E. I., Rogers, L. B., J. Electrochem. Soc. **107**, 437 (1960).
[10] Lewin, E. S., Fodiman, Z. I., Zsurnal Phys. Chimii **28**, 601 (1954).
[11] Feoktistov, L. G., Trudy konferenzii molodych utschënych Oktjabrskogo r-na g. Moskwy M. **1964** (im Druck).

Über Änderungen der Reaktionsfähigkeit polarisierbarer Moleküle im elektrischen Feld der Doppelschicht

Z. R. Grabowski und W. Kemula

Institut für physikalische Chemie der Polnischen Akademie der Wissenschaften, Warschau

Einleitung

Seit einigen Jahren untersuchen wir das polarographische Verhalten substituierter Benzaldehyde [1—3]. Schließlich sind wir zur Annahme gekommen, daß für die kinetischen Ströme einiger dieser Verbindungen eine heterogene Reaktion verantwortlich ist [4], die sich unter den Bedingungen, die in der Doppelschicht herrschen, stark von den homogenen Reaktionen derselben Verbindungen unterscheidet. Um die Natur der heterogenen Reaktion klarzumachen, versuchen wir in der vorliegenden Arbeit die Veränderungen der Reaktionsfähigkeit untersuchter polarisierbarer Moleküle in dem elektrischen Feld der Doppelschicht halbquantitativ abzuschätzen.

Die Frumkinsche Entdeckung des Einflusses der Struktur der Doppelschicht auf die Geschwindigkeiten der Elektrodenreaktionen [5, 6] ist zu einem der Marksteine der Entwicklung der Elektrochemie geworden. In den letzten Jahren ist das Interesse an den Doppelschicht-Effekten in der elektrochemischen Kinetik wieder erheblich gewachsen. Neben den direkten Depolarisationsvorgängen, besonders der Reduktion der Anionen [7—11], wurden auch von diesem Standpunkte aus die dem eigentlichen Elektronenübergang vorgelagerten Reaktionen untersucht. Im letzten Fall beschränken sich die meisten Arbeiten [12—18] auf die Betrachtung der Raumladungseffekte: Innerhalb der Doppelschicht weichen die Konzentrationen aller geladenen Reaktionsteilnehmer von deren Konzentrationen im Innern der Lösung ab und sind dort eine Funktion des örtlichen Potentials ψ.

In unserem Fall hat uns die Analyse der experimentellen Ergebnisse zur Annahme der Einwirkung des elektrischen Feldes auf die chemische Reaktionsfähigkeit gezwungen.

Die Einwirkung des Feldes auf die chemische Reaktion wird hauptsächlich durch den Dissoziationseffekt von Wien [19, 20], durch die Konzentrationsänderungen polarer Moleküle oder durch die innere Polarisation reagierender Moleküle bestimmt.

Schon um 1930 postulierten Kemula am Beispiel von $Hg(CN)_2$ [21, 22] und Heyrovský im Fall von NO_3^- [23], rein hypothetisch, daß diese Molekülarten im starken elektrischen Felde an der Elektrodenoberfläche in ihre Bestandteile dissozieren, was dem eigentlichen Elektronenübergang vorgelagert sein sollte. Neulich hat Koryta [24] die Feldstärkeeffekte in den vorgelagerten Reaktionen kurz erwähnt. Den wichtigsten Schritt verdanken wir aber den Arbeiten von Hoijtink [25, 26], der gezeigt hat, daß in den zweiwertigen Anionen einiger aromatischer Kohlenwasserstoffe die Stelle der maximalen negativen Ladung sich in Abhängigkeit von der Feldstärke verschiebt. Damit ändert sich nicht nur die Geschwindigkeit, sondern auch die Natur der dem Elektronenübergang nachgelagerten Reaktion. Neue Endprodukte der kathodischen Reduktion entstehen mit der Verschiebung des basischen Reaktionszentrums, an welches das Proton mit höchster Wahrscheinlichkeit angelagert wird.

Experimentelle Tatsachen

Drei von den von uns polagraphisch untersuchten substituierten Benzaldehyden, nämlich: das p-Dimethylamino- [27], das p-Amino- [28] und das p-Hydroxybenzaldehyd [29, 30], verursachen in bestimmten pH-Bereichen die kinetischen Rekombinations-Doppelstufensysteme. Die Reduktionsströme der ersten Stufen sind durch die Geschwindigkeit einer Protonanlagerungsreaktion begrenzt.

Am genauesten wurde die Kinetik des Protonübergangs an der Reaktion des p-Dimethylaminobenzaldehyds mit verschiedenen Proton-Donatoren untersucht [31] und mit dem Lösungsgleichgewicht [32] verglichen.

In keinem Fall konnten wir die vorgelagerte Reaktion der bekannten protolytischen Lösungsreaktion, z.B.: $RNH_2 + H^+ \rightleftharpoons RNH_3^+$, zuordnen (Tab. 1).

Tabelle 1

Verbindung	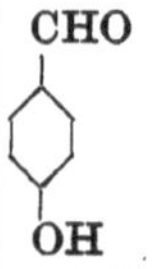	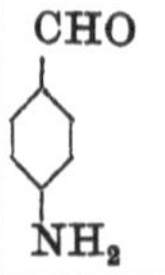	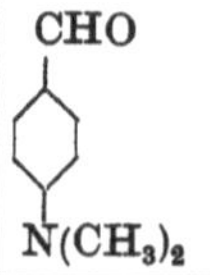
pK′ (polarographisch)	6,7	7,8	8,2
pK (spektrophotometrisch)	7,61	1,72	1,82

Bei den Amino-Aldehyden mußten wir, um sinnvolle Reaktions-Geschwindigkeitskonstanten zu bekommen, der an der Elektrode verlaufenden Reaktion einen größerem pK-Wert als in der Lösung zuschreiben. Beim p-Hydroxybenzaldehyd kommt die Rekombination der Phenol-Gruppe gar nicht in Frage, weil hier pK > pK′ ist (Tab. 1). Eine weitere Untersuchung des Einflusses des Potentials ψ auf die kinetischen Stufen ergab, daß die rätselhaften Protonübergangsreaktionen innerhalb der elektrischen Doppelschicht, am wahrscheinlichsten in der Nähe der Helmholtz-Ebene, verlaufen [4].

Arbeitshypothese

Die einzige für alle drei untersuchten Verbindungen gemeinsame funktionelle Gruppe, die als Proton-Akzeptor dienen konnte, ist die Karbonyl-Gruppe. Diese ist aber gewöhnlich basisch erheblich schwächer als die Amino- oder Dimethylamino-Gruppe.

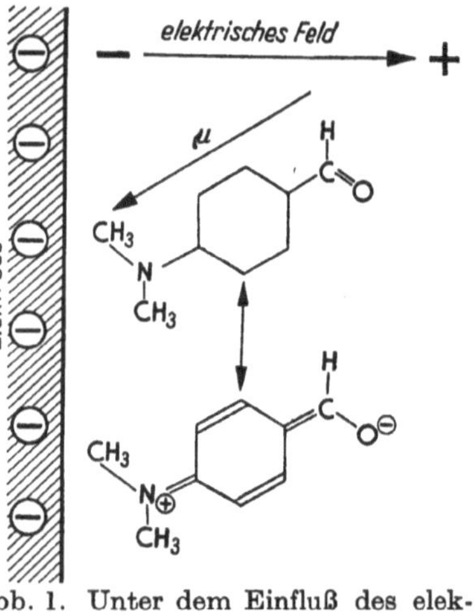

Abb. 1. Unter dem Einfluß des elektrischen Feldes der Doppelschicht werden die Moleküle polarisiert, was man auch als Bevorzugung der chinoiden polaren Strukturen ansehen kann

Die basischen Eigenschaften der Karbonyl-Gruppe sind in allen drei Aldehyden durch die Elektron-Donator-Substitution verstärkt. Die $-N(CH_3)_2$, $-NH_2$ und $-OH$ Gruppen sind die stärksten Elektron-Donatoren unter allen Substituenten des Benzaldehyds, die polarographisch untersucht wurden. Nichtsdestoweniger sind die Amino-Gruppen im p-Dimethyl-amino- und im p-Aminobenzaldehyd noch viel stärker basisch als die Karbonyl-Gruppe; die Absorptionsspektren der korrespondierenden Säuren (Kationen) sind mit dem Spektrum des unsubstituierten Benzaldehyds fast identisch [27, 28]. Wir vermuten, daß im elektrischen Felde der Doppelschicht die stark polaren Moleküle orientiert und polarisiert werden. Das induzierte Dipolmoment addiert sich dann zu dem permanenten Dipolmoment, so daß das durch die hohe Elektronendichte gekennzeichnete basische Reaktionszentrum (die Protonanlagerungsstelle) sich von der Amino- zur Karbonyl-Gruppe verschiebt (Abb. 1).

Dieselbe Richtung der Reaktionsfähigkeitsänderung unter dem Einfluß des elektrischen Feldes ergibt sich auch aus der quantenmechanischen Betrachtung der Polarisierbarkeit als einer Zumischung der Wellenfunktionen angeregter Zustände zum Grundzustand [33]. Die Ladungsdichteverteilung im polarisierten Grundzustand ist in erster Näherung des Störungsverfahrens:

$$|\Psi^2| = |\Psi_1^0|^2 - 2\vec{F} \sum_m \frac{\vec{M}_{1,m}}{E_m^0 - E_1^0} \Psi_1^0 \Psi_m^0 , \qquad (1)$$

wobei Ψ die Wellenfunktionen, E die Energien, $\vec{F}$ den Potentialgradient bedeuten; die Indizes 1 und m bezeichnen den Grund- und den m-ten (angeregten) Zustand, 0 die Abwesenheit des perturbierenden Feldes; $\vec{M}_{1,m}$ ist das Übergangsmoment.

Wenn man die Werte der Übergangsmomente und der Energiedifferenzen zwischen den Zuständen berücksichtigt, ergibt sich, daß hauptsächlich der niedrigste angeregte Singulett-zustand auf die Polarisierbarkeit substituierter Benzaldehyde einwirkt (Abb. 2).

Es wurde bewiesen [34—37], daß die $\rangle$C=O-Gruppe in verschiedenen aromatischen Karbonyl-Verbindungen im niedrigsten angeregten Singulett-Zustand viel stärker basische

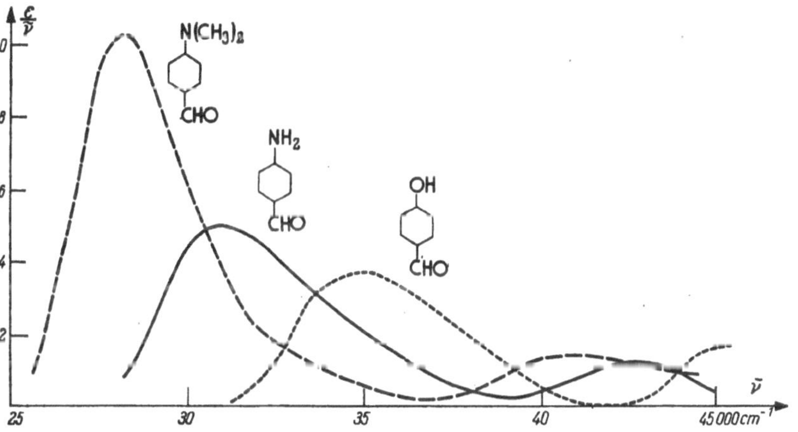

Abb. 2. Die Absorptionsspektren des p Dimethylaminobenzaldehyds, p-Aminobenzaldehyds und p-Oxybenzaldehyds in Koordinaten $\varepsilon(\tilde{\nu})/\tilde{\nu}$ gegen $\tilde{\nu}$ dargestellt. Die Integrale $\int_{\text{Bande}} \frac{\varepsilon(\tilde{\ })}{\tilde{\ }} d\tilde{\nu} \sim |\vec{M}_{1,m}|^2$ ergeben leicht die Große des Übergangsmomentes $\vec{M}_{1,m} = \int \Psi_1^0 \sum_i \vec{r}_i e \Psi_m^0 d\tau$. Der zweite Übergang ist im Vergleich zu dem ersten in allen Fällen bei größerer Energiedifferenz durch kleineres Übergangsmoment gekennzeichnet

Eigenschaften zeigt als im Grundzustand. Das gleiche gilt für die mit starken Elektron-Donator-Gruppen substituierten Benzaldehyde, nach der Analyse der spektralen Daten zu urteilen [38, 39]. Die Absorption des Lichtes durch ähnliche Moleküle bezeichnet man heute oft als „inner charge-transfer spectrum" [40].

Allgemeine Formulierung

Wir suchen Antwort auf die Frage, ob die Polarisation des Moleküls im elektrischen Felde der Doppelschicht für die hohe Verstärkung der Basizität der Karbonyl-Gruppe verantwortlich sein kann. Bei der Lösung des Problems folgen wir zum Teil der Denkweise von HOIJTINK [26].

Wir betrachten die untersuchten Aldehyd-Moleküle als elektrische Dipole mit dem permanenten Dipolmoment μ_0 und der Hauptpolarisierbarkeit α_z, die in der gleichen Molekülachse liegt (Koordinate z, Abb. 3).

Die protolytische Gleichgewichtskonstante betrachten wir jetzt als eine Funktion des wirklichen (permanenten + induzierten) Dipolmomentes: $K(\mu)$. Der effektive makroskopische Wert der Gleichgewichtskonstanten für die Gesamtheit teilweise orientierter und polarisierter Moleküle wird durch die Boltzmann-Verteilung gegeben:

$$\overline{K} = \frac{\int_0^{\pi}\int_0^{2\pi} K(\mu) \exp\left[-\frac{\varepsilon(\mu)}{k\,T}\right] \sin\vartheta \cdot d\varphi \cdot d\vartheta}{\int_0^{\pi}\int_0^{2\pi} \exp\left[-\frac{\varepsilon(\mu)}{k\,T}\right] \sin\vartheta \cdot d\varphi \cdot d\vartheta}\,. \tag{2}$$

Dabei ist die Integration über alle Richtungen der Moleküle gegenüber dem Potentialgradienten ausgeführt. $\varepsilon(\mu)$, die Energie des Dipols im homogenen elektrischen Felde $\vec{F}$, ist

$$\varepsilon(\mu) = \vec{\mu}_0 \vec{F} - \frac{1}{2} F^2 (\alpha_z \cos^2\vartheta + \alpha_x \sin^2\vartheta \sin^2\varphi + \alpha_y \sin^2\vartheta \cos^2\varphi)\,. \tag{3}$$

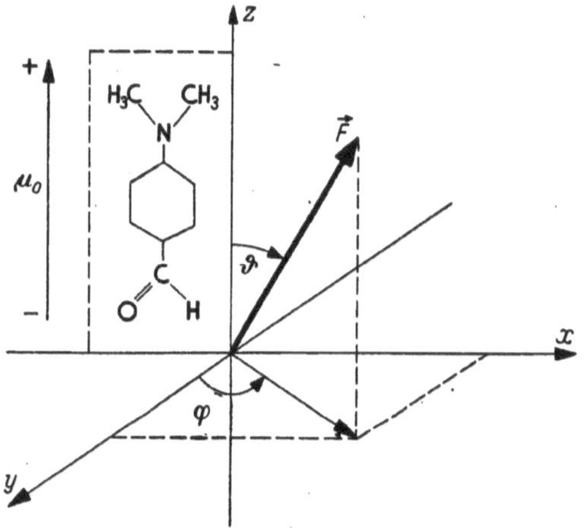

Abb. 3. Das molekulare Koordinatensystem. $\vec{F}$ – Vektor des elektrischen Feldes

Wahl der Funktion $K(\mu)$

In Unkenntnis notwendiger Daten bezüglich der Karbonyl-Verbindungen muß die unbekannte Funktion $K(\mu)$ durch eine Analogie annähernd bestimmt werden. Als ein Modell haben wir dazu die protolytischen Gleichgewichte der para-substituierten Aniline ausgewählt. Diese Moleküle sind durch ähnliche Dipolmomente, Größe und Gestalt wie die untersuchten Benzaldehyde gekennzeichnet.

Die Dissoziationskonstanten der Anilinium-Kationen in wäßriger Lösung von 25 °C werden durch die HAMMETT-Gleichung

$$\text{pK} = 4.569 - 2.73\,\sigma \tag{4}$$

gut beschrieben [41], wobei σ die HAMMETTsche Substituentenkonstante bedeutet. Andererseits fanden wir, daß die Dipolmomente para-substituierter Aniline [42] sich gut als eine lineare Funktion der Substituentenkonstante darstellen lassen (Abb. 4), wobei

$$\frac{d\mu}{d\sigma} = +\,3{,}65 \tag{5}$$

ist, wenn die Dipolmomente in Debye-Einheiten ausgedrückt sind.

Aus (4) und (5) folgt:

$$\frac{dpK}{d\mu} = \frac{dpK}{d\sigma} \cdot \frac{d\sigma}{d\mu} = -0{,}75 . \tag{6}$$

Die pK-Werte der Aniline [43] erfüllen diese Relation hinreichend (Abb. 5).

Wir setzen als eine vertretbare Annäherung die Relation (6) in unsere Gleichungen für die Benzaldehyde ein. Dabei muß nur das Vorzeichen umgetauscht werden, weil das Erhöhen des Dipolmoments bei den Anilinen den pK-Wert erniedrigt, bei den Benzaldehyden dagegen erhöht.

Wir nehmen also an, daß die basischen Eigenschaften der Karbonyl-Gruppe in den substituierten Benzaldehyden beschrieben werden durch

$$K(\mu) = K\,(\mu = 0)\,\exp\,(-0.75\,\mu)\,. \tag{7}$$

Das Dipolmoment ist aber

$$\vec{\mu} = \vec{\mu}_0 - \alpha_z\,F\cos\vartheta\,, \tag{8}$$

woraus folgt

$$K(\mu) = K(\mu_0)\,\exp\,(1.73 \cdot 10^{18}\,\alpha_z\,F\cos\vartheta)\,. \tag{9}$$

Der Zahlenwert im Exponenten ist dabei schon in den c. g. s.-Einheiten ausgedrückt.

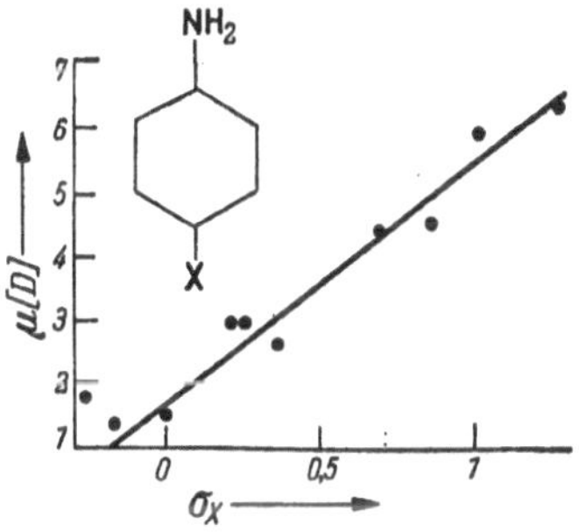

Abb. 4. Die Dipolmomente para-substituierter Aniline als Funktion der HAMMETTschen Substituentenkonstante σ. Die ausgezogene Gerade erfüllt die Gleichung (5)

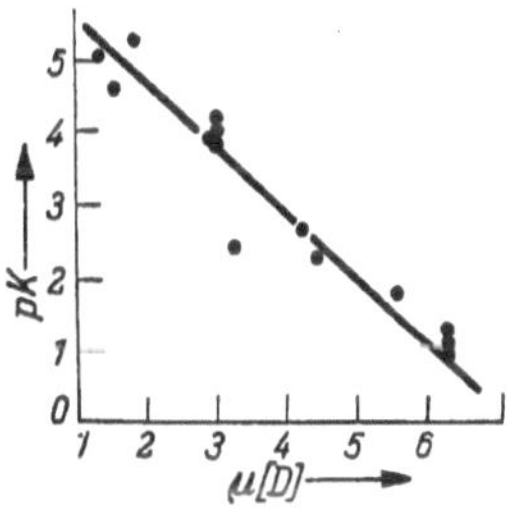

Abb. 5. Die pK-Werte para-substituierter Aniline als Funktion des permanenten Dipolmomentes. Die ausgezogene Gerade erfüllt die Gleichung (6)

Numerische Resultate

Für das p-Dimethylaminobenzaldehyd ist das permanente Dipolmoment gegeben als $\mu_0 = 5.6\,D$ [44, 45] und die aus der molaren Refraktion [45] berechnete mittlere Polarisierbarkeit $\bar{\alpha} = 2.04 \cdot 10^{-23}\,\mathrm{cm}^3$. Unter Annahme der typischen Größen für ähnliche Moleküle: $\alpha_x = 1.2 \cdot 10^{-23}\,\mathrm{cm}^3$ und $\alpha_y = 0.8 \cdot 10^{-23}\,\mathrm{cm}^3$ [42], erhalten wir für die Hauptpolarisierbarkeit $\alpha_z = 4.1 \cdot 10^{-23}\,\mathrm{cm}^3$. Der Einfachheit halber ist die Näherung $\alpha_x \approx \alpha_y \approx 1.0 \cdot 10^{-23}\,\mathrm{cm}^3$ angenommen, wodurch in der Gleichung (3) der Ausdruck in Klammern verkürzt wird:

$$\alpha_z\cos^2\vartheta + \alpha_x\sin^2\vartheta\sin^2\varphi + \alpha_y\sin^2\vartheta\cos^2\varphi = \alpha_z\cos^2\vartheta + \alpha_x\sin^2\vartheta, \tag{10}$$

was uns erlaubt, die zweite Integration in (2) zu vermeiden. Aus (2), (3), (9) und (10) ergibt sich dann die gesuchte effektive Gleichgewichtskonstante als

$$\overline{K} = K(\mu)_0 \frac{\int_0^\pi \exp\left[\left(-\frac{\mu_0}{k\,T} + 1.73 \cdot 10^{18}\,\alpha_z\right)F\cos\vartheta + \frac{F^2}{2\,k\,T}(\alpha_z\cos^2\vartheta + \alpha_x\sin^2\vartheta)\right]\sin\vartheta\,d\vartheta}{\int_0^\pi \exp\left[-\frac{\mu_0}{k\,T}F\cos\vartheta + \frac{F^2}{2\,k\,T}(\alpha_z\cos^2\vartheta + \alpha_x\sin^2\vartheta)\right]\sin\vartheta\,d\vartheta}\,. \tag{11}$$

Durch graphische Integration haben wir die numerischen Werte der effektiven pK-Differenzen für verschiedene Potentialgradienten berechnet (Tab. 2, Abb. 6).

Tabelle 2
Numerische Resultate, nach der Gleichung (11) berechnet:

F (in V · cm^{-1})	$3 \cdot 10^6$	$9 \cdot 10^6$	$3 \cdot 10^7$	$6 \cdot 10^7$
ΔpK:	0.1	0.6	2.9	6.0

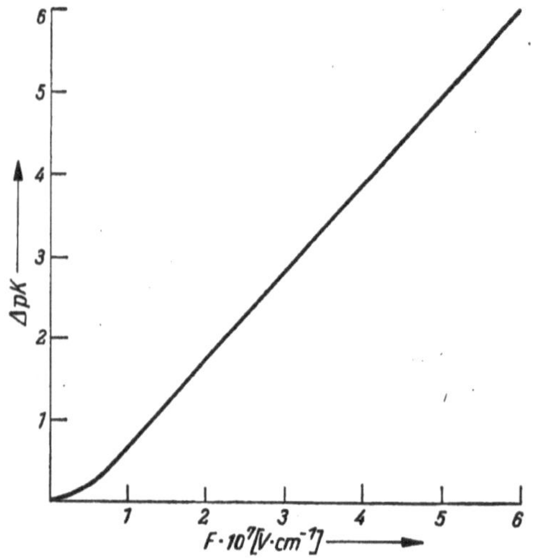

Abb. 6. Berechnete effektive pK-Werte der Karbonyl-Gruppe des p-Dimethylaminobenzaldehyds als Funktion der elektrischen Feldstärke

Das elektrische Feld in der Doppelschicht

Die Potentialgradienten wurden nach dem STERN-Modell [46—48] für die flache elektrische Doppelschicht im 1:1-Elektrolyten abgeschätzt. Die Rechnung wurde für verschiedene Abstände r im diffusen (Gouy-Chapman) Teil der Doppelschicht durchgeführt, wo $r = 0$ die Helmholtz-Ebene bezeichnet:

$$F = \frac{\partial \psi}{\partial r} = -\left(\frac{32\,\pi\,k\,T\,n}{D}\right)^{1/2} \sinh\left(\frac{e\,\psi_r}{2\,k\,T}\right). \tag{12}$$

Dabei finden wir die Potentiale ψ_r nach der Gleichung

$$|\psi_r| = \left(\frac{2\,k\,T}{e}\right) \ln \operatorname{ctgh}\left[r.\,e.\left(\frac{2\,\pi\,n}{D\,k\,T}\right)^{1/2} - \frac{1}{2} \ln \operatorname{tgh}\left(\frac{e\,\psi_0}{4\,k\,T}\right)\right]. \tag{13}$$

Die Potentiale in der Helmholtz-Ebene, ψ_0, ergeben sich aus der Relation

$$C_i\,(\varphi_a - \psi_0) = \left(\frac{2\,D\,k\,T\,n}{\pi}\right)^{1/2} \sinh\left(\frac{e\,\psi_0}{2\,k\,T}\right) \tag{14}$$

durch graphische Lösung der Gleichung, wie in Abb. 7 gezeichnet.

Dabei ist das Elektrodenpotential, gegen das Nulladungs-Potential gemessen, $\varphi_a = -1.0$ V; Temperatur $T = 298$ °K; die integrale Kapazität der Doppelschicht $C_i = 18\,\mu$F · cm^{-2} ist als Konstante angenommen; die Konzentrationen des Elektrolyten $n = n_+ = n_-$ sind in Ionen · cm^{-3} ausgedrückt; e ist die Elementarladung, $D = 78.5$ — die gewöhnliche Dielektrizitätskonstante des Wassers.

Einige berechnete Kurven sind in der Abbildung 8 dargestellt.

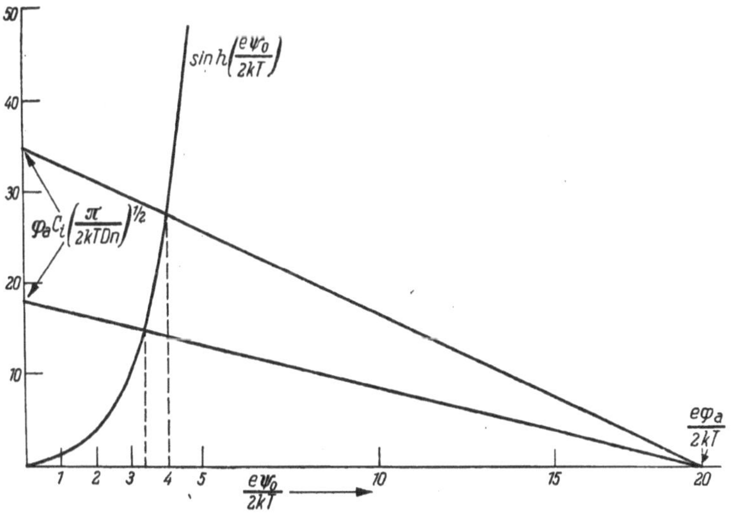

Abb. 7. Das Aufsuchen der Potentialwerte ψ_0 durch die graphische Lösung der Gleichung (14) in der Form:

$$\varphi_a C_i \left(\frac{\pi}{2\,D\,k\,T\,n}\right)^{1/2} - \frac{C_i}{e}\left(\frac{2\,\pi\,k\,T}{D\,n}\right)^{1/2}\left(\frac{e\,\psi_0}{2\,k\,T}\right) = \sinh\left(\frac{e\,\psi_0}{2\,k\,T}\right)$$

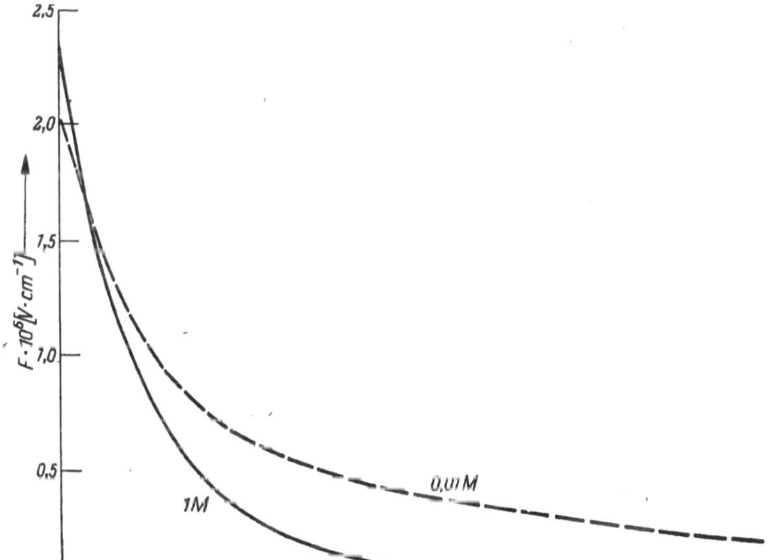

Abb. 8. Elektrische Feldstärke im diffusen Teil der Doppelschicht, berechnet nach der Gleichung (12) für den 0,01 M und 1,0 M Elektrolyten 1:1

Diskussion der Ergebnisse

Die Rechnungen wurden mit Hilfe möglichst guter Näherungen durchgeführt. Die Annahme einer exponentiellen Abhängigkeit (7) der protolytischen Gleichgewichtskonstanten von dem wirklichen Dipolmoment, nach der Analogie mit dem Substituenteneinfluß, scheint uns plausibel. Die Nichtberücksichtigung der Inhomogenität des Feldes, der Diskontinuität des Mediums sowie der Wechselwirkungskräfte zwischen der Oberfläche und dem absorbierten Molekül war eine rechnerisch unentbehrliche Vereinfachung des Problems.

Die Rechnung zeigt, daß wir unter den Versuchsbedingungen schon im diffusen Teil der Doppelschicht in der Nähe der Helmholtz-Ebene Potentialgradienten von der Größe 2 bis $3 \cdot 10^6$ V $\cdot$ cm^{-1} erwarten können (Abb. 8). In diesem Intervall ist die Feldstärke nur wenig von der Konzentration des Elektrolyten abhängig.

Aus den Ergebnissen, die in Tab. 2 und in Abb. 6 zusammengestellt sind, geht hervor, daß merkliche Änderungen des pK-Wertes schon durch Felder von der Größenordnung 10^6 V$\cdot$cm^{-1} verursacht werden können. In den Feldern von der Größenordnung 10^7 V $\cdot$ cm^{-1} ist die Basizität der Karbonyl-Gruppe schon so groß, daß sie die der Amino-Gruppe in den Aminobenzaldehyden leicht übertreffen könnte. Dazu muß aber das reagierende Aldehyd-Molekül in der Helmholtz-Doppelschicht adsorbiert sein, was man bei den untersuchten Reaktionen wirklich vermutet [4]. Innerhalb der Helmholtz-Doppelschicht können wir zweifellos Potentialgradienten von der Größenordnung 10^7 V $\cdot$ cm^{-1} erwarten.

Damit betrachten wir unsere Hypothese über die Möglichkeit weitgehender Reaktionsfähigkeitsveränderung im elektrischen Felde der Doppelschicht — die in unseren Systemen zur Verschiebung des Reaktionszentrums führen sollte — als theoretisch bestätigt.

Ein experimenteller Nachweis wird nicht einfach sein. Vielleicht könnte man ihn durch die Änderung der Helmholtz-Doppelschichtdicke bei der Anwendung von Elektrolyten mit verschiedenem Ionenradius suchen.

Wir meinen, daß man den Einfluß des elektrischen Feldes auch in anderen Systemen berücksichtigen sollte, wo die dem eigentlichen Depolarisationsvorgang vor- oder nachgelagerte Reaktion unmittelbar auf der Elektrodenoberfläche, also innerhalb der Helmholtz-Doppelschicht, verläuft, was in mehreren bisher ungeklärten Reaktionen (z. B. [49, 50]) wahrscheinlich der Fall ist.

Die Veränderungen des elektrischen Feldes sollten auch bei der Einwirkung oberflächenaktiver Stoffe auf die Elektrodenreaktionen in Betracht gezogen werden.

Sehr ähnliche Beispiele erhöhter Basizität der Karbonyl-Gruppe in der Doppelschicht haben inzwischen Majranovskij und Pavlov gefunden im Fall des Acetophenons [51]. Das Pyridin zeigt auch eine Erhöhung seiner basischen Eigenschaften im elektrischen Feld an der Elektrodenoberfläche [52]. Die Reaktionsfähigkeit des Phenols gegen anodische Bromierung ändert sich mit dem Elektrodenpotential, nach den Ergebnissen von Landsberg und Mitarbeitern, die das Verhältnis von ortho- und para-bromierten Produkten maßen [53]. Die Aktivierungsenergie der trans-cis Isomerisierung des Stilbendiols ist in der elektrischen Doppelschicht stark erniedrigt, und die Geschwindigkeit dieser Reaktion ändert sich stark mit der Größe der in der Doppelschicht herrschenden Feldstärke [54]. Die molekularen Polarisationseffekte in kathodischen Reduktionsmechanismen wurden auch von Besuglyj in Betracht gezogen [55].

SUMMARY

The anomalous kinetic currents of some substituted benzaldehydes may be explained by the assumption of a strong enhancement of the basic properties of the carbonyl group in the electric field of the double layer. The calculations are performed which demonstrate that in the electric field existing in the Helmholtz plane the polarisation of the molecule corresponds to an increase of pK of several units. It is suggested that the influence of the potential gradient must be taken into account in other cases of heterogeneous reactions preceding or succeeding the electron transfer, too.

Literatur

[1] GRABOWSKI, Z. R., Roczniki Chem. [Ann. Soc. Chim. Polonorum] **28**, 513 (1954).

[2] BARTEL, E. T., GRABOWSKI, Z. R., Prace Konferencji Polarograficznej 1956, Państw. Wydawn. Naukowe, Warszawa 1957, S. 323.

[3] BARTEL, E. T., GRABOWSKI, Z. R., KEMULA, W., TURNOWSKA-RUBASZEWSKA, W., Prace Konferencji Polarograficznej 1956, Państw. Wydawn. Naukowe, Warszawa 1957, S. 333.

[4] GRABOWSKI, Z. R., BARTEL, E. T., Roczniki Chem. [Ann. Soc. Chim. Polonorum] **34**, 611 (1960).

[5] FRUMKIN, A. N., Z. physik. Chem. **A. 164**, 121 (1933).

[6] FROUMKINE, A., Actualités Scientifiques et Industrielles, No. 373, Hermann & Cie., Paris 1936.

[7] Фрумкин, А. Н., Флорианович, Г. М., Докл. Акад. Наук СССР **80**, 907 (1951).

[8] Фрумкин, А. Н., Калиш, Т. В., Журн. Физ. Хим. **28**, 473 (1954).

[9] Левич, В. Г., Докл. Акад. Наук СССР **124** 869 (1959).

[10] GRABOWSKI, Z. R., Dissertation, Universität Warschau 1955.

[11] Грабовски, З. Р., Труды IV Совещания по Электрохимии, 1956; Издат. Акад. Наук СССР, Москва 1959; S. 233.

[12] SIEKIERSKI, S., Roczniki Chem. [Ann. Soc. Chim. Polonorum] **30**, 1083 (1956).

[13] KORYTA, J., Z. Elektrochem. **61**, 423 (1957).

[14] GIERST, L., HURWITZ, H., Z. Elektrochem. **64**, 36 (1960).

[15] HURWITZ, H., Ind. chim. belge **25**, 367 (1960).

[16] MATSUDA, H., J. phys. Chem. **64**, 336 (1960).

[17] HURWITZ, H., Z. Elektrochem. **65**, 172 (1961).

[18] Майрановский, С. Г., Докл. Акад. Наук СССР **142**, 1120 (1962); J. Electroanalyt. Chem. **4**, 166 (1962)

[19] WIEN, M., SCHIELE, J., Physik. Z. **32**, 545 (1931).

[20] ONSAGER, L., J. Chem. Phys. **2**, 599 (1933).

[21] KEMULA, W., Collection Czechoslov. Chem. Communs. **2**, 347 (1930).

[22] —, Roczniki Chem. [Ann. Soc. Chim. Polonorum] **11**, 379 (1931).

[23] HEYROVSKÝ, J., Actualités Scientifiques et Industrielles, No. 90, Hermann & Cie, Paris 1934.

[24] KORYTA, J., Z. Elektrochem. **64**, 23 (1960).

[25] HOIJTINK, G. J., Recueil trav. chim. Pays-Bas **76**, 869 (1957).

[26] —, Recueil trav. chim. Pays-Bas **76**, 887 (1957).

[27] BARTEL, E. T., GRABOWSKI, Z. R., KEMULA, W., TURNOWSKA-RUBASZEWSKA, W., Roczniki Chem. [Ann. Soc. Chim. Polonorum] **31**, 13 (1957).

[28] KEMULA, W., BARTEL, E. T., RUBASZEWSKA, W., Roczniki Chem. [Ann. Soc. Chim. Polonorum] **33**, 1117 (1959).

[29] BARTEL, E. T., GRABOWSKI, Z. R., KEMULA, W., TURNOWSKA-RUBASZEWSKA, W., Roczniki Chem. [Ann. Soc. Chim. Polonorum] **31**, 27 (1957).

[30] BARTEL, E. T., GRABOWSKI, Z. R., KEMULA, W., Roczniki Chem. [Ann. Soc. Chim. Polonorum] **34**, 345 (1960).

[31] KEMULA, W., GRABOWSKI, Z. R., BARTEL, E. T., Roczniki Chem. [Ann. Soc. Chim. Polonorum] **33**, 1125 (1959).

[32] RUBASZEWSKA, W., GRABOWSKI, Z. R., Roczniki Chem. [Ann. Soc. Chim. Polonorum] **33**, 781 (1959).

[33] INGOLD, C. K., J. Chim. Phys. **53**, 472 (1956).

[34] WELLER, A., Naturwiss. **42**, 175 (1955).

[35] —, Z. Elektrochem. **60**, 1144 (1956).

[36] URBAN, W., unveröffentlicht; zitiert in [35].

[37] WELLER, A., Progress in Reaction Kinetics (G. Porter, ed.), Vol. I, Pergamon Press, London 1961, S. 188.

[38] DOUB, L., VANDENBELT, J. M., J. Amer. Chem. Soc. **69**, 2714 (1947); **71**, 2414 (1949); **77**, 4535 (1955).

[39] Грабовски, З. Р., Журн. Физ. Хим. **33**, 728 (1959).

[40] NAGAKURA S., J. Chem. Physics **23**, 1441 (1955).

[41] HAMMETT, L. P., Physical Organic Chemistry, Mc Graw-Hill Co., New York 1940, S. 189.

[42] LANDOLT-BÖRNSTEIN, Zahlenwerte und Funktionen, 6. Aufl., Band I, 3; Springer-Verlag, Berlin 1951.

[43] BROWN, H. C., MC DANIEL, D. H., HÄFLINGER, O., in: BRAUDE, E. A., NACHOD, F. C., Determination of Organic Structures by Physical Methods, Academic Press, New York 1955, S. 590.

[44] WEIZMANN, A., Trans. Faraday Soc. **36**, 329 (1940).

[45] CURRAN, C., ESTOK, G. K., J. Amer. Chem. Soc. **72**, 4575 (1950).

[46] STERN, O., Z. Elektrochem. **30**, 508 (1924).

[47] Overbeek, J. Th. G., Kapitel IV in: Kruyt, H. R., Colloid Science, Band I, Elsevier Publishing Co., Amsterdam 1952.
[48] Фрумкин, А. Н., Багоцкий, В. С., Йофа, З. А., Кабанов, Б. Н., Кинетика электродных процессов, Издат. Московского Университета, Москва 1952.
[49] Kastening, B., Z. Elektrochem. **64**, 82 (1960).
[50] Souchay, P., Ser, S., J. Chim. Phys. **49**, C 172 (1952).
[51] Майрановский С. Г., Павлов В. Н., Журн. фпз. Хим. **38** (1964) — im Druck.
[52] Клюкина Л. Д., Майрановский С. Г., Изв. Акад. Наук СССР, Сер. хим. (1963) 1183.
[53] Landsberg, R., Lohse, H, Lohse, U., J. prakt. Chem. (4) **12**, 253 (1961).
[54] Vincenz-Chodkowska, A., Grabowski, Z. R., Electrochim. Acta **9** (1964) — im Druck.
[55] Безуглый В. Д., Шеорид и практика полярографического анализа, Издат. Щтиинца, Кишинев 1962; S. 12.

D–5

Adsorptionserscheinungen in der Polarographie

J. Kůta

Polarographisches Institut der Tschechoslowakischen Akademie der Wissenschaften, Prag

Wie allgemein bekannt, können viele physikalisch-chemische Größen mit Hilfe der polarographischen Methode ermittelt werden. Als Beispiele seien genannt die Parameter elektrochemischer Durchtrittsreaktionen, verschiedene Gleichgewichtskonstanten, Geschwindigkeitskonstanten der schnellen chemischen Reaktionen und noch viele andere. Aus den polarographischen Daten werden wichtige Konstitutionsfolgerungen auf dem Gebiete sowohl der organischen als auch der anorganischen Chemie gezogen.

Man muß jedoch berücksichtigen, daß die Richtigkeit der gewonnenen Daten durch einige komplizierende Faktoren beeinflußt werden kann. Zu diesen gehört unter anderem die Adsorption des Depolarisators, des Depolarisationsproduktes oder die Adsorption anderer elektrochemisch inaktiver Substanzen.

Dagegen können aus dem Einfluß der Adsorption auf die Elektrodenvorgänge viele wichtige Adsorptionsparameter leicht erhalten werden. Diese, man kann sagen, indirekte Methode zum Studium der Adsorption ist sehr oft weit empfindlicher als die direkten Verfahren zur Adsorptionsuntersuchung, wie z. B. die Aufnahme der Elektrokapillarkurven, die Messung der Doppelschichtkapazitäten usw. So wurde z. B. die spezifische Adsorption des Cs^+-Ions zuerst an dem Beschleunigungseffekt entdeckt, den das Cs^+-Ion auf die Reduktion der reduzierbaren Anionen [1, 2] ausübt, und erst später wurde der direkte Beweis aus den Elektrokapillarkurven und Doppelschichtkapazitätsmessungen erbracht [3, 4]. In dem kurzen Überblick möchte ich gern einige neue von uns erzielte Resultate über den Einfluß der fremden adsorbierbaren Stoffe bzw. der Reduktionsprodukte erwähnen. Dabei sei hier besondere Aufmerksamkeit der Morphologie der durch Adsorption beeinflußten Stromspannungskurve gewidmet, deren Studium bisher bei der polarographischen Forschung überwiegt, während Folgerungen bezüglich der Adsorption und Doppelschichteinflüsse nur kurz erwähnt werden. Eine allgemeinere Übersicht kann man den neuen Referaten [5, 6] entnehmen.

Es ist bereits eine bekannte Tatsache, daß mitunter eine geringe Zugabe von oberflächenaktiven Stoffen erforderlich ist, um Maxima der I. und II. Art zu unterdrücken. Unter streng eingehaltenen Bedingungen kann der jeweilige Grad der Unterdrückung des Maximums auch zur Bestimmung der oberflächenaktiven Stoffe benutzt werden. Dabei ist zu erwähnen, daß der Einfluß der adsorbierbaren Stoffe auf die Maxima sehr erheblich ist. So ist z. B. die Empfindlichkeit der Maxima II. Art gegenüber der Adsorption etwa 100mal größer [7] als die der Elektrokapillarkurven. Es kann jedoch bei einer bestimmten Konzentration dieser Substanzen ein störender Effekt bei den Elektrodenvorgängen auftreten.

Die oberflächenaktiven Stoffe beeinflussen bekanntlich den Verlauf der polarographischen Stufen. Sie verursachen z.B. das Absinken des Grenzstromes, die Verschiebung des Halbstufenpotentiales, ggf. auch eine Zerlegung der einheitlichen Stufe in zwei Stufen, das Auftreten eines Minimums am Grenzstrom usw. Bis vor kurzem gab es für diese in der polarographischen Literatur beschriebenen Erscheinungen keine theoretische Deutung. Ein entscheidender Fortschritt wurde erzielt, als man zum Studium des Verlaufes der Strom-Zeit-Kurven überging. Um die experimentellen Ergebnisse theoretisch zu erfassen, mußten einige vereinfachende Voraussetzungen geschaffen werden.

Es wird vorausgesetzt [8, 9], daß die Geschwindigkeitskonstante der Durchtrittsreaktion k_{eff} in Anwesenheit des oberflächenaktiven Stoffes linear von dem Besetzungsgrad der Oberfläche der tropfenden Quecksilberelektrode Θ abhängt.

$$k_{\text{eff}} = {}_0k_e\,(1 - \Theta) + {}_1k_e\,\Theta\,, \tag{1}$$

wo ${}_0k_e$ die Geschwindigkeitskonstante der Durchtrittsreaktion an der freien, ${}_1k_e$ die an der besetzten Oberfläche darstellt. Wenn ${}_1k_e < {}_0k_e$ ist, handelt es sich um die Inhibition des Elektrodenvorganges, wenn ${}_1k_e > {}_0k_e$ ist, so wird der Elektrodenvorgang in Anwesenheit des adsorbierbaren Stoffes beschleunigt.

Die weiteren experimentellen Ergebnisse [10, 11] zeigten, daß im Falle der Adsorption von geladenen oberflächenaktiven Stoffen die Änderung der ursprünglichen Geschwindigkeitskonstante der Durchtrittsreaktion infolge der Änderung des Potentials ψ_1 [12, 13] berücksichtigt werden muß. Diese Änderung der Geschwindigkeitskonstante der Durchtrittsreaktion wurde mittels der bekannten FRUMKINschen Gleichung [12, 13] ausgedrückt. Dabei wird vorausgesetzt, daß das Potential ψ_1 linear von der Besetzung abhängt [14]:

$$\psi_1 = \psi_1^0 + \Delta\psi_1\,\Theta\,. \tag{2}$$

Hier ist ψ_1^0 der Wert des Potentials ψ_1 für die unbesetzte Oberfläche, $\psi_1^0 + \Delta\psi_1$ der bei vollständiger Besetzung.

Zuerst betrachten wir den Fall der Anwesenheit von adsorbierbaren, jedoch polarographisch inaktiven Stoffen in der Lösung.

Der Wert des Besetzungsgrades Θ hängt von den Adsorptionsparametern ab. Wenn die Adsorption stark ist und schnell verläuft, so daß die Diffusion des oberflächenaktiven Stoffes den geschwindigkeitsbestimmenden Schritt darstellt, dann kann zur Berechnung der Oberflächenkonzentration Γ in einer beliebigen Zeit und der Oberflächenkonzentration bei der völligen Besetzung Γ_m die Ilkovičsche Gleichung als die erste Näherung herangezogen werden [15].

Für Θ wurde folgende Beziehung abgeleitet [15]:

$$\Theta = \frac{\Gamma}{\Gamma_m} = \left(\frac{t}{\vartheta}\right)^{1/2}, \tag{3}$$

in welcher ϑ die zur Besetzung der Elektrode erforderliche Zeit bezeichnet. Für ϑ gilt

$$\vartheta = 1{,}85 \cdot 10^6\,\Gamma_m^2\,C_A^{-2}\,D_A^{-1}\,. \tag{4}$$

In dieser Gleichung ist C_A die Konzentration des adsorbierbaren Stoffes im Inneren der Lösung (mol/l) und D_A der entsprechende Diffusionskoeffizient (cm^2/sec).

Für den Fall, daß die Adsorption den geschwindigkeitsbestimmenden Schritt darstellt, wurde für die Besetzung folgende Beziehung abgeleitet [16]:

$$\Theta = \frac{1}{1 + \dfrac{k_{\text{des}}}{k_{\text{ads}}\,C_A}}\,F(\tau)\,. \tag{5}$$

Für die Größe τ gilt

$$\tau = \frac{k_{\text{ads}}\,C_A + k_{\text{des}}}{\Gamma_m}\,. \tag{6}$$

$F(\tau)$ ist eine tabellierte Funktion, k_{ads} die Geschwindigkeitskonstante der Adsorption und k_{des} diejenige der Desorption.

Im dritten Fall kann die Adsorbierbarkeit des oberflächenaktiven Stoffes so klein sein, daß große Konzentrationen dieses Stoffes erforderlich sind, um entsprechende Oberflächenkonzentrationen zu erreichen. Die Konzentration dieses Stoffes in der Umgebung der Elektrode ist also praktisch nicht verkleinert. Darum ist die Oberflächenkonzentration zeitunabhängig und durch die Gleichung

$$\frac{\Gamma}{\Gamma_m} = f(C_A) \tag{7}$$

gegeben, wo $f(C_A)$ die entsprechende Adsorptionsisotherme darstellt.

Neben den bisher betrachteten Fällen der Adsorption der polarographisch inaktiven oberflächenaktiven Stoffe wird jetzt der Fall gelöst, bei welchem das Produkt der Durchtrittsreaktion an der Elektrode schnell adsorbiert wird. Dann gilt [17]:

$$\Theta = \frac{A}{t^{2/3}} \int_0^t t^{2/3}\, D_B \left(\frac{\partial C_B}{\partial x}\right)_{x=0} dt\,. \tag{8}$$

In dieser Gleichung bedeutet A die Fläche, die 1 Molekel des Reaktionsproduktes einnimmt, und der Index B bezieht sich auf den Depolarisator.

Die Beziehung für die effektive Geschwindigkeitskonstante (Gleichung (1)), in welche die entsprechenden Ausdrücke für Θ (Gl. (3), (5), (8)) eingesetzt werden, stellt die Randbedingung im System der Differentialgleichungen dar, die die Konzentrationsänderung des Depolarisators in der Umgebung der Elektrode beschreibt. Nach der Lösung der entsprechenden Differentialgleichungen erlangt man den Ausdruck für die Stromstärke in Anwesenheit der oberflächenaktiven Stoffe. So wurden die entsprechenden Gleichungen für die Größe der Stromstärke für den Fall der schnellen [9] und langsamen [16] Adsorption des elektroinaktiven Stoffes abgeleitet. Der Ausdruck für die durch Adsorption des Reduktionsproduktes bedingte Stromgröße wurde noch nicht veröffentlicht.

Zuerst seien kurz die wichtigsten Ergebnisse für den Fall erwähnt, daß die Diffusion des adsorbierenden Stoffes den langsamsten Schritt darstellt.

Aus dem Ausdruck für den momentanen Strom geht hervor, daß für große Werte von ${}_0k_e$, d.h. bei Potentialen des Grenzstromes einer irreversiblen Stufe, und für alle Potentiale der reversiblen polarographischen Stufe (und für ${}_1k_e \to 0$) ein schneller Abfall des Stromes erhalten werden sollte, wenn die Zeit ϑ (Abb. 1) erreicht wird, die der völligen Besetzung der Elektrode entspricht. Der experimentelle Verlauf der Strom-Zeit-Kurven liegt dem theoreti-

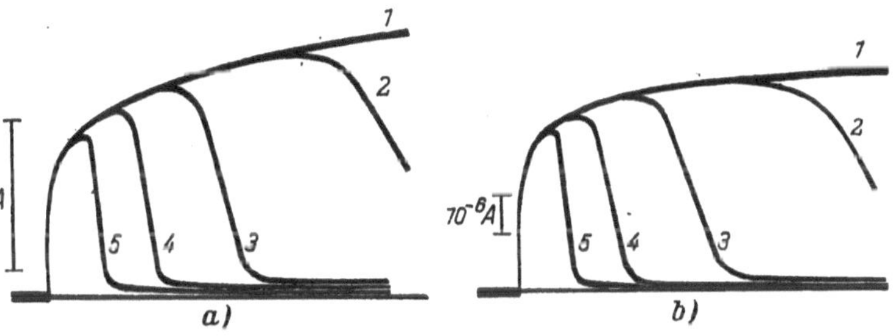

Abb. 1. $i - t$-Kurven für die Reduktion von Cd^{2+} in $HClO_4$ in Anwesenheit von Tetrabutylammoniumsulfat bei verschiedenen Potentialen.
1) $2{,}5 \cdot 10^{-3}$ M $CdSO_4$, 0,1 M $HClO_4$. Konzentration des Tetrabutylammoniumsulfats: 2) $1{,}4 \cdot 10^{-5}$ M; 3) $2 \cdot 10^{-5}$ M; 4) $2{,}8 \cdot 10^{-5}$ M; 5) $4 \cdot 10^{-5}$ M. a) $i - t$-Kurven beim Potential des Grenzstromes, $E = -0{,}75$ V (ges. KE); b) bei $\bar{i}/\bar{i}_d = 0{,}34$. Am ersten Tropfen, $t_1 = 5$ sec

schen zwar sehr nahe, doch erscheint stets eine Abrundung sowohl beim maximalen als auch beim minimalen Strom. Das wird dadurch verursacht, daß für Zeiten, die der Besetzungszeit naheliegen, die vereinfachenden Voraussetzungen nicht erfüllt sind.

Einer der wichtigsten Beweise der Theorie ist die Änderung der $i - t$-Kurve mit ${}_0k_e$ im Falle der irreversiblen Prozesse (Abb. 2). Die Übereinstimmung der Experimente mit der

Theorie ist völlig befriedigend. Wenn die Elektrodenreaktion an der besetzten Elektrode mit einer Geschwindigkeit entsprechend ${}_1k_e < {}_0k_e$ verläuft, dann sinkt der Strom nach Erreichen der Besetzung der Elektrodenoberfläche auf einen bestimmten Wert und wächst erst mit der Zeit in einer parabolischen Form wieder an (Abb. 3). Genau dieser Verlauf von Strom-Zeit-Kurven wurde beim Studium mancher Systeme gefunden.

Wenn der Depolarisator einer irreversiblen Elektrodenreaktion in Anwesenheit des oberflächenaktiven Stoffes vom Ionentypus mit dem gleichen Vorzeichen der Ladung wie der Depolarisator unterliegt, dann äußert sich das in Verlauf und Größe der Strom-Zeit-Kurve [14] (Abb. 4). Es kann in relativ einfacher Weise die Verschiebung der polarographischen Kurve abgeleitet werden, soweit die Konzentrationspolarisation vernachlässigbar bleibt [14]. Aus der größeren Verschiebung der polarographischen Kurve, wie sie in diesem Falle vorliegt, im Vergleich zu der, die bei Anwesenheit des oberflächenaktiven Stoffes von nicht polarem

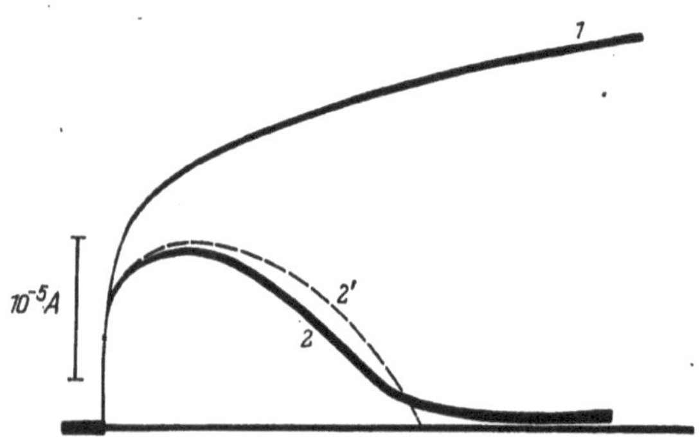

Abb. 2. $i - t$-Kurven von $[Co(NH_3)_6]^{3+}$ in Gegenwart von Polyvinylalkohol. Kurve: 1) $9 \cdot 10^{-3}$ M $Co(NH_3)_6Cl_3$, 0,1 M H_2SO_4 beim Potential des Grenzstromes; 2) + 0,0055% Polyvinylalkohol, $i - t$-Kurve bei dem $\bar{i}/\bar{i}_d = 0{,}9$ entsprechenden Potential; 2') theoretisch berechnete $i - t$-Kurve

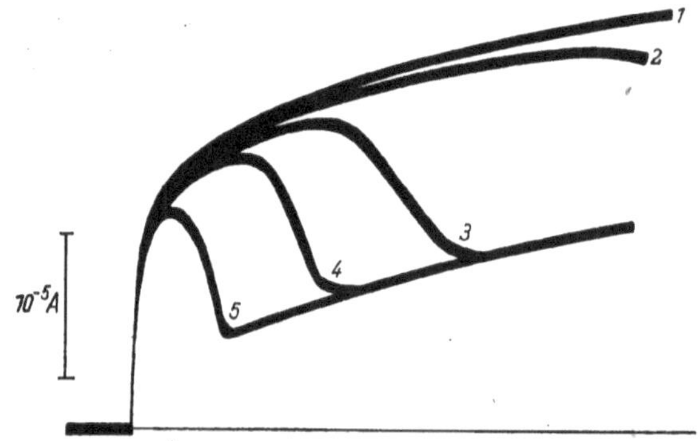

Abb. 3. $i - t$-Kurven von VO^{2+} für den Grenzstrom bei Anwesenheit von Polyvinylalkohol. Kurve: 1) $6 \cdot 10^{-3}$ M $VOSO_4$, 0,1 M H_2SO_4. Konzentration des Polyvinylalkohols: 2) 0,005%; 3) 0,0075%; 4) 0,01%; 5) 0,015%. $E = -1{,}2$ V (ges. KE), $t_1 = 5{,}7$ sec

Charakter für den gleichen Wert von ϑ auftritt, kann die Änderung des Potentials ψ_1 ermittelt werden [14].

Eine relativ einfache Gleichung der ganzen polarographischen Stufe kann man ableiten [14], wenn die Durchtrittsreaktion an der besetzten Oberfläche nicht verläuft und wenn die Adsorptionsparameter in einem größeren Potentialbereich unverändert bleiben. Dann kommt es zur Erniedrigung des Grenzstromes und zur Verschiebung dieser erniedrigten Stufe zu negativeren Potentialen bei Reduktionsvorgängen (Abb. 5) und zu positiveren Potentialen bei Oxydationsvorgängen. Es wurde sehr gute Übereinstimmung der experimentell ermittelten polarographischen Kurve mit der theoretisch berechneten gefunden. Für ${}_1k_e > 0$ ist der Verlauf der Stromspannungskurven jedoch komplizierter.

Bei reversiblen Prozessen (${}_0k_e^0 \geq 2 \cdot 10^{-2}$ cm · sec^{-1}) kann für ${}_1k_e \to 0$ nur die Herabsetzung des Grenzstromes auftreten, während das Halbstufenpotential und die Gestalt der Stufe unverändert bleiben [18] (Abb. 6). In der Literatur ist oft darüber berichtet worden, daß die Reduktionsstufe eines reversiblen Depolarisators in Gegenwart von oberflächenaktiven Stoffen zu negativen Werten verschoben wird und die gebildete Stufe gedehnt ist, was im Widerspruch zu den theoretischen Voraussetzungen und zu den hier angeführten experimentellen Ergebnissen zu stehen scheint. Die resultierende Gestalt der polarographischen Kurve eines reversiblen Depolarisators in Anwesenheit eines oberflächenaktiven Stoffes ist durch den Verlauf der Momentanströme bei den einzelnen Potentialen der ursprünglichen polarographischen Stufen bestimmt. Wenn die Geschwindigkeitskonstante ${}_1k_e$ am steigenden Teil der polarographischen Kurve wieder für ein breiteres Potentialgebiet des Diffusionsgrenzstromes (mindestens 100—200 mV) nach Zugabe der adsorbierbaren Substanz gegen 0 strebt, erhalten wir eine Erniedrigung der Stufe ohne Verschiebung des Halbstufenpotentials (Kurven 1—4 in Abb. 6). Ist am steigenden Teil der polarographischen Kurve ${}_1k_e > 0$, so ist der mittlere Strom größer, und es kommt nun darauf an, in welchem Maße die Größe ${}_1k_e$ vom Potential abhängt. Wächst ${}_1k_e$ unbedeutend mit dem Potential, dann bildet sich noch ein deutlicher Grenzstrom der unterdrückten Stufe aus, aber die größeren Werte des mittleren Stromes führen bei gleichem Verhältnis t_1/ϑ gegenüber dem Fall ${}_1k_e = 0$ zu einer Verlagerung der gesamten reversiblen

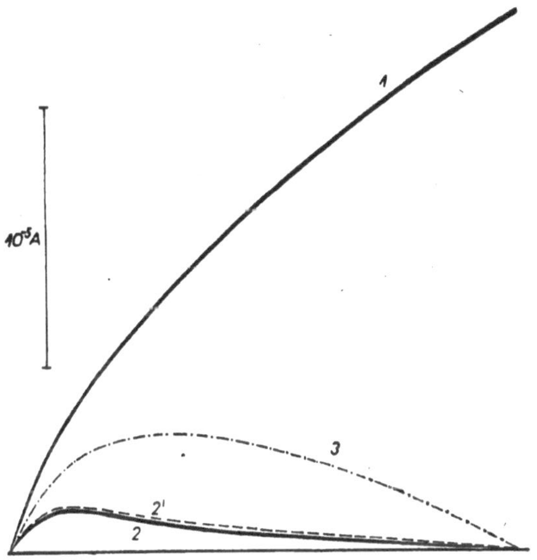

Abb. 4. $i - t$-Kurven von VO^{2+} am Stufenfuß in Gegenwart von Tribenzylammonium-Kation. 1) 0,06 M $VOSO_4$, 0,1 M H_2SO_4; 2) + $6{,}8 \cdot 10^{-5}$ Tribenzylamin; 2′) theoretische Kurve für den Wert $\Delta\psi_1 = 0{,}037$ V; 3) theoretische Kurve ohne Betrachtung der Änderung des ψ_1-Potentials. $E = -0{,}775$ V (ges. KE), $\vartheta = 4{,}65$ sec, $t_1 = 5{,}7$ sec. Am ersten Tropfen

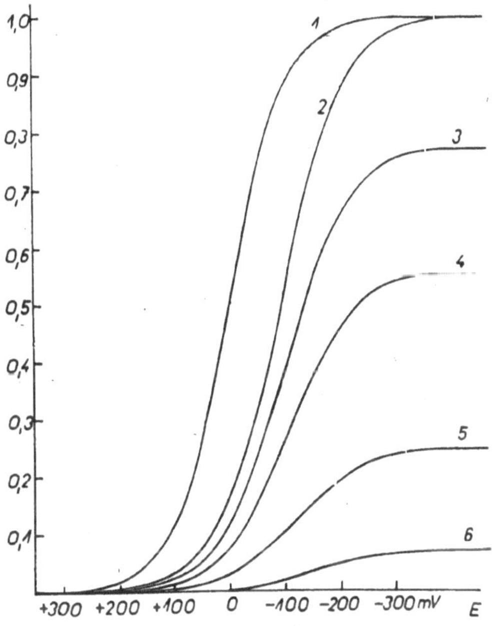

Abb. 5. Veränderung der Höhe des Grenzstromes und Verschiebung der irreversiblen Stufe in Abhängigkeit vom Besetzungsgrad der Elektrode. 1) Irreversible Stufe mit dem Richtungskoeffizienten $(2{,}3\, R\, T/\alpha\, n\, F) = 0{,}116$ V; 2) — 6) berechnet für die Verhältnisse ϑ/t_1: 2) 1; 3) 0,8; 4) 0,6; 5) 0,3; 6) 0,1

Reduktionsstufe nach negativeren Potentialen (Kurve *a* in Abb. 6). Steigt ${}_1k_e$ beträchtlich mit dem Potential, so wird keine getrennte Stufe gebildet, aber es kommt zu einer Gesamtverschiebung der Stufe und zur Erhöhung des Richtungskoeffizienten (Kurve *b* in Abb. 6). Endlich kann der Fall eintreten, daß ${}_1k_e$ am steigenden Teil, wenn der Adsorptionsfilm nicht genügend fest ist, mit dem Potential sinkt und bei den Potentialen, die der oberen Krümmung der polarographischen Kurve entsprechen, sowie bei den Potentialen des Grenzstromes gegen Null geht (${}_1k_e \to 0$). In diesem Fall kann die Bildung einer gedämpften Reduktionsstufe beobachtet werden, die etwas nach positiveren Potentialen verschoben ist (Kurve *c* in Abb. 6).

An Hand der Strom-Zeit-Kurven wurde bewiesen, daß nach Zugabe des oberflächenaktiven Ions zur Lösung des Depolarisators, der die gleiche Ladung trägt und dessen Geschwindigkeitskonstante der Durchtrittsreaktion den Wert ${}_0k_e^0 \sim 2 \cdot 10^{-2}$ cm · s^{-1} hat, diese Geschwindigkeitskonstante so herabgesetzt werden kann, daß das System sich irreversibel verhält [18]. Als Beispiel kann die Durchtrittsreaktion von Cd^{2+} in H_2SO_4 (${}_0k_e^0 \sim 4.10^{-2}$ cm · s^{-1}) angegeben werden. Während die Form der $i - t$ Kurven in Anwesenheit von ungeladenen adsorbierbaren Stoffen der reversiblen Durchtrittsreaktion entspricht, zeigt sich in Anwesenheit von Tribenzylamin an Hand der Form und Größe der $i - t$ Kurven eine Erniedrigung der Geschwindigkeitskonstante der Durchtrittsreaktion an der freien Oberfläche. Dieser Effekt wird dem positiveren Wert des Potentials ψ_1 in Anwesenheit des Tribenzylammonium-Kations zugeschrieben [18]. Aus vielen Versuchen geht hervor, daß die Adsorptionswirkung der geladenen Teilchen verschiedener Art sein kann: Eine Wirkung kann man als mechanische Inhibition bezeichnen und die zweite dem elektrischen Effekt zuschreiben.

Die meisten studierten oberflächenaktiven Stoffe zeigen einen Verlauf der $i - t$ Kurven, der einer schnellen, durch die Diffusion bedingten Adsorption entspricht.

Es ist bemerkenswert, daß bei gleichzeitiger Anwesenheit zweier ungeladener oberflächenaktiver Stoffe (z.B. Gelatine und Triton) die Strom-Zeit-Kurven einen für eine langsame Adsorption charakteristischen Verlauf aufweisen; wenn jedoch der Einfluß dieser zwei erwähnten Stoffe getrennt studiert wurde, dann wurden $i - t$-Kurven erhalten, die einer schnellen Adsorption entsprechen. Gute Beispiele des Beschleunigungseffektes der Durchtrittsreaktion sind in der Arbeit von Volková [19, 20] und Frumkin u. Mitarb. [21, 22] zu finden.

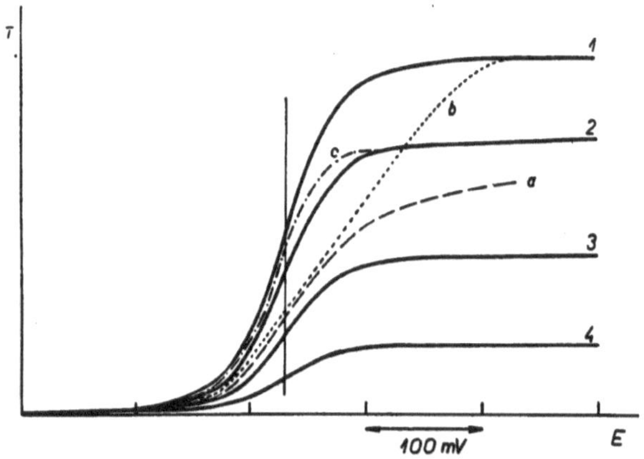

Abb. 6. Veranschaulichung des Einflusses oberflächenaktiver Stoffe auf eine einelektronige reversible Reduktionsstufe. 1) Polarographische Kurve für den Fall einer einelektronigen reversiblen Reduktion; 2)–4) berechnete gedämpfte Stufen für verschiedene Besetzungswerte, wenn ${}_1k_e \to 0$; 2) $t_1/\vartheta = 1{,}25$; 3) $t_1/\vartheta = 2$; 4) $t_1/\vartheta = 4$. a)–b) schematische Darstellung für ${}_1k_e > 0$; a) ${}_1k_e$ wächst nur wenig mit dem Potential (für $t_1/\vartheta = 2$); b) ${}_1k_e$ wächst erheblich mit dem Potential (für $t_1/\vartheta = 2$); c) ${}_1k_e$ sinkt mit wachsendem Potential (für $t_1/\vartheta = 1{,}25$)

Die irreversible Reduktionsstufe wird nach Zugabe des adsorbierbaren Stoffes mit dem Beschleunigungseffekt zu positiveren Potentialen verschoben. Die registrierten Strom-Zeit-Kurven haben am Stufenfuß einen Verlauf der etwa der Beziehung $i = k\,t^{7/6}$ entspricht. Sobald die Konzentrationspolarisation zur Geltung kommt, ist der Verlauf der $i - t$-Kurven komplizierter.

Die Adsorption kann auch eine wichtige Rolle bei chemischen Substitutionsreaktionen spielen. So ist zum Beispiel der Reduktionsstufe einiger Kobalt(III)-Komplexe des Typus $[Co(NH_3)_5X]^{2+}$ nach Zugabe von Halogeniden eine Vorstufe vorgelagert [23], entsprechend der Bildung des Komplexes $[Co(NH_3)_5Cl]^{2+}$ (bzw. statt Cl^-, Br^- oder I^-) nach der Gleichung

$$[Co(NH_3)_5X]^{2+} + Cl^- \xrightarrow{k} [Co(NH_3)_5Cl]^{2+} + X^- .$$

Die Geschwindigkeitskonstante k dieser Substitutionsreaktion, gemessen auf chemischem Wege, betrug 10^{-5} (mol/l)$^{-1}$ sec^{-1}. Dagegen wurde aus dem polarographischen Grenzstrom [23], der der Reduktion von $[Co(NH_3)_5Cl]^{2+}$ entspricht, ein zu großer Wert ermittelt. Es wurde also gefunden [23], daß diese Substitutionsreaktion in der Umgebung der Elektrode weit schneller verläuft, wobei die Geschwindigkeitskonstante durch die Adsorption an der Elektrodenoberfläche katalysiert wird.

Ein noch typischeres Beispiel ist die Reaktion zwischen den Kobalt(II)hexaminokomplexen und Cystein [24]. Fügt man einer Co(II)-Lösung in Ammoniak-Ammonchlorid eine kleine Menge Cystin zu, so tritt bereits bei einer im Verhältnis zu Co^{2+} über zwei Zehnerpotenzen geringeren Cystinkonzentration eine neue Stufe auf, die positiver als die Reduktionsstufe des $[Co^{II}(NH_3)_6]^{2+}$ ist (Abb. 7) und allem Anschein nach der Reduktion eines Cysteinkomplexes entspricht. Aus den Strom-Zeit-Kurven geht hervor, daß auch hierbei die Adsorption eine nicht unerhebliche Rolle spielt.

Aus dieser kurzen, nicht vollständigen Übersicht, der vorwiegend eigene Experimente zugrunde liegen, ist zu ersehen, daß dem Problem der Adsorption bei den polarographischen

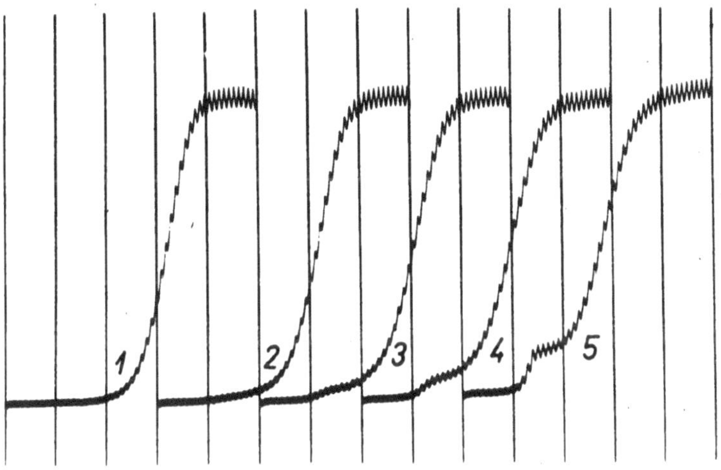

Abb. 7. Einfluß von Cystin auf die Co^{II}-Reduktion in NH_3-NH_4Cl. 1) $2 \cdot 10^{-3}$ M $CoCl_2$, 0,1 M NH_3, 0,1 M NH_4Cl, 0,01% Gelatine. Cystinkonzentration: 2) $2 \cdot 10^{-6}$ M; 3) $5{,}8 \cdot 10^{-6}$ M; 4) $9{,}5 \cdot 10^{-6}$ M; 5) $1{,}8 \cdot 10^{-5}$ M. Von $-0{,}7$ V, 100 mV/Absz., Empf. 1:70, (ges. KE)

Studien mehr Aufmerksamkeit gewidmet werden muß und daß die Vorstellung über die Adsorption zur Interpretation mancher bisher unklarer Erscheinungen in der Polarographie beitragen kann.

SUMMARY

The influence of the adsorption of electrochemically inactive substances at the electrode surface is studied polarographically. This method is much more sensitive for the investigation of adsorption than the recording of electrocapillary curves and the measurement of capacities of double-layers.

Several special cases are theoretically differentiated and discussed from the point of view of the morphology of current-time curves.

The relation for the velocity constant influenced by adsorption, acts as a boundary condition in the system of differential equations describing the changes in the concentration of the depolarizers in the vicinity of the electrode. The solution gives the limiting current influenced by adsorption.

Literatur

[1] Nikolajewa-Fedorowitsch, N. V., Fokina, L. A., Petrij, O. A., Доклады Академии Наук СССР (Ber. Akad. Wiss. UdSSR) **122**, 639 (1958).

[2] Frumkin, A. N., Trans. Faraday Soc. **55**, 156 (1959).

[3] Frumkin, A. N., Damaskin, B. B., Nikolajewa-Fedorowitsch, N. V., Доклады Академии Наук СССР (Ber. Akad. Wiss. UdSSR) **115**, 751 (1957).

[4] Damaskin, B. B., Nikolajewa-Fedorowitsch, N. V., Frumkin, A. N., Доклады Академии Наук СССР (Ber. Akad. Wiss. UdSSR) **121**, 129 (1958).
[5] Reilley, C. N., Stumm, W., Progress in Polarography. Band I. S. 81. Interscience Publishers, New York 1962.
[6] von Stackelberg, M., Nürnberg, H. W., J. Electroanal. Chem. **4**, 1 (1962).
[7] Krjukova, T. A., Acta Physicochim. UdSSR **22**, 381 (1947).
[8] Schmid, R. W., Reilley, C. N., J. Amer. Chem. Soc. **80**, 2087 (1957).
[9] Weber, J., Koutecký, J., Koryta, J., Z. Elektrochem. **63**, 583 (1959).
[10] Kůta, J., Smoler, I., Z. Elektrochem. **64**, 285 (1960).
[11] —, —, Advances in Polarography. S. 350. Pergamon Press, London 1960.
[12] Frumkin, A. N., Z. physik. Chem. **164 A**, 121 (1933).
[13] —, Trans. Faraday Soc. **55**, 156 (1959).
[14] Kůta, J., Weber, J., Koutecký, J., Collect. Czechoslov. Chem. Commun. **25**, 2376 (1960).
[15] Koryta, J., Collect. Czechoslov. Chem. Commun. **18**, 206 (1953).
[16] Weber, J., Koutecký, J., Collect. Czechoslov. Chem. Commun. **25**, 2993 (1960).
[17] Tvaroha, B., Bisher unveröffentlicht.
[18] Kůta, J., Smoler, I., Collect. Czechoslov. Chem. Commun. **27**, **2349** (1962).
[19] Volková, V., Nature **185**, **743** (1960).
[20] Volková, V., Advances in Polarography. S. 840. Pergamon Press, London 1960.
[21] Frumkin, A. N., Petrij, O. A., Nikolajewa-Fedorowitsch, N. V., Доклады Академии Наук СССР (Ber. Akad. Wiss. UdSSR) **136**, 1158 (1961).
[22] Gochstein, A. Ja., Доклады Академии Наук СССР (Ber. Akad. Wiss. UdSSR) **137**, 345 (1961).
[23] Vlček, A. A., Kůta, J., Nature **185**, 95 (1960).
[24] Zielinski, M., Bisher unveröffentlicht.

Die Zeitabhängigkeit des Elektrodenpotentials als Methode zur Erforschung von Reaktionsmechanismen

A. TOCKSTEIN

Institut für Physikalische Chemie, Technische Hochschule für Chemie, Pardubice

Die Zeitabhängigkeit des Elektrodenpotentials, besonders bei komplizierten Reaktionsmechanismen, bietet eine Möglichkeit, die einzelnen nacheinander folgenden Reaktionsschritte zu entdecken. In solchen Fällen versagt in der Regel die übliche Art der Potentiometrie. Besonders im Bereich der Oxydation von organischen Substanzen kommen verwickelte Fälle von Reaktionsmechanismen vor. Wir befaßten uns z.B. mit dem Mechanismus der Oxydation von Naphtylamin und dessen Derivaten mit Cer(IV)-Sulfat. Dabei fanden wir ein Reaktionsschema, welches in formaler Symbolik geschrieben lautet:

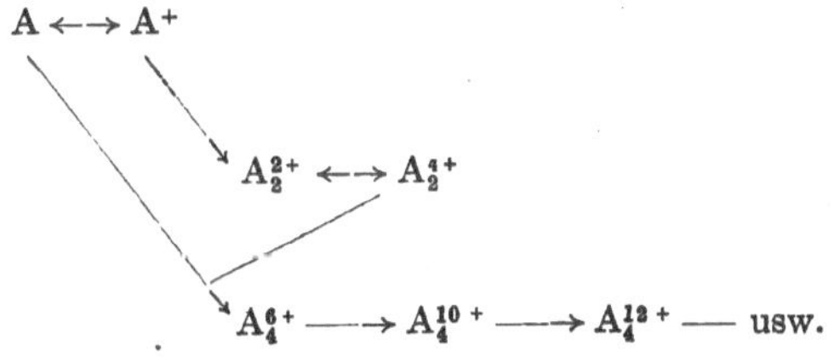

Das theoretische Prinzip unserer Methode beruht darauf, daß zuerst eine Formel für das Elektrodenpotential abgeleitet wird, die gestattet, das Potential der Platinelektrode zu ermitteln, wenn diese in eine sich *im Ungleichgewicht* befindende Lösung von verschiedenen Redoxsystemen eingetaucht wird, z.B. in eine Lösung der titrierten Substanz, der man das Oxydationsmittel zufügt und so ein Ungleichgewicht, d.h. die entsprechende Reaktion, verwirklicht. Wenn man die Potentialeinstellung der Elektrode als Analogie mit dem Aufladen einer Kapazität C betrachtet, ergibt sich

$$\frac{d\pi}{dt} = \frac{1}{C}\,\frac{dQ}{dt} = \frac{1}{C}\,i\,, \tag{1a}$$

wobei der innere Strom durch die Anzahl der mit der Elektrode und den Ox- und Red-Formen pro Zeiteinheit ausgetauschten Elektronen gegeben ist, also der Geschwindigkeitsdifferenz der Reduktion und Oxydation proportional ist:

$$i = F \sum n_i \left\{k_{i\,\mathrm{red}}\,[\mathrm{Ox}_i] - k_{i\,\mathrm{ox}}\,[\mathrm{Red}_i]\right\}. \tag{1b}$$

Die Geschwindigkeitskonstanten $k_{i\,\mathrm{red}}$ und $k_{i\,\mathrm{ox}}$ sind durch (1d) gegeben. Durch Einsetzen von (1d) in (1b) und (1b) in (1a) und Integration ergibt sich (unter Vernachlässigung eines Gliedes, das das augenblickliche Aufladen der Elektrode beschreibt) für das Elektrodenpotential folgende grundlegende Beziehung:

$$\pi = \frac{R\,T}{F} \ln \frac{\sum K_i\, e^{1/2\,\pi_{0i} \frac{F}{R\,T}} \cdot [Ox_i]}{\sum K_i\, e^{-1/2\,\pi_{0i} \frac{F}{R\,T}}\, [\mathrm{Red}_i]}. \tag{1c}$$

Die einzelnen Symbole bedeuten:

π_{0i} – Normalpotential des Redoxsystems $Ox_i + n_i e \rightleftharpoons Red_i$
K_i – Geschwindigkeitskonstante der Elektronenübergabe zwischen der Ox_i- oder Red_i-Form und der Elektrode, wenn diese das Potential π_{0i} annimmt.

In den übrigen Fällen ($\pi \neq \pi_0$) werden die Geschwindigkeitskonstanten der Elektrodenreduktion und Oxydation in bekannter Weise durch folgende Formel dargestellt:

$$k_{i\,\mathrm{Red}} = K_i\, e^{-\alpha_i(\pi - \pi_{0i})\frac{n_i F}{RT}}, \qquad k_{i_{\mathrm{ox}}} = K_i\, e^{(1-\alpha_i)(\pi - \pi_{0i})\frac{n_i \cdot F}{RT}}. \tag{1d}$$

Der Vereinfachung wegen wurde für unsere Betrachtungen angenommen, daß

$$n_i = 1 \qquad \alpha_i = 1/2 .$$

Die Verallgemeinerung für beliebige α_i und n_i ist verhältnismäßig leicht zu erreichen.

In diese Formel werden dann für die einzelnen $[Ox_i]$ und $[Red_i]$ Ausdrücke eingesetzt, die aus geläufigen Differentialgleichungen der Reaktionskinetik für jedes einzelne Reaktionsschema zu entnehmen sind.

Im allgemeinen ergibt sich so eine Abhängigkeit des Elektrodenpotentials von der Anfangskonzentration der oxydierten Substanz C_a, der des Oxydationsmittels C_{ox} und der Zeit. Dabei sind in der Formel noch die einzelnen Geschwindigkeitskonstanten und Normalpotentiale einzelner Reaktionsprodukte enthalten.

Wenn wir zunächst die Reaktion von nur zwei Redoxsystemen betrachten, z. B. $A + Z^+ \underset{k_2}{\overset{k_1}{\rightleftharpoons}} A^+ + Z$, so ergibt sich aus der für $\alpha_i \neq 1/2$ verallgemeinerten Form der Gleichungen (1), nach Einsetzen für $[A]$, $[Z^+]$, $[A^+]$, $[Z]$ von der integrierten Differentialgleichung der bimolekularen Reaktion, folgender Ausdruck:

$$t \cdot C_a \cdot k_1 \sqrt{(n+1)^2 - 4n\left(1 - \frac{k_2}{k_1}\right)} \cdot \log e$$

$$= \log \frac{-e^{\frac{F(\pi - \pi_b)}{RT(1-\alpha_A+\alpha_Z)}} \cdot \left\{e^{\frac{F}{RT}(\pi_{0A} - \pi)} + \frac{\delta - 1}{\delta}\right\} + \frac{\delta - n}{\delta} + e^{\frac{F}{RT}(\pi - \pi_{0Z})}}{e^{\frac{F(\pi - \pi_b)}{RT(1-\alpha_A+\alpha_Z)}} \cdot \left\{e^{\frac{F}{RT}(\pi_{0A} - \pi_\infty)} - e^{\frac{F}{RT}(\pi_{0A} - \pi)}\right\} - e^{\frac{F}{RT}(\pi_\infty - \pi_{0Z})} + e^{\frac{F}{RT}(\pi - \pi_{0Z})}}. \tag{2}$$

Bedeutung der Symbole:

n – Anzahl der zugefügten Äquivalente des Oxydationsmittels $= C_{ox}/C_a$
π_b – Potential für $n = 1$ und $t = 0$
π_∞ – Gleichgewichtspotential für entsprechendes n
π_{0A} – Normalpotential des Redox-Systemes $A - e \rightleftharpoons A^+$
π_{0Z} – Normalpotential des Redox-Systemes $Z - e \rightleftharpoons Z^+$

$$\delta = \frac{1 + n + \sqrt{(n+1)^2 - 4n\left(1 - \frac{k_2}{k_1}\right)}}{2\left(1 - \frac{k_2}{k_1}\right)}.$$

Dieser Ausdruck stellt einen $\pi - t$ Kurvenfächer dar, dessen Gestalt in der Abb. 1a dargestellt ist. Dabei ist n als Parameter gewählt.

Wenn wir umgekehrt t als Parameter wählen, so bekommen wir eine $\pi - n$ Kurvenschar (Abb. 1b).

Die hier abgebildeten Kurven wurden experimentell gewonnen bei der Reaktion von VO^{2+} mit Ce^{4+}. Die Punkte sind theoretisch berechnete Werte. Wie man aus den Abbildungen ersieht, ist die Übereinstimmung der theoretischen und experimentellen Werte befriedigend mit Ausnahme der Bereiche größter Krümmung, was durch die Trägheit des automatischen

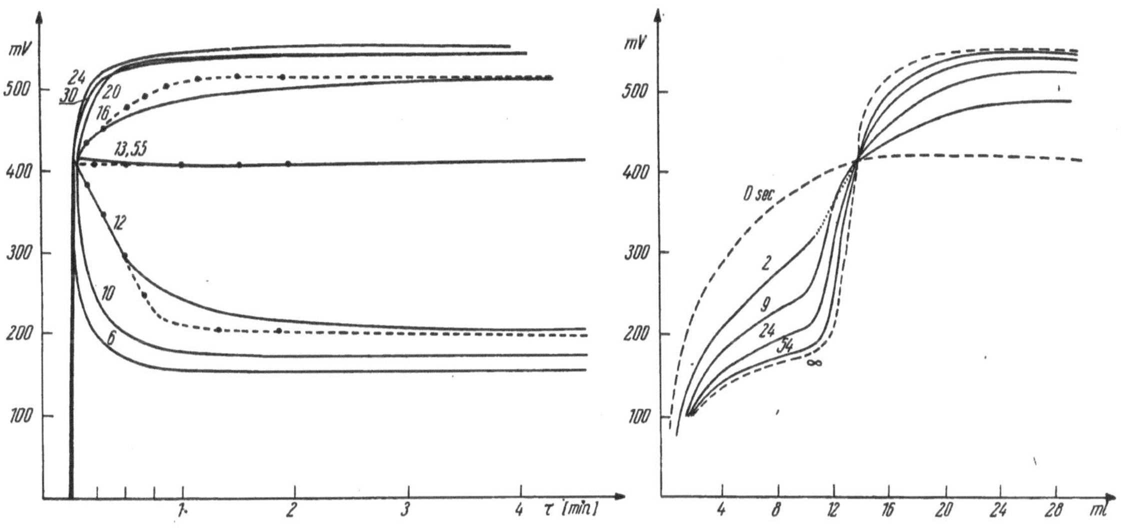

Abb. 1a Abb. 1b

Abb. 1. $\pi - t$ Kurvenfächer (a) und $\pi - n$ Kurvenschar (b) der Reaktion von VO^{2+} mit Ce^{4+}

Die vollausgezogenen Kurven wurden experimentell mit Hilfe der beschriebenen Anordnung (Abb. 4) gewonnen. Die Punkte sind theoretische Werte, nach Gleichung (2) berechnet. Konzentration von $VO(SO_4)_2$: 19,55 mg in 60 ml 2 NH_2SO_4. Die Zahlen an den $\pi - t$-Kurven geben die zehnfache Anzahl der zugegebenen Milliliter einer 0,05-N-Lösung von $Ce(SO_4)_2$ in 0.5 N H_2SO_4 an. Schreiber EZ 2 ohne polarographisches Filter, Spannungsteiler 10 MΩ/9200 Ω, Temperatur 20°C

Schreibers verursacht wird. Sehr typisch ist die horizontale $\pi - t$ Gerade in der Umgebung der Äquivalenz, d.h. bei $n = 1$.

Dieser Kurvenfächer der Reaktion von zwei Redoxsystemen ist eine Grunderscheinung, die sich gewissermaßen abgeändert auch in komplizierteren Fällen wiederholt. So bekommt man z.B. bei Folgereaktionen vom Typus

$$A + Z^+ \underset{k_1'}{\overset{k_1}{\rightleftarrows}} A^+ + Z \qquad (1a)$$

$$\text{wenn } k_1 \gg k_2$$

$$A^+ + Z^+ \underset{k_2'}{\overset{k_2}{\rightleftarrows}} A^{2+} + Z \qquad (1b)$$

einen $\pi - t$ Kurvenfächer (Abb. 2a, Kurven voll ausgezogen), welcher aus zwei einfachen Kurvenfächern zusammengesetzt ist (gestrichelte Kurvenäste): im ersten Zeitintervall $\Delta\tau_1$ der Reaktion (I) aus dem einfachen Kurvenfächer der Reaktion (Ia) mit der Mitte des Fächers in Form der horizontalen Geraden für $n = 1$ und im zweiten Zeitintervall $\Delta\tau_2$ aus dem einfachen Kurvenfächer der Reaktion (Ib) mit der Mitte des Fächers für $n = 2$.

Wenn man wieder t als Parameter wählt, bekommt man eine $\pi - n$ Kurvenschar (Abb. 2b), wo für einzelne Zeiten vom Intervall $\Delta\tau_1$ die $\pi - n$ Kurven einen ausgeprägten Sprung bei $n = 1$ äußern. Im Laufe der Zeit entwickelt sich auch der zweite Sprung, wobei unter Umständen ($k_1' \ll k_1$, $k_2' \ll k_2$) der erste Sprung allmählich verschwinden kann.

Die sehr interessante Gestalt der $\pi - t$ Kurvenfächer hat für jeden Reaktionsmechanismus ihren typischen Verlauf, so daß dieser als Hinweis für die Bestimmung von Reaktionsmechanismen dienen kann. Die Gestalt der Kurvenfächer für die einfachen Reaktionsmechanismen haben wir schon gezeigt. Als Beispiel eines komplizierteren Falles nehmen wir die Folgereaktion (Ia, Ib), wobei $k_1 \ll k_2$ gilt und die reduzierte und oxydierte Form A, A^{2+} durch eine langsame nachgelagerte Reaktion ein weiteres Produkt bilden können, z. B. unter Dimerisierung reagieren: $A + A^{2+} \rightarrow A_2^{2+}$. Der entsprechende Kurvenfächer ist in (Abb. 3a) dargestellt.

Aus der horizontalen $\pi - t$ Geraden entnimmt man die Entstehung des Oxydationsproduktes A^{2+}. Die Kurve des schnellsten Potentialabfalles muß dem schnellsten Ablauf von $A + A^{2+} \rightarrow A_2^{2+}$ entsprechen. Dieser Ablauf wird erreicht, wenn die Anfangskonzentration von A und A^{2+} die gleiche, wenn also $n = 1$ ist. Auf der $\pi - n$ Kurvenschar (Abb. 3b) entwickelt sich eine Mulde, die dem Schnittpunkt der $\pi - t$ Kurven entspricht und deren Minimum der Oxydationsstufe der gebildeten Substanz zukommt. Soviel zu den Abbildungen der Kurvenfächer einzelner Reaktionsmechanismen.

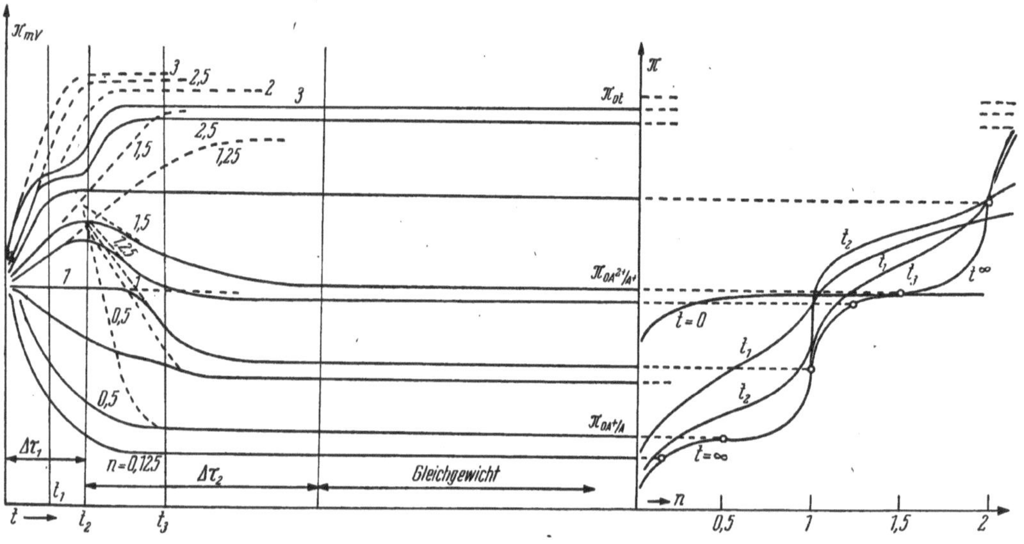

Abb. 2a Abb. 2b

Abb. 2. Schematische Darstellung der $\pi - t$ Kurvenfächer (a) und $\pi - n$ Kurvenscharen (b) einer Reaktion von zwei Redoxsystemen

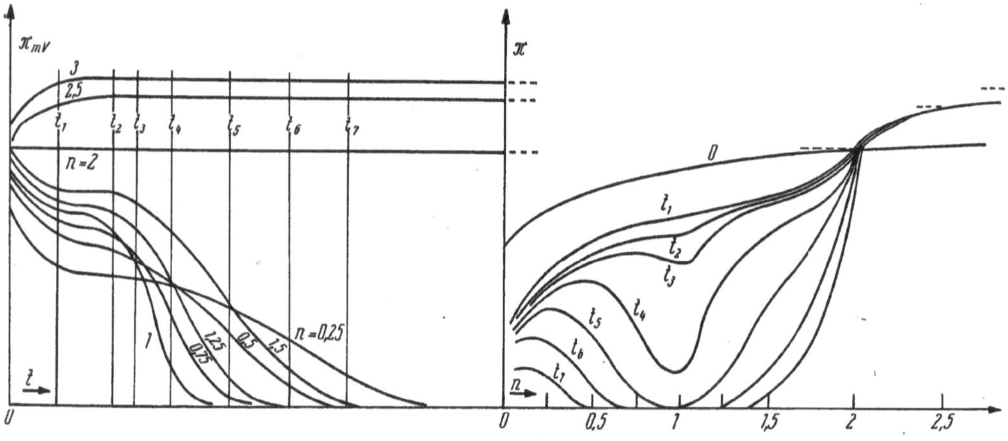

Abb. 3a Abb. 3b

Abb. 3. Schematische Darstellung der $\pi - t$ Kurvenfächer (a) und $\pi - n$ Kurvenscharen (b) einer Reaktion von zwei Redoxsystemen mit einer nachgelagerten Reaktion zwischen der zu oxydierenden Substanz und ihrem Oxydationsprodukt

In der Mehrzahl der Fälle liegt aber die umgekehrte Aufgabe vor: der experimentell ermittelten Zeitabhängigkeit des Potentials das Reaktionsschema zu entnehmen. Das gelingt in folgender Weise: Die $\pi - t$ Kurvenschar mit n ($n = C_{Ox}/C_A$) als Parameter wird mit Hilfe eines automatischen Schreibers (EZ2) nach dem Schema der Abb. 4 aufgenommen. Dann wird diese Kurvenschar in eine andere transformiert, die die $\pi - n$ Abhängigkeit mit t als Parameter darstellt.

Die so erhaltenen $\pi - t$ Kurvenfächer werden dann analysiert: Zuerst werden die (stückweise) horizontalen $\pi - t$ Geraden aufgefunden, woraus man die Anzahl der Oxydationsstufen der einzelnen primären Oxydationsprodukte bestimmt. Dann wird die Gestalt der einzelnen $\pi - t$ Kurven studiert: Wenn die einzelnen zu je einem n (als Parameter) gehörigen $\pi - t$ Kurven sich untereinander schneiden, so ist es ein Hinweis auf eine nachgelagerte Reaktion der primären Oxydationsprodukte. Das kann z. B. die schon erwähnte Dimerisation sein oder die Hydrolyse einzelner Oxydationsprodukte, die bei jedem Produkt mit verschiedener Geschwindigkeit vorgeht, oder eine Reihe anderer Reaktionen. Eine eingehende Diskussion dieser Effekte kann in diesem Rahmen keinen Platz finden.

Die transformierten $\pi - n$ Kurven sind in ihrer Gestalt den üblichen potentiometrischen Kurven sehr ähnlich, gestatten jedoch, durch Bestimmung von einzelnen Äquivalenzpunkten (Potentialsprünge), die sich nur zu gewissen Zeiten ändern, einzelne Reaktionsprodukte und ihre zeitliche Entstehung zu bestimmen. Den üblichen potentiometrischen Kurven kann man solche Angaben nicht entnehmen, da in den meisten Fällen solche Kurven eine monotone S-förmige Gestalt haben, ohne die einzelnen Oxydationsprodukte durch entsprechende Potentialsprünge zu verraten.

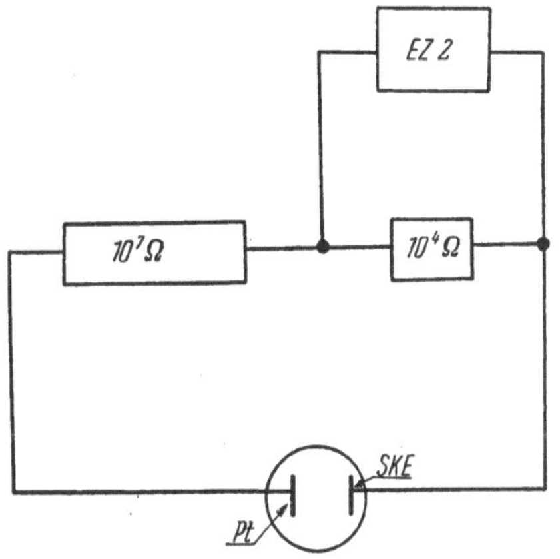

Abb. 4. Schema der Apparatur zur Aufnahme der $\pi - t$ Kurven

Pt: Platinelektrode, SKE: gesättigte Kalomelelektrode, EZ 2: automatischer Schreiber tschechoslowakischer Produktion

Als Illustration werden zum Schluß $\pi - t$ Kurvenfächer und entsprechende $\pi - n$ Kurvenscharen gezeigt, die wir bei der Oxydation von aromatischen Aminen mit Cer(IV)-Sulfat gewonnen haben und denen wir ein formales Reaktionsschema entnehmen konnten.

Oxydation von α-Naphtylamin mit Cer(IV)-Sulfat

Von dem $\pi - t$ Kurvenfächer (Abb. 5a) kann man folgendes ablesen: die erste Äquivalenz (erkennbar durch Verdichtung der horizontalen Bereiche der $\pi - t$ Kurven mit nachfolgenden Kurvenmaximen) liegt bei $n = 2$. Die am schnellsten abfallende $\pi - t$ Kurve entspricht ebenso dem Wert $n = 2$.

Der Schnittpunkt der $\pi - t$ Kurven deutet eine nachgelagerte Reaktion an. Da der n-Wert der Oxydatiosstufe für das primäre Oxydationsprodukt mit dem n-Wert der am schnellsten abfallenden $\pi - t$ Kurve übereinstimmt, so dürfen die Ausgangskomponenten der nachgelagerten Reaktion nicht verschieden sein.

Ab $n = 3$ zeigen die $\pi - t$ Kurven einen ganz anderen Charakter: Eine gewisse Verdichtung bei $n = 3$ deutet die Existenz eines Dreielektronenoxydationsproduktes an, welches aber einer Inaktivierung unterliegt.

Die $\pi - n$ Kurvenschar (Abb. 5b) weist zwei Potentialsprünge aus: bei $n = 2{,}5$ und $n = 3$.

Diese experimentellen Tatsachen zugleich mit unseren experimentellen Befunden zeigen sich in folgendem:

1. Bei der Oxydation von α-Naphtylamin bildet sich Naphtydin, welches in seiner oxydierten roten Form mit α-Naphtylamin unter Bildung eines blauen Produktes reagiert, wobei Naphtydin regeneriert wird.

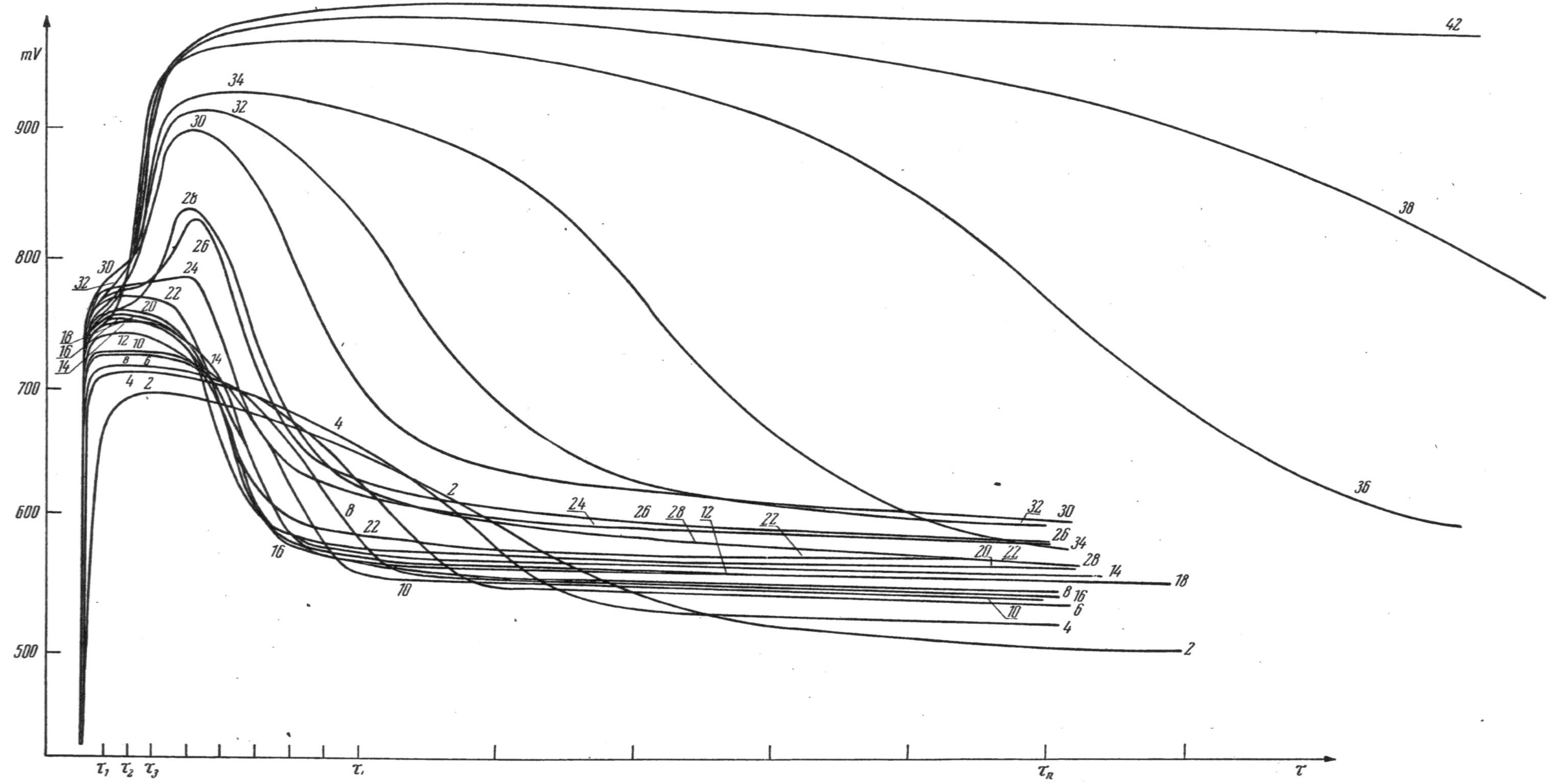
mV
900
800
700
600
500
τ₁ τ₂ τ₃
τᵢ
τₙ
τ
42
38
36
34
32
30
28
26
24
22
20
18
16
14
12
10
8
6
4
2

Abb. 5a

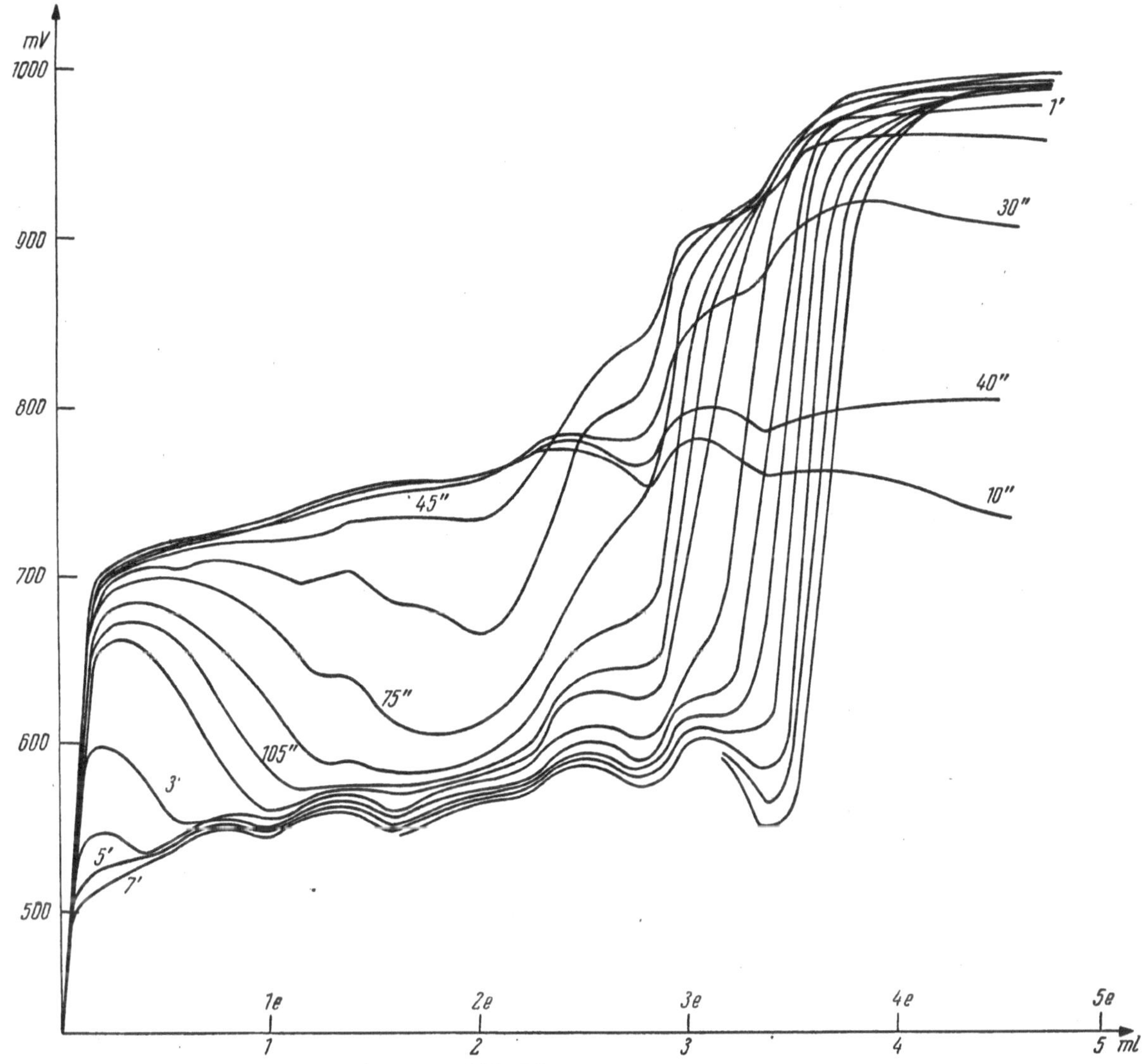

Abb. 5 b

Abb. 5. Kurvenfächer und Kurvenscharen der Oxydation von α-Naphtylamin

Konzentration von α-Naphtylamin 1,74 mg in 50 ml der H_2SO_4-H_2O-Mischung vom Wert $H_0 = -3$. Die Ziffern der π—t Kurven bezeichnen die zehnfache Anzahl der zugegebenen Milliliter einer 0,01-N-Lösung von $Ce(SO_4)_2$ in 0,5N H_2SO_4. Schreiber EZ 4, Spannungsteiler 10 M Ω/1540 Ω, Temperatur 20 °C

2. Das blaue Produkt zeigt ein Vielfaches des Molekulargewichtes von α-Naphtylamin. Dies kann man am besten durch folgendes formale Reaktionsschema deuten (A bedeutet α-Naphtylamin, A_2^{2+} Naphtydin, A_2^{6+} oxydierte Form des Naphtydins):

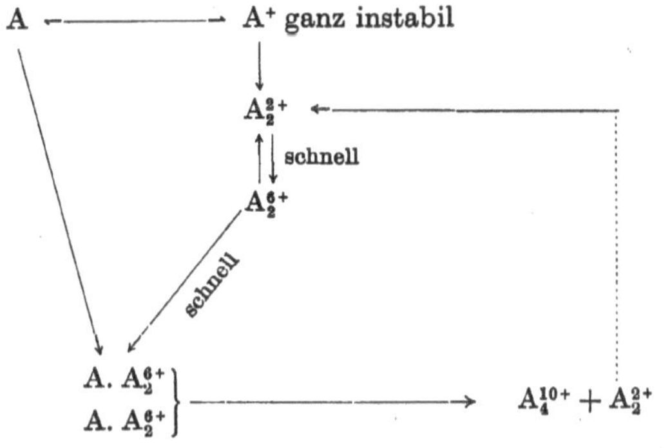

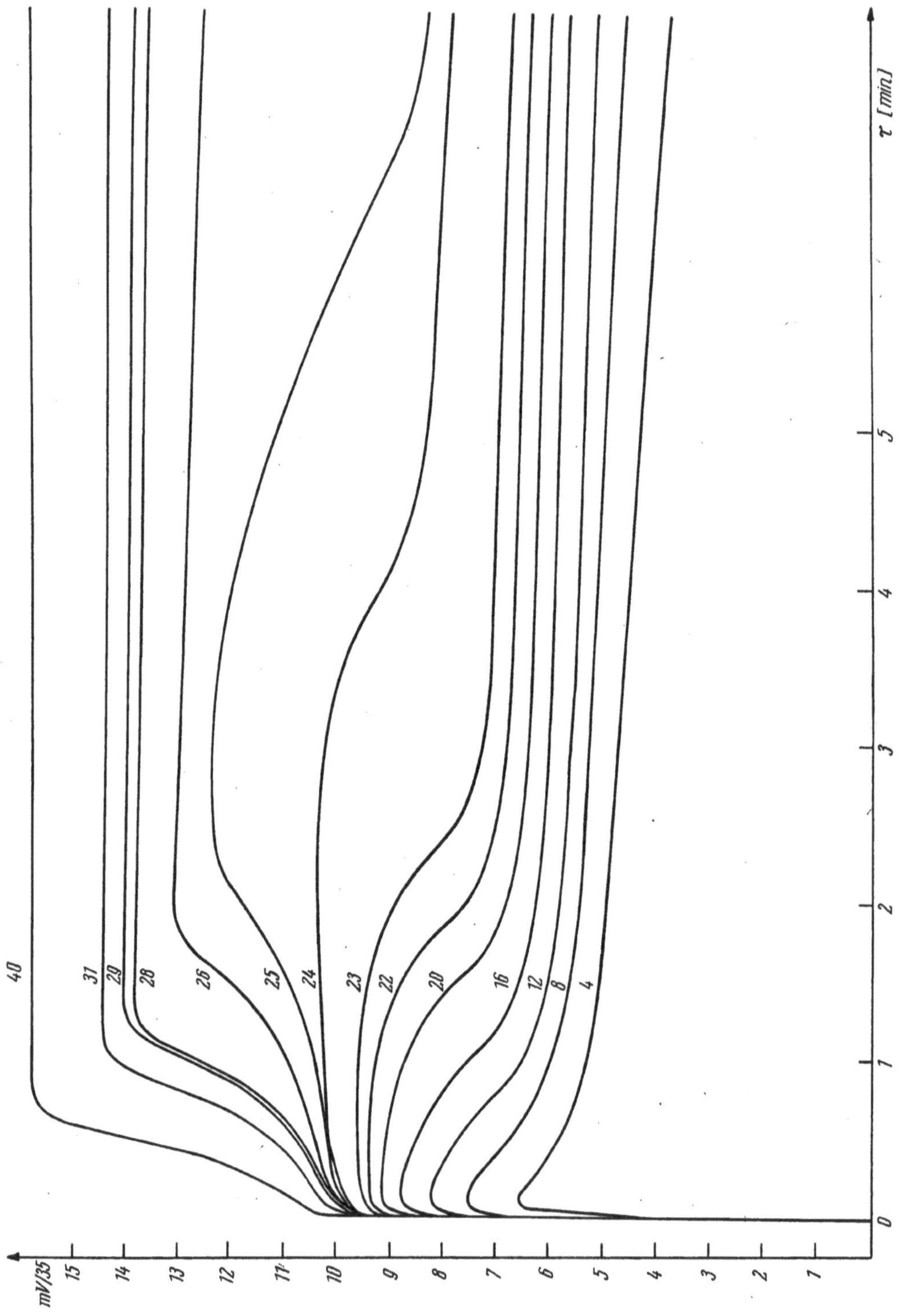

Abb. 6a

Oxydation von 1-Amino-2-Bromnaphtalin mit Cer(IV)-Sulfat

Von dem $\pi - t$ Kurvenfächer (Abb. 6a) ersieht man, daß die Verdichtung der horizontalen Bereiche der $\pi - t$ Kurven im Intervall $n = 1$ bis $n = 2$ zwei einfachen dicht aneinander liegenden Kurvenfächern für die Bildung eines Einelektronenoxydationsproduktes und eines Zweielektronenoxydationsproduktes mit nahen Normalpotentialen entspricht. Zugleich

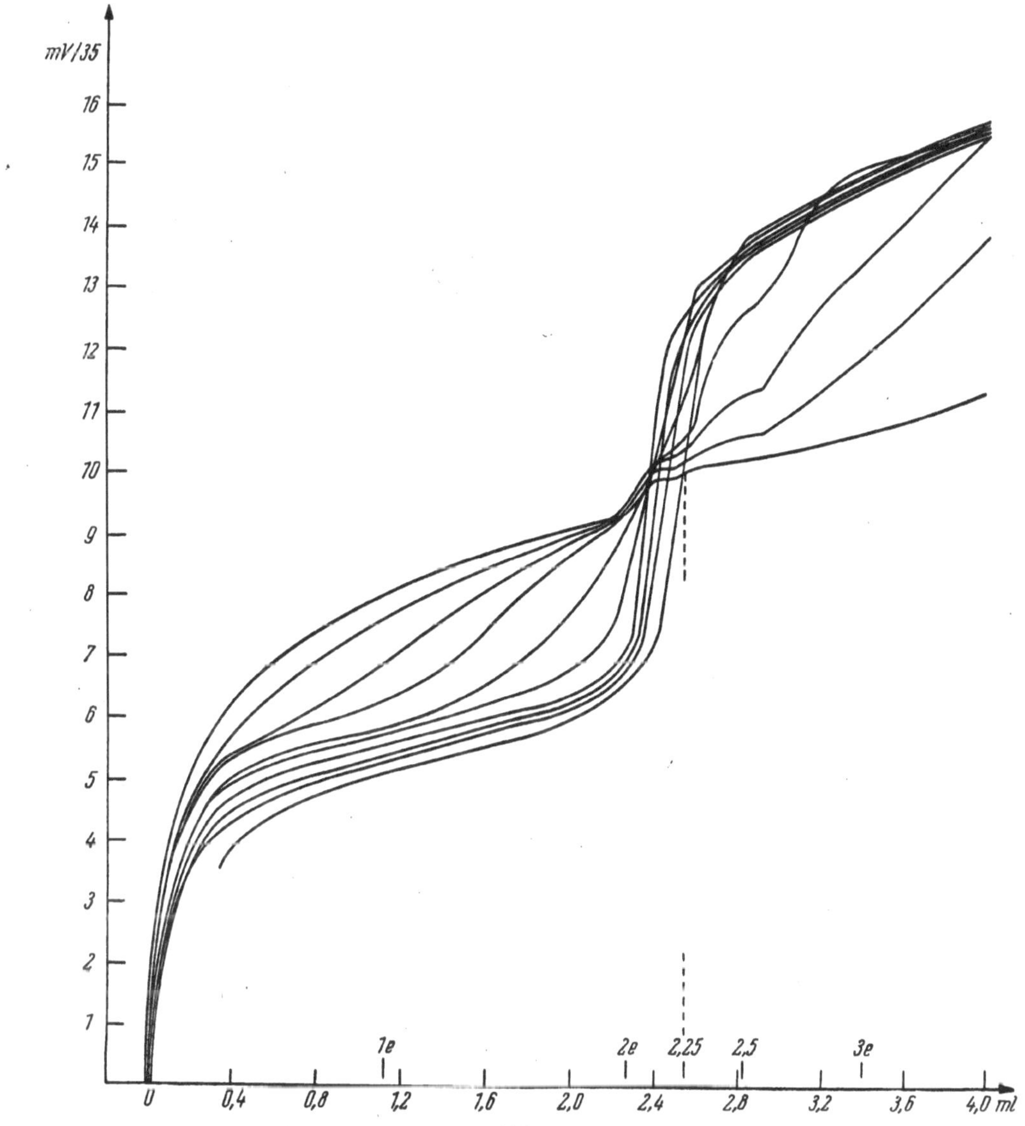

Abb. 6b

Abb. 6. Kurvenfächer und Kurvenscharen der Oxydation von 1-Amino-2-Bromnaphtalin

Konzentration der Substanz 2,547 mg in 50 ml der H_2SO_4-H_2O-Mischung vom Wert $H_0 = -3$. Die Versuchsbedingungen sind die gleichen wie bei Abb. 5

— mehr abgesondert — entwickelt sich ein dritter Kurvenfächer (nach Erreichen des Wertes $n = 2$ durch Kurvenmaxima und Wendepunkte merkbar), dessen Mitte dem Werte $n = 2{,}25$ enstpricht.

An der $\pi - n$ Kurvenschar (Abb. 6b) erscheint ein Schnittpunkt bei $n = 2$, was die Bildung von Zweielektronenprodukten bei kurzen Zeiten indiziert. Im Laufe der Zeit entwickelt sich ein ausgeprägter Potentialsprung für $n = 2{,}25$. Die Bildung des Einelektronenoxydationsproduktes ist an den $\pi - n$ Kurven nur schwach angedeutet.

Von diesen Tatsachen kann folgendes Reaktionsschema abgeleitet werden (A bedeutet 1-Amino-2-Bromnaphtalin):

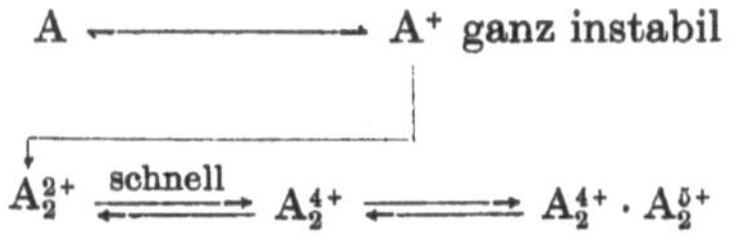

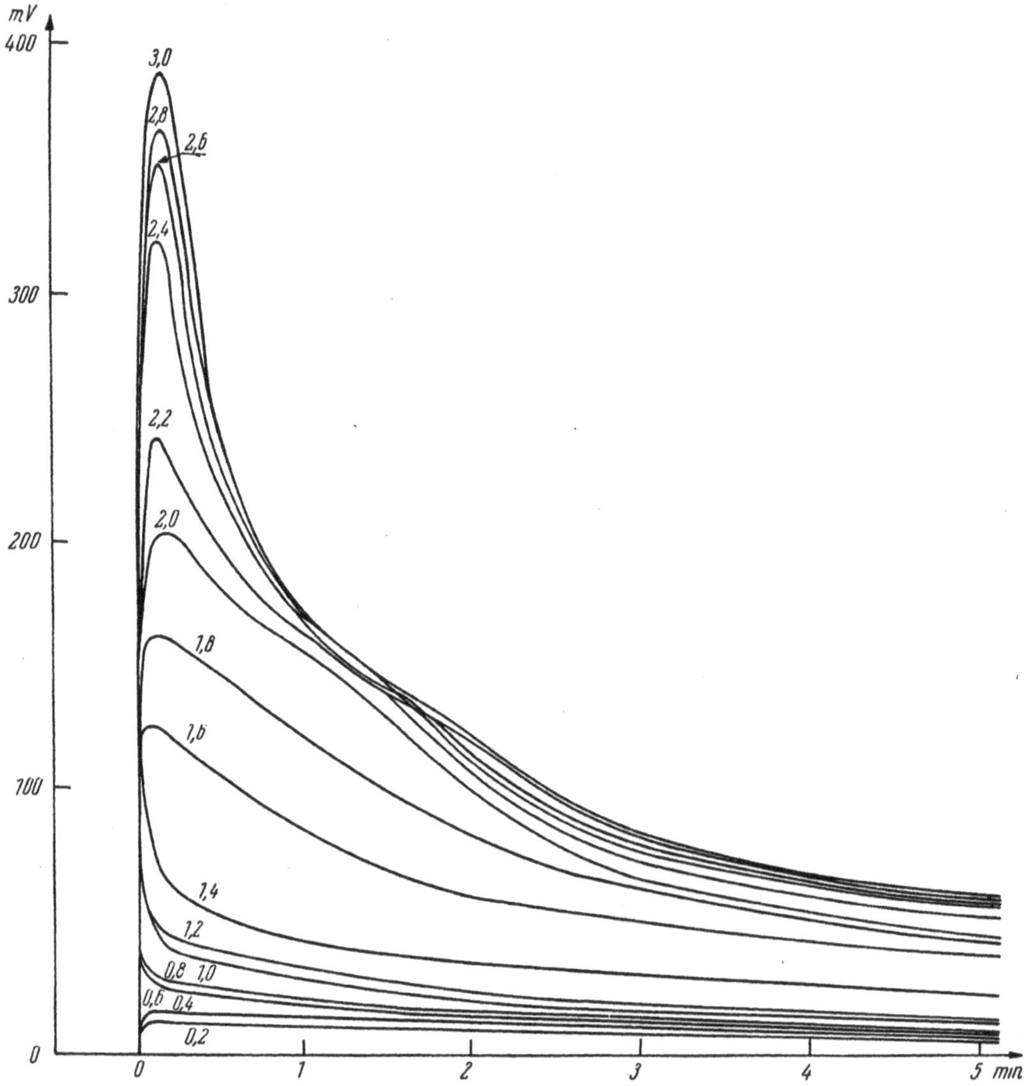

Abb. 7a

Oxydation von 1-p-Tolylaminonaphtalin-7-Sulfonsäure mit Cer(IV)-Sulfat

Die Anfangsbereiche der $\pi - t$ Kurven deuten auf eine Äquivalenz bei $n = 1{,}5$ und $n = 2{,}5$ (Abb. 7a). Der weitere Verlauf der $\pi - t$ Kurven ist in diesem Falle gegenüber dem üblichen, d. h. nach der Äquivalenz aufsteigenden Verlauf, etwas deformiert, und zwar durch Inaktivierung des ersten Oxydationsproduktes und durch sehr rasche Inaktivierung des zweiten Oxydationsproduktes. Die letzte ist so wirksam, daß an den $\pi - n$ Kurven (Abb. 7b) der zweite Potentialsprung ($n = 2{,}5$) nur bei $t = 15$ sec sichtbar wird.

Daraus ergibt sich folgendes Oxydationsschema (A bedeutet 1-p-Tolylaminonaphthalin-7-Sulfonsäure, deren erstes stabiles Oxydationsprodukt das Zweifache des Molekulargewichtes von A besitzt, was kryoskopisch ermittelt wurde):

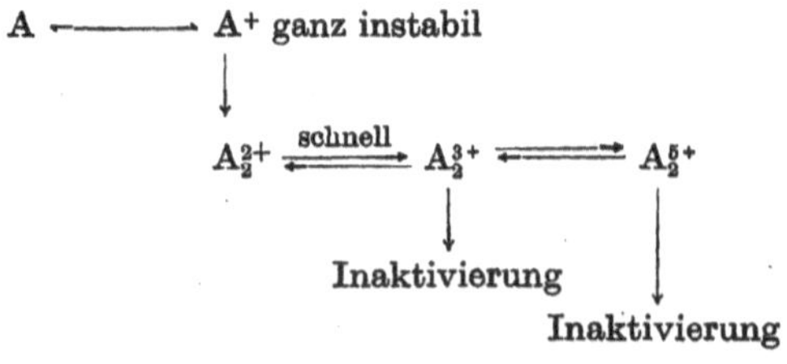

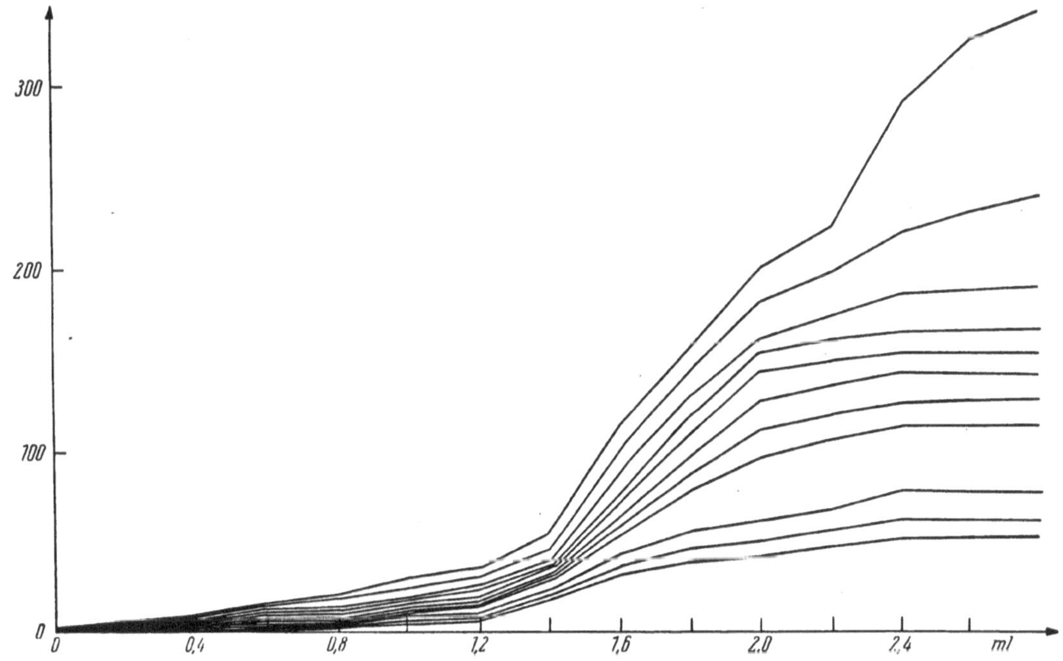

Abb. 7b

Abb. 7. Kurvenfächer und Kurvenscharen der Oxydation von 1-p-Tolylaminonaphtalin-7-Sulfonsäure

Konzentration der Säure 3,12 mg in 25 ml einer 0,1N-H_2SO_4-Lösung. Die Ziffern an den $\pi - t$ Kurven geben die Anzahl von Millilitern der 0,01-N-$Ce(SO_4)_2$-Lösung in 0,8N H_2SO_4 an. Schreiber EZ 4, Spannungsteiler 10 $M\Omega$/18400 Ω. Temperatur 20° C

SUMMARY

A new method enabling interpretation of complicated reaction mechanisms is reported. The experimental operation consists in recording the time dependence of the electrode potentials after mixing of the reactants at different concentrations of oxydants $\left(n = \frac{C_{ox}}{C_a}\right)$. The obtained fanshaped crowd of $\pi - t$ curves is redrawn into a $\pi - n$ crowd of curves, time t being the parameter.

Two simple examples are given for which the course of the $\pi - t$ curves was calculated theoretically and compared with the experimental data. Agreement was satisfactory.

From these results general criteria were derived permitting analysis of the partial steps of even complicated reaction mechanisms.

Three different oxydation processes could be elucidated in this way.

D—7

Zur polarographischen Ermittlung der Geschwindigkeitskonstanten chemischer Reaktionen, insbesondere aus reaktionsbedingten Strom-Zeit-Kurven

K. E. Reinert

Institut für Mikrobiologie und experimentelle Therapie Jena
der Deutschen Akademie der Wissenschaften zu Berlin

In den letzten Jahren wurden elektrochemische Methoden in zunehmendem Maße zur Bestimmung von Geschwindigkeitskonstanten chemischer Reaktionen verwendet. Am bekanntesten ist bisher die Analyse der polarographischen kinetischen Ströme, deren Theorie vor allem von Koutecky u. Mitarb. ausgearbeitet wurde. Daneben hat dafür auch die Chronopotentiometrie laufend an Bedeutung gewonnen. Eine zusammenfassende übersichtliche Darstellung der elektrochemischen Methoden zur Bestimmung von Geschwindigkeitskonstanten der schnellen chemischen Reaktionen gibt Strehlow [1]. Er behandelt dabei ausschließlich solche Methoden, bei denen der Ablauf der zu untersuchenden Reaktion erst durch den Elektrodenvorgang ausgelöst oder wirksam wird.

Die bekanntesten Beispiele sind die vorgelagerte monomolekulare Reaktion

$$B \underset{k_1'}{\overset{k_1}{\rightleftharpoons}} A \xrightarrow{e} R$$

und die gegengelagerte monomolekulare Reaktion,

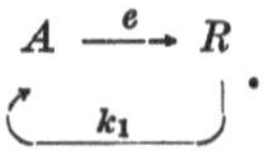

Allen diesen Reaktionen ist gemeinsam, daß ihre theoretische Behandlung von den miteinander gekoppelten Differentialgleichungen für Diffusion und Reaktion aller an der chemischen Reaktion beteiligten Komponenten ausgeht.

Eine andere elektrochemische Methode verwendet die polarographische Messung der Änderung des Grenzstromes zur zeitlichen Verfolgung reaktionsbedingter Konzentrationsänderung in der *gesamten* Lösung. Dieses Verfahren versagt jedoch, wenn die Konzentrationsänderung während eines Tropfens zu groß wird, also spätestens bei Halbwertszeiten von etwa <15 Sekunden [2].

Für solche schnelleren Reaktionen hat man die Diffusions-Differentialgleichung durch ein Glied zu ergänzen, das dieser Konzentrationsänderung Rechnung trägt. Die Grundgedanken und die Ergebnisse der theoretischen Rechnung sollen hier in übersichtlicher Form zusammengestellt werden. Eine ausführliche Darstellung ist inzwischen bereits erschienen [3].

Schnelle Reaktionen im ganzen Probenvolumen verlangen einen präzisen Reaktionsstart. Es seien hier zwei Beispiele zu seiner Realisierung angegeben: 1. Rasche Mischung der Komponenten, etwa nach der stopped-flow-Methode von Hartridge-Roughton [2, 3, 4]. 2. Hinreichend homogene Blitz- oder Dauereinstrahlung von Energie (z. B. UV-Licht) [5], wobei vorausgesetzt wird, daß im Bereich der Diffusionsschicht die Strahlungsdichte als ortsunabhängig angesehen werden kann.

Insbesondere für die zweite Möglichkeit wäre auch die Anwendung stationärer Elektroden vorteilhaft. Daher wurde die Theorie sowohl für die Tropfelektrode als auch für die ebene und die sphärische Elektrode ausgearbeitet. Sie ist bei der Verwendung von Stationärelektroden stets, also unabhängig von der Halbwertszeit der Reaktion, zu berücksichtigen.

Betrachtet werden die in der ersten Spalte der Tabelle angeführten Reaktionen, in denen die Komponente A als Depolarisator wirksam ist und deren Reduktions- oder Oxydationsstrom beim Grenzstrompotential zu messen ist.

Für die allgemeinsten der Reaktionen [(IV) (V)] und z. B. die ebene Elektrode besteht die mathematische Aufgabe in der Lösung der Differentialgleichung

$$\frac{\partial a}{\partial t} = D \frac{\partial^2 a}{\partial x^2} - k_1' a + \frac{d}{dt} [A_n(t; k_n)] \quad (1)$$

unter Berücksichtigung der entsprechenden Randbedingungen [siehe [3]).

Hierin ist $a(x, t)$ die orts- und zeitabhängige Konzentration des Depolarisators A, $[A_n(t; k_n)]$ der nur zeitabhängige Konzentrationsverlauf in dem vom Elektrodenvorgang unbeeinflußten Bereich der Lösung. Die Bedeutung der Geschwindigkeitskonstanten k_1', k_n ergibt sich aus den Reaktionsschemata.

Im Falle der sphärischen und der Tropfelektrode ist das Krümmungsglied bzw. der Konvektionsterm in der Differentialgleichung (1) zu ergänzen (vgl. die Gl. (5) und (6) in [3]). Gleichung (1) kann leicht auf den Fall der Reaktion (I) bzw. (II) oder (III) spezialisiert werden ($k_n = 0$ bzw. $k_1' = 0$).

Die mathematische Lösung für den Konzentrationsverlauf, insbesondere an der Elektrodenoberfläche, und damit auch für den „reaktionsbedingten Diffusionsstrom" i_{rd} ist in [3] mit Hilfe eines dafür ausgearbeiteten Faltungsverfahrens durchgeführt worden. Die Ergebnisse sind dargestellt als Produkt des normalen Diffusionsstromes i_d, d. h. des Stromes, der zur gleichen Zeit fließen würde, wenn der Depolarisator stabil in Lösung vorliegen würde, und eines von der Zeit, den Reaktionsgeschwindigkeitskonstanten und evtl. anderen Parametern abhängigen „reaktionsbedingten Faktors" F.

Diese Funktionen F $(= i_{rd}/i_d)$, die die Grundlage für die Bestimmung der Reaktionsgeschwindigkeitskonstanten bilden, sind das Ergebnis der Rechnung und für die behandelten Fälle in der Tabelle zusammengefaßt, gemeinsam mit Hinweisen über ihre numerische und graphische Darstellung. Insbesondere sind in Abb. 1 und 2 die wichtigsten dieser Funktionen für die Tropf- und die ebene Elektrode wiedergegeben. In Abb. 3 ist für die ebene Elektrode der prinzipielle Verlauf des normalen Diffusionsstromes $\left(i_d \sim \frac{1}{\sqrt{y}}\ ;\ y = a_0^{n-1} k_n t\right)$ sowie für die Reaktionen (II) und (III) der Verlauf von i_{rd} dargestellt.

Den zur experimentellen Bestimmung der k notwendigen „normalen" Diffusionsstrom i_d kann man gewinnen, indem man den Depolarisationsvorgang bei stabilem Depolarisator ablaufen läßt, d. h. bei Reaktion (I) vor und bei (II) und (III) nach Ablauf der Reaktion. Der Anstieg der Auftragung von $-\log i_{rd}/i_d$ in (I) liefert unmittelbar k_1' (s. [5]; [3, 6]), die Anfangssteilheit von i_{rd}/i_d beispielsweise bei Reaktion (II) und ebener Elektrode $2\,k_1$ oder aber $1{,}50\,k_1$ (bzw. $1{,}47\,k_1^{+++)}$) bei der Tropfelektrode unter der Bedingung, daß Reaktions-, (Tropf-) und Depolarisationsbeginn zusammenfallen. Weitere Details über die allgemeineren Fälle sind in [6] und insbesondere in [3] zu finden.

Es wurde an dieser Stelle versucht, die Grundgedanken und theoretischen Ergebnisse für die Ermittlung von Geschwindigkeitskonstanten von Reaktionen, die sich im *ganzen Probenvolumen* abspielen, kurz, übersichtlich und ohne mathematische Details darzustellen. Die Resultate erlauben die Bestimmung der Geschwindigkeitskonstanten bei raschen Konzentrationsänderungen aus dem Stromverlauf des Einzeltropfens sowie allgemein bei Verwendung stationärer Elektroden.

Die Ausführungen über die wichtigsten Gesichtspunkte dieses Vortrages wurden gekürzt in die Generaldiskussion über Reaktionsprobleme verlegt.

Reaktion (A = Depolarisator)	Startbedingungen	Variable und Parameter	Reaktions- Tropfelektrode $i_{rd}^{(Tr)}/i_d^{(Tr)}$
(I) $A \xrightarrow{k'_1} E$ (Ia) $E^{(2)} \xleftarrow{k''_1} A \xrightarrow{k'_1} E^{(1)}$	Reaktionsstart zu beliebiger Zeit ($t = 0$)	$y = k'_1 t$ $y = (k'_1 + k''_1) t$	e^{-y}
(II) $B \xrightarrow{k_1} A$ (III) $B + C \xrightarrow{k_2} A$	(Tropfenwachstum, Depolarisation und Reaktion beginnen gleichzeitig) ($t = 0$)	$y = k_1 t$ $n = 1$ $y = a_0 k_2 t$ $n = 2$ $(b_0 = c_0)$	$1{,}50\, y\, \Lambda_n(y)$ +++)
(II) $B \xrightarrow{k_1} A$ (III) $B + C \xrightarrow{k_2} A$	Tropfenwachstums- und Depolarisationsbeginn zur Zeit $t = t_1$ nach dem Reaktionsstart	$y = k_1 t$ $y = k_1 t_1$	$\{(1 - e^{-y_1}) + e^{-y_1} \cdot 1{,}50\, (y - y_1)\, \Lambda_1\, (y - y_1)\}$ [vgl. +++)] —
(II) $B \xrightarrow{k_1} A$	Reaktionsstart ($t = t_0$) nach Depolarisations- und Tropfbeginn ($t = 0$)	$y = k_1 t$ $y_0 = k_1 t_0$	$e^{y_0} \cdot \left\{1{,}50\, y\, \Lambda_1(y) - y \int_0^{y_0/y} \frac{e^{-y u}}{\sqrt{1 - u^{7/3}}}\, du\right\}$ +++)
(IV) $B \xrightarrow{k_1} A \xrightarrow{k'_1} E$	Depolarisations- und Reaktionsbeginn gleichzeitig ($t = 0$)	$y = k_1 t$ $\omega = \frac{k'_1}{k_1}$	$\omega \leqq 1$: $\frac{e^{-\omega y}}{1 - \omega} \cdot 1{,}50\, (1 - \omega)\, y\, \Lambda_1[(1 - \omega)\, y]$ [vgl. +++)]
(V) $B + C \xrightarrow{k_2} A \xrightarrow{k'_1} E$	Depolarisations- und Reaktionsbeginn gleichzeitig ($t = 0$)		—

+) f_1 sphärische Korrektur, wenn $i_d = i_d^{(sph)}$ der normale Diffusionsstrom der sphärischen Elektrode

++) φ_1 sphärische Korrektur, wenn $i_d = i_d^{(e)}$ der normale Diffusionsstrom einer flächengleichen ebenen Elektrode

SUMMARY

The reactions producing the so-called kinetic currents and taking their effect in the electrode space, are confronted with the changes of concentration in the total solution caused by reactions and producing the so-called reaction-caused-diffusion-currents. The reaction types noted in the first column of the table are considered and the theoretical expression for the reaction-caused-diffusion-currents derived by solution of the modified differential equation of diffusion for stationary and dropping electrodes. The latter considerations are especially necessary in cases where the alteration of the concentration during dropping time is no longer negligible. In this case, the velocity constants may be determined from the i–t curve of the single drop.

bedingte Faktoren F

Numerische Angaben	Ebene Elektrode $i_{rd}^{(e)}/i_d^{(e)}$	Numerische Angaben	Sphärische Elektrode $i_{rd}^{(sph)}/i_d$	Numerische Angaben
	e^{-y}		e^{-y}	
Fig. 1; Tab. 2 in [3]	$2\,y\,\lambda_n(y)$	Fig. 2; Tab. 1 in [3]	$\left[2\,y\,\lambda_n(y) + \begin{Bmatrix} f_n\,(y;\sigma_n) \\ \varphi_n\,(y;\sigma_n) \end{Bmatrix}\right] \begin{matrix} {}^{+)} \\ {}^{++)} \end{matrix}$ $\sigma_n = \frac{1}{r_0}\sqrt{\frac{\pi D}{a_0^{n-1}\,k_n}}$	s. Abb. 6 und 7 in [3]
Tab. 2 und Abb. 9 in [3]	$\{(1 - e^{-y_1}) + e^{-y_1}\cdot 2\,(y - y_1)\,\lambda_1\,(y - y_1)\}$ siehe (29) in [3]	Abb. 4 u. Tab. 1 [in 3]	siehe (48) in [3]	
Tab. 3 in [3]				
	$\omega \leqq 1:\ \frac{e^{-\omega y}}{1-\omega}\,2\,(1-\omega)\,y_1\,\lambda_1\,[(1-\omega)\,y]$ $\omega \geqq 1:\ 2\,y\,\frac{e^{-y}}{\sqrt{(\omega-1)\,y}}\,\frac{\sqrt{\pi}}{2}\,\Phi\,(\sqrt{\omega - 1\,y})$ ++++) siehe (41) in [3]	Abb. 5 in [3]	siehe (49) in [3] —	

+++) Berücksichtigt man die Elektrodenkrümmung, so kommt man zu dem halbempirischen Ausdruck $1{,}47\,y\,\bar{\Lambda}_n(y)$ (vgl. Gl. (61) in [3]).

++++) $\Phi(x) = \frac{2}{\sqrt{\pi}}\int_0^x \exp\,(-\,q^2)\,dq$ ist das Gaußsche Fehlerintegral.

Literatur

[1] Strehlow, H., in Weissberger, A., Ed. „Techn. of Organ. Chem." Vol. VIII/2 Interscience Publishers. 1962.

[2] Berg, H., Kapulla, H., Z. Elektrochem. Ber. Bunsenges. phys. Chem. **64**, 44 (1960).

[3] Reinert, K. E., Z. f. Elektrochem. Ber. Bunsenges. phys. Chem. **66**, 379 (1962).

[4] Bauer, E., dieser Band, D 8.
Hartridge, H., Roughton, F. J. W., Proc. Roy. Soc. A **104**, 376 (1923); vgl. auch Weissberger, A., Ed. „Techn. of Org. Chem." Vol. VIII Interscience Publishers 1953.

[5] Berg, H., Z. Chem. **2**, 237 (1962), insbes. Abschnitt 3.
—, Naturwiss. **47**, 320 (1960).
Berg, H., Schweiss, H., Nature **191**, 1270 (1961).

[6] Reinert, K. E., Berg, H., Mber. DAW **4**, 26 (1962).

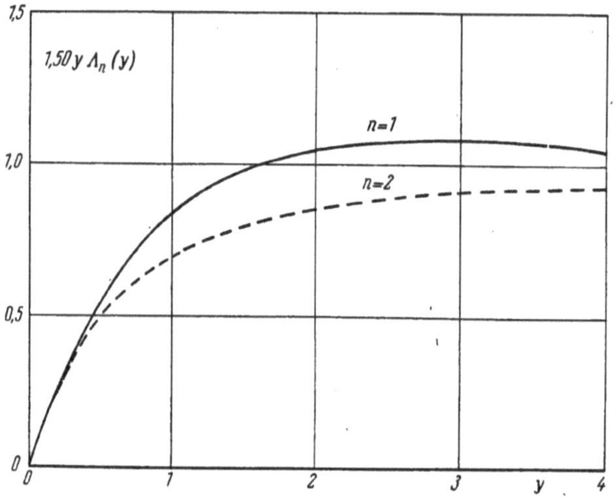

Abb. 1. Die reaktionsbedingten Faktoren $F_n(y) = 1{,}50\, y\, \Lambda_n(y)$ der Tropfelektrode für die Reaktionen (II) und (III) beim Zusammentreffen von Tropf-, Depolarisations- und Reaktionsbeginn ($y = a_0^{n-1}\, k_n\, t$)

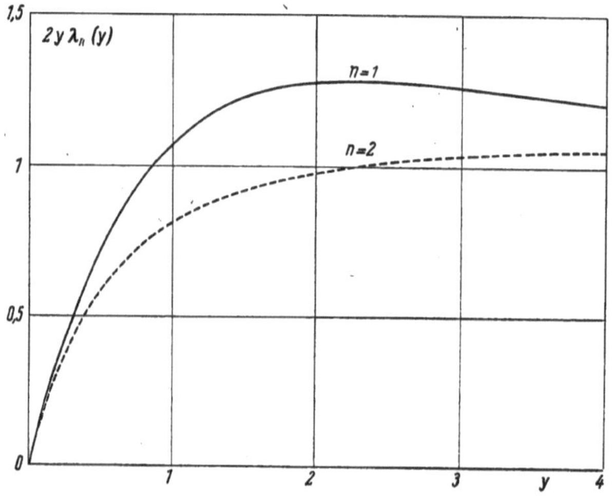

Abb. 2. Die reaktionsbedingten Faktoren der ebenen Elektrode $F_n(y) = 2\, y\, \lambda_n(y)$ für die Reaktionen (II) und (III) beim Zusammentreffen von Depolarisations- und Reaktionsbeginn ($y = a_0^{n-1}\, k_n\, t$)

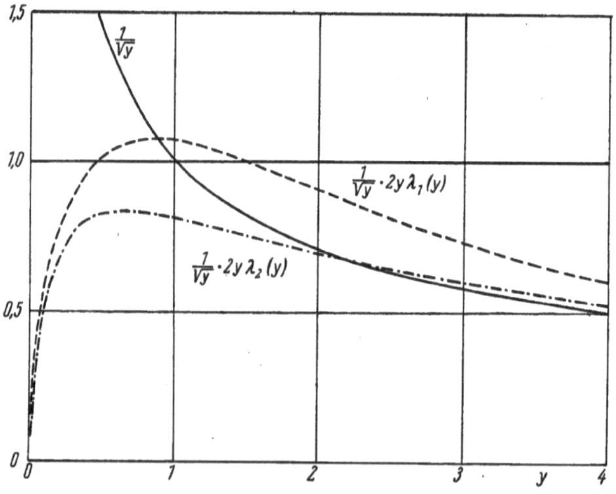

Abb. 3. Prinzipieller Verlauf des normalen Diffusionsstromes an der ebenen Elektrode $\left(\sim \frac{1}{\sqrt{y}}\right)$ und des reaktionsbedingten Diffusionsstromes unter den Verhältnissen nach Abb. 2

D—8

Eine Strömungsapparatur zur polarographischen Reduktionsgeschwindigkeitsmessung

E. Bauer

Institut für Mikrobiologie und experimentelle Therapie Jena der Deutschen Akademie der Wissenschaften zu Berlin

Die Bestimmung von Reaktionsgeschwindigkeiten wird nach verschiedenen Methoden wie
durch spektroskopische (Eigen und Mitarbeiter),
durch Relaxationsmessungen (Temperatur- und Drucksprung) oder
durch elektrochemische Bestimmungen (Einschaltvorgänge; Gerischer, Breiter und Delahay) vorgenommen.

Mit der klassischen Polarographie ist es möglich, Reaktionen mit Halbwertszeiten von $\tau_{1/2} \geqq 15$ s zu erfassen. Für kürzere Zeiten zwischen 15 und 1 s versagt diese Technik, und es muß die Aufnahme von Strom-Zeit-Kurven am Einzeltropfen herangezogen werden. Schnellere Reaktionen reversibler Depolarisatoren für $\tau_{1/2} < 7$ s lassen sich nach K. Wiesner durch die eingelagerte Reaktion mit Hilfe des kinetischen polarographischen Stromes erfassen. Diese schnellen Vorgänge verlaufen nur innerhalb der Elektrodengrenzschicht, während sich Reaktionsbeispiele der ersten beiden Fälle im Innern der Lösung abspielen. Die eingelagerte Hydrierungsreaktion für Chinon läßt sich wie folgt formulieren:

$$QH_2 \xrightarrow{\text{el.}} Q + 2\,H^+ + 2\,e^- \,,$$
$$\text{(Rückbildung von } QH_2 \text{ aus } Q \text{ mit } 2\,H[Pd], \; k')$$

ein Vorgang, der ähnlich dem von Wieland beschriebenen Dehydrogenasenmodell abläuft.

Das Pd-Sol als mikroheterogener Katalysator aktiviert in wasserstoffgesättigter Lösung den Wasserstoff, der die eingelagerte Reaktion einleitet. Palladiumsol stellen wir durch langsame Reduktion von Palladiumchlorid mit Hydrazin und Stabilisierung mit dem Schutzkolloid Gummi arabicum her. Dieses Sol ist bei sehr geringem Aktivitätsabfall über mehrere Wochen haltbar. Die Stammkonzentration an Pd im Sol ist 0,04 m. Der Durchmesser der Solpartikel beträgt etwa 100 Å und hängt von den Herstellungsbedingungen ab.

Die Geschwindigkeitskonstante der Hydrierungsreaktion k' ist abhängig vom Halbstufenpotential $\pi_{1/2}$ eines oder mehrerer Wasserstoffakzeptoren nach

$$\log k_i - \log k_j = B\,(\pi_{1/2i} - \pi_{1/2j})\,.$$

Der Faktor B hat für mikroheterogene Reaktionen bei einer homologen Reihe von Chinonen den Wert von ca. 2,9/Volt und liegt damit unter dem für monomolekulare Reaktionen (etwa 17,1). Durch die Abhängigkeit des k-Wertes vom Halbstufenpotential erhalten wir auch eine Variation von k mit dem pH-Wert. Die Abhängigkeit Geschwindigkeitskonstante von der zugesetzten Solmenge ist bis etwa 10^{-3} m linear.

Bei der klassischen polarographischen Registrierung von kleinen Reaktionsgeschwindigkeiten ist die Zeit der Durchmischung gegenüber der Reaktionszeit bzw. Messung zu vernachlässigen oder bei etwas experimentellem Geschick sehr klein zu halten ($\leqq 5$ s).

Für die Bestimmung größerer Geschwindigkeiten eignet sich die Strömungsmethode, die 1923 von Hartridge und Roughton [1] beschrieben worden ist. Es werden hierbei Lösungen von zwei Reaktanten sehr schnell in einer speziellen Mischzelle zusammengemischt und die Reaktion dann spektrophotometrisch verfolgt. B. Chance [2] hat diese Methode für biologische Messungen weiterentwickelt.

Die ersten Experimente mit elektrochemischer Registrierung wurden von Saal 1928 und von Sirs 1958 [3] angegeben. Sirs führte Leitfähigkeitsmessungen an der Reaktion $CO_2 + OH^- \rightarrow HCO_3^-$ mit einer Glaselektrode durch und bestimmte so Halbwertszeiten von 50 ms.

Wir haben versucht, die Quecksilbertropfelektrode als Nachweiselektrode einzusetzen. Dazu sind im wesentlichen folgende Bedingungen zu erfüllen:

1. Die Mischung muß vollständig sein.
2. Die Zeit zwischen Mischung und Messung soll möglichst klein sein, in unserem Falle beträgt sie etwa 250 ms bei der Strömungsgeschwindigkeit 35 cm s^{-1}.
3. Die Lösung soll zu Beginn der Messung in Umgebung des Tropfens in Ruhe sein, damit die Auswertung nach der Theorie ermöglicht wird (Diffusionsbedingungen).

Die Stopped-Flow-Methode, bei der die Reaktion nach dem Abstoppen des Lösungsflusses verfolgt wird, hat sich in Verbindung mit der Tropfelektrode für die Untersuchung der Kinetik mit Palladiumsolkatalysator als günstig erwiesen, weil dann die Registrierung auch in trüben Medien möglich ist. Spektroskopisch ist die Messung allerdings in kürzeren Zeiten (bis zu 2 ms) nach der Mischung durchführbar, weil die Restturbulenz, die sich nach dem Mischen ausbildet, nicht stört, wenn das Licht die Küvette im ganzen durchstrahlt und gewissermaßen integriert wird. Das Abklingen dieser Restturbulenz stellt eine Grenze für die Geschwindigkeitsmessung nach der polarographischen Methode dar. Die zwei Bedingungen:

1 vollständige Mischung, d. h. Turbulenz;

2. Messung unter Diffusionsbedingungen, d. h. laminare Strömung und dann Abstoppen des gesamten Lösungsflusses,

stellen zwei unmittelbar aufeinander nicht zu verwirklichende Forderungen dar. Die Zeit des Umschlages von der Turbulenz zur Laminarität läßt sich nicht beliebig klein halten.

Die Strömungsapparatur besteht aus dem Druckgenerator, einer Ölförderpumpe, die einen Druck von ca. 4 atm erzeugt, und dem eigentlichen Meßteil mit Meßzelle, polarographischer Elektrodenanordnung, den Spritzen und Vorratsgefäßen (Abb. 1).

Die Spritzen — es sind je zwei gleichlange von 5, 10, 20, 25 oder 50 ml Inhalt der Firma Injekta, Steinach, verwendbar — stehen auf einem Teller, der durch den Kolben im Öldruckzylinder bei Betätigung des Magnetventiles bewegt wird. Diese Bewegung ist durch einen Hebel nach oben oder unten steuerbar mit der Möglichkeit, an beliebiger Stelle anzuhalten. Die Geschwindigkeiten des Vor- und Rücklaufes lassen sich durch zwei Ventile jeweils durch die Geschwindigkeit des Öleinlaufes variieren. Das Abstoppen des Ölflusses in den Öldruckzylinder und damit auch das Abstoppen der Lösung im Reaktionsrohr geschieht hinreichend kurz durch ein Magnetventil, das durch einen Druckknopf am Arbeitsplatz betätigt werden kann. Bei automatischer Steuerung der Anlage dient eine Schaltwalze zur reproduzierbaren Einschaltung der nacheinander ablaufenden Vorgänge. Mit Hilfe von zwei Dreiwegehähnen können die Spritzen aus den Vorratsflaschen wechselweise gefüllt bzw. in die Mischzelle entleert werden.

Der Kasten mit den Glasgefäßen und der Meßzelle ist wärmeisoliert und durch einen Luftthermostaten temperierbar. Die Entlüftung der Lösungen geschieht durch Wasserstoff bzw. Stickstoff, der von der Seite des Abflusses her das System durchströmt. Die Mischzelle besteht aus Glas mit je zwei parallel geschalteten Düsen für die beiden Komponenten. Zwischen Misch- und Meßzelle wurde eine mit 90 Löchern von 0,8 mm innerem Durchmesser bei einem Gesamtdurchmesser von 8 mm durchbohrte Messingscheibe benutzt, die die Strömung auf einer Strecke von 5 mm weitgehend durch die parallelen Kanäle gleichrichten soll. Die Meßzelle wurde aus Plexiglas gefertigt, in die die Tropfkapillare und die Gegenelektrode wegen des hohen wechselnden Druckes von innen eingeschliffen sind.

Die Aufnahmen der Strom-Zeit-Kurven wurden mit einem Schleifenoszillographen und Gleichstromverstärker gemacht. Mit einer zweiten Schleife wird die Spannung über dem Magnetrelais registriert. Sie ist gleich Null, wenn das Relais anzieht, d. h., wenn die Strömungsapparatur arbeitet und die Mischung erfolgt. So ist eine einfache Kontrolle des Flußstoppes möglich, und die Auswertung wird bequemer.

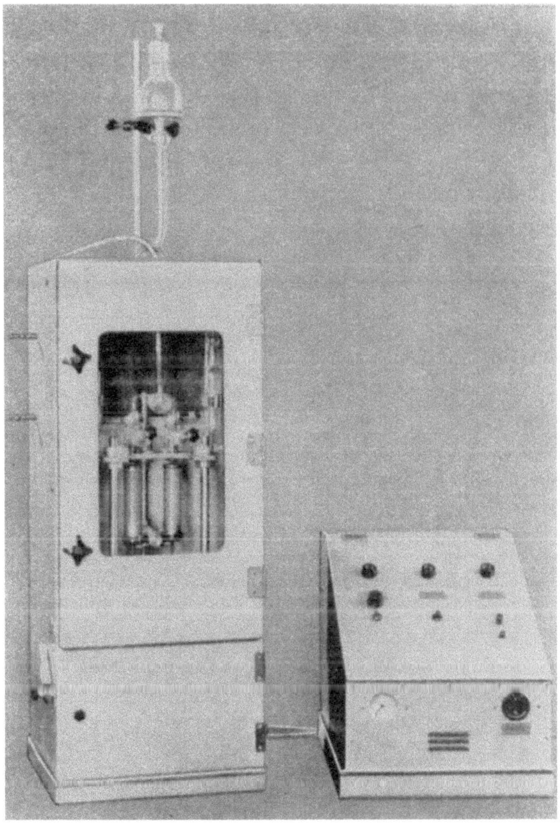

Abb. 1. Gesamtansicht der Strömungsapparatur mit polarographischer Registrierung. Links: Meßteil (Polarographische Meßeinrichtung, Strömungsteil mit Spritzen, Vorratsgefäße, Thermostat). Rechts: Druckgenerator

Das Ziel dieser Untersuchungen ist die Bestimmung von Reaktionsgeschwindigkeitskonstanten aus reaktionsbedingten Diffusionsstrom-Zeit-Kurven, deren Theorie von K. E. Reinert beschrieben worden ist [4]. Die Aufnahmetechnik wird nötig bei der Registrierung von Radikalbildungsprozessen, die in wesentlich kürzeren Halbwertszeiten ablaufen, als sie mit der klassischen Polarographie erfaßbar sind. Außerdem soll später eine direkte Nachprüfung der Kouteckyschen Theorie der eingelagerten Reaktion in dem anfangs beschriebenen Zwischengebiet von $\tau_{1/2}$ vorgenommen werden.

Reinert hat einen allgemeinen Ausdruck für den reaktionsbedingten Diffusionsstrom i_{rd} an der ebenen, sphärischen und Tropfelektrode für Reaktionen erster und zweiter Ordnung abgeleitet. Es ergibt sich

$$i_{rd}(t;\, k_1) = i_d(t) \cdot F_1(k_1\, t)\,.$$

Die Funktion $F_1(k_1\, t)$ ist für kt zwischen 0 und 5 numerisch berechnet und gezeichnet worden, und zwar sowohl für den Fall, daß Reaktionsstart und Tropfbeginn zusammenfallen, als auch für Einsetzen der Reaktion nach dem Tropfenbeginn. Aus der Funktion $F_n(k_n t; t_0)$ ($k_n t = n$. Ordnung, t_0 Reaktionsstartzeit) läßt sich die Geschwindigkeitskonstante einfach bestimmen.

Die Versuche erstreckten sich zunächst darauf, festzustellen, ob die Mischung bei der höchsten Durchströmgeschwindigkeit von 35 cm/s ausreicht und wie das Strömungsverhalten nach dem Abstoppen die Messung beeinflußt. Abb. 2a zeigt die Verhältnisse bei der Vermischung von zwei gleichen Komponenten vor, während und nach der Mischung. Während die Lösung strömt, wird der registrierte Strom durch die Konvektion stark vergrößert. Unmittelbar nach dem Abstoppen des Flusses werden wieder ungestörte diffusionsbedingte i — t-Kurven registriert. In Abb. 2b wurde in drei nacheinander durchgeführten Versuchen die Reduktion von $4 \cdot 10^{-4}$ m Anthrachinon-2-Sulfonsäure in n/10 NaOH und 10% Isopropanol nach Zugabe von $6 \cdot 10^{-5}$ m aktiviertem Pd-Sol aufgezeichnet. Abb. 2c gibt den Reduktionsverlauf in Abhängigkeit von der Zeit in einer $2 \cdot 10^{-3}$ m Anthrachinonlösung bei Zugabe von $8 \cdot 10^{-5}$ m Pd-Sol zur Lösung wieder. Weitere Versuche mit radikalbildenden Substanzen und Pd-Sol sollen folgen.

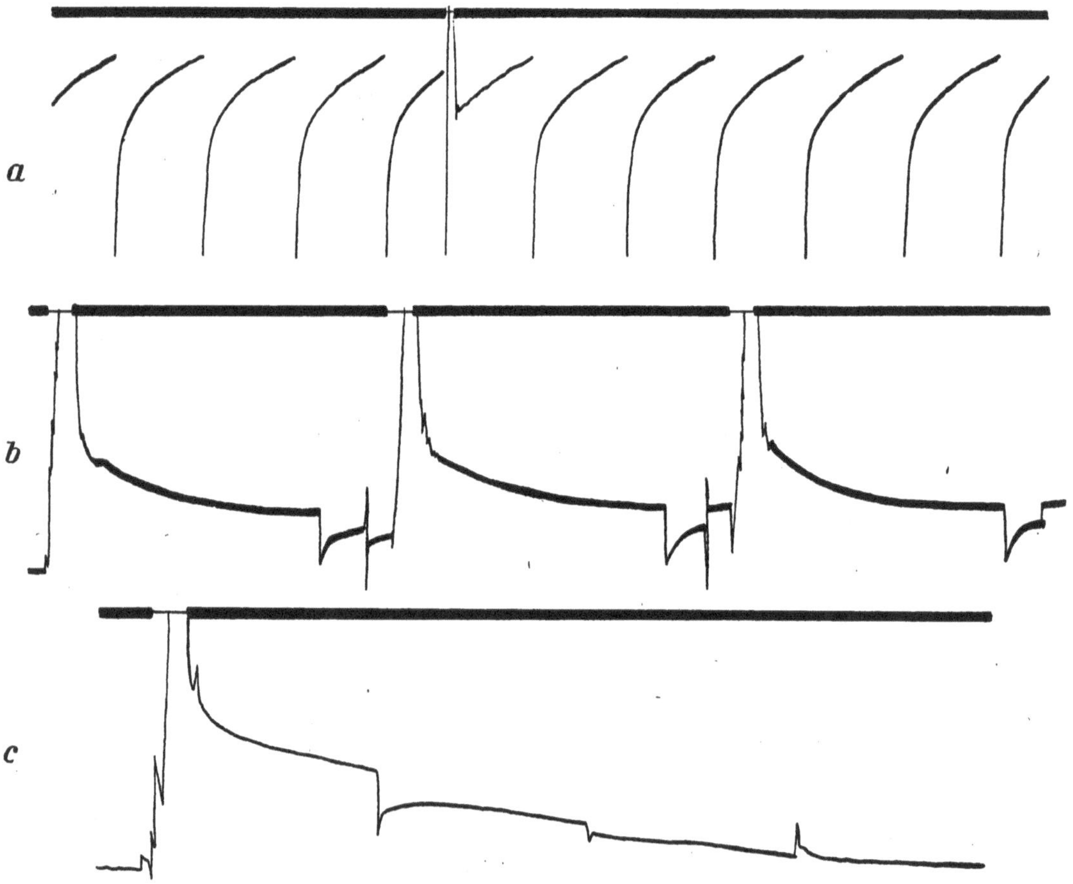

Abb. 2. a) Diffusionsstrom-Zeit-Kurven zweier gleicher Komponenten vor, während und nach der Mischung ($5 \cdot 10^{-4}$ m Cd^{2+} in n/10 KCl)

b) $4 \cdot 10^{-4}$ m Anthrachinon-2-Sulfonsäure in n/10 NaOH und 10% Isopropanol, Zugabe von 0,015 ml aktiviertem Pd-Sol auf 10 ml Reaktionslösung = $6 \cdot 10^{-5}$ m [Pd] in der Lösung

c) $2 \cdot 10^{-3}$ m Anthrachinon im Medium wie b mit $8 \cdot 10^{-5}$ m [Pd] in Lösung

SUMMARY

Hartridge and Roughton have developed a mixing method which, by application to biological systems, has been extended and technically improved by Britton Change, this alteration enabling a spectroscopical pursuit within 1 to 5 msec after mixing.

In our institute a similar equipment suitable for the registration of the course of reaction by means of the dropping electrode (or the streaming electrode eventually) has been set up and tested by studying the dehydrogenase model Pd-Sol-hydrogen with quinones and ketones. Particularities of this method and the kinetics of the rapid hydrogenation of quinones are reported and current-time-curves are presented.

Literatur

[1] Hartridge, H., Roughton, F. J. W., Proc. Roy. Soc. [London] Ser. A. **104**, 376 (1923).
[2] Chance, B., J. Franklin Inst. **229**, 455, 613, 737 (1940).
[3] Sirs, J. A., Trans. Faraday Soc. **54**, 201, 207 (1958).
[4] Reinert, K. E., Z. Elektrochem. Ber. Bunsenges. physik. Chem. **66**, 379 (1962).

D—9

Die Polarographie im Felde der Gamma-Strahlung großer Intensität

Z. P. ZÁGORSKI

Institut für Kernforschung, Abteilung Strahlenchemie, Warschau

Über die Anwendung der Polarographie in der Strahlungschemie soll zusammenfassend berichtet werden.

Man kann die Polarographie im Strahlungsfeld keinesfalls als ein neues Grenzgebiet diskutieren, wie es im Falle der Photo-Polarographie nach H. BERG [1] möglich ist. Warum in diesem Entwicklungsstadium keine Rede über „Hochenergiestrahlungspolarographie" sein kann, wird sich aus diesem Referat, wie ich hoffe, klar ergeben.

Zunächst einige Gesichtspunkte zu den Unterschieden zwischen Photochemie und Strahlungs-Chemie.

1. Strahlungs-chemisches Feld als Energiequelle der chemischen Reaktionen. Die Verfolgung der Reaktion

Die wichtigsten Kennzeichen der Wechselwirkung zwischen der Materie und der elektromagnetischen Strahlung von mehr als 100 eV liegt darin, daß die Absorption vorwiegend durch die Elektronendichte des Milieus bestimmt ist. Abgesehen von Schwermetallen und Gasen, haben alle anderen Materialien eine sehr ähnliche Elektronendichte (sogar Wasser und Glas) und also praktisch die gleiche Absorptionscharakteristik. Es ist für die Menge der abgegebenen Energie belanglos, ob Wasser oder z. B. eine wäßrige H_2SO_4-Lösung die Energie absorbiert. Falls die Lösung verdünnt ist (Konzentration kleiner als 0,1—1,0 M), spielen sich die primären Reaktionen an den Wassermolekülen ab, und die Reaktionen der gelösten Substanz sind sekundärer Natur.

Die Absorption durch das Medium, die ziemlich gleichmäßig (konstant) in kondensierten Phasen stattfindet, erlaubt uns, von dem „Strahlungsfeld" zu sprechen. Das steht im scharfen Kontrast zur Photochemie, wo stark ausgeprägte Selektivität der Absorption herrscht. Man könnte natürlich auch in der Photochemie über ein Energiefeld sprechen; man müßte aber in diesem Falle eine starke Verzerrung des Feldes durch die spezifisch absorbierenden Substanzen in Kauf nehmen.

Die Gamma-Strahlung liefert dem absorbierenden Medium, also allen Formen der Materie, welche Elektronen besitzen, Energie, welche im Falle der niedrigen Z-Zahlen der anwesenden Atome proportional der Elektronendichte ist. Diese Energie wird auf verschiedenste Weise verändert. Im Falle der Metalle wird die ganze Energie in Wärme umgewandelt; auch in sehr reinem Wasser ist das beinahe der Fall, da sich die entstandenen Produkte wieder zersetzen.

In allen solchen Systemen, wo die primären oder sekundären Produkte der Ionisation weiter reagieren können und thermodynamisch günstige Verhältnisse herrschen, entstehen neue Produkte. Ihre Ausbeute wird auf die absorbierte Energiemenge umgerechnet und als sogenannter G-Wert ausgedrückt. Die Ausbeuten sind leider nicht groß und überschreiten selten den Wert von ca. 5 umgesetzten (verbrauchten oder entstandenen) Molekülen auf 100 eV Energie.

Experimentelle Basis der Strahlungschemie sind die Chemie der Hochreinigung verschiedenster organischer und anorganischer Stoffe und die analytische Chemie mit besonderer Bevorzugung aller empfindlichen und selektiven Methoden.

In klassischen Untersuchungen auf dem Gebiete der Strahlungschemie wurden alle Analysen meistens nach der Bestrahlung ausgeführt. Unsere Bemühungen sorgen für die Anwendung der analytischen Methoden womöglich schon während der Bestrahlung. Als eine dieser Methoden wurde die Polarographie angewendet zu dem Zwecke, die kinetischen Kurven direkt zu erhalten und die Nacheffekte (Reaktionen nach der Bestrahlung), die manchmal einige Sekunden oder Minuten dauern, zu erfassen.

Die Idee der kontinuierlichen Analyse während der Bestrahlung ist nicht neu und wurde manchmal versucht. In DAINTONS Schule wurde die Radiopolymerisation dilatometrisch verfolgt [2, 3], in WESSELOWSKIS Schule wurden die Potentiale während der Radiolyse studiert, wie auch die Messung durch elektrochemische Oxydation des gebildeten Wasserstoffs [4, 5]. Auch die Polarographie wurde in radioaktiven Lösungen (KINDERMAN [6], LOVE [7]) angewendet, ferner in Lösungen, welche sich im Röntgenstrahlungsfeld befinden (MEDWEDOWSKI [8], HOCKWIN [9]).

2. Gamma-Strahlungsfeld und die Konstruktion des polarographischen Gefäßes

Da der chemische Umsatz streng proportional der absorbierten Menge der Energie ist, muß der auf dem Gebiete der Strahlungschemie Arbeitende die Homogenität des Feldes beachten.

In klassischen Untersuchungen auf diesem Gebiete werden alle Analysen meistens nach der Bestrahlung ausgeführt. Die Homogenität des Feldes ist also nicht sehr wichtig, da das Bestrahlungsgut bewegt werden kann oder manchmal sogar einfach nach der Bestrahlung gemischt wird. Wenn man aber mit einer kontinuierlichen Methode der Analyse während der Bestrahlung arbeiten will, muß man das Gefäß dem Verlauf der Isodosekurven anpassen.

Leider gibt es keine ideal homogenen starken Felder der Gamma-Strahlung, was durch die Unmöglichkeit der Fokussierung verursacht wird. Sogar in den besten Quellen ist der Verlauf der Isodosekurven recht reich, wie es Abb. 1 für die „Gammacell 220" zeigt. Man muß also für die polarographische Untersuchung eine solche Stelle wählen, wo die Isodosekurven in möglichst weiten Abständen stehen. Man muß auch das Volumen so wählen, daß in extremen Teilen des Gefäßes die Verschiedenheiten der Dosisleistung und also der Geschwindigkeit der Produktion von neuen Produkten nicht größer als 2% sind. Das mit dicker Linie umrahmte Gebiet auf dem Schnitt durch die Bestrahlungskammer (Abb. 1) zeigt den Raum, der diese Bedingungen erfüllt. Es hat ein Volumen von etwa 18 ml und umfaßt genug Platz sogar für ein

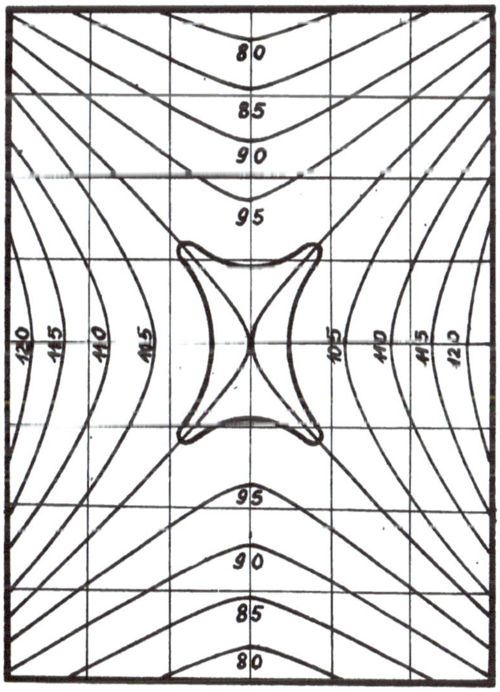

Abb. 1. Vertikaler Schnitt durch die zylindrische (Volumen 3 Liter) Bestrahlungskammer der Kobalt-60-Quelle „Gammacell 220" (Atomic Energy of Canada Ltd.). Isodosekurven sind in relativen Zahlen ausgedrückt

Makrogefäß. Es ist aber klar, daß in kleineren einfachen Quellen mit nicht so günstigem Verlauf der Isodosenkurven die Mikropolarographie mit ihren kleinen Gefäßen sehr große Hilfe leistet.

Es gibt keine speziellen Bedingungen für die Konstruktion der Gefäße (über die Frage der Bezugselektrode wird noch gesprochen). Abb. 2 zeigt das komplizierte Modell, das sehr selten angewendet wird, und zwar in Fällen, wo man die Lösung ohne Kontakt mit Quecksilber bestrahlen will. (Übrigens wurde der Einfluß des Quecksilbers wegen des geringen

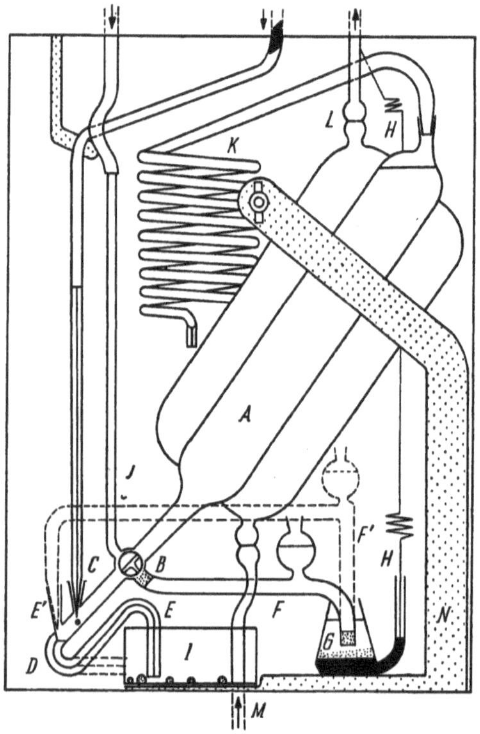

Abb. 2. Polarographisches Gefäß für Bestrahlung und kontinuierliche Analyse der Lösungen, welche während der Bestrahlung in möglichst kurzem Kontakt mit Quecksilber sein sollen

A — Behälter der Lösung, welche sich bei jedem Niveau im Isodosengebiet befindet, *B* — Dreiweghahn, welcher zur Abstellung von Gas und Einstellung von Ausfluß der Lösung (kurz vor der Bestrahlung) dient, *C* — Quecksilberelektrode mit dem Schliff, *D* — Ausflußkapillare, *E* bzw. *E'* — Salzlösungsbrücke, *F* — bzw. *F'* — Niveaubehälter der Brücke, *G* — Kalomelelektrode (gesättigte), *H* — Elektrische Verbindung mit der Bezugselektrode, *I* — Behälter für verbrauchte Lösung und Quecksilber, *J* — Gasleitung, *K* — Spirale zur Verzögerung des Eindringens von Luft während des Ausflusses, *L*, *M* — Thermostat, Zuleitungen, *N* — Halter

Ausmaßes des Effektes in keinem der untersuchten Systeme sicher festgestellt.) Das Gefäß ist zur Gestalt der Isodosekurven gebogen, und die Messung wird während des langsamen Ausflusses bei tropfender Elektrode ausgeführt.

Abb. 3 zeigt den Schnitt durch die Einrichtung für die Ausführung der Messungen.

3. Der strahlungschemische Umsatz und sein Einfluß auf die Elektrodenreaktion

Der chemische Umsatz, welcher durch die primäre photochemische Einwirkung verursacht wird, kann wegen der hohen spezifischen Absorption sehr groß sein. In der Strahlungschemie ist der Umsatz (in Abwesenheit von der Kettenreaktion) klein, da die Energie sich wegen der hohen Reichweite der energiereichen Strahlung nicht homogen verteilt. Sogar bei großen Aktivitäten des Isotopes in der Quelle („Kanone"), z. B. von der Ordnung von Tausenden von Curie, ist die Dosisleistung von der Ordnung 100 rads pro Sekunde (10^4 erg/ml Wasser und Sekunde oder $6{,}24 \cdot 10^{15}$ eV/ml sek).

Solche Dosisleistung ist sehr groß, wenn man biologische Effekte vergleicht: In einem solchen Felde erreicht man 50%ige letale Dosis für Säugetiere in 7 Sekunden. Das hängt mit der hohen Empfindlichkeit der biologischen Systeme für die ionisierende Strahlung zusammen. In chemischen Systemen sind die Effekte nicht sehr groß. Man rechnet etwa, daß die Absorption von 1 rad die Veränderung der Konzentration um 10^{-9} Mol bei $G = 1$ verursacht.

Man kann jetzt die Frage stellen, ob es überhaupt möglich ist, mit der polarographischen Methode kurzlebige Individuen zu erfassen. Mit anderen Worten, man muß herausfinden, ob die Radiolyse mit der polarographischen Elektrolyse konkurrenzfähig ist und in den Mechanismus eingreifen kann.

Eine einfache Rechnung gibt folgende Antwort: An einer typischen Quecksilberelektrode von der mittleren Oberfläche von 2 mm^2 werden bei dem Strom von 10^{-9} A in einer Sekunde $6 \cdot 10^9$ Moleküle einelektronisch umgesetzt. In einer der stärksten Quellen werden bei der Ausbeute von $G = 3{,}5$ nur $2 \cdot 10^{14}$ neue Moleküle in 1 ml gebildet. Nehmen wir an, daß

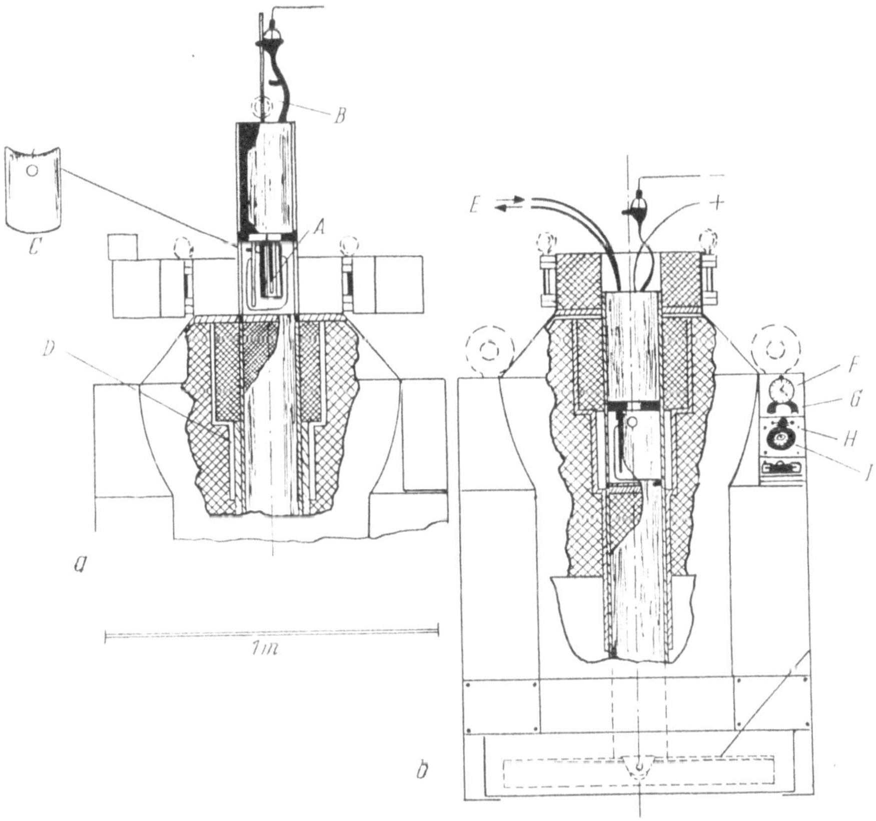

Abb. 3. Vertikaler Schnitt durch die Einrichtung für die Ausführung von polarographischen Messungen während der Gamma-Bestrahlung in der adaptierten Kobalt-60-Einrichtung „*Gammacell 220*" (*Atomic Energy of Canada Ltd.*). *a* — vor der Bestrahlung (Kammer ohne Strahlung), *b* — während der Bestrahlung. *A* — Gefäß, *B* — Schlauch mit Quecksilber, *C* — Deckel der Kammer, *D* — Stahlröhrchen mit Kobalt-60-Zylinder, *E* — Rohre mit Thermostat-Wasser, *F* — Uhr, *G* — Bedienungsknöpfe, *H* — automatische Bestrahlungszeiteinstellung

alles, was sich in der 100 Å dicken Schicht an der Oberfläche der Elektrode abspielt, einen Einfluß auf die Elektrodenreaktion hat. Bei gegebener Dosisleistung und Umsatz werden in einer Sekunde nur $4 \cdot 10^6$ neue Molekeln in der Schicht gebildet. Ein Vergleich dieser zwei Zahlen zeigt, daß die Chancen des detektierbaren Eingriffes von Strahlung in Elektrodenreaktionen sehr klein sind. Das kann als eine allgemeine Regel bei allen bestrahlten Systemen mit Stromdurchfluß gelten, es ist aber nicht der Fall in Systemen, wo beide Elektroden polarisiert sind. Hier fließt kein Strom, und erst die strahlungschemischen Produkte wirken als Depolarisatoren. Solche Systeme sind wichtig für die Untersuchung der strahlungsbedingten Korrosion [10].

Zu ähnlichen Folgerungen kann man kommen, wenn man die Frage der effektiven Konzentration der labilen Produkte unter dem Gesichtspunkt der Halbwertszeit betrachtet. Die labilen Produkte der Radiolyse (z. B. Wasserstoffatome, hydratisierte Elektronen, OH-Radikale, H_2^+-Ionen, O_2^--Ionen usw.) leben bei Zimmertemperatur sehr kurz. Die Zeiten liegen wahrscheinlich zwischen 10^{-10} bis 10^{-2} Sekunden. Sicher ist jedoch, daß in *Pulse*-Bestrahlungen mit schnellen Elektronen aus Beschleunigern, wo die Dosisleistung 10^7mal höher als mit Gamma-Strahlung ist, verschiedene Individuen im Absorptionsspektrum zu sehen sind und allgemein als freie Radikale identifiziert werden.

Die zu erwartende Unabhängigkeit des Diffusionsstromes von der Bestrahlung wurde experimentell überprüft. Es war schwierig, einen Depolarisator zu finden, der keinen sekundären Veränderungen während der Radiolyse unterliegt. Schließlich wurde die Messung katodisch an der zweiten Cu^{2+}-Welle in ammoniakalischer Lösung mit Sulfit ausgeführt, außerdem anodisch an der Hg-Cu-(Kupferamalgam-)Oxydationswelle. Die Diffusionsströme vergrößern sich allmählich während der mehrstündigen Bestrahlung, um später nach der Bestrahlung langsam wieder die ursprüngliche Höhe zu erreichen. Die gemessenen Differenzen sind statistisch „significant", indem sie den 95%igen Vertrauensbereich [11] etwas überschreiten (Abb. 4). Die Differenzen sind aber so klein, daß sie die genaue Untersuchung

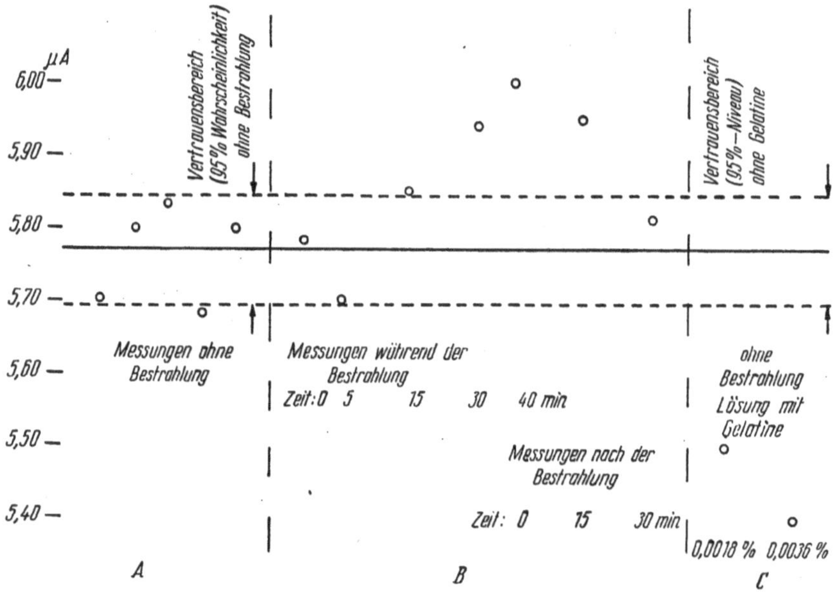

Abb. 4. Höhe der zweiten Kupfer-Welle: Gebiet *A* — ohne Strahlung, *B* — während und nach der Bestrahlung, *C* — ohne Strahlung, mit Gelatine. Gestrichelte Linie bedeutet die Grenzen des Vertrauensbereichs (für die 95%ige Sicherheit), gewonnen für Messungen an unbestrahlten Lösungen

des Effektes ausschließen. Die mögliche Erklärung liegt in der lokalen Erwärmung der Lösung, auf welche die Thermostatisierung keinen Einfluß hat. Auch der Effekt der Vergrößerung des Volumens bei bestrahltem Wasser, über welchen Krenz [12] berichtete, könnte verantwortlich sein.

Für praktische Zwecke genügt es zu wissen, daß bei kurzen (minutenlangen) Bestrahlungen der Diffusionsstrom die Stärke in den Grenzen des normalen polarographischen Fehlers hat.

Der Strahlungseinfluß wurde auch bei höchsten Empfindlichkeiten untersucht, wo der Kapazitätsstrom wesentlich stärker als Diffusionsstrom ist. Zu diesem Zwecke hatte man Systeme gewählt, bei denen keine Veränderungen der Konzentration der Depolarisatoren während der Bestrahlung stattfinden. In solchen Fällen wurde bei Benutzung der Kompensation des Stromes und Einstellung von höchsten Empfindlichkeiten ein steiles Anwachsen des Stromes beobachtet. Die neue Stromstärke erreicht schnell einen konstanten Wert. Wir vermuten, daß dieser Effekt nur auf die Erwärmung zurückzuführen ist und deshalb mit gewöhnlicher Temperaturerhöhung stimuliert werden kann. Im Strahlungsfelde ist nämlich die Quecksilberelektrode immer etwas wärmer als die Lösung (siehe unten); die Gleichgewichtstemperatur stellt sich ziemlich schnell ein. Es ist natürlich nicht ausgeschlossen, daß zu diesem Temperatureffekt sich noch die eigentlichen strahlungselektrochemischen Effekte addieren.

4. Die Nebenfragen der polarographischen Bestimmung im Gamma-Strahlungsfeld

4.1. Das Potential der Bezugselektroden

Erstaunlicherweise erwies sich die gesättigte Kalomelelektrode (was das Potential anbelangt) für die Strahlung als unempfindlich. Die entsprechende Messung wurde gegen eine analoge Elektrode außerhalb des Feldes ausgeführt. Beide Elektroden waren durch eine elastische elektrolytische Brücke verbunden. Die kleinen Veränderungen, die aus Abb. 5 hervorgehen, sind wahrscheinlich nur mit Temperaturänderungen verknüpft. Quecksilber weist hohe Energieabsorption auf und erwärmt sich in unserer Einrichtung um 0,064 Grad pro Sekunde, was kalorimetrisch gefunden wurde („*Gammacell*"*quelle* 4,5 kc). Wasser erwärmt sich nur um 0,000212 °C pro Sekunde. Die Kalomelelektrode erwärmt sich mit einer Geschwindigkeit, welche etwas größer als für Wasser ist. Diese Geschwindigkeit ist natürlich genau durch die Menge an Quecksilber, durch die Oberfläche der Phasengrenze usw. be-

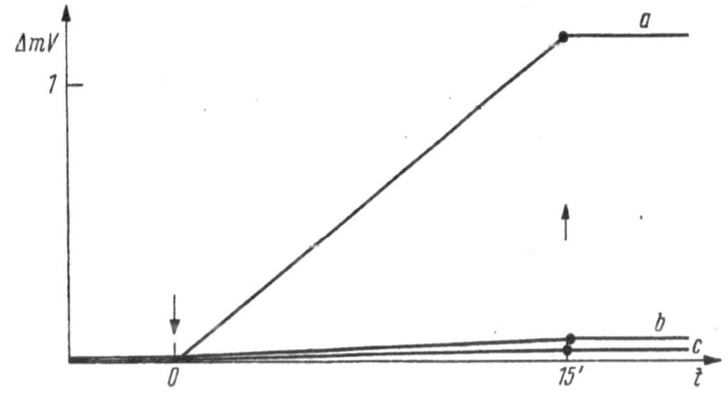

Abb. 5. Potential der gesättigten Kalomelelektrode (b) als Funktion der Bestrahlungszeit, gegen andere Kalomelelektrode gemessen. *a* — hypothetischer Verlauf des Potentials bei Erwärmung der Elektrode zur Temperatur des Quecksilbers an derselben Stelle des Gammafeldes, *c* — hypothetischer Verlauf des Potentials im Falle der Erwärmung der Elektrode zur Temperatur der KCl-Lösung an derselben Stelle des Gammafeldes

stimmt. Die experimentellen Befunde über die Veränderungen des Potentials liegen zwischen denen für die Temperaturänderung von Quecksilber und Wasser. Die Strahlungsunempfindlichkeit der Kalomelelektrode ist praktisch sehr wertvoll und auch theoretisch interessant. Wir vermuten, daß sie durch die lose Verbindung zwischen Kalomel, KCl-Kristallen und Quecksilber verursacht wird und auch durch die hohe Konzentration der KCl-Lösung. Bezugselektroden, in welchen die nichtmetallische Schicht eng mit dem Metall verwachsen ist, also z. B. im Falle der Silber–Silberchlorid-Elektrode, weisen höhere und schlechter reproduzierbare Veränderungen des Potentials während der Bestrahlung auf. In diesem Falle spiegeln sich alle durch Strahlung verursachten Zerstörungen der festen Schicht im Potential wider.

4.2. Die Reaktivität der Werkstoffe und polarographischen Hilfsreagentien

4.2.1. Die organischen Werkstoffe

Die anorganischen Werkstoffe unterliegen Veränderungen, die meistens unwesentlich sind für die polarographische Messung (z.B. die Schwärzung des Glases). Die Metalle zeigen überhaupt keine Veränderungen. Die organischen Werkstoffe sind ziemlich reaktiv, besonders im Kontakt mit den Lösungen.

Alle Polymere bilden neue Stoffe an der Grenzfläche mit wäßriger Lösung. Leider können keine Mikrogefäße aus Plexiglas [13] gebraucht werden.

Schläuche können aus Polyvinylchlorid bestehen. Zwar ist die Zersetzung des PVC ziemlich schnell und ebenso die Entstehung von Kalomel. Dieses bildet aber keine stabilen Kolloide im Quecksilber und wandert schnell an die Oberfläche. In Polyäthylenschläuchen werden jedoch im Strahlungsfeld organometallische Verbindungen gebildet, welche kolloide Lösungen mit Quecksilber bilden und bei der Messung stören.

Gute Resultate wurden mit tropfenden Elektroden unter Gasdruck erzielt, indem man ganz ohne Kontakt zwischen Polymerem und Quecksilber arbeitet.

4.2.2. Die polarographischen Hilfsreagentien

Die Anregung, Ionisation und freie Radikal-Bildung, welche durch die Strahlung verursacht wird, bringt Reaktionen mit sich, die vom Standpunkt der klassischen Polarographie und Chemie ganz unerwartet auftreten. Sehr interessant ist die Reaktivität der Gase, welche sich im Strahlungsfelde bemerkbar macht. Man kann leicht feststellen, daß Kohlendioxyd reduziert wird.

Stickstoff reagiert besonders in alkalischen Lösungen; d.h., auch gelöste Luft ist reaktionsfähig. Wasserstoff reagiert ziemlich leicht; gut bekannt sind seine Reaktionen mit OH-Radikalen. Als Beispiel zeigt Abb. 6 die Unterschiede im Verlauf von Kettenreaktionen [14] mit Sauerstoff und Sulfit in Anwesenheit von Wasserstoff oder Argon, Wasserstoff, der auch immer in der Wasserradiolyse erscheint, übt eine

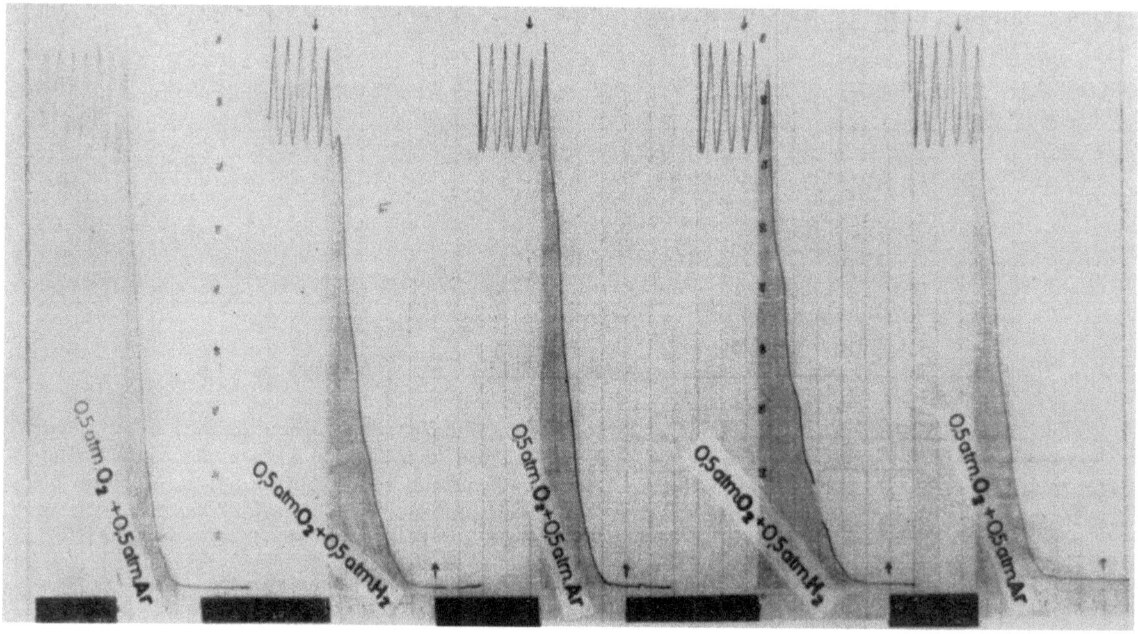

Abb. 6. Einfluß von Wasserstoff in der wäßrigen Lösung auf die strahlungschemische Reaktion zwischen Sauerstoff und Sulfit-Ion in alkalischer Lösung. Die polarographischen Kurven wurden bei konstantem Potential (erste Sauerstoffwelle) gemessen. Sauerstoff in Abwesenheit von Wasserstoff wird bedeutend schneller reduziert als in der Mischung mit Wasserstoff. Die Lösung wurde abwechselnd mit O_2–H_2- und O_2–Ar-Mischungen gesättigt und nach jeder Sättigung bestrahlt. Auf diese Weise wurden zufällige Einflüsse sowie die Abnahme von Sulfit bei der Interpretation in Kauf genommen

kettenkürzende Wirkung aus. Argon ist auch reaktiv in strahlungschemischen Reaktionen in der Gasphase (Austausch von Erregung und Ionisation), aber in wäßrigen Lösungen haben wir keine Reaktionen festgestellt.

Man muß also Gase zum Entfernen von Sauerstoff mit größter Vorsicht benutzen. Leider ist die totale Vacuumentgasung im polarographischen Experiment nicht möglich.

Die zweite Gruppe der polarographischen Hilfsreagentien, nämlich die oberflächenaktiven Stoffe, können im Strahlungsfeld wegen des großen Wirkungsquerschnitts bei der Reaktion mit OH- und HO_2-Radikalen überhaupt nicht benutzt werden. Man muß also solche polarographische Bedingungen für reine Diffusionsströme ohne Maximadämpfer wählen. Ein Beispiel wird in Abb. 7 gezeigt, wo die Diffusionsstromwelle von Eisen (III) bei kleinem Quecksilber-Niveau (H-Wert) der tropfenden Elektrode erzielt wurde.

Sonstige Reagentien, z.B. Sulfite, können neue Reaktionen auslösen, die schwer zu generalisieren sind. Die genannten Sulfite können z.B. eine protektive Wirkung auf die Radiolyse von organischen Stoffen ausüben, d.h. gelöste Substanzen vor dem Angriff der γ-Radiolyseprodukte schützen [15].

5. Die Kategorien der kinetischen Kurven, die mit der polarographischen Methode beobachtet wurden

Den klassischen Fall für die Strahlungschemie bildet die Reaktion nullter Ordnung, d. h. von der Konzentration unabhängig und linear mit der Dosisleistung verknüpft. Bei diesem Typus werden z. B. alle Produkte der Radiolyse in derselben sekundären Reaktion verbraucht.

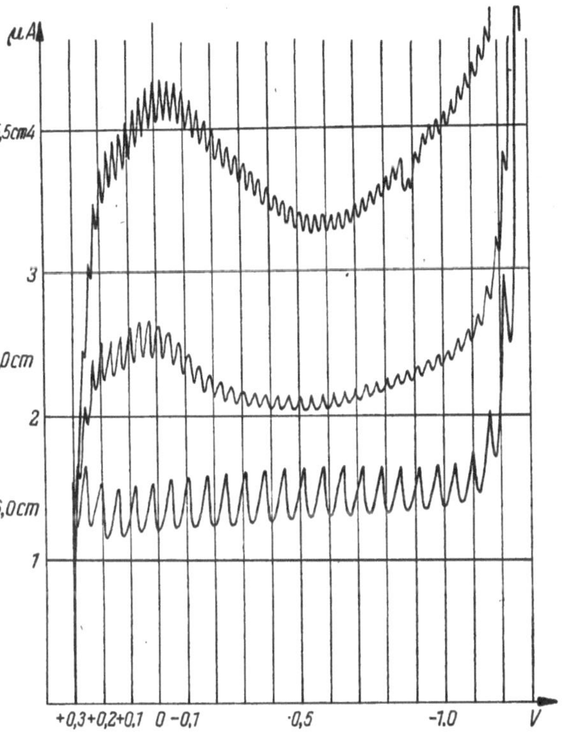

Abb. 7. Eisen(III)-Welle (0,8 N H_2SO_4, ohne Sauerstoff, ohne Maximadämpfer) bei verschiedenen Höhen des Quecksilberbehälters

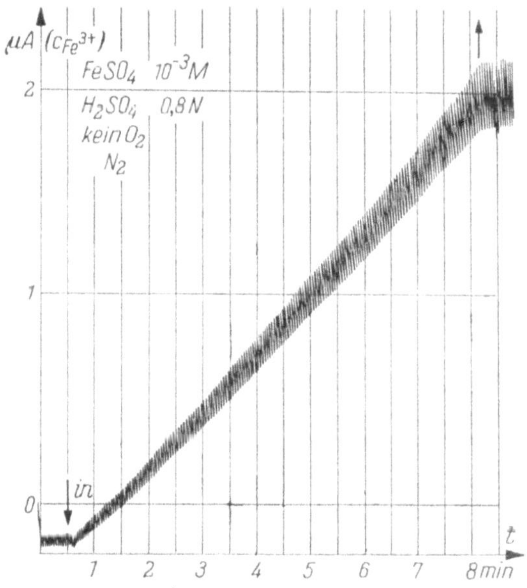

Abb. 8. Strahlungschemische Oxydation von Eisen(II) (10^{-3} M in 0,8 N H_2SO_4, ohne Sauerstoff, $E = -0{,}4$ V ges. Kal. El.). Nach der Bestrahlung ist ein kleiner Nacheffekt zu sehen. Die Pfeile bedeuten Beginn (↓) der Bestrahlung bzw. Ende (↑) der Bestrahlung

Abb. 8 zeigt die Oxydation von Eisen (II), welche streng linear verläuft und die Basis für die chemische Dosimetrie der Strahlung bildet.

Wenn die verschiedenen Produkte der Radiolyse in konkurrierende Reaktionen eintreten, erhalten wir eine typische kinetische Kurve, welche einem Gleichgewichtszustand zustrebt. Das ist der Fall bei der Wasserstoffperoxydbildung in Schwefelsäurelösung. Abb. 9 zeigt, daß die Bildung von H_2O_2 zu Beginn recht schnell verläuft. Mit Vergrößerung der H_2O_2-Konzentration erreicht die Reaktion dieses neuen Bestandteils der Lösung größere Bedeutung, und schließlich erreichen wir den Zustand des Gleichgewichtes, wo alle weiteren Moleküle des Wasserstoffperoxydes zersetzt werden. Etwas später sehen wir eine neue Erscheinung. Wenn wir neben dem H_2O_2 auch O_2 messen, bemerken wir, daß H_2O_2 in O_2 und H_2O zerfällt.

Zu ähnlichen komplizierten Fällen gehört auch der des Systems des Eisens (II) in Anwesenheit organischer Stoffe wie Butylalkohol. In diesem Falle [16] (wie Abb. 10 zeigt) wird unter Einwirkung von Strahlung Eisen oxydiert. Nach der Reduktion von Sauerstoff, der Vernichtung von organischen Peroxyden (waagerechter Teil der Kurve) beginnt die Reduktion des Eisens zur (II)-Stufe. An dieser Reduktion nehmen die organischen Radikale und Wasserstoffatome teil.

Wir haben ziemlich viele Kombinationen der einfachen kinetischen Typen beobachtet, z. B. die Kombination zweier linearer Prozesse nullter Ordnung von verschiedener Ausbeute (Abb. 11).

Eine Reaktion erster Ordnung wurde in der Kettenreaktion zwischen Sauerstoff und Sulfit in alkalischer Lösung gefunden (Abb. 12). Wenn dieses System mit organischen Stoffen „gebremst" wird, geht die erste Ordnung allmählich in die nullte über. Gleichzeitig sinkt die Strahlungsausbeute erheblich.

Abb. 13 zeigt verschiedene Typen kinetischer Kurven, welche mit der polarographischen Methode beobachtet wurden.

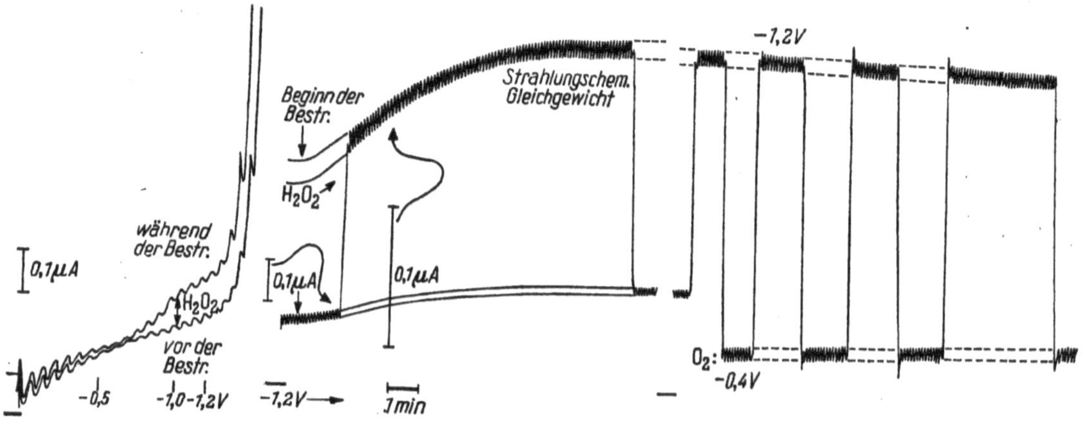

Abb. 9. Bildung von Wasserstoffperoxyd in bestrahlter saurer Lösung ohne Sauerstoff (1 N Na_2SO_4, 10^{-4} H_2SO_4, Ar) infolge Bestrahlung. An der linken Seite sind gewöhnliche Polarogramme gezeigt (vor und während der Bestrahlung). Erläuterungen im Text

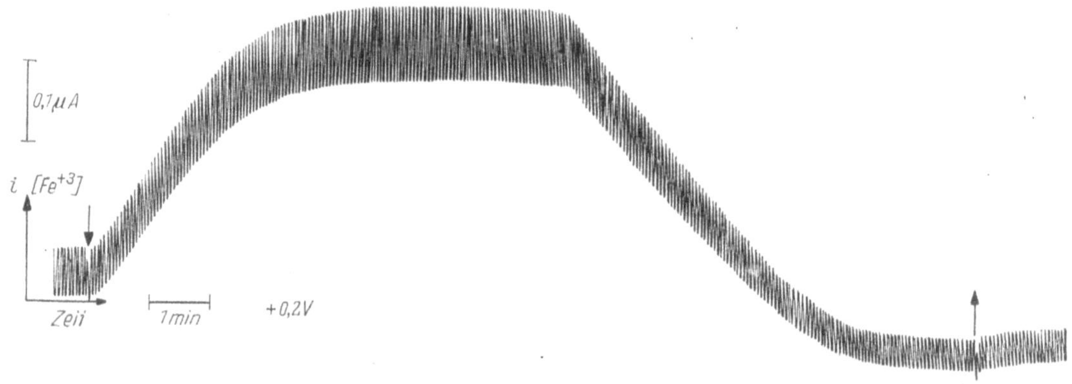

Abb. 10. Kinetische Kurve der Oxydation und nachfolgender Reduktion von Eisen in Anwesenheit von Butylalkohol, während der Bestrahlung registriert (Beginn und Ende der Bestrahlung mit Pfeilen markiert). Das Endniveau des Stromes ist niedriger als am Beginn, da die ursprüngliche Lösung nicht nur Eisen(II), sondern auch Eisen(III) enthielt

Es würde uns zu weit in die strahlungschemische Kinetik führen, wollten wir hier die Ursachen dieses Verhaltens kommentieren. Ich möchte nur darauf aufmerksam machen, daß der generelle Mechanismus im Vergleich zur Photochemie wieder ein anderer ist. Die Absorption der Energie findet in gewissen Zentren („Spuren") statt, da die sekundären Elektronen eine immer kleiner werdende Reichweite haben. In sehr kurzer Zeit (etwa 10^{-8} Sekunden) nach dem Elementarvorgang entsteht ein „Kern" mit neuen Produkten, Ionen, freien Radikalen und angeregten Molekülen, die aus dem Hauptbestandteil des Mediums (z.B. Wasser) entstanden sind. Die neuen Produkte befinden sich in ziemlich hoher Konzentration, was zu den spezifischen Reaktionen führt. Da die Zentren der neuen Produkte (primärer oder sekun-

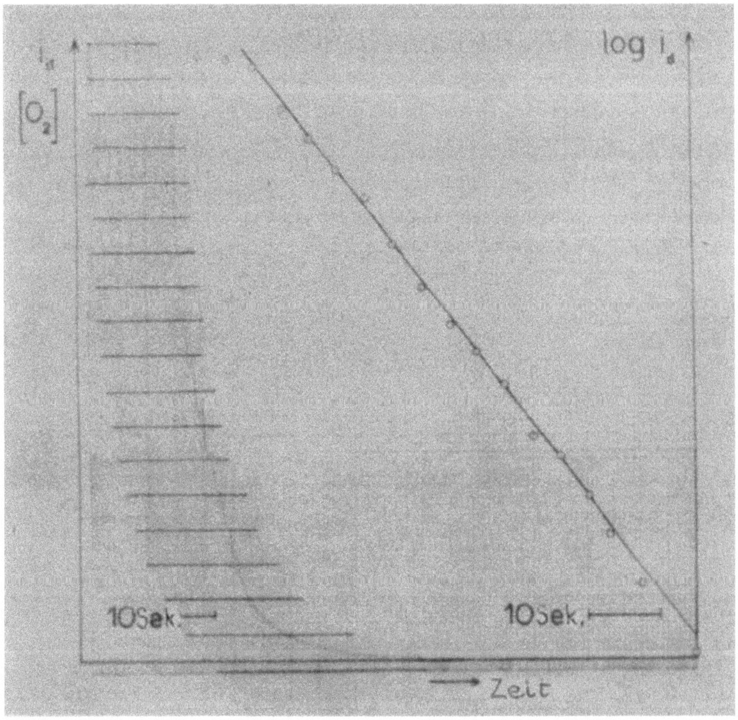

Abb. 11. Die kinetische Kurve von Sauerstoffverbrauch in bestrahlter alkalischer Lösung, in Anwesenheit von Sulfit (konstantes Potential)

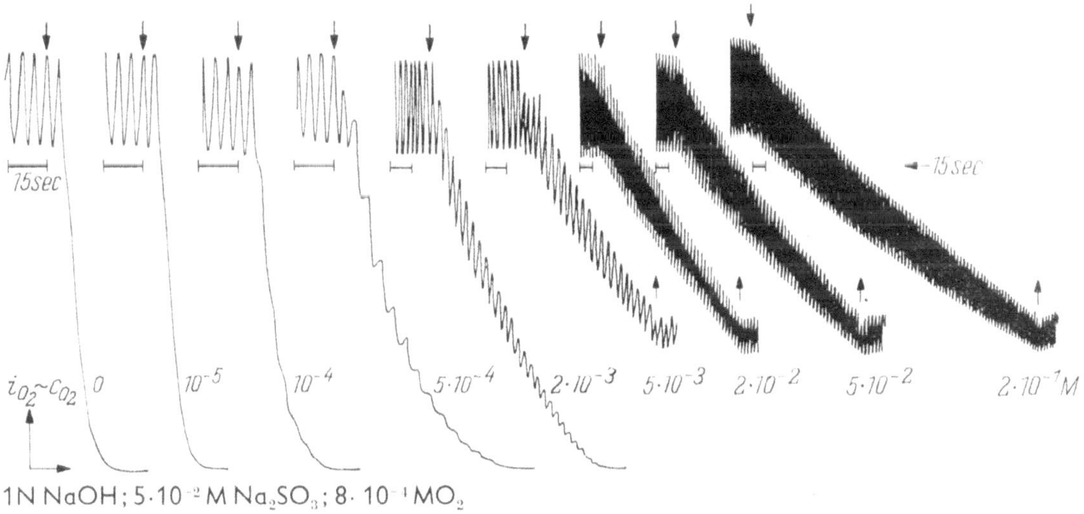

Abb. 12. Einfluß von Isobutylalkohol auf die Kettenreaktion zwischen Sauerstoff und Sulfit in alkalischer Lösung. Stromachse: proportional zur Sauerstoffkonzentration. Zeitachse: 15-Sekunden-Abschnitte besonders bei jeder Kurve markiert. Beginn und Ende der Bestrahlung durch Pfeile markiert. Die Konzentrationen von Isobutylalkohol sind bei jeder Kurve angegeben

därer Natur) sehr weit entfernt sind, besteht zwischen dem Kern und der Lösung ein beachtlicher Gradient der Konzentration, welcher die Diffusion der Produkte in die Lösung verursacht. Die von den „Spuren" abdiffundierenden Produkte reagieren mit Substanzen, die im Medium gelöst sind. Auf diese Weise kommt es zu den beobachteten Reaktionen: Die freien Radikale reagieren schnell, wenn entsprechende „Akzeptoren" (scavengers) in der Lösung vorhanden sind, was kinetisch nach der nullten Ordnung geschieht. Die „molekularen" Produkte (z.B. H_2, H_2O_2 im Falle des Wassers), welche natürlich auch abdiffundieren, reagieren langsamer und geben die Nacheffekte.

Es ist also klar, daß die grundlegende Geometrie der Verteilung von Energie (und also der primären Produkte) im Vergleich zur Photochemie unterschiedlich ist, wo Homogenität der Verteilung herrscht und keine Diffusion der primären Produkte stattfindet. Trotzdem ist die Kinetik der Vorgänge in der Strahlungschemie in Fällen, wo nicht zu viele Parallelreaktionen verlaufen, einfacher als in der Photochemie.

Abschließend kann man sagen, daß die polarographische Methode im Vergleich zu den nach der Bestrahlung angewendeten klassischen Methoden [17] bessere Einblicke in die Reaktionen in bestrahlten Lösungen gibt.

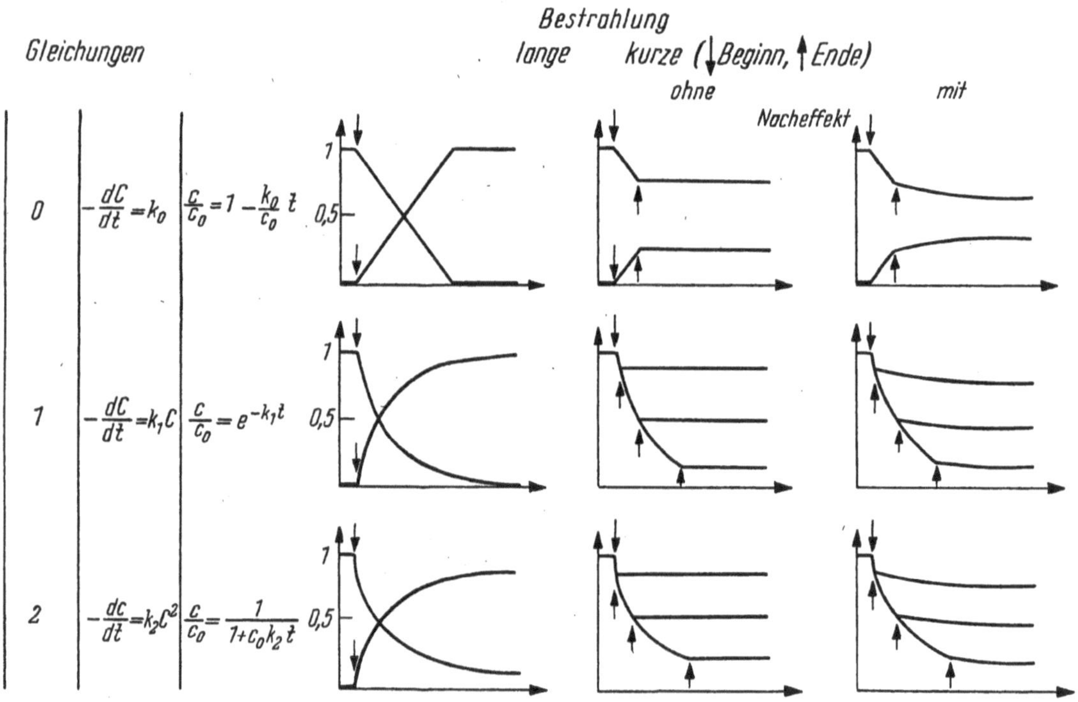

Abb. 13. Verschiedene Typen der kinetischen Kurven, welche in bestrahlten Lösungen polarographisch verfolgt wurden

SUMMARY

Several aspects of polarography in gamma-irradiated solutions are discussed on hand of experimental results. There are problems of technical nature (construction of vessels, macrohomogenity of the field, etc.) and of basic importance for electrochemistry (influence of gamma radiation on the potential of reference electrode, influence on the electrode processes, etc.). The main application of polarography in radiation chemistry seems to be connected now with the study of kinetic curves of reactions which take place in the radiation field.

Literatur

[1] BERG, H., Symposium: Die Polarographie in der Chemotherapie, Biochemie und Biologie, dieser Band, A—15, Berlin 1964.
[2] COLLINSON, E., DAINTON, F. S., McNAUGHTON, G. S., Trans. Farad. Soc. **53**, 476 (1957).
[3] —, —, —, Trans. Farad. Soc. **53**, 489 (1957).
[4] ROSENTAL, K. I., WESSELOWSKI, W. I., Ž Fis. Chim. **31**, 1732 (1957).
[5] GOTSCHALEW, G. B., SALKIND, Z. I., WESSELOWSKI, W. I., Doklady Akad. Nauk SSSR **132**, 872 (1960).
[6] KINDERMAN, E. M., CARSEN, W. N. JR., Report Hanford Works — 16 079 (1950).
[7] LOVE, D. L., Anal. Chim. Acta **18**, 72 (1958).
[8] MEDWEDOWSKI, W. I., Ž. Fis. Chim. **32**, 932 (1958).
[9] HOCKWIN, O., BERGEDER, H. D., v. Graefes Arch. f. Ophtalmologie **160**, 1 (1958).
[10] STOBBS, J. J., SWALLOW, A. J., Metallurgical Reviews **7**, No. 25, 95 (1962).
[11] DEAN, R. B., DIXON, W. J., Anal. Chem. **23**, 636 (1951); DIXON, W. J., MASSEY, F. J., Introduction to Statistical Analysis", McGraw-Hill, New York, 1951; YOUDEN, W. J., „Statistical Methods for Chemists", J. Wiley, New York 1955.
[12] KRENZ, E. H., Canad. J. Research B **26**, 647 (1948); Proc. Phys. Soc. **63 B**, 297 (1950).
[13] ZAGORSKI, Z. P., Chemia Anal. **1**, 91, 199 (1956); Kapitel XXVII, „Cells for Polarographic Electrolysis" in „Progress in Polarography", Interscience Publishers, New York/London 1961, S. 549.
[14] —, Nukleonika **6**, 587 (1961).
[15] —, 2nd International Congress of Radiation Research, Harrogate (England) 1962.
[16] BROSZKIEWICZ, R., S. MINC, Nukleonika **7** (1962) (im Druck).
[17] ZAGORSKI, Z. P., „Wstep do eksperymentalnej chemii radiacynej" („Einführung in die experimentelle Strahlenchemie"), Warszawa 1963.

Der Einfluß von Sauerstoff auf Elektrodenprozesse an Quecksilberelektroden

B. Behr

Laboratorium für physikalisch-chemische analytische Methoden des Physikalisch-Chemischen Institutes, Polnische Akademie der Wissenschaften, Warschau

Der Sauerstoff ist ein Depolarisator, den alle Lösungen enthalten. In der polarographischen Praxis soll Sauerstoff in den meisten Fällen beseitigt werden. Es wäre nun offenbar viel günstiger, besonders bei den biochemischen Bestimmungen, die Messungen in Anwesenheit von Sauerstoff durchführen zu können. Dazu ist aber die genaue Kenntnis des elektrochemischen Verhaltens von Sauerstoff nötig, um die richtigen Ergebnisse zu erhalten.

Es wird ein kurzer Überblick gegeben über verschiedene Effekte, welche in Anwesenheit von Sauerstoff beobachtet werden, und zwar in der Polarographie und in den von der Polarographie abgeleiteten Methoden wie Oszillopolarographie, Wechselstrompolarographie und Voltamperometrie mit der hängenden Quecksilbertropfelektrode [1]. Die letzte Methode gewinnt wegen der besonders großen Empfindlichkeit immer größere Bedeutung.

Vom Standpunkt der nachfolgenden Überlegungen unterscheidet man zweckmäßig zwei Fälle:

1. Die Geschwindigkeit der Elektrodenoberflächenänderungen ist viel größer als die der Potentialänderungen. Bei der theoretischen Behandlung betrachtet man in diesem Falle die Oberfläche als Funktion der Zeit und das Potential als konstant. Hierher gehört die Polarographie.
2. Die Geschwindigkeit der Potentialänderungen ist viel größer als die der Oberflächenänderungen. Man kann in diesem Falle die Oberfläche als konstant und das Potential als Funktion der Zeit betrachten. Hierher gehören die Oszillopolarographie und die Voltamperometrie mit hängender Quecksilbertropfelektrode.

Dazwischen stehen die Wechselstrompolarographie und die Oszillopolarographie mit der strömenden Quecksilberelektrode.

Die beiden Methodengruppen unterscheiden sich stark bezüglich des Einflusses der sekundären Elektrodenreaktionen auf die Gestalt der Kurven. Mit den Methoden der zweiten Gruppe beobachtet man viel mehr Effekte, die durch die Produkte der Elektrodenreaktionen verursacht werden [2].

Der Sauerstoff wird in allen Methoden in zwei Stufen reduziert. Die erste Stufe ist eine zweielektronige Reduktion:

$$O_2 + 2\,H_2O + 2\,e^- \rightarrow H_2O_2 + 2\,OH^-.$$

In der zweiten Stufe werden zwei weitere Elektronen verbraucht:

$$H_2O_2 + 2\,H_2O + 2\,e^- \rightarrow 2\,H_2O + 2\,OH^-.$$

Die beiden Stufen sind polarographisch irreversibel. Besonders große Überspannung ist für die Reduktion von Wasserstoffperoxyd nötig. Wegen der kleinen Reduktionsgeschwindigkeit sind die Reduktionsstufen auf den oszillopolarographischen Kurven oder Wechselstrompolarogrammen, wo die Potentialänderungen schnell und die Meßzeiten kurz sind, kaum sichtbar. Der Reduktionsstrom ist in diesem Falle viel kleiner als der Ladungsstrom. Es gibt dennoch Beweise, daß bei diesen Methoden die gleichen Produkte wie in der Polarographie entstehen und der Reduktionsmechanismus der gleiche ist. In alkalischer Lösung wird die erste Reduktionsstufe von Sauerstoff reversibel, und zwar sowohl polarographisch als auch mit „schnelleren" Methoden untersucht (oszillopolarographisch).

Interessanter sind die von den Reduktionsprodukten hervorgerufenen Effekte, welche für die jeweiligen Methoden verschieden sind. Es gibt zwei Produkte: OH^--Ionen und Wasserstoffperoxyd. In neutralen, ungepufferten Lösungen alkalisieren die OH^--Ionen die Umgebung der Elektrode. Die meisten anorganischen Kationen bilden dann schwerlösliche Hydroxyde. Diese Hydroxyde können vierfache Wirkung ausüben:

1. Die Menge der an der Elektrode ankommenden Kationen wird kleiner.
2. Das Hydroxyd kann reduziert werden [3—10].
3. Es kann die Doppelschichtkapazität ändern [8, 9, 11].
4. Es kann die Elektrodenprozesse hemmen [7—16].

Der erste Effekt kommt in allen Fällen vor. In der Polarographie ist er als latenter Diffusionsstrom bekannt, z. B. [17—19], und wird manchmal für analytische Zwecke ausgenutzt. Auch in der Oszillopolarographie wurde dieser Effekt beobachtet.

Damit die anderen drei Effekte vorkommen, muß das Hydroxyd sich im unmittelbaren Kontakt mit der Elektrode befinden. Das hängt aber von der Polarisationsweise und damit von der angewendeten Methode ab. Es sollen hier die Verhältnisse an der Elektrode am Beispiel einer KCl-Lösung mit $2{,}5 \cdot 10^{-4}$ M Sauerstoff und 10^{-3} M $CdSO_4$ genau betrachtet werden. In Abb. 1 sind die Konzentrationen der Cd^{++} und OH^--Ionen an einer erneuerten Elektrodenoberfläche bei verschiedenen Potentialen dargestellt.

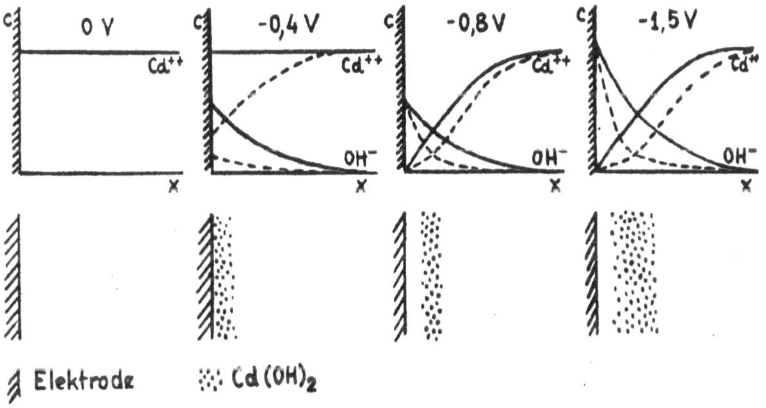

Abb. 1. Die Abhängigkeit der Konzentrationen der Cd^{++}- und der bei der Reduktion von Sauerstoff entstehenden OH^--Ionen von dem Abstand von der Elektrode bei verschiedenen Potentialen. Die ausgezogenen Linien stellen die Konzentrationen dar, wenn die Lösung allein Cd^{++} oder O_2 enthält, die punktierten Linien, wenn die beiden Komponenten anwesend sind

Beim Nullpotential ist die Cd^{++}-Ionenkonzentration überall die gleiche, es gibt keinen Depolarisationsstrom.

Das Potential —0,4 V entspricht dem Grenzstrom der ersten Sauerstoffstufe (Abb. 2); es entstehen die OH^--Ionen, deren Konzentration sich mit dem Abstand von der Elektrode verkleinert. In diesem Falle wird das Kadmiumhydroxyd gefällt, und dieser Prozeß kommt bevorzugt unmittelbar an der Elektrode vor.

Bei —0,8 V ist schon der Grenzstrom der Kadmiumreduktion erreicht. Die Gleichgewichtskonzentration der Cd^{++}-Ionen an der Elektrode sollte hier etwa 10^{-10} M betragen und die der OH^--Ionen von der Größenordnung von $5 \cdot 10^{-4}$ M sein. Es ist leicht zu sehen, daß das Löslichkeitsprodukt von $Cd(OH)_2$ (ungefähr 10^{-15}) in diesem Falle nicht überschritten ist, so daß kein Hydroxyd an der Elektrodenoberfläche entstehen kann. Der Niederschlag wird erst in der Diffusionsschicht ausfallen.

Bei einem Potential von —1,5 V, das dem Grenzstrom der zweiten Sauerstoffstufe entspricht, sind die Verhältnisse ähnlich, nur die OH^--Ionenkonzentration ist zweimal größer, und deshalb entsteht mehr $Cd(OH)_2$.

Die Erscheinungen, die experimentell beobachtet werden, sind gemäß diesem Schema die folgenden:

Bei —0,4 V werden weder Cd^{++}-Ionen noch $Cd(OH)_2$ reduziert, weil das Potential nicht genügend negativ ist. Deshalb treten die ersten zwei Effekte nicht auf. Dagegen ist die

Erniedrigung der Doppelschichtkapazität hier sehr deutlich und kann mit allen Methoden, welche sich dazu eignen, beobachtet werden (Wechselstrompolarographie, Oszillopolarographie, Wechselstrombrücke). Bei diesem Potential beobachtet man auch die Hemmung der Sauerstoffreduktion durch das Kadmiumhydroxyd mit der polarographischen Methode (Abb. 2) und auf den voltamperometrischen Kurven mit hängender Quecksilberelektrode. Die Erniedrigung der ersten polarographischen Sauerstoffstufe ist um so größer, je größer die Tropfzeit ist, weil die Menge des Hydroxyds pro Quadratzentimeter mit der Zeit wächst.

Im Falle der Oszillopolarographie sind die Kapazitätsströme etwa ebenso groß wie die Reduktionsströme, und es ist nicht ganz einfach, den Einfluß des Hydroxyds auf die Kapazität und auf die Sauerstoffreduktion zu unterscheiden. Man kann dennoch aus verschiedenen experimentellen Daten schließen, daß die beiden Effekte vorkommen [7, 8, 10].

Die Hemmung der Elektrodenprozesse durch unlösliche Hydroxyde wird auch im Falle anodischer Oxydation von Amalgamen in alkalischen Lösungen beobachtet [15, 16].

Bei —0,8 V und —1,5 V entsteht das Hydroxyd nicht direkt an der Elektrodenoberfläche. Deshalb können wir bei den Methoden, bei denen die Elektrodenoberfläche sich schnell erneuert (wie in der Polarographie), nur die latenten Ströme erwarten. Der latente Strom ist in Abb. 2 gut sichtbar: der gesamte Strom ist kleiner als die Summe der einzelnen Stufen.

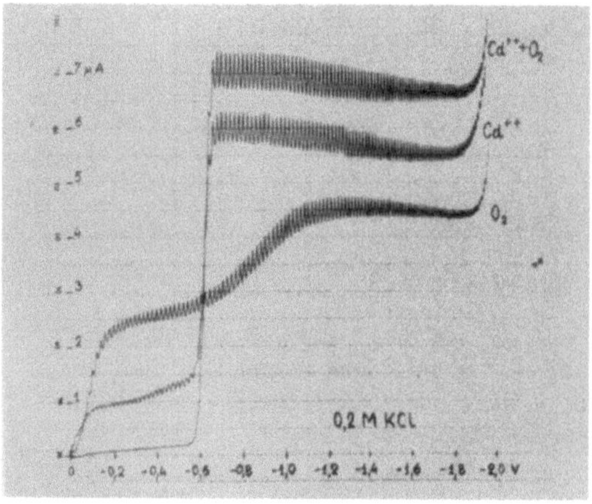

Abb. 2^{I}

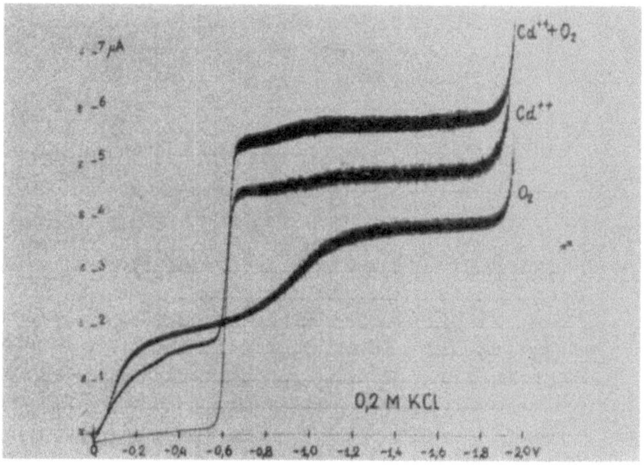

Abb. 2^{II}

Abb. 2. Die polarographischen Kurven von 0,2 M KCl a) mit Sauerstoff (mit Luft gesättigt), b) mit 0,001 M $CdSO_4$, c) mit den beiden Depolarisationen. Die Quecksilbertropfelektrode $m = 1{,}39$ mg Hg/sec, $t_{H_2O} = 4{,}7$ sec. *I* — frei tropfende Elektrode, *II* — mit regulierter Tropfzeit, $t = 1{,}2$ sec

Dieser Unterschied ist größer bei —1,5 V als bei —0,8 V, weil größere Mengen von $Cd(OH)_2$ entstehen.

Bei den Methoden der zweiten Gruppe, bei denen während des Potentialanstiegs die Elektrodenoberfläche praktisch unverändert bleibt, existiert an der Elektrode auch bei negativeren Potentialen das Hydroxyd, das gebildet wurde, noch ehe die Reduktion der Kadmiumionen begann. Dieses Hydroxyd kann bei einem Potential, das negativer als das der Reduktion der freien Cd^{++}-Ionen ist, reduziert werden. Deshalb spaltet sich die Cd-Stufe auf den oszillopolarographischen Kurven und auf den voltamperometrischen Kurven mit hängender Quecksilbertropfelektrode in zwei Stufen auf. Dieser Effekt wurde gleichzeitig von einigen Autoren beschrieben [3, 4, 5].

Dieses einfache Bild ist doch nicht immer richtig, weil die Fällung des Niederschlages manchmal ein langsamer Prozeß ist und sich während der Meßzeit kein Gleichgewicht in der Lösung einstellt. So geht zum Beispiel die Fällung von $Zn(OH)_2$ ziemlich langsam vor sich, obgleich das Löslichkeitsprodukt um einige Größenordnungen kleiner ist als das von $Cd(OH)_2$. Es entstehen in diesem Fall Hydroxylkomplexe, auch unter Bedingungen, die im Gleichgewicht praktisch nur $Zn(OH)_2$ existieren lassen. Diese Komplexe, die im Gegensatz zu Niederschlägen diffusionsfähig sind, können auch bei den Methoden mit veränderlicher Elektrodenoberfläche Depolarisationseffekte hervorrufen. So können in der Wechselstrompolarographie [20] und auch in der Polarographie [21] zwei Zn-Stufen in Anwesenheit von Sauerstoff entstehen, obgleich sie in der Polarographie schwer zu beobachten sind. Es hängt von der Meßzeit ab, welche Komplexe entstehen, und deshalb beobachtet man mit verschiedenen Methoden verschiedene Effekte. Während der polarographischen Registrierung mit der hängenden Tropfelektrode ist Zeit genug, daß auch der Niederschlag entsteht, und so tritt Hemmung der Sauerstoffreduktion ein, und in gewissen Fällen können alle vier Depolarisationsstufen von verschiedenen Hydroxylkomplexen entstehen [9].

Das zweite Produkt der Sauerstoffreduktion, Wasserstoffperoxyd, beeinflußt auch manche Elektrodenprozesse. Seit langer Zeit ist bekannt, daß Blei als Katalysator der H_2O_2-Reduktion wirkt [11, 19, 22]. Von HEYROVSKÝ [23] wurden auch Artefakte beschrieben, welche Wasserstoffperoxyd auf den oszillopolarographischen Kurven in Anwesenheit von Eisen oder Mangan verursacht. Hier werden die Erscheinungen, die in Anwesenheit von Blei auftreten, näher beschrieben.

Wie in Abb. 3 gezeigt wird, ist die erste Sauerstoffstufe in Anwesenheit von 10^{-4} M Pb^{++} etwa zweimal höher als gewöhnlich, bei einer zweielektronigen Reduktion. Wenn das Potential des Grenzstromes von Pb^{++} erreicht ist, hört die katalytische Wirkung auf, weil an der Elektrode dann keine Pb^{++}-Ionen anwesend sind. Bei einer Konzentration von etwa 10^{-3} M sehen wir eine starke Hemmung der Sauerstoffstufe durch das Bleihydroxyd. Man bemerkt auch eine kleine Plumbitstufe. Die polarographischen Kurven für die kleinsten Pb-Konzentrationen, welche eine katalytische Wirkung haben, stellt Abb. 4 dar. Der katalytische Effekt beginnt hier erst bei $5 \cdot 10^{-6}$ M Blei. Bei Untersuchungen mit der hängenden Quecksilbertropfelektrode ergab sich, daß schon bei viel kleineren Bleikonzentrationen der katalytische Effekt zu sehen ist (Abb. 5). Die Gestalt der Kurven ist hier eine ganz besondere, und zwar liegt der seltene Fall vor, daß bei der Rückwärtspolarisation eine kathodische Stufe entsteht. Nach den obigen Überlegungen ist es klar, daß der katalytische kathodische Prozeß (vierelektronige Reduktion von Sauerstoff), der aufgehört hatte, nachdem Blei reduziert worden war, bei der Rückwärtspolarisation bei dem gleichen Potential von neuem beginnt.

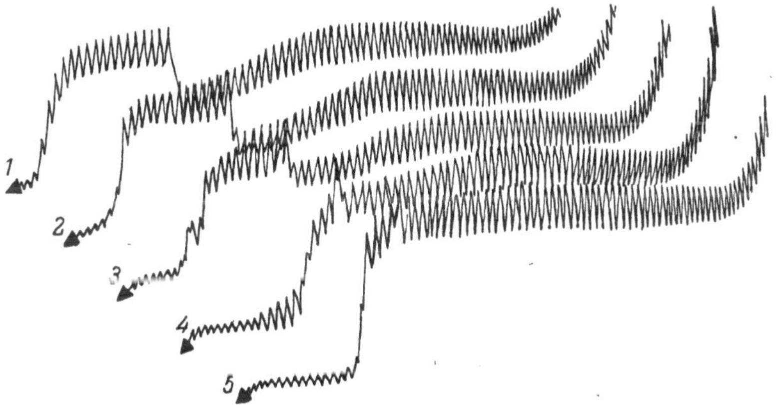

Abb. 3. Die polarographischen Kurven der luftgesättigten KCl-Lösung mit steigender Bleikonzentration. Zu den 9 ml der 0,2 M KCl wurde 1) 0,1; 2) 0,3; 3) 0,5; 4) 0,7; 5) 0,9 ml 10^{-2} M $Pb(NO_3)_2$ zugegeben. Die Quecksilberelektrode wie in Abb. 2. (Aus der Arbeit von BEHR und CHODKOWSKI [11])

Aus allem, was oben gesagt wurde, folgt, daß man, wenn man mit Sauerstoff in der Lösung arbeiten will, folgendes überlegen muß:

1. Welche nachfolgenden Reaktionen sind möglich?
2. Wie schließt man diese Reaktionen dann möglichst aus, wenn sie sich als störend erweisen können. Den Einfluß von OH^--Ionen kann man leicht vermeiden, indem man mit sauren, alkalischen oder gut gepufferten Lösungen arbeitet.
3. Man sollte vorsichtig Differentialmethoden anwenden, weil der Einfluß von Sauerstoff in vielen Fällen überhaupt nicht mit einer sauerstoffhaltigen Grundlösung kompensiert werden kann. Auch die Größen der Effekte sind hier selten von der Konzentration linear abhängig.

Die katalytische Wirkung von Blei auf die Wasserstoffperoxydreduktion kann sehr gut für analytische Zwecke ausgenutzt werden. Die hängende Quecksilbertropfelektrode eignet sich für Spurenbestimmung von Blei besonders gut.

SUMMARY

The reduction of oxygen at the mercury electrode and its influence on several electrode processes has been studied with various methods. The effect of reduction products of oxygen has been discussed in dependence of the method applied. The electrochemical behaviour of

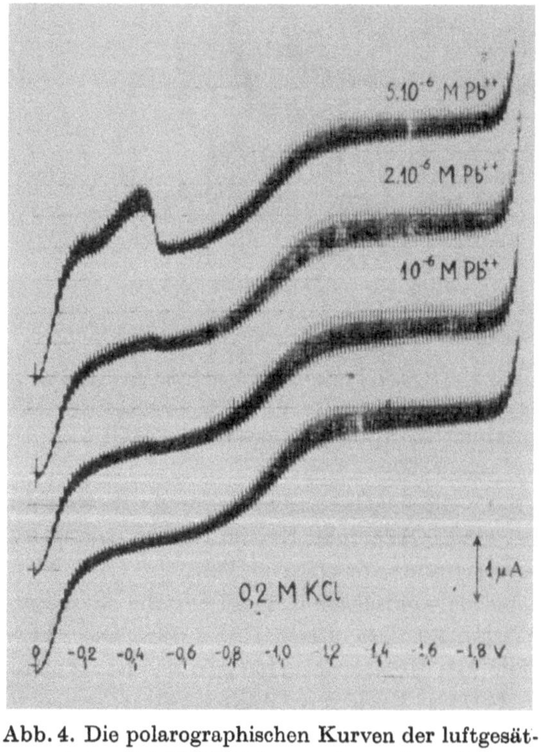

Abb. 4. Die polarographischen Kurven der luftgesättigten 0,2-M-KCl-Lösung ohne oder mit 10^{-6}–$5 \cdot 10^{-6}$ M $Pb(NO_3)_2$
Die Quecksilbertropfelektrode wie in Abb. 2, mit regulierter Tropfzeit (t = 1,2 sec, etwas unsymmetrisch)

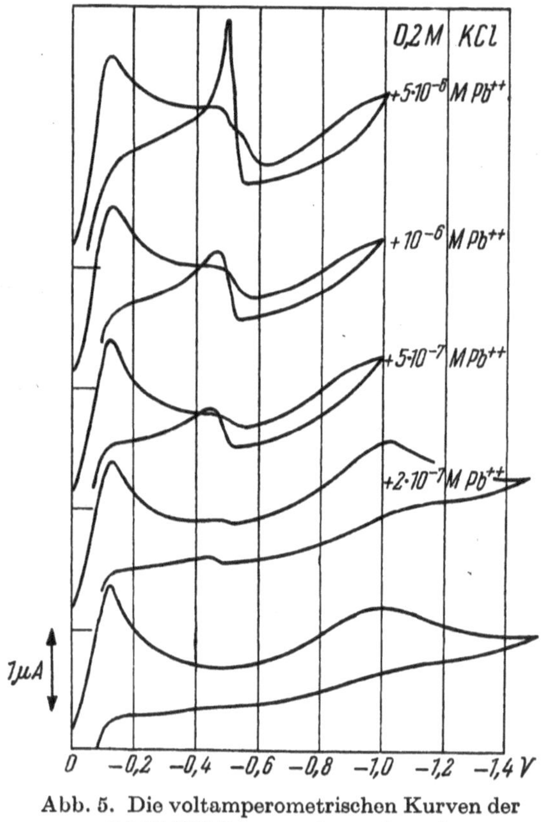

Abb. 5. Die voltamperometrischen Kurven der 0,2-M-KCl-Lösung ohne oder mit $2 \cdot 10^{-7}$–$5 \cdot 10^{-6}$ M $Pb(NO_3)_2$
Die hängende Quecksilbertropfelektrode nach KEMULA und KUBLIK [1] von 4,2 mg. Polarisationsgeschwindigkeit: 800 mV/min

insoluble metal hydroxides has been described. The catalytic reduction of hydrogen peroxide in the presence of small quantities of lead — ca 10^{-7} M — has been studied with voltamperometric method using the hanging mercury electrode.

Literatur

[1] KEMULA, W., KUBLIK, Z., Anal. Chim. Acta **18**, 104 (1958).
[2] HEYROVSKÝ, J., Oscilograficka polarografie, Praha 1953; KEMULA, W., KUBLIK, Z., Nature **182**, 793 (1958).
[3] VOGEL, J., Proc. I. Intern. Polarogr. congress, Prague **3**, 731 (1951).
[4] BEHR, B., CHODKOWSKI, J., Roczniki Chem. **26**, 650 (1952).
[5] Гохштейн, И. П., Сурков, И. А., ж. физ. хим. 8, 323 (1953).
[6] IMAI, H., Bull. Chem. Soc. Japan **29**, 276 (1955).
[7] BEHR, B., Proc. Polarogr. Conf. Warsaw, 1956, S. 201.
[8] –, Thesis, Warsaw University, 1957.
[9] KEMULA, W., GÖRLICH, E., KOWALSKI, Z., BEHR, B., Roczniki Chem. **33**, 797 (1959).
[10] KAUFMAN, D. C., LOVELAND, J. W., ELVING, P. J., J. Phys. Chem. **63**, 217 (1959).
[11] BEHR, B., CHODKOWSKI, J., Z. Physik. Chem., Sonderheft 1958, S. 119.
[12] LINGANE, J. J., KOLTHOFF, I. M., J. Am. Chem. Soc. **62**, 852 (1940).
[13] LAITINEN, H. A., FRANK, A. J., KIVALO, P., J. Am. Chem. Soc. **75**, 286 (1953).
[14] KEMULA, W., RAKOWSKA, E., Z. Physik. Chem. Sonderheft 1958, S. 33.
[15] KEMULA, W., BEHR, B., DOJLIDO, J., Roczniki Chem. **31**, 205 (1957).
[16] KEMULA, W., DOJLIDO, J., Roczniki Chem. **33**, 451 (1959).
[17] KEMULA, W., Compt. Rend. Soc. Sci. et Lettres de Varsovie, Cl. III, **40**, 3 (1947).
[18] KEMULA, W., GRABOWSKI, Z. R., Compt. Rend. Soc. Sci. et Lettres de Varsovie, Cl. III, **44**, 78 (1951).
[19] CHODKOWSKI, J., Roczniki Chem. **29**, 664 (1955).
[20] TAKAHASHI, T., SHIRAI, H., J. Electroanal. Chem. **1**, 331 (1959/60).
[21] BEHR, B., CHODKOWSKI, J., LICHOSIK-ORLIKOWSKA, A., Roczniki Chem. **36**, 1551 (1962).
[22] STRNAD, F., Collection Czechoslov. Chem. Commun. **11**, 391 (1939).
[23] HEYROVSKÝ, J., Oscilograficka Polarografie, Praha 1953, S. 112.

D—11

Controlled Potential Reductions in Polarography: Reduction of Derivatives of Isonicotinic Acid

H. Lund

Chemical Institute of the University Aarhus, Denmark

For an organic chemist one of the most interesting problems in polarography is the determination of which electrode reaction is responsible for a given polarographic wave. One of the reasons for the interest shown by a synthetic minded chemist is evident when we consider a classical polarogram (Fig. 1). At a potential where the diffusion plateau of the first wave is reached a selective reduction proceeds with a current efficiency of 100%. From a synthetic point of view this is a highly desirable condition, but unfortunately — from this point of view — the amount of material which reacts at the dropping mercury electrode is far too small to have any synthetic value. The problem is thus to transform — without loosing the selectivity of the method — the conditions prevailing at a microelectrolysis at the dropping mercury electrode to a macroelectrolysis where grams instead of micrograms are reduced or oxidized.

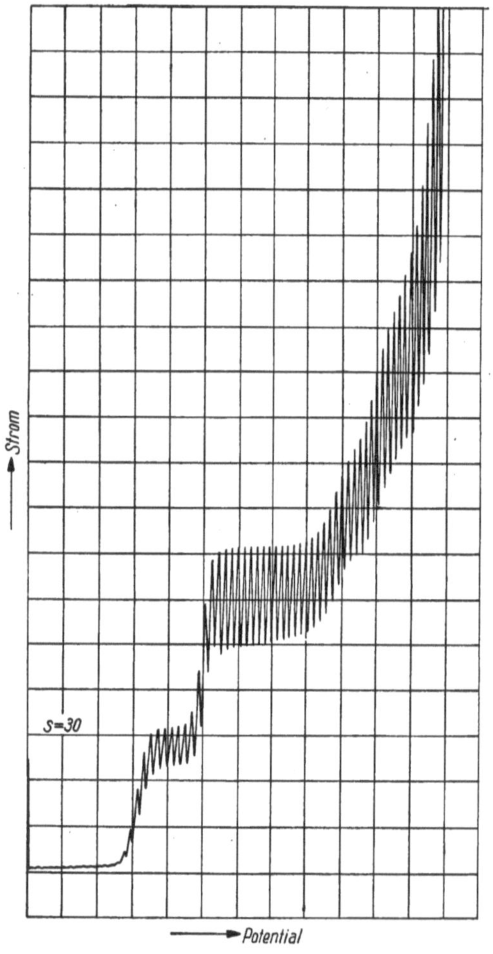

Fig. 1. A classical polarogram of a two wave reduction

This can be done by using a cell as shown in Fig. 2 which is a slightly modified Lingane-cell. The essential feature of the electrolysis is to maintain a suitable potential difference between the mercury electrode and the solution just outside the double layer. The potential difference is that found at the polarogram, but whereas the potential drop between cathode and anode caused by the ohmic resistance in most cases can be neglected in classical polarography this is not so in a preparative reduction where currents up to 1 ampere are used. We, therefore, introduce a third electrode to measure the potential drop across the double layer and adjust the potential difference between anode and cathode so that the potential across the double layer has the desired value.

A circuit for such an electrolysis is shown at Fig. 3. The potential across the cell has to be adjusted during the electrolysis, and this can be done either manually or automatically with a so-called potentiostat. The components for a manually controlled circuit are simple and are found in every laboratory, the procedure is, however, time consuming as the potential has to be adjusted ever so often.

By applying this technique it is possible to reduce one group of two possible if there is more than 0,2 to 0,4 volts between their half-wave potentials. Ordinarily 1/2 to 1 gram is reduced in about 160 ml solution, but up to 5 grams have been succesfully reduced in the cell shown. It is thus a method which can be applied in the synthesis of organic compounds. When making the solutions one is often forced to compromise between a desire of a high solubility

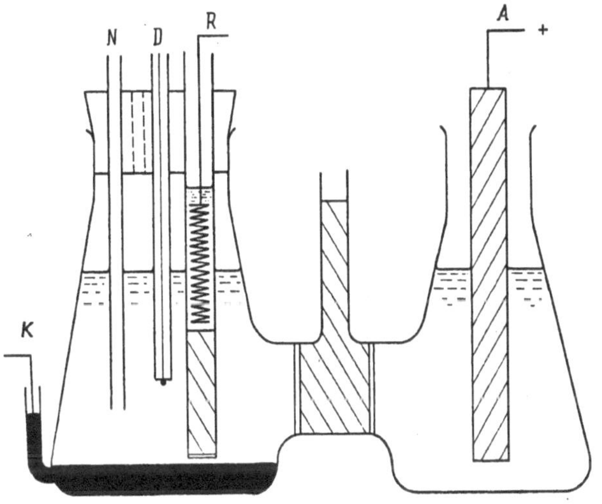

Fig. 2. Cell for preparative reduction. *K* mercury cathode, *A* carbon anode, *R* reference electrode, *D* dropping mercury electrode, *N* inlet for nitrogen

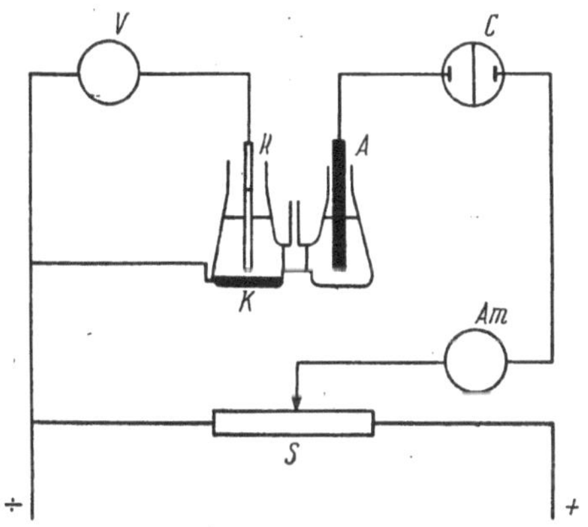

Fig. 3. Circuit for constant potential reduction. *K* cathode, *A* anode, *R* reference electrode, *V* potentiometer or pH-meter, *C* coulometer, *Am* amperemeter, *S* voltage adjuster

of the organic compound and a high concentration of buffer and supporting electrolyte. In some cases it may be necessary to reduce a suspension of the compound which, of course, prolongs the reaction time.

Nitrogen is bubbled through the solution which then is pre-electrolysed at a potential more negative than that to be used in the electrolysis. The reducible compound is then introduced and the potential adjusted to the desired value.

Ordinarily the concentration of the reducible compound is followed by polarography with the dropping mercury electrode directly in the reaction mixture. The concentration is then

I. Reduction of 6-Trifluoromethyl-7-sulphamyl-3,4-dihydro-1,2,4-benzothiadiazine-1,1-dioxide

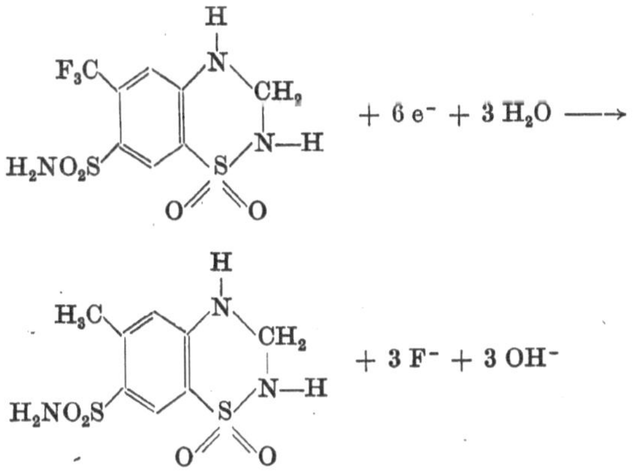

plotted against the consumption of electricity and the curve obtained is in the normal case a straight line.

The method thus gives information about which group in the molecule is reduced and how many electrons are consumed. This is not without interest to the analyst. As an example can be mentioned the reduction of the compound, which is reduced according to the equations (I) [1]. The problem arose whether the trifluoromethyl group remained intact during the passage through the body. Besides polarographically the compound could be determined colorimetrically after hydrolysis and diazotation. The polarographic determination requires the presence of the trifluoromethyl group and both sulphamyl groups, whereas the colorimetric analysis simply requires the amino group. Test-persons were given the compound, and the concentration of it in the urine determined colorimetrically and polarographically. Both methods yielded the same result meaning that all the molecules containing an amino group also contained a trifluoromethyl group. This group thus was shown to remain intact during the passage through the body.

Although the results from the polarographic investigation in many cases directly can be used in macroelectrolysis there are some cases where differences between the micro- and macroelectrolysis occur. This is primarily caused by differences between the micro- and macroscale experiments with respect to the concentration employed and to the duration of the experiments.

The influence of the concentration can be seen in the reduction of o-benzoylbenzoic acid diethylamide. The height of the polarographic wave corresponds to two electrons per molecule in both acid and alkaline solution. A macro-reduction in acid solution yields $n = 1{,}65$ and besides phenylphthalide is isolated a dimeric compound (II). The explanation might be that the second order reaction (the dimerization) competes more succesfully at higher concentrations with the first order reaction (the further reduction).

The time factor is involved in the reduction of e.g. 2-thiocyanato isobutyrophenone [2]. The compound gives a single two-electron wave whereas the preparative reduction shows a two electron reduction to isobutyrophenone (III), which in turn is reducible in a two-electron

II. Reduction of o-benzoylbenz-N,N-diethylamide

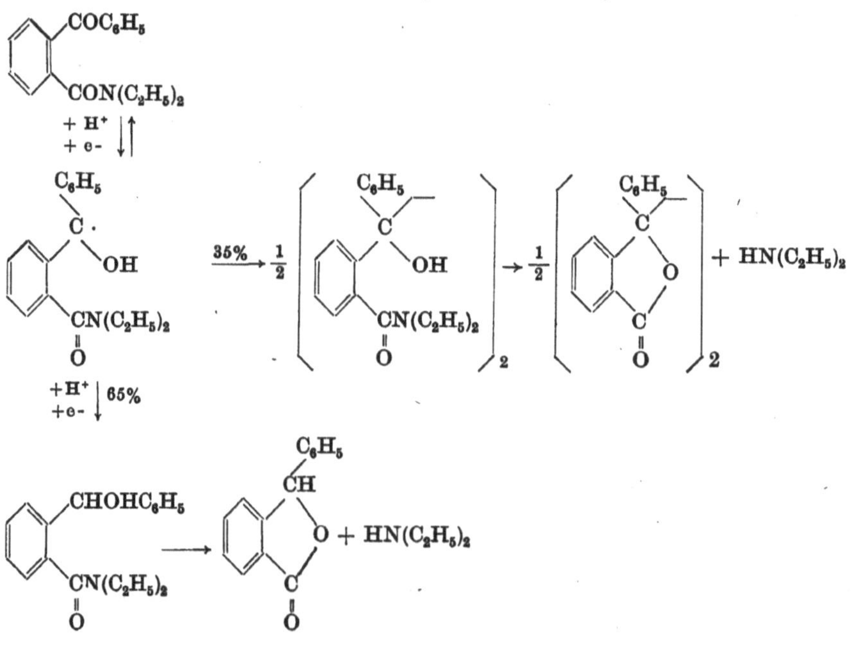

reduction. The primarily formed, non-reducible product is transformed into isobutyrophenone at a rate too slow to influence the polarographic curve. The rate of the transformation is dependent on pH. It has been suggested [3] that oxygen accepts a proton more readily than the carbon, thus forming a non-reducible enol which slowly forms the ketone.

III. Reduction of 2-thiocyanatoisobutyrophenone

$$C_6H_5COC(CH_3)_2SCN + 2\,e^- \longrightarrow C_6H_5COC(CH_3)_2^- + SCN^-$$
$$+ H^+ \longrightarrow C_6H_5COCH(CH_3)_2$$

Several cases of this type exist, probably more than is generally realized as you can be aware of them only when a preparative reduction is made. I will just remind of one of the oldest known cases, the reduction of benzil (IV). The wave of the reduction product, benzoin,

IV. Reduction of benzil

$$C_6H_5{-}\underset{O}{\underset{\|}{C}}{-}\underset{O}{\underset{\|}{C}}{-}C_6H_5 + 2\,e^- + 2\,H^+ \longrightarrow C_6H_5{-}\underset{OH}{\underset{|}{C}}{=}\underset{OH}{\underset{|}{C}}{-}C_6H_5 \xrightarrow{\text{slow}} C_6H_5{-}\underset{O}{\underset{\|}{C}}{-}\underset{OH}{\underset{|}{CH}}{-}C_6H_5$$

can be detected only in strongly alkaline solution. In other solutions the compound formed by a 1—4 addition is too slowly transformed into benzoin to affect the polarographic curve.

In the two examples just mentioned the rearranged product is reducible at a potential more negative than that of the starting material. But there also exist reductions where the converted product is reducible at a less negative potential than the starting material. Such cases can be detected by a non-linear relation between concentration and electron consumption during a preparative reduction, and often a small wave caused by the primarily formed compound can be detected. This has been found in the reduction of tropolone [4], and of some derivatives of pyridinecarboxylic acids.

In mineral acid solution the height of the wave of isonicotinic amide corresponds to a two-electron reduction and it grows to the height of a four electron wave around pH 5. When a preparative reduction of this compound is made at pH 1 the polarograms recorded during the reduction contain a small wave at a potential less negative than that of the amide. If the reduction is stopped when about 2 electrons have been consumed pyridine-4 aldehyde can be isolated in good yield as e.g. the phenyl hydrazone. When, however, the reaction is allowed to proceed to completion at the potential applied, γ-pyridyl carbinol is the isolated product (V). The explanation of the fact that the aldehyde can be isolated

V. Reduction of isonicotinic amide

pH 1:

$$NC_5H_4{-}CONH_2 + H^+ \rightleftharpoons (NC_5H_4{-}CONH_2)H^+$$
$$(NC_5H_4{-}CONH_2)H^+ + 2\,e^- + 3H^+ + H_2O \longrightarrow HN^+C_5H_4{-}CH(OH)_2 + NH_4^+$$
$$HN^+C_5H_4{-}CH(OH)_2 \rightleftharpoons HN^+C_5H_4{-}CHO + H_2O$$
$$HN^+C_5H_4{-}CHO + 2\,e^- + 2\,H^+ \longrightarrow HN^+C_5H_4CH_2OH$$

although it is reducible at the potential applied is that the reduction of the aldehyde is partly hindered by the formation of a rather stable, non-reducible hydrate [5].

Substitution of one or both of the hydrogen atoms in the amide group with alkyl, benzyl or cyclohexyl does not alter the reduction path; pyridine-4 aldehyde has been isolated in all cases tried so far. The aryl derivatives, however, behave differently. N-methyl-N-phenyl isonicotinic amide is reduced directly to γ-pyridyl carbinol and N-methyl aniline in a four electron reduction, and no trace of the aldehyde is detectable during the reduction. The isonicotinic anilide, too, is reduced in a four electron reduction without traces of aldehyde, but in this case besides γ-pyridyl carbinol and aniline some anilinomethyl pyridine is formed (VI). This compound is polarographically reducible with a prominent maximum at the wave (Fig. 4) but its presence as a reduction product does not show as a well-defined wave on the polarograms of isonicotinic anilide (Fig. 5). At the polarogram of the anilide, however, a maximum occurs at the potential where anilinomethyl pyridine yields a maximum. The limiting current of the anilide is approximately the same before and after the maximum, and

VI. Reduction of isonicotinic anilide

$$HN^+C_5H_4{-}CO{-}NH{-}C_6H_5 + 4\,e^- + 4\,H^+ \longrightarrow \begin{cases} 70\%\ HN^+C_5H_4{-}CH_2OH + H_2N{-}C_6H_5 \\ 30\%\ HN^+C_5H_4{-}CH_2{-}NH{-}C_6H_5 + H_2O \end{cases}$$

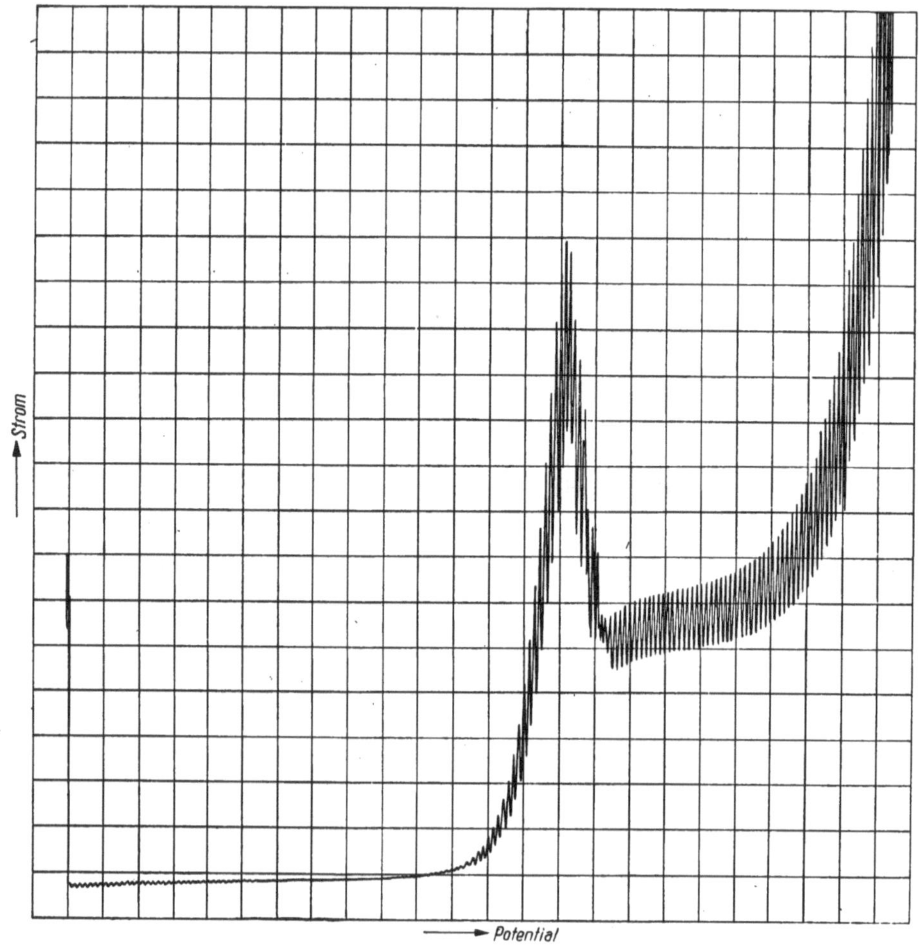

Fig. 4. Anilinomethyl pyridine, polarographical wave with a prominent maximum

when a maximum suppressor as e.g. triton is used the phenomenon is hardly noticeable (Fig. 6). The nature of the slow step in this electrode reaction is not known.

1-Ethyl-4-carbamoyl pyridinium bromide is reduced in a way similar to that of the parent amide, the corresponding aldehyde being formed. The polarographic reduction of picolinic amide ressembles that of isonicotinic amide, whereas that of nicotinic amide differs from it and the nature of the reduction product has not been investigated.

Isonicotinic hydrazide yields in mineral acid solution two two-electron waves. The first wave was found to be caused by a reduction to isonicotinic amide and the second one by the reduction of the amide thus formed (VII). The phenyl hydrazide of isonicotinic acid and the hydrazides of picolinic and nicotinic acid are reduced in a similar way, the corresponding amide being formed as a result of the first reduction. The reaction reminds of the reduction of phenylhydrazones where first a reductive splitting of the nitrogen-nitrogen bond occurs;

VII. Reduction of isonicotinic hydrazide

pH 1:

1. wave:

$$HN^{+}C_5H_4\text{—}CONH\text{—}NH_2 + 2\,e^- + 3\,H^+ \longrightarrow HN^{+}C_5H_4\text{—}CONH_2 + NH_4^+$$

2. wave:

$$HN^{+}C_5H_4\text{—}CONH_2 + 2\,e^- + 3\,H^+ + H_2O \longrightarrow HN^{+}C_5H_4\text{—}CH(OH)_2 + NH_4^+$$

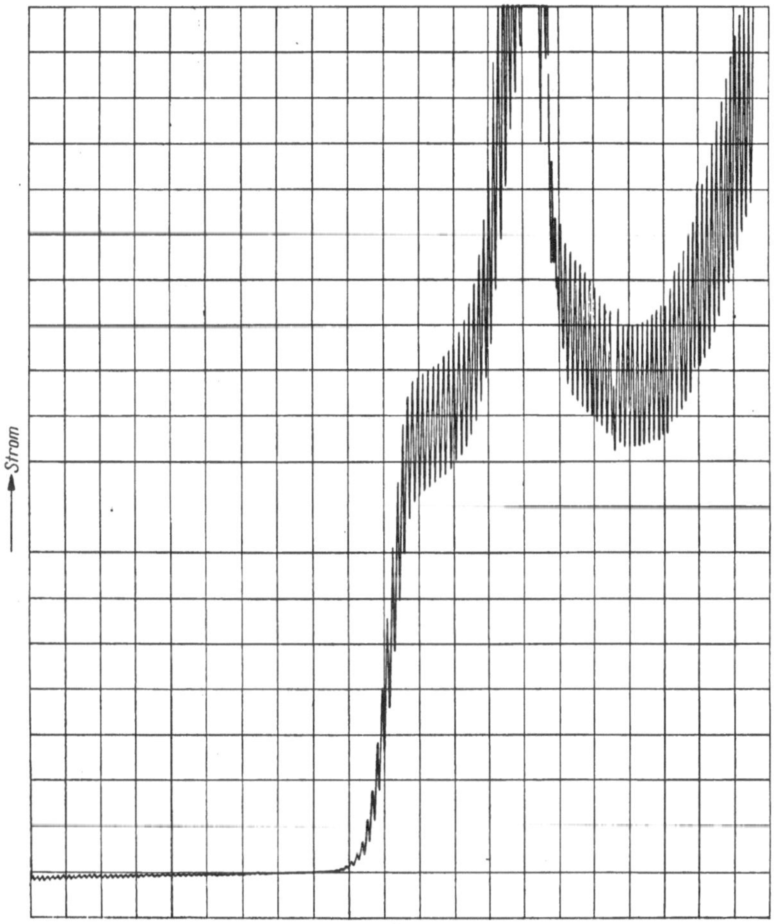

Fig. 5. Isonicotinic anilide; a well-defined wave with a maximum on the limiting current

here, however, a single four-electron wave is found as the azomethine compound formed is reduced at once to the amine.

The anodic wave of isonicotinic hydrazide occurring in alkaline solution was found to be caused by a two-electron oxidation and the main product isolated was 1,2-diisonicotinoyl hydrazine (VIII).

VIII. Oxidation of isonicotinic hydrazide

$$NC_5H_4\text{—}CONH\text{—}NH_2 + 2\,OH^- \longrightarrow$$

$$2\,e^- + 2\,H_2O + NC_5H_4CON{=}NH \longrightarrow$$

$$\begin{cases} 95\%\ 1/2\,(NC_5H_4CONH\text{—}NHCOC_5H_4N) + N_2 \\ 5\%\ NC_5H_4CHO + N_2 \end{cases}$$

In the reduction of esters of isonicotinic and picolinic acid the pyridine aldehyde is formed. The pyridine-4 aldehyde thus seems to be an important intermediate in the reduction of many derivatives of isonicotinic acid. In the reduction of isonicotinic acid in mineral acid and slightly acid solution the aldehyde is formed in a yield of up to approximately 50% and can be isolated as the phenylhydrazone. A certain amount of coloured compounds — possibly formed through a primarily formed dihydroisonicotinic acid — also occurs. It seems reasonable to assume that the product primarily formed can be formulated as in (IX) and that this species yields either the dihydroisonicotinic acid or the hydrated aldehyde.

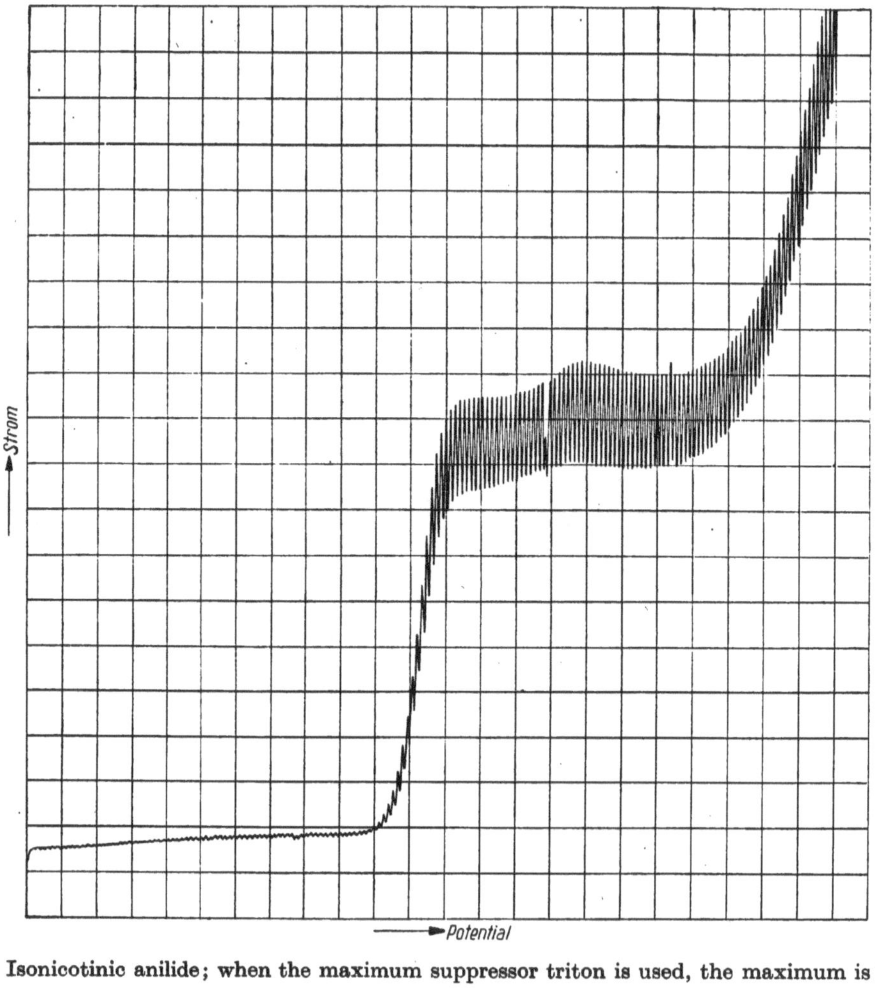

Fig. 6. Isonicotinic anilide; when the maximum suppressor triton is used, the maximum is hardly noticeable

The isolation of an aldehyde from a reduction of a free carboxyl group is a rare feature. Previously no evidence has been presented of the polarographic reduction of a carboxyl group, although it is interesting that professor Šorm [6] as early as 1943 assumed the polarographic reduction of isonicotinic acid to take place in the carboxyl group. Chemical agents capable of attacking a free carboxyl group reduce the group directly to an alkohol, and this is also the case in the classical electrolytic reductions at lead cathodes. Recently, however, Belov [7] has reported that during an indirect electrolytic reduction of 2,3-naphthol carboxylic acid in the presence of p-toluidine a yield of a reduction product from a *Schiff's* base — formed from an intermediate aldehyde – of 5 to 7% could be obtained.

IX. Reduction of isonicotinic acid

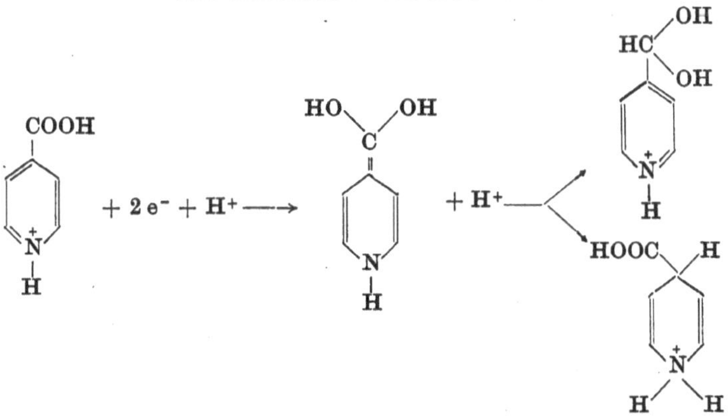

Whereas the amides of the pyridinecarboxylic acids in alkaline solution are reduced in a two-electron wave some other amides are reducible in four electron reductions under these conditions. p-Cyanobenzamide is reduced to p-cyanobenzyl alcohol in acetate and borate buffer (X); the reduction of an amide to a carbinol is thus not restricted to the amides of isonicotinic and picolinic acids.

X. Reduction of p-cyanobenzamide

Acetate buffer:

$$NC—C_6H_4—CONH_2 + H^+ \rightleftharpoons (NC—C_6H_4—CONH_2)H^+$$

$$(NC—C_6H_4—CONH_2)H^+ + 4\,e^- + 4\,H^+ \longrightarrow NC—C_6H_4—CH_2OH + NH_4^+$$

Borate buffer:

$$NC—C_6H_4—CONH_2 + 4\,e^- + 4\,H_2O \longrightarrow NC—C_6H_4—CH_2OH + NH_3 + 4\,OH^-$$

A further reduction path is seen in the reduction of α-naphthoic amide, which in a two-electron reduction in alkaline solution is reduced to 1,4-dihydronaphthoic amide (XI).

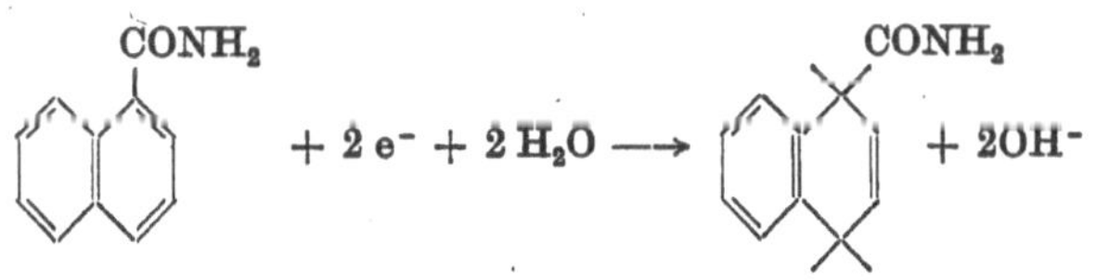

Summarily it can be said about constant potential reductions that by employing the electrode potential as controlling factor in an electrolytic process it is possible to secure that only a single primary electrode reaction takes place, but it must be kept in mind that it is only possible to influence the reaction up to and including the potential determining step. How the reaction proceeds from that point cannot be controlled by means of the electrode potential.

By employing polarography to explore the possibilities of an electrolytic reaction valuable information concerning the experimental conditions suitable for the reaction can be obtained. However, the results from the microscale electrolysis must be used with due considerations of the differences between the microscale and macroscale experiments with respect to the concentrations employed and to the duration of the experiments.

It is hoped that you have got — at least a vague — impression of the scope and limitations of a method which on the one hand uses polarography as a means to establish the optimal conditions for a synthetic method and on the other hand furnish the polarography with knowledge of the nature of the electrode reactions, and it seems justified to say that the polarographic behaviour of a compound has not been sufficiently investigated, unless the nature of the electrode reactions has been established.

SUMMARY

The reduction of o-benzoylbenz-N,N-diethylamide furnishes an example of the influence of the concentration on the reaction products. In alkaline as well as in acid solution a two-electronic wave is seen. In a preparative reduction using an alkaline solution, 3-phenylphthalide and diethylamine ($n = 2$) is obtained, whilst in acid solution ($n = 1{,}65$) a dimer (25%) can be isolated besides 3-phenylphthalide (50%). The time factor becomes apparent in the reduction of e.g. 2-thiocyanato-isobutyrophenone. The-non reducible primary product is transformed to isobutyrophenone so slowly that the polarographic curve is not influenced. In this example, the rearrangement product is reducible at a more negative potential than the original product; however, the contrary may occur, too. Such cases are characterized by the nonlinearity between concentration and electron consumption during a preparative reduction, as in the reduction of tropolone and of isonicotinic acid and derivatives thereof. The first of the two waves of isonicotinic hydrazide in acid solution corresponds to a reduction to the amide. The same applies to the hydrazides of picolinic and nicotinic acids. Isonicotinic amide has a two-electronic wave at pH 0 and a four-electronic one at pH 4. On reduction in acid solution, isonicotinic aldehyde is isolated, although this compound is reduced at a more positive potential than the amide. In this case, further reduction is prevented by the formation of the hydrate, otherwise the reduction proceeds to the γ-pyridylcarbinol. Some examples are given that the reduction of an amide to a carbinol is not limited to the amides of isonicotinic and picolinic acids.

References

[1] Lund, H., Acta Chem. Scand. **13**, 192 (1959).
[2] —, Acta Chem. Scand. **14**, 1927 (1960).
[3] Zuman, P., Michl, J., Nature **192**, 655 (1961).
[4] Tanaka, N., Nozoe, T., Takamura, T., Kitahara, S., Bull. Chem. Soc. Japan **31**, 827 (1958).
[5] Volke, J., Experientia **13**, 274 (1957).
[6] Šorm, F., Rozpravy II. třidy České akademie. **53**, nr 27 (1943).
[7] Przhiyalgovskaya, N. M., Lavrishcheva, L. N., Mondodev, G. T., Belov, V. N., Zhur. Obshch. Khim. **31**, 2321 (1961).

Authors note: Further details on the polarographic reduction of derivatives of isonicotinic acid have recently been published in Acta Chem. Scand. **17** (1963) 972, 1077, 2325.

D—12

The Polarography of Pyridine and related compounds

Part 1. The Polarography of Pyridine in Unbuffered Solutions

G. F. REYNOLDS[1] and A. J. LINDSEY
Sir John Cass College, London

Introduction

The polarography of pyridine and a number of related compounds has been studied by several authors. The first to be reported was that by SHIKATA and TACHI [1, 2] in 1927. They employed unbuffered solutions of hydrochloric acid. Other studies were made by ADKINS and COX [3], TOMPKINS and SCHMIDT [4] and by KORSHUNOV and SHCHENNIKOVA [5]. The catalytic lowering of the hydrogen overvoltage on the dropping mercury electrode by these species has been investigated by KNOBLOCH [6].

The results obtained by the above authors show considerable divergence, especially in unbuffered solutions. Mechanisms have been proposed by SHIKATA and TACHI and by TOMPKINS and SCHMIDT. These were criticised by KOLTHOFF and LINGANE [7] who have proposed a further mechanism to explain the results [8]. ADKINS and COX failed to obtain steps for pyridine.

In view of this lack of agreement and as a preliminary to wider studies the work described in this paper was undertaken.

Experimental

Unless otherwise stated all polarography was carried out on a Cambridge photographic recording polarograph at 25 °C and versus a saturated Calomel Electrode. All potentials are quoted on the European Sign Convention. On this Convention the potential of the Saturated Calomel Electrode (S. C. E.) has been taken as 0.245 volt with respect to the Normal Hydrogen Electrode (N. H. E.). The mass drop time ($m^{2/3} t^{1/6}$) value of the electrode employed was 1.56.

Pure pyridine was prepared by a process described by VOGEL [9]. This involved the preparation of the zinc double salt, liberation of the free base and distillation. After fractional distillation the fraction boiling at 115—116 °C was used for all experiments.

In view of the volatility and hygroscopic nature of this pure material standard solutions were prepared by weighing the pyridine in a closed vessel. The required weight (1.98 g) was then washed into a 250 ml graduated flask and made up to volume with water. This gave a standard 10^{-1} M pyridine solution from which all others were prepared.

The volatile nature of pyridine appeared to make it inevitable that serious losses would occur if deoxygenation of the solution by passage of nitrogen or hydrogen gas was carried out. Preliminary experiments using standard 10^{-3} M pyridine solution in 0.1 N potassium chloride confirmed this. A period of 10 minutes was found to be sufficient to remove the waves due to oxygen, but passage of gas, for a further 5 minutes only, reduced the pyridine step by as much as 20 per cent. Moreover this loss was not reproducible. In alkaline and neutral solutions this difficulty was overcome by the use of sodium sulphite, but for acid solution a special method had to be sought.

[1] Present address: College of Technology, Loughborough, Leicestershire.

A number of deoxygenation techniques were tried without success, but eventually the cell and auxiliary apparatus shown in Figure 1 was devised and the following method adopted:

Ten ml of the base electrolyte to be employed was placed in the polarographic cell and deoxygenated by passage of nitrogen for 10 minutes. The dropping pipette (see Fig. 1), after cleaning, rinsing with acetone and drying in an air blast, was suspended on a balance, by means of a wire hook, and weighed. A volume of the standard pyridine solution was then drawn into the pipette tube, care being taken that the lower meniscus was clear of the pipette mouth. The pipette was then reweighed.

At the conclusion of the deoxygenation the gas supply tube was detached from the cell side-arm and the tip of the pipette inserted just below the surface of the solution. The pyr-

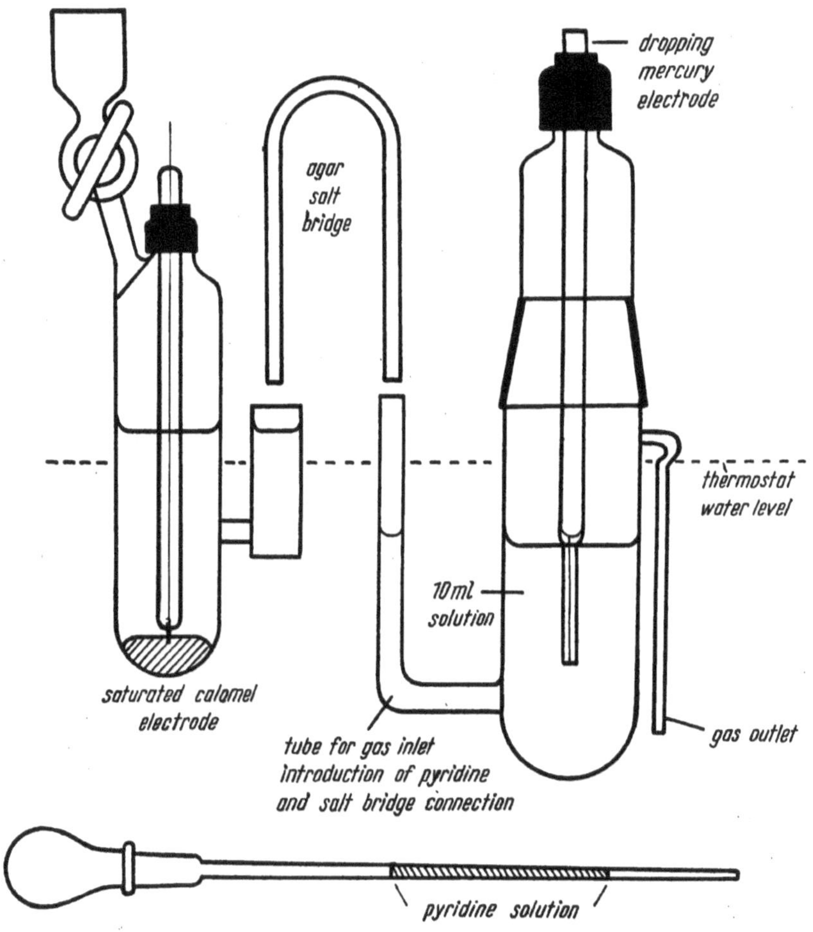

Fig. 1. Measuring cell and pipette for weighing and introducing pyridine solution

idine solution was then discharged into the cell without any bubbles of air being blown in at the same time. The pipette was washed out by drawing up some of the cell solution and discharging it back into the cell. It was then withdrawn, the gas supply reconnected and nitrogen passed for about 5 seconds to ensure thorough mixing. The gas supply was then finally disconnected, the salt bridge inserted and polarography carried out. The concentration of pyridine was calculated from the weight and density of the standard solution employed. The density of 10^{-1} M pyridine in water at 20 °C was found to be 0.996 g per ml.

The above procedure gave reproducible pyridine step heights without oxygen interference but comparative experiments using pairs neutral solutions deoxygenated by this means and by addition of sodium sulphite, showed that step height obtained in the presence of sulphite were consistently about twice as large.

Unbuffered Alkaline Solutions

A 10^{-1} M pyridine solution prepared as already described was used for these experiments. Aliquots of this solution were placed in a series of 100 ml graduated flasks, together with the amount of potassium hydroxide solution to give the required final concentration of alkali. After addition of 10 ml of N potassium chloride, where appropriate, the flasks were made up to volume with water. The addition of potassium chloride was made to all solutions which were less than 10^{-4} M in potassium hydroxide. The solutions with alkali concentrates greater than 10^{-4} M were, in general, made up in duplicate, with and without potassium chloride. A 10 ml aliquot of each solution was withdrawn, placed in a polarographic cell, treated with 0.01 g of sodium sulphite and allowed to stand for 10 minutes. Polarography was then carried out.

Effect of Alkali Concentration on Half-wave Potential and Diffusion Current

A series of solutions, 10^{-3} M in pyridine and 0.1 N in potassium chloride were prepared, deoxygenated and polarographed as described above. The final concentration of potassium hydroxide in the solutions varied from zero (neutral) to 10^{-2} M.

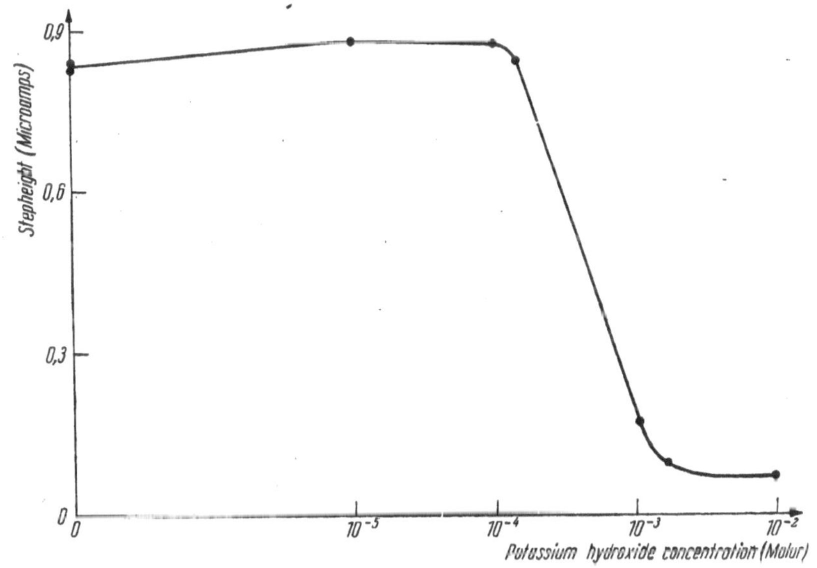

Fig. 2. Effect of potassium hydroxide concentration on the step height of 10^{-3} M pyridine in 0,1 N potassium chloride

The results obtained by polarography of these solutions are given in Table I and shown graphically in Fig. 2. Typical steps are illustrated in Fig. 3.

Relation between Limiting Diffusion Current and Pyridine Concentration

Several series of solutions were prepared as previously described. The concentration of pyridine varied within the range 5×10^{-3} M to 2×10^{-5} M and the potassium hydroxide concentration between zero (neutral) and 10^{-3} M. The series in 10^{-3} M potassium hydroxide was made up in duplicate; in the presence (A) and the absence (B) of 0.1 N potassium chloride. All other series contained 0.1 N potassium chloride.

Table 1

Potassium Hydroxide Concentration (Molar)	Half-wave Potential (volts vs. S.C.E.)	Diffusion Current (microamps)
0	−1.70	0.833
0	−1.71	0.777
0	−1.71	0.814
10^{-5}	−1.70	0.870
10^{-4}	−1.71	0.870
2×10^{-4}	−1.73	0.851
10^{-3}	−1.79	0.167
2×10^{-3}	−1.80	0.193
10^{-2}	−1.85	0.074

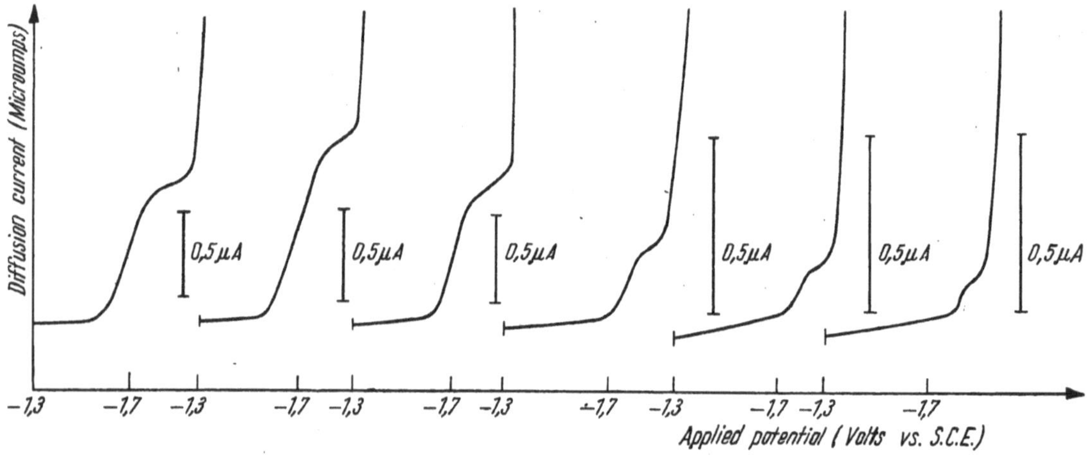

Fig. 3. Polarograms of 10^{-3} M pyridine in 0,1 N potassium chloride, from left to right: neutral (KOH absent); 10^{-5} M KOH; $2 \cdot 10^{-4}$ M KOH; 10^{-3} M KOH; $2 \cdot 10^{-3}$ M KOH; 10^{-2} M KOH

The results obtained are given in Table II and the relationship is shown graphically in Fig. 4. Typical polarograms are presented in Fig. 5.

Table II

Pyridine Concentration		Limiting Diffusion Currents (microamps)				
(M)	(microg/ ml)	Potassium Hydroxide Concentrations (M)				
		0	10^{-5}	10^{-4}	10^{-3} (A)	10^{-3} (B)
5×10^{-3}	395	2.33	2.22	2.22	0.925	1.61
4×10^{-3}	316	1.95	—	—	—	—
3×10^{-3}	237	1.53	1.495	1.52	0.53	0.98
2×10^{-3}	158	1.22	1.21	1.22	—	—
1×10^{-3}	79	0.835	0.87	0.87	0.17	0.32
5×10^{-4}	39.5	0.58	0.595	0.495	0.08	0.15
2×10^{-4}	15.8	0.41	0.31	0.31	—	—
1×10^{-4}	7.9	0.20	0.16	—	—	—
2×10^{-5}	1.58	0.04	0.04	—	—	—

Occassionally steps with incipient maxima were obtained during these experiments. These were so infrequent and non-reproducible that no attempts were made to suppress them. Instead polarography of the solution concerned was repeated.

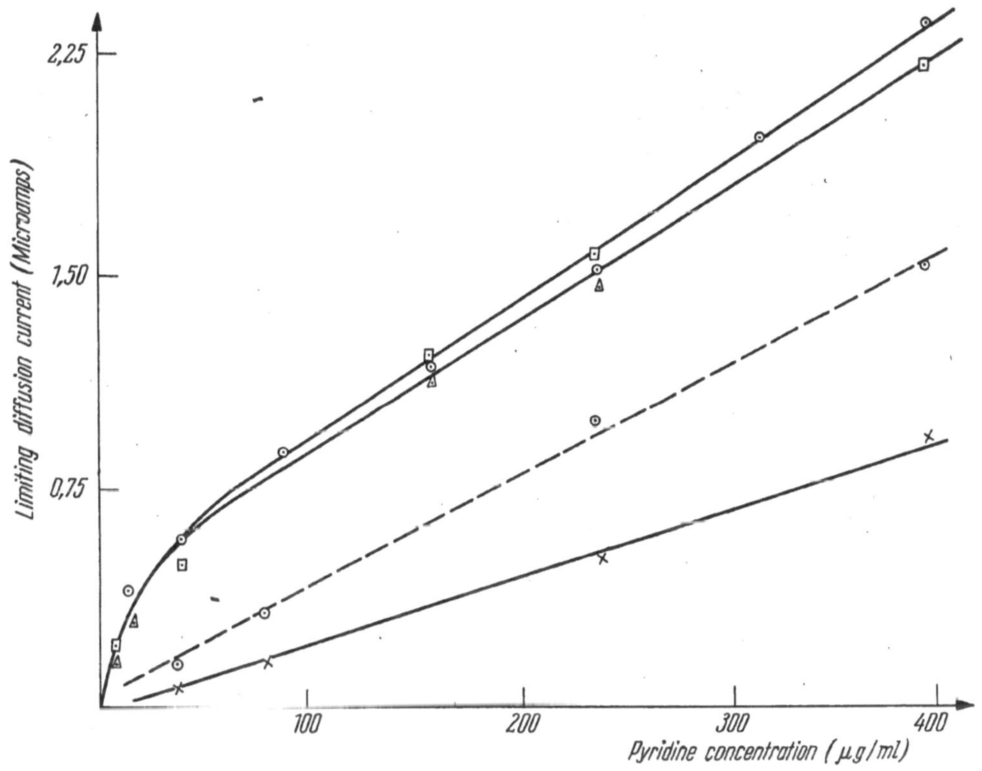

Fig. 4. Step height — concentration relationships of pyridine in alkaline solution

—⊙— 0,1 N KCl
—△— 0,1 N KCl and 10^{-5} M KOH
—⊡— 0,1 N KCl and 10^{-4} M KOH
—×— 0,1 N KCl and 10^{-3} M KOH
- - -⊙- - - 10^{-3} M KOH

Unbuffered acid Solutions

For this part of the work the special deoxygenation procedure, described above, was employed. However, in view of the indication that this procedure gave different results from those solutions deoxygenated with sodium sulphite, a series of comparative experiments was first made.

Solutions 0.1 N with respect to potassium chloride and neutral, 10^{-5} M and 10^{-4} M with respect to sodium hydroxide were prepared and two 10 ml aliquots were taken from each. One of these series was deoxygenated by passage of nitrogen for 15 minutes, the other by addition of 0.3 g of sodium sulphite to each solution. After deoxygenation a known amount of 10^{-1} M pyridine was added to each solution from a weighed dropping pipette and mixing was carried out as already described.

The results obtained from a large number of solutions showed that there was no significant change of half-wave potential due to the alternative deoxygenating procedures so that results obtained by either method were fully comparable. In the case of limiting diffusion current, however, it was observed those steps obtained after deoxygenation by passage of nitrogen were about half the height of those obtained with similar solutions after deoxygenation with sodium sulphite. This phenomenon was not investigated further at this stage, but the discrepancy was taken into account in the comparison of results.

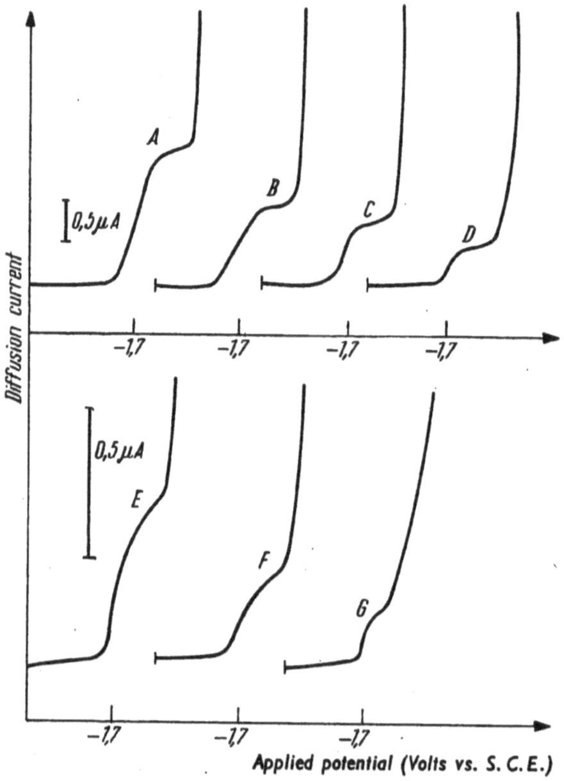

Fig. 5. Pyridine concentrations:
A $5 \cdot 10^{-3}$ M
B $2 \cdot 10^{-3}$ M
C $1 \cdot 10^{-3}$ M
D $5 \cdot 10^{-4}$ M
E $2 \cdot 10^{-4}$ M
F $1 \cdot 10^{-4}$ M
G $2 \cdot 10^{-5}$ M
in 0,1 N potassium chloride

Relation between Acid Concentration and Diffusion Current

A series of solutions 0.1 N in potassium chloride and having hydrochloric acid concentrations varying from 10^{-5} to 10^{-2} M was prepared. Ten ml aliquots of these solutions were deoxygenated and polarographed. Weighed amount of the standard 10^{-1} M pyridine solution was then added and mixed by the method described and polarography repeated. The solutions of higher acid concentration were also prepared and polarographed in the absence of potassium chloride.

The results obtained are given in Table III and typical polarograms are shown in Figures 6, 7 and 8.

Relation between Pyridine Concentration and Diffusion Current

A number of series of solutions, each 0.1 N in potassium chloride and with various hydrochloric acid concentrations were prepared. The range of hydrochloric acid concentration was 10^{-5} to 10^{-2} M. Ten ml aliquots of these solutions were transferred to polarographic cells, deoxygenated and treated with weighed amount of pyridine solution as before. The amounts of pyridine solution added were such that a range of pyridine concentrations was obtained for each acidity. The results obtained by polarography of these soutions are presented in Table IV.

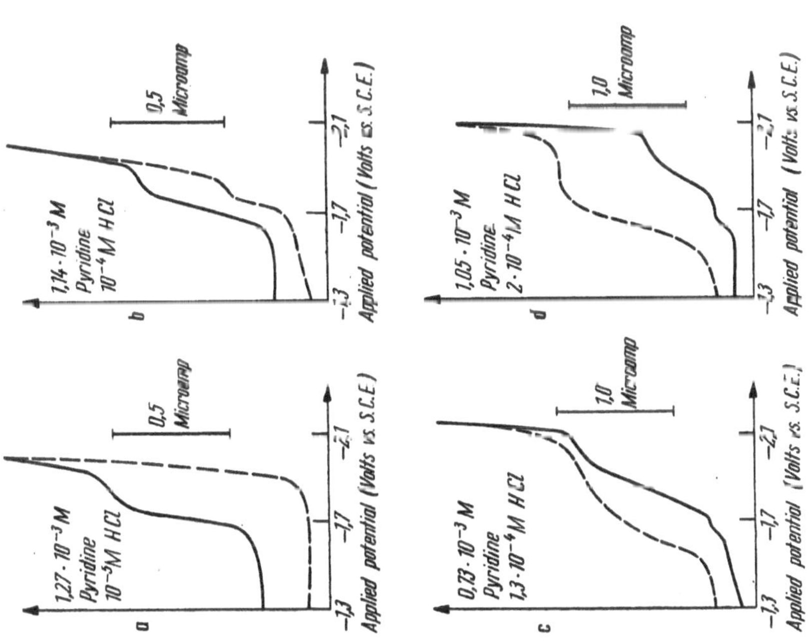

Fig. 6. Pyridine in acid solutions-1 (0,1 M potassium chloride)
—— pyridine present
.... pyridine absent

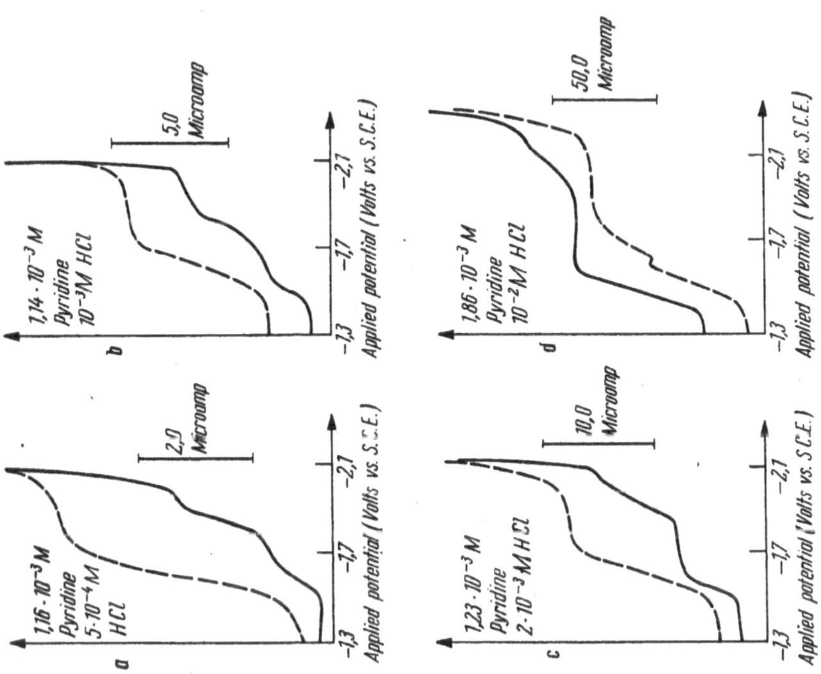

Fig. 7. Pyridine in acid solutions-2 (0,1 N potassium chloride)
—— pyridine present
.... pyridine absent

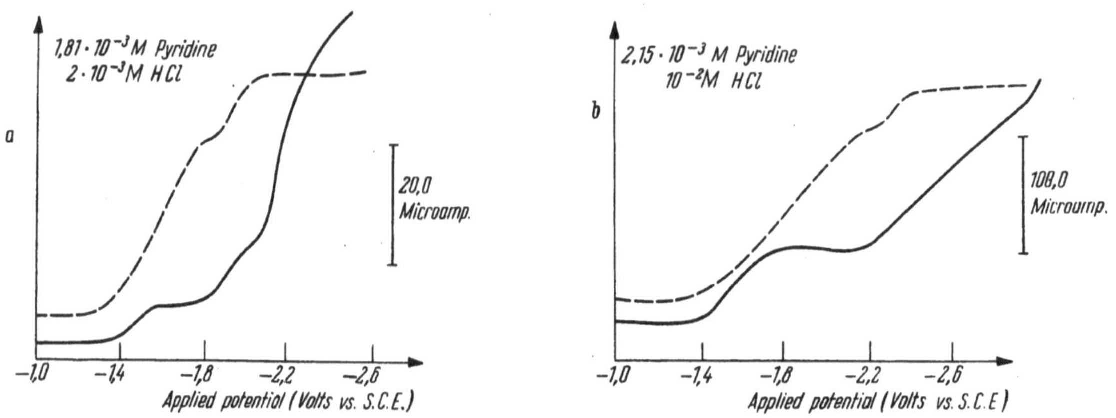

Fig. 8. Pyridine in acid solution-3 (potassium chloride absent) a) 1,81 · 10^{-3} M pyridine, 2 · 10^{-3} M HCl b) 2,15 · 10^{-3} M pyridine, 10^{-2} M HCl

——— pyridine present

.... pyridine absent

Table III

Pyridine Concentration (M)	Hydrochloric Acid Concentration (N)	Half-wave Potentials (volts vs. S. C. E.)	Limiting Diffusion Current (microamps)	
			Measured, Equivalent to	
			10^{-3} M	Pyridine
—	1×10^{-5}	—*	—*	—*
1.27×10^{-3}	1×10^{-5}	−1.72	0.53	0.42
—	1×10^{-4}	—*	—*	—*
1.14×10^{-3}	1×10^{-4}	−1.72	0.45	0.39
—	1.3×10^{-4}	−1.52	0.50	—
0.73×10^{-3}	1.3×10^{-4}	−1.52; −1.72	0.06; 0.44	0.60***
—	2×10^{-4}	−1.50	1.07	—
1.05×10^{-3}	2×10^{-4}	−1.50; −1.74	0.22; 0.88	0.84***
—	5×10^{-4}	−1.53	2.56	—
1.16×10^{-3}	5×10^{-4}	−1.48; −1.74	0.8; 1.23	1.66***
—	1×10^{-3}	−1.52	6.03	—
1.14×10^{-3}	1×10^{-3}	−1.47; −1.76	1.93; 1.90	1.67***
—	2×10^{-3}	−1.52	13.25	—
1.23×10^{-3}	2×10^{-3}	−1.46; −1.79	5.15; —	not measurable
—	2×10^{-3}**	−1.67	40.48	—
1.81×10^{-3}	2×10^{-3}**	−1.46; −1.82	4.41; —	not measurable
—	1×10^{-2}	−1.58	68.08	—
$1.86 + 10^{-3}$	1×10^{-2}	−1.48	52.44	—
—	1×10^{-2}**	−1.88	195.04	—
2.15×10^{-3}	1×10^{-2}**	−1.59	64.40	—

* In these solutions no reduction step was observed below the potential at which the reduction of the base electrolyte took place.

** In these solutions the potassium chloride was absent.

*** In these results the second wave has been assumed to be that related to pyridine concentration.

Table IV

Hydrochloric Acid Concentration (N)	Pyridine Concentration ($M \times 10^{-3}$)	Limiting Diffusion Current (microamps)		
		Measured		Equivalent to 10^{-3} M Pyridine
		1st step	2nd step*	2nd step*
1×10^{-5}	0.45	—	0.21	0.42
1×10^{-5}	0.66	—	0.29	0.44
1×10^{-5}	1.13	—	0.49	0.43
1×10^{-5}	1.27	—	0.55	0.43
1×10^{-5}	1.48	—	0.64	0.43
1×10^{-4}	0.47	—	0.24	0.51
1×10^{-4}	0.83	—	0.41	0.50
1×10^{-4}	0.94	—	0.44	0.47
1×10^{-4}	1.14	—	0.50	0.44
1×10^{-4}	1.21	—	0.63	0.50
1×10^{-4}	1.34	—	0.65	0.49
1×10^{-4}	2.32	—	1.00	0.43
1.3×10^{-4}	0.73	0.06	0.44	0.60
1.3×10^{-4}	1.42	—	0.95	0.65
1.3×10^{-4}	1.98	—	1.30	0.63
2×10^{-4}	0.99	0.27	1.14	1.15
2×10^{-4}	1.05	0.23	0.88	0.84
2×10^{-4}	1.69	0.13	1.06	0.63
5×10^{-4}	0.88	0.8	1.25	1.42
5×10^{-4}	1.16	0.8	1.23	1.06
5×10^{-4}	2.45	0.61	1.89	0.77
1×10^{-3}	0.22	3.09	1.43	6.50
1×10^{-3}	1.14	1.91	1.90	1.67
1×10^{-3}	1.82	1.99	2.94	1.63
1×10^{-3}	2.37	2.08	3.51	1.48
2×10^{-3}	1.23	5.15	**	—
2×10^{-3}	1.81	4.54	**	—
2×10^{-3}	1.85	4.92	**	—
1×10^{-2}	1.86	52.44	**	—
1×10^{-2}	2.67	44.50	**	

* The step due to pyridine has in each case been assumed to be the 2nd step. That due to hydrogen reduction has been called the 1st step.

** In these reductions the plateau of the second step was seriously distorted by interference from the wave due to the reduction of the base electrolyte. Accurate measurement was therefore not possible.

Oscillographic polarography of Pyridine

A neutral solution 10^{-1} N in potassium chloride and 10^{-3} M in pyridine was prepared and 10 ml aliquots were transferred to polarographic cells. Deoxygenation was carried out by addition of 0.01 g of sodium sulphite to each cell.

The solutions were polarographed by means of the linear-sweep cathode ray polarograph [10, 11, 12] on both "direct" and "derivative" working. Typical results are shown in Fig. 9 and 10.

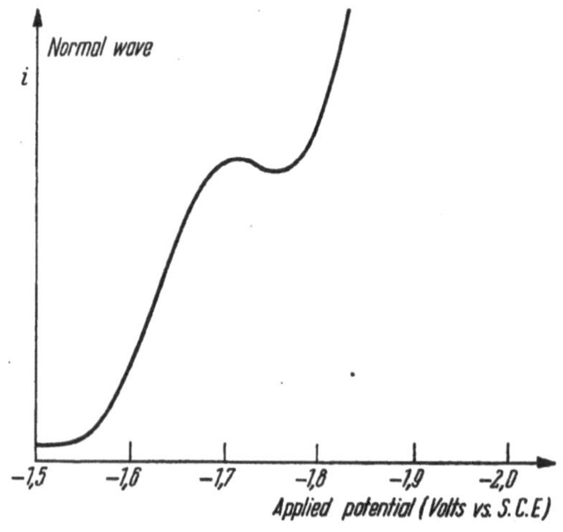

Fig. 9. Cathode ray polarograph measurement, 10^{-3} M pyridine in 0,1 N potassium chloride, normal wave

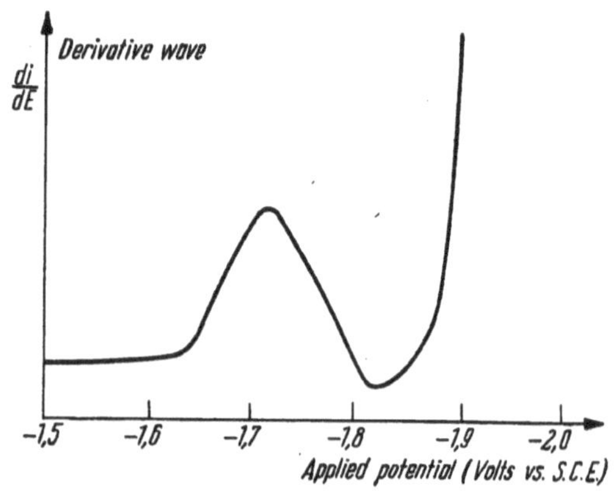

Fig. 10. Cathode ray polarograph measurement, 10^{-3} M pyridine in 0,1 M potassium chloride, derivative wave

Discussion

The results obtained with alkaline and neutral solutions show that the half-wave potential becomes more negative with increase of hydroxide ion concentration, indicating, as would be expected, that hydrogen ion is involved in the reaction. As the solutions were unbuffered, quantitative interpretation of the measured shift of half-wave potential could not easily be made, since relatively large changes in pH at the electrode must occur. The precise conditions of the electrode reaction are therefore not known.

It is seen from Fig. 2 that, in the case of solutions with potassium hydroxide concentrations in the range zero (neutral) to 2×10^{-4} M, there is little variation in limiting diffusion current for a given concentration of pyridine. At higher alkaline concentration the magnitude of the diffusion current decreases sharply. The steps shown in Figure 3 indicate that this is due to a combination of two factors; an actual decrease in the apparent diffusion coefficient and increasing interference between the pyridine step and the current due to the discharge of the base electrolyte as the pyridine half-wave potential becomes more negative.

In view of the probable irreversible nature of the reaction it was considered that the use of the Ilkovic equation would provide few data of any value. It was employed, however, to calculate approximate diffusion coefficients. Assuming the number of electrons involved in the reduction to be one this was calculated to be 0.78×10^{-6} cm^2 sec^{-1}, while for an electron transfer of two a value of 0.20×10^{-6} cm^2 sec^{-1} was obtained. These are much lower than those reported for similar compounds, providing evidence of the irreversibility of the reaction. The above values suggest that the number of electrons involved in the reduction is probably 1 and is unlikely to be more than 2. No determination of the number of electrons involved by measurement of the slope of the step was attempted, since previous experience has shown that this is unreliable and misleading when applied to irreversible reactions. A determination by microcoulometry by a technique such as that described by Reynolds and Shalgosky [13] should give a more reliable value for the number of electrons transferred and such a study will be reported later.

The results presented in Table II and Figure 4 show that the relationship between step height and pyridine concentration is linear between 5×10^{-4} and 5×10^{-3} M and would be expected to hold at higher pyridine concentrations. Pyridine may therefore be determined analytically under these conditions, provided that the concentration of hydroxide present is not more than 1×10^{-4} M. Above this concentration of alkali the sensitivity of the method decreases rapidly, although the linear relationship is maintained. At concentrations of pyridine less than 5×10^{-4} M interference from the foot of the base electrolyte wave occurs.

The disparity in the magnitudes of the diffusion currents when deoxygenated by the two methods employed is difficult to understand. The reason must be attributed either to the existence of different reduction mechanisms, or to changes in the viscosity of the medium. The importance of viscosity has been stressed by BRASHER and JONES [14] and correction for it has been applied in polarographic studies in concentrated calcium chloride solution [15]. If the effect is attributed to viscosity, however, the limiting diffusion currents of the solutions containing sodium sulphite would be expected to be smaller than those from solutions in which it was absent. In fact, the reverse is the case, the solutions containing sodium sulphite giving approximately twice the height for equivalent concentrations. It appears therefore, on present evidence, that this phenomenon must be attributed to the existence of more than one reduction mechanism, or degree of reversibility, involving different numbers of electrons transferred and brought about by large pH changes in the vicinity of the drop, by buffering action of the sulphite, or by compound formation. Further studies will be necessary before a more definite theory can be propounded.

The pyridine steps obtained in dilute hydrochloric acid solution were not markedly different from those in alkaline and neutral solution. At higher acid concentrations, however, a new mechanism became evident. Tables III and IV and Fig. 6, 7 and 8 show that in the absence of pyridine the height of the step due to hydrogen ion increased with increasing acid concentration and the half-wave potential moves to less negative values. In the presence of pyridine two steps are obtained, the first being smaller and at a more positive potential than the original hydrogen wave and the second at a more negative potential than this wave. The effect of an increase in pyridine concentration is to decrease the height of the first step and to increase the height of the second, although neither bears a linear relation to pyridine concentration.

It is evident that the steps obtained in acid solution agree with those reported by SHIKATA and TACHI [1, 2] who carried out their experiment in 10^{-3} N hydrochloric acid. They attributed the reduction of the first wave to a reduction of the pyridinium ion and the second to that of undissociated pyridine by a reaction involving 6 electrons. TOMPKINS and SCHMIDT [4], who also reported these two waves proposed an alternative mechanism. They considered that the first wave was due to the reaction:

$$H^+ + e^- \rightarrow H \text{ atom}$$

followed by a second reduction of pyridine to piperidine by the atomic hydrogen produced.

The steps obtained by us in the absence and presence of pyridine and the effect of the variation of pyridine and acid concentration indicate that the first wave is a reduction of hydrogen ion, the half-wave potential of which has been catalytically lowered. As already stated the height of the second step increases with increasing pyridine concentration, but not in linear relationship. The effect on the step height obtained with similar pyridine concentrations by variation of acid concentration is much more significant. The step height increases greatly with increase of acid concentration, which indicates that the second step is also a catalytic hydrogen reduction superimposed on that of pyridine. These catalytic steps are encountered with all solutions of acid concentration greater than 1.3×10^{-4} M. Below this figure the step appears to be due to a true reduction.

This work, therefore, does not support the findings of SHIKATA and TACHI [1, 2], or TOMPKINS and SCHMIDT [4], although the suggestions of the latter authors have some common ground. There is some agreement with their suggestion for the nature of the first wave, but not the second, for which a reduction to piperidine is not upheld by the results presented here.

The mechanism put forward by KOLTHOFF and LINGANE [8] postulates a reaction with water to form the pyridinium ion in equilibrium with the free base. This is then reduced to pyridine at the dropping mercury electrode with the liberation of hydrogen ions, which recombine to form stable diatomic molecules. These authors ignore the existence of two steps in acid solution, but state that this catalytic mechanism takes place only below pH 6, above which value, in agreement with our results, the step is due to a true reduction. No experimental data has been quoted to support this mechanism, which is assumed to refer to the second step, but it is considered that it explains the results obtained more nearly than those given by other workers. Although it predicts the dependence of the step height on pH, however, it does not fully account for the very large variation with increased acid concentration observed in these experiments.

The determinations made with he linear-sweep cathode ray polarograph, using neutral pyridine solutions, yielded well-shaped waves that were not "drawn out" over the screen. This indicates that the reduction reaction is rapid. On derivative working only one sharp peak was obtained, showing that only one reduction stage occurs. This supports the suggestion that two distinct reduction mechanisms are encountered on either side of a threshold value for hydrochloric acid concentration, which is shown by our results to be about 1.3×10^{-4} M. At higher acid concentration the catalytic mechanism prevailed, while at lower acidities and in neutral and alkaline solution the reaction is a true reduction.

Some confirmation of the suggested mechanism is provided by studies of the polarography of pyridine in buffered solution. These, together with the results of studies of other pyridine compounds will be reported later.

SUMMARY

A study of the polarography of pyridine in unbuffered, acid, neutral and alkaline solution is described. Results are presented and discussed in relation to those of other workers. Possible reduction mechanisms are suggested. The problems associated with the deoxygenation of volatile materials of this nature are outlined and a suitable procedure for overcoming this difficulty is described.

References

[1] SHIKATA, M., TACHI, I., Mem, Coll. Agr., Kyoto Imp. Univ. **4**, 19 (1927).
[2] —, —, Bull. Agr. Chem. Soc., Japan **3**, 53 (1927).
[3] ADKINS, H., COX, F. W., J. Amer. Chem. Soc. **60**, 1151 (1938).
[4] TOMPKINS, P. C., SCHMIDT, C. L. A., J. Biol. Chem. **143**, 643 (1942).
[5] SHCHENNIKOVA, M. K., KORSHUNOV, I. A., J. Phys. Chem., (U.S.S.R.) **22**, 503 (1948).
[6] KNOBLOCH, E., Coll. Czech. Chem. Commun. **12**, 407 (1947).
[7] KOLTHOFF, I. M., LINGANE, J. J., „Polarography", Interscience Publishers Inc., New York, 1943, page 381.
[8] —, —, „Polarography", Interscience Publishers Inc., New York, 1952, Volume II, page 812.
[9] VOGEL, A. I., „A Textbook of Practical Organic Chemistry" Longmans Green & Co., Ltd., London, 1948, page 174.
[10] REYNOLDS, G. F., DAVIS, H. M., Analyst **78**, 314 (1953).
[11] DAVIS, H. M., SEABORN, J. E., Electronic Eng. **25**, 314 (1953).
[12] REYNOLDS, G. F., Z. Analyt. Chem. **173**, 65 (196 .).
[13] REYNOLDS, G. F., SHALGOSKY, H. T., Anal. Chim. Acta **10**, 386 (1954).
[14] BRASHER, D. M., JONES, F. R., Trans. Faraday Soc. **42**, 775 (1946).
[15] REYNOLDS, G. F., SHALGOSKY, H. I., WEBBER, T. J., Anal. Chim. Acta **8**, 558 (1953).

D—13

Elektrodenkinetik bei der polarographischen Reduktion aromatischer Kohlenwasserstoffe

C. Büthker

Vrije Universiteit, Amsterdam

Bei der Reduktion aromatischer Kohlenwasserstoffe gibt es mitunter kinetische Komplikationen z. B. bei Protonisierung des reduzierten Moleküls. Durch Arbeiten in protonenarmen Lösungsmitteln, z. B. Dimethylformamid (D.M.F.), ist es möglich, die Protonisierung zu vermindern.

Die Reduktion aromatischer Kohlenwasserstoffe geschieht im allgemeinen in zwei Stufen: Die erste Stufe bringt in D.M.F. meist keine kinetische Komplikationen. Die Reduktion ist vollständig reversibel (Ksh 1—10). Bei der Messung der zweiten Stufe wurde gefunden, daß zwei Gruppen zu unterscheiden sind [1], die erste Gruppe hat ein Ksh zwischen 10^{-1} und 1. Das Reduktionspotential liegt meist positiver als —1,6 V. Bei der zweiten Gruppe ist die Reduktion scheinbar gehemmt (Ksh 10^{-3}—10^{-2}), das Reduktionspotential ist negativer als —1,8 V.

Diese Potentialabhängigkeit deutet möglicherweise auf eine Doppelschichtumlagerung zwischen —1,6 und —1,8 V hin. Die ersten Untersuchungen zeigten, daß die Doppelschichtkapazität in diesem Gebiet ein Minimum hat. Diese Minima deuten nach Grahame auf dielektrische Sättigung des Lösungsmittels hin. Bei höherem negativen Potential tritt Elektrostriktion auf, wobei das Lösungsmittel auseinandergezogen wird.

Zuerst haben wir versucht, durch Änderung des Kapazitätsminimums die Kinetik der Elektrodenreaktion zu beeinflussen. Die Verschiebung des Minimums geschieht durch Zusatz von Mg-Ionen ($Mg(ClO_4)_2$). Den Einfluß auf die Doppelschichtkapazität sieht man in Abb. 1. Das Minimum verschiebt sich durch den Mg-Zusatz um etwa 500 mV nach der positiven Seite.

Die Kapazitäts- und Elektroden-Impedanz wurde gemessen mit einer Wechselstrombrücke (angelegte Spannung 10 mV). Hierbei betrachtet man die polarographische Zelle wie eine komplexe Impedanz nach dem bekannten Randlesschen Schema. Die Faradayschen Komponenten Rf und Xf erlauben die Bestimmung von Ksh (Abb. 2).

Die Einflüsse auf die Elektrodenkinetik wurden untersucht mit Dibiphenyläthan, das zu der ersten Gruppe gehört ($E_{1/2}$ der zweiten Stufe: —1,5 V). Aus Abb. 3 ersieht man nach Zusatz von Mg-Ionen einen kennzeichnenden Unterschied gegenüber dem normalen diffusionsbestimmten Verhalten, wobei Rf und Xf im ganzen Frequenzbereich linear mit $\omega^{-1/2}$ verlaufen.

Der Verlauf ist ganz ähnlich wie bei einer vorgelagerten Reaktion [2]. Aus anderem Grunde ist es jedoch wahrscheinlich, daß gerade eine nachgelagerte Reaktion auftritt. Die chemische Reaktion zeigt sich hier vermutlich in der Protonisierung des binegativen aromatischen Ions durch Reaktion mit Wassermolekülen. Die Wassermoleküle werden durch das Mg an der Elektrodenoberfläche konzentriert. Ein gleiches Verhalten gibt eine Lösung in D.M.F. ohne Mg aber mit 20% Wasser (Abb. 4). Der gleichzeitige Einfluß von Mg und Wasser verstärkt die chemische Reaktion viel mehr als Mg oder Wasser allein.

Die zweite Reduktionsstufe von Perylen in trockenem D.M.F. (weniger als 0,01% Wasser) gibt ein neues Beispiel für den Einfluß einer nachgelagerten Reaktion auf die Elektroden-Impedanz (Abb. 5).

In allen hier genannten Fällen ist das Verhalten der ersten Stufe normal, d.h., $R f$ und $X f$ verlaufen linear mit $\omega^{-1/2}$. Theoretisch ist die Geschwindigkeitskonstante der nachgelagerten Reaktion zu bestimmen aus der Frequenzabhängigkeit von $R f$ und $X f$ [2, 3]. Damit bietet sich eine interessante Möglichkeit, vor- und nachgelagerte schnelle chemische Reaktionen zu verfolgen.

Diese Untersuchungen und die Reise zum Symposium wurden ermöglicht durch die Niederländische Organisation für reinwissenschaftliche Forschung.

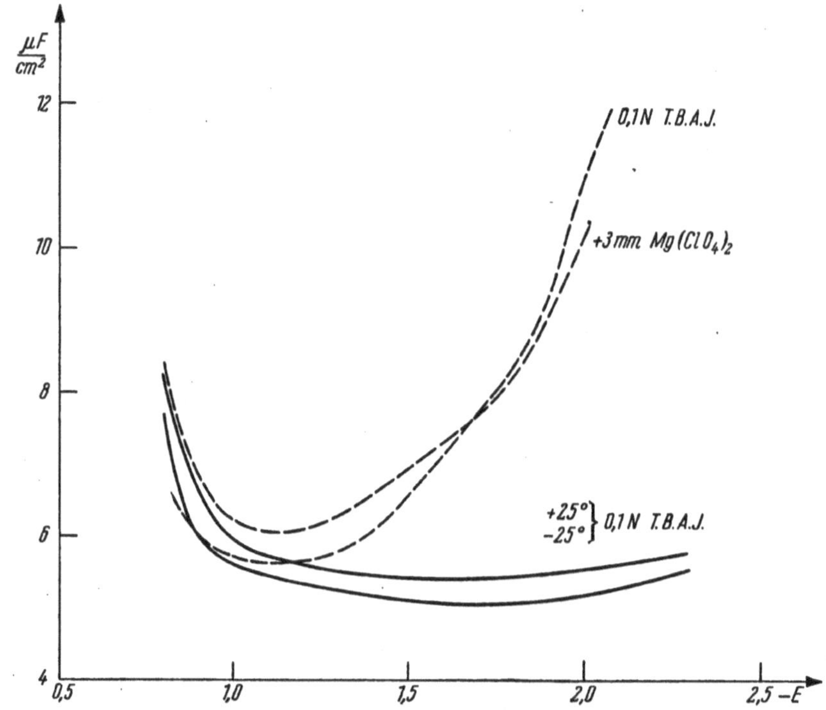

Abb. 1. Doppelschichtkapazität in Dimethylformamid (D. M. F.)

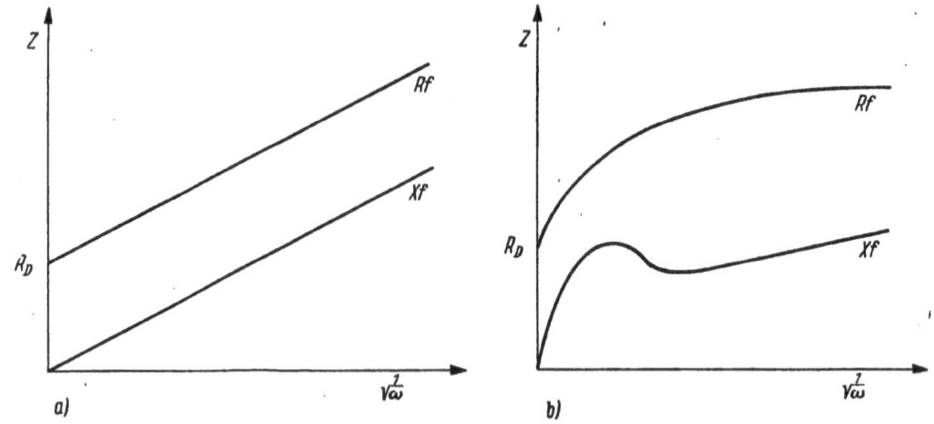

Abb. 2. Elektrodenimpedanzkomponenten (schematisch)
a) ohne vor- oder nachgelagerte Reaktion,
b) mit vor- oder nachgelagerter Reaktion

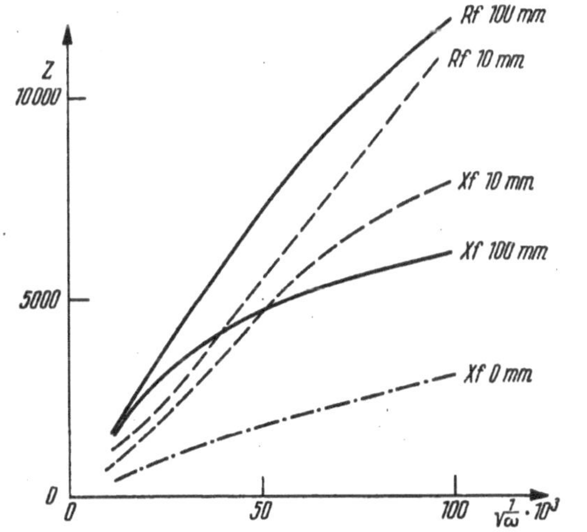

Abb. 3. Einfluß der Mg-Konzentration in Millimol auf die 2. Stufe von Dibiphenylen-Äthan

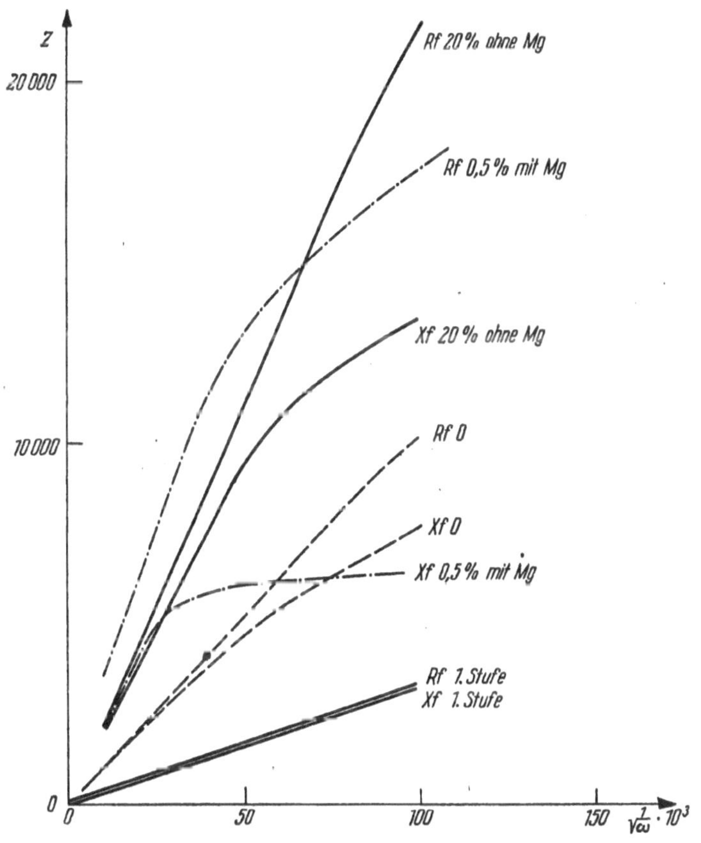

Abb. 4. Einfluß des Wassergehaltes auf die 2. Stufe von Dibiphenyläthan in D. M. F.

SUMMARY

The reduction of aromatic hydrocarbons — on the velocity constants of which only few data are available — occurs in two steps. The first wave (Ksh between 10^{-1} and 1) shows no kinetic complications. In the second wave there are two groups (Ksh $10^{-1} \ldots 1$, $E_{1/2}$ $-1{,}6$ V versus SCE or Ksh $10^{-3} \ldots 10^{-2}$, $E_{1/2}$ -1.8 V respectively). Measurement of the alternating-current (a.c.) impedance of the electrode reveals a subsequent reaction being responsible for the different behaviour of the second group and renders possible the determination of the order of magnitude of its velocity constants.

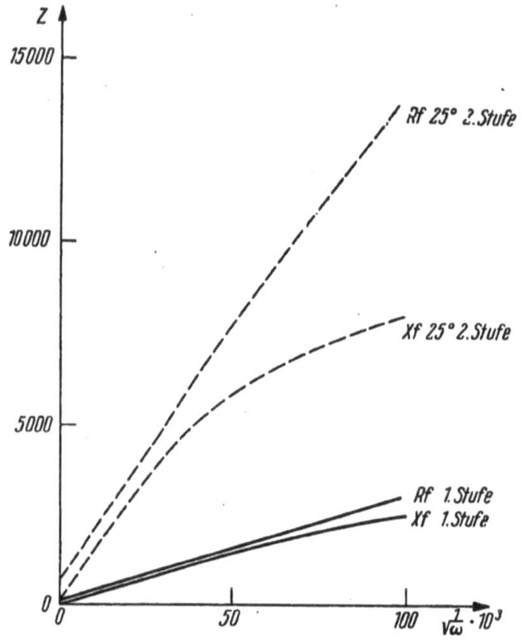

Abb. 5. Elektrodenimpedanz von Perylen in D. M. F.

Literatur

[1] ALTEN, A. G., Electron transfer in reduction processes of hydrocarbons. Dissertation Vrije Universiteit Amsterdam (1959).

[2] GERISCHER, H., Z. physik. Chemie 198, 286 (1951).

[3] VETTER, K. J., Elektrochemische Kinetik. Springer Verlag, Berlin 1961, S. 223—232.

D—14

Oszillographisches Verhalten einiger Karbonylverbindungen

R. Kalvoda und G. Budnikov

Polarographisches Institut der Tschechoslowakischen Akademie der Wissenschaften, Prag

Beim Vergleich der Zahl der Verbindungen, die polarographisch reduzierbar sind, mit denen, die bei der präparativen Elektrolyse einer Reduktion unterliegen, ist ersichtlich, daß die Polarographie nur auf einen engeren Bereich organischer Verbindungen beschränkt bleibt. Die Ursache liegt hauptsächlich darin, daß die Elektrolysen aus ökonomischen Gründen mit kontrolliertem Strom bei einem Potential verlaufen, bei dem es schon zur Zersetzung des Grundelektrolyten kommt (z.B. zur Wasserstoffabscheidung): das kann bei diesem extrem negativen Potential eben zur Reduktion vieler organischer Verbindungen führen. Die Bedingungen der elektrolytischen Präparation mit konstantem Strom können gewissermaßen mit denen der oszillographischen Polarographie mit Wechselstrom verglichen werden, bei der das Potential der Elektrode im Rythmus der Wechselstromfrequenz abwechselnd äußerst positive und negative Werte erreicht, die durch die Zusammensetzung der Grundlösung gegeben sind. In der oszillographischen Polarographie können aber die Reduktionsprodukte noch während des anodischen Vorganges weiter reagieren. Als Beispiel mag das Verhalten der aliphatischen Ketone dienen [1]. So unterliegt z.B. das Azeton in saurer Lösung einer Reduktion, die beim Potential der Wasserstoffabscheidung verläuft — deswegen kann sie auch nicht polarographisch verfolgt werden. Das Reduktionsprodukt — in diesem Falle das Diisopropylquecksilber — verbleibt an der Elektrode, und als Beweis der anodischen Reaktion dieser Verbindung entsteht ein anodischer Einschnitt.

Bei der Elektrolyse mit konstantem Strom entsteht durch schwer definierbare Potentialbedingungen oder eher infolge sehr intensiver Reduktion durch atomaren Wasserstoff bei der Reduktion in sauren Lösungen immer eine ganze Reihe von Verbindungen. Zu ähnlichen Resultaten führt die oszillographische Polarographie mit Wechselstrom; die oft komplizierten Oszillogramme [2] wurden eben durch die verschiedenen Reaktionsprodukte verursacht.

Als Beispiel könnten hier die Kurven einiger aromatischer Karbonylverbindungen dienen, bei denen versucht wurde, den Elektrodenmechanismus der Einschnitte zu klären [3].

Eine dieser Verbindungen ist das Azetophenon, welches in 1 m H_2SO_4 einen kathodischen Einschnitt bei $-1{,}07$ V und zwei anodische bei $+0{,}14$ und 0,0 V bietet (Abb. 1a). Der kathodische Einschnitt entspricht — auch laut Literaturangaben [4, 5] — der Reduktion des Azetophenons unter Bildung eines Radikals, welches zu Pinakol dimerisiert. Der anodische Einschnitt bei 0 V ist einerseits durch die Desorption des Pinakols verursacht, andererseits durch die Desorption des Azetophenons, welches innerhalb des anodischen Verlaufes zur Elektrode bei Potentialen herandiffundierte, bei denen es nicht mehr reduziert war. Der Kapazitätseinschnitt des Pinakols ändert seine Lage mit der Schwefelsäurekonzentration — in 10 M H_2SO_4 verschiebt er sich zu ziemlich negativen Werten, während die ursprünglichen Einschnitte unverändert bleiben (Abb. 1b). Die gleichen anodischen Einschnitte wie Azetophenon zeigt auch das Pinakolin (Abb. 2). Es wird also vermutet, daß ein Teil des Pinakols in saurer Lösung an der Elektrode der Pinakolinumlagerung unterliegt, die zur Bildung

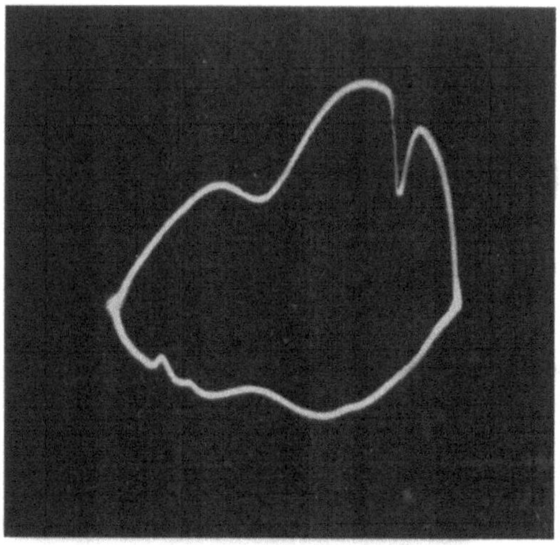

Abb. 1a

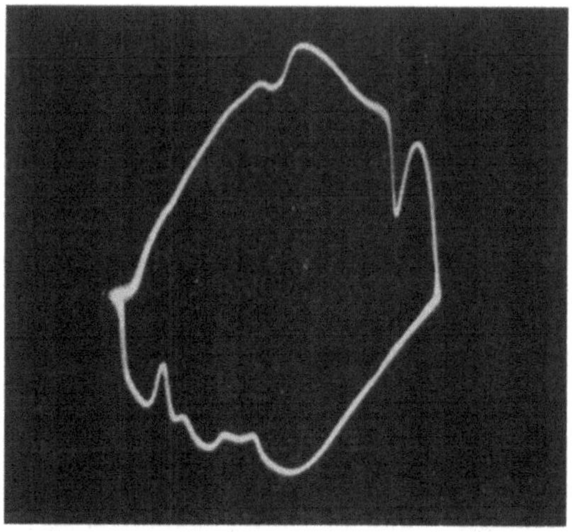

Abb. 1b

Abb. 1. $dE/dt = f(E)$ Kurven des Azetophenons
a) $5 \cdot 10^{-4}$ Azetophenon in 1 m H_2SO_4; b) $2 \cdot 10^{-3}$ m Azetophenon in 8 m H_2SO_4

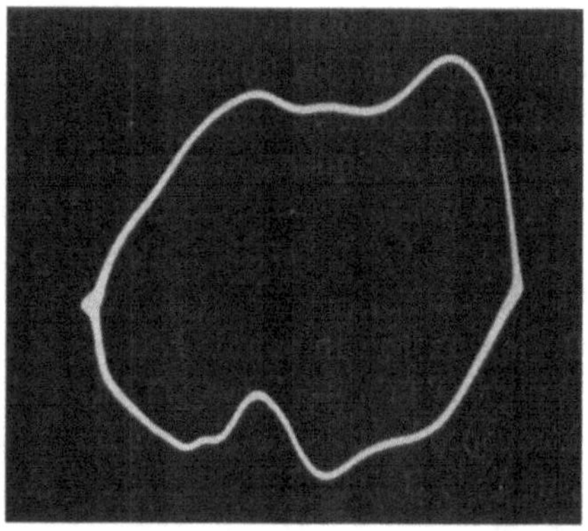

Abb. 2. $dE/dt = f(E)$ Kurve des Azetophenon-Pinakons. Konz. $1 \cdot 10^{-3}$ m in 8 m H_2SO_4

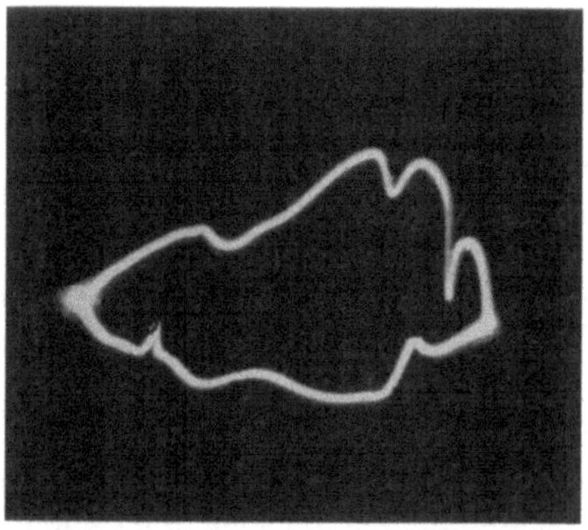

Abb. 3. $dE/dt = f(E)$ Kurve des Benzophenons in 1 m H_2SO_4. Konz. $1 \cdot 10^{-4}$ m

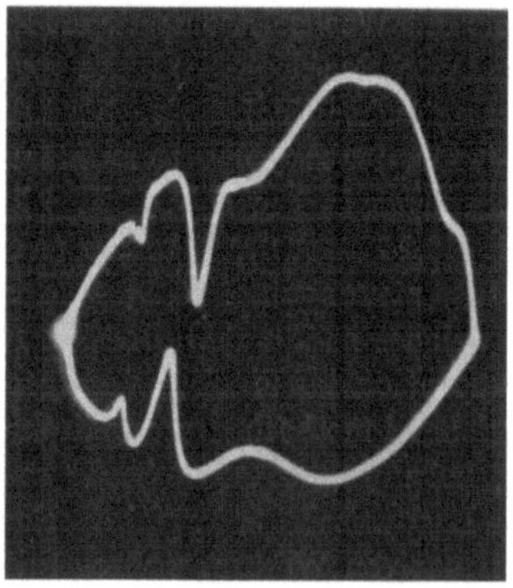

Abb. 4a

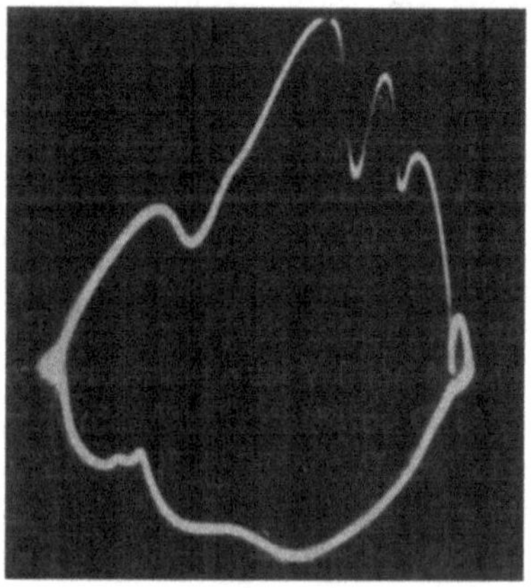

Abb. 4b

Abb. 4. $dE/dt = f(E)$ Kurven des Benzils und Benzoins in 1 m H_2SO_4
a) $4 \cdot 10^{-4}$ m Benzil; b) $2 \cdot 10^{-4}$ m Benzoin

des Einschnittes bei +0,14 V führt. Das Propiophenon verhält sich praktisch wie Azetophenon, vielleicht nur mit dem Unterschied, daß der positive anodische Einschnitt im Vergleich mit Azetophenon um ca. 30 mV negativer verschoben ist. Diese Differenz genügt jedoch zur Unterscheidung beider Verbindungen in einer Mischung. Im Falle des Benzophenons (Abb. 3) kann der erste kathodische Einschnitt in 1 m H_2SO_4 bei —0,86 V der ersten Reduktionsstufe, bei der ein Radikal entsteht, zugeordnet werden [5, 6]. Dieses Radikal dimerisiert unter Bildung von Benzophenonpinakol, welches sich an der Elektrodenoberfläche adsorbiert. Durch die Desorption dieser schwer löslichen Verbindung entsteht der scharfe anodische Einschnitt bei +0,04 V. Bei Potentialen, bei denen es schon zur Wasserstoffreduktion kommt, findet offensichtlich die weitere Reduktion zu Benzhydrol statt.

Bei Benzil verläuft die Reduktion (—0,18 V) in 1 m H_2SO_4 nur unter Bildung eines anodisch oxydierbaren (—0,04 V) Radikals (Abb. 4a). Bei der präparativen Elektroreduktion ist aber genug Zeit zur Umwandlung des entstandenen Dienols in das Benzoin, welches sich weiter zu Hydrobenzoin reduzieren kann [4]. Das Benzoin zeigt mehrere kathodische Einschnitte, was auf eine komplizierte Reaktion an der Elektrodenoberfläche hindeutet (Abb. 4b). Der negativere von den zwei Haupteinschnitten bei —0,85 und —1,10 V fällt mit dem Einschnitt des Desoxybenzoins zusammen (Abb. 5), das offenbar aus dem Radikal durch chemische Reaktion entsteht. Das Desoxybenzoin reduziert sich zu Phenylbenzyl-

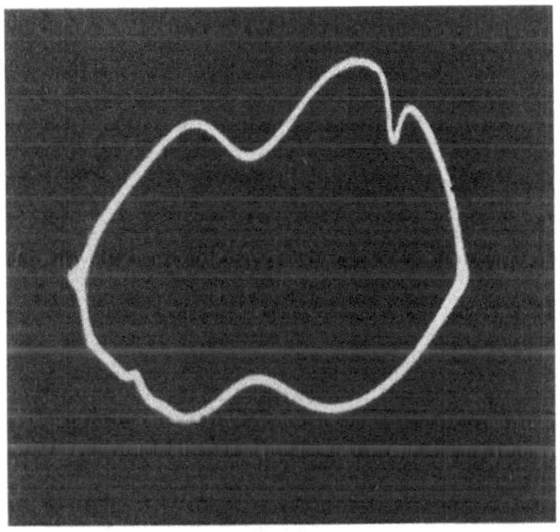

Abb. 5. $dE/dt = f(E)$ Kurve des Desoxybenzoins in 1 m H_2SO_4. Konz. $1 \cdot 10^{-4}$ m

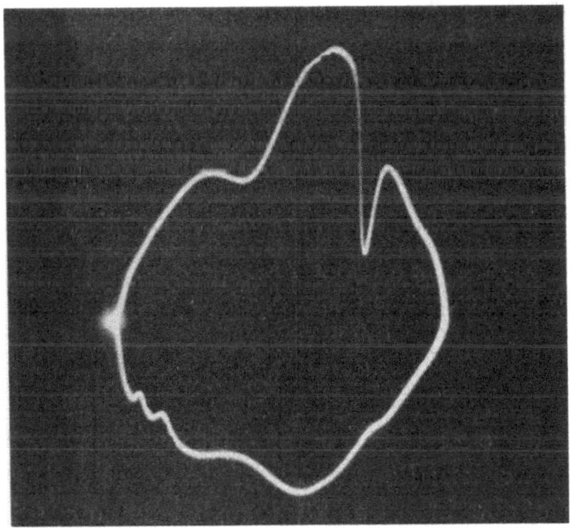

Abb. 6a

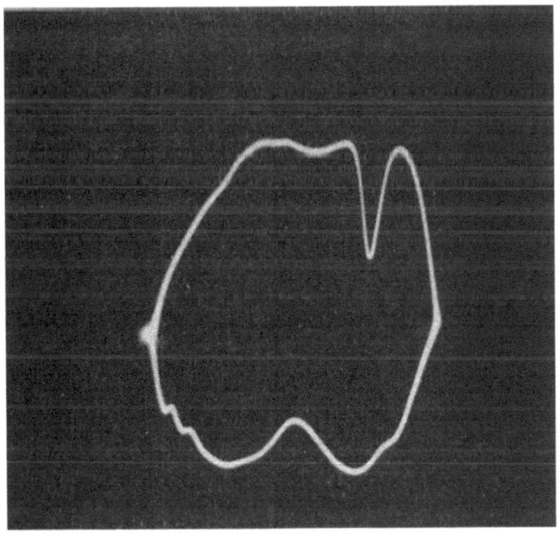

Abb. 6b

Abb. 6. $dE/dt = f(E)$ Kurve des Benzaldehyds.
a) $8 \cdot 10^{-4}$ m Benzaldehyd in 1 m H_2SO_4; b) $2 \cdot 10^{-3}$ m Benzaldehyd in 10 m H_2SO_4

karbinol. Bei höheren pH-Werten verschwindet der zweite Benzoineinschnitt, was darauf hindeutet, daß sich nicht mehr Desoxybenzoin bildet. Auch die anodischen Benzoineinschnitte stimmen mit denen des Desoxybenzoins überein. .

Der kathodische Einschnitt des Benzaldehyds (Abb. 6) in Schwefelsäure wird der Reduktion zu Hydrobenzoin, welches auch bei präparativer Elektroreduktion entsteht [7], zugeschrieben. Der negativere Einschnitt des Benzaldehyds, der hauptsächlich im gepufferten Milieu von pH 2 beobachtet wird, stimmt mit dem Einschnitt des Desoxybenzoins überein. Die Identität der anodischen Einschnitte des Benzaldehyds mit dem Einschnitt des Desoxybenzoins bestätigt die Vermutung, daß aus Hydrobenzoin in sauren Lösungen Desoxybenzoin entsteht, welches sich dann weiter zu Phenylbenzylkarbinol reduziert. Diese Spaltung verläuft aber ziemlich langsam, deswegen sind auch die entsprechenden Einschnitte klein. Bei der Reduktion des Benzaldehyds entsteht teilweise auch Dibenzylquecksilber, was auch neben der Übereinstimmung der Einschnitte bei —0,05 V durch Experimente mit der hängenden Quecksilberelektrode bestätigt wurde (Abb. 7).

Was Benzamid anbelangt, so ist aus der Literatur bekannt [8, 9, 10], daß diese Verbindung in sauren Lösungen zu Benzaldehyd und Benzylamin reduziert wird. Zu ähnlichen Resultaten kam LUND bei Thiobenzamid [11]. Der Elektrodenvorgang bei der Oszillographie

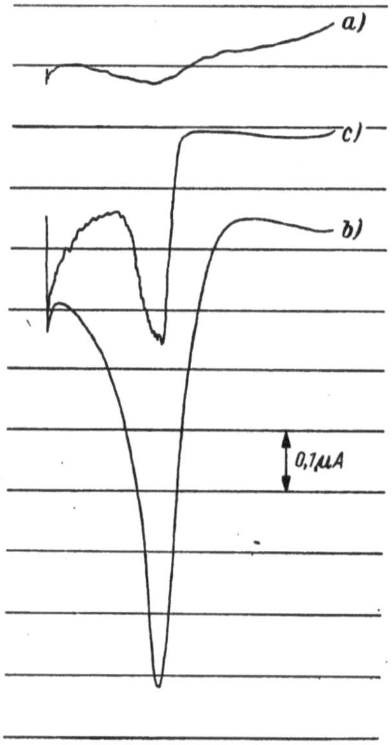

Abb. 7. Polarographische Kurven des Benzaldehyds bei Anwendung der hängenden Quecksilberelektrode nach vorheriger Polarisation auf äußerst negative Potentiale. 1 m H_2SO_4; Quecksilberbodenelektrode; 100 mV/Absz.; registriert von $-0,6$ V ab. a) gesättigte Lösung von Benzaldehyd – ohne vorheriger Reduktion; b) wie a) aber nach 10 Sekunden langer Polarisation bei negativen Potentialen mit Gleichstrom von 50 nA; c) Kurve des Produktes der präparativen Elektroreduktion des Benzaldehyds in 50% H_2SO_4, in dem Dibenzylquecksilber nachgewiesen wurde (ohne vorherige Polarisation)

des Benzamids in Schwefelsäure, wo zwei kathodische Einschnitte bei —0,75 und —0,95 V entstehen (Abb. 8), kann folgendermaßen erklärt werden: Benzamid wird im sauren Milieu protonisiert und zu Aminoalkohol reduziert, welcher aber in sauren Lösungen wenig beständig ist und sich unter Bildung von Benzaldehyd und dessen Imin zersetzt. Dieses Imin zersetzt sich weiter zu Benzaldehyd; dieser Vorgang läuft bei der präparativen Elektrolyse ab. Temperatur- und Konzentrationerhöhung der Säure beschleunigt diese Spaltung. Für den Reaktionsverlauf wird also folgendes Schema vorgeschlagen:

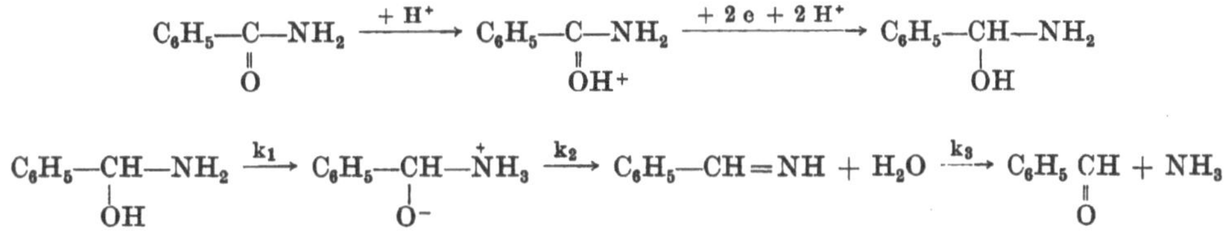

Ähnliche Resultate wie bei Benzamid wurden bei der Reduktion des Nicotinsäureamids erzielt, dessen erste Reaktionsstufe schon bei —1,0 V verläuft. Hierbei wird, wie VOLKE und VOLKOVÁ [12] zeigten, der Pyridinkern reduziert. Beim Potential der Wasserstoffabscheidung verläuft auch die Reduktion in der Seitenkette. Solche Reaktion mit atomarem Wasserstoff beschrieb bereits ŠORM [13]. Das Produkt dieser Reaktion, 3-Formylpyridin, zeigt

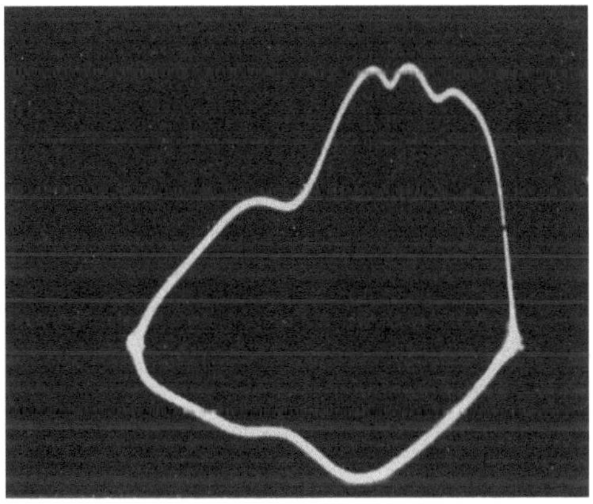

Abb. 8. $dE/dt = f(E)$ Kurve des Benzamids in 1 m H_2SO_4. Konz. $2 \cdot 10^{-3}$ m

dann einen positiven kathodischen Einschnitt. Das 3-Formylpyridin ist auch das Produkt der präparativen Elektroreduktion des Nicotinsäureamids. Die Nicotinsäure verhält sich ähnlich.

Wie es aus den erzielten Resultaten ersichtlich ist, erhalten wir bei der oszillopolarographischen Reduktion der Karbonylverbindungen im Einklang mit der präparativen Elektroreduktion bei kontrolliertem Strom eine Reihe von Reaktionsprodukten. Es ist zu erwarten, daß die oszillopolarographische Methode bei der Erforschung der geeigneten Bedingungen für die präparative Elektrolyse gute Dienste leisten wird.

Für zahlreiche Anregungen und Hilfe bei den Präparationen danken wir Herrn Dr. O. EXNER.

SUMMARY

The behaviour of several carbonyl compounds as acetophenone, benzophenone, benzyl, benzoin, benzaldehyde, benzamide etc. has been studied oscillopolarographically. The rather complicated curves representing $dE/dt = f(E)$ of these compounds could be explained by the investigation of the reaction products. In some cases, reactions were to be seen which cannot be followed by the classic polarographic method. The oscillopolarographic method is supposed to be well adapted for the provisional statement of optimal conditions for preparative electrolysis.

Literatur

[1] KALVODA, R., Chem. zvesti **14**, 330 (1962).
[2] MOLNÁR, L., MOLNÁROVÁ, K., BENICKÁ, E., Chem. zvesti **14**, 783 (1960).
[3] KALVODA, R., BUDNIKOV, G., Collection (im Druck).
[4] PASTERNAK, R., Helv. Chim. Acta **31**, 753 (1948).
[5] ELVING, P. J., LEONE, J. T., J. Am. Chem. Soc. **80**, 1021 (1958).
[6] SUZUKI, M., ELVING, P. J., J. Phys. Chem. **65**, 391 (1961).
[7] KAUFMANN, H., Z. Elektrochem. angew. physik. Chemie **4**, 461 (1898).
[8] BAILLIE, T. B., TAFEL, J., Ber. **32**, 71 (1899).
[9] LAW, H. D., J. Am. Chem. Soc. **91**, 748 (1907).
[10] KINDLER, K., Ann. **431**, 187 (1923).
[11] LUND, H., Collection Czechoslov. Chem. Commun. **25**, 3313 (1960).
[12] VOLKE, J., VOLKOVÁ, V., Collection Czechoslov. Chem. Commun. **20**, 1332 (1955).
[13] ŠORM, F., Rozpravy II. třídy České akademie **68**, č. 27.

D—15

$\frac{dV}{dt}$-V-Oszillogramme und „multi-sweep"-Oszillogramme mit Dreieckspannung von Campherchinon

W. Böckel und H. Berg

Institut für Mikrobiologie und experimentelle Therapie, Jena
der Deutschen Akademie der Wissenschaften zu Berlin

Das Diketon Campherchinon zeigt ein bemerkenswertes polarographisches Verhalten hinsichtlich Reversibilität des Elektronenaustausches und Adsorption. Beides läßt sich mit Hilfe der Oszillopolarographie nach Heyrovský und der „multi-sweep"-Methode mit Dreieckspannung untersuchen. Für die erste Methode wurde das bekannte Polaroskop P—576 nach Kalvoda herangezogen, während für die „multi-sweep"-Messungen ein Eigenbaugerät verwendet wurde. Die Entwicklung solcher Geräte wurde besonders von Vogel und Valenta [1], Davis und Seaborn, Reynolds u. a. vorangetrieben.

Apparatives

Unser Gerät ist mit Unterstützung von Herrn Dr. Vogel gebaut worden und soll an Hand eines Blockschaltbildes (Abb. 1) beschrieben werden. Ein freischwingender, symmetrischer Röhrenmultivibrator (M) mit stufenweise veränderlicher Frequnz von 10, 20, 40 und 80 Hz

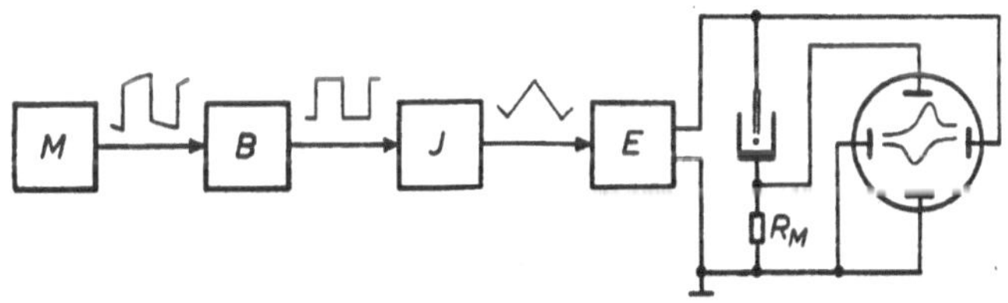

Abb. 1. Blockschaltbild

erzeugt eine angenäherte Rechteckspannung. In der nachfolgenden Begrenzerstufe (B) werden diese Impulse zu exakten Rechtecken begrenzt. In der anschließenden Integrationsstufe (I) erfolgt die Umformung zu einer symmetrischen Dreieckspannung. Hierauf folgt eine Leistungsendstufe (E), die den Polarisationskreis speist. Der an dem Meßwiderstand (20 Ω) entstehende Spannungsabfall ist proportional dem in der Zelle fließenden Strom und dient zur Vertikalablenkung des Elektronenstrahles einer Oszillographenröhre, während die Dreieckspannung direkt die Horizontalablenkung bewirkt. Demzufolge entstehen auf dem Bildschirm Strom-Spannungs-Kurven. Die Potentiale der Stromspitzen lassen sich mit Hilfe einer in Richtung der Potentialachse verschiebbaren Meßgeraden, die periodisch auf den Bildschirm eingeblendet wird, genau bestimmen.

Ergebnisse

Die Aussagen beider Methoden werden nun verglichen. Da aus früheren Untersuchungen [2] mit Hilfe der klassischen Gleichspannungspolarographie bekannt war, daß der pH-Wert einen entscheidenden Einfluß auf die Elektrodenreaktion hat, wurden die Oszillogramme in dem pH-Bereich von 2—13 aufgenommen und gegenübergestellt.

Aus Abb. 2 ist ersichtlich, daß bei beiden Methoden Reduktions- und Oxydationspeaks bzw. Einschnitte entstehen, die jedoch nicht reversibel sind. Potentialmessungen haben ergeben, daß mit steigendem pH-Wert die Potentialdifferenzen zwischen den anodischen und kathodischen Peaks kleiner werden. Ob in extremen pH-Gebieten Reversibilität zu erreichen ist, läßt sich jedoch experimentell nicht feststellen, da im alkalischen Bereich der

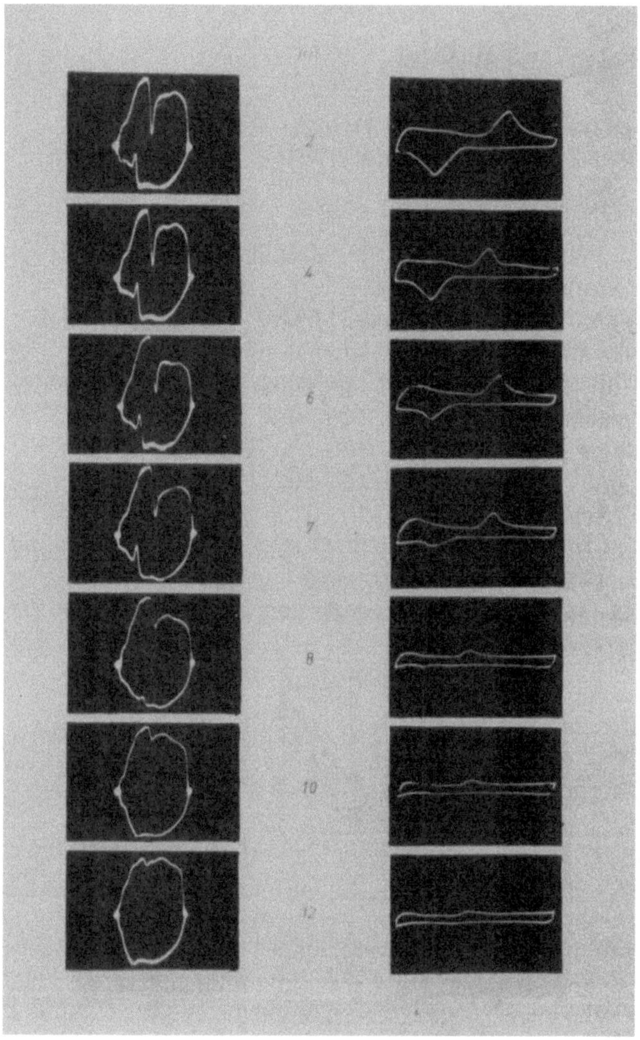

Abb. 2. $\frac{dV}{dt}$ – V-Oszillogramme und „multi-sweep"-Oszillogramme mit Dreieckspannung (20Hz) von Campherchinon in Abhängigkeit vom pH-Wert. Bei „single sweep" bleibt der kathodische Peak konstant

anodische Polarisationseffekt verschwindet. Selbst nach Temperaturerhöhung tritt der Oxydationspeak nicht deutlicher hervor.

Abb. 3 veranschaulicht diese Verhältnisse. Aufgetragen ist die Potentiallage der anodischen und kathodischen Peaks, sowie die Höhe der anodischen Peaks in Abhängigkeit vom pH-Wert. Der Oxydationspeak wird nach höheren pH-Werten sehr klein, bevor die theoretisch zu erwartende minimale Potentialdifferenz zwischen den beiden Peaks registriert werden kann. Eine Extrapolation ergibt, daß erst bei einem pH-Wert >11 ein reversibler Elektrodenvorgang erreicht würde. Bestätigt wird diese Annahme durch Messungen mit der stationären Quecksilbertropfenelektrode, der Pd–Sol-Reduktion, sowie der Photoreduktion mit Hilfe der klassischen Polarographie, wobei ein reversibler Oxydationsstrom gefunden wird. Dieser ist dem Radikal (bzw. Radikalanion) des Campherchinons [3] zuzuordnen.

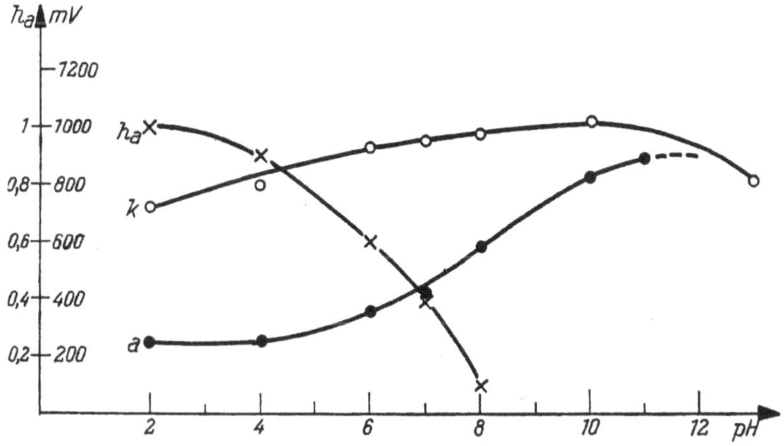

Abb. 3. a — Potentiallage der anodischen Peaks in Abhängigkeit vom pH-Wert;
k — Potentiallage der kathodischen Peaks in Abhängigkeit vom pH-Wert;
h_a — relative Höhe der anodischen Peaks in Abhängigkeit vom pH-Wert[1]

Im Bereich pH 1—8 wird als stabileres Endprodukt der zweielektronigen Reduktion das Endiol registriert, wobei zu berücksichtigen ist, daß die Umlagerungsgeschwindigkeit zum stabilen α-Oxy-Campher vom pH-Wert beeinflußt wird, was aus Abb. 2 hervorgeht, wo mit steigendem pH-Wert der anodische Peak ständig kleiner wird. In alkalischem Gebiet muß ein Gleichgewicht mit pK' = 13,3 diskutiert werden [2].

Das Verschwinden der Oxydationspeaks führen wir auf die Irreversibilität nach Gl. (2) und (3) zurück, was sich bei Wechselspannungs- bzw. Strommethoden bereits bei kleineren pH-Werten auswirkt. Unsere Messungen stehen im Einklang mit den letzthin angegebenen Reaktionsschema [3]:

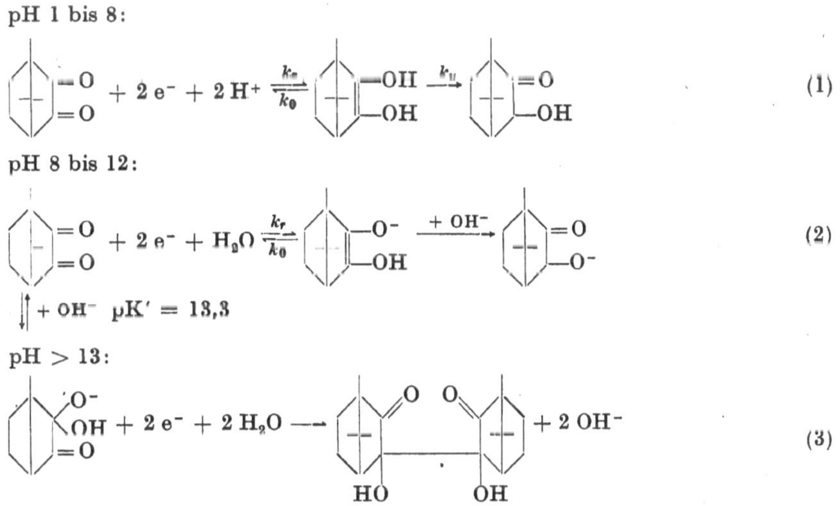

Abb. 4. Reduktionsschema des Campherchinons

Beide Methoden zeigen Übereinstimmung. Der Anschluß an die Gleichspannungspolarographie soll später mit Hilfe der „single-sweep"-Technik erreicht werden, welche langsamere Spannungsdurchlaufgeschwindigkeiten gestattet. Ein solches Gerät befindet sich zur Zeit in der Entwicklung [4].

[1] Die Empfindlichkeit wurde um den Faktor 20 gegenüber den Aufnahmen bei Abb. 2 erhöht.

SUMMARY

Depolarization of camphorquinones is effected by adsorption processes together with the "Durchtritts" reaction, as becomes apparent from results with alternating current. In extension of a former reaction scheme, agreement according to the degree of reversibility, of current-conditioned $\frac{dV}{dt} - V$ oscillograms with the voltage-conditioned *Randles-Ševčik* multi-sweep oscillograms had to be examined. The pH value being decisive, the oscillograms in the range between pH 4 and pH 13,5 have been recorded. An analogy regarding the potential difference of reduction and oxidation effects exists between both the series of measurements. It is, furthermore, remarkable that in the alkaline region the depolarizing effects are very reduced in both the cases. On account of spectrophotometric results, the slow hydratation equilibrium is made responsible for this effect.

Literatur

[1] VALENTA, P., VOGEL, J., Collect. czechoslov. chem. Commun. **21**, 502 (1956).
VALENTA, P., Fortschr. Internat. Polarograph. Koll. Dresden 1957, Sonderheft Z. physik. Chem. (1958).

[2] ANHALT, A., BERG, H., Z. Elektrochem. Ber. Bunsenges. phys. Chem. **63**, 604 (1959).

[3] BERG, H., Z. Chem. **2**, 237 (1962).

[4] BÖCKEL, W., Ber. Bunsenges, physik. Chem. **68**, (1964) (in Vorbereitung).

Kinetische Ströme in der oszillographischen Polarographie mit Wechselstrom

K. Micka

Polarographisches Institut der Tschechoslowakischen Akademie der Wissenschaften, Prag

Diffusionsbedingte reversible Einschnitte auf den Kurven $dE/dt = f_1(E)$ in der oszillographischen Polarographie mit aufgezwungenem sinusförmigen Wechselstrom wurden mathematisch eingehend behandelt [1, 2], es fehlte jedoch bisher eine entsprechende mathematische Theorie von kinetisch bedingten Einschnitten, welche z. B. mit Formaldehydlösungen beobachtet wurden (vgl. [2], S. 118).

Das Problem können wir durch folgendes Reaktionsschema veranschaulichen:

$$A \underset{k_1'}{\overset{k_1}{\rightleftarrows}} Ox \overset{n\,e}{\rightleftarrows} Red \underset{k_2}{\overset{k_2'}{\rightleftarrows}} B\,,$$

wo A und B elektroinaktive, Ox und Red elektroaktive Formen eines Depolarisators bedeuten. Ihre Konzentrationen in der Lösung sind, der Reihe nach, c_1^i, c_2^i, c_1 und c_2 (in Mol/cm^3). Eine Quecksilberelektrode mit konstanter Oberfläche, deren Krümmung wir vernachlässigen, wird in einer Lösung, die einen Grundelektrolyten und die Depolarisatorform A bzw. B enthält, durch sinusförmigen Wechselstrom polarisiert. Das Potential der Elektrode soll in dem Bereich bleiben, in welchem sich weder das Quecksilber auflöst noch das Grundelektrolytkation abscheidet.

Mathematisch wird dieses Problem durch folgendes Gleichungssystem formuliert:

$$\frac{\partial c_n^i}{\partial t} = D_n \frac{\partial^2 c_n^i}{\partial x^2} - k_n c_n^i + k_n' c_n\,, \quad n = 1, 2; \tag{1}$$

$$\frac{\partial c_n}{\partial t} = D_n \frac{\partial^2 c_n}{\partial x^2} + k_n c_n^i - k_n' c_n\,, \quad n = 1, 2\,. \tag{2}$$

Die Anfangs- und Randbedingungen lauten:

$$t = 0: \quad c_1 = c_{1a}, \quad c_2 = c_{2a}, \quad c_1^i = c_{2a}^i, \quad c_2^i = c_{2a}^i \tag{3}$$

$$x = 0: \quad (4)\,\frac{\partial c_1^i}{\partial x} = 0\,, \quad (4')\; D_1 \frac{\partial c_1}{\partial x} + D_2 \frac{\partial c_2}{\partial x} = 0\,, \quad (4'')\,\frac{\partial c_2^i}{\partial x} = 0 \qquad (4),\ (4'),\ (4'')$$

$$i = i_0 \sin \omega t + i_1 = -\,n F D_1 \frac{\partial c_1}{\partial x} + C' \frac{dE}{dt} \tag{5}$$

$$c_{10} = c_{20} \exp{(E - E_0)} \frac{n F}{R T} = c_{20} P_1^0 \tag{6}$$

$$x \to \infty: \; c_1 = c_{1a}, \; c_2 = c_{2a}, \quad c_1^i = c_{2a}^i, \; c_2^i = c_{2a}^i\,. \tag{7}$$

Der Index a bedeutet analytische Konzentration, o Konzentration an der Elektrodenoberfläche. Ferner bedeutet D_1 den Diffusionskoeffizienten von A und zugleich von Ox, D_2 den von Red und zugleich von B, t die Zeit, x die Entfernung von der Elektrodenoberfläche, i die Stromdichte, ω die Kreisfrequenz, n die zur Reduktion von Ox benötigte Elektronenanzahl, C' die Differentialkapazität der Elektrode, E das Potential der Elektrode und E_0 das Normalredoxpotential des Systems Red/Ox.

Mit Hilfe der Laplace-Carsonschen Transformation gelangen wir zu einer allgemeinen Integralgleichung[1]:

$$\frac{P_1}{\sigma_2\sqrt{l_2}}\frac{d}{dt}\left[\left(i - C'\frac{dE}{dt}\right) * \operatorname{erf}\sqrt{l_2 t}\right] + \frac{1}{\sigma_1\sqrt{l_1}}\frac{d}{dt}\left[\left(i - C'\frac{dE}{dt}\right) * \operatorname{erf}\sqrt{l_1 t}\right] =$$
$$= -(P_1 + 1)\left[\left(i - C'\frac{dE}{dt}\right) * \frac{1}{\sqrt{\pi t}}\right] - nF\sqrt{D_1}\,s_{1a} + P_1\,nF\sqrt{D_2}\,s_{2a}, \tag{8}$$

mit $s_{1a} = c_{1a} + c^i_{1a}$, $s_{2a} = c_{2a} + c^i_{2a}$, $l_1 = k_1 + k'_1$, $l_2 = k_2 + k'_2$, $\sigma_1 = k_1/k'_1$, $\sigma_2 = k_2/k'_2$ und

$$P_1 = \frac{\sigma_2}{\sigma_1}\,\frac{1+\sigma_1}{1+\sigma_2}\sqrt{\frac{D_1}{D_2}}\,P_1^0 . \tag{9}$$

Unter der Voraussetzung $\sigma_1, \sigma_2 \ll 1$, $l_1, l_2 \gg \omega$ und $\sqrt{\frac{\sigma_1 k_1}{\omega}} \ll 1$, $\sqrt{\frac{\sigma_2 k_2}{\omega}} \ll 1$ ist die Lösung $E = f(t)$ der Gleichung (8) mit der Lösung folgender Differentialgleichung identisch:

$$\frac{dv}{du} = a \sin u - b \operatorname{tgh}\frac{v}{2} + c \tag{10}$$

mit

$$u = \omega t\,, \quad v = \frac{nF}{RT}\,(E - E_{1/2}) \tag{11), (11'}$$

$$E_{1/2} = E_0 - \frac{RT}{2nF}\ln\frac{D_1 k'_1}{D_2 k'_2} \tag{12}$$

$$a = \frac{i_0 nF}{C' RT\omega}, \qquad b = n^2F^2\,\frac{\sqrt{D_1\sigma_1 k_1}\,s_{1a} + \sqrt{D_2\sigma_2 k_2}\,s_{2a}}{2C' RT\omega}, \tag{13), (14}$$

$$c = n^2F^2\,\frac{\sqrt{D_1\sigma_1 k_1}\,s_{1a} - \sqrt{D_2\sigma_2 k_2}\,s_{2a}}{2C' RT\omega} + \frac{nF i_1}{C' RT\omega}. \tag{15}$$

Die dimensionslosen Koeffizienten a, b, c sind Funktionen der Differentialkapazität und folglich des Potentials der Elektrode E. Die Gleichung (10) ist nur graphisch für konkrete numerische Werte der Koeffizienten lösbar und zwar auf Grund der Isoklinenmethode. Die Lösung können wir auf den Fall des Formaldehyds in alkalischen Lösungen anwenden.

Der Formaldehyd unterliegt einer Elektroreduktion etwa nach dem Schema:

$$CH_2(OH)_2 \underset{k'_1}{\overset{k_1}{\rightleftharpoons}} CH_2O \overset{2e}{\rightleftharpoons} CH_2O^{--} \xrightarrow{k'_2} CH_3OH,$$

k_2 ist also gleich Null, $n = 2$. In einer Lösung von Formaldehyd in 0,1 m LiOH ist [3] $\sigma_1 k_1 = 0{,}056\ s^{-1}$, $\sigma_1 \approx 10^{-4}$, $D_1 = 1{,}22 \cdot 10^{-5}\ cm^2\,s^{-1}$. Die Differentialkapazität des Quecksilbers in 0,1 m LiOH können wir aus einer Tabelle der spezifischen Ladungen des Quecksilbers [4] ermitteln. Ferner setzen wir folgende Werte der Parameter ein: $RT/F = 0{,}0257$ V (25 °C), $\omega = 314\ s^{-1}$, $i_0 = 6{,}46 \cdot 10^{-3}\ A\,cm^{-2}$. Daraus ergibt sich $a = 1{,}6 \cdot 10^{-3}/C'$. Bei einer Konzentration des Formaldehyds von 0,0081 m $= s_{1a}$ folgt $b = 1{,}6 \cdot 10^{-4}/C'$. Es sei endlich $i_1 = -3{,}23 \cdot 10^{-4}\ A\,cm^{-2}$ und $s_{2a} = 0$, dann ist $c = 8 \cdot 10^{-5}/C'$.

Die stationäre Lösung der Gleichung (10) ist graphisch durch eine Kurve $E = f(t)$ dargestellt, die einer Kosinusoide ähnelt und deshalb nicht sehr charakteristisch ist. Dagegen zeigt die abgeleitete Kurve $dE/dt = f_1(E)$ charakteristische Details (Abb. 1). Auf dem ka-

[1] Das Sternchen * bedeutet Konvolution, die durch die Formel

$$f(t) * g(t) \equiv \int_0^t f(t - \xi)\,g(\xi)\,d\xi$$

definiert ist.

thodischen Ast sehen wir eine Stufe, auf dem anodischen einen Einschnitt. Das Potential $E_{1/2}$ ist auf der Abbildung 1 durch senkrechte gestrichelte Linien angedeutet. Es entspricht dem polarographischen Halbstufenpotential. Die Höhe der kathodischen Stufe ist allgemein durch die Formel

$$s = \frac{n\,F}{C_s'}\left(\sqrt{D_1\,\sigma_1\,k_1}\,s_{1a} + \sqrt{D_2\,\sigma_2\,k_2 s_{2a}}\right) \quad (16)$$

gegeben, wo C_s' der Wert von C' beim Potential der Stufe ($E_{1/2}$) ist. Die Größe s ist absolut in Einheiten V/s ausgedrückt und von der Amplitude des Wechselstromes (i_0) und seiner Frequenz (ω) unabhängig.

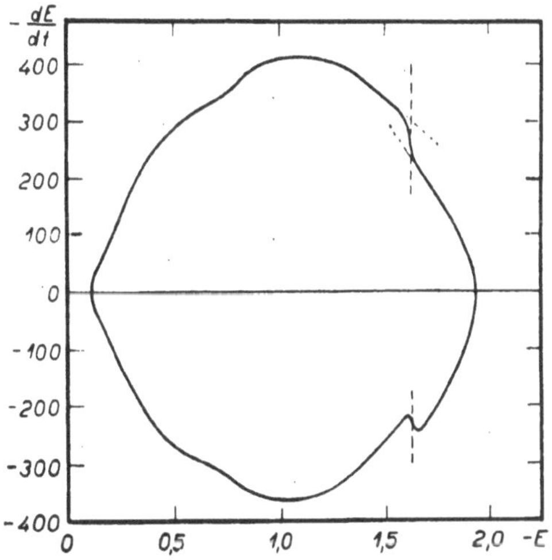

Abb. 1. Die Kurve $dE/dt = f_1(E)$, berechnet aus der Gleichung (10) für eine Lösung von 0,1 m LiOH + 0,0081 m CH_2O; $i_0 = 6{,}46 \cdot 10^{-3}$ A cm^{-2}

Die experimentelle Kurve $dE/dt = f_1(E)$ wurde mit einer hängenden Quecksilberelektrode [5] und einem Polaroskop P 576 der Firma Křižík, Prag, ermittelt und ist an der Abbildung 2 veranschaulicht. Die Höhe der kathodischen Stufe steht im guten Einklang mit dem theoretisch berechneten Wert $s = 82$ V/s. Der anodische Einschnitt ist kein wahrer Einschnitt, sondern auch eine Stufe, die jedoch durch den Ladungsstrom verzerrt ist. Wenn das Potential $E_{1/2}$ positiver wäre, hätte der anodische Einschnitt auch die Form einer Stufe.

Durch die vorliegende Theorie ist es zum ersten Mal gelungen, den eigentümlichen oszillopolarographischen Effekt des Formaldehyds quantitativ zu deuten. Das Hauptresultat der Berechnungen liegt darin, daß kinetisch bedingte „Einschnitte" eine typische Form haben, nach der sie sich von anderen (diffusions- und adsorptionsbedingten) Einschnitten unterscheiden lassen. Natürlich können auch Übergangstypen vorkommen.

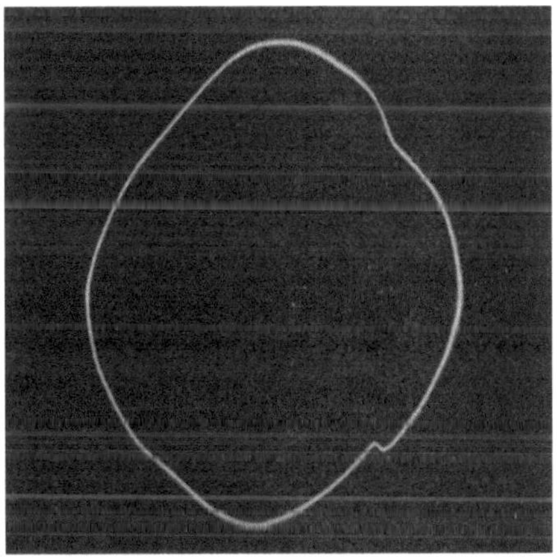

Abb. 2. Die Kurve $dE/dt = f_1(E)$, für die gleiche Lösung wie Abb. 1 experimentell beobachtet; $i_0 = 0{,}008$ A cm^{-2}

SUMMARY

A mathematical theory concerning the kinetic incisions on the curves $dE/dt = f_1(E)$ have been derived taking into consideration the influence of the capacity of the electrode. The calculations were made for large alterations of potential with variable capacity of the electrode. The main result of the present theory consists in "the kinetic incisions" of the curve $dE/dt = f_1(E)$ having the form of an L and thereby differing markedly from the usual incisions conditioned by diffusion.

HEYROVSKÝs theoretical conceptions are thus confirmed. Agreement between the oscillopolarographic behaviour of formaldehyde in alkaline solutions and the theoretical results is good.

Literatur

[1] MICKA, K., Collection Czechoslov. Chem. Communs. **24**, 3708 (1959).
[2] HEYROVSKÝ, J., KALVODA, R., Oszillographische Polarographie mit Wechselstrom. Akademie-Verlag, Berlin 1960, S. 11f.
[3] BRDIČKA, R., Collection Czechoslov. Chem. Communs. **20**, 387 (1955).
[4] GRAHAME, D. C., POTH, M. A., CUMMINGS, J. I., J. Am. Chem. Soc. **74**, 4422 (1952).
[5] MICKA, K., Chem. Zvesti **16**, 242 (1962).

D—17

Grundlagen der Wechselstrompolarographie zur Untersuchung von Grenzflächenerscheinungen

H. Jehring

Arbeitsgruppe für physikalische Methoden der analytischen Chemie im Institut für Gerätebau der Deutschen Akademie der Wissenschaften zu Berlin

Bei der Gegenüberstellung elektrochemischer Meßverfahren ist die Aufteilung sowohl in Meßobjekt (z. B. Elektrolyt, Elektrodengrenzschicht) als auch in die zu messende Eigenschaft des Meßobjektes (Leitfähigkeit, Potential, Kapazität) und ferner in Meßverfahren (Vergleichsmessung, Strom-Spannungs-Messung) zweckmäßig. Von der Wahl der Meßbedingung hängt es ab, ob ausschließlich nur die in Betracht gezogene Größe (z. B. Doppelschichtkapazität) gemessen wird oder ob noch andere Meßgrößen (Elektrolytwiderstand usw.) störend mit in das Meßergebnis eingehen.

Der Vergleich zwischen der „Oszillographischen Polarographie mit Wechselstrom" [1] und der „Polarographie mit überlagerter Wechselspannung" [2, 3] hinsichtlich ihrer Eignung zur Untersuchung von Adsorptionserscheinungen an der Elektrode ergibt zunächst, daß beide auf die Messung der Kapazität der elektrischen Doppelschicht zurückgehen, d. h. sich der Kondensator-Eigenschaft der Grenzfläche Quecksilber/Elektrolyt bedienen.

Daß sich eine (direkte oder indirekte) Messung der Doppelschichtkapazität für wissenschaftliche und analytische Zwecke lohnt, ergibt sich schon aus der Tatsache, daß diese Kapazität stark beeinflußt wird von den in die Doppelschicht eingebauten Fremdmolekeln (meist organischer Natur), die in der Gesamtlösung z. T. nur in sehr starker Verdünnung vorliegen (Adsorption). Die an der Elektrodenoberfläche (besonders bei elektrisch nicht bzw. minimal geladener Elektrode) adsorbierten Fremdmolekeln setzen durch Verdrängung von Wasserdipolen und Ionen aus der Doppelschicht deren Kapazität herab. Bei ausreichend negativer oder positiver Aufladung des „Kondensators" durch eine äußere Spannung (1—2 Volt) werden die schwächer polaren Fremdmolekeln unter dem Einfluß des elektrischen Feldes wieder durch das stärker polare Wasser bzw. die geladenen Ionen aus der Grenzschicht gepreßt unter Ausbildung von Kapazitätsmaxima während der Desorption. Diese Erscheinungen werden zur Untersuchung des Adsorptionsgleichgewichtes, der Adsorptionskinetik und zur Analyse ausgenutzt.

Die Kapazität der elektrochemischen Doppelschicht ist potentialabhängig [4]. Die Veränderung der Kapazität (wie Erniedrigung im Adsorptionsbereich und Kapazitätsmaxima beim Desorptionspotential) ist an bestimmte Potentialgebiete bzw. Werte gebunden. Es ergibt sich somit für die Praxis die Notwendigkeit, die Kapazität C_D als Funktion eines variablen Potentials E an der Elektrode zu messen; und hier gehen „Oszillographische Polarographie mit Wechselstrom" („Oszillopolarographie") und „Polarographie mit überlagerter Wechselspannung" („Wechselstrompolarographie") getrennte Wege.

Die Oszillopolarographie gibt einen konstanten Wechselstrom vor. Das Potential der Elektrode durchläuft dabei in raschem Wechsel (50 Hz) hin und zurück den gesamten Polarographierbereich. Die Momentanwerte des Potentials (auf dem Leuchtschirm der Braunschen Röhre) stellen dabei gleichzeitig eine indirekte Kapazitätsanzeige bei dem betreffenden Potential dar. Stromstärke i, Spannungsänderung dE/dt und Kapazität C_D sind durch die Beziehung verknüpft:

$$\frac{dE}{dt} = i \cdot \frac{1}{C_D}. \tag{1}$$

Das umgekehrte Verhältnis von dE/dt zu C_D bei konstanter Stromstärke i äußert sich anschaulich in den $dE/dt = f(E)$-Kurven: Im Adsorptionspotentialbereich mit der Kapazitätserniedrigung entsteht eine dE/dt-Erhöhung und beim Desorptionspotential mit dem Kapazitätsmaximum eine Erniedrigung (Einschnitt) gegenüber der leeren Grundlösung.

Die Oszillopolarographie verwendet also einen konstanten Wechselstrom, der außerdem so groß ist, daß der gesamte polarographische Potentialbereich während einer Schwingungsdauer in beiden Richtungen durchlaufen wird. Der sich einstellende Momentanwert des Potentials erfüllt gewissermaßen gleichzeitig zwei Funktionen. Er erteilt der (potentialabhängigen) Doppelschichtkapazität den Potentialwert, wo die Kapazität gemessen werden soll und gibt gleichzeitig nach Gl. (1) den Kapazitätswert an. Da der Momentanwert des Potentials (bzw. dE/dt) gemessen werden muß, ist die Anwendung des Elektronenstrahloszillographen notwendig.

Die Polarographie mit überlagerter Wechselspannung nimmt — wie bereits aus der Bezeichnung hervorgeht — einen anderen Weg. Sie verwendet zur Messung getrennte Spannungen bzw. Ströme für Polarisation der Elektrode einerseits und Messung der Doppelschichtkapazität andererseits. Das Elektrodenpotential wird — wie in der klassischen Polarographie — mit einer stetig langsam anwachsenden Gleichspannung E verändert. Zur Kapazitätsmessung im durchlaufenen Potentialgebiet überlagert man eine kleine konstante Wechselspannung $U_\sim$. Der resultierende Wechselstrom i wird während der Spannungserhöhung laufend gemessen bzw. registriert. Er ist nach

$$i = U_\sim \cdot \omega \cdot C_D \tag{2}$$

proportional der Kapazität ($U_\sim$ und ω konstant), wenn man alle übrigen Stromkreiswiderstände gleich Null setzt.

Eine Auflösung des zeitlichen Verlaufes während der einzelnen Schwingungen zur Verfolgung der Momentanwerte auf dem Bildschirm der Braunschen Röhre ist nicht erforderlich. Das Elektrodenpotential wird nur langsam erhöht; die überlagerte Wechselspannung ist sehr klein (etwa 10 mV) und überstreicht jeweils nur einen sehr schmalen Potentialbereich, so daß es genügt, lediglich den Effektivwert des Wechselstromes (nach Verstärkung und Gleichrichtung) zu registrieren.

Die Polarographie mit überlagerter Wechselspannung gestattet damit zwar eine bessere Registrierung und Auswertung, verlangt aber zur Aufnahme die gleiche Zeit wie die klassische Polarographie, während die Oszillopolarographie sofort einen Überblick über das Verhalten der zu untersuchenden Substanz im gesamten Polarographierbereich bietet sowie beide Stromrichtungen getrennt aufzeichnet, was u. a. bei Reversibilitätsproblemen wichtig ist.

Für Präzisionsmessungen zur Erforschung des Adsorptionsgleichgewichtes, der Doppelschichtstruktur, der Adsorptionskinetik und der Elektrodenprozesse allgemein reichen mitunter Oszillopolarographie und Wechselstrompolarographie nicht aus. Bei der letzteren wird vorausgesetzt, daß der Strom nur von der Elektrodenkapazität bestimmt wird und die Wechselspannung unmittelbar an der Elektrode konstant bleibt, was praktisch schwer bzw. gar nicht zu realisieren ist. Außerdem messen wir nur den Gesamtwechselstrom, ohne seine vektoriell zusammengesetzten ohmschen und kapazitiven Anteile (Phasenwinkel) zu kennen.

Zur Lösung der häufigsten elektrochemischen und analytischen Aufgaben kann die Wechselstrompolarographie jedoch eingesetzt werden. Wo dies nach kritischer Einschätzung nicht mehr vertretbar ist, sollte man z. B. zur Impedanzmeßbrücke übergehen. Diese gestattet sowohl eine präzisere Messung, vor allem bei verschiedenen Frequenzen, als auch eine getrennte Erfassung der ohmschen und kapazitiven Komponenten der Elektrodenimpedanz, indem der Vergleichsbrückenzweig regelbare Widerstände und Kondensatoren besitzt. Die Aufnahmetechnik ist hier jedoch umständlicher, vor allem an nichtstationären Elektroden (Hg-Tropfelektrode) [5—7].

Wie bereits erwähnt, kann man die Wechselstrompolarographie zur Untersuchung von Adsorptionserscheinungen (Tensammetrie) und zur analytischen Bestimmung grenzflächenaktiver Substanzen einsetzen. Die Möglichkeiten und Vorteile bei der Untersuchung und Analyse von Depolarisatoren sollen hier nicht behandelt werden (Erhöhung des Auflösungsvermögens, der Trennschärfe und der Empfindlichkeit bei geeigneter Schaltung).

Zur Auswertung tensammetrischer Aufnahmen bieten sich folgende Meßwerte an (Abb. 1—3):

1. Die konzentrationsabhängige Erniedrigung des Grundstromes Δi_c beim Adsorptionsmaximum (Kapazitätsminimum); sie strebt einem Grenzwert, der Adsorptionssättigung, zu (Adsorptionsisotherme). Man betrachtet zweckmäßig die Elektrodenkapazität als eine Parallelschaltung zweier in der Fläche variabler Kondensatoren verschiedener Kapazität pro Flächeneinheit [10]. C_0 entspricht der Kapazität (pro Flächeneinheit) der unbedeckten Oberfläche, C_s derjenigen der völlig bedeckten (z. B. Monofilm). Alle übrigen Kapazitätswerte C zwischen leerer Grundlösung und Adsorptionssättigung lassen sich unter Zuhilfenahme des Bedeckungsgrades $\Theta = \frac{\text{besetzte Fläche}}{\text{Gesamtfläche}}$ annähernd darstellen durch

$$C = C_s\,\Theta + C_0\,(1 - \Theta) \quad [\mu\text{F/cm}^2]\,. \tag{3}$$

Die Grundstromerniedrigung ist das empfindlichste Kriterium für die Adsorption einer Fremdsubstanz und eignet sich besonders für quantitative Bestimmungen bei niedrigen Konzentrationen (Kurvenanstieg der Adsorptionsisotherme).

2. Der Potentialbereich der Adsorption wird beiderseits durch je eine Desorptionswelle (tensammetrische Welle) begrenzt. Die konzentrationsabhängige Höhe der Wellen kann ebenfalls analytisch ausgewertet werden.

Das Desorptionspotential E_t ist schwach konzentrationsabhängig und steht in Beziehung zur Adsorptionsenergie. Anschaulich gesagt: Je fester die Bindung in der Grenzschicht,

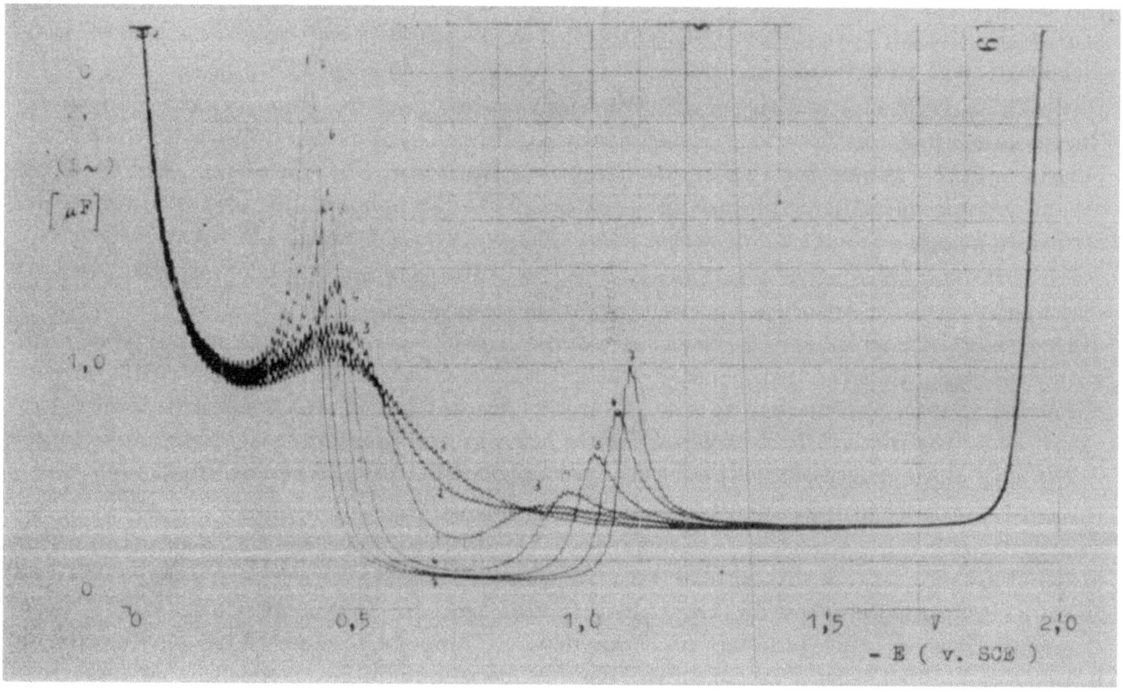

Abb. 1. Triäthylphosphat in 1,0 m KCl

Wechselstrompolarogramm

$U_\sim$ = 10 mV, 78 Hz		ϑ = 1,64 s
m = 0,00768 g/s		t = 25 °C
1) leere Lösung		5) $c = 2{,}00 \times 10^{-3}$ m
2) $c = 4{,}76 \times 10^{-4}$ m		6) $c = 2{,}81 \times 10^{-3}$ m
3) $c = 8{,}25 \times 10^{-4}$ m		7) $c = 3{,}50 \times 10^{-3}$ m
4) $c = 1{,}30 \times 10^{-3}$ m		

desto breiter der Potentialbereich der Adsorption, d. h., desto höhere Feldstärken müssen zur Verdrängung aufgewendet werden.

Der Struktureinfluß kann am Beispiel des Vergleiches verschiedener Alkohole gezeigt werden: Mit zunehmender Kettenlänge wird (bei gleicher Alkoholkonzentration) die Grundstromerniedrigung größer und der Potentialbereich der Adsorption breiter (Abb. 4).

Allgemein ist damit zu rechnen, daß Substanzen mit „niedrigeren" (positiven bzw. negativen) Desorptionspotentialen durch solche aus der Grenzschicht verdrängt werden, deren Desorptionspotentiale „höher" liegen (wozu auch in größerer Konzentration vorliegende organische Lösungsmittel gehören [8]). Wie aus Abb. 5 hervorgeht, entsprechen Grundstromverlauf und Desorption einer Emulgator+Antaroxhaltigen Grundlösung dem Verhalten der nur Antaroxhaltigen Lösung.

3. Eine weitere Auswertemöglichkeit birgt die Inhibitionswirkung der adsorbierten Molekeln auf Vorgänge mit Ladungsdurchtritt durch die Grenzfläche (Depolarisatoren). Mit zunehmender Bedeckung verringert sich die „freie" Oberfläche, und die Stromstärke fällt ab. Die Erniedrigung der Durchtrittswellenhöhe eines in der Lösung vorhandenen Depolarisators (z. B. $Cd^{\cdot\cdot}$) verläuft ähnlich wie die Kapazitätserniedrigung bei der Steigerung der

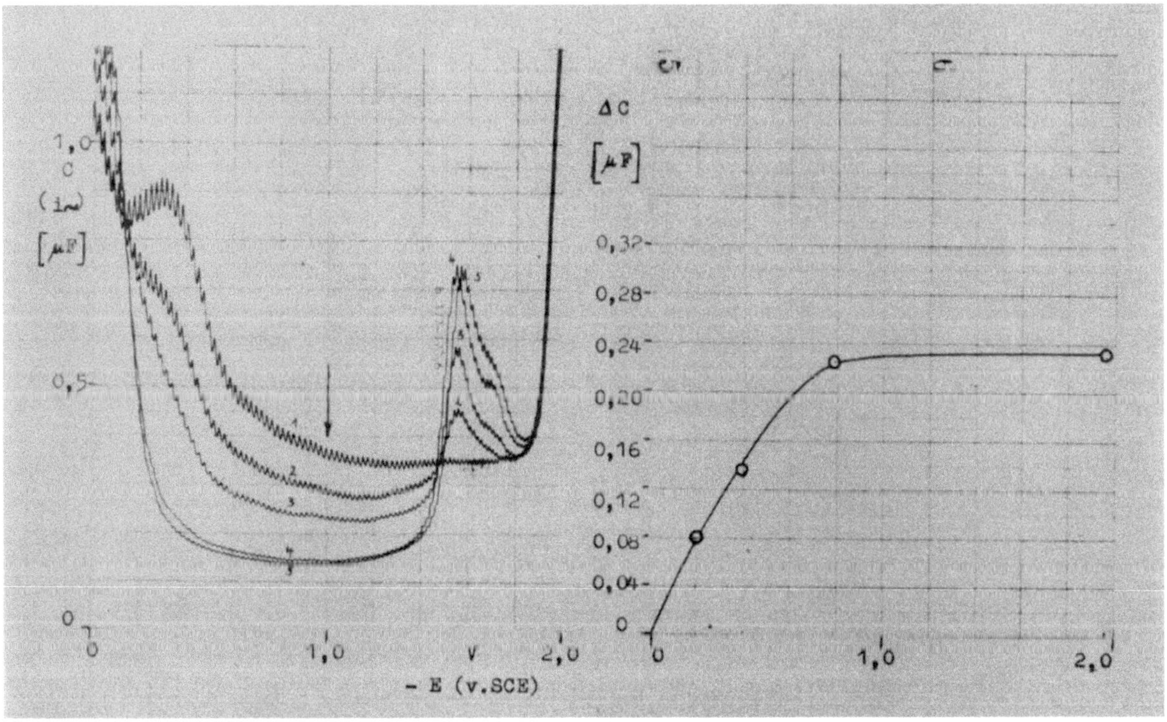

Abb. 2. Antarox CO – 630 in 0,1 m KCl

a) Wechselstrompolarogramm

$U_{\sim}$ = 10 mV, 78 Hz ϑ = 1,64 s

m = 0,00768 g/s t = 25 °C

1) leere Lösung
2) $c = 2{,}00 \times 10^{-5}$ m
3) $c = 3{,}98 \times 10^{-5}$ m
4) $c = 1{,}96 \times 10^{-4}$ m
5) $c = 7{,}94 \times 10^{-5}$ m

b) Konzentrationsabhängigkeit der Grundstromerniedrigung bei −1,0 V (v. SCE)
$c = (10^{-4}$ m/l)

Inhibitorkonzentration. Wie aus Abb. 6 anschaulich hervorgeht, geht die Cd-Wellenhöhe gegen Null, wenn die Doppelschichtkapazität dem Grenzwert der Adsorptionssättigung bei vollständiger Bedeckung zustrebt. Für den Durchtrittsstrom i gilt analog zur Kapazitätserniedrigung

$$i = i_s \Theta + i_0 (1 - \Theta) \tag{4}$$

für den allgemeinen Fall, daß durch den bedeckten Teil der Oberfläche noch eine meßbare Ladungsmenge i_s fließt. Im obigen Fall kann jedoch $i_s = 0$ gesetzt werden. Es wird

$$i = i_0 (1 - \Theta) \,. \tag{5}$$

Für die exakte Auswertung genügt nicht die im Polarogramm erscheinende Wellenhöhe, sondern es muß wegen der verschiedenen Phasenlage von Grundstrom und Durchtrittsstrom das Vektordiagramm benutzt werden. Der Durchtrittsstrom ist tatsächlich etwas höher, als aus der Wellenhöhe zu schließen ist, da teilweise eine geringe gegenseitige Kompensation stattfindet.

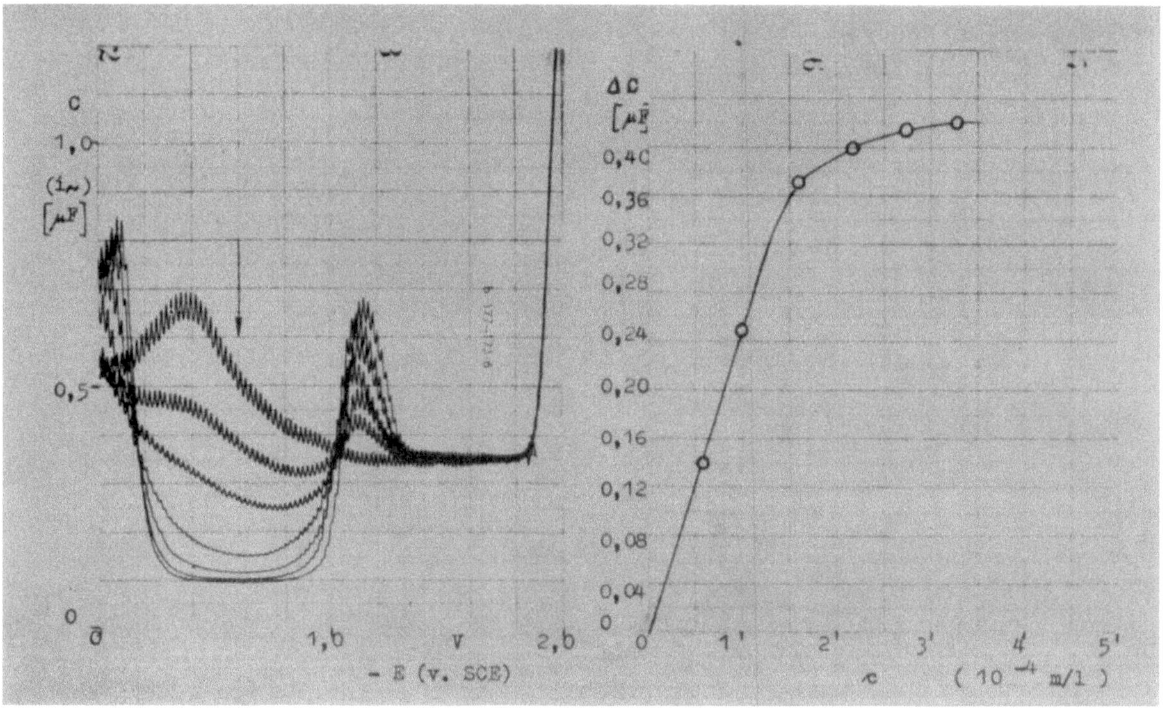

Abb. 3. Emulgator E 30 in 0,1 m $NaClO_4$

a) $i_\sim - E$-Kurven
Wechselstrompolarogramm
$U_\sim$ = 10 mV, 78 Hz ϑ = 1,64 s
m = 0,00768 g/s t = 25 °C
1) leere Lösung
2) $c = 5{,}97 \times 10^{-5}$ m
3) $c = 9{,}90 \times 10^{-5}$ m
4) $c = 1{,}57 \times 10^{-4}$ m
5) $c = 2{,}72 \times 10^{-4}$ m
6) $c = 3{,}29 \times 10^{-4}$ m
7) $c = 2{,}15 \times 10^{-4}$ m

b) $\Delta C - c$-Kurve
Konzentrationsabhängigkeit der Grundstromerniedrigung bei −0,6 V (v. SCE)

Bei den bisherigen Betrachtungen wurde die Adsorptionskinetik nicht mit berücksichtigt. Es ist jedoch zu erwarten [9], daß sich das Adsorptionsgleichgewicht nicht momentan einstellt. Die mit der Anreicherung in der Grenzschicht verbundene Diffusion vom Lösungsinnern zur Phasengrenze ist mehr oder weniger stark gehemmt. Der tatsächliche Bedeckungsgrad Θ_t erreicht mit der Zeit den Gleichgewichtsbedeckungsgrad Θ (theoretisch bei $t = \infty$). Bei der Messung an stationären Elektroden (z. B. ruhender Hg-Tropfen) müßten daher alle Meßpunkte schrittweise — nach Abwarten der Einstellung einer (praktisch) konstanten Anzeige — aufgenommen werden. Bei registrierenden Messungen (an stationären Elektroden) mit motorgetriebenem Potentiometer genügt in vielen Fällen langsamer Spannungsvorschub.

An der Hg-Tropfelektrode reicht die Zeit vom Beginn des Tropfenwachstums bis zum Abreißen (Tropfzeit) meist nicht aus, die sich laufend vergrößernde Grenzfläche mit der Gleichgewichtsmenge zu versorgen. Damit werden z. B. die Kapazitätswerte im Adsorptionsgebiet abhängig von der Tropfzeit (bei gleicher Tropfengröße). Am Potential maximaler Adsorption (Kapazitätsminimum) erhält eine Elektrode mit langsamer Tropfzeit (z. B. 7 Sek.) eine stärkere Kapazitätserniedrigung durch grenzflächenaktive Stoffe als die gleiche Elektrode in der gleichen Lösung mit kurzer Tropfzeit (z. B. 1 Sek.). Zur Erhöhung der Empfindlichkeit der Methode sollte daher mit möglichst langer Tropfzeit gearbeitet werden. Die Kapazitätswerte der leeren Grundlösung dagegen bleiben unverändert (Abb. 7).

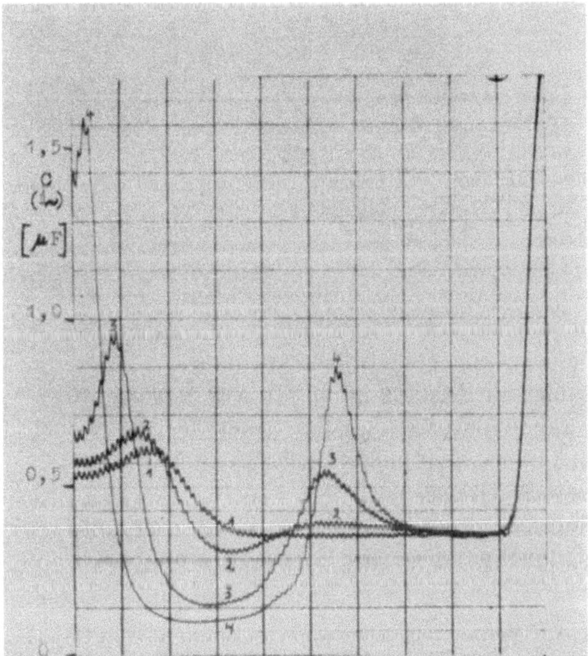

Abb. 4. Einfluß der Kettenlänge
3 verschiedene Alkohole bei gleicher Konzentration ($c = 2{,}5 \times 10^{-2}$ m) in 0,1 m $NaClO_4$/10% CH_3OH
$U_{\sim}$ = 10 mV, 78 Hz ϑ = 1,64 s
m = 0,00768 g/s t = 25 °C
1) leere Lösung
2) n-Butylalkohol
3) n-Amylalkohol
4) n-Hexylalkohol

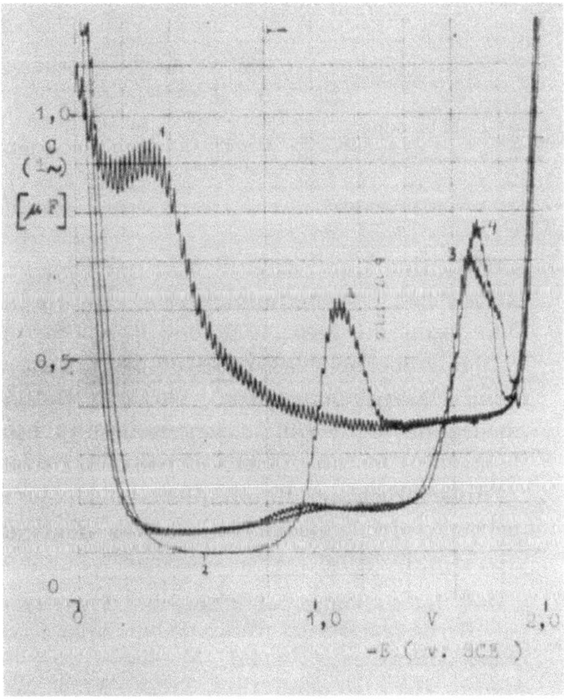

Abb. 5. Verdrängung von Emulgator aus der Doppelschicht durch Antarox in 0,1 m KCl
$U_{\sim}$ = 10 mV, 78 Hz ϑ = 1,64 s
m = 0,00768 g/s t = 25 °C
1) leere Lösung
2) $c = 1{,}96 \times 10^{-4}$ m Emulgator
3) $c = 1{,}93 \times 10^{-4}$ m Emulgator und $1{,}93 \times 10^{-4}$ m Antarox
4) $c = 1{,}96 \times 10^{-4}$ m Antarox

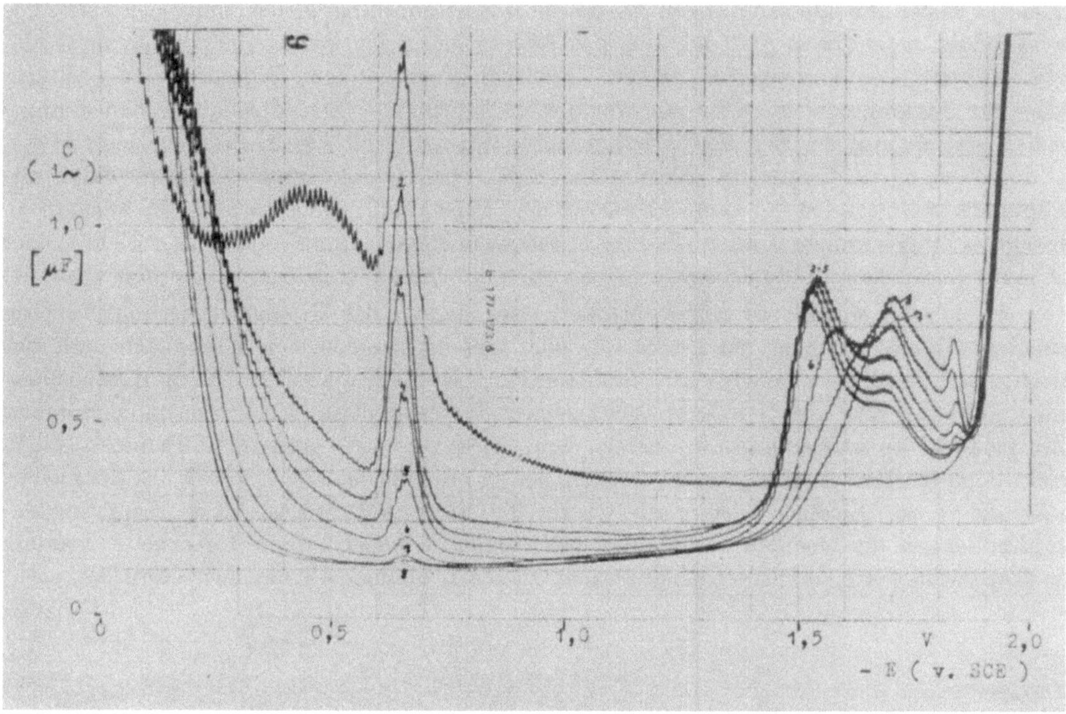

Abb. 6. Inhibitorwirkung und Doppelschichtkapazität

1,0 × 10^{-4} m Cd^{2+} in 1,0 m KCl mit zunehmenden Mengen Antarox

1) leere Lösung	5) $c = 9{,}34 \times 10^{-5}$ m	$U_{\sim}$ = 10 mV, 78 Hz
2) $c = 4{,}95 \times 10^{-5}$ m	6) $c = 1{,}39 \times 10^{-4}$ m	ϑ = 1,64 s
3) $c = 5{,}64 \times 10^{-5}$ m	7) $c = 1{,}92 \times 10^{-4}$ m	m = 0,00768 g/s
4) $c = 6{,}58 \times 10^{-5}$ m	8) $c = 2{,}38 \times 10^{-4}$ m	t = 25 °C

Mit Abb. 8 soll eine Brücke geschlagen werden zu den Adsorptionserscheinungen der klassischen Polarographie. Der Einfluß grenzflächenaktiver Stoffe führt hier über die Dämpfung der Maxima 1. und 2. Art bis zur Deformation der Diffusionsströme.

Der grenzflächenaktive Stoff ist nur im adsorbierten Zustand, d. h. bis zur Desorption beim Desorptionspotential, wirksam (Vergleich mit Wechselstrompolarogramm). Die Erniedrigung des in Abb. 8 dargestellten (überhöhten) Bleistromes nähert sich mit zunehmender Konzentration an grenzflächenaktiver Substanz einem Grenzwert.

Hinsichtlich der Empfindlichkeit ist die Maximadämpfung (1. und 2. Art) als Analysenmethode der Tensammetrie etwas überlegen. Die Ergebnisse der letzteren sind jedoch klarer und vielseitiger auswertbar.

Die Untersuchungen an organischen Phosphor-Sauerstoff-Verbindungen erfolgten in Zusammenarbeit mit Herrn Sohr (Chem. Techn. Labor, Leipzig). Für die Überlassung von „Antarox CO – 630“ (Nonylphenol-Äthylenoxyd-Addukt), Na-diisobutylnaphthalinsulfonat und n-Tetradecylpyridiniumchlorid danken wir Herrn Dr. Schiffner, Teltow-Seehof. „Emulgator E 30“ (Alkylmonosulfonat $C_{12}-C_{16}$ Kettenlänge) ist ein Produkt des VEB Leuna-Werke.

SUMMARY

In case the dropping electrode behaves like a resistance magnitude composed of ohm's and capacitive components (e.g. „Durchtrittsstrom“ in the equilibrium potential), the measured alternating current represents the vectorial sum of the portions with different phase positions. The disadvantage of nonseparability into the single vectorial portions

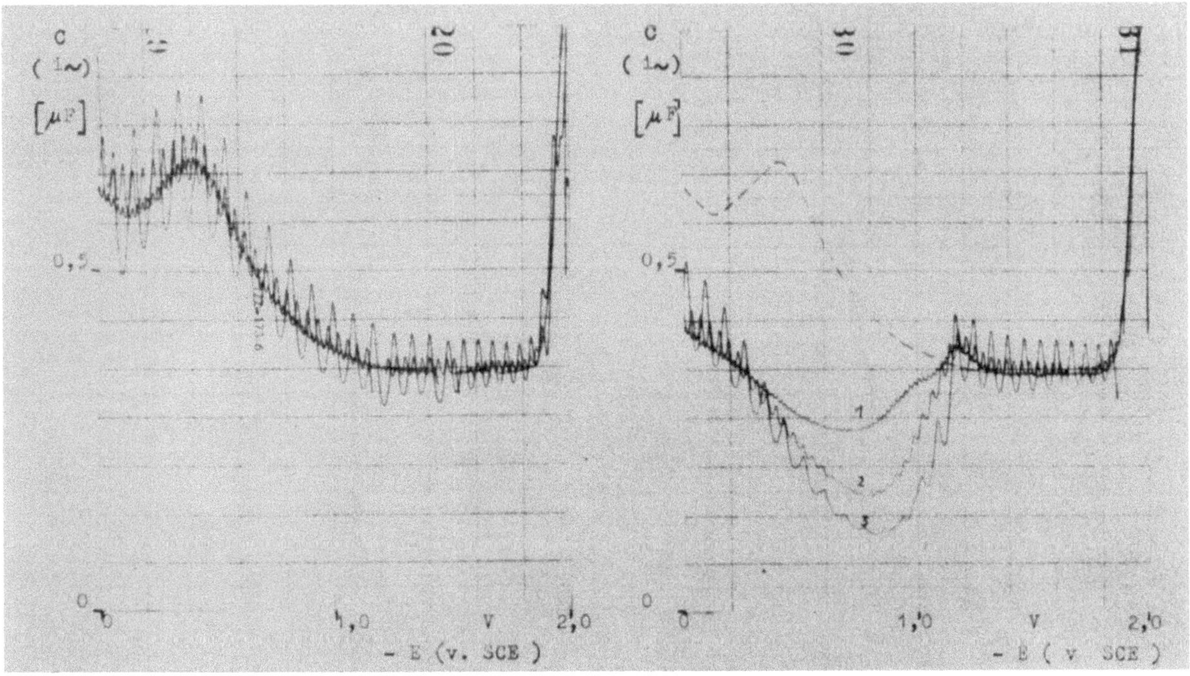

Abb. 7. Tropfzeit und Adsorptions-Kinetik

a) 0,1 m $NaClO_4$
b) und 1,96 × 10^{-4} m Na-diisobutylnaphthalinsulfonat
$U_\sim$ = 10 mV, 78 Hz
m = 0,00768 g/s t = 25 °C
1) ϑ = 1,64 s
2) ϑ = 3,50 s
3) ϑ = 7,12 s

interferes in several problems; in this case, other methods (e.g. alternating-current bridge) have to be turned to. These, however, do not permit the simple recording technique which is desirable for most problems with chemical purport. On account of the high sensitivity of the double-layer capacity to surface-active particles, investigation of the capacity current may well be applied for analytical purposes. The predicative power of the method ist also sufficient for the investigation of numerous adsorption phenomena at the electrode/solution interface. In special cases, Breyer's method offers certain advantages compared with similar methods.

Literatur

[1] Heyrovský, J., Kalvoda, R., Oszillographische Polarographie mit Wechselstrom. Akademie-Verlag, Berlin 1960.
[2] Breyer, B., Hacobian, S., Austral. J. sci. Res., Ser. A, **5**, 500–20 (1952).
Bauer, H. H., J. electroanal. Chem. **1**, 363–78 (1959/60).
[3] Vgl. auch Schmidt, H., von Stackelberg, M., Die neuartigen polarographischen Methoden. Verlag Chemie, Weinheim 1962.
[4] Grahame, D. C., Chem. Rev. **41**, 441–501 (1947).
[5] Gerischer, H., Z. Elektrochem. Ber. Bunsenges. physik. Chem. **58**, 9–24 (1954).
[6] Lorenz, W. u. Mitarb., Z. physik. Chem. [Neue Folge] **25**, 145–60 (1960); **25**, 161–174 (1960); **27**, 23–33 (1961).
[7] Vetter, K. J., Elektrochemische Kinetik. Springer-Verlag, Berlin-Göttingen-Heidelberg 1961.
[8] Schwabe, K., Jehring, H., Z. analyt. Chem. **173**, 36–43 (1960).
[9] Delahay, P., Trachtenberg, I., J. Amer. chem. Soc. **79**, 2355–62 (1957); **80**, 2094–2100 (1958).
[10] Frumkin, A. N., Z. Phys. **35**, 792 (1926); Proskurnin, M., Frumkin, A. N., Trans. Faraday Soc. **31**, 110 (1935).

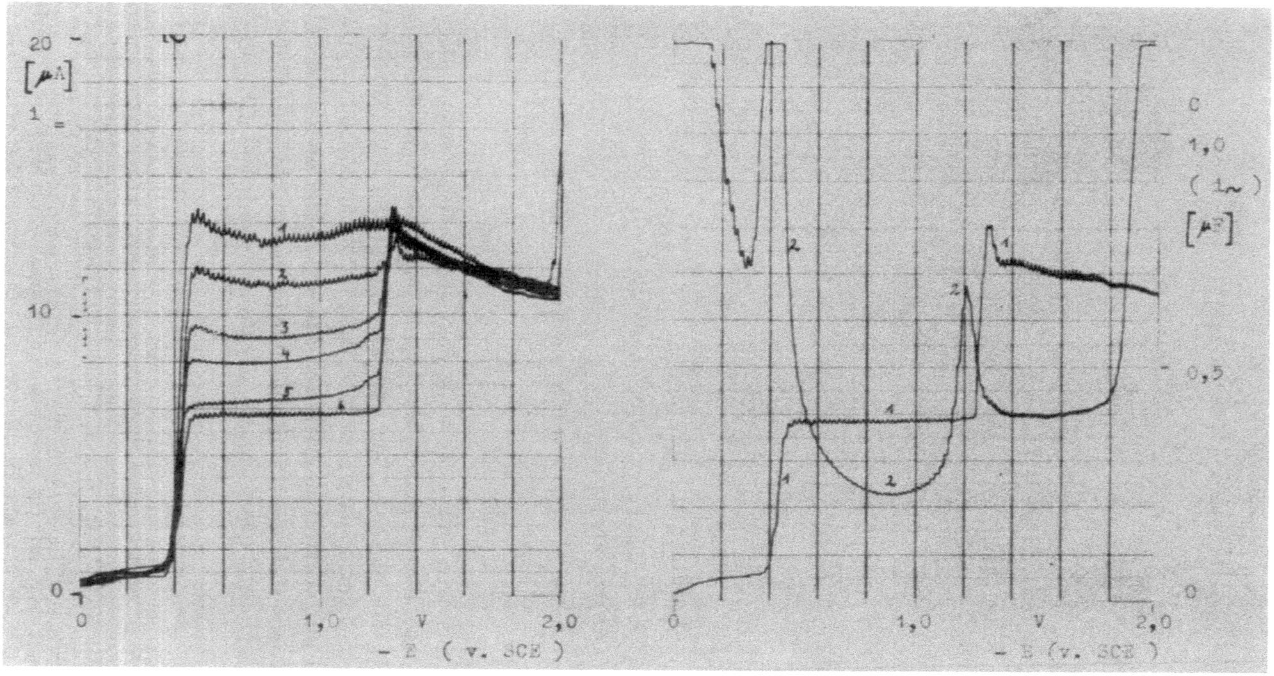

Abb. 8. Adsorption und Gleichstrompolarographie

links: Gleichstrompolarogramme

$5,0 \times 10^{-4}$ m Pb^{2+} in 1,0 m KCl mit zunehmenden Mengen n-Tetradecylpyridiniumchlorid

1) leere Lösung
2) $c = 9,90 \times 10^{-7}$ m
3) $c = 4,77 \times 10^{-6}$ m
4) $c = 9,10 \times 10^{-6}$ m
5) $c = 5,43 \times 10^{-5}$ m
6) $c = 1,44 \times 10^{-4}$ m

rechts: Gleich(1)- und Wechselstrompolarogramm (2) $5,0 \times 10^{-4}$ m Pb^{2+} in 1,0 m KCl und $1,44 \times 10^{-4}$ m Tetradecylpyridiniumchlorid

$U_{\sim}$ = 10 mV, 78 Hz
ϑ = 1,64 s
m = 0,00768 g/s
t = 25 °C

D—18

Mechanism of Reduction of Unsaturated Systems

P. H. Given

Department of Fuel Technology, Pennsylvania State University, University Park (Pa.)

It is proposed in this paper to discuss some general ideas about reduction mechanisms in non-aqueous conditions, consider how far these are applicable to aqueous conditions, and draw attention to some outstanding problems.

The word "mechanism" is sometimes used by polarographers when referring to the total processes responsible for each wave observed and is then expressed in the stoichiometric equations representing the overall changes. Such equations commonly show, for example, the addition of two electrons and two protons to a reducible molecule. The proposers of such mechanisms do not suppose that these additions occur simultaneously, which would be kinetically extremely improbable. It is much more likely that reaction occurs in a series of discrete unitary steps, and in this paper "mechanism" refers to the elucidation of this series of steps.

When "mechanism" is taken to mean the overall change responsible for a wave many reactions must be described as irreversible; this is often because one or more of the unitary steps, perhaps a non-electrochemical reaction, is irreversible. When it is possible to break the total change down into unitary steps, one may see that the electrode processes are reversible even though associated non-electrochemical reactions are not. Moreover, it may well be possible to write down a generalized mechanism in terms of simple steps, with alternative paths characterized by different relative velocities, which can be used to describe what happens in a wide range of systems. A general scheme of this kind was proposed by Hoijtink and his collaborators, and this undoubtedly promotes understanding of a wide range of reduction.

The conclusions of Hoijtink et al. [1] were based originally on a study of the reduction of aromatic hydrocarbons in dioxan-water solutions and confirmed in later work using dimethylformamide as solvent and aromatic carbonyl compounds as well as hydrocarbons as substrates [2—4]. In the absence of proton donors, one normally observes two one-electron waves, corresponding to the formation of the mono- and di-negative ions of the substrate; these diffuse away from the electrode surface into the bulk of the solution. In no case yet reported has the first wave for the reduction of an unsaturated system in aprotic conditions been found to be irreversible. The second wave poses some problems not yet fully solved. The slope of the plot of E_{de} against $\log i/(i_d - i)$ is commonly 70—80 mV, suggesting irreversibility. A. C. polarographic studies and capacitance measurements by Aten and Hoijtink [2] and by Büthker [5] show that certain compounds having their second half wave potentials more negative than about -1.6 V *vs.* S. C. E. have low velocity constants for the electron transfer, that is, they are irreversible. Other substances, having less negative half wave potentials, show normal velocity constants and reversible A. C. waves are seen.

Two explanations of the irreversibility of some second waves have been offered: adsorption of the cations of the supporting electrolyte at negative potentials, and abstraction of a proton from the solvent by the dinegative ions. The choice between these is discussed by BÜTHKER [5], who gives reasons for preferring the second explanation, that the electrode process is followed by an irreversible non-electrochemical reaction, presumably protonation. However, it is still not clear why this succeeding reaction should only be fast enough to affect the wave if the latter is at a very negative potential (unless polarization of the solvent molecule in the potential gradient near the electrode, with consequent increase of its proton donating ability, is a factor; see below). Furthermore, the explanation does not account for the anomalous slope of the second D. C. wave of a substance like anthraquinone, where the wave is at a relatively positive potential and protonation could hardly be irreversible.

When the rate of protonation of the mononegative ion is high enough, that is, in the presence of a suitable proton donor, the normal behaviour is that the two one-electron waves are replaced by a single two-electron wave at a potential near that of the original first wave. The mechanism here is the following [1, 4]:

$$R + e^- \rightleftharpoons R^- \quad (1)$$
$$R^- + HX \rightarrow RH. + X^- \quad (2)$$
$$RH. + e^- \rightarrow RH^- \quad (3)$$
$$RH^- + HX \rightarrow RH_2 + X^-. \quad (4)$$

HOIJTINK et al. [1] showed by calculation using the molecular orbital method that the electron affinity of an alternant hydrocarbon radical, RH., must always be greater than that of its parent molecule, R. Therefore, if the protonation (2) is fast, RH. must be reduced as fast as it is formed, since the electrode will be already polarized to a potential more negative than the half-wave potential of RH.. The mechanism and explanatory argument evidently apply not only to hydrocarbons but also to aromatic carbonyl compounds such as benzophenone [4]; and there is no reason why either should be limited to any particular solvent.

Phenol acts very satisfactorily as the proton donor, HX, in the reduction of benzophenone, and the system is a good example of the situation just discussed. With benzoic or acetic acid, however, benzophenone behaves differently, revealing a further complication. In the absence of proton donor the ketone gives two one-electron waves in dimethylformamide at -1.22 and -1.51 V vs. Hg pool; with phenol a single two-electron wave is found at -1.16 V, and electrolysis at -1.25 V gives only benzhydrol. With less than the stoichiometric amount of benzoic acid, a new wave appears at -1.04 V, the two waves at -1.22 and -1.51 V being still visible though of diminished height (the total height of the three waves remaining equivalent to the addition of two electrons). As more acid is added the new wave grows to two-electron height and the original two disappear [4]. The new wave corresponds to moderately rapid electron transfer, since a peak (less than would be equivalent to two electrons) is seen in an A. C. polarogram. The new wave must be due to the reduction of either the protonated ketone or of a hydrogen-bonded complex between the ketone and the acid molecule; the A. C. behaviour is rather more consistent with the later than the former. We therefore have:

$$R + HX \rightarrow [RNX] \quad (5)$$
$$[RNX] + e^- \rightarrow [RHX]^- \quad (6)$$
$$[RHX]^- \rightarrow RH. + X^- \quad (7)$$
$$RH. + e^- \rightarrow RH^- \xrightarrow{+HX} RH_2 + X^-. \quad (8)$$

As would be expected from this mechanism, the half-wave potential is strongly dependent on [HX]. One would expect the half-wave potential of the second electron addition (8) to depend chiefly on the rate constant of (7) and be only indirectly affected by [HX]. Experimentally it is observed that if the dimethylformamide solution is made about 1 M or stronger in acetic acid, two waves are resolved: the half wave potentials of both waves vary with [HOAc], the less negative being the more strongly dependent [6]. Electrolysis at a potential between the two waves (0.0023 M benzophenone, 4.17 M acetic acid) gave the pinacol. The reason for this behaviour is evidently that in strongly acid solution the half-wave potential of reaction (6) has shifted so far towards positive potentials that the radical RH. is no longer reducible at the potential at which it is formed.

The above observations have, it is submitted, some important general implications. It is well known that benzophenone and other aromatic ketones and aldehydes are reduced in strong acid conditions in aqueous buffer solutions to the pinacol, a single one electron wave being observed. Now if a mechanism of the type set out in equations (1) to (4) were applicable, one would expect the product of step (2) (i.e. the radical RH.) to be reduced further immediately, and pinacol formation could then not take place. The results with solutions in dimethylformamide strongly suggest that in aqueous solutions of low pH the ketone is protonated before reduction and the half-wave potential of the protonated complex has been shifted to a more positive potential than that of the radical RH.; the latter is therefore free to dimerize, thus:

$$H^+ + \Phi_2CO \rightleftarrows [\Phi_2COH]^+ \tag{9}$$

$$[\Phi_2COH]^+ + e^- \rightleftarrows \Phi_2\dot{C}{-}OH \tag{10}$$

$$2\Phi_2\dot{C}{-}OH \rightarrow (\Phi_2COH)_2\,. \tag{11}$$

In solutions of higher pH the mechanism reverts to reactions (1) to (4), the protonating agent in strongly alkaline solutions perhaps being the water molecule rather than the hydrogen ion.

The above account of the behaviour of benzophenone in aqueous buffers is admittedly somewhat speculative, but it does show that the behaviour is not necessarily inconsistent with generalizations about reaction mechanisms based on quantum mechanical calculations and the study of reactions is dimethylformamide. It appears that prior protonation in strong acid conditions may be more common than supposed hitherto, and provided protonation is rapid, the wave need not have kinetic characteristics.

There is another aspect of the behaviour of benzophenone with acids in dimethylformamide that merits attention. A concentration of benzoic acid of 2 mM is sufficient to develop fully the new wave and make the original waves completely disappear in a 1 mM solution of benzophenone. The ketone is a very weak base and it is remarkable that it should hydrogen-bond sufficiently with so small a proportion of the weak acid; indeed no ketone-acid hydrogen bonding could be detected spectroscopically [4]. The possibility suggested itself that the acid might have a considerably greater proton-donating power as a result of polarization in the large potential gradients (10^6-10^7 V cm^{-1}) existing in the electrical double layer.* Hoijtink has shown that polarization in the potential gradient could determine the positions at which protons add to the dinegative ions formed by reduction of aromatic hydrocarbons [7]. Similarly Grabowski and Kemula [8] have shown that the dipole induced by the field in the double layer could increase the pK of p-aminobenzaldehydes by many units and direct protonation to the carbonyl group rather than the amino.

In no case has the influence of these polarization effects been positively demonstrated, but the possibility that they could influence reaction mechanisms has been established. Moreover, if the influence is real, it may be important in many more cases than the few cited above, in fact any reaction in which highly polarizable molecules, such as those of organic substances containing extensive conjugated systems, are involved.

It was noted above that the calculations of the relative electron affinities of a radical RH. and its parent molecule R, due to Hoijtink et al. [1], referred to the case where R is

* The author is indebted to Dr. Grabowski for pointing out that the same effect would increase the basic strength of the ketone.

an alternant hydrocarbon. The energy required to place an electron in the lowest unoccupied orbital of an aromatic molecule can be measured by the root of the molecular orbital secular equation corresponding to that orbital. For alternant hydrocarbons the roots occur in pairs and have the form $E \pm \alpha \beta$, where β is the resonance integral and α can have up to n different values, where $2n$ is the number of π electrons in the system; the occupied levels correspond to the positive values of α, and the unoccupied to the negative values. Hence the energy of the lowest unoccupied level will always be measured by a finite and negative value of α. Odd alternant hydrocarbons (that is, free radicals) will have an odd number of orbitals, the unoccupied and fully occupied levels lying symmetrically on the energy scale above and below a single orbital containing the unpaired electron and having $\alpha = 0$; if an electron is added it will enter this single orbital. It follows that the energy required to place an electron in the lowest unoccupied level of an alternant hydrocarbon, R, must always be greater than that required to perform the same operation on the corresponding radical, RH.; that is, the radical will have a less negative potential than the parent hydrocarbon. This is the basis of the generalization of Hoijtink et al.

Non-alternant hydrocarbons and oxygenated derivatives of alternant hydrocarbons are alike in that the roots of their secular equations in general do not occur in pairs, $E \pm \alpha \beta$, and the lowest unoccupied orbital may have a positive value of α. The figures below for the highest occupied and lowest unoccupied orbitals of two substances illustrate this.

Energy levels of:	azulene	anthraquinone	
	−0.7374	−0.5220	unoccupied
	−0.4006	+0.2232	
	+0.4771	+1.0000	occupied
	+0.8870	+1.0000	
Source:	Pariser [9]	Guha [10]	

The root corresponding to the incompletely filled orbital of free radicals, RH., derived from these two classes of compounds do not in general have $\alpha = 0$ or indeed any common value. It appears therefore that no general statement can be made in these cases about the relative electron affinities of the molecule R and its radical RH.. However, it appears that the simpler derivatives of an alternant hydrocarbon do have similar structural characteristics from a theoretical point of view to the hydrocarbons themselves; hence it is a reasonable guess that the relative electron affinities of R and its RH. will be similar, and so far as experimental data are available this does indeed appear to be the case. On the other hand non-alternant hydrocarbons have quite different theoretical characteristics, and no prediction can be made. It has been found [6] that when phenol or acetic acid is added to a solution of azulene in dimethylformamide the first wave is not changed in height or half-wave potential. Either the rate of protonation of the mononegative ions is unusually slow under these conditions, or if protonation does occur, the radical RH. does not have a higher electron affinity than R. This illustrates another aspect of the generalized mechanism that requires further attention.

It is perhaps worth mentioning that a few substances have been found that give a single two-electron wave in dimethylformamide even in the absence ot added proton donor; these are pyridine, quinoline [3], styrene [11] and diacetylene [12]. Evidently here the mononegative ions are so basic that the solvent can act as an efficient proton donor in reactions (2) and (4). Unfortunately suitable solvents of lower proton availability are likely to be also of lower dielectric constant, so that cell resistances will be higher. However, the output impedance of the source of the scan potential in the polarograph designed by Kelley and Fisher [13] is so low that satisfactory polarograms can be obtained even when the cell resistance is very high. Dr. Guha has already observed, using this type of polarograph in the author's laboratory, that benzophenone gives a normal polarogram in pyridine (dielectric constant = 12.3).

The above discussion has been concerned with the addition reactions of unsaturated systems, that is, with reactions of the general type

$$\text{Ox.} + ne^- + nH^+ = \text{Red.}$$

Available evidence does not contradict the following general propositions concerning the mechanism of such reactions, irrespective of medium:

1. Electrons are added singly in steps and the addition is commonly reversible.
2. The addition of hydrogen is a succeeding reaction (or in certain circumstances partly precedes electron addition); the addition of electrons and protons is never simultaneous.
3. The rate of protonation of the mononegative ion is crucial in determining the kind of polarographic behaviour observed.
4. A radical RH. is reducible at a less negative potential than the molecule R, provided that R is an alternant hydrocarbon or a simple substituted derivative thereof, and that conditions are not strongly acid.
5. Not more than two electrons can be added to an unsaturated system until the charges have been neutralized by proton addition (this principle may not hold in very large molecules, particularly if there are a number of unsaturated systems well separated by alkyl chains).

In many cases these principles are sufficient to define the mechanism. However it is submitted that they should also hold in aqueous and non-aqueous systems even when the situation is complicated by prior protonation of the reducible molecule, keto-enol changes, adsorption, etc (except that the third and fourth principles may become irrelevant). They are offered as a useful guide in the elucidation of the details of mechanisms, and should be borne in mind in the interpretation of stoichiometric equations representing the net result of the reactions associated with a wave.

There are of course a number of reductions of organic compounds other than those covered by the previous discussion, to which only the first two general propositions can apply. These include, for example, the reduction of halides to hydrocarbon and hydrogen halide, and the hydrogenolysis of carbon-oxygen bonds in certain aromatic compounds, such as anthraquinone, 9,10-diacetoxy-anthracene and xanthydrol [14]. The mechanism of this last reaction is not known; it may be another case where the polarization of bonds in the potential gradient of the electrical double layer is important.

References

[1] Hoijtink, G. J., van Schooten, J., Rec. trav. chim. **71**, 1089 (1952); Hoijtink, G. J., van Schooten, J., de Boer, F., Aalbersberg, W. Ij., ibid. **73**, 355 (1954).

[2] Aten, A. C., Büthker, C., Hoijtink, G. J., Trans. Farad. Soc. **55**, 324 (1959); Aten, A. C., Hoijtink, G. J., Advances in Polarography, edited Longmuir, I. S., Pergamon Press, London (1960) p. 777.

[3] Given, P. H., Peover, M. E., Schoen, Jean M., J. Chem. Soc. [London] 2674 (1958), Given, P. H., ibid., 2684 (1958).

[4] Given, P. H., Peover, M. E., J. Chem. Soc. [London] 385 (1960).

[5] Büthker, C., paper D–13 presented to this Symposium.

[6] Given, P. H., Peover, M. E., Coll. Czechoslov. Chem. Commun. **25**, 3195 (1960).

[7] Hoijtink, G. J., Rec. trav. chim. **76**, 869 (1957).

[8] Grabowski, Z., Kemula, W., paper D–4 presented to this Symposium.

[9] Pariser, R., J. Chem. Phys. **25**, 1112 (1956).

[10] Basu, S., Guha, S., personal communication.

[11] Wawzonek, S., Blaha, E. W., Berkey, R., Runner, M. E., Electrochem. Soc. **102**, 235 (1955).

[12] Desai, N., Given, P. H., Revol, L., unpublished observations, 1962.

[13] Kelley, M. I., Fisher, D. F., Cooke, W. D., Jones, H. C., Advances in Polarography, edited Longmuir, I. S., Pergamon Press, London 1960, p. 158.

[14] Given, P. H., Peover, M. E., Nature **181**, 1001 (1958).

D—19

Definition der nichtisothermen Standardspannung einer einzelnen Elektrode[1]

G. MILAZZO

Istituto Superiore di Sanita, Rom

Die Elektrodenspannung, die normalerweise in der physikalischen Chemie benutzt wird, ist die auf die H_2-Standard-Elektrode bezogene sogenannte relative elektrische Spannung, d. h. die elektrische Spannung des folgenden Elementes

$$\overset{1}{\mathrm{Me}} \,/\, \overset{2}{\mathrm{Me}^{z+}} \,//\, \overset{3}{\mathrm{H}^+ (a = 1)} \,/\, \overset{4}{\mathrm{Pt} - \mathrm{H}_2} \,/\, \overset{1'}{\mathrm{Me}} \tag{1}$$

Ist $a_{\mathrm{Me}^{z+}} = 1$, so ist die elektrische Spannung des Elementes (1) die Standard-Spannung der Elektrode $\mathrm{Me}/\mathrm{Me}^{z+}$. Diese Definition ist bei jeder Temperatur gültig.

Auf Grund der obigen relativen elektrischen Spannung ist es möglich, die thermodynamischen Größen der gesamten Zellreaktion auszurechnen. Das Studium der Temperaturabhängigkeit dieser elektrischen Spannung genügt aber nicht, um Aussagen über die getrennten Elektrodenvorgänge zu erhalten, die die gesamte Zellreaktion bilden, weil die gesamte Spannungsänderung definitionsgemäß der gerade zu prüfenden Elektrode zugeschrieben wird. Auf diese Weise wird auch die Änderung der absoluten elektrischen Spannung der H_2-Elektrode der anderen Elektrode zugeschrieben, so daß es schließlich unmöglich wird, die wahre Spannungsänderung der einzelnen Elektroden und die damit verbundene Temperaturabhängigkeit der thermodynamischen Größen der getrennten Elektrodenreaktion zu erfassen.

Es gibt aber eine Möglichkeit, diese Größen zu ermitteln. Die relative elektrische Standard-Spannung bei 25 °C (= 298 °K)* $U_{0,\mathrm{Me}}^{298,\,isoth.}$ einer einzelnen Elektrode ist definitionsgemäß, wie gesagt, gleich der gesamten elektrischen Spannung einer isothermen Zelle vom Typ 1, die ihrerseits von der algebraischen Summe aller einzelnen elektrischen absoluten Spannungen** dargestellt wird, d. h.

$$U_{0,\mathrm{Me}}^{298,\,isoth.} = U_{0,\mathrm{Me}}^{298,\,abs.} - U_{0,\mathrm{H}}^{298\,abs.} + (\varphi_{\mathrm{Pt-H}} - \varphi_{\mathrm{Me}})^{298}\,. \tag{2}$$

Eine ähnliche Gleichung kann für eine andere gleichgebaute isotherme Zelle bei der Temperatur $T \neq 298$ °K geschrieben werden.

$$U_{0,\mathrm{Me}}^{T,\,isoth} = U_{0,\mathrm{Me}}^{T,\,abs} - U_{0,\mathrm{H}}^{T,\,abs} + (\varphi_{\mathrm{Pt-H}} - \varphi_{\mathrm{Me}})^{T}\,. \tag{3}$$

Durch Differenzbildung und Umformung ergibt sich aus (2) und (3):

$$\Delta U_{0,\mathrm{Me}}^{abs.} = \Delta U_{0,\mathrm{Me}}^{iso} + \Delta U_{0,\mathrm{H}}^{abs.} - \Delta(\varphi_{\mathrm{Pt-H}} - \varphi_{\mathrm{Me}})\,. \tag{4}$$

[1] Gekürzte Fassung des gleichnamigen Vortrages, gehalten in Jena anläßlich des Polarographischen Symposiums am 15. 9. 62. Für detailliertere Ausführungen s. MILAZZO, G., DEFAY, R., J. Electroanal. Chem. **2**, 419 (1962); dort frühere Literatur.

* Der Kürze halber wird im folgenden die Temperatur von 25 °C als gleich 298 °K unter Vernachlässigung der Dezimalen gleichgesetzt.

** Als absolute Spannung U^{abs} zwischen zwei verschiedenen Phasen 1 und 2 wird nach der CITCE-Nomenklatur die Differenz $({}^1\varphi - {}^2\varphi)$ zwischen den inneren elektrischen Potentialen der Phasen 1 und 2 im Zählsinn definiert.

Gleichung (4) beweist, daß es unmöglich ist, aus der Größe $\Delta U^{iso}_{0,\mathrm{Me}}$ die Temperaturänderung $\Delta U^{abs}_{0,\mathrm{Me}}$ der absoluten elektrischen Spannung und der damit verbundenen thermodynamischen Größen der Elektrodenreaktion einzelner Elektroden zu erfassen.

Es ist aber möglich, ein nichtisothermes galvanisches Element nach dem Schema (5) zusammenzustellen:

$$\begin{array}{ccccc} 1 & 2 & 3 & 4 & 5 \\ \mathrm{Pt} \ldots\ldots & \multicolumn{2}{c}{\underbrace{\mathrm{Pt} - \mathrm{H_2/H^+\,A^-}}_{}} \ldots\ldots & \multicolumn{2}{c}{\underbrace{\mathrm{H^+\,A^-/Pt - H_2}}_{}} \\ 298\ {}^\circ\mathrm{K} & & T & & 298\ {}^\circ\mathrm{K} \end{array} \tag{5}$$

und eine nicht isotherme elektrische Standard-Spannung einer Elektrode folgendermaßen operativ zu definieren. Als nichtisotherme elektrische Standard-Spannung $U^{T,n.i.}_{0,\mathrm{Me}}$ einer Elektrode bei einer Temperatur $T \neq 298$ °K, auf die H_2-Standard-Elektrode bei 298 °K bezogen, wird seine isotherme elektrische Standard-Spannung (Gleichung (3)) bei dieser Temperatur minus der Differenz $\Delta(\varphi_{\mathrm{Pt-H}} - \varphi_{\mathrm{Me}})$ zwischen den intermetallischen Galvanispannungen bei T und 298 °K, plus der Differenz $\Delta U^{abs}_{0,\mathrm{H}}$ zwischen den absoluten elektrischen Spannungen der H_2-Elektrode bei denselben Temperaturen definiert.

$$U^{T,n.i.}_{0,\mathrm{Me}} = U^{T,isoth.}_{0,\mathrm{Me}} - \Delta(\varphi_{\mathrm{Pt-H}} - \varphi_{\mathrm{Me}}) + \Delta U^{abs}_{0,\mathrm{H}} \tag{6}$$

Gleichung (3) kann folgendermaßen umgeschrieben:

$$U^{T,isoth.}_{0,\mathrm{Me}} = U^{T,abs}_{0,\mathrm{Me}} - (U^{298,abs}_{0,\mathrm{H}} + \Delta U^{abs}_{0,\mathrm{H}}) - (\varphi_{\mathrm{Pt-H}} - \varphi_{\mathrm{Me}})^T$$

und in (6) eingesetzt werden, so daß schließlich Gleichung (7) entsteht:

$$U^{T,n.i.}_{0,\mathrm{Me}} = U^{T,abs}_{0,\mathrm{Me}} - U^{298,abs}_{0,\mathrm{H}} + (\varphi_{\mathrm{Pt-H}} - \varphi_{\mathrm{Me}})^{298}. \tag{7}$$

Aus dem Vergleich von (7) mit (2) ergibt sich, daß Gl. (7) als eine Verallgemeinerung von (2) betrachtet werden kann und die nichtisotherme elektrische Standard-Spannung als die Erweiterung des Begriffes „Standard-Elektroden-Spannung" in dem Fall, daß die Elektrode $\mathrm{Me/Me^{z+}}$ mit der H_2-Standard-Elektrode bei 298 °K verglichen wird.

Weiter ist die Ableitung von (7) nach der Temperatur, d. h. der Temperaturkoeffizient der absoluten elektrischen Spannung, dem Temperaturkoeffizienten der oben definierten nichtisothermen elektrischen Spannung gleich, weil die zwei letzten Terme von (7) von der Temperatur unabhängig sind, d. h.

$$\frac{\mathrm{d}}{\mathrm{d}T} U^{T,n.i.}_{0,\mathrm{Me}} = \frac{\mathrm{d}}{\mathrm{d}T} U^{T,abs}_{0,\mathrm{Me}}. \tag{8}$$

Aus Gleichung (8) ist ohne weiteres ersichtlich, daß gerade dieser Temperaturkoeffizient eine tiefere Einsicht in die Temperaturabhängigkeit der Vorgänge an den einzelnen Elektroden ermöglicht, ohne von den Vorgängen an der Vergleichselektrode gestört zu werden.

In Gleichung (6) ist $U^{T,isoth.}$ auf Grund von Messungen an einer isothermen Zelle in üblicher Weise direkt meßbar; $\Delta(\varphi_{\mathrm{Pt-H}} - \varphi_{\mathrm{Me}})$ kann man auf Grund des Peltier-Effektes bei verschiedenen Temperaturen angeben [1], $\Delta U^{abs}_{0,\mathrm{H}}$ kann folgendermaßen gewonnen werden.

Die Zelle (5) wird von zwei H_2-Elektroden bei den Temperaturen T bzw. 298 °K und mit der gleichen Molarität (so gewählt, damit in der Elektrode bei 298 °K (Phase 4) $a_{\mathrm{H^+}} = 1$ sei) gebildet. Diese Zelle ist wegen des Vorhandenseins von zwei Temperaturgradienten (zwischen 1—2 und zwischen 3—4) offensichtlich nicht im Gleichgewicht.

Man muß daher alle Messungen auf die Anfangszeit beziehen, bevor die Gleichheit der Molarität in 3 und 4 infolge der Thermodiffusion (Soret-Effekt) zerstört sein wird. Die nicht isotherme elektrische Anfangsspannung der Zelle (5) wird durch die folgende Gleichung (9) wiedergegeben, in der die einzelnen Spannungsbeträge getrennt werden

$$U^{n.i.} = U_{hom\,\mathrm{Pt}} + U^{T,abs}_{0,\mathrm{H}} + \frac{RT}{F} \ln a^T_{\mathrm{H^+}} + U_{hom\,\mathrm{AH}} - \left(U^{298,abs}_{0,\mathrm{H}} + \frac{R\,298}{F} \ln a^{298}_{\mathrm{H^+}}\right), \tag{9}$$

wobei $U_{hom\,Pt}$ die innerhalb des Pt-Drahtes unter der Einwirkung des Temperaturgradienten entwickelte Spannung und $U_{hom\,AH}$ die im Elektrolyten unter dem umgekehrten Temperaturgradienten entwickelte Spannung darstellen.

Der gesuchte Term $\Delta U^{abs}_{0,H}$ ist durch Gleichung (10) gegeben

$$\Delta U^{abs}_{0,H} = U^{T,abs}_{0,H} - U^{298,abs}_{0,H}\,. \tag{10}$$

Im Linearitätsgebiet wird dieser Term durch Multiplikation des Temperaturkoeffizienten $\mathrm{d}U^{abs}_{0,H}/\mathrm{d}T$ mit der Temperaturdifferenz ΔT erhalten. Der Temperaturkoeffizient der elektrischen Spannung der Zelle (5) bei 298 °K ist definitionsgemäß durch die Grenze des Verhältnisses

$$\left(\frac{U^{n.i.}}{T - 298}\right)_{T \to 298}$$

gegeben, d. h. durch die Ableitung von (9) nach der Temperatur

$$\frac{\mathrm{d}U^{n.i.}}{\mathrm{d}T} = \frac{\mathrm{d}U_{hom\,Pt}}{\mathrm{d}T} + \frac{\mathrm{d}U^{T,abs}_{0,H}}{\mathrm{d}T} + \frac{R\,T}{F}\left(\frac{\mathrm{d}\ln a_{H^+}}{\mathrm{d}T}\right)_m + \frac{R\,T}{F}\ln a_{H^+}$$
$$- \frac{R\,T}{F}\sum_j \frac{t_j}{z_j}\frac{\partial \ln a_j}{\partial m}\frac{\mathrm{d}m}{\mathrm{d}T} - \sum_j \frac{t_j}{z_j}\frac{Q_j}{F\,T}, \tag{11}$$

wobei die zwei letzten Terme zusammen den Temperaturkoeffizienten von $U_{hom\,AH}$ darstellen, d. h. seine Ableitung nach der Temperatur nicht im strengen mathematischen Sinn, sondern unter Berücksichtigung der physikalischen Vorgänge. Der Term mit $\frac{\mathrm{d}m}{\mathrm{d}T}$ wird nur der Vollständigkeit halber geschrieben, da er gleich Null gesetzt wird, weil die Messungen ausdrücklich auf die Anfangszeit bezogen werden, in der die Molarität m überall die gleiche und daher $(\mathrm{d}m/\mathrm{d}T) = 0$ ist.

Nach Weglassen dieses Termes und Umordnung erhält man

$$\frac{\mathrm{d}U^{T,abs}_{0,H}}{\mathrm{d}T} = \frac{\mathrm{d}U^{n.i.}}{\mathrm{d}T} - \frac{R\,T}{F}\left(\frac{\mathrm{d}\ln a_{H^+}}{\mathrm{d}T}\right) - \frac{R\,T}{F}\ln a_{H^+} - \frac{\mathrm{d}U_{hom\,Pt}}{\mathrm{d}T} + \sum_i \frac{t_j}{z_j}\frac{O_j}{F\,T}\,. \tag{12}$$

Auf der rechten Seite der Gleichung (12) ist der erste Term direkt meßbar; der zweite und dritte können z. B. durch Anwendung der Debye-Hückel-Theorie berechnet werden[1]; der vierte Term gibt die thermoelektrische homogene Spannung des Pt (Thomson-Effekt) wieder, er wird wahrscheinlich sehr klein ausfallen [1] und kann auf Grund der Zahlenwerte der Thomson-Koeffizienten größenordnungsmäßig auf einige μV/grd geschätzt werden.

Es bleibt der letzte Term mit den Überführungswärmen, dessen Wert folgendermaßen ermittelt werden kann.

Im Falle eines 1-1-wertigen Elektrolyts ($z_+ = 1$; $z_- = -1$) erhält man

$$\frac{1}{F\,T}(t_+ Q_+ - t_- Q_-) = \frac{1}{F\,T}[t_+ (Q_+ + Q_-) - Q_-]\,, \tag{13}$$

wobei die Bedingung $t_+ + t_- = 1$ berücksichtigt worden ist. Die Summe $Q_+ + Q_- = Q_{tot}$ läßt sich aus direkten (nicht elektrochemischen) Messungen des Soret-Effektes berechnen [2]. Diese Überführungswärmen liegen in der Größenordnung von 100 bis 1000 cal/mol, sie sind besser für Salze als für Säuren oder Basen bekannt und man kann ohne weiteres annehmen, daß im Falle neutraler Salze mit Ionen der gleichen Wertigkeit und ähnlicher Größe (so daß $t_+ \cong t_-$ ist) $Q_+ \cong Q_-$ beträgt. Es ist daher vorzuziehen, $\mathrm{d}U^{abs}_{0,H}/\mathrm{d}T$ nicht direkt auf Grund von Messungen mit der Zelle [5] zu bestimmen, sondern indirekt auf Grund

[1] Das Problem der Aktivitäten einzelner Ionengattungen ist hier das gleiche wie in der isothermen Elektrochemie. Die Ermittlung dieser Größen ist wie dort normalerweise mit Extrapolationsmethoden verbunden.

von Messungen mit einer geeigneteren Zelle unter nachträglicher Verwendung ausgewählter Elektrodenkombinationen.

Ein dafür sehr gut geeignetes galvanisches Element ist

$$\underset{298\ ^\circ\mathrm{K}}{\mathrm{Ag}} \ldots\ldots \underbrace{\mathrm{Ag/AgCl/KCl}}_{\mathrm{T}} \ldots\ldots \underbrace{\mathrm{KCl/AgCl/Ag}}_{298\ ^\circ\mathrm{K}}, \tag{14}$$

in dem der Temperaturgradient in einer KCl-Lösung liegt. Die Größenordnung der elektrischen Spannung, die sich auf Grund des obengenannten Temperaturgradienten gebildet hat, ergibt sich aus der Berechnung seiner oberen Grenze. Für eine 1-m-KCl-Lösung bei 25 °C ist $Q_{tot} = 111$ cal/mol $= 464$ joule/mol [3] und $t_+ = 0{,}49$. Daher ist

$$\frac{\mathrm{d}U_{hom\,\mathrm{KCl}}}{\mathrm{d}T} = \frac{1}{F\,T}\,(0{,}49 \cdot 464 \text{ joule/mol} - Q_-)\,.$$

Die obengenannte obere Grenze $\mathrm{d}U_{hom\,\mathrm{KCl}}/\mathrm{d}T$ ergibt sich dann unter der hypothetischen Bedingung, daß $Q_- = 0$ wird, und in diesem Fall erhält man den Wert 7,9 μV/grd. Offensichtlich ist der wahre Wert bedeutend kleiner, weil Q_- nicht Null und wahrscheinlich von derselben Größenordnung wie Q_+ ist, so daß er auf etwa 10^{-7} μV/grd geschätzt werden kann. Bonnemay [4] hat auf ganz anderem Weg gerade einen Wert von etwa 10^{-7} μV/grd berechnet. Das heißt also, die Beträge der homogenen Spannungen im Metall und in mindestens einigen ausgewählten elektrolytischen Lösungen mit Temperaturgradienten sind beide sehr klein, vielleicht vernachlässigbar und liegen wahrscheinlich heute noch außerhalb der Grenzen der Meßbarkeit. In der Tat berechnen de Béthune, Licht und Swendeman [5] aus der Reaktionsentropie der Elektrodenreaktion für $\mathrm{d}U^{n.\,i.}/\mathrm{d}T$ einer Ag/AgCl/KCl-Elektrode (KCl 1 m) unter Vernachlässigung beider obengenannter Homogenspannungen sowie auch von $\Delta(\varphi_{\mathrm{Ag}} - \varphi_{\mathrm{Pt}})/\Delta T$ den Wert 235 μV/grd, während experimentell der Wert 240 μV/grd gefunden worden ist. Aus diesem experimentellen Wert und aus den Werten der Aktivitätskoeffizienten und deren Temperatur-Abhängigkeit ergibt sich für die Elektrode $\mathrm{Ag/AgCl/Cl^-}$ der Wert von 214 V/grd für den Temperaturkoeffizient seiner absoluten Spannung $\mathrm{d}U^{abs}_{0\,\mathrm{Ag/AgCl}}/\mathrm{d}T$.

Durch Verwendung von Gleichung (4) erhält man von diesem Wert des isothermen Temperaturkoeffizienten der $\mathrm{Ag/AgCl/Cl^-}$-Elektrode und der Änderung der intermetallischen Galvanispannung ohne Schwierigkeit den Temperaturkoeffizienten der absoluten Spannung der H_2-Standard-Elektrode.

Aus diesen Berechnungen und aus direkten Messungen ergeben sich Werte in der Literatur zwischen +872 und +913 μV/grd, was hier nur als Hinweis, nicht aber als exakte Werte angegeben wird.

Außer dem schon erwähnten Vorteil, die wahre Temperaturabhängigkeit der thermodynamischen Größen der Elektrodenreaktionen zu erfassen, bietet die Verwendung der nicht isothermen Temperaturkoeffizienten, d. h. die Verwendung der nicht isothermen Standardspannungen, auch den Vorteil einer bedeutenden Vereinfachung der Zahlentabellen, weil es genügen würde, in diesen Tabellen die Standardspannungen bei 25 °C, die nicht isothermen Temperaturkoeffizienten und die Temperaturkoeffizienten der intermetallischen Galvanispannungen gegen Pt aufzunehmen, um die Elektrodenspannung jeder Elektrode bei jeder Temperatur (auf die Spannung der H_2-Standard-Elektrode bei 25 °C bezogen) zu erhalten.

SUMMARY

A definition of the non isothermal standard electric tension is proposed, the temperature coefficient of which is equal to that of the absolute electric tension of the individual electrodes. Therefore it is possible to follow individually the temperature dependence of some electric and thermodynamic quantities of the electrode reactions, totally independently from the processes on the second electrode, coupled with the first one in the galvanic element.

The use of this non isothermal standard electric tension would enormously simplify the tables of numerical values.

Possibilities of the experimental determination of such non isothermal electric tension are discussed in detail.

Symbole

a	= Aktivität
F	= 96.500 Coulomb, 1 Faraday
m	= Molarität
Q	= Überführungswärme
R	= Gaskonstante
t_j	= Überführungszahl der Ionen j
T	= Absolute Temperatur
U_{hom}	= elektrische Spannung innerhalb einer homogenen Phase unter einem Temperaturgradienten
$U^{n.\,i.}$	= gesamte gemessene Spannung einer nicht isothermen galvanischen Zelle
$U_{0,\mathrm{H}}^{T,\,abs}$	= absolute Standardspannung der H_2-Elektrode bei $T \neq 298$ °K
$U_{0,\mathrm{Me}}^{T,\,abs}$	= absolute Standardspannung der $\mathrm{Me/Me}^{z+}$-Elektrode bei $T \neq 298$ °K
$U_{0,\mathrm{Me}}^{T,\,iso}$	= isotherme Standardspannung der $\mathrm{Me/Me}^{z+}$-Elektrode bei $T \neq 298$ °K
$U_{0,\mathrm{Me}}^{T,\,n.\,i.}$	= nichtisotherme Standardspannung der $\mathrm{Me/Me}^{z+}$-Elektrode
$U_{0,\mathrm{H}}^{298,\,abs}$	= absolute Standardspannung der H_2-Elektrode bei 298 °K
$U_{0,\mathrm{Me}}^{298,\,abs}$	= absolute Standardspannung der $\mathrm{Me/Me}^{z+}$-Elektrode bei 298 °K
$U_{0,\mathrm{Me}}^{298,\,iso}$	= Standardspannung der $\mathrm{Me/Me}^{z+}$-Elektrode bei 298 °K
z_j	= Wertigkeit der Ionen j
Δ	= Differenz
Σ	= Summe
φ	= inneres elektrisches Potential der entsprechenden Phase

Literatur

[1] Perucca, E., Fisica Generale e Sperimentale, IV. Aufl., UTET, Turin 1942, pp. 653–745.
Eucken, A., Lehrbuch der chemischen Physik, III. Aufl., Akadem. Verlagsges. Geest u. Portig, Leipzig 1949, Band II, Teil II, S. 1308–1310.
Wilson, H. A., Thermodynamical Theory of Thermoelectricity, in Encyclopaedia Britannica, London 1950, Band VIII, S. 207.
Lange, E., Hesse, Th., Z. Elektrochem., angew. Physik. Chem. **38**, 428 (1932).
Lange, E., Z. physik. Chem. **209**, 162 (1958).
Zahlenwerte in Landolt-Börnstein, Zahlenwerte und Funktionen. Springer Verlag, Berlin 1959, IV. Aufl., Band II, Teil VI, S. 983–984.

[2] Longsworth, I. G., Soret coefficients in electrolytes, in Hamer, W. J., Structure of electrolytic solutions. Wiley, New York 1959, S. 183.

[3] Ebenda, S. 194.

[4] Bonnemay, M., Proc. VI Meeting CITCE, Poitiers 1954, Butterworths, London 1955, S. 68.

[5] de Béthune, A. J., Licht, T. S., Swendeman, N., J. Electrochem. Soc. **106**, 616 (1956).

D—20

Untersuchung der Adsorption von Jod an Graphitelektroden

R. Landsberg, R. Nitzsche und W. Geissler

Technische Hochschule für Chemie Leuna-Merseburg, Institut für physikalische Chemie

Bei der galvanostatischen Reduktion von Trijodid und Jod an Graphitelektroden mit Azobenzol als Kittsubstanz fanden wir, daß die gemessenen Transitionszeiten durch Adsorptionseffekte länger waren als die nach der *Sand*schen Gleichung zu erwartenden diffusionsbedingten Transitionszeiten.

Die galvanostatische oder chronopotentiometrische Methode beruht darauf, daß ein konstanter Strom durch die Meßelektrode geschickt wird. Das Potential der Meßelektrode wird gegen eine Bezugselektrode gemessen und registriert. Nach der „Transitionszeit" erfolgt ein Potentialsprung, der die Erschöpfung des beim Elektrodenprozeß verbrauchten Stoffes an der Elektrodenoberfläche anzeigt. Für diffusionsbedingte Prozesse gilt die Sandsche Gleichung $i \cdot \tau^{1/2} = \text{const} \cdot C_0$. Abweichungen vom diffusionsbedingten Verhalten können verursacht sein durch Reaktionshemmung und Oberflächeneffekte.

Lorenz [1] untersuchte die Adsorption von Trijodid an platinierten Platinelektroden galvanostatisch. Er entwickelte Modellvorstellungen über die galvanostatische Entladung der reduzierbaren oder der oxydierbaren Substanz, wenn diese Substanz an der Elektrode adsorbiert wird. Bis zur Transitionszeit setzt sich der Strom aus einem adsorptionsbedingten und einem diffusionsbedingten Anteil zusammen. Aus der zeitlichen Stromverteilung, die unter gewissen Bedingungen angenähert vorliegen kann, entwickelte Lorenz seine Modellvorstellungen. Er nahm an:

1. Die Adsorptionsschicht entlädt sich zu Beginn der Transitionszeit.
2. Die Adsorptionsschicht entlädt sich zu Ende der Transitionszeit.
3. Die Adsorptionsschicht liefert während der Transitionszeit einen konstanten Beitrag zum fließenden Strom.

Eine exakte Behandlung des Problems setzt die Kenntnis der Adsorptionsisotherme und der Adsorptionskinetik voraus. Kriterium für die Gültigkeit eines der Mechanismen soll nach Lorenz [1] die Abhängigkeit $p - 1 = f(\tau^{-1/2})$ mit $p = i\,\tau^{1/2}/i\,\tau_{\text{Diff}}^{1/2}$ oder, anders ausgedrückt, die Stromdichteabhängigkeit der Transitionszeit sein, was sich beweisen läßt, wenn eines der Modelle den Entladungsvorgang angenähert wiedergibt. Aus den drei Modellvorstellungen leitete Lorenz [1] drei Näherungsformeln zur numerischen Bestimmung der adsorbierten Menge A_0 unter Voraussetzung der Kenntnis des Diffusionskoeffizienten ab. Wir formten diese Gleichungen um, so daß eine graphische Auswertung der Ergebnisse gleichzeitig die Ermittlung der adsorbierten Menge und des Diffusionskoeffizienten ermöglicht.

Nach diesen einführenden Darstellungen wollen wir jetzt über unsere Versuche berichten. Unsere Experimente wurden mit Azobenzol-Graphitelektroden [2] verschiedener Zusammensetzung und einer Platinelektrode meist bei 20 °C ausgeführt. Als Gegenelektrode diente ein Platinblech, als Bezugselektrode eine gesättigte Kalomelelektrode. Die Ionenstärke der Lösungen war durch Leitsalzzusatz von KJ und KNO_3 stets 0,1.

Ergebnisse

Die galvanostatische Reduktion von Trijodidionen (Jod in 0,1 N KJ) an einer glatten Platinelektrode war im gemessenen Stromdichtebereich diffusionsbedingt und reversibel. Der Diffusionskoeffizient des Trijodidions bei 20° ergab sich zu $D = 1{,}06 \cdot 10^{-5}\ \text{cm}^2\ \text{sec.}^{-1}$.

Die Transitionszeiten der Trijodid- und Jodreduktion an Azobenzol-Graphitelektroden waren dagegen adsorptionsbedingt. Wir versuchten, diese Ergebnisse nach den Lorenzschen Modellvorstellungen auszuwerten. Die Stromdichteabhängigkeit der Transitionszeit entsprach der zweiten Näherungsformel. Es ergaben sich jedoch Widersprüche zwischen den ermittelten konzentrationsabhängigen adsorbierten Mengen und der benutzten 2. Näherungsformel, die nur im Sättigungsgebiet der Adsorptionsisotherme gelten sollte. Wir ermittelten nun die Diffusionskoeffizienten und die adsorbierten Mengen graphisch mit den drei modifizierten Näherungsformeln und fanden, daß die nach allen drei Näherungsformeln ermittelten formalen Werte für die Diffusionskoeffizienten erstens nicht dem gesuchten Diffusionskoeffizienten entsprachen und zweitens einen charakteristischen Gang mit der Jod und Jodidkonzentration zeigten (Abb. 1). Diese Werte, die wir als Transportkoeffizienten bezeichnen und ihre charakteristische Konzentrationsabhängigkeit führten uns zu dem Schluß, daß keine der drei Lorenzschen Modellvorstellungen den tatsächlichen Entladungsmechanismus angenähert richtig wiedergeben kann.

Weiterhin fanden wir, daß, wie zu erwarten war, nicht Trijodidionen sondern Jodmoleküle oder Jodatome am Graphit adsorbiert werden. Dieser Schluß folgte aus der galvanostatischen Oxydation von Jodid unter Jodzusatz, die keine Adsorptionseffekte zeigten und aus der

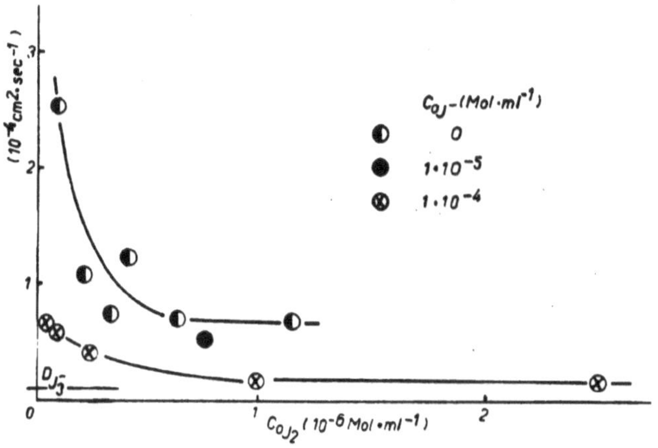

Abb. 1. Nach der ersten Näherungsformel ermittelte *Transportkoeffizienten* für die Trijodid- und Jodreduktion an 75:25 Azobenzol-Graphitelektroden bei 20 °C in Abhängigkeit von der analytischen Jod- und Jodidkonzentration der Lösung. Prinzipiell dieselbe Abhängigkeit ergibt sich auch bei der Auswertung nach den anderen Näherungsformeln

Konzentrationsabhängigkeit der adsorbierten Jodmengen, die eine eindeutige Funktion der Jodkonzentration im Jod–Jodid–Trijodidgleichgewicht ist. Mit Hilfe dieser Ergebnisse konnten wir nun folgenden Entladungsmechanismus vorschlagen.

An der Elektrode wird adsorbiertes Jod zu Jodid reduziert. Das gebildete Jodid reagiert mit adsorbiertem Jod zu Trijodid, das desorbiert wird. Das desorbierte Trijodid bewirkt natürlich eine Konzentrationserhöhung des Trijodids in Elektrodennähe. Wenn die Adsorptionsschicht weitgehend entleert ist, wird das Trijodid an der Elektrode entladen und diffundiert aus der Lösung an die Elektrode. Durch die erhöhte Trijodidkonzentration in Elektrodennähe kann die einfache Sandsche Gleichung, die mit den Konzentrationen im Lösungsinneren operiert, nicht gelten. Das führt dazu, daß die Stromdichteabhängigkeit der Transitionszeit der zweiten Näherungsformel entspricht, obwohl die zweite Näherungsformel unter diesen Bedingungen nicht gelten kann. Die zweite Näherungsformel setzt ja voraus, daß sich die Adsorptionsschicht erst am Ende der Transitionszeit entlädt, was angenähert nur im Sättigungsgebiet der Adsorptionsisotherme erfüllt sein kann.

Weiterhin führte dieser Mechanismus bei der Auswertung nach den drei Näherungsformeln zu den von uns als Transportkoeffizienten bezeichneten Größen. Diese Transportkoeffizienten dienten uns nur zum Verständnis des Elektrodenreaktionsmechanismus. In Abb. 2 wird eine schematische Darstellung des unter bestimmten Konzentrationsverhältnissen angenähert möglichen Konzentrationsverlaufes der Trijodidionen in Elektrodennähe gezeigt. Zu Beginn

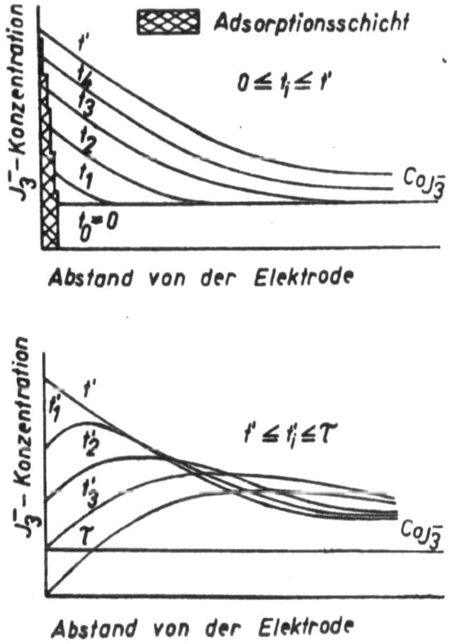

Abb. 2. Die bei dem angenommenen Mechanismus unter bestimmten Bedingungen während der Transitionszeit in Elektrodennähe möglichen Konzentrationsverhältnisse des Trijodidions (schematisch)

$Co_{J_3^-}$	Trijodidionenkonzentration der Ausgangslösung;
$0 \leq t_i \leq t'$:	Entladung der Adsorptionsschicht durch elektrochemische Reduktion und gleichzeitige Desorption;
$t' \leq t_i' \leq \tau$:	Entladung des aus der Lösung herandiffundierenden Trijodids bzw. Jods

der Transitionszeit steigt die Trijodidionenkonzentration in Elektrodennähe. Wenn die Adsorptionsschicht weitgehend entleert ist, sinkt die Trijodidionenkonzentration an der Elektrodenfläche bis zum Ende der Transitionszeit auf Null.

Eine quantitative Lösung des Problems setzt die Ermittlung der Konzentrationsverhältnisse von Jod, Jodid und Trijodid während der Transitionszeit und die genaue Kenntnis der Adsorptionskinetik voraus. Die quantitative Lösung ist uns noch nicht gelungen, deshalb

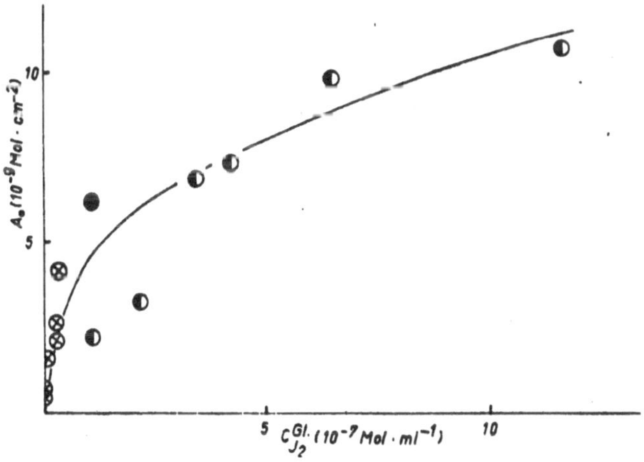

Abb. 3. Nach der ersten Näherungsformel ermittelte adsorbierte Mengen A_0 an 75:25 Azobenzol-Graphitelektroden bei 20 °C in Abhängigkeit von der Jodgleichgewichtskonzentration der Lösungen

$$C^{Gl}_{J_2} = 1{,}2 \cdot 10^{-6}\, C_{J_3^-}/C_{J^-}\ [\text{Mol/ml}]\,. \qquad [3]$$

Die $Co_{J_3^-}$- und Co_{J^-}-Konzentrationen entsprechen denen in Abb. 1

ermittelten wir die adsorbierten Mengen nach der ersten Lorenzschen Näherungsformel (Abb. 3). Die gezeigten Werte für die adsorbierten Mengen sind nicht genau. Es kann aber geschätzt werden, daß sie mindestens einem Drittel der tatsächlich im Gleichgewicht adsorbierten Mengen entsprechen, weil jedes aus der Adsorptionsschicht gebildete Jodidion zur Desorption von maximal zwei Jodatomen oder einem Jodmolekül führen kann. Die Kurve der adsorbierten Mengen in Abhängigkeit von der Gleichgewichtskonzentration im Jod-Jodid-Trijodidgleichgewicht gibt qualitativ die Adsorptionsisotherme des Jods am Graphit richtig wieder.

Weitere Ergebnisse, die aus Messungen mit Elektroden verschiedenen Graphitgehaltes gewonnen wurden, deuten auch darauf hin, daß der angeführte Mechanismus dem tatsächlichen Verhalten entspricht [4]. Als Beispiel sind in Abb. 4 die Transportkoeffizienten in Abhängigkeit von der Elektrodenzusammensetzung nach der ersten Näherungsformel aufgetragen. Sie werden mit steigendem Azobenzolgehalt der Elektroden kleiner und lassen sich bei 100% Azobenzol, wo keine Adsorptionseffekte vorliegen, auf den Diffusionskoeffizienten des Tri-

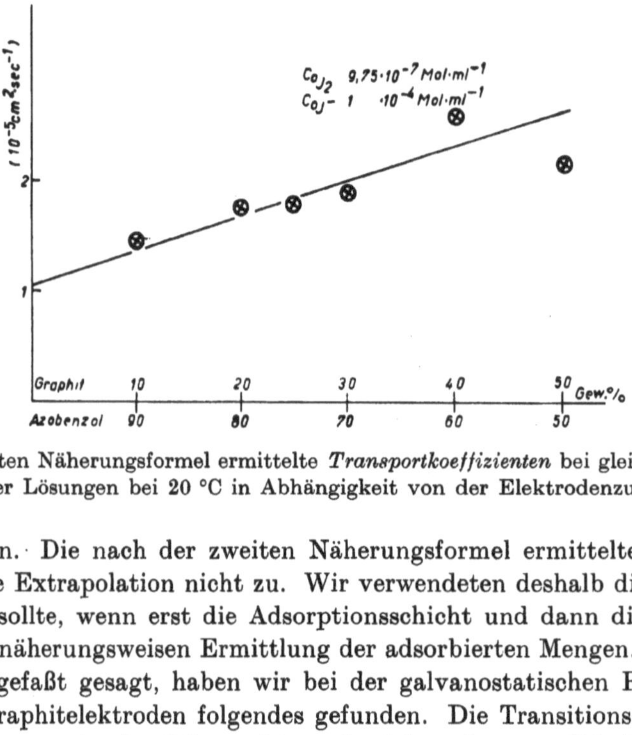

Abb. 4. Nach der ersten Näherungsformel ermittelte *Transportkoeffizienten* bei gleichen Konzentrationsverhältnissen der Lösungen bei 20 °C in Abhängigkeit von der Elektrodenzusammensetzung

jodids extrapolieren. Die nach der zweiten Näherungsformel ermittelten Transportkoeffizienten lassen diese Extrapolation nicht zu. Wir verwendeten deshalb die erste Näherungsformel, die gelten sollte, wenn erst die Adsorptionsschicht und dann die Diffusionsschicht entladen wird, zur näherungsweisen Ermittlung der adsorbierten Mengen.

Kurz zusammengefaßt gesagt, haben wir bei der galvanostatischen Reduktion von Jod und Trijodid an Graphitelektroden folgendes gefunden. Die Transitionszeiten sind adsorptionsbedingt. Eine quantitative Lösung ist noch nicht gelungen. Die Entleerung der Adsorptionsschicht erfolgt durch elektrochemische Reduktion des Jods zum Jodid und die dadurch verursachte Desorption des Jods als Trijodid. Wir fanden, daß Jodmoleküle oder Jodatome am Graphit adsorbiert werden. Die Adsorptionsisotherme des Jods am Graphit wurde qualitativ ermittelt.

SUMMARY

The adsorption of iodine on graphite was examined chronopotentiometrically with the aid of a smooth, reproducible graphite electrode containing varying amounts of azobenzene. Transition times showed that only iodine itself is adsorbed, for adsorption effects could be observed on reducing iodine, while they were absent when iodide was oxidized. The amount adsorbed also characteristically depends on the iodine concentration in the iodine-iodide-triiodide equilibrium. The diffusion coefficients calculated by means of an approximation due to LORENZ is too high, but gives the correct value for J_3^- on extrapolation to zero graphite content of the electrode. The following picture of the mechanism agrees with observations: On reduction adsorbed iodine is reduced, desorbed and J_3^- by combining with two more adsorbed iodine atoms. The triiodide concentration close to the electrode first rises before falling to zero thus causing a prolonged transition time. A rough determination of the amount of iodine adsorbed was possible.

Literatur

[1] LORENZ, W., Z. Elektrochemie, Ber. Bunsenges. physik. Chem. **59**, 730 (1955).
LORENZ, W., MÜHLBERG, R., Z. Elektrochemie **59**, 736 (1955).

[2] LANDSBERG, R., GEISSLER, W., Mitteilungsblatt d. chem. Gesellschaft d. DDR, Sonderheft 1960, S. 301, Analyt. Chemie.
LANDSBERG, R., GEISSLER, W., MÜLLER, S., Z. f. Chemie [Leipzig] **1**, 169 (1961).

[3] GMELIN, Weinheim/Berlin 1955, Bd. 8, S. 426.

[4] LANDSBERG, R., R. NITZSCHE, W. GEISSLER, Z. phys. Chemie [Leipzig] 222 (1963) 54.

D—21

Über eine polarographische Erfassung von Kohlendioxid[1]

G. Schöber

Institut für Anorganische und Allgemeine Chemie der Technischen Hochschule Wien

In wäßriger Lösung und bei Verwendung von Tetraäthylammoniumchlorid als Leitsalz erhielt Rysselberghe [1] nach Einleiten von CO_2 eine polarographische Welle bei —2,28 V gegen die gesättigte Kalomelelektrode, welche nach Ansicht des Autors durch Reduktion von Kohlendioxid hervorgerufen wird. Da jedoch beim Alkalisieren der Lösung diese Stufe verschwindet, vermutete von Stackelberg [2], daß es sich um eine H^+-Stufe der freien Kohlensäure handeln könnte. Zur Klärung der Frage, ob eine direkte Reduktion von CO_2 an der Tropfelektrode möglich ist, können nichtwäßrige Lösungsmittel beitragen, da hier die Bildung der freien Kohlensäure entweder unmöglich ist oder durch beliebige Wasserzusätze bequem verfolgt werden kann.

In einer Lösung von 0,1 m Tetraäthylammoniumperchlorat in sorgfältig entwässertem Dimethylsulfoxid ist Kohlendioxid ausgezeichnet löslich, und umgekehrt ist das Ausspülen aus der Grundlösung mittels Inertgas in sehr kurzer Zeit quantitativ möglich.

Es wurde bei der polarographischen Untersuchung eine gut ausgebildete Welle mit einem Halbwellenpotential von —2,24 V gegen Bodenquecksilber erhalten (Abb. 1). Der Grenz-

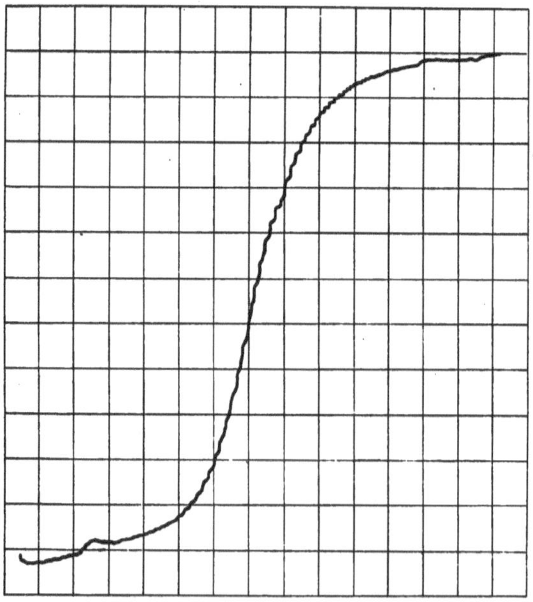

Abb. 1. 0,1 m $(C_2H_5)_4N \cdot ClO_4$ Dimethylsulfoxid; 0,03 ml CO_2 (bei 760 mm Hg-Säule und 21 °C)

[1] Erweiterte Fassung eines Teiles von [4].

strom erwies sich als durch Diffusion bedingt und war somit der Konzentration proportional. Wasserzusätze bis zu 20 Vol.-% verändern die Gestalt und Höhe der Kurve nicht, während der geringe Einfluß von Wasserzusätzen auf das Halbwellenpotential aus Tab. 1 zu ersehen ist.

Eine Reduktion der freien Kohlensäure, welche sich eventuell durch praktisch unvermeidbare Spuren von Wasser im Solvens gebildet haben könnte, ist auszuschließen, da die Wasserzusätze von besonderem Einfluß auf die Lage und Höhe der Welle namentlich bei höheren

Tabelle 1. Einfluß von Wasser auf das Halbwellenpotential des Kohlendioxids in wasserfreiem Dimethylsulfoxid

Vol.-% H_2O	$E_{1/2}$
0	−2,24 V
1	−2,25 V
5	−2,25 V
10	−2,29 V
20	−2,29 V

CO_2-Konzentrationen sein müßten. Die aus Tab. 1 hervorgehende geringe Beeinflussung des Halbwellenpotentials durch Wasserzusätze, ist außerdem auf die Änderung der Eigen-EMK des Bodenquecksilbers zurückzuführen, wie mit der Methode des Bezugsions [3] bestimmt wurde. Auch die Annahme, daß die durch Spuren von Wasser gebildete Kohlensäure eine Additionsverbindung $H_2CO_3 \cdot$ DMSO gäbe, welche schließlich reduziert wird, scheidet infolge des negativen Effektes von Wasserzusätzen aus. Aus dem polarographischen Verhalten auch anderer Gase in Dimethylsulfoxyd [4] ist vielmehr zu schließen, daß Kohlendioxid zu Oxalat reduziert wird:

$$2\,CO_2 + 2\,e^- \rightleftharpoons [C_2O_4]^{--}\,.$$

Eine derartige Auffassung würde mit der beobachteten 2-Elektronenreduktion im Einklang stehen.

SUMMARY

The proof is given for the polarographic reduction of CO_2 by using non-aqueous solutions (dimethylsulphoxide).

Literatur

[1] VAN RYSSELBERGHE, P., ALKIRE, G. J., J. Amer. Chem. Soc. 66, 1801 (1944).
[2] VON STACKELBERG, M., Polarographische Arbeitsmethoden. Walter de Gruyter, Berlin 1950.
[3] SCHÖBER, G., GUTMANN, V., Mh. Chem. 90, 897 (1959).
[4] DEHN, H., GUTMANN, V., KIRCH, H., SCHÖBER, G., Mh. Chem. 93, 1348 (1962).

Diskussionsbeiträge zur Sektion D:

Polarographische Grundlagenprobleme

D–1 **C. PÁRKÁNYI (Prag)**

Z. GRABOWSKI (Warschau): Welches ist die Neigung der Geraden, wenn man die beiden Koordinaten in gleichen Energieeinheiten ausdrückt? Im Falle, daß der reversible Elektronenübergang potentialbestimmend ist, kann sie gleich 1 sein. Wenn aber eine schnelle Reaktion folgt und das Reduktionspotential beeinflußt, kann die Neigung der eventuellen Geraden von diesem Wert abweichen.

C. PÁRKÁNYI: Es ist schwer, im Rahmen der angewandten theoretischen Methode diesen Vorschlag zu realisieren. Es wäre möglich mit Hilfe von Werten der SCF-MO-LCAO-Methode.

P. GIVEN (Pennsylvania): The half-wave potentials of BERGMAN are not entirely satisfactory for theoretical correlations because they were obtained in the proton-active solvent, ethyleneglycolmonomethylether; as a result the half-wave potentials will be affected by the rate constant of the protonation of the mononegative ions. The errors may be 0.02—0.05 volt.

C. PÁRKÁNYI: It is quite true that the half-wave potentials of BERGMAN are not the most satisfactory data for theoretical correlation. However, the set of BERGMAN's data is the most complete one in the literature. For this reason we used his half-wave potentials. I think that the errors of 0.02—0.05 V are not very significant in these correlations.

D–3 **G. TEDORADSE (Moskau)**

H. JEHRING (Berlin): Welche Ergebnisse zeigten Kapazitätsmessungen? Traten Pseudokapazitäten auf (Reduktion des organischen Depolarisators)?

G. TEDORADSE: Durch Kapazitätsmessungen kann man nur die Adsorption der Reaktionsprodukte bestimmen. Sofern die Reaktion nicht umkehrbar ist, wird keine Pseudokapazität beobachtet.

R. LANDSBERG (Leuna-Merseburg): An welche zwei Orientierungsmöglichkeiten haben Sie gedacht?

G. TEDORADSE: Im Falle des Chlorbenzols kann man zwei verschiedene Orientierungsmöglichkeiten annehmen: parallel zur Elektrodenoberfläche (Orientierung mit großer Adsorptionsenergie) und senkrecht dazu (kleine Adsorptionsenergie).

D–5 **J. KŮTA (Prag)**

B. BEHR (Warschau): Inwiefern sind die Vereinfachungen der Theorie zulässig?

J. KŮTA: Die Voraussetzung, daß die Geschwindigkeitskonstante der Elektrodenreaktion und das Potential ψ_1 linear vom Bedeckungsgrad abhängen, ist natürlich eine Vereinfachung, die jedoch ganz vernünftig und plausibel ist. Es handelt sich um ein analoges Modell, wie es schon von FRUMKIN (Z. physik. **35**, 792 (1926)) mit Erfolg zur Beschreibung der differentiellen Kapazität an einer teilweise bedeckten Elektrode herangezogen wurde. Die Berechtigung dieser Annahme beweist die gute Übereinstimmung der Experimente mit der Theorie, wie hier gezeigt wurde. Als ein anderer Beweis kann die ungewöhnliche Form der Stromzeitkurven der reduzierbaren Anionen in Anwesenheit von oberflächenaktiven Kationen angeführt werden [21], die von GOCHSTEIN [22] durch die Annahme der linearen Abhängigkeit des Potentials ψ_1 vom Bedeckungsgrad quantitativ erfaßt wurde.

Schließlich sei noch hinzugefügt, daß schon unter dieser vereinfachenden Annahme die Berechnung der Stromzeitkurven bzw. der mittleren Ströme nicht einfach ist. Es steht zu erwarten, daß die weiteren Versuche auch zur Vertiefung der Theorie führen können.

D – 6 **A. Tockstein (Pardubice)**

H. Berg (Jena): Ihre neuartige Methode zur Verfolgung von Reaktionen in Lösung erscheint mir als ein potentiometrischer Analogiefall zu unseren reaktionsbedingten Strömen.

A. Tockstein: Die von uns entwickelte Methode kann man in Analogie zu Ihrer Methode als die Messung des reaktionsbedingten Potentials bezeichnen. Noch besser, meiner Meinung nach, wäre die Bezeichnung „Ungleichgewichtspotentiometrie", da in diesem Namen die Grundlagen der Methode enthalten sind: Messung des Potentials im stromlosen Zustand, der aber kein chemisches Gleichgewicht vorstellt. Die sich abspielende chemische Reaktion ändert die Konzentrationen der einzelnen Redox-System-Komponenten, was sich durch Zeitverlauf des Elektrodenpotentials äußert. Um diesen Verlauf analysieren zu können, mußten wir als Grundprinzip eine bisher unbekannte Formel für das Elektrodenpotential ableiten, das sich an einer Platinelektrode in einer Ungleichgewichtsmischung von Redox-Systemen einstellt.

R. Landsberg: Der auf Grund des Mischpotentials an der Elektrodenoberfläche stattfindende Umsatz wird bei Ihren Überlegungen vernachlässigt?

A. Tockstein: Das ist eine Frage nach der Ursache und der Folge. Wir haben die Einstellung des Elektrodenpotentials in einer Ungleichgewichtsmischung von Redox-Systemen (d. h. das Mischpotential) eben als Folge des Stoffumsatzes angesehen und auf Grund dieser Vorstellung die zugehörige Formel abgeleitet, die man als Verallgemeinerung der Peterschen oder Nernstschen Formel betrachten kann.

Eine andere Frage ist die Möglichkeit der Reaktionsbeschleunigung an der Elektrodenoberfläche im Gegensatz zum Reaktionsablauf in der Lösung, also ein Fall, in dem die Elektrode als ein Katalysator wirkt. In diesem Falle wäre das ganze Problem noch durch die Diffusion zu und von der Elektrodenoberfläche kompliziert. Diesen Umstand haben wir dadurch vermieden, daß die Lösung gut gerührt wurde, so daß an der Elektrodenoberfläche die gleichen Konzentrationsverhältnisse wie in der Lösung vorkommen.

Z. Grabowski (Warschau): Ihre sehr interessante Arbeit greift tief in die Problematik der Einstellung der sogenannten Mischpotentiale während der chemischen Reaktion in der Lösung. In der chemischen Kinetik sind manche Arbeiten bekannt, die irrtümlich die Potential-Zeit-Abhängigkeit als eine ganz einfache Methode der Verfolgung der Reaktionen betrachteten.

Es scheint mir aber, daß die Metallelektrode, die man zur Messung des Potentials benutzt, selbst als Katalysator der Elektronenaustauschreaktionen dient und deshalb die Ergebnisse beeinflussen kann. Ist das nicht eine Gefahr in solchen Versuchen?

A. Tockstein: Die Möglichkeit, die Elektrode als Katalysator zu betrachten, habe ich schon in der Diskussion mit Herrn Prof. Landsberg erwähnt. Die Frage des Herrn Dr. Grabowski erfordert aber eine eingehendere Behandlung dieses Problems.

Als idealer Fall wäre anzunehmen, die Reaktionsgeschwindigkeit an der Elektrodenoberfläche sei dieselbe wie in der Lösung. Dann gäbe es keine Konzentrationsgradienten, keine Diffusion. Im umgekehrten Falle, wenn sich die Reaktionsgeschwindigkeiten an der Elektrodenoberfläche von denen in der Lösung unterscheiden, wird in jedem Punkt des Raumes die zeitliche Konzentrationsveränderung einer Reaktionskomponenten nicht nur durch die reaktionskinetische Differentialgleichung bestimmt, sondern zugleich durch die Diffusion.

Nehmen wir eine bimolekulare Redox-Reaktion an

$$A + Z^+ \underset{\overleftarrow{k}}{\overset{\overrightarrow{k}}{\rightleftarrows}} A^+ + Z\,,$$

so gilt

$$[A] = f(x, y, z, t)$$

$$\frac{\partial[A]}{\partial t} = -\left(\overrightarrow{k}\,[A][Z^+] - \overleftarrow{k}\,[A^+]\,[Z]\right) + D_A\left(\frac{\partial^2[A]}{dx^2} + \frac{\partial^2[A]}{dy^2} + \frac{\partial^2[A]}{dz^2}\right)$$

$$\frac{\partial[A^+]}{\partial t} = +\left(\overrightarrow{k}[A]\,[Z^+] - \overleftarrow{k}\,[A^+]\,[Z]\right) + D_{A+}\left(\frac{\partial^2[A^+]}{\partial x^2} + \frac{\partial^2[A^+]}{\partial y^2} + \frac{\partial^2[A^+]}{\partial z^2}\right)$$

$$\vdots$$

$$\frac{\partial[Z^+]}{\partial t} = \ldots\ldots\ldots\ldots$$

mit den Randbedingungen

$$\text{für} \begin{cases} x = x_0 \\ y = y_0 \\ z = z_0 \end{cases} \quad \vec{k} = k_{10} \quad \overleftarrow{k} = k_{20}$$

$$\text{für} \begin{cases} x > x_0 \\ y > y_0 \\ z > z_0 \end{cases} \quad \vec{k} = k_1 \quad \overleftarrow{k} = k_2$$

und den Anfangsbedingungen

$$\text{für } t = 0 \quad \begin{matrix} [A] = a & [Z^+] = a_2 \\ [A^+] = 0 & [Z] = 0 \,. \end{matrix}$$

Der Fall $k_1 = k_{10}$, $k_2 = k_{20}$ (ohne Diffusion) wurde eben in der vorgelegten Arbeit behandelt. Wenn wir aber die $\pi - t$ Kurven für diesen Fall kennen, so kann man die Gestalt der $\pi - t$ Kurven für den Fall $k_1 \neq k_{10}$, $k_2 \neq k_{20}$ (mit Diffusion) leicht abschätzen. So ist zum Beispiel für $k_1 < k_{10}$, $k_2 < k_{20}$ in der Anfangsperiode die Gestalt der $\pi - t$ Kurve der ähnlich, die man gewinnt, wenn in der Lösung die Gleichheit $\vec{k} = k_{10}$, $\overleftarrow{k} = k_{20}$ gilt. Für die Endperiode muß das Potential jedenfalls den Gleichgewichtswert annehmen. Für die Zwischenzeiten wird die primäre schnelle Potentialabnahme durch die (durch Diffusion verursachte) Teilchennachlieferung der A und Z^+ zur Elektrodenumgebung und der A^+ und Z von der Elektrodenumgebung verlangsamt. Zusammenfassend gesagt, verläuft die resultierende $\pi - t$ Kurve zwischen den für

$$\begin{matrix} \vec{k} = k_{10} \\ \overleftarrow{k} = k_{20} \end{matrix} \quad \text{und} \quad \begin{matrix} \vec{k} = k_1 \\ \overleftarrow{k} = k_2 \end{matrix} \quad \text{(ohne Diffusion)}$$

geltenden $\pi - t$ Kurven. Die eventuellen Abweichungen der Potentialwerte von den theoretischen, für den Fall ohne Diffusion berechneten Werte äußert sich hauptsächlich nur in dem Gebiet der größten Krümmung der $\pi - t$ Kurven (Abb. 1a). Für die Erforschung des in der Lösung sich abspiegelnden Reaktionsschemas sind diese Abweichungen praktisch ohne Belang.

D – 9 Z. Zágorski (Warschau)

H. Berg (Jena): Nach Ihren Berechnungen könnten die ionisierenden Strahlen nur dann auf Elektrodenprozesse im Sinne der Photo-Polarographie einwirken, wenn intensive Impulse (Röntgenblitze) angewendet werden. Insbesondere die Sekundärradikale könnten danach registriert werden. Welche Wirkung auf das Quecksilber wäre dabei zu erwarten?

Z. Zágorski: Die Methode der Puls-Bestrahlung mit kurz dauernden, aber intensiven Bündeln von Elektronen von hoher Energie (meistens 2 – 15 MeV) wurde schon mit Erfolg in mehreren Laboratorien angewendet, aber nur mit spektraler Beobachtung der Radikale und anderer Übergangsprodukte (sogar über die Entdeckung von hydratisierten Elektronen liegen jetzt Angaben vor). Von elektrochemischen Methoden sind meines Wissens jetzt nur Vorbereitungen zur konduktometrischen Verfolgung der Reaktion im Gange (Hart, E. J., Mount Vernon Hospital, Argonne Laboratory) aber noch keine polarographischen. Wenn wir den möglichen Einfluß auf Quecksilber im voraus analysieren wollen, müssen wir erstens streng zwischen Bestrahlung mit Elektronen und Photonen unterscheiden. Im ersten Falle werden die eingeführten Elektronen zwar durch die geerdete Hilfselektrode abgeführt, doch mit dem Einfluß auf die Elektrodenvorgänge und auf die Meßkreise ist zu rechnen. Die Messungen während des Röntgenimpulses und danach sollten keine prinzipiellen Schwierigkeiten bereiten.

D – 11 H. Lund (Aarhus)

Z. Grabowski (Warschau): You have lectured on the unusual reduction of the –COOH group in iso-nicotinic acid. That molecule can exist in various forms at various pH. These various chemical individuals do behave quite differently with respect to their cathode reducibility. Have you some evidence, which of the forms of iso-nicotinic acid is responsible for the unusual mode of reduction of the carboxyl group?

H. Lund: I have no proof of which form or forms of iso-nicotinic acid are actually reduced. I have formulated the reaction with a positive charge on nitrogen because N-alkylated iso-nicotinic acid below pH 7 behaves polarographically very similar to iso-nicotinic acid and in the reduction of 4-carboxy-N-ethyl pyridinium bromid (fig. 18) in citric acid buffer the N-alkylated aldehyde is formed.

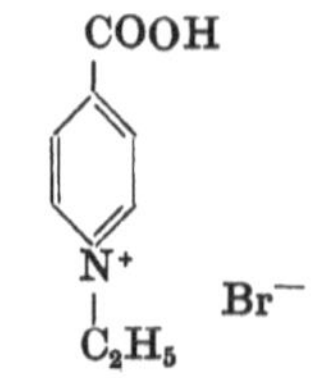

In strongly acid solution there may be reduced a double protonated molecule with a positive charge on the carboxyl group also, but this seems less likely in citric acid buffer.

J. VOLKE (Prag): What is the reduction mechanism for 3-isomeres in pyridine-carboxylic acids or amides ?

H. LUND: The 3-isomers have not been investigated yet by constant potential reductions, but they are included in the program.

M. VAJDA (Budapest):

1. You mentioned, that the only effect observed during reductions of suspensions is the prolongation of the electrolysis ? If so this would make it possible to approximate the polarographic concentrations.
2. Differences in reactions caused by concentration differences seem to be rare according to your paper. Is this indeed the case in your opinion.

H. LUND: 1. It is possible to approximate the polarographic conditions, but is it not practical as the influence of the residual current increase with time.
2. Yes.

P. GIVEN (Pennsylvania): I think that the dependence of coulombs consumed on concentration is not an entirely reliable means of detecting a slow chemical reaction which follows the electrode process and produces material capable of further reduction. Surely a simpler and more reliable method is to see whether the fall of electrolysis current with time follows the usual exponential decay curve (that is, plot log I against t).

H. LUND: The lifetime of the non-reducible intermediate must have a certain value if the criterium given can be used. But besides determining the total number of electrons in the reduction in such cases the slope of the curve in the starting point gives the bumber of electrons corresponding to the polarographic wave, and you also have a chance to identify the converted, reducible intermediate through the half-wave potential on the polarograms obtained during the reduction. I have no experience with the method suggested by you.

D–12 G. REYNOLDS (Loughborough)

R. KALVODA (Prag): In sauren Lösungen habe ich in Anwesenheit von Pyridin dessen Reduktion zu einem polymeren Produkt beobachtet.

G. REYNOLDS: I am very interested to hear of this work by Dr. KALVODA. I have not observed the formation of any polymer materials myself, but I think this discovery may help in the explanation of the reduction mechanism. I shall consider this further and I look forward with great interest to the publication of Dr. KALVODA's results.

D–13 C. BÜTHKER (Amsterdam)

G. TEDORADSE (Moskau): Warum wurde der Einfluß der Adsorption der Reaktionsprodukte auf die differenzielle Kapazität nicht berücksichtigt ?

C. BÜTHKER: Es gab keine Hinweise für die Adsorption in Dimethylformamid. Die Messungen zeigten, daß die differenzielle Kapazität vor und nach dem Reduktionspotential denselben Wert hat wie bei Abwesenheit des organischen Moleküls.

D–14 R. KALVODA (Prag)

Z. GRABOWSKI (Warschau): In Warschau untersucht Frau A. CHODKOWSKA die Reduktionsprodukte des Benzils. Im Gegensatz zu den alkalischen Lösungen, wo eine Oxydationsstufe zu beobachten ist, kommen in sauren Lösungen zwei unabhängige anodische Oxydationsstufen vor, von denen mindestens eine nicht dem Radikal, sondern dem Endiol zuzuschreiben ist. (cis- und trans-Endiol verursachen die getrennten Oxydationsstufen. CHODKOWSKA, Vortrag auf dem 14. CITCE Meeting, Moskau 1963.)

R. KALVODA: Ob der anodische Einschnitt bei $-0{,}04$ V dem Radikal oder dem Endiol zugeschrieben werden soll, muß noch näher studiert werden; allerdings ist in der oszillographischen Polarographie damit zu rechnen, daß hier viel weniger Zeit zum Verlauf nachfolgender Reaktionen zur Verfügung steht als in der klassischen Polarographie oder präparativen Elektrolyse.

H. BERG (Jena): Unsere oszillopolarographischen Untersuchungen mit Benzil erstreckten sich über den ganzen pH-Bereich, wobei im Sauren irreversible und im Alkalischen reversible Einschnitte erhalten werden. Wir nehmen an, daß das Radikal im Sauren rasch in Stilbendiol übergeht (BERG, H., Z. Chem. 2, 241 (1962)) und den irreversiblen Einschnitt verursacht, was auch durch die anderen Methoden unterstützt wird.

R. KALVODA: Das Benzil wurde nur in sauren Lösungen untersucht, wo es zu einer (leicht) irreversiblen Reaktion kommt (in 1 m H_2SO_4 beträgt der kathodische Einschnitt $-0{,}18$ V, der anodische $-0{,}04$ V). Es ist wahrscheinlich, daß es in der kurzen Zeit bei der Wechselstrompolarisation nicht zur weiteren Reaktion des Radikals kommt.

D – 20 R. Nitzsche (Leuna-Merseburg)

H. Berg (Jena): Welche Rolle spielt das Azobenzol bei der Elektrodenfunktion?

R. Nitzsche: Das Azobenzol in unserer Elektrode dient dazu, die Makroporen im Graphit zu beseitigen. Es gelingt, ein Azobenzolgraphitgemisch herzustellen, das ganz fest ist und sich gut polieren läßt. Unsere Wahl fiel ursprünglich auf Azobenzol, weil wir insbesondere die Wasserstoffentladung in starken Säuren vor einigen Jahren untersuchten. Das Azobenzol nimmt dabei die Wasserstoffionen unter Bildung von Hydrazobenzol auf. Die Ergebnisse in gepufferten Lösungen von schwachen Säuren waren aber unbefriedigend, und wir konnten weder an einer Scheibenelektrode noch galvanostatisch etwas über die Dissoziationskinetik aussagen. Es stellte sich heraus, daß eine derartige Elektrode sehr geeignet für die Untersuchung anderer Elektrodenvorgänge, insbesondere im anodischen Gebiet ist.

D – 21 G. Schöber Wien)

G. Milazzo (Rom): Wie erfolgt die Reduktion von HCl in Dimethylsulfoxyd?

G. Schöber: Es kommen hauptsächlich zwei Mechanismen in Frage:

a) HCl ist auch in Dimethylsulfoxyd ein potentieller Elektrolyt, und es bildet sich das Ion, welches reduziert wird.

b) Dimethylsulfoxyd in Form der Anlagerungsverbindung $(CH_3)_2SO.2HCl$ wird reduziert.

Auf Grund der experimentellen Befunde betrachten wir Mechanismus b als den Reduktionsvorgang größter Wahrscheinlichkeit.

H. Berg (Jena):

1. Gegenüber anderen Untersuchungen erscheint der Mechanismus der CO_2-Reduktion in Dimethylsulfoxyd erstmalig gesichert zu sein, was evtl. auch für die praktische Anwendung in der Gasanalyse bei Stoffwechseluntersuchungen bedeutsam wäre.
2. Wenn das $(CH_3)_2SO \cdot 2HCl$ reduziert wird, müßte doch eine kinetisch begrenzte Stufe gefunden werden?
3. Bemerkenswert ist die Erschließung eines weiteren Anwendungsgebietes der Strom-Spannungsgeraden (vgl. dazu Berg, H., Triebel, H., Chem. Techn. **12**, 429 (1960)), welche einen „Grenzfall" der Polarographie darstellen.

G. Schöber:

1. Eine Anwendung der beschriebenen Methode erscheint in der Gasanalyse gegeben, da mit dem Solvens ohne besondere Vorsichtsmaßregeln hantiert werden kann.
2. Wir haben Anlaß anzunehmen, daß die Reaktion mit dem Solvens sehr rasch vonstatten geht.
3. Es wäre zu klären, ob sämtliche der beobachteten und in der angeführten Publikation mitgeteilten Geraden dem Typus der von uns angeführten Geraden entsprechen. In unserem Falle können keine reinen Migrationsströme angenommen werden.

Zusammenfassung D

Neuartige Richtungen in der heutigen Polarographie

Die Fortschritte der Polarographie in den letzten 20 Jahren werden besonders deutlich beim Vergleich der beiden grundlegenden Lehrbücher aus der Feder ihres Begründers Prof. J. HEYROVSKÝ (das zweite zusammen mit J. KŮTA). Dabei haben sich naturgemäß auch die Schwerpunkte verlagert, was in der Sektion „Polarographische Grundlagenprobleme" ebenfalls zum Ausdruck kam und sich auf die vorangehenden Sektionen auswirken dürfte. Einerseits wurde die Betrachtung der Teilschritte an der Elektrodenoberfläche immer eingehender analysiert (D—3, D—4, D—5, D—10, D—17, D—20) und die Zwischenprodukte werden isoliert (D—11), andererseits wird der Zustand des gelösten Depolarisators weitgehender berücksichtigt (D—2, D—12, D—13, D—14, D—15, D—18). Schließlich ist die Polarographie aus einer gewissen Isolierung herausgetreten, und die Beziehungen zur modernen Elektrochemie (D—20, D—19) der theoretischen Molekülspektroskopie (D—1) und der Reaktionskinetik (D—6, D—7, D—8) werden verstärkt

Die Kombination mit wirksamen Trennungsmethoden eröffnet weitere Möglichkeiten für die Analyse in Gemischen mit Makromolekülen (B—14) und von Isomeren. Zu letzterem Problem führte Prof. W. KEMULA aus:

„Seit zehn Jahren haben wir erfolgreich die tropfende Quecksilberelektrode als sehr empfindlichen Detektor der polarographisch aktiven Substanzen im Eluat angewendet. Besonders wichtig sind die Ergebnisse, die wir mit der Verteilung von Gemischen organischer Substanzen, die sehr ähnliche oder identische Halbstufenpotentiale aufweisen, erhalten haben. Diese Ergebnisse haben wir erzielt durch die Anwendung der chromatographischen Kolonnen, die „inverse" verteilungschromatographische Eigenschaften aufweisen.

In diesen Kolonnen bleibt die organische Phase am Gummipulver haften, die bewegliche leitende Phase ist ein Grundelektrolyt, der verschiedene Zusammensetzungen und pH-Werte aufweist. Mittels dieser chromato-polarographischen Methode haben wir die Verteilung verschiedener Mischungen organischer Substanzen, wie aliphatische Homologe, aromatische Isomere usw., erzielt.

Im Laufe der Untersuchungen hat sich gezeigt, daß Mischungen von aliphatischen Isomeren, wie z.B. Nitropropane, Nitrobutane usw., auf von uns verwendeten Kolonnen ungenügend getrennt werden.

Auf der Suche nach neuen besseren Trägern haben wir Ionenaustauscher, Elutionsmittel und Temperaturen variiert. Trotzdem wurden manche Gemische nicht getrennt. Erst nachdem wir komplexe Salze als Träger vom Typus $Ni(CNS)_2(\gamma\text{-Pikolin})_4$ angewandt haben, gelang es, die Gemische von normalen und verzweigten Nitroalkanen bis C_5 zu trennen.

Auch andere Mischungen von schwer trennbaren Isomeren wurden vollkommen auf ungewöhnlich kurzen Kolonnen verteilt.

Dieses Ergebnis hat die Anwendbarkeit der chromato-polarographischen Methode auf neue Gebiete der quantitativen Analyse komplizierter Mischungen der organischen Substanzen ausgedehnt."

An grundlegenden Ergebnissen, die erstmalig vor einem größeren Zuhörerkreis vorgetragen wurden und zu neuartigen Richtungen der Polarographie zu werden versprechen, sind zu nennen:

1. Die Systematik der Peroxyd-Polarographie, einschließlich radikalischer Zwischenprodukte (M. Schulz und K. H. Schwarz).
2. Berücksichtigung der tertiären Proteinstruktur bei der Deutung der katalytischen Wellen nach Brdička (I. Iwanow).
3. Elektrooxydative Zerstörung der Infektivität bei Viren (J. Hallum).
4. Die gleichzeitige Registrierung von Gelöstsauerstoff, Trübung, „Redoxpotential" und pH-Wert (H.-E. Jacob und G. Horn), sowie der Dehydrogenasenaktivität (H. Wagner).
5. Die Intensivbestrahlung und Blitzbestrahlung polarisierter Elektroden (Photo-Polarographie) und die oszillographische Verfolgung kurzlebiger Photoprodukte (H. Berg).
6. Die Theorie reaktionsbedingter Diffusionsströme in der Kinetik mittelschneller Reaktionen (K.-E. Reinert) und die Erforschung der stopped-flow-Bedingungen für einen kurzen Reaktionsstart (E. Bauer).
7. Die Verfolgung des reaktionsbedingten Potentials bei langsamen Redoxreaktionen in der Gesamtlösung. (Rückschlüsse auf Zwischenprodukte mit Hilfe der neuen Theorie der „Ungleichgewichtspotentiometrie" nach A. Tockstein).
8. Die Gleichspannungspolarographie mit nichtwäßrigen Grundlösungen mit dem schlüssigen Beweis für die Reduktion des CO_2-Moleküls (G. Schöber).
9. Die Erweiterung der Theorie der Oszillopolarographie auf kinetisch bedingte Elektrodenprozesse (K. Micka).
10. Theorie zur Änderung der Reaktionsfähigkeit polarisierter Depolarisatoren im elektrischen Feld der Doppelschicht (Z. Grabowski, W. Kemula).

Die zahlreichen weiteren Einzelergebnisse des Symposiums, welche mosaikartig das Gesamtbild der heutigen Polarographie zusammensetzen, hier nochmals darzustellen, würde zu weit führen. Es bleibt zu hoffen, daß möglichst viel davon der weiteren Forschung Nutzen bringt.

H. Berg

Über die Anwendbarkeit der Oszillopolarographie und den Kursus über Oszillopolarographie in Jena

In der Zeit vom 10. bis 12. September 1962 fand im Institut für Mikrobiologie und experimentelle Therapie der Deutschen Akademie der Wissenschaften zu Berlin in Jena ein „Kurs der oszillographischen Polarographie“ statt. An der Organisation dieser Veranstaltung, die unter dem Patronat der Deutschen Akademie der Wissenschaften zu Berlin stand, beteiligte sich das Polarographische Institut der Tschechoslowakischen Akademie der Wissenschaften in Prag. Der Zweck dieses Kursus war, die Teilnehmer einesteils mit den Grundlagen und den Anwendungsmöglichkeiten der oszillographischen Polarographie mit Wechselstrom (nach Heyrovský) bekannt zu machen, andererseits — und dem wurde im Kursus das Hauptinteresse gewidmet — die experimentelle Technik bei den oszillopolarographischen Messungen zu erlernen.

Die oszillographische Polarographie mit Wechselstrom ist eine sehr einfache Methode und kann sehr gute Dienste leisten, falls sie richtig angewendet wird. Dazu muß man zunächst ganz genau wissen, wo diese Methode Vorteile bietet: Wir werden sie z.B. bei der Untersuchung von Verbindungen anwenden, die polarographisch nicht erfaßbar sind (da sie sich nicht reduzieren), aber in der oszillographischen Polarographie sehr gut meßbare Kapazitätseinschnitte bieten. Weiter ist diese Methode da am Platze, wo es sich um sogenannte Artefakte handelt, also um Verbindungen, die bei extrem positiven oder negativen Potentialen (so daß sie keine Stufe an der polarographischen Kurve bieten) entweder schon durch Oxydation oder durch Reduktion der ursprünglichen Verbindung in der Lösung entstehen. In diesen beiden Fällen können wir die klassische Polarographie nicht anwenden. Vorsichtiger soll man sich entscheiden, falls es sich um die Verfolgung reduzierbarer Verbindungen handelt, die auch polarographische Stufen ergeben. Hier soll man stets alle Vor- und Nachteile, die die Wahl dieser oder jener Methode bietet, genau abwägen. Legen wir auf sehr genaue Resultate Wert, so wenden wir uns der klassischen Methode zu, dagegen können schnelle Serien und Kontrollanalysen besser oszillographisch durchgeführt werden. Bei der oszillographischen Polarographie müssen wir den gegenseitigen Einfluß von zwei oder mehreren Einschnitten in Kauf nehmen: Bei Änderung der Konzentration einer Verbindung ändert sich oft die Einschnittgröße der zweiten, die in der Lösung anwesend ist. (Es gibt aber Methoden, die auch diesen Nachteil eliminieren.) Einer der Schwerpunkte der oszillographischen Methode liegt in der qualitativen Analyse: Hier stehen uns zur Verfügung die Potentiale der kathodischen und anodischen Einschnitte, seien sie nun elektrolytischer oder kapazitiver Herkunft; oft gibt uns schon die typische Form der Kurve auch Aufschluß über die Zusammensetzung der untersuchten Lösung. Leider bleiben die direkten Untersuchungen im biologischen Material als ein schwieriges Problem bei der oszillographischen Methode bestehen. Da der Polarisationsvorgang von 0 bis —2 V und zurück sehr schnell abläuft, zeigen sich mit der oszillopolarographischen Methode große Vorteile bei den reaktionskinetischen Messungen. Bei den theoretischen Untersuchungen bietet diese Methode gute Dienste in den Fragen der Reversibilität der

Elektrodenvorgänge und Adsorptionserscheinungen. Ein Nachteil für theoretische Untersuchungen im Gegensatz zur klassischen Methode besteht darin, daß die erzielten Resultate schwer zu mathematischen Berechnungen angewendet werden können, da der gemessene Wert (die Einschnittiefe) nicht in einfacher Weise auszudrücken ist. Doch auch bei diesen theoretischen Untersuchungen behält die oszillopolarographische Methode ihren Wert schon wegen der außerordentlichen Geschwindigkeit der Informationen, die dann zu ausführlichem polarographischen Studium ausgenützt werden können. Zusammenfassend gesagt, soll die oszillographische Polarographie die klassische Methode nicht ersetzen, sondern sie ergänzen —deswegen ist sie als eine Hilfsmethode zu betrachten.

In zweiter Linie muß betont werden, daß zur richtigen Ausnutzung der Methode unbedingt notwendig ist, die Bedienung des Gerätes ganz sicher zu beherrschen: Das erfordert eigentlich ein Praktikum an Ort und Stelle. Deswegen wird alljährlich ein oszillopolarographisches Praktikum in Bratislava in der ČSSR veranstaltet; das diesjährige wurde in die DDR verlegt. Etwa 30 Teilnehmer arbeiteten in Zweiergruppen an den Polaroskopen in den Laboratorien der Abteilung Physikalische Chemie des Instituts für Mikrobiologie und experimentelle Therapie, Jena, nach einer bebilderten Praktikumsanleitung von R. Kalvoda, G. Dušinsky, L. Molnár, L. Treindl.

Im Anschluß an den Kursus wurden in einer Reihe von Vorträgen verschiedene Randprobleme, Anwendungsmöglichkeiten und spezialisierte Arbeitstechniken besprochen. Hier zeigte sich wieder, wie notwendig es ist, sich bei der Lösung von praktischen Aufgaben auch mit den theoretischen Grundlagen zu befassen, will man nicht in den Bereich der Mystik abgleiten.

Es fand auch eine Filmvorführung (M. Büchner) statt, in der sehr ausführlich gezeigt wurde, wie man die oszillographische Polarographie bei Massenserienanalysen (im gegebenen Falle in der Klinik) anwenden kann.

Entsprechend den Erwartungen konnte am Schluß des Kursus festgestellt werden, daß die meisten Absolventen alle nötigen Voraussetzungen zur selbständigen Arbeit erworben haben. Laufend notwendig bleibt der Austausch von Erfahrungen und Konsultationen: Hier sei auf das alle zwei Jahre laufende oszillopolarographische Symposium in Smoleniče in der ČSSR hingewiesen und auf das Polarographische Institut der Tschechischen Akademie der Wissenschaften, welches zu Konsultationen bereit ist. Der Deutschen Akademie der Wissenschaften zu Berlin gebührt an dieser Stelle der Dank aller Beteiligten für die großzügige Unterstützung.

Robert Kalvoda

Zur Testung einiger Tintenschreiber-Polarographen

Die wachsende Verbreitung der Polarographie hat Apparatefirmen dazu veranlaßt, eine große Typenanzahl von Polarographen und auch einige zweckmäßige Meßzellen auf den Markt zu bringen. Um den Symposiumsteilnehmern eine gewisse Orientierung zu ermöglichen, diente eine Ausstellung von sechs Tintenschreiber-Polarographen, einem Differentialoszilloskop und Meßzellen für die verschiedensten Zwecke.

Bei dieser Gelegenheit wurde eine vergleichende Testung für hohe Ansprüche auf folgenden Gebieten durchgeführt:

1. *Trennvermögen* (bzw. Auflösungsvermögen) bei einem Polarogramm, bestehend aus drei Stufen, von denen die mittlere viel kleiner ist als die vorangehende und die nachfolgende.
2. *Genauigkeit der Halbstufenpotentialbestimmung* (*HSP*) unter erschwerten Bedingungen (vgl. Punkt 1).
3. *Einstellgeschwindigkeit* ohne und mit Dämpfung im Hinblick auf kinetische Messungen bei konstantem Potential.

Diese drei Kriterien wurden aus der Registrierung einer bei $\vartheta \approx 22$ °C luftgesättigten $2 \cdot 10^{-5}$ m Tl_2SO_4-Lösung in 0,1 n-H_2SO_4*), mit einer Tropfkapillare ($\tau = 2{,}2$ s, $m = 3{,}3$ mg s^{-1}, $H = 58$ cm) gegen die Normalkalomelelektrode (NCE) ermittelt. Als Depolarisatoren wirken Tl^+ mit einer Stufe und Sauerstoff mit zwei Stufen.

Registriervorgang I. Normalpolarogramm zwischen $+0{,}2$ V und $-1{,}4$ V mit optimaler Dämpfung und Empfindlichkeit zwecks Übersicht und Festlegung aller drei Stufen.

Registriervorgang II. Isolierung der Thalliumstufe durch Kompensation der 1. Sauerstoffstufe und weitgehender Erhöhung der Empfindlichkeit, wobei aber ein horizontaler Stromverlauf vor der Stufe erhaltenbleiben muß. Um das HSP ($\pi_{1/2}$) möglichst genau zu erhalten, ist die Potentialdurchlaufsgeschwindigkeit so klein wie möglich zu halten (s. Auswertung).

Registriervorgang III. Unterbrechung des Elektrolysenstromkreises bei Maximalausschlag (z. B. auf 2. Sauerstoffstufe); Registrierung ohne Dämpfung und mit maximaler Papiertransportgeschwindigkeit $v \left[\frac{mm}{s}\right]$.

Auswertung.

Die Auswertung nach den folgenden Kriterien A bis G soll beurteilen lassen:

1. wirklichkeitsgetreue Wiedergabe einer kleinen reversiblen Stufe, wenn größere Depolarisationsvorgänge vorangehen und nachfolgen;
2. wirklichkeitsgetreue Wiedergabe einer schnellen Grenzstromänderung (Reaktionskinetik) bei konstantem Potential.

---

* Wenn noch ein Rest des Sauerstoffmaximums vorliegen sollte, ist 0,01% Gelatine notwendig.

Tabelle 1

Type	Firma	Schreiber und Breite [mm]	Baujahr	Papiergeschwindigkeit $v\left[\frac{mm}{min}\right]$	A $\pi_{1/2}$	B $\pi_{1/2}$	C s	D h_d	E t_{90}	F T_{90}	G K_t
Selector	Atlas-Werke Bremen	Kompensationsschreiber 200 mm	1960	80, 40, 20, 300***	0,515	0,506	50,8	47,0	1,1	28,8	1,27 4,5
PO 4d	Radiometer Kopenhagen	Kompensationsschreiber 250 mm	1962 Justierung	80, 40, 20	0,51 0,52	0,492 0,52	104 62	14,0 105	1,7	24,88 21,8	0,79 0,79
LP 60	Laboratorni pristroje Prag	Kompensationsschreiber 280 mm	1961	180, 120, 80, 60, 40, 20, 10, 5, 6, 4, 2.6, 2, 1.3, 0.66**	0,527	0,526	56,0	109	3,3 2,3*	12,3	0,91 1,3
PTS 4	Inst. f. Gerätebau d. DAW Berlin	Ampereschreiber 120 mm	1959	60, 40, 30	0,525 0,53	0,528 0,535	57 48	37 69	1,9 2,2	4,0 6,1	0,52 0,45
Orion KTS 7—77—4/b	Orion Budapest	Ampereschreiber 100 mm	1960	68, 34.8, 23.2	0,535	0,540	53	48,5	2,6	18	0,42
PO 3m	Radiometer Kopenhagen	Ampereschreiber 100 mm	1955	40	0,60	0,59	64	38,5	3,1	15,7	0,21
				Theoretischer Wert =	0,5		59				

* ohne polarographisches Filter
** extrem langsame Werte: 0.3, 0.166, 0.08
*** Schnellgang

I

II

III

IV

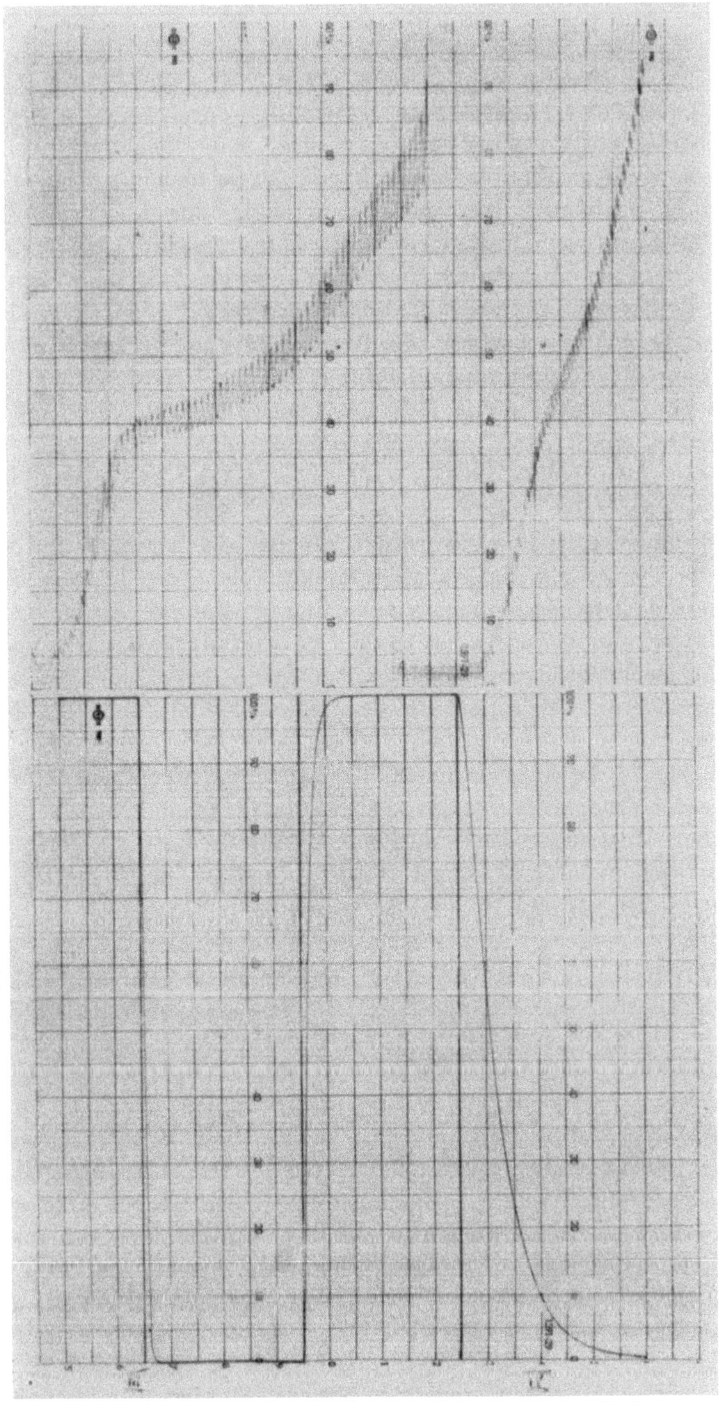

Abb. 1. Testung des Radiometer-Polarographen PO-4 d

Registriervorgang I: ab +0,2 V gegen die NCE

S = 10 μA/pro Schreibbreite $\Delta\pi$ = 0,1V/cm

v = 40 mm/min Die Tl^+-Stufe ist nur angedeutet

Registriervorgang II: ab −0,3 V gegen die NCE

S = 0,5 μA/pro Schreiberbreite Dämpfung = 9

v = 20 mm/min Kapazitätsstromkomp. = 0,3 μA/V

$\Delta\pi$ = 0,05 V/cm Gegenstromkomp. = 3,5 μA

Die Tl^+-Stufe weist ein HSP von −0,52 V auf und eine Stufenhöhe von 105 mm

Registriervorgang III: Dämpfung = 1

v = 80 mm/min $K_{t,\,\max}$ = 0,78 mm/s²

Registriervorgang IV: Dämpfung = 9

v = 80 mm/min $K_{t,\,\min}$ = 0,06 mm/s²

In der Tabelle 1 sind außer Angaben zum Gerät enthalten:

A) $\pi_{1/2}$ des Tl^+ aus Registriervorgang II;

B) $\pi_{1/2}$ des Tl^+ aus der logarithmischen Analyse der Stufe nach Registriervorgang II;

C) Steilheit s der Tl^+-Stufe nach Registriervorgang II [mV/log $(i_d - i)/i$];

D) Höhe h_d der Tl^+-Stufe nach Registriervorgang II, gemessen in Millimeter zwischen den beiden Schnittpunkten von der Stufenanstiegsgeraden mit den Geraden durch den waagerechten Grundstrom und den schrägen Grenzstrom;

E) Zeit (t_{90} [s]) zur Erreichung von 90% der Gesamtänderung bei einem Stromsprung nach Registriervorgang III, aperiodische Dämpfung;

F) Zeit (T_{90} [s]) zur Erreichung von 90% der Gesamtänderung bei einem Stromsprung nach Registriervorgang III mit maximaler Dämpfung;

G) kinetische Kenngröße $K_t = \frac{v}{t_{90}}\left[\frac{\text{mm}}{\text{s}^2}\right]$, die möglichst groß sein sollte.

Die Daten entstammen einmaligen Messungen mit der gleichen Zelle und vermitteln einen ersten Eindruck der wichtigsten Eigenschaften einiger Polarographen, wie sie uns unter den üblichen Betriebs- und Lieferbedingungen zur Verfügung standen. Einige Randbemerkungen zu den Ergebnissen müssen allerdings berücksichtigt werden (die 3. Stelle nach dem Komma bei den HSP ist als Rechengıöße zu werten):

a) Beim Selector handelte es sich nicht um das neueste Modell, und die Aufnahme erfolgte ohne Tastvorgang.

b) Beim PO–4 d reichte die konventionelle Kapazitätsstromkompensation nicht aus, um einen waagerechten Grundstrom vor der Tl^+-Stufe zu erzielen (obere Zahlenreihe). Eine nachträgliche Justierung des Gerätes ergab dann die unteren Werte (vgl. Abb. 1).

c) Der LP–60 mit dem polarographischen Filter erbrachte eine bemerkenswert hohe Tl^+-Stufe mit Registriervorgang II.

d) Der PTS–4 kann wahlweise mit Ampereschreiber (obere Zeile) und Kompensationsschreiber des VEB-Gerätewerks Magdeburg verwendet werden (neue erweiterte Type: GWP 63).

Weitere Polarographentypen (Polarecord, LKB-3266 B, Yanagimoto PA-101) wurden gerade unter diesen erschwerten Bedingungen getestet. Es hat sich dabei herausgestellt, daß Empfindlichkeit, Gegenstromkompensation, Kapazitätsstromkompensation, Dämpfung, Spannungsanstiegsgeschwindigkeit und Papiergeschwindigkeit sorgsam aufeinander abgestimmt werden müssen, um eine möglichst deutliche und dabei hohe Thalliumstufe hervorzubringen. Das neue Kompensographen-Modell OH-102 der Firma *Radelkisz* (Ungarn) z.B. erbrachte in einer späteren Testung bemerkenswerte Resultate: $A = B = 0{,}49$, $C = 45$, $D = 98$, $G > 5$ (wegen des außerordentlich schnellen Papiervorschubes von 10 mm s^{-1}).

Wir sind der Meinung, daß dieser schwierige Test, welcher keinen Anspruch auf absolute Gültigkeit erhebt und durchaus verfeinert werden kann, zu eindeutigeren Aussagen über die Qualität eines Polarographen führt.

Die Tabelle 1 erlaubt schon jetzt optimale Richtwerte festzulegen (z.B. in den Spalten: $A = B = 0{,}5$; $C = 59$; D > 100; $E < 1$; $F > 25$; $G > 5$), nach denen ein Gleichspannungs-Polarograph für höchste Ansprüche eingeschätzt werden kann.

H. Berg

Abschluß und Ausblick

Das Symposium fand seinen Abschluß mit einigen gesellschaftlichen Veranstaltungen, nachdem ein Empfangsabend, den Herr Prof. Knöll einleitete, im Rittersaal der traditionellen Fuchsturm-Gaststätte am 14. September 1962 vorangegangen war. Besonders zu erinnern ist an eine Stadtführung in Jena (15. 9. 62), ein Kammerkonzert im Rokoko-Schloß Dornburg (15. 9. 62), ein Ausflug nach Weimar-Buchenwald (16. 9. 62).

Hinzu kamen mehrmalige Führungen durch einzelne Abteilungen des Institutes für Mikrobiologie und experimentelle Therapie. Weiterhin wurden Besuche im VEB-Zeiss, VEB-Jenapharm und im Institut für Physikalische Chemie der Friedrich-Schiller-Universität vermittelt. Die Organisation der Veranstaltungen und die Unterbringung (hauptsächlich in den beiden Hotels „International" und „Schwarzer Bär") ließen dank dem Einsatz von Institutsverwaltung und der ganzen Abteilung Physikalische Chemie kaum zu wünschen übrig.

Die starke Konzentrierung von Polarographisten und Interessierten, wie sie vor Jena nur in Prag (1951) und Cambridge (1959) zustande gekommen war, bot günstigste Voraussetzungen, neue geistige Verbindungen zu knüpfen. Die Spezialisierung der Thematik in den Sektionen A, B, C auf den wohl bedeutungsvollsten Zweig der heutigen Naturwissenschaft ist als Anregung für eine gezielte polarographische Forschungsarbeit gedacht und sollte eine erste Bilanz der Möglichkeiten darstellen. Die Zukunft wird durch die *Molekularbiologie* bestimmt sein, und daher sind neue Wege in der Polarographie zu erschließen, um in der Protein- und Nukleinsäurechemie, der Virologie und Immunologie, der Zellphysiologie und hormonalen Regulation, der Photosynthese und Strahlenbiologie mitwirken zu können. Über diese und ähnliche Problematik sollte gearbeitet und in speziellem Rahmen diskutiert werden.

Wir hoffen, daß die erwiesene Großzügigkeit der Deutschen Akademie der Wissenschaften zu Berlin dies im Mai 1965 für einen engeren Kreis wieder ermöglicht, wobei das Symposiums-Thema lautet: *Elektrochemische Methoden und Prinzipien in der Molekular-Biologie.*

H. Berg

Verzeichnis spezieller Depolarisatoren

* mit * bezeichnete Substanzen verursachen nur tensammetrische Wellen

Teilnehmer

Ägypten

AMER, Dr. M., z. Z. Polarographisches Institut, Prag

Bulgarien

TRIFONOW, Dr. A. (mit Frau), Institut für organ. Chemie d. Akad., Sofia
WALTSCHEWA, Dr. L., Inst. f. organ. Chemie d. Akad., Sofia

China

LUNG, C., z. Z. Humboldt-Univ., Berlin

ČSSR

BŘEZINA, Dr. M., Polarographisches Inst. d. Akad., Prag
DUŠINSKY, G., Staatl. Inst. f. Arzneimittelkontrolle, Bratislava
FEDOROŇKO, M., Chem. Inst. d. Akad., Bratislava
HOLUBECK, J., Forschungsinst. f. natürl. Arzneimittel, Prag
HOSPODKA, J., Inst. f. Mikrobiologie d. Akad., Prag
HRDY, Dr. O., Staatl. Inst. f. Arzneimittelkontrolle, Prag
HORÁK, Dr. V., Inst. f. organ. Chemie d. Univ., Prag
KALVODA, Dr. R., Polarographisches Inst. d. Akad., Prag
KNOBLOCH, Dr. E., Forschungsinst. f. Pharm. u. Biochem., Prag
KŮTA, Dr. J., Polarographisches Inst. d. Akad., Prag
MATUROVÁ, Dr. M., Chem. Anstalt d. Med. Fak. d. Univ., Olomouc
MICKA, Dr. K., Polarographisches Inst. d. Akad., Prag
MÜLLER, J., Polarographisches Institut d. Akad., Prag
MOLNÁR, Dr. L., Chem. Institut d. Akad., Bratislava
PÁRKÁNYI, Dr. C., Inst. f. Phys. Chemie d. Akad., Prag
PARRÁK, Dr. V., Staatl. Inst. f. Arzneimittelprüfg., Bratislava
PALEČEK, E., Biophys. Inst. d. Akad., Brno
PREININGER, Dr. V., Chem. Anst. d. Med. Fak. d. Univ., Olomouc
RUTTKAY-NEDECKY, G., Virolog. Inst. d. Akad., Bratislava
ŠANTAVY, – Prof. F., Chem. Anst. d. Med. Fak. d. Univ., Olomouc
ŠERÁK, L., Polarographisches Inst. d. Akad., Prag
TOCKSTEIN, Dr. A., Techn. Hochschule f. Chemie, Pardubice
TREINDL, L., Institut f. anorg. u. physik. Chemie d. Univ., Bratislava
VODRÁZKA, Dr. Z., Hämatologisches Institut, Prag
VOLKE, Dr. J., Polarographisches Inst. d. Akad., Prag

Dänemark

LUND, Dr. H., Chemisches Inst. d. Univ., Aarhus
PETERSEN, L., Fa. Radiometer, Kopenhagen

Deutsche Bundesrepublik

ERTL, G., Physikalisch-chem. Inst. d. TH, München
KOOPMANN, R., Physikalisch-chem. Inst. d. TH, München
MÖLLERS, F., Inst. f. physik. Chem. d. TU, Karlsruhe
MUSSO, Prof. H. (mit Frau), Chem. Inst. d. Univ., Marburg
SCHWEITZER, P., Inst. f. physik. Chemie der TH, Karlsruhe

Deutsche Demokratische Republik

APEL, G., Inst. f. physik. Chemie d. TH, Leuna-Merseburg
BASTIUS, Dr. (mit Frau), Forschungsinst. f. NE-Metalle, Freiberg/Sa.
BAUER, E., Institut f. Mikrobiologie d. Akad., Jena
BÄR, Dr. J., Inst. f. Phys. Chemie d. TU, Dresden
BERG, Dr. H. (mit Frau), Inst. f. Mikrobiologie d. Akad., Jena
BEHLKE, J., Pharmakolog. Inst. d. Univ., Greifswald
BIEBL, G., 2. Chem. Inst. d. Univ., Berlin
BÖCKEL, W., Inst. f. Mikrobiologie d. Akad., Jena
BODE, R., Medizinische Akad., Dresden
BÜCHNER, Dr. M., Krankenhaus Dresden-Friedrichstadt
DÄSSLER, Dr. H., (mit Frau), Inst. f. Pflanzenchemie d. TU, Tharandt
DIETZ, Dr. G., VEB Arzneimittelwerk, Dresden
DRESCHER, A., Inst. f. angew. Physik d. TU, Dresden
DUNSING, M., Inst. f. organ. Chemie d. Akad., Berlin
EWERT, E., Institut f. Pflanzenchem. d. TU, Tharandt
FRANZEN, E., Martin-Luther-Univ., Hygiene-Inst., Halle
FRITZSCHE, H., Inst. f. Mikrobiologie d. Akad., Jena
FÖRSTER, W., Inst. f. exp. Krebsforschg., Berlin-Buch
GABSCH, H., Med. Akad., Dresden
GEIER, K., Ingenieurschule f. Chemie, Köthen
GEISSLER, Dr. M., Inst. f. phys. Chem. d. TH, Leuna-Merseburg
GENAU, Dr. F., Frauenklinik, Karl-Marx-Stadt
GRÜTZNER, Dr., Forschungsinst. f. NE-Metalle, Freiberg/Sa.
HABERLAND, D., Inst. f. phys. Chem. d. TH, Leuna-Merseburg
HANSCHEL, Dr., Inst. f. Tierseuchenforschg. d. Akad. d. Landwirtschaftswissenschaften, Insel Riems
HANSCHMANN, H., Inst. f. Mikrobiologie d. Akad., Jena
HINDORF, H., Inst. f. Biochem. d. Pflanz. d. Akad., Halle
HOBE, G., Inst. f. Mikrobiologie d. Akad., Jena
HORN, E., Inst. f. Gerätebau d. Akad., Berlin
HORN, G., Inst. f. Mikrobiologie d. Akad., Jena
ILLIG, M., Krankenhaus, Dresden-Friedrichstadt
JACOB, Dr. H. E., Inst. f. Mikrobiologie d. Akad., Jena
JEHRING, Dr. H. (mit Frau), Inst. f. Gerätebau d. Akad., Berlin
KNÖFEL, D., Inst. f. Biochem. d. Pflanz. d. Akad., Halle
KALAIDJIEW, Dr. A., Inst. f. allgemeine Biologie, Berlin
KRAMARCZYK, K., Inst. f. Mikrobiologie d. Akad., Jena
LANDSBERG, Prof. R., Inst. f. phys. Chemie d. TH, Leuna-Merseburg
LEHMANN, R., Forschungsinst. f. NE-Metalle, Freiberg/Sa.
LE PETIT, Dr. G. (mit Frau), Pharm. Inst. d. Med. Akad., Dresden
LIEBETRAU, Dr. L., Inst. f. Verf. techn. d. Akad., Leipzig
LÖBER, G., Inst. f. Mikrobiologie d. Akad., Jena
MORITZ, Dr. R., Geschwulstklinik d. Charité, Berlin
MÜHLIG, P., Inst. f. Mikrobiologie d. Akad., Jena
MÜLLER, Dr. E., Inst. f. Pflanzenchemie d. Akad., Halle
MÜLLER, P., Inst. f. Ernährung d. Akad., Potsdam-Rehbrücke
NITZSCHE, R. (mit Frau), Inst. f. phys. Chem. d. TH, Leuna-Merseburg
PETRI, I., Institut f. Mikrobiologie d. Akad., Jena
PREU, E., Medizinische Akad., Erfurt
PREUSS, Bezirks-Hygiene-Inst., Wernigerode
RAMSHORN, Prof. K., Inst. f. allg. Botanik d. Univ., Berlin
REIF, J., Forschungsinst. f. Textiltechnologie, Karl-Marx-Stadt
REINERT, Dr. K. E., Inst. f. Mikrobiologie d. Akad., Jena
RETTIG, H., Inst. f. physik. Chemie d. Univ., Jena
SÄUBERLICH, H., Inst. f. Ernährung d. Akad., Potsdam-Rehbrücke
SCHEIDHAUER, G., VEB Schott & Gen., Jena
SCHRÖER, H., Forschungsinst. f. Komplexchem. d. Akad., Jena
SCHUBERT, Prof. K., Institut f. Mikrobiologie d. Akad., Jena
SCHULZ, Dr. M., Inst. f. org. Chemie d. Akad., Berlin

SCHWARZ, K., Inst. f. org. Chemie d. Akad., Berlin
SCHWARZER, O., Inst. f. physik. Chemie d. TH, Leuna-Merseburg
SCHWEISS, H., Inst. f. Mikrobiologie d. Akad., Jena
SEIDEL, K., Frauenklinik, Karl-Marx-Stadt
SKALWEIT, W., Inst. f. Gerätebau d. Akad., Berlin
SONNTAG, E., Deutsches Amt f. Material- u. Warenprüfung, Berlin
STANIENDA, A., II. Chem. Inst. d. Humboldt-Univ., Berlin
STOLLE, W., Inst. f. Gerätebau d. Akad., Berlin
THIELE, R., Inst. f. physik. Chemie d. TH, Leuna-Merseburg
THIELEMANN, Dr., Inst. f. Verfahrenstechnik d. org. Chem., Leipzig 0 5
TRESSELT, D., Inst. f. Mikrobiologie d. Akad., Jena
TRIEBEL, H., Inst. f. Mikrobiologie d. Akad., Jena
TREBGE, Dr. E., VEB Schott & Gen., Jena
VENNER, Dr. H., Inst. f. Mikrobiologie d. Akad., Jena
VINKE, E., VEB Photopapierwerk, Dresden
WAGNER, Dr. H., Inst. f. Mikrobiologie d. Akad., Jena
WEHRBERGER, K., Inst. f. Mikrobiologie d. Akad., Jena
WELLER, K., Inst. f. Mikrobiologie d. Akad., Jena
WOGGON, Dr. H., Inst. f. Ernährung d. Akad., Berlin

England

HETMAN, Dr. J., British Polarographic Research Inst., Woking, Surrey
MC CABE, M., Inst. of Diseases of the Chest, London
REYNOLDS, Prof. G. (mit Frau), Dep. of Applied Chemistry, Loughborough

Frankreich

FOURNARI, P., Chemisches Inst. d. Univ., Dijon
LAVIRON, Dr. M., Chemisches Inst. d. Univ., Dijon
TIROUFLET, Prof. J., Chemisches Inst. d. Univ., Dijon

Holland

BÜTHKER, C., Scheikundig Lab., Vrije Univ., Amsterdam

Italien

MILAZZO, Prof. G., Ist. Superiore di San., Rom

Österreich

SCHÖBER, Dr. G., Inst. f. anorg. u. allg. Chemie der TH, Wien

Polen

BEHR, Dr. B., Inst. f. physik. Chemie d. Akad., Warschau
GRABOWSKI, Dr. Z., Inst. f. physik. Chem. d. Akad., Warschau
KEMULA, Prof. W. (mit Frau und Sohn), Inst. f. physik. Chemie d. Akad., Warschau
LEYKO, Dr. W., Inst. f. analyt. Biochem. d. Univ., Lodz
PASCIAK, Dr. J., Chemische Werke, Oswiecim
WITWICKI, Dr. J., Zentrallab. d. vereinigten Serum- und Impfstoffwerke, Warschau
ZAGÓRSKI, Dr. Z., Inst. f. Kernforschung, Warschau

Rumänien

RALEA, Prof. R., Univ. Al. I. Cuza, Iasi
SERBAN, M., Inst. f. Biochemie d. Akad., Bukarest

Schweden

Nygård, Dr. B., Firma Pharmacia Ltd., Uppsala
Olofsson, J., Firma Pharmacia Ltd., Uppsala

UdSSR

Iwanow, Prof. I., Inst. f. Biochem. d. Akad., Moskau
Smirnov, Dr. P., Allunions-chemisch-pharm. Forschungsinst., Moskau
Tedoradse, Dr. G., Inst. f. Elektrochem. d. Akad., Moskau

Ungarn

Cieleszky, Dr. V., Inst. f. Ernährungswiss., Budapest
Gergely, Dr. A., Inst. f. Textilindustrie, Budapest
Jámbor, Dr. B., Pflanzenphysiol. Inst. d. Univ., Budapest
Pályi, G., Inst. f. Textilindustrie, Budapest
Péter, Dr. F., Inst. f. Textilind., Budapest
Vajda, Dr. M. (mit Frau), Inst. f. org. Chemie d. Univ., Budapest
Juhász, E., Phys. Chem. Inst., Budapest

USA

Given, Prof. P., Dep. of Fuel Technology, Pennsylvania State Univ. Park (Pa.)
Hallum, Dr. J., Dep. of Microbiol., School of Medicine, Univ. of Pittsburgh

Kolibri 360 GmbH
Ferdinand-Jühlke-Straße 7
99095 Erfurt, Deutschland
produktsicherheit@kolibri360.de